本书精彩案例欣赏

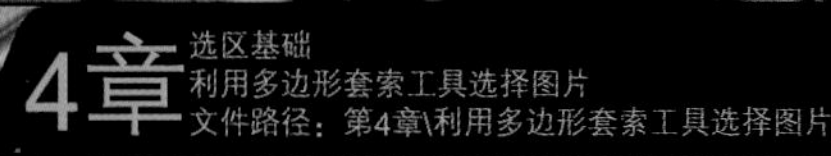

4章 选区基础
利用多边形套索工具选择图片
文件路径：第4章\利用多边形套索工具选择图片

5章
UI图形设计
使用钢笔绘制复杂的人像选区
文件路径：第5章\使用钢笔绘制复杂的人像选区

本书精彩案例欣赏

4章 选区基础
使用选区工具制作简单界面
文件路径：第4章\使用选区工具制作简单界面

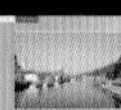

7章
画笔与绘图
使用背景橡皮擦快速擦除背景
文件路径：第7章\使用背景橡皮擦快速擦除背景

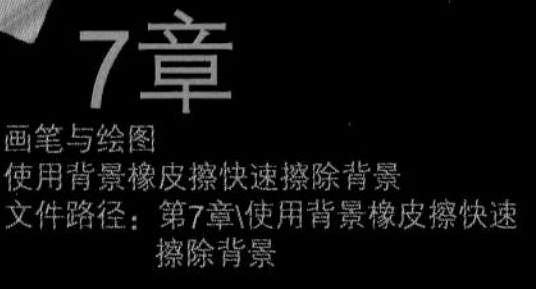

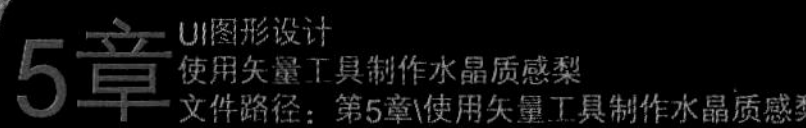

5章 UI图形设计
使用矢量工具制作水晶质感梨
文件路径：第5章\使用矢量工具制作水晶质感梨

11章 调色
打造电影感复古色调
文件路径：第11章\打造电影感复古色调

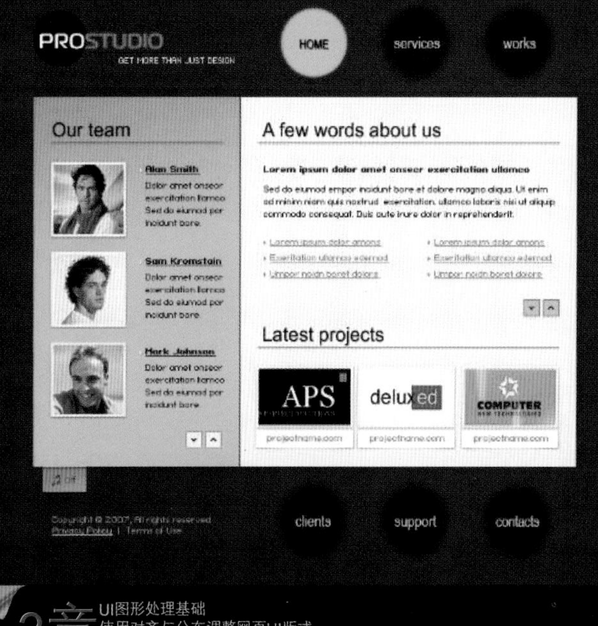

3章 UI图形处理基础
使用对齐与分布调整网页UI版式
文件路径：第3章\使用对齐与分布调整网页UI版式

16章 APP界面设计
音乐主题网页界面设计
文件路径：第16章\音乐主题网页界面设计

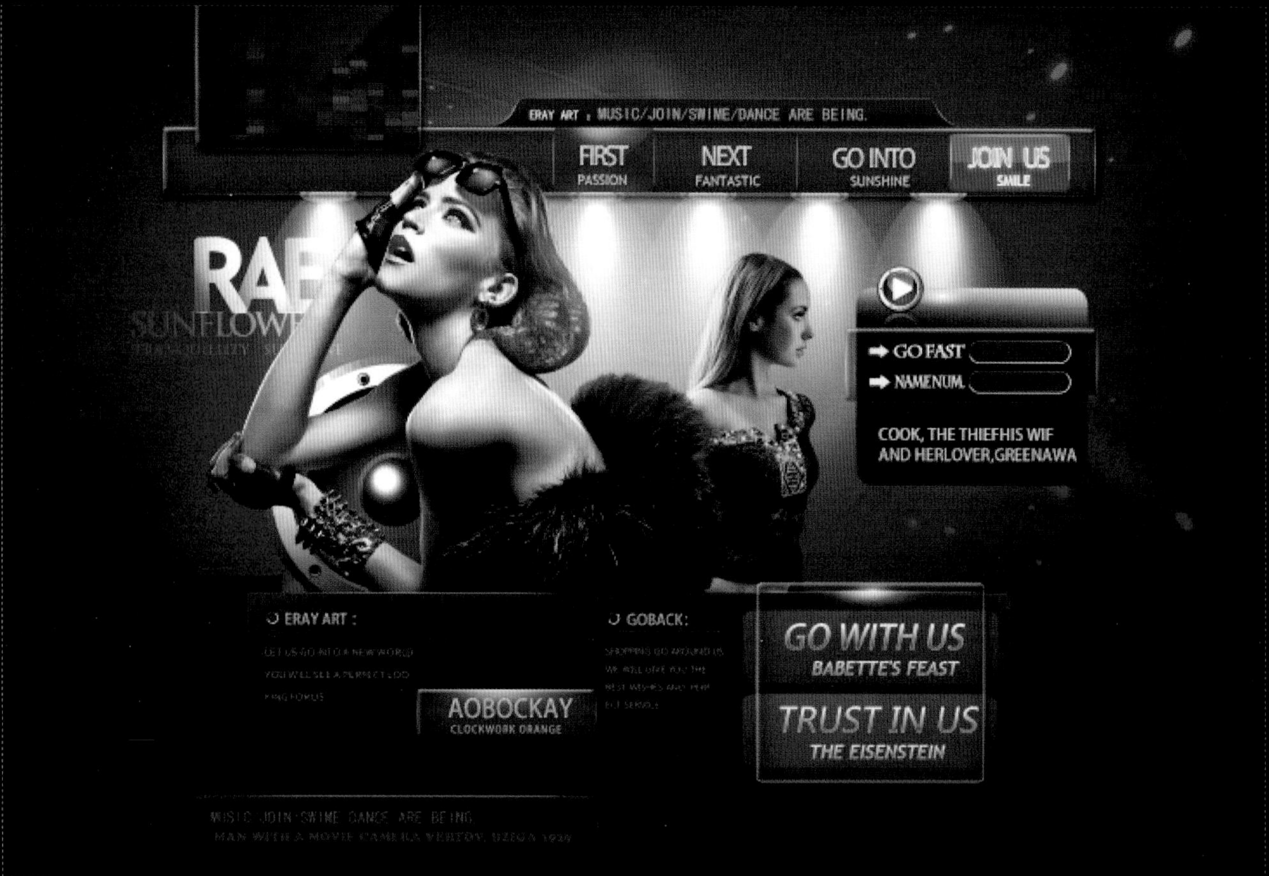

16章
APP界面设计
清新风格手机主题
文件路径：
第16章\清新风格手机主题

11章
调色
使用调色命令制作暗调音乐播放器
文件路径：
第11章\使用调色命令制作暗调音乐播放器

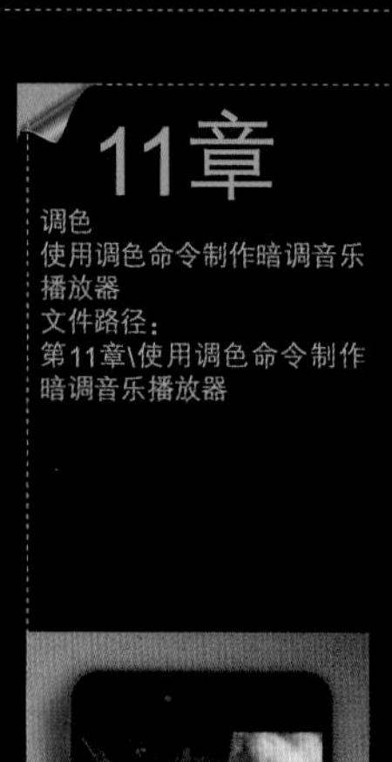

TIFFANY CO

4 PHOTOS

MAD ABOUT JAZZ

LOVE ,PROMISED BETWEEN THE FINGERS FINGER RIFT, TWISTED IN THE LOVEIF YOU WEEPED FOR THE MISSING SUNSET,YOU WOULD MISS ALL THE SHINING STARS FADING IS TRUE WHILE FLOWERING IS PAST LOVE NEVER DIES.

PERFECT GRFES 

SPRING TRENDS

SEARCH BY NAME

UPCOMING SALES

10  WE CEASE LOVING OURSELVES IF NO ONE LOVES US.

9  THE DARKNESS IS NO DARKNESS WITH THEE.

5 HERE IS NO REMEDY FOR LOVE BUT TO LOVE MORE.

11章 调色
平板电脑生活类APP首页设计
文件路径：第11章\平板电脑生活类APP首页设计

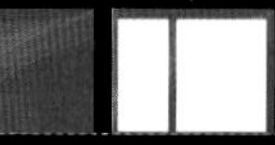

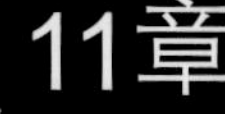

11章
调色
使用曲线快速打造反转片效果
文件路径：第11章\使用曲线快速打造反转片效果

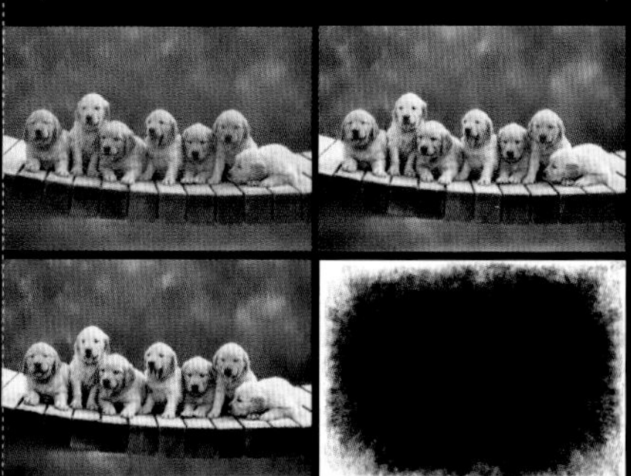

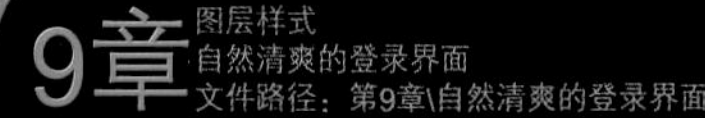

9章 图层样式
自然清爽的登录界面
文件路径：第9章\自然清爽的登录界面

9章
图层样式
使用图层样式制作视频播放器
文件路径：第9章\使用图层样式制作视频播放器

11章 调色
曲线与混合模式打造浪漫红树林
文件路径：第11章\曲线与混合模式打造浪漫红树林

11章 调色
天空的乐律
文件路径：第11章\天空的乐律

12章 使用滤镜制作特殊效果
打造胶片相机效果
文件路径：第12章\打造胶片相机效果

14章 UI动态效果设计
变换动画
文件路径：第14章\变换动画

10章 图像修饰
使用颜色替换画笔改变环境颜色
文件路径：第10章\使用颜色替换画笔改变环境颜色

5章 UI图形设计
使用磁性钢笔工具提取人像
文件路径：第5章\使用磁性钢笔工具提取人像

14章 UI动态效果设计
不透明度动画
文件路径：第14章\不透明度动画

自学视频教程

Photoshop CC中文版UI界面设计

自学视频教程

曹茂鹏　编著

清华大学出版社

北　京

内 容 简 介

本书主要介绍了使用Photoshop进行UI设计的快速入门与提高的方法和技巧，其内容包括UI设计基础知识、UI色彩与布局、UI图形处理基础、选区基础、UI图形设计、不透明度与混合模式、画笔与绘图、UI文字设计、图层样式、图像修饰、调色、使用滤镜制作特殊效果、抠图与合成、UI动态效果设计等。最后两章通过具体的案例，介绍Photoshop在APP图标设计、APP界面设计等方面的应用，带领读者为以后的实际工作提前“练兵”。

本书适用于Photoshop初学者，同时可作为UI设计相关人员自学Photoshop的参考书，也可作为计算机培训学校的教学用书。

图书在版编目（CIP）数据

Photoshop CC中文版UI界面设计自学视频教程/曹茂鹏编著．—北京：清华大学出版社，2020.6
自学视频教程
ISBN 978-7-302-54712-9

Ⅰ．①P…　Ⅱ．①曹…　Ⅲ．①图象处理软件—教材　Ⅳ．①TP391.413

中国版本图书馆CIP数据核字（2019）第299132号

责任编辑：贾小红
封面设计：李志伟
版式设计：文森时代
责任校对：马军令
责任印制：丛怀宇

出版发行：清华大学出版社
网　　址：http://www.tup.com.cn，http://www.wqbook.com
地　　址：北京清华大学学研大厦A座　　**邮　　编**：100084
社 总 机：010-62770175　　**邮　　购**：010-62786544
投稿与读者服务：010-62776969，c-service@tup.tsinghua.edu.cn
质量反馈：010-62772015，zhiliang@tup.tsinghua.edu.cn
印 装 者：三河市龙大印装有限公司
经　　销：全国新华书店
开　　本：203mm×260mm　**印　　张**：30.5　**插　　页**：4　**字　　数**：1287千字
版　　次：2020年6月第1版　**印　　次**：2020年6月第1次印刷
定　　价：118.00元

产品编号：079129-01

前言 Preface

随着智能手机的普及，服务于用户各种需求的APP层出不穷，因此UI设计也就慢慢被重视起来，而Photoshop则是UI设计制图必不可少的工具。Photoshop是Adobe公司旗下最著名的图像处理软件之一，其应用范围覆盖数码照片处理、平面设计、视觉创意合成、数字插画创作、三维设计、网页设计、交互界面设计等几乎所有设计方向，深受广大艺术设计人员和计算机美术爱好者的喜爱。

本书内容编写特点

1．零起点、入门快

本书以初学者为主要读者对象，对基础知识进行细致入微的介绍，并辅以图示效果，结合中小实例，对常用工具、命令、参数等做了详细的介绍，同时给出了技巧提示，确保读者零起点，轻松、快速入门。

2．内容详细、全面

本书内容涵盖了UI设计中最为实用的Photoshop工具、命令等常用的相关功能，可以说是初学者的百科全书、有基础者的参考手册。

3．实例精美、实用

本书的实例均经过精心挑选，确保实用、精美，一方面培养读者朋友的美感，另一方面让读者在学习中享受美的世界。

4．编写思路符合学习规律

本书的理论讲解采用了“功能介绍+选项解读+高手小贴士+案例实战”的模式，符合轻松易学的学习规律。“综合实战”类案例则采用了“项目分析+布局规划+色彩搭配+实践操作”的模式，深入剖析UI设计的整个流程。

本书显著特色

1．同步视频讲解，让学习更轻松高效

70节大型高清同步自学视频，涵盖全书几乎所有实例，让学习更轻松、更高效。

2．资深作者编著，质量更有保障

作者是经验丰富的专业设计师和资深讲师，确保图书实用和好学。

3．大量中小实例，通过多动手加深理解

大中型实例达70个，讲解极为详细，目的是能让读者深入理解、灵活应用。

4．多种商业案例，让实战成为终极目的

书后给出不同类型的实用UI商业案例，以便读者积累实战经验，为工作、就业搭桥。

5．超值学习套餐，让学习更方便、快捷

6大不同类型的笔刷、图案、样式等库文件；21类经常用到的设计素材，总计1106个；《色彩设计搭配手册》和常用颜色色谱表。

本书资源包

本书资源包内容包括：

（1）书中实例的教学视频、源文件、素材文件，读者可扫描书中二维码观看视频，调用资源包中的素材，按照书中步骤进行操作。

（2）104集Photoshop新手学视频精讲课堂，囊括Photoshop基础操作知识。

（3）《色彩设计搭配手册》和常用颜色色谱表，使平面设计色彩搭配不再烦恼。

本书服务

1．Photoshop软件获取方式

本书未提供Photoshop软件，读者可通过以下方式获取：

（1）在网上购买正版软件或登录http://www.adobe.com/cn/下载试用版。

（2）到当地电脑城咨询，一般软件专卖店有售。

2．技术问题信息发布

读者朋友遇到有关本书的技术问题，可以扫描封底“文泉云盘”二维码查看是否已发布相关勘误/解疑文档，如果没有，可在下方寻找作者联系方式，还可点击“读者反馈”留下问题，我们会及时回复。

关于作者

本书由亿瑞设计工作室组织编写，瞿颖健和曹茂鹏参与了本书的主要编写工作。另外，由于本书工作量巨大，以下人员也参与了本书的编写及资料整理工作，他们是：瞿玉珍、张吉太、唐玉明、朱于凤、瞿学严、杨力、曹元钢、张玉华等，在此一并表示感谢。

编　者

目录 Contents

第8章 UI文字设计……171

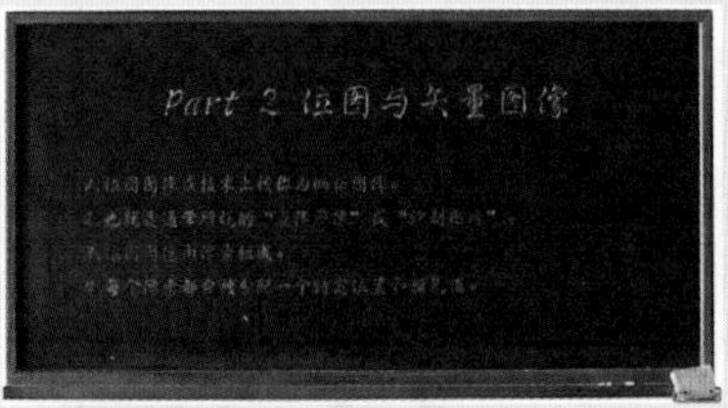

第9章 图层样式……199

第10章 图像修饰 262

第11章 调色 273

第1章

关于UI设计你需要了解的一些知识

本章内容简介：

随着智能设备的发展和网络的普及，智能电话、平板电脑已经成为现代人生活中不可缺少的一部分，这也促使着UI设计行业的发展与壮大，本章我们就来了解一下UI设计的基础。

本章学习要点：

- 了解什么是UI和UE
- 了解iOS系统和安卓系统
- 了解APP UI设计流程

1.1 什么是APP UI

随着智能手机的普及，服务于用户各种需求的APP层出不穷。APP主要指安装在智能手机上的软件，APP设计通常可分为两个部分：编码设计与UI设计。UI（User Interface）是用户界面的简称，从字面意思上可以理解为用户与界面两个组成部分，但实际上还包括用户与界面之间的交互关系。简单来说，UI设计既要符合美观、个性、有品位的外观特点，还应符合用户操作的逻辑性。如图1-1和图1-2所示为优秀的UI设计作品欣赏。

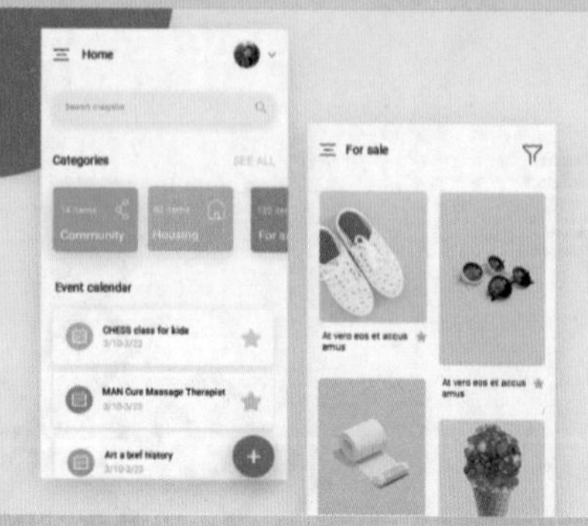

图1-1

图1-2

1.2 关于UI设计师

UI设计师简称UID（User Interface Designer），是负责软件界面的美术设计、创意工作和制作的人员。UI设计师工作的涉及范围包括商用平面设计、高级网页设计、移动应用界面设计及部分包装设计，是目前热门的职业之一。要知道的是，UI设计师的工作不仅仅是针对APP界面的外观图形进行设计，UI设计师按照其职能可分为3种：用户研究/测试工程师、图形设计师、交互设计师。如图1-3和图1-4所示为优秀的UI设计作品。

图1-3

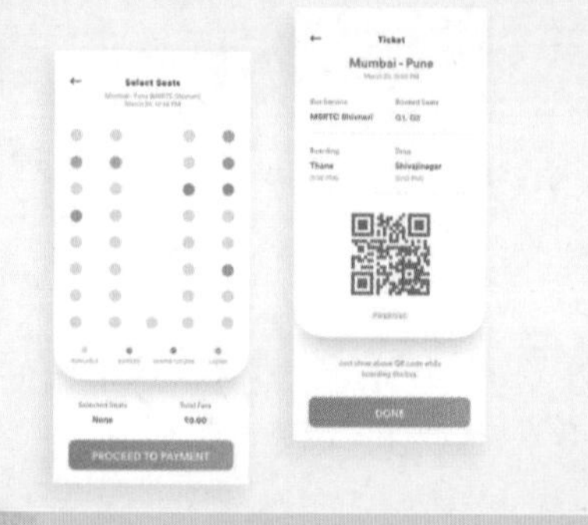

图1-4

1.2.1 用户研究/测试工程师

主要职责：在产品开发初期，要对用户进行了解，要深入挖掘用户对产品功能的需求和希望，从而设计出令客户满意的软件。当产品最终被推上市场后，需要对产品进行测试，其目的在于测试交互设计的合理性及图形设计的美观性。这时用户研究/测试工程师就需要主动收集市场的反馈，做出相应的改进与优化。如果不进行测试，单凭设计师的审美和经验，很容易出现闭门造车的局面，为企业带来风险。

需要具备的能力：掌握可用性工程学、人类功效学、心理学、市场研究学、教育学、设计学等。

1.2.2 图形设计师

主要职责：图形设计师的主要工作是对软件外观进行设计，也会被称之为美工。实际上图形设计师并不是单纯意义上美术工人的工作，而是了解软件产品、致力于提高软件用户体验的产品外形设计师。

需要具备的能力：掌握平面构成、色彩构成、版式设计、心理学、美术绘画、计算机制图等能力，并具有良好的审美观。

1.2.3 交互设计师

主要职责：交互设计师的工作内容就是设计软件的操作流程、树状结构、软件的结构与操作规范等。一个软件产品在编码之前需要做的就是交互设计，并且确立交互模型和交互规范。交互设计师一般都有软件工程的职业背景，也有从视觉设计师转行进入的。

需要具备的能力：了解用户体验设计和可用性原则；具有信息挖掘、用户调研、数据分析能力；具备良好的逻辑能力和沟通能力；懂心理学；了解交互设计原则和不同平台的规范；有对产品的视觉感知能力。

高手小贴士：UI设计师的自我修养

1. 熟练使用Photoshop、Illustrator、Flash、Axure等图形软件。
2. 有画图基础，并尝试临摹。
3. 多看设计类网站，提高审美意识，激发创作灵感。
4. 多练、多思考，例如积极参加比赛、找份实习的工作等。

1.3 UI与UE

当我们在探讨UI设计时，经常会提到UE这个概念。UE，就是User Experience的简称，直译为用户体验。一般指在内容、用户界面、操作流程、交互功能等多个方面的对用户使用感觉的设计和研究。

UE设计其实就是指用户与产品或服务互动过程中的一种机制。因为用户体验是非常主观的，每个用户的真实体验都不同。一个产品的好坏在很大程度上会受用户体验的影响，所以在进行产品设计时，要从用户的需求和用户的感受出发，围绕以用户为中心设计产品，而不是让用户去适应产品。

在设计方面，需要有一定的基本原则，主要包括有用性、易用性、友好性、美观性，如图1-5所示。

图1-5

（1）有用性：设计产品需要让产品有用，能够帮助用户完成一些事情，这也是最基本的要求。如图1-6和图1-7所示为优秀的UI设计作品。

（2）易用性：易用性是用户体验的核心，可以理解为软件操作起来是否简单。在UI设计中应该让用户一看就知道怎么使用，而不是靠猜，或者需要咨询他人完成操作。如图1-8和图1-9所示为优秀的UI设计作品。

图1-6

图1-7

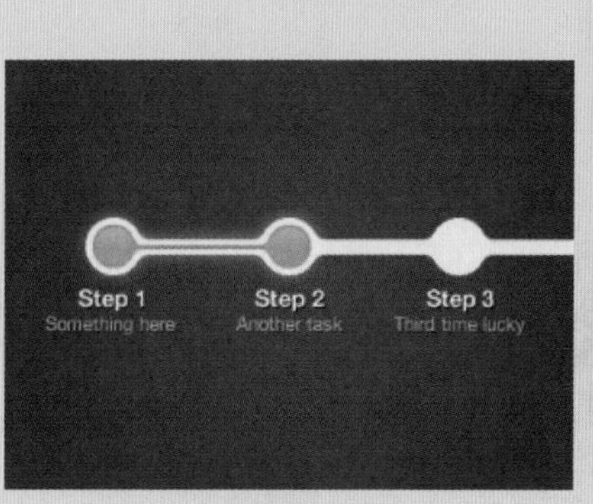

图1-8

图1-9

（3）友好性：友好性表现为操作过程中的感受，例如用词是否恰当，表现是否热情等。例如很多手游在刚刚进入界面后都有一个游戏角色向你进行游戏的介绍，在介绍游戏之前可能会说：欢迎来到***的世界；或者一些APP会添加引导页，一方面对APP进行介绍，另一方面可以增加用户的好感度。如图1-10和图1-11所示为优秀的UI设计作品。

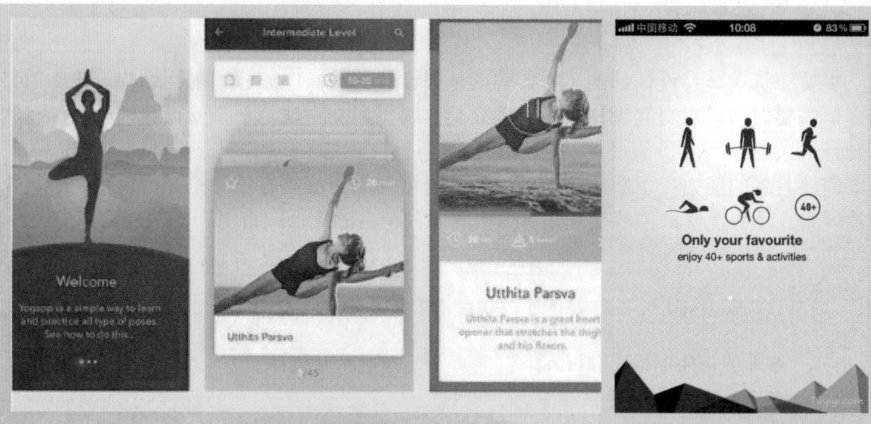

图1-10　图1-11

（4）美观性：要让产品具有吸引力，那么它的“颜值”就要高，从而使用户第一次见到它就产生足够强的吸引力。不同产品的受众不同，所以用户喜好的风格也不同，在UI设计之初要做好充分的准备工作，以满足受众的审美需要。如图1-12和图1-13所示为优秀的UI设计作品。

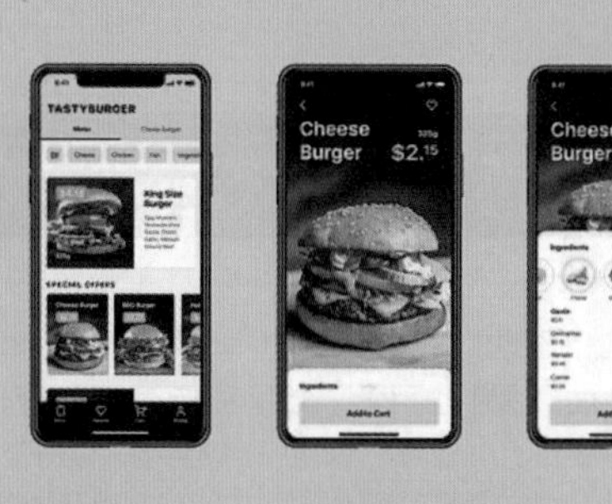

图1-12　图1-13

1.4 UI的分类

随着科技的发展，各种各样的操作界面几乎成为现代人生活不可缺少的一部分，无论是手里的手机、家里的电视、办公室的电脑、银行的ATM机、机场的自助取票机都需要用户在操作界面上进行操作。这些界面都需要进行设计，目前UI设计应用最为广泛的方向主要分为手机UI设计、网页UI设计、软件UI 设计等几类。

1.4.1 手机UI设计

在现代人的生活中，手机已经成为生活的必需品，它的功能不仅仅局限于打电话、发短信，更多的是用来娱乐、消遣。所以针对手机、平板电脑等移动客户端的UI设计不仅包括手机系统本身的操作界面设计，还包括应用于此类移动客户端的软件设计，也就是APP的图标设计、操作界面设计等。手机UI设计必须基于手机的物理特性和软件的应用特性进行合理的设计，所以界面设计师首先应对手机的系统性能有所了解，如图1-14和图1-15所示。

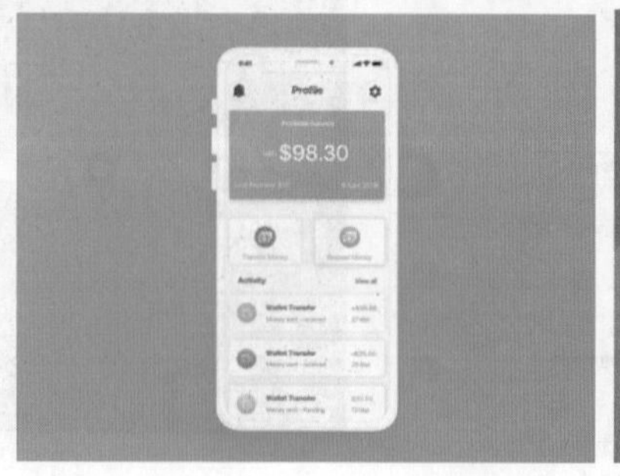

图1-14

图1-15

1.4.2 网页UI设计

随着互联网的发展，网站页面设计水平也随之提高。现在的网页不仅需要外观精美，还要最大限度地方便用户检索使用，以提升操作体验，如图1-16和图1-17所示。

图1-16

图1-17

1.4.3 软件UI 设计

电脑客户端的软件种类较多，由于界面尺寸通常比移动客户端要大，而且操作方式也不相同，所以设计思路也不相同。电脑客户端的软件操作界面在外观上要做到简洁大方，在操作上要做到方便快捷。如图1-18所示为Illustrator软件界面，如图1-19所示为Photoshop软件界面。

图1-18

图1-19

1.5 PC客户端和移动客户端

客户端是指与服务器相对应并为用户提供本地服务的软件程序。除了一些只在本地运行的应用程序之外，一般安装在普通的客户机上，需要与服务端互相配合运行。例如电脑中安装的QQ、Photoshop软件就是我们通常所说的软件客户端。客户端的类型可以分为两大类：PC客户端和移动客户端。其中，PC客户端就是指在电脑上使用的客户端，也就是说在电脑上使用的安装软件，如图1-20所示；移动客户端就是可以在手机上运行的软件，如图1-21所示。

图1-20

图1-21

不同的客户端其在操作方式、界面尺寸、网络环境等方面都有较大的不同，所以在UI设计的过程中也存在很多区别，如表1-1所示。

表 1-1　PC 客户端与移动客户端的区别

	PC客户端	移动客户端
操作方式	使用鼠标操作，操作相对单一	以手指操作为主，还可以配合传感器完成摇一摇、感应灯操作方式，操作方式更加丰富
屏幕尺寸	屏幕大，视觉范围广，可设计的地方更多，设计性更强	相对来说屏幕较小，操作局限性大，在设计上可用空间显得尤为珍贵
网络环境	设备连接网络更加稳定	设备连接网络相对不稳定，可能遇到因信号问题导致的网络环境不佳，甚至断网的情况
使用场景	多为在家、学校或者公司等固定场景，使用时间偏向于持续化，在一个特定的时间段内持续使用	不受局限，使用时间更加灵活，操作时间多为碎片化，所以在操作上更偏向于短时间内可完成的
更新频次	迭代时间较长，软件更新率低	迭代时间较短，用户更新率较高

1.6 手机APP界面组成

每个APP界面通常由很多元素组成，每种元素都有自己的职能和外观。不仅如此，每个APP也都包含一些常见的模块，如导航栏、标签栏、搜索栏等，在着手制作之前首先需要了解一下各种模块的功能和作用。

1.6.1　状态栏

状态栏位于整个界面最顶部，用于显示手机的状态，如信号、运营商、电量等信息。为了配合APP的设计风格，现在状态栏和标题栏都是融为一体的，如图1-22和图1-23所示。

读书笔记

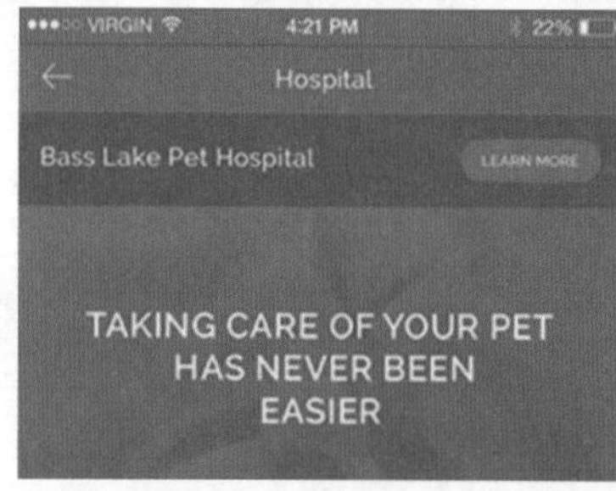

图1-22

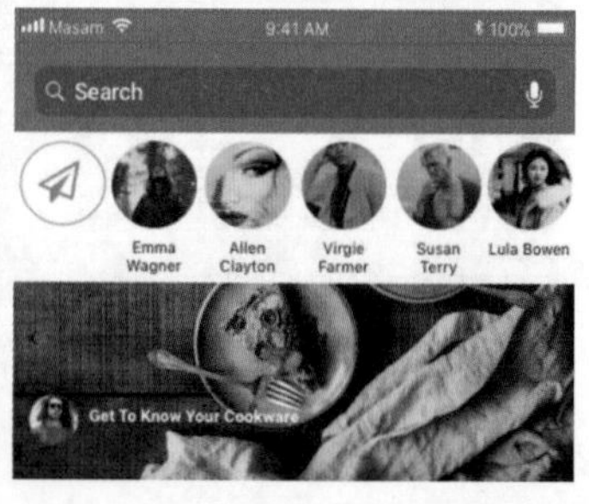

图1-23

1.6.2　导航栏

导航栏用于在应用里对不同的视图进行导航并管理当前视图中的内容，其中包含相应的功能或者页面之间的跳转按钮，如图1-24和图1-25所示。

读书笔记

图1-24

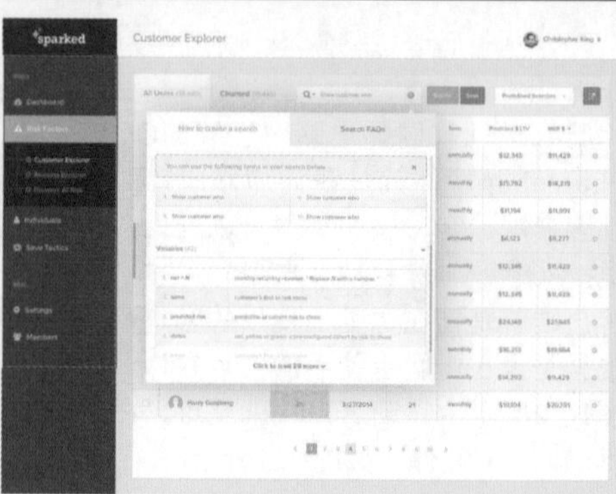

图1-25

1.6.3 标签栏

标签栏用于切换视图、子任务和模式，并且对程序层面上的信息进行管理，如图1-26和图1-27所示。

图1-26

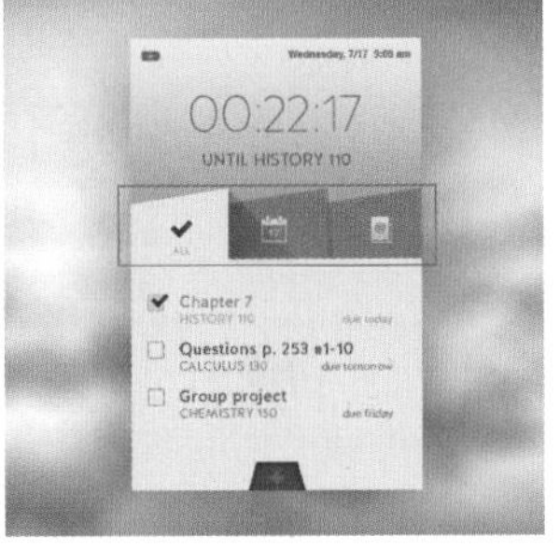

图1-27

1.6.4 搜索栏

在搜索栏中输入需要的内容，可以快速帮助用户查找问题，从而节省了时间。为了更好地控制查询结果，可以在搜索栏添加一个范围栏，这样能够帮助用户更精准地定位自己想要搜索的结果，如图1-28和图1-29所示。

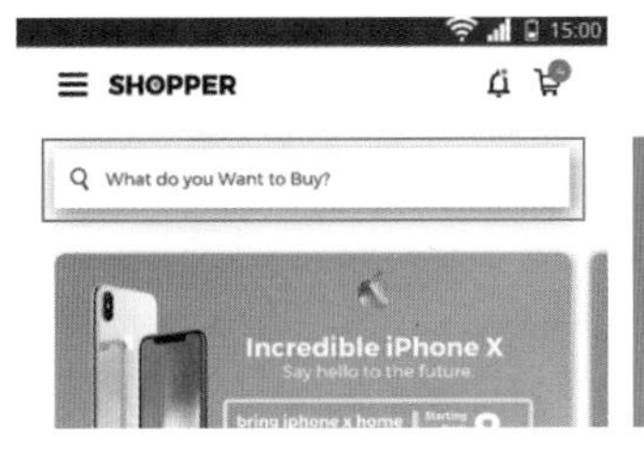

图1-28

图1-29

1.6.5 工具栏

工具栏包含一些管理、控制当前视图操作的工具，如图1-30和图1-31所示。

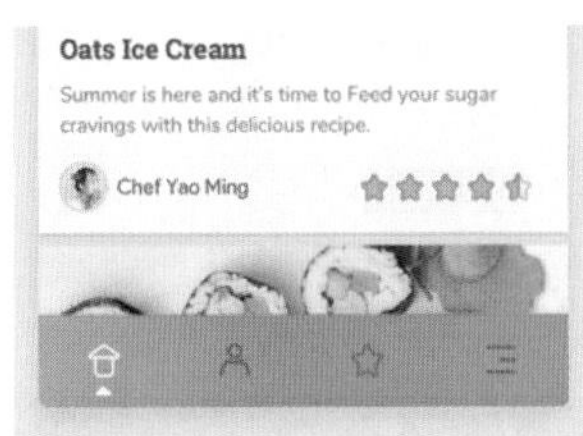

图1-30

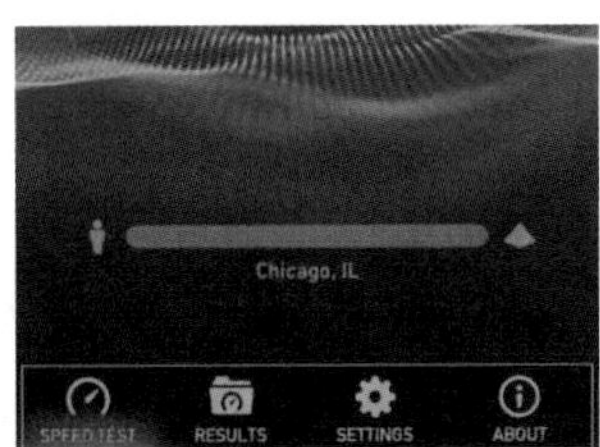

图1-31

1.6.6 表格视图

表格视图位于整个界面的内容区域，利用表格视图能让信息看起来调理清晰，一目了然。表格视图以单行多列的方式呈现数据，其每行都可划分为信息或分组，如图1-32和图1-33所示。

图1-32

图1-33

1.6.7 活动视图

活动视图是用于执行特定任务的视图，如图1-34和图1-35所示。

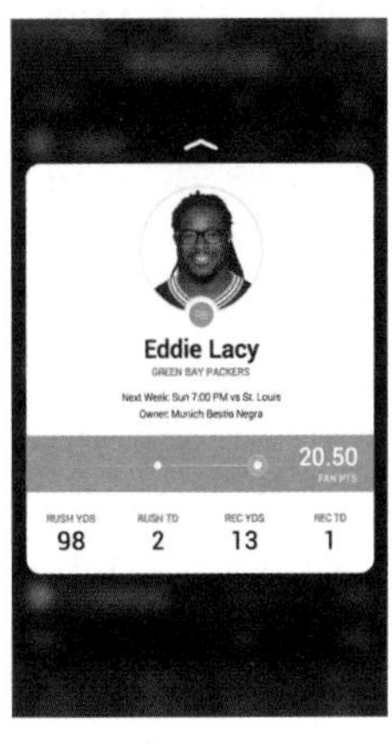

图1-34

图1-35

1.6.8 动作

动作菜单用于执行某个动作，例如删除某一软件后会弹出询问继续或者取消的对话框，如图1-36和图1-37所示。

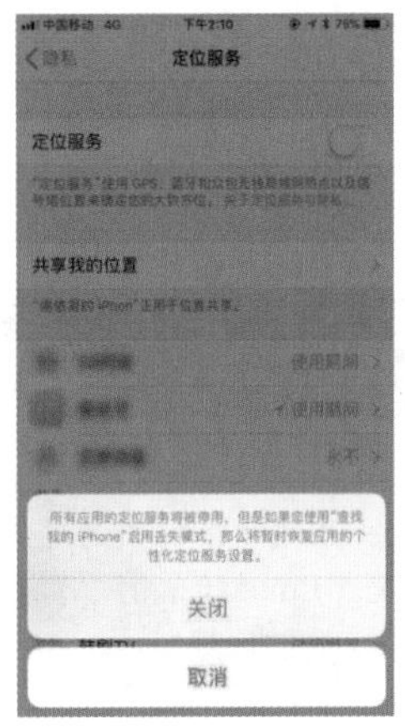

图1-36

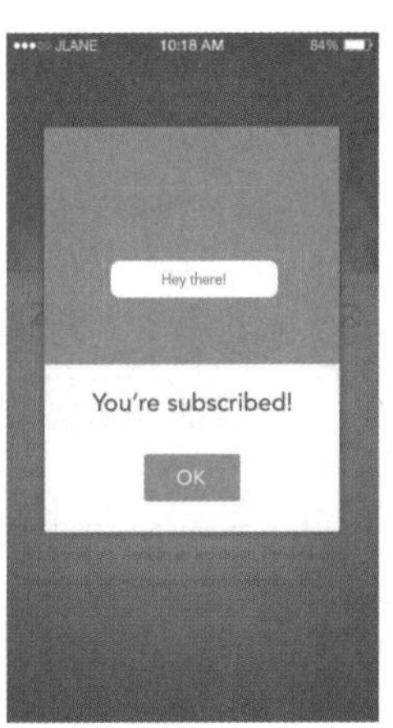

图1-37

1.6.9 警告提醒

警告提醒会以窗口的形式弹出，并且浮动在整个界面中央。它的作用是通知用户关键信息，强制用户做出一些选择，如图1-38和图1-39所示。

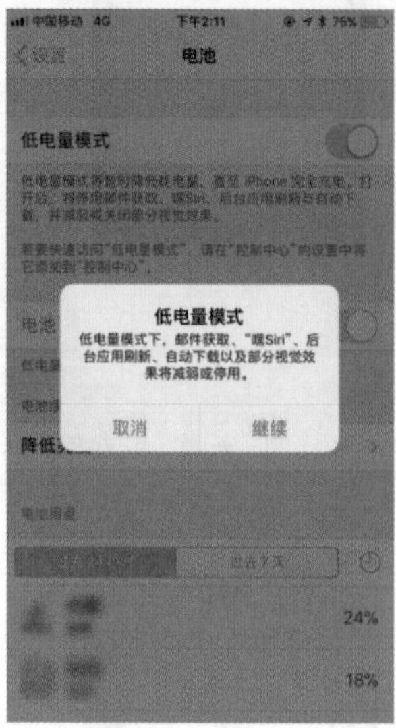

图1-38

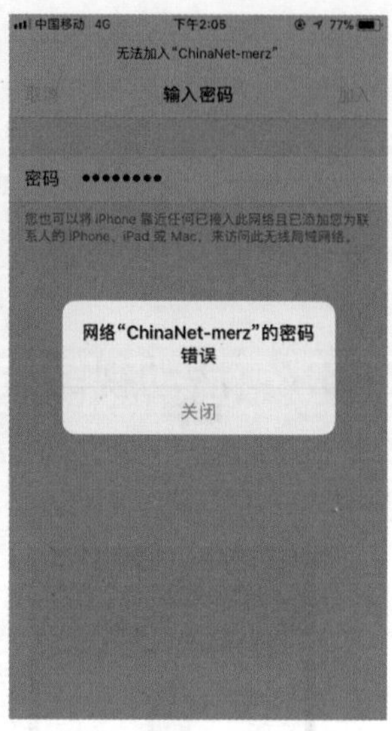

图1-39

1.6.10 编辑菜单

在选定一个对象后，例如文本、图片，编辑菜单允许用户进行复制、粘贴、剪切等操作，如图1-40和图1-41所示。

图1-40

图1-41

1.6.11 浮动框

浮动框并不是一直显示的状态，而是处在一个"折叠"的状态，在需要时按一下按钮即可显示浮动框，在浮动框以外的空白位置单击即可将浮动框收起，如图1-42所示。

图1-42

读书笔记

1.7 iOS系统和安卓系统

目前主流的手机系统分别是iOS操作系统和安卓操作系统。iOS是苹果公司专门为iPhone等设备开发的一款操作系统，安卓系统是Google发布的一款基于Linux核心的手机操作系统。不同操作系统的设计规范是不同的，针对不同操作系统的APP界面进行设计时都要遵循相应的设计规范。

1.7.1 iOS系统

iOS是苹果公司专门为iPhone等设备开发的一款操作系统。它可以管理硬件设备，并为手机自带本地程序应用的实现提供了基础技术。由于iOS是一个完全封闭的系统，有着严格的管理体系与评审规格，因此相比较而言，iOS系统是比较稳定的。

iOS系统不仅对硬件的要求十分严格，而且在界面上也投入了很大的精力，致力于为用户提供最直观的体验，力争为用户带来简洁、美观并且容易操作的视觉印象，便于用户操作且帮助用户更快速、深入地掌握使用方法。随着iOS的不断更新，尺寸的大小也随之改变。iOS平台家族成员主要包括iPhone、iPad、iPod Touch、iPad Mini等，不同设备的尺寸大小和分辨率各不相同。以iPhone为例，不同型号的设备其屏幕尺寸对比如图1-43所示。

设备名称	屏幕尺寸	PPI	Asset	竖屏点（point）	竖屏分辨率（px）
iPhone X	5.8 in	458	@3x	375 x 812	1125 x 2436
iPhone 8+, 7+, 6s+, 6+	5.5 in	401	@3x	414 x 736	1242 x 2208
iPhone 8, 7, 6s, 6	4.7 in	326	@2x	375 x 667	750 x 1334
iPhone SE, 5, 5S, 5C	4.0 in	326	@2x	320 x 568	640 x 1136
iPhone 4, 4S	3.5 in	326	@2x	320 x 480	640 x 960
iPhone 1, 3G, 3GS	3.5 in	163	@1x	320 x 480	320 x 480

图1-43

随着屏幕尺寸的改变，每一个应用程序的图标大小也随之改变，以确保应用图标在界面中看起来整洁、美观，图标尺寸如图1-44所示。

设备名称	应用图标	App Store图标	Spotlight图标	设置图标
iPhone X, 8+, 7+, 6s+, 6s	180 x 180 px	1024 x 1024 px	120 x 120 px	87 x 87 px
iPhone X, 8, 7, 6s, 6, SE，5s, 5c, 5, 4s, 4	120 x 120 px	1024 x 1024 px	80 x 80 px	58 x 58 px
iPhone 1, 3G, 3GS	57 x 57 px	1024 x 1024 px	29 x 29 px	29 x 29 px
iPad Pro 12.9, 10.5	167 x 167 px	1024 x 1024 px	80 x 80 px	58 x 58 px
iPad Air 1 & 2, Mini 2 & 4, 3 & 4	152 x 152 px	1024 x 1024 px	80 x 80 px	58 x 58 px
iPad 1, 2, Mini 1	76 x 76 px px	1024 x 1024 px	40 x 40 px	29 x 29 px

图1-44

1.7.2 安卓系统

安卓系统是Google发布的一款基于Linux核心的手机操作系统，主要用于智能手机、平板电脑等移动设备，是一种开放源代码的操作系统。在智能产品市场中，由于安卓系统的开放性较强，众多厂商开发了大量优秀的、功能强大的产品，用户和开发商可以自由定制操作系统的界面，也正是因为这一点，才受到广大消费者的青睐。

随着硬件设备的不断升级，移动客户端的屏幕尺寸以及分辨率也越来越大，相应的UI尺寸和图标也随之改变，对比参数如图1-45和图1-46所示。

Android SDK模拟机的尺寸

屏幕大小	低密度（120）	中等密度（160）	高密度（240）	超高密度（320）
小屏幕	QVGA（240×320）		480×640	
普通屏幕	WQVGA400（240×400） WQVGA432（240×432）	HVGA（320×480）	WVGA800（480×800） WVGA854（480×854）600×1024	640×960
大屏幕	WVGA800 *（480×800） WVGA854 *（480×854）	WVGA800 *（480×800） WVGA854 *（480×854） 600x1024		
超大屏幕	1024×600	1024×768 1280×768WXGA（1280×800）	1536×1152 1920×1152 1920×1200	2048×1536 2560×1600

图1-45

Android的图标尺寸

屏幕大小	启动图标	操作栏图标	上下文图标	系统通知图标(白色)	最细笔画
320×480 px	48×48 px	32×32 px	16×16 px	24×24 px	不小于2 px
480×800px 480×854px 540×960px	72×72 px	48×48 px	24×24 px	36×36 px	不小于3 px
720×1280 px	48×48 dp	32×32 dp	16×16 dp	24×24 dp	不小于2 dp
1080×1920 px	144×144 px	96×96 px	48×48 px	72×72 px	不小于6 px

图1-46

1.8 UI设计师常用的工具

通过前面的学习，我们了解到UI设计并不是简单的制图，其工作内容可能涉及文案撰写、原型制作、图像处理、矢量绘图、三维制图、动效制作、图像压缩等方面。所以，简单来说，UI设计可以用到的软件包括很多种，如Word、PPT、PS、AI、Sketch、Axure、3ds Max、C4D、AE、Flash、Image Optimizer、Axialis IconWorkshop等，每种软件都在特定的区域有着不可替代的作用。尽可能多地掌握以上软件的操作，有助于设计师们更加便捷、流畅地制作出预想的效果。

- Microsoft Word：基本的办公软件，可以用于文字的编辑处理。
- Microsoft Office PowerPoint：简称PPT，是一种倾向于演示文稿的程序，能够便捷地查看、创建、编辑高品质的演讲文稿，表达方式直观、形象。
- Photoshop：Adobe Photoshop，简称PS，是由Adobe Systems开发和发行的图像处理软件，在图像、图形、文字、视频、出版等各方面都有涉及。
- Illustrator：Adobe Illustrator，是Adobe系统公司推出的基于矢量的图形制作软件。广泛应用于插画设计、平面设计、UI设计等多个领域。
- Sketch：是一款轻量、易用的矢量设计工具，目前主要应用在网页、图标，以及界面设计中。但除了矢量编辑的功能外，我们同样添加了一些基本的位图工具。

- Axure RP：是美国Axure Software Solution公司旗舰产品，是一个专业的快速原型设计工具，让负责定义需求和规格、设计功能和界面的专家能够快速创建应用软件或Web网站的线框图、流程图、原型和规格说明文档。作为专业的原型设计工具，它能快速、高效地创建原型，同时支持多人协作设计和版本控制管理。
- 3ds Max：3ds Max是一款应用非常广泛的三维模型制作软件，功能强大、应用广泛，具有较强的扩展性，建模功能强大、效果逼真，常用于制作界面中出现的三维元素，或者带有三维效果的图标等。
- CINEMA 4D：简称C4D，是一款全面的三维软件，具有建模、材质、灯光、绑定、动画、渲染等功能，效率较高。同样常用于制作界面中出现的三维元素，或者带有三维效果的图标等。
- Adobe XD：是一款集矢量绘图设计和原型制作于一体的强大软件，它也是一款真正实现UI设计和UX设计功能于一体的强大软件。
- Adobe After Effects：简称AE，该软件为图形视频处理软件，可以高效且精确地创建无数种引人注目的动态图形和震撼人心的视觉效果。
- Image Optimizer：图像压缩软件，具有极高的压缩率，且不影响图像的品质。
- Axialis IconWorkshop：是一款功能强大的图标设计工具，被用来创建、提取、转换、管理和发布Windows（R）图标。

1.9 APP UI设计流程

UI设计的基本流程一般可以分为5个步骤：需求分析阶段→分析设计阶段→调研验证阶段→方案改进阶段→用户验证反馈阶段。

1. 需求分析阶段

从字面意思上我们就能够理解什么是需求分析，它也是本次设计的出发点。在对需求进行分析时，可以从使用者、使用环境、使用方式3个方面进行需求分析。所以在对一款APP进行设计之前，我们应该先了解使用群体有哪些，例如用户的年龄、性别、收入、教育水平；这款APP会在何种场合进行应用，是在家里、办公室、学校、医院还是在公共空间；最后考虑如何使用这款APP。改变上面的任何一个元素，其结果都会有相应的改变。与此同时还需要参考同类竞争产品，吸取经验，弥补自身不足，只有知己知彼才能设计出更好的产品。

2. 分析设计阶段

经过一番对需求的分析，接下来到了设计阶段。首先我们应该制作一个体现用户定位的词语坐标。例如制作一款男性潮流服饰购物软件，定位在18～35岁的青少年男性。对于这类用户，我们分析得到的关键词有品质、精美、高档、男性、时尚、个性、粗犷、潮、轻奢、亲和、暖男等。分析这些关键词时，我们发现有些词是必须要体现的，如品质、时尚、轻奢、潮。但有些词是相互矛盾的，必须放弃一些，如粗犷、亲和等。接着收集与必须体现关键词相呼应的图片，这样根据关键词的图片，设计出数套不同风格的界面。

3. 调研验证阶段

所设计不同风格的界面需要在同一个设计水平上，这样才能得到最真实客观的反馈。在调研阶段需要从以下几个问题出发。

（1）用户对各套方案的第一印象。

（2）用户对各套方案的综合印象。

（3）用户对各套方案的单独评价。

（4）选出最喜欢的。

（5）选出其次喜欢的。

（6）对各方案的色彩、文字、图形等分别打分。

（7）结论出来以后请所有用户说出最受欢迎方案的优缺点。

（8）所有这些都需要用图形表达出来，直观科学。

4．方案改进阶段

调研后，要选出一个最佳方案，再针对调研的结果做出改进。

5．用户验证反馈阶段

改进以后的方案，我们可以将其推向市场，因为还需要用户反馈。这时设计师可以去柜台前与用户交流和沟通，真正了解用户的使用感受，为以后的升级版本积累经验和资料。

读书笔记

第2章

UI色彩与布局

本章内容简介：

我们生活在一个五彩斑斓的世界中，色彩往往决定了第一印象的好与坏，同时它也是抓住用户心理的第一手段。另外，UI设计的布局也非常重要，布局方式的好坏能够决定产品的易用性和交互体验，好的布局可以得到用户的信任与依赖。本章我们将学习时下流行的设计风格，掌握设计风格的流行趋势，从而设计出令客户满意的作品。

本章学习要点：

- 掌握UI设计的色彩基础知识
- 掌握几种常见的UI信息布局方式
- 掌握时下流行的UI设计风格

2.1 UI与色彩

颜色是UI的第一印象，能够反映出整体的设计感觉，虽然颜色有千千万万种，但是在色彩搭配中还是有规律可循的，学习色彩的基础知识，能够在日后的学习和设计过程中更容易掌控色彩，搭配出最佳的设计方案。

2.1.1 色相、明度、纯度

色彩的三属性是指色彩具有的色相、明度、纯度3种性质，如图2-1所示。

1. 色相

色相是指色彩的相貌，我们通过色相去区别颜色，例如红色、绿色、黄色。色相是根据颜色光波长短划分的，只要色彩的波长相同，色相就相同，波长不同才产生色相的差别，例如明度不同的颜色但是波长处于780nm～610nm，那么这些颜色的色相都是红色。

"红、橙、黄、绿、青、蓝、紫"是日常中最常听到的基本色，如图2-2所示。在各色中间插入一两个中间色，即可制出12种基本色相，如图2-3所示。

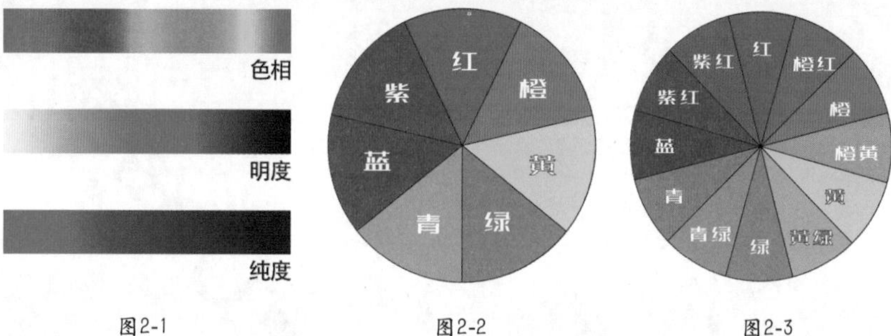

图2-1　　图2-2　　图2-3

2. 明度

明度是指颜色的明暗、深浅上的不同变化，色彩的明度越高，颜色越亮；明度越低，颜色越暗，如图2-4所示。

不同明度的颜色其特点分别如下。

- 高明度：轻快、淡雅、清新。
- 中明度：含蓄、柔和、稳重。
- 低明度：厚重、深沉、压抑。

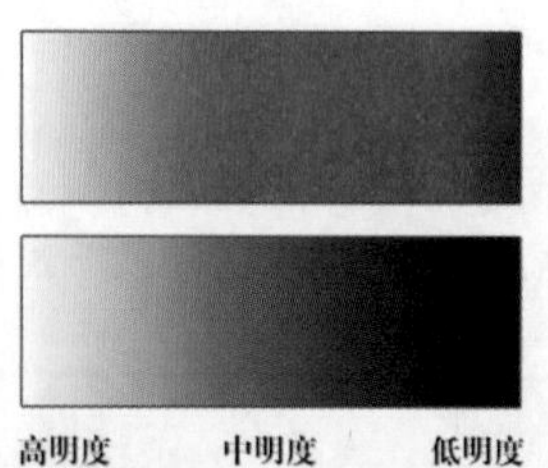

高明度

中明度

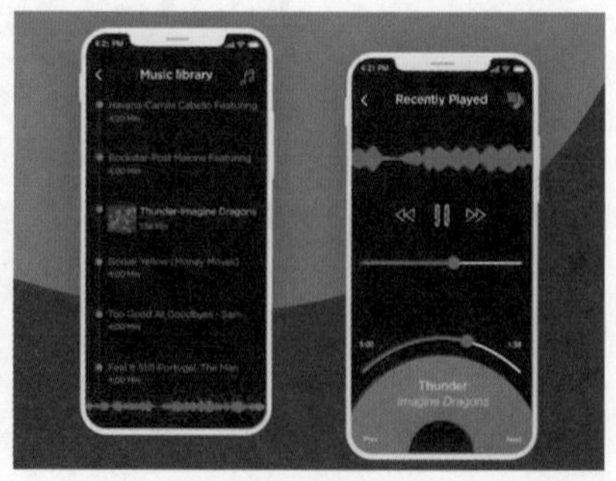

低明度

图2-4

3. 纯度

纯度是指色彩的鲜浊程度，也就是色彩的饱和度。物体的饱和度取决于该物体表面选择性的反射能力。在同一色相中添加白色、黑色或灰色都会降低它的纯度，如图2-5所示。

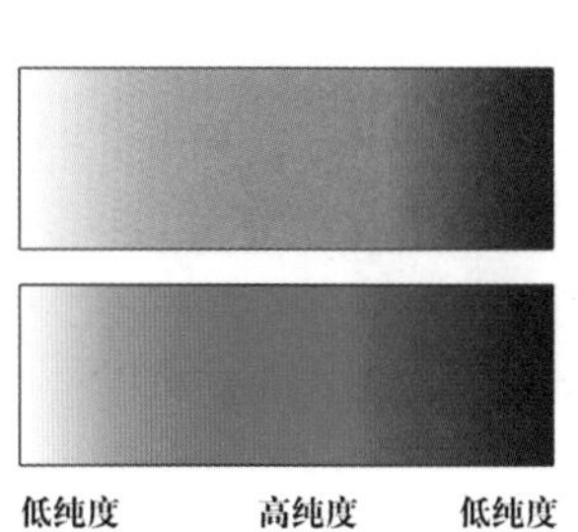

高纯度

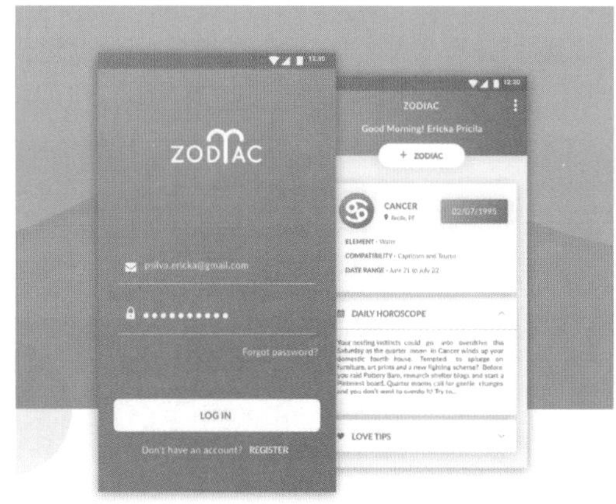

低纯度

图2-5

2.1.2 UI设计的色彩搭配

UI设计中的色彩一般分为主色、次色和点缀色，在色彩搭配过程中不可忽略的还有背景色，通常背景色主要起到衬托、烘托的作用，如图2-6所示。

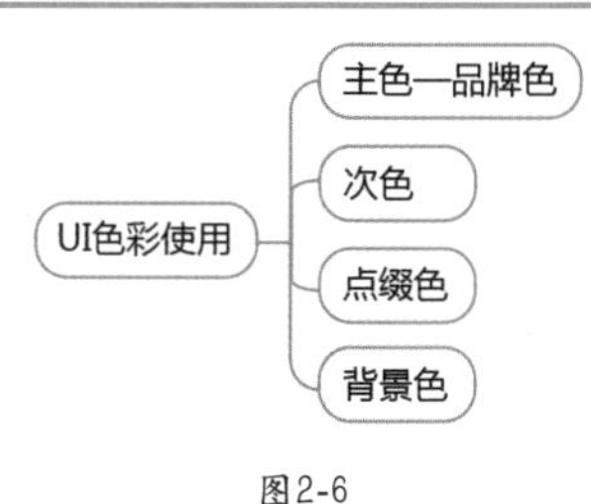

图2-6

1. 主色

主色是APP的代表色，例如YAHOO的品牌颜色为紫色，Facebook的品牌颜色为深青色。主色主要应用在导航栏、状态栏、标签栏中。主色一定是整个界面最抢眼的颜色，如图2-7和图2-8所示。

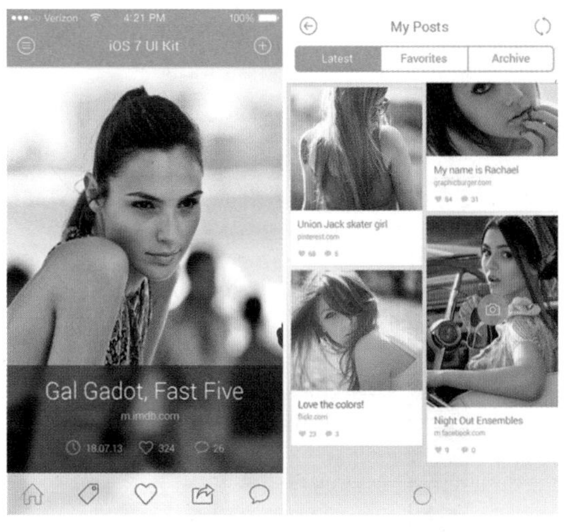

图2-7

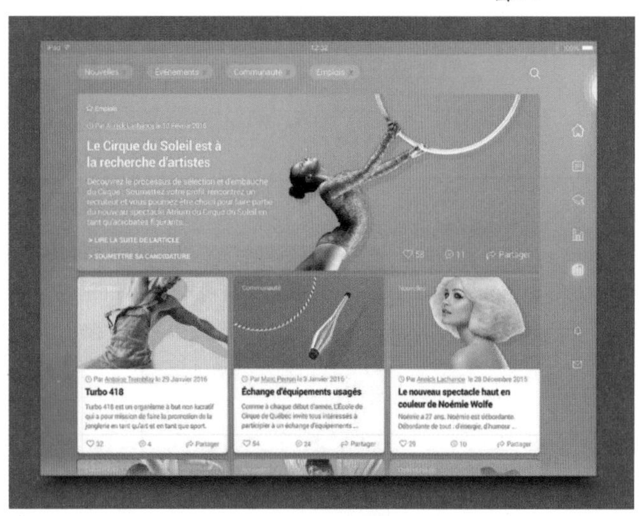

图2-8

2. 次色

次色主要用于配合主色，突出、辅助主色，例如在按钮按下的状态，一般会选用与主色相同的色调，并加黑或者加白，以调整深浅明暗，如图2-9所示。

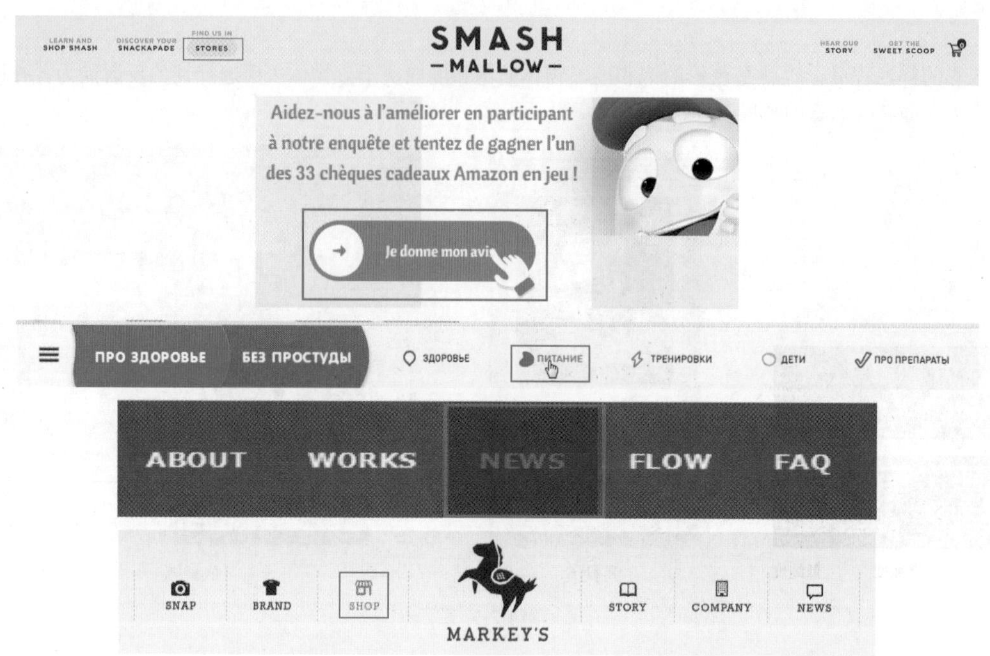

图2-9

3. 点缀色

点缀色用来装点APP的颜色，通过点缀色能够让界面颜色看起来更加丰富，一般应用于分类导航图标、设置功能图标、消息通知、标签等，如图2-10所示。

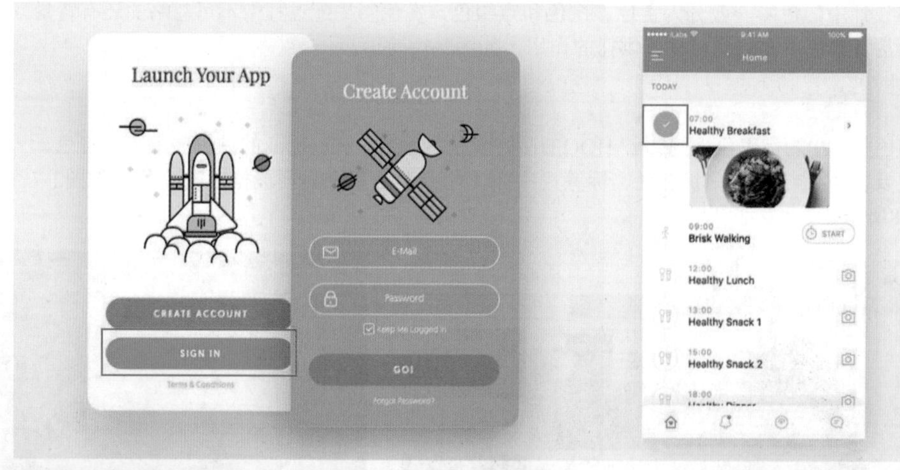

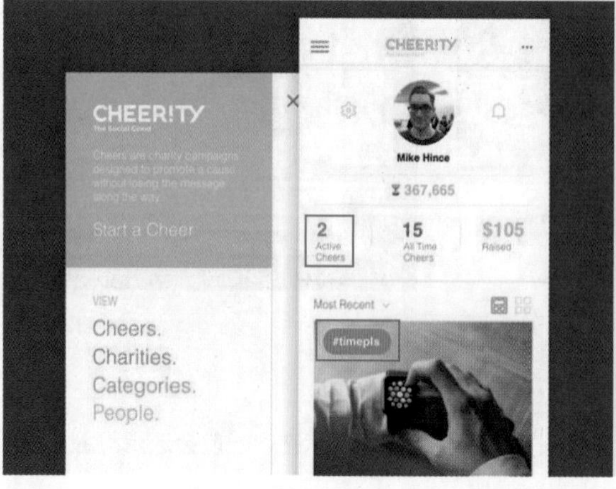

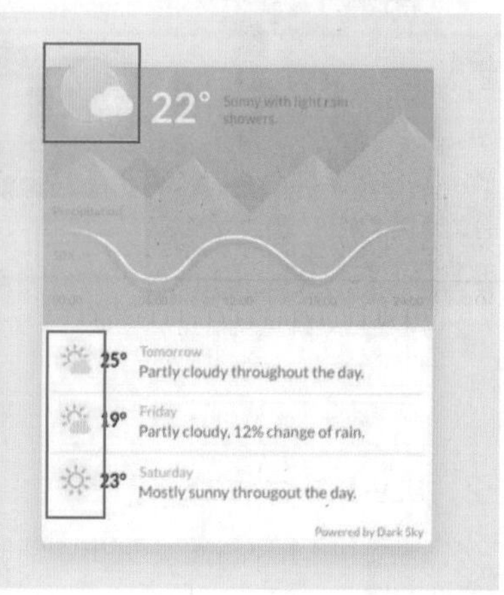

图2-10

4. 背景色

背景色在APP中能够起到烘托、衬托的作用，选择纯色的背景能够让界面看起来简洁、干净，如图2-11和图2-12所示。渐变色的背景能够让界面颜色更加丰富，富有动感。因为背景色的面积大，因此有的时候可将背景色同时作为界面的主色，如图2-13和图2-14所示。

黑色背景

图2-11

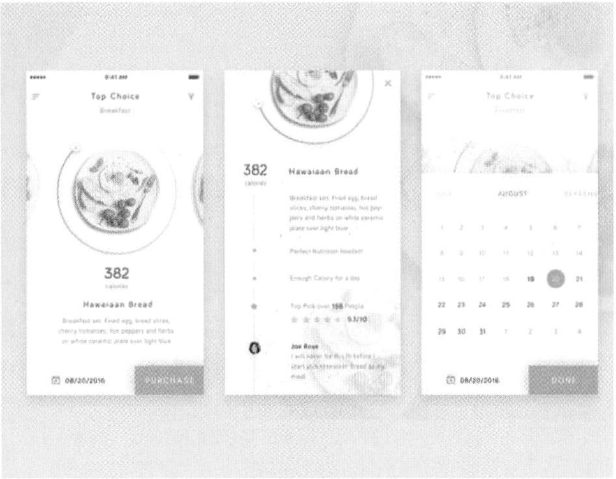

白色背景

图2-12

渐变色背景

图2-13

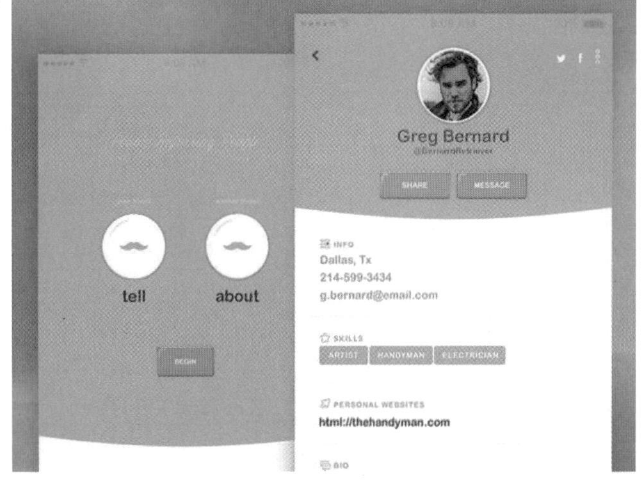

渐变色背景

图2-14

2.1.3 邻近色、对比色

1. 邻近色对比

色相环中相邻的3个颜色为邻近色。邻近色的特点是色相、色差的对比度都是很小的，能够营造出丰富的质感和层次，如图2-15所示。

2. 对比色对比

在色环中，相隔120°左右的两种颜色为对比色，在色彩搭配中，通常会采用三角形配色的方式，这种方式所选的颜色之间互为对比色。这种配色方案颜色丰富，对比强烈，容易营造活泼、动感的氛围，如图2-16所示。

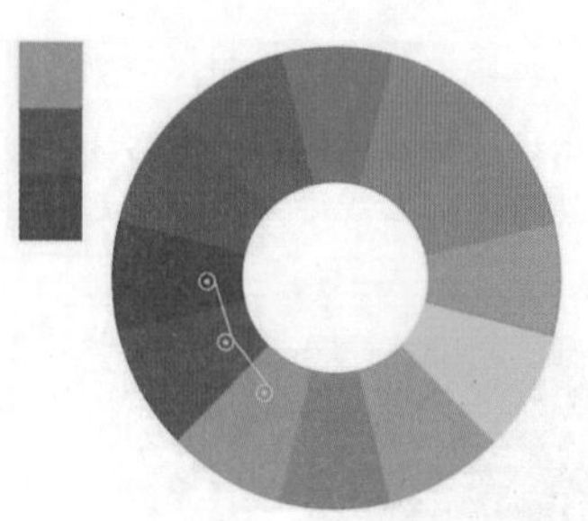

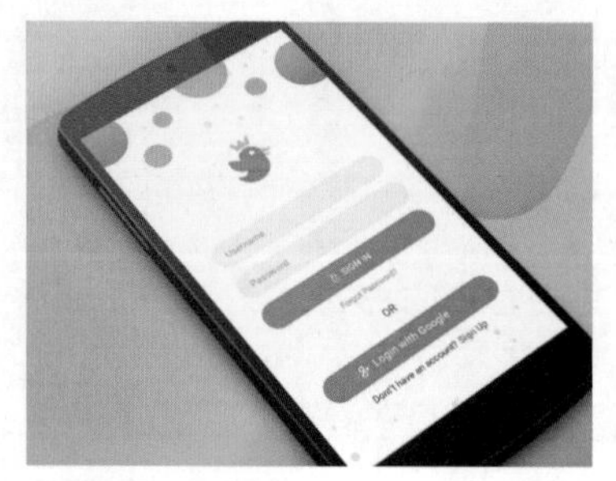

RGB：126,133,192

RGB：75,130,195

RGB：95,170,215

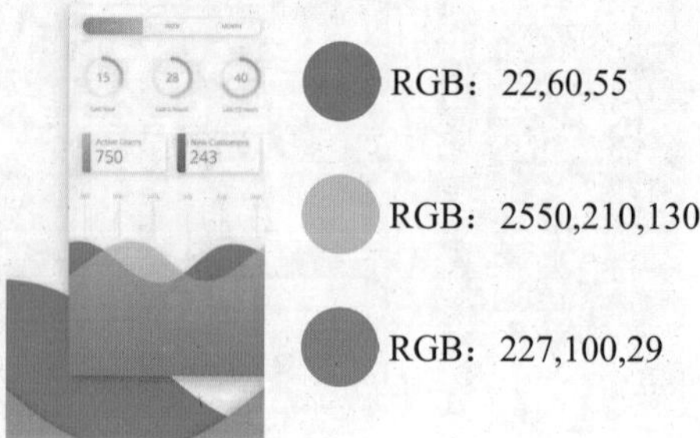

RGB：22,60,55

RGB：2550,210,130

RGB：227,100,29

图2-15

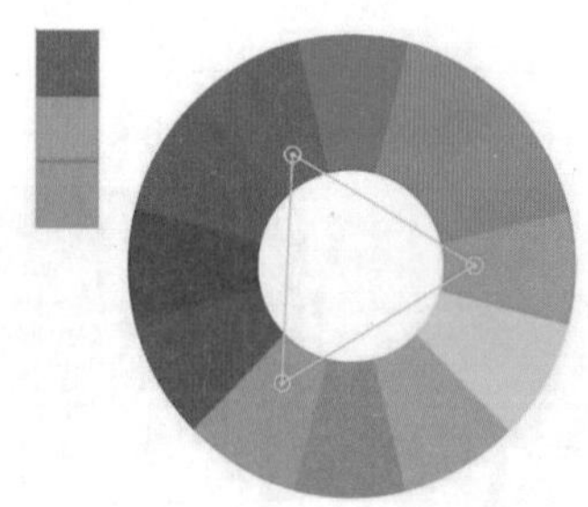

The best stuff
for making
music

Hottest SEE ALL

For your own home studio SEE ALL

RGB：250,140,110

RGB：240,130,110

RGB：175,105,167

RGB：130,95,160

RGB：244,166,111

RGB：50,185,240

图2-16

2.2 UI信息布局方式

在进行UI设计的过程中，要面对一个特别重要的问题，就是要考虑信息优先级和各种布局方式的契合度，应采用最合适的布局设计方案来提高移动产品的易用性和交互体验。本节将讲解以下几种常见的信息布局方式。

1. 宫格布局法

宫格布局法又叫作网格布局，最常见的有九宫格、六宫格等布局方式，这类布局方式可使信息内容展示的方式简单明了，通过图文结合，方便信息的传递与理解。宫格布局法可非常方便地适配所有的移动手机机型，因为这样的结构是最有利于内容区域随屏幕分辨率不同而自动伸展宽高，同时也是iOS和Android开发人员比较容易编写的一种布局方式，如图2-17所示。

2. 列表布局法

列表布局就是以列表的形式展示具体内容，并且能够根据数据的长度自适应显示，这是一种可以滚动的列表布局方式。无论是iOS还是Android 都有现成的列表布局插件和模板。列表布局法常用于分类信息的展示，例如产品列表、对话框列表等，如图2-18所示。

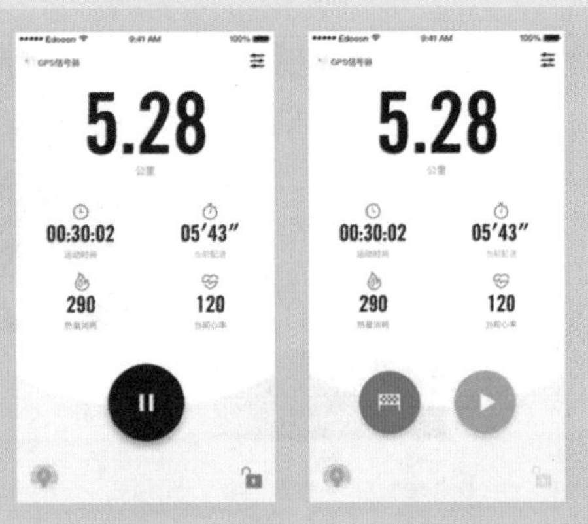

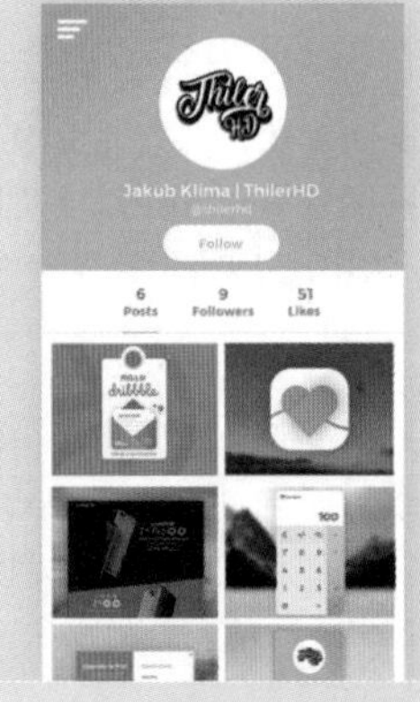

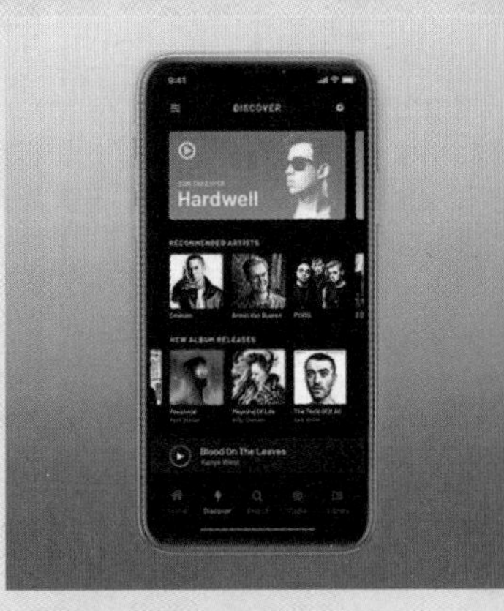

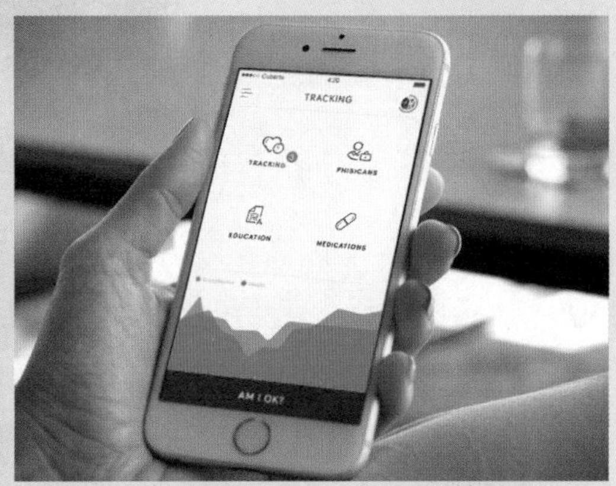

图2-17

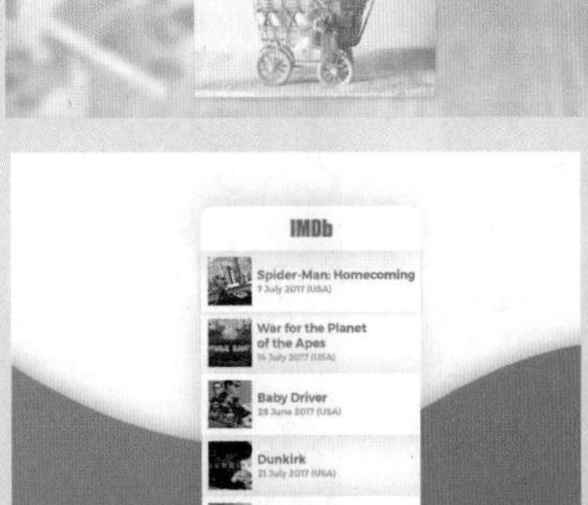

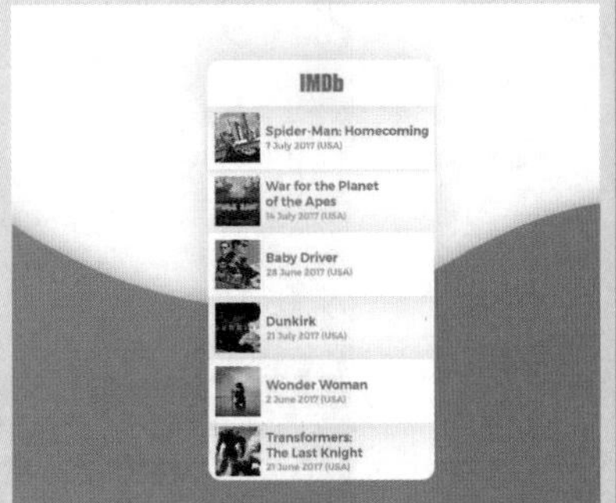

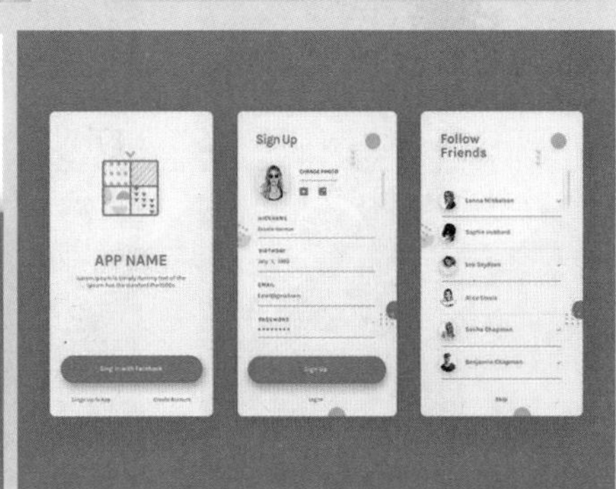

图2-18

3．大图展示布局法

大图展示布局法以生动有趣的图像作为画面主体，这类布局多见于引导页和一些图片分享APP，以及摄影类的APP等，如图2-19所示。

4．图表信息布局法

在APP中添加图表信息能够让表达更加清晰、明确，也能够让APP更具商务气质，例如运动APP、金融APP、天气预报APP等，如图2-20所示。

读书笔记

图2-19

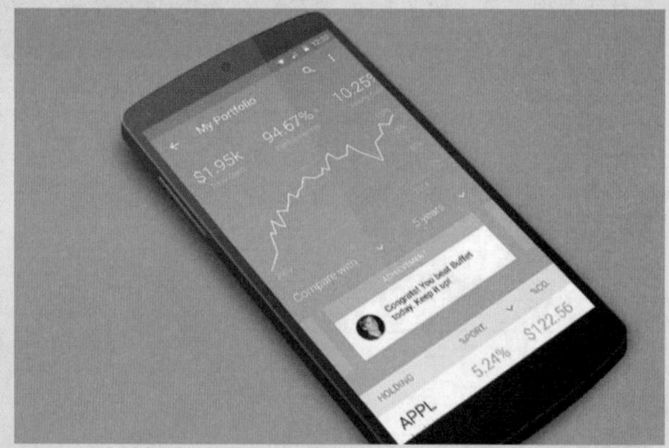

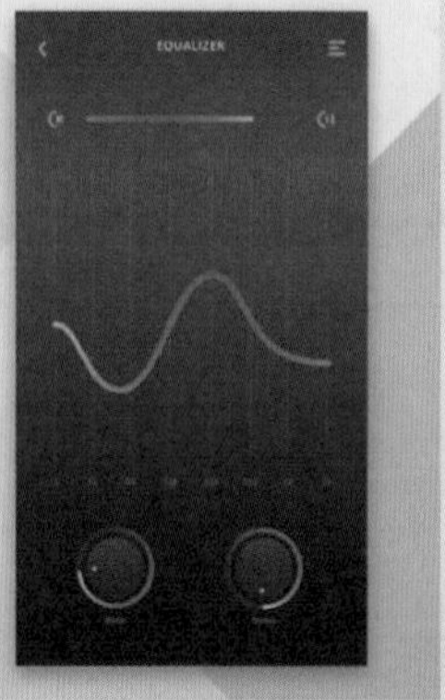

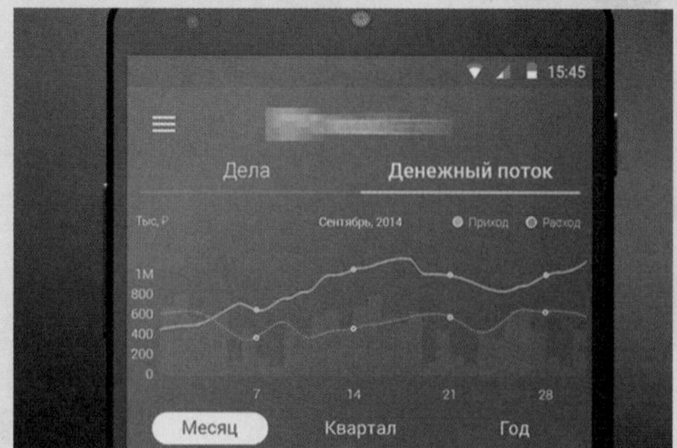

图2-20

5. 标签布局法

标签布局法以标签的方式显示它的子视图元素，在界面中可以显示多个标签，例如单击搜索栏后会显示关键词、热度词等，这种布局方式可以根据用户需要快速做出判断，符合操作习惯，如图2-21所示。

6. 瀑布布局法

瀑布布局法通过错落有致的布局，同时视线随着屏幕不断向下流动，通过不断地加载更多内容，特别容易让人沉浸其中，这种布局方法适合内容频繁更新的情况，例如图片赏析类APP、社交类APP、短视频类APP等，如图2-22所示。

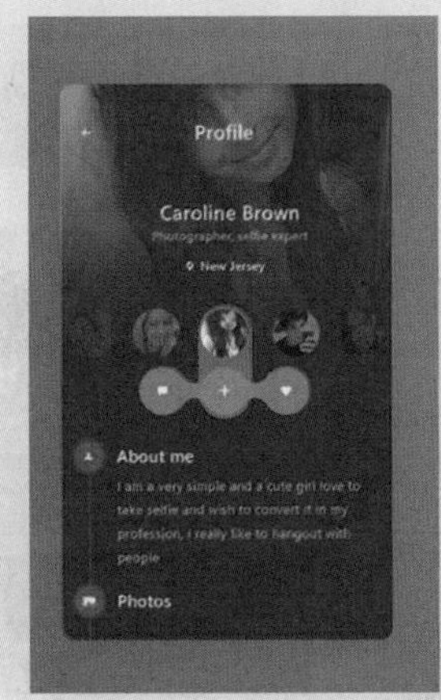

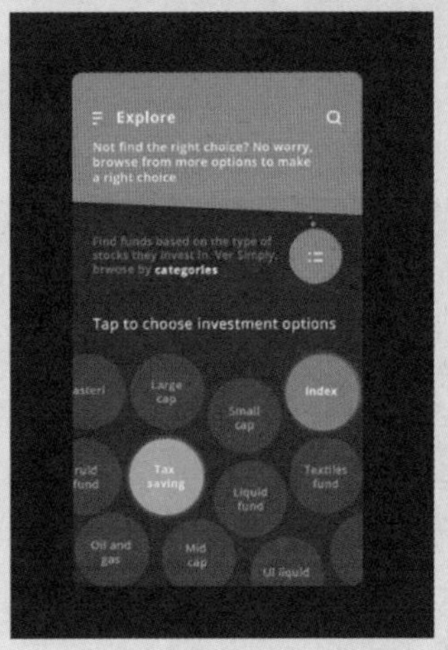

图2-21

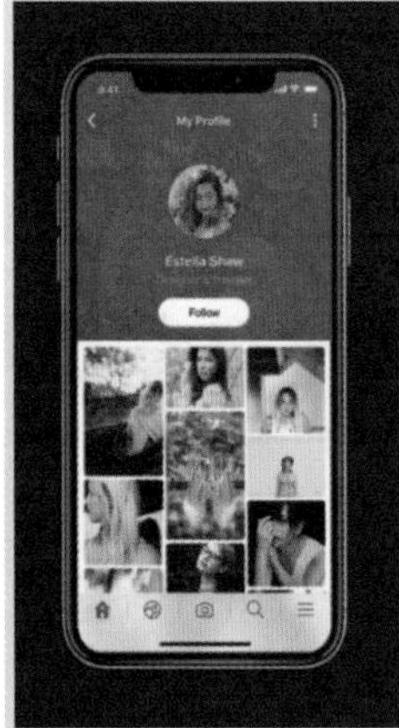

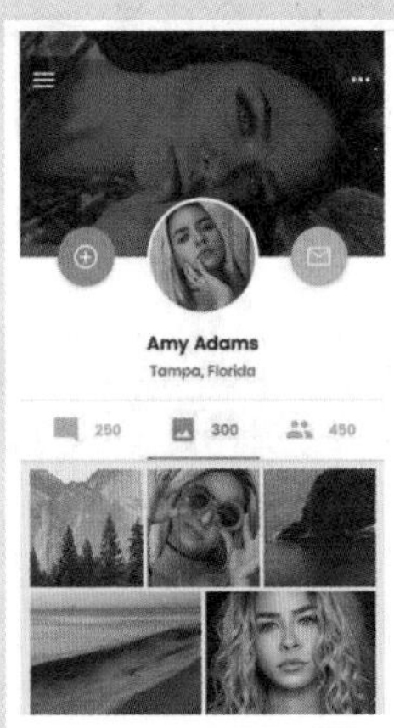

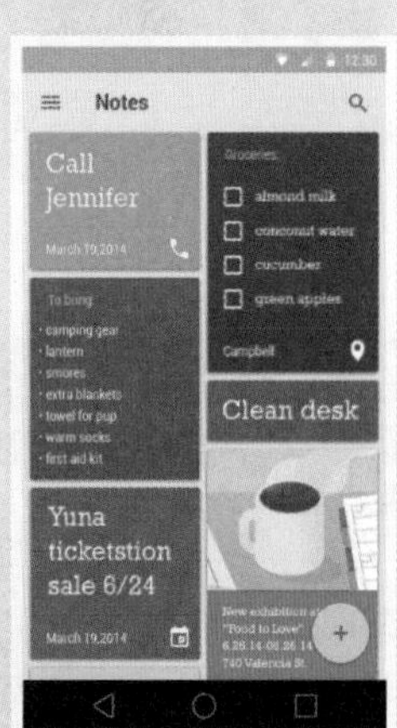

图2-22

7. 卡片布局

每张卡片都带有一张大的图片，图片能够增加吸引力，并帮助用户分辨每个项目之间的区别。这种布局方式使每个卡片的信息承载量增大，转化率增高，并且每张卡片的操作都是互相独立，互不干扰的，如图2-23所示。

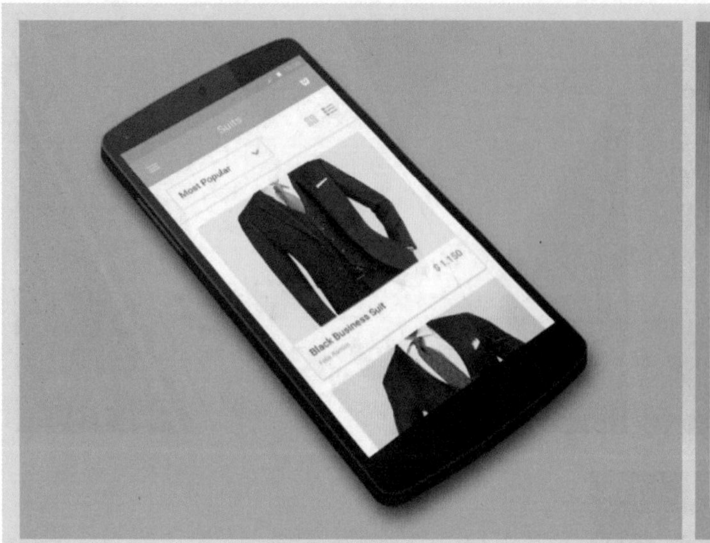

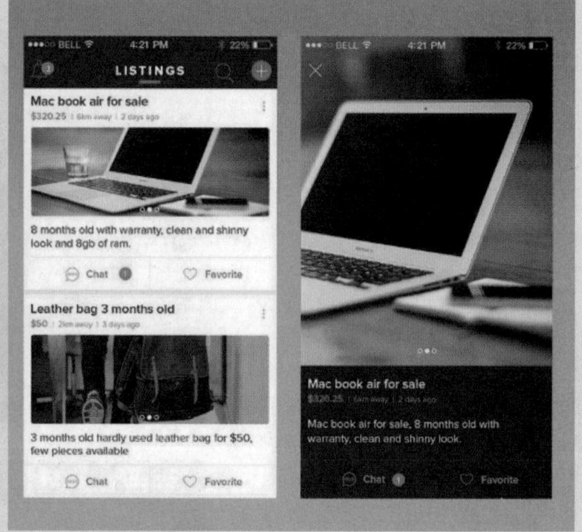

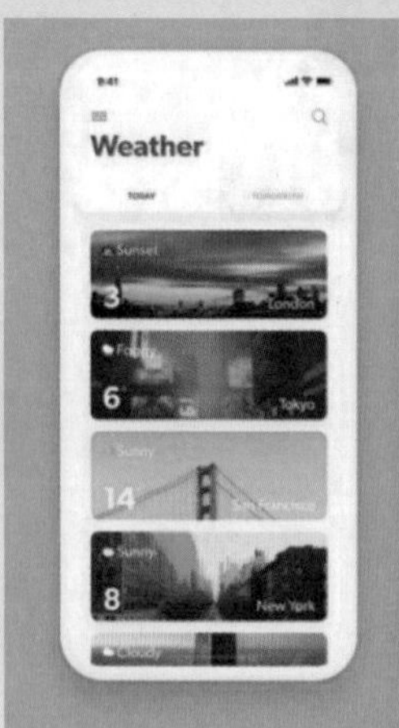

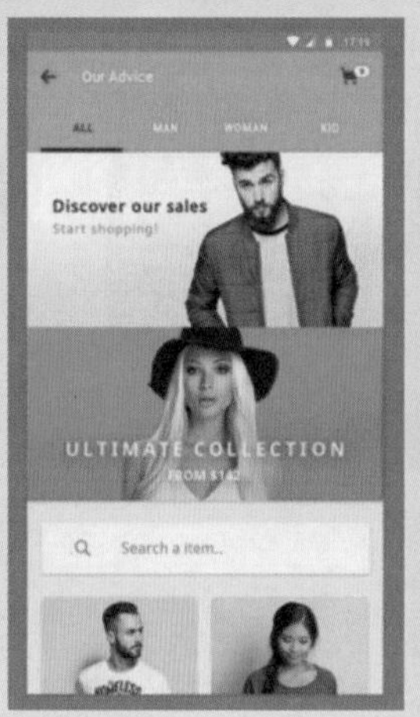

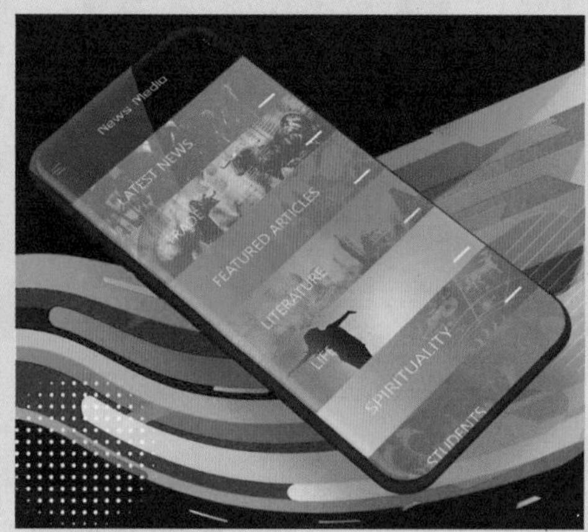

图2-23

2.3 流行的UI设计风格

UI设计在给人直观感受的同时也是塑造企业形象、吸引用户的关键所在，随着界面设计趋势的不断变化，各式各样的UI设计风格层出不穷，例如拟物化、扁平化、微质感、渐变色、叠加水波纹、幽灵按钮、 抽屉式菜单、模糊背景图片、无边框界面、彩色图标等。

2.3.1 拟物化

拟物化设计主要是通过模拟现实物品的造型和质感带给受众熟悉和亲切的感觉，比较容易被接受和理解，如图2-24和图2-25所示。

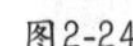
图2-24

图2-25

2.3.2 扁平化

扁平化设计风格与拟物化相反，它趋向于扁、平，主张去掉多余的透视、纹理与装饰效果，将设计简化，直接突出功能本身。同时扁平化又有简约时尚、容易设计的特点，如图2-26～图2-28所示。

图2-26

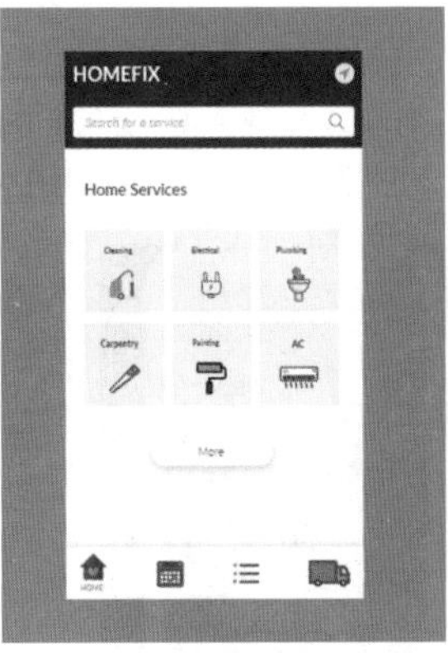

图2-27

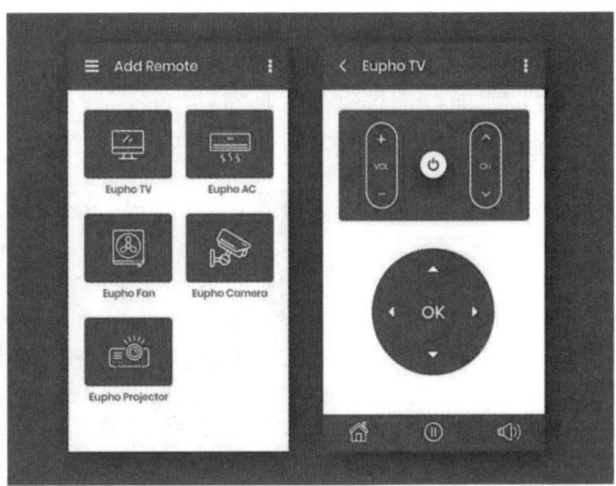

图2-28

2.3.3 微质感

微质感是介于“超质感”和“抽象化”之间的一种设计风格，通常利用必要的符号传达寓意，点到为止，如图2-29和图2-30所示。

图2-29

图2-30

2.3.4 渐变色

渐变色能够增强色彩的空间感，同时也避免了单一颜色带来的枯燥感。合理使用渐变色可以吸引用户的视觉焦点，在UI设计中加入渐变色的应用能够起到渲染气氛、提升美感、传递情绪等作用，如图2-31和图2-32所示。

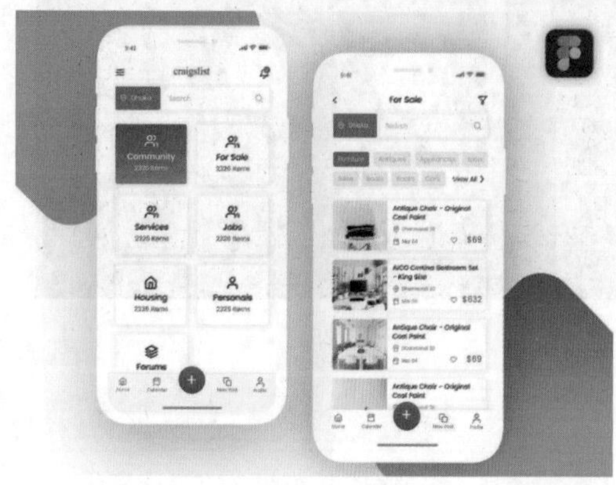

图2-31

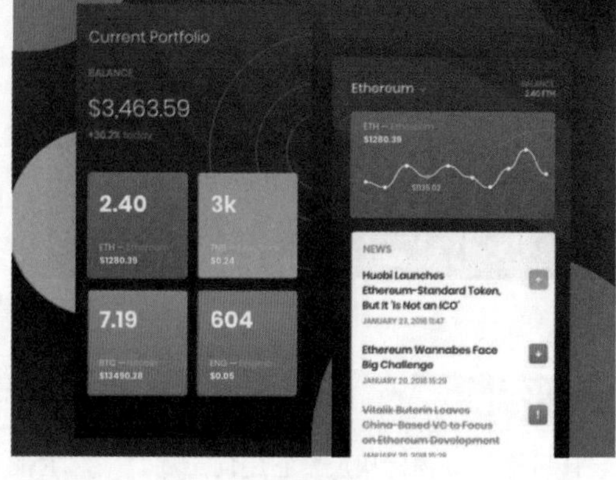

图2-32

2.3.5 叠加水波纹

叠加水波纹通过钢笔工具勾勒出平滑波动的线条形状，并填充多彩的渐变颜色，通过调整图像的不透明度制作出相互重叠的感觉。叠加水波纹常用做分割线，给人优雅、灵动的美感，如图2-33和图2-34所示。

图2-33

图2-34

2.3.6 幽灵按钮

“薄”和“透”是幽灵按钮最大的特点，不设底色，不加纹理，给人一种通透而简约的视觉感受，如图2-35和图2-36所示。

图2-35

图2-36

2.3.7 抽屉式菜单

抽屉式菜单分为上下和左右两个方向。一般情况下屏幕顶部（左侧）会有一个工具栏，将光标定位到工具栏的选项上，会自动弹出下拉菜单；另一种情况是在默认情况下，抽屉式菜单将会被隐藏，如图2-37所示。

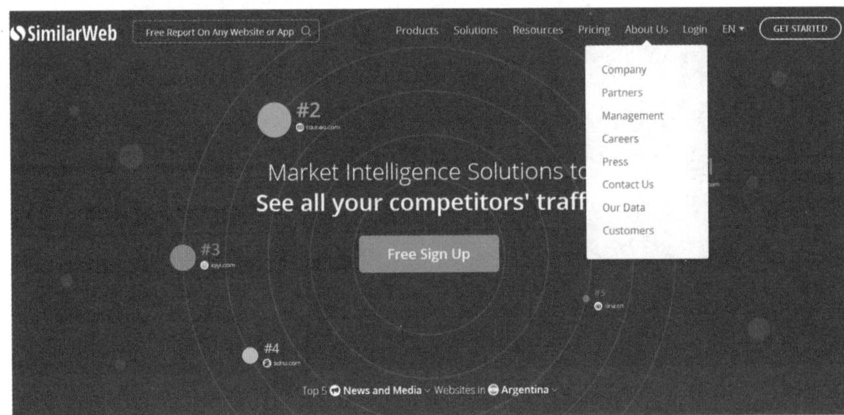

图2-37

2.3.8 模糊背景图片

模糊背景图片的UI设计风格既避免了单调乏味的视觉感受，又能够突出元素的主体，如图2-38～图2-40所示。

图2-38

图2-39

图2-40

2.3.9 无边框界面

无边框的UI设计与卡片式设计恰恰相反，它摆脱了烦琐的边框束缚，使画面整体看上去灵活、生动，大大提高了界面的利用率，如图2-41和图2-42所示。

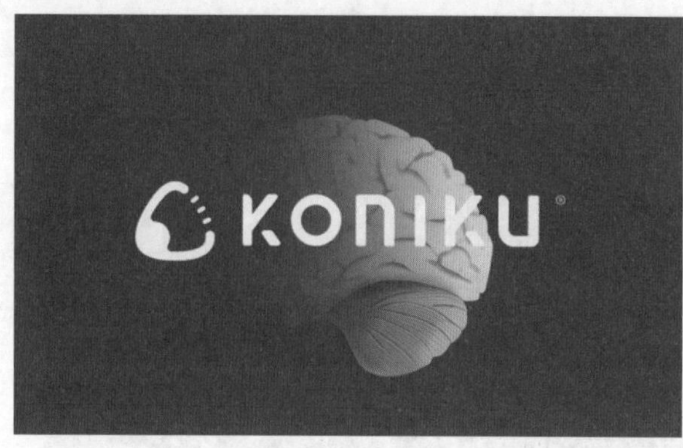

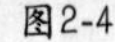

图2-41

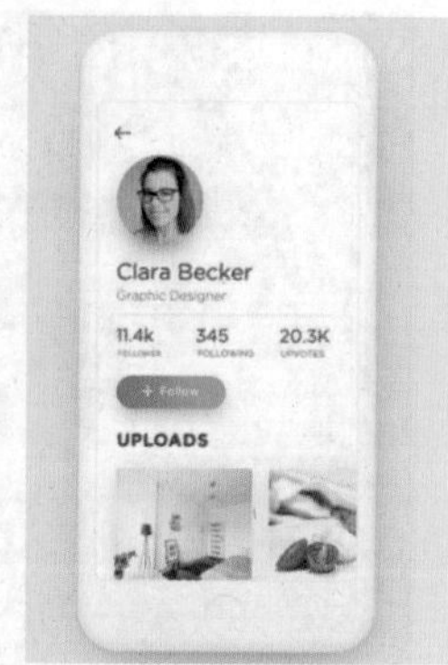

图2-42

2.3.10 彩色图标

图标广泛应用在APP设计中，它能够减少用户阅读量，帮助用户理解文字含义。彩色图标颜色丰富，变化多样，能够引起用户的注意。彩色图标分为单色渐变图标、多色相组合图标和多渐变色组合图标，如图2-43和图2-44所示。

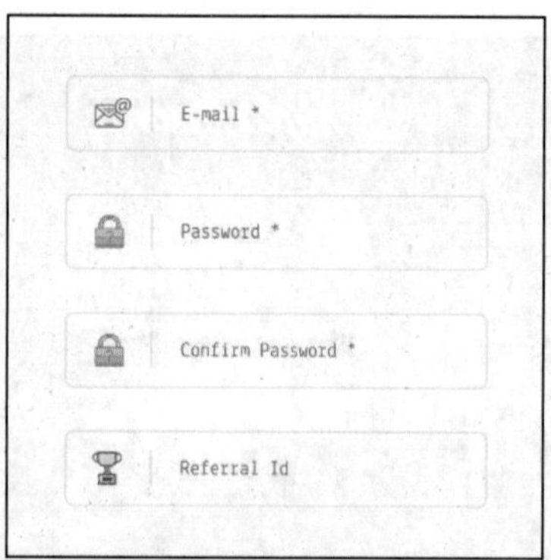

图2-43

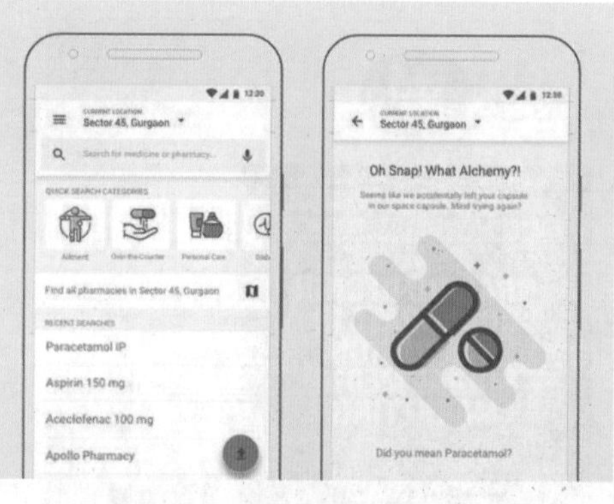

图2-44

读书笔记

第3章

UI图形处理基础

本章内容简介：

本章我们将主要学习有关Photoshop的一些基本操作，这些操作简单、基础，几乎是制作每个文档都会执行的操作，如新建、置入、打开、图层操作等。

本章学习要点：

- 掌握新建、打开、置入、导出等基础操作
- 掌握图像显示比例缩放和平移画布的方法
- 掌握撤销、还原和历史记录面板的方法
- 了解并学习图层的基础操作
- 掌握辅助工具的使用方法
- 掌握打印设置方法

3.1 认识Photoshop

视频精讲：Photoshop新手学视频精讲课堂\熟悉Photoshop CC的界面与工具.flv

Photoshop是一款由Adobe Systems开发和发行的图像处理软件，是UI设计乃至各类设计领域都经常使用的一款软件。首先我们来认识一下Photoshop的操作界面。

双击桌面上的Photoshop图标即可打开Photoshop，如图3-1所示。为了完整地观察到整个Photoshop的操作界面，可以在打开Photoshop后单击界面左侧的“打开”按钮，在弹出的对话框中选择一个图片，并单击“打开”按钮，如图3-2所示。随即图片在Photoshop中打开，此时软件的全貌才得以呈现，如图3-3所示。Photoshop的工作界面由菜单栏、选项栏、标题栏、工具箱、状态栏、文档窗口，以及多个面板组成。单击窗口右上角的“关闭”按钮 × ，即可关闭软件窗口。也可以执行“文件>退出”命令（快捷键：Ctrl+Q）退出Photoshop。

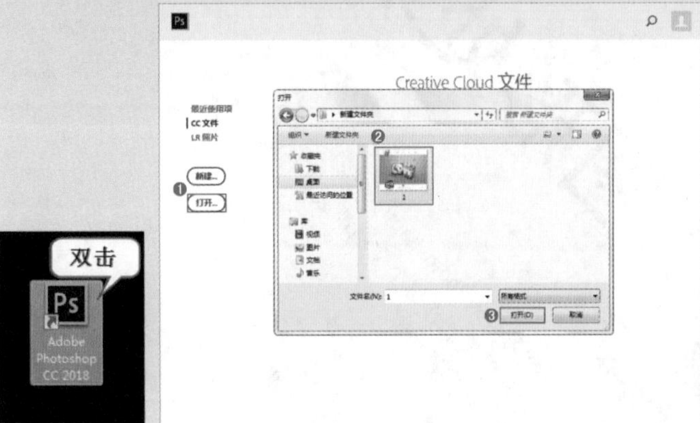

图3-1　　图3-2

图3-3

选项解读：Photoshop界面构成详解

- 菜单栏：Photoshop的菜单栏包含多个菜单命令，每个菜单命令又包含了多个菜单，而且部分菜单中还有相应的子菜单。执行菜单命令的方法十分简单，只要单击主菜单命令，然后从弹出的子菜单中选择相应的命令，即可打开该菜单下的命令。
- 工具箱：将鼠标指针移动到工具箱中停留片刻，将会出现该工具的名称和操作快捷键，其中工具的右下角带有三角形图标表示这是一个工具组，每个工具组中又包含多个工具，在工具组按钮上单击鼠标右键即可弹出隐藏的工具。左键单击工具箱中的某一个工具，即可选择该工具，如图3-4所示。
- 选项栏：在使用工具时，也可以进行一定的选项设置，工具的选项大部分集中在选项栏中。单击工具箱中的工具时，选项栏中就会显示出该工具的属性参数选项，不同工具其选项栏也不同，例如，当选择“裁剪工具”时，其选项栏会显示如图3-5所示的内容。当选择“画笔工具”时，其选项栏会显示如图3-6所示的内容。

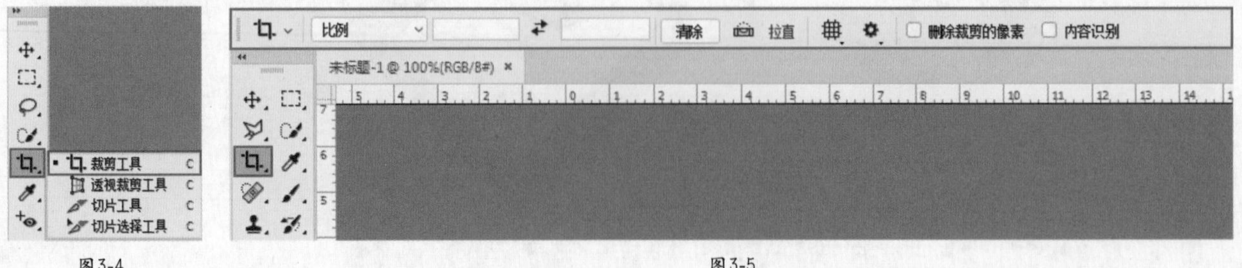

图3-4　　图3-5

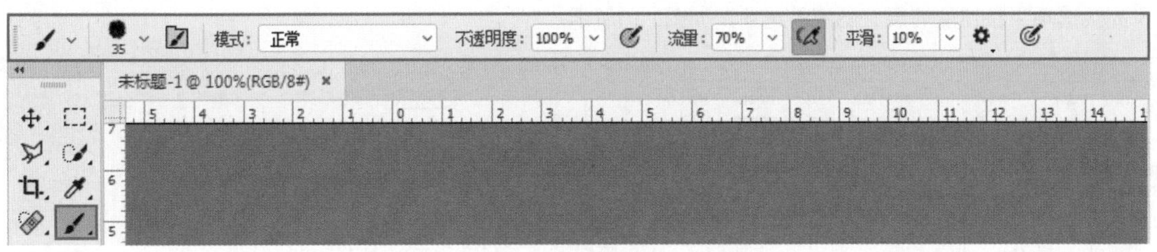

图3-6

- 图像窗口：图像窗口是Photoshop中最主要的区域，也是面积最大的区域。图像窗口主要是用来显示和编辑图像，在操作中我们可以根据需要对图像窗口的大小、位置等进行操作。图像窗口一般由标题栏、文档窗口组成。打开一个文档以后，Photoshop会自动创建一个标题栏。在标题栏中会显示这个文档的名称、格式、窗口缩放比例，以及颜色模式等信息。文档窗口是显示打开图像的地方。
- 状态栏：状态栏位于工作界面的最底部，用来显示当前图像的信息，包括当前文档的大小、文档尺寸、当前工具和窗口缩放比例等。单击状态栏中的三角形图标 〉，可以设置要显示的内容。
- 面板：默认状态下，在工作界面的右侧显示着多个面板或面板的图标，其实面板的主要功能是配合图像的编辑、对操作进行控制，以及设置参数等。如果想打开某个面板可以单击“窗口”菜单，然后执行需要打开的面板命令，即可调出对应的面板。

高手小贴士：如何让窗口变为默认状态

在操作的过程中，难免会打开一些不需要的面板，或者一些面板并没有“规规矩矩”地堆栈在原来的位置。逐个的重新拖曳调整又费时费力，这时可以执行“窗口>工作区>复位基本功能”命令，就可以把凌乱的界面恢复到默认状态。

3.2 文件的基本操作

3.2.1 新建文件

- 视频精讲：Photoshop新手学视频精讲课堂\使用Photoshop创建新文件.flv

（1）启动Photoshop之后，执行“文件>新建”命令（快捷键：Ctrl+N），或者单击界面左侧的“新建”按钮，如图3-7所示，随即就会打开“新建文档”对话框。这个对话框大体可以分为3个部分：顶端是预设的尺寸选项组，左侧是预设选项或最近使用过的项目，右侧是自定义选项设置区域，如图3-8所示。

（2）如果需要选择系统内置的一些预设文档尺寸，可以单击预设选项组的名称，然后选择一个合适的“预设”图标，单击“创建”按钮，即可完成新建。例如新建一个iPhone 6 Plus尺寸的空白文档，就需要单击“移动设备”按钮，然后单击iPhone 6 Plus选项，在右侧就可以看到相应的尺寸。接着单击“创建”按钮，如图3-9所示。

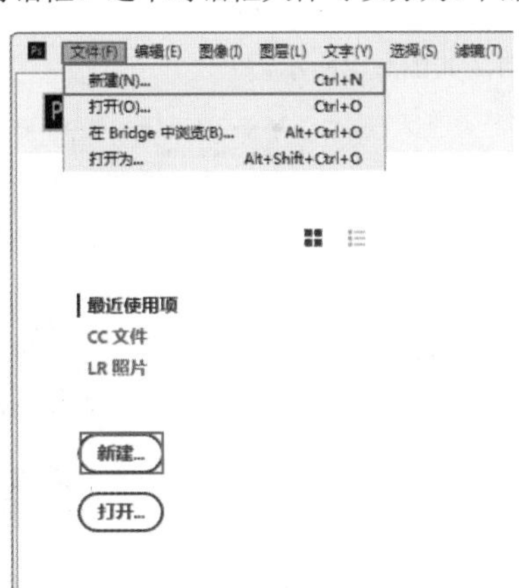

图3-7

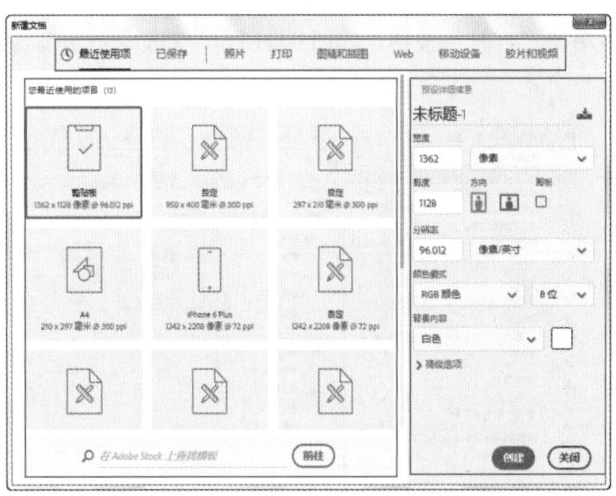

图3-8

（3）如果需要制作比较特殊的尺寸，就需要自己手动设置，即直接在对话框右侧进行“宽度”“高度”等参数的设置。单击“高级选项”按钮能够展开隐藏的选项，如图3-10所示。

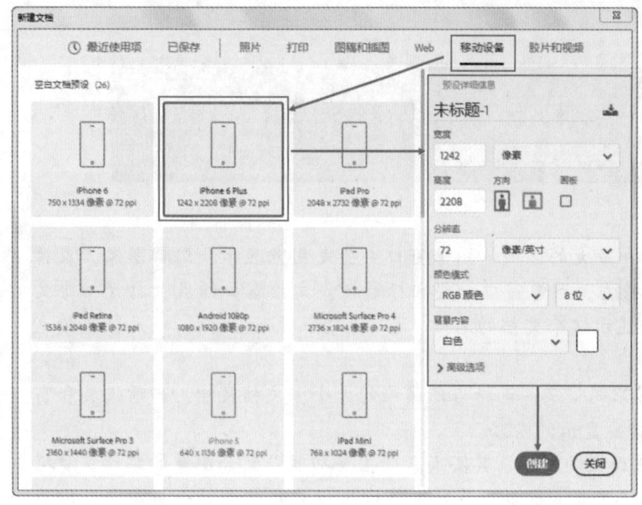

图3-9

图3-10

选项解读：“新建文档”对话框设置选项

- 宽度/高度：设置文件的宽度和高度，其单位有“像素”“英寸”“厘米”“毫米”“点”“派卡”“列”7种。
- 分辨率：用来设置文件的分辨率大小，其单位有“像素/英寸”和“像素/厘米”两种。创建新文件时，文档的宽度与高度通常与实际印刷的尺寸相同（超大尺寸文件除外）。而在不同情况下分辨率需要进行不同的设置。通常来说，图像的分辨率越高，印刷出来的质量就越好。但也不是任何图像都需要将分辨率设置为较高的数值。一般印刷品分辨率为150dpi～300dpi，高档画册分辨率为350dpi以上，大幅的喷绘广告1米以内分辨率为70dpi～100dpi，巨幅喷绘分辨率为25dpi，多媒体显示图像的分辨率为72dpi。当然分辨率的数值并不是一成不变的，需要根据计算机以及印刷精度等实际情况进行设置。
- 颜色模式：设置文件的颜色模式以及相应的颜色深度。
- 背景内容：设置文件的背景内容，有“白色”“背景色”“透明”3个选项。
- 高级选项：展开该选项组，在其中可以进行“颜色配置文件”和“像素长宽比”的设置。

3.2.2 打开图像文件

视频精讲：Photoshop新手学视频精讲课堂\在Photoshop中打开文件.flv

（1）执行“文件>打开”命令，在弹出的“打开”对话框中定位到需要打开的文档所在的位置，接着单击选中文档，然后单击“打开”按钮，如图3-11所示。随即可打开该文档，如图3-12所示。

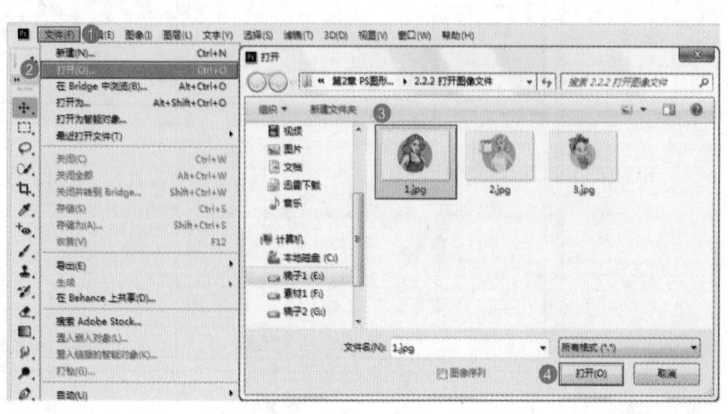

图3-11

图3-12

高手小贴士：Photoshop常用的格式

在Photoshop中可以打开很多种常见的图像格式文件，例如JPG、BMP、PNG、GIF、PSD等。

（2）在“打开”对话框中可以一次性加选多个文档进行打开。可以按住鼠标左键拖曳框选多个文档，也可以按住Ctrl键单击多个文档。然后单击“打开”按钮，如图3-13所示。接着被选中的多张照片就都被打开了，但默认情况下只能显示其中一张照片，如图3-14所示。

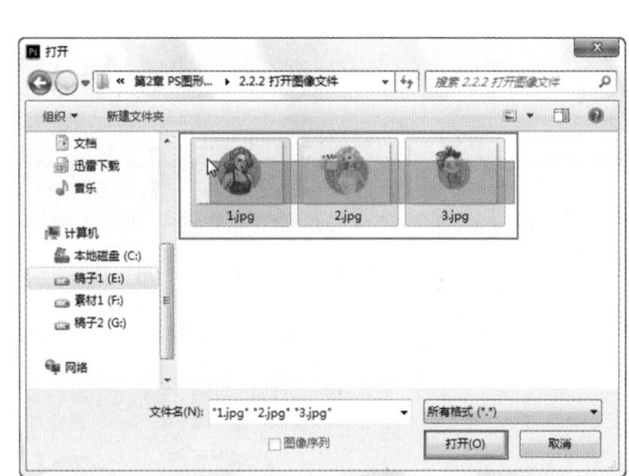

图3-13

图3-14

高手小贴士：找不到想要打开的文件怎么办?

有时在“打开”对话框中已经找到了图片所在的文件夹，却没看到要打开的图片。

遇到这种情况，首先我们需要看一下“打开”对话框底部，“文件名”右侧是否显示的是［所有格式］，如果显示着“所有格式”表明此时所有Photoshop支持的格式文件都可以被显示。一旦此处显示了某个特定格式，那么其他格式的文件即使存在于文件夹中，也无法被显示。解决办法就是单击下拉箭头，设置为“所有格式”就可以了。

如果还是无法显示要打开的文件，那么可能这个文件并不是Photoshop所支持的格式。如何知道Photoshop支持哪些格式呢？可以在“打开”对话框底部单击格式列表看一下其中包含的文件格式。

（3）同时打开了多个文档，默认情况下窗口中只显示一个文档。单击文档名称即可切换到相对应的文档窗口，如图3-15所示。

（4）将光标移动至文档名称上，按住鼠标左键向界面外拖曳，如图3-16所示。松开鼠标后，文档即变为浮动的状态，如图3-17所示。若要恢复为堆叠的状态，可以将浮动的窗口拖曳到文档窗口上方，当出现蓝色边框后松开鼠标即可完成堆栈，如图3-18所示。

（5）要一次性查看多个文档，除了让窗口浮动之外还有一个办法，就是通过设置“窗口排列方式”进行查看。执行“窗口>排列”命令，在子菜单中可以看到文档的多种显示方式，如图3-19所示。如图3-20所示为“三联垂直”排列效果。

图3-15

图3-16

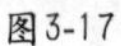
图3-17

图3-18

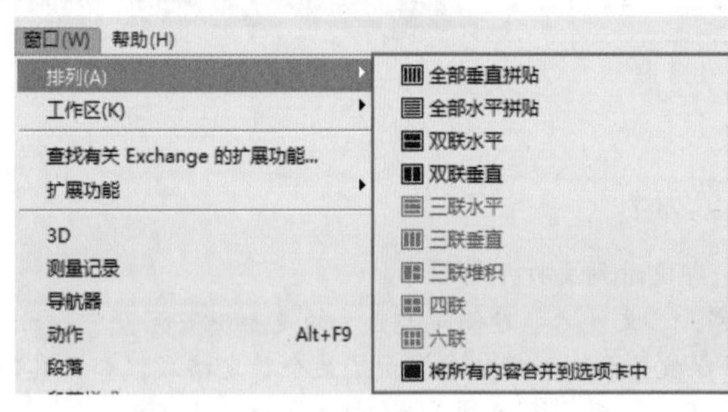

图3-19

图3-20

3.2.3 置入对象

◎ 视频精讲：Photoshop新手学视频精讲课堂\置入素材文件.flv

◎ 技术速查：置入文件是将照片、图片或任何Photoshop支持的文件作为智能对象添加到当前操作的文档中。

在制图的过程中需要向文档内添加一些其他图片素材，这个操作就叫作“置入”。

（1）新建文档或者在Photoshop中打开一张图片，接着执行“文件>置入嵌入对象”命令，然后在弹出的对话框中选择需要置入的文件，单击“置入”按钮，如图3-21所示。随即选择的对象会被置入当前文档内，此时置入的对象边缘带有定界框和控制点，如图3-22所示。

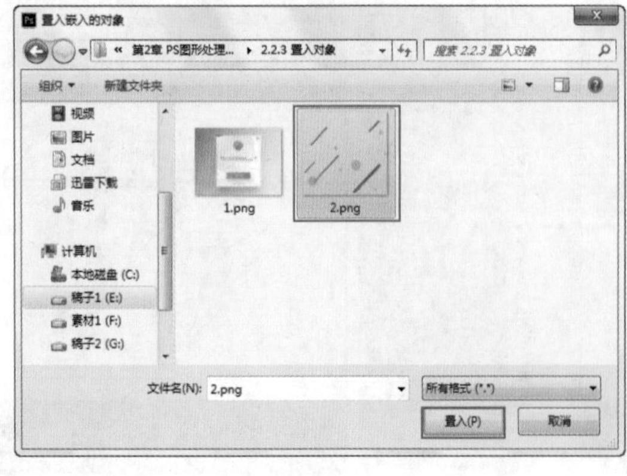

图3-21

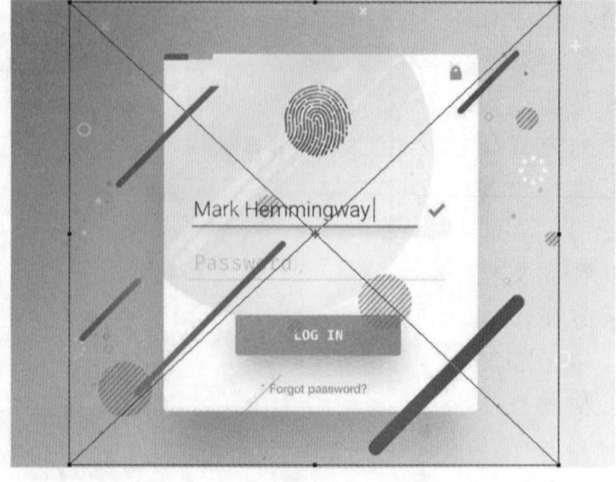

图3-22

（2）按住鼠标左键拖曳定界框上的控制点可以放大或缩小图像，还可进行旋转。按住鼠标左键拖曳图像可以调整置入对象的位置（缩放、旋转等操作与“自由变换”操作非常接近，具体操作方法将在“自由变换”小节进行学习），如图3-23所示。调整完成后按Enter键即可完成置入操作，此时定界框会消失。在“图层”面板中也可以看到新置入的智能对象图层（智能对象图层右下角有图图标），如图3-24所示。

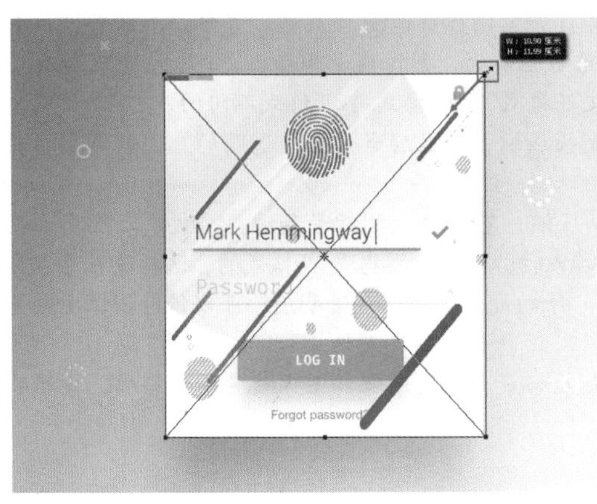

图3-23

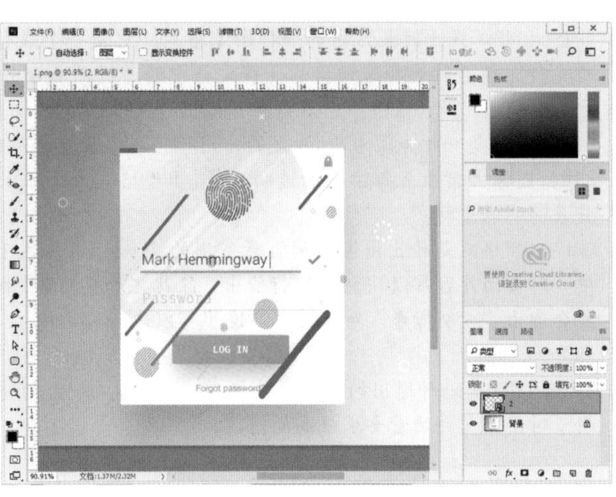

图3-24

（3）在智能图层上单击鼠标右键，在弹出的快捷菜单中执行“栅格化图层”命令，如图3-25所示。将智能图层转换为普通图层，如图3-26所示。转换为普通图层后才能进行更多的编辑操作，例如使用“画笔工具”进行绘制，或者删除图层中的一部分操作。

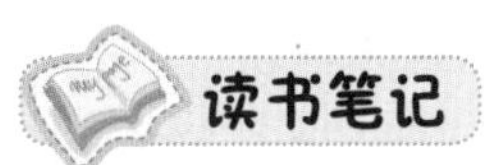

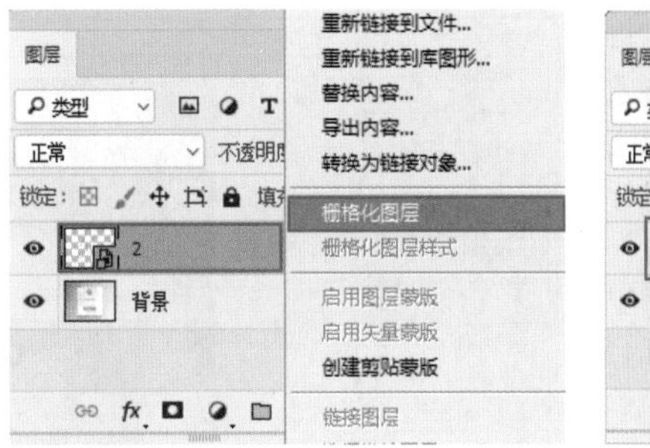

图3-25

图3-26

3.2.4 储存文件

- 视频精讲：Photoshop新手学视频精讲课堂\文件的储存.flv
- 技术速查：存储文件将保留所做的更改，并且会替换上一次存储的文件，同时会按照当前格式和名称进行存储。

“存储”命令可以保留对文档所做的更改，并且会替换上一次保存的文档并进行保存。执行“文档>储存”命令或按Ctrl+S快捷键可以对文档进行保存。如果在第一次对文档进行储存时弹出“另存为”对话框，在这里可以重新选择文件储存位置，并设置文件存储格式以及文件名称。

当然想要对已经储存过的文档更换位置、名称或者格式进行储存，也可以执行“文件>存储为”命令（快捷键：Shift+Ctrl+S）打开“另存为”对话框，在这里进行储存位置、文件名、保存类型的设置，设置完毕后单击“保存”按钮，如图3-27所示。

图3-27

高手小贴士：存储格式的选择

- PSD：PSD是Photoshop的默认储存格式，能够保存图层、蒙版、通道、路径、未栅格化的文字、图层样式等。在一般情况下，保存文件都采用这种格式，以便随时进行修改。
- JPEG：JPEG是平时最常用的一种图像格式。它是一个最有效、最基本的有损压缩格式，被绝大多数的图形处理软件所支持。储存时选择这种格式会将文档中的所有图层合并，并进行一定的压缩。选择此格式并单击“保存”按钮之后，会弹出“JPEG选项”，在这里可以进行图像品质的设置，品质数值越大，图像质量越高，文件大小也就越大。
- PNG：PNG是一种专门为Web开发的，用于将图像压缩到Web上的文件格式。PNG格式与GIF格式不同的是，PNG格式支持244位图像并产生无锯齿状的透明背景。PNG格式由于可以实现无损压缩，并且背景部分是透明的，因此常用来存储背景透明的素材。
- GIF：GIF格式是输出图像到网页最常用的格式。GIF格式采用LZW压缩，它支持透明背景和动画，被广泛应用在网络中。网页切片后常以GIF格式进行输出，除此之外我们常见的动态QQ表情、搞笑动图也是GIF格式的。选择这种格式，接着会弹出“索引颜色”对话框，在这里可以进行“调板”“颜色”等的设置，勾选“透明度”可以保存图像中的透明部分。
- TIFF：TIFF是一种通用的图像文件格式，TIFF格式最大的特点就是能够最大程度地保持图像质量不受影响，该格式常用于对图像文件质量要求较高的情况。

3.2.5 使用“导出为”命令

“导出为”命令可以方便地将文件导出为特定格式、特定尺寸的图片文件。对要导出的文件执行“文件>导出>导出为”命令，在弹出的对话框中可以对导出文件的格式、图像大小、画布大小等参数进行设置，随着参数的设置还可以在对话框中预览导出效果，设置完毕后单击“全部导出”按钮即可，如图3-28所示。

读书笔记

图3-28

选项解读：“导出为”对话框详解

- 格式：在下拉列表中可以选择PNG、JPG、GIF或SVG。如果选择PNG，需要指定是要导出启用了透明度的资源（32位），还是要导出更小的图像（8位）。如果选择JPEG，需要指定所需的图像品质（0～100%）。GIF图像在默认情况下为透明。
- 宽度/高度：指定图像资源的宽度和高度。默认情况下，宽度和高度被锁定。更改宽度时会自动按相应比例更改高度。
- 缩放：指定导出图像的缩放比例，用于导出具有较大或较小分辨率的图片。需要注意的是，修改缩放数值会影响图像大小。

- 重新采样：在列表中选择调整图像大小时更改图像数据量的方式。选择“两次线性”可以通过平均周围像素的颜色值来增加像素，此方法会产生中等质量的结果；选择“两次立方”可以将周围像素值分析作为依据的方法，速度较慢，但精度较高；选择“两次立方（较平滑）”是基于两次立方插值，能够产生更平滑效果的有效图像放大方法；“两次立方（较锐利）”是一种可以基于两次立方插值同时又能增强锐化的有效图像缩小方法；选择“两次立方（自动）”可以为图像自动选择合适的两次立方取样方法；“邻近”是一种速度快但精度低的图像像素模拟方法，适用于包含未消除锯齿边缘的图像，能够保留硬边缘并生成较小的文件；选择“保留细节”方式能够更大程度地保留图像的细节和锐化程度。
- 画布大小：设置导出后文档的画布尺寸，数值大于图像大小则会在周围留白。数值小于图像大小则会对图像进行裁切。
- 元数据：指定是否要将元数据（版权和联系信息）嵌入导出的资源中。
- 色彩空间：设置是否要将导出的资源转换为sRGB色彩空间（此选项默认为已选中），是否要将颜色配置文件嵌入导出的资源。

3.2.6 关闭文件

- 视频精讲：Photoshop新手学视频精讲课堂\文件的关闭与退出.flv

执行“文件>关闭”命令（快捷键：Ctrl+W）可以关闭当前所选的文件，单击文档窗口右上角的“关闭”按钮，也可关闭所选文件。

执行“文件>关闭全部”命令或按Ctrl+Alt+W组合键可以关闭所有打开的文件。

执行“文件>退出”命令或者单击程序窗口右上角的“关闭”按钮，可以关闭所有的文件并退出Photoshop。

3.3 便捷的图像查看工具

在Photoshop中编辑图像文件的过程中，有时需要观看整体画面，有时又需要放大显示画面的某个局部，这时就可以使用工具箱中的“缩放工具”和“抓手工具”。除此之外，“导航器”面板也可以帮助我们方便定位到画面的某个部分。

3.3.1 缩放工具

- 技术速查：使用“缩放工具”在画面中单击或按住鼠标左键并拖动即可将图像的显示比例进行放大和缩小。

“缩放工具”能够放大或缩小画面的显示比例，值得注意的是使用“缩放工具”放大或缩小的只是图像在屏幕上显示的比例，图像的真实大小是不会跟着发生改变的。

（1）打开一张图像，如图3-29所示。单击工具箱中的“缩放工具”按钮，将光标移动到画面中，单击鼠标左键即可放大图像的显示比例，如需放大多倍可以多次单击，如图3-30所示。也可以直接按Ctrl++（加号）快捷键放大图像显示比例。

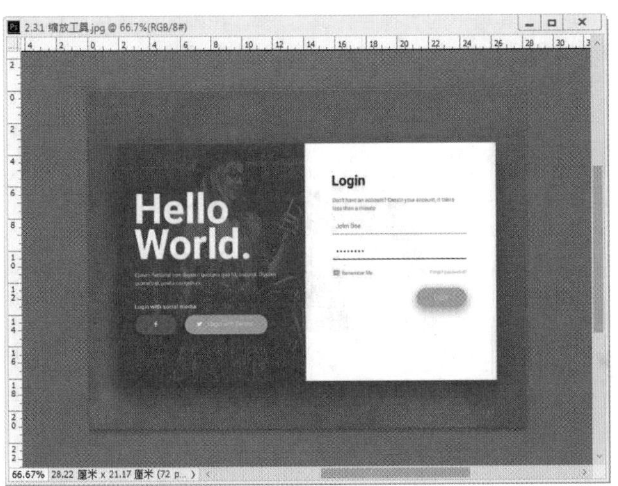

图3-29

图3-30

（2）若要缩小图像显示比例，在“缩放工具”的选项栏中单击“缩小”按钮可以切换到缩小模式，在画布中单击鼠标左键可以缩小图像显示比例，如图3-31和图3-32所示。也可以直接按Ctrl+ -（减号）快捷键缩小图像显示比例。

图3-31

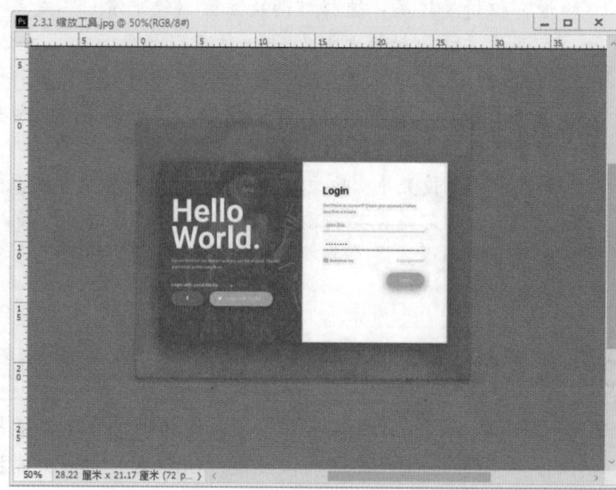

图3-32

选项解读：“缩放工具”选项栏

- 调整窗口大小以满屏显示：选中该复选框后，在缩放窗口的同时自动调整窗口的大小。
- 缩放所有窗口：如果当前打开了多个文档，选中该复选框后可以同时缩放所有打开的文档窗口。
- 细微缩放：选中该复选框后，在画面中按住鼠标左键并向左侧或右侧拖曳鼠标，能够以平滑的方式快速放大或缩小窗口。
- 100%：单击该按钮，图像将以实际像素的比例进行显示。
- 适合屏幕：单击该按钮，可以在窗口中最大化显示完整的图像。
- 填充屏幕：单击该按钮，可以在整个屏幕范围内最大化显示完整的图像。

3.3.2 抓手工具

技术速查：当放大一个图像后，可以使用“抓手工具”在画面中按住鼠标左键并拖动，从而将图像移动到特定的区域内以查看图像。

当画面显示比例比较大时，有些局部可能无法显示，这时可以使用工具箱中的“抓手工具”，在画面中按住鼠标左键并拖动，如图3-33所示。界面中显示的图像区域发生了变化，如图3-34所示。

图3-33

图3-34

高手小贴士：快速切换到“抓手工具”

在使用其他工具时，按住Space键（即空格键）即可快速切换到“抓手工具”状态，此时在画面中按住鼠标左键并拖动即可平移画面，松开Space键时，会自动切换回之前使用的工具。

3.4 错误操作的处理

当我们使用画笔和画布绘画时，画错了就需要很费力地擦掉或者盖住；在暗房中冲洗照片，如果出现失误，照片可能就无法挽回了。与此相比，使用Photoshop等数字图像处理软件最大的便利之处就在于能够“重来”。操作出现错误没关系，简单一个命令，就可以轻轻松松“回到从前”。

3.4.1 撤销与还原

视频精讲：Photoshop新手学视频精讲课堂\撤销返回与恢复文件.flv

执行“编辑>还原”命令（快捷键：Ctrl+Z），可以撤销最近的一次操作，将其还原到上一步操作状态。如果想取消还原操作，可以执行“编辑>重做”命令。这个操作仅限于在一个操作步骤中的还原与重做，所以使用的并不多。

很多时候，在操作中需要对之前执行的多个步骤进行撤销，这时就需要使用“编辑>后退一步”命令（快捷键：Ctrl+Alt+Z），默认情况下这个命令可以后退最后执行的20个步骤，多次使用该命令即可逐步后退操作；如果要取消后退的操作，可以连续执行“编辑>前进一步”命令（快捷键：Shift+Ctrl+Z）来逐步恢复被后退的操作。“后退一步”与“前进一步”是非常常用的操作，所以一定要使用快捷键，非常方便，如图3-35所示。

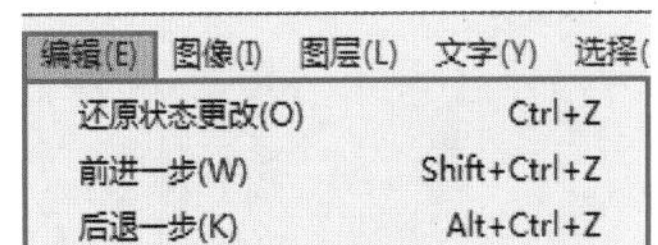

图3-35

高手小贴士：增加可返回的步骤数目

默认情况下Photoshop能够撤销20步历史操作，如果想要增多，可以执行“编辑>首选项>性能”命令，然后修改“历史记录状态”的数值即可。但要注意，如果将“历史记录状态”数值设置得过大，会占用更多的系统内存。

3.4.2 使用“历史记录”面板还原操作

视频精讲：Photoshop新手学视频精讲课堂\历史记录面板的使用.flv

技术速查：使用“历史记录”面板会记录编辑图像时进行的操作，并且在“历史记录”面板中可以恢复到某一步的状态，同时也可以再次返回到当前的操作状态。

在Photoshop中，对文档进行过的编辑操作被称为“历史记录”。而“历史记录”面板是Photoshop中一项用于记录文件进行过的操作记录的功能。执行“窗口>历史记录”命令，打开“历史记录”面板，如图3-36所示。当对文档进行一些编辑操作时，会发现“历史记录”面板中会出现刚刚进行的操作条目。单击其中某一项历史记录操作，就可以使文档返回之前的编辑状态，如图3-37所示。

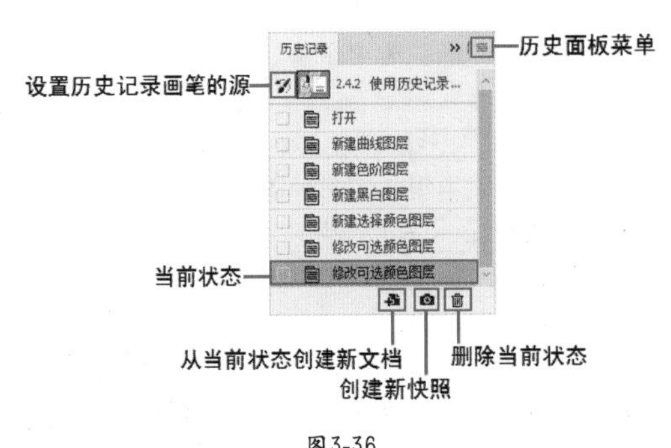

图3-36

“历史记录”面板还有一项功能——“快照”。这项功能可以为某个操作状态快速“拍照”，将其作为一项“快照”，留在“历史记录”面板中，以便于在很多操作步骤之后还能够返回到之前某个重要的状态。选择需要创建快照的状态，然后单击“创建新快照”按钮，如图3-38所示。即可出现一个新的快照，如图3-39所示。

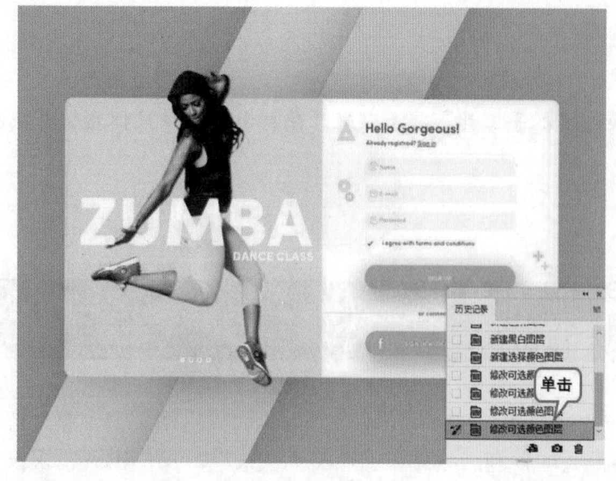

图3-37

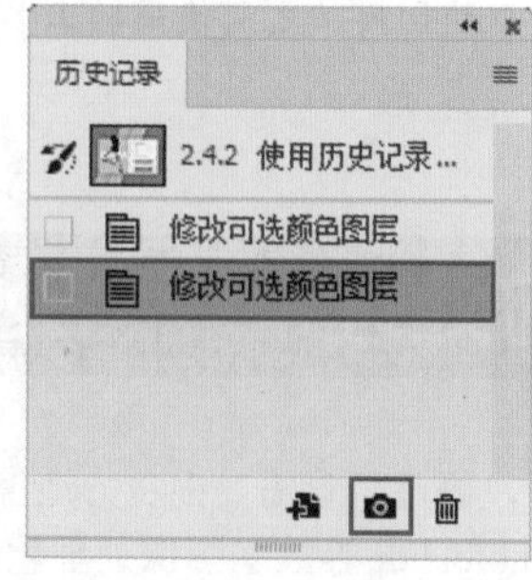

图3-38

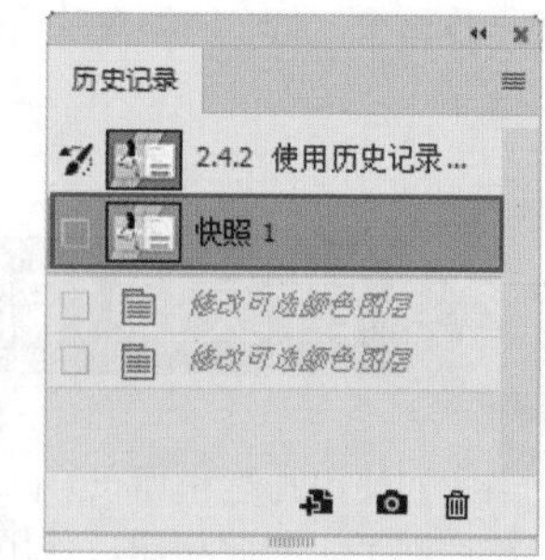

图3-39

如需删除快照，在“历史记录”面板中选择需要删除的快照，然后单击“删除当前状态”按钮或将快照拖曳到该按钮上，接着在弹出的对话框中单击“是”按钮即可删除。

3.5 使用图层模式进行编辑

- 视频精讲：Photoshop新手学视频精讲课堂\图层基础知识与图层面板.flv
- 技术速查：“图层”面板是创建、编辑和管理图层，以及图层样式的一种直观的“控制器”。

在Photoshop中，无论是绘图还是对图像进行修饰，都需要基于图层进行操作。执行“窗口>图层”命令，打开“图层”面板，在这里可以对图层进行新建、删除、选择、复制等操作，如图3-40所示。

图3-40

选项解读：“图层”面板选项详解

- 锁定透明像素：选中图层，单击该按钮可以将编辑范围限制为只针对图层的不透明部分。
- 锁定图像像素：选中图层，单击该按钮可以防止使用绘画工具修改图层的像素。
- 锁定位置：选中图层，单击该按钮可以防止图层的像素被移动。
- 防止在画板内外自动嵌套：启用该功能后，在包含多个画板的文档中移动图层时，不会将图层移动到其他画板中。
- 锁定全部：选中图层，单击该按钮可以锁定透明像素、图像像素和位置，处于这种状态下的图层将不能进行任何操作。
- 正常 设置图层混合模式：用来设置当前图层的混合模式，使之与下面的图像产生混合。在下拉列表中有很多混合模式类型，不同的混合模式，与下面图层的混合效果不同。
- 不透明度：100% 设置图层不透明度：用来设置当前图层的不透明度。
- 填充：100% 设置填充不透明度：用来设置当前图层的填充不透明度。该选项与“不透明度”选项类似，但是不会影响图层样式效果。
- 处于显示/隐藏状态的图层：当该图标显示为眼睛形状时表示当前图层处于可见状态，而处于空白状态时则表示为不可见状态。单击该图标可以在显示与隐藏之间进行切换。

- 链接图层：选择多个图层，单击该按钮，所选的图层会被链接在一起。当链接好多个图层以后，图层名称的右侧就会显示出链接标志。被链接的图层可以在选中其中某一图层的情况下进行共同移动或变换等操作。
- 添加图层样式：单击该按钮，在弹出的菜单中选择一种样式，可以为当前图层添加一个图层样式。
- 创建新的填充或调整图层：单击该按钮，在弹出的菜单中选择相应的命令即可创建填充图层或调整图层。
- 创建新组：单击该按钮即可创建一个图层组。
- 创建新图层：单击该按钮即可在当前图层上一层新建一个图层。
- 删除图层：选中图层，单击该按钮可以删除该图层。

3.5.1 选择图层

- 视频精讲：Photoshop新手学视频精讲课堂\图层的基本操作.flv

想要对某个图层进行操作就必须要选中该图层，在“图层”面板中单击图层即可将其选中，如图3-41所示。如果要选择多个图层，可在按住Ctrl键的同时单击图层进行加选，如图3-42所示。在“图层”面板空白处单击鼠标左键，即可取消选择所有图层，如图3-43所示。

图3-41　图3-42　图3-43

3.5.2 新建图层

在制图的过程中，新建图层是一个良好的习惯，可以方便后期的修改与修正。在“图层”面板底部单击“创建新图层”按钮，即可在当前图层上一层新建一个图层。单击某一个图层即可选中该图层，然后在这个图层中可以进行绘图操作，如图3-44所示。

高手小贴士：在选中图层下方新建图层

按住Ctrl键单击“创建新图层”按钮即可在选中图层的下方新建图层。

图3-44

3.5.3 删除图层

选中图层，单击“图层”面板底部的“删除图层”按钮，如图3-45所示。接着在弹出的对话框中单击“是”按钮，即可删除所选图层，如图3-46所示。执行“图层>删除图层>隐藏图层”命令，可以删除所有隐藏的图层。

读书笔记

图3-45

图3-46

3.5.4 复制图层

（1）想要复制某一图层也可以将要复制的图层拖曳到“创建新图层”按钮上，释放鼠标即可将图层进行复制，如图3-47和图3-48所示。

（2）单击选中该图层，然后使用快捷键Ctrl+J即可快速将图层进行复制。如果图层中存在选区，如图3-49所示，使用快捷键Ctrl+J能够将选区复制到独立图层，如图3-50所示。

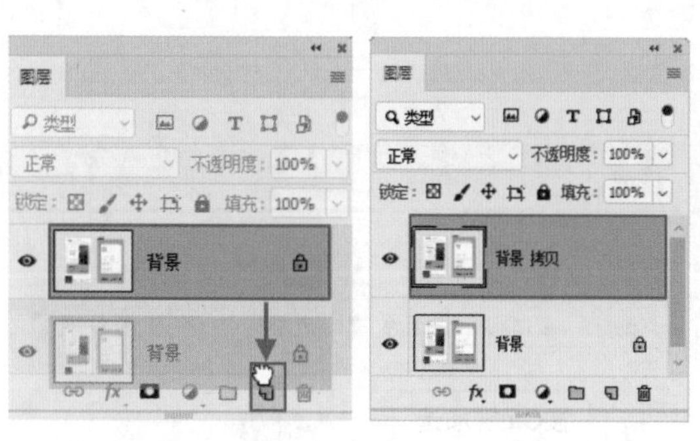

图3-47　　图3-48

图3-49

图3-50

3.5.5 调整图层的堆叠顺序

当文档中包含多个重叠的图层时，处于“图层”面板上方的图层会遮挡下方的图层，如图3-51所示。如果想调整图层的堆叠顺序，可以在要调整的图层上按住鼠标左键，然后拖曳到另外一个图层的上面或下面，即可调整图层的排列顺序，如图3-52所示。更改图层堆叠顺序后，画面的效果也会发生改变，如图3-53所示。

图3-51

图3-52

图3-53

3.5.6 图层的合并

- 合并图层：要想将多个图层合并为一个图层，可以在“图层”面板中按住Ctrl键加选需要合并的图层，如图3-54所示。然后执行“图层>合并图层”命令或按Ctrl+E快捷键即可，如图3-55所示。

图3-54

图3-55

- 合并可见图层：如果文档中有隐藏图层，如图3-56所示，可选择除隐藏图层以外的任意图层，然后执行“图层>合并可见图层”命令或按Shift+Ctrl+E组合键，可以将合并“图层”面板中的所有可见图层成为背景图层，如图3-57所示。
- 拼合图像：“拼合图像”命令可以将所有图层都拼合到“背景”图层中。执行“图层>拼合图像”命令即可将全部图层合并到“背景”图层中，如果有隐藏的图层，则会弹出一个提示对话框，提醒用户是否扔掉隐藏的图层，如图3-58和图3-59所示。

图3-56

图3-57

图3-58

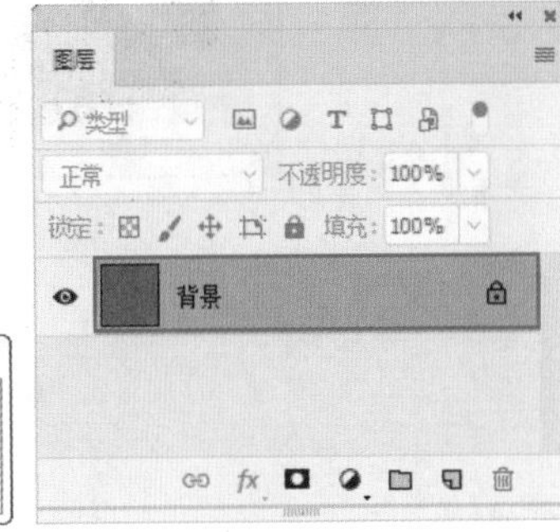

图3-59

- 盖印图层：盖印可以将多个图层的内容合并到一个新的图层中，同时保持其他图层不变。加选多个图层，如图3-60所示。然后使用盖印图层快捷键Ctrl+Alt+E，可以将这些图层中的图像盖印到一个新的图层中，原始图层的内容保持不变，如图3-61所示。按Shift+Ctrl+Alt+E组合键，可以将所有可见图层盖印到一个新的图层中，如图3-62所示。

图3-60

图3-61

图3-62

3.5.7 栅格化图层

栅格化图层内容是指将“特殊图层”转换为普通图层的过程（如图层上的文字、形状等）。选择需要栅格化的图层，然后执行“图层>栅格化”菜单下的子命令，或者在“图层”面板中选中该图层并单击鼠标右键执行栅格化。

3.6 图层的移动、对齐与分布

视频精讲：Photoshop新手学视频精讲课堂\图层的对齐与分布.flv

3.6.1 移动图层

（1）想要移动某个图层，也需要在“图层”面板中选中该图层，如图3-63所示。然后选择工具箱中的“移动工具”，接着在画布中按住鼠标左键并拖曳，即可移动选中的对象，如图3-64所示。

图3-63

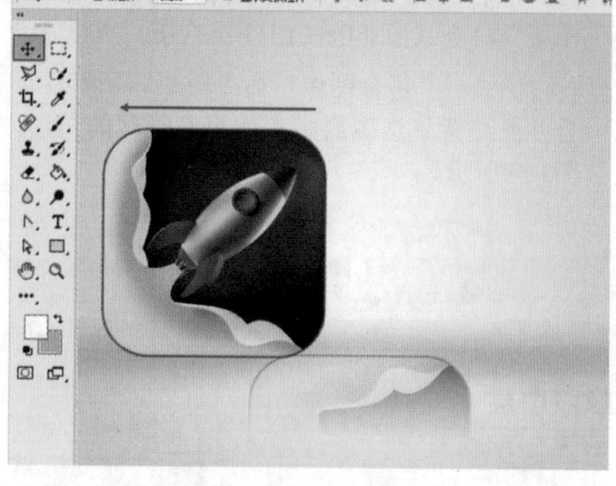

图3-64

高手小贴士：移动并复制的方法

在使用“移动工具”移动图像时，按住Alt键拖曳图像，可以在复制图像的同时，生成一个拷贝图层。当在图像中存在选区的情况下按住Alt键拖曳图像，可以在原图层复制图像，不会产生新图层。

（2）还可以在不同的文档之间移动图层。使用“选择工具”按住鼠标左键将其拖曳至另一个文档中，如图3-65所示。松开鼠标即可将其复制到另一个文档中了，如图3-66所示。

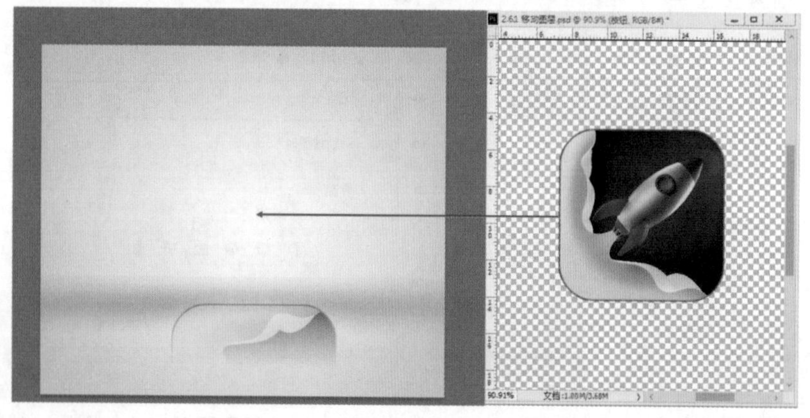

图3-65

图3-66

高手小贴士：移动选区中像素的方法

当图像中存在选区时，选中普通图层使用“移动工具”进行移动时，选中图层内的所有内容都会移动，且原选区显示为透明状态。当选中的是“背景”图层，使用“移动工具”进行移动时，选区画面部分将会被移动且原选区被填充背景色。

3.6.2 对齐图层

技术速查：使用“对齐”命令可以对多个图层所处位置进行调整，以制作出秩序井然的画面效果。

在制图的过程中有时需要对多个图像进行整齐地排列，以达到一种美的感觉。在Photoshop中提供了多种对齐方式，可以快速准确地排列图像，如图3-67～图3-69所示为使用到对齐图层功能的作品。

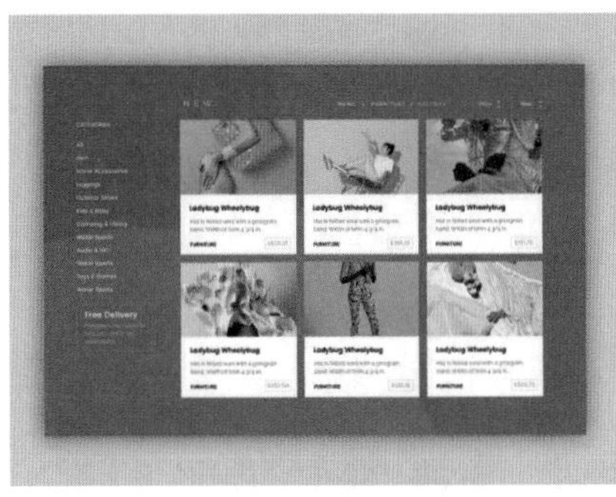

图3-67

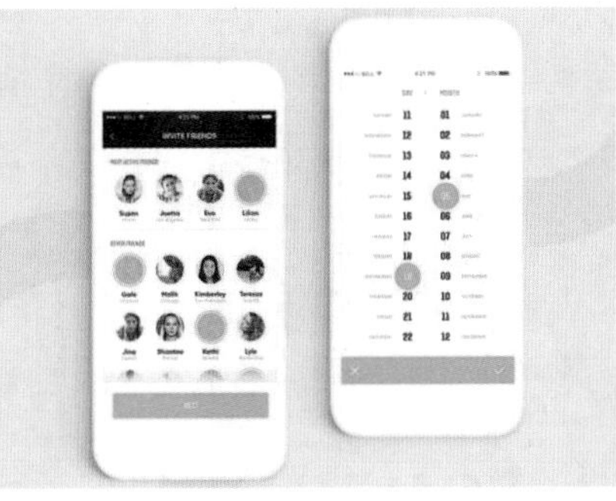

图3-68

图3-69

在“图层”面板中加选需要对齐的图层，选择工具箱中的“移动工具”，选项栏中有一排对齐按钮，如图3-70所示。单击相应的按钮即可进行对齐，例如单击“左对齐”按钮，效果如图3-71所示。单击“顶对齐”按钮，效果如图3-72所示。

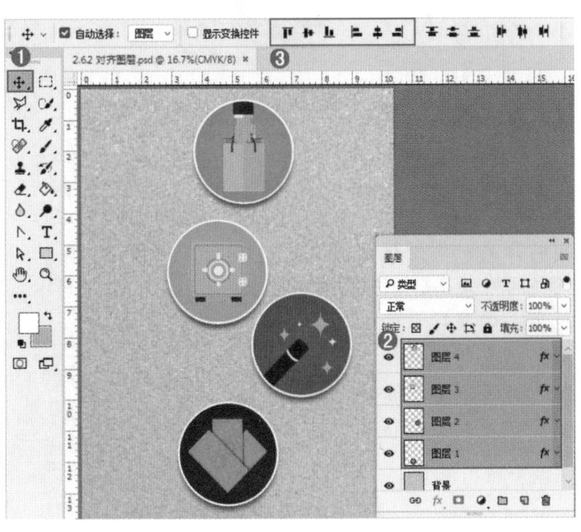

图3-70

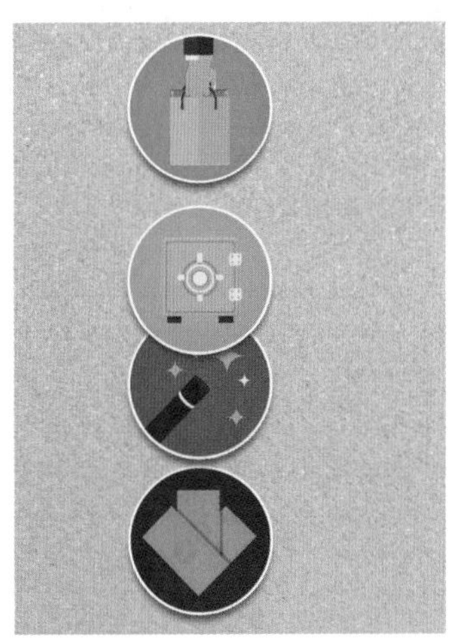

图3-71

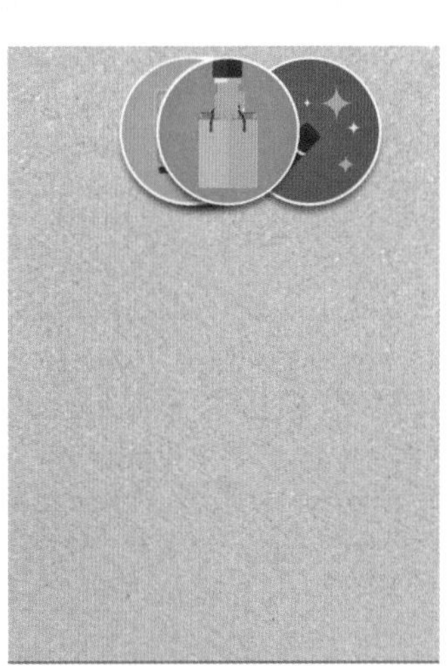

图3-72

高手小贴士：对齐图层的方法

- 顶对齐：将所选图层最顶端的像素与当前最顶端的像素对齐。
- 垂直居中对齐：将所选图层的中心像素与当前图层垂直方向的中心像素对齐。
- 底对齐：将所选图层的最底端像素与当前图层最底端的中心像素对齐。
- 左对齐：将所选图层的中心像素与当前图层左边的中心像素对齐。
- 水平居中对齐：将所选图层的中心像素与当前图层水平方向的中心像素对齐。
- 右对齐：将所选图层的中心像素与当前图层右边的中心像素对齐。

3.6.3 分布图层

技术速查：使用“分布”命令对多个图层的分布方式进行调整，以制作出秩序井然的画面效果。

“分布”用于调整出图层之间相等的距离，例如垂直方向的距离相等，或者水平方向的距离相等。使用“分布”命令时，文档中必须包含多个图层（至少为3个图层，且“背景”图层除外）。

在“图层”面板中加选需要分布的图层，选择工具箱中的“移动工具”，选项栏中有一排分布按钮，如图3-73所示。单击相应的按钮进行分布操作，例如单击“垂直居中分布”按钮，效果如图3-74所示。

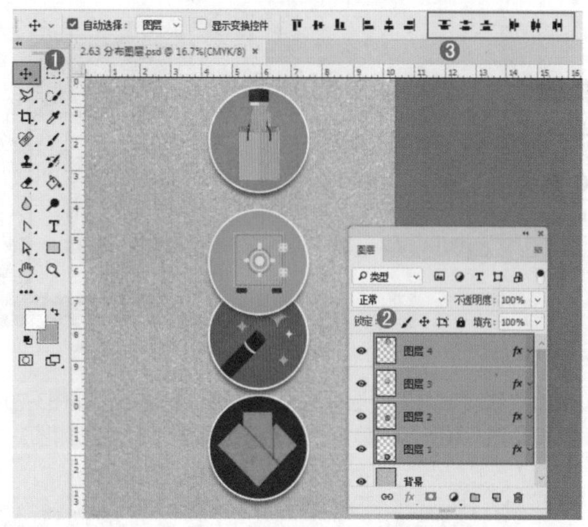
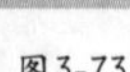

图3-73

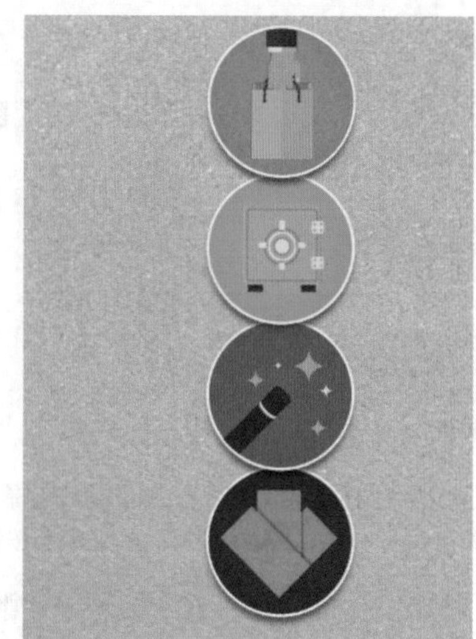

图3-74

高手小贴士：分布图层的方法

- 垂直顶部分布：单击该按钮时，将平均每一个对象顶部基线之间的距离，调整对象的位置。
- 垂直居中分布：单击该按钮时，将平均每一个对象水平中心基线之间的距离，调整对象的位置。
- 底部分布：单击该按钮时，将平均每一个对象底部基线之间的距离，调整对象的位置。
- 左分布：单击该按钮时，将平均每一个对象左侧基线之间的距离，调整对象的位置。
- 水平居中分布：单击该按钮时，将平均每一个对象垂直中心基线之间的距离，调整对象的位置。
- 右分布：单击该按钮时，将平均每一个对象右侧基线之间的距离，调整对象的位置。

★ 案例实战——使用对齐与分布调整网页UI版式

文件路径	第3章\使用对齐与分布调整网页UI版式
难易指数	★★★★★

扫码看视频

案例效果

案例效果如图3-75所示。

图3-75

操作步骤

01 执行“文件>打开”命令，打开素材文件“1.psd”，如图3-76所示，可以看到网页左侧和右下方的区域模块分布非常不美观。

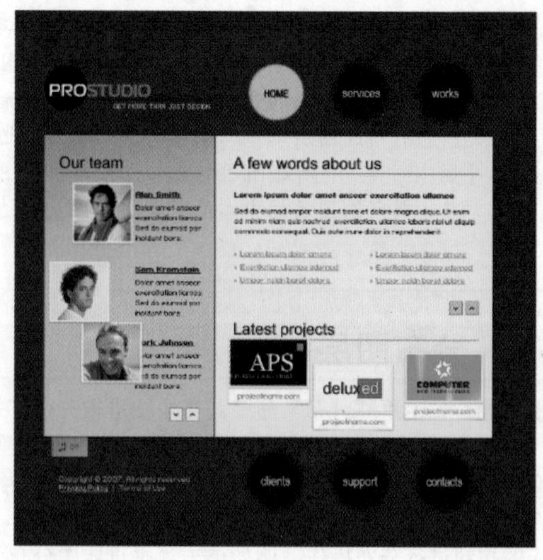

图3-76

02 首先处理底部的模块，在“图层”面板中按住Shift键加选“图层1”“图层2”“图层3”，如图3-77所示。执行“图层>对齐>水平居中”命令，此时3个模块处于同一水平线上，效果如图3-78所示。

03 执行“图层>分布>垂直居中”命令，使3个模块之间的间距相等，如图3-79所示。然后使用“移动工具”适当调整图片位置，如图3-80所示。

04 用同样方法选择左侧的3个模块的图层，并执行“图层>对齐>左边”命令以及“图层>分布>垂直居中”命令，将其摆放在合适的位置，最终效果如图3-81所示。

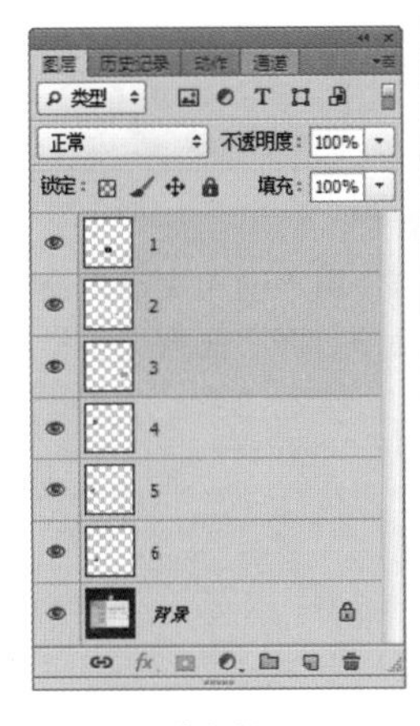

图3-77

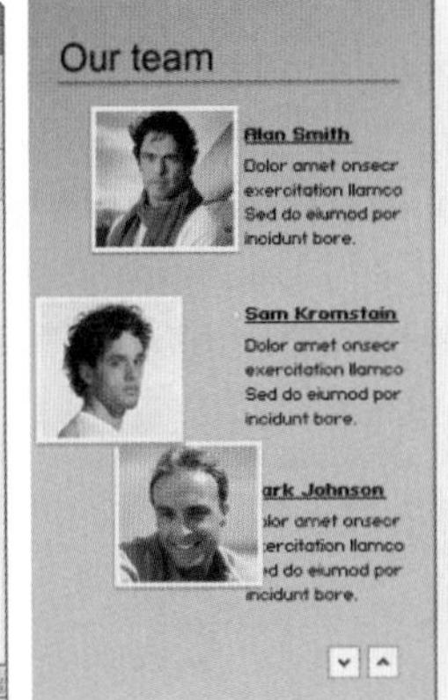

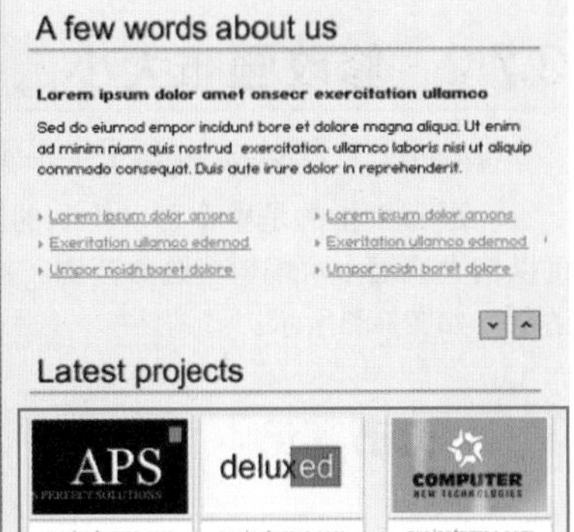

图3-78

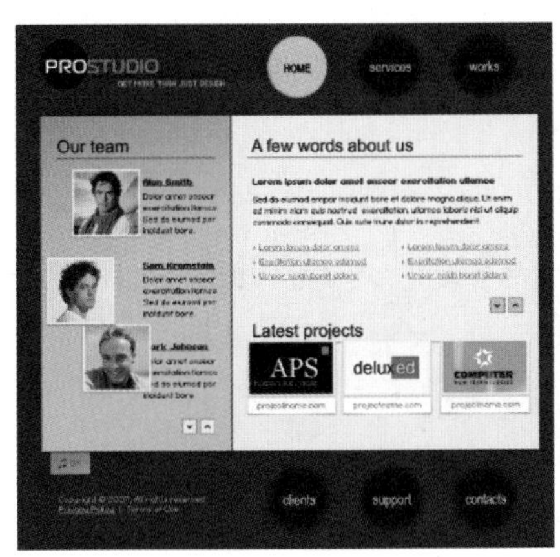

图3-79

图3-80

图3-81

3.7 图像处理的基础操作

本小节将主要介绍图像处理的一些基础操作，例如修改图像的尺寸、对画面进行裁剪、对图像进行变形等。

3.7.1 调整图像尺寸

- 视频精讲：Photoshop新手学视频精讲课堂\调整图像大小.flv
- 技术速查：使用“图像大小”命令可以根据用户需要进行尺寸、大小、分辨率等参数的更改。

“图像大小”命令可用于调整图像文档整体的长宽尺寸。执行“图像>图像大小”命令打开“图像大小”对话框。在这里可以进行宽度、高度、分辨率的设置，在设置尺寸数值之前要注意单位的设置。设置完毕后单击“确定”按钮提交操作，接下来图像的大小会发生相应的变化，如图3-82所示。

图3-82

启用“缩放样式” 后，在对图像大小进行调整后，其原有的样式会按照比例进行缩放。在“重新采样”下拉列表框中可以选择重新取样的方式。

3.7.2 修改画布大小

视频精讲：Photoshop新手学视频精讲课堂\调整画布大小.flv

“画布”指的是整个可以绘制的区域而非部分图像区域，使用“画布大小”命令可以增大或缩小可编辑的画面范围。执行“图像>画布大小”命令打开“画布大小”对话框，如图3-83所示。

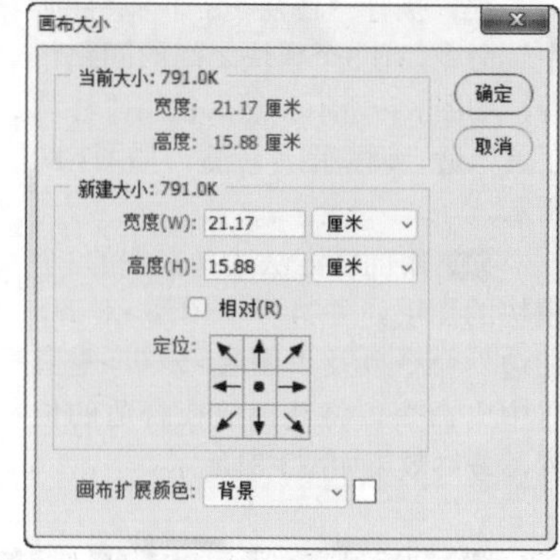

图3-83

读书笔记

选项解读：“画布大小”对话框详解

- 新建大小：在“宽度”和“高度”选项中设置修改后的画布尺寸。
- 相对：选中该复选框时，“宽度”和“高度”数值将代表实际增加或减少的区域的大小，而不再代表整个文档的大小。输入正值表示增加画布，输入负值表示减小画布。
- 定位：主要用来设置当前图像在新画布上的位置。
- 画布扩展颜色：当新建大小大于原始文档尺寸时，在此处可以设置扩展区域的填充颜色。

增大画布大小，原始图像内容的大小不会发生变化，增加的是画布在图像周围的编辑空间，增大的部分则使用选定的填充颜色进行填充。但是如果减小画布大小，图像则会被裁切掉一部分，如图3-84所示。

图3-84

3.7.3 裁剪工具

视频精讲：Photoshop新手学视频精讲课堂\裁切与裁剪图像.flv

“裁剪工具” 可以通过在画面中绘制特定区域的方式确定保留范围，区域以外的部分会被删除。

单击工具箱中的“裁剪工具”按钮，在画面中按住鼠标左键并拖曳，绘制出要保留的范围。松开鼠标后，要被裁减掉的区域显示为被半透明灰色覆盖的效果，如图3-85所示。此时如果对裁剪的范围不满意，可以将鼠标放在裁剪框上，按住鼠标左键拖动裁剪框大小来调整裁剪区域，如图3-86所示。调整完成后，按Enter键确定裁剪，多余区域将被删掉，如图3-87所示。

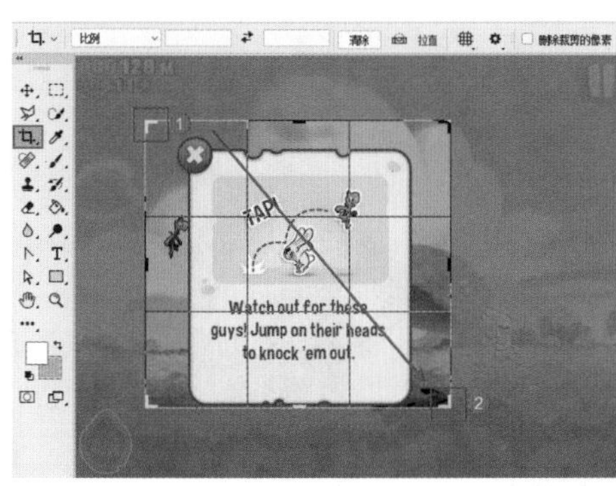

图3-85

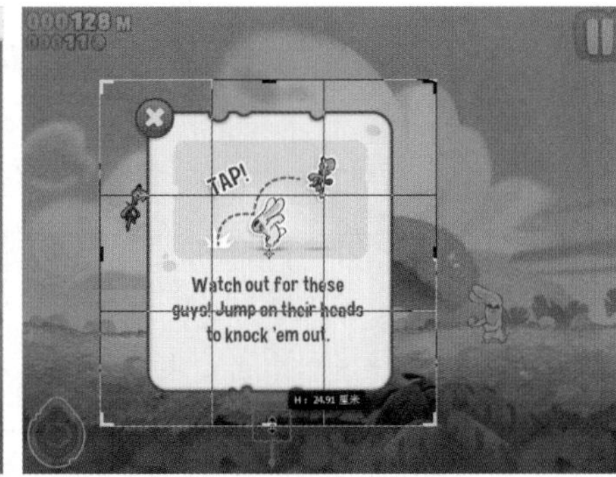

图3-86

图3-87

选项解读：“裁剪工具”选项栏

单击工具箱中的“裁剪工具”按钮，在其选项栏中可以进行约束方式、拉直等选项的设置，如图3-88所示。

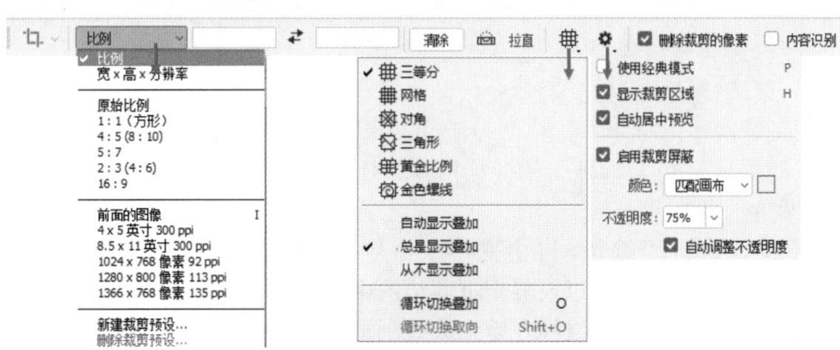

图3-88

- 约束方式 比例：在下拉列表中可以选择多种裁切的约束比例。
- 设定裁剪框的长宽比：用来自定义约束比例。
- 清除：单击该按钮清除长宽比。
- 拉直：通过在图像上画一条直线来拉直图像。
- 删除裁剪的像素：确定是否保留或删除裁剪框外部的像素数据。如果不选中该复选框，多余的区域可以处于隐藏状态，如果想要还原裁切之前的画面，只需要再次选择“裁剪工具”，然后随意操作即可看到原文档。

3.7.4 旋转画布

- 视频精讲：Photoshop新手学视频精讲课堂\旋转图像.flv

“图像>图像旋转”下的子命令可以使图像旋转特定角度或进行翻转。选择需要旋转的文档，如图3-89所示，执行“图像>图像旋转”命令，可以看到在“图像旋转”命令下有6种旋转画布的命令，如图3-90示。如图3-91所示为执行各个命令的效果。

选择“任意角度”命令可以对图像进行任意角度的旋转，在打开的“旋转画布”对话框中输入要旋转的角度，单击“确定”按钮即可完成相应角度的旋转，如图3-92所示，旋转效果如图3-93所示。

图3-89

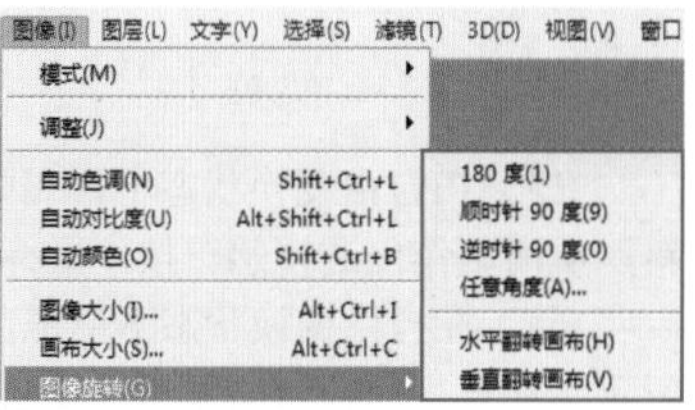

图3-90

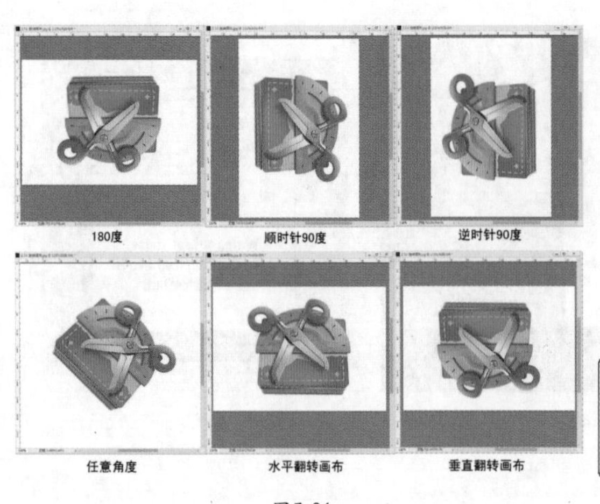

图3-91

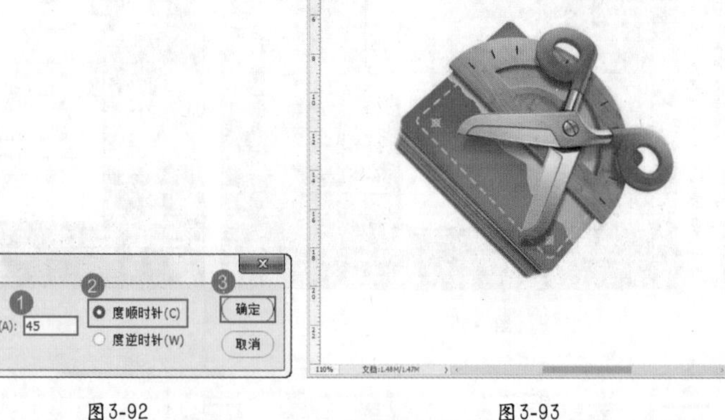

图3-92　　图3-93

3.7.5　变换图像

- 视频精讲：Photoshop新手学视频精讲课堂\18.变换与自由变换.flv
- 技术速查："编辑>变换"菜单提供了各种变换命令，使用这些命令可以对图层、路径、矢量图形、矢量蒙版、Alpha通道，以及选区中的图像进行变换操作。Photoshop可以对图像进行非常强大的变换操作，例如缩放、旋转、斜切、扭曲、透视、变形、翻转等。

（1）选中需要变换的图层，执行"编辑>自由变换"命令（快捷键：Ctrl+T），此时对象四周出现了界定框，四角处以及界定框四边的中间都有控制点，如图3-94所示。将鼠标放在控制点上，按住鼠标左键拖动控制框即可进行缩放，如图3-95所示。

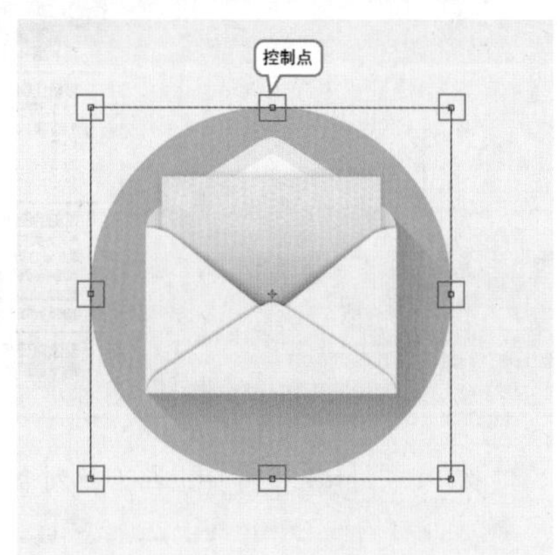

图3-94

（2）将光标放在四角处的控制点上并按住Shift键，可以在保持图像长宽比的前提下进行缩放，图像不会变形，如图3-96所示。将光标定位到界定框以外，光标变为弧形的双箭头，此时按住鼠标左键并拖动光标即可以任意角度旋转图像，如图3-97所示。在旋转过程中按住Shift键可以以15°的倍数进行旋转。

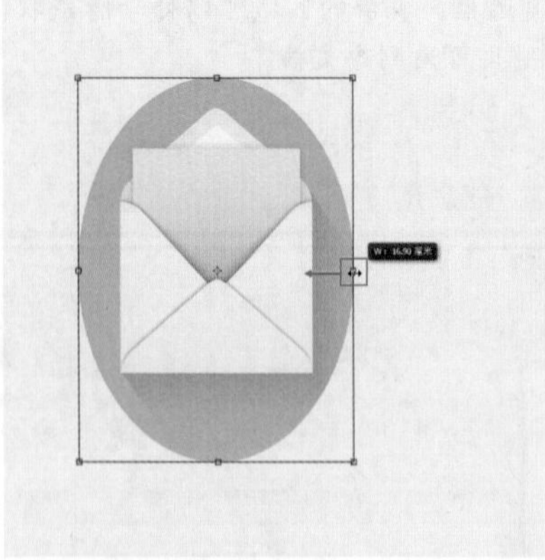

图3-95

图3-96

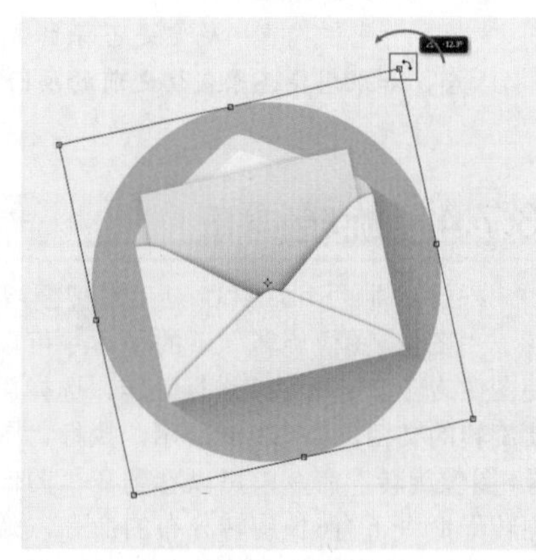

图3-97

（3）在自由变换状态下，在画面中单击鼠标右键可以看到更多的变换方式，如图3-98所示。使用"斜切"可以使图像倾斜，从而制作出透视感。按住鼠标左键拖动控制点即可沿控制点的单一方向实现倾斜，如图3-99所示。

（4）在自由变换状态下单击鼠标右键，在弹出的快捷菜单中执行"扭曲"命令，可以任意调整控制点的位置，如图3-100所示。在自由变换状态下单击鼠标右键，在弹出的快捷菜单中执行"透视"命令，然后随意拖曳定界框上的控制点，其他控制点会自动发生变化，在水平或垂直方向上对图像应用透视，如图3-101所示。

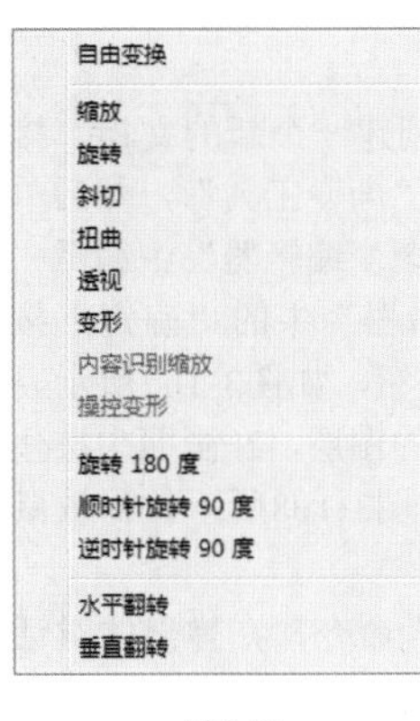

图3-98

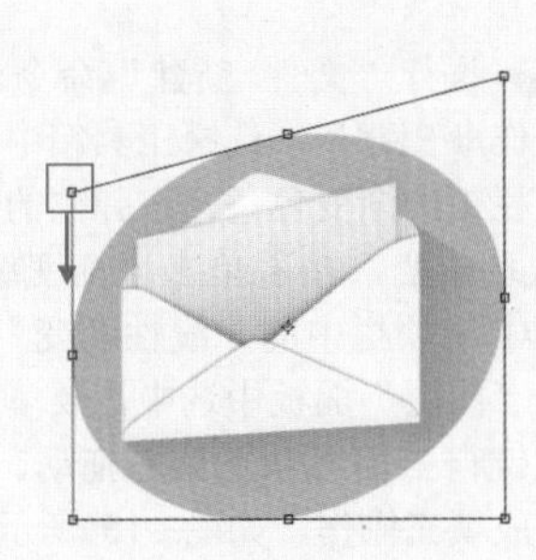

图3-99

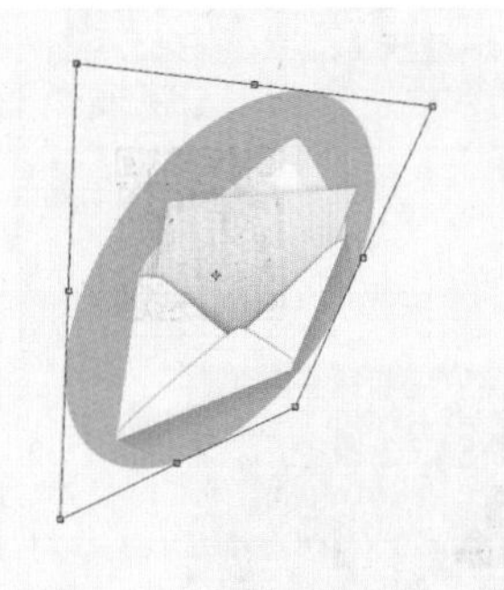

图3-100

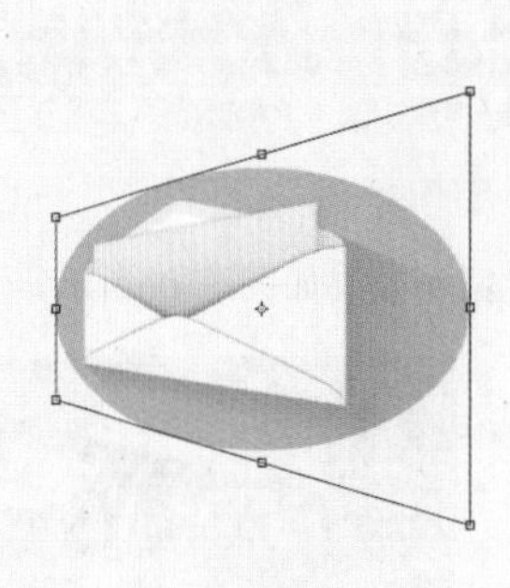

图3-101

（5）使用“变形”命令可以对图像内容进行自由变形扭曲。在自由变换状态下单击鼠标右键，在弹出的快捷菜单中执行“变形”命令，图像上将会出现网格状的控制框。在网格上按住鼠标左键并拖动，调整网格形态实现对图像的变形，如图3-102所示。此时在选项栏中可以选择一种形状来确定图像变形的方式，如图3-103所示。

（6）在自由变换状态下单击鼠标右键，在弹出的快捷菜单中还可以看到另外3个命令：旋转180度、顺时针旋转90度、逆时针旋转90度，这3个命令可以使图像按照规定角度旋转。直接选择这3个命令，就可以应用旋转，如图3-104所示。

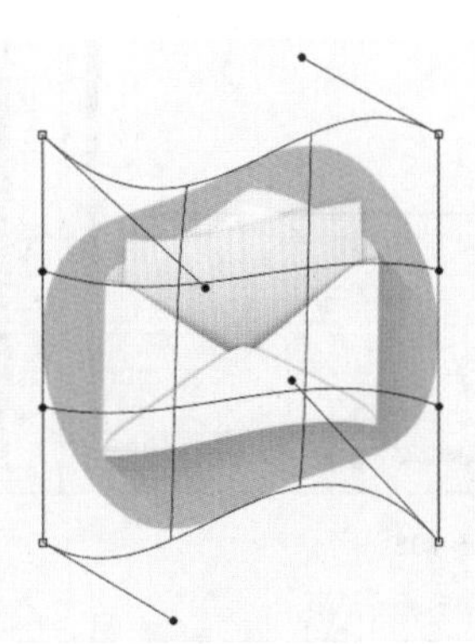

图3-102

图3-103

原图

旋转180度

顺时针旋转90度

逆时针旋转90度

图3-104

（7）“水平翻转”与“垂直翻转”命令非常常用，可以使图像进行水平方向、垂直方向的翻转，如图3-105所示。

原图

垂直翻转

水平翻转

图3-105

★ 案例实战——使用自由变换制作界面展示效果

文件路径	第3章\使用自由变换制作界面展示效果
难易指数	★★★★★

扫码看视频

案例效果

案例效果如图3-106所示。

图3-106

操作步骤

01 执行“文件>新建”命令，创建一个新的文档。接下来制作渐变背景，选择工具箱中的“渐变工具”，然后单击选项栏中的渐变色条，在弹出的“渐变编辑器”中编辑一种蓝色系渐变，接着单击“渐变编辑器”中的“确定”按钮。单击选项栏中的“线性渐变”按钮，如图3-107所示。然后在“图层”面板中选中需要填充的图层，在画面中按住鼠标左键自上而下从左到右拖动，如图3-108所示。释放鼠标后完成填充操作，如图3-109所示。

02 执行“文件>置入嵌入对象”命令，在弹出的对话框中选择“1.jpg”，单击“置入”按钮。接着将置入的素材摆放在画面中合适的位置，如图3-110所示。调整完成后按Enter键完成置入，在“图层”面板中右击该图层，在弹出的快捷菜单中执行“栅格化图层”命令，将其转换为普通图层，如图3-111所示。

图3-107

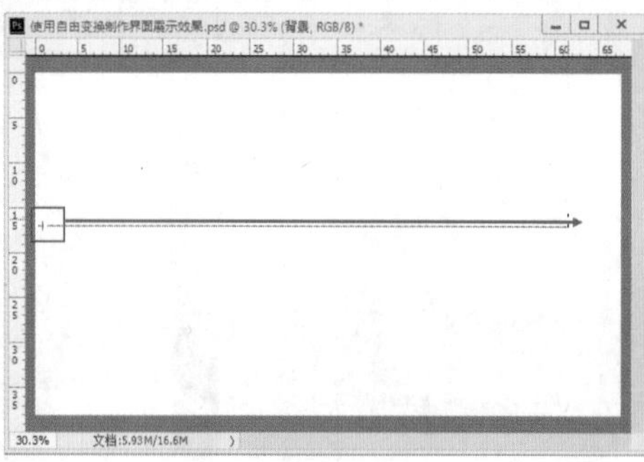

图3-108

图3-109

03 制作立体界面展示效果。首先在“图层”面板中单击选中素材1图层，接着使用自由变换快捷键Ctrl+T，此时对象进入自由变换状态，将光标定位到定界框一角处，按住鼠标左键并拖动，将其缩放到合适大小，如图3-112所示。接着在对象上单击鼠标右键，在弹出的快捷菜单中执行“扭曲”命令，如图3-113所示。

04 将光标定位到定界框的一个控制点上，按住鼠标左键并拖动，调整对象形态，然后将光标定位到另一个控制点，继续调整形态。呈现斜切透视感画面，如图3-114所示。调整完成后按Enter键完成操作，如图3-115所示。

图3-110

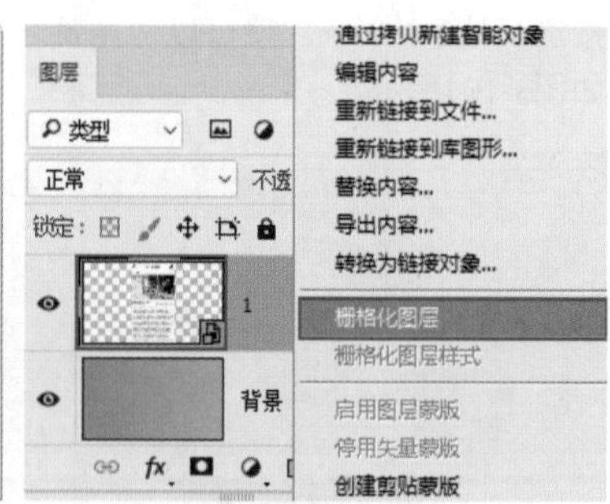

图3-111

读书笔记

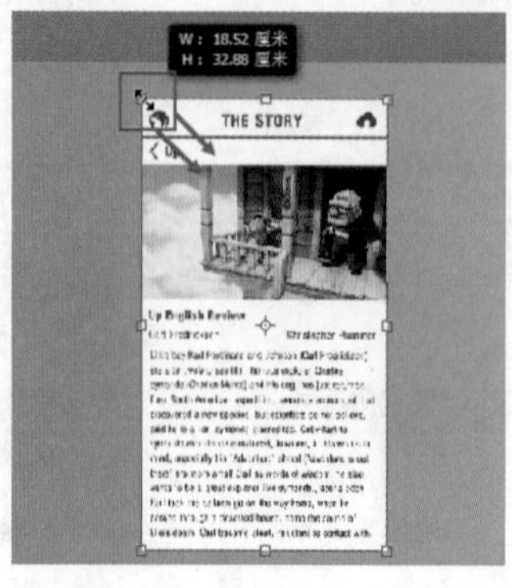

图3-112

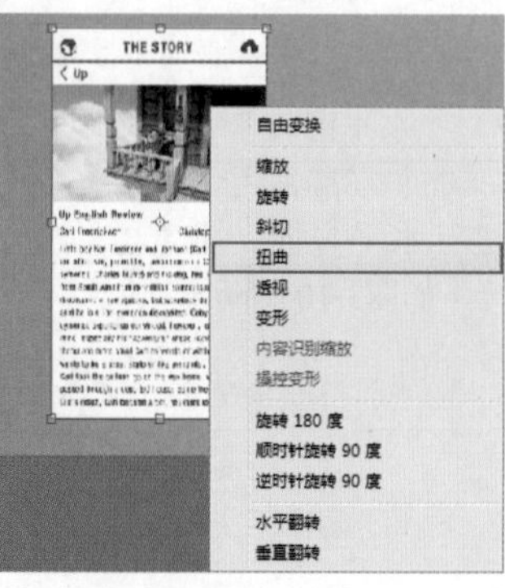

图3-113

05 为图片添加投影效果。在“图层”面板中选中该图层，执行“图层>图层样式>投影”命令，在弹出的“图层样式”对话框中设置“混合模式”为“正片叠底”，颜色为黑色，“不透明度”为40%，“角度”为23度，“距离”为4像素，“大小”为1像素，如图3-116所示，此时效果如图3-117所示。

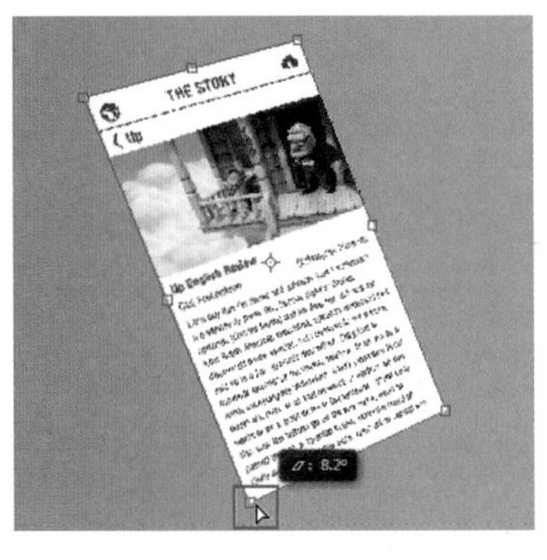

图3-114

图3-115

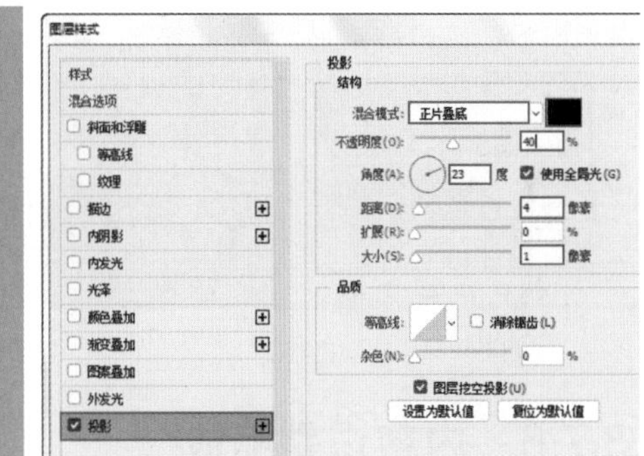

图3-116

06 在“图层”面板中单击选中该图层，使用复制图层快捷键Ctrl+J，复制出一个相同的图层。然后按住Ctrl键，此时鼠标箭头变为移动图标，接着按住复制出的图层向右下方拖曳，如图3-118所示。

07 制作阴影效果。新建图层，将前景色设置为黑色，选择工具箱中的“画笔工具”，在其选项栏中单击画笔预设“选取器”，设置画笔“大小”为150像素，选择常规画笔中的“柔边圆”，设置“不透明度”为80%，如图3-119所示。接着在图片下方按住鼠标涂抹，如图3-120所示。

图3-117

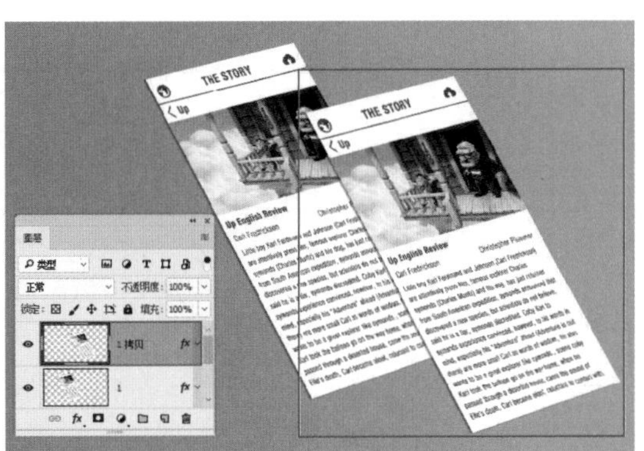

图3-118

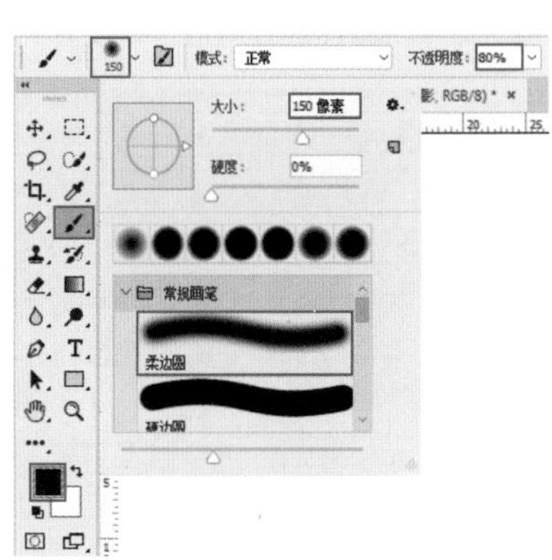

图3-119

08 单击选中该“阴影”图层，将“阴影”图层移到图片下方，如图3-121所示，此时画面效果如图3-122所示。

图3-120

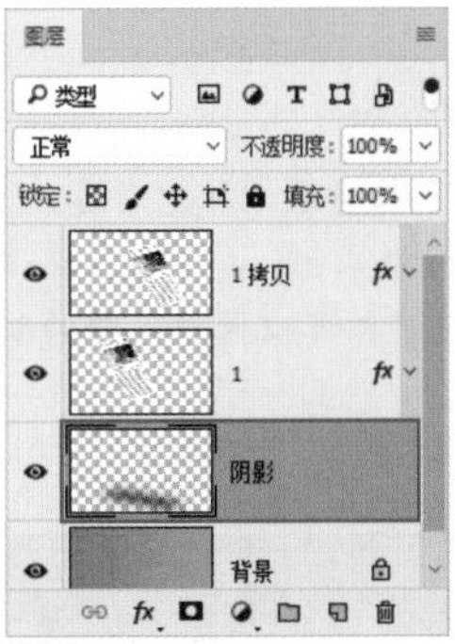

图3-121

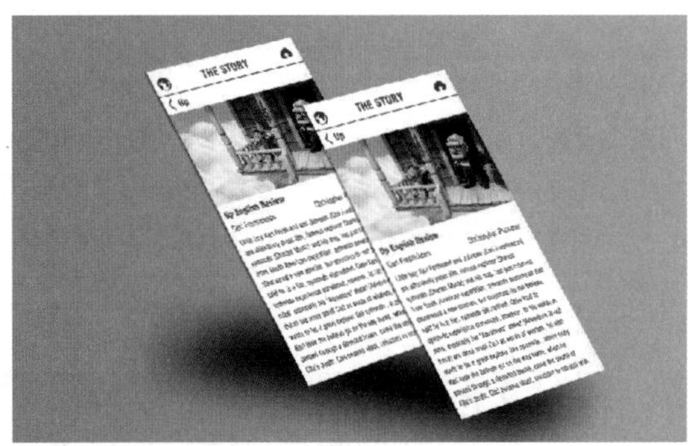

图3-122

09 可以看出此时阴影过于浓厚。单击选中该“阴影”图层，在“图层”面板中设置其“不透明度”为50%，如图3-123所示，最终画面效果如图3-124所示。

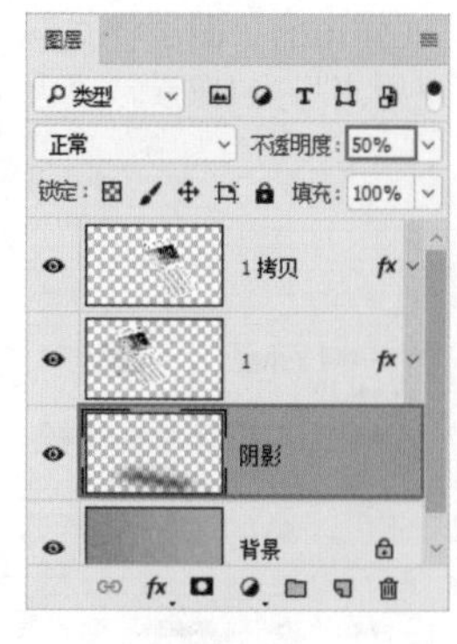

图3-123

图3-124

3.7.6 内容识别缩放

- 视频精讲：Photoshop新手学视频精讲课堂\内容识别比例.flv
- 技术速查：常规缩放在调整图像大小时会统一影响所有像素，而“内容识别缩放”命令主要影响没有重要可视内容区域中的像素。

使用“内容识别缩放”命令进行变换可以最大限度地保护画面主体像素的同时，变动、调整画面的幅面结构或比例。

选择需要变换的对象，如图3-125所示。执行“编辑>内容识别缩放”命令，随即会显示定界框，接着进行缩放操作，拖动控制点可以发现画面中的主体图案并没有变形，如图3-126所示。调整完成后按Enter键确定变换操作。若使用“自由变换”命令对画面进行缩放，可以看到横向缩放后的图形变形严重，如图3-127所示。

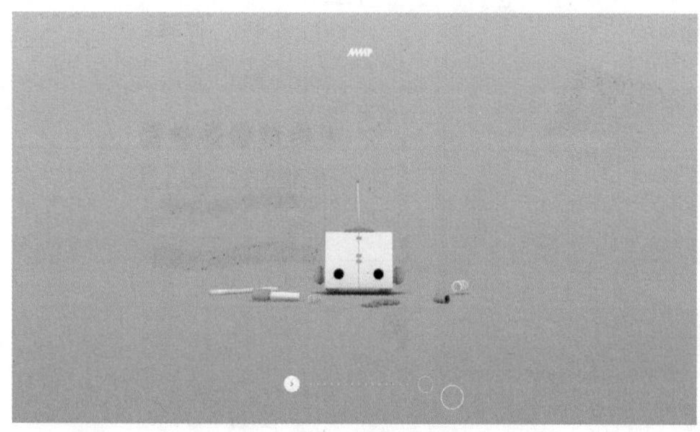
图3-125

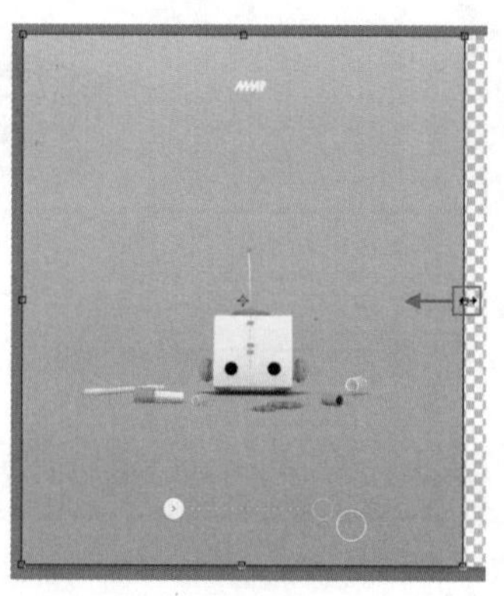
图3-126

图3-127

选项解读：“内容识别缩放”选项栏

“内容识别缩放”允许在调整大小的过程中使用Alpha通道来保护内容。可以在“通道”面板中创建一个用于“保护”特定内容的Alpha通道（需要保护的内容为白色，其他区域为黑色）。然后在选项栏的“保护”下拉列表中选择该通道即可。

单击选项栏中的“保护肤色”按钮，在缩放图像时可以保护人物的肤色区域，避免人物变形。

3.8 辅助工具

- 视频精讲：Photoshop新手学视频精讲课堂\使用Photoshop辅助对象.flv

Photoshop中提供了多种辅助工具，可以辅助用户更加准确而便捷地进行绘图操作。

3.8.1 标尺与辅助线

（1）执行“视图>标尺”命令或按Ctrl+R快捷键，可以看到窗口顶部和左侧会出现标尺，标尺上显示着精准的数值，在对文档的操作过程中可以进行精确的尺寸控制，如图3-128所示。

（2）标尺与参考线总是一起使用的。参考线的创建非常简单，将光标放置在垂直标尺上，按住鼠标左键向文档窗口内拖曳，此时光标为状，如图3-129所示。拖曳至相应位置后松开鼠标，即可建立一条参考线，如图3-130所示。如果在水平的标尺上按住鼠标左键并拖动则可创建一条水平的参考线。

（3）如果要移动参考线，可以选择“移动工具”，然后将光标放置在参考线上，当光标变成分隔符形状时，按住鼠标左键拖动参考线即可，如图3-131所示。若要将某一条参考线删除，可以选择该参考线，然后拖曳至标尺处，松开鼠标即可删除该参考线，如图3-132所示。

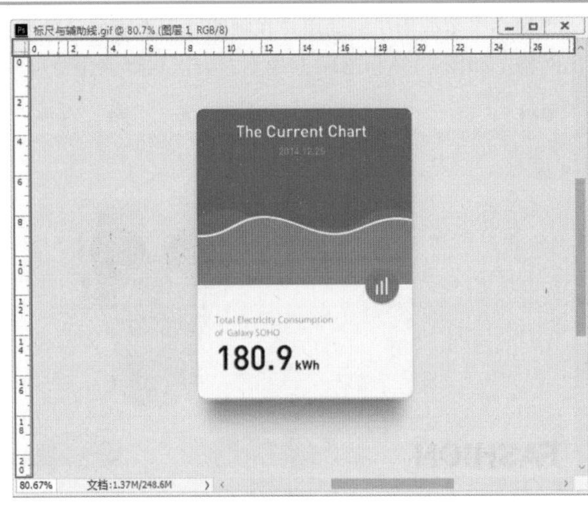

图3-128

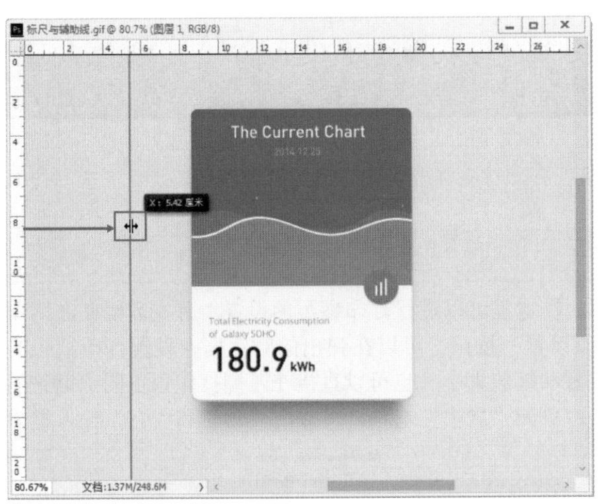

图3-129

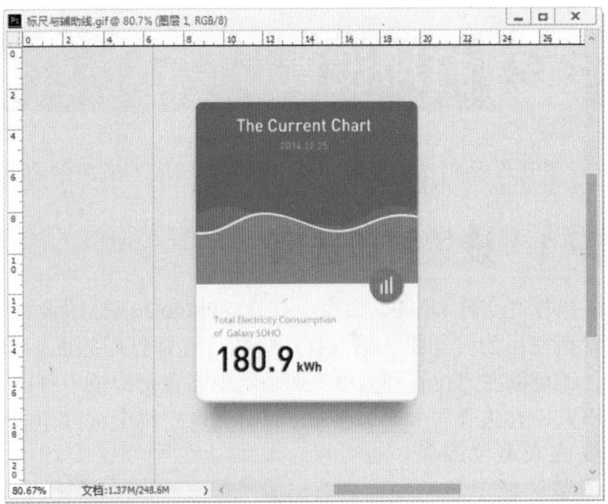

图3-130

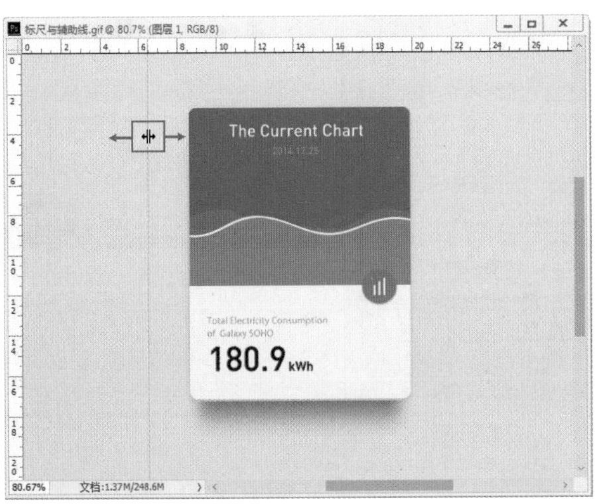

图3-131

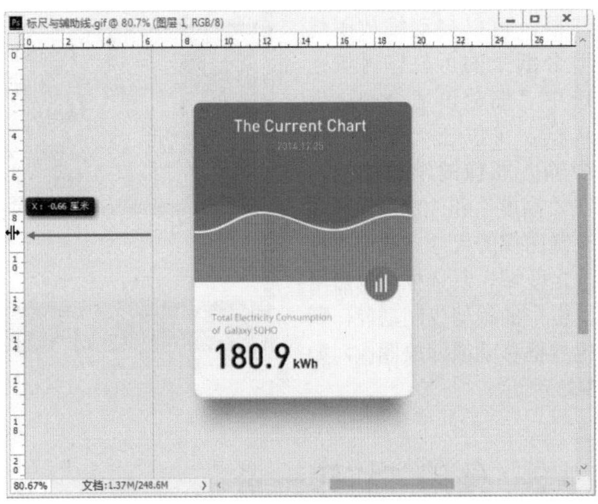

图3-132

3.8.2 网格

“网格”主要用于辅助用户在制图过程中更好地绘制出标准化图形。执行“视图>显示>网格”命令，就可以在画布中显示出网格，如图3-133和图3-134所示。再次执行该命令可以隐藏网格。

图3-133

图3-134

3.9 打印设置

设计作品制作完成后，经常需要打印成为纸质的实物。想要进行打印首先需要设置合适的打印参数。

3.9.1 设置打印选项

执行“文件>打印”命令，打开“Photoshop打印设置”对话框，在这里可以进行打印参数的设置。首先需要在右侧顶部设置要使用的打印机，输入打印份数，选择打印版面。单击“打印设置”按钮，可以在弹出的对话框中设置打印纸张的尺寸。还可以在“位置和大小”选项组中设置文档位于打印页面的位置和缩放大小（也可以直接在左侧打印预览图中调整图像大小）。勾选“居中”选项，可以将图像定位于可打印区域的中心；关闭“居中”选项，可以在“顶”和“左”输入框中输入数值来定位图像，也可以在预览区域中移动图像进行自由定位，从而打印部分图像。选中“缩放以适合介质”复选框，可以自动缩放图像到适合纸张的可打印区域；不选中“缩放以适合介质”复选框，可以在“缩放”选项中输入图像的缩放比例，或在“高度”和“宽度”选项中设置图像的尺寸。选中“打印选定区域”复选框可以启用对话框中的裁剪控制功能，调整定界框移动或缩放图像，如图3-135所示。

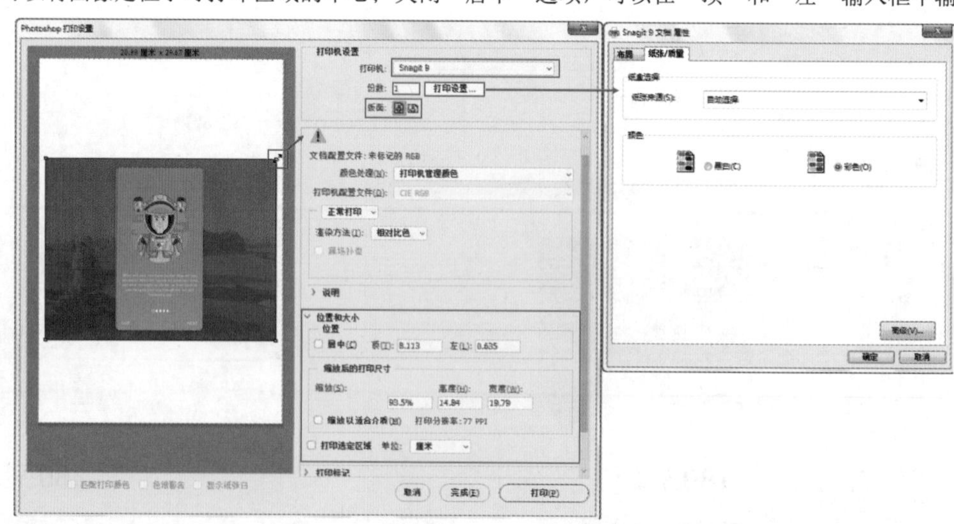

图3-135

3.9.2 使用“打印一份”

执行“编辑>打印一份”命令，即可以设置好的打印选项快速打印当前文档。

第4章

选区基础

本章内容简介：

“选区”是Photoshop中一个重要的概念，它能够将编辑限定在一个指定区域，使编辑操作只针对这个区域。Photoshop提供了选框工具组和套索工具，专门用于绘制选区，选区绘制完成后，还能够对选区进行编辑变换操作。

本章学习要点：

- 掌握选框工具的使用方法
- 掌握选区基本的编辑操作
- 掌握编辑选区形态的方法

4.1 认识选区

在Photoshop中处理图像时，经常需要针对局部效果进行调整。通过选择特定区域，可以对该区域进行编辑并保持未选定区域不会被改动。这时就需要为图像指定一个有效的编辑区域，这个区域就是“选区”。无论是进行平面设计、照片处理还是创意合成，都离不开选区，如图4-1～图4-3所示为使用选区技术进行制作的作品。

图4-1

图4-2

图4-3

选区可以应用在制图的各个环节中，而选区的基本功能无外乎“限制作用区域”以及“抠图”这两项。如图4-4所示，需要调整界面颜色，这时就可以使用“磁性套索工具”或“钢笔工具”绘制出需要调色的区域选区。然后就可以对这些区域进行单独调色，如图4-5所示。

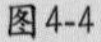
图4-4

图4-5

选区的另外一项重要功能是分享图像局部，也就是抠图。要将图中的前景物体分离出来，这时就可以使用“快速选择工具”或“磁性套索工具”制作主体部分选区，如图4-6所示。接着将选区中的内容复制粘贴到其他合适的背景文件中，并添加其他合成元素即可完成一个合成作品，如图4-7所示。

图4-6

图4-7

Photoshop中包含多种选区工具以及选区编辑调整命令，主要分布于工具箱的上半部分以及菜单栏的“选择”菜单中，如图4-8和图4-9所示。

读书笔记

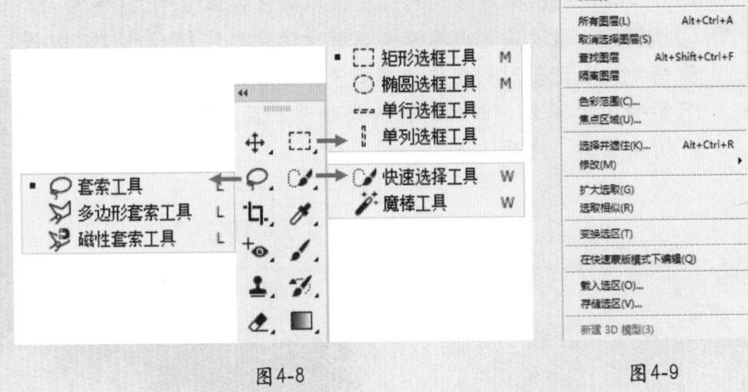

图4-8　　图4-9

4.2 轻松制作简单选区

选框工具组位于工具箱的上半部分，右击该按钮即可弹出该工具组的其他工具，如图4-10所示。通过这些工具可以轻松绘制矩形选区、正方形选区、椭圆选区、正圆选区、单行选区和单列选区，如图4-11所示。

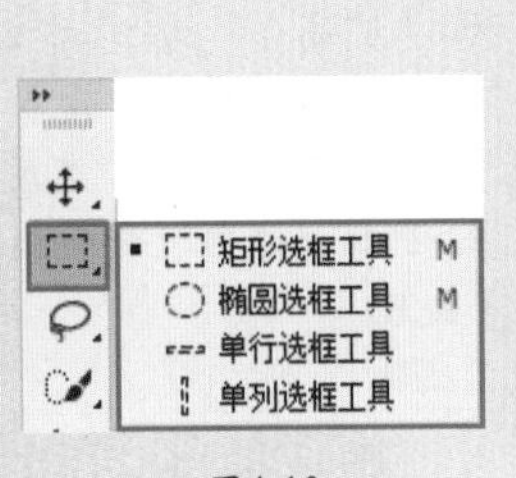

图4-10

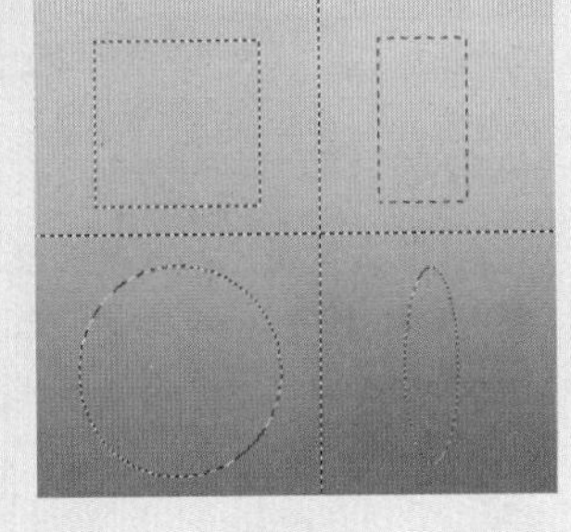
图4-11

选项解读：选框工具组的工具选项栏

图4-12

使用选框工具组中的工具时，在选项栏中会出现相似的选项设置，以“椭圆选框工具”为例，如图4-12所示。

- 选区运算：选区的运算可以将多个选区进行“相加”“相减”“交叉”“排除”等操作而获得新的选区。例如在已有一个选区时，想要绘制第二个选区，如图4-13所示。不同的运算方式会得到不同的效果，单击“新选区”按钮，可以创建一个新选区，如图4-14所示。如果已经存在选区，那么新创建的选区将替代原来的选区。单击“添加到选区”按钮，可以将当前创建的选区添加到原来的选区中（按住Shift键也可以实现相同的操作），如图4-15所示。单击“从选区减去”按钮，可以将当前创建的选区从原来的选区中减去（按住Alt键也可以实现相同的操作），如图4-16所示。单击“与选区交叉”按钮，新建选区时只保留原有选区与新创建的相交部分（按住Shift+Alt快捷键也可以实现相同的操作），如图4-17所示。

图4-13

图4-14

图4-15

图4-16

图4-17

第4章 选区基础

- 羽化: 0像素：主要用来设置选区边缘的虚化程度。羽化值越大，虚化范围越宽；羽化值越小，虚化范围越窄；以图4-18所示的图像边缘锐利程度模拟羽化数值分别为0像素与20像素时的边界效果。
- 消除锯齿：通过柔化边缘像素与背景像素之间的颜色过渡效果，来使选区边缘变得平滑，如图4-19所示是未选中“消除锯齿”复选框时的图像边缘效果，如图4-20所示是选中“消除锯齿”复选框时的图像边缘效果。由于“消除锯齿”只影响边缘像素，因此不会丢失细节，在剪切、拷贝和粘贴选区图像时非常有用。只有在使用“椭圆选框工具”时“消除锯齿”选项才可用。

图4-18

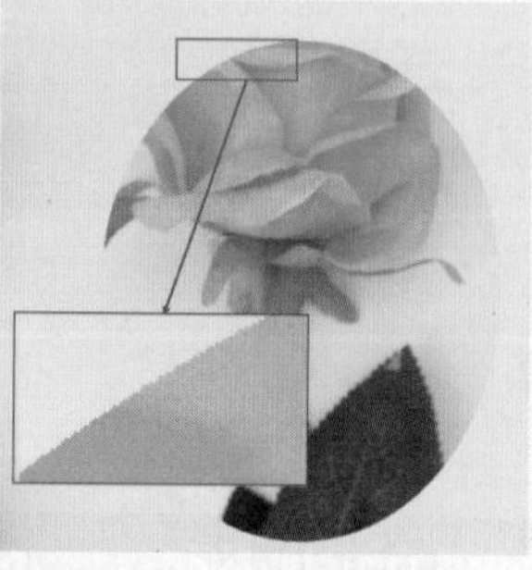

图4-19

图4-20

- 样式: 正常 宽度: 高度: ：用来设置矩形选区的创建方法。当选择“正常”选项时，可以创建任意大小的矩形选区；当选择“固定比例”选项时，可以在右侧的“宽度”和“高度”输入框中输入数值，以创建固定比例的选区。例如，设置“宽度”为1、“高度”为2，那么创建出来的矩形选区的高度就是宽度的2倍；当选择“固定大小”选项时，可以在右侧的“宽度”和“高度”输入框中输入数值，然后单击鼠标左键即可创建一个固定大小的选区（单击“高度和宽度互换”按钮⇄可以切换“宽度”和“高度”的数值）。
- 选择并遮住...：与执行“选择>选择并遮住”命令相同，单击该按钮可以打开“选择并遮住”对话框，在该对话框中可以对选区进行平滑、羽化等处理。

4.2.1 矩形选框工具

- 视频精讲：Photoshop新手学视频精讲课堂\使用选框工具.flv
- 技术速查：“矩形选框工具”主要用于创建矩形选区与正方形选区。

选择工具箱中的“矩形选框工具”，在画面中按住鼠标左键拖动即可绘制选区，如图4-21所示。在绘制时按住Shift键可以绘制正方形选区，如图4-22所示。

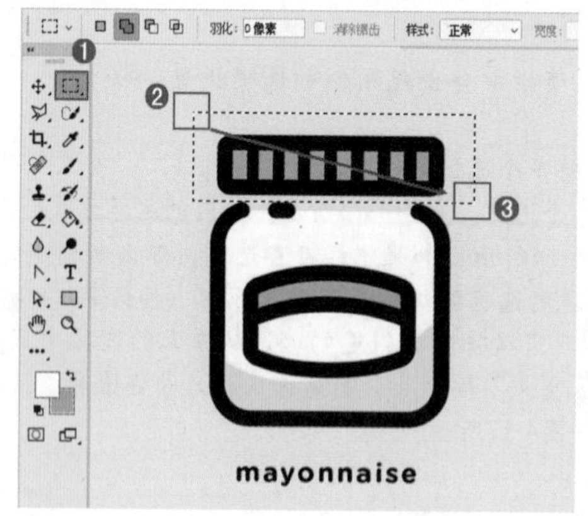

图4-21

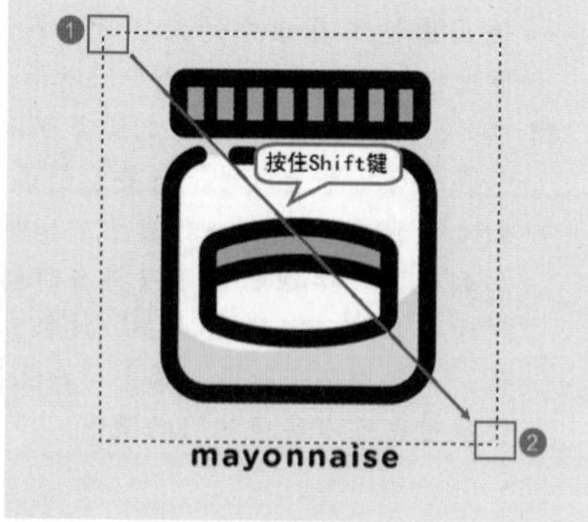

图4-22

高手小贴士：取消选区的选择

如果不再需要选区，可以使用快捷键Ctrl+D取消选区的选择。

4.2.2 椭圆选框工具

● 视频精讲：Photoshop新手学视频精讲课堂\使用选框工具.flv

● 技术速查："椭圆选框工具"主要用来制作椭圆选区和正圆选区。

选择工具箱中的"椭圆选框工具"，该工具的使用方式与"矩形选框工具"相同，在画布中按住鼠标左键拖动即可绘制椭圆选区，如图4-23所示。在绘制时按住Shift键可以绘制正圆选区，如图4-24所示。按住Shift+Alt快捷键进行绘制可以以起点作为圆心进行绘制。

图4-23

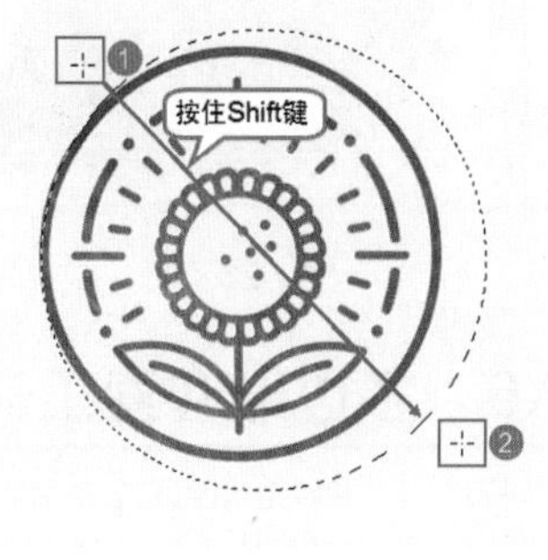

图4-24

4.2.3 单行/单列选框工具

● 视频精讲：Photoshop新手学视频精讲课堂\使用选框工具.flv

● 技术速查："单行选框工具"、"单列选框工具"主要用来创建高度或宽度为1像素的选区。

选择工具箱中的"单行选框工具"，然后在画面中单击，即可得到高度为1像素，宽度与画面相同的选区，如图4-25所示。单击"单列选框工具"，然后在画面中单击，即可得到宽度为1像素，高度与画面相同的选区，如图4-26所示。

图4-25

图4-26

4.2.4 套索工具

● 视频精讲：Photoshop新手学视频精讲课堂\使用套索工具.flv

● 技术速查：使用"套索工具"可以非常自由地绘制出形状不规则的选区。

"套索工具"位于工具箱中的套索工具组中，右击工具箱中的套索工具组图标，在弹出的菜单中选择"套索工具"。在图像上按住鼠标左键拖动光标进行绘制，如图4-27所示。结束绘制时松开鼠标左键，选区会自动闭合，如图4-28所示。如果在绘制中途松开鼠标左键，Photoshop会在该点与起点之间建立一条直线以封闭选区。

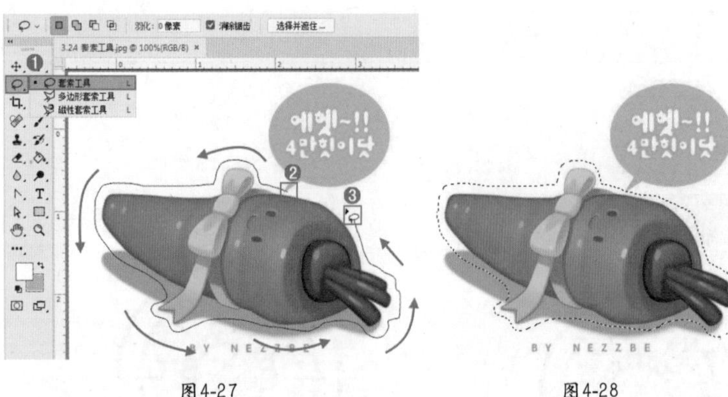

图4-27　　图4-28

4.2.5　多边形套索工具

- 视频精讲：Photoshop新手学视频精讲课堂\使用套索工具.flv
- 技术速查："多边形套索工具"适合于随意创建一些转角比较强烈的选区。

单击工具箱中的"多边形套索工具"按钮，在画面中单击确定起点，接着将光标移动至下一个位置并单击，继续移动并单击进行绘制，如图4-29所示。当绘制至起点位置时，光标变为状后再次单击，如图4-30所示，即可得到多边形选区，如图4-31所示。

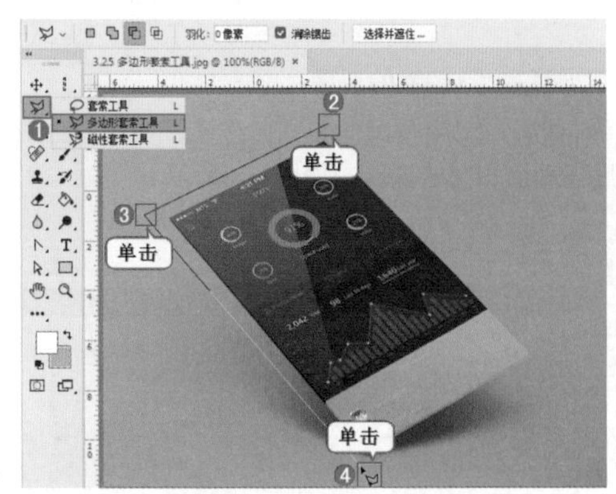

图4-29

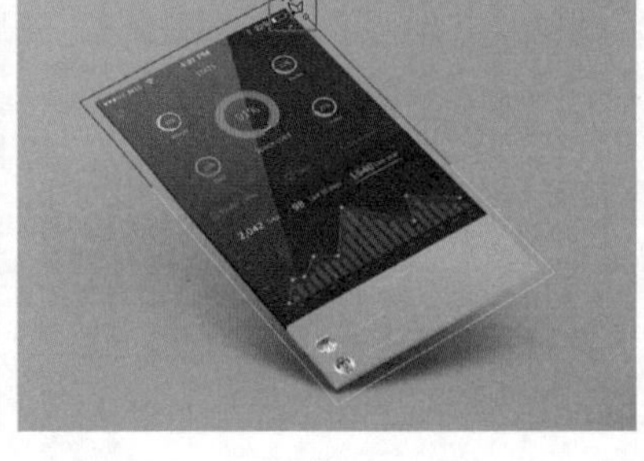

图4-30

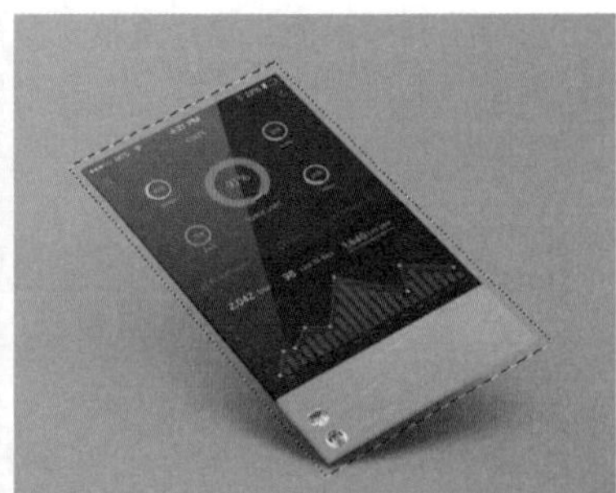

图4-31

高手小贴士："多边形套索工具"的使用技巧

在使用"多边形套索工具"绘制选区时，按住Shift键，可以在水平方向、垂直方向或45°方向上绘制直线。另外，按Delete键可以删除最近绘制的直线。

★ 案例实战——利用多边形套索工具选择图片

文件路径　第4章\利用多边形套索工具选择图片

难易指数　★★★★★

扫码看视频

案例效果

案例效果如图4-32所示。

图4-32

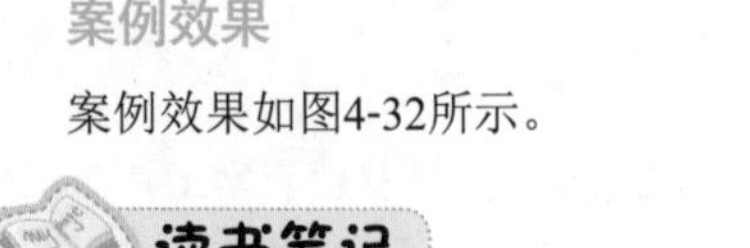

操作步骤

01 执行“文件>打开”命令打开背景素材“1.jpg”，如图4-33所示。

图4-33

02 执行“文件>置入嵌入对象”命令，将素材“2.jpg”置入文档内，将其摆放在合适的位置并栅格化，如图4-34所示。

图4-34

03 在“图层”面板上降低此图层的“不透明度”为70%，如图4-35所示。

图4-35

04 单击工具箱中的“多边形套索工具”按钮，在一张照片的边角上单击鼠标左键，确定起点，如图4-36所示。

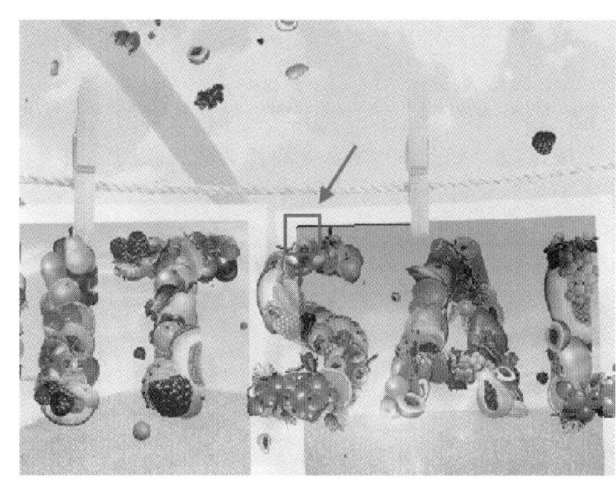

图4-36

05 在照片的第2个角上单击鼠标左键，确定第2个点，然后在照片的第3个角和第4个角上单击鼠标左键，确定第3个点和第4个点，接着将光标放置在起点上，当光标变成形状时单击鼠标左键，确定选区范围，如图4-37所示，选区效果如图4-38所示。

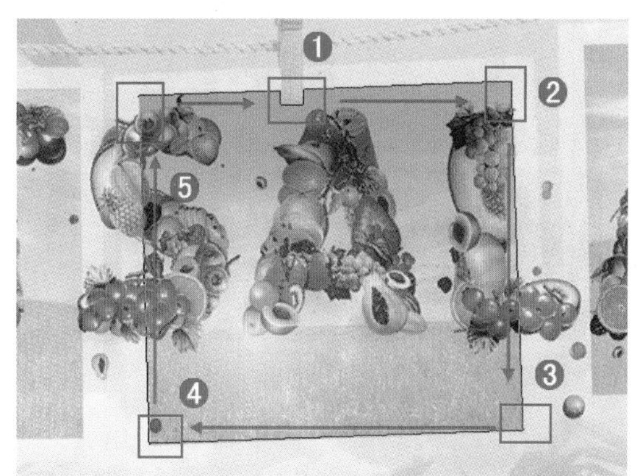

图4-37

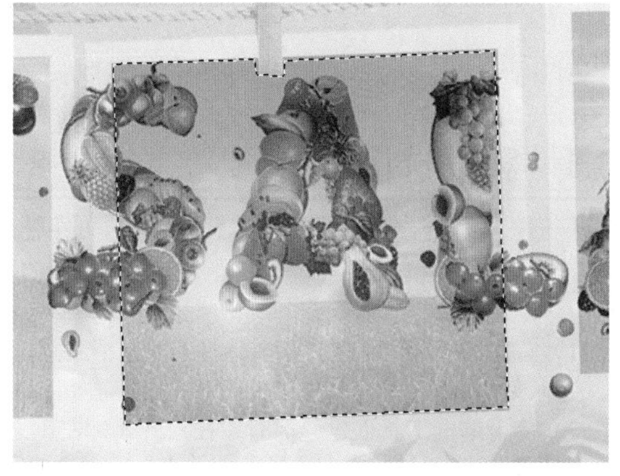

图4-38

第4章 选区基础

技巧提示

确定第4个点以后，也可以直接按Enter键闭合选区。

06 选中该图层，单击“图层”面板底部的“添加图层蒙版”按钮，如图4-39所示。再次对第二张图使用“多边形套索工具”进行绘制，如图4-40所示。

图4-39

图4-40

07 选中图层蒙版，设置前景色为白色，按Alt+Delete快捷键填充白色，第二张照片显示出来，如图4-41所示。

图4-41

08 依照此方法，把另外两张照片也抠出来，并且把“不透明度”调节为100%，案例最终效果如图4-42所示。

图4-42

4.3 选区的基本操作

可以对创建完成的选区执行一些操作，如移动、全选、反选、取消选择、重新选择、储存与载入等。

4.3.1 移动选区位置

选区创建完成后，如果对其位置不满意，可以在使用选区工具状态下对其位置进行移动。但是移动选区有两个条件：一是要在选框工具的状态下；另一个是在“新选区”的状态下。移动选区时不可使用“移动工具”，否则移动的将是选区中的内容。

（1）首先绘制一个选区，接着选择一个选框工具，在控制栏中设置选区运算模式为“新选区”，接着将光标移动至选区内，光标变为形状后，按住鼠标左键并拖曳，如图4-43所示。拖曳到相应位置后松开鼠标，完成移动操作，如图4-44所示。

（2）使用选框工具创建选区时，在松开鼠标左键之前，按住Space键（即空格键）拖动光标，可以移动选区，如图4-45所示。在包含选区的状态下，按→、←、↑、↓键可以1像素的距离移动选区。

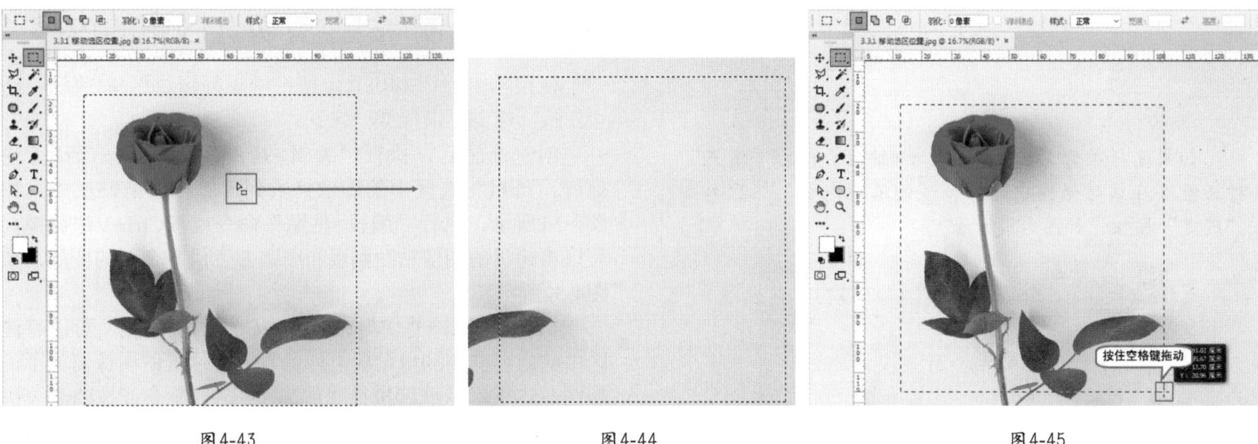

图4-43　　图4-44　　图4-45

4.3.2　移动选区中的内容

首先选中一个普通图层，并绘制一个选区，如图4-46所示。然后选择工具箱中的“移动工具”，将光标移至选区内，接着按住鼠标左键拖动即可移动选区中的内容，而不是选区本身，如图4-47所示。

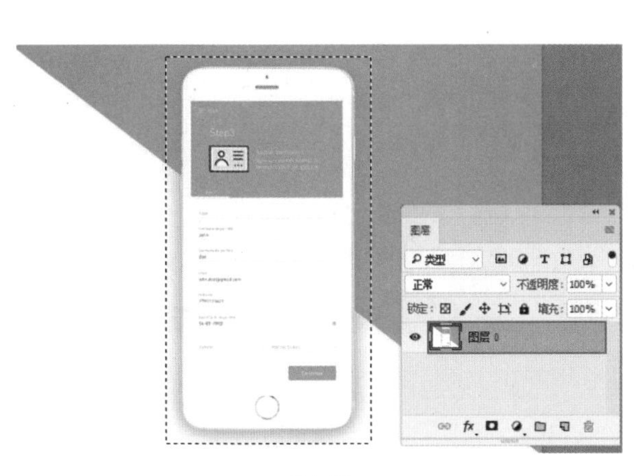

图4-46

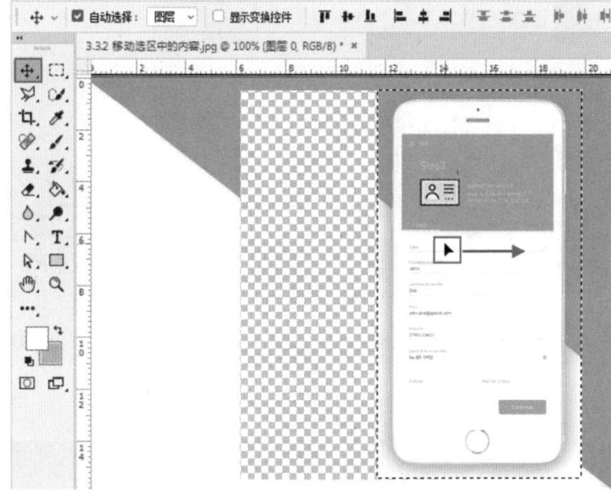

图4-47

4.3.3　删除选区中的内容

选择普通图层，然后绘制一个选区，如图4-48所示。接着按Delete键，即可删除选区中的像素，如图4-49所示。

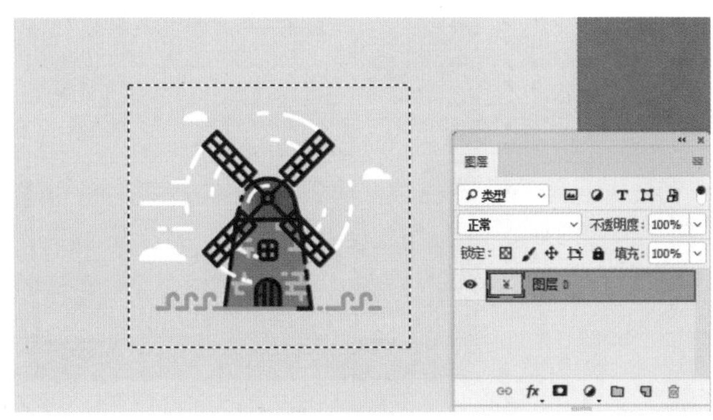

图4-48

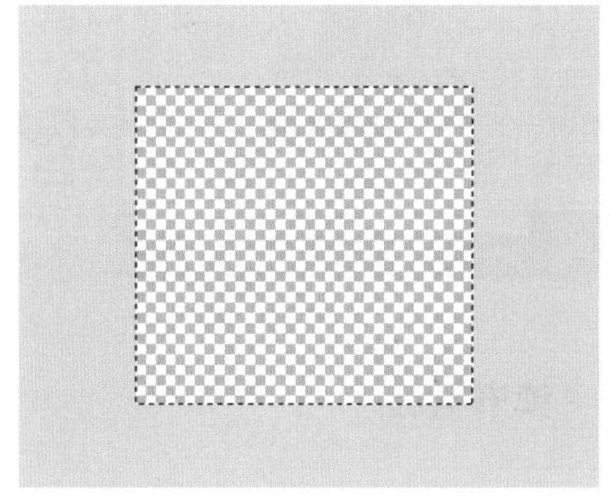

图4-49

高手小贴士：删除背景图层选区中的像素会出现的情况

如果选择了背景图层，按Delete键后会弹出“填充”对话框，在该对话框中选择合适的填充内容，然后单击“确定”按钮，如图4-50所示。

图4-50

4.3.4 复制/粘贴/剪切选区中的内容

视频精讲：Photoshop新手学视频精讲课堂\剪切、拷贝、粘贴、清除.flv

创建选区后，执行“编辑>拷贝”命令或按Ctrl+C快捷键，可以将选区中的图像拷贝到计算机的剪贴板中，如图4-51所示。执行“编辑>粘贴”命令或按Ctrl+V快捷键，可以将拷贝的图像粘贴到画布中，并生成一个新的图层，如图4-52所示。

执行“编辑>剪切”命令或按Ctrl+X快捷键，可以将选区中的内容剪切到剪贴板上，此时原始位置的图像消失了，如图4-53所示。继续执行“编辑>粘贴”命令或按Ctrl+V快捷键，可以将剪切的图像粘贴到画布中，并生成一个新的图层，如图4-54所示。

图4-51

图4-52

图4-53

图4-54

高手小贴士：剪切背景图层选区中的像素会出现的情况

如果选择了背景图层，剪切选区中的像素，那么选区会自动填充背景色，如图4-55所示。

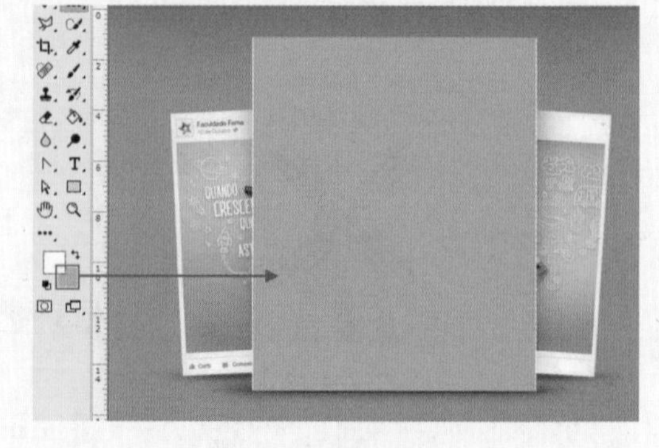

图4-55

读书笔记

4.3.5 快速得到反向选区

制作反向选区是非常常用的操作，记住快捷键能提高工作效率。首先绘制一个选区（为了便于观察，此处图中网格的区域为选区内部），如图4-56所示。接着执行“选择>反向选择”命令或者使用快捷键Shift+Ctrl+I可以选择反向的选区，也就是原本没有被选择的部分，如图4-57所示。

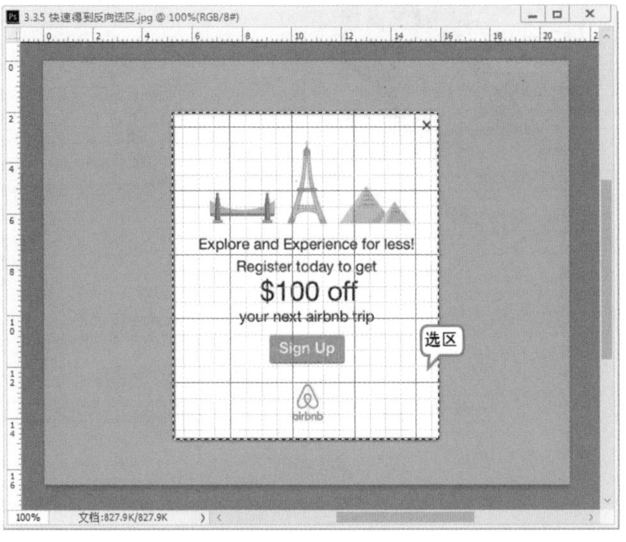

图4-56　　图4-57

4.3.6 取消选区

当绘制了一个选区后，会发现进行的操作都是针对选区内部图像的。而如果不需要对局部进行操作了，就可以取消选区。执行“选择>取消选择”命令或按Ctrl+D快捷键，可以取消选区的选择状态，如图4-58所示。

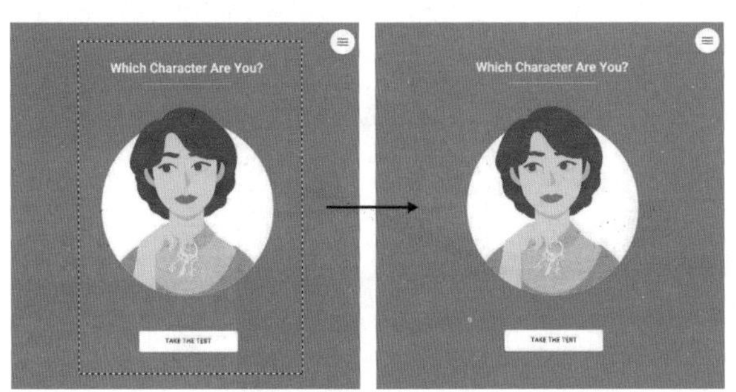

图4-58

4.3.7 重新选择

如果因操作失误取消了选区，可以将选区“恢复”回来。要恢复被取消的选区，可以执行“选择>重新选择”命令。

4.3.8 全选

“全选”能够选择当前文档边界内的全部图像。执行“选择>全部”命令或按Ctrl+A快捷键即可进行全选，如图4-59所示。

图4-59

读书笔记

4.3.9 隐藏选区、显示选区

在制图过程中，有时画面中的选区边缘线可能会影响我们观察画面效果。执行“视图>显示>选区边缘”命令（快捷键：Ctrl+H）可以切换选区的显示与隐藏，如图4-60和图4-61所示。

图4-60

图4-61

4.3.10 载入当前图层的选区

在操作过程中经常需要得到某个图层的选区。例如文档内有两个图层，如图4-62所示。此时可以在“图层”面板中按住Ctrl键的同时单击该图层缩略图，即可载入该图层选区，如图4-63所示。

图4-62

图4-63

★ 案例实战——使用选区工具制作简单界面

文件路径 第4章\使用选区工具制作简单界面

难易指数 ★★★★★

扫码看视频

案例效果

案例效果如图4-64所示。

操作步骤

01 执行“文件>打开”命令，打开背景素材“1.jpg”，如图4-65所示。执行“文件>置入嵌入对象”命令，在弹出的对话框中选择“2.jpg”，单击“置入”按钮。然后将置入的素材摆放在画面中部位置，按Enter键完成置入，如图4-66所示。接着在“图层”面板中右击该图层，在弹出的快捷菜单中执行“栅格化图层”命令，将该图层转换为普通图层，如图4-67所示。

02 在工具箱中选择“矩形选框工具”，然后在“图层”面板中选择“风景”图层，在画面中按住鼠标左键并

拖动，绘制一个矩形选区，如图4-68所示。选区绘制完成后，使用快捷键Ctrl+J将选区中的内容进行复制，此时图层面板如图4-69所示。

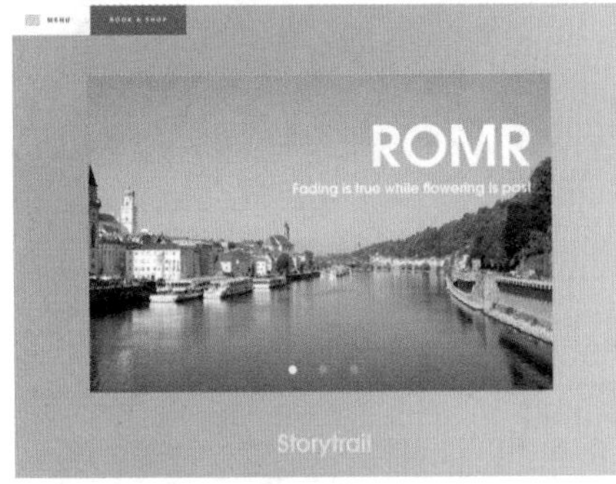

图4-64

图4-65

图4-66

图4-67

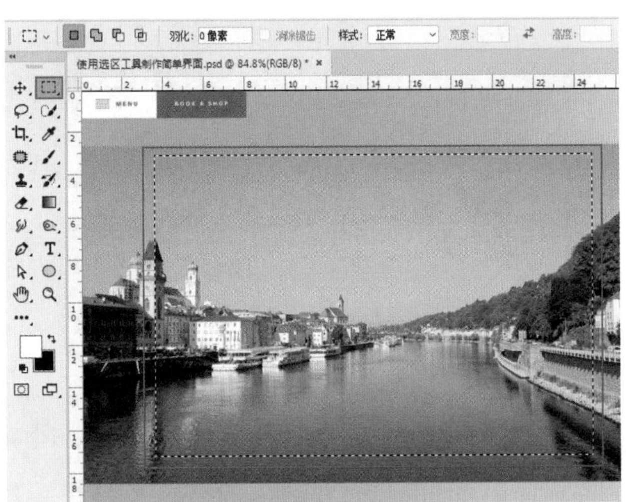

图4-68

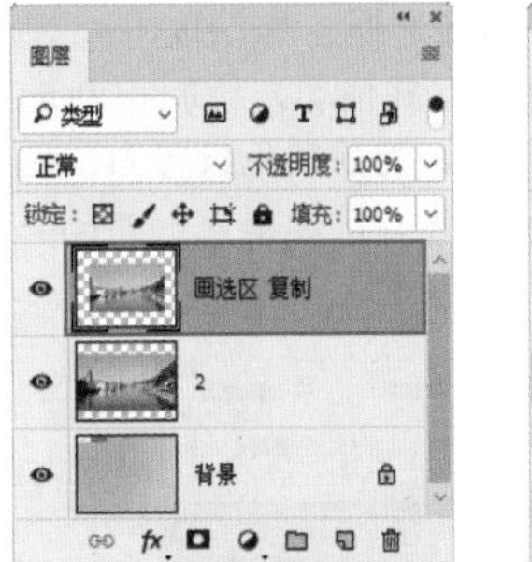

图4-69

图4-70

03 在“图层”面板中单击“风景”图层前的“指示图层可见性”按钮，隐藏该图层，如图4-70所示，此时画面如图4-71所示。

图4-71

04 在风景图片上方输入文字。选择工具箱中的“横排文字工具”，在选项栏中设置合适的字体、字号，文字颜色设置为白色，设置完毕后在风景图片上单击，输入文字，如图4-72所示。文字输入完毕后，按Ctrl+Enter快捷键完成文字输入。用同样的方法，继续在该文字下方输入文字，并在选项栏中设置合适的字号，如图4-73所示。

图4-72

图4-73

05 在风景图片下方制作"多项切换圆点"。新建图层，在选框工具组中单击"椭圆选框工具"按钮，然后按住Shift键的同时按住鼠标左键并拖动，绘制正圆选区，如图4-74所示。选区绘制完成后，将前景色设置为白色，使用填充前景色快捷键Alt+Delete进行快速填充，如图4-75所示。填充完成后按Ctrl+D快捷键取消选区。

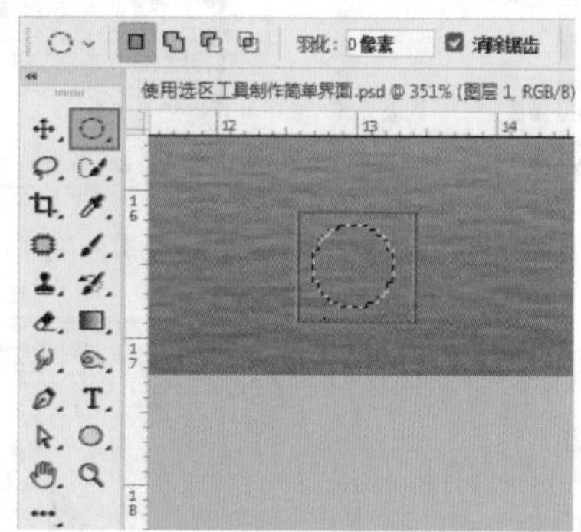

图4-74

06 在"图层"面板中单击选中正圆图层，使用复制图层快捷键Ctrl+J复制出一个相同的图层。将其移动到正圆右侧，如图4-76所示。接着在"图层"面板中将复制图层的"不透明度"设置为30%，如图4-77所示，此时复制的原点呈半透明状态，如图4-78所示。

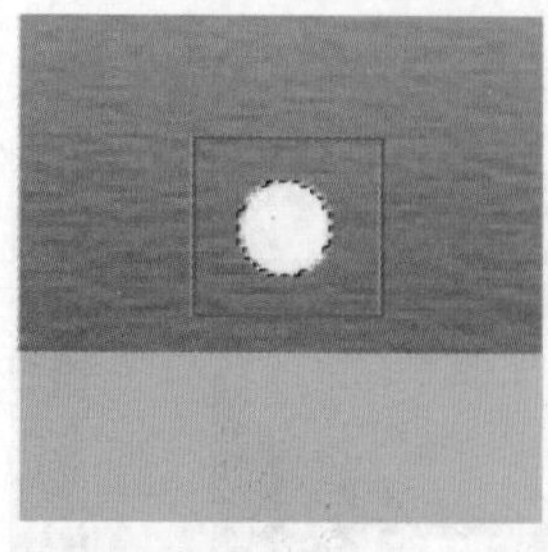
图4-75

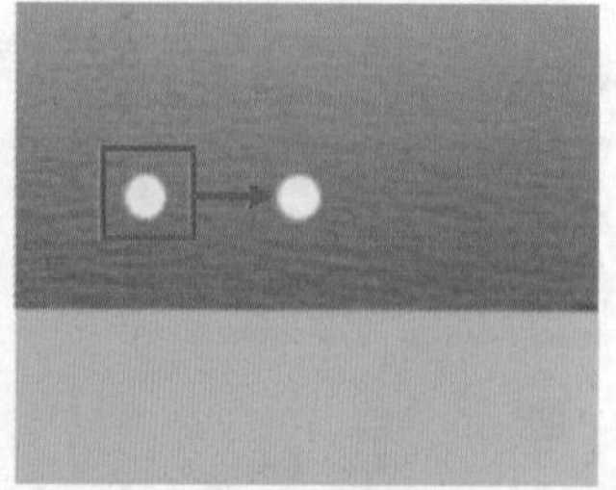
图4-76

07 在"图层"面板中单击拷贝的图层，复制该图层，如图4-79所示。在画面中继续将复制的半透明正圆向右侧拖动，如图4-80所示。

图4-77

图4-78

图4-79

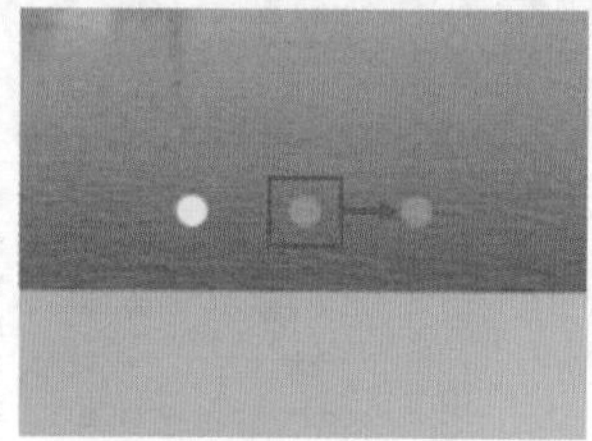
图4-80

08 在界面下方继续使用"横排文字工具"输入合适的文字，此时界面制作完成，效果如图4-81所示。

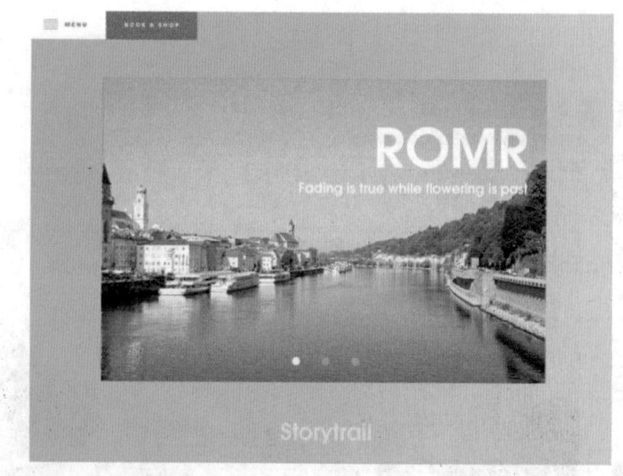

图4-81

读书笔记

4.4 编辑选区的形态

视频精讲：Photoshop新手学视频精讲课堂\修改选区.flv

“选区”对象不仅可以通过定界框进行变换，还可对选区进行平滑、扩展、收缩、羽化和创建边界等操作。绘制一个选区，执行“选择>修改”命令，在子菜单中有多个用于编辑选区的命令。

4.4.1 变换选区形态

选区的变换与图像的“变换”操作非常接近，在进行变换时都会出现界定框，通过调整界定框上控制点的位置即可调整选区的形态。

（1）使用“矩形选框工具”绘制一个长方形选区，如图4-82所示。对创建好的选区执行“选择>变换选区”命令或按Alt+S+T组合键，选区周围将出现界定框，如图4-83所示。

（2）在选区变换状态下，在画布中单击鼠标右键，还可以选择其他变换方式，如图4-84～图4-86所示。

图4-82

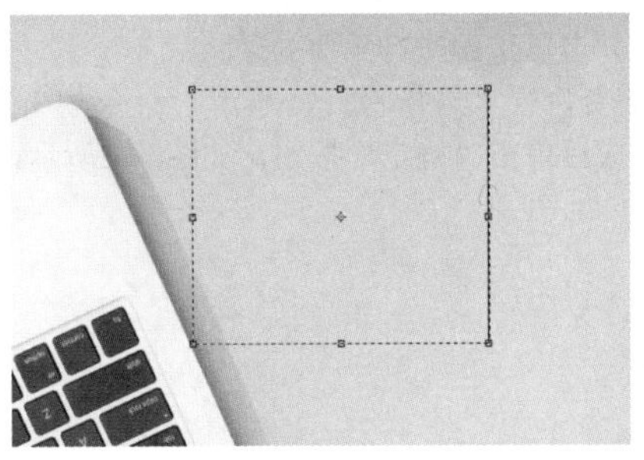

图4-83

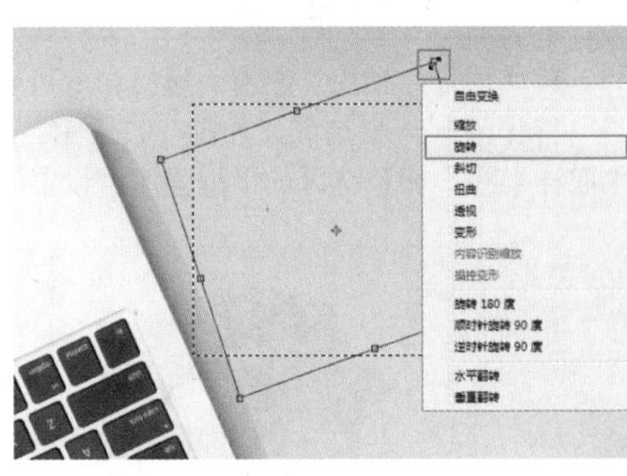

图4-84

高手小贴士：缩放选区的技巧

在缩放选区时，按住Shift键可以等比例缩放；按住Shift+Alt快捷键可以以中心点为基准等比例缩放。

（3）按Enter键完成变换，如图4-87所示。

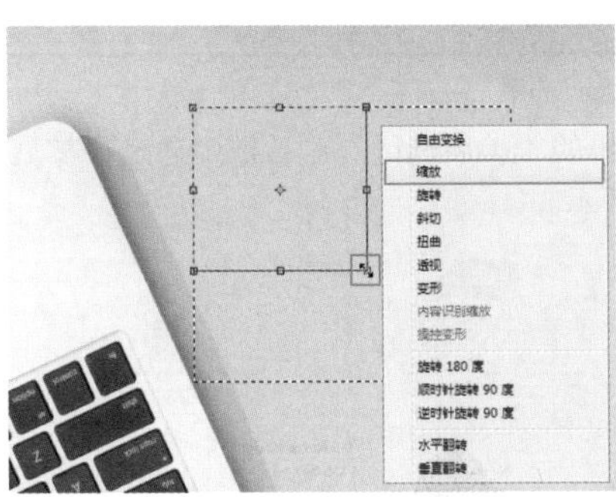

图4-85

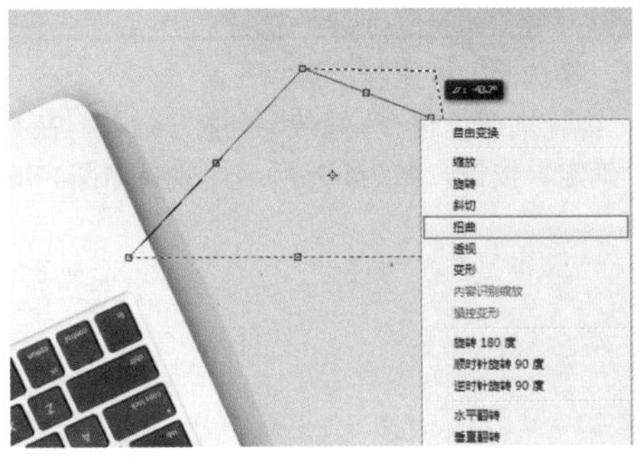

图4-86

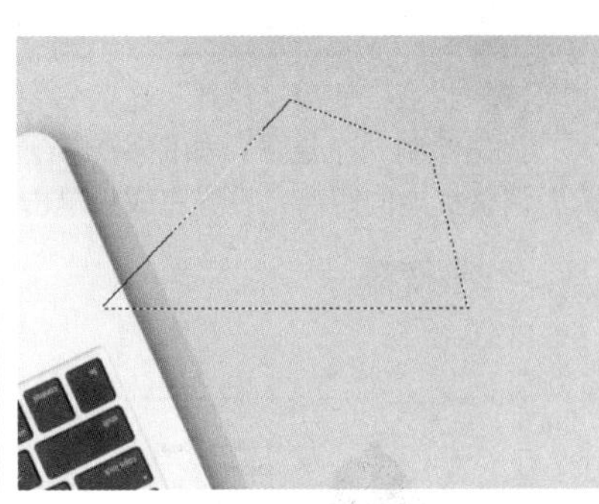

图4-87

4.4.2 创建边界选区

技术速查：对选区进行创建边界的操作可以将选区的边界向内或向外进行扩展，扩展后的选区边界将与原来的选区边界形成新的选区。

对已有的选区执行“选择>修改>边界”命令，如图4-88所示。在弹出的“边界选区”对话框中设置“宽度”数值，宽度数值越高，边界选区越宽，如图4-89所示。设置完成后单击“确定”按钮可以得到边界选区，如图4-90所示。

图4-88

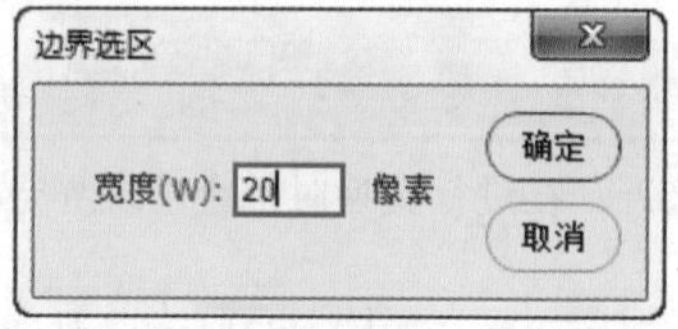

图4-89

图4-90

4.4.3 平滑选区

技术速查：使用“平滑”选区命令可以将选区边缘进行平滑处理。

首先绘制一个选区，如图4-91所示。接着执行“选择>修改>平滑”命令，在弹出的“平滑选区”对话框中，通过设置“取样半径”调整选区的平滑强度，设置完成后单击“确定”按钮，如图4-92所示，效果如图4-93所示。

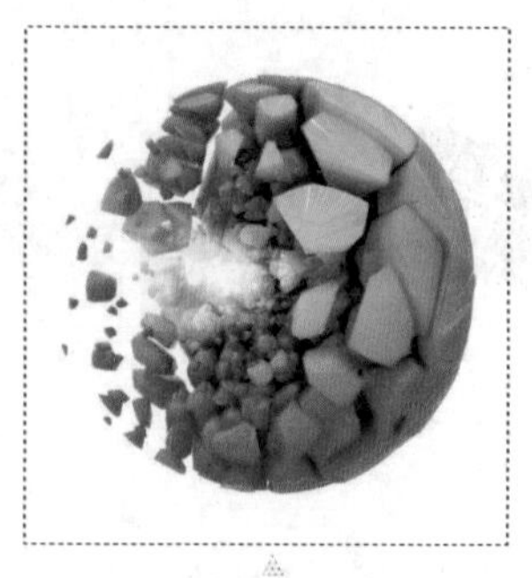
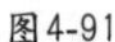
图4-91

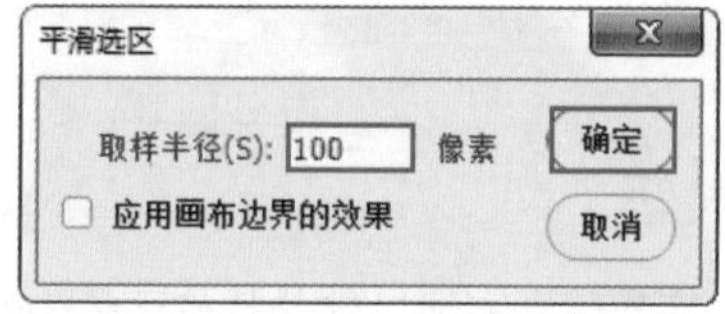

图4-92

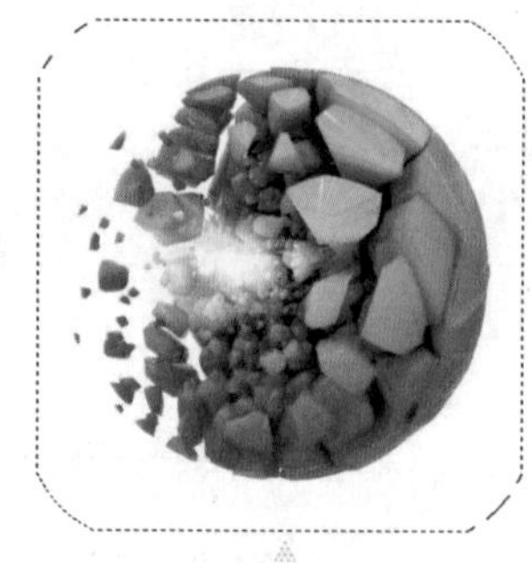
图4-93

4.4.4 扩展选区

技术速查：使用“扩展”选区命令可以将选区向外进行扩展。

首先绘制一个选区，如图4-94所示。接着执行“选择>修改>扩展”命令，在弹出的“扩展选区”对话框中通过“扩展量”调整扩展的距离，设置完成后单击“确定”按钮，如图4-95所示，效果如图4-96所示。

图4-94

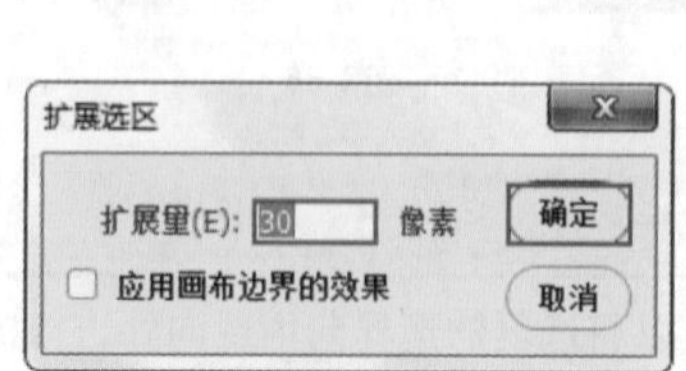

图4-95

图4-96

4.4.5 收缩选区

● 技术速查：使用“收缩”选区命令可以向内收缩选区。

首先绘制一个选区，如图4-97所示。执行“选择>修改>收缩”命令，在弹出的“收缩选区”对话框中通过“收缩量”调整收缩的距离，设置完成后单击“确定”按钮，如图4-98所示，效果如图4-99所示。

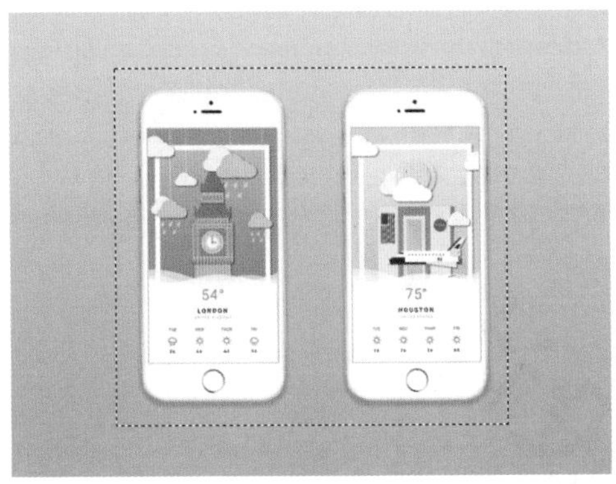

图4-97

图4-98

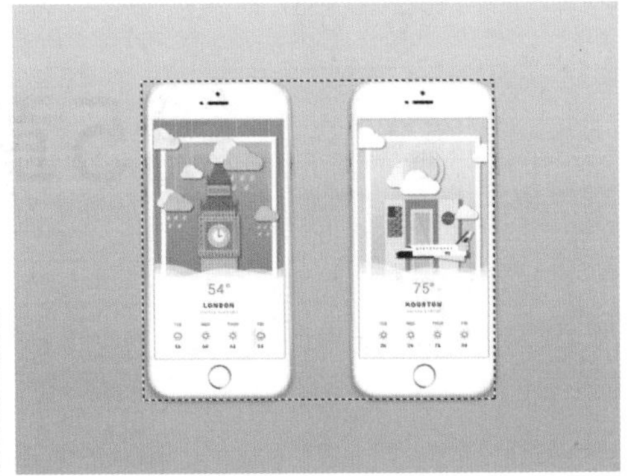

图4-99

4.4.6 羽化选区

● 技术速查：“羽化”选区命令是通过建立选区和选区周围像素之间的转换边界来模糊边缘，这种模糊方式将丢失选区边缘的一些细节。

首先创建选区，如图4-100所示。接着执行“选择>修改>羽化”命令或按Shift+F6快捷键，在弹出的“羽化选区”对话框中设置“羽化半径”的数值，数值越大边缘过渡效果越柔和，设置完成后单击“确定”按钮，如图4-101所示，选区效果如图4-102所示。按Delete键删除选区中的像素，查看羽化效果，如图4-103所示。

图4-100

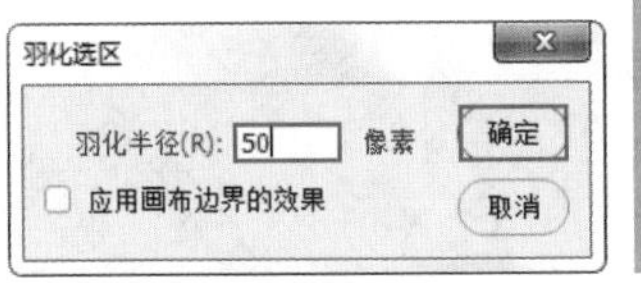

图4-101

图4-102

图4-103

高手小贴士：羽化半径数值过大弹出的对话框

如果选区较小，而“羽化半径”又设置得很大，Photoshop会弹出一个警告对话框，如图4-104所示。单击“确定”按钮以后，确认当前设置的“羽化半径”，此时选区可能会变得非常模糊，以至于在画面中观察不到，但是选区仍然存在。

图4-104

第5章

UI图形设计

本章内容简介：

任何的设计作品都离不开色彩，色彩搭配的好与坏直接影响着作品的美感。Photoshop中有纯色、渐变与图案3种填充颜色的类型，还有多种填充方式与工具。另外，在UI制图的过程中，为了适配不同尺寸的屏幕，要尽可能使用矢量图。Photoshop的矢量工具包括“形状工具”和“钢笔工具”两大类，“钢笔工具”是本章学习的要点，也是难点。

本章学习要点：

- 掌握设置颜色的方法
- 掌握多种填充方式的设置
- 了解绘图模式
- 熟练掌握钢笔工具的使用方法
- 了解路径的编辑操作
- 掌握形状工具的使用方法

5.1 颜色的设置

视频精讲：Photoshop新手学视频精讲课堂\颜色的设置.flv

任何作品都离不开颜色，使用Photoshop的画笔、文字、渐变、填充、蒙版、描边等工具进行操作时，都需要设置相应的颜色。Photoshop中提供了多种选取颜色的方法。

5.1.1 设置前景色与背景色

技术速查：前景色通常用于绘画、填充、描边等；背景色常用于生成渐变填充和填充图像中已抹除的区域。一些特殊滤镜也需要使用前景色和背景色，如“纤维”滤镜和“云彩”滤镜等。

在Photoshop工具箱的底部有一组前景色和背景色设置按钮，前景色通常用于绘制图像、填充和描边选区等。背景色常用于生成渐变填充和填充图像中已抹除的区域，如图5-1所示。在默认情况下，前景色为黑色，背景色为白色。双击“前景色”或“背景色”按钮，会弹出“拾色器”对话框，在该对话框中，拖曳色条上的三角滑块先确定一个色调，然后拖曳色域中的圆形滑块，选定一种颜色，最后单击“确定”按钮完成颜色的设置，如图5-2所示。

- 切换前景色和背景色：单击图标或使用快捷键X可以切换所设置的前景色和背景色。
- 默认前景色和背景色：单击图标或者使用快捷键D可以恢复默认的前景色和背景色。

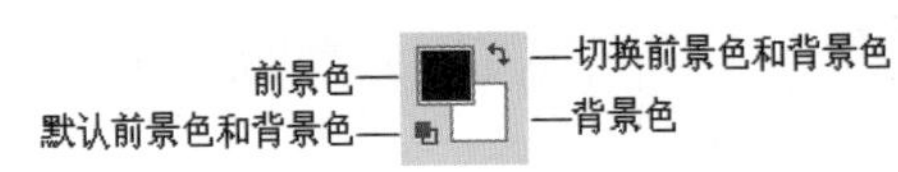

图5-1

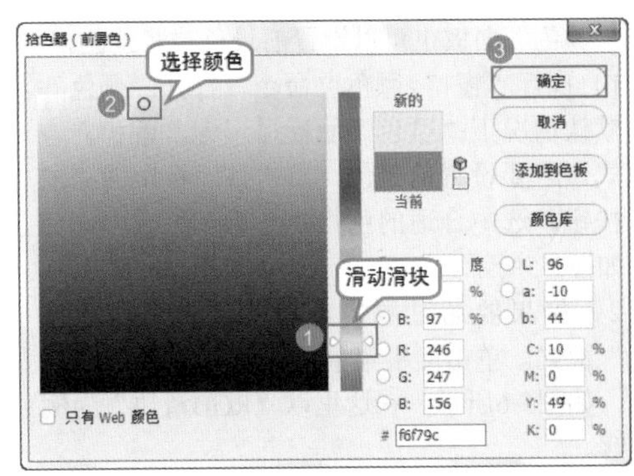

图5-2

5.1.2 使用“吸管工具”选取颜色

“吸管工具”可以在打开图像的任何位置采集色样来作为前景色或背景色。

单击工具箱中的“吸管工具”按钮，将光标移动到画面中单击鼠标左键进行取样，此时前景色按钮变为刚刚拾取的颜色，如图5-3所示。按住Alt键并单击左键可以将当前拾取的颜色设置为背景色，如图5-4所示。

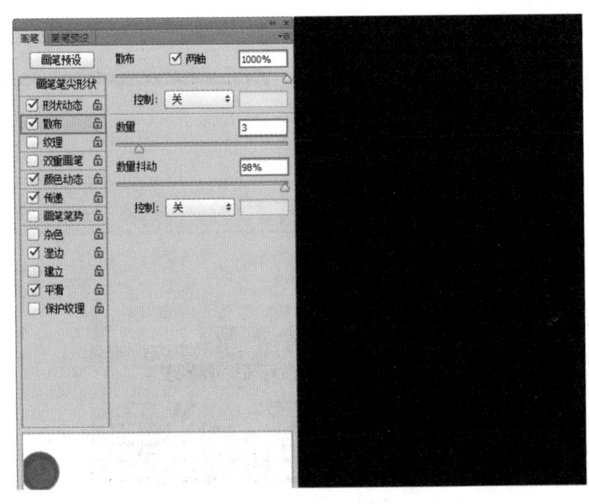

图5-3

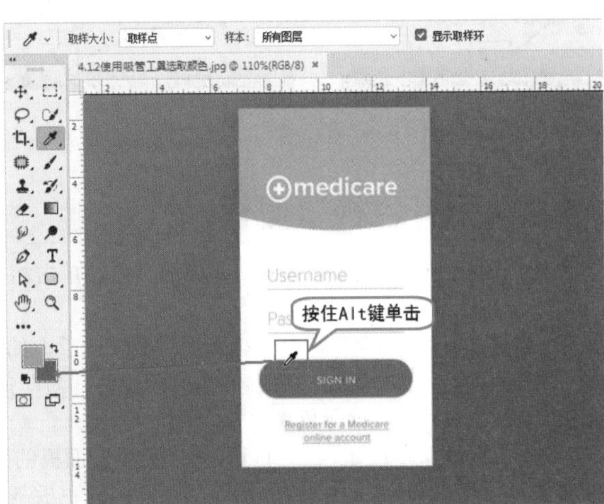

图5-4

- 取样大小：设置吸管取样范围的大小。选择“取样点”选项时，可以选择像素的精确颜色；选择“3×3平均”选项时，可以选择所在位置3个像素区域以内的平均颜色；选择“5×5平均”选项时，可以选择所在位置5个像素区域以内的平均颜色。

- 样本：可以从“当前图层”或“所有图层”中采集颜色。
- 显示取样环：选中该复选框后，可以在拾取颜色时显示取样环。

高手小贴士：“吸管工具”使用技巧

（1）如果在使用绘画工具时需要暂时使用“吸管工具”拾取前景色，可以按住Alt键将当前工具切换到“吸管工具”，松开Alt键后即可恢复到之前使用的工具。

（2）使用“吸管工具”采集颜色时，按住鼠标左键并将光标拖曳出画布之外，可以采集Photoshop的界面和界面以外的颜色信息。

5.1.3 使用“颜色”面板

在“颜色”面板也可以设置前景色与背景色。

（1）执行“窗口>颜色”命令，打开“颜色”面板。默认情况下“颜色”面板显示为“色相立方体”模式。若要设置前景色，单击该面板中的“前景色”按钮，选中合适的色相，然后在色域中选择颜色，如图5-5所示。

（2）如果要通过数值设置颜色，可以选择“滑块”模式。单击面板菜单按钮，可以看到多种模式，如图5-6所示。在这里以“RGB滑块”为例进行讲解。

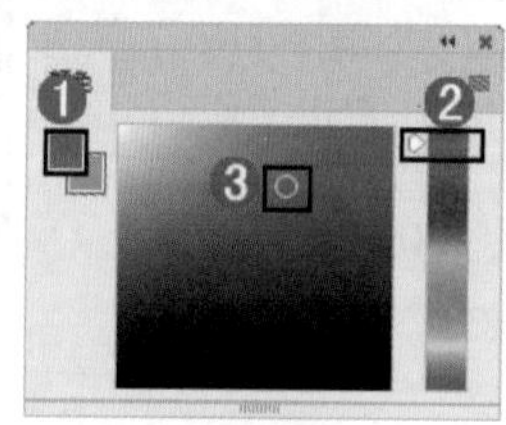

图5-5

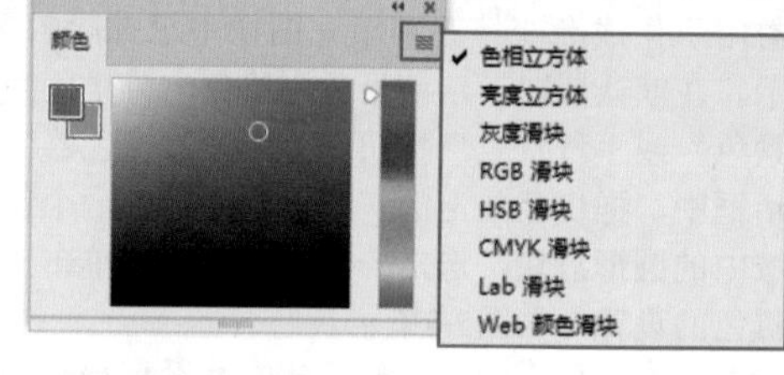

图5-6

（3）如果要设置前景色，需要先单击“颜色”面板中的“前景色”按钮，然后将光标移动到面板底部的色谱中，单击拾取颜色，如图5-7所示。如果按住Alt键单击拾取颜色，此时拾取的颜色将作为背景色，如图5-8所示。

（4）如果要通过颜色滑块来设置颜色，可以分别拖曳R、G、B这3个颜色滑块，如图5-9所示。如果要设置精确的颜色，可以先单击前景色或背景色图标，然后在R、G、B后面的数值输入框中输入相应的数值即可，如图5-10所示。

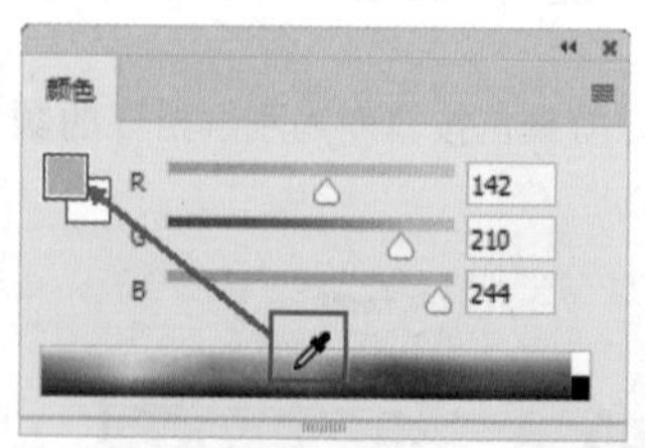

图5-7

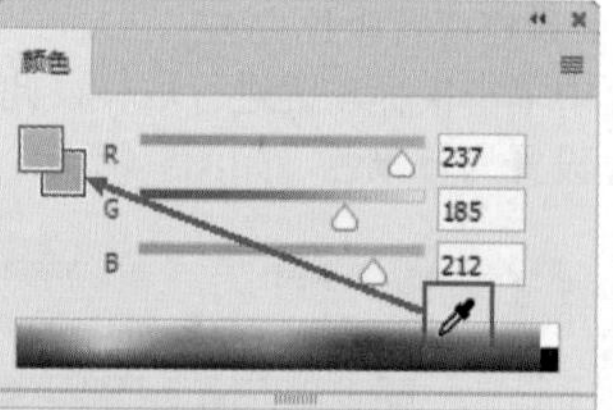

图5-8

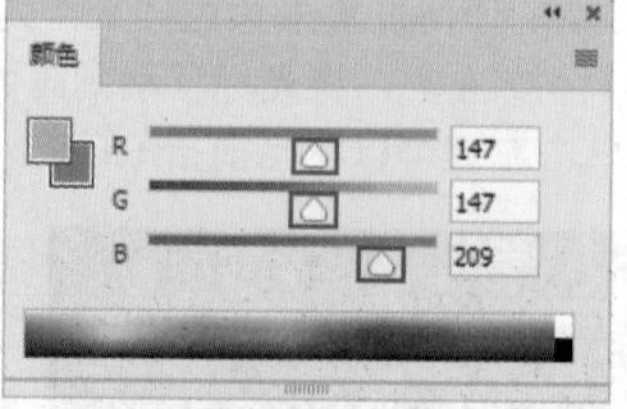

图5-9

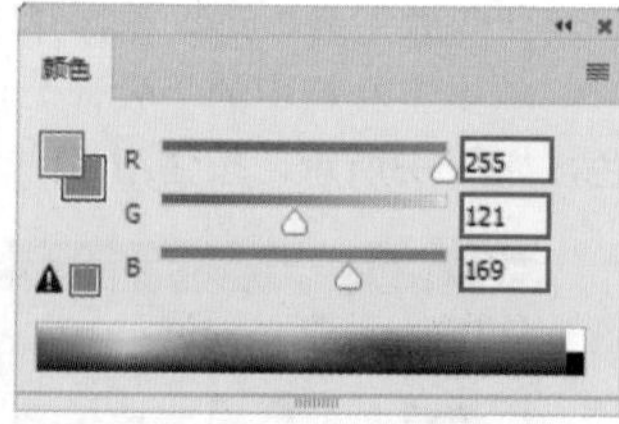

图5-10

5.1.4 认识“色板”面板

“色板”面板中默认包含一些系统预设的颜色，单击相应的颜色即可将其设置为前景色。

（1）执行“窗口>色板”命令，打开“色板”面板，如图5-11所示。将光标移动到“色板”中的任意一个色块处，然后单击鼠标左键，随即前景色就变为该颜色。按住Ctrl键单击颜色色块，会将该颜色设置为背景色。

（2）单击面板菜单按钮，可以打开“色板”面板的菜单。“色板”面板的菜单命令非常多，可以将其分为6大类，如图5-12所示。“色板基本操作”命令组主要是对色板进行基本操作，其中“复位色板”命令可以将色板复位到默认状态；“存储色板以供交换”命令是将当前色板储存为.ase的可共享格式，并且可以在Photoshop、Illustrator和InDesign中调用。

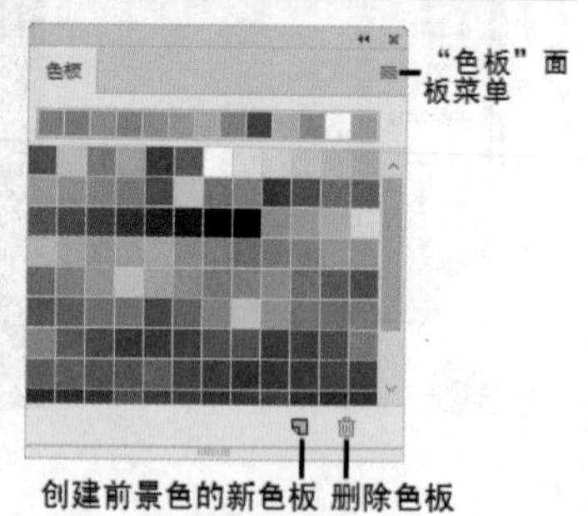

图5-11

（3）“色板库”命令组是一组系统预设的色板。执行这些命令时，Photoshop会弹出一个提示对话框，如图5-13所示。如果单击“确定”按钮，载入的色板将替换当前的色板；如果单击“追加”按钮，载入的色板将追加到当前色板的后面，如图5-14所示。

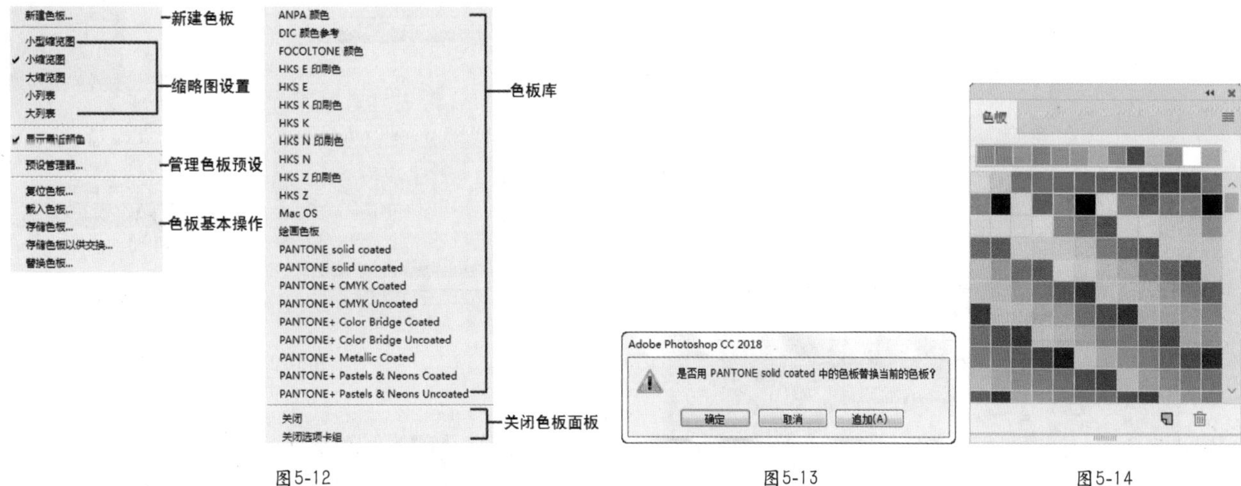

图5-12　　图5-13　　图5-14

5.2 填色与描边

5.2.1 快速填充前景色/背景色

颜色设置完成后可以使用快捷键进行前景色与背景色的填充。首先选中一个图层或者绘制一个选区，如图5-15所示。接着设置合适的前景色，然后使用填充前景色快捷键Alt+Delete进行填充，如图5-16所示。若要填充背景色，可以使用填充背景色快捷键Ctrl+Delete进行填充，如图5-17所示。

图5-15

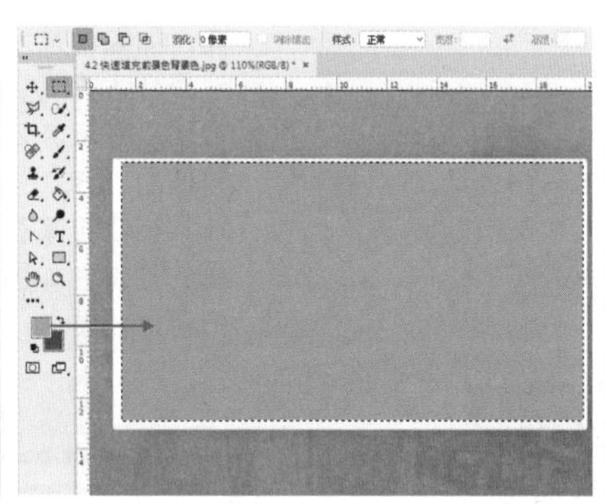

图5-16

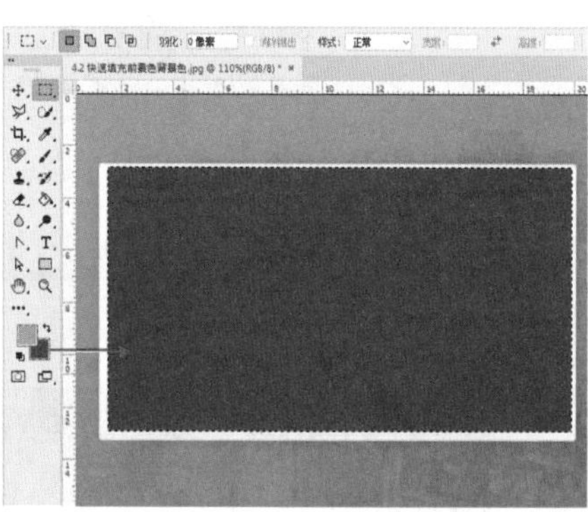

图5-17

5.2.2 油漆桶工具

视频精讲：Photoshop新手学视频精讲课堂\渐变工具与油漆桶工具.flv

“油漆桶工具”可以快速对选区中的部分、整个画布，或者是颜色相近的色块内部填充纯色或图案。单击“油漆桶工具”按钮，首先在选项栏中设置“填充内容”“混合模式”“不透明度”“容差”。

（1）打开一张图像，如图5-18所示。选择工具箱中的“油漆桶工具”，在选项栏中先将填充内容设置为“前景”，然后设置合适的前景色，接着在画面中单击即可填充颜色，如图5-19所示。

图5-18

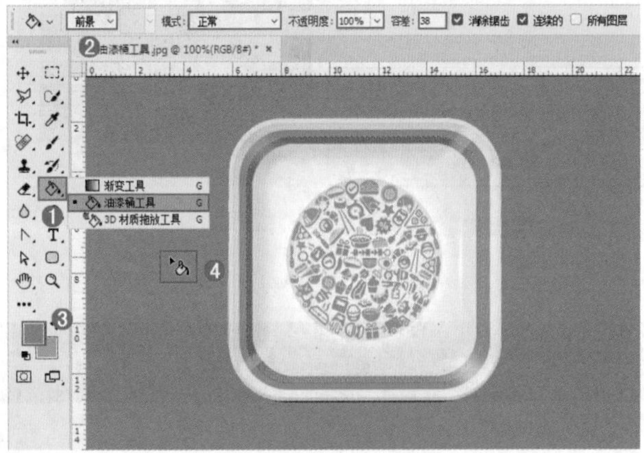

图5-19

（2）在选项栏中设置填充内容为“图案”，然后单击“图案”拾色器按钮，在下拉面板中选择合适的图案，如图5-20所示。接着在画面中单击即可填充图案，效果如图5-21所示。

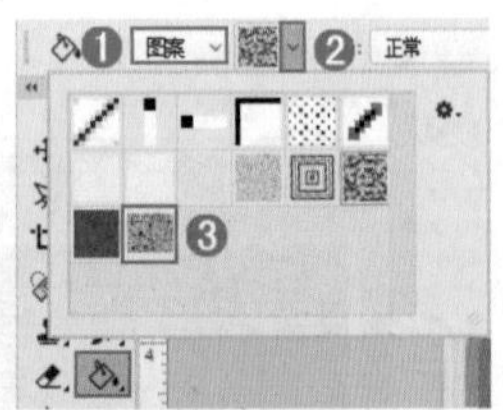

图5-20

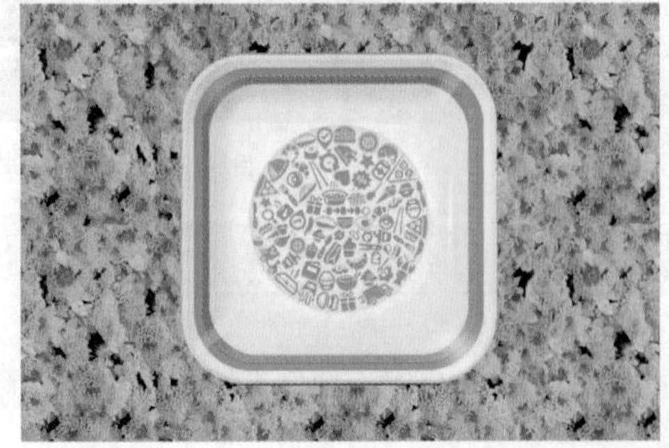

图5-21

（3）新建图层，然后绘制选区，如图5-22所示。接着使用“油漆桶工具”在选区内单击即可填充选区，如图5-23所示。

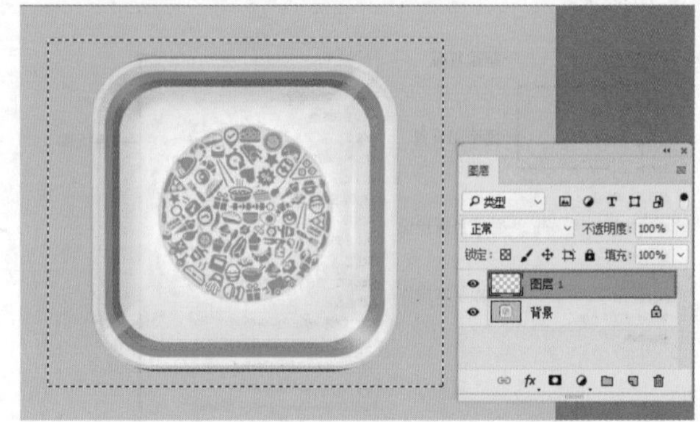

图5-22

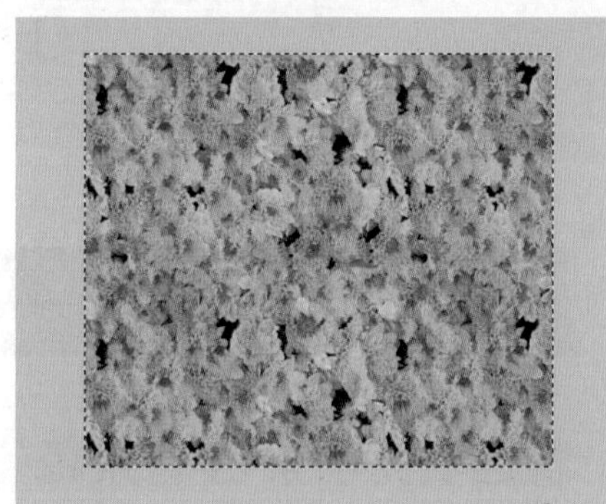

图5-23

- 填充内容：选择填充的模式，包含“前景”和“图案”两种模式。如果选择“前景”，则使用前景色进行填充；如果设置为“图案”，那么需要在右侧图案列表中选择合适的图案。
- 容差：用来定义必须填充的像素颜色的相似程度。设置较低的“容差”值会填充颜色范围内与鼠标单击处像素非常相似的像素；设置较高的“容差”值会填充更大范围的像素。如图5-24和图5-25所示为容差分别为5和50的对比效果。

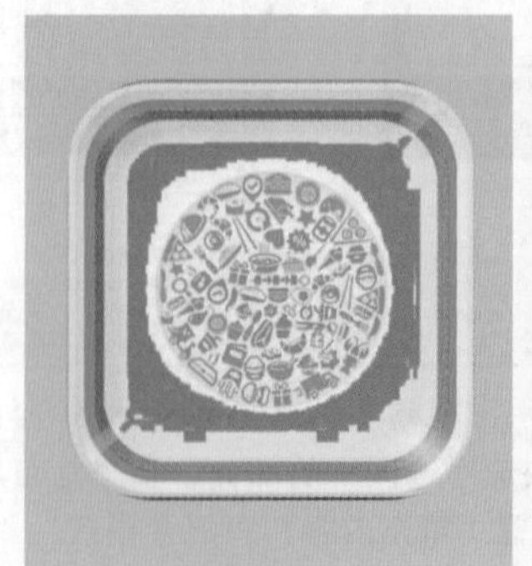

容差：5

图5-24

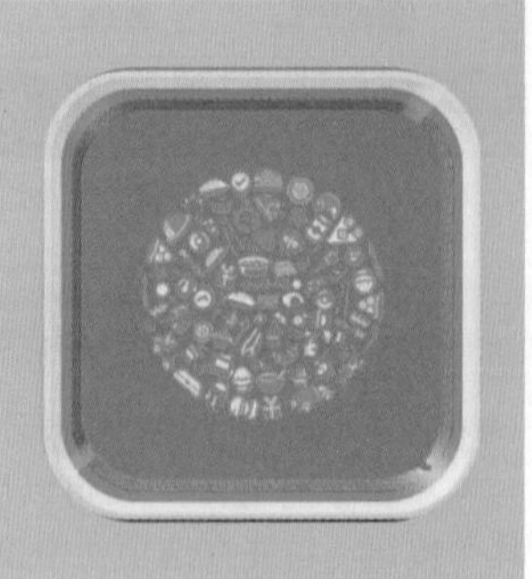

容差：50

图5-25

5.2.3 填充渐变

● 视频精讲：Photoshop新手学视频精讲课堂\渐变工具与油漆桶工具.flv

"渐变工具"用于创建多种颜色间的过渡效果。在界面设计中，需要进行纯色填充时，不妨以同类渐变色替代纯色填充。因为渐变颜色变化丰富，能够使画面更具层次感。如图5-26～图5-29所示以为使用到渐变色的设计作品。

图5-26

图5-27

图5-28

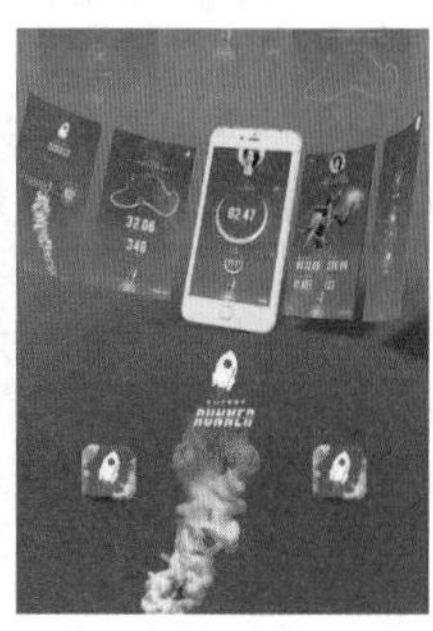

图5-29

"渐变工具"不仅可以填充图像还可以对蒙版和通道进行填充。使用"渐变工具"有两个较为重要的知识点：一个是"渐变工具"的选项栏；另一个是"渐变编辑器"窗口。

单击工具箱中的"渐变工具"按钮，其选项栏如图5-30所示。

● 渐变色条：渐变色条分为左右两个部分，单击颜色部分可以打开"渐变编辑器"窗口，如图5-31所示；单击倒三角按钮，可以选择预设的渐变颜色，如图5-32所示。

图5-30

图5-31

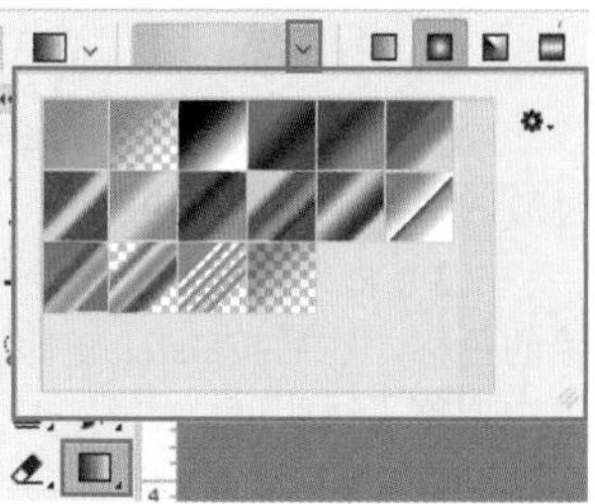

图5-32

● 渐变类型：激活"线性渐变"按钮，可以以直线方式创建从起点到终点的渐变；激活"径向渐变"按钮，可以以圆形方式创建从起点到终点的渐变；激活"角度渐变"按钮，可以创建围绕起点以逆时针扫描方式的渐变；激活"对称渐变"按钮，可以使用均衡的线性渐变在起点的任意一侧创建渐变；激活"菱形渐变"按钮，可以以菱形方式从起点向外产生渐变，终点定义菱形的一个角，如图5-33所示。

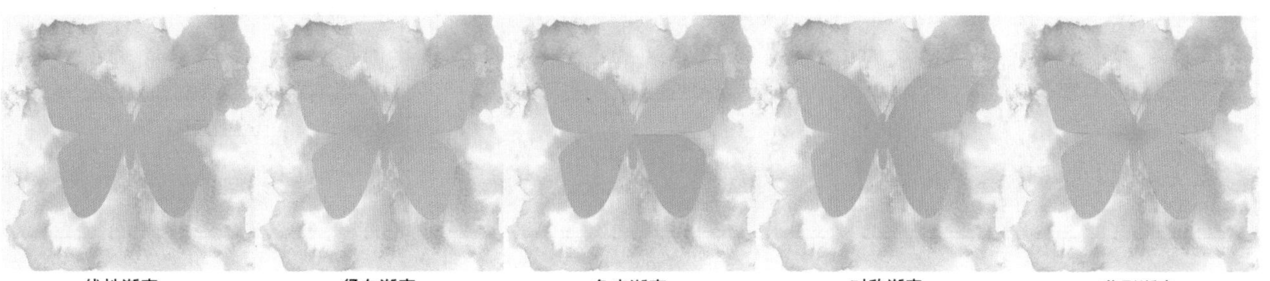

图5-33

- 反向：转换渐变中的颜色顺序，得到反方向的渐变结果，如图5-34和图5-35所示分别是正常渐变和反向渐变效果。
- 仿色：选中该复选框时，可以使渐变效果更加平滑。主要用于防止打印时出现条带化现象，但在计算机屏幕上并不能明显地体现出来。

如果在选项栏的“渐变色条”渐变预设列表中没有合适的渐变颜色，就需要在“渐变编辑器”窗口中编辑渐变颜色，编辑好渐变颜色后使用“渐变工具”进行填充。

图5-34

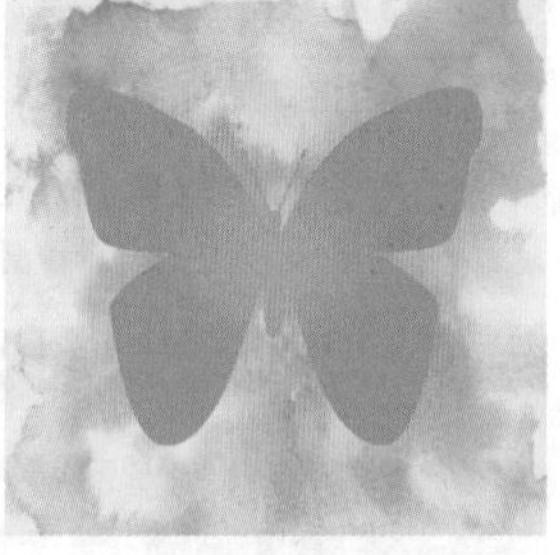

图5-35

（1）单击“渐变色条”，打开“渐变编辑器”窗口。“渐变编辑器”的上半部分有很多“预设”的渐变颜色，单击即可选择某一种渐变效果，如图5-36所示。若要更改渐变的颜色，可以双击色条下的“色标”，在弹出的“拾色器”对话框中选择一个合适的颜色，如图5-37所示。

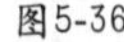

图5-36

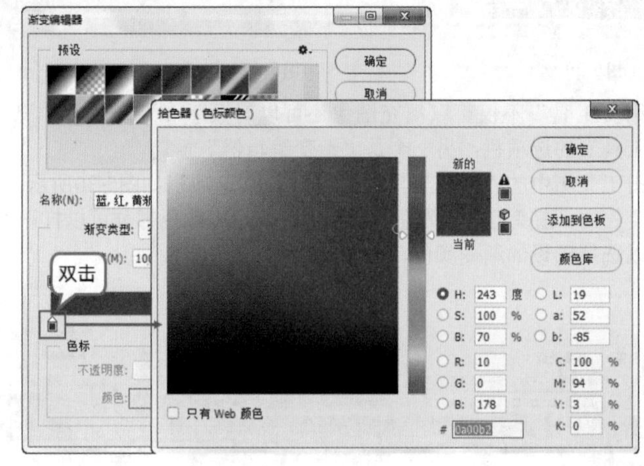

图5-37

（2）按住鼠标左键并拖曳“色标”可以调整渐变颜色的变化，如图5-38所示。拖曳菱形滑块◆可以调整两个颜色之间过渡的效果，如图5-39所示。

（3）将光标移动到渐变色条的下方，光标变为后单击即可添加色标，如图5-40所示。若要删除色标，可以单击需要删除的色标，然后按Delete键即可删除。若要制作半透明的渐变，可以单击选择渐变色条上方的色标，然后在“不透明度”选项中调整不透明度，如图5-41所示。

图5-38

图5-39

图5-40

（4）设置完成后，在画面中按住鼠标左键并拖曳，如图5-42所示。松开鼠标后即可填充渐变颜色，如图5-43所示。

图5-41

图5-42

图5-43

5.2.4 使用填充命令

● 视频精讲：Photoshop新手学视频精讲课堂\填充.flv

"填充"命令可以在整个画面或者选区内进行纯色、图案、历史记录等内容的填充。执行"编辑>填充"命令或按Shift+F5快捷键，打开"填充"对话框，如图5-44所示。在这里首先需要设置填充的内容，接着设置填充的不透明度和混合模式。如果所选图层没有选区，那么填充的范围将是整个画面，如果当前图层中包含选区，那么填充的范围为选区内部。

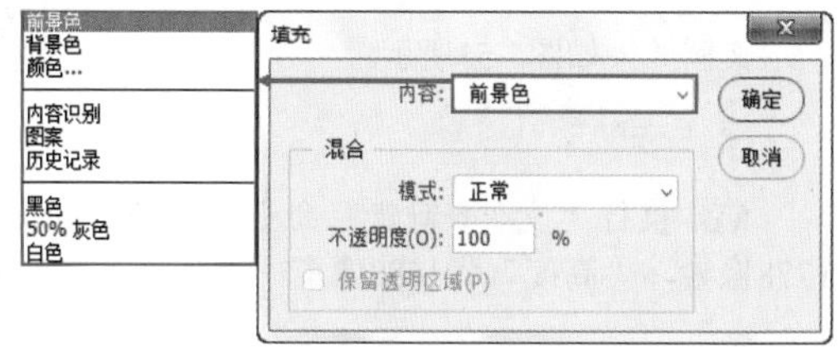

图5-44

选项解读："填充"对话框详解

● 内容：在下拉列表中可以选择填充的内容，包含前景色、背景色、颜色、内容识别、图案、历史记录、黑色、50%灰色和白色。

● 模式：用来设置填充内容的混合模式。

● 不透明度：用来设置填充内容的不透明度。

● 保留透明区域：选中该复选框后，只填充图层中包含像素的区域，而透明区域不会被填充。

5.2.5 描边选区

● 视频精讲：Photoshop新手学视频精讲课堂\描边.flv

● 技术速查：使用"描边"命令可以在选区、路径或图层周围创建边框效果。

对图形进行描边可起到强化、突出的作用。使用"描边"命令可以在选区、路径或图层周围创建边框效果。首先绘制一个选区，如图5-45所示。执行"编辑>描边"命令，在弹出的"描边"对话框中设置描边的"宽度""颜色""位置""混合模式"等参数，接着单击"确定"按钮，如图5-46所示。选区边缘会出现单色的轮廓效果，如图5-47所示。

图5-45

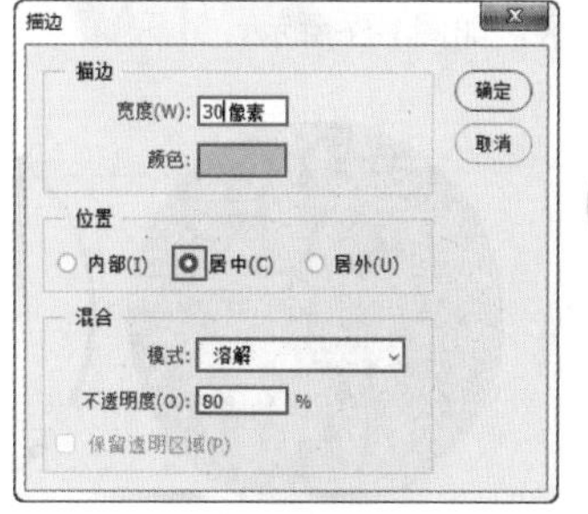

图5-46

图5-47

选项解读："描边"对话框详解

- 描边：该选项组主要用来设置描边的宽度和颜色。
- 位置：设置描边相对于选区的位置，包括"内部""居中""居外"3个选项，如图5-48～图5-50所示。
- 混合：用来设置描边颜色的混合模式和不透明度。
- 保留透明区域：如果选中该复选框，则只对包含像素的区域进行描边。

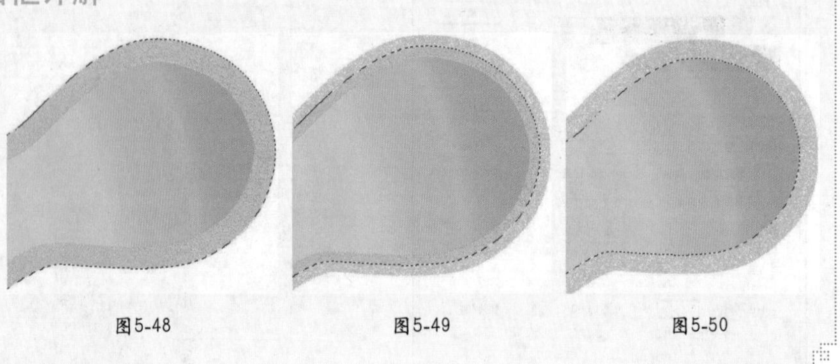

图5-48　　图5-49　　图5-50

★ 案例实战——制作活泼的圆形标志

文件路径　第5章\制作活泼的圆形标志

难易指数　★★★★★

扫码看视频

案例效果

案例效果如图5-51所示。

操作步骤

01 执行"文件>新建"命令，创建一个"宽度"为1778像素，"高度"为1688像素，"分辨率"为300像素/英寸的新文档，如图5-52所示。

02 选择工具箱中的"椭圆选框工具"，在工具箱的底部设置前景色为暗红色，设置完成后在画面的中心位置按住Shift键并按住鼠标左键拖动，绘制正圆选区，如图5-53所示。绘制完成后使用填充前景色快捷键Alt+Delete为选区进行填充，如图5-54所示。

图5-51

图5-52

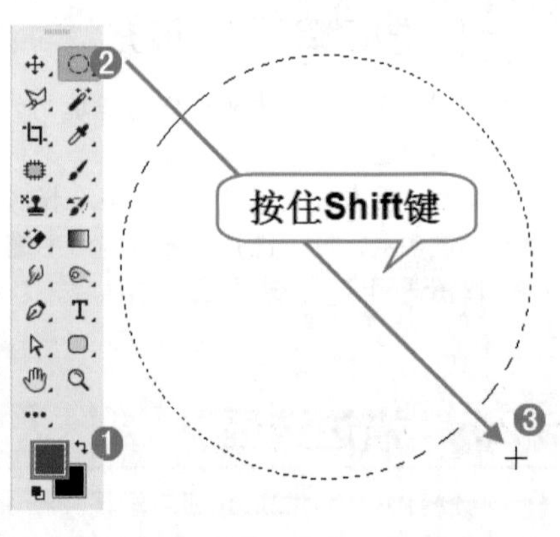

图5-53

03 新建"白圆"图层，用同样的方法制作白色正圆，如图5-55所示。在"图层"面板中按住Alt键单击"白圆"图层缩览图，载入白色正圆图层的选区，如图5-56所示。

04 在选区上单击鼠标右键，在弹出的快捷菜单中执行"变换选区"命令，调出定界框，分别将光标定位到界定框的上方和下方，按住鼠标左键并向圆心的位置进行移动，如图5-57所示。变换完成后按Enter键完成操作。

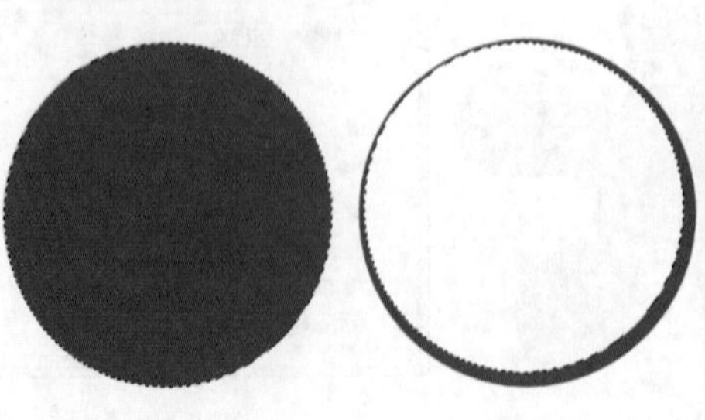

图5-54　　图5-55

图5-56

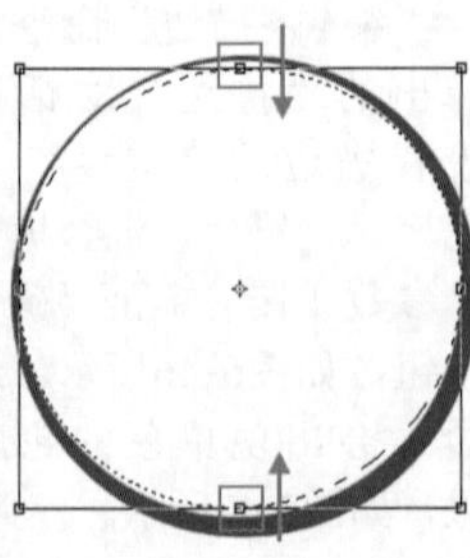

图5-57

05 新建图层。选择工具箱中的“渐变工具”，在选项栏中单击渐变色条，在弹出的“渐变编辑器”窗口中编辑一种橘色系的渐变，编辑完成后单击“确定”按钮。接着在选项栏中设置“渐变类型”为“径向渐变”，如图5-58所示。接着在选区内按住鼠标左键并拖动，释放鼠标后的效果如图5-59所示。

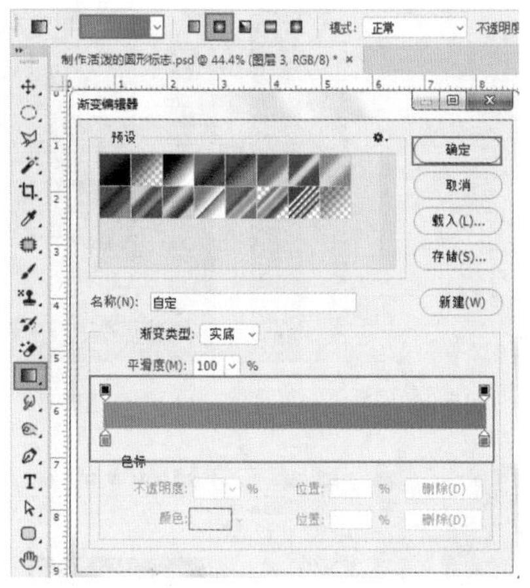

图5-58

06 执行“文件>置入嵌入对象”命令，将素材“1.png”置入画面中，将其摆放在合适的位置并栅格化，案例最终效果如图5-60所示。

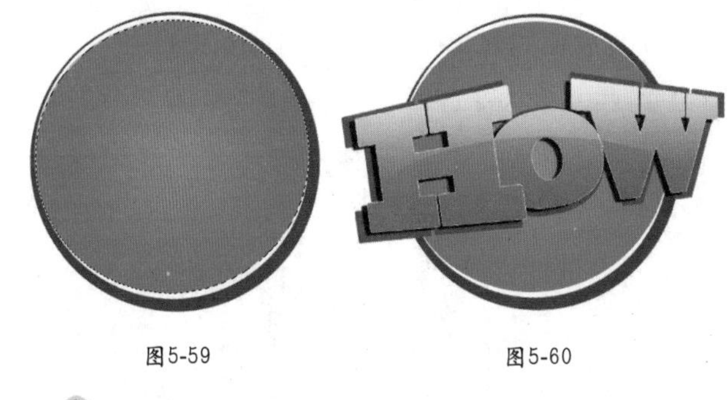

图5-59　　图5-60

读书笔记

★ 案例实战——使用填充与描边功能制作优惠券

文件路径　第5章\使用填充与描边功能制作优惠券

难易指数　★★★★★

扫码看视频

案例效果

案例效果如图5-61所示。

图5-61

操作步骤

01 执行“文件>新建”命令，打开“新建文档”对话框。在对话框顶部选择“移动设备”选项卡，单击iPhone 6 Plus按钮，设置“分辨率”为72像素/英寸，“颜色模式”为“RGB颜色”，“背景颜色”为白色。单击“创建”按钮创建新的文档，如图5-62所示。

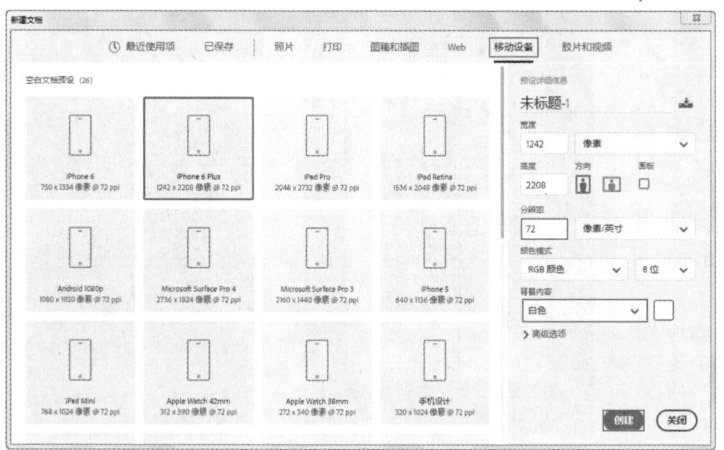

图5-62

02 单击工具箱底部的“前景色”按钮，在弹出的“拾色器”对话框中设置颜色为浅橘色，设置完成后单击“确定”按钮，如图5-63所示。接着使用填充前景色快捷键Alt+Delete进行快速填充，如图5-64所示。

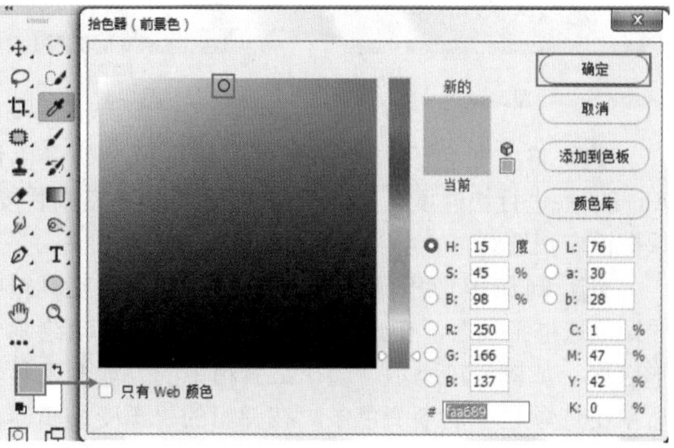

图5-63

03 制作界面背景形状。新建图层，在工具箱中选择“矩形选框工具”，在画面中按住鼠标左键并拖动，绘制一个矩形选区，如图5-65所示。将前景色设置为淡粉色，使用填充前景色快捷键Alt+Delete进行快速填充，如图5-66所示。填充完成后，按Ctrl+D快捷键取消选区。

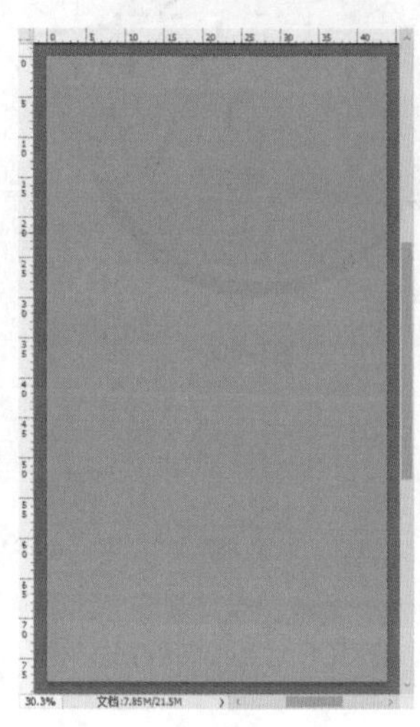

图5-64

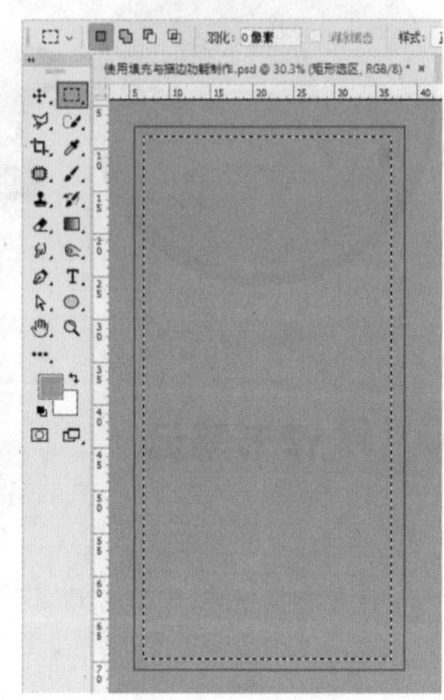

图5-65

04 新建图层。选择工具箱中的“多边形套索工具”，在矩形上方单击鼠标绘制形状，如图5-67所示。当线段首尾连接时，自动生成选区，如图5-68所示。

图5-66

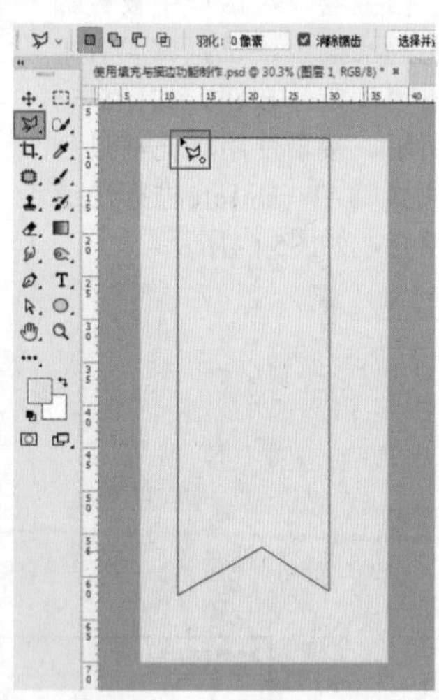

图5-67

05 将前景色设置为洋红色，使用填充前景色快捷键Alt+Delete进行快速填充，如图5-69所示。填充完成后按Ctrl+D快捷键取消选区。

06 制作矩形投影部分。新建图层，在工具箱中选择“矩形选框工具”，在画面中按住鼠标左键拖动绘制一个矩形选区，如图5-70所示。选择工具箱中的“渐变工具”，然后单击选项栏中的渐变色条，在弹出的“渐变编辑器”窗口中编辑一种由肉粉色到透明的渐变，颜色设置完成后单击“确定”按钮，如图5-71所示。

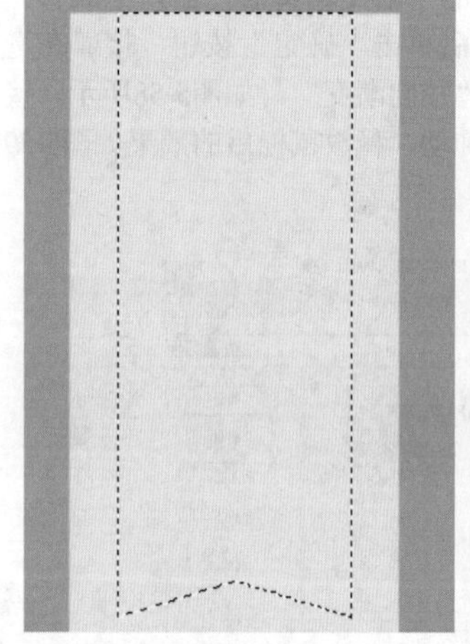

图5-68

图5-69

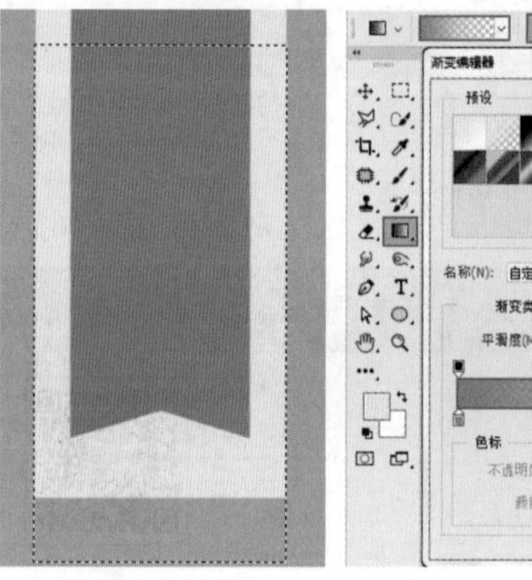

图5-70

图5-71

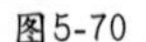 单击选项栏中的“径向渐变”按钮，在“图层”面板中单击选中需要填充的图层，在画面中按住鼠标左键从上到下拖动，填充渐变，如图5-72所示。释放鼠标后完成渐变填充操作，如图5-73所示。

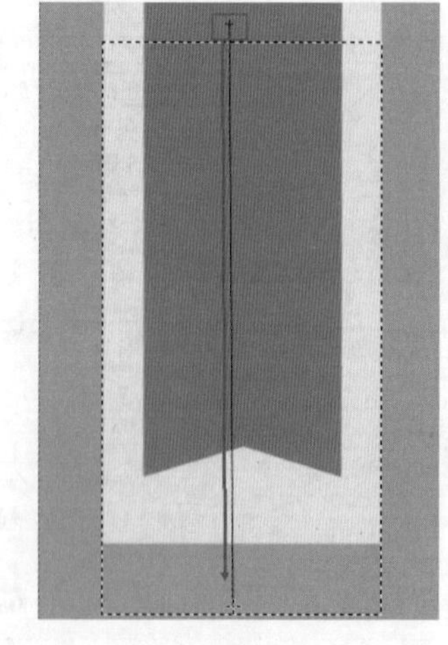

图5-72

图5-73

08 在“图层”面板中按住鼠标左键将该图层拖到矩形图层下方，如图5-74所示，此时画面中的投影效果如图5-75所示。

09 在界面上方输入文字。单击工具箱中的“横排文字工具”按钮，在选项栏中设置合适的字体、字号，将文字颜色设置为白色，设置完毕后在界面上方单击并输入文字，如图5-76所示。输入完毕后按Ctrl+Enter快捷键完成文字输入。用同样的方法，继续在该文字下方输入文字，并在选项栏中设置合适的字号，如图5-77所示。

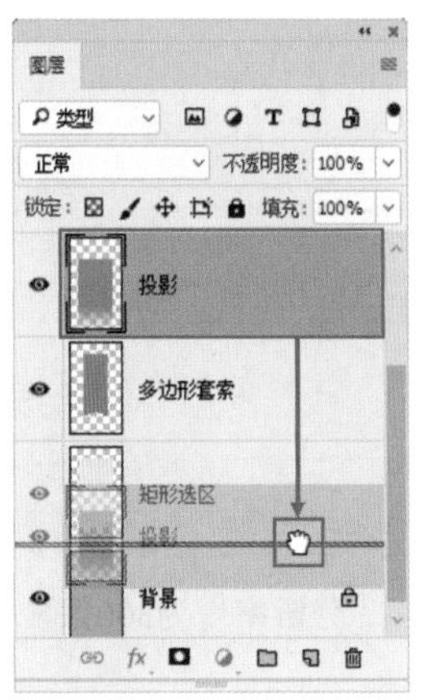

图5-74

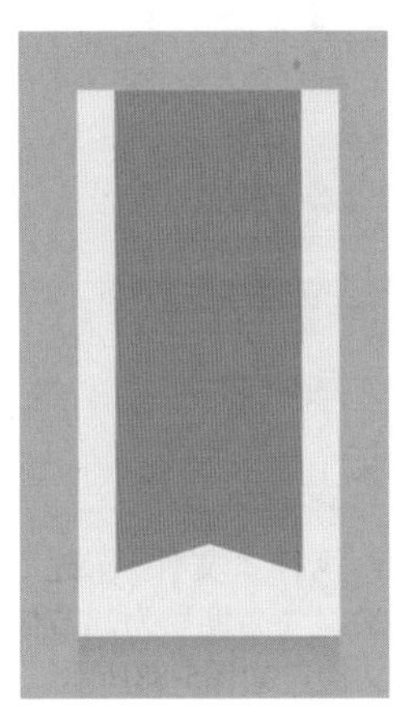

图5-75

图5-76

10 在文字下方制作按钮。新建图层，选择工具箱中的“矩形选框工具”，在文字下方绘制一个较小的矩形选区，如图5-78所示。

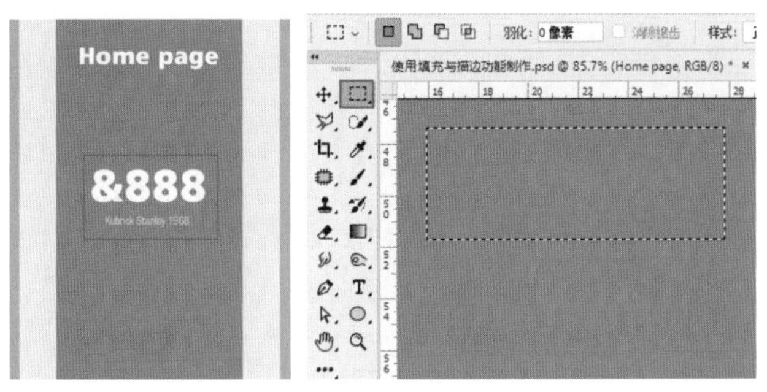

图5-77　　图5-78

11 执行“编辑>描边”命令，在弹出的“描边”对话框中设置“宽度”为2.5像素，“颜色”为白色，“位置”为“居外”，如图5-79所示。设置完成后单击“确定”按钮，此时画面效果如图5-80所示。然后按Ctrl+D快捷键取消选区。

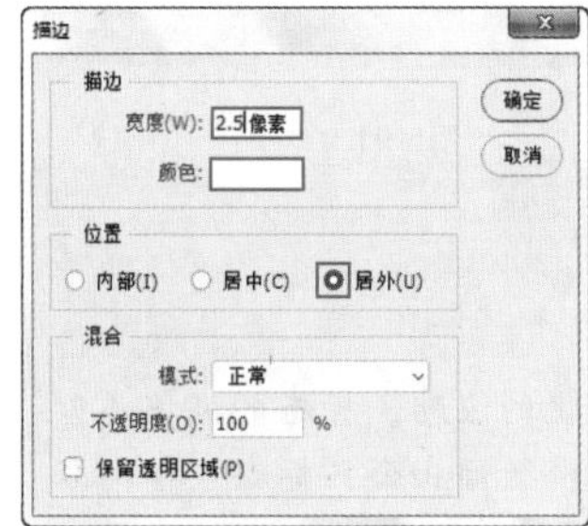

图5-79

图5-80

12 用同样的方法，继续使用“横排文字工具”在矩形内部输入合适的文字，并在选项栏中设置合适的字体、字号及颜色。此时按钮制作完成，如图5-81所示。

13 在界面底部制作“多项切换圆点”。新建图层，选择“椭圆选框工具”，在界面底部按住Shift键的同时按住鼠标左键拖动绘制正圆，如图5-82所示。将前景色设置为浅灰色，使用填充前景色快捷键Alt+Delete进行快速填充，如图5-83所示。填充完成后按Ctrl+D快捷键取消选区。

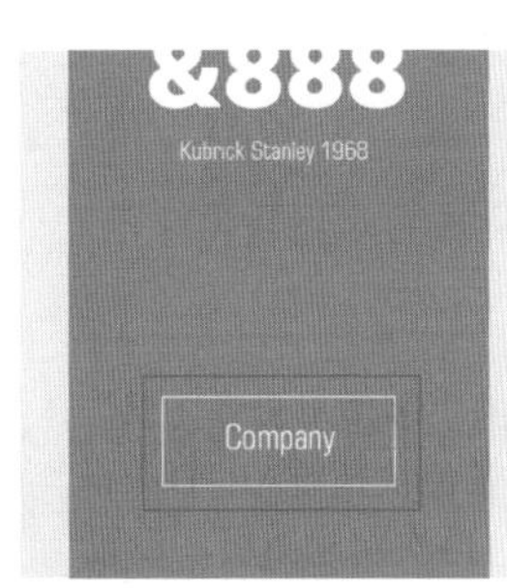

图5-81

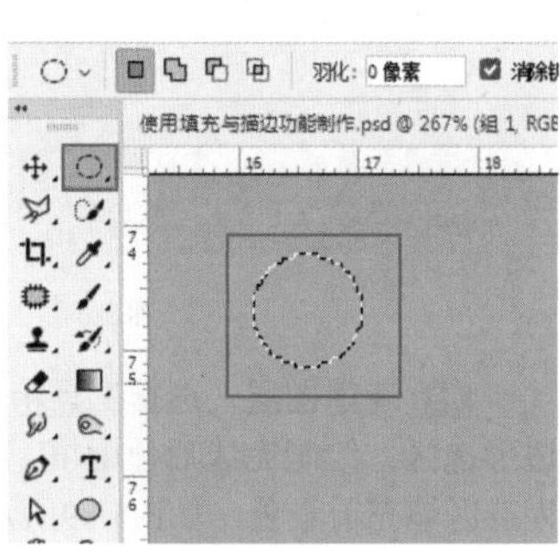

图5-82

14 在“图层”面板中选择该正圆图层，使用复制图层快捷键Ctrl+J，复制出一个相同的图层。然后将其向右侧拖动，如图5-84所示。用同样的方法继续复制多个正圆并向右侧拖动，如图5-85所示。此时界面制作完成，最终效果如图5-86所示。

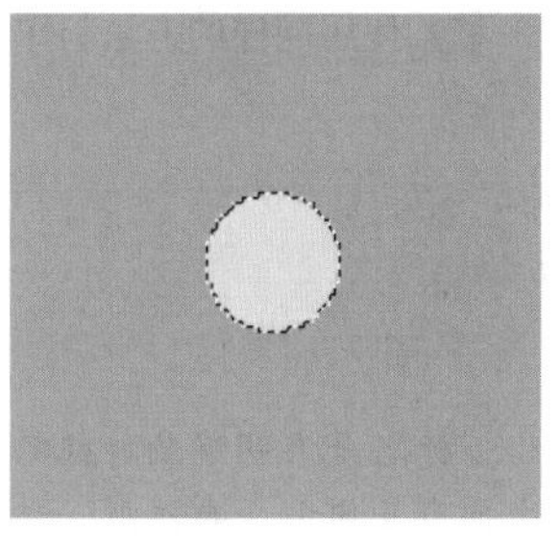

图5-83

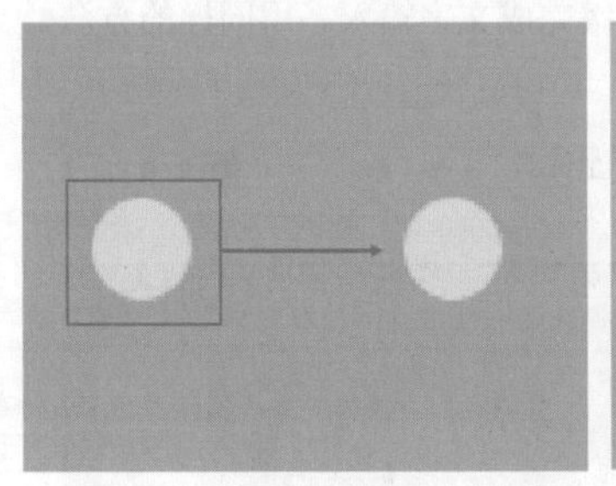

图5-84

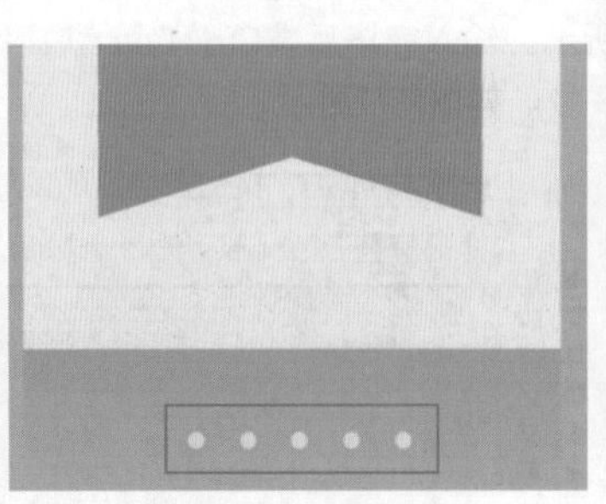

图5-85

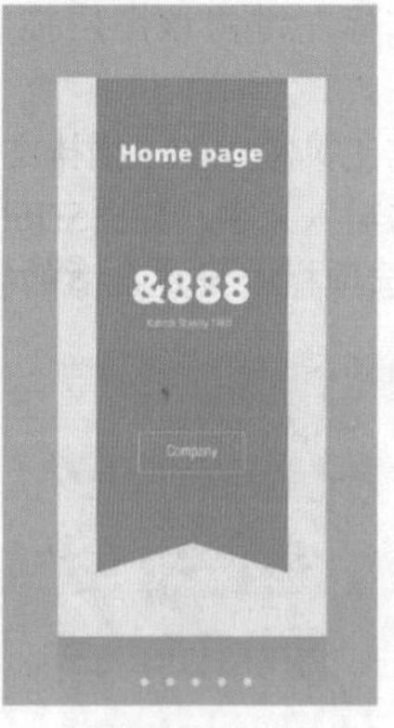

图5-86

★ 案例实战——图文结合的多彩标志设计

文件路径 第5章\图文结合的多彩标志设计

难易指数 ★★★★★

扫码看视频

案例效果

案例效果如图5-87所示。

操作步骤

01 执行“文件>新建”命令，创建一个“宽度”为3500像素，“高度”为2827像素，“分辨率”为300像素/英寸的新文档，如图5-88所示。

图5-87

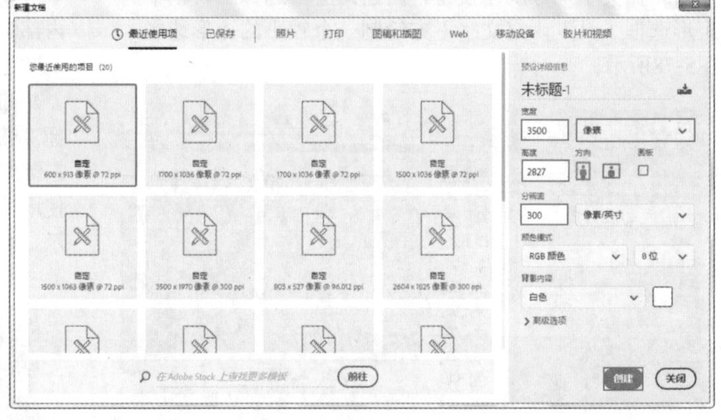

图5-88

02 新建图层，选择工具箱中的“多边形套索工具”，在工具箱的底部设置前景色为蓝色，接着在画面的左侧绘制一个四边形选区，绘制完成后使用填充前景色快捷键Alt+Delete为选区填充前景色，如图5-89所示。再次新建图层，设置前景色为较深的蓝色，用同样的方法绘制蓝色形状的侧面，效果如图5-90所示。

03 使用同样的方法制作其他的彩色形状，如图5-91所示。

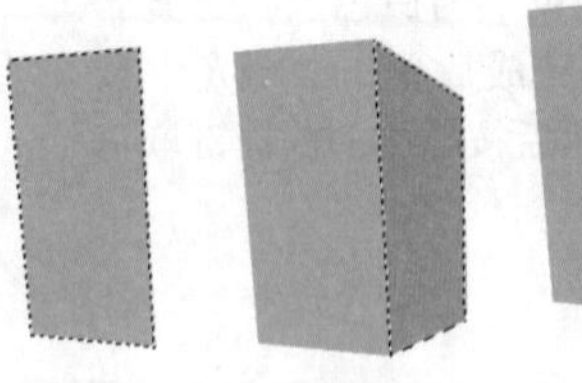

图5-89 图5-90 图5-91

思维点拨

标志是表明事物特征的记号，具有象征功能和识别功能，是企业形象、特征、信誉和文化的浓缩。标志的风格类型主要有几何型、自然型、动物型、人物型、汉字型、字母型和花木型等。标志主要包括商标、徽标和公共标志。按内容进行分类又可以分为商业性标志和非商业性标志。

04 在所有彩色矩形下方新建图层，再次使用“多边形套索工具”绘制阴影选区，并为其填充黑色，如图5-92所示。在“图层”面板中设置该图层的“不透明度”为20%，如图5-93所示，效果如图5-94所示。

05 新建图层组，命名为“文字”，选择工具箱中的“横排文字工具”，在选项栏中设置合适的字体、字号，设置文字颜色为白色，设置完成后在画面中合适的位置单击鼠标左键插入光标，建立文字输入的起始点，接着依次输入各个字母，输入完毕后按Ctrl+Enter快捷键确认操作。不同的字母需要在大小上有所差异，如图5-95所示。

06 复制“文字”图层组并置于原图层组下方，命名为“文字阴影”，如图5-96所示。使用合并图层快捷键Ctrl+E将其合并为一个图层，接着使用“色相/饱和度”命令快捷键Ctrl+U，在弹出的“色相/饱和度”对话框中设置“明度”为-100，使该图层变为黑色，如图5-97所示。设置完成后单击“确定”按钮。

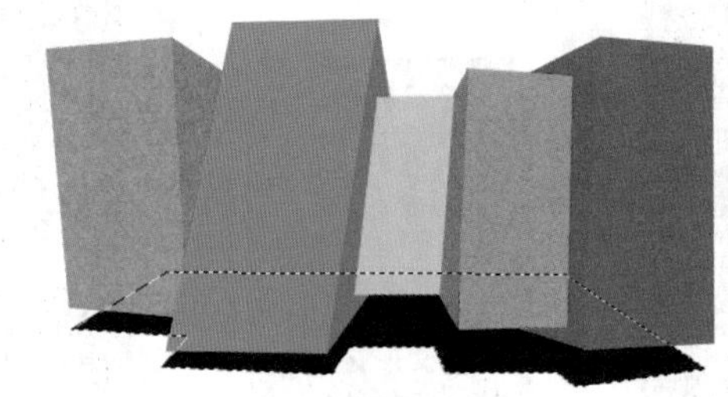

图5-92

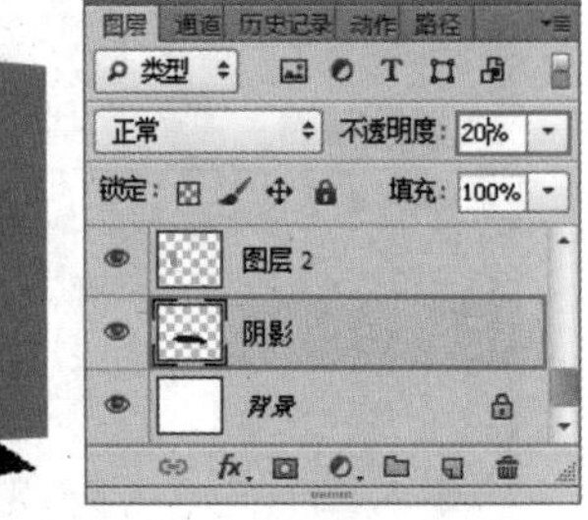

图5-93

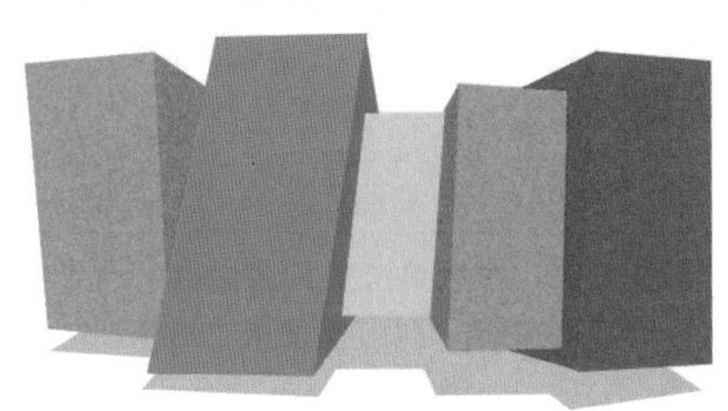

图5-94

图5-95

图5-96

07 适当向下移动文字阴影图层，并设置该图层的“不透明度”为30%，如图5-98所示。执行“文件>置入嵌入对象”命令，将背景素材“1.jpg”置入文档内，将其摆放在合适的位置并栅格化，案例最终效果如图5-99所示。

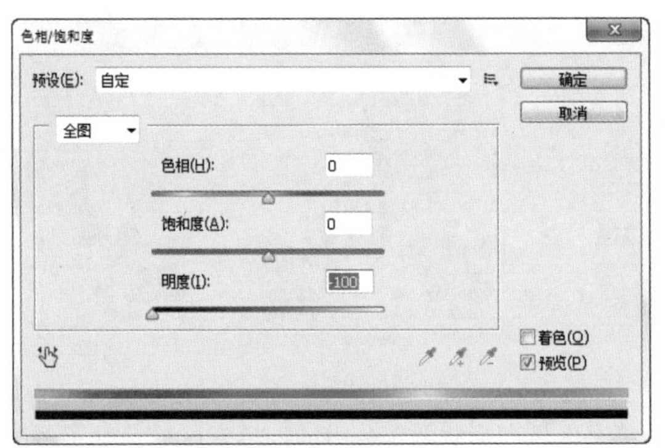

图5-97

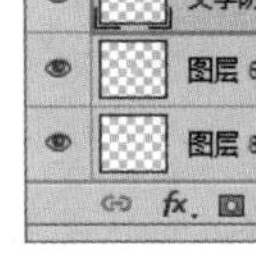

图5-98

图5-99

5.3 绘制常见矢量几何图形

在了解绘图工具之前，我们需要先了解一个概念——矢量图。矢量图是由线条和轮廓组成，不会因为放大或缩小而使像素受损，影响清晰度。“钢笔工具”与“形状工具”都是矢量绘图工具，在UI设计制作过程中，尽量使用矢量绘图工具进行绘制，这样可以保证为了适应不同屏幕尺寸时，对图像缩放不会使画面元素变模糊。除此之外，矢量绘图因其明快的色彩，动感的线条也常用于插画或者时装画的绘制，如图5-100～图5-103所示为优秀的UI设计作品。

图5-100　图5-101　图5-102　图5-103

5.3.1　了解绘图模式

要学习钢笔工具、形状工具，首先要了解绘图模式。选择工具箱中的某个形状工具，然后单击工具属性栏中的“绘图模式”按钮，即可看到“形状”“路径”“像素”3种绘图模式，如图5-104所示。“钢笔工具”只可以使用“形状”与“路径”两种方式，如图5-105所示。如图5-106所示为3种不同绘制模式绘制的图形效果。

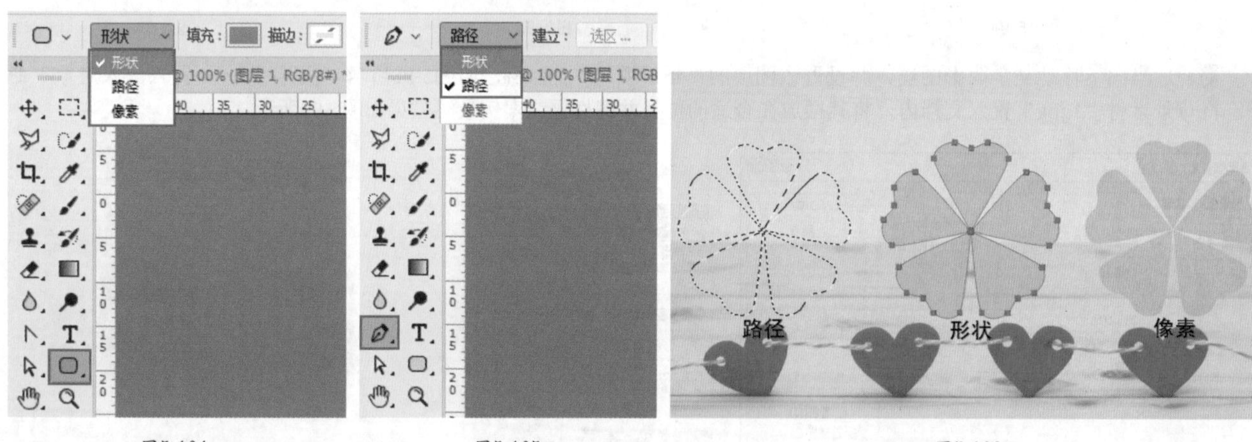

图5-104　图5-105　图5-106

- 形状：选择该选项后，可在单独的形状图层中创建形状。形状图层由填充区域和形状两部分组成，填充区域定义了形状的颜色、图案和图层的不透明度，形状则是一个矢量图形，它同时出现在“路径”面板中。
- 路径：选择该选项可以创建工作路径，路径可以转换为选区或创建矢量蒙版，还可以填充和描边。
- 像素：选择该选项后，可以在当前图层上绘制栅格化的图形。

5.3.2　设置填充

当设置绘制模式为“形状”后，就需要在选项栏中设置其填充。单击选项栏中的“填充”按钮，在下拉面板中可以看到设置填充的选项，如图5-107所示。

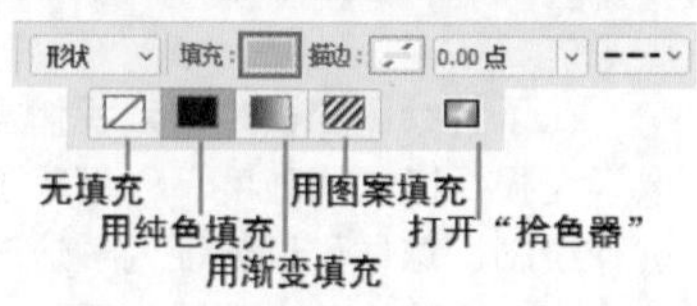

图5-107

- 无填充：单击该按钮可以设置填充为无颜色。
- 用纯色填充：单击该按钮，可以在面板下方选择一种颜色进行填充，如图5-108和图5-109所示。

● 用渐变填充：单击该按钮，可以在面板的下方编辑渐变颜色，使用方法和“渐变编辑器”相同，如图5-110和图5-111所示。

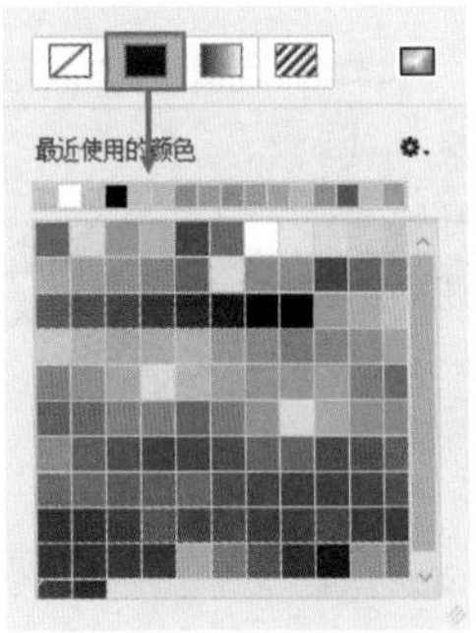

图5-108　　图5-109　　图5-110　　图5-111

● 用图案填充：单击该按钮，可以在面板下方选择一种图案进行填充，如图5-112和图5-113所示。

● 拾色器：单击该按钮可以打开“拾色器”对话框，如图5-114所示。

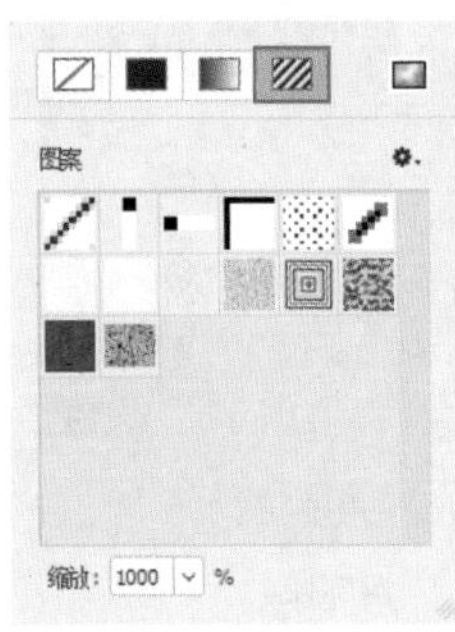
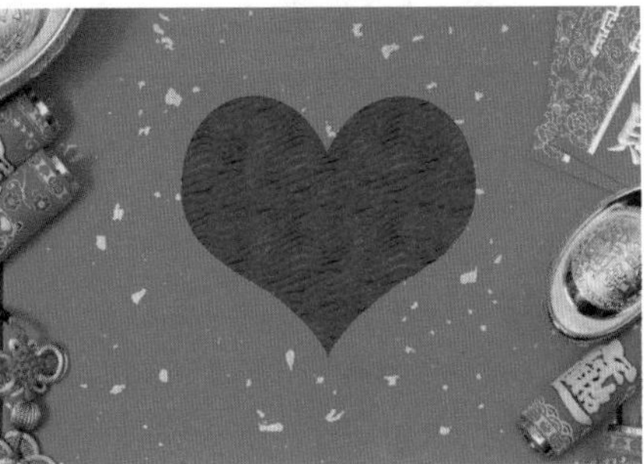
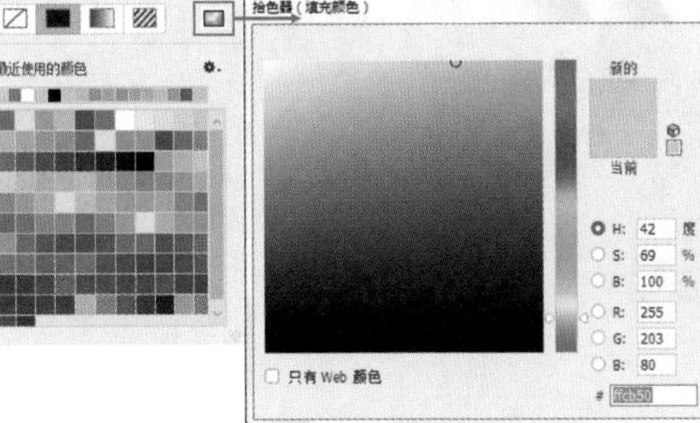

图5-112　　图5-113　　图5-114

5.3.3　设置描边

矢量对象的“描边”通俗来讲就是在边缘加上一圈“边”。这个“边”可以是单一颜色、渐变色或者图案。在选项栏中可以对描边的颜色、宽度和描边的样式进行设置，如图5-115所示。

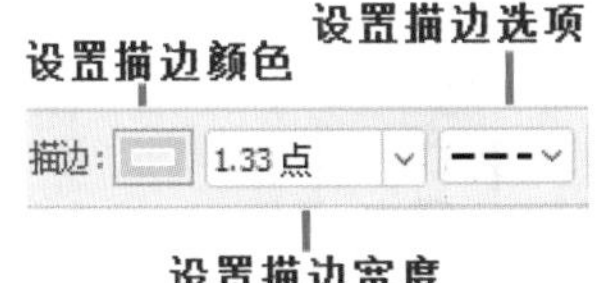

图5-115

（1）单击选项栏中的“描边”按钮，在下拉面板中可以对描边的颜色进行调整，其使用方法和设置填充的方法相同，如图5-116和图5-117所示。

（2）在描边宽度数值框内输入参数，然后按Enter键设置描边宽度，如图5-118所示。或者单击按钮，在下拉面板中滑动滑块，也可以轻松调整描边的宽度，向左滑动减小描边宽度，向右滑动增大描边宽度，如图5-119所示。

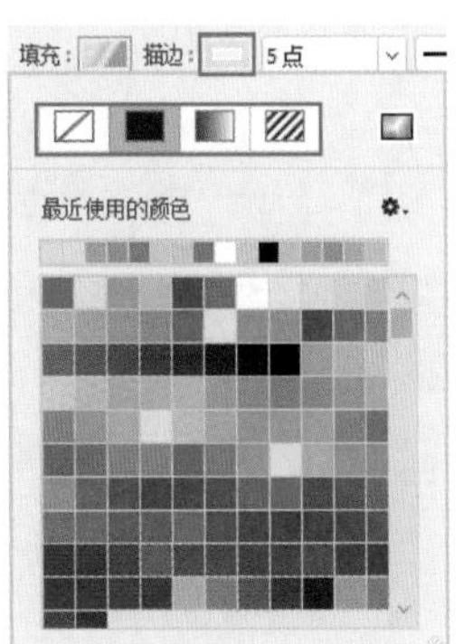

图5-116　　图5-117　　图5-118

（3）单击“描边选项”按钮，在下拉面板中可以设置描边的样式，使连续的描边变为虚线描边。在这里还可以对描边的对齐方式、端点以及角点的形态进行设置，如图5-120和图5-121所示。

- 描边样式：可以选择用实线、虚线或者圆点来进行描边，如图5-122～图5-124所示。
- 对齐：单击对齐按钮，可以在下拉面板中选择描边与路径的对齐方式，包括内部、居中和外部3种，如图5-125和图5-126所示。
- 端点：单击端点按钮，可以在下拉面板中选择路径端点的样式，包括端面、圆形和方形3种，如图5-127和图5-128所示。

图5-119

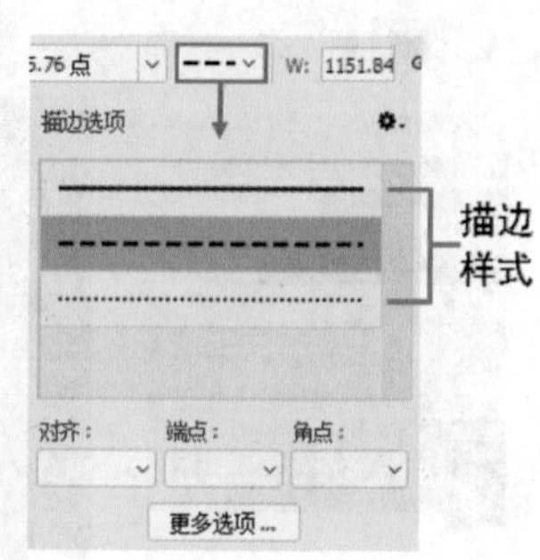

图5-120

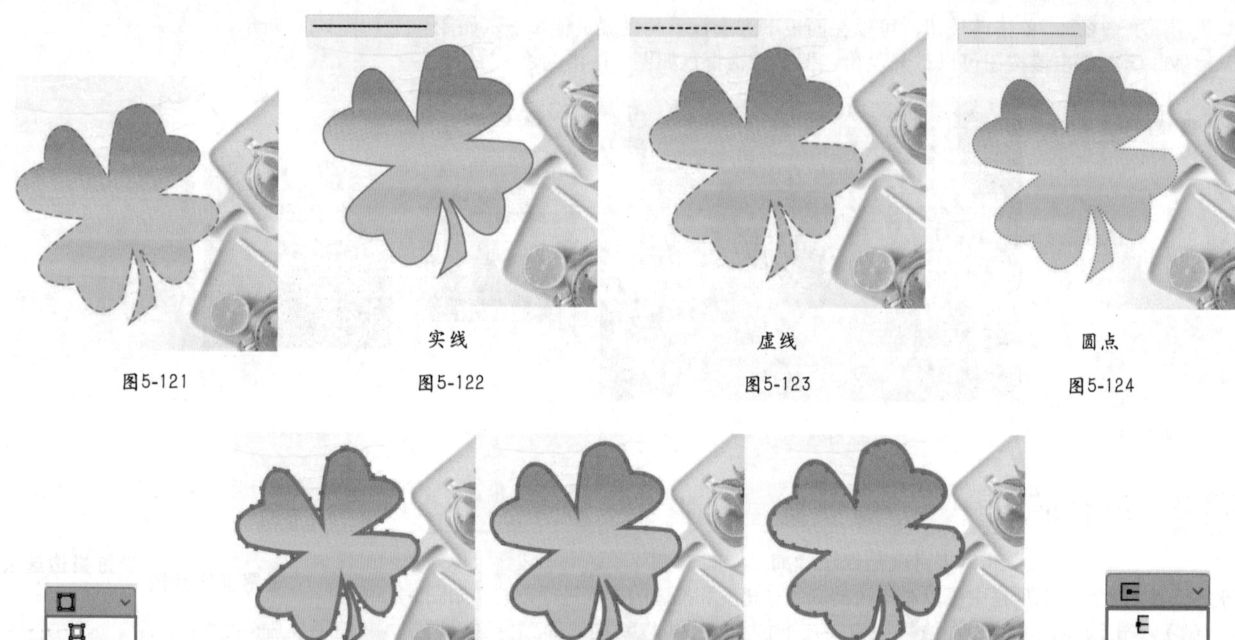

图5-121 图5-122 图5-123 图5-124

图5-125 图5-126 图5-127

- 角点：单击角点按钮，在下拉面板中选择路径转角处的转折样式，包括斜接、圆形和斜面3种，如图5-129和图5-130所示。

图5-128

图5-129

- 更多选项：单击该按钮，可以打开“描边”对话框，在该对话框中，除了包含之前的选项外，还可以调整虚线间距，制作

出间距不同的虚线效果，如图5-131所示。

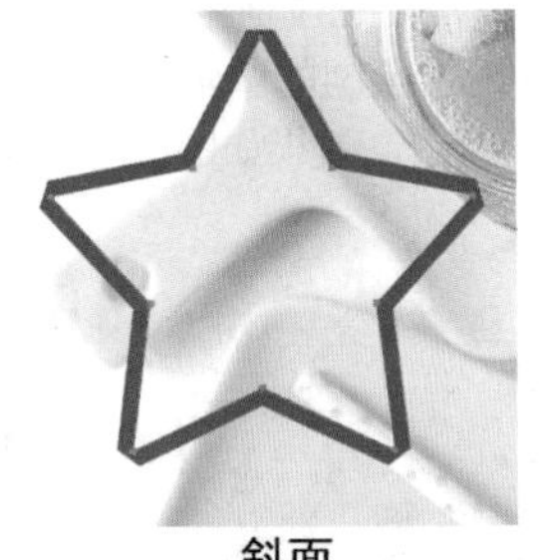

图5-130

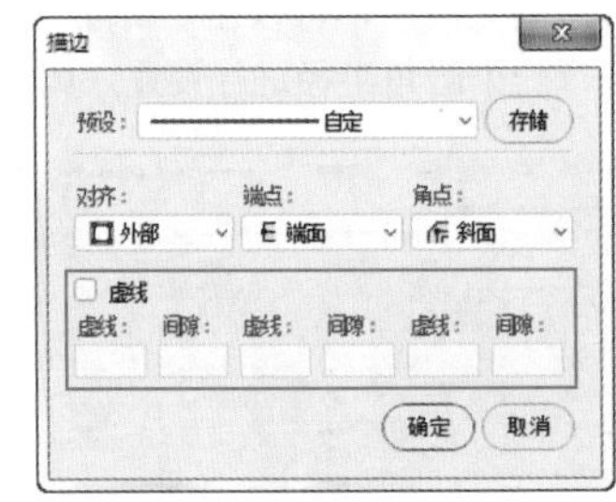

图5-131

5.3.4 使用形状工具绘制基本图形

视频精讲：Photoshop新手学视频精讲课堂\使用形状工具.flv

使用形状工具组中的工具能够绘制一些基本图形，例如圆形、矩形，以及一些Photoshop中预设的图形。该工具组中的工具其使用方法基本相同。在形状工具组上单击鼠标右键即可看到这些工具，如图5-132所示。

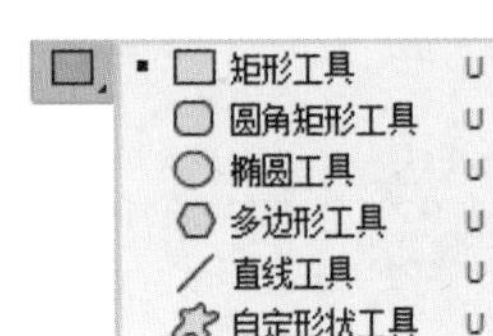

图5-132

（1）“矩形工具”可以绘制出正方形和矩形形状。选择工具箱中的“矩形工具”，设置绘制模式为“形状”，设置好合适的填充、描边颜色，在画面中按住鼠标左键并拖动，松开鼠标即可绘制出矩形，如图5-133所示。绘制时按住Shift键可以绘制出正方形，如图5-134所示。选择“矩形工具”，在画面中单击，可以弹出“创建矩形”对话框，在该对话框中可以设置矩形的“宽度”和“高度”，如图5-135所示。

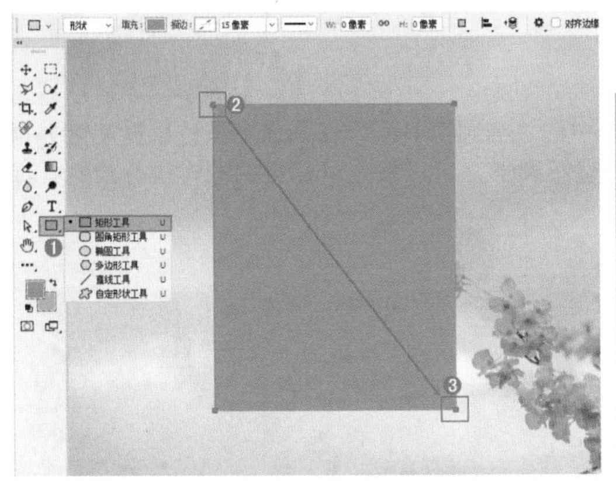

图5-133

图5-134

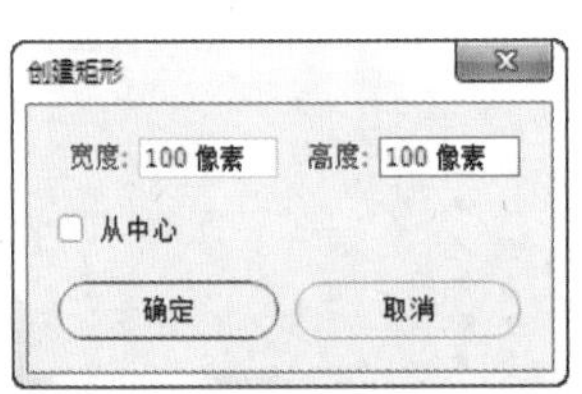

图5-135

选项解读：“矩形工具”选项栏

在选项栏中单击图标，打开“矩形工具”的设置选项，在这里可以对矩形的尺寸以及比例进行精确的设置，如图5-136所示。

图5-136

- 不受约束：选中该单选按钮，可以绘制出任意尺寸的矩形。
- 方形：选中该单选按钮，可以绘制出正方形。
- 固定大小：选中该单选按钮后，可以在其后的数值框中输入宽度（W）和高度（H），然后在图像上单击即可创建出固定矩形。
- 比例：选中该单选按钮后，可以在其后的数值框中输入宽度（W）和高度（H）比例，此后创建的矩形始终保持这个比例。
- 从中心：以任何方式创建矩形时，选中该复选框，鼠标单击点即为矩形的中心。

（2）“圆角矩形工具” 可以创建四角圆滑的矩形。选择工具箱中的“圆角矩形工具”，选项栏中“半径”选项用来设置圆角的大小，数值越大圆角越大。设置完成后在画面中按住鼠标左键并拖动，即可绘制出圆角矩形，如图5-137所示。圆角矩形绘制完成后，可以在“属性”面板中对所绘制的圆角矩形进行更改。当取消“将角半径值链接到一起”激活状态时，可以对每一个圆角半径进行设置，如图5-138所示，效果如图5-139所示。

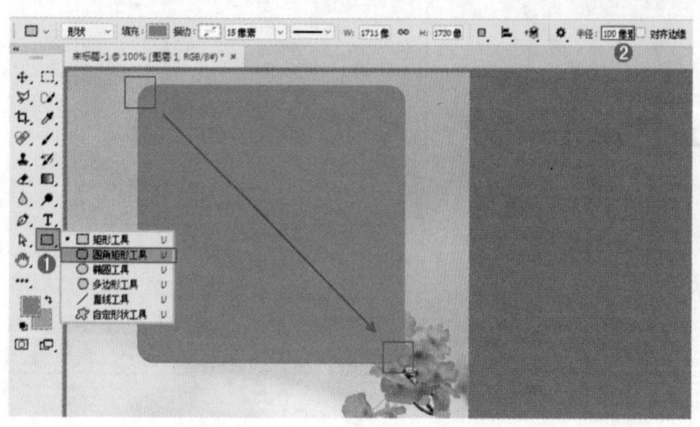

图5-137

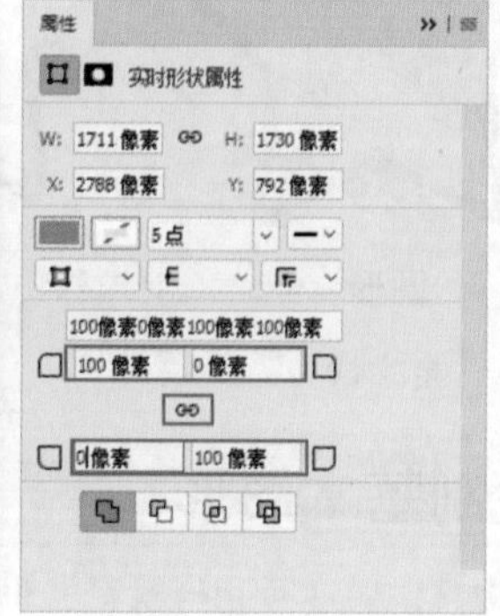

图5-138

图5-139

高手小贴士：在“创建圆角矩形”对话框中设置圆角矩形的参数

选择“圆角矩形工具”，在画面中单击，在弹出的“创建圆角矩形”对话框中可以设置圆角矩形的宽度和高度，以及4个圆角半径的数值，如图5-140所示。

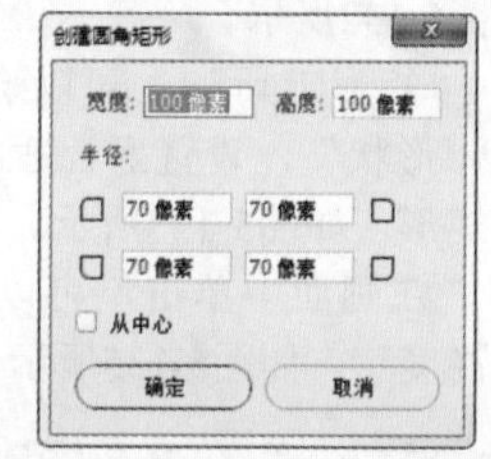

图5-140

（3）使用“椭圆工具” 可以创建出椭圆和正圆形状。选择工具箱中的“椭圆工具”，在画面中按住鼠标左键并拖动鼠标，松开鼠标左键后即可创建出椭圆形，如图5-141所示。如果要创建正圆形，可以按住Shift键的同时进行绘制，如图5-142所示。

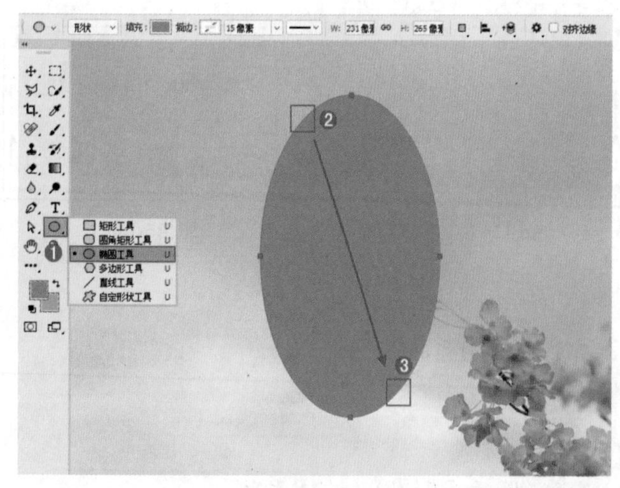

图5-141

图5-142

（4）“多边形工具” 主要用于绘制各种边数的多边形，除此之外，使用该工具还可以用于绘制星形。选择工具箱中的“多边形工具”，在选项栏中设置多边形的“边”数，接着在画面中按住鼠标左键并拖动，松开鼠标后即可得到多边形，如图5-143所示。若想绘制星形，需要单击选项栏中的 图标，打开“多边形工具”的设置选项，选中“星形”复选框，设置一定的“缩进边依据”，即可得到星形，如图5-144所示。

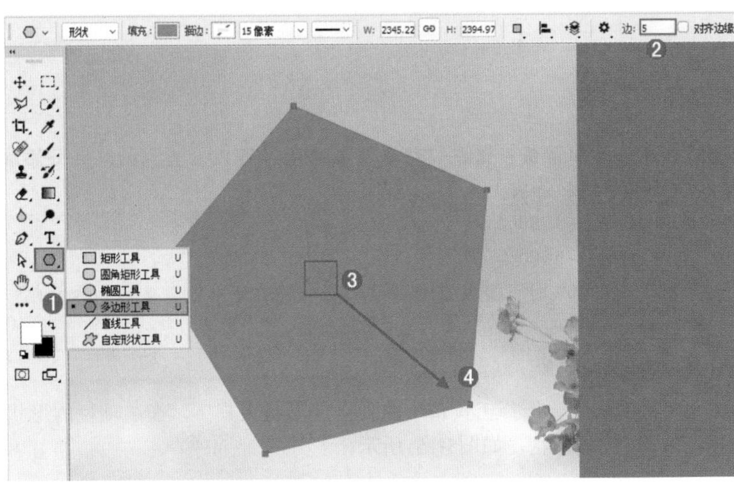
图5-143

图5-144

选项解读："多边形工具"选项栏参数详解

单击选项栏中的图标，打开"多边形工具"的设置选项，在这里可以进行半径、平滑拐角以及星形的设置，如图5-145所示。

- 半径：用于设置多边形或星形的半径长度（单位为cm），设置好半径以后，在画面中拖动鼠标即可创建出相应半径的多边形或星形。
- 平滑拐角：选中该复选框后，可以创建出具有平滑拐角效果的多边形或星形，如图5-146所示。
- 星形：选中该复选框后，可以创建星形，下面的"缩进边依据"选项主要用来设置星形边缘向中心缩进的百分比，数值越高，缩进量越大，如图5-147所示。
- 平滑缩进：选中该复选框后，可以使星形的每条边向中心平滑缩进，如图5-148所示。

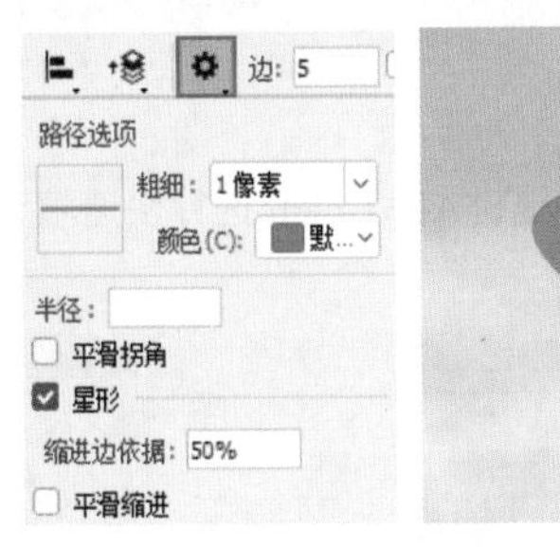

图5-145

图5-146

图5-147

图5-148

（5）"直线工具"常用于绘制带有宽度的直线线条，如图5-149所示。除此之外，还可以在选项栏中单击图标，在弹出的选项菜单中可以进行箭头的设置，绘制出带有箭头的形状。选择工具箱中的"直线工具"，然后通过设置"粗细"参数调整直线的宽度，如图5-150所示。

读书笔记

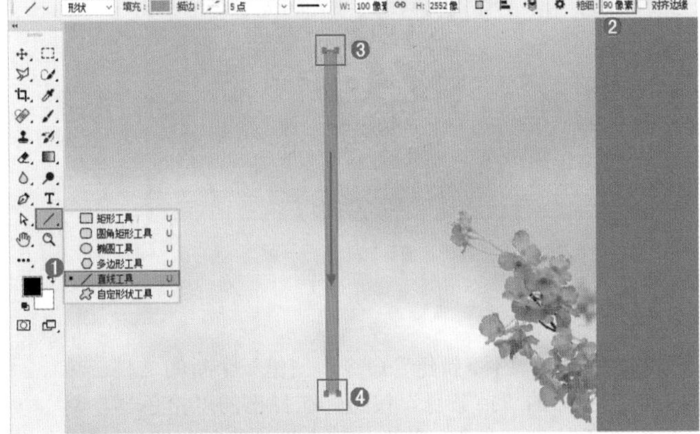
图5-149

选项解读："直线工具"参数详解

- 粗细：设置直线或箭头线的粗细。
- 起点/终点：选中"起点"复选框，可以在直线的起点处添加箭头；选中"终点"复选框，可以在直线的终点处添加箭头；选中"起点"和"终点"复选框，则可以在两端都添加箭头。
- 宽度：用来设置箭头宽度与直线宽度的百分比，范围为10%～1000%。
- 长度：用来设置箭头长度与直线宽度的百分比，范围为10%～5000%。
- 凹度：用来设置箭头的凹陷程度，范围为-50%～50%。值为0%时，箭头尾部平齐；值大于0时，箭头尾部向内凹陷；值小于0时，箭头尾部向外凸出。

（6）"自定形状工具"可以用于绘制Photoshop内置的形状。选择工具箱中的"自定形状工具"，在选项栏的形状下拉列表中选择合适的形状。在画面中按住鼠标左键并拖动即可绘制形状，如图5-151所示。

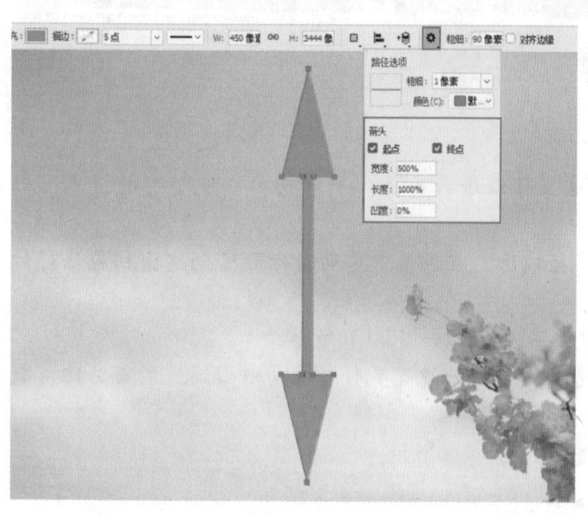

图5-150

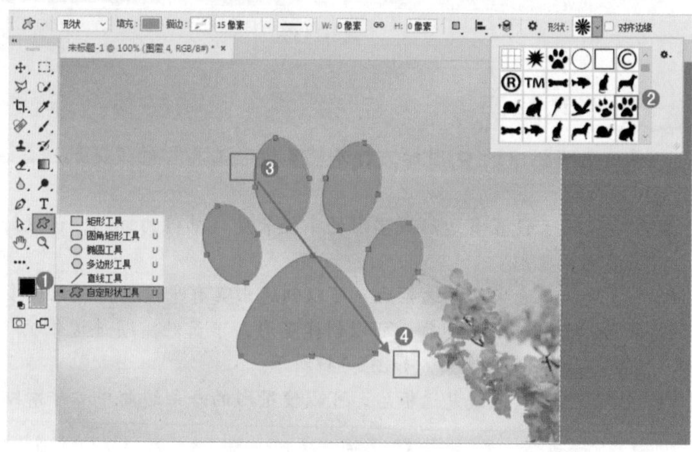

图5-151

★ 案例实战——使用椭圆工具制作简约计时器

文件路径	第5章\使用椭圆工具制作简约计时器
难易指数	★★★★★

扫码看视频

案例效果

案例效果如图5-152所示。

图5-152

操作步骤

01 执行"文件>新建"命令，创建一个新的文档。单击工具箱底部的"前景色"按钮，在弹出的"拾色器"对话框中设置颜色为黄色，单击"确定"按钮，如图5-153所示。然后使用填充前景色快捷键Alt+Delete进行快速填充，如图5-154所示。

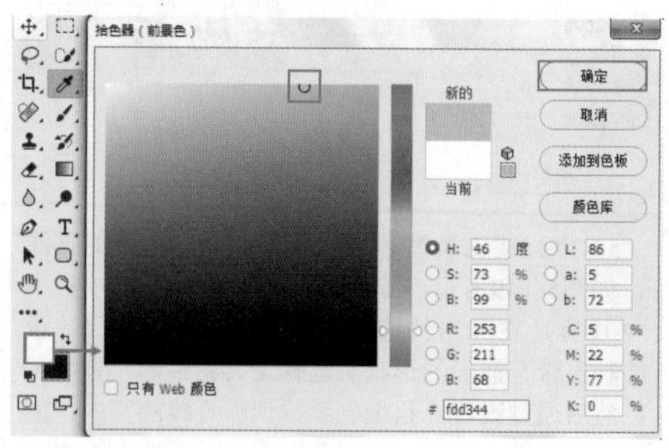

图5-153

02 制作计时器圆形形状。在工具箱中右击形状工具组，在形状工具组列表中选择"椭圆工具"，在选项栏中设置"绘制模式"为"形状"，单击"填充"按钮，编辑一个黄色渐变色，并设置"描边"为无，如图5-155所示。设置完成后，在画面中按住鼠标左键的同时按住Shift键并拖动，绘制一个正圆，如图5-156所示。

图5-154

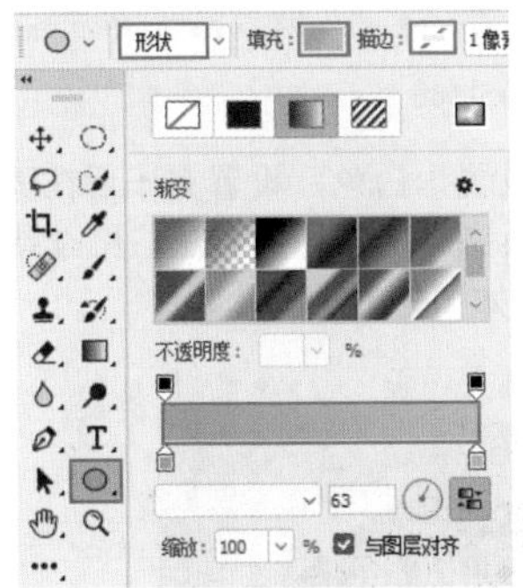

图5-155

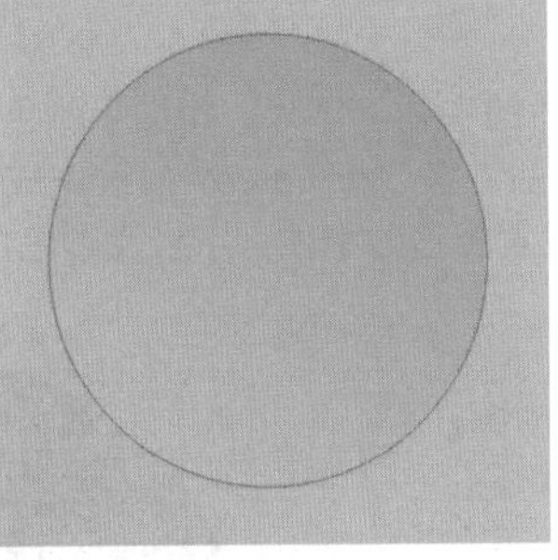

图5-156

03 为黄色渐变圆制作投影效果。选择正圆图层，执行“图层>图层样式>投影”命令，在弹出的“图层样式”对话框中设置“混合模式”为“正片叠底”，阴影颜色为黑色，“不透明度”为40%，“角度”为120度，“距离”为8像素，“大小”为2像素，设置完成后单击“确定”按钮，如图5-157所示，此时效果如图5-158所示。

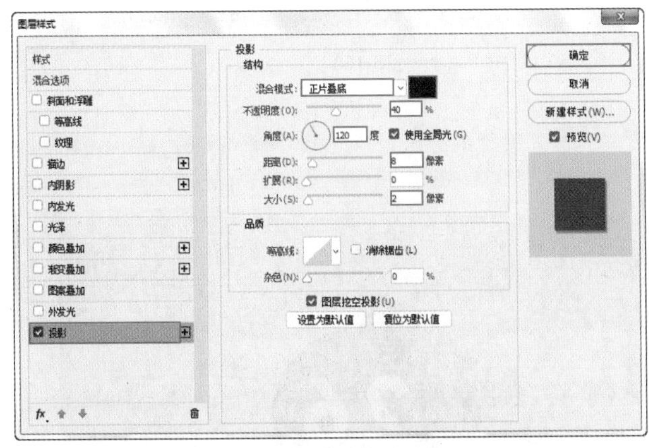

图5-157

04 使用“椭圆工具”，在选项栏中将“填充”设置为明度较高的黄色渐变色，如图5-159所示。设置完成后，在黄色渐变形状上按住Shift+Alt快捷键进行中心等比例绘制，绘制一个正圆，如图5-160所示。

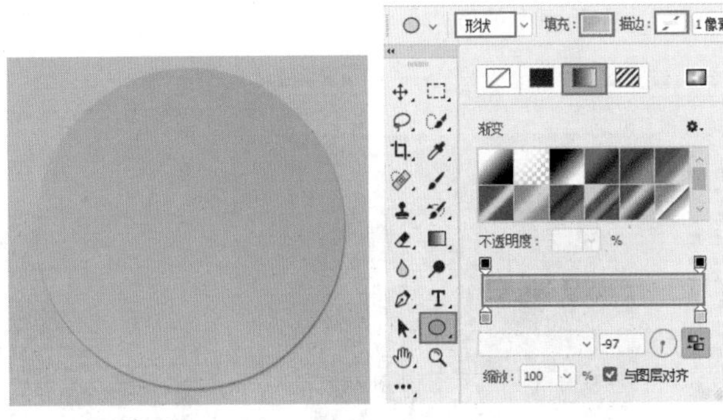

图5-158　　图5-159

05 在“图层”面板中选中较小正圆图层，使用复制图层快捷键Ctrl+J复制出一个相同的图层，如图5-161所示。单击选中复制的图层，在选项栏中将其填充为灰色系的渐变颜色，如图5-162所示，圆形效果如图5-163所示。

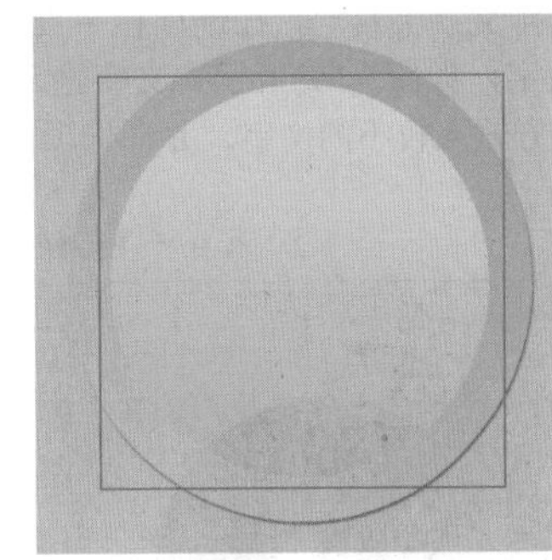

图5-160

图5-161

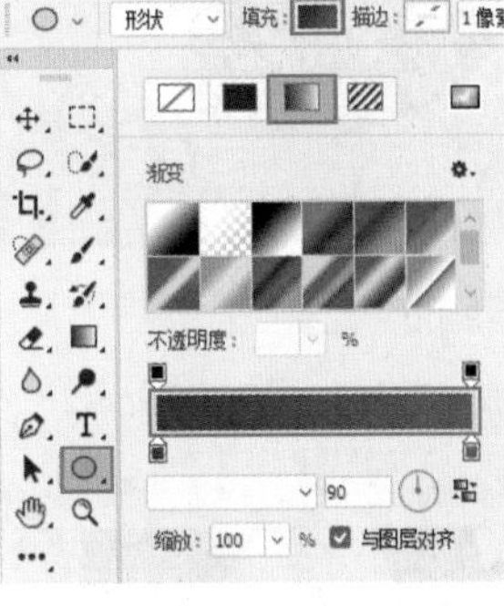

图5-162

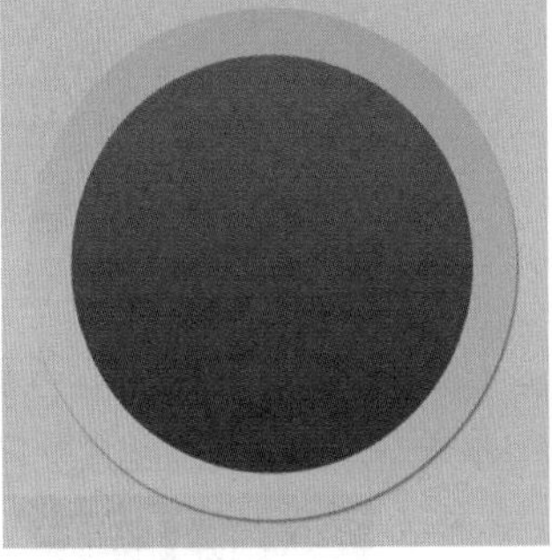

图5-163

06 在工具箱中选择“钢笔工具”，在选项栏中设置“绘制模式”为“路径”，接着沿圆形左侧外轮廓绘制路径，如图5-164所示。路径绘制完成后，按Ctrl+Enter快捷键快速将路径转换为选区，如图5-165所示。

07 在“图层”面板中选中该图层，在保持当前选区的状态下单击“图层”面板底部的“添加图层蒙版”按钮，为该图层添加图层蒙版。选区以内的部分为显示状态，选区以外的部分被隐藏，如图5-166所示。

08 继续使用“椭圆工具”，在选项栏中设置“绘制模式”为“形状”，“填充”为深灰色，“描边”为无，设置完成后，在画面中的圆形上按住Shift+Alt快捷键进行中心等比例绘制，如图5-167所示。

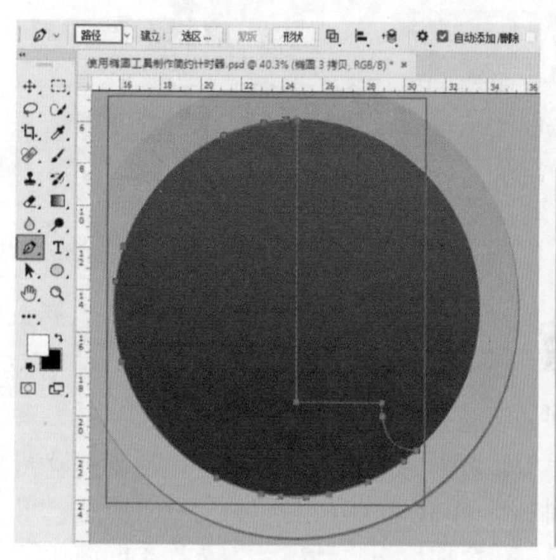
图5-164

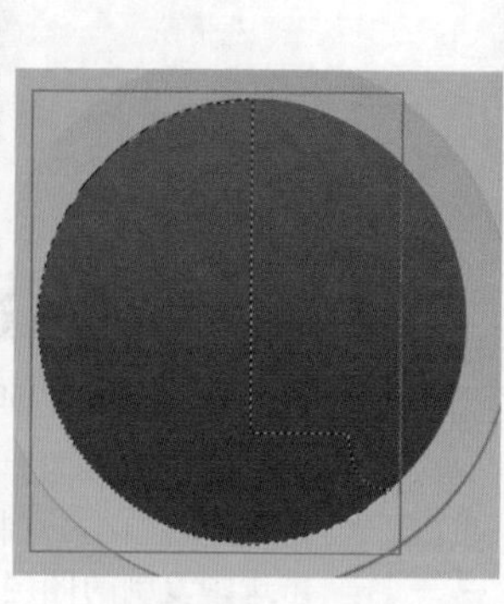
图5-165

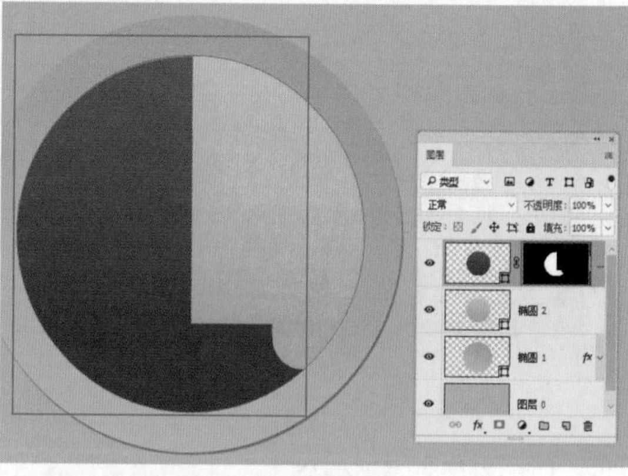
图5-166

09 选择工具箱中的“横排文字工具”，在选项栏中设置合适的字体、字号，将文字颜色设置为白色，设置完毕后在圆形中心位置单击，接着输入文字，如图5-168所示。文字输入完毕后，按Ctrl+Enter快捷键完成操作。用同样的方法，继续使用“横排文字工具”在数字下方输入较小的文字，并在选项栏中设置合适的字体、字号及颜色，如图5-169所示。

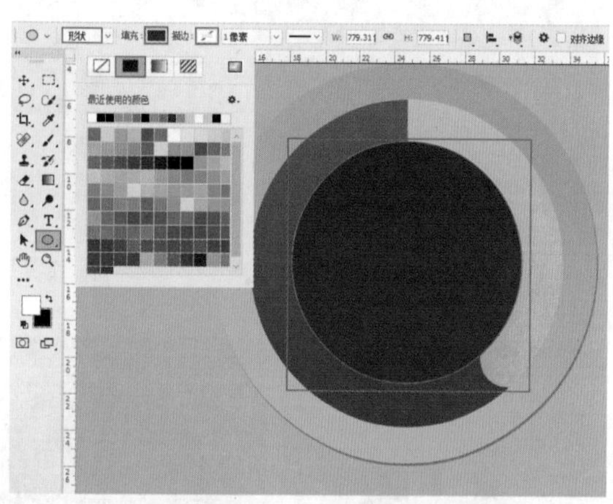
图5-167

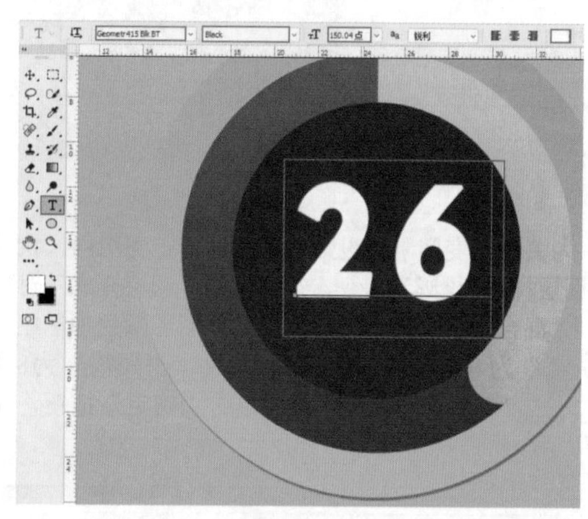

图5-168

10 此时简约计时器绘制完成，效果如图5-170所示。

图5-169

图5-170

5.3.5 创建自定形状

在Photoshop中可以将已经绘制好的路径存储在“自定义形状”面板中，使用时可以通过“自定形状工具”，在列表中找到该图形。

（1）绘制路径，如图5-171所示。接着执行“编辑>定义自定形状”命令，在弹出的“形状名称”对话框中设置一个合适的名称，然后单击“确定”按钮，如图5-172所示。

（2）定义完成后，单击工具箱中的“自定形状工具”按钮，在选项栏中单击形状按钮，在下拉面板中的底部即可看到刚刚定义的形状，如图5-173所示。

图5-171

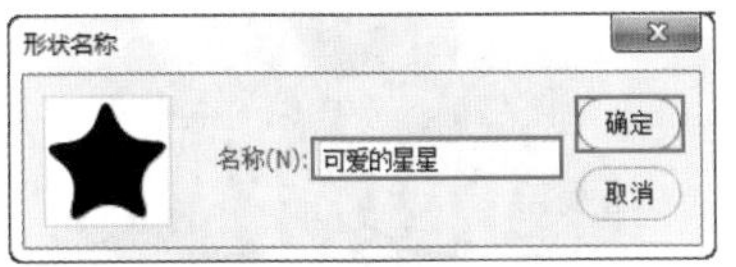

图5-172

图5-173

5.3.6 设置“路径操作”制作复杂路径

“路径操作”是两个闭合路径之间的运算操作。

（1）使用“形状工具”在画面中绘制一个形状，如图5-174所示。单击选项栏中的“路径操作”按钮，在这里可以进行路径操作的设置，如图5-175所示。

（2）若选择“新建图层”，在画面中绘制形状，此时该形状与画面中的原始形状不发生关系，它是可移动的，如图5-176所示。“图层”面板中显示出新绘制的形状图层，如图5-177所示。

（3）若选择“合并形状”，然后在画面中原始形状的右侧继续绘制形状，按Enter键完成绘制，此时两个形状重叠在一起，如图5-178所示。这两个形状在同一个图层中，如图5-179所示。

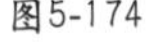

图5-174

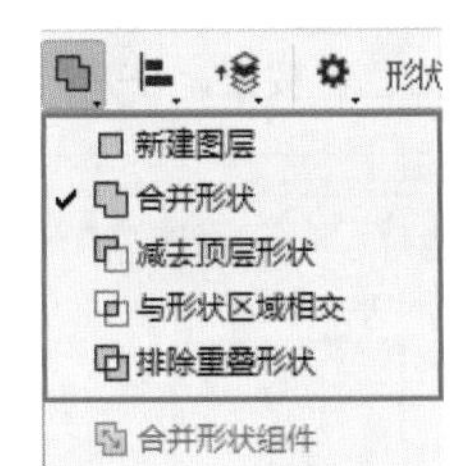

图5-175

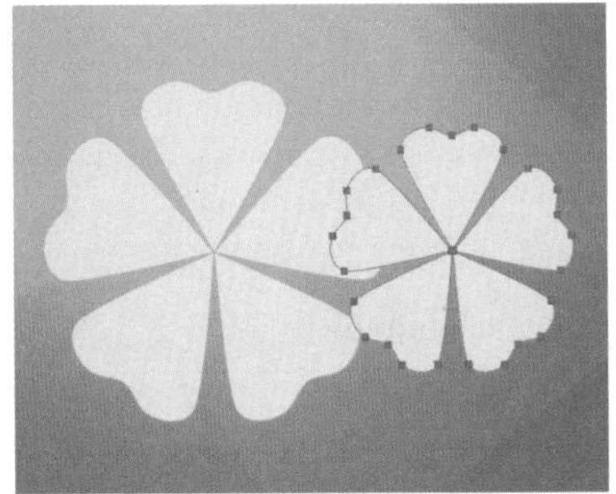

图5-176

图5-177

图5-178

图5-179

（4）若选择“减去顶层形状”，此时顶层形状与底层形状相交的部分将被减去，如图5-180所示。

（5）若选择“与形状区域相交”，此时只保留两个形状相交的区域，如图5-181所示。

（6）若选择“排除重叠形状”，此时两个形状相交的区域被隐藏，如图5-182所示。

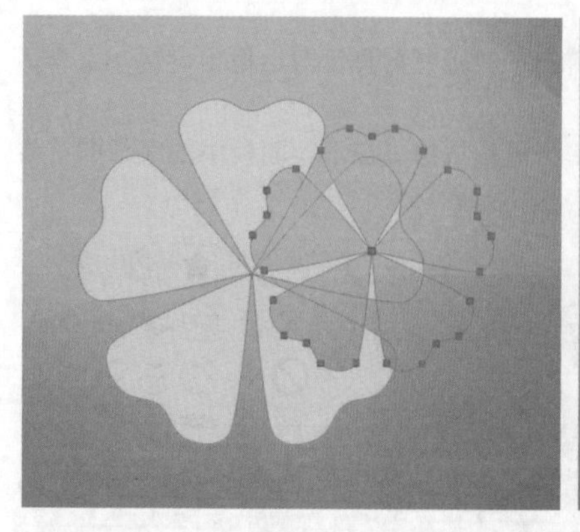
图5-180

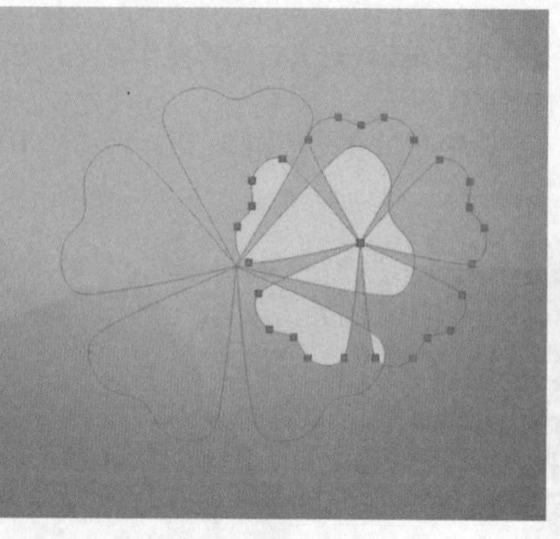
图5-181

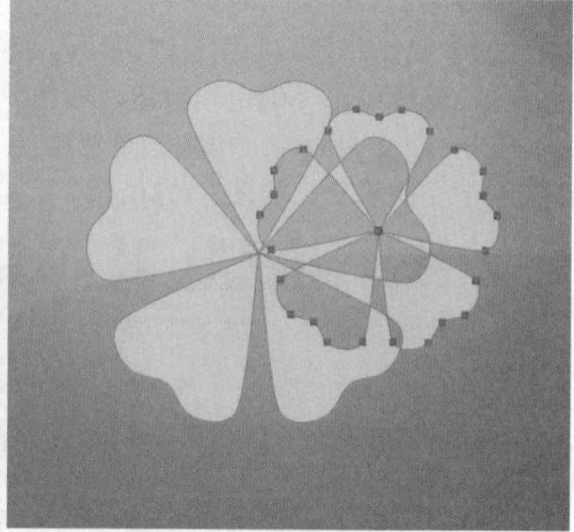
图5-182

★ 案例实战——使用形状工具制作水晶花朵

文件路径　第5章\使用形状工具制作水晶花朵

难易指数　★★★★★

扫码看视频

案例效果

案例效果如图5-183所示。

图5-183

操作步骤

01 执行“文件>新建”命令创建一个“宽度”为1400像素，“高度”为1300像素，“分辨率”为72像素/英寸的新文档，如图5-184所示。

02 新建图层，选择工具箱中的“自定形状工具”，在选项栏中设置“绘制模式”为“路径”，接着单击“自定形状”拾色器按钮，在弹出的下拉面板中选择合适的图案，如图5-185所示。

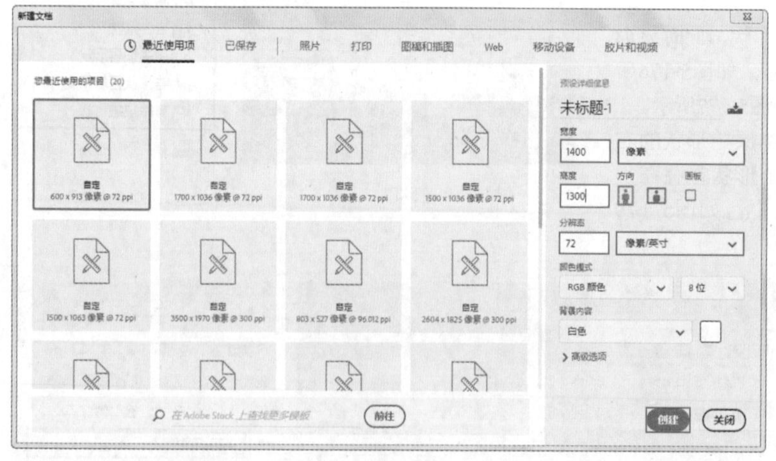

图5-184

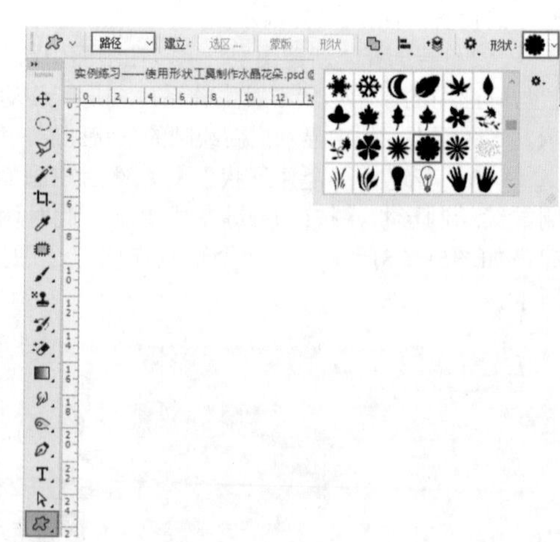

图5-185

技巧提示

默认情况下，自定形状中没有本案例中需要使用的形状。需要单击图标，在弹出的菜单中选择“全部”命令，载入所有自定形状即可。

03 设置完成后，在画面中按住鼠标左键并拖动，绘制一个花朵的路径。绘制完成后，按Ctrl+Enter快捷键将路径转换为选区，如图5-186所示。

图5-186

技巧提示

为了保证花朵长宽等比，可以按住键盘上的Shift键进行绘制。

04 单击工具箱中的“渐变工具”按钮，在选项栏中单击渐变色条，在弹出的“渐变编辑器”窗口中编辑一种由粉色到紫色的渐变，设置完成后单击“确定”按钮。接着在选项栏中设置“渐变类型”为“线性渐变”，如图5-187所示。在选区上方按住鼠标左键拖动，释放鼠标为选区填充渐变。填充完成后按Ctrl+D快捷键取消选区的选择，如图5-188所示。

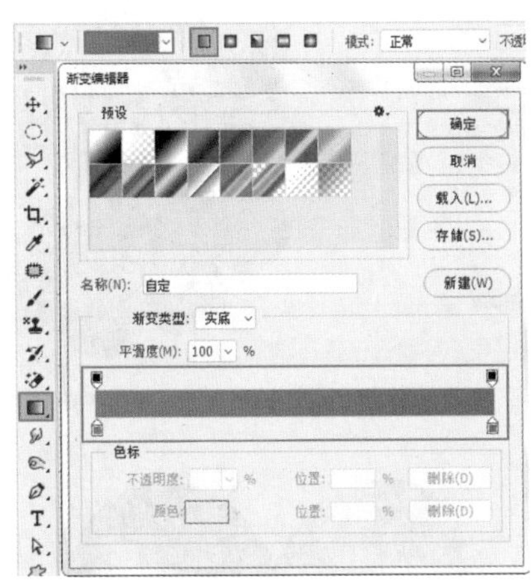

图5-187

05 创建新图层2，选择工具箱中的“画笔工具”，在工具箱的底部设置前景色为浅粉色，接着单击选项栏中的“画笔预设”选取器按钮，在弹出的下拉面板中设置“大小”为10像素，“硬度”为100%，选择常规画笔组下的硬边圆画笔，如图5-189所示

06 再次使用工具箱中的“自定形状工具”在画面中绘制较小的花朵路径。接着执行“窗口>路径”命令，在弹出的“路径”面板中单击“用画笔描边路径”按钮，如图5-190所示，此时画面效果如图5-191所示。

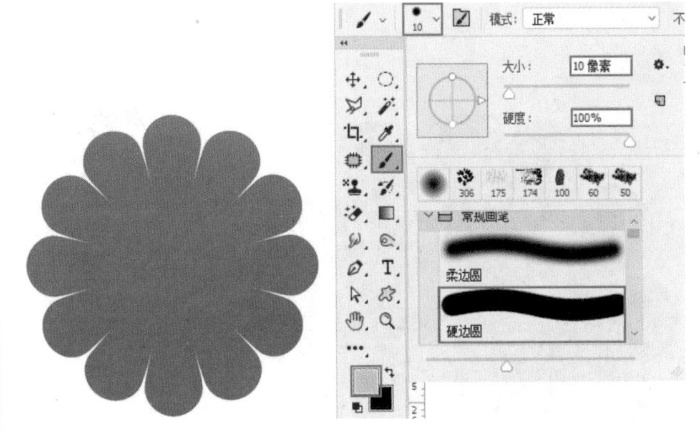

图5-188　　图5-189

图5-190　　图5-191

07 继续创建新图层3，选择工具箱中的“椭圆工具”，在工具箱的底部设置前景色为白色，接着在选项栏中设置“绘制模式”为“像素”，设置完成后，在两个花朵中心的位置按住Shift键并按住鼠标左键拖动，绘制一个白色的正圆形，在“图层”面板中设置该正圆形的“不透明度”为10%，效果如图5-192所示。

图5-192

08 创建新图层4，选择工具箱中的“钢笔工具”，在选项栏中设置“绘制模式”为“路径”，接着在适当的位置绘制出高光部分的闭合路径，如图5-193所示，绘制完成后按Ctrl+Enter快捷键将当前路径转换为选区。接着使用“渐变工具”填充一种白色到透明的线性渐变，如图5-194所示。调整图层不透明度为52%，效果如图5-195所示。

图5-193

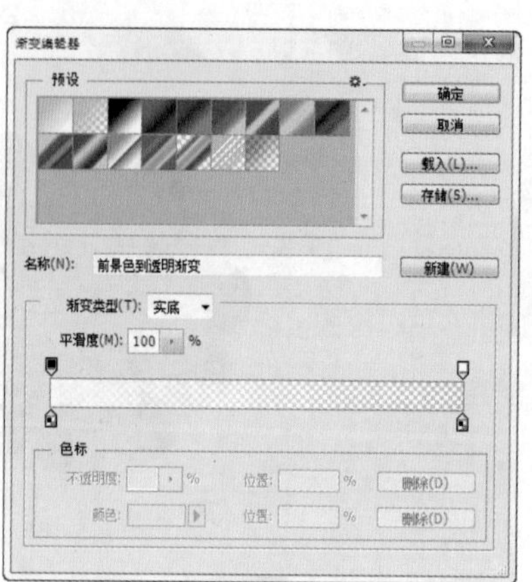
图5-194

图5-195

09 选择工具箱中的“横排文字工具”，在合适的位置键入文字，文字输入完毕后按Ctrl+Enter快捷键确认操作。接着使用自由变化快捷键Ctrl+T调出定界框，并按住Ctrl键将其变形，效果如图5-196所示。

10 选中文字图层，执行“图层>图层样式>投影”命令，在弹出的“图层样式”对话框中设置“混合模式”为“正片叠底”，颜色为黑色，“不透明度”为35%，“角度”为120度，“距离”为8像素，“大小”为6像素，设置完成后单击“确定”按钮，如图5-197所示，案例最终效果如图5-198所示。

图5-196

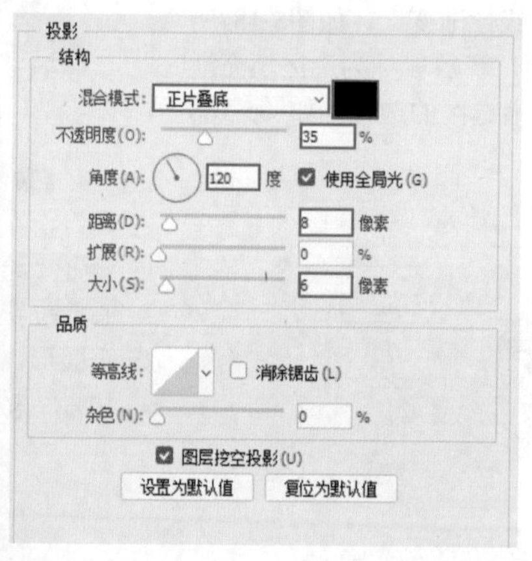
图5-197

图5-198

★ 案例实战——使用自定形状工具制作心形按钮

文件路径 第5章\使用自定形状工具制作心形按钮

难易指数 ★★★★★

扫码看视频

案例效果

案例效果如图5-199所示。

图5-199

操作步骤

01 执行“文件>新建”命令创建一个“宽度”为1476像素，“高度”为1408像素，“分辨率”为72像素/英寸的新文档，如图5-200所示。

02 选择工具箱中的“自定形状工具”，在选项栏中设置“绘制模式”为“形状”，接着单击“填充”按钮，在弹出的下拉面板中单击“渐变”按钮，并在面板底部编辑一种蓝色系渐变，设置“渐变类型”为“线形”，“旋转渐变”值为-21。单击“自定形状”拾色器按钮，在弹出的下拉面板中选择一个心形，如图5-201所示。

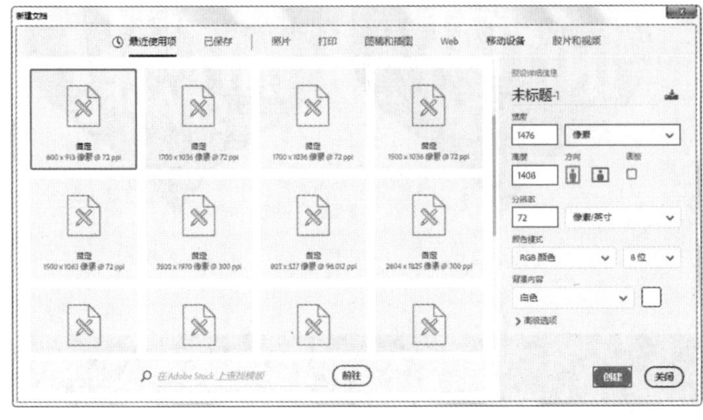

图5-200

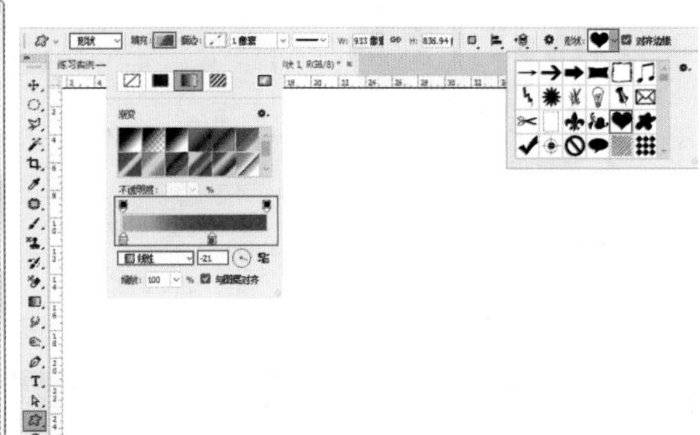

图5-201

03 在画面的中心位置按住鼠标左键拖动，绘制一个心形形状，如图5-202所示。

04 选择工具箱中的“钢笔工具”，在选项栏中设置“绘制模式”为“路径”，设置完成后在心形的上方绘制出高光形状，单击鼠标右键，在弹出的快捷菜单中执行“建立选区”命令，如图5-203所示。

05 新建图层，在工具箱的底部设置前景色为白色，然后使用填充前景色快捷键Alt+Delete为选区填充白色。在“图层”面板中设置“不透明度”为15%，如图5-204所示，效果如图5-205所示。接着按Ctrl+D快捷键取消选区的选择。

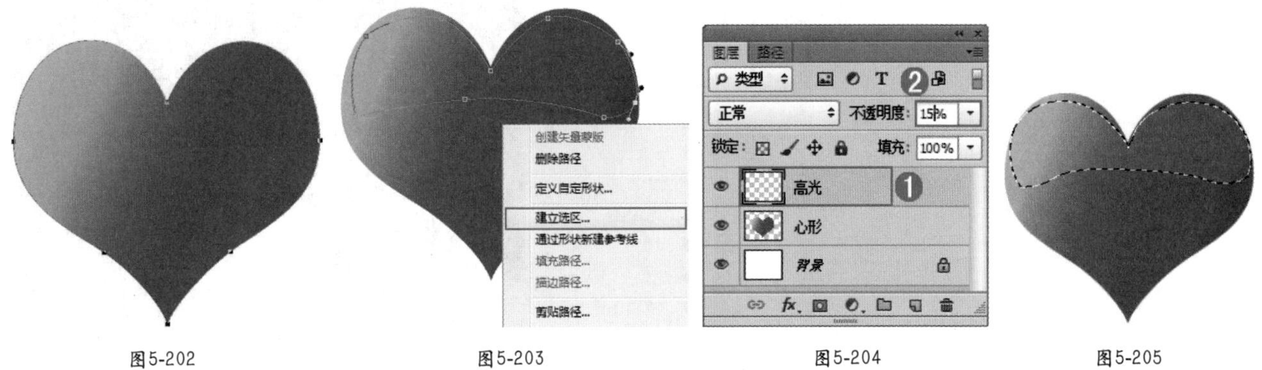

图5-202 图5-203 图5-204 图5-205

06 选择工具箱中的“横排文字工具”，在选项栏中设置合适的字体、字号，文字颜色为白色，设置完成后在心形的上方单击鼠标左键插入光标，建立文字输入的起始点，接着输入英文字母“INITIAL”，输入完毕后按Ctrl+Enter快捷键确认输入操作。单击选项栏中的“创建文字变形”按钮，在弹出的“变形文字”对话框中设置“样式”为“增加”，“弯曲”为+22%，“水平扭曲”为4%，“垂直扭曲”为-1%，设置完成后单击“确定”按钮，如图5-206所示，效果如图5-207所示。

07 单击“图层”面板中的“添加图层样式”按钮fx，在弹出的“图层样式”对话框中设置“混合模式”为“正片叠底”，颜色为黑色，“不透明度”为35%，“角度”为-150度，“距离”为8像素，“大小”为6像素，如图5-208所示。设置完成后单击Enter键结束操作，效果如图5-209所示。

08 用同样的方法制作“STAGE”和“!”，调整位置，案例最终效果如图5-210所示。

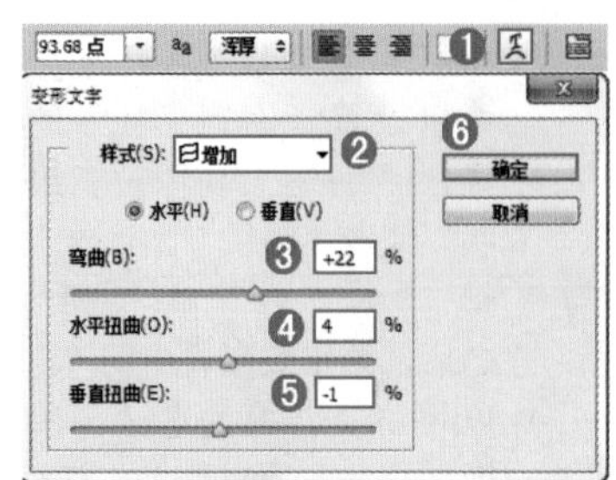

图5-206

读书笔记

图5-207

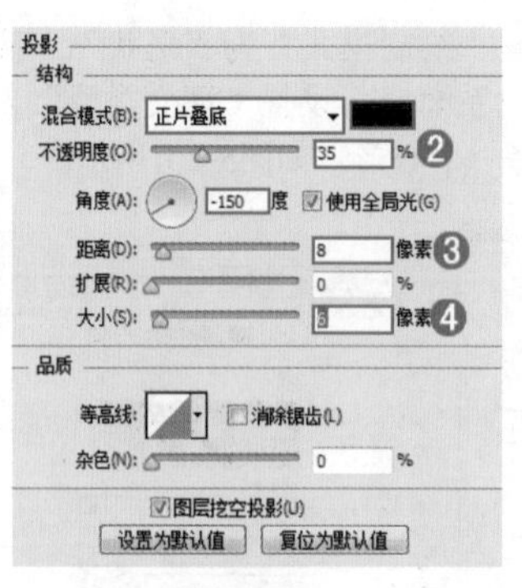

图5-208

图5-209

图5-210

5.4 高级绘图工具——钢笔

视频精讲：Photoshop新手学视频精讲课堂\使用钢笔工具.flv

技术速查：“钢笔工具”是最基本、最常用的路径绘制工具，使用该工具可以绘制任意形状的直线或曲线路径。

“钢笔工具”属于矢量绘图工具，它主要有两个用途：一是绘制矢量图形，二是抠图。作为绘图工具的钢笔可以轻松绘制出各种复杂的形状，还可以配合描边与填充颜色的设置得到完整的图形。在作为抠图工具使用时，钢笔可以精准、平滑地绘制复杂路径，然后将路径转换为选区，从而选择相应的对象。如图5-211～图5-214所示为使用“钢笔工具”制作的作品。

图5-211

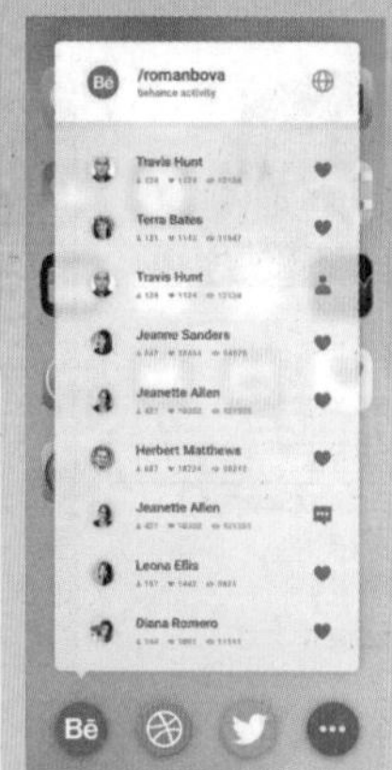

图5-212

图5-213

单击工具箱中的“钢笔工具”按钮，其选项栏如图5-215所示。

- 路径 工具模式：在下拉列表中可以设置“钢笔工具”的工具模式，“钢笔工具”只能绘制“形状”或者“路径”。
- 建立：选区... 蒙版 形状：绘制路径之后，单击选项栏中的“选区”可以将路径转换为选区；单击“蒙版”按钮，可以以当前路径为所选图层建立矢量蒙版，路径以外的区域被隐藏；单击“形状”按钮，能够以当前路径建立一个形状对象。

图5-214

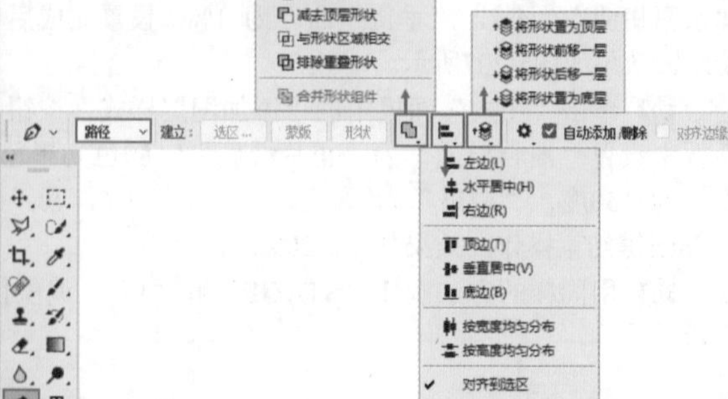

图5-215

- 路径操作：选择路径区域选项以确定重叠路径组件如何交叉。
- 路径对齐方式：与多个图层的对齐与分布的操作相同，想要对路径进行对齐分布的操作，也需要使用“路径选择工具”选择多个路径，然后在选项栏中单击“路径对齐方式”按钮，在弹出的菜单中可以对所选路径进行对齐、分布的设置，如图5-216所示。如图5-217所示为对齐并均匀分布的效果。

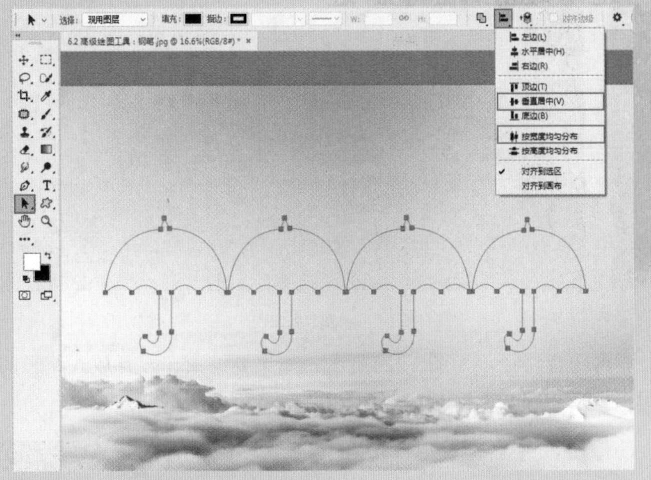

图5-216

图5-217

- 路径排列方法：当文件中包含多个路径时，路径的上下顺序也会对画面效果产生影响。想要调整路径的堆叠顺序，首先需要选择路径，单击属性栏中的“路径排列方法”按钮，在下拉列表中单击并执行相关命令，可以将选中的路径的层级关系进行相应的排列。
- 自动添加/删除：选中“自动添加/删除”复选框后，将“钢笔工具”定位到所选路径上方时，它会变成添加锚点工具；当将“钢笔工具”定位到锚点上方时，它会变成删除锚点工具。

5.4.1 使用“钢笔工具”绘制路径

（1）选择工具箱中的“钢笔工具”，如图5-218所示。然后在选项栏中设置绘制模式为“路径”，将光标移至画面中，单击即可创建一个锚点，如图5-219所示。

（2）将光标移至下一处位置并单击创建第二个锚点，两个锚点会连接成一条由角点定义的直线路径，如图5-220所示。移动到第三个位置并单击，得到折线，如图5-221所示。

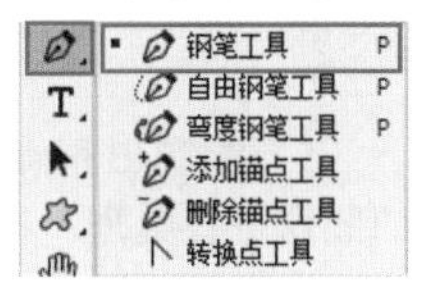

图5-218

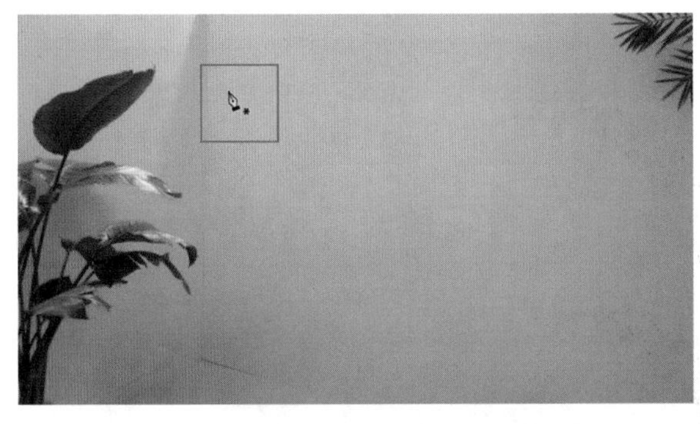

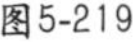

图5-219

图5-220

高手小贴士：使用“钢笔工具”的小技巧

按住Shift键可以绘制水平、垂直或以45°角为增量的直线。

（3）如果要绘制曲线，可先在画面中单击，然后将光标移动至下一个位置，按住鼠标左键并拖动即可创建一个平滑点，如图5-222所示。继续以同样的方式进行绘制，效果如图5-223所示。

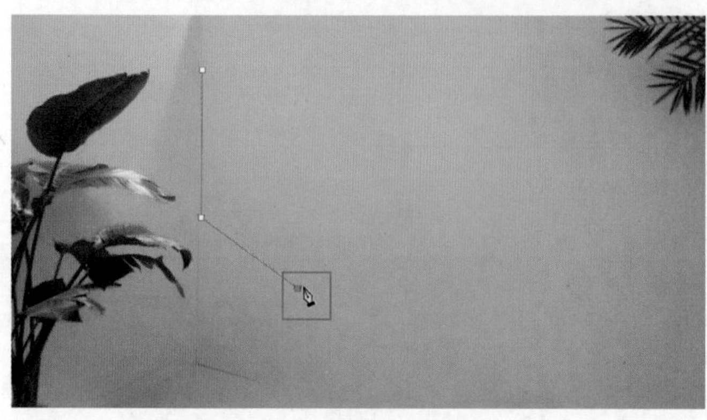

图5-221

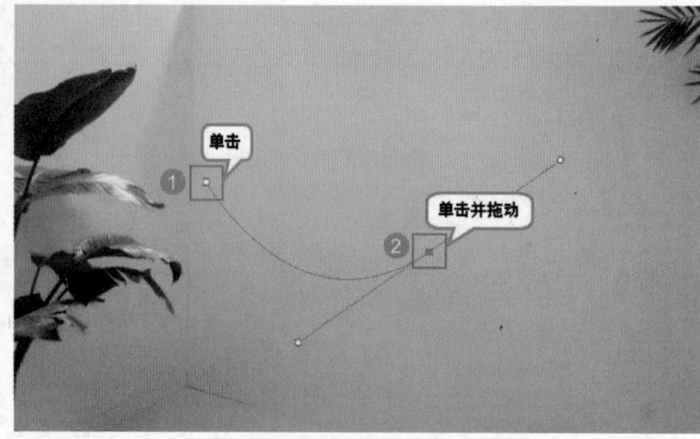

图5-222

（4）将光标放在路径的起点，当光标变为 状时，单击即可闭合路径，如图5-224所示。如果要结束一段开放式路径的绘制，可以按住Ctrl键并在画面的空白处单击，或者按Esc键也可以结束路径的绘制，如图5-225所示。

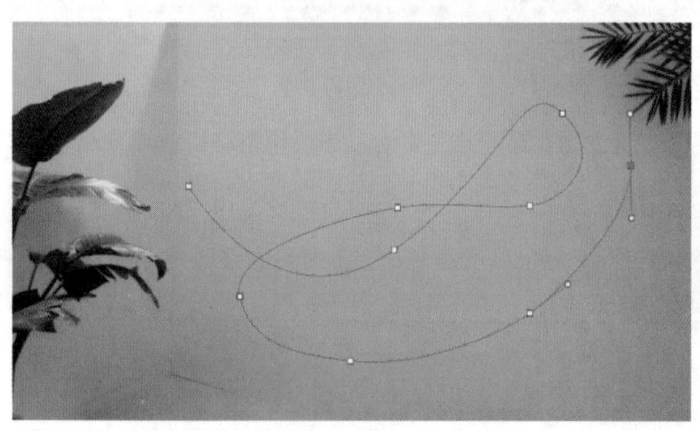

图5-223

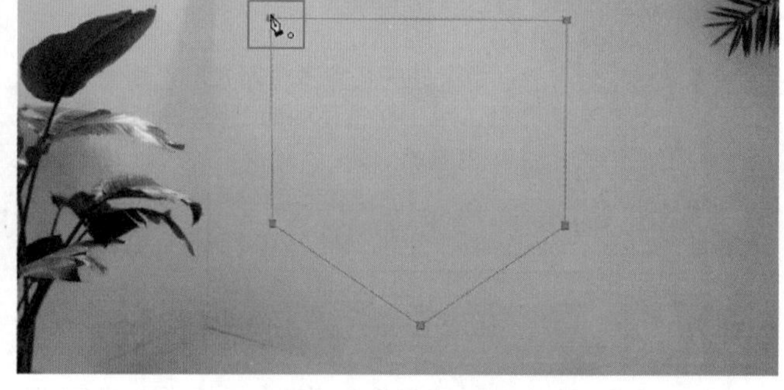

图5-224

（5）绘制出精确的路径往往不是最终目的，最终目的在于通过将路径转换为选区，然后对选区进行填充或者对选区内的图像进行处理。在路径上单击鼠标右键，在弹出的快捷菜单中执行“建立选区”命令，如图5-226所示。接着在弹出的“建立选区”对话框中设置新建选区的“羽化半径”，也可以将新建的选区与原始包含的选区进行运算，如图5-227所示。按Ctrl+Enter快捷键即可将路径快速转换为选区。

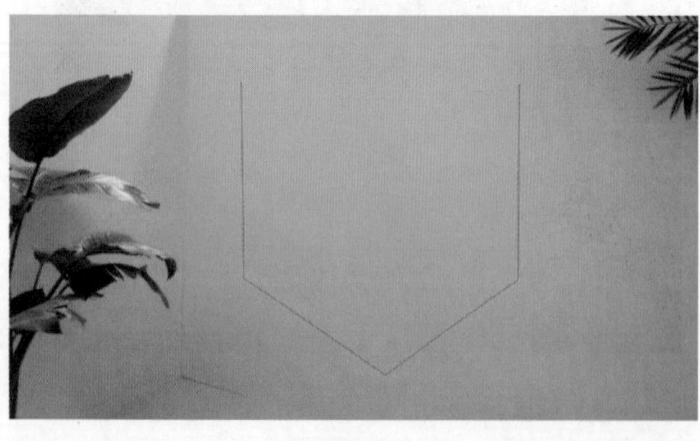

图5-225

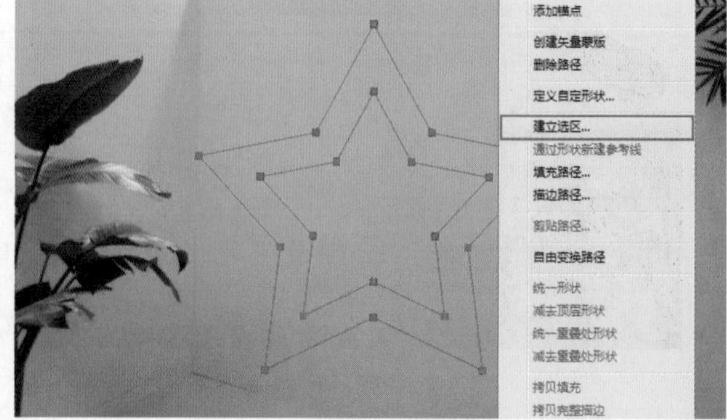

图5-226

（6）得到选区后可以在图层中填充，设置合适的前景色，然后使用填充前景色快捷键Alt+Delete进行填充，如图5-228所示。填充完成后按Ctrl+D快捷键取消选区。

图5-227　　图5-228

5.4.2　使用“钢笔工具”绘制带有填色的图形

选择工具箱中的“钢笔工具”，在选项栏中设置绘制模式为“形状”，然后设置其填充。单击选项栏中的“填充”按钮，在下拉面板中可以看到设置填充的选项，如图5-229所示。

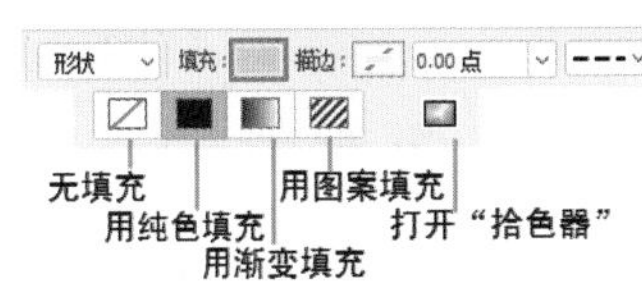

图5-229

（1）单击“纯色填充”按钮，在下拉面板中选择一种颜色进行填充，如图5-230所示。接着进行图形的绘制，效果如图5-231所示。

（2）单击“渐变填充”按钮，在下拉面板中编辑一个渐变颜色，如图5-232所示。接着进行图形的绘制，效果如图5-233所示。

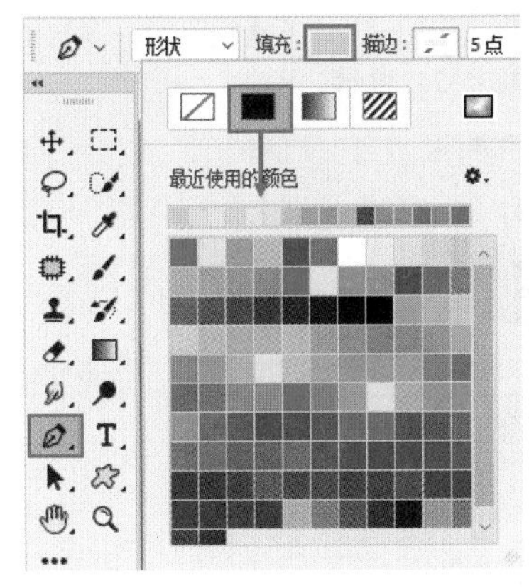

图5-230

图5-231

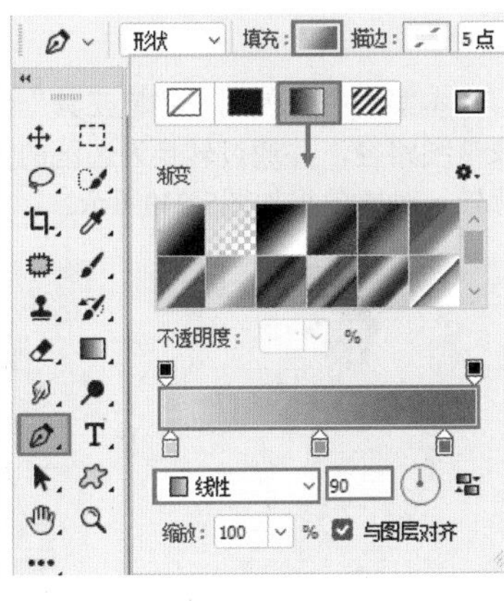

图5-232

（3）单击“图案填充”按钮，在下拉面板中选择合适的图案，如图5-234所示。接着进行图形的绘制，效果如图5-235所示。

图5-233

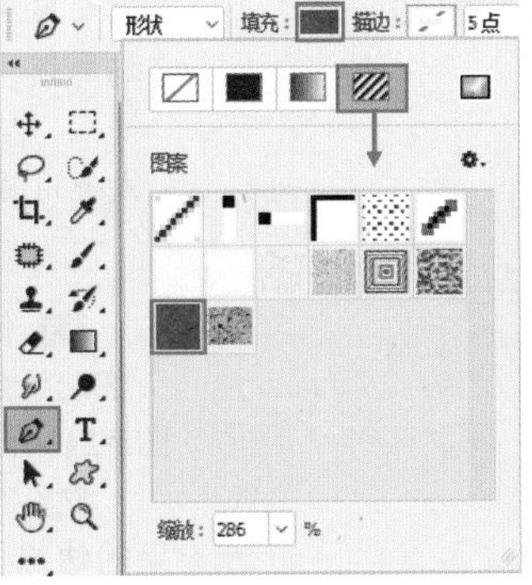

图5-234

图5-235

5.4.3 使用“钢笔工具”绘制彩色边框

在“钢笔工具”的选项栏中可以对描边样式进行设置。

（1）选择工具箱中的“钢笔工具”，设置“填充”为无，“描边”为“橘色”，“描边粗细”为5点，然后单击“描边选项”按钮，在下拉面板中可以设置描边的样式，如图5-236所示。

（2）将“描边样式”设置为实线，描边效果如图5-237所示。将“描边样式”设置为虚线，描边效果如图5-238所示。将“描边样式”设置为圆点线，描边效果如图5-239所示。

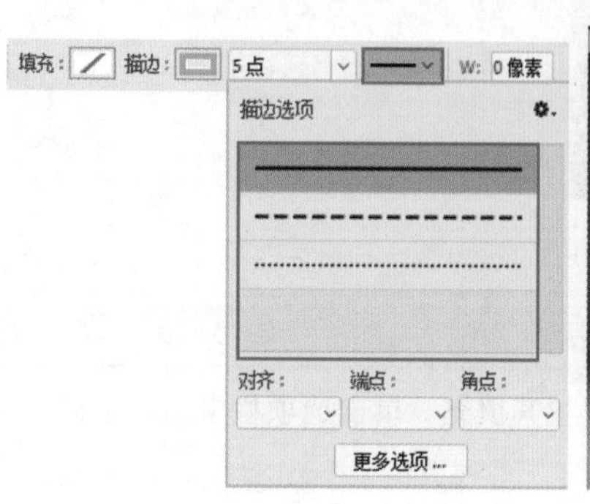

图5-236

图5-237

图5-238

图5-239

★ 案例实战——使用钢笔绘制复杂的人像选区

文件路径	第5章\使用钢笔绘制复杂的人像选区
难易指数	★★★★★

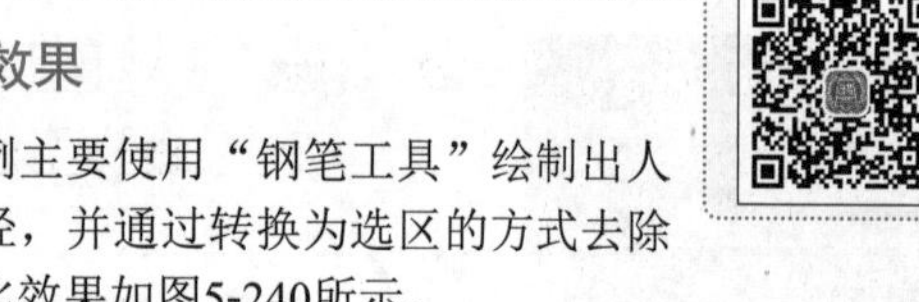

案例效果

本案例主要使用“钢笔工具”绘制出人像精细路径，并通过转换为选区的方式去除背景，对比效果如图5-240所示。

图5-240

操作步骤

01 执行“文件>打开”命令，打开人像素材“2.jpg”，如图5-241所示。

图5-241

02 按住Alt键并双击背景图层，将其转换为普通图层，单击工具箱中的“钢笔工具”按钮，首先从人像面部与苹果交界的部分开始绘制，单击即可添加一个锚点，继续在另一处单击添加锚点，即可出现一条直线路径，多次沿人像肩部转折处单击，如图5-242所示。

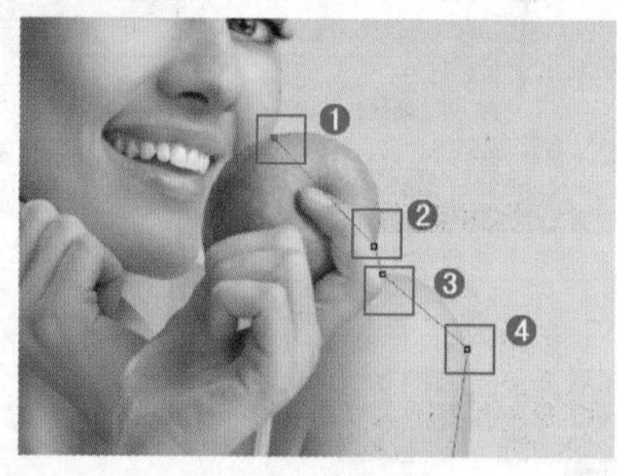

图5-242

> **技巧提示**
>
> 在绘制复杂路径时，经常会为了绘制得更加精细而添加很多锚点。但是路径上的锚点越多，编辑调整时就越麻烦。所以在绘制路径时，可以先在转折处添加尖角锚点，绘制出大体形状，再使用添加锚点工具增加细节或使用转换锚点工具调整弧度。

03 使用同样的方法从右侧手臂绘制到左侧手臂，并沿头部边缘绘制，最终回到起始点处并单击，闭合路径，如图5-243所示。

04 路径闭合之后需要调整路径细节处的弧度，例如苹果的边缘在前面绘制的是直线路径，为了将路径变为弧线形，就需要在直线路径的中间处单击，添加一个锚点，并使用“直接选择工具”调整新添加锚点的位置，如图5-244和图5-245所示。

图5-243

图5-244

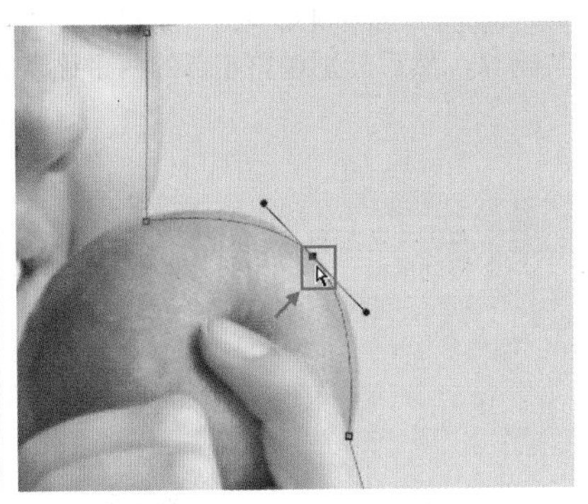

图5-245

05 此处新添加的锚点即为平滑的锚点，所以直接拖曳调整两侧控制棒的长度即可调整这部分路径的弧度，如图5-246所示。

06 缺少锚点的区域还有很多，可以用同样的方法继续使用“钢笔工具”将光标移动到没有锚点的区域，单击即可添加锚点，并且使用“直接选择工具”调整锚点的位置，如图5-247和图5-248所示。

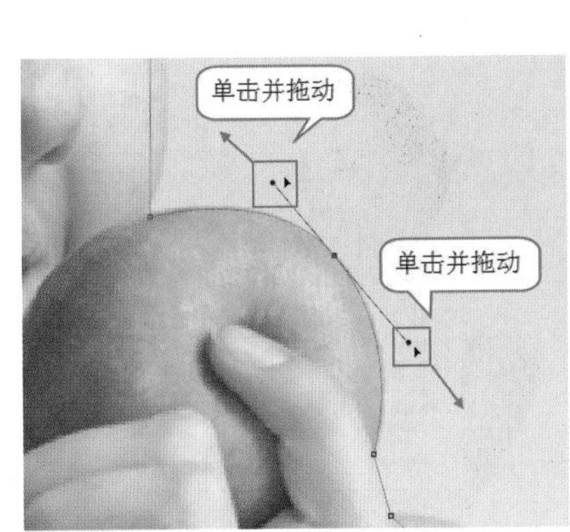

图5-246

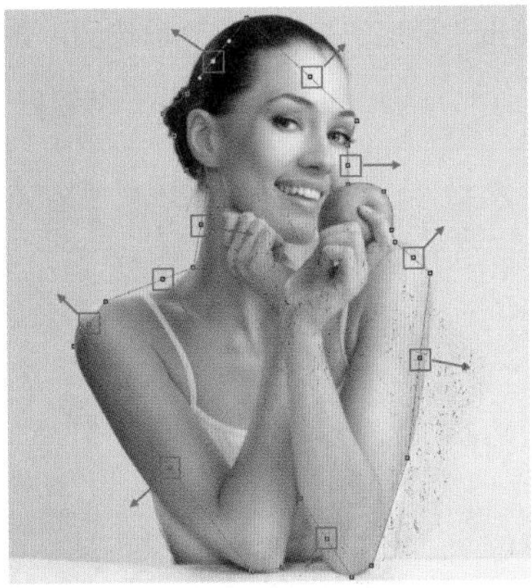

图5-247

图5-248

07 大体形状调整完成，下面需要放大图像显示比例仔细观察细节部分。以右侧额头边缘为例，额头边缘呈现些许的S形，而之前绘制的路径则为倒C形，所以仍然需要添加锚点，并调整锚点位置，如图5-249和图5-250所示。

08 继续观察右侧手臂边缘，虽然路径形状大体匹配，但是“角点”类型的锚点导致转折过于强烈，这里需要使用“转换为点工具”如图5-251所示，单击该锚点并向下拖动鼠标调出控制棒，如图5-252所示，然后单击一侧控制棒并拖动这部分路径的弧度，如图5-253所示。

图5-249

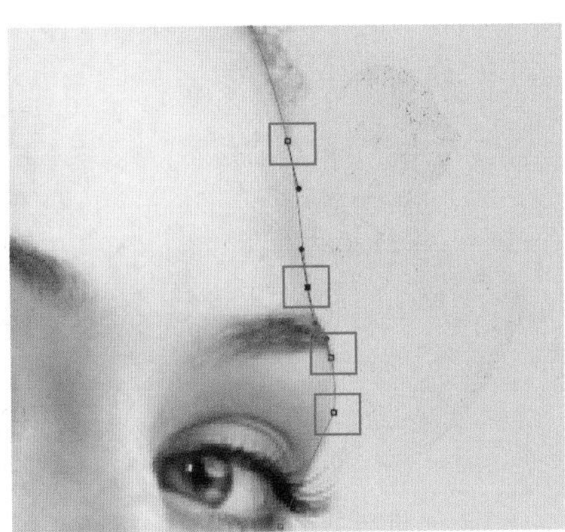

图5-250

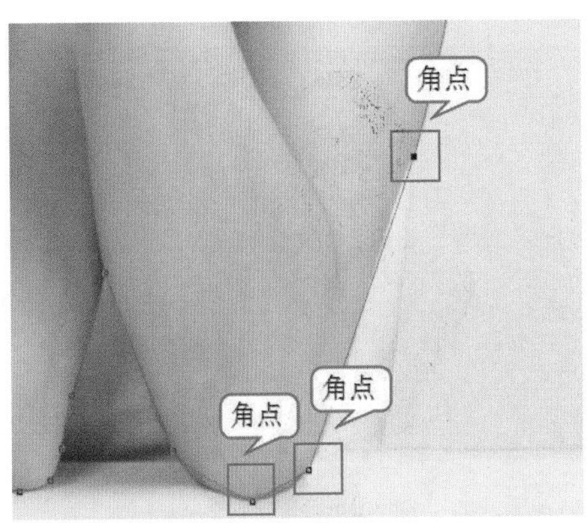

图5-251

09 用同样的方法，处理左侧肩膀处的锚点，将其转换为平滑锚点并调整弧度，如图5-254所示。

10 左侧脖颈处多出一个锚点，可以使用“删除锚点工具”或者直接使用“钢笔工具”移动到多余的锚点上单击，将其删除，然后分别调整相邻的两个锚点的控制棒，使其与脖颈处弧度匹配，如图5-255和图5-256所示。

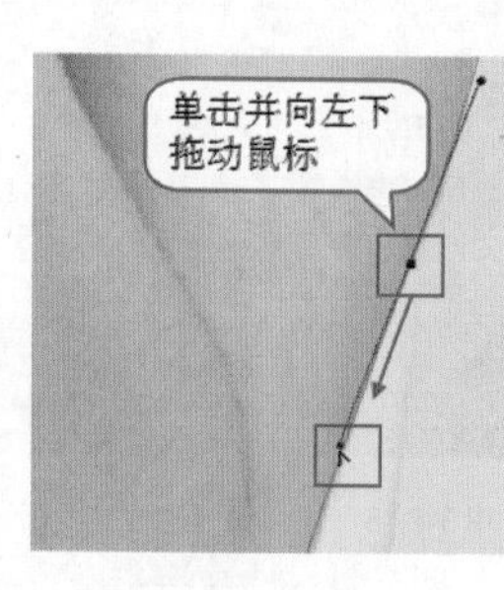

图5-252

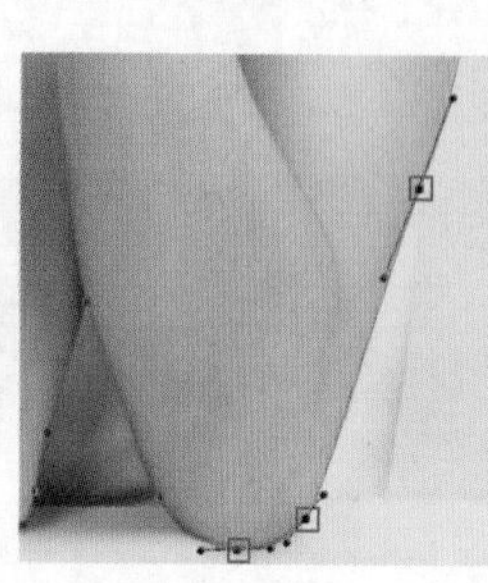
图5-253

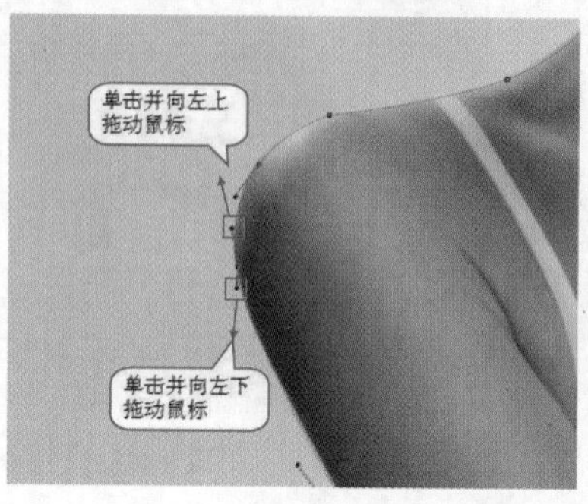

图5-254

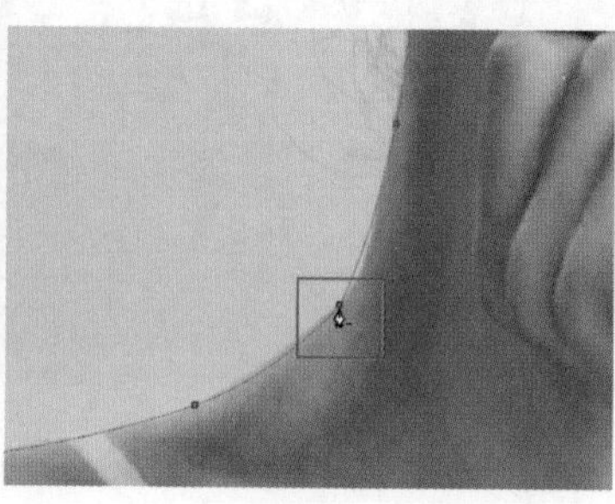
图5-255

11 到这里大体轮廓基本绘制完毕，而对于比较复杂的发髻部分的路径，可以通过多次添加锚点并调整锚点的位置，同时配合转换点工具调整路径弧度制作而成，如图5-257所示。

12 路径全部调整完毕之后可以单击鼠标右键，在弹出的快捷菜单中执行“建立选区”命令，或按Ctrl+Enter快捷键打开“建立选区”对话框，设置“羽化半径”为0，单击“确定”按钮建立当前选区，如图5-258所示。

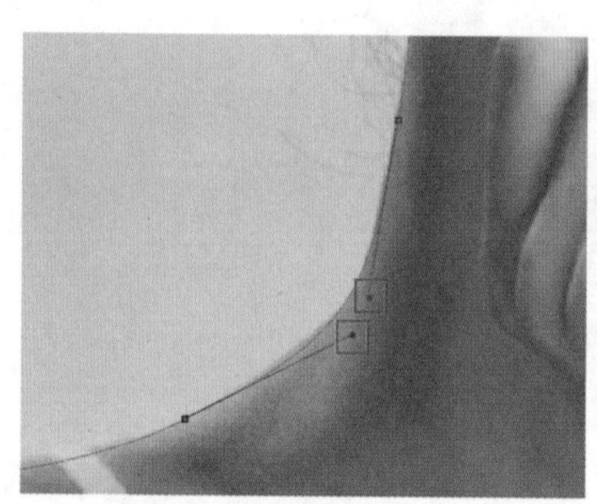
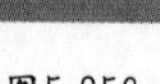
图5-256

图5-257

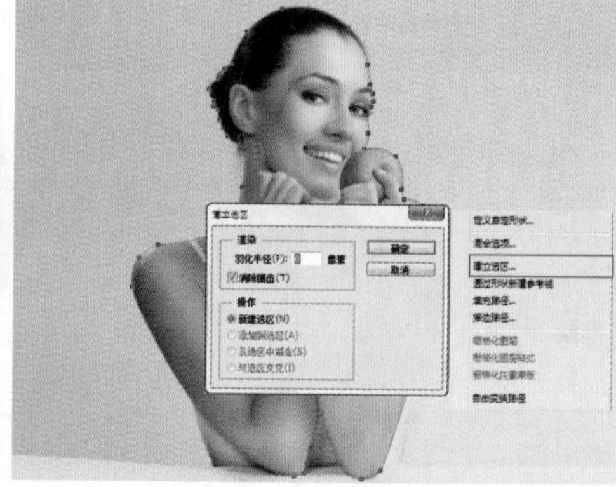
图5-258

13 由于当前选区为人像部分，所以需要执行选择反相命令快捷键Shift+Ctrl+I制作出背景部分选区，如图5-259所示。

14 按Delete键将背景删除，如图5-260所示。接着执行“文件>置入嵌入对象”命令将背景素材“1.jpg”置入文档内，将其放在人像图层底部并栅格化，效果如图5-261所示。

图5-259

图5-260

图5-261

★ 案例实战——使用钢笔工具制作质感按钮

文件路径　第5章\使用钢笔工具制作质感按钮

难易指数　

扫码看视频

案例效果

案例效果如图5-262所示。

图5-262

操作步骤

01 执行“文件>新建”命令，创建一个“宽度”为3500像素，“高度”为2400像素，“分辨率”为300像素/英寸的新文档，如图5-263所示。

02 选择工具箱中的“渐变工具”，在选项栏中单击渐变色条，在弹出的“渐变编辑器”窗口中编辑一种蓝色系的渐变，编辑完成后单击“确定”按钮，接着在选项栏中设置“渐变类型”为“径向渐变”，如图5-264所示。设置完成后在画面中按住鼠标左键拖动，释放鼠标后，渐变效果如图5-265所示。

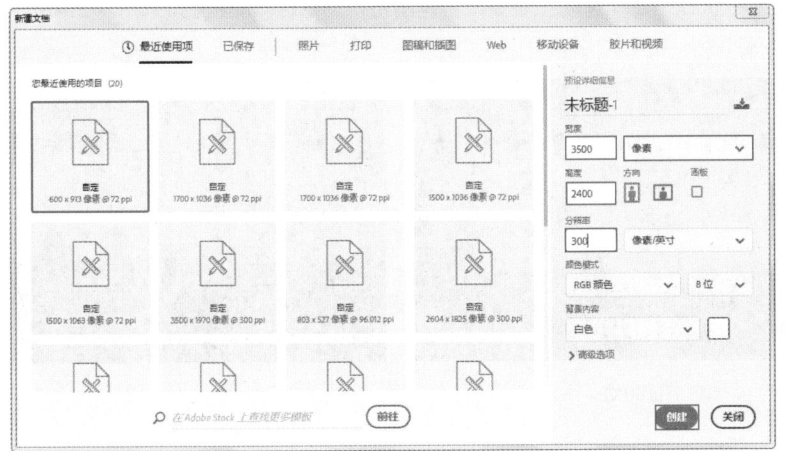

图5-263

图5-264

03 选择工具箱中的“钢笔工具”，在选项栏中设置“绘制模式”为“形状”，单击“填充”按钮，在弹出的下拉面板中单击“渐变”按钮，接着在面板中编辑一种橙色系的渐变，设置描边为无，如图5-266所示。然后将光标定位到画面中，从起点处单击创建锚点，然后依次在其他位置单击创建多个锚点，最后将光标定位到起点处，绘制闭合路径，如图5-267所示。

图5-265

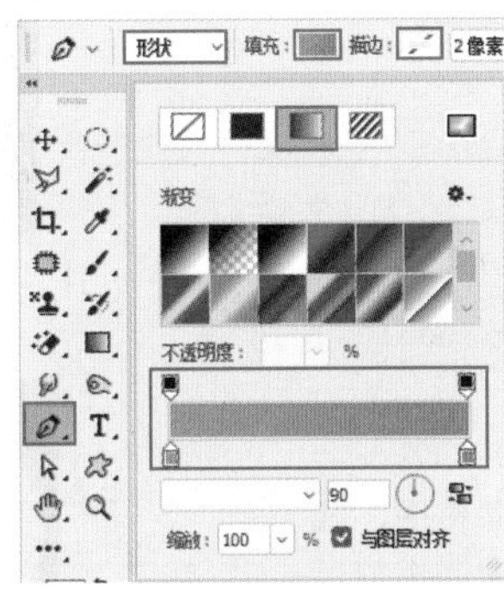

图5-266

图5-267

04 调整按钮的形状。选择工具箱中的“转换点工具”，在尖角的点上按住鼠标左键进行拖动，使其变为圆角的点，如图5-268所示。用同样的方法处理另外一侧的锚点，如图5-269所示。继续处理其他位置的锚点，此时按钮的形状变得非常圆润，如图5-270所示。

05 执行“文件>置入嵌入对象”命令，置入条纹图案素材文件“1.png”。将其摆放在按钮的上方并栅格化，在“图层”面板中右击该图层，在弹出的快捷菜单中执行“创建剪贴蒙版”命令，如图5-271所示。此时按钮表面呈现出条纹效果，如图5-272所示。

图5-268

图5-269

图5-270

06 继续使用“钢笔工具”，在选项栏中设置“绘制模式”为“路径”，在按钮下方绘制一个合适形状的闭合路径，如图5-273所示。单击鼠标右键，在弹出的快捷菜单中执行“建立选区”命令，新建图层，为选区填充橙色，如图5-274所示。接着按Ctrl+D快捷键取消选区的选择。

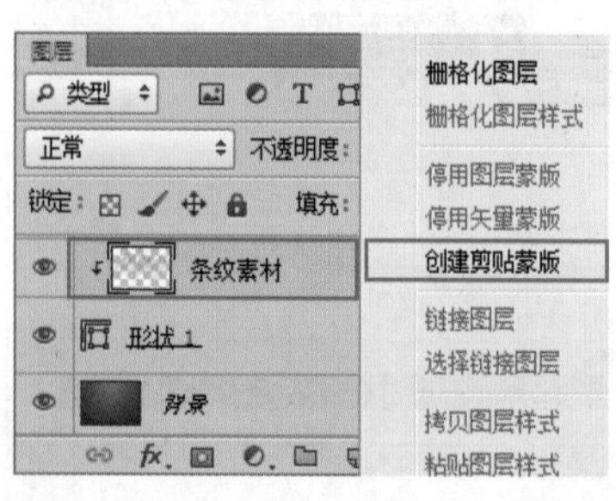

图5-271

图5-272

图5-273

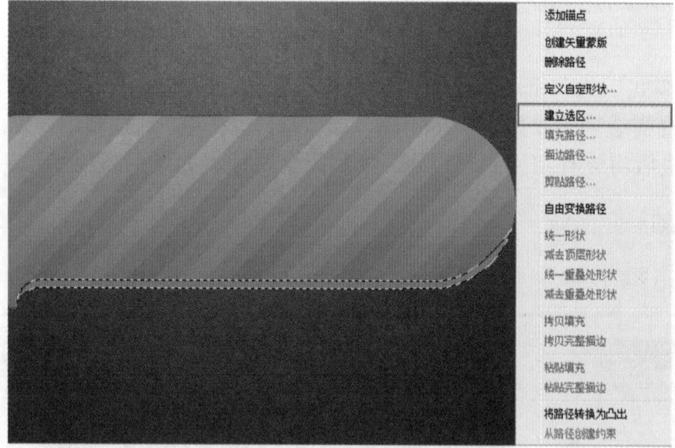

图5-274

07 按住Ctrl键单击按钮图层“形状1”的缩览图，载入按钮选区。新建图层“高光1”，对选区进行适当缩放后填充为白色。然后使用“椭圆选框工具”绘制椭圆选区，如图5-275所示。按Delete键删除选区内的部分，如图5-276所示。接着按Ctrl+D快捷键取消选区的选择。

08 选择工具箱中的“橡皮擦工具”，在选项栏中设置一种柔边圆画笔擦除顶部区域，如图5-277所示。在“图层”面板中设置该图层的“不透明度”为35%，效果如图5-278所示。

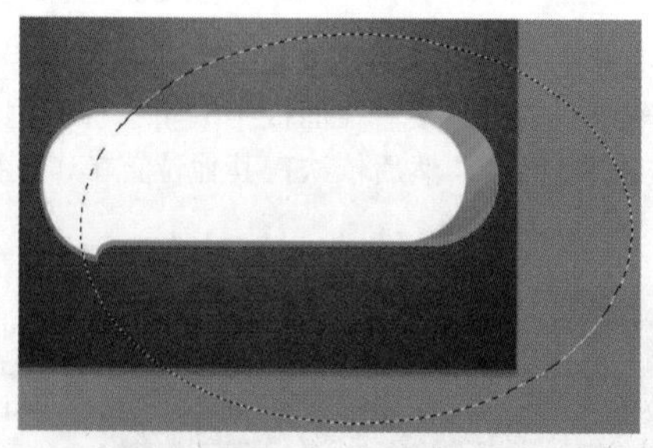

图5-275

图5-276

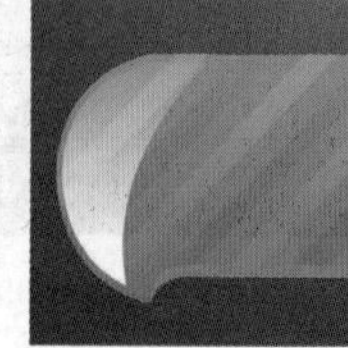

图5-277

09 用同样的方法制作其他部分的光泽效果，如图5-279所示。

10 选择工具箱中的“横排文字工具”，在选项栏中设

置合适的字体、字号，文字颜色为白色，设置完成后在画面中适当的位置单击鼠标左键插入光标，建立文字输入的起始点，接着输入文字，文字输入完毕后按Ctrl+Enter快捷键确认操作，如图5-280所示。

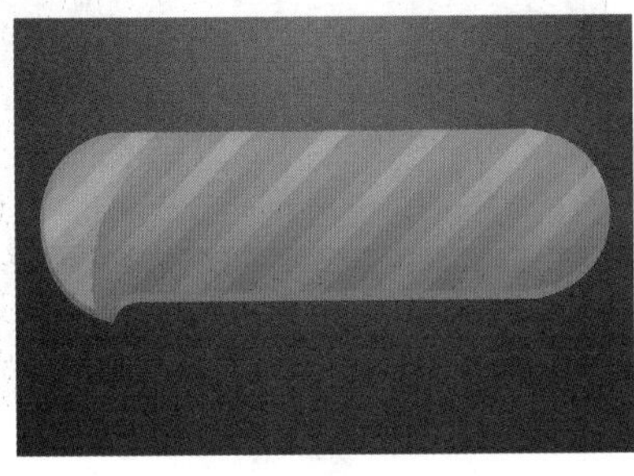

图5-278

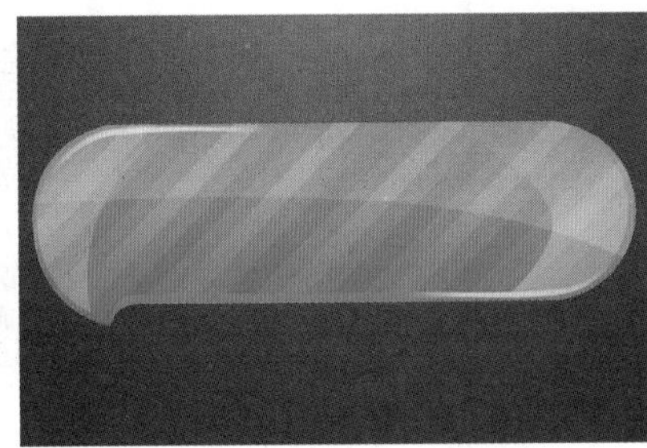

图5-279

图5-280

11 执行“图层>图层样式>斜面和浮雕”命令，在弹出的“图层样式”对话框中设置“样式”为“内斜面”，“方法”为“平滑”，“大小”为10像素，“角度”为-42度，“高光模式”为“滤色”，颜色为白色，“不透明度”为75%，“阴影模式”为“正片叠底”，颜色为黑色，“不透明度”为25%，如图5-281所示。设置完成后单击“确定”按钮，效果如图5-282所示。

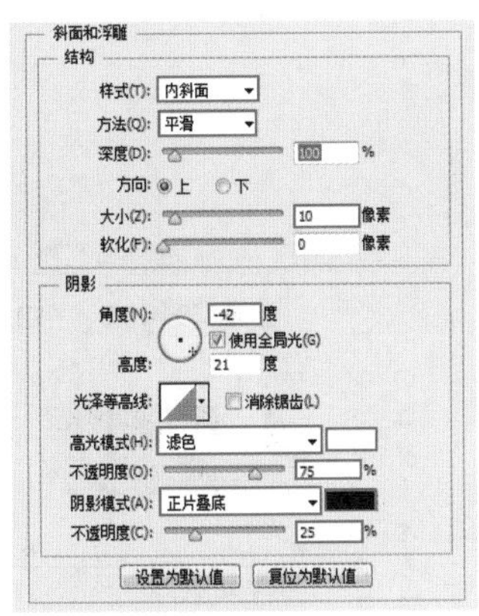

图5-281

图5-282

12 新建图层“丝带”，继续使用“钢笔工具”在按钮左侧绘制丝带的闭合路径，单击鼠标右键，在弹出的快捷菜单中执行“建立选区”命令，将其填充为白色，如图5-283所示。设置“丝带”图层的“不透明度”为35%，如图5-284所示。

图5-283

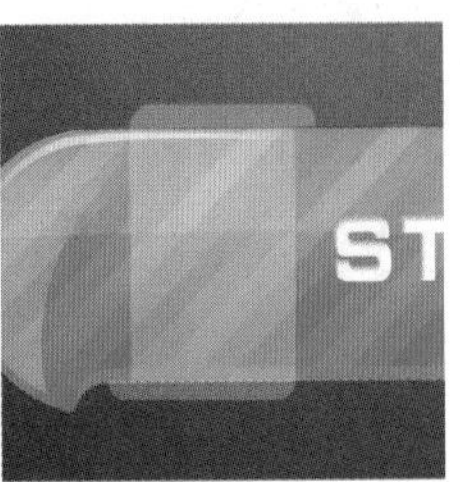

图5-284

13 载入“丝带”图层选区，执行“选择>修改>羽化”命令，在弹出的“羽化选区”对话框中设置“羽化半径”为20像素，如图5-285所示。设置完成后单击“确定”按钮。新建图层“阴影”，为选区填充灰色并放置在白色图层下，如图5-286所示。设置“阴影”图层的不透明度为10%，完成阴影效果的制作，如图5-287所示。

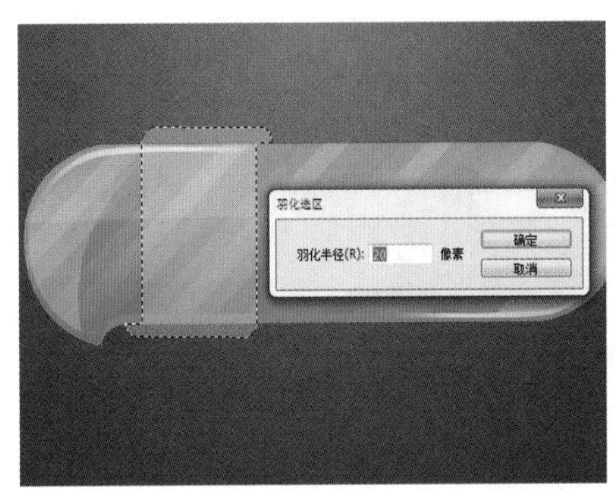

图5-285

图5-286

图5-287

14 新建图层“高光”，选择工具箱中的“画笔工具”，使用较小的白色柔边圆画笔在丝带周围绘制白色光泽，如图5-288所示。

15 新建图层“暗面”，选择工具箱中的“钢笔工具”，在丝带右上方绘制一个阴影的闭合路径，建立选区后填充黑色，如图5-289所示。设置“暗面”图层的不透明度为40%，添加图层蒙版，接着使用适当大小的柔边圆画笔将多余的部分隐藏。完成阴影效果的制作，如图5-290所示。用同样的方法制作出左下角的阴影效果，如图5-291所示。

16 再次使用“横排文字工具”在按钮上输入合适大小的

黑色文字，将其旋转合适角度，并添加“斜面和浮雕”样式，案例最终效果如图5-292所示。

图5-288

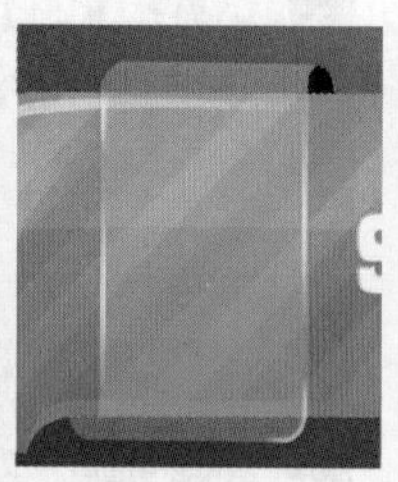
图5-289

图5-290

图5-291

图5-292

★ 案例实战——使用钢笔工具制作应用界面

文件路径　第5章\使用钢笔工具制作应用界面

难易指数　★★★★★

扫码看视频

案例效果

案例效果如图5-293所示。

操作步骤

01 执行“文件>新建”命令，打开“新建文档”对话框。在对话框顶部选择“移动设备”选项卡，单击iPhone 6 Plus按钮，设置“分辨率”为72像素/英寸，“颜色模式”为“RGB颜色”，“背景颜色”为白色，单击“创建”按钮创建新的文档，如图5-294所示。

02 制作背景部分。选择工具箱中的“矩形工具”，在选项栏中设置“绘制模式”为“形状”，“填充”为“渐变填充”，然后编辑一个黄色系的线性渐变，“描边”为无，如图5-295所示。接着在界面上方按住鼠标左键拖动绘制，如图5-296所示。

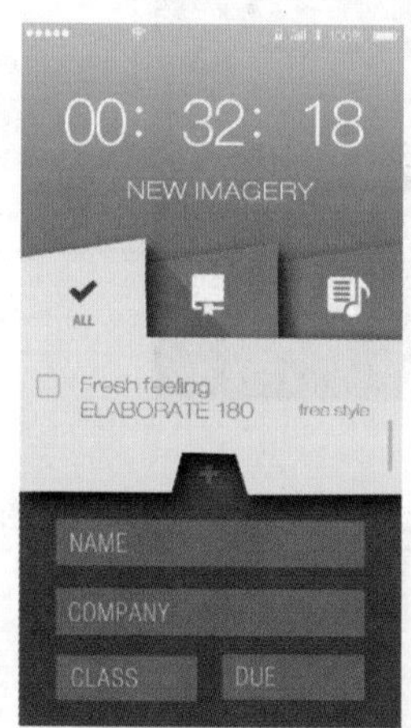

图5-293

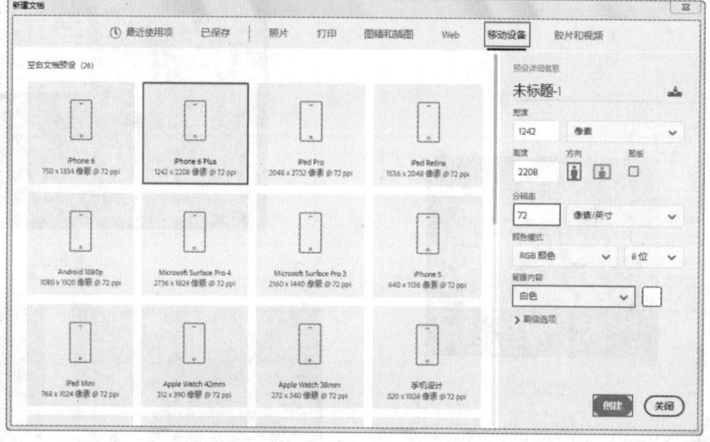

图5-294

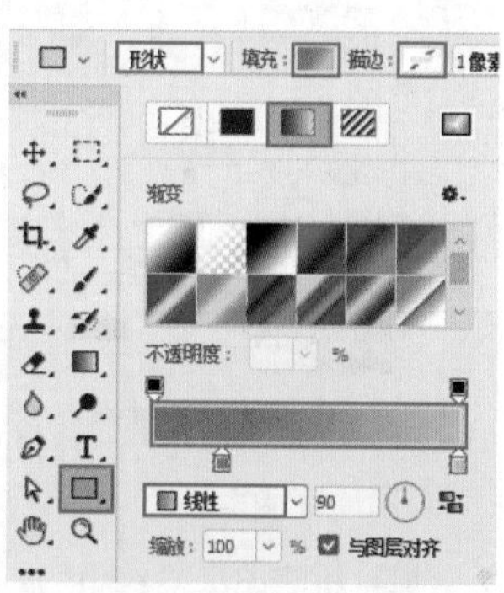

图5-295

03 在画面的下方绘制一个矩形，然后在选项栏中将“填充”设置为紫色，如图5-297所示。

04 在“图层”面板中选中紫色矩形图层，执行“图层>图层样式>斜面和浮雕”命令，在弹出的“图层样式”对话框中设置“样式”为“内斜面”，“方法”为“平滑”，“深度”为100%，“大小”为5像素，“角度”为120度，“高度”为30度，“高光模式”为“滤色”，颜色为白色，“不透明度”为75%，“阴影模式”为“正片叠底”，阴影颜色为黑色，“不透明度”为75%，如图5-298所示。在左侧图层样式列表中单击启用“纹理”样式，选择合适的图案，设置“缩放”为100%，“深度”为20%，如图5-299所示，此时效果如图5-300所示。

图5-296

图5-297

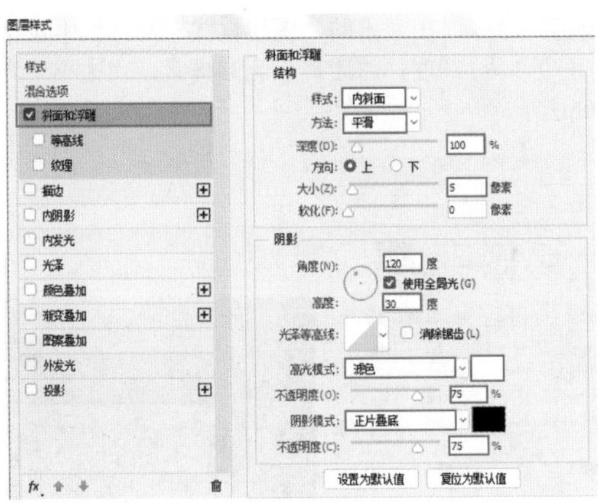

图5-298

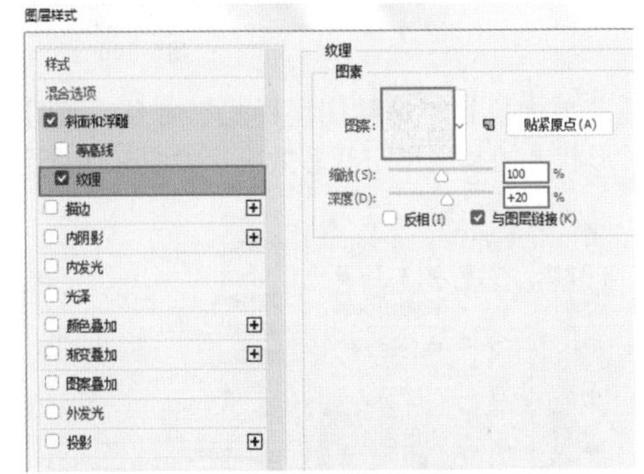

图5-299

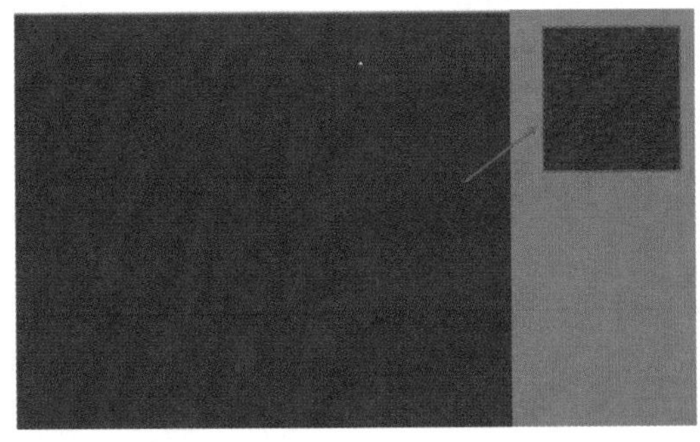

图5-300

05 置入界面的状态栏。执行“文件>置入嵌入对象”命令，在弹出的对话框中选择“1.png”，单击“置入”按钮。接着将置入的素材摆放在界面顶部位置，调整完成后按Enter键完成置入，如图5-301所示。

06 制作界面的时间组件。选择工具箱中的“横排文字工具”，在选项栏中设置合适的字体、字号，并将文字颜色设置为白色，设置完毕后，在状态栏下方位置单击插入光标，接着输入文字，如图5-302所示。文字输入完毕后，按Ctrl+Enter快捷键完成操作。用同样的方法，继续使用“横排文字工具”在时间下方输入合适的文字，并在选项栏中设置合适的字体、字号及颜色，如图5-303所示。

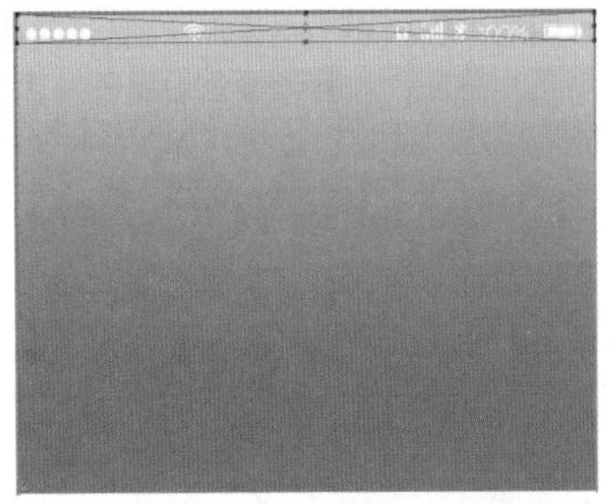

图5-301

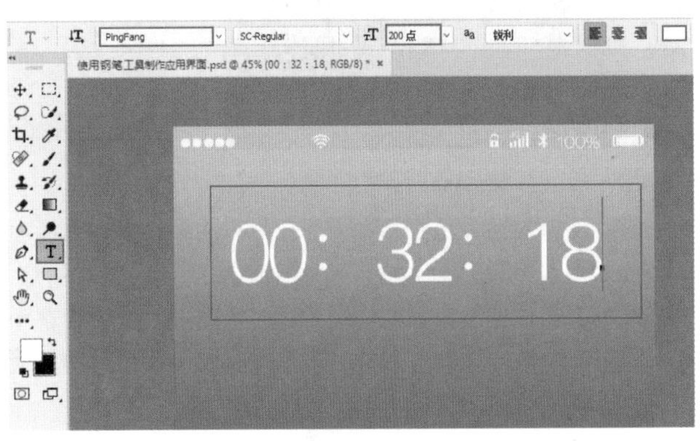

图5-302

图5-303

07 制作标签选择页。首先绘制背景形状，选择工具箱中的“钢笔工具”，在选项栏中设置“绘制模式”为“形状”，“填充”为卡其绿，“描边”为无，设置完成后在界面白色位置单击添加锚点进行绘制，如图5-304所示。

高手小贴士：使用“钢笔工具”绘制形状的小技巧

在使用“钢笔工具”绘制形状时，若先设置填充颜色，在绘制过程中会影响操作，这时可以先将填色设置为“无”，然后进行绘制。等图形绘制完成后再去设置填充颜色。

08 在“图层”面板中选中该形状图层，执行“图层>图层样式>投影”命令，在弹出的“图层样式”对话框中设置“混合模式”为“正片叠底”，阴影颜色为黑色，“不透明度”为75%，“角度”为120度，“距离”为34像素，“大小”为76像素，设置完成后单击“确定”按钮，如图5-305所示，此时效果如图5-306所示。

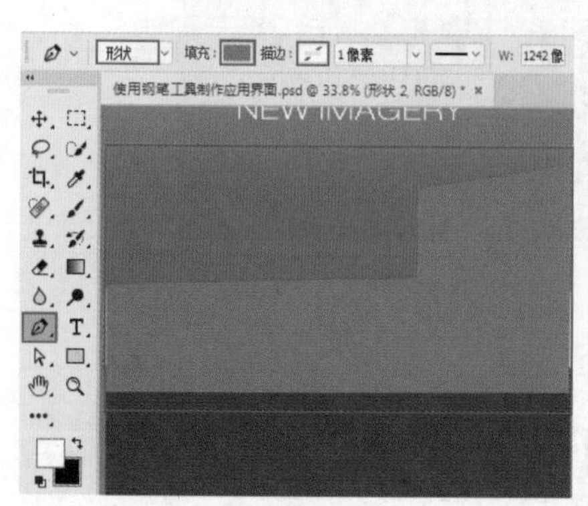

图5-304

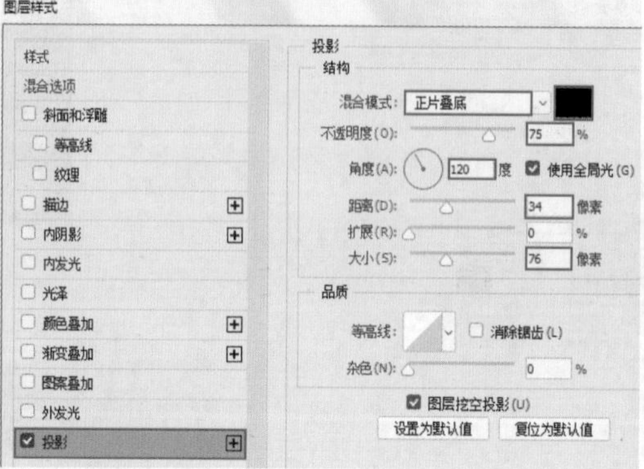

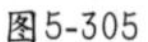

图5-305

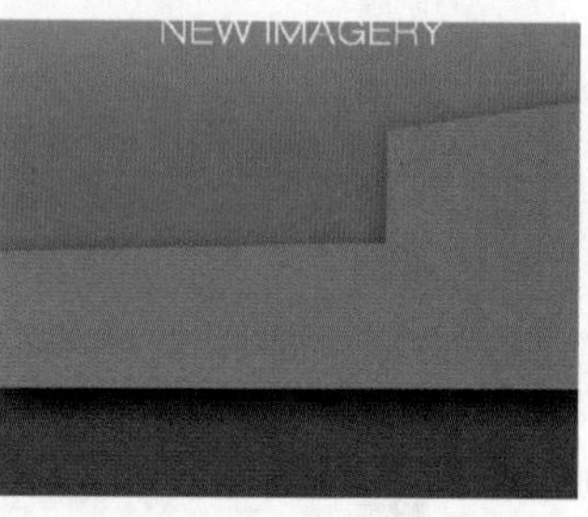

图5-306

09 继续选择“钢笔工具”，选项栏中参数不变，在浅棕色形状上方继续绘制形状，呈现出阶梯感，如图5-307所示。接下来为该图层添加图层样式。在“图层”面板中选中之前绘制的卡其绿图层，接着单击鼠标右键，在弹出的快捷菜单中执行“拷贝图层样式”命令，如图5-308所示。

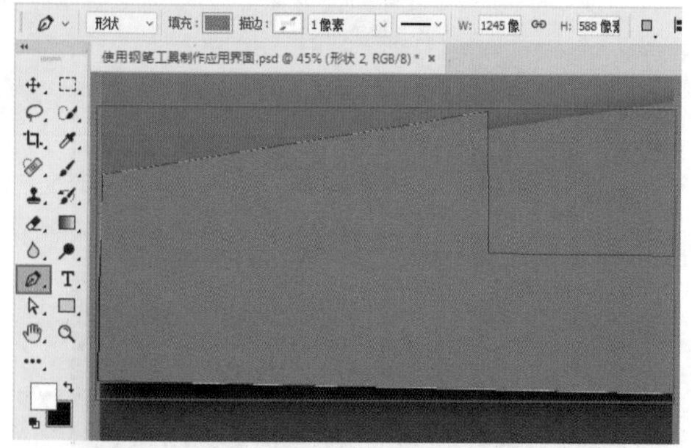

图5-307

10 选择刚刚绘制的形状图层，单击鼠标右键，在弹出的快捷菜单中执行“粘贴图层样式”命令，如图5-309所示。此时形状之间呈现出空间感效果，如图5-310所示。

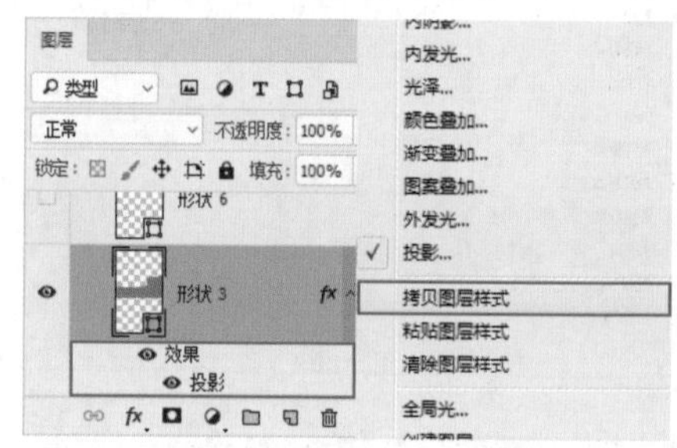

图5-308

11 在两个形状相接的位置绘制阴影形状，使阴影效果更明显。选择工具箱中的“钢笔工具”，在选项栏中设置“绘制模式”为“形状”，“填充”为深灰色，“描边”为无，设置完成后在画面中合适的位置进行绘制，如图5-311所示，此时阴影效果过于生硬。单击选中该图层，在“图层”面板中设置该图层的“不透明度”为20%，如图5-312所示，此时阴影效果如图5-313所示。

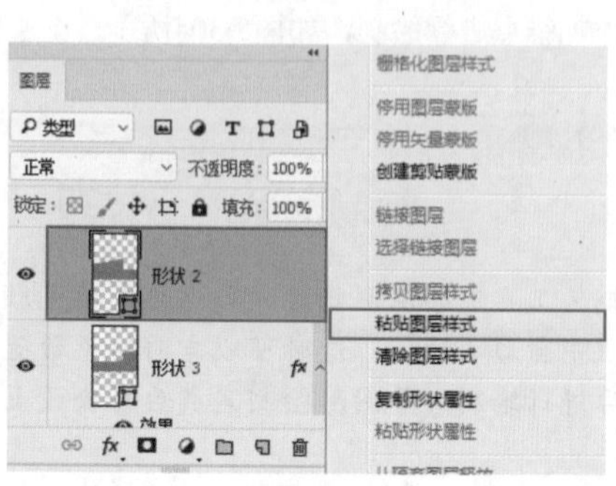

图5-309

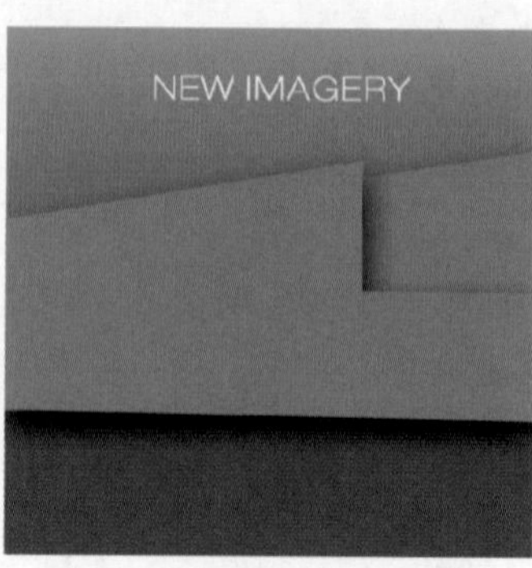

图5-310

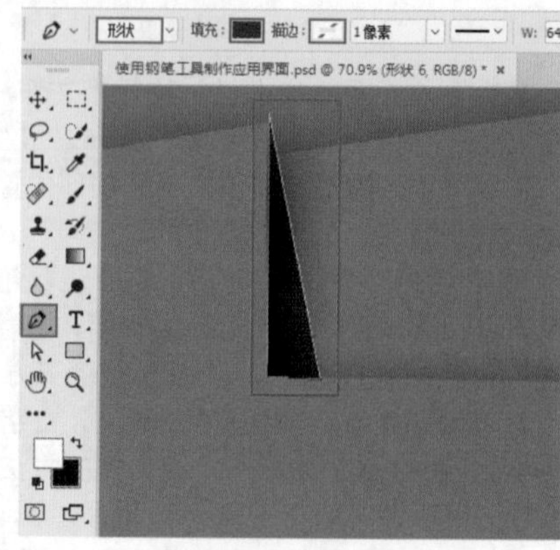

图5-311

12 继续使用“钢笔工具”绘制阶梯形状并为其添加“投影”图层样式，效果如图5-314所示。

13 制作该图层的阴影形状。选择工具箱中的“钢笔工具”，在选项栏中设置“绘制模式”为“形状”，“填充”为深灰色，“描边”为无，设置完成后在米白色形状与浅棕色形状交界处进行绘制，如图5-315所示。接着在“图层”面板中设置该图层的“不透明度”为20%，此时阴影效果如图5-316所示。

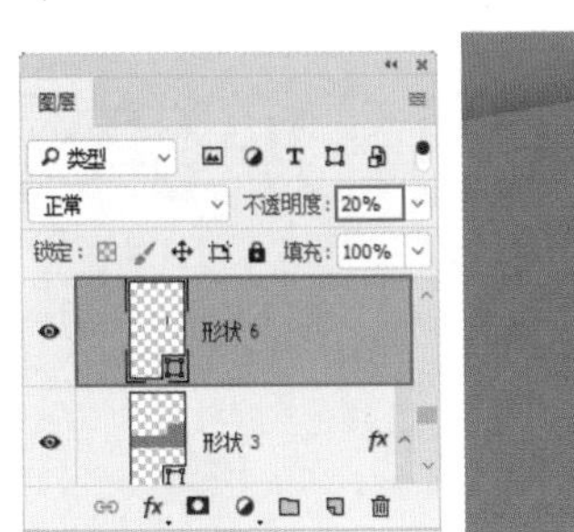

图5-312

图5-313

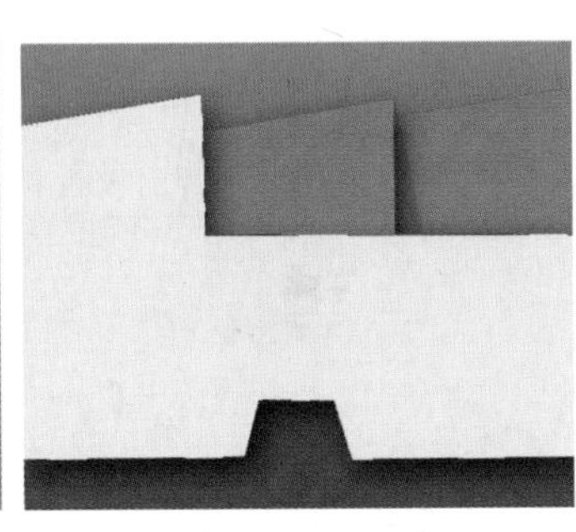

图5-314

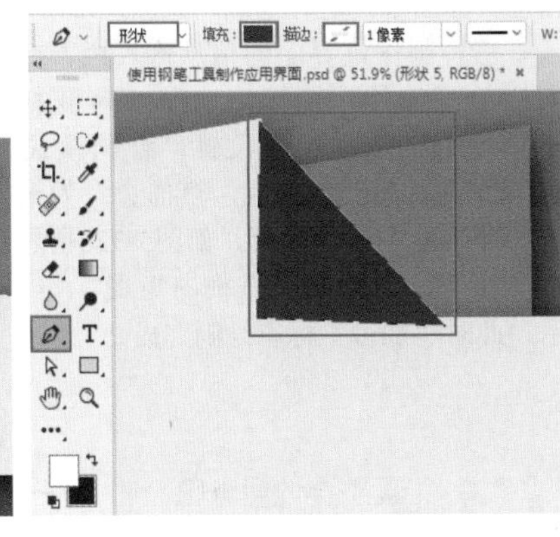

图5-315

14 调整阴影形状效果。在“图层”面板中选择该图层，按住鼠标左键将其移动到米白色图层下方，如图5-317所示。此时多出的阴影边缘被遮挡，效果如图5-318所示。

15 在图形上方绘制小图标。选择工具箱中的“钢笔工具”，在选项栏中设置“绘制模式”为“形状”，“填充”为紫色，“描边”为无，然后在米色形状上方绘制“对号”形状，如图5-319所示。接着执行“文件>置入嵌入对象”命令，置入素材“2.png”，摆放在合适位置，按Enter键完成置入并将其栅格化，如图5-320所示。用同样的方法继续置入素材“3.png”，如图5-321所示。

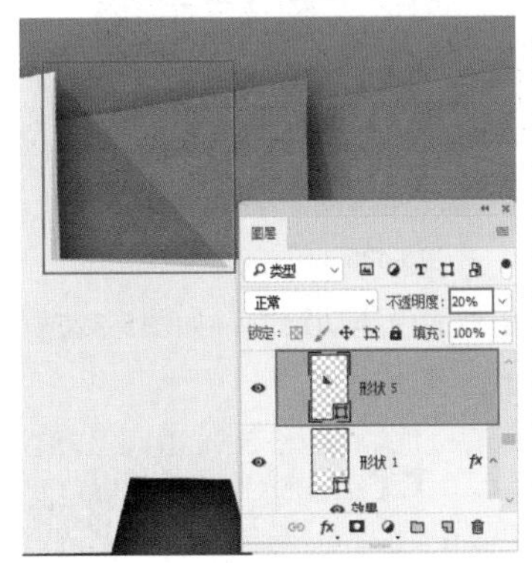

图5-316

图5-317

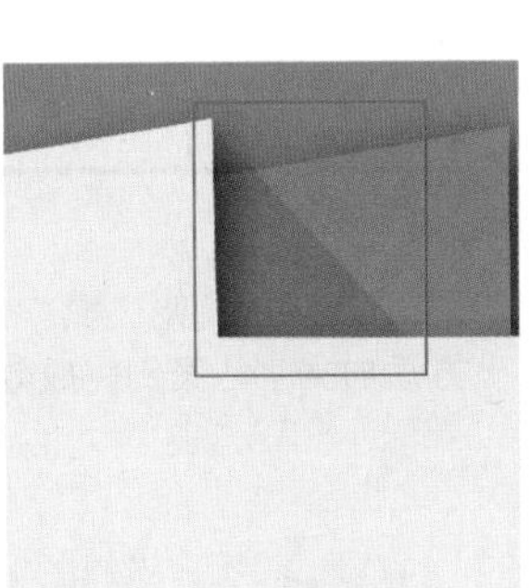

图5-318

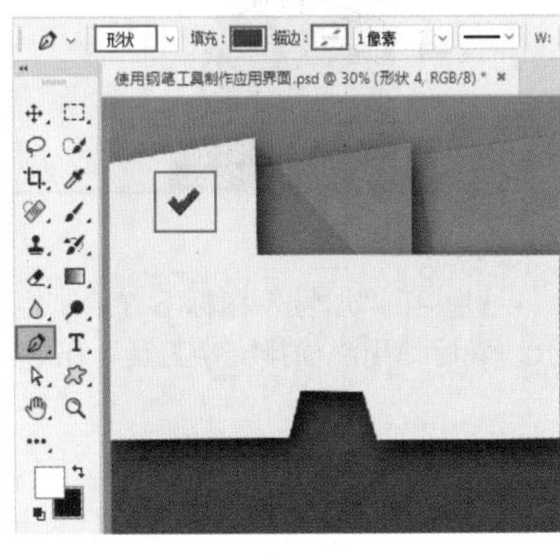

图5-319

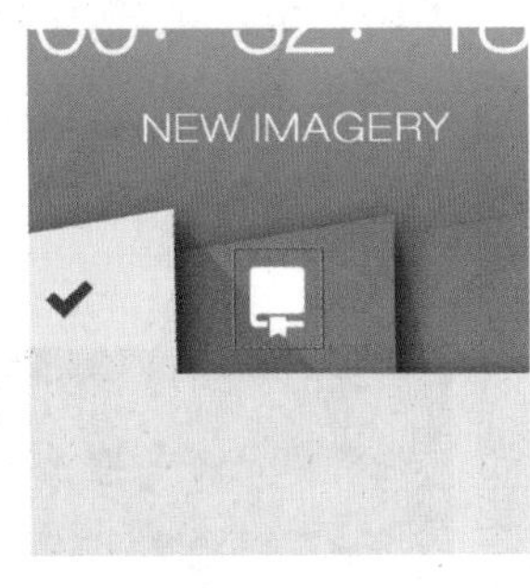

图5-320

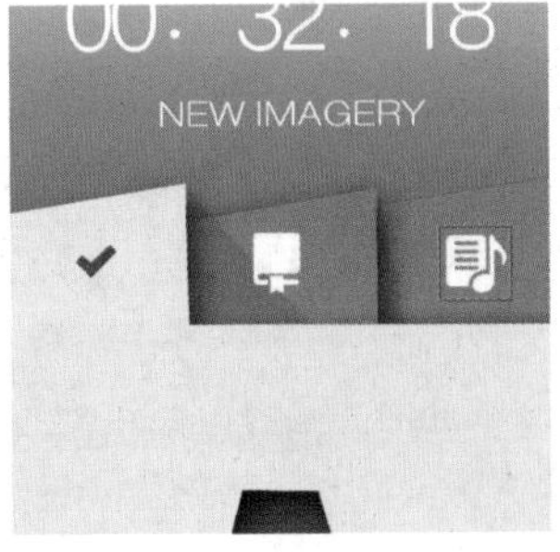

图5-321

16 使用“横排文字工具”在选择页面上方输入合适的文字，并在选项栏中设置合适的字体、字号及颜色，如图5-322所示。

图5-322

17 在选择页面中绘制装饰形状，使页面视觉效果更丰富。在工具箱中右击形状工具组，在形状工具组列表中选择“圆角矩形工具”，在选项栏中设置“绘制模式”为“形状”，“填充”为无，“描边”为灰色，“描边粗细”为6点，“描边类型”为实线，“半径”为10像素，设置完成后，在文字左侧按住鼠标左键拖动绘制，如图5-323所示。接着在选项栏中设置“绘制模式”为“形状”，“填充”为灰色，“描边”为无，“半径”为7像素，设置完成后，在米白色页面右下角进行绘制，如图5-324所示。

18 制作该界面的信息输入栏。首先制作输入栏的“加号”图标，选择工具箱中的“矩形工具”，在选项栏中设置“绘制模式”为“形状”，“填充”为紫色，“描边”为无，设置完成后在画面中进行绘制，如图5-325所示。接着在纵向矩形上方绘制一个横向矩形，如图5-326所示。此时“加号”标志绘制完成。

图5-323

图5-324

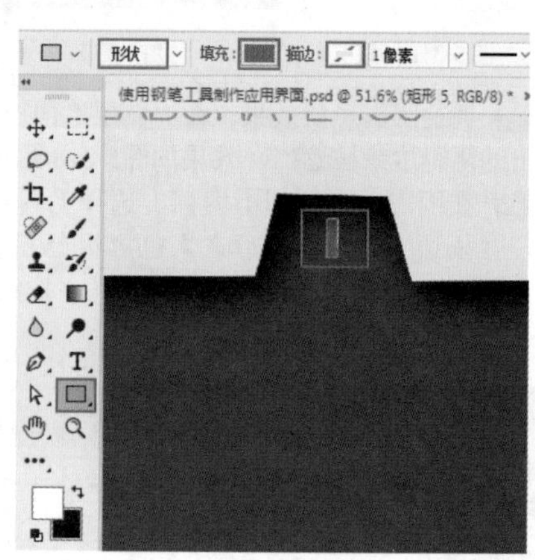

图5-325

19 在“加号”图标下方绘制矩形列表。选择“矩形工具”，选项栏中的参数不变，在画面中拖动绘制，如图5-327所示。最后使用“横排文字工具”在矩形上方添加文字，案例完成效果如图5-328所示。

图5-326

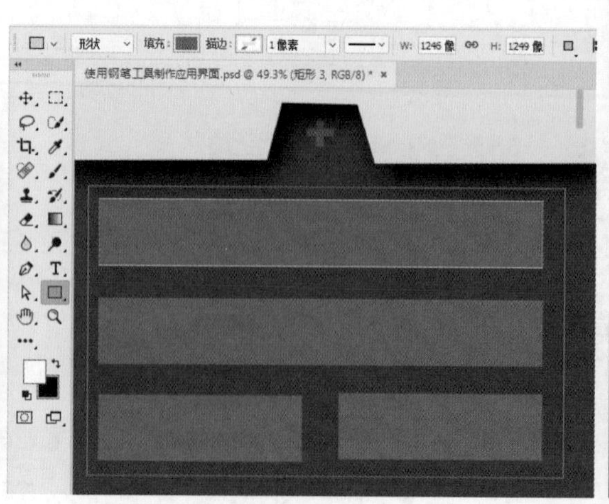

图5-327

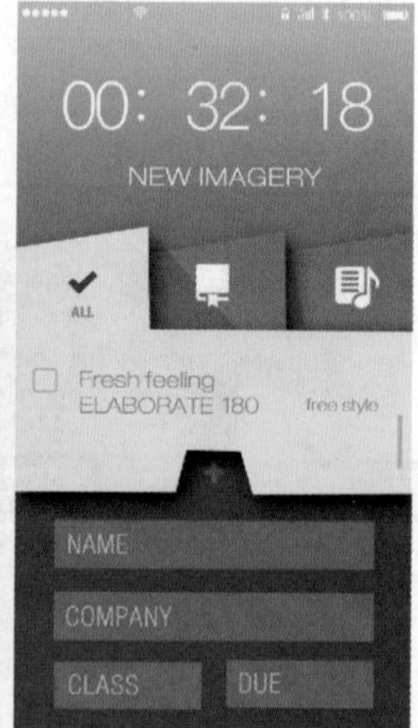

图5-328

5.4.4 使用“自由钢笔工具”

- 视频精讲：Photoshop新手学视频精讲课堂\自由钢笔工具的使用.flv
- 技术速查：使用“自由钢笔工具”可以像用铅笔在纸上绘图一样绘制随意的图形。

（1）选择工具箱中的“自由钢笔工具”，如图5-329所示。然后单击属性栏中的按钮，在下拉面板中可以对磁性钢笔的“曲线拟合”数值进行设置，该数值用于控制绘制路径的精度。数值越高，路径越平滑，路径越不精确；数值越小，路径越复杂，且越贴近绘制的路径，路径也越不平滑，如图5-330所示。

（2）设置完成后，在画面中按住鼠标左键并拖动光标，即可绘制出自由随意的路径，如图5-331 所示。松开鼠标后即可看到锚点，如图5-332所示。

（3）选择工具箱中的“自由钢笔工具”，单击属性栏中的按钮，在下拉面板中选中“磁性的”复选框，或者直接选中选项栏中的“磁性的”复选框，如图5-333所示。此时光标变为状，接着在画面中单击，确定路径的第一个锚点的位置，然后沿着对象的边缘拖动光标，随着鼠标的拖动，锚点会自动贴紧对象边缘轮廓生成路径，如图5-334所示。

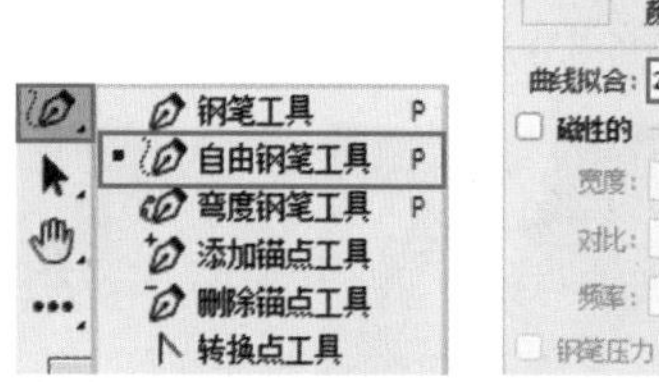

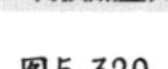

图5-329

图5-330

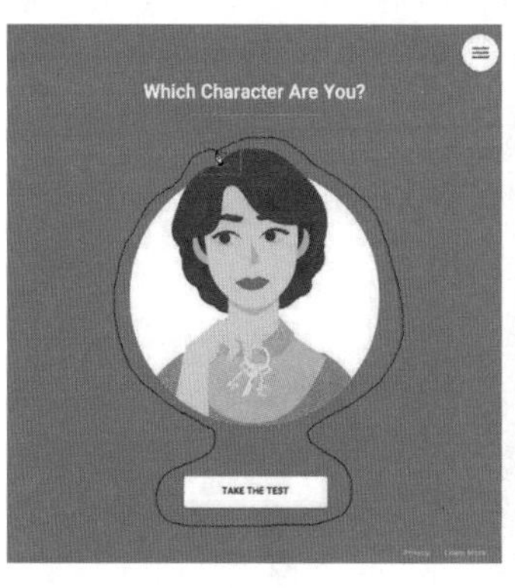

图5-331

图5-332

图5-333

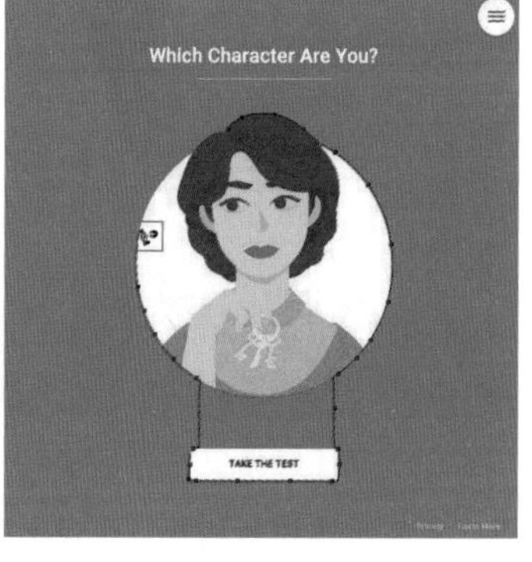

图5-334

★ 案例实战——使用磁性钢笔工具提取人像

文件路径	第5章\使用磁性钢笔工具提取人像
难易指数	★★★★★

扫码看视频

案例效果

如图5-335和图5-336所示分别为原图以及效果图。

图5-335

图5-336

操作步骤

01 执行“文件>打开”命令打开人像素材“1.jpg”，复制背景图层，并将背景图层隐藏。从图中可以看出人像与背景颜色反差还是比较大的，所以可以使用“磁性钢笔工具”绘制背景选区并删除，如图5-337所示。

图5-337

02 选择工具箱中的“自由钢笔工具”，并在选项栏中选中“磁性的”复选框，此时光标变为“磁性钢笔工具”效果，在人像手臂边缘单击并沿交界处拖动鼠标，可以看到随着鼠标拖动即可创建出新的路径，如图5-338所示。

03 如果想一次绘制整个人像轮廓则可能会造成偏离边界的效果，所以可以先绘制部分背景路径。继续沿人像与背景交界处拖动鼠标，绘制到手腕关节处将鼠标移动到远离人像的区域，并从人像以外的区域与起点重合，完成闭合路径的绘制，如图5-339所示。

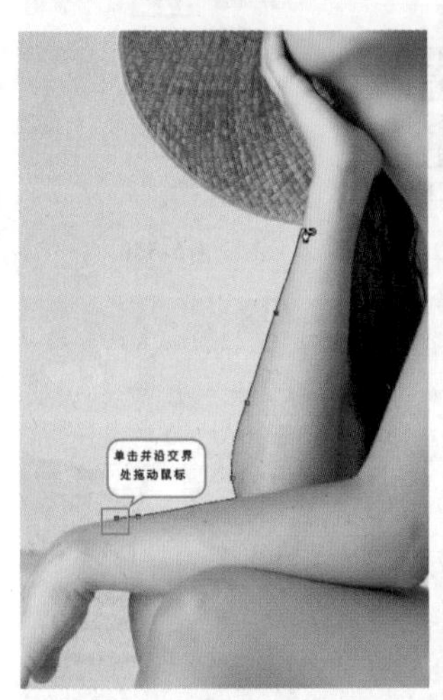

图5-338

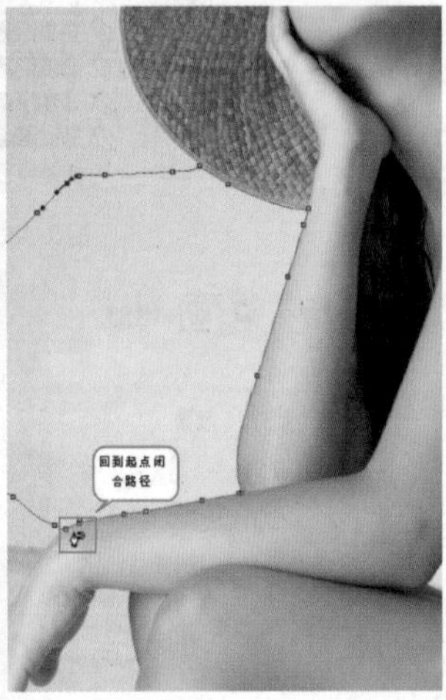

图5-339

04 单击鼠标右键，在弹出的快捷菜单中执行“建立选区”命令，在弹出的对话框中单击“确定”按钮，建立选区，如图5-340所示。

05 按Delete键删除选区内部分，如图5-341所示。

06 使用同样的方法绘制其他部分的路径，按Ctrl+Enter快捷键将路径转换为选区并删除剩余背景部分，如图5-342所示。

07 执行“文件>置入嵌入对象”命令，置入背景素材文件“2.jpg”，将其放置在人像图层的下方并将其栅格化，案例最终效果如图5-343所示。

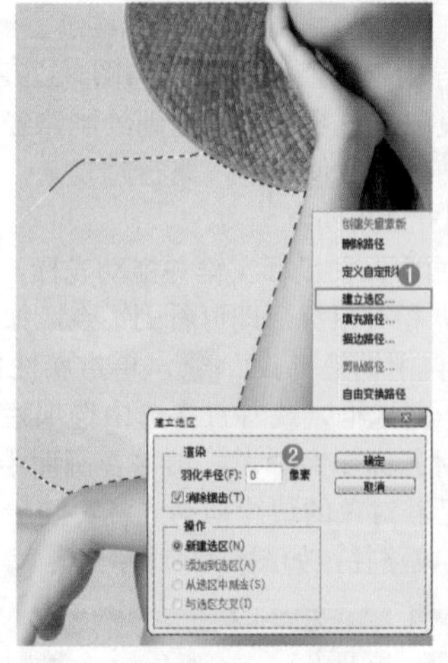

图5-340

图5-341

图5-342

图5-343

5.4.5 使用“弯度钢笔工具”

使用“弯度钢笔工具”能够绘制出平滑、精准的曲线。与“钢笔工具”相比，“弯度钢笔工具”更加人性化，操作也更为方便，如图5-344所示。

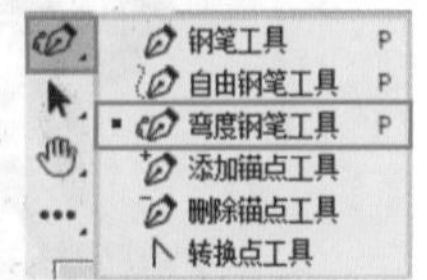

图5-344

（1）选择工具箱中的“弯度钢笔工具”，在画面中单击，接着移动到下一个位置并单击，如图5-345所示。接着将光标移动至下一个位置，此时可以看到一段弧线路径，单击鼠标左键确定弧线的绘制，如图5-346所示。

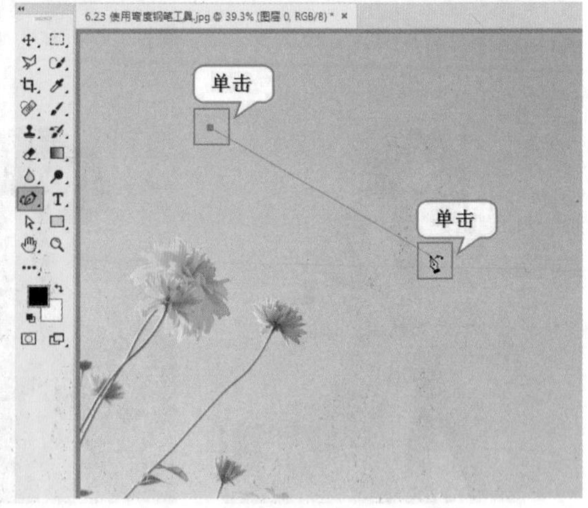

图5-345

（2）继续通过单击、移动光标位置绘制弧线，如果要绘制一段开放的路径，可以按Esc键终止路径的绘制，如图5-347所示。

（3）使用“弯度钢笔工具”绘制曲线的过程中，在锚点处按住Alt键并单击，即可绘制角点，如图5-348所示。将光标放在锚点处，按住鼠标左键拖曳可以移动锚点的位置，如图5-349所示。单击一个锚点，按Delete键可将其删除。

读书笔记

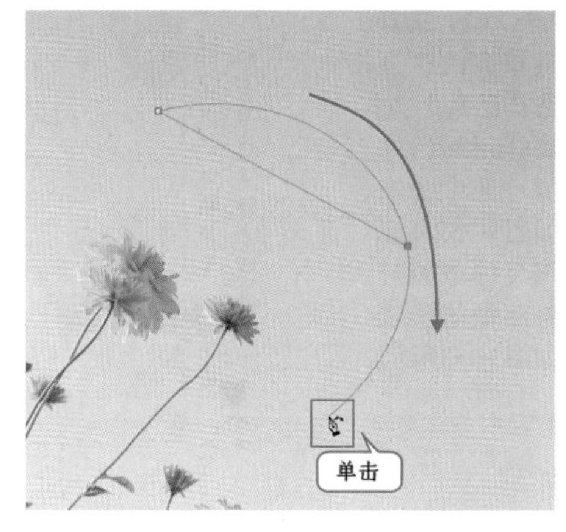

图5-346

图5-347

图5-348

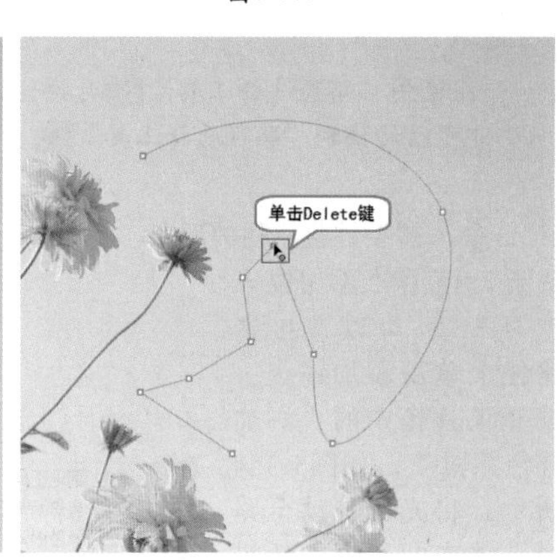

图5-349

5.4.6 编辑路径形状

- 视频精讲：Photoshop新手学视频精讲课堂\路径的编辑操作.flv
- 技术速查：“路径选择工具”可用于选择单个或多个路径。

（1）选择工具箱中的“路径选择工具”，在路径或形状对象上的任意位置可以选择单个的路径，如图5-350所示。按住鼠标左键拖曳即可移动选中的路径，如图5-351所示。

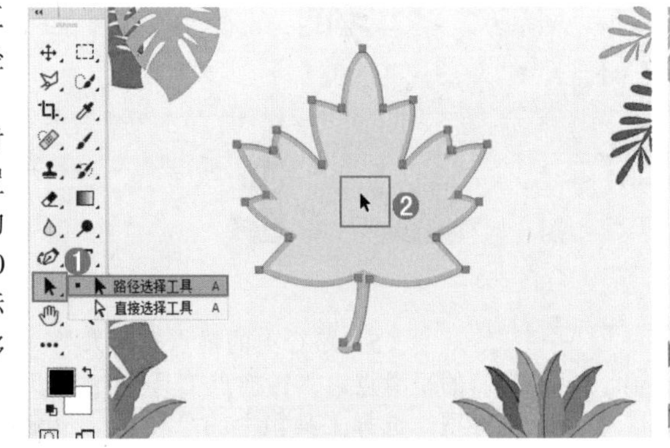

图5-350

图5-351

高手小贴士：删除路径

删除路径非常简单，使用“路径选择工具”选中路径，按Delete键即可将其删除。

（2）选择工具箱中的“直接选择工具”，然后在锚点上单击即可选中锚点，如图5-352所示。拖曳锚点即可调整路径的形状，如图5-353所示。

图5-352　　　图5-353

高手小贴士：“路径选择工具”和“直接选择工具”相互切换

在使用“路径选择工具”时按住Ctrl键可以切换到“直接选择工具”，同样在使用“直接选择工具”时按住Ctrl键可以切换到“路径选择工具”。

（3）想要调整路径的形态，其实就是需要对路径上的锚点位置进行调整。如果路径上的锚点不够多，就需要添加一些锚点。使用“添加锚点工具”可以直接在路径上单击添加锚点。选择工具箱中的“添加锚点工具”，如图5-354所示。将光标移动至路径上单击即可添加新锚点，如图5-355和图5-356所示。

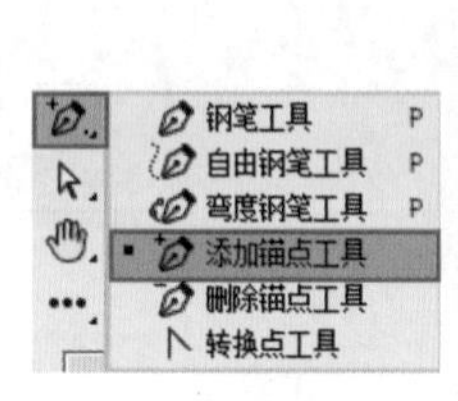

图5-354

图5-355

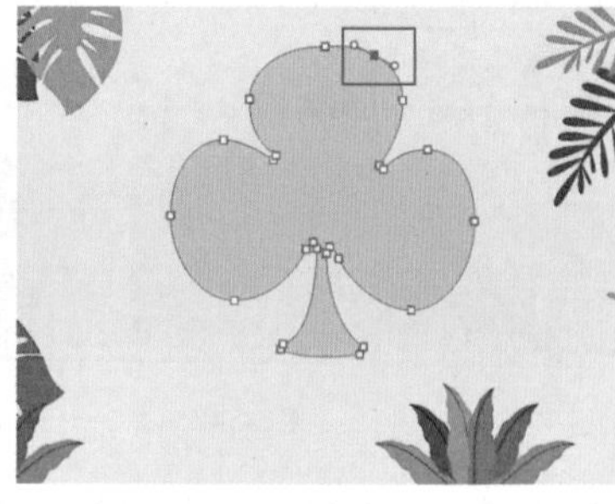

图5-356

（4）选择工具箱中的“删除锚点工具”，如图5-357所示。将光标放在锚点上，单击鼠标左键即可删除锚点，如图5-358和图5-359所示。

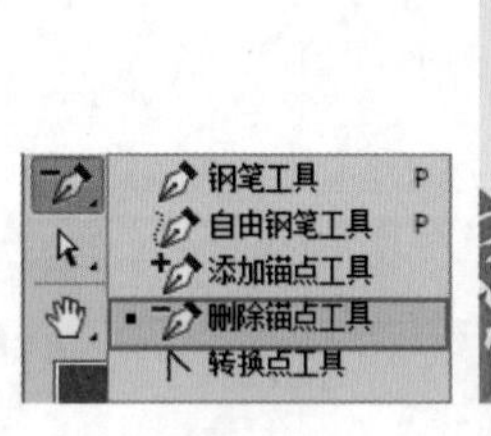

图5-357

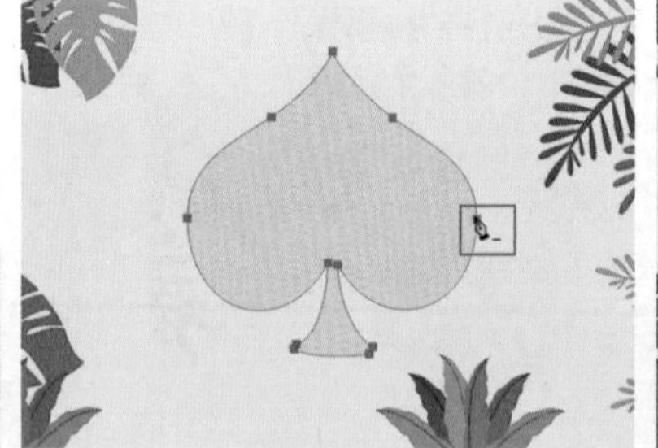

图5-358

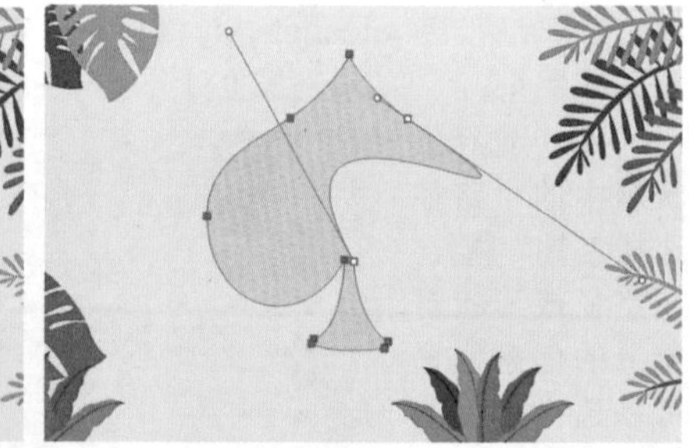

图5-359

高手小贴士：在“钢笔工具”的状态下添加或删除锚点

如果在使用“钢笔工具”的状态下，勾选了选项栏中的“自动添加/删除”选项，那么将光标放在路径上，光标变成状，然后在路径上单击即可添加一个锚点。而将光标移动到已有锚点上，光标变为形状后，单击即可删除锚点。

（5）路径上的锚点有两大类：尖角的角点和圆角的平滑点。“转换点工具”可以用来转换锚点的类型。选择工具箱中的“转换点工具”，如图5-360所示。然后将光标移动至角点处，如图5-361所示。按住鼠标左键拖曳即可将角点转换为平滑点，如图5-362所示。

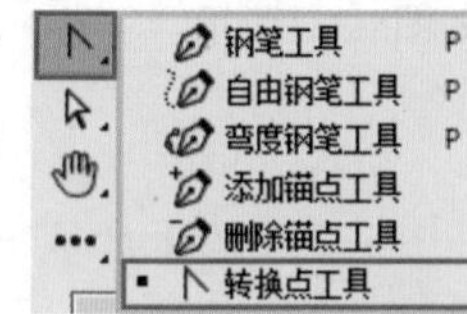

图5-360

（6）想要将平滑点转换为角点则更简单。将光标移动至平滑点处，如图5-363所示。单击鼠标左键即可将平滑点转换为角点，如图5-364所示。（在使用“钢笔工具”时，按住Alt键可以切换为“转换点工具”）

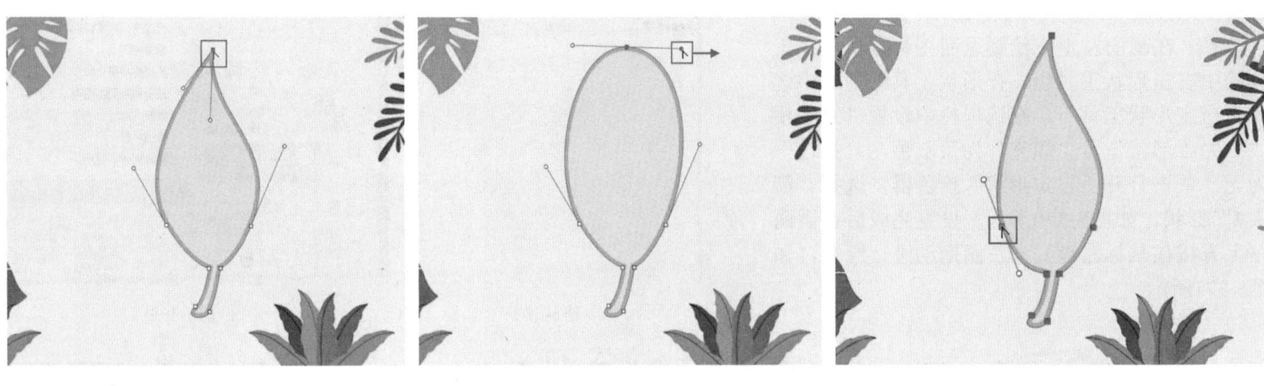

图5-361　　图5-362　　图5-363

图5-364

高手小贴士：路径的自由变换

选择路径，执行“编辑>变换路径”菜单下的命令即可对其进行相应的变换。也可以使用快捷键Ctrl+T调出定界框进行路径的变换，单击鼠标右键就可以看到与自由变换相同的命令，如图5-365所示。

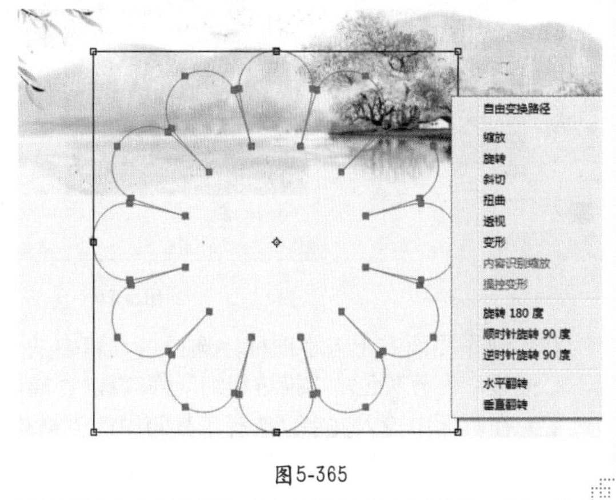

图5-365

★ 案例实战——购物APP商品信息页面

文件路径	第5章\购物APP商品信息页面
难易指数	★★★★★

扫码看视频

案例效果

案例效果如图5-366所示。

图5-366

操作步骤

01 执行“文件>新建”命令，打开“新建文档”对话框。在对话框顶部选择“移动设备”选项卡，单击iPhone 6 Plus按钮，设置“分辨率”为72像素/英寸，“颜色模式”为“RGB颜色”，“背景颜色”为白色。单击“创建”按钮创建新的文档，如图5-367所示。

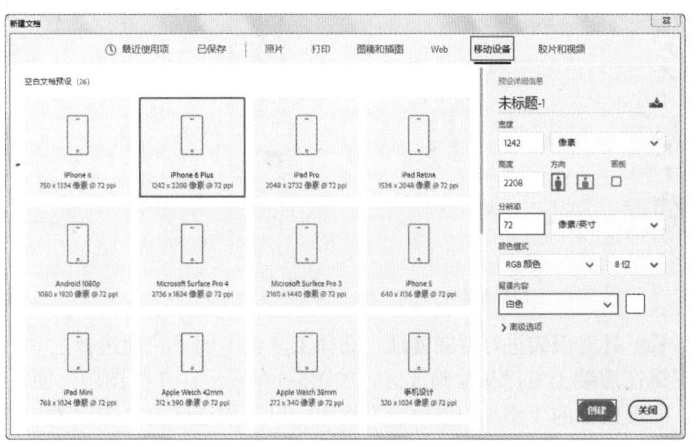

图5-367

02 执行“文件>置入嵌入对象”命令，在弹出的对话框中选择"1.png”，单击“置入”按钮。接着将置入的素材摆放在画面最上方，如图5-368所示。调整完成后按Enter键完成置入。在“图层”面板中右击该图层，在弹出的快捷菜单中执行“栅格化图层”命令，如图5-369所示。

03 在画面左上方绘制返回图标按钮。在工具箱中右击形状工具组，在形状工具组列表中选择“自定形状工具”，在选项栏中设置“绘制模式”为“形状”，“填充”为蓝灰色，“描边”为无，单击打开“自定形状”拾色器，选择“箭头7”形状，如图5-370所示。设置完成后在画面左上方按住鼠标左键并向左侧拖动进行绘制，如图5-371所示。

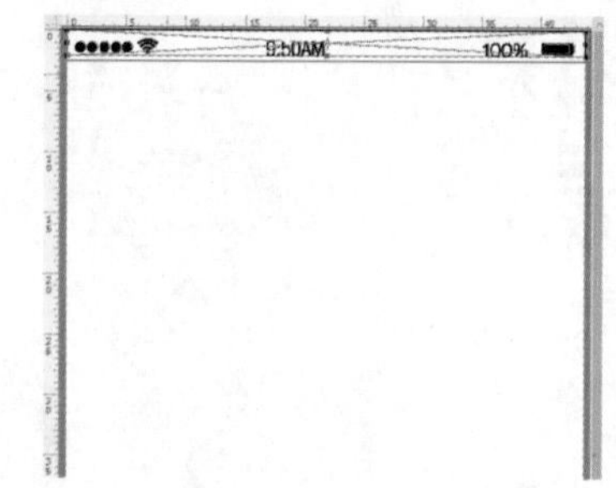

图5-368

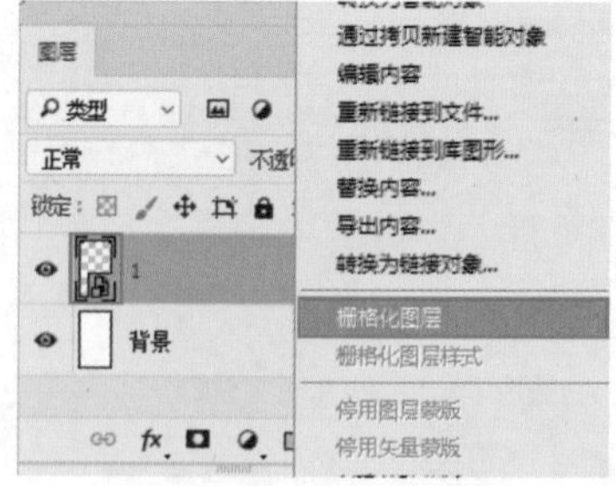

图5-369

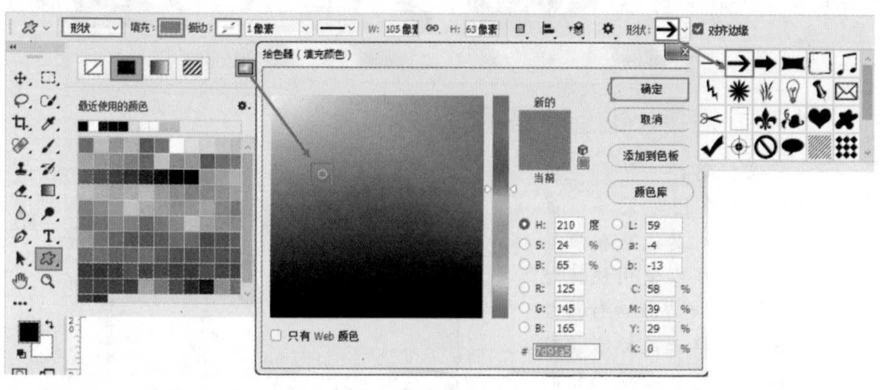

图5-370

图5-371

04 制作界面右上方小图标。选择工具箱中的“钢笔工具”，在选项栏中设置“绘制模式”为“形状”，“填充”为无，“描边”为蓝灰色，“描边粗细”为6点，“描边类型”为实线，设置完成后在画面中进行绘制，如图5-372所示。

05 在画面中输入文字。选择工具箱中的“横排文字工具”，在选项栏中设置合适的字体、字号，并设置文字颜色为黑色。设置完毕后，在画面上方位置单击输入文字，如图5-373所示。输入完毕后按Ctrl+Enter快捷键完成操作。

06 执行“文件>置入嵌入对象”命令，在弹出的对话框中选择“2.jpg”，单击“置入”按钮。接着将置入的素材摆放在画面的中心位置，如图5-374所示。调整完成后按Enter键完成置入。然后在“图层”面板中右击该图层，在弹出的快捷菜单中执行“栅格化图层”命令，如图5-375所示。

图5-372　　图5-373　　图5-374

07 针对服装进行抠图处理。选择工具箱中的“快速选择工具”，在选项栏中设置“画笔大小”为40像素，接着按住鼠标左键在服装上方涂抹绘制选区，如图5-376所示。在“图层”面板中单击选中该图层，在保持当前选区的状态下单击“图层”面板底部的“添加图层蒙版”按钮，以当前选区为该图层添加图层蒙版。选区以内的部分为显示状态，选区以外的部分被隐藏，如图5-377所示。

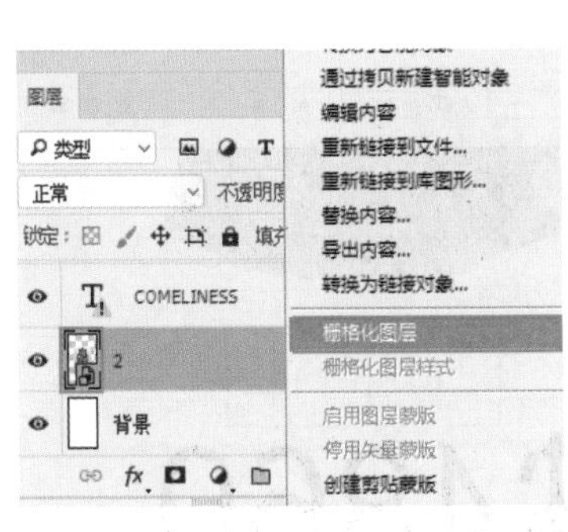
图5-375

图5-376

图5-377

08 在画面中绘制“颜色选择”小图标。在工具箱中右击形状工具组，在形状工具组列表中选择“椭圆工具”，在选项栏中设置“绘制模式”为“形状”，“填充”为白色，“描边”为无，然后按住Shift键的同时按住鼠标左键拖动绘制正圆，如图5-378所示。

09 在“图层”面板中选中圆形图层，执行“图层>图层样式>投影”命令，在弹出的“图层样式”对话框中设置颜色为深灰色，“不透明度”为26%，“角度”为90度，“距离”为4像素，“大小”为1像素，如图5-379所示。设置完成后单击“确定”按钮，效果如图5-380所示。

图5-378

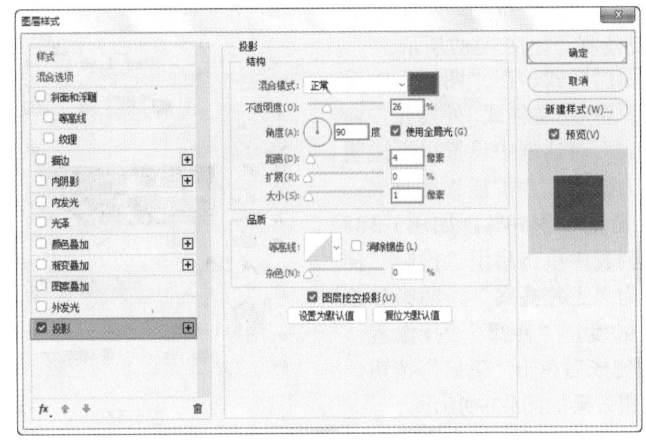
图5-379

图5-380

10 在“图层”面板中单击选中圆形图层，使用复制图层快捷键Ctrl+J复制出一个相同的图层。接着使用自由变换快捷键Ctrl+T调出定界框，按住Shift+Alt快捷键的同时拖动控制点将其以中心等比缩放，如图5-381所示。变换完成后按Enter键完成此操作。

11 选中小正圆形图层，使用复制图层快捷键Ctrl+J复制出一个相同的图层，然后向右移动，接着在控制栏中设置其“填充”为紫红色，如图5-382所示。以同样的方法变换填充颜色，复制多个圆形图层，并摆放至合适位置，此时画面效果如图5-383所示。

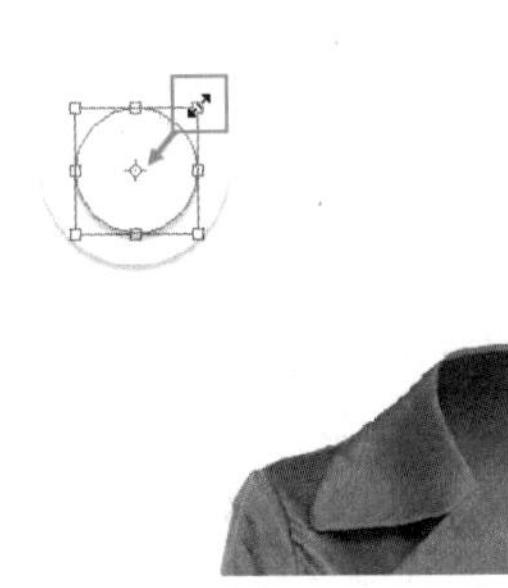
图5-381

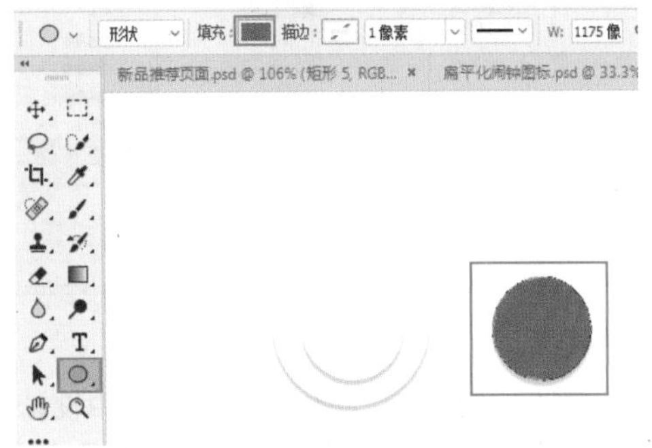
图5-382

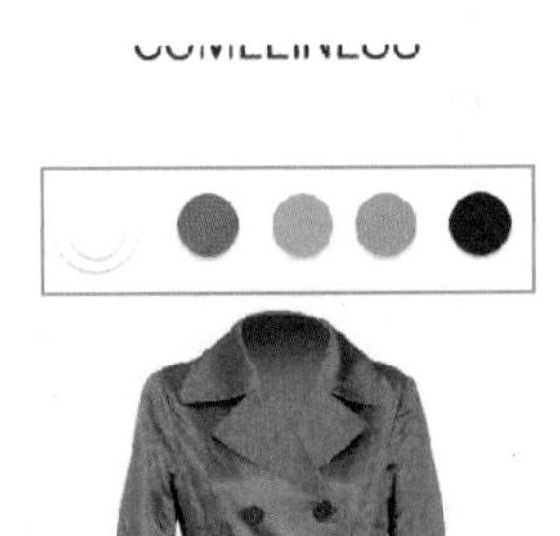
图5-383

12 在服装下方输入文字信息。选择工具箱中的“横排文字工具”，在选项栏中设置合适的字体、字号，文字颜色设置为黑色。设置完毕后在画面中的合适位置单击，接着输入文字，如图5-384所示。文字输入完毕后按Ctrl+Enter快捷键完成操作。用同样的方法在价格上方输入字号较小的文字，如图5-385所示。

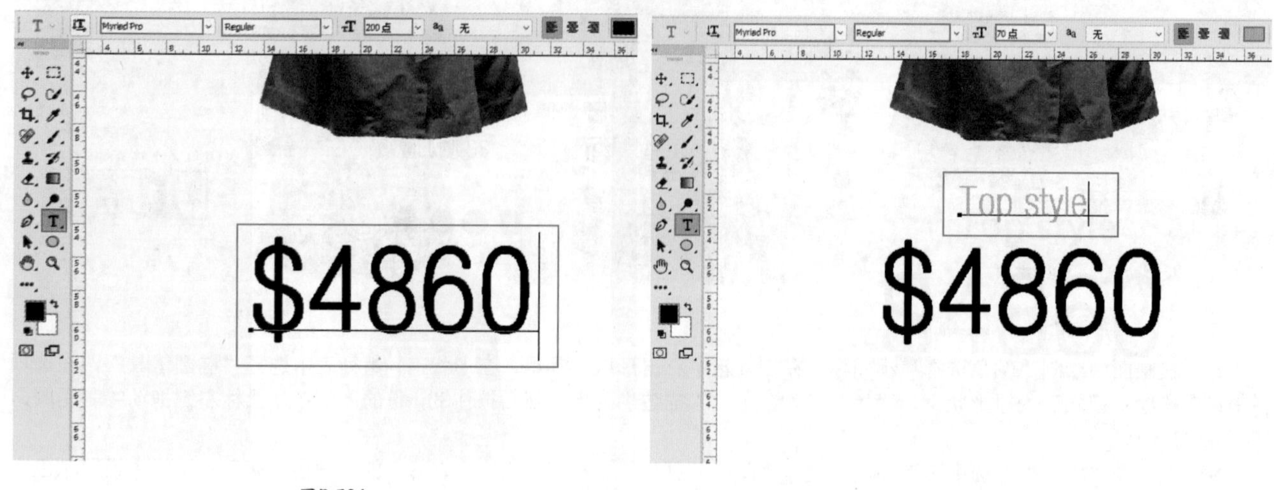

图5-384　　图5-385

13 在画面下方绘制圆角矩形按钮。在工具箱中右击形状工具组，在形状工具组列表中选择“圆角矩形工具”，在选项栏中设置“绘制模式”为“形状”，“填充”为蓝色系的线性渐变，“描边”为无，“半径”为85像素，如图5-386所示。然后在画面底部按住鼠标左键拖动绘制，如图5-387所示。

14 为该图层添加图层样式。在“图层”面板中选中该图层，执行“图层>图层样式>外发光”命令，在弹出的“图层样式”对话框中设置“不透明度”为30%，发光颜色为蓝色，“扩展”为16%，“大小”为46像素，“范围”为50%，如图5-388所示。在左侧图层样式列表中单击启用“投影”样式，设置“混合模式”为“正片叠底”，阴影颜色为深蓝色，“角度”为90度，“距离”为8像素，“大小”为8像素，设置完成后单击“确定”按钮，如图5-389所示，此时按钮效果如图5-390所示。

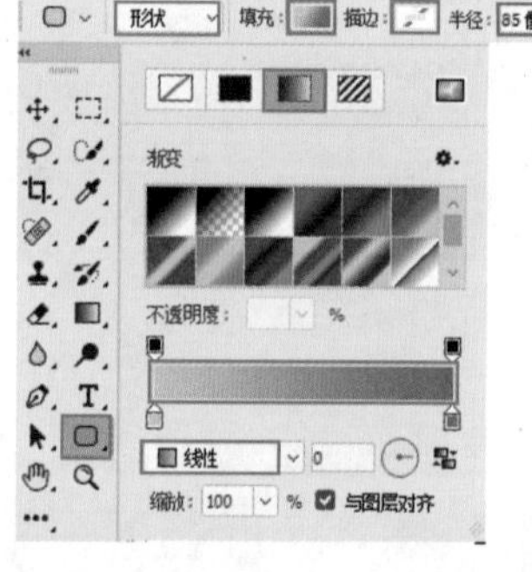

图5-386

图5-387

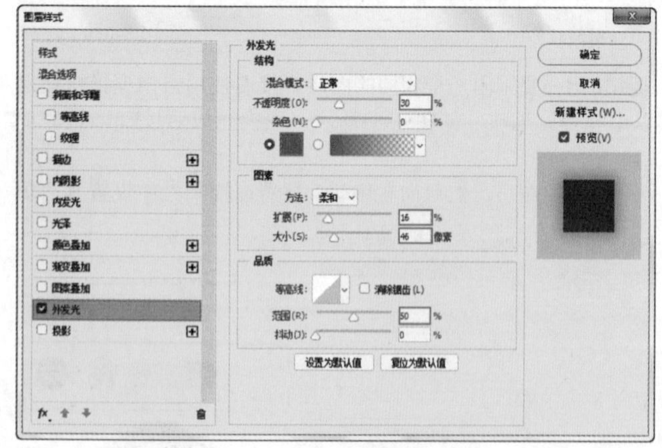

图5-388

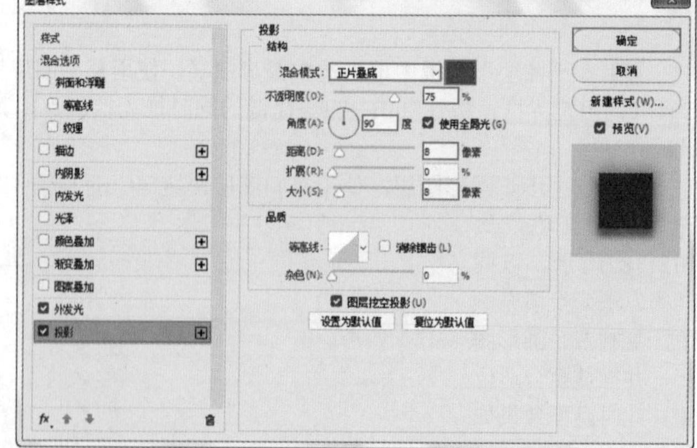

图5-389

15 在按钮上方输入文字。选择“横排文字工具”，在选项栏中设置合适的字体、字号，文字颜色设置为白色。设置完毕后在按钮上单击，输入文字，如图5-391所示。文字输入完毕后按Ctrl+Enter快捷键完成操作。该商品信息界面绘制完成，效果如图5-392所示。

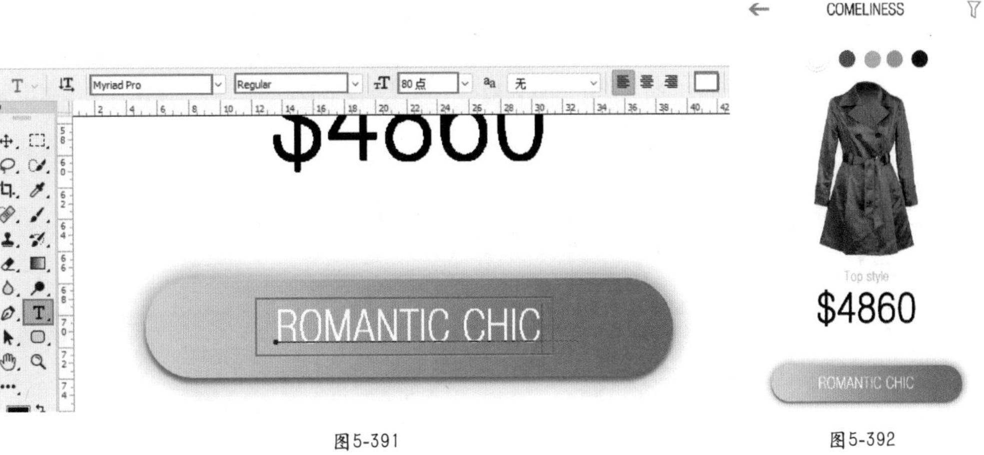

图5-390 图5-391 图5-392

★ 案例实战——使用矢量工具制作水晶质感梨

文件路径 第5章\使用矢量工具制作水晶质感梨

难易指数 ★★★★★

扫码看视频

案例效果

案例效果如图5-393所示。

图5-393

操作步骤

01 执行"文件>打开"命令打开背景素材"1.jpg"，如图5-394所示。

图5-394

02 新建图层"1"，选择工具箱中的"椭圆工具"，在选项栏中设置"绘制模式"为"路径"，并单击"合并形状"按钮，设置完成后在画面中适当的位置按住鼠标左键拖动，绘制一个椭圆形，如图5-395所示。接着使用同样的方法继续绘制另外两个椭圆并调整合适的角度，如图5-396所示。

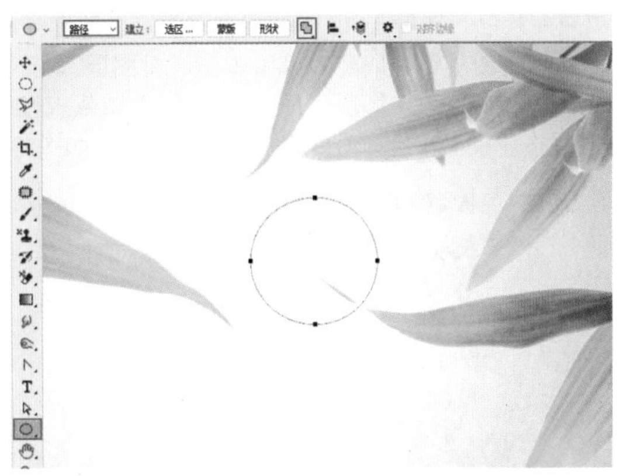

图5-395

03 绘制完成后按Ctrl+Enter快捷键将路径转换为选区，得到梨形选区，如图5-397所示。

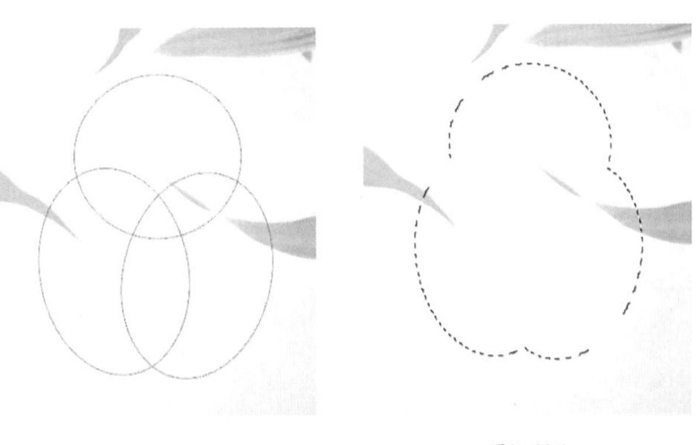

图5-396 图5-397

04 选择工具箱中的"渐变工具"，在选项栏中单击渐变色条，在弹出的"渐变编辑器"窗口中编辑一种绿色系的渐变，设置完成后单击“确定”按钮。接着设置“渐变类型”为“线性渐变”，如图5-398所示。设置完成后在选区内按住鼠标左键拖动，释放鼠标为选区填充渐变，效果如图5-399所示。接着按Ctrl+D快捷键取消选区的选择。

05 复制图层“1”并命名为“2”，使用自由变换快捷键Ctrl+T调出定界框，接着将光标定位到定界框的四角处，按住Shift+Alt快捷键并按住鼠标左键拖动，将其以中心等比缩放，调整完成后按Enter键确认操作。使形状出现立体感，如图5-400所示。

图5-398

图5-399

图5-400

06 新建图层“3”，选择工具箱中的“钢笔工具”，在工具箱的底部设置前景色为草绿色。在选项栏中设置“绘制模式”为“路径”，接着绘制出水晶梨底部阴影形状，如图5-401所示。按Ctrl+Enter快捷键将路径转换为选区，按Alt+Delete快捷键填充前景色。然后按Ctrl+D快捷键取消选区的选择，如图5-402所示。

07 创建图层组并取名为“主体”，将图层“1”“2”“3”放入“主体”图层组中，如图5-403所示。继续新建图层“4”，按住Ctrl键单击图层“1”的图层缩览图载入选区，接着选择工具箱中的“椭圆选框工具”，在画面中适当的位置按住Alt键并按住鼠标左键拖动，绘制一个椭圆形，如图5-404所示。

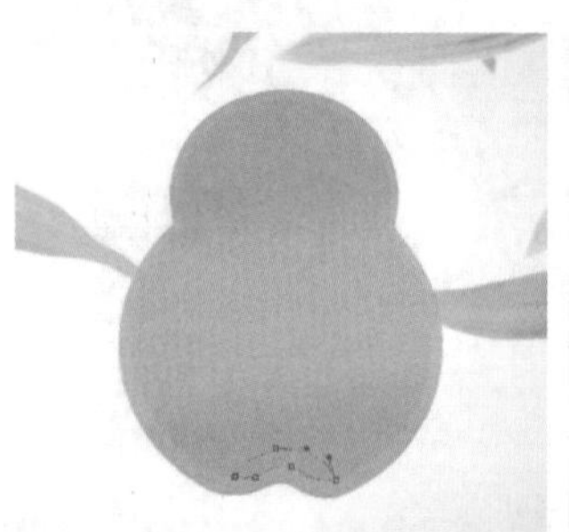

图5-401

图5-402

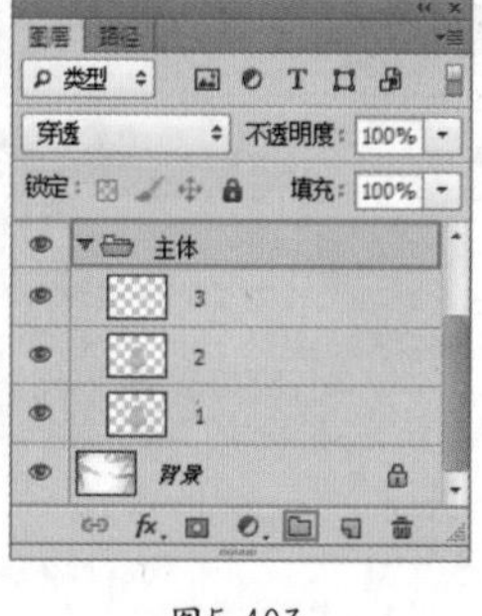

图5-403

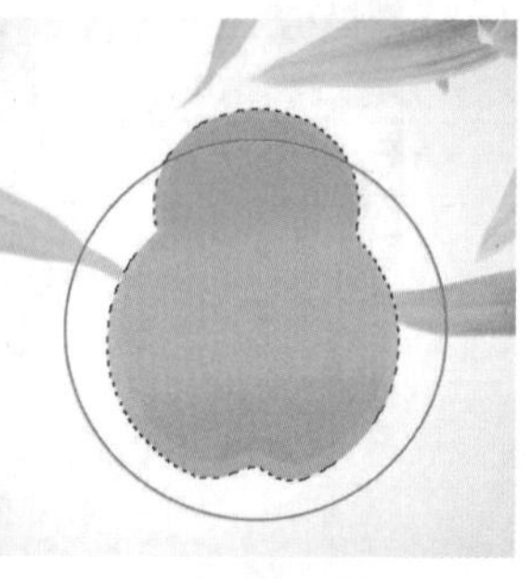

图5-404

08 此时多余的部分被删除。下面为剩余的选区填充白色，在“图层”面板中调整其“不透明度”为45%，如图5-405所示，效果如图5-406所示。接着按Ctrl+D快捷键取消选区的选择。

09 新建图层“5”，同样载入图层“1”选区，使用“椭圆选框工具”绘制椭圆形，如图5-407所示。去掉上半部分多余部分并填充白色，调整图层“5”的“不透明度”为15%，如图5-408所示。接着取消选区的选择，此时效果如图5-409所示。

图5-405

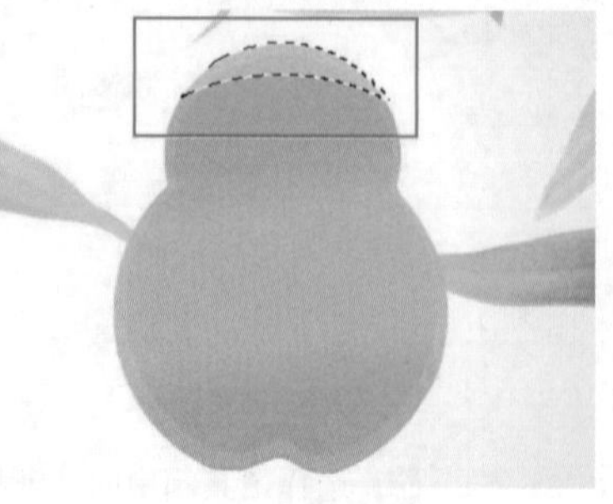

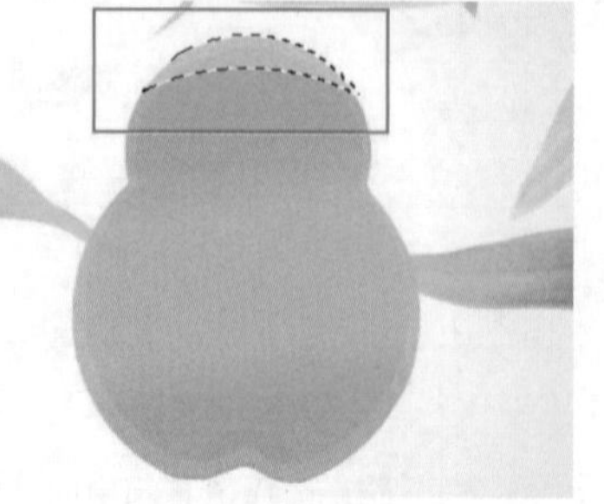

图5-406

图5-407

图5-408

10 新建图层“6”，使用“椭圆选框工具”绘制出两个椭圆并调整合适的角度，如图5-410所示。建立选区后填充为白色。接着在“图层”面板中调整该图层的“不透明度”为50%，如图5-411所示。接着取消选区的选择，效果如图5-412所示。

图5-409

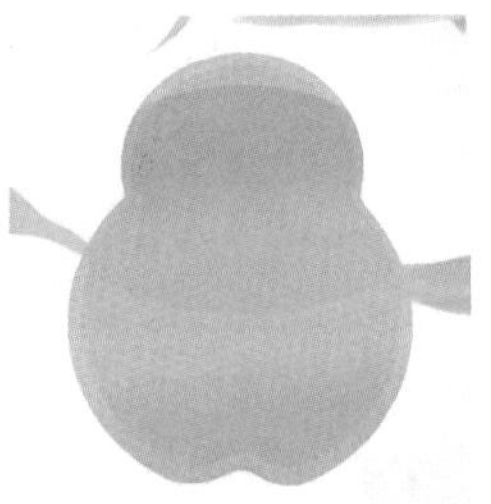
图5-410

图5-411

图5-412

11 新建图层“7”，使用“钢笔工具”绘制出水晶梨侧面高光部分的闭合路径，将其转换为选区后，为选区填充白色，接着在“图层”面板中调整该图层的“不透明度”为30%，如图5-413所示，此时效果如图5-414所示。接着按Ctrl+D快捷键取消选区的选择。

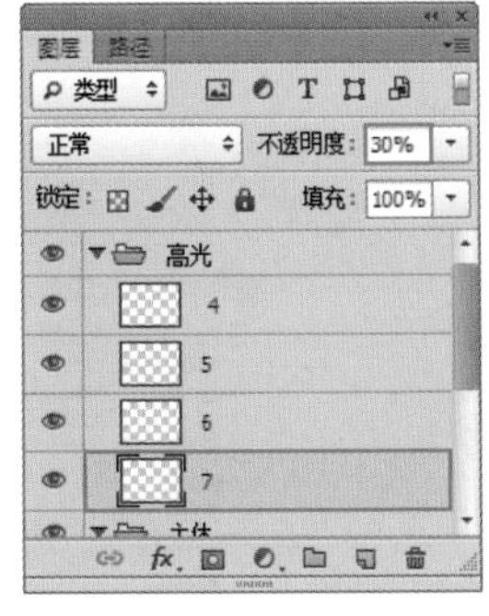

图5-413

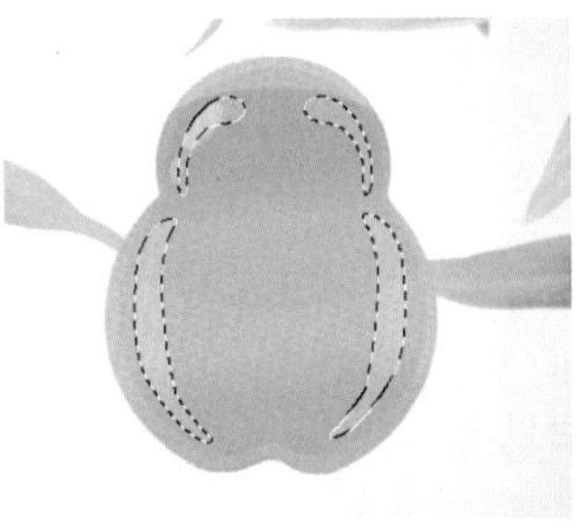
图5-414

12 创建图层组并取名为“高光”，将图层“4”“5”“6”“7”放入“高光”图层组中，如图5-415所示。

13 新建图层“梗”，使用“钢笔工具”绘制出水晶梨梗轮廓闭合路径，如图5-416所示。将路径转换为选区后为选区填充浅绿色系的渐变，如图5-417所示。接着按Ctrl+D快捷键取消选区的选择。

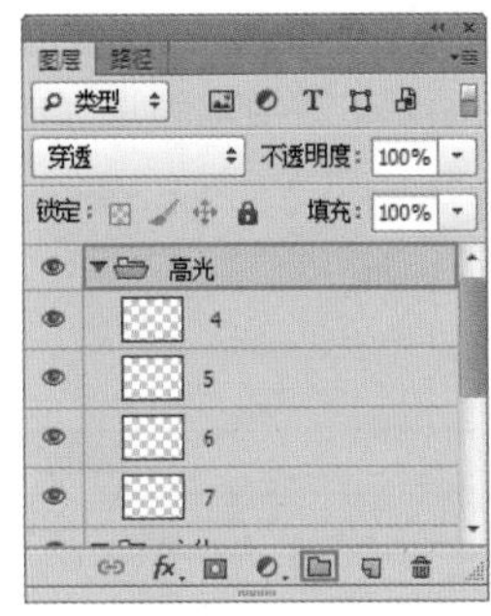

图5-415

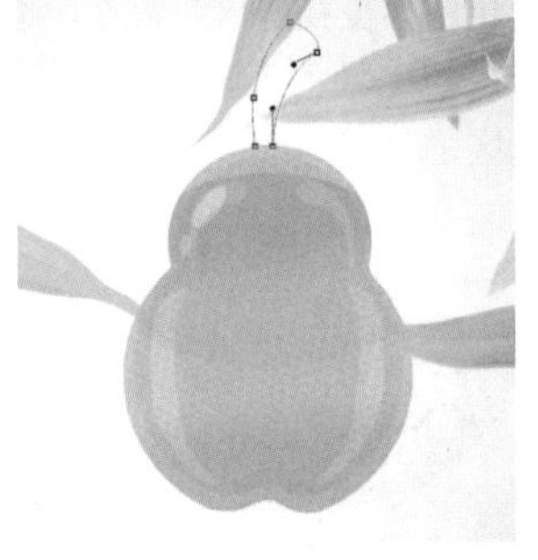
图5-416

14 新建图层“高光”，使用“钢笔工具”绘制出水晶梨梗高光的闭合路径，将该路径转换为选区并将其填充为白色，接着在“图层”面板中调整该图层的“不透明度”为75%，如图5-418所示，此时效果如图5-419所示。接着按Ctrl+D快捷键取消选区的选择。

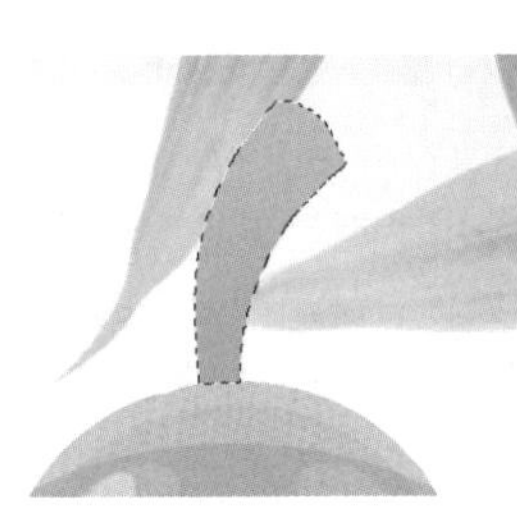
图5-417

图5-418

15 新建图层“内”，使用“钢笔工具”绘制出水晶梨叶轮廓闭合路径，如图5-420所示。将其转换为选区并填充绿色渐变，如图5-421所示。接着按Ctrl+D快捷键取消选区的选择。

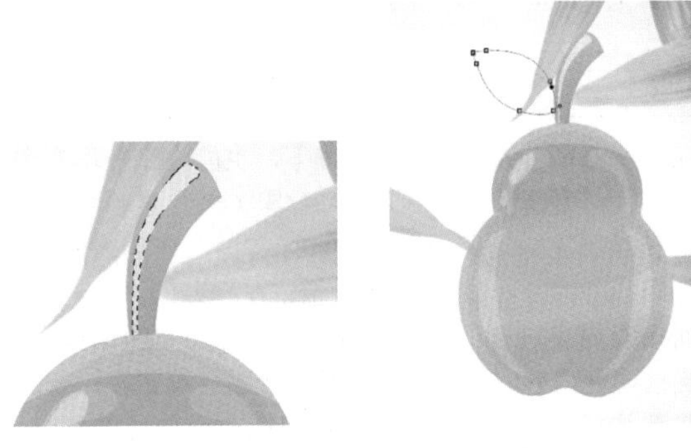
图5-419　图5-420

16 新建图层“外”，载入图层“内”的选区，执行“选择>修改>边界”命令，在弹出的“边界选区”对话框中设置“宽度”为6像素，如图5-422所示。设置完成后单击“确定”按钮，此时可以得到边界选区，如图5-423所示。然后在当前编辑的选区中单击鼠标右键，在弹出的快捷菜单中执行“变换选区”命令，适当放大选区，并在新建的图层中填充绿色系渐变，如图5-424所示。接着取消选择的选区。

图5-421

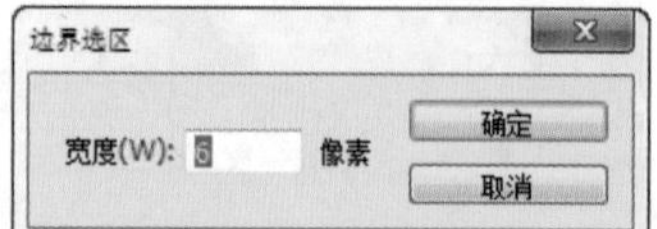

图5-422

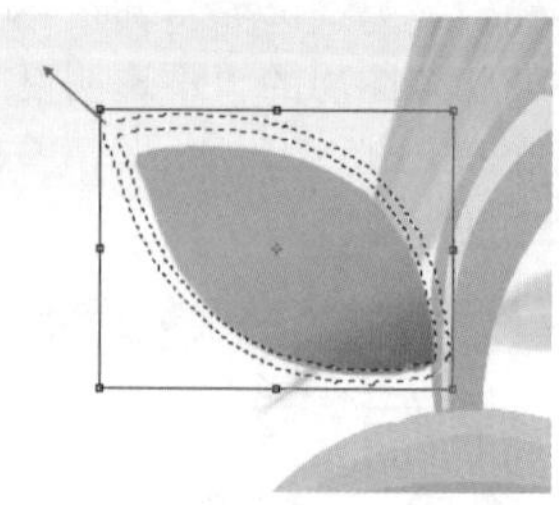

图5-423

图5-424

17 新建图层“叶脉1”，使用“钢笔工具”绘制出水晶梨叶脉轮廓闭合路径，单击鼠标右键，在弹出的快捷菜单中执行“建立选区”命令并填充绿色，如图5-425所示。接着取消选区的选择。

18 复制图层“叶脉1”并命名为“叶脉2”，选择工具箱中的“移动工具”，将“叶脉2”调整到合适的位置，并填充浅绿色，如图5-426所示。填充完成后取消选区的选择。

图5-425

图5-426

19 创建图层组并命名为“叶子”，将图层“梗”“高光”“内”“外”“叶脉1”“叶脉2”放入“叶子”图层组中，如图5-427所示，案例最终效果图如图5-428所示。

图5-427

图5-428

5.5 填充与描边路径

视频精讲：Photoshop新手学视频精讲课堂\填充路径与描边路径.flv

5.5.1 填充路径

在不将路径转换为选区的情况下，也能为路径填充颜色和图案。

在使用“钢笔工具”或形状工具（“自定形状工具”除外）状态下，在绘制完成的路径上单击鼠标右键，在弹出的快捷菜单中执行“填充路径”命令，如图5-429所示。在打开的“填充路径”对话框中可以对填充内容进行设置，这里包含多种类型的填充内容。并且可以设置当前填充内容的混合模式以及不透明度等属性，如图5-430所示。

需要注意的是，此时的填充需要在一个普通图层中进行，可以创建新的空白图层，然后尝试使用“颜色”与“图案”填充路径，效果如图5-431和图5-432所示。

读书笔记

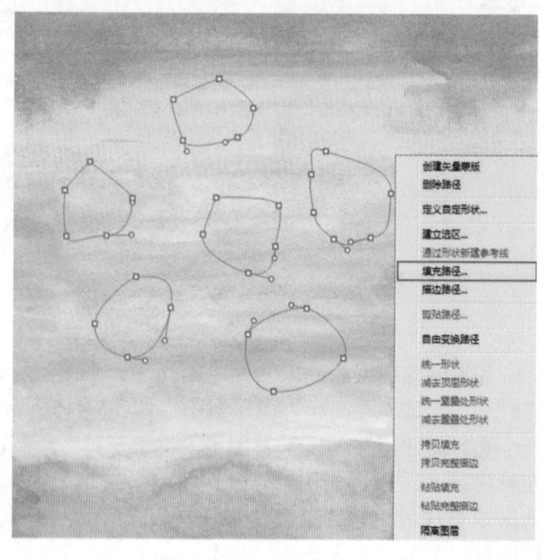

图5-429

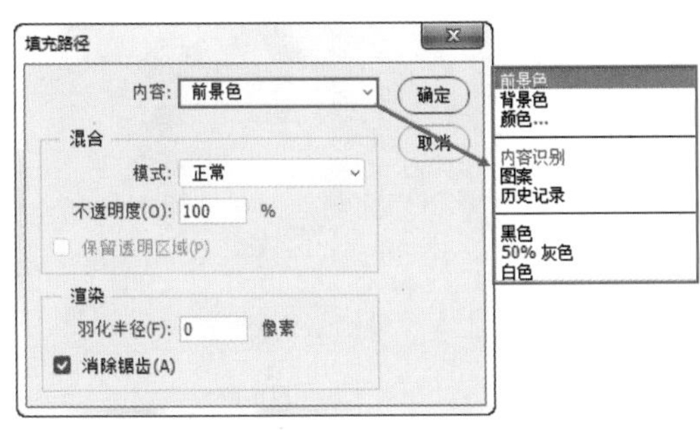

图5-430

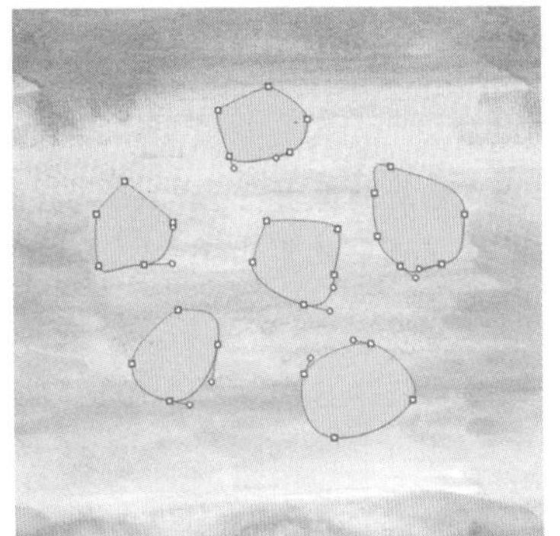

图5-431

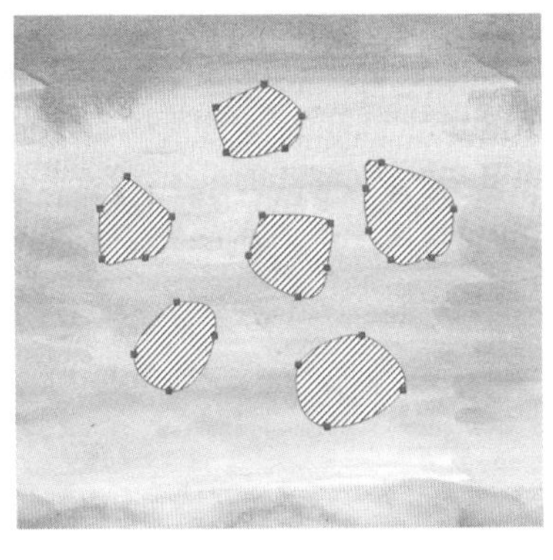

图5-432

5.5.2 使用不同工具对路径描边

描边路径和描边选区还是有区别的，路径的描边不仅仅可以用粗细相同的彩色边线，还可以利用粗细不同的边线甚至是各种图形对路径进行描边。这是因为路径描边的原理是模拟利用“画笔工具”“铅笔工具”“橡皮擦工具”“仿制图章工具”等多种工具沿着路径的走向进行操作，从而产生各种各样的描边效果。

例如我们已设置好了一种分散的花朵画笔样式，那么描边得到的效果就是一圈围绕在路径周围的花朵，如图5-433所示。如果使用的是“橡皮擦工具”进行描边，那么得到的效果就是沿着路径的走向对所选图层进行擦除，如图5-434所示。

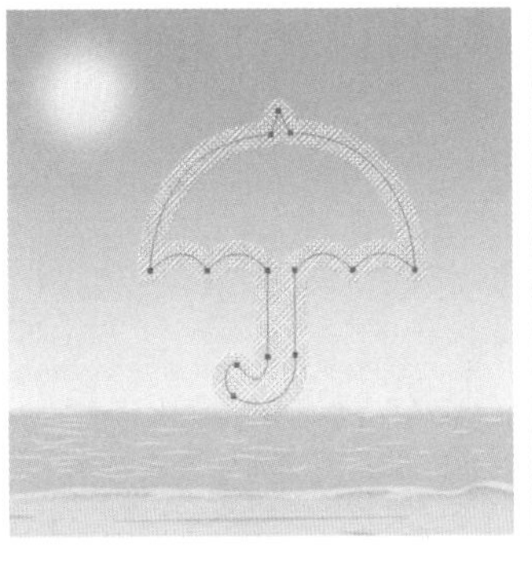

图5-433

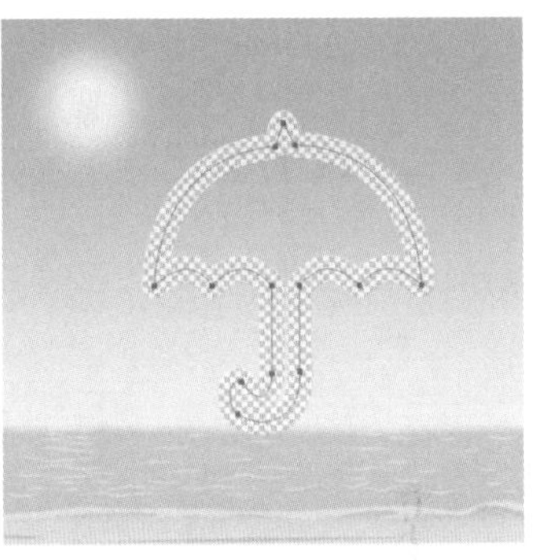

图5-434

（1）在进行描边路径之前，需要先设置好用于描边的工具的参数，才能得到相应的描边效果。例如首先设置好画笔的属性，如图5-435所示。绘制一个路径，然后在“钢笔工具”状态下单击鼠标右键，在弹出的快捷菜单中执行“描边路径”命令，如图5-436所示。

（2）打开“描边路径”对话框，在“工具”下拉列表框中可以选择描边的工具，如图5-437所示。设置完成后单击“确定”按钮完成操作，效果如图5-438所示。

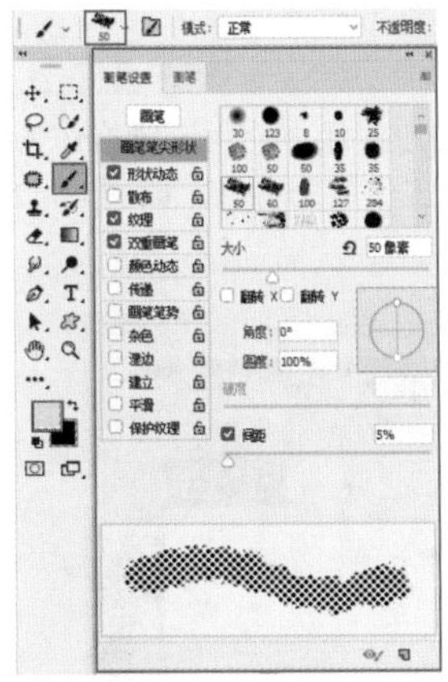

图5-435

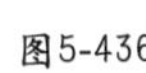

图5-436

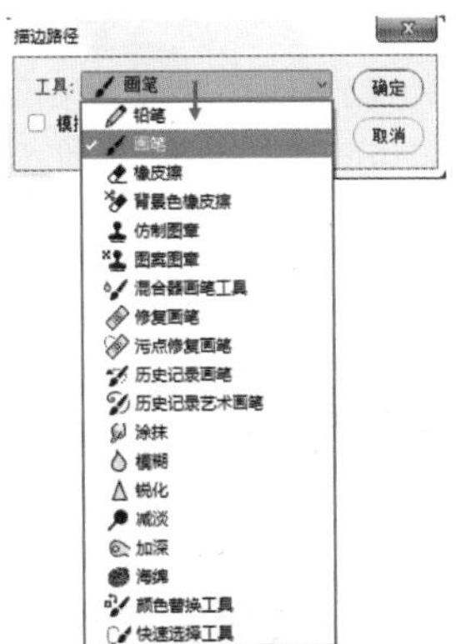

图5-437

图5-438

读书笔记

高手小贴士：“模拟压力”选项的用处

选中“模拟压力”复选框可以模拟手绘般的带有逐渐消隐的描边效果，如图5-439所示。取消选中此复选框，描边为线性、均匀的效果，如图5-440所示。

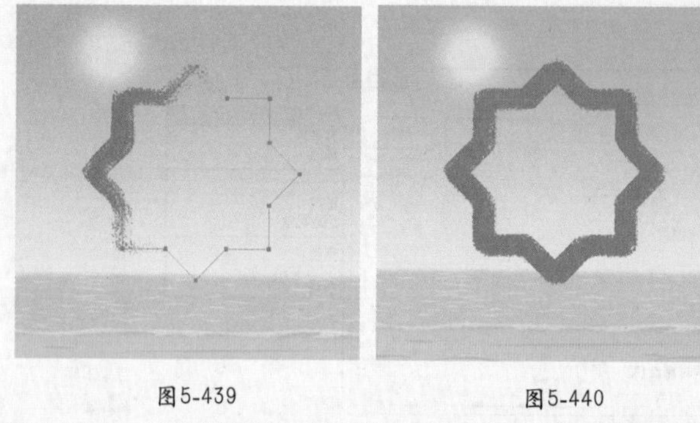

图5-439　　图5-440

5.6 综合实战——手机音乐播放器UI设计

文件路径　第5章\手机音乐播放器UI设计

难易指数　★★★★★

扫码看视频

案例效果

案例效果如图5-441所示。

读书笔记

图5-441

5.6.1 项目分析

该界面是一款手机音乐播放器的播放界面，视觉效果简约舒适，较中性化。采用了当下流行的冷淡风，使用该风格作为音乐播放主界面，给人一种洒脱、自由的感受，这种界面大多适用于年轻群体，闲暇之余放下手边工作放松自己。如图5-442和图5-443所示为相似风格的UI设计作品。

图5-442

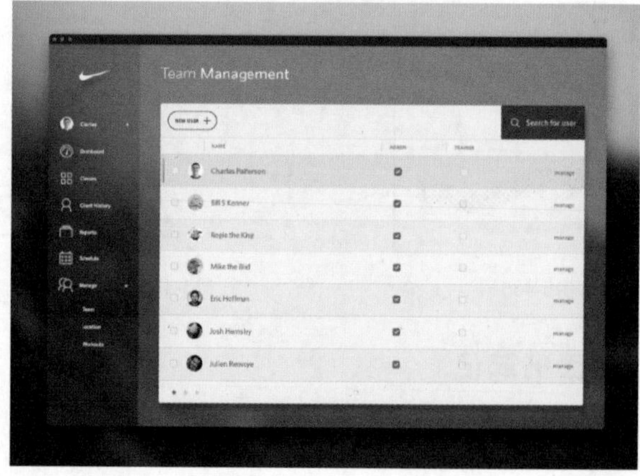

图5-443

5.6.2 布局规划

该界面整体布局简单而不失节奏感，高度不同的矩形分割出简单易懂的版式结构。界面顶部为歌曲名称，直观而易于传达。中间部分以大面积区域展示专辑图片，丰富界面的视觉效果，并且更加易于气氛的渲染。功能操作区域位于最底部位置，便于切换歌曲，符合操作习惯。如图5-444和图5-445所示为不同布局方式的播放器UI设计作品。

图5-444

图5-445

5.6.3 色彩搭配

由于播放器的主图为音乐相关图片，会随着音乐的切换而更换。此处图片出现的颜色可能性非常广，所以界面本身的配色方案就应该相对简单些。该界面中大面积采用带有一些蓝色成分的高级灰色彩，给人一种和谐、安宁之感。界面上部和底部采用白色，使该音乐界面中作为重心区域的专辑图片更加吸引人。最后加入粉红色和青蓝色的按钮作为点缀色，这两种反差较大的点缀色以小面积的按钮形式呈现，恰到好处地为界面添加了一些亮眼的元素，且不会产生杂乱感，如图5-446所示。

图5-446

除此之外，以黑白灰组成的界面也可以较好地比较其他元素对歌曲氛围感的影响，如图5-447所示。单一色系配色也可以应用于本案例中的界面，例如醇厚、优雅的咖啡色也是个不错的选择，如图5-448所示。

图5-447

图5-448

5.6.4 实践操作

1. 制作音乐图片及文字信息

（1）执行“文件>新建”命令，打开“新建文档”对话框。在对话框顶部选择“移动设备”选项卡，单击iPhone 6 Plus按钮，设置“分辨率”为72像素/英寸，“颜色模式”为“RGB颜色”，“背景颜色”为白色。单击“创建”按钮创建新的文档，如图5-449所示。

（2）制作专辑封面部分。执行“文件>置入嵌入对象”命令，在弹出的对话框中选择“1.jpg”，单击“置入”按钮。接着将置入的素材摆放在画面中的合适位置，将光标放在素材一角处，按住Shift键的同时按住鼠标左键拖动，等比例缩放该素材，如图5-450所示。调整完成后按Enter键完成置入。在“图层”面板中右击该图层，在弹出的快捷菜单中执行“栅格化图层”命令，如图5-451所示。

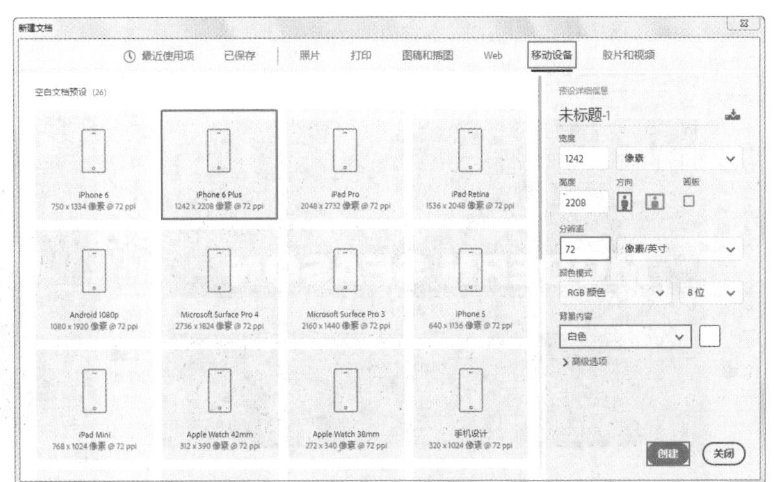

图5-449

（3）选择工具箱中的“矩形工具”，在选项栏中设置“绘制模式”为“形状”，“填充”为黑色，“描边”为无，设置完成后在图片上方按住鼠标左键拖动绘制矩形，如图5-452所示。

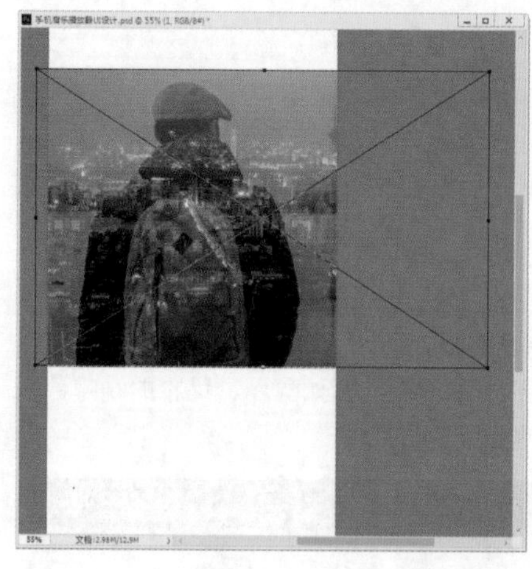
图5-450

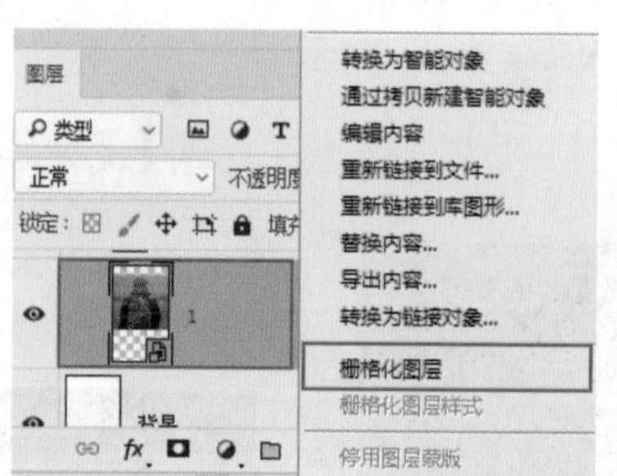

图5-451

图5-452

（4）继续使用“矩形工具”在黑色矩形的下方绘制一个矩形，然后选中矩形，在控制栏中设置“填充”为土红色，如图5-453所示，效果如图5-454所示。

（5）继续使用“矩形工具”绘制两个灰色矩形，如图5-455所示。

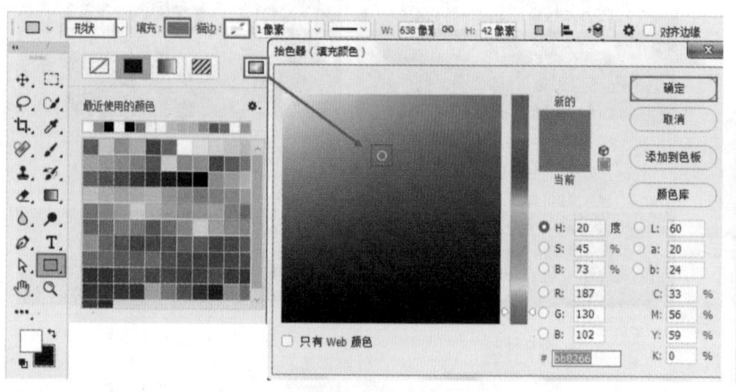

图5-453

图5-454

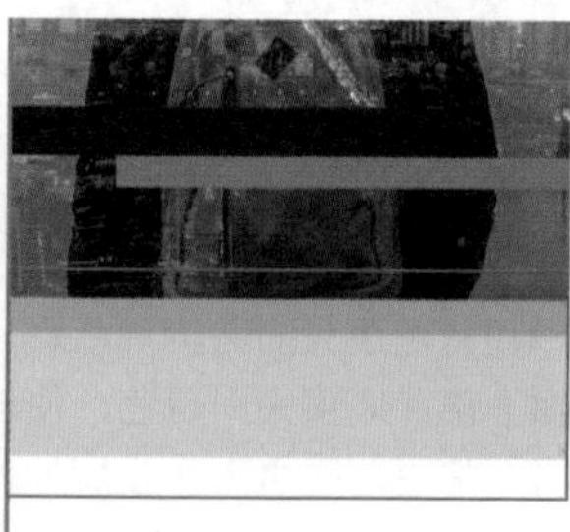
图5-455

（6）在界面中输入文字。选择工具箱中的“横排文字工具”，在选项栏中设置合适的字体、字号，文字颜色设置为白色，设置完毕后，在黑色矩形上单击，输入文字，如图5-456所示。文字输入完毕后按Ctrl+Enter快捷键完成操作。使用“横排文字工具”在土红色矩形上输入合适的文字，并在选项栏中设置合适的字体、字号，颜色设置为白色，如图5-457所示。

图5-456

图5-457

（7）用同样的方法，继续使用“横排文字工具”在画面顶部和底部位置输入合适的文字，并在选项栏中设置合适的字体、字号及颜色，如图5-458所示。

（8）在底部文字右侧绘制心形形状。选择工具箱中的“自定形状工具”，在选项栏中设置“绘制模式”为“形状”，“填充”为浅红色，“描边”为无，单击打开自定形状“拾色器”，选择“心形”形状，设置完成后在底部文字右侧进行绘制，如图5-459所示。

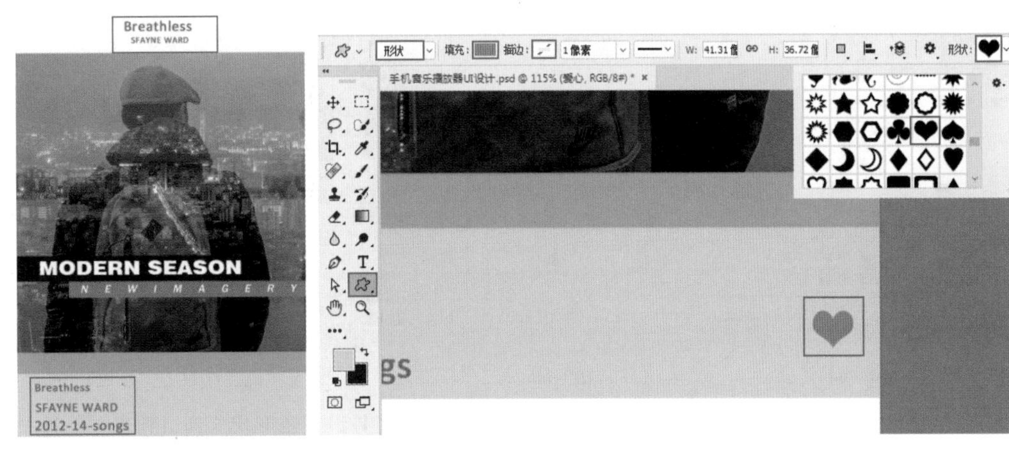

图5-458　　图5-459

2. 制作播放器控制组件

（1）制作界面底部的播放按钮。选择工具箱中的“钢笔工具”，在选项栏中设置“绘制模式”为“形状”，“填充”为灰色系线性渐变，“描边”为无，接着在底部左侧绘制循环按钮，如图5-460所示。以同样的方法，选择工具箱中的“钢笔工具”且选项栏中的参数设置不变，在右侧继续制作按钮，如图5-461所示。

（2）制作开始按钮。在工具箱中右击形状工具组，在形状工具组列表中选择“多边形工具”，在选项栏中设置“绘制模式”为“形状”，“填充”为蓝色系线性渐变，“描边”为无，“边”为3，设置完成后在画面中按住Shift键进行绘制，并将其适当旋转，如图5-462所示。在选项栏中设置“填充”为灰色系线性渐变，然后继续按住Shift键绘制两个等大的三角形形状，作为“前进”按钮，如图5-463所示。绘制完成后按住Ctrl键加选两个图层，使用快捷键Ctrl+E进行合层。

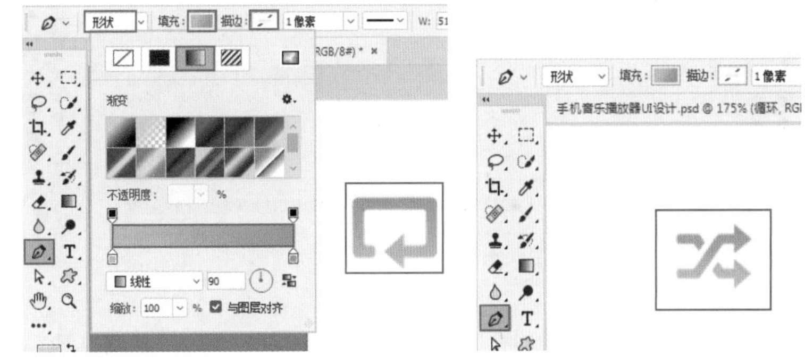

图5-460　　图5-461

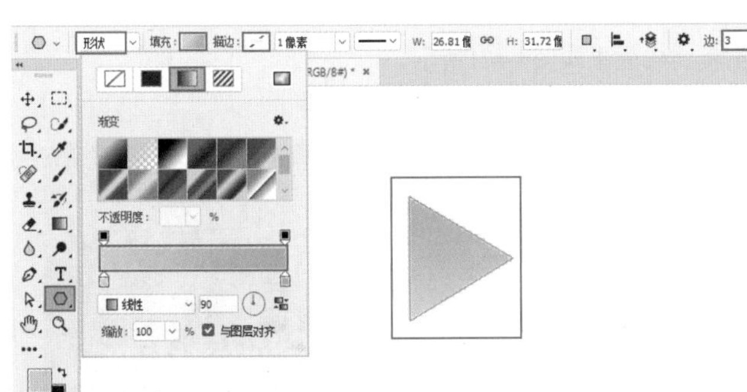

图5-462　　图5-463

（3）选中后退按钮图层，使用快捷键Ctrl+J将图层进行复制。然后使用自由变换快捷键Ctrl+T调出定界框，接着在对象上单击鼠标右键，在弹出的快捷菜单中执行“水平翻转”命令，如图5-464所示。然后按住鼠标左键并向左侧拖动，按Enter键完成操作。此时“后退”按钮制作完成，效果如图5-465所示。

（4）制作音量按钮。在工具箱中右击形状工具组，在形状工具组列表中选择“自定形状工具”，在选项栏中设置“绘制模式”为“形状”，“填充”为蓝色系线性渐变，“描边”为无，“形状”为“音量”，设置完成后在“前进”按钮右侧进行绘制，如图5-466所示。

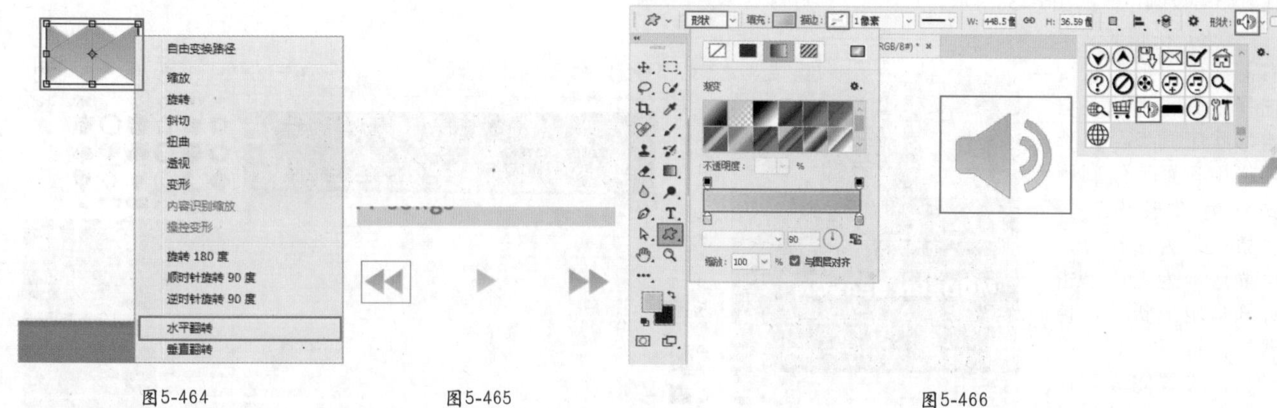

图5-464　　图5-465　　图5-466

（5）绘制播放界面的进度条部分。在工具箱中右击形状工具组，在形状工具组列表中选择“圆角矩形工具”，在选项栏中设置“绘制模式”为“形状”，“填充”为灰色，“描边”为无，“半径”为5像素，设置完成后在播放按钮下方按住鼠标左键拖动绘制一个圆角矩形，如图5-467所示。接下来在选项栏中设置“填充”为蓝色系渐变，在灰色圆角矩形上方继续绘制一个蓝色渐变圆角矩形，如图5-468所示。

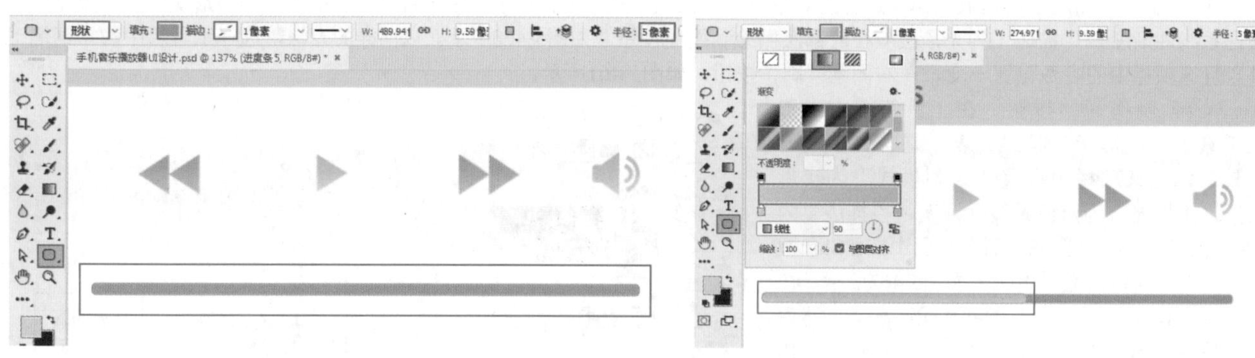

图5-467　　图5-468

（6）在进度条上方制作进度按钮。选择工具箱中的“椭圆工具”，在选项栏中设置“绘制模式”为“形状”，“填充”为灰色径向渐变，“描边”为无，设置完成后在进度条上方按住Shift键绘制正圆，如图5-469所示。接着在灰色正圆上方绘制一个稍小的正圆，并填充蓝色系径向渐变，如图5-470所示。

（7）使用“横排文字工具”在进度条两侧输入文字信息，案例完成效果如图5-471所示。

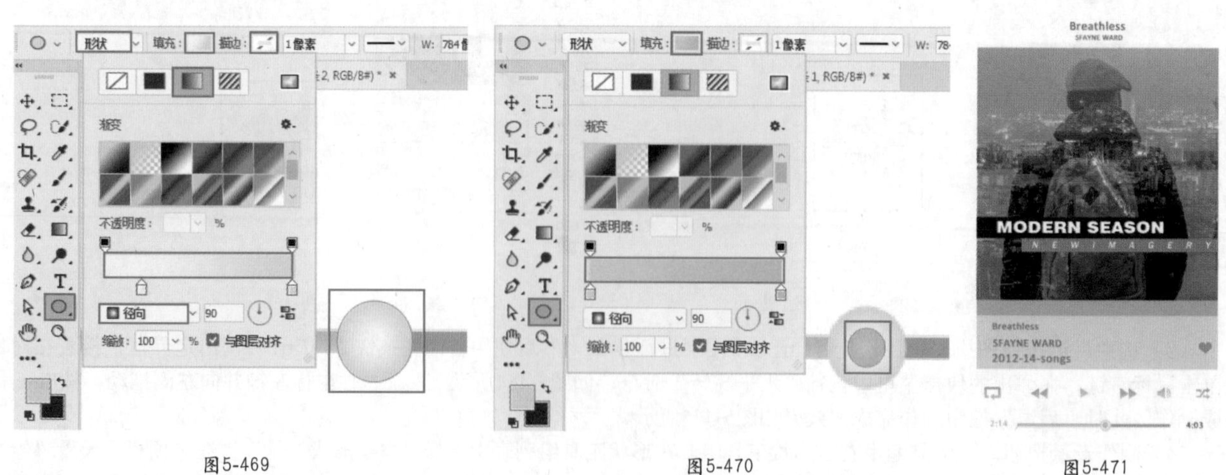

图5-469　　图5-470　　图5-471

第6章

不透明度与混合模式

本章内容简介：

图层的“不透明度”与“混合模式”是图层特效的核心功能，它不仅能制作特殊的画面效果，最重要的是不对图层本身的内容造成任何影响。通过对图层的不透明度与混合模式的调整，可以制作出多种多样的画面效果。

本章学习要点：

- 学习与掌握如何设置图层的不透明度和填充
- 掌握如何设置混合模式
- 了解混合模式的效果

6.1 调整图层的不透明度和填充

视频精讲：Photoshop新手学视频精讲课堂\图层的不透明度与混合模式的设置.flv

调整图层的“不透明度”可以使两个以上的图层产生互相叠加的效果，形成新的显示方式；调整“填充”选项只影响图层中绘制的像素和形状的不透明度，而不影响图层样式。

（1）选择一个图层，如图6-1所示。在“图层”面板中可以对图层或图层组的“不透明度”与“填充”进行调整，如图6-2所示。

（2）“不透明度”选项控制着整个图层的透明属性，包括图层中的形状、像素，以及图层样式，例如将“图层1”的“不透明度”设置为20%，效果如图6-3所示。“填充”选项只影响图层中绘制的像素和形状的不透明度，而不影响图层样式，如图6-4所示为将“图层1”的“填充”设置为0%的效果。

图6-1

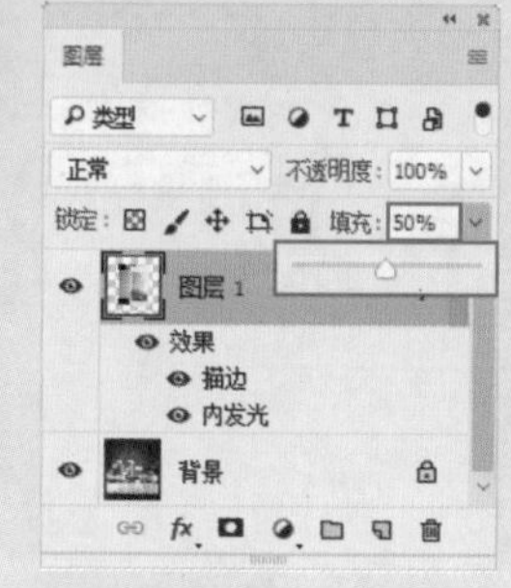

图6-2

图6-3

图6-4

6.2 认识图层“混合模式”

视频精讲：Photoshop新手学视频精讲课堂\图层的不透明度与混合模式的设置.flv

技术速查：图层混合模式就是指一个图层与其下面图层的色彩叠加方式，通过设置不同的混合模式可以制作出丰富多彩的画面效果。

图层“混合模式”就是指一个图层中的像素与其下图层像素的色彩叠加方式。图层的混合模式是Photoshop中的一项非常重要的功能，它不仅仅存在于“图层”面板中，甚至在使用绘画工具时也可以通过更改混合模式来调整绘制对象与下面图像的像素的混合方式。可以用来创建各种特效，并且不会损坏原始图像的任何内容。

通常情况下新建图层的混合模式为“正常”，除了正常以外，还有很多种混合模式，它们都可以产生迥异的合成效果。如图6-5～图6-7所示为一些使用混合模式制作的作品。

图6-5

图6-6

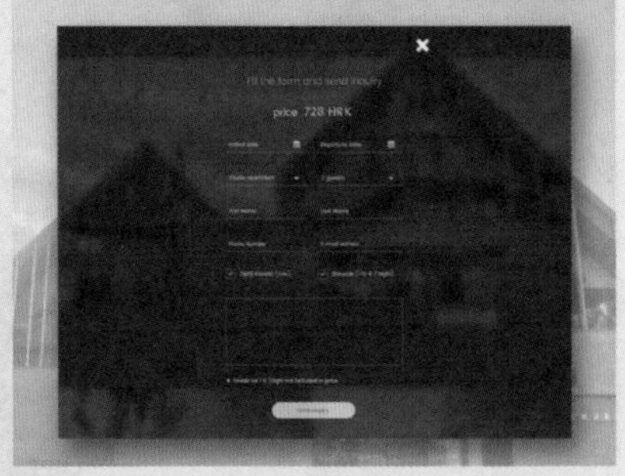

图6-7

设置图层的混合模式需要在至少包含两个图层的文档中进行才能够观察到效果。首先准备两个图层，如图6-8所示。在“图层”面板中选择一个除“背景”以外的位于上方的图层，默认情况下图层没有设置过混合模式。混合模式为“正常”，单击“正常”后侧的按钮，在下拉列表中可以选择一种混合模式。图层的“混合模式”分为6组，共27种，如图6-9所示。

图6-8

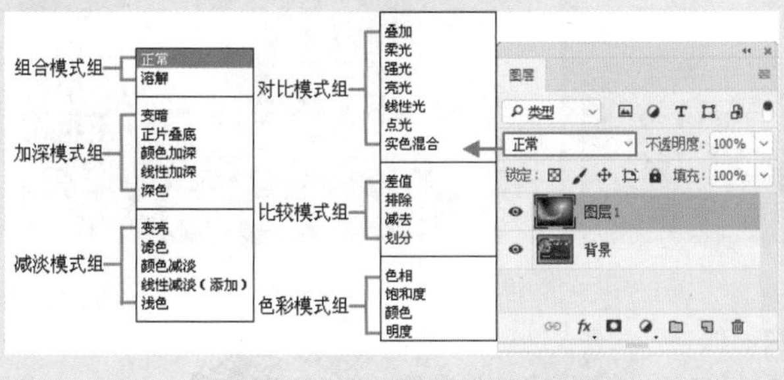

图6-9

高手小贴士：混合模式的应用范围

混合模式在Photoshop中应用非常广泛，在绘画工具和修饰工具的选项栏中，在“渐隐”“填充”“描边”命令和“图层样式”对话框中都能看到包含的混合模式的选项。

（1）组合模式组中有“正常”和“溶解”两个选项。

- 正常：这种模式是Photoshop默认的模式。“图层”面板中包含两个图层，如图6-10所示。在正常情况下（“不透明度”为100%），上层图像将完全遮盖下层图像，降低“不透明度”数值以后才能与下层图像相混合。如图6-11所示是设置“不透明度”为50%时的混合效果。

图6-10

- 溶解：在“不透明度”和“填充”数值为100%时，该模式不会与下层图像相混合，只有这两个数值中的任何一个低于100%时才能产生效果，使透明度区域上的像素离散，如图6-12所示。

（2）加深模式组中的混合模式可以使图像变暗。在混合过程中，当前图层的白色像素会被下层较暗的像素替代。

- 变暗：比较每个通道中的颜色信息，并选择基色或混合色中较暗的颜色作为结果色，同时替换比混合色亮的像素，而比混合色暗的像素保持不变，如图6-13所示。

图6-11

图6-12

图6-13

- 正片叠底：任何颜色与黑色混合产生黑色，任何颜色与白色混合保持不变，如图6-14所示。
- 颜色加深：通过增加上下层图像之间的对比度来使像素变暗，与白色混合后不产生变化，如图6-15所示。
- 线性加深：通过减小亮度使像素变暗，与白色混合不产生变化，如图6-16所示。

图6-14

图6-15

图6-16

- 深色：通过比较两个图像的所有通道的数值的总和，然后显示数值较小的颜色，如图6-17所示。

（3）减淡模式组与加深模式组产生的混合效果完全相反，它们可以使图像变亮。在混合过程中，图像中的黑色像素会被较亮的像素替换，而任何比黑色亮的像素都可能提亮下层图像。

- 变亮：比较每个通道中的颜色信息，并选择基色或混合色中较亮的颜色作为结果色，同时替换比混合色暗的像素，而比混合色亮的像素保持不变，如图6-18所示。
- 滤色：与黑色混合时颜色保持不变，与白色混合时产生白色，如图6-19所示。

图6-17

图6-18

图6-19

- 颜色减淡：通过减小上下层图像之间的对比度来提亮底层图像的像素，如图6-20所示。
- 线性减淡（添加）：与“线性加深”模式产生的效果相反，可以通过提高亮度来减淡颜色，如图6-21所示。

- 浅色：通过比较两个图像的所有通道的数值的总和，然后显示数值较大的颜色，如图6-22所示。

图6-20

图6-21

图6-22

（4）对比模式组中的混合模式可以加强图像的差异。在混合时，50%的灰色会完全消失，任何亮度值高于50%灰色的像素都可能提亮下层的图像，亮度值低于50%灰色的像素则可能使下层图像变暗。

- 叠加：对颜色进行过滤并提亮上层图像，具体取决于底层颜色，同时保留底层图像的明暗对比，如图6-23所示。
- 柔光：使颜色变暗或变亮，具体取决于当前图像的颜色。如果上层图像比50%灰色亮，则图像变亮；如果上层图像比50%灰色暗，则图像变暗，如图6-24所示。
- 强光：对颜色进行过滤，具体取决于当前图像的颜色。如果上层图像比50%灰色亮，则图像变亮；如果上层图像比50%灰色暗，则图像变暗，如图6-25所示。

图6-23

图6-24

图6-25

- 亮光：通过增加或减小对比度来加深或减淡颜色，具体取决于上层图像的颜色。如果上层图像比50%灰色亮，则图像变亮；如果上层图像比50%灰色暗，则图像变暗，如图6-26所示。
- 线性光：通过减小或增加亮度来加深或减淡颜色，具体取决于上层图像的颜色。如果上层图像比50%灰色亮，则图像变亮；如果上层图像比50%灰色暗，则图像变暗，如图6-27所示。
- 点光：根据上层图像的颜色来替换颜色。如果上层图像比50%灰色亮，则替换比较暗的像素；如果上层图像比50%灰色暗，则替换较亮的像素，如图6-28所示。

图6-26

图6-27

图6-28

- 实色混合：将上层图像的RGB通道值添加到底层图像的RGB值。如果上层图像比50%灰色亮，则使底层图像变亮；如果上层图像比50%灰色暗，则使底层图像变暗，如图6-29所示。

（5）比较模式组中的混合模式可以比较当前图像与下层图像，将相同的区域显示为黑色，不同的区域显示为灰色或彩色。如果当前图层包含白色，那么白色区域会使下层图像反相，而黑色不会对下层图像产生影响。

- 差值：上层图像与白色混合将反转底层图像的颜色，与黑色混合则不产生变化，如图6-30所示。
- 排除：创建一种与“差值”模式相似，但对比度更低的混合效果，如图6-31所示。

图6-29

图6-30

图6-31

- 减去：从目标通道中相应的像素上减去源通道中的像素值，如图6-32所示。
- 划分：比较每个通道中的颜色信息，然后从底层图像中划分上层图像，如图6-33所示。

（6）使用色彩模式组中的混合模式时，Photoshop会将色彩分为色相、饱和度和亮度3种成分，然后再将其中的一种或两种应用在混合后的图像中。

- 色相：用底层图像的明亮度和饱和度以及上层图像的色相来创建结果色，如图6-34所示。

图6-32

图6-33

图6-34

- 饱和度：用底层图像的明亮度和色相以及上层图像的饱和度来创建结果色，在饱和度为0的灰度区域应用该模式不会产生任何变化，如图6-35所示。
- 颜色：用底层图像的明亮度以及上层图像的色相和饱和度来创建结果色可以保留图像中的灰阶，对于为单色图像上色或给彩色图像着色非常有用，如图6-36所示。
- 明度：用底层图像的色相和饱和度以及上层图像的明亮度来创建结果色，如图6-37所示。

图6-35

图6-36

图6-37

★ 案例实战——使用混合模式制作梦幻色调

文件路径　第6章\使用混合模式制作梦幻色调

难易指数　★★★★★

扫码看视频

案例效果

案例效果如图6-38所示。

操作步骤

01 执行“文件>打开”命令，打开背景素材文件，如图6-39所示。

02 执行“图层>新建调整图层>亮度/对比度”命令，在弹出的“新建图层”对话框中单击“确定”按钮。接着在弹出的“属性”面板中设置“对比度”为28，如图6-40所示，效果如图6-41所示。

03 执行“图层>新建调整图层>色相/饱和度”命令，在弹出的“新建图层”对话框中单击“确定”按钮，接着在“属性”面板中设置通道为“黄色”，“饱和度”为-81，如图6-42所示，效果如图6-43所示。

图6-38

图6-39

04 使用“快速选择工具”选择背景选区，如图6-44所示。执行“图层>新建调整图层>色相饱和度”命令，以当前选区创建色相饱和度调整图层，如图6-45所示。

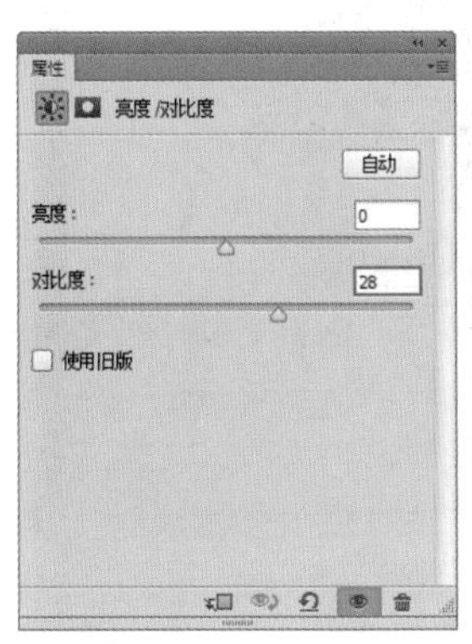

图6-40

图6-41

图6-42

图6-43

图6-44

05 在“属性”面板中设置“色相”为144，“饱和度”为40，“明度”为-10，如图6-46所示，效果如图6-47所示。

06 新建图层，在工具箱的底部设置合适的前景色，选择工具箱中的“画笔工具”，使用“柔边圆”画笔在画面中绘制彩色效果，如图6-48所示。设置其“混合模式”为“滤色”，“不透明度”为85%，如图6-49所示，效果如图6-50所示。

图6-45

图6-46

图6-47

图6-48

图6-49

07 执行“图层>新建调整图层>曲线”命令，在弹出的“新建图层”对话框中单击“确定”按钮。接着在“属性”面板中调整曲线的形状，如图6-51所示，最终效果如图6-52所示。

图6-50

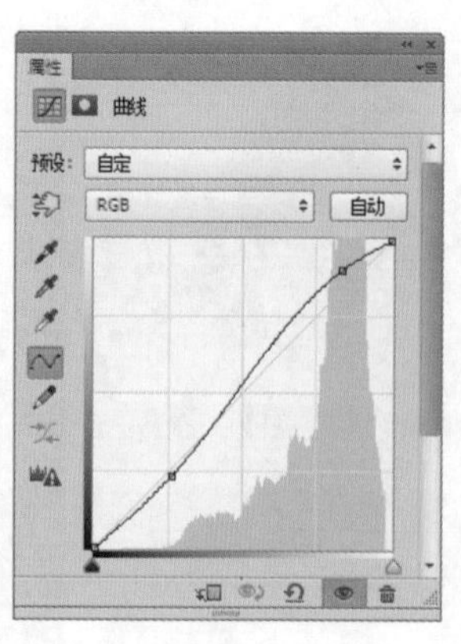

图6-51

图6-52

6.3 综合实战——冷色调音乐APP播放页面

文件路径　第6章\冷色调音乐APP播放页面

难易指数　★★★★★

扫码看视频

案例效果

案例效果如图6-53所示。

图6-53

6.3.1　项目分析

本案例将制作一款音乐播放器的歌单列表界面，界面整体采用了一种现代感较强的表现形式，简洁大方。界面整体以上半部分的主图为风格导向，下半部分模块颜色会随着歌曲的切换而改变。这种搭配方式可以极大地统一界面整体的格调，使用者更容易沉浸于音乐以及画面共融的氛围中。如图6-54和图6-55所示为优秀的播放器界面。

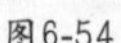

图6-54

图6-55

6.3.2 布局规划

界面采用了常见的上下两部分的分区方式，上部背景图片为歌曲的专辑或音乐相关的图片，此处图片不固定，会根据专辑类型自动匹配相应界面。下部为歌曲列表类型，以整齐排列的细长纯色色块作为背景，各种风格的歌曲将清晰地展示在听者面前，使音乐爱好者更易找到自己喜欢的音乐。此类上下两部分的版面切分方式较为常见，下方的模块条目不仅可以以纵向的方式进行排列，还可以卡片化的形式横向排列。如图6-56和图6-57所示为优秀的UI设计作品。

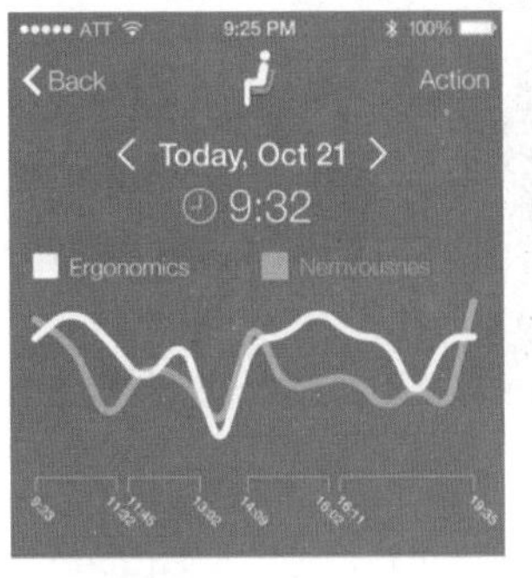

图6-56

图6-57

6.3.3 色彩搭配

该界面为同色系搭配风格，由于色相相差较小，整体视觉感较亲切柔和。同时色调及明度的交替，巧妙地为画面带来轻快、愉悦的氛围，令听者产生一种身临其境的感觉。如图6-58和图6-59所示为切换至不同音乐主题时的效果。

图6-58

图6-59

6.3.4 实践操作

1. 制作音乐信息部分

（1）创建一个新的文档。在画面中绘制拼接背景色。首先新建图层，选择工具箱中的“矩形选框工具”，在画面顶部按住鼠标左键并拖动绘制矩形选区，如图6-60所示。然后单击工具箱底部的“前景色”按钮，在弹出的“拾色器”对话框中设置颜色为蓝灰色，设置完成后单击“确定”按钮，如图6-61所示。接着使用填充前景色快捷键Alt+Delete进行快速填充，如图6-62所示。绘制完成后按Ctrl+D快捷键取消选区。

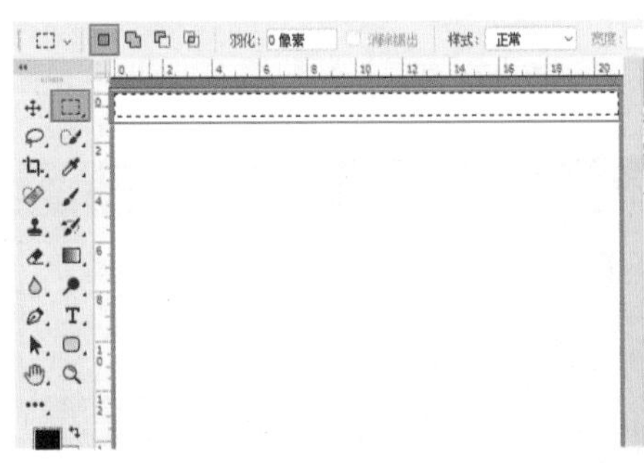

图6-60

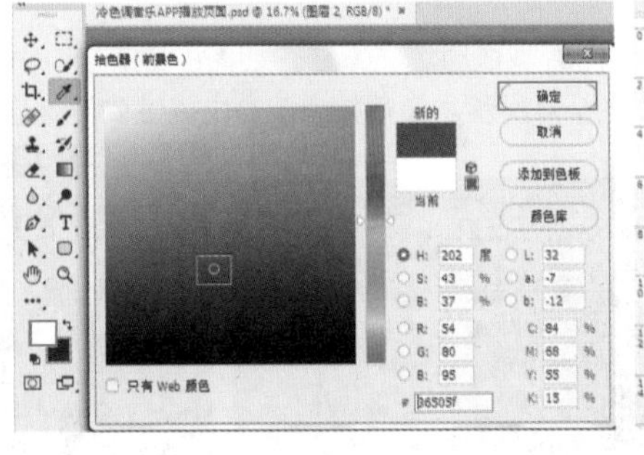

图6-61

图6-62

（2）在顶部矩形下方依次绘制矩形选区，新建图层并填充相应的颜色，如图6-63所示。

（3）新建图层，使用“矩形选框工具”绘制矩形选区，如图6-64所示。将前景色设置为黑色，使用填充前景色快捷键Alt+Delete进行快速填充，如图6-65所示。然后按Ctrl+D快捷键取消选区。

（4）单击选中该黑色矩形图层，在“图层”面板中设置该图层的“不透明度”为33%，如图6-66所示。此时画面呈现半透明效果，如图6-67所示。

图6-63　　图6-64　　图6-65　　图6-66

（5）绘制音乐APP播放页面的上部分。首先绘制上部的背景部分，新建图层，在画面上绘制一个矩形选区，如图6-68所示。选择工具箱中的“渐变工具”，在选项栏中单击渐变色条，在弹出的“渐变编辑器”窗口中编辑一种由黑色到蓝绿色的渐变，接着单击“确定”按钮，再单击选项栏中的“线性渐变”按钮，如图6-69所示。

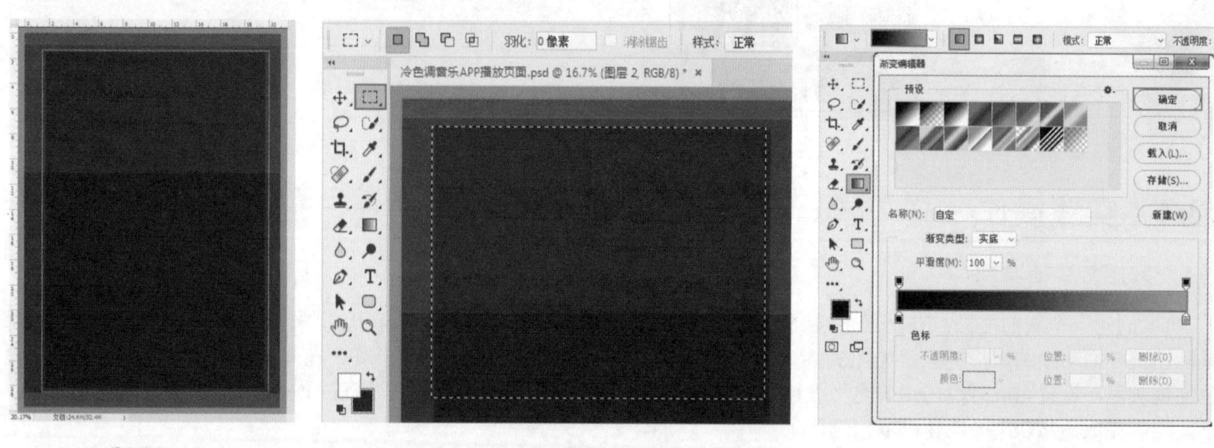

图6-67　　图6-68　　图6-69

（6）在画面中按住鼠标从选区左侧向右侧拖动填充渐变，如图6-70所示。单击选中该渐变图层，在“图层”面板中设置该图层的“混合模式”为“滤色”，如图6-71所示。最后按Ctrl+D快捷键取消选区。

（7）执行“文件>置入嵌入对象”命令，在弹出的对话框中选择“1.jpg”，单击“置入”按钮。接着将置入的素材摆放在渐变图层上方位置，如图6-72所示，调整完成后按Enter键完成置入。在“图层”面板中右击该图层，在弹出的快捷菜单中执行“栅格化图层”命令，如图6-73所示。

图6-70

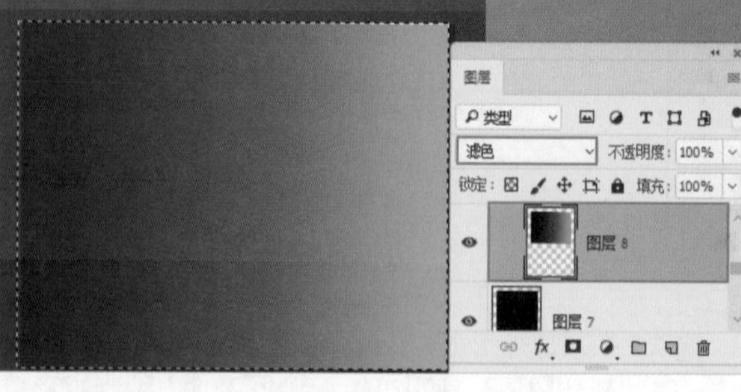

图6-71

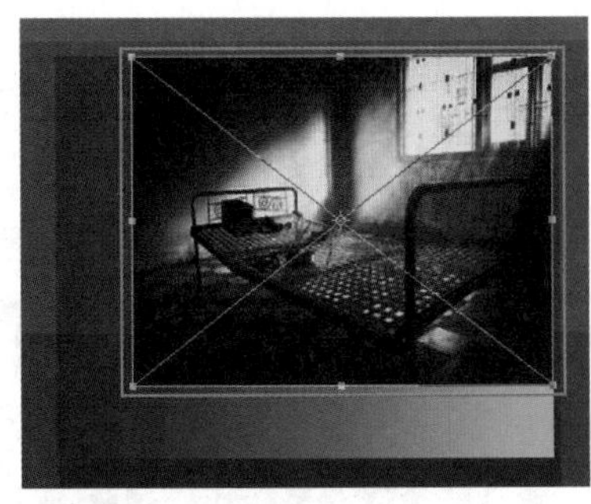

图6-72

（8）在“图层”面板中设置该图层的“混合模式”为“滤色”，如图6-74所示，画面效果如图6-75所示。

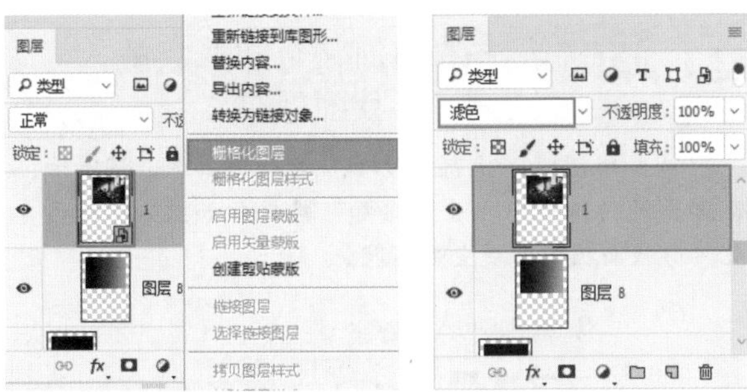

图6-73　　图6-74

（9）隐藏图片左侧生硬的边缘。选择素材“1.jpg”图层，接着单击“图层”面板底部的“添加图层蒙版”按钮，为该图层添加图层蒙版，如图6-76所示。接着选择工具箱中的“画笔工具”，在选项栏中设置画笔“大小”为700像素的“柔边圆”画笔，在图层蒙版选中的状态下在图片左侧区域涂抹，效果如图6-77所示。

图6-75　　图6-76

（10）压暗画面左侧的亮度。新建图层，选择工具箱中的“画笔工具”，在选项栏的“画笔预设”选取器中设置画笔大小为700像素，在常规画笔下方选择“柔边圆”，如图6-78所示。将前景色设置为黑色，然后按住鼠标左键在画面左侧处涂抹，此时画面效果如图6-79所示。

（11）单击选中该图层，在“图层”面板中设置该图层的“不透明度”为90%，“混合模式”为“深色”，如图6-80所示，此时画面效果如图6-81所示。

图6-77

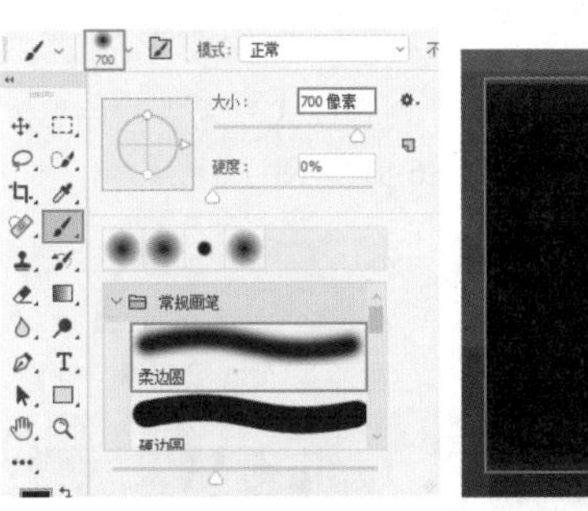

图6-78　　图6-79

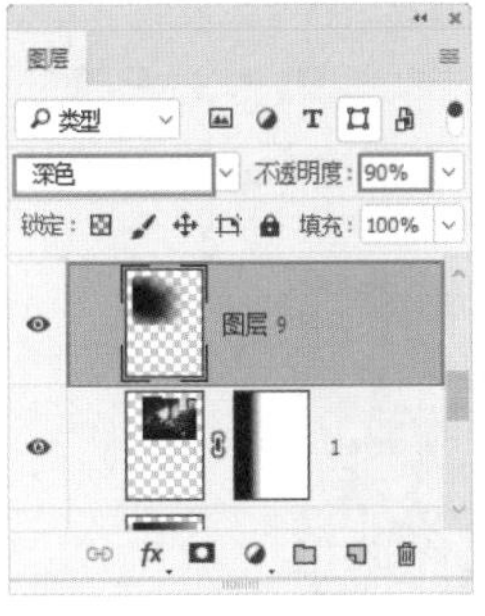

图6-80　　图6-81

（12）执行“文件>置入嵌入对象”命令，置入素材“2.jpg”，摆放在合适的位置，按Enter键确定置入操作，并将其栅格化，如图6-82所示。

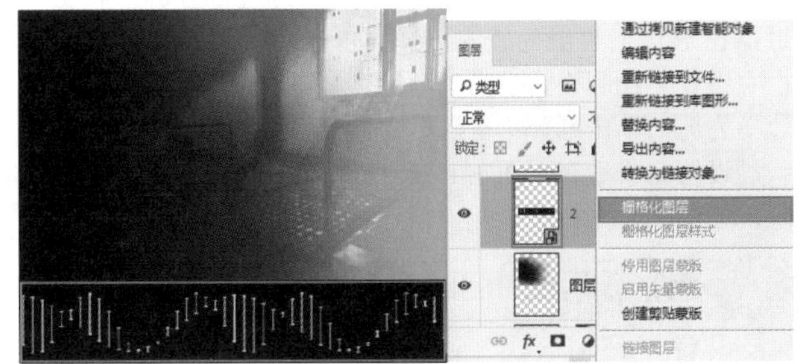

图6-82

（13）在“图层”面板中设置素材2图层的“混合模式”为“颜色减淡”，如图6-83所示。此时画面效果如图6-84所示。

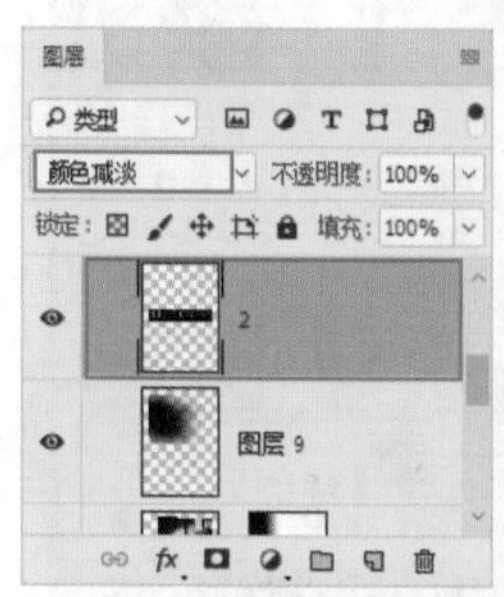

图6-83

图6-84

（14）置入天空素材“3.jpg”，摆放在合适位置，并将其栅格化，如图6-85所示。

（15）设置天空素材图层的“混合模式”为“滤色”，如图6-86所示，此时画面效果如图6-87所示。

图6-85

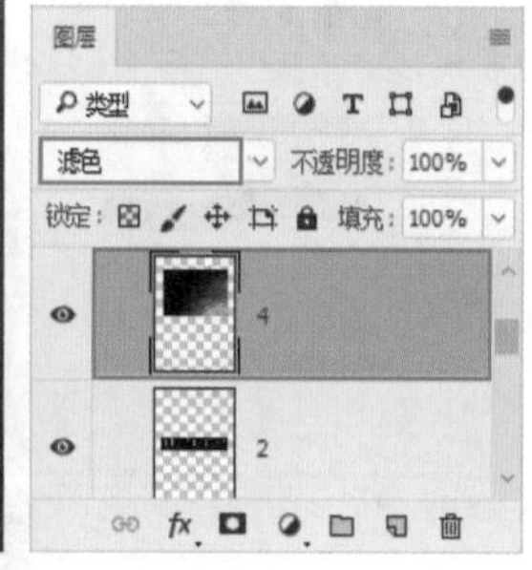

图6-86

图6-87

（16）绘制顶部工具图案。在工具箱中右击形状工具组，在形状工具组列表中选择“自定形状工具”，在选项栏中设置“绘制模式”为“形状”，“填充”为灰色，“描边”为无，单击打开“自定形状”拾色器，选择“搜索”形状，设置完成后在画面左上方位置按住鼠标左键拖动进行绘制，如图6-88所示。

读书笔记

图6-88

技巧提示 如何将全部形状载入形状面板中

单击图标，执行“全部”命令，如图6-89所示，在弹出的对话框中单击“追加”按钮，如图6-90所示。此时形状面板中出现全部形状。

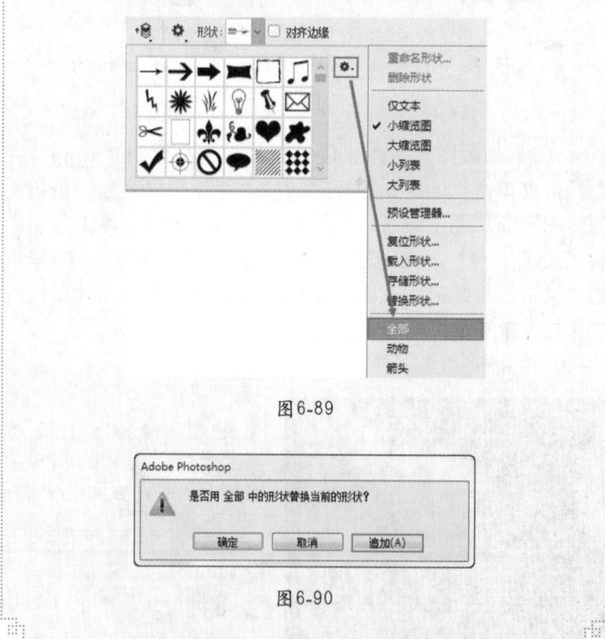

图6-89

Adobe Photoshop

是否用 全部 中的形状替换当前的形状?

确定　取消　追加(A)

图6-90

（17）使用同样的方式绘制另外两个图形，效果如图6-91所示。

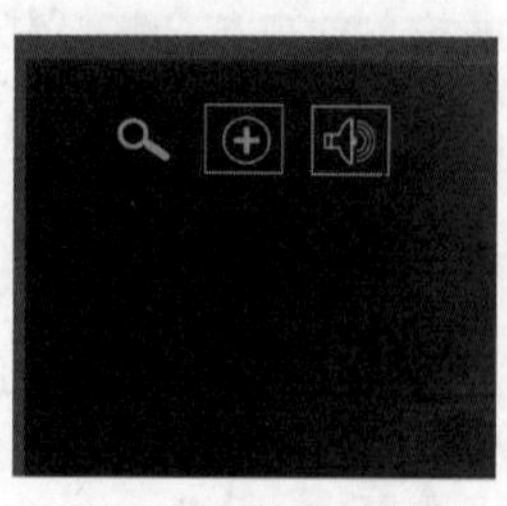

图6-91

（18）在图标下方绘制一条线。选择“矩形工具”，在选项栏中设置“绘制模式”为“形状”，“填充”为白色，“描边”为无，然后在图标下方进行绘制，如图6-92所示。

（19）制作歌曲信息，首先绘制心形小图标。选择“自定形状工具”，在选项栏中设置“绘制模式”为“形状”，“填充”为红色，“描边”为无，单击打开“自定形状”拾色器，选择“红心形卡”图案，然后在画面中横线下方拖动鼠标左键进行绘制，如图6-93所示。

（20）在心形图案右侧输入文字。选择工具箱中的“横排文字工具”，在选项栏中设置合适的字体、字号，文字颜色设置为浅灰色。设置完毕后在画面中心形图案右侧位置单击，输入数字，如图6-94所示。文字输入完毕后按Ctrl+Enter快捷键完成操作。用同样的方法继续为界面添加文字，效果如图6-95所示。

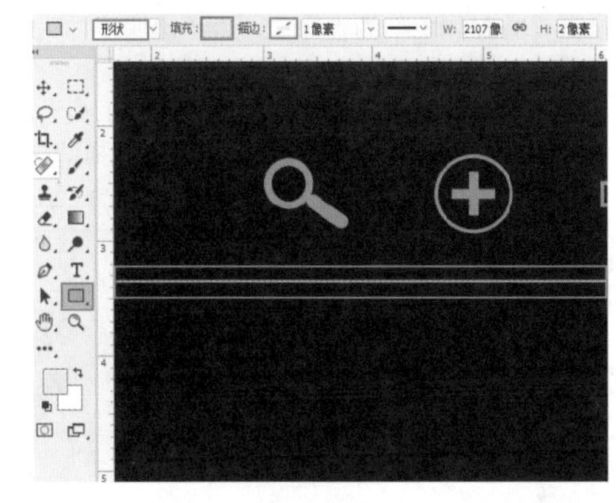

图6-92

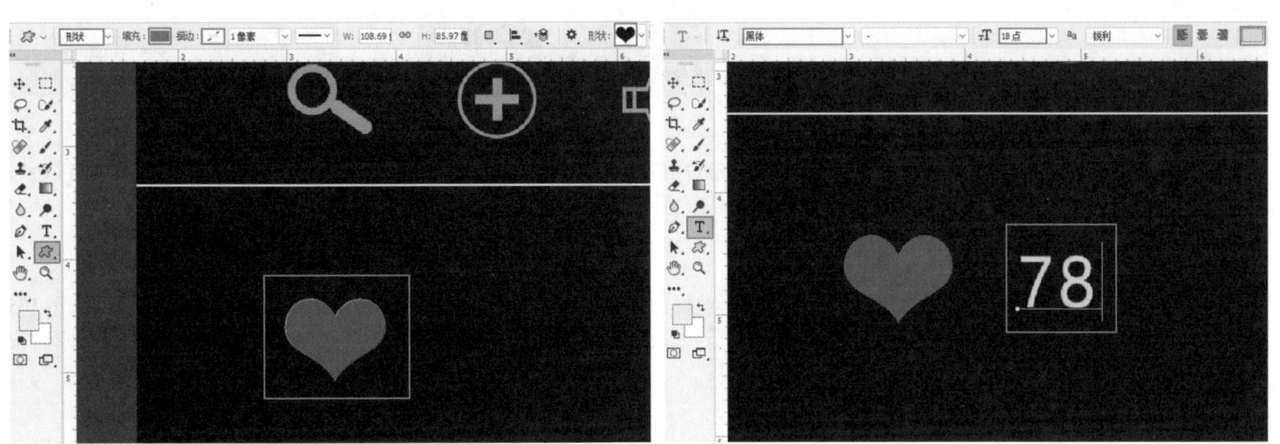

图6-93　　图6-94

（21）置入素材“4.jpg”，摆放在文字下方位置，适当调整大小及位置，然后将该图层栅格化，如图6-96所示。选择工具箱中的“椭圆选框工具”，在人像头部处按住Shift+Alt快捷键绘制一个正圆选区，如图6-97所示。

（22）在保持当前选区的状态下单击“图层”面板底部的“添加图层蒙版”按钮，以当前选区为该图层添加图层蒙版。选区以内的部分为显示状态，选区以外的部分被隐藏，如图6-98和图6-99所示。

图6-95

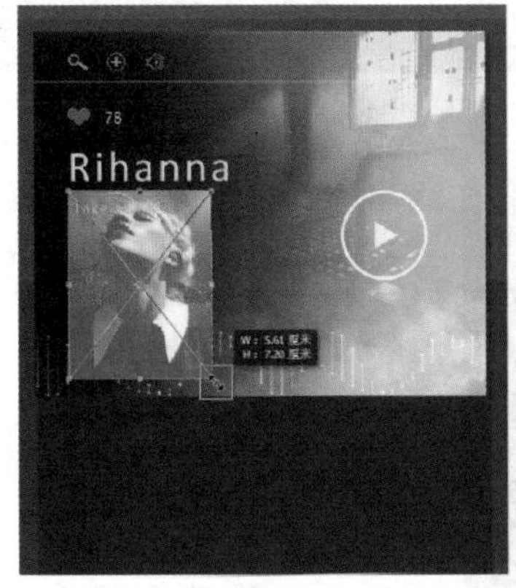

图6-96

图6-97　　图6-98

图6-99

（23）在“图层”面板中选中素材4图层，执行“图层>图层样式>颜色叠加”命令，在弹出的“图层样式”对话框中设置“叠加颜色”为青绿色，“不透明度”为13%，设置完成后单击“确定”按钮，如图6-100所示，此时效果如图6-101所示。

（24）绘制播放控件。选择“椭圆工具”，在选项栏中设置“绘制模式”为“形状”，“填充”为白色，“描边”为无，然后按住Shift键的同时按住鼠标左键拖动绘制正圆，如图6-102所示。

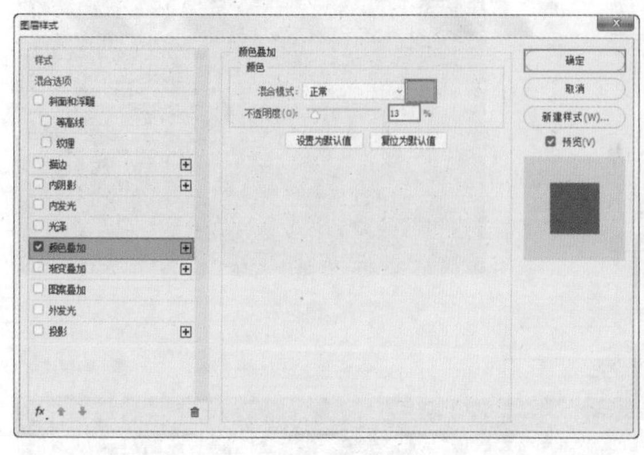

图6-100

图6-101

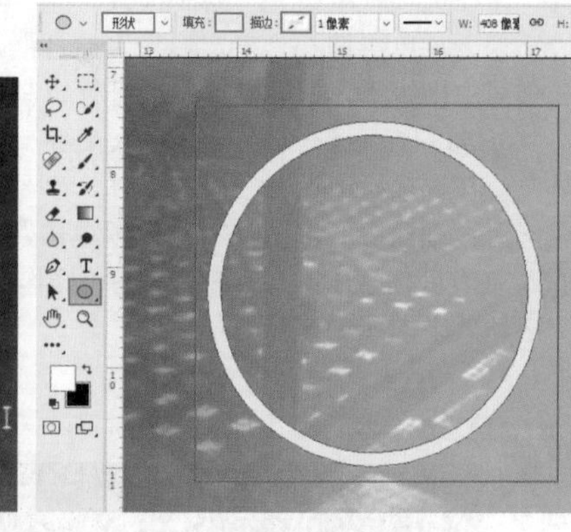

图6-102

（25）在形状工具组中选择“多边形状工具”，在选项栏中设置“绘制模式”为“形状”，“填充”为 白色，“描边”为无，“边数”为3，然后在圆形内部进行绘制，如图6-103所示。此时播放页面上部绘制完成，如图6-104所示。

2. 制作歌曲列表部分

（1）绘制列表的背景形状。选择工具箱中的“矩形选框工具”，在画面中按住鼠标左键并拖动，得到矩形选区，如图6-105所示。新建图层，设置前景色为青蓝色，使用填充前景色快捷键Alt+Delete进行快速填充，如图6-106所示。绘制完成后按Ctrl+D快捷键取消选区。

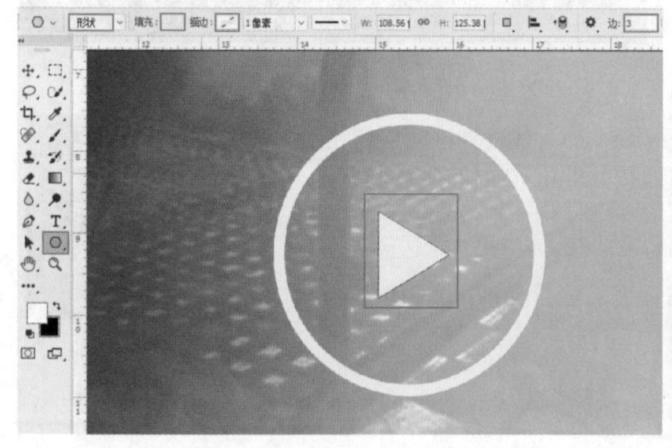

图6-103

图6-104

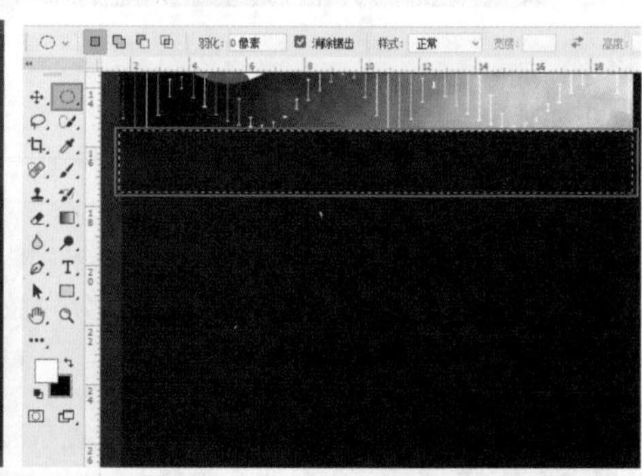

图6-105

（2）单击选中该图层，在“图层”面板中设置该图层的“不透明度”为80%，如图6-107所示，此时画面效果如图6-108所示。

（3）在“图层”面板中单击选中该图层，使用复制图层快捷键Ctrl+J复制出一个相同的图层。然后将复制的图层向下移动，如图6-109所示。接着按住Ctrl键单击“图层”面板中拷贝图层的缩览图，载入该图层的选区，并将前景色设置为青绿色，使用填充前景色快捷键Alt+Delete进行快速填充。最后在“图层”面板中设置该图层的“不透明度”为100%，如图6-110所示。

图6-106

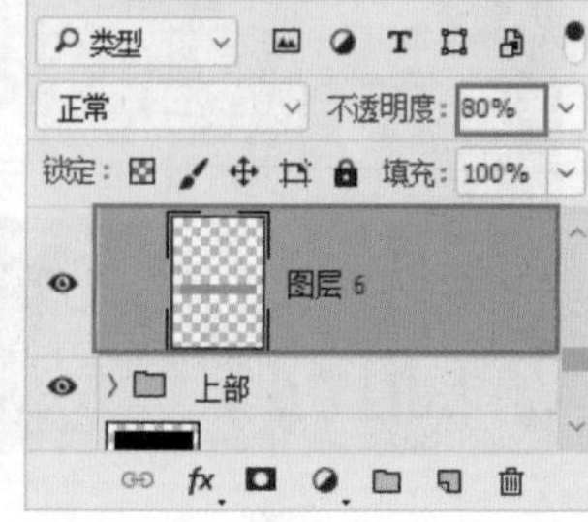

图6-107

（4）用同样的方法复制多个矩形图层，在“图层”面板中设置合适的颜色及不透明度，效果如图6-111所示。然后在“图层”面板中单击选中底部的矩形图层，接着使用自由变换快捷键Ctrl+T进入自由变换状态，将光标定位到定界框下方，按住鼠标左键并向下拖动，如图6-112所示。调整完成后按Enter键完成操作。

图6-108

图6-109

图6-110

图6-111

（5）在列表上输入文字，选择工具箱中的“横排文字工具”，在选项栏中设置合适的字体、字号，文字颜色设置为浅灰色。设置完毕后在列表最上方矩形位置单击，接着输入文字，如图6-113所示，文字输入完毕后按Ctrl+Enter快捷键完成操作。用同样的方法继续在下方表格输入文字，如图6-114所示。

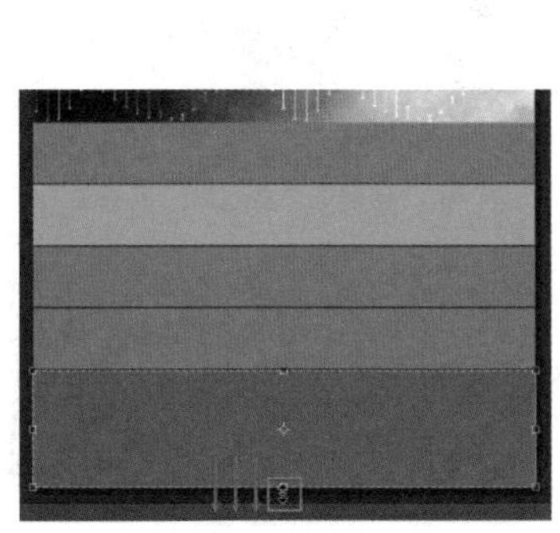

图6-112

图6-113

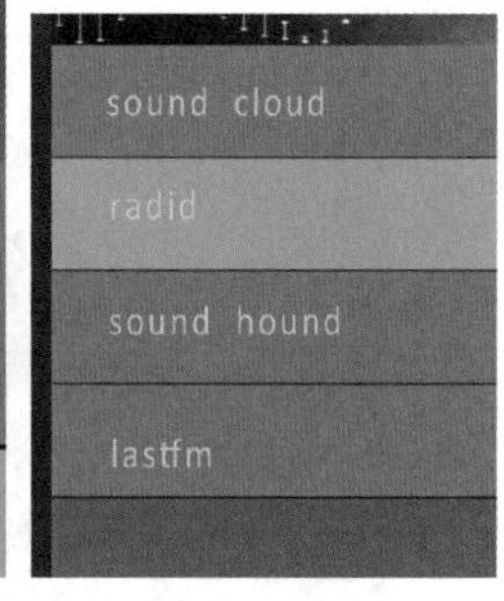

图6-114

（6）选择工具箱中的“自定形状工具”，在选项栏中设置“绘制模式”为“形状”，“填充”为白色，“描边”为无，单击打开“自定形状”拾色器，选择“世界”图案，设置完成后在画面最底部列表中按住鼠标左键并拖动进行绘制，如图6-115所示。

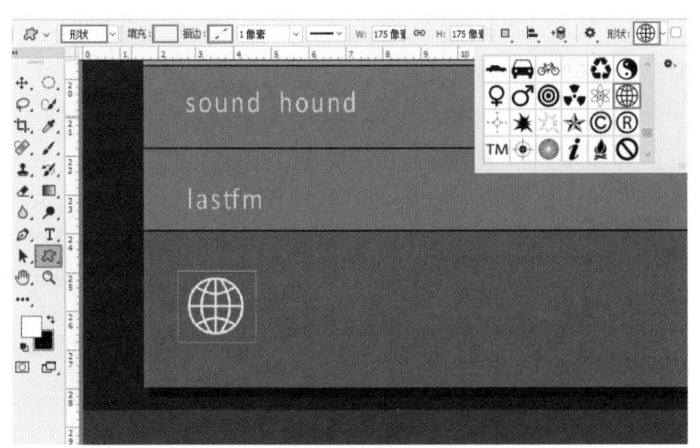

图6-115

（7）单击选中该图层，在“图层”面板中设置该形状图层的“不透明度”为64%，如图6-116所示，此时图案效果如图6-117所示。

图6-116

图6-177

（8）用同样的方法继续使用“横排文字工具”在相应的位置添加文字，如图6-118所示。

（9）再次在形状工具组列表中选择“自定形状工具”，在选项栏中设置“绘制模式”为“形状”，“填充”为白色，“描边”为无，单击打开“自定形状”拾色器，选择“箭头2”图案，设置完成后在画面最底部列表中按住鼠标左键并拖动进行绘制，如图6-119所示。选择该图层，使用自由变换快捷键Ctrl+T调出定界框，然后拖动控制点将图形进行旋转，旋转完成后按Enter键确定变换操作，如图6-120所示。

图6-118

图6-119

图6-120

（10）单击选中该图层，在“图层”面板中设置该图层的“不透明度”为68%，如图6-121所示，该音乐APP播放界面最终效果如图6-122所示。

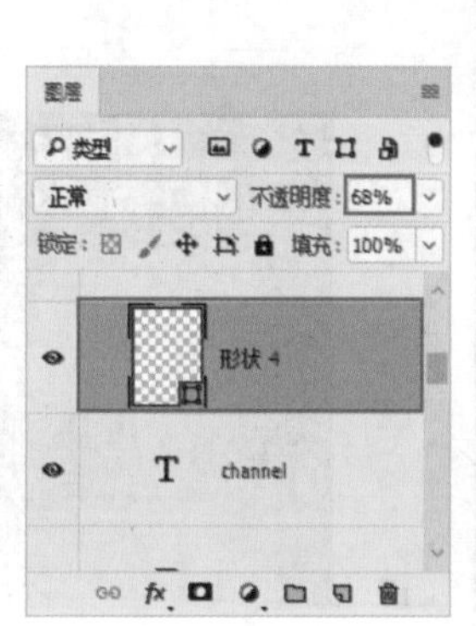

图6-121

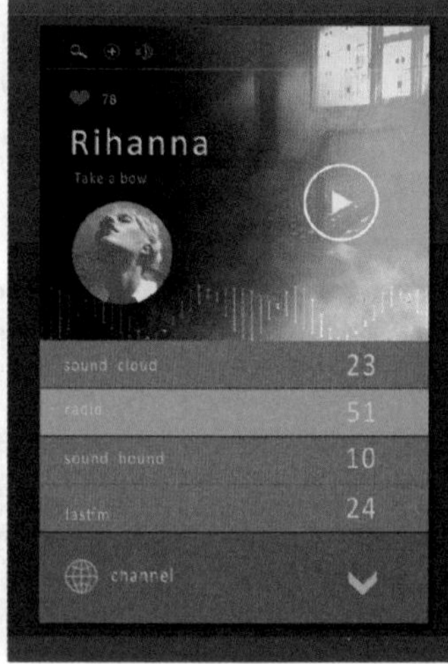

图6-122

读书笔记

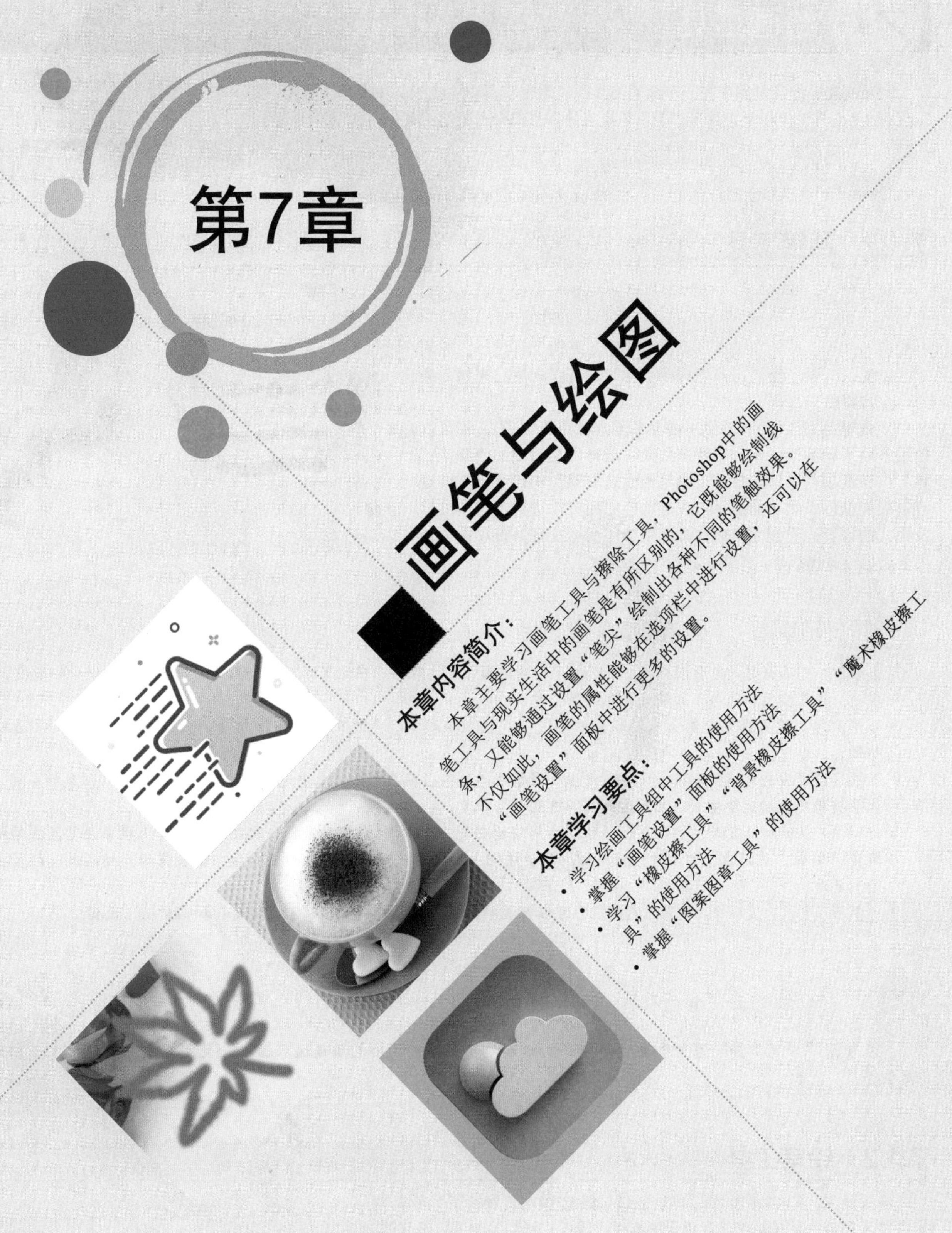

第7章

画笔与绘图

本章内容简介：

本章主要学习画笔工具与擦除工具，Photoshop中的画笔工具与现实生活中的画笔是有所区别的，它既能够绘制线条，又能够通过设置“笔尖”绘制出各种不同的笔触效果。不仅如此，画笔的属性能够在选项栏中进行设置，还可以在“画笔设置”面板中进行更多的设置。

本章学习要点：

- 学习绘画工具组中工具的使用方法
- 掌握“画笔设置”面板的使用方法
- 学习“橡皮擦工具”“背景橡皮擦工具”“魔术橡皮擦工具”的使用方法
- 掌握“图案图章工具”的使用方法

7.1 绘画工具

Photoshop的工具箱中有一个画笔工具组，这个工具组中的工具主要用于绘图，其中包括“画笔工具”“铅笔工具”“颜色替换工具”“混合器画笔工具”，如图7-1所示。

图 7-1

7.1.1 画笔工具

- 视频精讲：Photoshop新手学视频精讲课堂\画笔工具的使用方法.flv
- 技术速查：“画笔工具”是使用频率最高的工具之一，它可以使用前景色绘制出各种线条，同时也可以利用它来修改通道和蒙版。

“画笔工具”可以使用前景色绘制出各种线条，还可以使用不同形状的笔尖绘制出特殊效果。选择工具箱中的“画笔工具”，在选项栏中单击打开“画笔预设选取器”，在这里需要进行笔尖类型以及大小的选择。在选项栏中还可以进行不透明度以及模式的设置。设置完毕后在画面中按住鼠标左键并拖动即可使用前景色绘制出线条，如图7-2所示。

图 7-2

选项解读：“画笔工具”选项栏

- 画笔大小：单击倒三角形图标，可以打开“画笔预设”选取器，在这里可以选择笔尖、设置画笔的大小和硬度。
- 模式：设置绘画颜色与下面现有像素的混合方法。
- 不透明度：设置画笔绘制出来的颜色的不透明度。数值越大，笔迹的不透明度越高；数值越小，笔迹的不透明度越低。
- 流量：设置当将光标移到某个区域上方时应用颜色的速率。在某个区域上方进行绘画时，如果一直按住鼠标左键，颜色量将根据流动速率增大，直至达到“不透明度”设置。
- 启用喷枪模式：激活该按钮以后，可以启用喷枪功能，Photoshop会根据鼠标左键的单击程度来确定画笔笔迹的填充数量。例如，关闭喷枪功能时，每单击一次会绘制一个笔迹；而启用喷枪功能以后，按住鼠标左键不放，即可持续绘制笔迹。
- 绘图板压力控制大小：使用压感笔压力可以覆盖“画笔设置”面板中的“不透明度”和“大小”设置。

高手小贴士：使用“画笔工具”的小技巧

在使用“画笔工具”进行绘画时，单击鼠标右键可以弹出“画笔预设选取器”，使用它可以快速地调整画笔的参数。

7.1.2 铅笔工具

- 视频精讲：Photoshop新手学视频精讲课堂\铅笔工具的使用方法.flv
- 技术速查：“铅笔工具”用于绘制硬边线条，例如像素画以及像素游戏。

“铅笔工具”的使用方法与“画笔工具”基本相同，不同点在于“铅笔工具”主要用于绘制硬边的线条。在“铅笔工具”的“画笔预设选取器”中可以看到笔尖类型与“画笔工具”有着明显的不同，设置合适的大小后，在画面中可以绘制出较硬的线条，如图7-3所示。

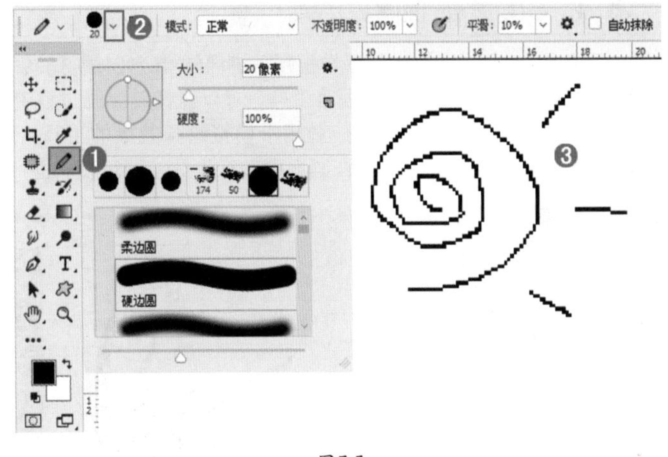

图 7-3

7.1.3 颜色替换工具

- 视频精讲：Photoshop新手学视频精讲课堂\颜色替换画笔的使用方法.flv
- 技术速查：使用“颜色替换工具”能够将画面中的区域替换为选定的颜色。

“颜色替换工具”可以用前景色替换图像中指定的像素。选择工具箱中的“颜色替换工具”，在选项栏中可以设置合适的笔尖大小、模式、限制以及容差，然后设置合适的前景色。接着将光标移动到需要替换颜色的区域进行涂抹，被涂抹的区域颜色发生了变化，如图7-4所示。继续进行涂抹，效果如图7-5所示。

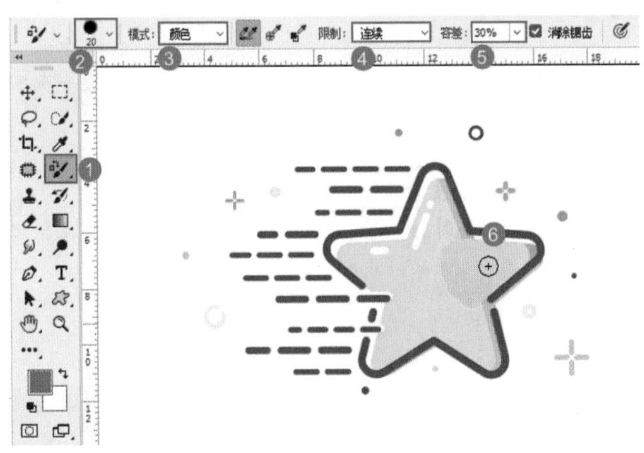

图 7-4

图 7-5

选项解读：“颜色替换工具”选项栏

- 模式：选择替换颜色的模式，包括“色相”“饱和度”“颜色”“明度”。当选择“颜色”模式时，可以同时替换色相、饱和度和明度。
- 取样：用来设置颜色的取样方式。激活“取样:连续”按钮以后，在拖曳光标时，可以对颜色进行取样；激活“取样:一次”按钮以后，只替换包含第一次单击的颜色区域中的目标颜色；激活“取样:背景色板”按钮以后，只替换包含当前背景色的区域。
- 限制：当选择“不连续”选项时，可以替换出现在光标下任何位置的样本颜色；当选择“连续”选项时，只替换与光标下的颜色接近的颜色；当选择“查找边缘”选项时，可以替换包含样本颜色的连接区域，同时保留形状边缘的锐化程度。
- 容差：选取较低的百分比可以替换与所点按像素非常相似的颜色，从而增加该百分比可替换范围更广的颜色。

7.1.4 混合器画笔工具

视频精讲：Photoshop新手学视频精讲课堂\混合器画笔的使用方法.flv

技术速查：使用“混合器画笔工具”可以像传统绘画过程中混合颜料一样混合像素，从而产生带有绘画感的奇特效果。

“混合器画笔工具”是一款用于模拟绘画效果的工具，通过选项栏的设置可以调节笔触的颜色、潮湿度、混合颜色等，如图7-6所示。设置完毕后在画面中进行涂抹，即可使画面产生手绘感的效果，如图7-7所示。

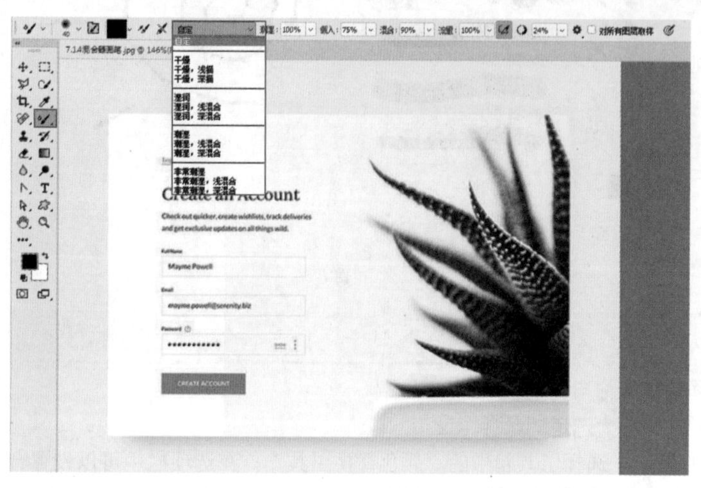

图7-6

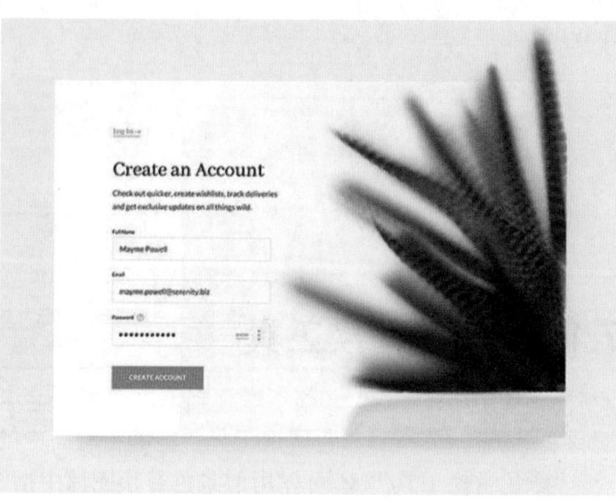

图7-7

选项解读：“混合器画笔工具”选项栏

- 每次描边后载入画笔和每次描边后清理画笔：控制了每一笔涂抹结束后对画笔是否更新和清理，类似于画家在绘画时一笔过后是否将画笔放在水中清洗的操作。
- 潮湿：控制画笔从画布拾取的油彩量。较高的设置会产生较长的绘画条痕。
- 载入：设置画笔上的油彩量。载入速率较低时，绘画描边干燥的速度会更快。
- 混合：控制画布油彩量与画笔上的油彩量的比例。当混合比例为100%时，所有油彩将从画布中拾取；当混合比例为0%时，所有油彩都来自储槽。

7.2 “画笔设置”面板

执行“窗口>画笔设置”命令，打开“画笔设置”面板。通过参数设置可以使画笔绘制出形状各异、不连续甚至是五颜六色的笔触效果。而且“画笔设置”面板的参数设置不仅可以应用于“画笔工具”，对于“橡皮擦工具”“加深工具”“涂抹工具”“锐化工具”等也是有效的。在“画笔设置”面板左侧可以看到画笔设置的各项参数列表，单击某项的名称，右侧即可显示相应的参数设置，如图7-8所示。

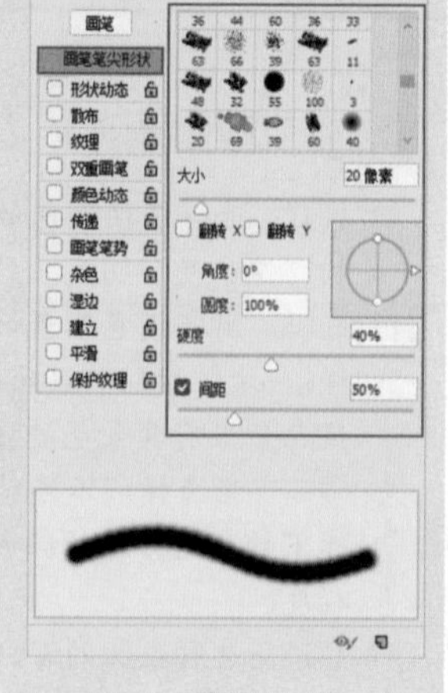

图7-8

读书笔记

7.2.1 笔尖形状设置

- 视频精讲：Photoshop新手学视频精讲课堂\画笔笔尖形状设置.flv
- 技术速查：在“画笔笔尖形状”选项面板中可以设置画笔的形状、大小、硬度和间距等属性。

在“画笔笔尖形状”选项面板中可以对画笔的大小、形状等基本属性进行设置，如图7-9所示。

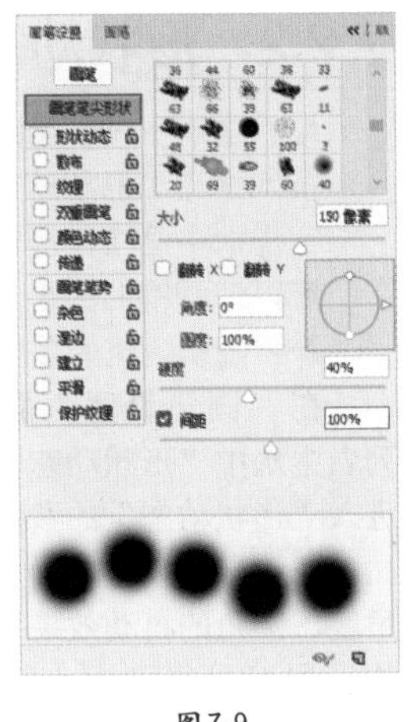
图7-9

读书笔记

选项解读：“画笔笔尖形状”选项面板

- 大小：控制画笔的大小，可以直接输入像素值，也可以通过拖曳滑块来设置画笔大小。对比效果如图7-10和图7-11所示。
- 翻转X/Y：将画笔笔尖在其x轴或y轴上进行翻转。
- 角度：指定椭圆画笔或样本画笔的长轴在水平方向旋转的角度。
- 圆度：设置画笔短轴和长轴之间的比率。当“圆度”为100%时，表示圆形画笔；当“圆度”为0%时，表示线性画笔；介于0%～100%的“圆度”值，表示椭圆画笔（呈“压扁”状态）。
- 硬度：控制画笔硬度中心的大小。数值越小，画笔的柔和度越高，对比效果如图7-12和图7-13所示。

图7-10

大小 200 像素

图7-11

图7-12

- 间距：控制描边中两个画笔笔迹之间的距离。数值越高，笔迹之间的间距越大，对比效果如图7-14和图7-15所示。

图7-13

图7-14

图7-15

7.2.2 形状动态

- 视频精讲：Photoshop新手学视频精讲课堂\画笔形状动态的设置.flv
- 技术速查：形状动态可以决定描边中画笔笔迹的变化，可以使画笔的大小、圆度等产生随机变化的效果。

在“画笔设置”面板左侧列表中选中“形状动态”选项，进入“形状动态”的参数设置页面。在这里可以设置画笔大小、角度、圆角的抖动效果，通过参数设置可以得到大小不一、角度不同的笔触效果，如图7-16所示，效果如图7-17所示。

图7-16

图7-17

选项解读：“形状动态”选项面板

- 大小抖动/控制：指定描边中画笔笔迹大小的改变方式。数值越高，图像轮廓越不规则，如图7-18和图7-19所示。
- 控制：在“控制”下拉列表中可以设置“大小抖动”的方式，其中“关”选项表示不控制画笔笔迹的大小变换；“渐隐”选项是按照指定数量的步长在初始直径和最小直径之间渐隐画笔笔迹的大小。
- 最小直径：当启用“大小抖动”选项以后，通过该选项可以设置画笔笔迹缩放的最小缩放百分比。数值越高，笔尖的直径变化越小。
- 倾斜缩放比例：当“大小抖动”设置为“钢笔斜度”选项时，该选项用来设置在旋转前应用于画笔高度的比例因子。
- 角度抖动/控制：用来设置画笔笔迹的角度。如果要设置“角度抖动”的方式，可以在下面的“控制”下拉列表中进行选择。
- 圆度抖动/控制/最小圆度：用来设置画笔笔迹的圆度在描边中的变化方式。如果要设置“圆度抖动”的方式，可以在下面的“控制”下拉列表中进行选择，效果如图7-20和图7-21所示。

图7-18

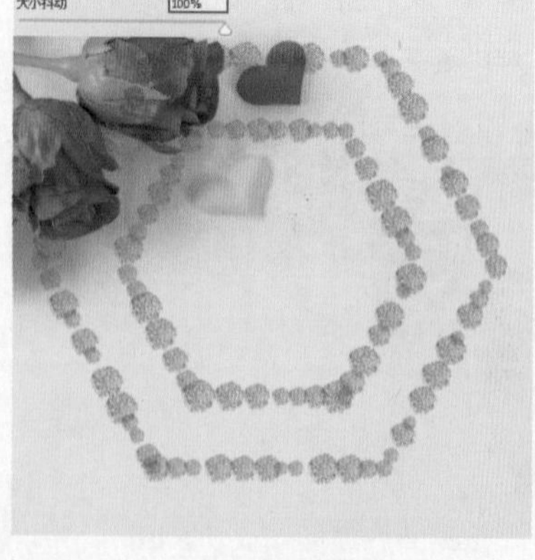

图7-19

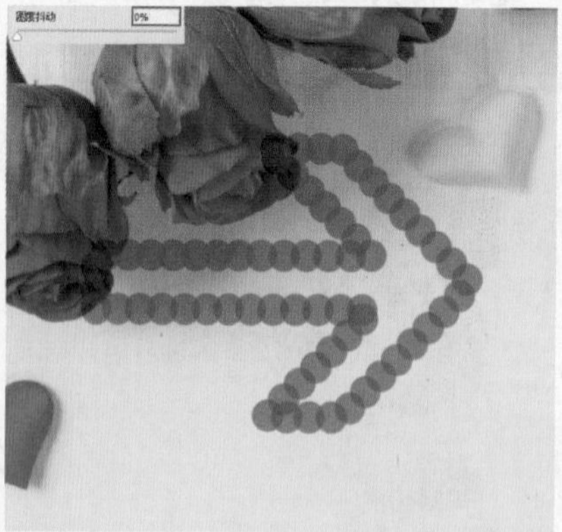

图7-20

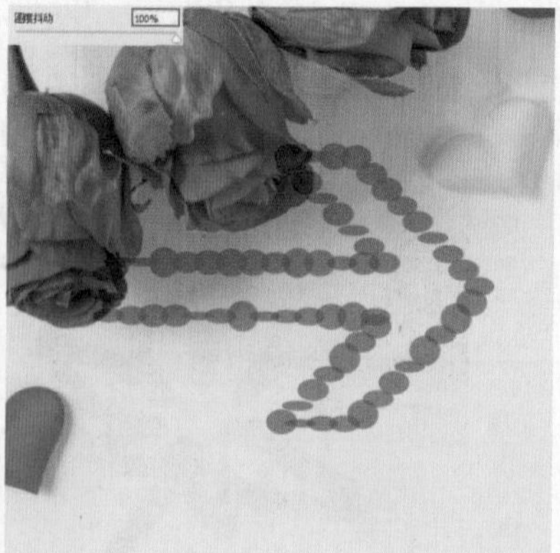

图7-21

- 最小圆度：可以用来设置画笔笔迹的最小圆度。

7.2.3 散布

- 视频精讲：Photoshop新手学视频精讲课堂\画笔散布选项的设置.flv
- 技术速查：使用“散布”选项可以设置描边中笔迹的数目和位置，使画笔笔迹沿着绘制的线条扩散。

在左侧列表中启用“散布”选项，在这里设置笔触与绘制路径之间的距离以及笔触的数目，使绘制效果呈现出不规则的扩散分布，如图7-22所示，效果如图7-23所示。

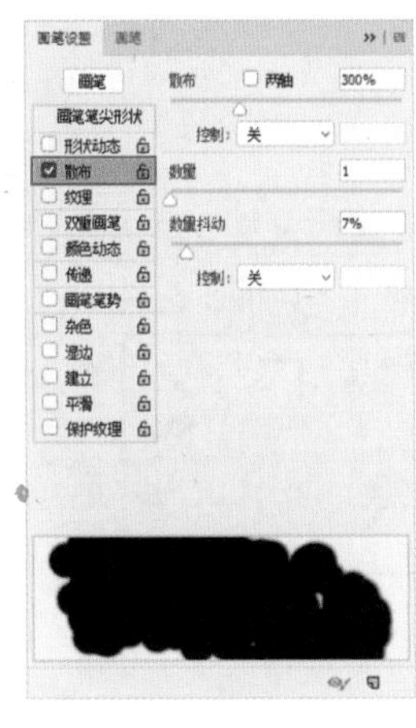

图7-22

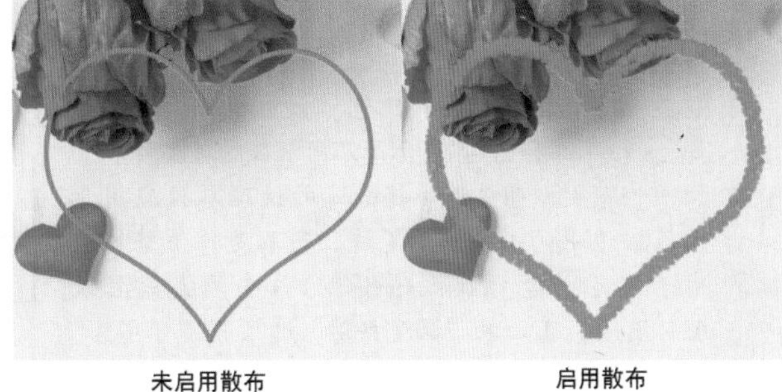

图7-23

选项解读：“散布”选项面板

- 散布/两轴/控制：指定画笔笔迹在描边中的分散程度，该值越高，分散的范围越广。如果不选中“两轴”复选框，那么散布只局限于竖方向上的效果，看起来有高有低，但彼此在横方向上的间距还是固定的。当选中“两轴”复选框时，画笔笔迹将以中心点为基准，向两侧分散。如果要设置画笔笔迹的分散方式，可以在下面的“控制”下拉列表中进行选择。
- 数量：指定在每个间距间隔应用的画笔笔迹数量。数值越高，笔迹重复的数量越大，对比效果如图7-24和图7-25所示。
- 数量抖动/控制：设置数量的随机性。如果要设置“数量抖动”的方式，可以在下面的“控制”下拉列表中进行选择。

图7-24

图7-25

7.2.4 纹理

- 视频精讲：Photoshop新手学视频精讲课堂\画笔纹理设置.flv
- 技术速查：使用“纹理”选项可以绘制带有纹理质感的笔触，如在带纹理的画布上绘制效果等。

在左侧列表中启用“纹理”选项，在这里可以设置图案与笔触之间产生的叠加效果，使绘制的笔触带有纹理感，如图7-26所示，效果如图7-27所示。

图7-26

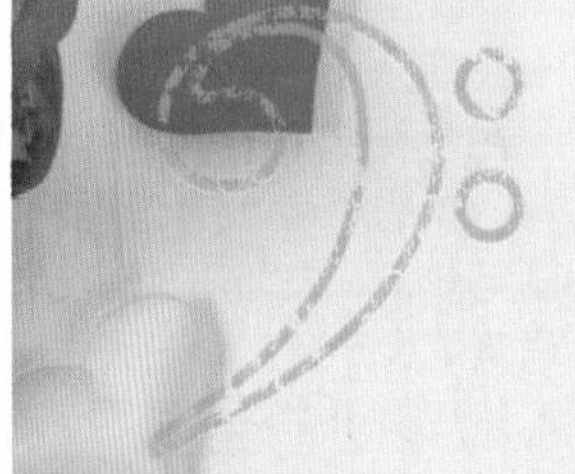

图7-27

选项解读：“纹理”选项面板

- 设置纹理/反相：单击图案缩览图右侧的倒三角图标⌄，可以在弹出的“图案”拾色器中选择一个图案，并将其设置为纹理，如图7-28所示。如果选中“反相”复选框，可以基于图案中的色调来反转纹理中的亮点和暗点。
- 缩放：设置图案的缩放比例。数值越小，纹理越多。如图7-29和图7-30所示为不同参数的对比效果。
- 为每个笔尖设置纹理：将选定的纹理单独应用于画笔描边中的每个画笔笔迹，而不是作为整体应用于画笔描边。如果关闭“为每个笔尖设置纹理”选项，下面的“深度抖动”选项将不可用。
- 模式：设置用于组合画笔和图案的混合模式。
- 深度：设置油彩渗入纹理的深度。数值越大，渗入的深度越大，如图7-31和图7-32所示。

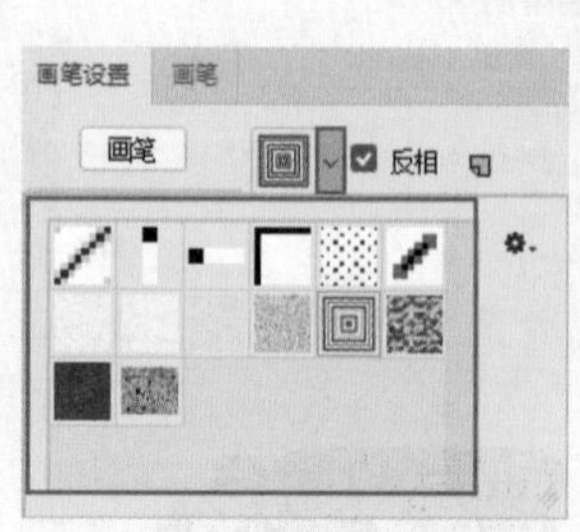

图7-28

图7-29

图7-30

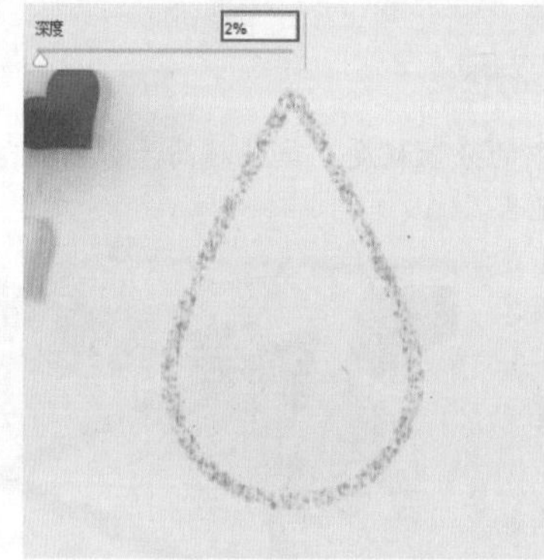

图7-31

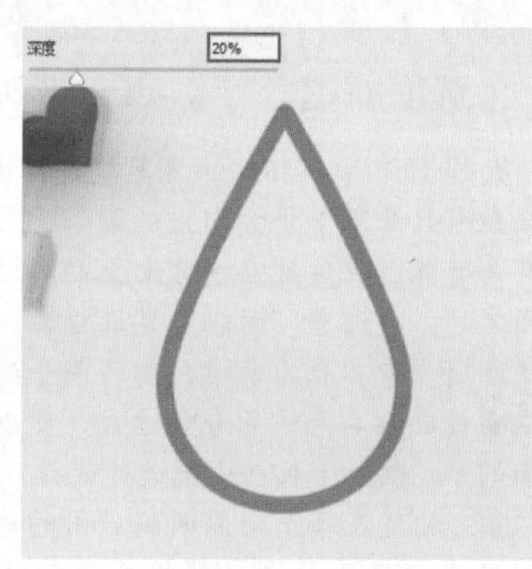

图7-32

- 最小深度：当将“深度抖动”下面的“控制”选项设置为“渐隐”“钢笔压力”“钢笔斜度”或“光笔轮”选项，并且选中“为每个笔尖设置纹理”复选框时，“最小深度”选项用来设置油彩可渗入纹理的最小深度。
- 深度抖动/控制：当选中“为每个笔尖设置纹理”复选框时，“深度抖动”选项用来设置深度的改变方式，然后要指定如何控制画笔笔迹的深度变化，可以从下面的“控制”下拉列表中进行选择。

7.2.5 双重画笔

- 视频精讲：Photoshop新手学视频精讲课堂\使用双重画笔.flv
- 技术速查：启用“双重画笔”选项可以使绘制的线条呈现出两种画笔效果。

在左侧列表中启用“双重画笔”选项，该选项可以使绘制的线条呈现两种画笔效果。在使用该功能之前首先在“画笔笔尖形状”中设置主画笔参数属性，然后启用“双重画笔”选项，并从中选择另外一种笔尖（即双重画笔），如图7-33所示，效果如图7-34所示。

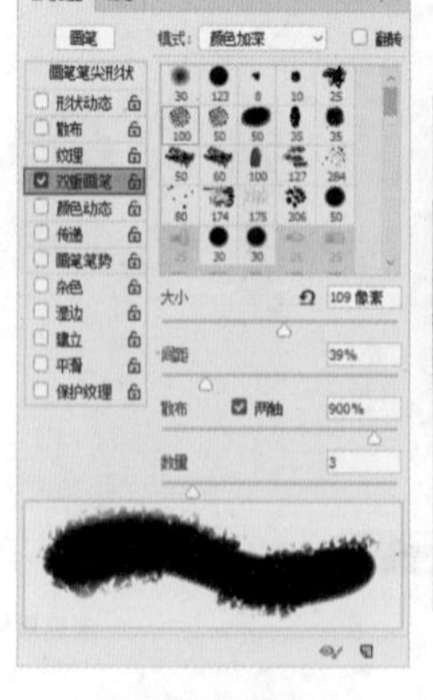

图7-33

未启用双重画笔

启用双重画笔

图7-34

7.2.6 颜色动态

- 视频精讲：Photoshop新手学视频精讲课堂\画笔颜色动态设置.flv
- 技术速查：启用“颜色动态”选项可以通过设置选项绘制出颜色变化的效果。

在左侧列表中启用“颜色动态”选项，可以通过设置前背景颜色、色相、饱和度、亮度的抖动，在使用画笔绘制时一次性绘制出多种色彩，如图7-35所示。效果如图7-36所示。

图7-35

未启用颜色动态

启用颜色动态

图7-36

选项解读：“颜色动态”选项面板

- 前景/背景抖动/控制：用来指定前景色和背景色之间的油彩变化方式。数值越小，变化后的颜色越接近前景色；数值越大，变化后的颜色越接近背景色。如果要指定如何控制画笔笔迹的颜色变化，可以在下面的“控制”下拉列表中进行选择。
- 色相抖动：设置颜色变化范围。数值越小，颜色越接近前景色，如图7-37所示；数值越大，颜色变化越丰富，如图7-38所示。
- 饱和度抖动：饱和度抖动会使颜色偏淡或偏浓，百分比越大，变化范围越广，为随机选项。
- 亮度抖动：亮度抖动会使图像偏亮或偏暗，百分比越大，变化范围越广，为随机选项。数值越小，亮度越接近前景色；数值越大，颜色的亮度值越大，如图7-39和图7-40所示。

图7-37

图7-38

图7-39

图7-40

- 纯度：这个选项的效果类似于饱和度，用来整体地增加或降低色彩饱和度。数值越小，笔迹的颜色越接近于黑白色；数值越大，颜色饱和度越高。

7.2.7 传递

- 视频精讲：Photoshop新手学视频精讲课堂\画笔传递的设置.flv
- 技术速查："传递"选项中包含不透明度、流量、湿度、混合等抖动的控制，可以用来确定油彩在描边路线中的改变方式。

在左侧列表中启用"传递"选项，可以使画笔笔触随机地产生半透明效果，如图7-41所示，效果如图7-42所示。

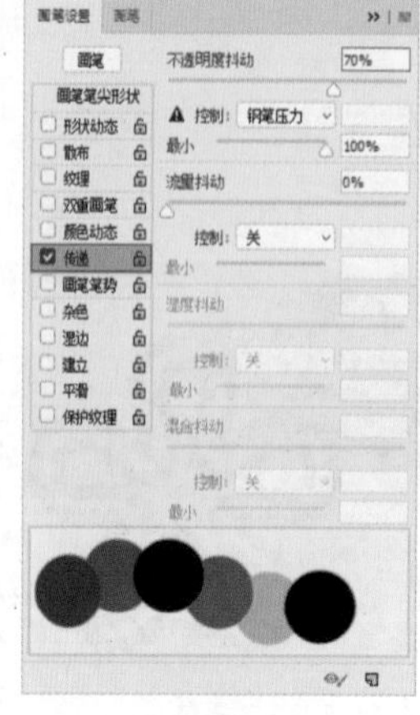

图7-41

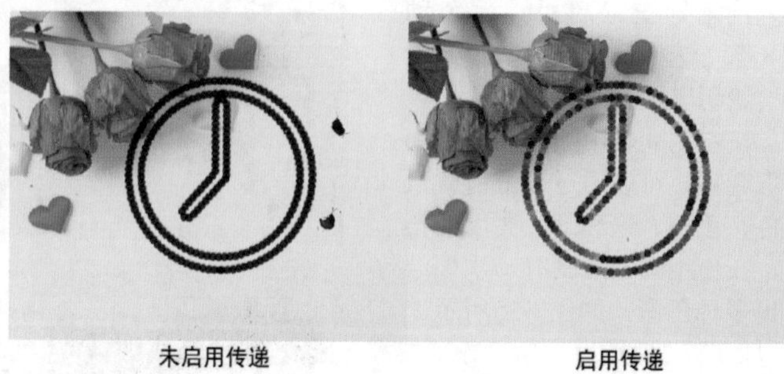

图7-42

选项解读："传递"选项面板

- 不透明度抖动/控制：指定画笔描边中油彩不透明度的变化方式，最高值是选项栏中指定的不透明度值。如果要指定如何控制画笔笔迹的不透明度变化，可以从下面的"控制"下拉列表中进行选择，如图7-43和图7-44所示。
- 流量抖动/控制：用来设置画笔笔迹中油彩流量的变化程度。如果要指定如何控制画笔笔迹的流量变化，可以从下面的"控制"下拉列表中进行选择。如图7-45和图7-46所示是"流量抖动"分别为0%和80%的效果。
- 湿度抖动/控制：用来控制画笔笔迹中油彩湿度的变化程度。如果要指定如何控制画笔笔迹的湿度变化，可以从下面的"控制"下拉列表中进行选择。
- 混合抖动/控制：用来控制画笔笔迹中油彩混合的变化程度。如果要指定如何控制画笔笔迹的混合变化，可以从下面的"控制"下拉列表中进行选择。

图7-43

图7-44

图7-45

图7-46

7.2.8 画笔笔势

- 视频精讲：Photoshop新手学视频精讲课堂\画笔笔势的设置.flv
- 技术速查："画笔笔势"选项用于调整毛刷画笔笔尖、侵蚀画笔笔尖的角度。

在左侧列表中启用"画笔笔势"选项，在这里可以对"毛刷画笔设置"的角度、压力的变化进行设置，如图7-47所示为毛刷画笔，如图7-48所示为"画笔笔势"面板，如图7-49所示为绘制效果。

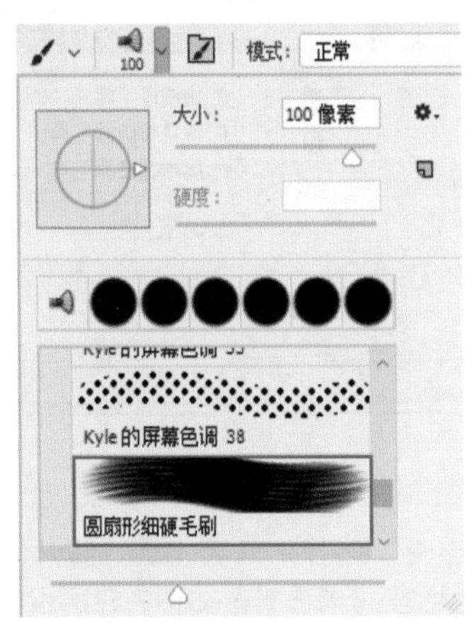

图7-47

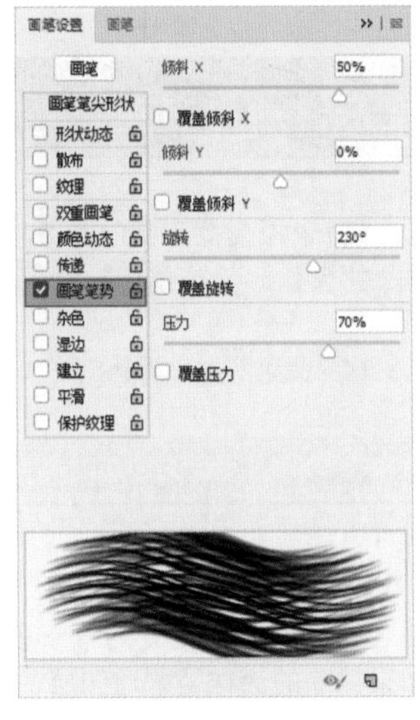

图7-48

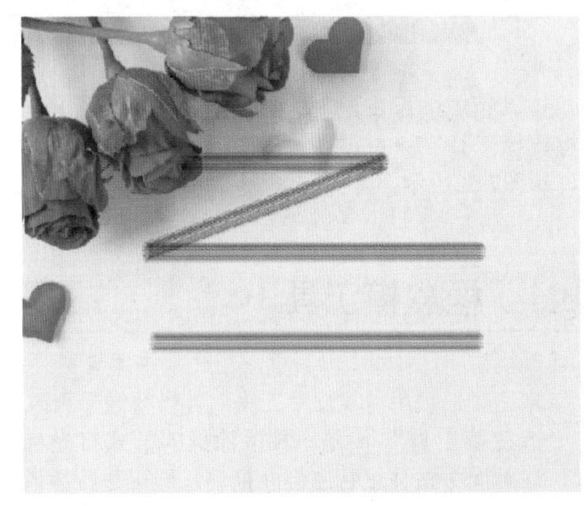

图7-49

选项解读：“画笔笔势”选项面板

- 倾斜X/倾斜Y：使笔尖沿X轴或Y轴倾斜。
- 旋转：设置笔尖旋转效果。
- 压力：压力数值越高，绘制速度越快，线条越粗犷。如图7-50和图7-51所示是“压力”分别为1%和100%的对比效果。

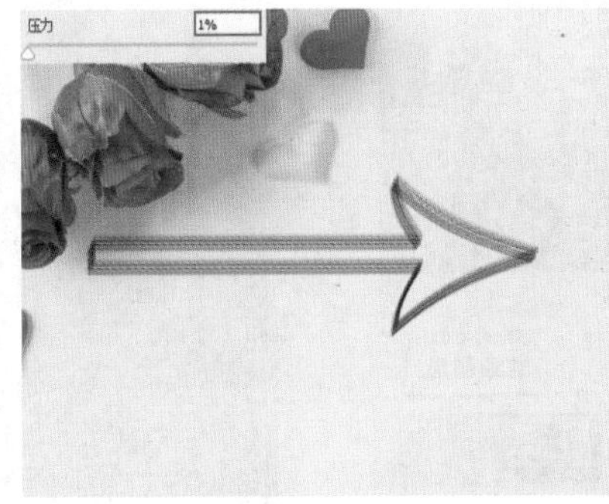

图7-50

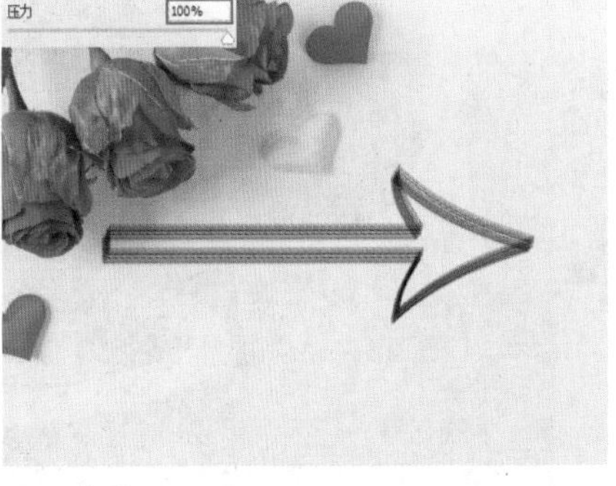

图7-51

7.2.9 其他选项

- 视频精讲：Photoshop新手学视频精讲课堂\画笔其他选项的设置.flv

在“画笔设置”面板左侧列表中还有“杂色”“湿边”“建立”“平滑”“保护纹理”这几个不需要进行参数设置的选项。直接选中即可启用这些选项。

选项解读：“杂色”“湿边”“建立”“平滑”“保护纹理”选项详解

- 杂色：可以为画笔增加随机的杂色效果。当使用柔边画笔时，该选项最能出效果。
- 湿边：沿画笔描边的边缘增大油彩量，从而创建出水彩效果。
- 建立：将渐变色调应用于图像，同时模拟传统的喷枪技术。“画笔设置”面板中的“喷枪”选项与选项栏中的“喷枪”选项相对应。
- 平滑：在画笔描边中生成更平滑的曲线。当使用光笔进行快速绘画时，此选项最有效，但是它在描边渲染中可能会导致轻微的滞后。
- 保护纹理：将相同图案和缩放比例应用于具有纹理的所有画笔预设。选中该选项后，在使用多个纹理画笔绘画时，可以模拟出一致的画布纹理。

7.3 擦除工具

工具箱中的橡皮擦工具组包括“橡皮擦工具”、“背景橡皮擦工具”和“魔术橡皮擦工具”。这3个工具都是用于对图像进行擦除的操作，但是使用方法有所不同，如图7-52所示。

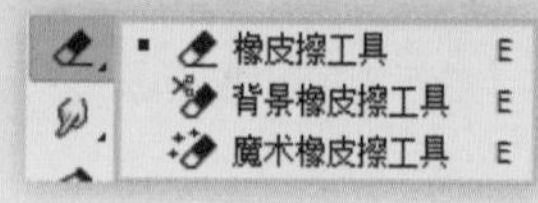

图7-52

7.3.1 橡皮擦工具

- 视频精讲：Photoshop新手学视频精讲课堂\擦除工具的使用方法.flv
- 技术速查：使用“橡皮擦工具”可以将像素更改为背景色或透明。

“橡皮擦工具”是一种以涂抹的方式将光标移动过的区域像素更改为背景色或透明。选择工具箱中的“橡皮擦工具”，在画面中按住鼠标左键并拖动，即可进行擦除。如果擦除的涂抹是普通图层，像素将被抹成透明，如图7-53所示。如果擦除的涂抹是背景图层或已锁定透明度的图层，被擦除的区域将更改为背景色，如图7-54所示。

图7-53

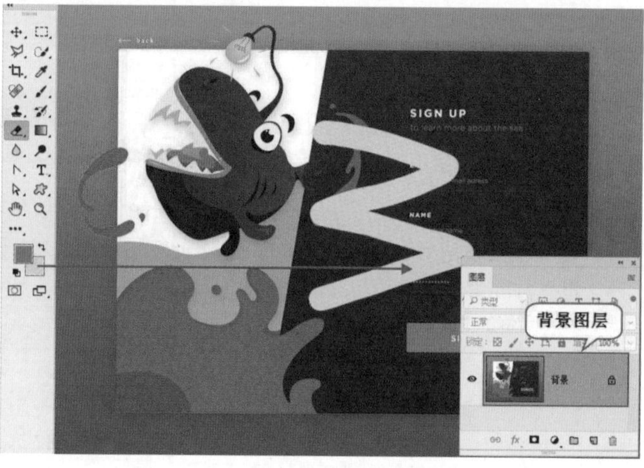

图7-54

选项解读：“橡皮擦工具”选项栏

在“橡皮擦工具”选项栏中从“模式”列表中可以选择橡皮擦的种类。“画笔设置”和“铅笔”模式可将橡皮擦设置为像“画笔工具”和“铅笔工具”一样工作。“块”是指具有硬边缘和固定大小的方形，并且不提供用于更改不透明度或流量的选项。

★ 案例实战——制作斑驳的涂鸦效果

文件路径	第7章\制作斑驳的涂鸦效果
难易指数	★★★★★

案例效果

案例效果如7-55图所示。

操作步骤

01 执行“文件>打开”命令打开素材“1.jpg”，如图7-56所示。

图7-55

图7-56

02 单击工具箱中的“横排文字工具”按钮，在选项栏中设置合适的字体、字号，文字颜色设置为白色，设置完成后在画面中适当的位置单击鼠标左键插入光标，建立文字输入的起始点，接着输入文字，文字输入完毕后按Ctrl+Enter快捷键确认操作，如图7-57所示。

03 在“图层”面板中设置“填充”为0%，单击“图层”面板中的“添加图层样式”按钮，执行“内发光”命令，如图7-58所示。在弹出的“图层样式”对话框中设置“混合模式”为“颜色加深”，“不透明度”为100%，颜色为浅灰色，设置一种由灰到透明的渐变，“大小”为90像素，设置完成后单击“确定”按钮，如图7-59所示，效果如图7-60所示。

图 7-57

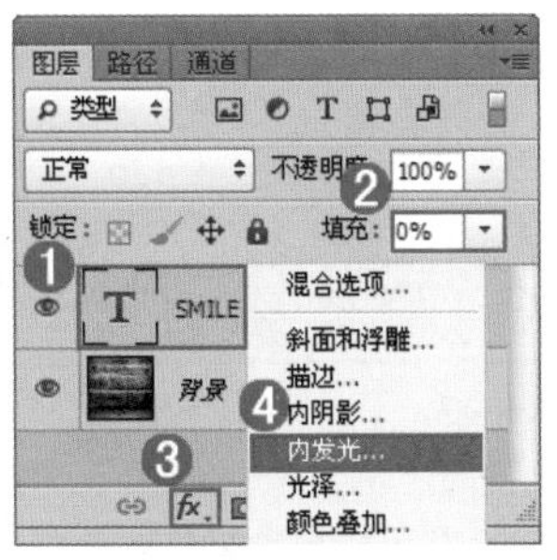

图 7-58

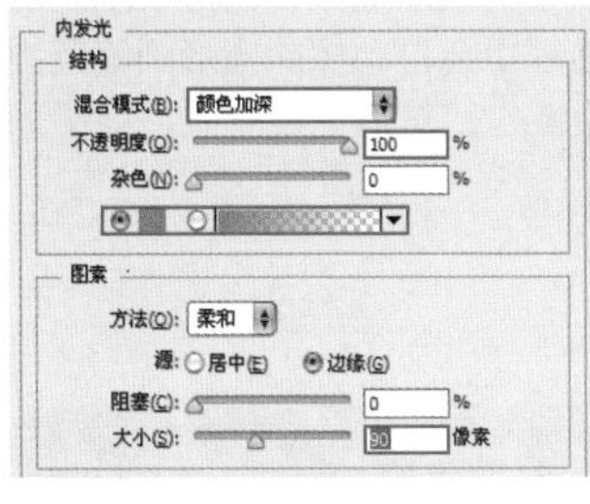

图 7-59

图 7-60

04 复制文字图层，去掉图层样式，设置“填充”为100%，在“图层”面板中设置其“不透明度”为85%，如图7-61和图7-62所示。

图 7-61

图 7-62

05 在复制出的文字图层上单击鼠标右键，在弹出的快捷菜单中执行“栅格化文字”命令，使其转换为普通图层，如图7-63所示。单击工具箱中的“橡皮擦工具”按钮，并在画布中单击鼠标右键，选择一种合适的笔刷，并设置大小为39像素，如图7-64所示，在字母“S”顶部边缘以及底部进行擦除，效果如图7-65所示。

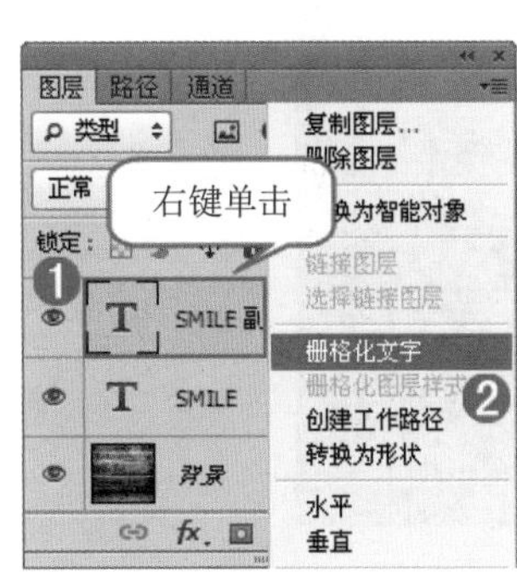

图 7-63

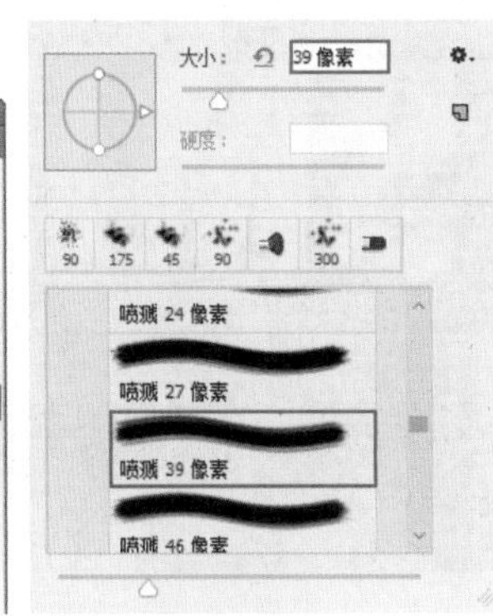

图 7-64

图 7-65

高手小贴士：使用“旧版画笔”的小技巧

单击画笔选取器下拉面板中的按钮，执行“旧版画笔”命令可以载入旧版画笔组，在该组中可以找到更多的画笔笔尖，如图7-66所示。

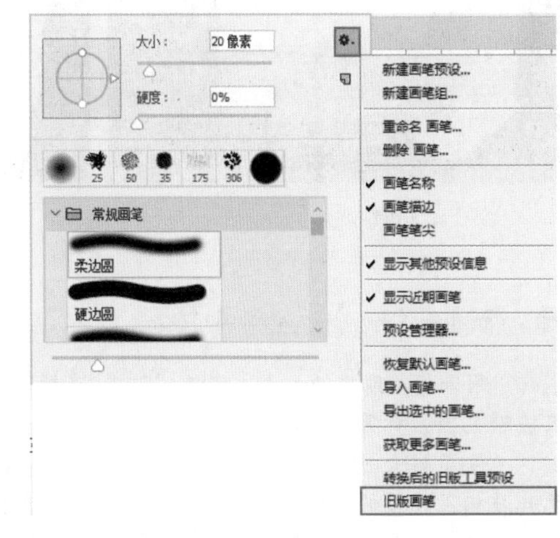

图 7-66

06 用同样方法对其他字母进行擦除，案例最终效果如图7-67所示。

图7-67

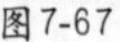

读书笔记

7.3.2 背景橡皮擦工具

- 视频精讲：Photoshop新手学视频精讲课堂\擦除工具的使用方法.flv
- 技术速查："背景橡皮擦工具"是一种基于色彩差异的智能化擦除工具。

"背景橡皮擦工具"是一种基于色彩差异的智能化擦除工具。它可以自动采集画笔中心的色样，同时删除在画笔内出现的这种颜色，使擦除区域成为透明区域。

选择工具箱中的"背景橡皮擦工具"，将光标移到画面中，光标会呈现中心带有"十"字的圆形效果，圆形表示当前工具的作用范围，而圆形中心的"十"字则表示在擦除过程中自动采集颜色的位置。在涂抹过程中会自动擦除圆形画笔范围内出现的相近颜色的区域，如图7-68所示。继续进行擦除操作，如图7-69所示。继续进行擦除操作，然后更换背景，效果如图7-70所示。

图7-68

图7-69

图7-70

选项解读："背景橡皮擦工具"选项栏

- 取样：用来设置取样的方式。激活"取样:连续"按钮，可以擦除鼠标移动的所有区域；激活"取样:一次"按钮，只擦除包含鼠标第一次单击处颜色的图像；激活"取样:背景色板"按钮，只擦除包含背景色的图像。
- 限制：设置擦除图像时的限制模式。"不连续"抹除出现在画笔下面任何位置的样本颜色。"连续"抹除包含样本颜色并且相互连接的区域。"查找边缘"抹除包含样本颜色的连接区域，同时更好地保留形状边缘的锐化程度。
- 保护前景色：选中该复选框后，可以防止擦除与前景色匹配的区域。

★ 案例实战——使用背景橡皮擦快速擦除背景

文件路径	第7章\使用背景橡皮擦快速擦除背景
难易指数	★★★★★

扫码看视频

案例效果

案例对比效果如图7-71和图7-72所示。

操作步骤

01 执行“文件>打开”命令打开素材“1.jpg”。在“图层”面板中按住Alt键双击背景图层，将其转换为普通图层。选择工具箱中的“吸管工具”，单击采集盘子边缘的颜色作为前景色，并按住Alt键单击蓝色的桌面部分作为背景色，如图7-73和图7-74所示。

图7-71

图7-72

图7-73

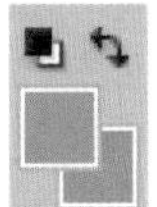

图7-74

02 单击工具箱中的“背景橡皮擦工具”按钮，再单击选项栏中的“画笔预设”下拉箭头，在弹出的下拉面板中设置“大小”为264像素，“硬度”为0%，单击“取样：背景色板”按钮，设置其“容差”为50%，并选中“保护前景色”复选框，如图7-75所示。

03 回到图像中，从右上角盘子边缘区域开始涂抹，可以看到背景部分变为透明，而盘子部分完全被保留下来，如图7-76所示。

04 使用同样的方法进行涂抹，需要注意的是，当擦除到图像中颜色与当前的前景色背景色不匹配时，需要重新按照步骤 01 的方法进行重新设置，如图7-77和图7-78所示。

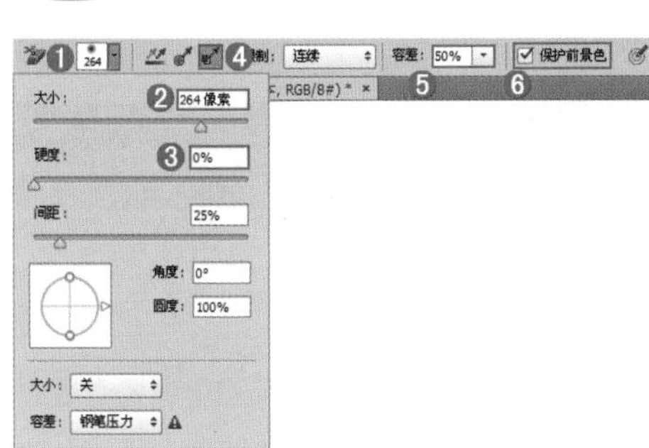

图7-75

图7-76

图7-77

05 为了使擦除效果更好，可以多次修改前景色与背景色，执行“文件>置入嵌入对象”命令，置入背景素材文件“2.jpg”，将其放在副本图层下方并将其栅格化，如图7-79所示。

06 在背景图层上方新建图层，单击工具箱中的“画笔工具”按钮，设置前景色为黑色，选择一种柔边圆画笔，适当调整大小，绘制出杯子阴影部分，如图7-80所示。

图7-78

图7-79

图7-80

7.3.3 魔术橡皮擦工具

◎ 视频精讲：Photoshop新手学视频精讲课堂\擦除工具的使用方法.flv

◎ 技术速查：“魔术橡皮擦工具”是一种基于颜色差异擦除像素的工具。

使用“魔术橡皮擦工具”可以将颜色相近的区域直接擦除。使用该工具在图像中单击时，与光标点的位置颜色接近的像素都会被更改为透明。如果在已锁定透明度的图层中工作，这些像素将更改为背景色。单击工具箱中的“魔术橡皮擦工具”按钮，在画面中的背景处单击鼠标左键，如图7-81所示。可以看到背景部分全部变为了透明，如图7-82所示。

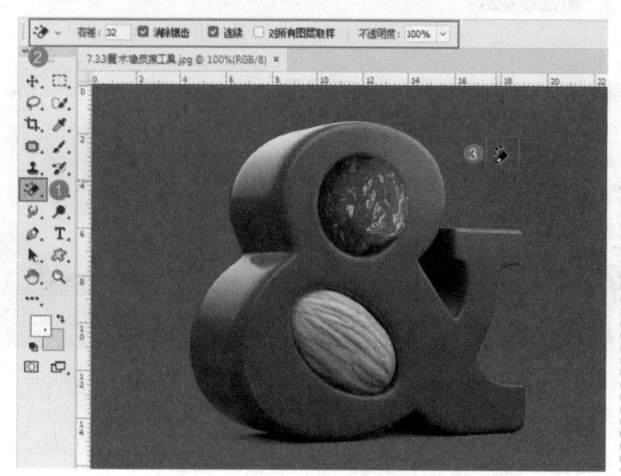

图7-81

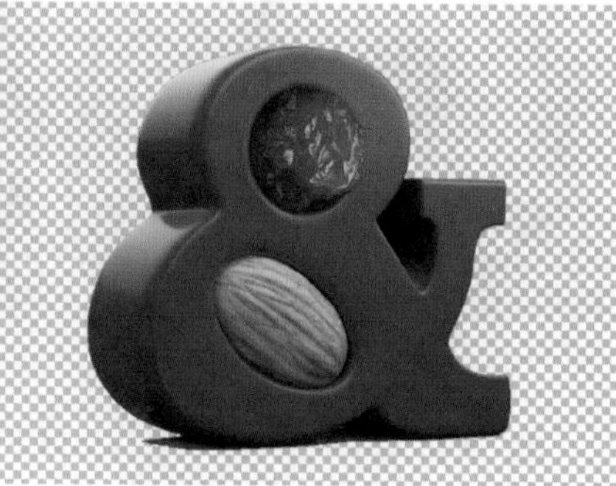

图7-82

高手小贴士：“连续”选项的作用

选中“连续”复选框时，只擦除与单击点像素邻近的像素。不选中该复选框时，可以擦除图像中所有相似的像素。

7.4 图案图章工具

◎ 视频精讲：Photoshop新手学视频精讲课堂\仿制图章工具与图案图章工具.flv

◎ 技术速查：通过“图案图章工具”可以使用预设图案或载入的图案进行绘画。

使用“图案图章工具”可以像使用画笔一样，在画面中绘制出图案。选择“图案图章工具”，在选项栏中设置合适的笔尖大小，还可以对“模式”“不透明度”“流量”进行设置，然后在图案列表中选择合适的图案。接着在画面中按住鼠标左键进行涂抹，如图7-83所示。继续进行涂抹，效果如图7-84所示。

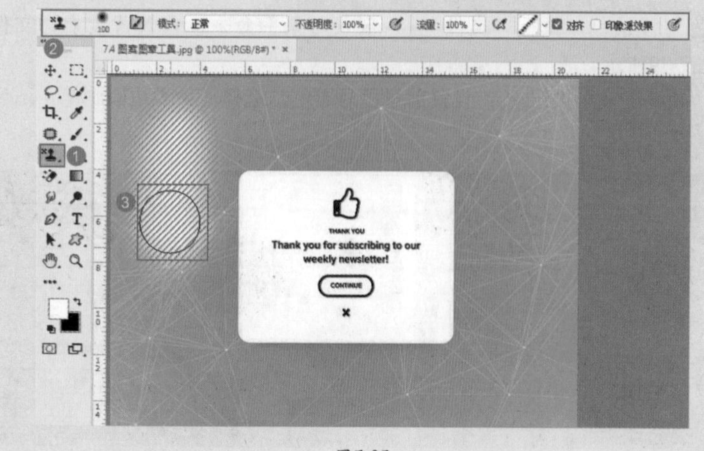

图7-83

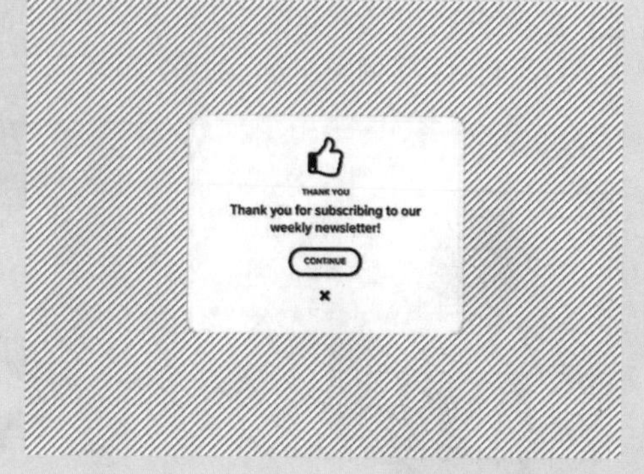

图7-84

7.5 综合实战——使用画笔工具制作绚丽计时器

文件路径	第7章\使用画笔工具制作绚丽计时器
难易指数	★★★★★

扫码看视频

案例效果

案例效果如图7-85所示。

图7-85

读书笔记

7.5.1 项目分析

本案例为一款计时器小模块的UI设计方案，常用于计时、竞赛及各种要求有较精确计时的APP中。本案例的计时器整体试图营造一种超脱现实的科技感，故而采用了“极光”这一梦幻又迷人的元素。极光常常出现于纬度靠近地磁极地区上空，一般呈带状、弧状、幕状、放射状，是一种绚丽多彩的发光现象，如图7-86和图7-87所示。根据极光的特点，此计时器整体以暗色调打底，将极光抽象为环绕在计时数字周围的弧形光线。其他功能信息均以简洁的文字形态出现。

图7-86

图7-87

7.5.2 布局规划

本案例圆形的外轮廓使版面不再拘谨，并且具有较强的实现聚集力。指针指示位置呈现白炽色荧光状态，极为明显，刻度盘以渐变系呈现，启动开关时圆环将快速切换渐变颜色，给人一种时间紧迫、争分夺秒的心理暗示。同时，数字之间的不透明度对比使观者的视觉思路更清晰。画面中的文字虽然平铺于上中下3部分，但并不显得杂乱无序，反而恰到好处地符复合人们的视觉角度，并起到丰富版面的效果，如图7-88所示为优秀的计时器设计作品。

图7-88

7.5.3 色彩搭配

该计时器采用对比色搭配的方式，背景为偏暗的紫红色调的渐变色，而计时器主体图形则为亮度较高的黄绿色系的渐变色。大面积的暗调背景搭配小面积的高亮度主体图形，使界面主体内容清晰明确，强烈的对比又给人以力量感、节奏感，如图7-89所示。

图7-89

7.5.4 实践操作

1. 制作计时器的光圈效果

（1）执行“文件>新建”命令，创建一个新的文档。接下来制作渐变背景。选择工具箱中的“渐变工具”，单击选项栏中的渐变色条，在弹出的“渐变编辑器”窗口中编辑一个由酒红色到黑色的渐变色条，接着单击“线性渐变”按钮，如图7-90所示。然后在画面中按住鼠标左键由下到上进行拖动，松开鼠标后画面效果如图7-91所示。

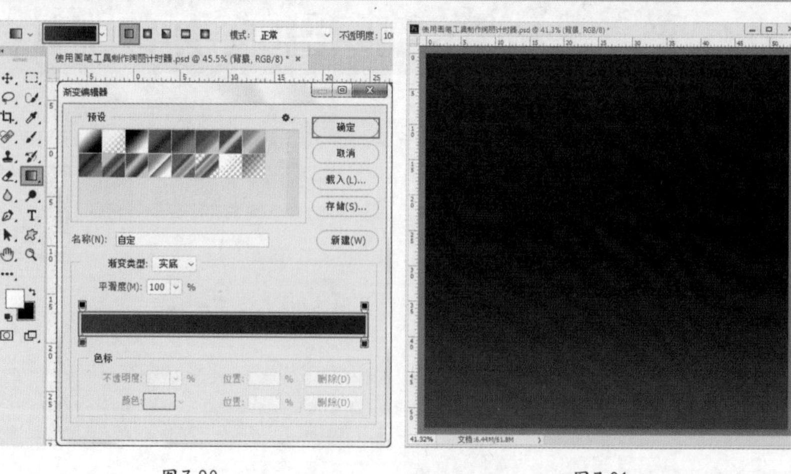

图7-90　　图7-91

（2）在画面中绘制圆形作为计时器外轮廓。在工具箱中右击形状工具组，在形状工具组列表中选择“椭圆工具”，在选项栏中设置“绘制模式”为“形状”，“填充”为无，“描边”为淡黄色，如图7-92所示。设置完成后在画面中按住鼠标左键并按住Shift键拖动绘制正圆，如图7-93所示。

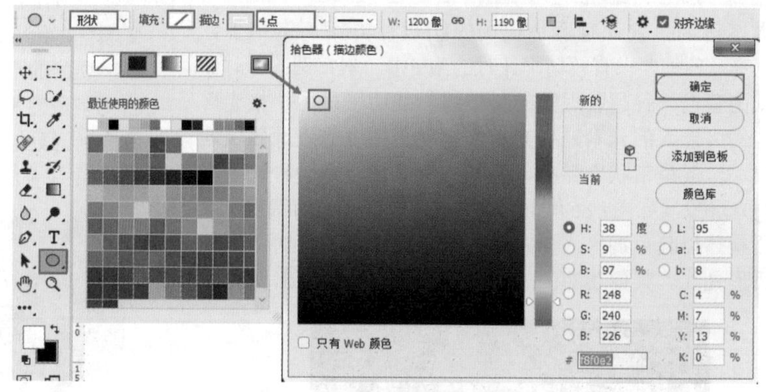

图7-92

（3）单击“图层”面板底部的“添加图层蒙版”按钮。设置前景色为黑色，选择工具箱中的“画笔工具”，在“画笔预设选取器”中设置画笔“大小”为200像素，选择常规画笔中的“柔边圆”画笔，如图7-94所示。然后在圆形底部进行涂抹，利用图层蒙版将其进行隐藏，如图7-95所示。

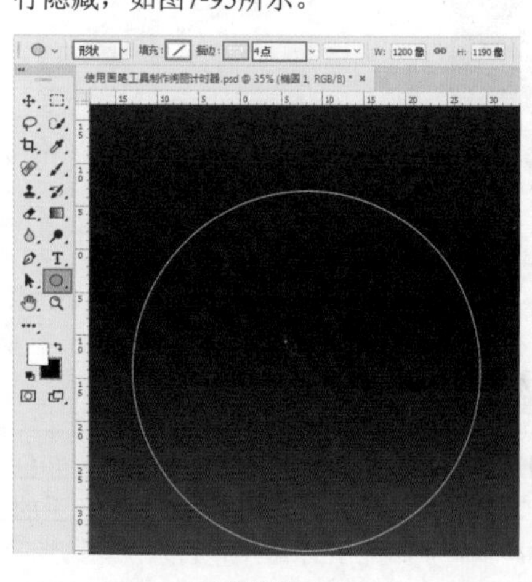

图7-93

图7-94

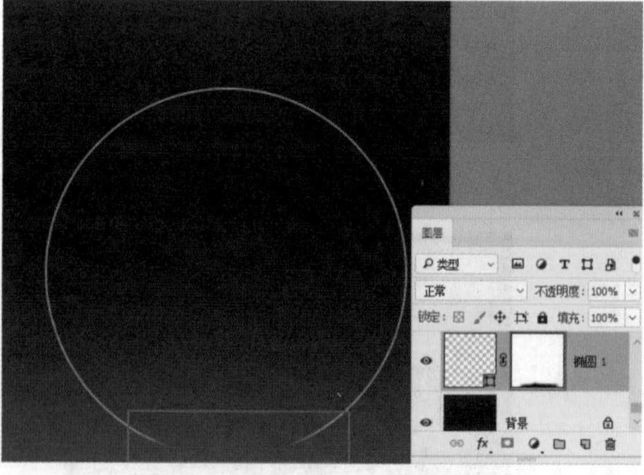

图7-95

（4）在圆形轮廓内制作多彩绚丽圆形。新建图层，设置前景色为黄绿色，继续选择“画笔工具”，在“画笔预设选取器”中设置画笔“大小”为1100像素，“硬度”为80%，选择常规画笔中的“柔边圆”画笔，如图7-96所示。然后在圆形上方单击鼠标左键形成一个黄绿色的圆形，如图7-97所示。

（5）选择“橡皮擦工具”，在选项栏中单击打开“画笔预设选取器”，设置“大小”为900像素，“硬度”为80%，如图7-98所示。然后将光标移到黄绿色圆形内上方，单击鼠标左键，此时呈现空心圆效果，如图7-99所示。

（6）使用“橡皮擦工具”在黄绿色圆形右下角位置涂抹，保留其余部分，如图7-100所示。

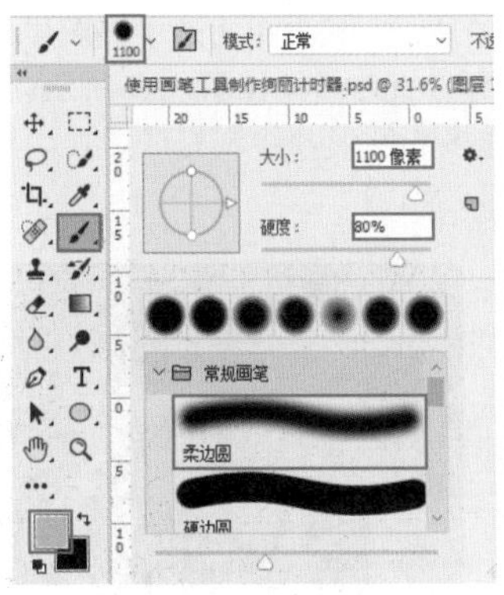

图7-96

图7-97

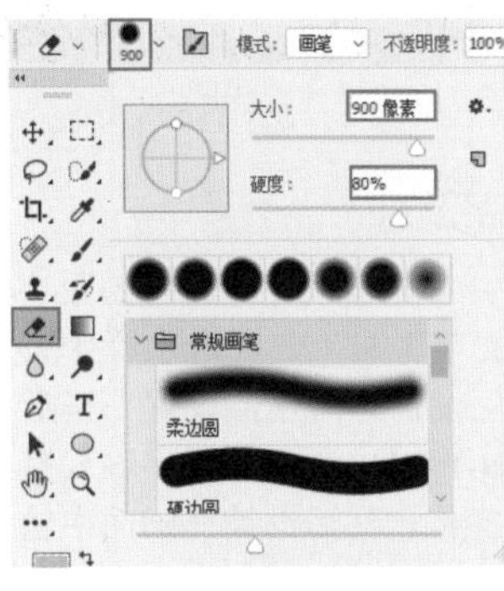

图7-98

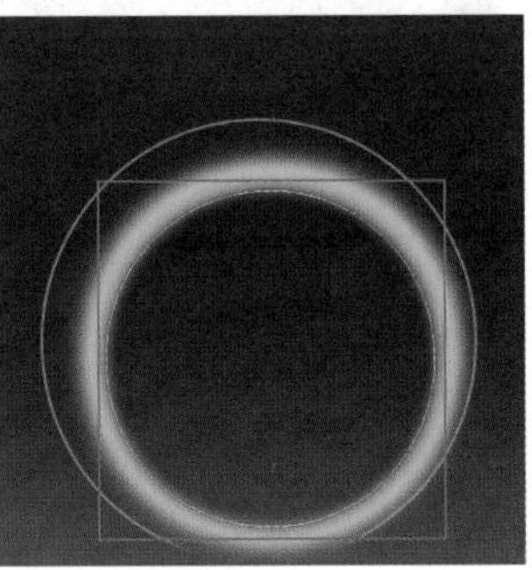

图7-99

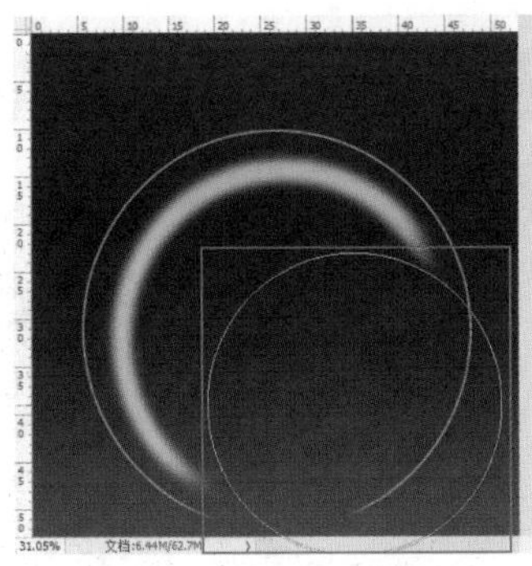

图7-100

（7）单击选中该图层，在“图层”面板中设置该图层的“不透明度”为30%，如图7-101所示，此时效果如图7-102所示。

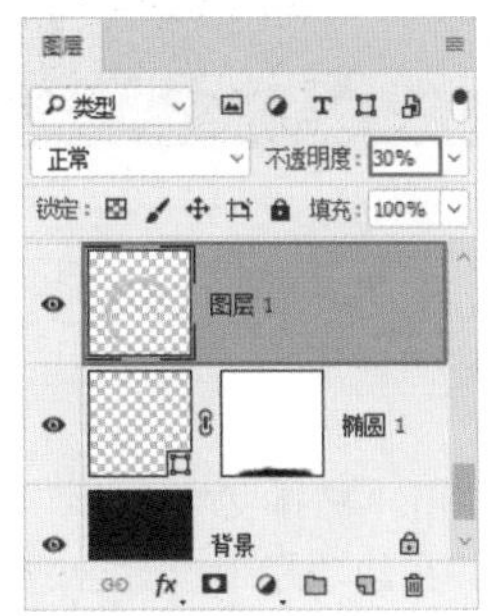

图7-101

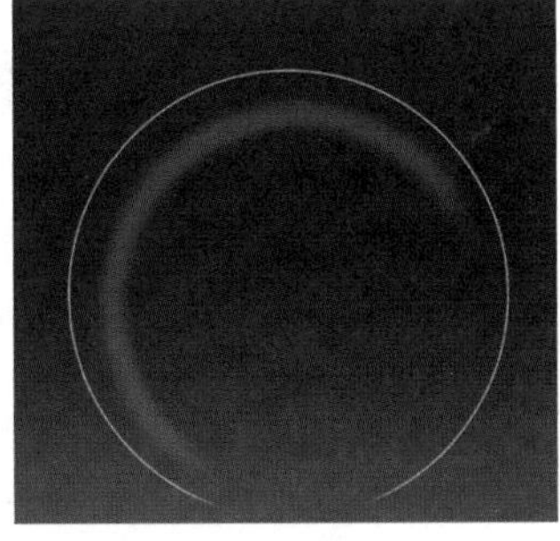

图7-102

（8）新建图层。将前景色设置为柠檬黄色，继续使用“画笔工具”，在选项栏中设置画笔“大小”为1000像素，然后在画面中单击，如图7-103所示。接着使用“橡皮擦工具”，按上述相同方法制作空心圆并擦去多余部分，如图7-104所示。

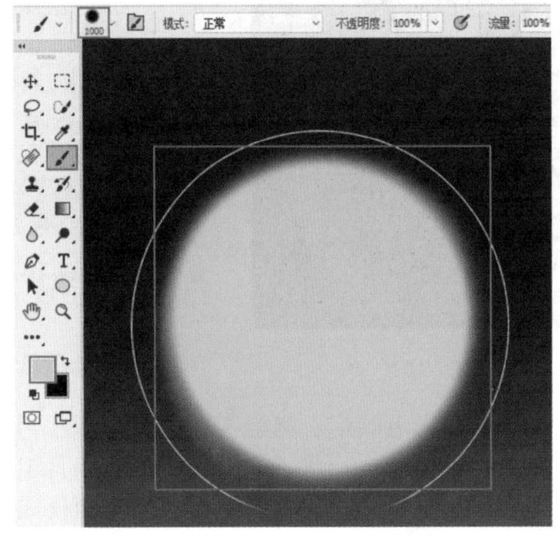

图7-103

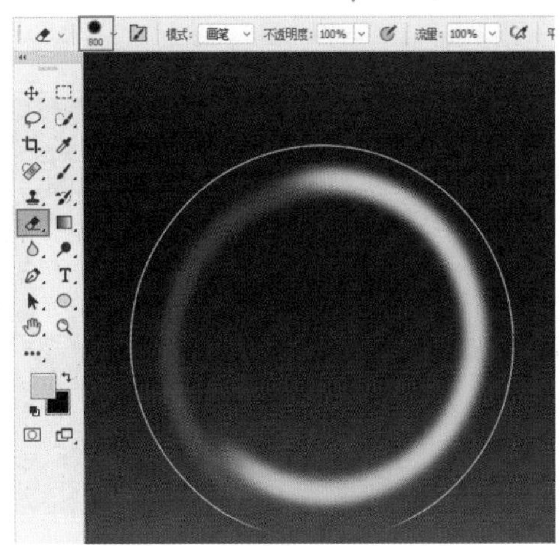

图7-104

（9）单击选中该图层，在“图层”面板中设置该图层的“不透明度”为60%，如图7-105所示，此时效果如图7-106所示。

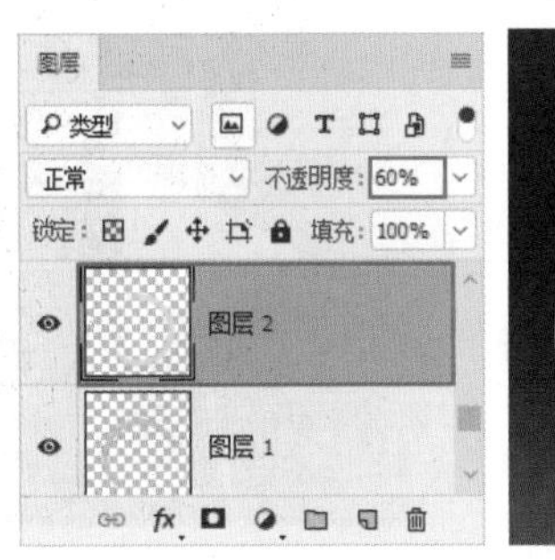

图7-105

图7-106

（10）新建图层。将前景色设置为橘红色，使用同样的方法继续在画面中绘制，如图7-107所示。接着单击选中该图层，在“图层”面板中设置该图层的“不透明度”为80%，“混合模式”为“滤色”，如图7-108所示，此时效果如图7-109所示。

（11）用同样的方法设置不同的前景色，继续使用“画笔工具”和“橡皮擦工具”制作多彩圆形，绘制完成后在“图层”面板中调整各圆形图层的“不透明度”及“混合模式”，此时效果如图7-110所示。

图7-107

图7-108

图7-109

图7-110

（12）在彩色圆形右侧绘制一个三角形作为计时器指针。在工具箱中右击形状工具组，在形状工具组列表中选择“多边形工具”，在选项栏中设置“绘制模式”为“形状”，“填充”为白色，“描边”为无，“边数”为3，设置完成后在圆形右侧拖动绘制，如图7-111所示。

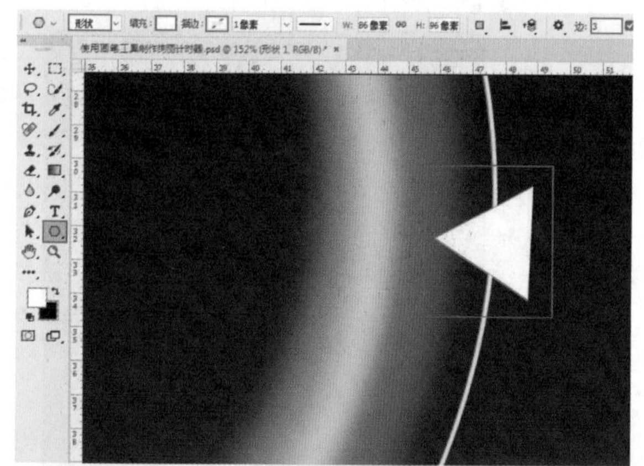

图7-111

（13）单击选中三角形图层，在“图层”面板中设置该图层的“不透明度”为80%，如图7-112所示，此时三角形效果如图7-113所示。

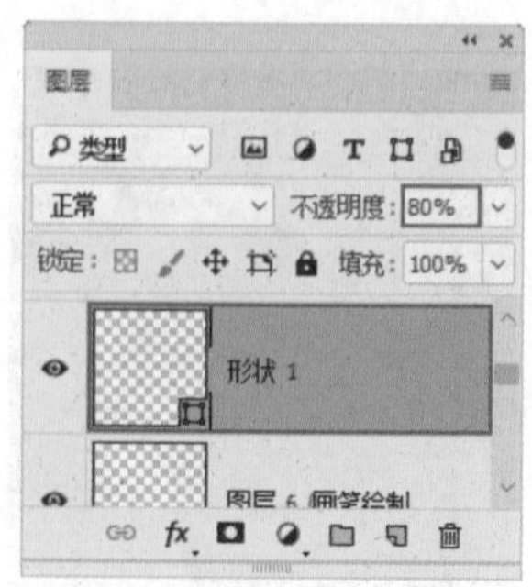

图7-112

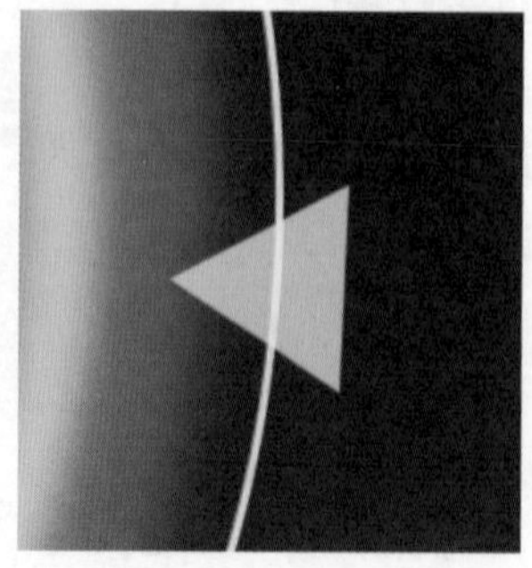

图7-113

2. 制作计时器上的文字及高光

（1）在画面中输入文字。首先输入计时器内的数字部分。选择工具箱中的“横排文字工具”，在选项栏中设置合适的字体、字号，文字颜色设置为白色，设置完毕后在圆形内部单击，输入数字，如图7-114所示。文字输入完毕后，按Ctrl+Enter快捷键确认操作，然后继续在画面中输入文字，如图7-115所示。

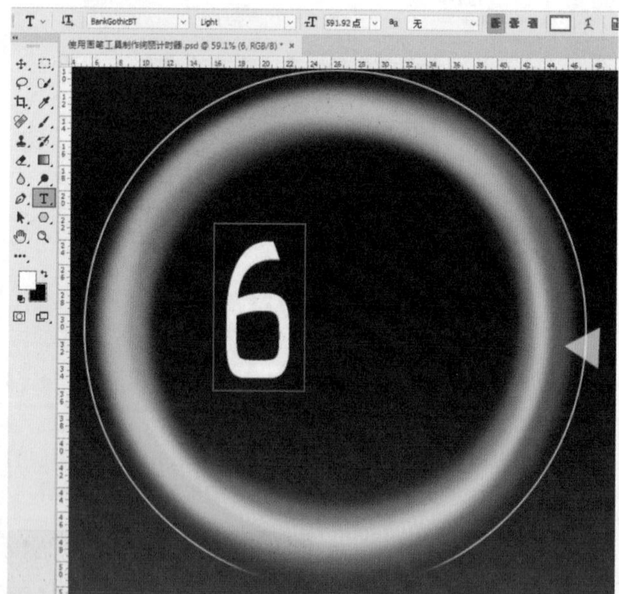

图7-114

（2）单击选中该数字图层，在“图层”面板中设置该图层的“不透明度”为50%，如图7-116所示，此时数字效果如图7-117所示。

（3）用同样的方法，继续使用“横排文字工具”在画面中其他位置输入合适的文字，并在选项栏中设置合适的字体、字号，颜色设置为白色。然后在“图层”面板中设置各

文字图层的“不透明度”，文字效果如图7-118所示。

图7-115

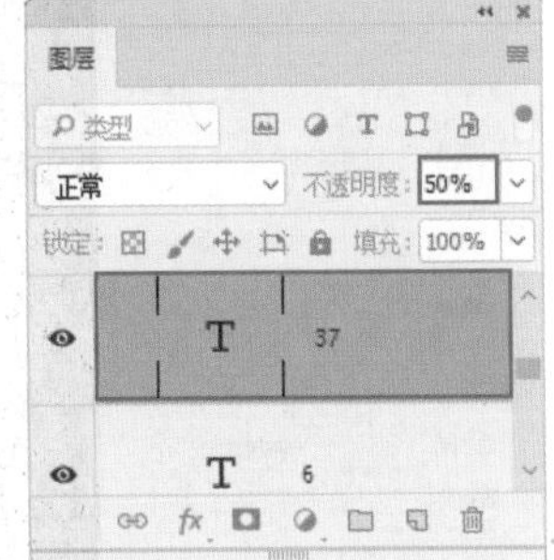

图7-116

图7-117

图7-118

（4）在画面周围制作暗角效果。设置前景色为黑色，选择“画笔工具”，在选项栏中设置画笔“大小”为300像素，“不透明度”为60%，“流量”为70%，“平滑”为5%，设置完成后在画面四角处按住鼠标拖动图层，如图7-119所示。

图7-119

高手小贴士：暗角涂抹位置

将其他图层隐藏，可以更清晰地查看暗角涂抹的位置，如图7-120所示。

图7-120

（5）将前景色设置为柠檬黄色，在选项栏中设置画笔“大小”为200像素，“平滑”为20%，接着在三角形指针左侧涂抹，如图7-121所示。

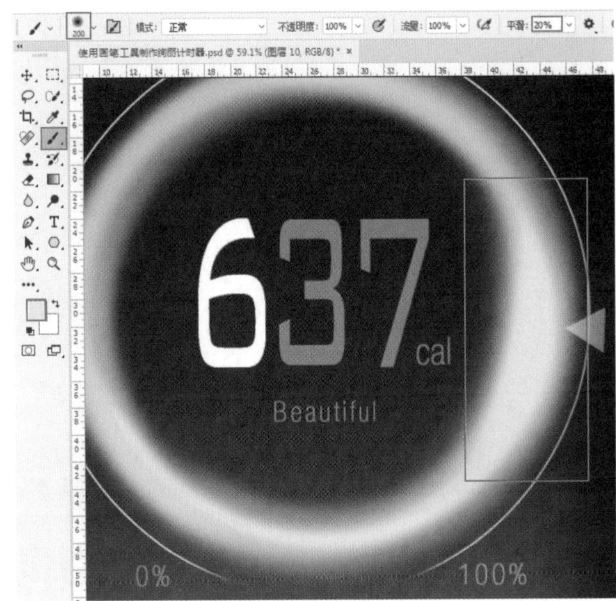

图7-121

（6）新建图层，将前景色设置为白色，继续使用“画笔工具”，设置画笔“大小”为150像素，接着在绘制完的黄色图层上方涂抹，制作白色高光，如图7-122所示。

（7）在“图层”面板中选中白色高光图层，执行“图层>图层样式>外发光”命令，在弹出的“图层样式”对话框中设置“混合模式”为“滤色”，“不透明度”为75%，颜色为柠檬黄色，“方法”为“柔和”，“大小”为92像素，“范围”为50%，如图7-123示，最终效果如图7-124所示。

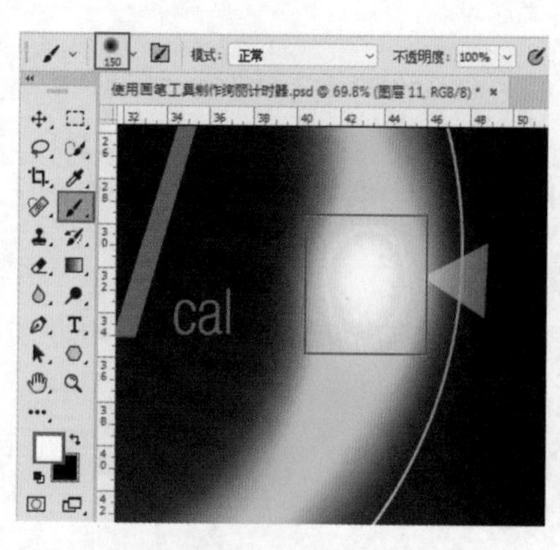

图 7-122

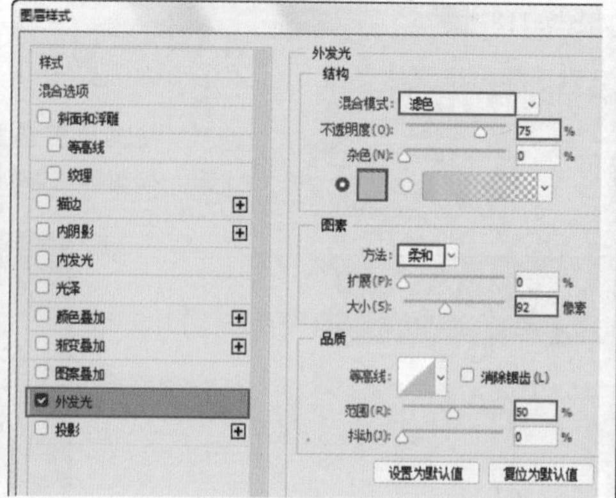

图 7-123

图 7-124

第8章

UI文字设计

本章内容简介：

文字是UI设计中不可缺少的一部分，它既能表达信息，同时又是一种图形。在Photoshop中，文字分为点文字、区域文字、段落文字、路径文字等。若要编辑文字属性，可以在文字工具选项栏中进行一些较为基础的编辑操作，也可以打开“字符”面板、“段落”面板进行更多参数的设置。

本章学习要点：

· 掌握点文字、区域文字、段落文字、路径文字的创建方法

· 掌握“字符”面板、“段落”面板的使用方法

8.1 创建不同类型的文字

视频精讲：Photoshop新手学视频精讲课堂\文字的创建、编辑与使用.flv

在Photoshop的文字工具组中包括4个工具：“横排文字工具”、“直排文字工具”、“直排文字蒙版工具”和“横排文字蒙版工具”，如图8-1所示。“横排文字工具”和“直排文字工具”主要用来创建实体文字，而“横排文字蒙版工具”和“直排文字蒙版工具”则用来创建文字形状的选区。文字工具与文字蒙版工具的使用方法基本相同，只是得到的内容不同。文字工具会创建出文字图层，而文字蒙版工具只能得到选区。

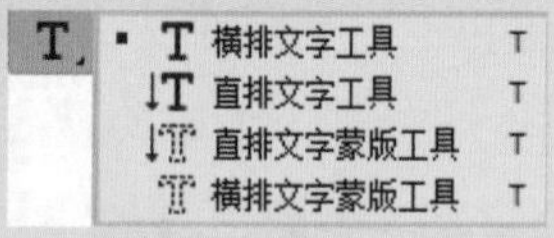

横排文字工具 T
直排文字工具 T
直排文字蒙版工具 T
横排文字蒙版工具 T

图8-1

8.1.1 文字工具选项详解

“横排文字工具”和“直排文字工具”的使用方法相同，差别在于输入文字的排列方式不同，“横排文字工具”输入的文字是横向排列的，是目前最为常用的文字排列方式，如图8-2所示。而“直排文字工具”输入的文字是纵向排列的，常用于古典感文字以及日文版面的编排，如图8-3所示。

在输入文字之前需要对文字的字体、大小、颜色等属性进行设置。这些设置都可以在文字工具的选项栏中进行。单击工具箱中的“横排文字工具”按钮，选项栏如图8-4所示。也可以在文字制作完成后，选中文字对象，然后在选项栏中更改参数。

图8-2　　图8-3

图8-4

选项解读：文字工具选项栏

- 切换文本取向：在选项栏中单击“切换文本取向”按钮，横向排列的文字将变为直排，直排文字变横排。也可以执行“文字>取向>水平/垂直”命令，如图8-5所示为对比效果。

图8-5

- 设置字体：在选项栏中单击“设置字体”下拉箭头，可在下拉列表中选择合适的字体，如图8-6和图8-7所示为不同字体的效果。
- 设置字体样式：字体样式只针对部分英文字体有效。输入字符后，可以在选项栏中设置字体的样式，包含Regular（规则）、Italic（斜体）、Bold（粗体）和Bold Italic（粗斜体）。

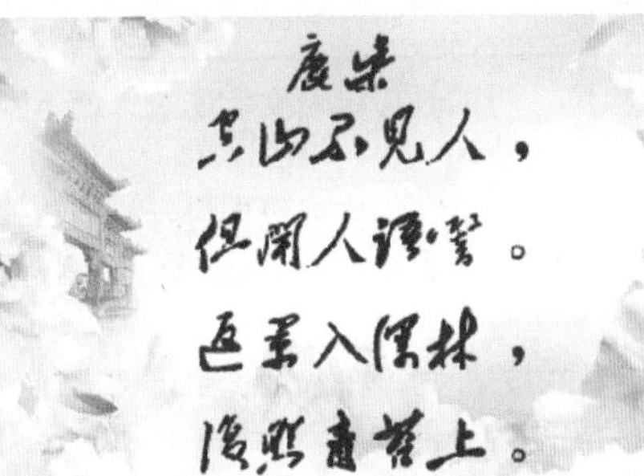

图8-6

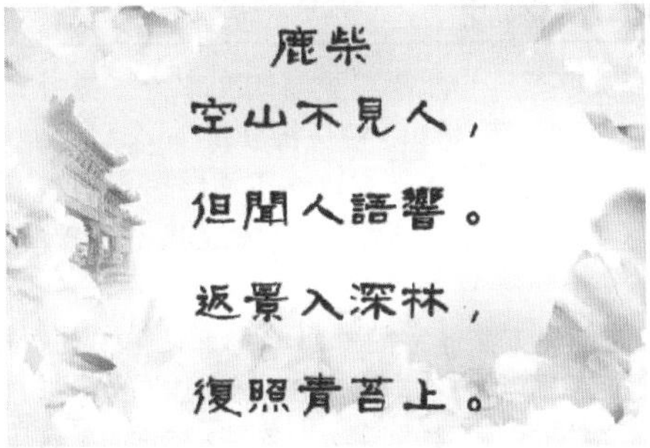

图8-7

- 设置字体大小：想要设置文字的大小可以直接在选项栏中输入数值，也可以在下拉列表中选择预设的字体大小。若要改变部分字符的大小则需要选中该字符后进行设置。
- 消除锯齿：输入文字以后，可以在选项栏中为文字指定一种消除锯齿的方式。选择“无”方式时，Photoshop不会应用消除锯齿，文字边缘会呈现出不平滑的效果；选择“锐利”方式时，文字的边缘最为锐利；选择“犀利”方式时，文字的边缘就比较锐利；选择“浑厚”方式时，文字会变粗一些；选择“平滑”方式时，文字的边缘会非常平滑。如图8-8所示为选择不同方式的对比效果。

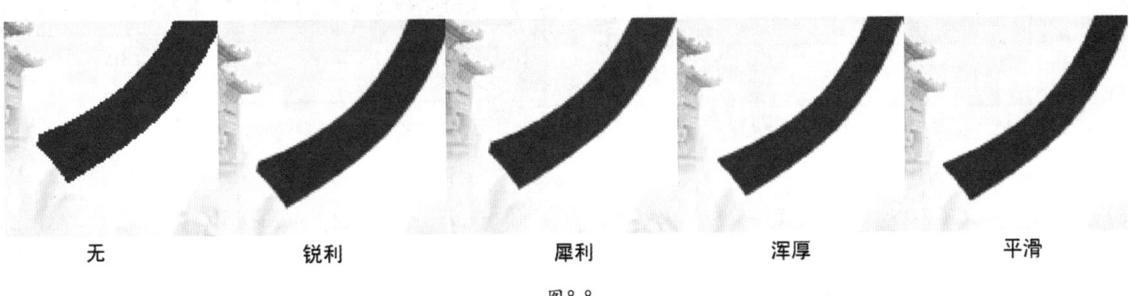

图8-8

- 设置文本对齐：根据输入字符时光标的位置来设置文本对齐方式。如图8-9所示为不同对齐方式的对比效果。

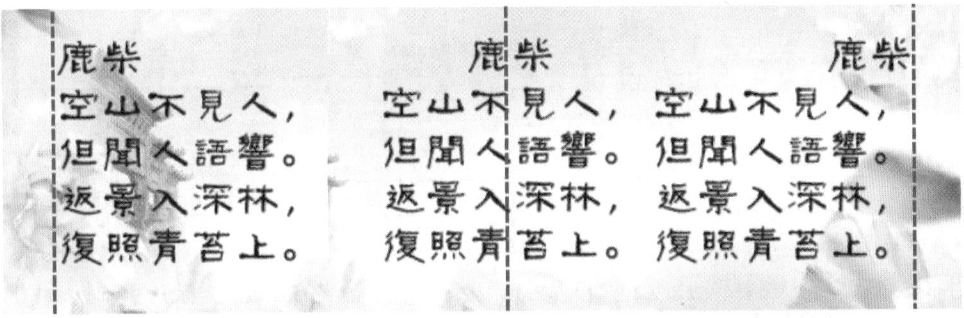

图8-9

- 设置文本颜色：单击色块，在弹出的“拾色器”对话框中可以设置文字颜色。如果要修改已有文字的颜色，可以先在文档中选择文本，然后在选项栏中单击颜色块，接着在弹出的对话框中设置所需要的颜色。
- 创建文字变形：选中文本，单击该按钮即可在弹出的对话框中为文本设置变形效果。
- 切换字符和段落面板：单击该按钮即可打开“字符”和“段落”面板。
- 取消当前编辑：在文本输入或编辑状态下显示该按钮，单击即可取消当前的编辑操作。
- 提交当前编辑操作：在文本输入或编辑状态下显示该按钮，单击即可确定并完成当前的文字输入或编辑操作。文本输入完成后需要单击该按钮完成操作，或者按Ctrl+Enter快捷键完成操作。
- 从文本创建3D：单击该按钮，即可将文本对象转换为带有立体感的3D对象，关于3D对象的编辑将在后面章节进行讲解。

8.1.2 创建点文字

技术速查：点文字是一个水平或垂直的文本行，每行文字都是独立的。行的长度随着文字的输入而不断增加，不会进行自动换行，需要手动使用Enter键进行换行。

“点文字”是最常用的文本形式，在点文字输入状态下输入的文字会一直沿着横向或纵向进行排列，输入过多的文字甚至会超出画面的区域，如果想要换行需要按Enter键。点文字常用于较短文字的输入，例如文章标题、海报上少量的宣传文字、艺术字等。

（1）点文字的创建方法非常简单，单击工具箱中的“横排文字工具”按钮T，在选项栏中可以进行字体、字号、颜色的设置。设置完成后在画面中单击（单击处为文字的起点），画面中会出现闪烁的光标，如图8-10所示。输入文字，文字会沿横向进行排列。单击选项栏中的✓按钮（或按Ctrl+Enter快捷键），完成文字的输入，如图8-11所示。

（2）“图层”面板中出现了一个新的文字图层。如果要修改整个文本图层的字体、字号等属性，可以在“图层”面板中单击选中文字图层，如图8-12所示。接着可以在选项栏或“字符”面板、“段落”面板中更改字符属性，如图8-13所示。

图8-10

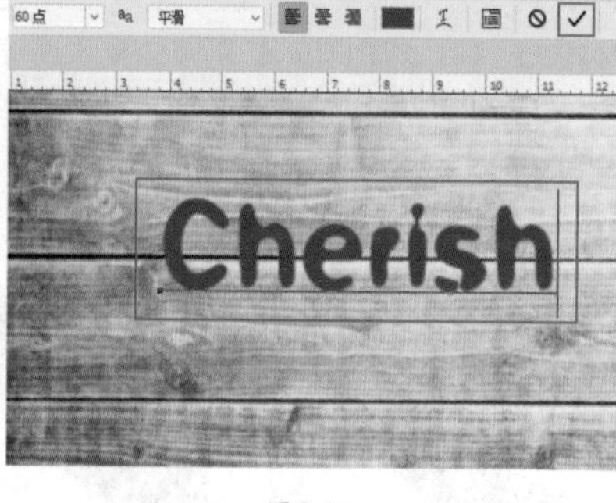

图8-11

图8-12

（3）如果要修改文本内容，可以将光标放置在要修改的内容前面，按住鼠标左键并向后拖动，如图8-14所示。选中需要更改的字符，如图8-15所示。然后输入新的字符即可，如图8-16所示。

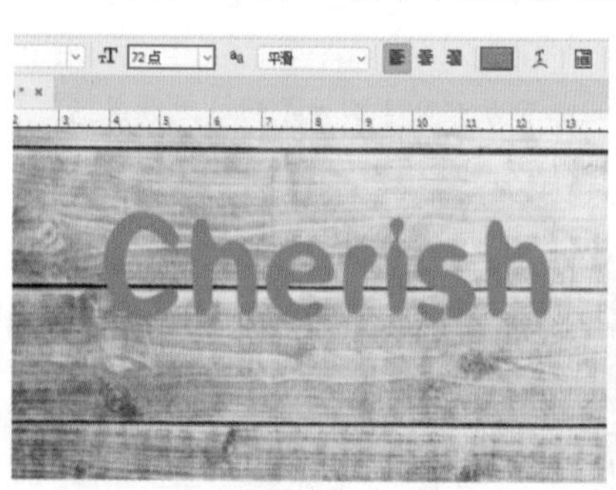

图8-13

图8-14

图8-15

（4）在文字输入的状态下，想要移动文字时，可以将光标移动到文字内容的旁边，光标变为▸时，如图8-17所示。按住鼠标左键并移动即可，如图8-18所示。

图8-16

图8-17

图8-18

★ 案例实战——使用横排文字工具制作启动页面

文件路径　第8章\使用横排文字工具制作启动页面

难易指数　★★★★★

扫码看视频

案例效果

案例效果如图8-19所示。

图8-19

操作步骤

01 执行“文件>新建”命令，打开“新建文档”对话框。在对话框顶部选择“移动设备”选项卡，单击iPhone 6 Plus按钮，设置“分辨率”为72像素/英寸，“颜色模式”为“RGB颜色”，“背景颜色”为白色。单击“创建”按钮创建新的文档，如图8-20所示。

图8-20

02 执行“文件>置入嵌入对象”命令，在弹出的对话框中选择“1.jpg”，单击“置入”按钮。接着将置入的素材摆放在画面中合适的位置，将光标放在素材一角处，按住Shift键的同时按住鼠标左键并拖动，等比例缩放该素材，如图8-21所示。调整完成后按Enter键完成置入。

图8-21

03 选择“椭圆工具”，在选项栏中设置“绘制模式”为“形状”，“填充”为白色，“描边”为无，设置完成后在按住Shift键的同时按住鼠标左键并拖动，在画面中绘制正圆，如图8-22所示。

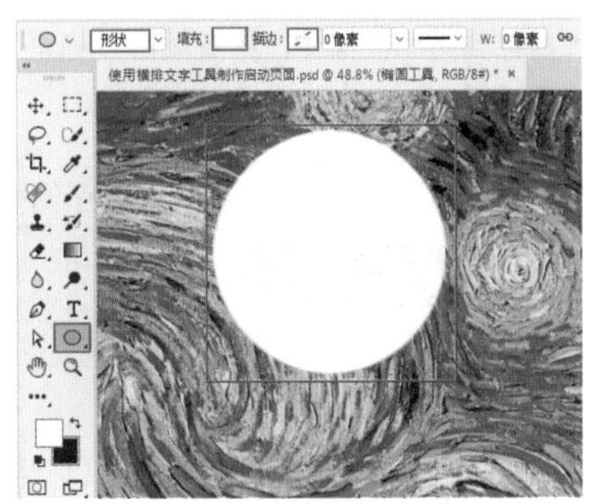

图8-22

04 在正圆内输入文字。选择工具箱中的“横排文字工具”，在选项栏中设置合适的字体，设置字号为237点，文字颜色为深蓝色，设置完毕后在画面中的正圆内单击鼠标左键，插入光标，如图8-23所示。接着输入文字，文字输入完毕后按Ctrl+Enter快捷键完成输入，如图8-24所示。

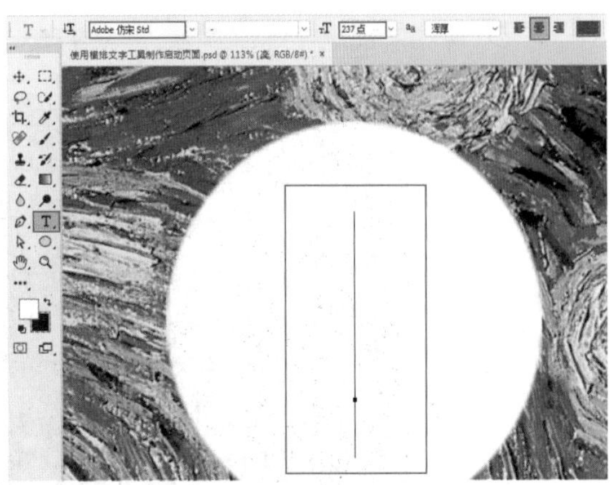

图8-23

05 在画面中输入文字。用同样的方法，继续使用“横排文字工具”，在不选中任何文字图层时，在选项栏中设置合适的字体，并设置“字号”为80点，“颜色”为白色。设置完成后，在正圆下方输入文字，如图8-25所示。文字输入完毕后按Ctrl+Enter快捷键完成输入。

图8-24

图8-25

06 制作底部渐变效果。新建图层。选择工具箱中的“渐变工具”，在选项栏中单击，在打开的“渐变编辑器”窗口中编辑一种黑色到透明的渐变，接着单击“确定”按钮。再单击选项栏中的“线性渐变”按钮，如图8-26所示。然后在画面中按住鼠标左键自下而上拖动，如图8-27所示，松开鼠标后生成的渐变效果如图8-28所示。

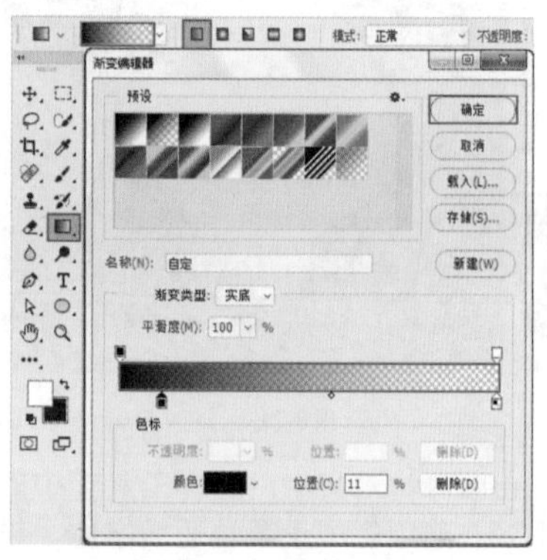

图8-26

图8-27

图8-28

07 在界面底部输入文字。选择工具箱中的“横排文字工具”，在选项栏中设置合适的字体，“字号”设置为25点，文字颜色设置为白色，单击“切换字符和段落面板”按钮，在弹出的“字符”面板中设置“字距”为1500，设置完毕后，在界面底部位置单击插入光标，输入文字，如图8-29所示。文字输入完毕后，按Ctrl+Enter快捷键，画面最终效果如图8-30所示。

图8-29

图8-30

8.1.3 创建直排文字

“直排文字工具”的使用方法与“横排文字工具”相同，在直排文字输入状态下输入的文字会一直沿着纵向进行排列，例如诗词歌赋、日文等都经常使用“直排文字工具”进行排列。

（1）单击工具箱中的“直排文字工具”按钮IT，在选项栏中可以进行字体、字号、颜色的设置。设置完成后在画面中单击输入文字，文字会沿纵向进行排列，如图8-31所示。此时文字超出画面区域，接下来在第一句诗词的句号后按Enter键使文字切换到下一行，如图8-32所示。

（2）继续输入文字，输入完成后单击选项栏中的✓按钮（或按Ctrl+Enter快捷键），完成输入，如图8-33所示。

图8-31

图8-32

图8-33

8.1.4 创建段落文字

技术速查：段落文字由于具有自动换行、可调整文字区域大小等优势，所以常用于大量的文本排版中。

“段落文字”可以将文字限定在一个矩形范围内，在这个矩形区域中，文字会自动换行，另外还可以方便地调整文字区域的大小。

（1）选择工具箱中的“横排文字工具”，在选项栏中设置合适的字体、字号、文字颜色和对齐方式。然后在画布中按住鼠标左键并拖动，绘制出一个矩形的文本框，如图8-34所示。在其中输入文字，文字会自动排列在文本框中，如图8-35所示。将光标移到文本框边缘处，按住鼠标左键并拖动即可调整文本框的大小。

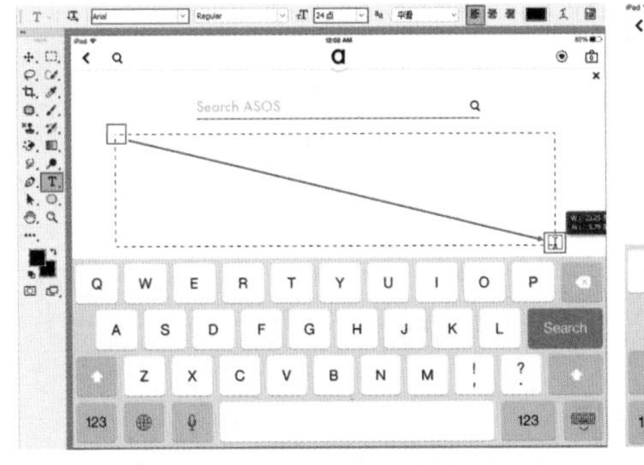

图8-34

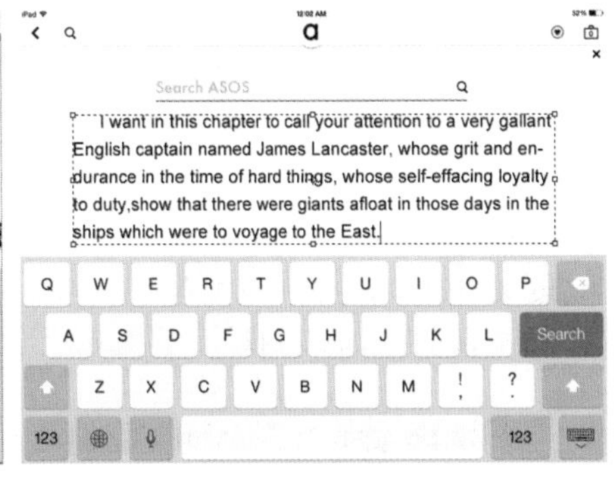

图8-35

高手小贴士：文本溢出

定界框不能显示全部文字时，右下角的控制点会变为⊞状，将定界框调大即可看到隐藏的字符。

（2）还可以对文本框进行旋转。将光标放在文本框一角处，当指针变为弯曲的双向箭头时，按住鼠标左键并拖动鼠标，可以旋转文本框，文本框中的文字也会随之旋转（在旋转过程中，如果按住Shift键，能够以15°角为增量进行旋转），如图8-36所示。

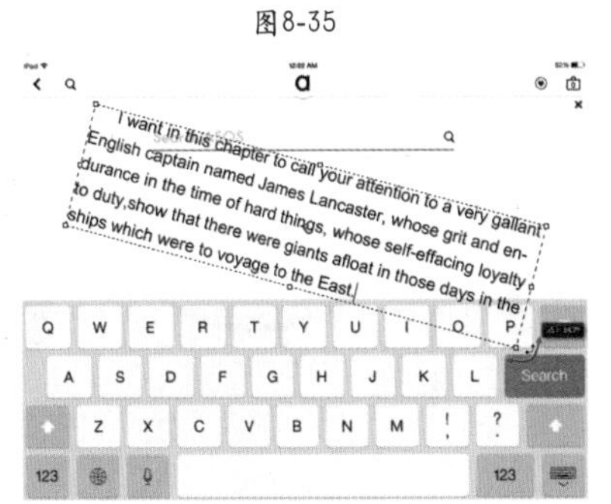

图8-36

（3）如果想要完成对文本的编辑操作，可以单击工具选项栏中的✓按钮或者按Ctrl+Enter快捷键；如果要放弃对文字的修改，可以单击工具选项栏中的⊘按钮或者按Esc键。

8.1.5 创建路径文字

“路径文字”是一种会按照路径的形态进行排列的文字行。

首先绘制一段路径，然后选择“横排文字工具”，接着将光标移至路径上方，光标变为⌶状后单击鼠标左键即可插入光标，如图8-37所示。接着输入文字，文字会沿着路径进行排列，如图8-38所示。改变路径形状时，文字的排列方式也会随之发生改变，如图8-39所示。

图8-37

图8-38

图8-39

高手小贴士：调整路径文字的起点和终点位置

选择工具箱中的“直接选择工具”▸，将光标移至路径上方，当光标变为◀或▶状时，按住鼠标左键拖动可以调整路径文字的起点或终点。

8.1.6 创建区域文字

技术速查：区域文字常用于制作走向不规则的文字行效果。

首先绘制一条闭合路径，选择工具箱中的“横排文字工具”，在选项栏中设置合适的字体、字号及文字颜色，然后将光标移至路径内，此时光标会变为Ⓘ状，如图8-40所示。单击鼠标左键插入光标，可以观察到圆形形状周围出现文本框，如图8-41所示。接着输入文字，可以观察到文字只在路径内排列，文字输入完成后，单击选项栏中的“提交当前操作”按钮✓，完成区域文字的制作，如图8-42所示。单击其他图层即可隐藏路径。

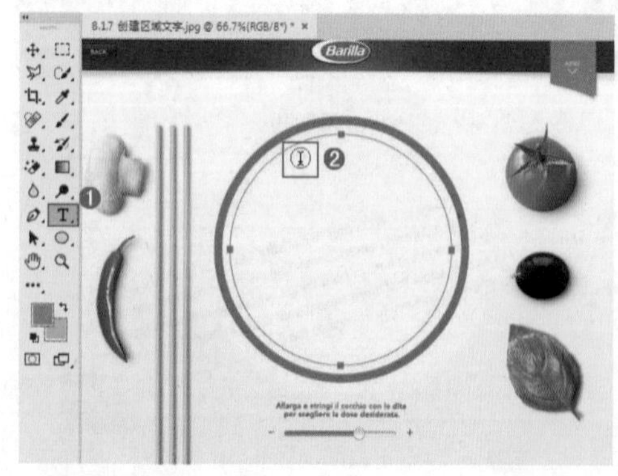

图8-40

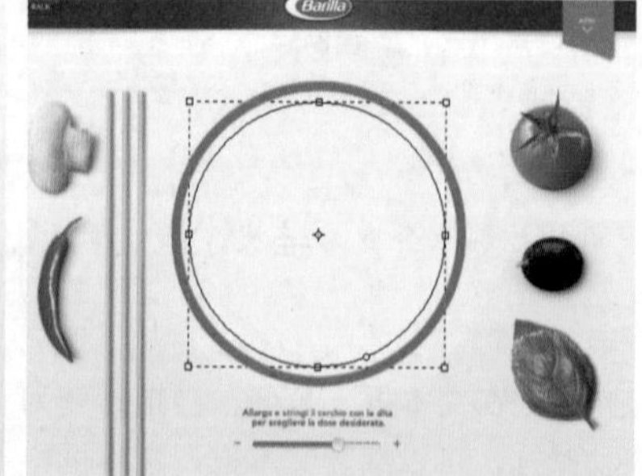

图8-41

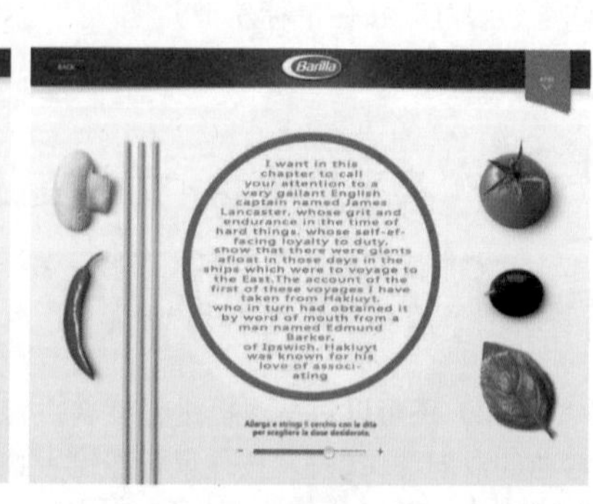

图8-42

★ 案例实战——使用段落文字和点文字制作正文页面

文件路径　第8章\使用段落文字和点文字制作正文页面

难易指数　★★★★★

扫码看视频

案例效果

案例效果如图8-43所示。

图8-43

操作步骤

01 执行“文件>新建”命令，打开“新建文档”对话框。在对话框顶部选择“移动设备”选项卡，单击iPhone 6 Plus按钮，将“分辨率”设置为72像素/英寸，将“颜色模式”设置为“RGB颜色”，单击“创建”按钮创建新的文档，如图8-44所示。

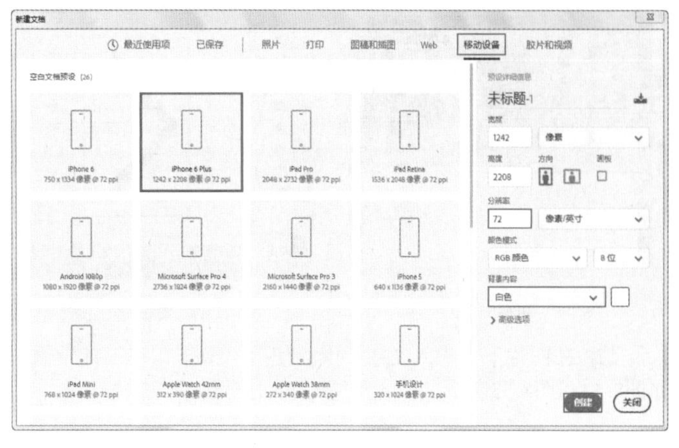

图8-44

02 执行“文件>置入嵌入对象”命令，在弹出的对话框中选择“1.png”，单击“置入”按钮。接着将置入的素材摆放在画面左上角的位置，调整完成后按Enter键完成置入，如图8-45所示。在“图层”面板中右击该图层，在弹出的快捷菜单中执行“栅格化图层”命令，如图8-46所示。

03 执行“文件>置入嵌入对象”命令，置入素材“2.png”，摆放在合适位置，按Enter键确定置入操作，如图8-47所示。接着将其栅格化，如图8-48所示。

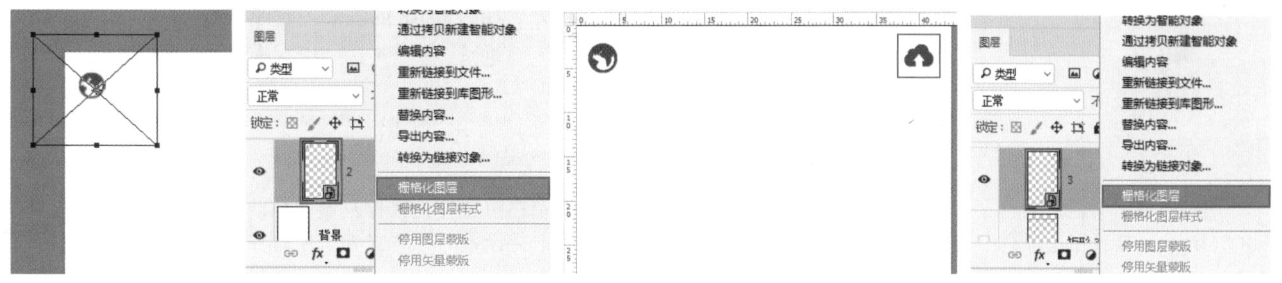

图8-45　　图8-46　　图8-47　　图8-48

04 选择工具箱中的“横排文字工具”，在选项栏中设置合适的字体，字号设置为84点，文字颜色设置为深灰色，字符对齐方式设置为“左对齐文本”。设置完毕后在画面顶部单击，输入文字，如图8-49所示。

05 制作标题栏的分割线。选择“矩形工具”，在选项栏中设置“绘制模式”为“形状”，“填充”为深灰色，“描边”为无，然后在图案和文字下方按住鼠标左键并拖动，绘制一个细长的矩形，如图8-50所示。执行“文件>置入嵌入对象”命令，置入卡通素材“3.jpg”，摆放在标题栏下方位置，按Enter键确定置入操作，并将其栅格化，如图8-51所示。

图8-49　　图8-50

06 在标题栏与主图之间空白的位置绘制“上一页”图标。选择工具箱中的“钢笔工具”，在选项栏中设置“绘制模式”为“形状”，“填充”为深灰色，“描边”为无，设置完成后在画面中单击鼠标左键进行绘制，如图8-52所示。接着使用“横排文字工具”在图标右侧位置输入文字，并在选项栏中设置合适的字体、字号，颜色设置为深灰色，如图8-53所示。

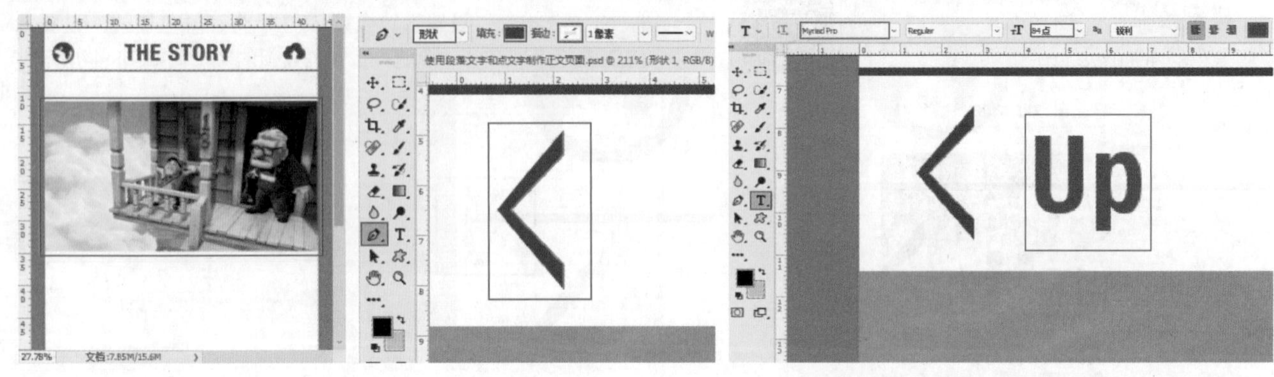

图8-51　　图8-52　　图8-53

07 在图片下方输入文字。继续使用“横排文字工具”输入合适的文字，并在选项栏中设置合适的字体、字号及颜色，如图8-54和图8-55所示。

图8-54　　图8-55

08 在画面中输入段落文字。选择“横排文字工具”，在版面下方空白位置按住鼠标左键并拖动，绘制一个文本框，如图8-56所示。接着在选项栏中设置合适的字体、字号，颜色设置为黑色，并设置对齐方式为“左对齐”，接着在文本框内输入文字，如图8-57所示。

09 正文页面制作完成，案例完成效果如图8-58所示。

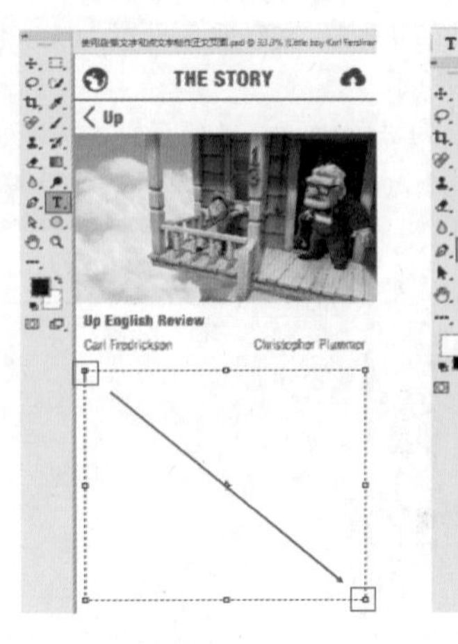

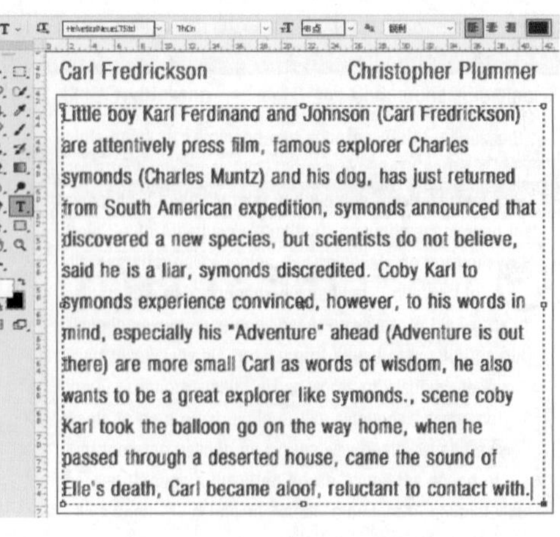

图8-56　　图8-57　　图8-58

8.2 文字蒙版工具

技术速查：使用文字蒙版工具可以创建文字选区。

（1）单击工具箱中的“横排文字蒙版工具”按钮，在选项栏中进行字体、字号、对齐方式的设置。然后在画面中单击，画面被半透明的蒙版所覆盖，如图 8-59所示。输入文字，文字部分显现出原始图像内容，如图8-60所示。

图8-59

图8-60

（2）文字输入完成后在选项栏中单击“提交当前编辑”按钮✓，文字将以选区的形式出现，如图8-61所示。在文字选区中，可以进行填充（前景色、背景色、渐变色、图案等），也可以对选区中的图案内容进行编辑，效果如图8-62所示。

图8-61

图8-62

8.3 设置文字参数

“字符”面板和“段落”面板是进行文字版面编排时最常使用的功能，在其中可以进行大量的关于文字属性的参数设置。

8.3.1 使用“字符”面板

技术速查：“字符”面板中有比文字工具选项栏更多的调整选项。

虽然在文字工具的选项栏中可以进行一些文字属性的设置，但是选项栏中并不是全部的文字属性。执行“窗口>字符”命令，打开“字符”面板。该面板专门用来定义页面中字符的属性。在“字符”面板中，除了包括常见的字体系列、字体样式、字体大小、文字颜色和消除锯齿等设置之外，还包括例如行距、字距等常见设置，如图8-63所示。

字符

字体系列—Adobe 黑体 Std —字体样式

字体大小—12点 (自动)—设置行距

字距微调—0 0—字距调整

比例间距—0%

垂直缩放—100% 100%—水平缩放

基线偏移—0点 颜色：—文本颜色

—文字样式

—OpenType功能

语言—美国英语 锐利—消除锯齿

图8-63

选项解读："字符"面板详解

- 设置行距：行距就是上一行文字基线与下一行文字基线之间的距离。选择需要调整的文字图层，然后在"设置行距"数值框中输入行距数值或在其下拉列表中选择预设的行距值，接着按Enter键即可。如图8-64所示为不同数值的对比效果。

行距：24点

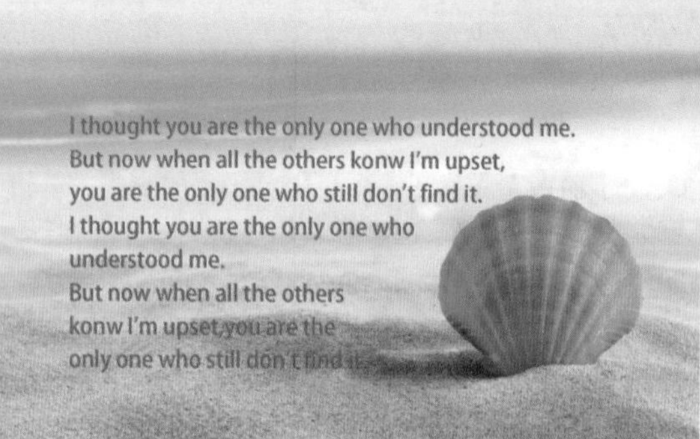

行距：48点

图8-64

- 字距微调：用于设置两个字符之间的字距微调。在设置时先要将光标插入需要进行字距微调的两个字符之间，然后在数值框中输入所需的字距微调数量。输入正值时，字距会扩大；输入负值时，字距会缩小。如图8-65所示为不同数值的对比效果。

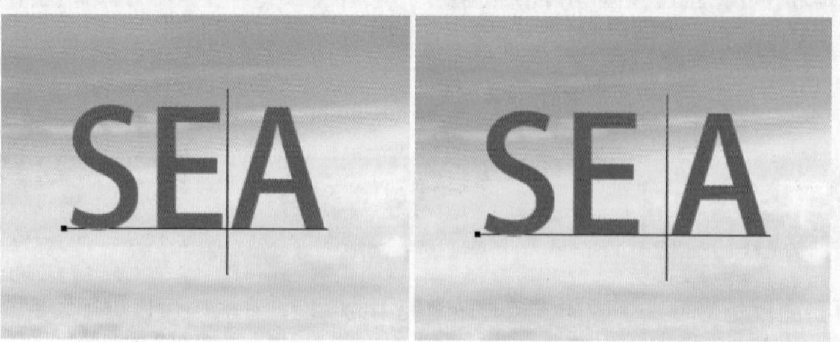

字距微调：0　　字距微调：150

图8-65

- 字距调整：字距用于设置文字的字符间距。输入正值时，字距会扩大；输入负值时，字距会缩小。如图8-66所示为不同数值的对比效果。

字距：-100

字距：0

字距：300

图8-66

- 比例间距：比例间距是按指定的百分比来减少字符周围的空间。因此，字符本身并不会被伸展或挤压，而是字符之间的间距被伸展或挤压了。如图8-67所示为不同数值的对比效果。

比例间距：0

比例间距：100

图8-67

- 垂直缩放/水平缩放：用于设置文字的垂直或水平缩放比例，以调整文字的高度或宽度。
- 基线偏移：基线偏移用来设置文字与文字基线之间的距离。输入正值时，文字会上移；输入负值时，文字会下移。如图8-68所示为不同数值的对比效果。

基线偏移：0

基线偏移：100

基线偏移：-50

图8-68

- T *T* TT Tт T¹ T₁ T T 文字样式：设置文字的效果，包括仿粗体**T**、仿斜体*T*、全部大写字母TT、小型大写字母Tт、上标T¹、下标T₁、下划线T、删除线T，如图8-69所示。

仿粗体
仿斜体
全部大写字母
小型大写字母

Summer 上标
Summer 下标
Summer 下划线
Summer 删除线

图8-69

- fi ℴ st 𝒜 ad 𝕋 1st ½Open Type功能：包括标准连字fi、上下文替代字ℴ、自由连字st、花饰字𝒜、文体替代字ad、标题替代字𝕋、序数字1st、分数字½。
- 语言设置：用于设置文本连字符和拼写的语言类型。
- 消除锯齿方式：输入文字以后，可以在选项栏中为文字指定一种消除锯齿的方式。

8.3.2 使用“段落”面板

- 技术速查：“段落”面板提供了用于设置段落编排格式的参数选项。

“段落”面板用于设置文本段落的属性，例如文字的对齐方式、缩进方式、避头尾设置、标点挤压设置、连字等属性。选中文本对象，单击选项栏中的“段落”按钮或执行“窗口>段落”命令，可以打开“段落”面板，如图8-70所示。在这里可以进行各种参数的设置，部分参数选项只能对段落文字操作。

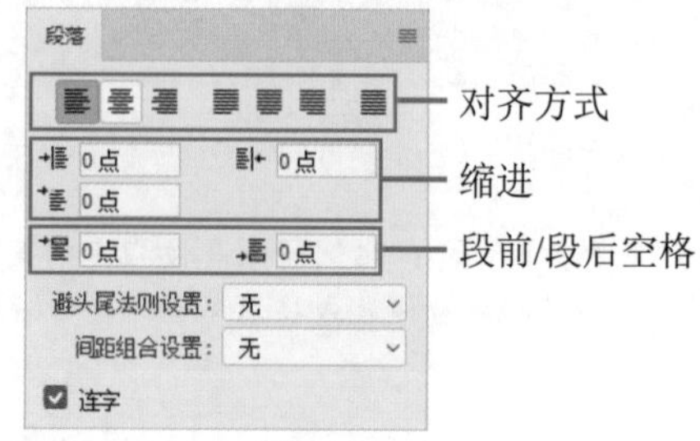

图8-70

选项解读：“段落”面板详解

- 左对齐文本：文字左对齐，段落右端参差不齐，如图8-71所示。
- 居中对齐文本：文字居中对齐，段落两端参差不齐，如图8-72所示。
- 右对齐文本：文字右对齐，段落左端参差不齐，如图8-73所示。

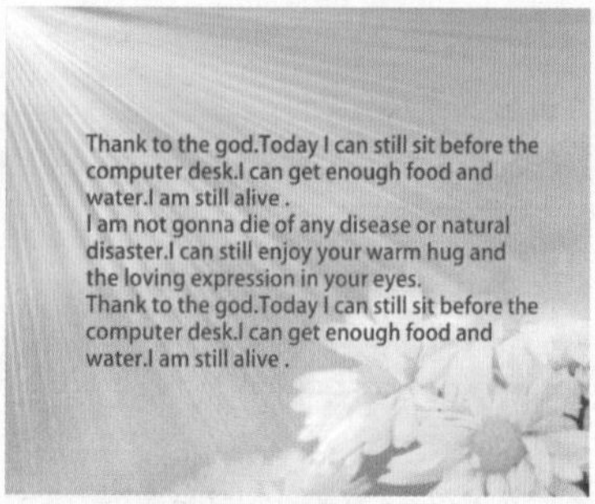

图8-71 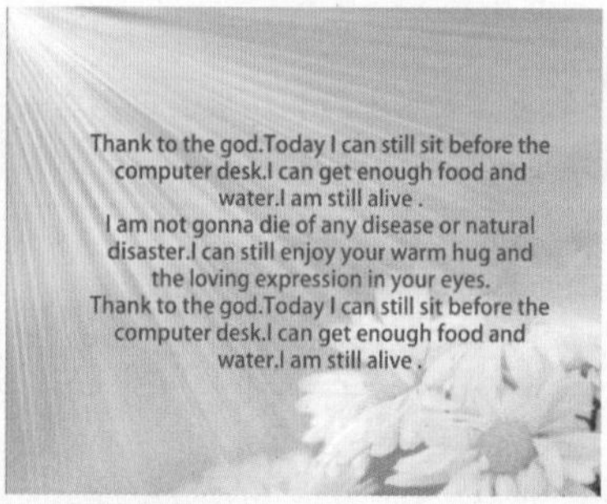　图8-72 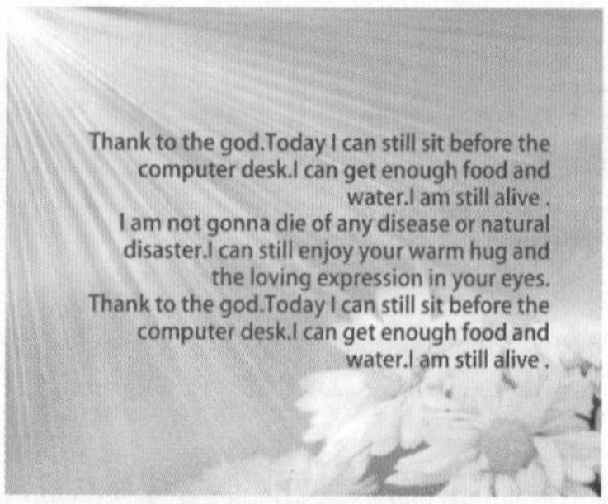　图8-73

- 最后一行左对齐：最后一行左对齐，其他行左右两端强制对齐。段落文字、形状文字可用，点文字不可用，如图8-74所示。
- 最后一行居中对齐：最后一行居中对齐，其他行左右两端强制对齐。段落文字、形状文字可用，点文字不可用，如图8-75所示。
- 最后一行右对齐：最后一行右对齐，其他行左右两端强制对齐。段落文字、形状文字可用，点文字不可用，如图8-76所示。

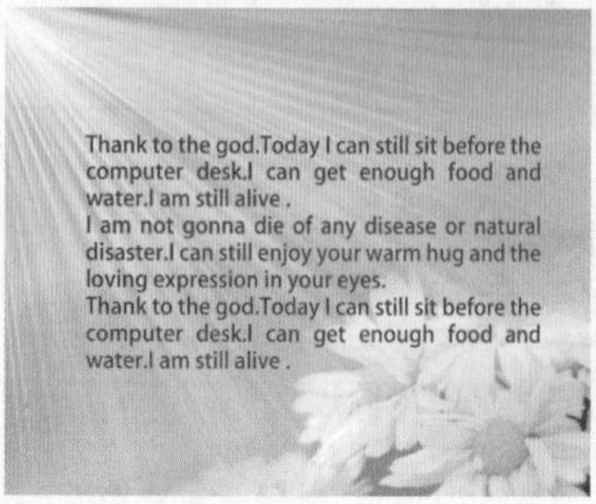

图8-74 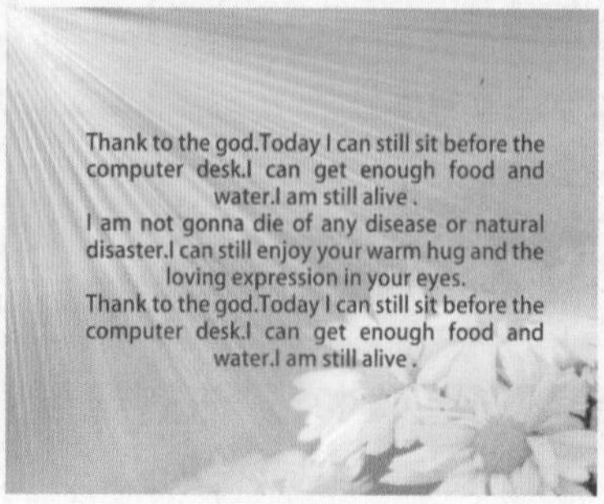　图8-75 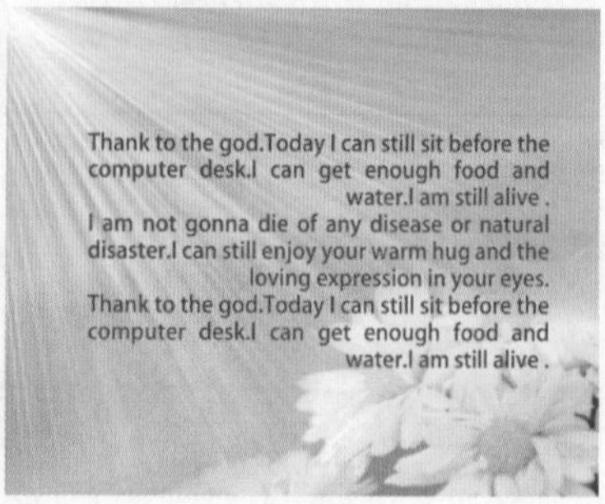　图8-76

- 全部对齐：在字符间添加额外的间距，使文本左右两端强制对齐。段落文字、形状文字、路径文字可用，点文字不可用，如图8-77所示。
- 左缩进：用于设置段落文本向右（横排文字）或向下（直排文字）的缩进量，如图8-78所示。
- 右缩进：用于设置段落文本向左（横排文字）或向上（直排文字）的缩进量，如图8-79所示。

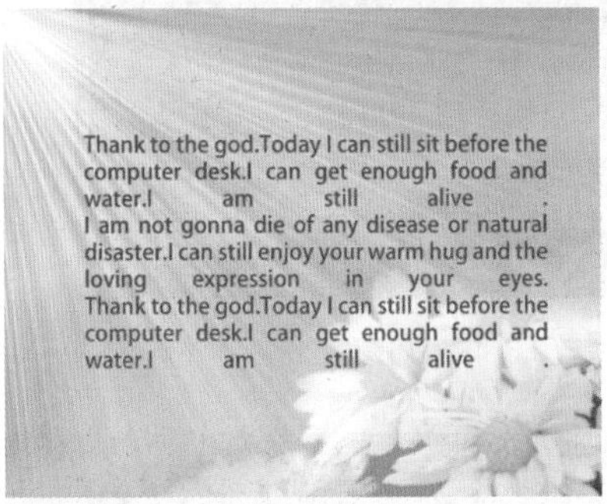

图8-77 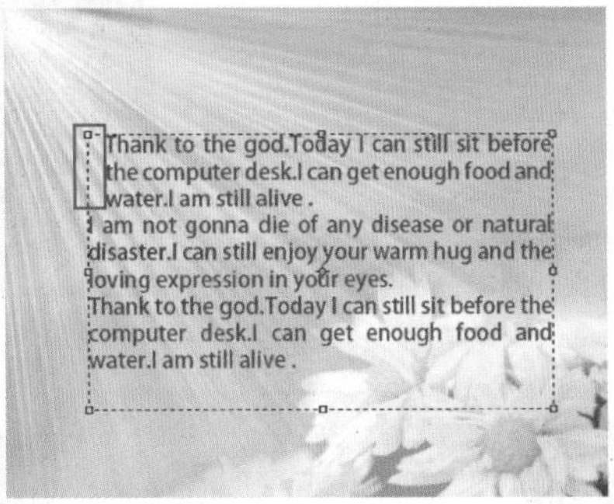　　图8-78 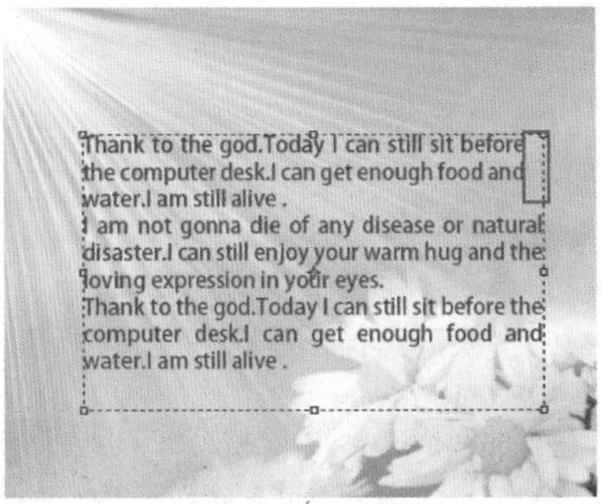　　图8-79

- 首行缩进：用于设置段落文本中每个段落的第1行文字向右（横排文字）或第1列文字向下（直排文字）的缩进量，如图8-80所示。
- 段前添加空格：设置光标所在段落与前一个段落之间的间隔距离，如图8-81所示。
- 段后添加空格：设置当前段落与下一个段落之间的间隔距离，如图8-82所示。

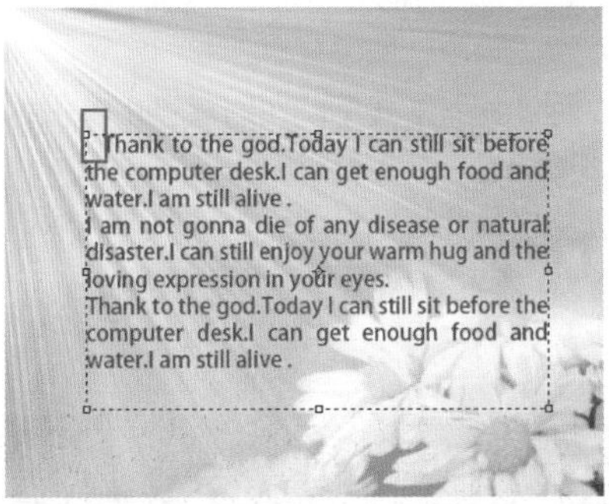

图8-80 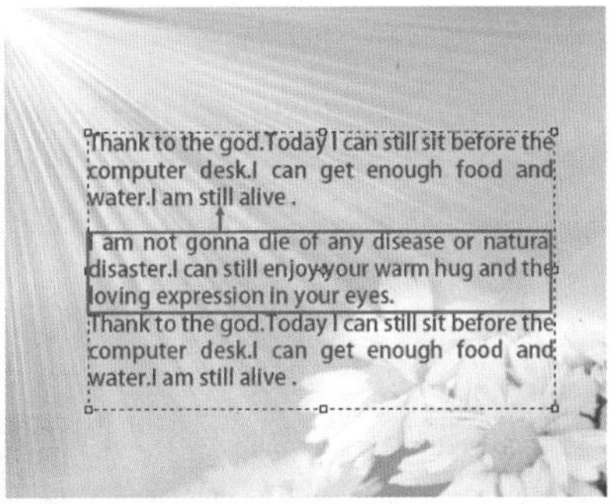　　图8-81 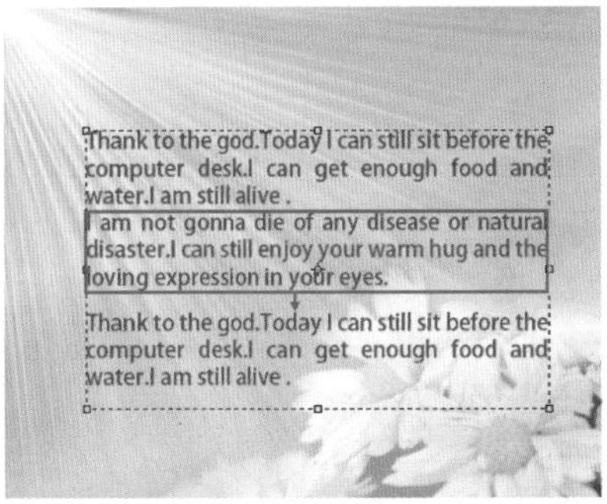　　图8-82

- 避头尾法则设置：在中文书写习惯中，标点符号通常不会位于每行文字的第一位。“避头尾”功能只能对段落文字或区域文字起作用。默认情况下“避头尾集”设置为无，单击下拉箭头在其中选择严格或者宽松，此时位于行首的标点符号位置发生了改变。
- 间距组合设置：间距组合用于设置日语字符、罗马字符、标点和特殊字符在行开头、行结尾和数字的间距文本编排方式。
- 连字：选中该复选框后，在输入英文单词时，如果段落文本框的宽度不够，英文单词将自动换行，并在单词之间用连字符连接起来。

高手小贴士：“直排文字工具”的对齐方式

当文字为直排方式时，对齐按钮会发生一些变化，如图8-83所示。

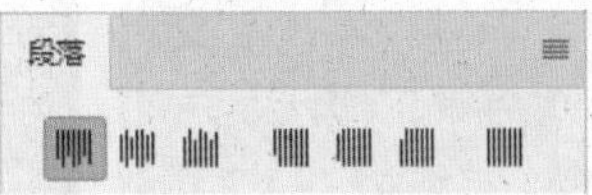

图8-83

★ 案例实战——制作逼真粉笔字

文件路径　第8章\制作逼真粉笔字

难易指数　★★★★★

扫码看视频

案例效果

案例效果如图8-84所示。

操作步骤

01 执行“文件>打开”命令，打开背景素材“1.jpg”，如图8-85所示。

02 选择工具箱中的“横排文字工具”，执行“窗口>字符”命令，在弹出的“字符”面板中选择一种接近手写效果的字体，设置合适的字号，并设置前景色为白色，如图8-86所示。设置完成后在画面中适当的位置单击鼠标左键插入光标，建立文字输入的起始点，接着输入文字，文字输入完毕后按Ctrl+Enter快捷键确认操作，如图8-87所示。

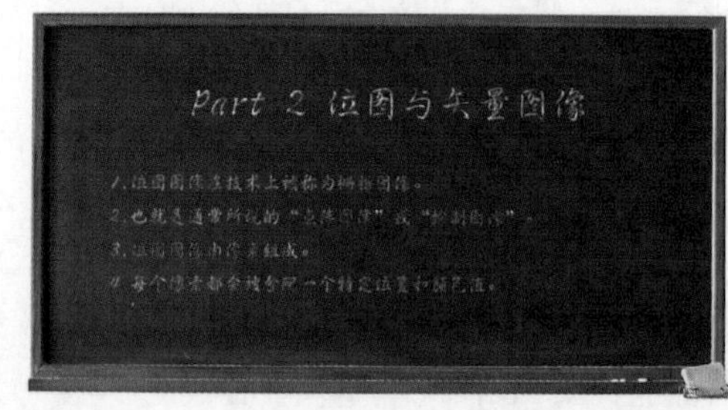

图8-84

图8-85

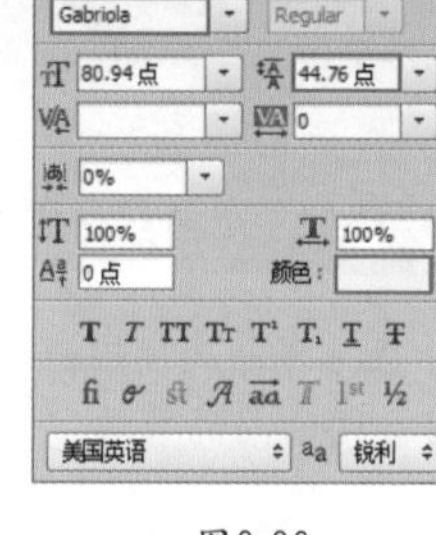

图8-86

图8-87

03 在“图层”面板中为文字图层添加图层蒙版，如图8-88所示。选择工具箱中的“画笔工具”，在选项栏中单击打开“画笔预设”选取器，在弹出的下拉面板中设置“大小”为300像素，选择一种不规则的笔刷，如图8-89所示。

04 在工具箱的底部设置前景色为黑色，使用设置好的画笔在文字的蒙版上单击，使部分文字呈现出半透明或隐藏的效果，如图8-90和图8-91所示。

图8-88

图8-89

图8-90

图8-91

05 用同样的方法输入第二部分文字，如图8-92所示。

06 为了使粉笔字效果更加真实，可以继续使用“横排文字工具”在文字中单击并框选出部分文字，并在“字符”面板中更改颜色，如图8-93～图8-95所示。

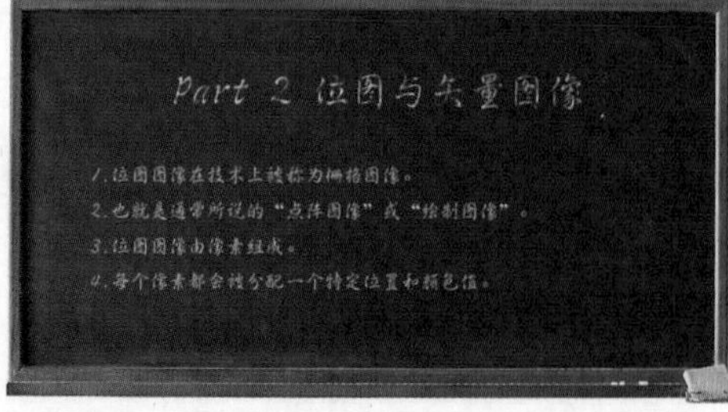

图8-92

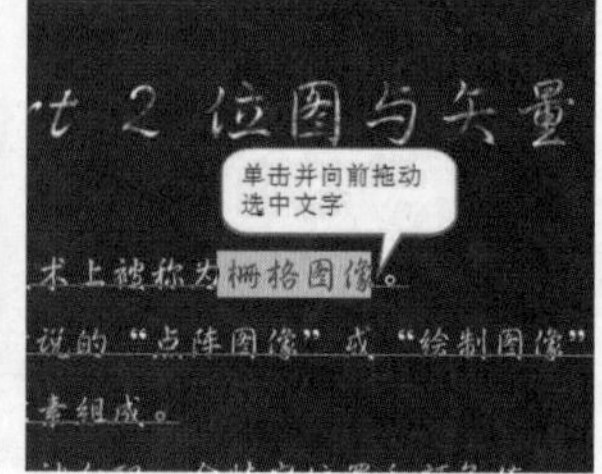

图8-93

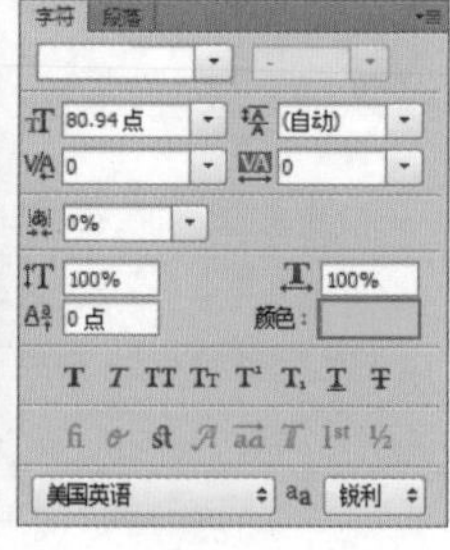

图8-94

07 用同样的方法修改其他文字的颜色，如图8-96所示。

08 为这部分文字添加图层蒙版，并使用同样的笔刷在图层蒙版中涂掉部分文字，如图8-97所示。

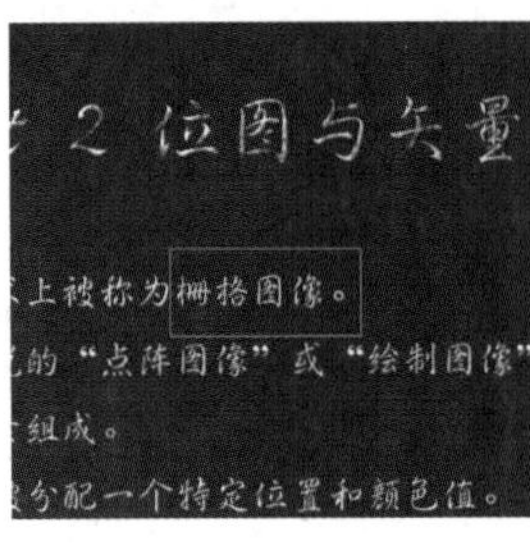

图8-95

图8-96

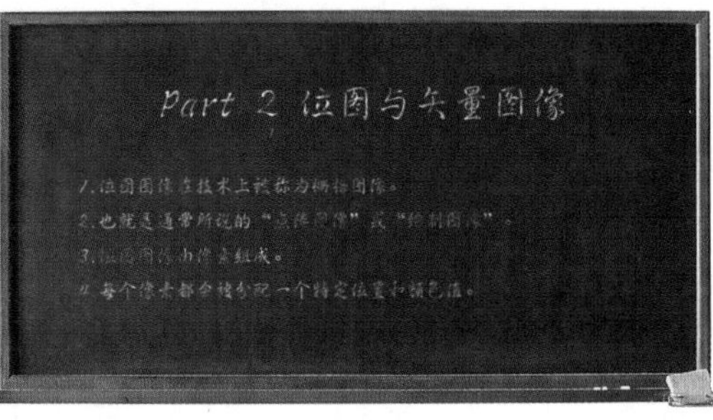

图8-97

8.4 编辑文字

文字是一类特殊的对象，既具有文本属性又具有图像属性。Photoshop虽然不是专业的文字处理软件，但也具有文字内容的编辑功能，例如可以进行查找替换文本、英文拼写检查等。除此之外还可以将文字对象转换为位图、形状图层，还可以自动识别图像中包含的文字的字体。

8.4.1 对文字进行变形

- 技术速查：在Photoshop中，可以对文字对象进行一系列内置的变形效果，通过这些变形操作可以在不栅格化文字图层的状态下制作多种变形文字。

在制作艺术字效果时，经常需要对文字进行变形。Photoshop提供了对文字进行变形的功能。首先需要创建文字，然后在变形样式列表中选择一种合适的变形方式进行文字的变形。

选中需要变形的文字图层，在使用文字工具的状态下，在选项栏中单击“创建文字变形”按钮，如图8-98所示。随即打开“变形文字”对话框，在该对话框中首先可以在“样式”列表中选择变形文字的方式，接着可以对变形轴、“弯曲”“水平扭曲”“垂直扭曲”的数值进行设置，如图8-99所示。如图8-100所示为不同变形方式的文字效果。

图8-98

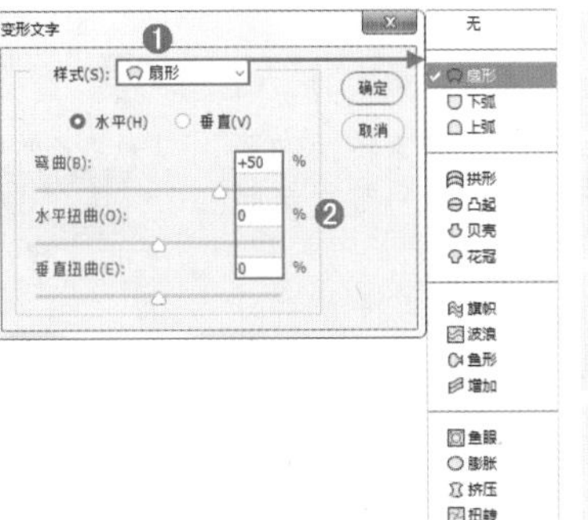

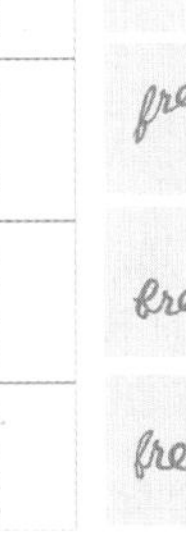

图8-99

图8-100

选项解读：“变形文字”对话框详解

- 水平/垂直：选中“水平”单选按钮时，文本扭曲的方向为水平方向，如图8-101所示；选中“垂直”单选按钮时，文本扭曲的方向为垂直方向，如图8-102所示。
- 弯曲：用来设置文本的弯曲程度，如图8-103所示为不同参数的变形效果。

图8-101　　图8-102　　图8-103

- 水平扭曲：设置水平方向的透视扭曲变形的程度，如图8-104所示为不同参数的变形效果。
- 垂直扭曲：用来设置垂直方向的透视扭曲变形的程度，如图8-105所示为不同参数的变形效果。

水平扭曲：100　　水平扭曲：-100　　垂直扭曲：-60　　垂直扭曲：60

图8-104　　图8-105

高手小贴士：为什么“变形文字”不可用？

如果所选的文字对象被添加了“仿粗体”样式T，那么在使用“变形文字”功能时可能会出现不可用的提示，此时只需单击“确定”按钮，即可去除“仿粗体”样式，并继续使用“变形文字”功能。

8.4.2　将文字栅格化为普通图层

- 技术速查：使用“栅格化文字”命令可以将文字图层转换为普通图层。

文字图层是比较特殊的对象，无法对其直接进行形状或者内部像素的更改，而想要进行这些操作就需要将文字对象转换为普通的图层。将文字图层栅格化后将不能进行字体、字号等文字属性的更改。

在“图层”面板中选择文字图层，然后在图层名称上单击鼠标右键，接着在弹出的快捷菜单中选择“栅格化文字”命令，如图8-106所示。就可以将文字图层转换为普通图层，如图8-107所示。

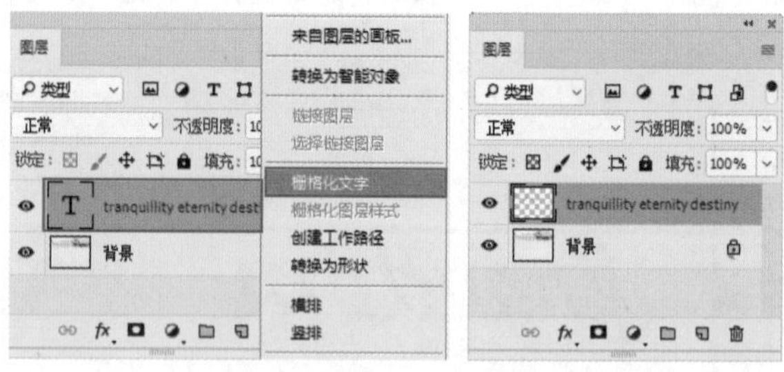

图8-106　　图8-107

★ 案例实战——栅格化文字制作切开的文字

文件路径	第8章\栅格化文字制作切开的文字
难易指数	★★★★★

扫码看视频

案例效果

案例效果如图8-108所示。

图8-108

操作步骤

01 执行“文件>新建”命令，创建一个“宽度”为3000像素，“高度”为2000像素，“分辨率”为72像素/英寸的新文档，如图8-109所示。

02 选择工具箱中的“渐变工具”。在选项栏中设置“渐变类型”为“线性渐变”，单击渐变色条，在弹出的“渐变编辑器”窗口中编辑一种灰色到白色的渐变。编辑完成后单击“确定”按钮，如图8-110所示。设置完成后在画面中按住鼠标左键并拖动，释放鼠标，为画面填充渐变，效果如图8-111所示。

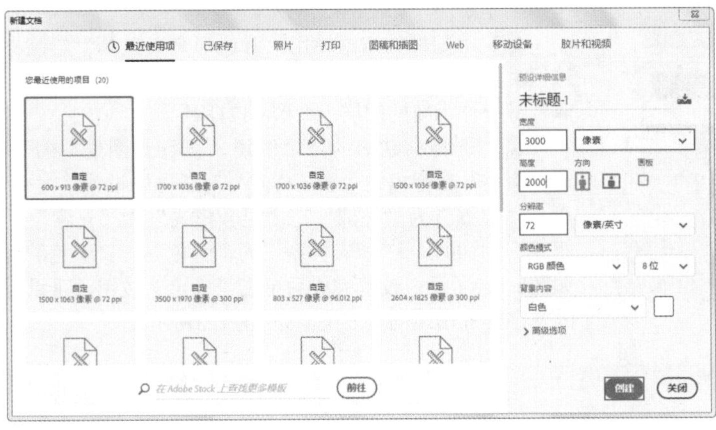

图8-109

图8-110

03 选择工具箱中的“横排文字工具”。在选项栏中设置合适的字体、字号，设置文字颜色为黑色。设置完成后，在画面中单击鼠标左键插入光标，建立文字输入的起始点，接着输入文字，文字输入完毕后按Ctrl+Enter快捷键确认键入操作，如图8-112所示。

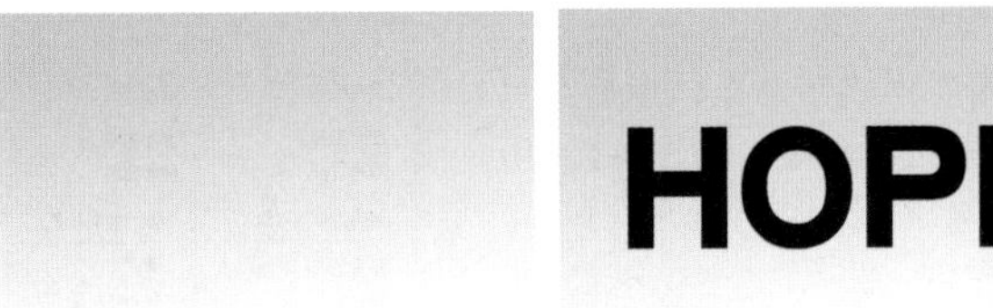

图8-111　　图8-112

04 执行“图层>图层样式>斜面和浮雕”命令，在弹出的“图层样式”对话框中设置“样式”为“内斜面”，“方法”为“平滑”，“深度”为100%，“方向”为“上”，“大小”为5像素，“角度”为120度，“高度”为30度，“高光模式”为“滤色”，颜色为白色，“不透明度”为75%，“阴影模式”为“正片叠底”，颜色为黑色，“不透明度”为75%，如图8-113所示。

05 加选“渐变叠加”复选框，设置“混合模式”为“正常”，“不透明度”为100%，编辑“渐变”为黑色到灰色，设置“样式”为“线性”，“角度”为90度，“缩放”为100%，如图8-114所示。设置完成后单击“确定”按钮，效果如图8-115所示。

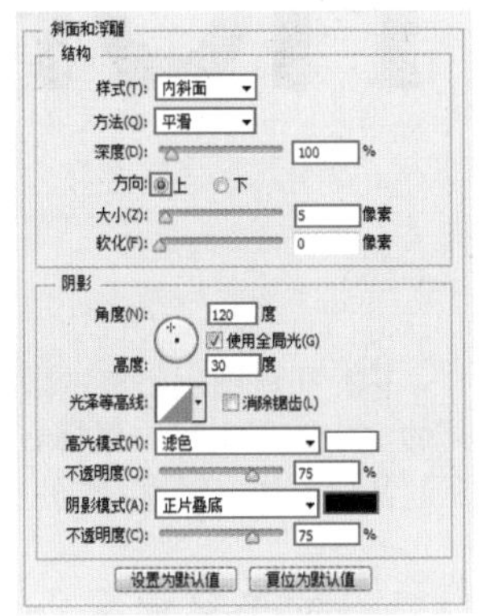

图8-113

06 按Ctrl+J快捷键复制出一个副本，然后在“图层”面板中单击鼠标右键，在弹出的快捷菜单中执行“栅格化文字”命令，此时文字副本图层变为普通图层，如图8-116所示。

07 在文字下一层新建图层，选择工具箱中的“画笔工具”，在选项栏中设置黑色柔边圆画笔，绘制出阴影效果，并执行“滤镜>模糊>高斯模糊”命令，在弹出的“高斯模糊”对话框中设置“半径”为20像素，设置完成后单击“确定”按钮，如图8-117所示。此时阴影更加柔和，效果如图8-118所示。

图8-114

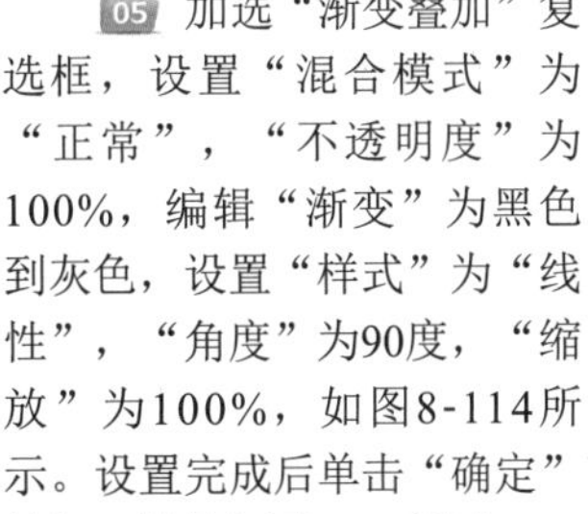

图8-115

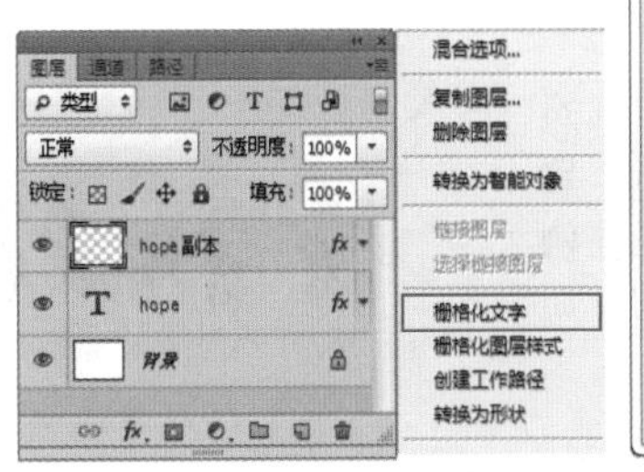

图8-116

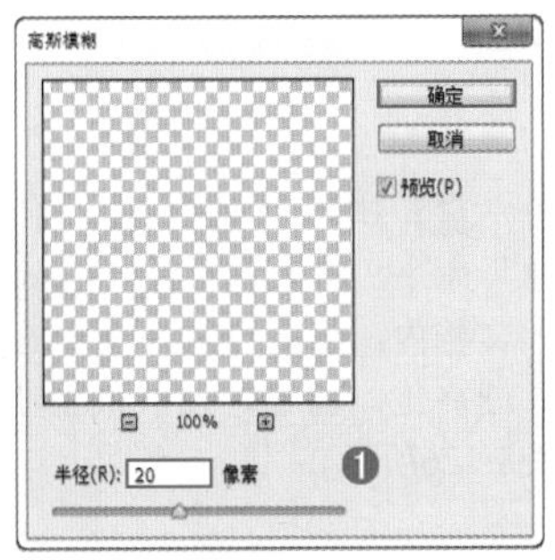

图8-117

图8-118

08 选择工具箱中的“多边形套索工具”，绘制出文字下方的选区，选择工具箱中的“移动工具”，向右侧位移，如图8-119所示。并使用复制和粘贴的快捷键（Ctrl+C，Ctrl+V）复制出一个副本图层，如图8-120所示。

09 用同样的方法使用“多边形套索工具”绘制文字上的选区并进行移动，制作出错位的文字。并复制选区内部的文字碎片部分作为新的图层，如图8-121所示。

10 选择粘贴出的副本图层。执行“图层>图层样式>描边”命令，在弹出的“图层样式”对话框中设置“大小”为5像素，“位置”为“外部”，“混合模式”为“正常”，“不透明度”为100%，“填充类型”为“颜色”，“颜色”为白色，如图8-122所示。设置完成后单击“确定”按钮，可以看到底部的文字碎片出现描边效果，如图8-123所示。

图8-119

图8-120

图8-121

11 在该图层上单击鼠标右键，在弹出的快捷菜单中执行“拷贝图层样式”命令，然后在另外的文字图层上单击鼠标右键，在弹出的快捷菜单中执行“粘贴图层样式”命令，如图8-124所示。其他的文字碎片图层也出现了同样的图层样式，效果图8-125所示。

读书笔记

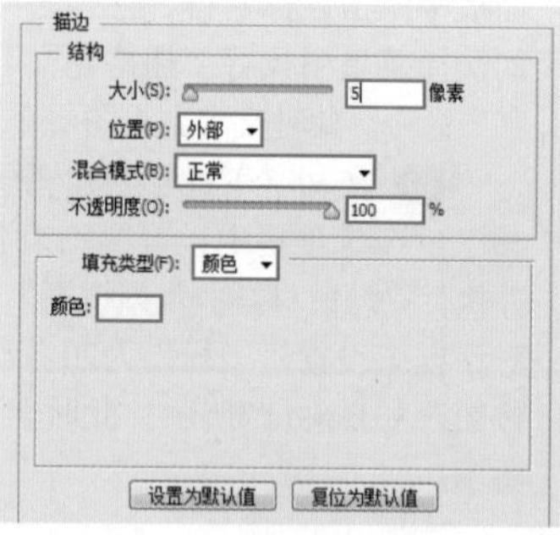

图8-122

图8-123

图8-124

12 执行“文件>置入嵌入对象”命令，将人物素材“1.png”置入文档内，将其摆放在画面的左侧并栅格化，调整好大小和位置，如图8-126所示。

图8-125

图8-126

8.4.3 将文字转换为“形状”

选择文字图层，然后在图层名称上单击鼠标右键，接着在弹出的快捷菜单中选择“转换为形状”命令，如图8-127所示，文字图层变为了形状图层，如图8-128所示。接着可以使用“直接选择工具”调整锚点位置，或者使用钢笔工具组中的工具对形状进行调整，可以制作出形态各异的艺术字效果，如图8-129所示。

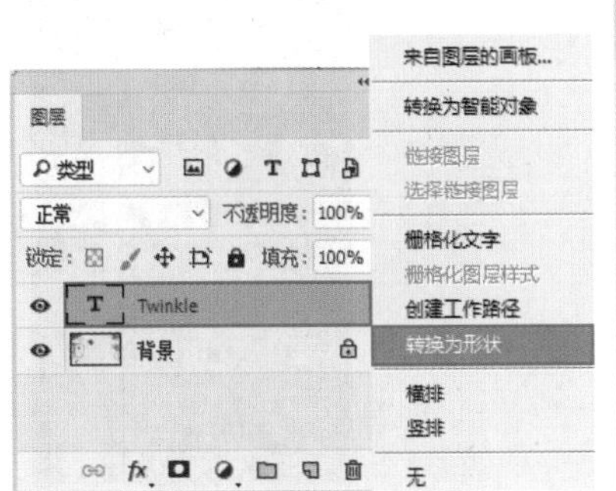

图8-127

图8-128

图8-129

提示：创建文字路径

想要获取文字对象的路径，可以选中文字图层，在文字图层上单击鼠标右键，在弹出的快捷菜单中执行“创建工作路径”命令，如图8-130所示。即可得到文字的路径，如图8-131所示。得到了文字的路径后，可以对路径进行描边、填充，或创建矢量蒙版等操作，效果如图8-132所示。

图8-130

图8-131

图8-132

8.4.4 使用其他字体

在制图过程中我们经常需要使用各种风格的字体，而计算机自带的字体样式可能无法满足实际需求，这时就需要安装额外的字体。由于Photoshop中的字体其实是调用操作系统中的系统字体，所以用户只需要把字体文件安装在操作系统的字体文件夹下即可。市面上常见的字体安装文件有多种形式，安装方式也略有区别。安装好字体以后，重新启动Photoshop就可以在文字工具选项栏中的字体系列中查找到新安装的字体。

下面列举几种比较常见的字体安装方法。

（1）很多时候我们使用的字体文件是EXE格式的可执行文件，这种字库文件安装比较简单，双击运行并按照提示进行操作即可。

（2）当遇到后缀名为“.ttf”“.fon”等的没有自动安装程序的字体文件时，需要打开“控制面板”（单击计算机桌面左下角的“开始”按钮，在其中单击“控制面板”），然后在“控制面板”中打开“字体”窗口，如图8-133所示。接着将“.ttf”“.fon”格式的字体文件复制到打开的“字体”窗口中即可。

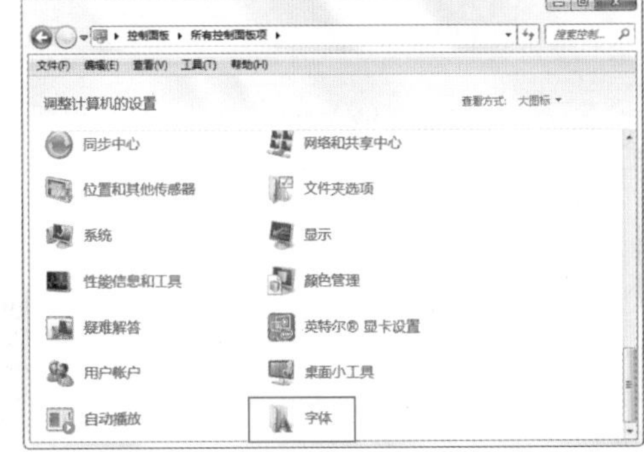

图8-133

8.5 综合实战——使用横排文字工具制作引导页

文件路径　第8章\使用横排文字工具制作引导页
难易指数　★★★★★

案例效果

案例效果如图8-134所示。

图8-134

读书笔记

8.5.1 项目分析

这是一款以地产为主题的APP引导页面，以沉稳、华贵的视觉效果映入人们眼帘。在众多地产主题的APP界面中，使用暗色调设计类型最为广泛，既能给人带来一种深邃的神秘感，又给人大气、尊贵之感，如图8-135和图8-136所示为优秀的引导页设计作品。

图8-135

图8-136

8.5.2 布局规划

本界面以单体图像元素搭配文字的形式出现，其中右侧的建筑图片挺拔且具有高端感，左上的主体文字占据较大的面积，更好地突出了主题。该页作为引导页，标题文字的艺术效果极具视觉冲击力，能够更好地引导阅读。另外，引导页面共分为4页并以轮播图的方式展现，不同页面展示不同的主题，方便使用者了解更多的信息。如图8-137和图8-138所示为不同布局方式的界面设计作品。

图8-137

图8-138

8.5.3 色彩搭配

界面整体色调属于中性纯度的冷色调，颜色统一而低调。相比颜色花哨无重心的画面而言，此类配色方案更适合表现商务、地产、高端、科技等类型的主题。背景颜色由中心向四周逐渐变暗，能够很好地集中读者注意力，如图8-139所示。

图8-139

8.5.4 实践操作

1. 制作背景

（1）执行“文件>新建”命令，打开“新建文档”对话框，在对话框顶部选择“移动设备”选项卡，单击iPhone 6 Plus按钮，设置“分辨率”为72像素/英寸，“颜色模式”为“RGB颜色”，设置“背景颜色”为白色。单击“创建”按钮创建新的文档，如图8-140所示。

（2）制作渐变背景。选择工具箱中的“渐变工具”，在选项栏中单击渐变色条，在弹出的“渐变编辑器”窗口中编辑一种蓝色系的渐变，接着单击“确定”按钮，再单击选项栏中的“线性渐变”按钮，如图8-141所示。在画面中按住鼠标左键从中心向右上角拖动填充渐变，如图8-142所示。

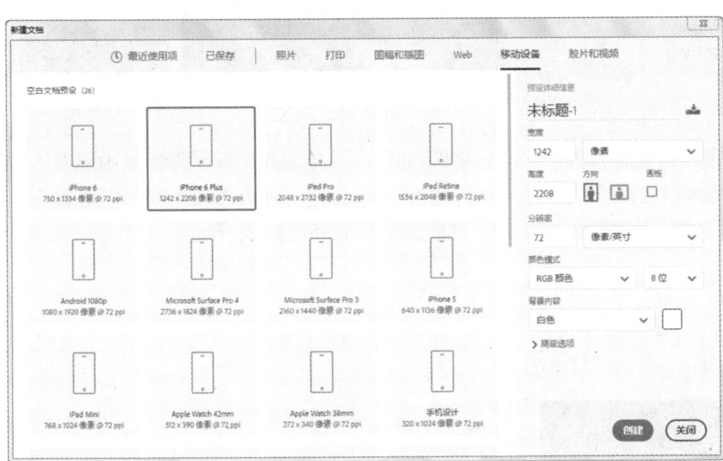

图8-140

图8-141

（3）制作背景文字部分。选择工具箱中的“横排文字工具”，在选项栏中设置合适的字体、字号，设置文字颜色为白色，设置字符对齐方式为“右对齐文本”。设置完毕后在页面的右上方单击鼠标左键插入光标，接着在页面中输入文字，输入过程中按Enter键，光标将切换到下一行，文字输入完毕后按Ctrl+Enter快捷键完成输入，如图8-143所示。

（4）单击选中文字图层，在“图层”面板中设置该图层的“不透明度”为5%，如图8-144所示，此时文字效果如图8-145所示。

图8-142

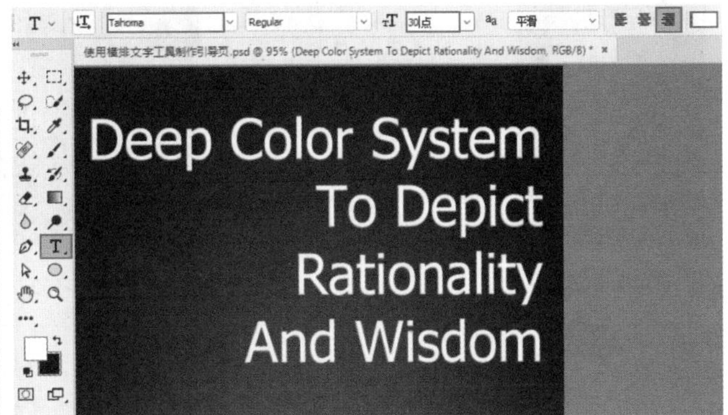

图8-143

图8-144

图8-145

（5）执行“文件>置入嵌入对象”命令，在弹出的对话框中选择“1.jpg”，单击“置入”按钮。接着将置入的素材摆放在画面中合适的位置，将光标放在素材一角处，按住Shift键的同时，按住鼠标左键拖动，等比例缩放该素材，如图8-146所示。调整完成后按Enter键完成置入。在“图层”面板中右击该图层，在弹出的快捷菜单中执行“栅格化图层”命令，如图8-147所示。

（6）进行抠图操作，抠出图片中的楼房。选择工具箱中的“钢笔工具”，在选项栏中设置“绘制模式”为“路径”。设置完成后将鼠标移到楼房上方，在楼房边缘处单击鼠标左键建立锚点，如图8-148所示。接下来沿着楼房外轮廓绘制出楼房路径，如图8-149所示。

图8-146

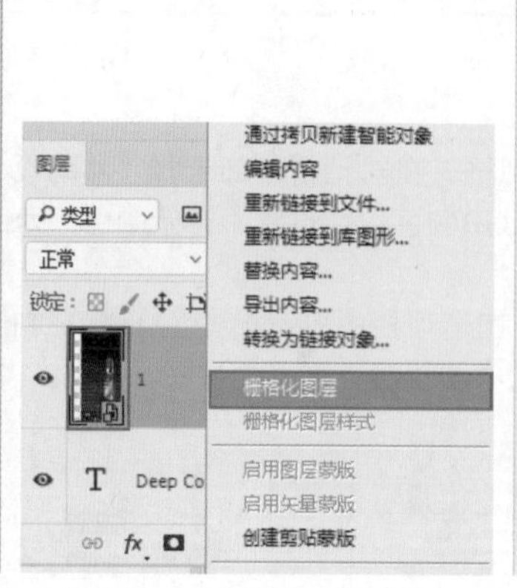

图8-147

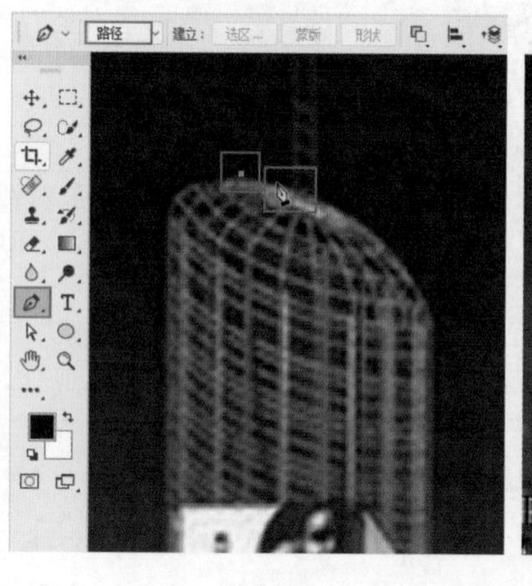
图8-148

图8-149

（7）路径绘制完成后，按Ctrl+Enter快捷键快速将路径转换为选区，如图8-150所示。接着在“图层”面板中单击选中该素材图层，在保持当前选区的状态下单击“图层”面板底部的“添加图层蒙版”按钮，以当前选区为该图层添加图层蒙版。选区以内的部分为显示状态，选区以外的部分被隐藏。蒙版效果如图8-151所示，此时画面效果如图8-152所示。

2. 制作艺术字

（1）在画面中绘制艺术文字。选择工具箱中的“横排文字工具”，在选项栏中设置合适的字体、字号，文字颜色设置为白色，设置完毕后在画面左侧位置单击，输入文字，如图8-153所示。

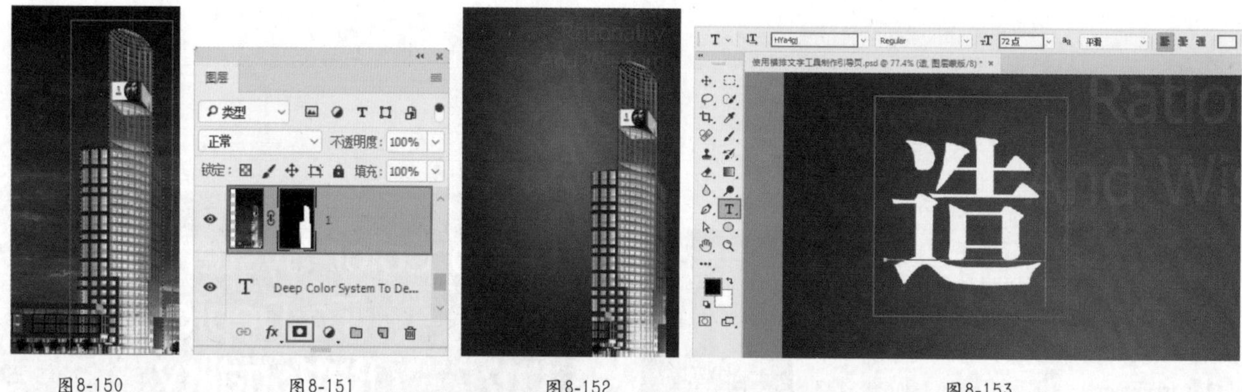
图8-150　图8-151　图8-152　图8-153

（2）制作文字的艺术效果。选择工具箱中的“钢笔工具”，在选项栏中设置“绘制模式”为“路径”。接着在文字上方绘制路径，如图8-154所示。路径绘制完成后按Ctrl+Enter快捷键快速将路径转换为选区，如图8-155所示。

（3）在“图层”面板中单击选中该文字图层，在保持当前选区的状态下单击“图层”面板底部的“添加图层蒙版”按钮，如图8-156所示。以当前选区为该图层添加图层蒙版。选区以内的部分为显示状态，选区以外的部分被隐藏，此时文字效果如图8-157所示。

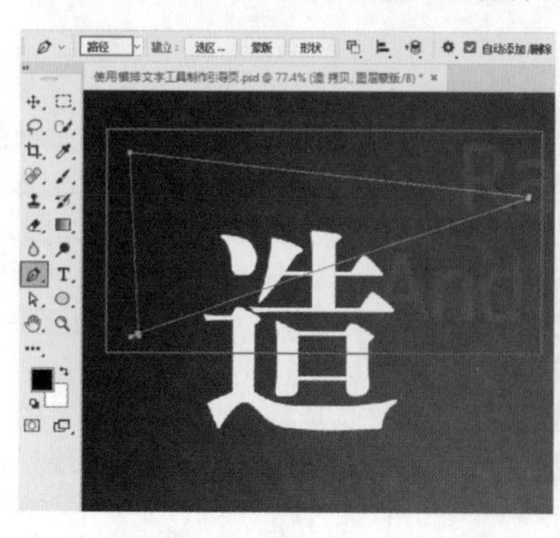
图8-154

图8-155

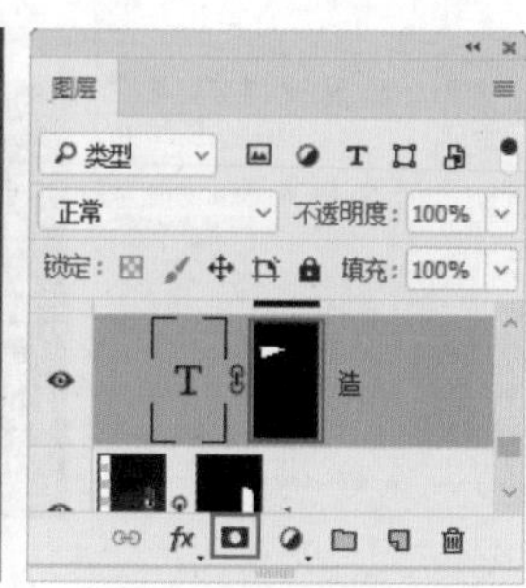
图8-156

（4）在“图层”面板中单击选中该文字图层，使用复制图层快捷键Ctrl+J复制出一个相同的图层。删除文字图层原有的图层蒙版，在画面中适当移动文字位置，如图8-158所示。继续使用“钢笔工具”在文字上方绘制路径，接着将路径转换为选区，如图8-159所示。基于选区为复制的文字图层添加图层蒙版，如图8-160所示。

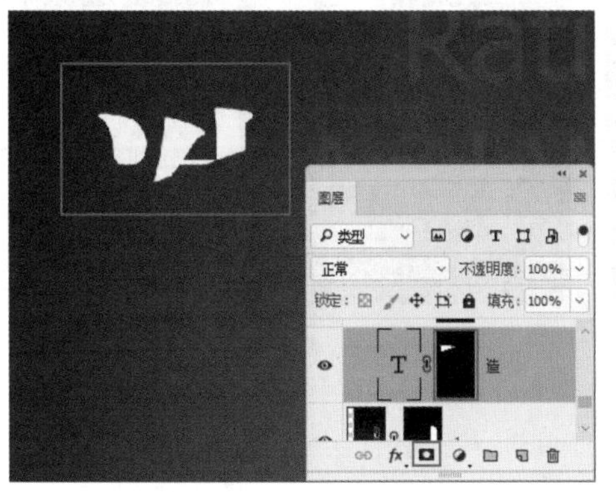

图8-157

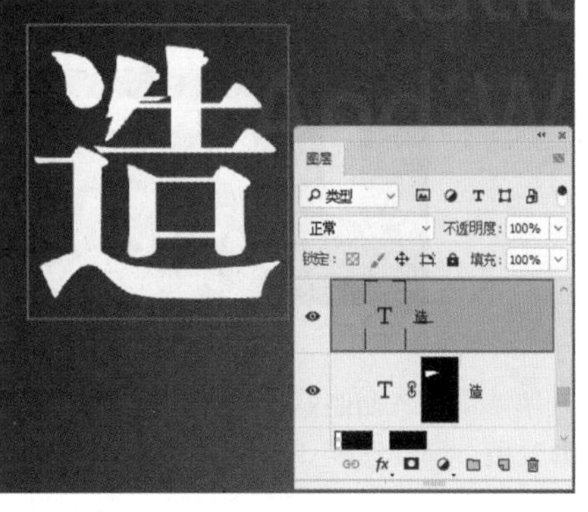

图8-158

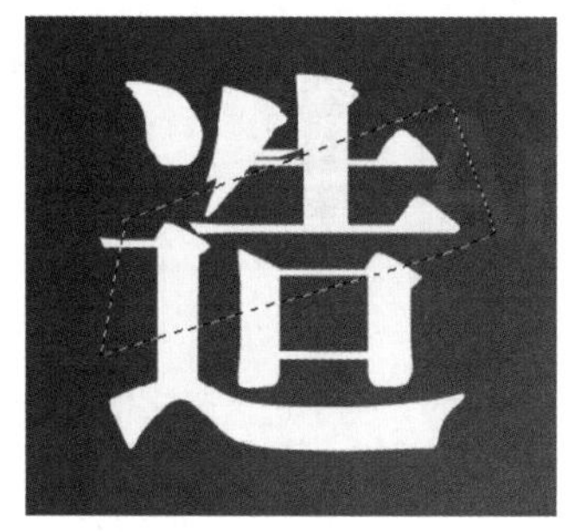

图8-159

（5）制作阴影效果。新建图层，选择工具箱中的“钢笔工具”，在选项栏中设置“绘制模式”为“路径”，在画面上方绘制路径，如图8-161所示。在使用“钢笔工具”的状态下单击鼠标右键，在弹出的快捷菜单中执行“建立选区”命令，如图8-162所示。

图8-160

图8-161

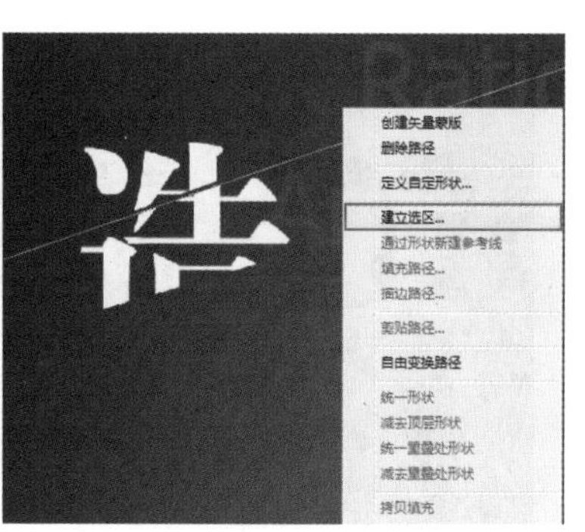

图8-162

（6）在弹出的“建立选区”对话框中设置“羽化半径”为15像素，设置完成后单击“确定”按钮，如图8-163所示。选区如图8-164所示。

（7）设置前景色为黑色，使用填充前景色快捷键Alt+Delete进行快速填充，如图8-165所示。填充完成后按Ctrl+D快捷键取消选区。在“图层”面板中右击该图层，在弹出的快捷菜单中执行“创建剪贴蒙版”命令，如图8-166所示。此时画面中的文字呈现阴影效果，如图8-167所示。

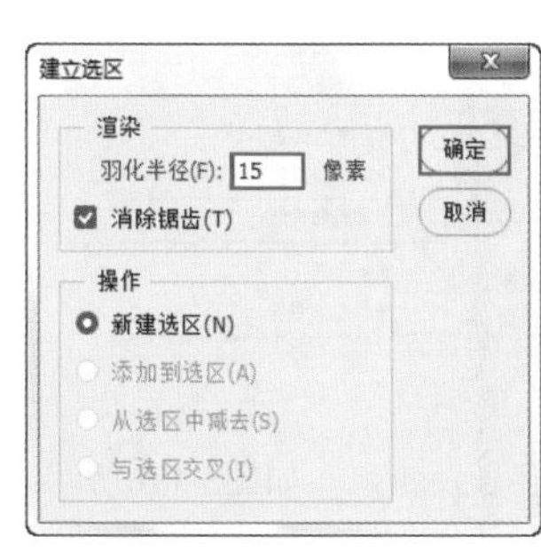

图8-163

图8-164

图8-165

（8）继续复制文字图层。删除文字图层原有的图层蒙版，在画面中适当移动文字位置，如图8-168所示。用同样的方法使用“钢笔工具”在文字上方绘制路径，接着将路径转换为选区，如图8-169所示。

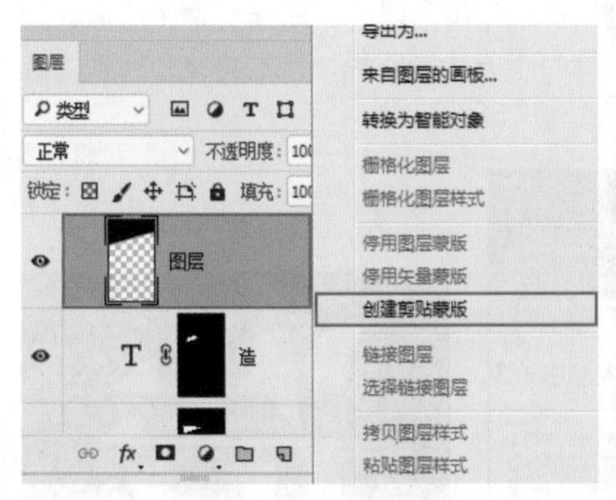

图8-166

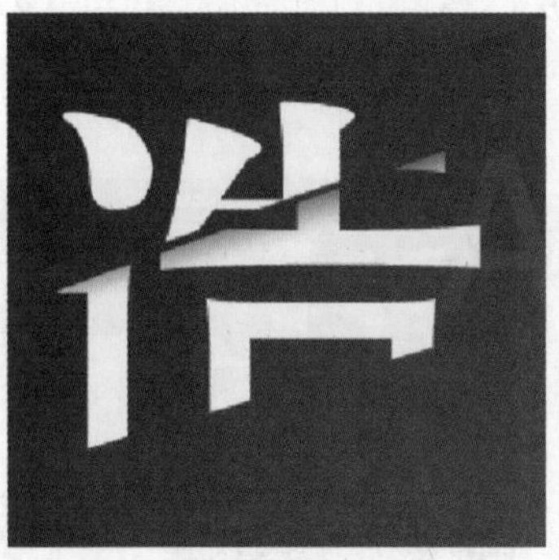

图8-167

图8-168

（9）基于选区为文字图层添加图层蒙版，如图8-170所示。

（10）为文字下部分制作阴影效果。新建图层，选择工具箱中的“钢笔工具”，在选项栏中设置“绘制模式”为“路径”，在画面上方绘制路径。在使用“钢笔工具”状态下单击鼠标右键，在弹出的快捷菜单中执行“建立选区”命令，如图8-171所示。在弹出的“建立选区”对话框中设置“羽化半径”为15像素，设置完成后单击“确定”按钮，如图8-172所示。得到选区后设置前景色为黑色，使用填充前景色快捷键Alt+Delete进行快速填充，如图8-173所示。

图8-169

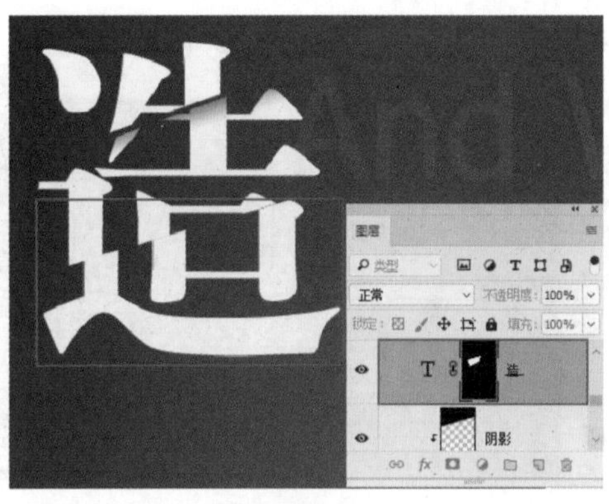

图8-170

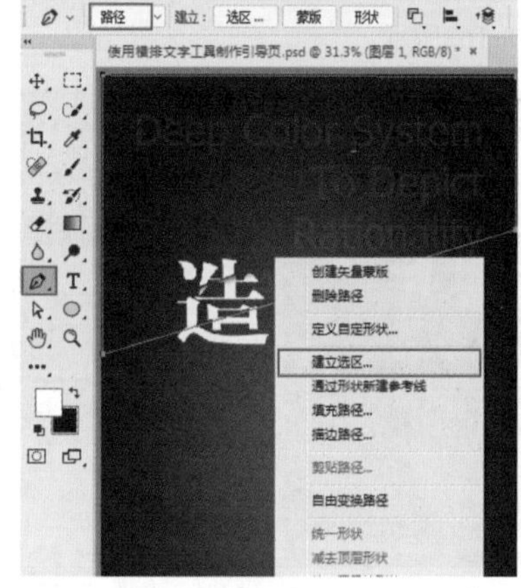

图8-171

（11）在“图层”面板中右击绘制的阴影图层，在弹出的快捷菜单中执行“创建剪贴蒙版”命令，如图8-174所示，此时画面效果如图8-175所示。

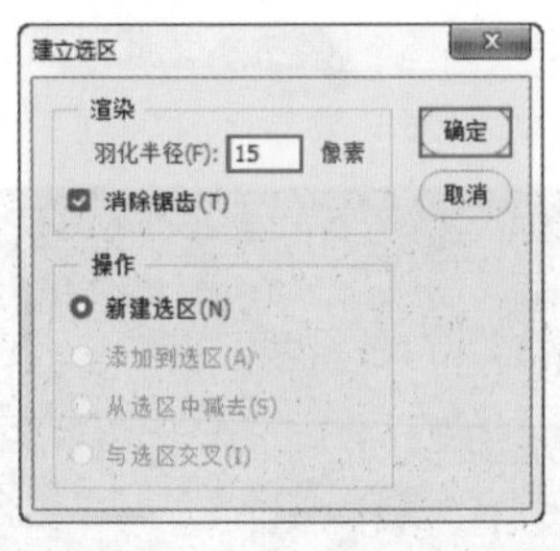

图8-172

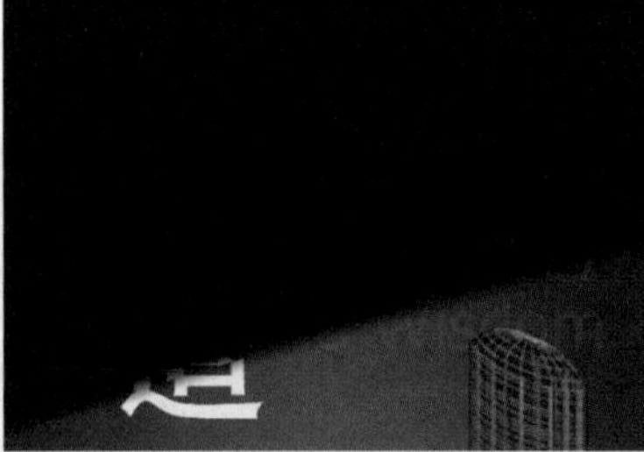

图8-173

图8-174

（12）使用“横排文字工具”在画面中输入合适的文字，并在选项栏中设置合适的字体、字号及颜色，如图8-176所示。用同样的方法，为文字添加艺术效果，如图8-177所示。

（13）使用同样的方法制作英文文字部分，效果如图8-178所示。

（14）使用“横排文字工具”在画面底部位置输入合适的文字，并在选项栏中设置合适的字体、字号及颜色，如图8-179所示。

图8-175

图8-176

图8-177

图8-178

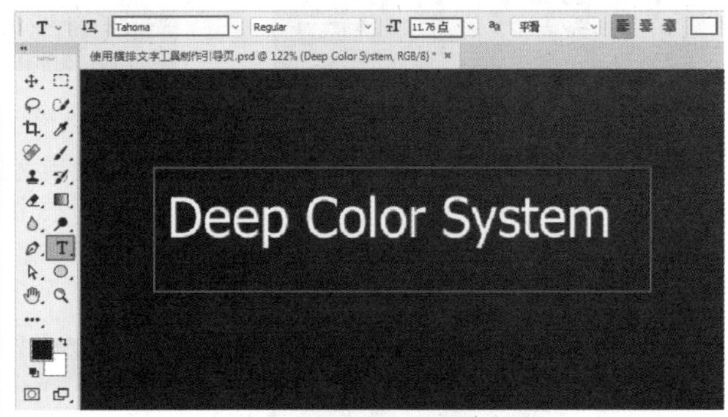

图8-179

（15）单击选中该图层，在“图层”面板中设置该图层的“不透明度”为90%，如图8-180所示，此时文字效果如图8-181所示。

（16）在画面中输入段落文字。选择“横排文字工具”，在页面下方位置按住鼠标左键拖动绘制一个文本框，如图8-182示。接着在选项栏中设置合适的字体、字号，设置颜色为白色，设置字符对齐方式为“左对齐文本”。设置完毕后在文本框内单击输入文字，如图8-183所示。文字输入完毕后，按Ctrl+Enter快捷键完成输入。

（17）单击选中文字图层，在“图层”面板中设置该图层的“不透明度”为50%，如图8-184所示，此时文字效果如图8-185所示。

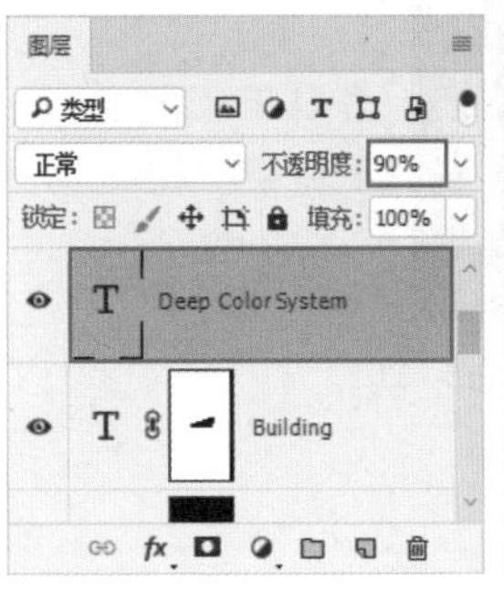

图8-180

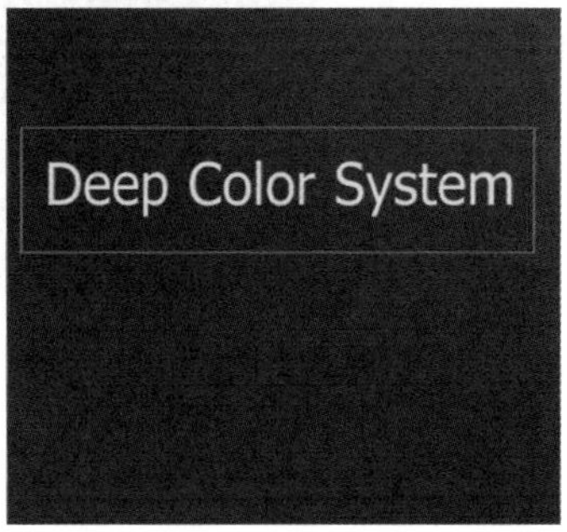

图8-181

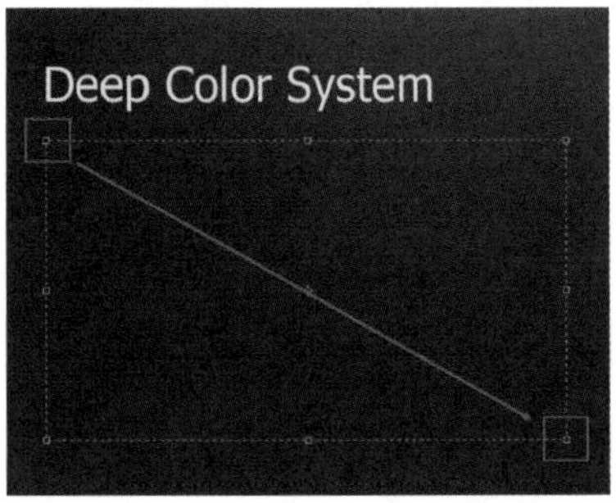

图8-182

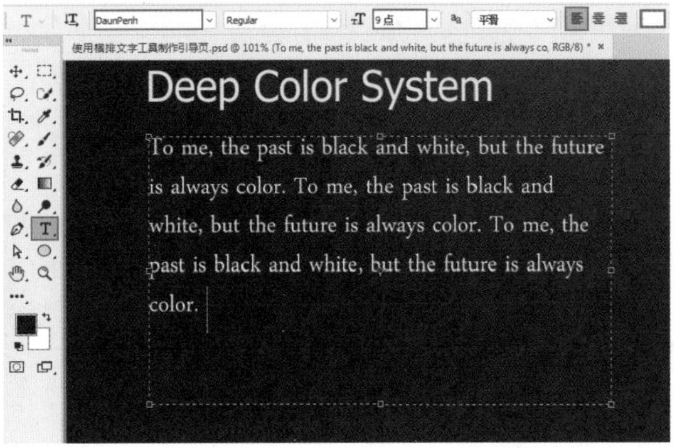

图8-183

图8-184

（18）在页面底部制作“多项切换”图标。在形状工具组列表中选择“椭圆工具”，在选项栏中设置“绘制模式”为“形状”，“填充”为白色，“描边”为无。设置完成后，在页面底部按住Shift键的同时按住鼠标左键拖动绘制正圆，如图8-186所示。

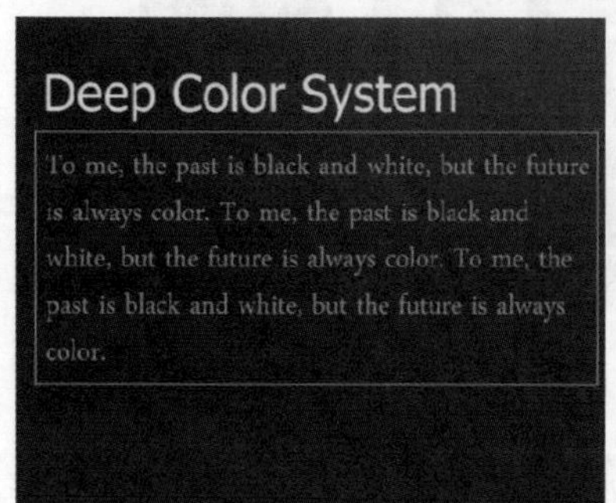

图8-185

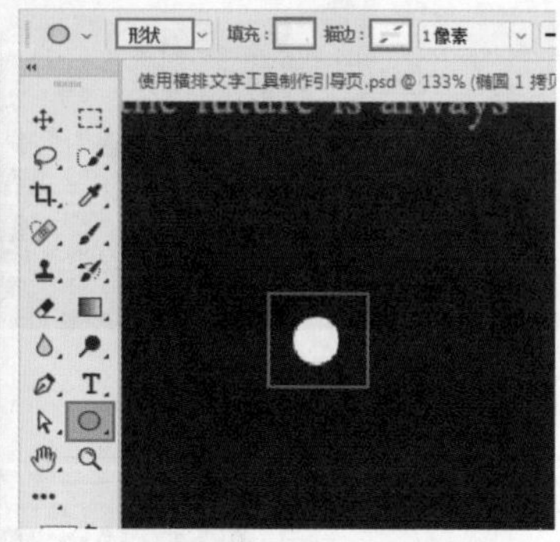

图8-186

（19）在“图层”面板中单击选中正圆图层，使用复制图层快捷键Ctrl+J复制出一个相同的图层。然后按住Ctrl键的同时按住鼠标左键，将复制的正圆向右侧拖动，如图8-187所示。用同样的方法继续复制两个正圆图层，并依次向右侧拖动，如图8-188所示。

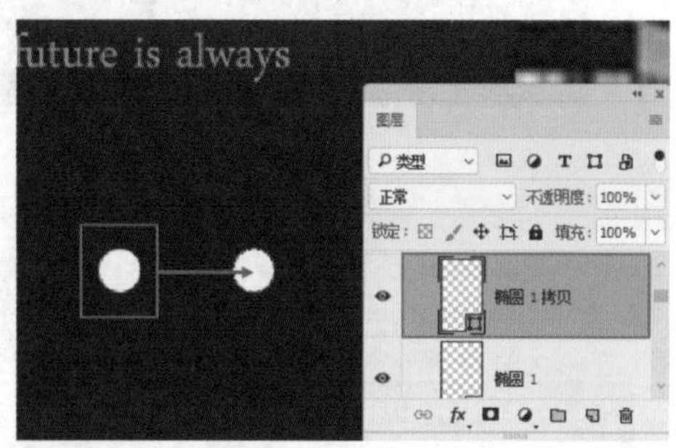

图8-187

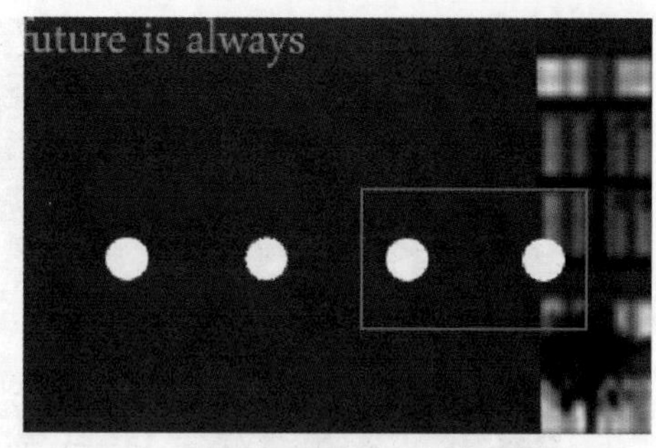

图8-188

（20）此时该页面制作完成，最终效果如图8-189所示。

图8-189

第9章

图层样式

本章内容简介：

图层样式是Photoshop中非常重要的功能之一，使用图层样式能够简单、快捷地制作出各种投影、描边、发光等效果。添加图层样式以后，还能够重新编辑参数、更改样式效果。

本章学习要点：

- 掌握添加、管理图层样式的方法
- 掌握“图层样式”对话框中多种图层样式编辑的方法
- 学会使用“样式”面板

图层样式详解

Photoshop中包含10种图层样式，分别是投影、内阴影、外发光、内发光、斜面和浮雕、光泽、颜色叠加、渐变叠加、图案叠加与描边效果，从每种图层样式的名称上就能够了解这些图层样式基本包括"阴影""发光""突起""光泽""叠加""描边"等属性。当然除了以上属性，多种图层样式共同使用还可以制作出更加丰富的奇特效果，如图9-1和图9-2所示。

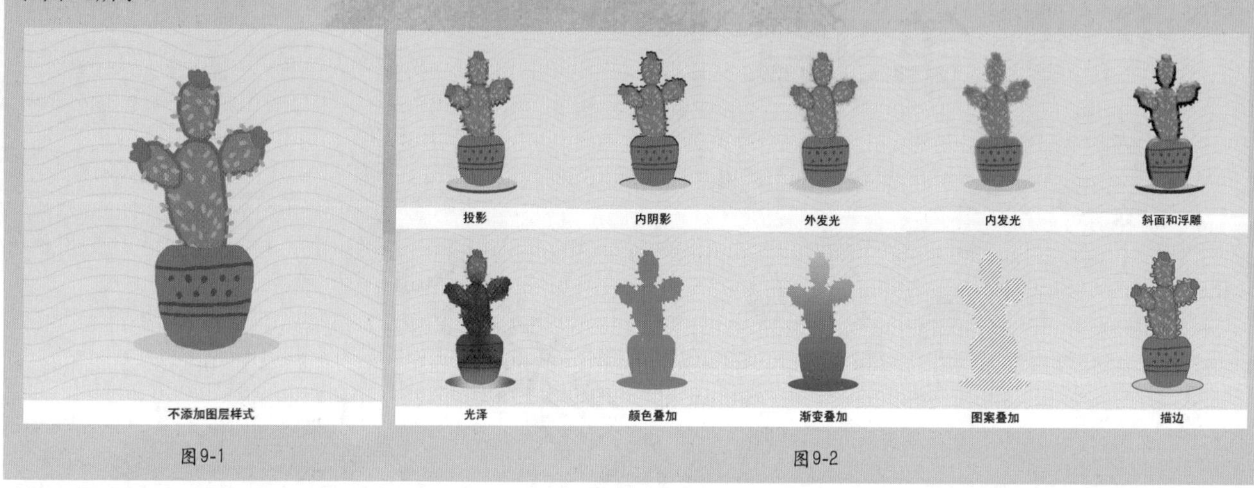

图9-1　　图9-2

9.1.1 添加图层样式

（1）如果要为一个图层添加图层样式，可以首先选择一个图层，如图9-3所示。执行"图层>图层样式"菜单下的子命令，如图9-4所示。也可以在"图层"面板下单击"添加图层样式"按钮 fx，在弹出的菜单中选择一种样式即可打开"图层样式"对话框，如图9-5所示。

（2）如图9-6所示为"图层样式"对话框。在该对话框内可进行参数的设置，样式名称前面的复选框内有☑标记，表示在图层中添加了该样式。"图层样式"对话框的左侧列出了10种样式，单击一个样式的名称，可以选中该样式，同时切换到该样式的设置面板，如图9-7所示。

图9-3

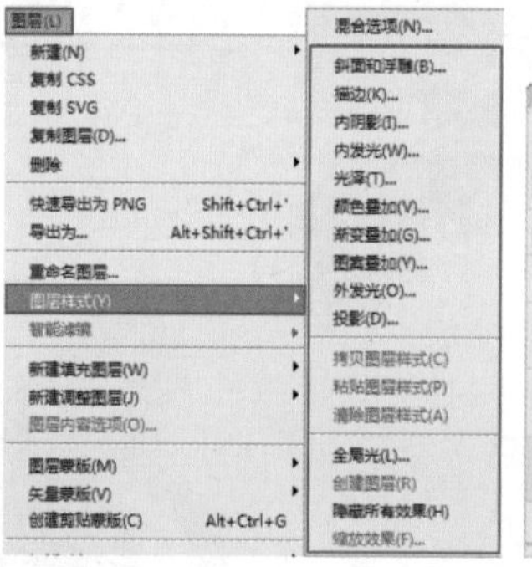

图9-4

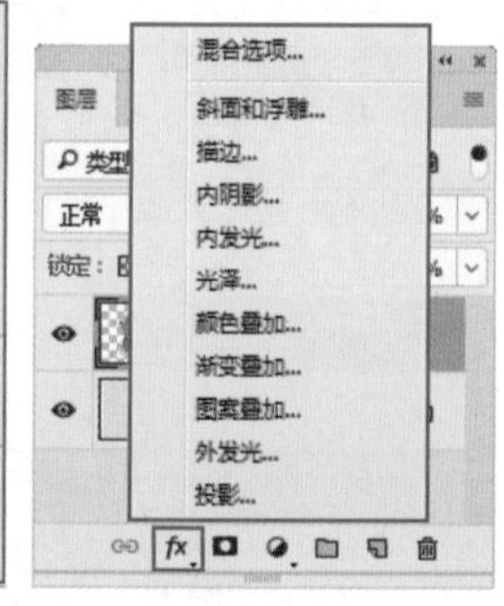

图9-5

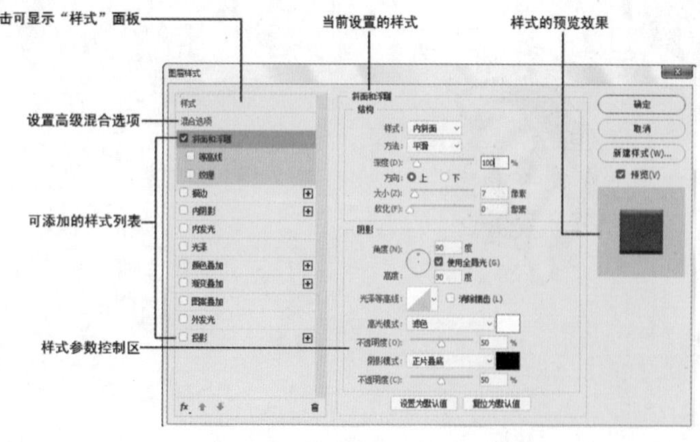

图9-6

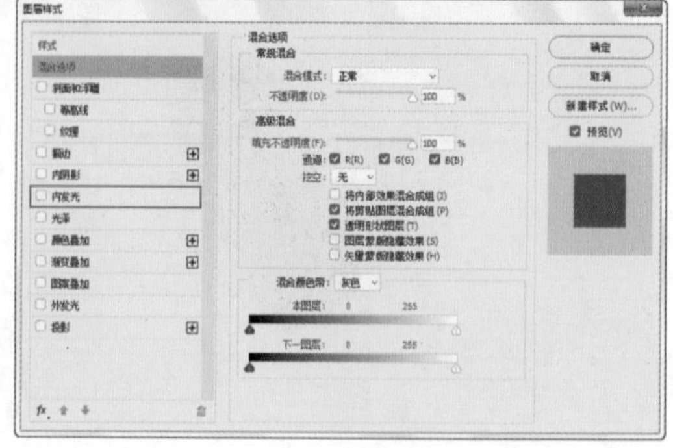

图9-7

（3）有的图层样式名称后方带有一个⊞，表明该样式可以被多次添加，例如单击“描边”样式后方的⊞，在图层样式列表中出现了另一个“描边”样式，设置不同的描边大小和颜色，如图9-8所示。如图9-9所示为添加两层“描边”样式的效果。

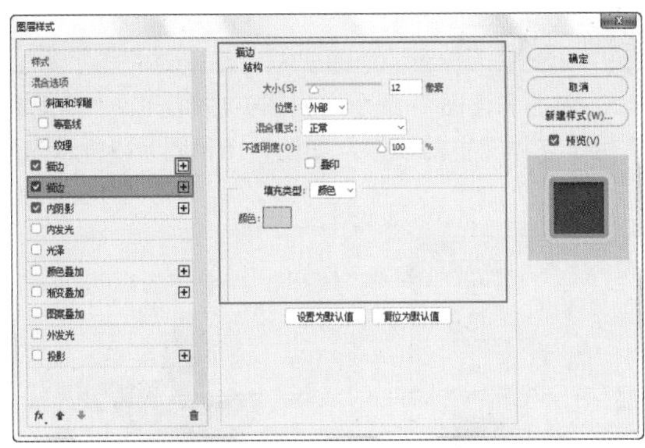

图9-8

图9-9

（4）图层样式也会按照上下堆叠的顺序显示，上方的样式会遮挡下方的样式。在图层样式列表中可以对多个相同样式的上下排列顺序进行调整。例如选中该图层3个描边样式中的一个，单击底部的“向上移动效果”按钮⬆可以将该样式向上移动一层，单击“向下移动效果”按钮⬇可以将该样式向下移动一层，如图9-10所示。

（5）设置完成后单击“确定”按钮。添加了样式的图层的右侧会出现一个fx图标。再次对图层执行“图层>图层样式”命令或在“图层”面板中双击该样式的名称即可修改某个图层样式的参数，弹出“图层样式”对话框，进行参数的修改即可，如图9-11和图9-12所示。

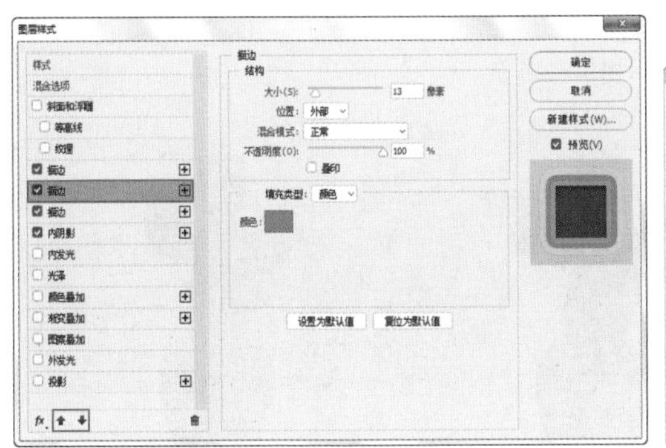

图9-10

图9-11

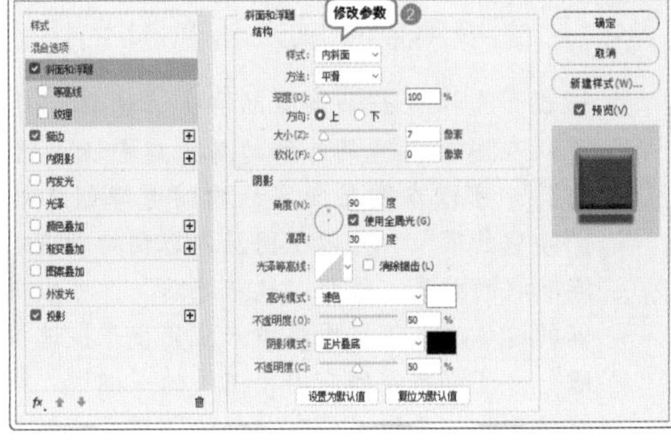

图9-12

高手小贴士：显示所有效果

如果“图层样式”对话框左侧的列表中只显示了部分样式，那么可以单击左下角的fx按钮，执行“显示所有效果”命令，如图9-13所示。即可显示其他未启用的命令，如图9-14所示。

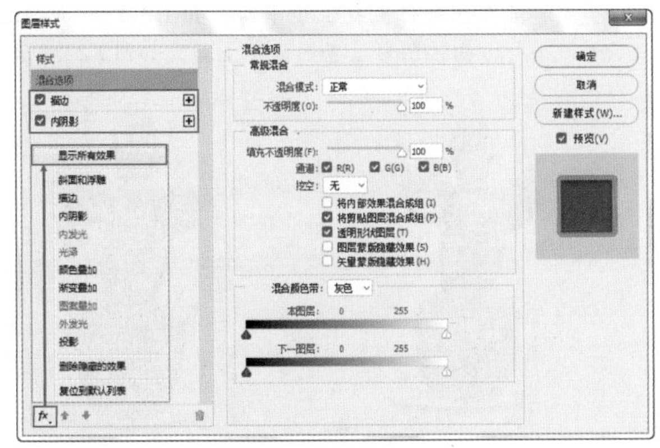

图9-13

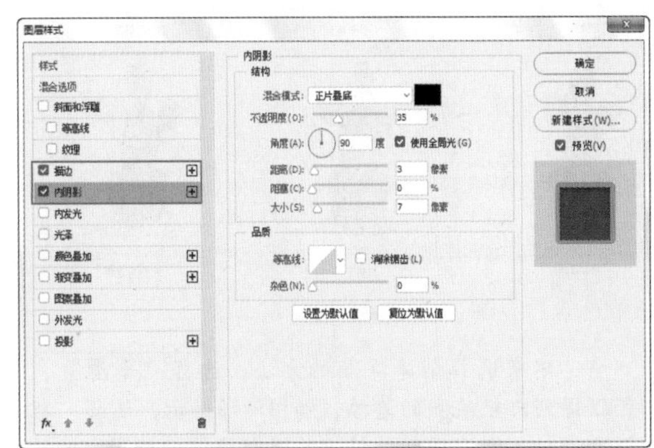

图9-14

9.1.2 使用“斜面和浮雕”样式

选择图层，执行“图层>图层样式>斜面和浮雕”命令，如图9-15所示。“斜面和浮雕”样式可以为图层添加高光与阴影，使图像产生立体的浮雕效果，常用于立体文字的模拟，如图9-16和图9-17所示为原始图像与添加了“斜面和浮雕”样式以后的图像效果。

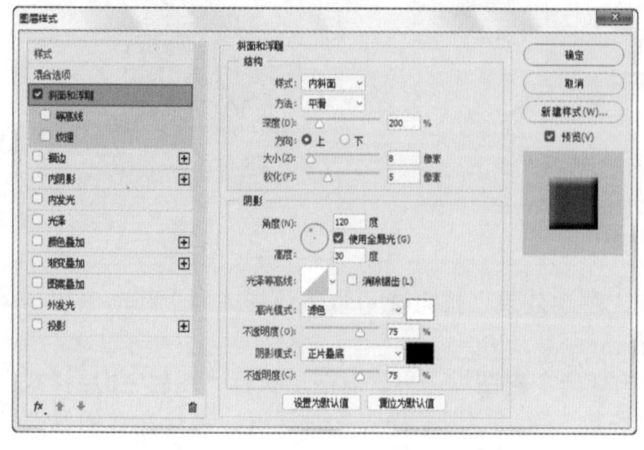

图9-15

图9-16

图9-17

选项解读：设置斜面和浮雕

- 样式：选择斜面和浮雕的样式。选择“外斜面”，可以在图层内容的外侧边缘创建斜面；选择“内斜面”，可以在图层内容的内侧边缘创建斜面；选择“浮雕效果”，可以使图层内容相对于下层图层产生浮雕状的效果；选择“枕状浮雕”，可以模拟图层内容的边缘嵌入下层图层中产生的效果；选择“描边浮雕”，可以将浮雕应用于图层的“描边”样式的边界（注意，如果图层没有“描边”样式，则不会产生效果），如图9-18所示。

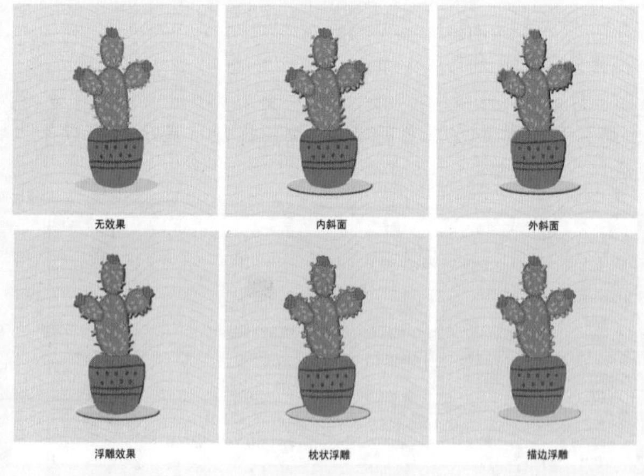

图9-18

- 方法：用来选择创建浮雕的方法。选择“平滑”，可以得到比较柔和的边缘，如图9-19所示；选择“雕刻清晰”，可以得到最精确的浮雕边缘，如图9-20所示；选择“雕刻柔和”，可以得到中等水平的浮雕效果，如图9-21所示。

图9-19

图9-20

- 深度：用来设置浮雕斜面的应用深度，该值越高，浮雕的立体感越强。
- 方向：用来设置高光和阴影的位置，该选项与光源的角度有关，如设置“角度”为90度时，选择“上”方向，那么阴影位置就位于下面，如图9-22所示；选择“下”方向，阴影位置则位于上面，如图9-23所示。

图9-21

图9-22

● 大小：该选项表示斜面和浮雕的阴影面积的大小。数值越高，阴影面积越大，如图9-24和图9-25所示分别是“大小”为10像素和50像素的效果。

图9-23

图9-24

图9-25

● 软化：用来设置斜面和浮雕的平滑程度。如图9-26和图9-27所示分别是“软化”为0像素和16像素的效果。
● 角度/高度：“角度”选项用来设置光源的发光角度；“高度”选项用来设置光源的高度。
● 使用全局光：如果选中该复选框，那么所有浮雕样式的光照角度都将保持在同一个方向。

图9-26

图9-27

● 光泽等高线：选择不同的等高线样式，可以为斜面和浮雕的表面添加不同的光泽质感，也可以自己编辑等高线样式。
● 消除锯齿：当设置了光泽等高线时，斜面边缘可能会产生锯齿，选中该复选框可以消除锯齿。
● 高光模式/不透明度：这两个选项用来设置高光的混合模式和不透明度，后面的色块用于设置高光的颜色。
● 阴影模式/不透明度：这两个选项用来设置阴影的混合模式和不透明度，后面的色块用于设置阴影的颜色。

选项解读：设置等高线

单击“斜面和浮雕”样式下面的“等高线”选项，切换到“等高线”设置面板。使用“等高线”可以在浮雕中创建凹凸起伏的效果，如图9-28～图9-30所示。

图9-28

图9-29

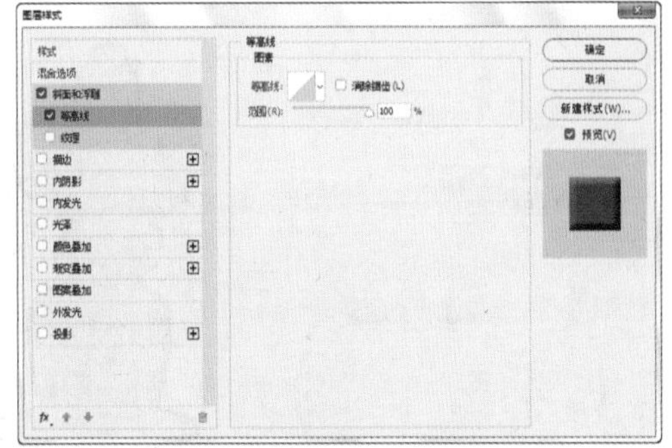

图9-30

选项解读：设置纹理

单击“等高线”选项下面的“纹理”选项，切换到“纹理”设置面板，如图9-31和图9-32所示。

图9-31

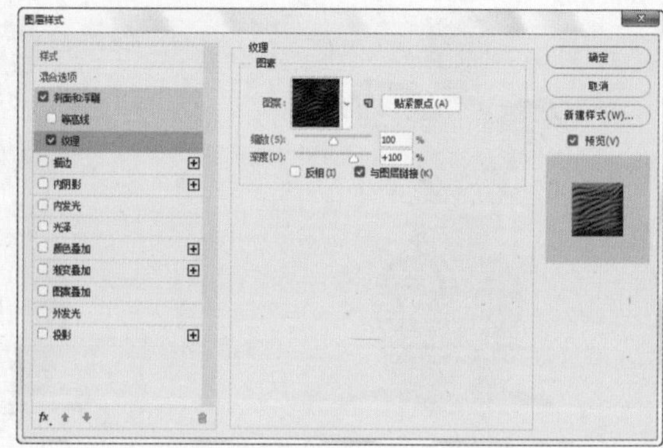

图9-32

- 图案：单击“图案”选项右侧的 图标，可以在弹出的“图案”拾色器中选择一个图案，并将其应用到斜面和浮雕上。
- 从当前图案创建新的预设：单击该按钮，可以将当前设置的图案创建为一个新的预设图案，同时新图案会保存在“图案”拾色器中。
- 贴紧原点：将原点对齐图层或文档的左上角。
- 缩放：用来设置图案的大小。如图9-33和图9-34所示分别为“缩放”50%和“缩放”500%的效果。
- 深度：用来设置图案纹理的使用程度。
- 反相：选中该复选框后，可以反转图案纹理的凹凸方向。
- 与图层链接：选中该复选框后，可以将图案和图层链接在一起，这样在对图层进行变换等操作时，图案也会跟着一同变换。

图9-33　　图9-34

9.1.3 使用“描边”样式

“描边”样式可以使用颜色、渐变以及图案来描绘图像的轮廓边缘，如图9-35所示。如图9-36所示为颜色描边、渐变描边和图案描边效果。

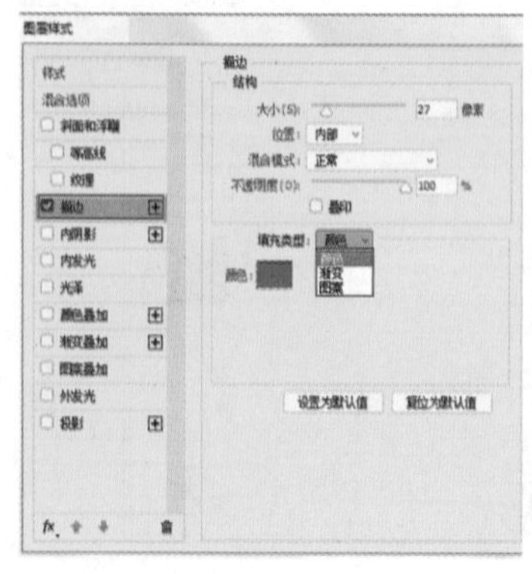

图9-35

图9-36

9.1.4 使用“内阴影”样式

“内阴影”样式可以在紧靠图层内容的边缘内添加阴影，使图层内容产生凹陷效果。如图9-37～图9-39所示分别为原始图像、添加了“内阴影”样式以后的图像以及内阴影参数。

图9-37

图9-38

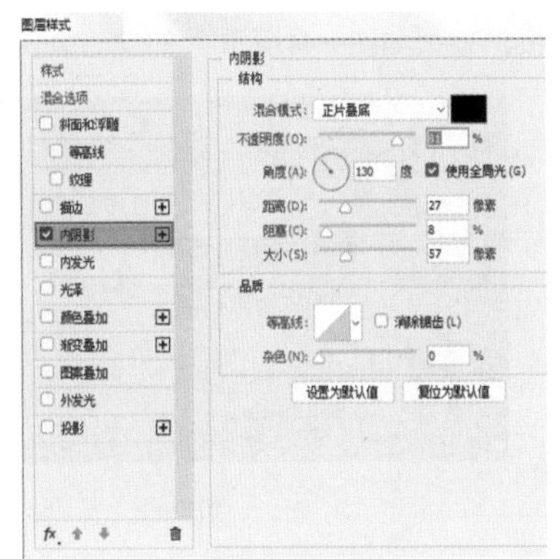

图9-39

选项解读：“内阴影”样式参数

- 混合模式：用来设置内阴影与图层的混合方式，默认设置为“正片叠底”模式。
- 阴影颜色：单击“混合模式”选项右侧的颜色块，可以设置内阴影的颜色。
- 不透明度：设置内阴影的不透明度。数值越低，内阴影越淡。
- 角度：用来设置内阴影应用于图层时的光照角度，指针方向为光源方向，相反方向为投影方向。
- 使用全局光：当选中该复选框时，可以保持所有光照的角度一致；不选中该复选框时，可以为不同的图层分别设置光照角度。
- 距离：用来设置内阴影偏移图层内容的距离。如图9-40和图9-41所示分别是“距离”为5像素和30像素的效果。
- 大小：用来设置投影的模糊范围，该值越高，模糊范围越广，反之内阴影越清晰。如图9-42和图9-43所示分别是“大小”为0像素和50像素的效果。

图9-40

图9-41

图9-42

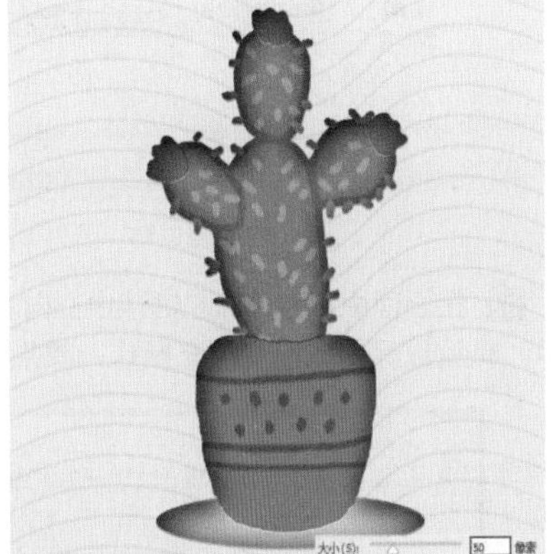

图9-43

- 等高线：通过调整曲线的形状来控制内阴影的形状，可以手动调整曲线形状，也可以选择内置的等高线预设。
- 消除锯齿：混合等高线边缘的像素，使投影更加平滑。该选项对于尺寸较小且具有复杂等高线的内阴影比较实用。
- 杂色：用来在投影中添加杂色的颗粒感效果，数值越大，颗粒感越强。

★ 案例实战——使用图层样式制作立体感按钮

文件路径　第9章\使用图层样式制作立体感按钮

难易指数　★★★★★

扫码看视频

案例效果

案例效果如图9-44所示。

图9-44

操作步骤

01 执行“文件>新建”命令，创建一个新的文档。接下来制作渐变背景效果。选择工具箱中的“渐变工具”，单击选项栏中的渐变色条，在弹出的“渐变编辑器”窗口中编辑一种棕色系渐变，接着单击“渐变编辑器”窗口中的“确定”按钮。最后单击选项栏中的“径向渐变”按钮，如图9-45所示。

图9-45

02 在画面中按住鼠标左键从中心向右侧拖动，如图9-46所示。释放鼠标完成渐变填充操作，效果如图9-47所示。

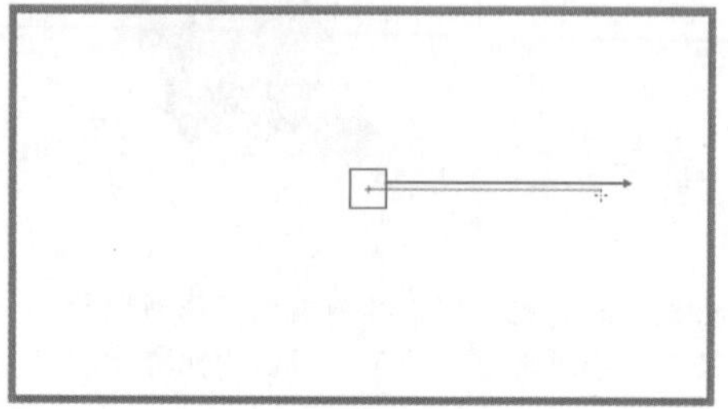

图9-46

图9-47

03 制作按钮部分。在工具箱中右击形状工具组，在列表中选择“圆角矩形工具”，在选项栏中设置“绘制模式”为“形状”，“填充”为咖啡色，“描边”为无，“半径”为40像素。设置完成后在画面中按住鼠标左键拖动进行绘制，如图9-48所示。接着在弹出的“属性”面板中单击“链接”按钮，取消将角半径值链接到一起，然后设置“右上角半径”和“右下角半径”同为0像素，如图9-49所示。

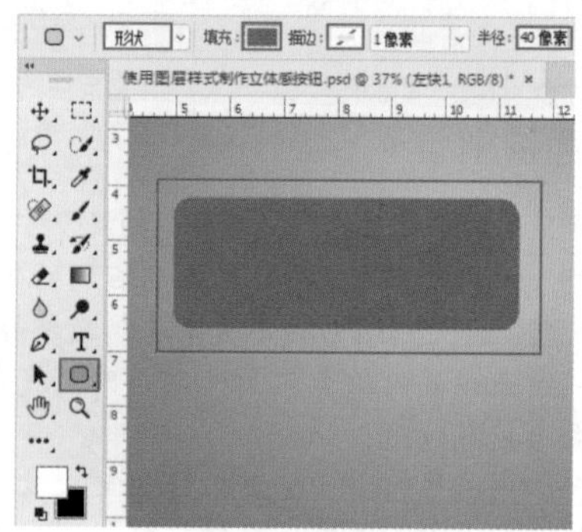

图9-48

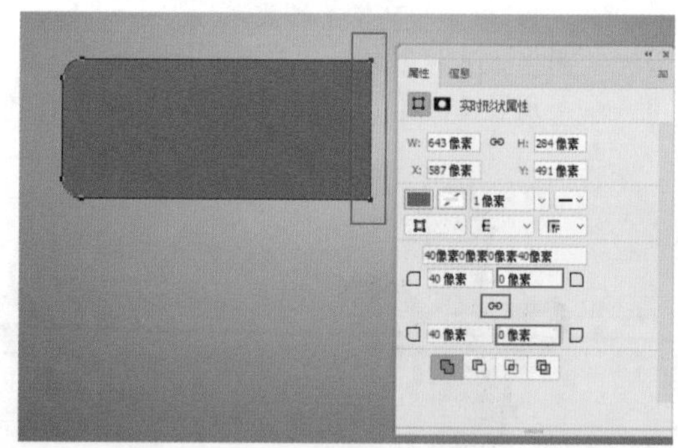

图9-49

04 为该形状添加图层样式制作按钮效果。在“图层”面板中选中圆角矩形图层，执行“图层>图层样式>斜面和浮雕”命令，在弹出的“图层样式”对话框中设置“样式”为“内斜面”，“方法”为“平滑”，“深度”为62%，“方向”为“上”，“大小”为13像素，阴影“角度”为-131度，“高度”为16度，“高光模式”为“滤色”，颜色为白色，“不透明度”为100%，“阴影模式”为“正片叠底”，颜色为黑色，阴影的“不透明度”为51%，设置完成后单击“确定”按钮，如图9-50所示，此时按钮效果如图9-51所示。

05 在按钮上方输入文字。选择工具箱中的“横排文字工具”，在选项栏中设置合适的字体、字号，文字颜色设置为米咖色，设置完毕后在按钮上方位置单击，接着输入文字，如图9-52所示。

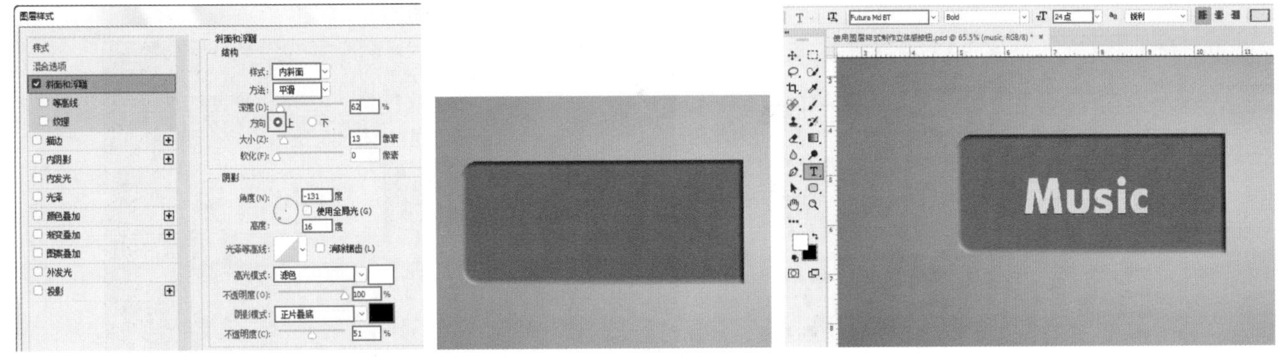

图9-50　　图9-51　　图9-52

06 制作文字的内阴影效果。在“图层”面板中选中文字图层，执行“图层>图层样式>内阴影”命令，在弹出的“图层样式”对话框中设置“混合模式”为“正片叠底”，颜色为黑色，“不透明度”为68%，“角度”为135度，“距离”为4像素，“大小”为1像素，设置完成后单击“确定”按钮，如图9-53所示，此时效果如图9-54所示。

07 制作右侧按钮部分。用上述同样的方法制作出右侧按钮形状，如图9-55所示。接着在“图层”面板中选中该按钮图层，执行“图层>图层样式>斜面和浮雕”命令，在弹出的“图层样式”对话框中设置“样式”为“内斜面”，“方法”为“平滑”，“深度”为1%，“方向”为“上”，“大小”为35像素，“软化”为7像素，阴影“角度”为120度，“高度”为30度，“高光模式”为“滤色”，颜色为白色，“不透明度”为75%，“阴影模式”为“正片叠底”，颜色为黑色，阴影的“不透明度”为75%，设置完成后单击“确定”按钮，如图9-56所示，此时按钮效果如图9-57所示。

图9-53　　图9-54　　图9-55

08 在右侧按钮上方输入文字。用同样的方法，继续使用“横排文字工具”在右侧按钮上输入合适的文字，并在选项栏中设置合适的字体、字号及颜色，如图9-58所示。

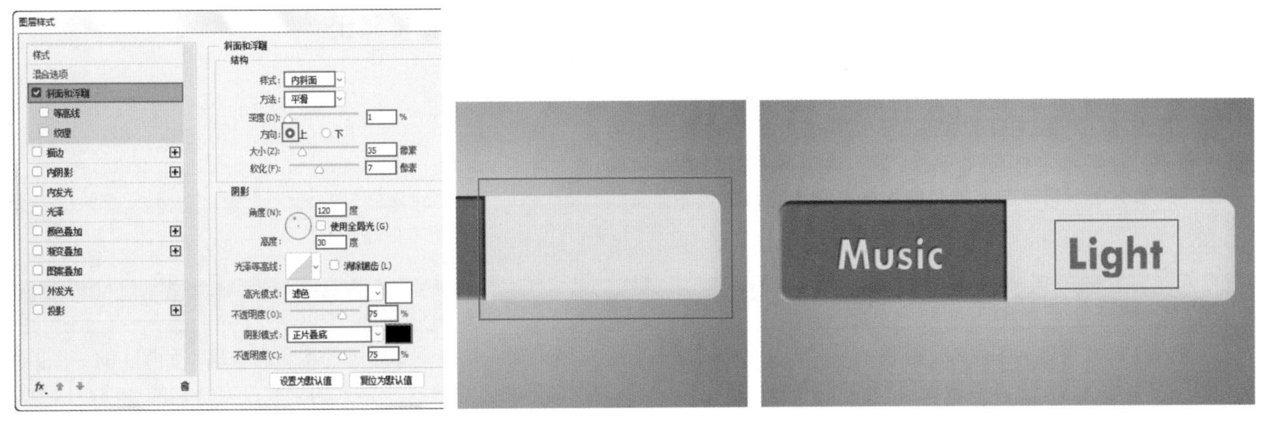

图9-56　　图9-57　　图9-58

09 为文字添加图层样式。在“图层”面板中选中右侧文字图层，执行“图层>图层样式>内阴影”命令，在弹出的“图层样式”对话框中设置“混合模式”为“正片叠底”，颜色为黑色，“不透明度”为68%，“角度”为135度，“距离”为4像素，“大小”为1像素，设置完成后单击“确定”按钮，如图9-59所示，最终画面效果如图9-60所示。

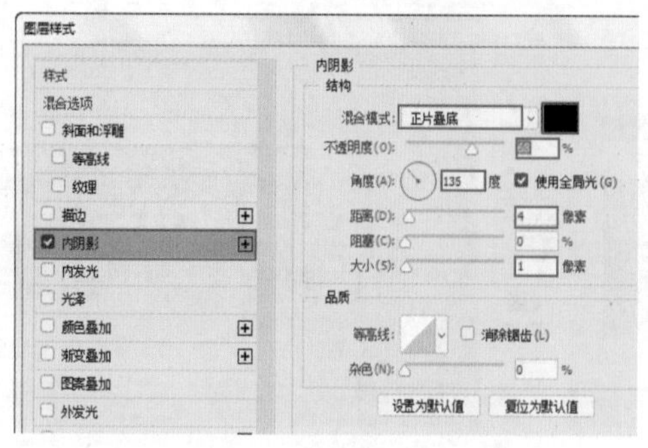

图9-59

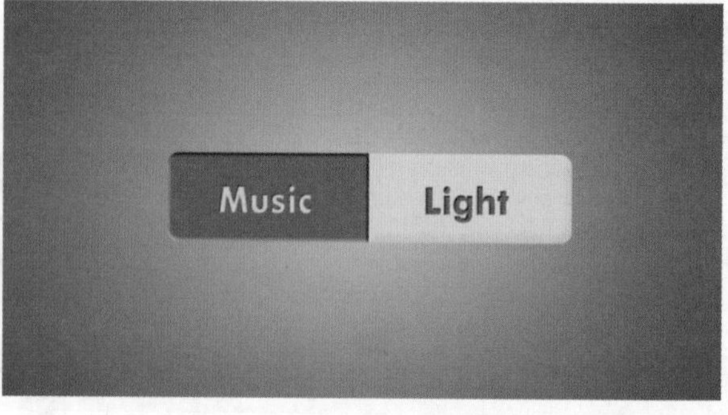

图9-60

9.1.5 使用“内发光”样式

“内发光”效果可以沿图层内容的边缘向内创建发光效果，也会使对象出现些许的“突起感”，如图9-61所示为原始图像，如图9-62所示为内发光参数，如图9-63所示为添加了“内发光”样式以后的图像效果。

图9-61

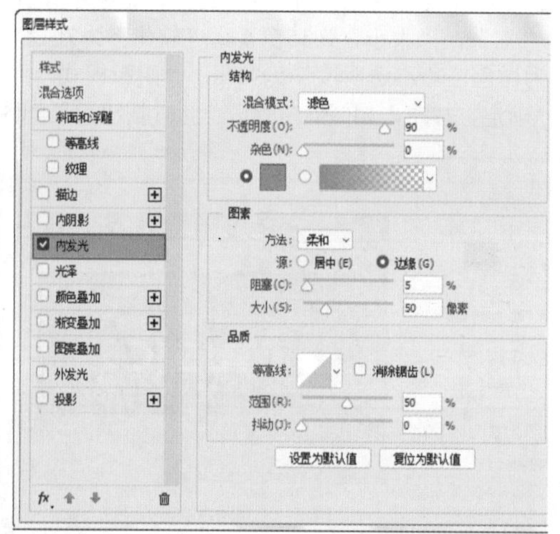

图9-62

图9-63

高手小贴士：“外发光”样式：“源”和“阻塞”选项

“内发光”样式中除了“源”和“阻塞”选项之外，其他选项都与“外发光”样式相同。“源”选项用来控制光源的位置，“阻塞”选项用来在模糊之前收缩内发光的杂边边界。

9.1.6 使用“光泽”样式

“光泽”样式可以为图像添加光滑的具有光泽的内部阴影，通常用来制作具有光泽质感的按钮和金属，如图9-64～图9-66所示分别为原始图像、光泽参数面板和添加了“光泽”样式以后的图像效果。“光泽”样式的参数没有特别的选项，这里就不再重复讲解。

图9-64

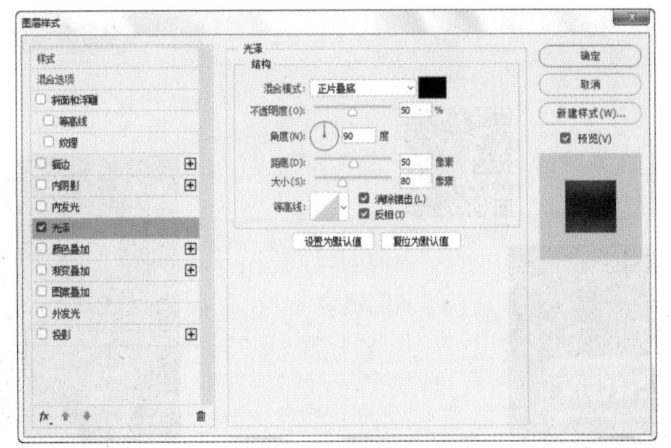

图9-65

图9-66

9.1.7 使用“颜色叠加”样式

“颜色叠加”样式可以在图像上叠加设置的颜色，并且可以通过模式的修改调整图像与颜色的混合效果，如图9-67～图9-69所示分别为原始图像、颜色叠加参数面板以及添加了“颜色叠加”样式以后的图像效果。

图9-67

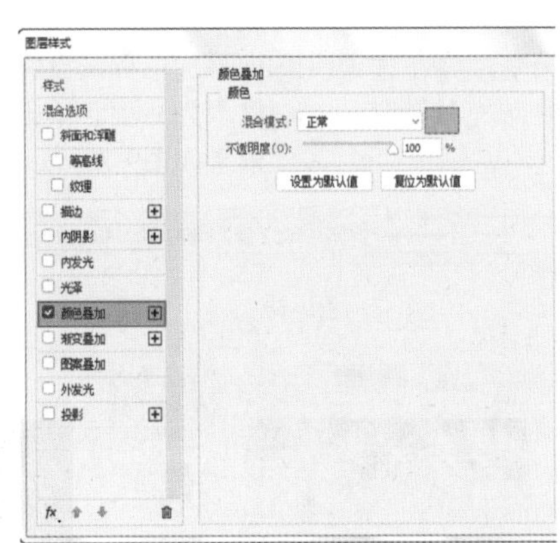

图9-68

图9-69

9.1.8 使用“渐变叠加”样式

“渐变叠加”样式可以在图层上叠加指定的渐变色，渐变叠加不仅能够制作带有多种颜色的对象，更能够通过巧妙的渐变颜色设置制作出突起、凹陷等三维效果以及带有反光质感的效果。如图9-70～图9-72所示分别为原始图像、渐变叠加参数面板和添加了“渐变叠加”样式以后的图像效果。

图9-70

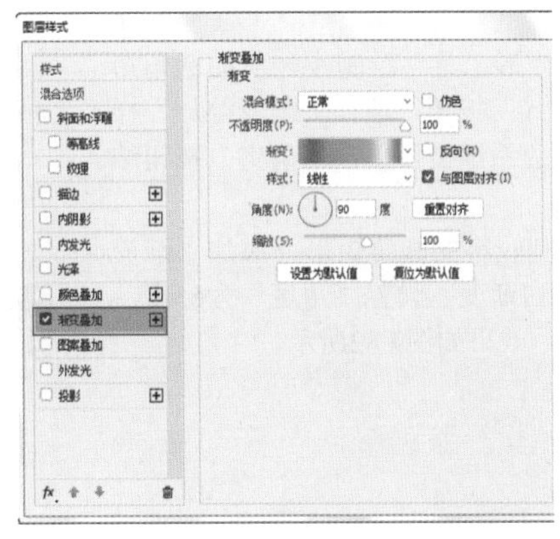

图9-71

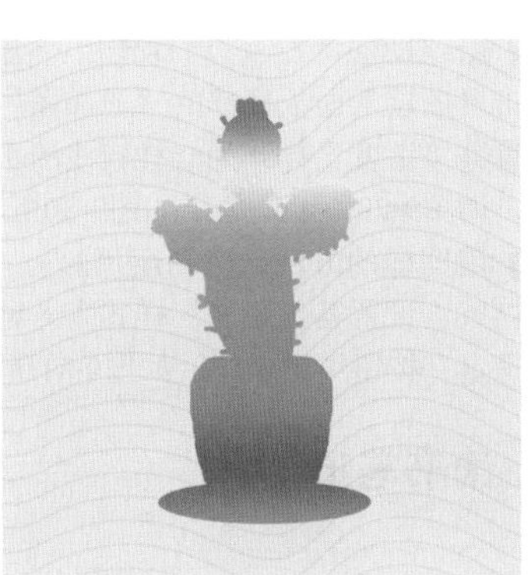

图9-72

★ 案例实战——利用“渐变叠加”样式制作按钮

文件路径　第9章\利用“渐变叠加”样式制作按钮
难易指数　★★★★★

扫码看视频

案例效果

案例效果如图9-73所示。

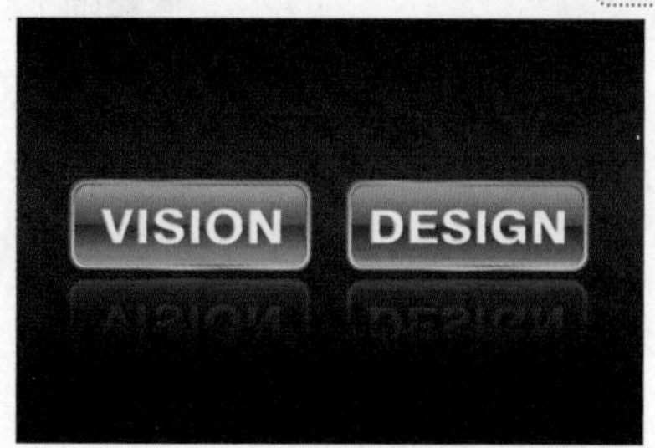

图9-73

操作步骤

01 按Ctrl+N快捷键创建空白文件。使用工具箱中的“渐变工具”编辑一种黑色到深灰色的渐变，并在选项栏中设置渐变样式为“对称渐变”，在画布中填充该渐变，如图9-74和图9-75所示。

图9-74

图9-75

02 新建图层“1”，单击工具箱中的“圆角矩形工具”按钮，在选项栏中设置“绘制模式”为“形状”，“半径”为30像素，如图9-76所示。在图层“1”中绘制大小适合的圆角矩形，单击“图层”面板底部的“添加图层样式”按钮，选择“渐变叠加”样式，在“渐变编辑器”窗口中添加色标，设置其“渐变”样式为灰色系渐变，设置“角度”为39度，单击“确定”按钮结束操作，如图9-77所示，效果如图9-78所示。

图9-76

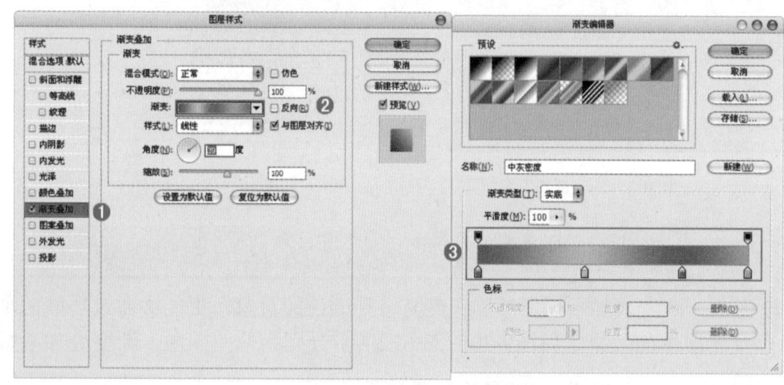

图9-77

图9-78

03 新建图层“2”，同样使用“圆角矩形工具”绘制小一点的圆角矩形，单击“图层”面板底部的“添加图层样式”按钮，选择“渐变叠加”样式，设置其“渐变”样式为一种较浅的灰白色系渐变，单击“确定”按钮结束操作，如图9-79所示，效果如图9-80所示。

04 用同样的方法新建图层“3”，绘制较小的圆角矩形，添加“渐变叠加”样式，设置其“渐变”样式为一种灰白渐变，设置“角度”为65度，单击“确定”按钮结束操作，如图9-81所示，效果如图9-82所示。

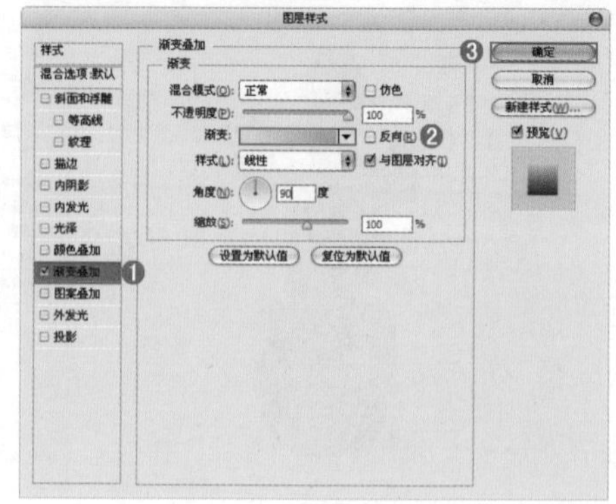

图9-79

图9-80

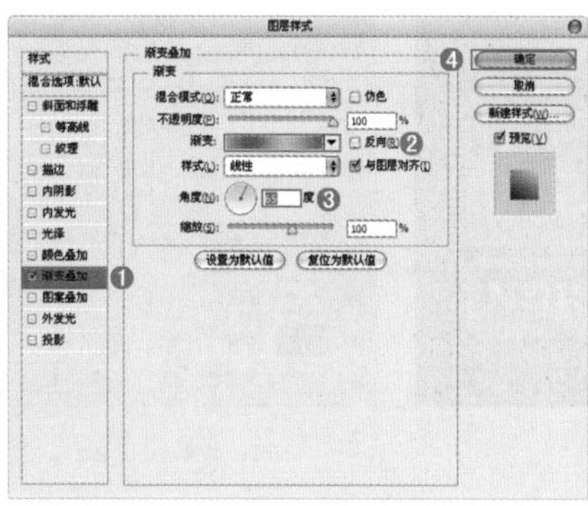

图9-81

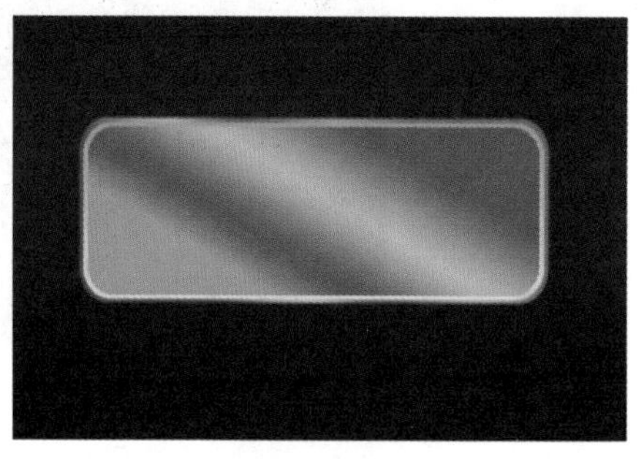

图9-82

05 新建图层“顶”，选择工具箱中的“圆角矩形工具”，绘制小一点的圆角矩形，单击“图层”面板底部的“添加图层样式”按钮，选择“渐变叠加”样式，在“渐变编辑器”窗口中将浅绿和深绿“色标”设置为相邻，两个“色标”离得越近，在图像中色界越明显，将其设置为一种绿色系渐变，单击“确定”按钮结束操作，如图9-83所示，效果如图9-84所示。

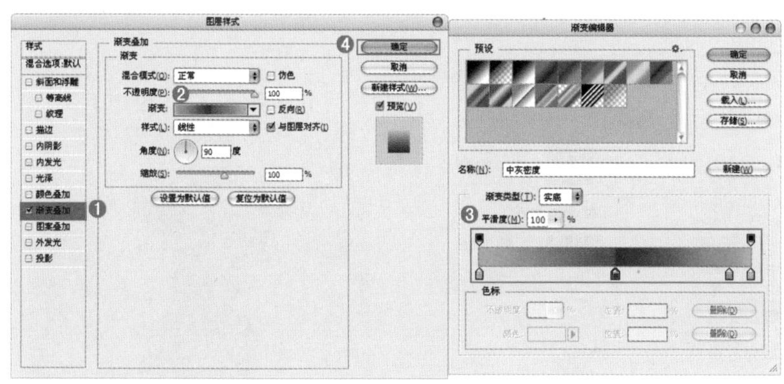

图9-83

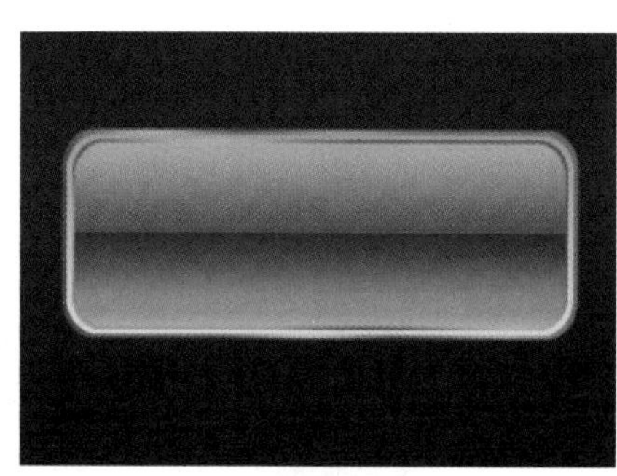

图9-84

06 单击工具箱中的“横排文字工具”按钮T，在选项栏中选择合适的字体，输入“VISION”，单击“图层”面板底部的“添加图层样式”按钮，选择“内阴影”样式，设置其“混合模式”为“正片叠底”，颜色为深绿色，“距离”为5像素，“大小”为5像素，单击“确定”按钮结束操作，如图9-85所示，效果如图9-86所示。

07 用同样的方法制作蓝色按钮，如图9-87所示。

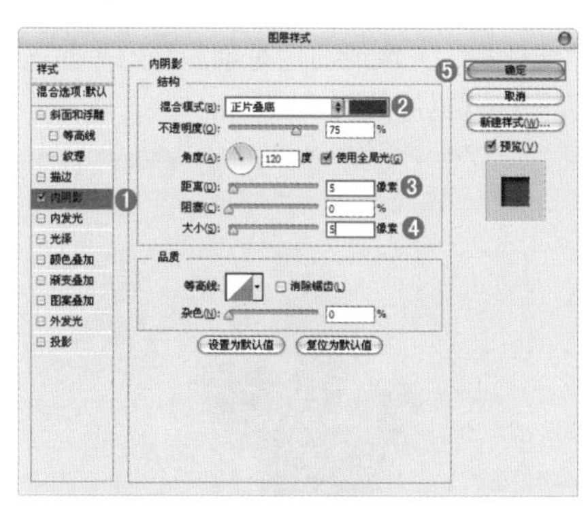

图9-85

图9-86

图9-87

08 制作按钮“倒影”效果。复制并合并按钮所有图层，使用自由变换快捷键Ctrl+T，单击鼠标右键，在弹出的快捷菜单中执行“垂直翻转”命令，并移到合适位置，如图9-88所示，效果如图9-89所示。

09 选择“投影”图层，单击“图层”面板底部的“添加图层蒙版”按钮，选择工具箱中的“渐变工具”，设置黑白色的渐变，在投影部分图层蒙版中进行拖曳填充，并设置该图层的“不透明度”为30%，如图9-90所示，最终效果如图9-91所示。

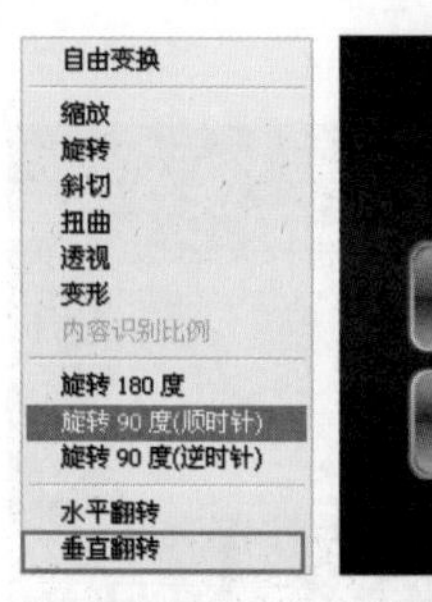

图9-88

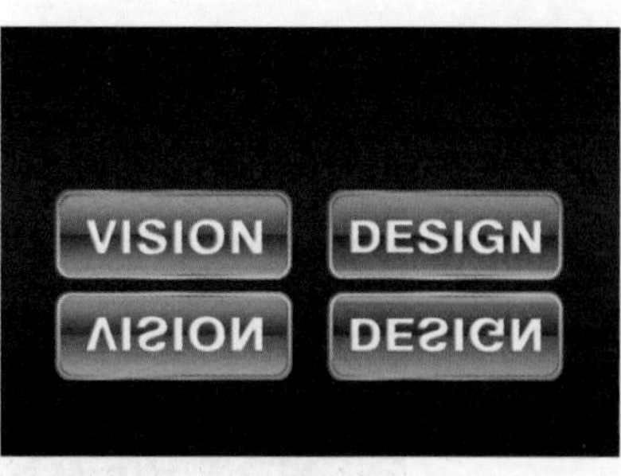

图9-89

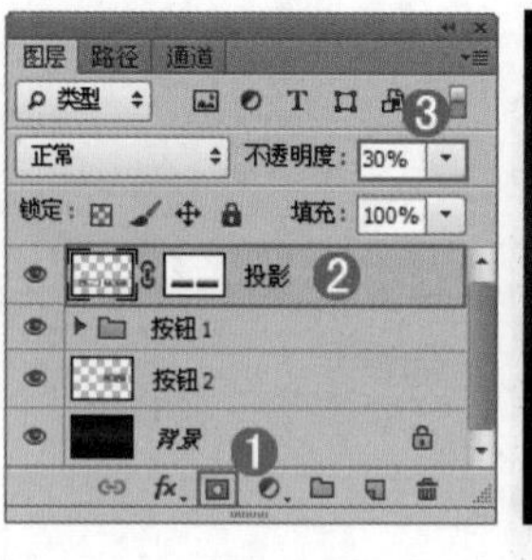

图9-90

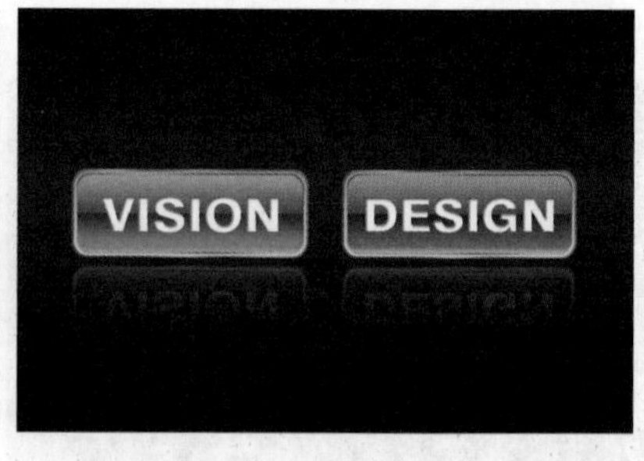

图9-91

9.1.9 使用“图案叠加”样式

使用“图案叠加”样式可以在图像上叠加图案，与“颜色叠加”“渐变叠加”相同，也可以通过混合模式的设置使叠加的图案与原图像进行混合。如图9-92～图9-94所示分别为原始图像、图案叠加参数面板和添加了“图案叠加”样式以后的图像效果。

图9-92

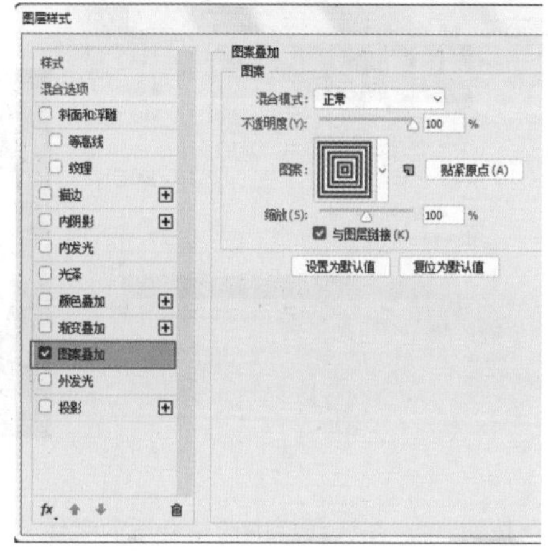

图9-93

图9-94

9.1.10 使用“外发光”样式

使用“外发光”样式可以沿图层内容的边缘向外创建发光效果，可用于制作自发光效果、人像或其他对象的梦幻般的光晕效果。如图9-95～图9-97所示分别为原始图像、外发光参数面板以及添加了“外发光”样式以后的图像效果。

图9-95

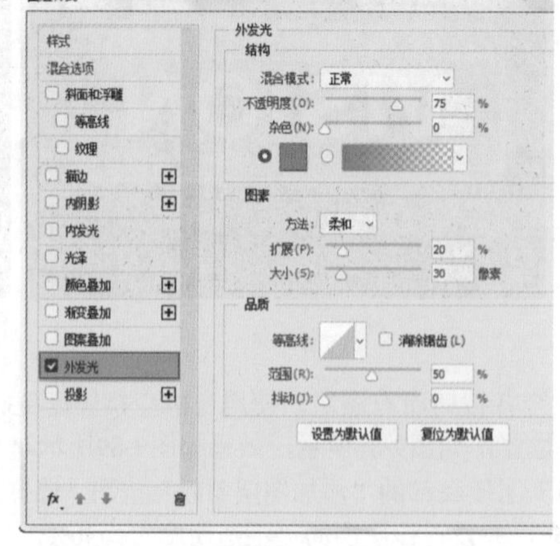

图9-96

图9-97

选项解读："外发光"样式参数

- 混合模式/不透明度："混合模式"选项用来设置发光效果与下面图层的混合方式；"不透明度"选项用来设置发光效果的不透明度。
- 杂色：在发光效果中添加随机的杂色效果，使光晕产生颗粒感。
- 发光颜色：单击"杂色"选项下面的颜色块，可以设置发光颜色；单击颜色块后面的渐变条，可以在"渐变编辑器"窗口中选择或编辑渐变色，如图9-98所示。
- 方法：用来设置发光的方式。选择"柔和"方法，发光效果比较柔和，如图9-99所示；选择"精确"选项，可以得到精确的发光边缘，如图9-100所示。
- 扩展/大小："扩展"选项用来设置发光范围的大小；如图9-101和图9-102所示分别是"扩展"为5%和50%的效果。"大小"选项用来设置光晕范围的大小，如图9-103和图9-104所示分别是"大小"为10像素和70像素的效果。

图9-98

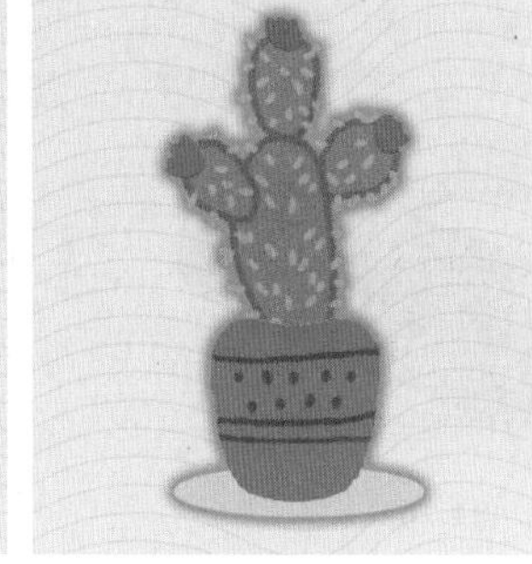

图9-99

图9-100

图9-101

图9-102

图9-103

图9-104

9.1.11 使用"投影"样式

使用"投影"样式可以为图层模拟出向后的投影效果，可增强某部分的层次感以及立体感，在平面设计中常用于需要突显的文字中。如图9-105～图9-107所示分别为原图、投影参数面板以及添加"投影"样式后的效果。

图9-105

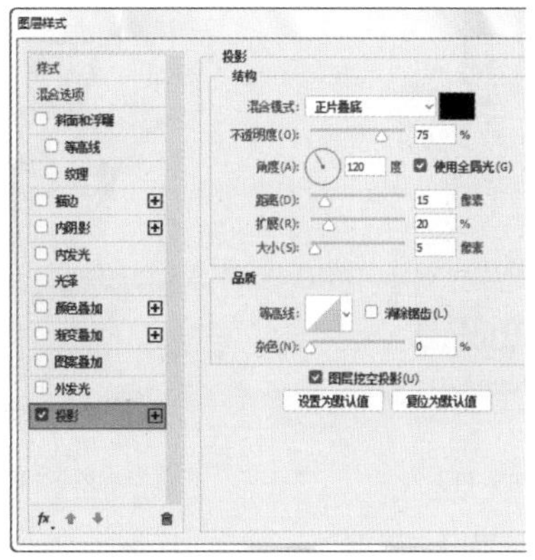

图9-106

图9-107

高手小贴士：了解投影效果

需要注意的是这里的投影与现实中的投影有些差异。现实中的投影通常产生在物体的后方或者下方,并且随着光照方向的不同会产生不同的透视，而这里的投影只在后方产生，并且不具备真实的透视感。如图9-108和图9-109所示分别为模拟真实的投影效果与“投影样式”的效果。

图9-108

图9-109

选项解读：“投影”样式参数

- 混合模式：用来设置投影与下面图层的混合方式，默认设置为“正片叠底”模式。
- 阴影颜色：单击“混合模式”选项右侧的颜色块，可以设置阴影的颜色。
- 不透明度：设置投影的不透明度。数值越低，投影越淡。
- 角度：用来设置投影应用于图层时的光照角度，指针方向为光源方向，相反方向为投影方向，如图9-110和图9-111所示分别是设置“角度”为47度和144度时的投影效果。
- 使用全局光：当选中该复选框时，可以保持所有光照的角度一致；不选中该复选框时，可以为不同的图层分别设置光照角度。
- 距离：用来设置投影偏移图层内容的距离。如图9-112和图9-113所示分别是“距离”为5像素和30像素时的投影效果。

图9-110

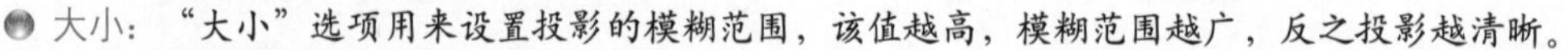

- 大小：“大小”选项用来设置投影的模糊范围，该值越高，模糊范围越广，反之投影越清晰。
- 扩展：用来设置投影的扩展范围，注意，该值会受到“大小”选项的影响。
- 等高线：以调整曲线的形状来控制投影的形状，可以手动调整曲线形状，也可以选择内置的等高线预设。
- 消除锯齿：混合等高线边缘的像素，使投影更加平滑。该选项对于尺寸较小且具有复杂等高线的投影比较实用。
- 杂色：用来在投影中添加杂色的颗粒感效果，数值越大，颗粒感越强，如图9-114所示。

图9-111

图9-112

图9-113

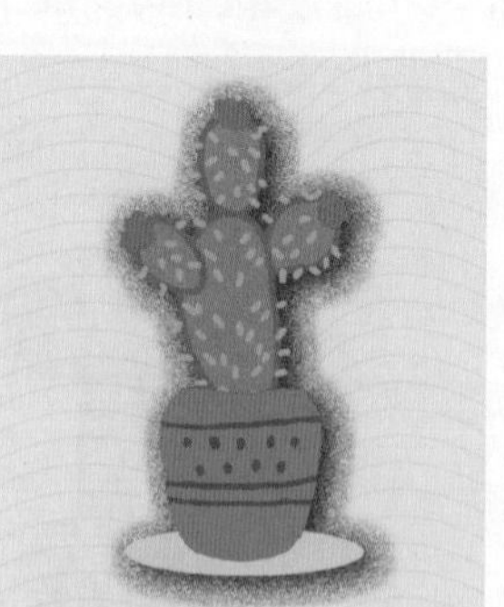

图9-114

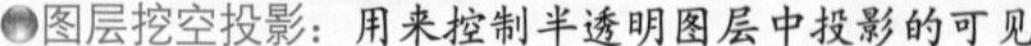

- 图层挖空投影：用来控制半透明图层中投影的可见性。

★ 案例实战——使用图层样式制作质感启动界面

文件路径 第9章\使用图层样式制作质感启动界面
难易指数 ★★★★★

扫码看视频

案例效果

案例效果如图9-115所示。

操作步骤

01 执行“文件>新建”命令，打开“新建文档”对话框。在对话框顶部选择“移动设备”选项卡，单击iPhone 6 Plus按钮，设置“分辨率”为72像素/英寸，“颜色模式”为“RGB颜色”，单击“创建”按钮，创建新的文档，如图9-116所示。

02 执行“文件>置入嵌入对象”命令，在弹出的对话框中选择“1.jpg”，单击“置入”按钮。接着将置入的素材平铺于画面，将光标放在素材一角处，按住Shift键的同时按住鼠标左键拖动，等比例缩放该素材，如图9-117所示。调整完成后按Enter键完成置入。在“图层”面板中右击该图层，在弹出的快捷菜单中执行“栅格化图层”命令，如图9-118所示。

图9-115

03 为该背景图层添加图层样式。在“图层”面板中选中素材1图层，执行“图层>图层样式>斜面和浮雕”命令，在弹出的“图层样式”对话框中设置“样式”为“内斜面”，“方法”为“平滑”，“深度”为100%，“大小”为5像素，阴影“角度”为120度，“高度”为30度，“高光模式”为“滤色”，颜色为白色，“不透明度”为75%，“阴影模式”为“正片叠底”，阴影颜色为黑色，“不透明度”为75%，如图9-119所示。在左侧图层样式列表中单击启用“纹理”样式，选择合适的图案，设置“缩放”为100%，“深度”为40%，如图9-120所示。

04 此时图片纹理效果更为明显，如图9-121所示。

05 绘制顶部状态栏背景。选择工具箱中的“矩形工具”，在选项栏中设置“绘制模式”为“形状”，“填充”为黑色，“描边”为无，设置完成后在画面最上方按住鼠标左键拖动绘制，如图9-122所示。执行“文件>置入嵌入对象”命令，置入素材“3.png”，摆放在画面最上方位置，按Enter键完成置入操作，并将其栅格化，此时效果如图9-123所示。

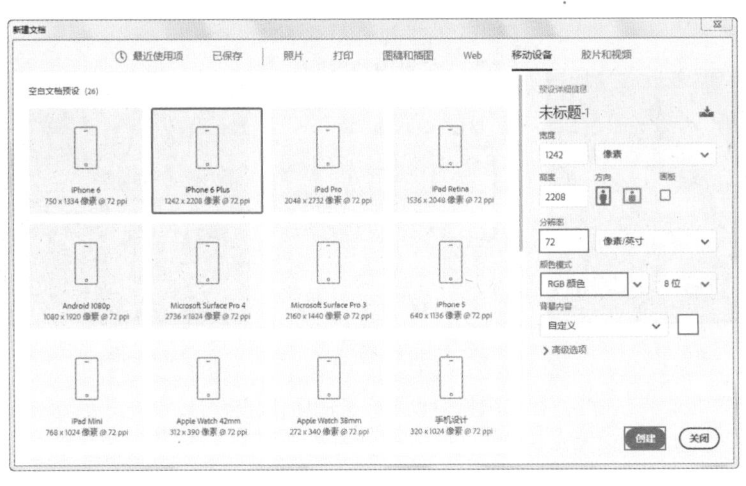

图9-116

图9-117

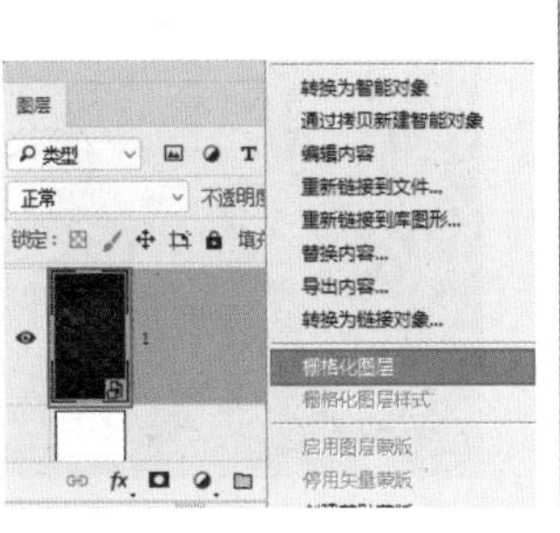

图9-118

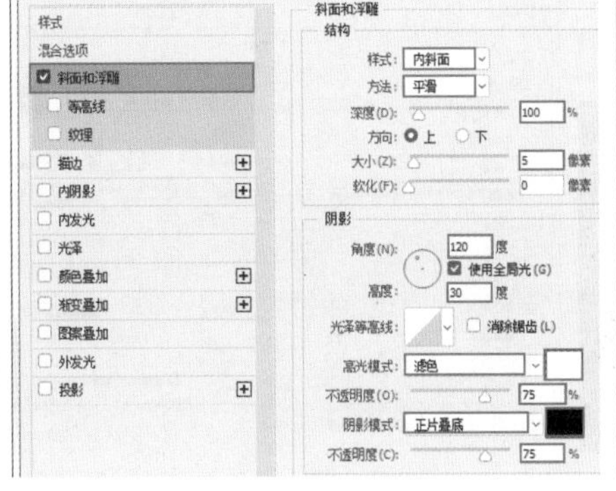

图9-119

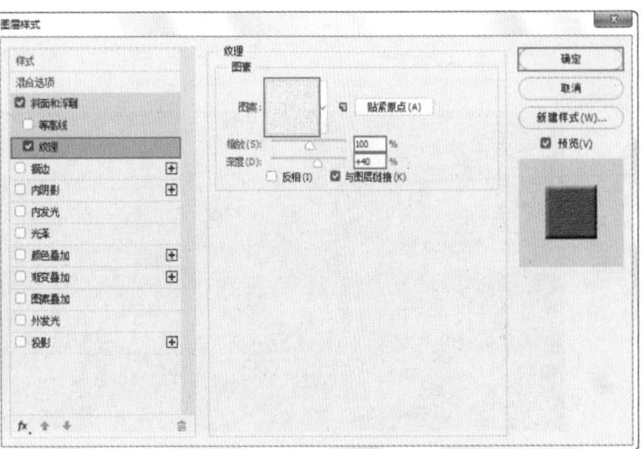

图9-120

第9章 图层样式

06 置入主体图标素材。执行“文件>置入嵌入的智能对象”命令，置入素材“2.png”，摆放在画面中心位置，如图9-124所示。然后按Enter键完成置入操作，并将其栅格化。

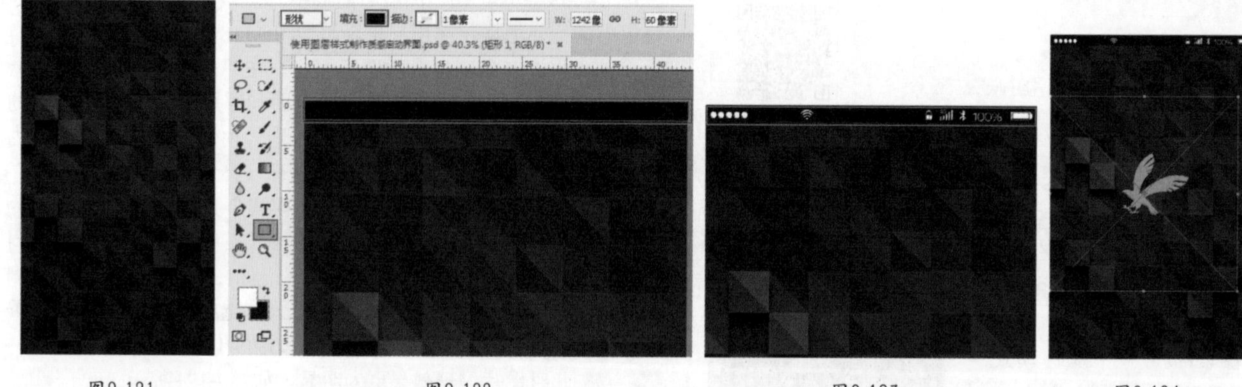

图9-121　图9-122　图9-123　图9-124

07 为该图案添加阴影效果。在“图层”面板中选中素材2图层，执行“图层>图层样式>投影”命令，在弹出的“图层样式”对话框中设置“混合模式”为“正片叠底”，颜色为黑色，“不透明度”为70%，“角度”为120度，“距离”为6像素，“大小”为1像素，如图9-125所示，此时效果如图9-126所示。

08 使图案呈现半透明效果。单击选中该图层，在“图层”面板中设置该图层的“不透明度”为60%，如图9-127所示，此时画面效果如图9-128所示。

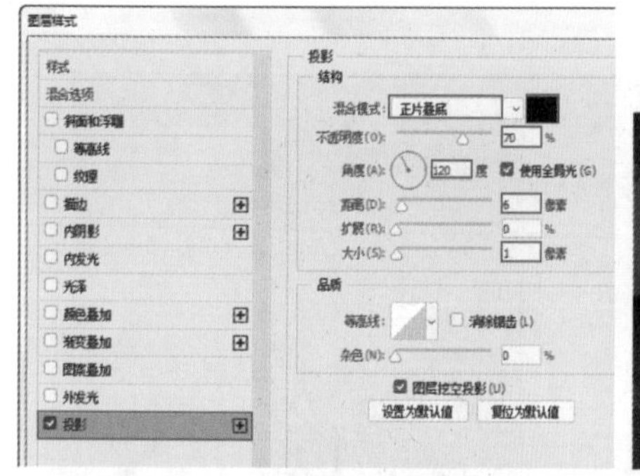

图9-125

图9-126

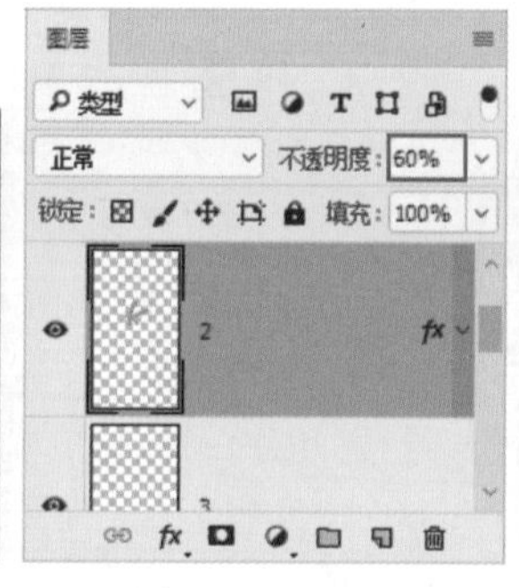

图9-127

图9-128

09 在图案下方输入文字。选择工具箱中的“横排文字工具”，在选项栏中设置合适的字体、字号，设置文字颜色为灰色，设置完毕后在图案下方单击输入文字，然后按Ctrl+Enter快捷键完成操作，如图9-129所示。

10 为文字添加投影效果。在“图层”面板中选中文字图层，执行“图层>图层样式>投影”命令，在弹出的“图层样式”对话框中设置“混合模式”为“正片叠底”，颜色为黑色，“不透明度”为70%，“角度”为120度，“距离”为6像素，“大小”为1像素，设置完成后单击“确定”按钮完成操作，如图9-130所示，画面最终效果如图9-131所示。

图9-129

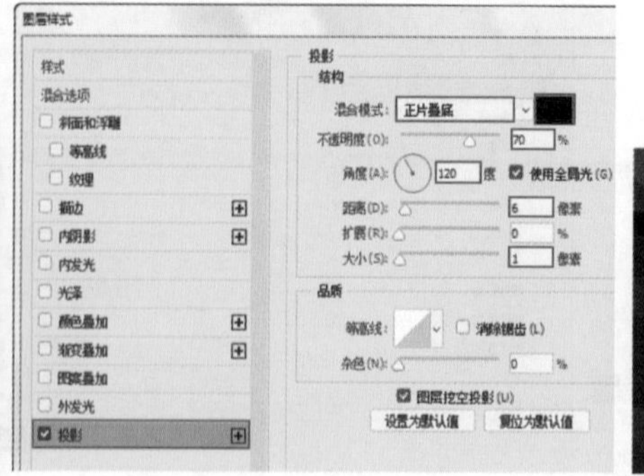

图9-130

图9-131

★ 案例实战——剪贴画风格招贴文字

文件路径　第9章\剪贴画风格招贴文字

难易指数　★★★★★

扫码看视频

案例效果

案例效果如图9-132所示。

图9-132

操作步骤

01 执行“文件>新建”命令，创建背景为透明的空白文档。选择工具箱中的“横排文字工具”，在选项栏中设置合适的字体、字号，设置文字颜色为黑色，设置完成后在画面中单击鼠标左键插入光标，建立文字输入的起始点，接着输入文字，文字输入完毕后按Ctrl+Enter快捷键确认操作，如图9-133所示。

02 使用自由变换快捷键Ctrl+T调出定界框，将光标定位到定界框的控制点处，当光标变为带有弧度的双箭头时按住鼠标左键并拖动，将其旋转至合适的角度，如图9-134所示。

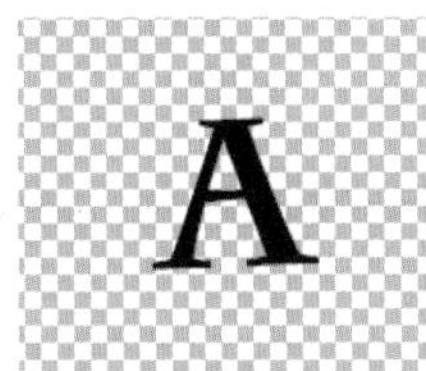

图9-133　图9-134

03 用同样的方法输入其他字母，并一一进行旋转，如图9-135所示。

04 为文字添加图层样式，选中字母A图层，执行“图层>图层样式>投影”命令，在弹出的“图层样式”对话框中设置“混合模式”为“正片叠底”，颜色为黑色，“角度”为42度，“距离”为15像素，“扩展”为39%，“大小”为4像素，如图9-136所示。

05 加选“光泽”复选框，设置“混合模式”为“正片叠底”，颜色为黑色，“不透明度”为27%，“角度”为19度，“距离”为33像素，“大小”为13像素，调整等高线形状，如图9-137所示。

06 加选“颜色叠加”复选框，设置“混合模式”为“正常”，颜色为红色，“不透明度”为100%，如图9-138所示。

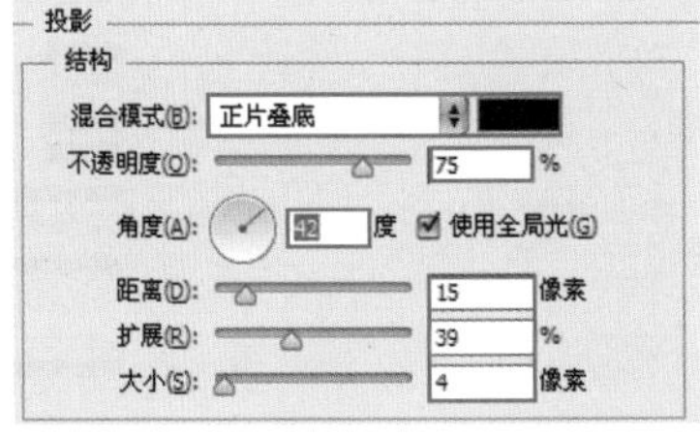

图9-135　图9-136

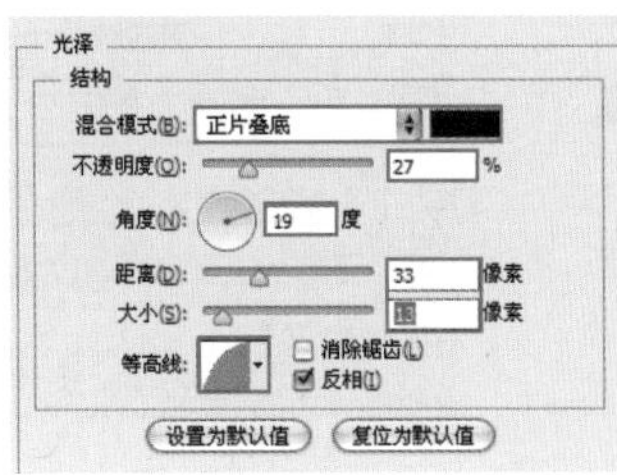

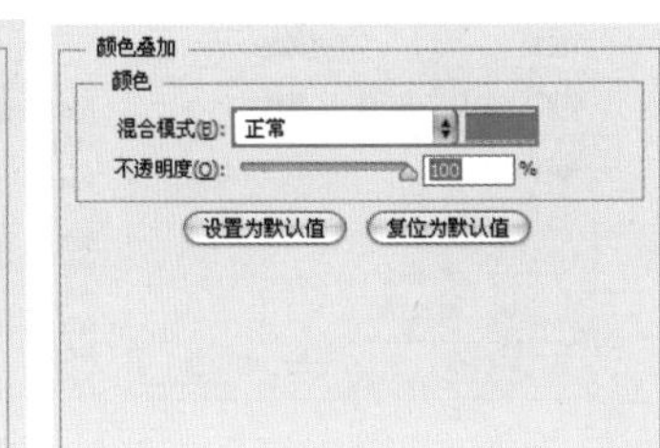

图9-137　图9-138

07 加选“描边”复选框，设置“大小”为9像素，“位置”为“外部”，“混合模式”为“正常”，“不透明度”为100%，“颜色”为白色。调整完成后单击“确定”按钮确认操作，如图9-139所示，效果如图9-140所示。

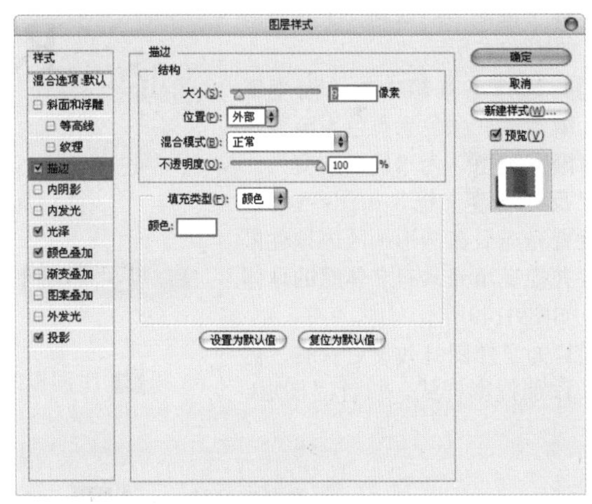

图9-139

08 其他文字也需要使用该样式，在文字A图层样式上单击鼠标右键，在弹出的快捷菜单中执行“拷贝图层样式”命令，并在另外的字母图层上单击鼠标右键，在弹出的快捷菜单中执行“粘贴图层样式”命令，如图9-141所示。此时可以看到字母P也出现了相同的文字样式，如图9-142和图9-143所示。

图9-140

09 如果要更改P文字的颜色，可以双击该字母的图层样式，选择“颜色叠加”选项，设置颜色为青色，如图9-144所示，此时字母颜色发生变化。效果如图9-145所示。

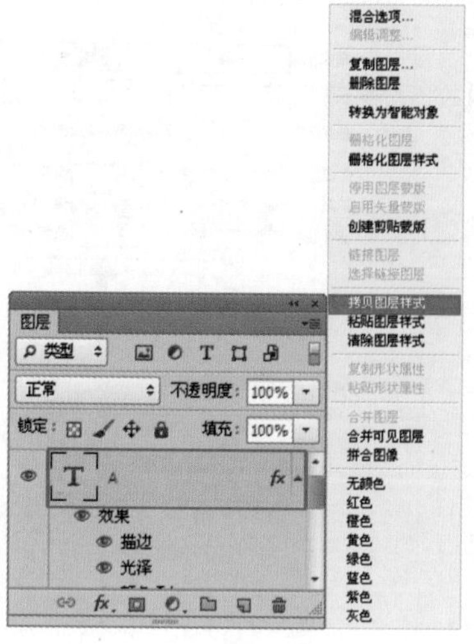

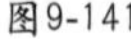

图9-141

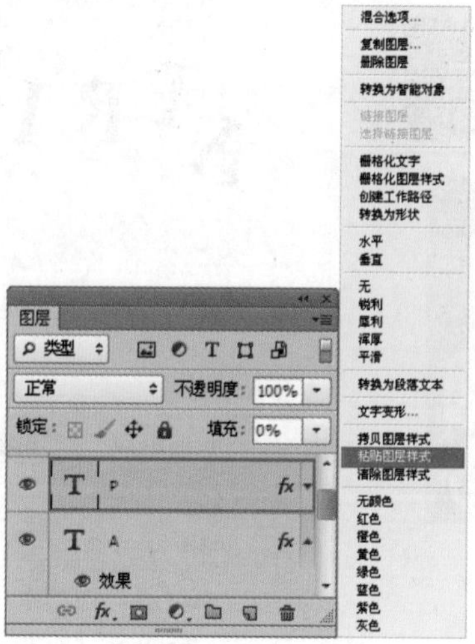

图9-142

图9-143

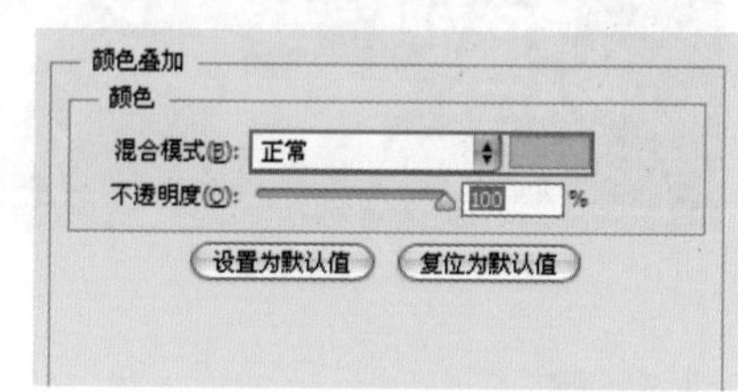

图9-144

10 用同样的方法制作其他文字，效果如图9-146所示。

11 制作文字顶部的图钉效果。新建图层，选择工具箱中的“椭圆选框工具”，在适当的位置按Shift键并按住鼠标左键拖动，绘制一个正圆形选区，如图9-147所示。

12 选择工具箱中的“渐变工具”，编辑渐变颜色为黄色系渐变，设置“渐变类型”为“径向渐变”，选中“反向”复选框，如图9-148所示。设置完成后在圆形选区内按住鼠标左键并拖曳填充具有立体感的球体效果，如图9-149所示。

13 为了使图钉效果更真实，需要为其添加投影样式，执行“图层>图层样式>投影”命令，在弹出的“图层样式”对话框中设置“混合模式”为“正片叠底”，颜色为黑色，“角度”为42度，“距离”为5像素，“大小”为5像素。设置完成后单击“确定”按钮，如图9-150所示，此时效果如图9-151所示。

图9-145　图9-146　图9-147

图9-148

14 用同样的方法制作其他图钉，如图9-152所示。

图9-149　图9-150 　图9-151

图9-152

15 继续制作出另外一组英文单词，如图9-153所示。

16 置入前景与背景素材，并放置在合适的位置，案例最终效果如图9-154所示。

图9-153

图9-154

读书笔记

★ 案例实战——立体效果卡通字

文件路径　第9章\立体效果卡通字

难易指数　★★★★★

扫码看视频

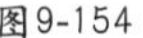

案例效果

案例效果如图9-155所示。

图9-155

操作步骤

01 执行“文件>打开”命令，打开背景素材“1.jpg”，如图9-156所示。

图9-156

02 选择工具箱中的“横排文字工具”，在选项栏中设置合适的字体、字号，设置文字颜色为黑色，设置完成后在画面中适当的位置单击鼠标左键插入光标，建立文字输入的起始点，接着分别输入英文字母和标点符号“H”“O”“T”“!”，输入完毕后按Ctrl+Enter快捷键确认操作，如图9-157所示。

03 首先制作字母“H”，执行“图层>图层样式>内阴影”命令，在弹出的“图层样式”对话框中设置“混合模式”为“正常”，颜色为白色，“不透明度”为33%，“角度”为45度，“距离”为26像素，“阻塞”为100%，如图9-158所示，效果如图9-159所示。

图9-157

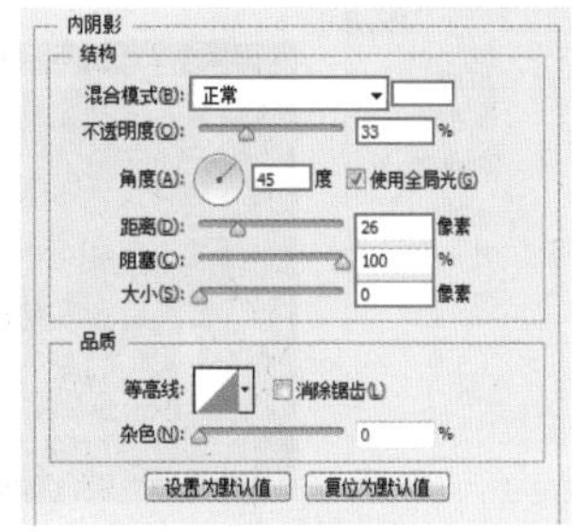

图9-158

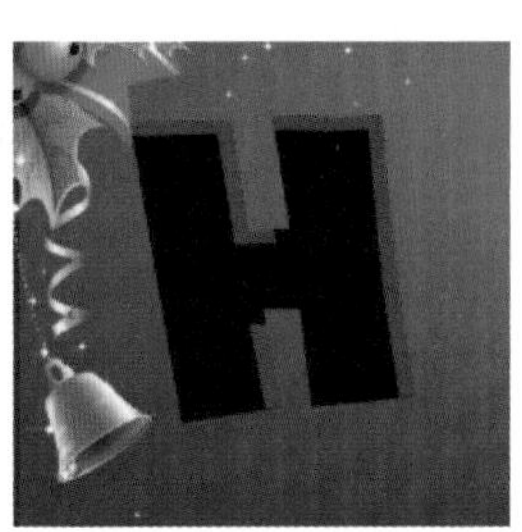

图9-159

04 加选“斜面和浮雕”复选框，设置参数如图9-160所示，效果如图9-161所示。

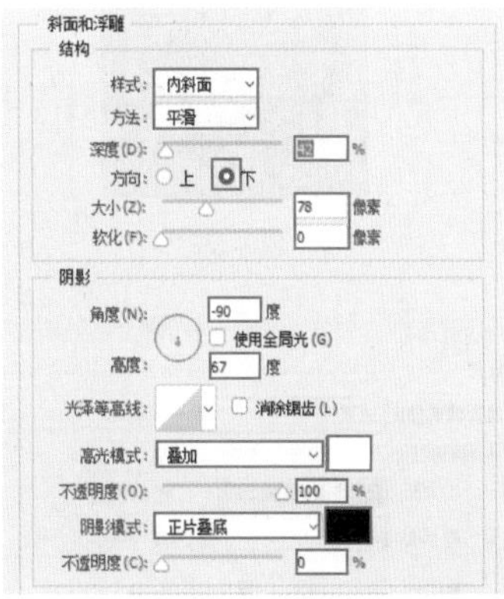

图9-160

图9-161

05 加选“光泽”复选框，设置参数如图9-162所示，效果如图9-163所示。

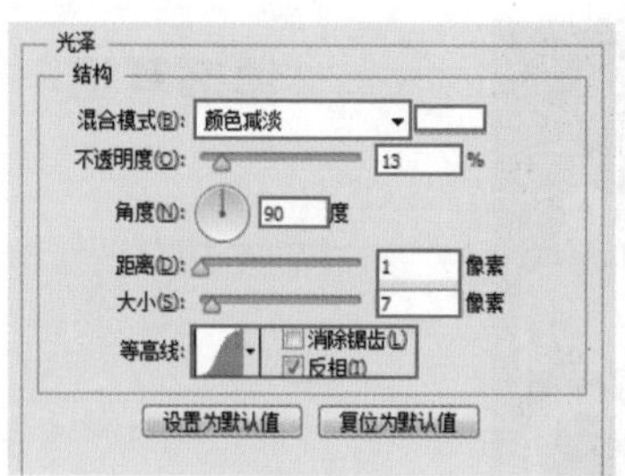

图9-162

图9-163

06 加选“渐变叠加”复选框，设置参数如图9-164和图9-165所示，效果如图9-166所示。

07 加选“描边”复选框，设置参数如图9-167和图9-168所示。效果如图9-169所示。

08 同理制作其他文字，在“O”“T”“!”图层样式中分别重新设置“渐变叠加”和“描边”，参数及其效果分别如图9-170～图9-178所示。

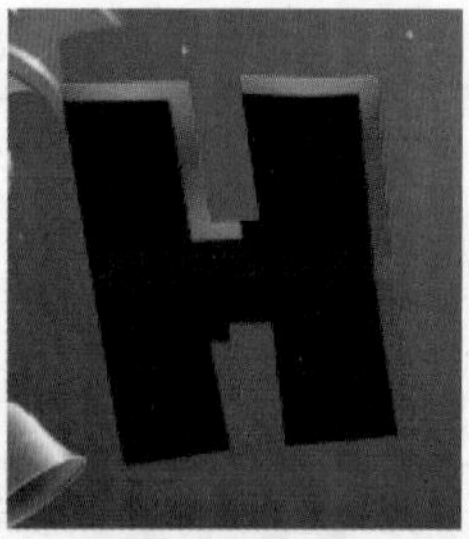

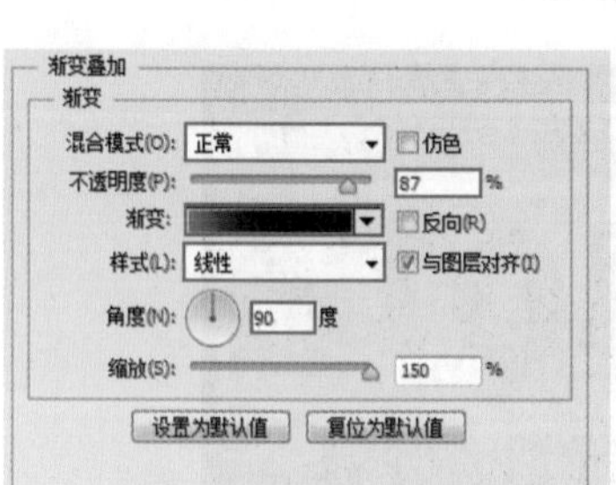

图9-164

图9-165

图9-166

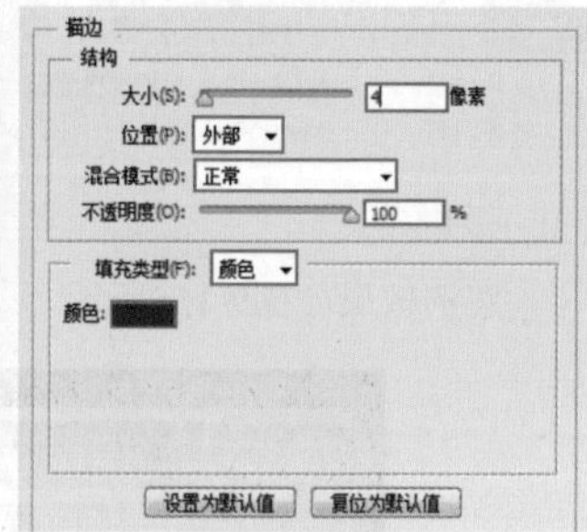

图9-167

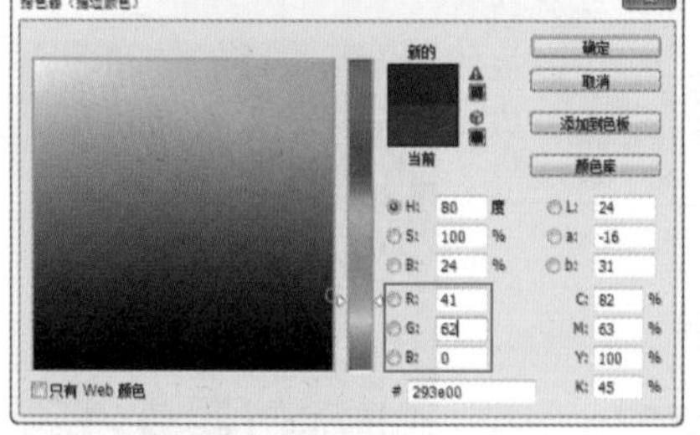

图9-168

图9-169

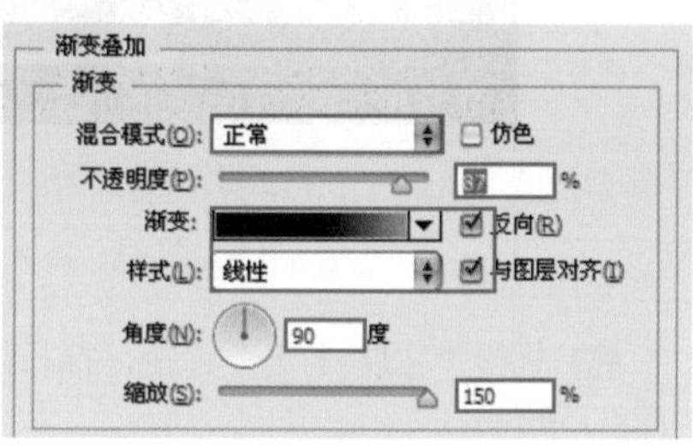

图9-170

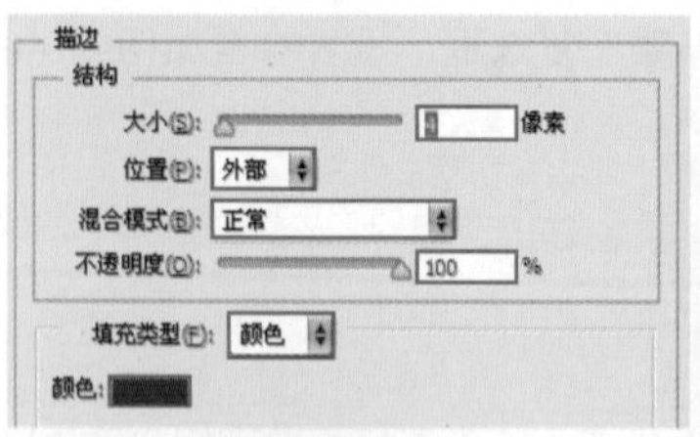

图9-171

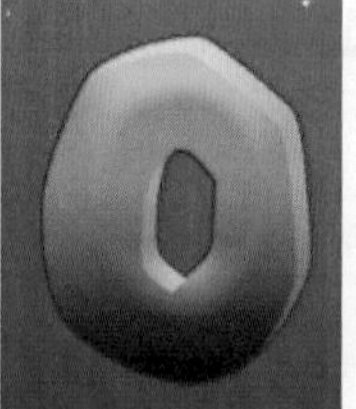

图9-172

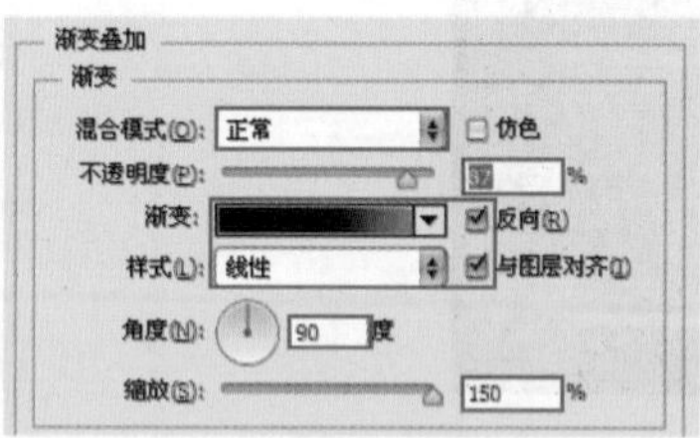

图9-173

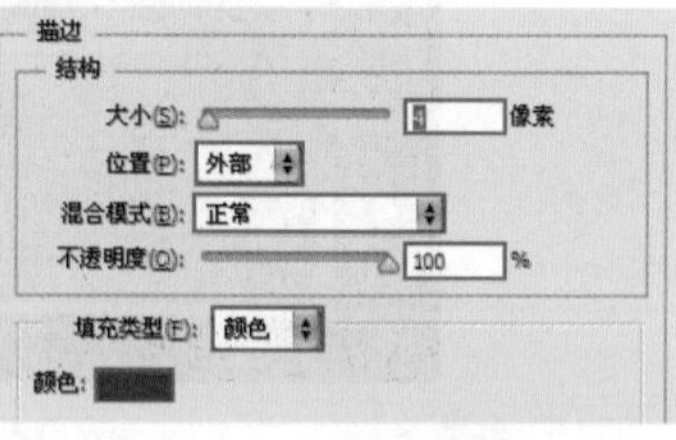

图9-174

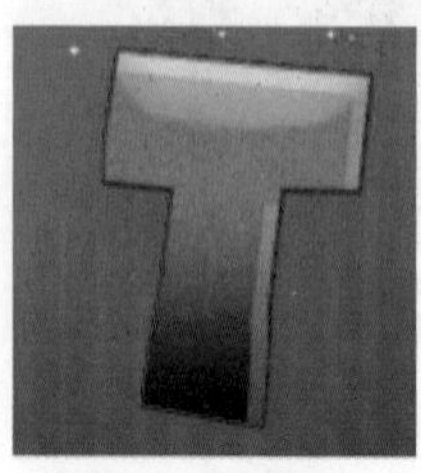

图9-175

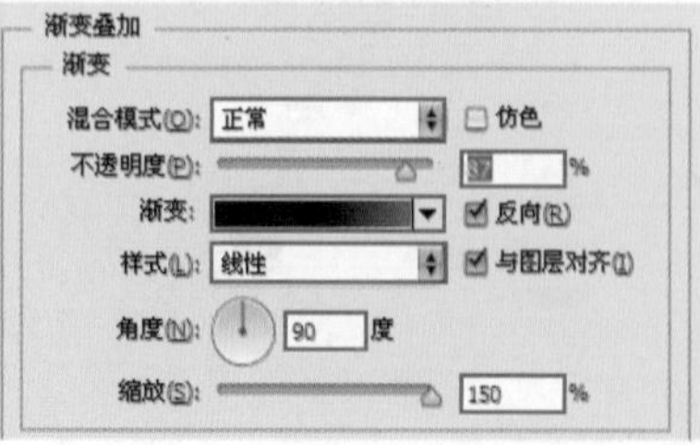

图9-176

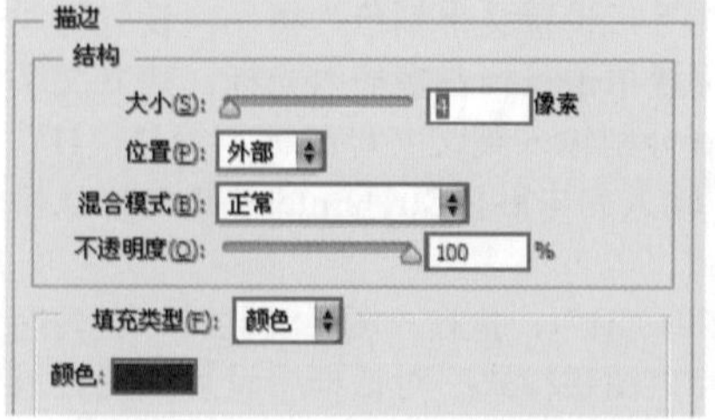

图9-177

图9-178

高手小贴士：如何拷贝、粘贴图层样式？

(1) 右击已有图层样式的图层，在弹出的快捷菜单中执行“拷贝图层样式”命令，如图9-179所示。

(2) 右击需要添加图层样式的图层，在弹出的快捷菜单中执行“拷贝图层样式”命令，如图9-180所示。

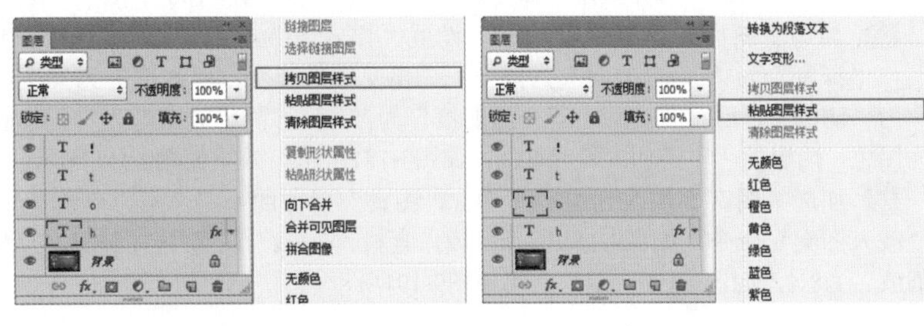

图9-179　　图9-180

09 最终效果如图9-181所示。

图9-181

读书笔记

★ 案例实战——添加图层样式制作钻石效果

文件路径　第9章\添加图层样式制作钻石效果

难易指数　★★★★★

扫码看视频

案例效果

案例效果如图9-182所示。

图9-182

操作步骤

01 执行“文件>打开”命令，打开背景素材“1.jpg”，如图9-183所示。

02 选择工具箱中的“横排文字工具”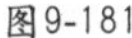，在选项栏中设置合适的字体、字号，设置文字颜色为蓝色，设置完成后在画面中适当的位置单击鼠标左键插入光标，建立文字输入的起始点，接着输入文字，文字输入完毕后按Ctrl+Enter快捷键确认输入操作。接着在“图层”面板中设置“混合模式”为“正片叠底”，如图9-184所示。

图9-183

图9-184

03 执行“图层>图层样式>投影”命令，在弹出的“图层样式”对话框中设置“混合模式”为“正片叠底”，颜色为灰色，“不透明度”为100%，“角度”为120度，“距离”为3像素，“大小”为2像素，如图9-185所示，效果如图9-186所示。

04 加选“斜面和浮雕”复选框，设置“样式”为“内斜面”，“方法”为“平滑”，“深度”为1%，“方向”为向上，“角度”为90度，“高度”为30度，“高光模式”为“滤色”，颜色为白色，“不透明度”为75%，“阴影模式”为“正片叠底”，颜色为黑色，阴影的“不透明度”为40%，如图9-187所示，效果如图9-188所示。

05 加选“图案叠加”复选框，单击“图案”后方的小三角号，在弹出的面板中执行“载入图案”命令，如图9-189所示。载入素材“2.pat”，选中刚刚载入的图案，设置“缩放”为8%，如图9-190所示，效果如图9-191所示。

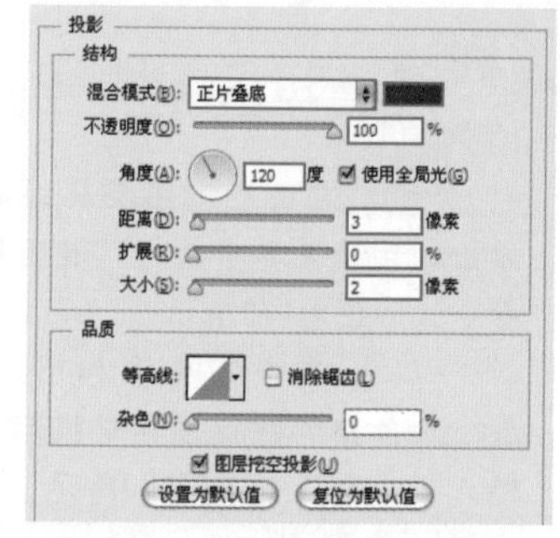

图9-185

图9-186

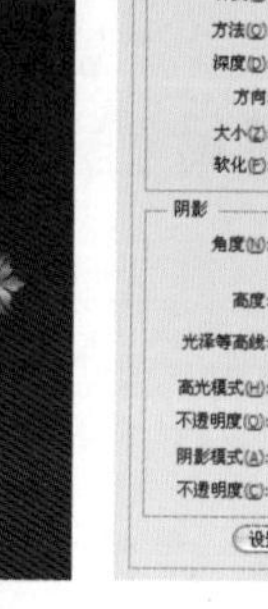

图9-187

图9-188

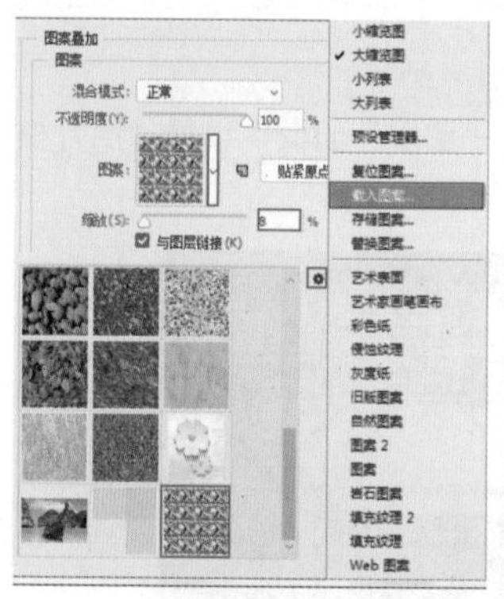

图9-189

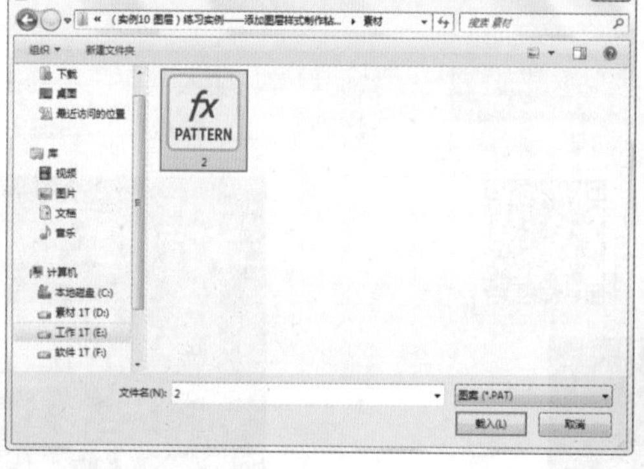

图9-190

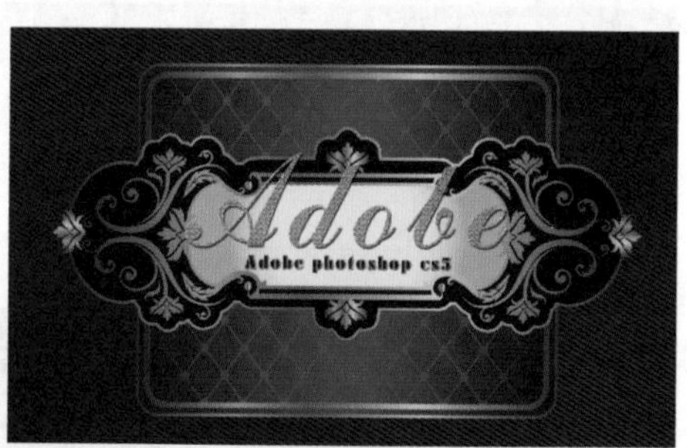

图9-191

06 加选“描边”复选框，设置“大小”为2像素，“位置”为“外部”，“填充类型”为“渐变”，“渐变”为灰色到白色再到灰色的渐变，“样式”为“线性”，“角度”为90度，“缩放”为142%，如图9-192所示。设置完成后单击“确定”按钮，案例最终效果如图9-193所示。

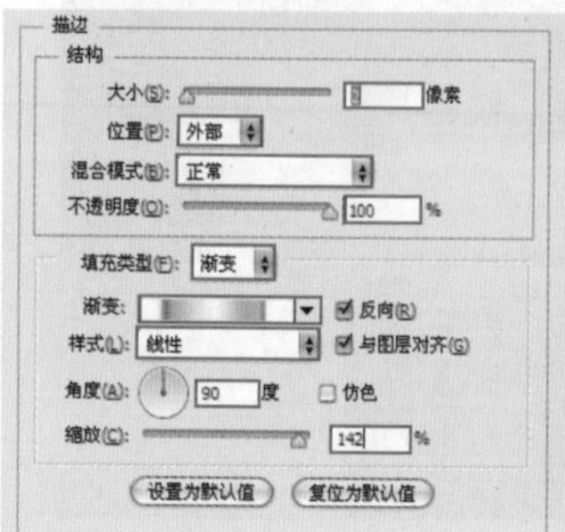

图9-192

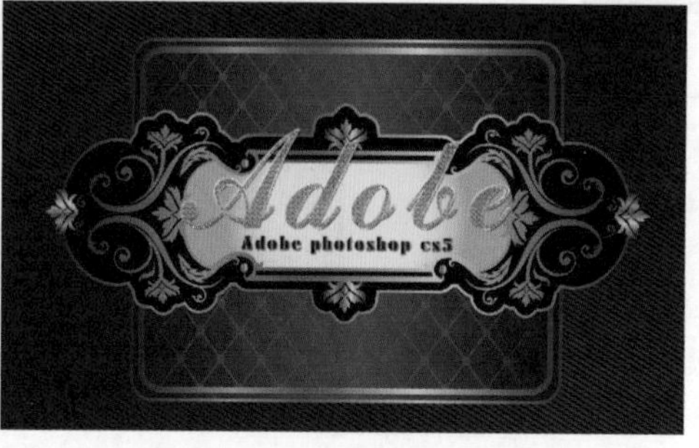

图9-193

读书笔记

★ 案例实战——迷你播放器小组件

文件路径　第9章\迷你播放器小组件

难易指数　★★★★★

扫码看视频

案例效果

案例效果如图9-194所示。

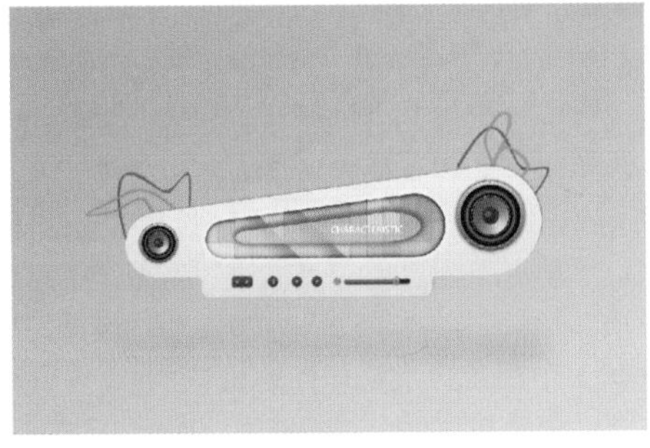

图9-194

操作步骤

01 执行"文件>新建"命令，创建一个新的文档。单击工具箱底部的"前景色"按钮，在弹出的"拾色器"中设置颜色为灰色，设置完成后单击"确定"按钮，如图9-195所示。接着使用填充前景色快捷键Alt+Delete进行快速填充，如图9-196所示。

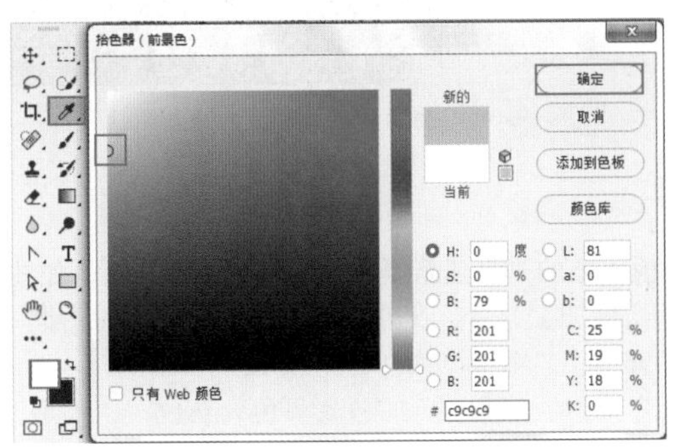

图9-195

图9-196

02 绘制播放器形状。在工具箱中右击形状工具组，在形状工具组列表中选择"圆角矩形工具"，在选项栏中设置"绘制模式"为"形状"，"填充"为黑色，"描边"为无，"半径"为30像素，设置完成后在画面中进行绘制，如图9-197所示。

图9-197

03 在工具箱中右击形状工具组，在形状工具组列表中选择"椭圆工具"，在选项栏中设置"绘制模式"为"形状"，"填充"为黑色，"描边"为无。设置完成后在圆角矩形两侧依次按住Shift键绘制正圆，如图9-198所示。接着在工具箱中选择"矩形工具"，在选项栏中设置"绘制模式"为"形状"，"填充"为黑色，"描边"为无。在正圆上方绘制一个黑色矩形，将两个正圆链接起来，如图9-199所示。

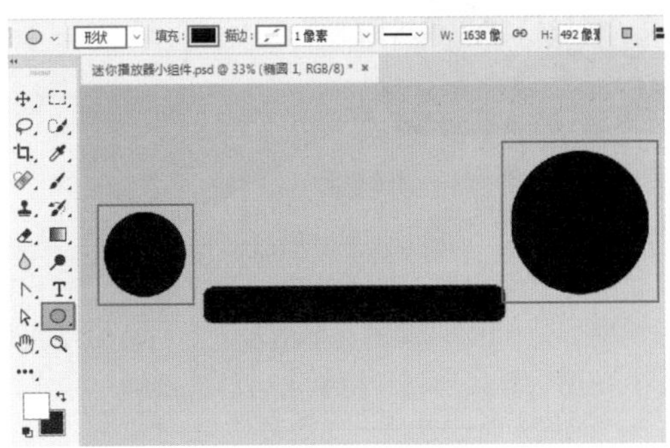

图9-198

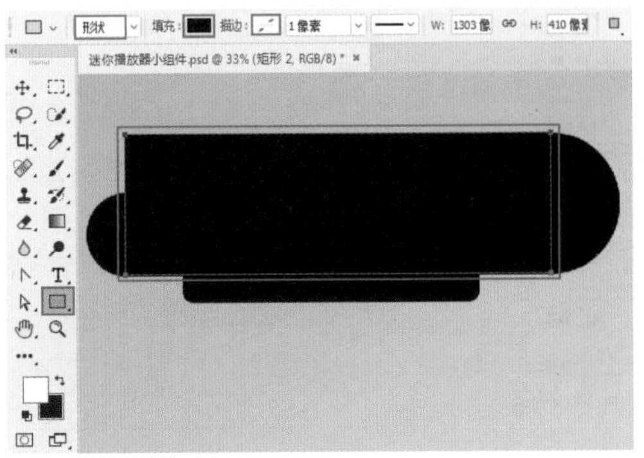

图9-199

04 在"图层"面板中单击选中矩形图层，接着使用自

由变换快捷键Ctrl+T调出定界框，在对象上单击鼠标右键，在弹出的快捷菜单中执行“斜切”命令，如图9-200所示。将光标定位到定界框左上角控制点上，按住鼠标左键向下拖动，调整对象形态，如图9-201所示。调整完成后按Enter键完成操作。

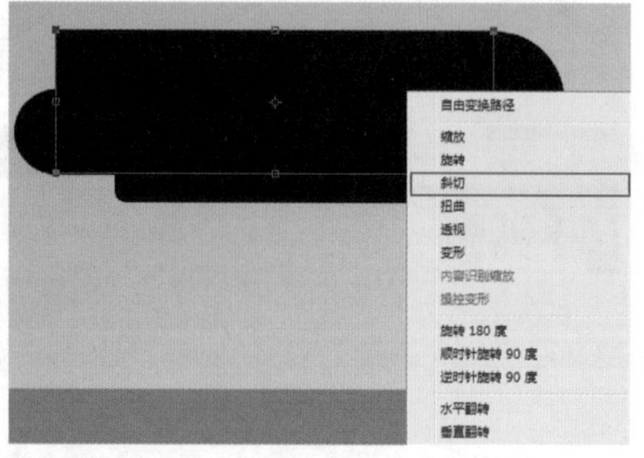

图9-200

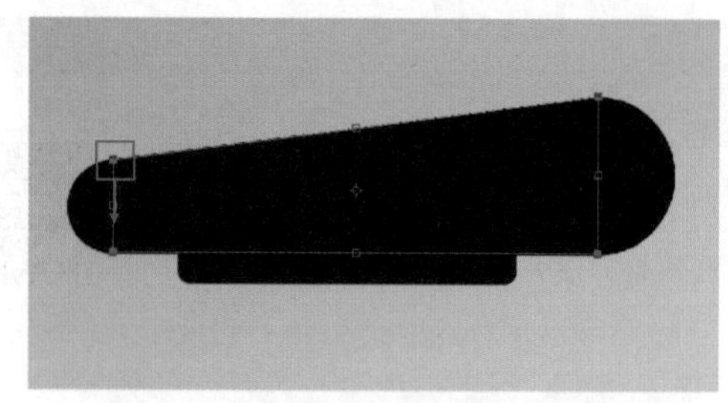

图9-201

05 将小组件的直角位置转换为圆角效果。在工具箱中选择“圆角矩形工具”，在选项栏中设置“绘制模式”为“形状”，“填充”为黑色，“描边”为无，“路径操作”为“减去顶部形状”，“半径”为20像素，设置完成后在直角内部绘制一个圆角矩形，如图9-202所示。接着在直角外部继续绘制一个圆角矩形，此时效果如图9-203所示。

06 用同样的方法将左侧直角位置变换为圆角，如图9-204所示。

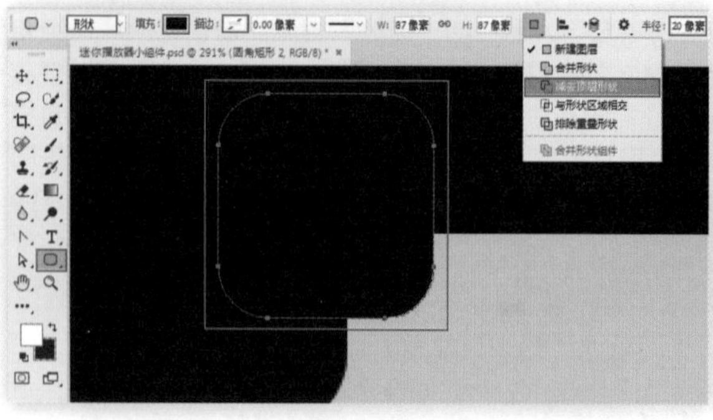

图9-202

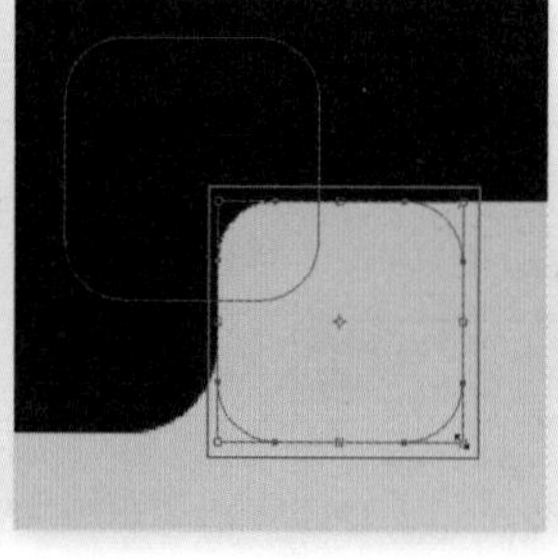

图9-203

图9-204

07 在“图层”面板中选中播放器形状图层，接着单击“图层”面板下方的“创建新组”按钮将其进行编组，如图9-205所示。接着在“图层”面板中选中该图层组，执行“图层>图层样式>渐变叠加”命令，在弹出的“图层样式”对话框中设置“不透明度”为100%，编辑一个由灰色到白色的线性渐变，“角度”为90度，“缩放”为100%，如图9-206所示。

08 在图层样式列表左侧单击启用“投影”样式，设置“混合模式”为“正片叠底”，投影颜色为灰色，“不透明度”为75%，“角度”为-120度，“距离”为5像素，“大小”为5像素，如图9-207所示，此时效果如图9-208所示。

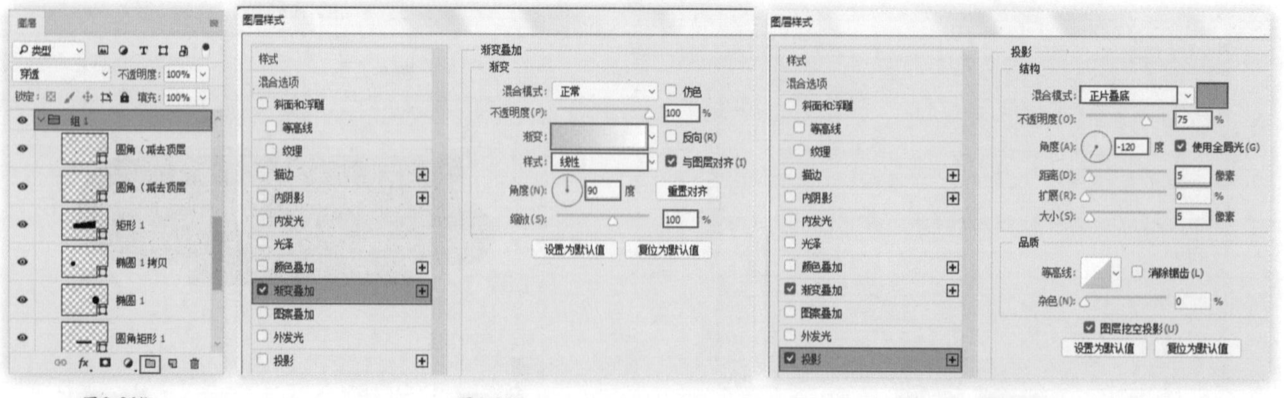

图9-205 图9-206 图9-207

09 在“图层”面板中单击选中“组1”图层组中的两个“椭圆”图层和一个“矩形”图层，使用复制图层快捷键Ctrl+J复制出一个相同的图层，接着将其移出“组1”，然后使用快捷键Ctrl+G进行编组并命名为“组2”，如图9-209所示。选中

“组2”，接着使用自由变换快捷键Ctrl+T调出定界框，按住Shift+Alt快捷键并按住鼠标左键拖动控制点将其以中心等比缩放，如图9-210所示。最后按Enter键完成操作。

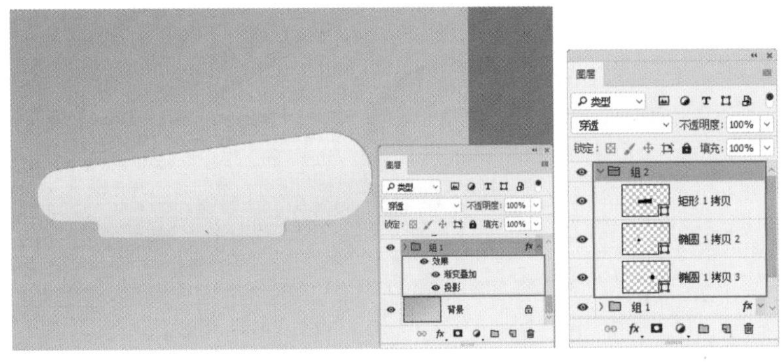

图9-208　　图9-209

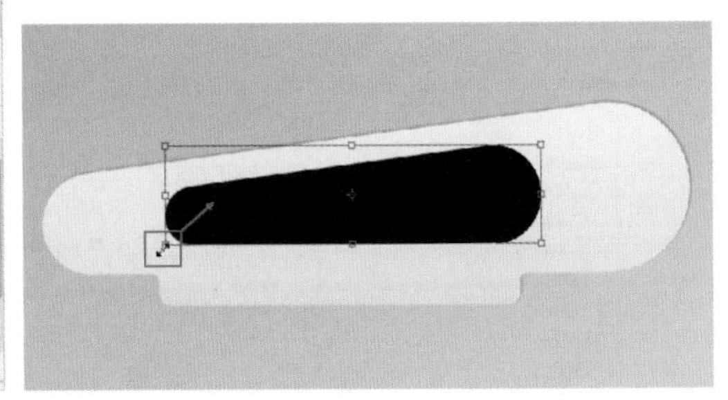

图9-210

10 执行“文件>置入嵌入对象”命令，在弹出的对话框中选择“1.jpg”，单击“置入”按钮。接着将置入的素材摆放在播放组件上方位置，将光标放在素材一角处，按住Shift键的同时按住鼠标左键拖动等比例缩放该素材，如图9-211所示。调整完成后按Enter键完成置入。在“图层”面板中右击该图层，在弹出的快捷菜单中执行“栅格化图层”命令，如图9-212所示。

11 在“图层”面板中右击“素材1”图层，在弹出的快捷菜单中执行“创建剪贴蒙版”命令，如图9-213所示，此时效果如图9-214所示。

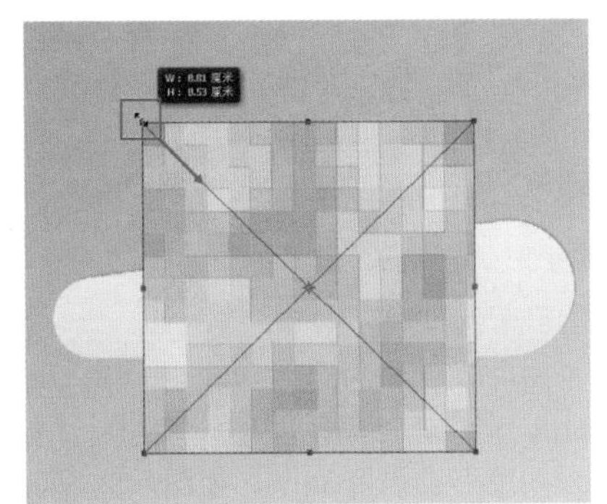

图9-211

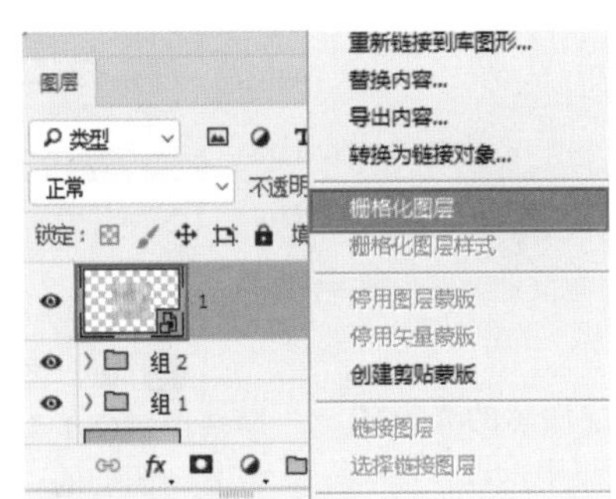

图9-212

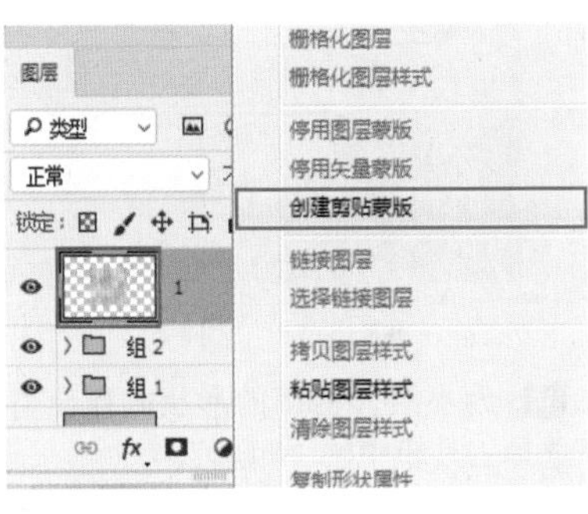

图9-213

12 为了增加小组件的立体感效果。在“图层”面板中选中“组2”，执行“图层>图层样式>内发光”命令，在弹出的“图层样式”对话框中设置“混合模式”为“颜色加深”，“不透明度”为75%，颜色为黑色，“方法”为“柔和”，“阻塞”为11%，“大小”为27像素，如图9-215所示。在图层样式列表左侧单击启用“外发光”样式，在“图层样式”对话框中设置“混合模式”为“滤色”，“不透明度”为75%，颜色为淡黄色，“方法”为“柔和”，“扩展”为9%，“大小”为29像素，如图9-216所示。

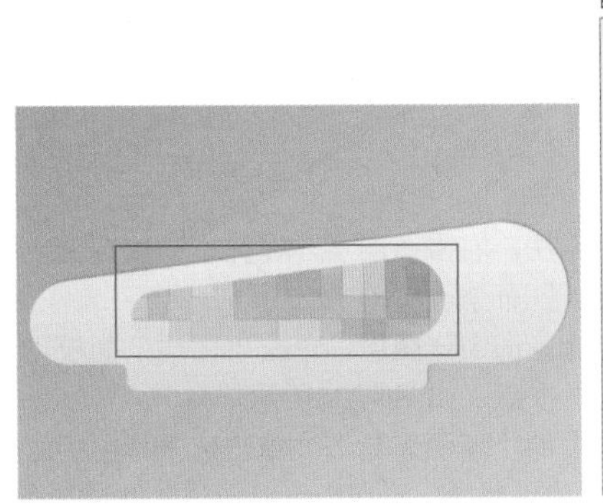

图9-214

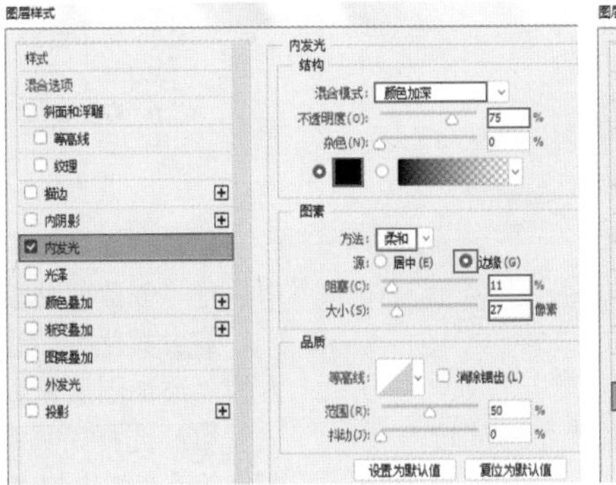

图9-215

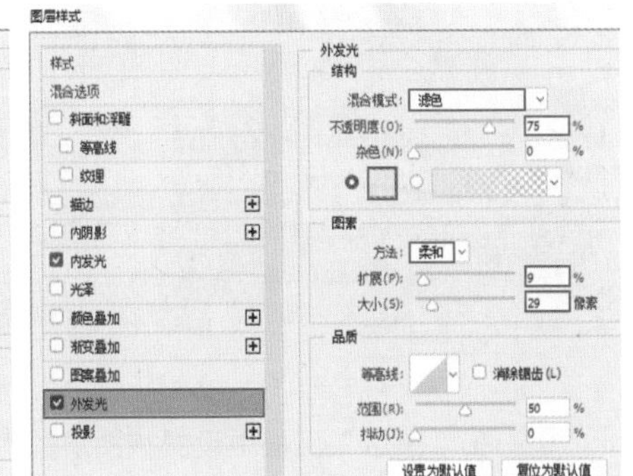

图9-216

13 在图层样式列表左侧单击启用“投影”样式，在“图层样式”对话框中设置“混合模式”为“正片叠底”，“不透明度”为75%，“角度”-120度，“距离”为10像素，“大小”为6像素，如图9-217所示。此时小组件的效果如图9-218所示。

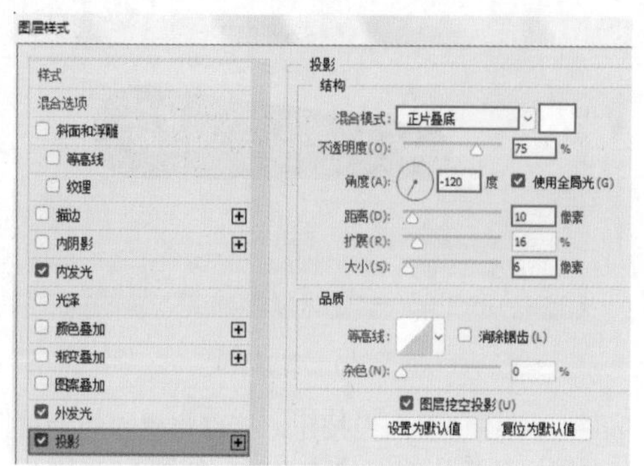

图9-217

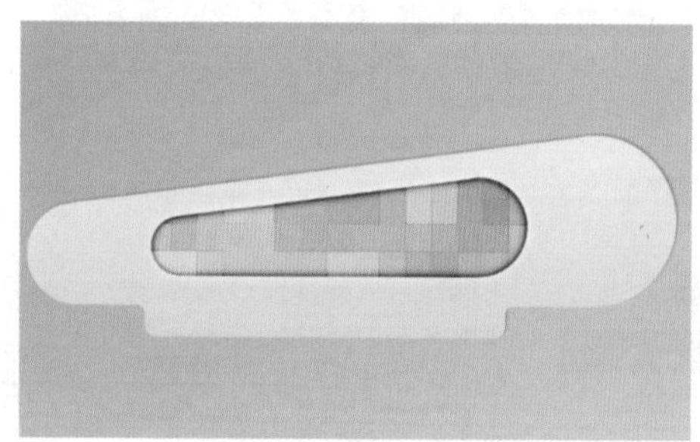
图9-218

14 为小组件内部的形状制作出富有层次感的光影效果。选择工具箱中的“矩形工具”，在选项栏中设置“绘制模式”为“形状”，“填充”为淡紫色，“描边”为无，在画面中绘制一个矩形，如图9-219所示。接着使用自由变换快捷键Ctrl+T调出定界框，将光标定位到定界框以外，当光标变为带有弧度的双箭头时，按住鼠标左键并拖动，进行旋转。旋转完成后按Enter键完成操作，如图9-220所示。

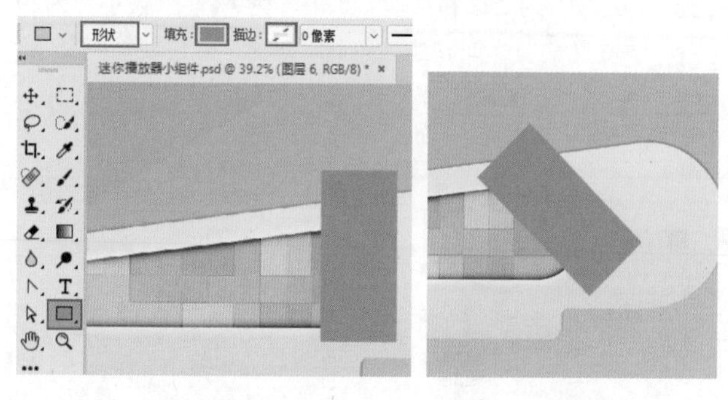

图9-219　图9-220

15 在“图层”面板中设置该图层的“不透明度”为40%，如图9-221所示。然后右击该矩形图层，在弹出的快捷菜单中执行“创建剪贴蒙版”命令，如图9-222所示。

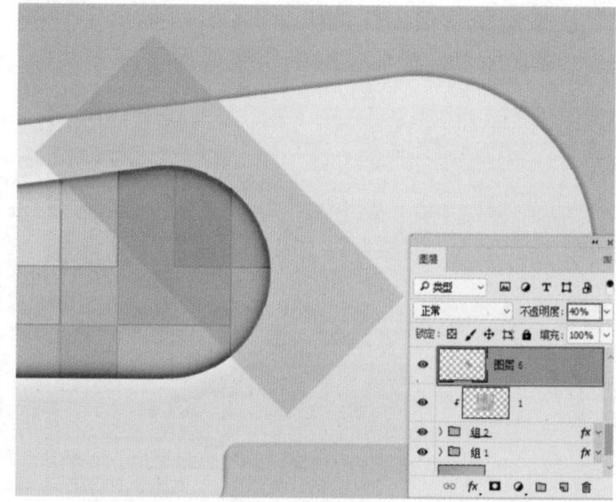

图9-221

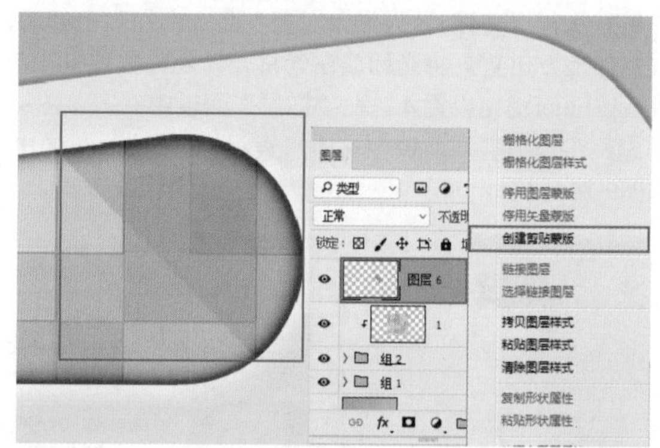

图9-222

16 在“图层”面板中单击选中矩形图层，使用复制图层快捷键Ctrl+J复制出一个相同的图层。在“图层”面板中将复制图层的“不透明度”设置为100%，如图9-223所示。接着将其向左移动，如图9-224所示。

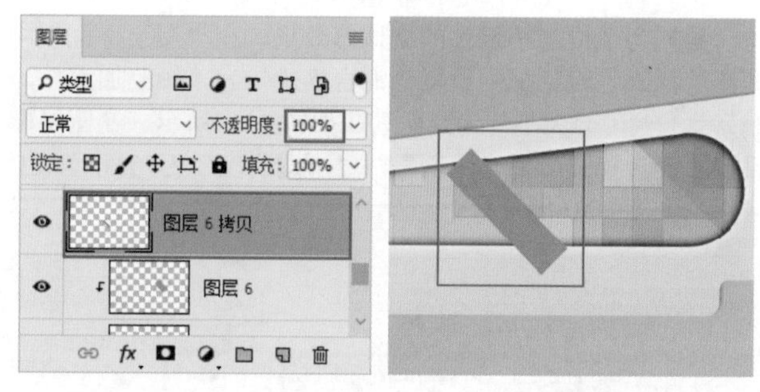

图9-223　图9-224

17 使用同样的方法，右击该图层，在弹出的快捷菜单中执行“创建剪贴蒙版”命令，如图9-225所示。

18 柔化光效边缘。选中该图层，单击“图层”面板下方的“添加图层蒙版”按钮，如图9-226所示。

19 选择工具箱中的“渐变工具”，单击选项栏中的渐变色条，在弹出的“渐变编辑器”窗口中编辑一种黑色到白色的渐变，然后单击“确定”按钮。再单击选项栏中的“线性渐变”按钮，如图9-227所示。接着按住鼠标左键在图层蒙版中从左上角向右下角拖动，松开鼠标后的渐变效果如图9-228所示。

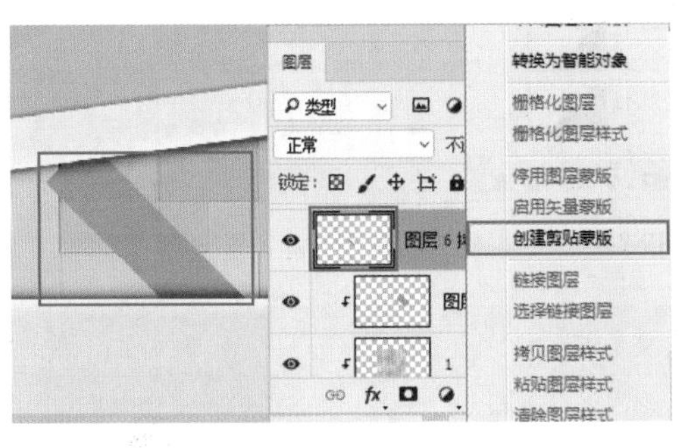

图9-225

图9-226

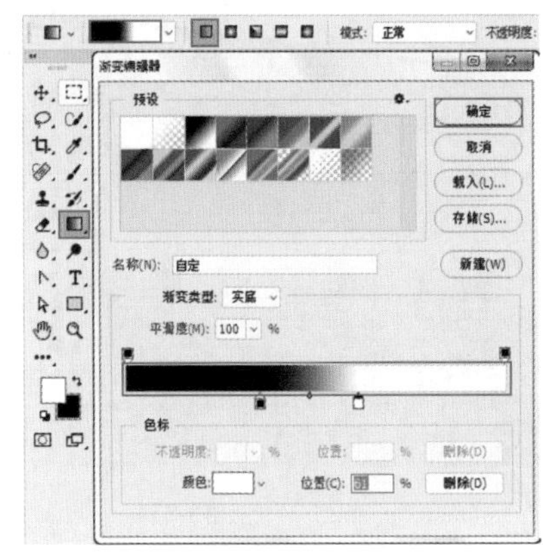

图9-227

20 复制该图层，用同样的方法执行“创建剪贴蒙版”命令，并将其继续向左侧移动，如图9-229所示。

21 制作小组件内部结构。选择“组2”图层组，使用快捷键Ctrl+J将图层组进行复制，然后将复制的图层组移至“图层”面板的最顶部，接着将原有的图层样式删除，如图9-230所示。

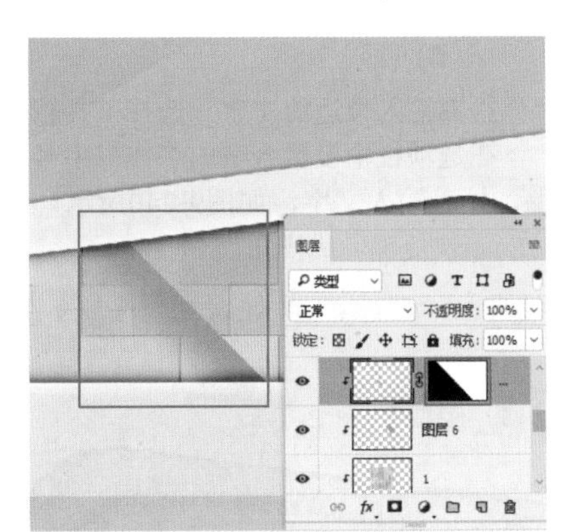

图9-228

图9-229

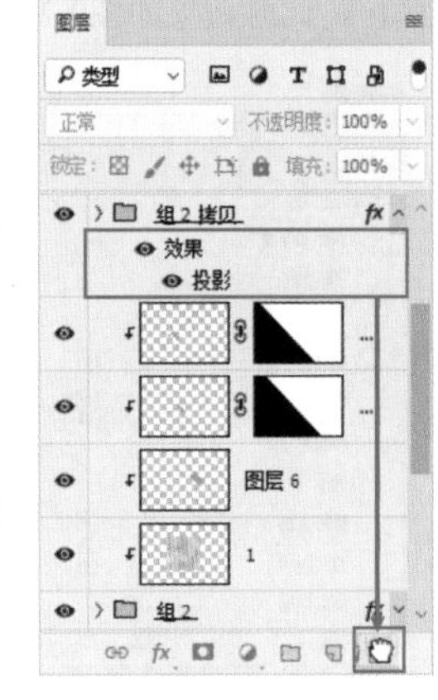

图9-230

22 在“图层”面板中单击图层组，使用自由变换快捷键Ctrl+T调出定界框，按住Shift+Alt快捷键并按住鼠标左键拖动控制点将其以中心等比缩放，如图9-231所示。接着在快捷菜单中执行“变形”命令。将光标定位到定界框上的一个控制点上，按住鼠标左键并拖动，调整对象形态，如图9-232所示。调整完成后按Enter键完成操作。

23 再次置入素材“1.jpg”，摆放在小组件上方位置，按Enter键完成置入并将其栅格化，如图9-233所示。接着右击该图层，在弹出的快捷菜单中执行“创建剪贴蒙版”命令，此时效果不明显，如图9-234所示。

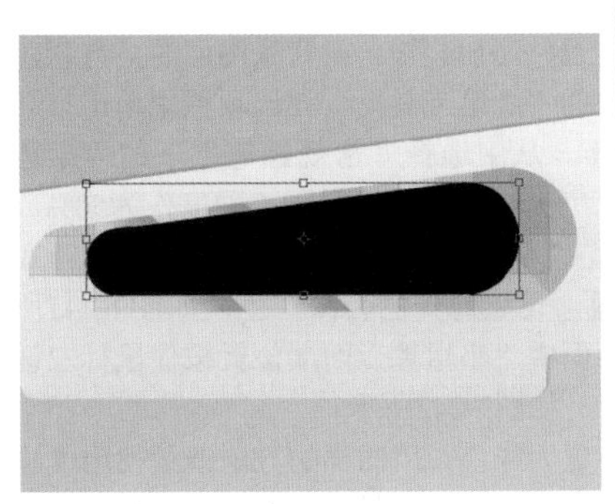

图9-231

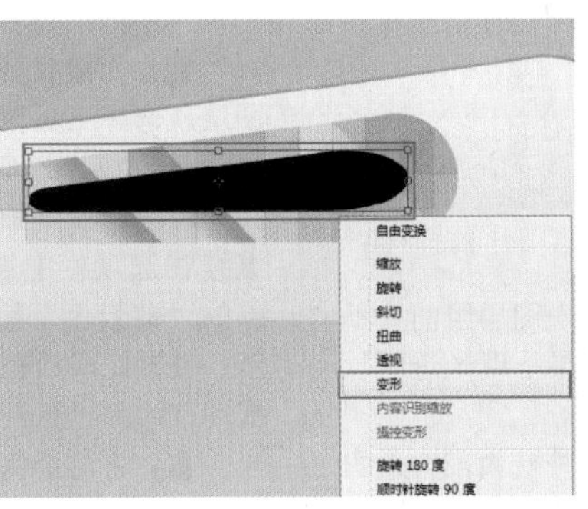

图9-232

图9-233

图9-234

24 在“图层”面板中选中复制的图层“组2”，执行“图层>图层样式>投影”命令，在弹出的“图层样式”对话框中设置颜色为蓝色，“不透明度”为100%，“角度”为-120度，“距离”为6像素，“扩展”为30%，“大小”为30像素，如图9-235所示。设置完成后单击“确定”按钮完成操作，此时效果如图9-236所示。

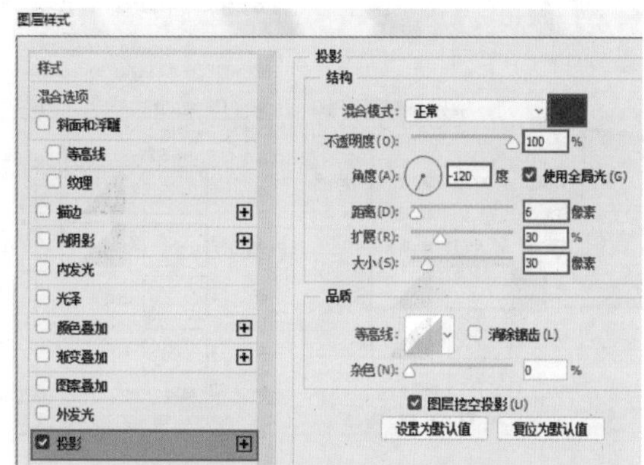

图9-235

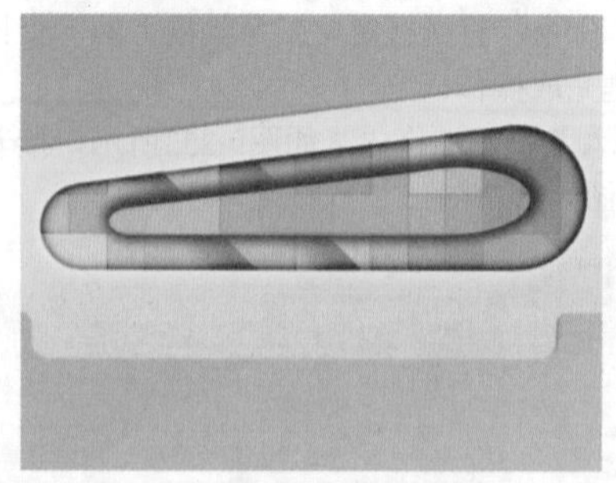

图9-236

25 在“图层”面板中设置“组2拷贝”图层组的“不透明度”为70%，如图9-237所示。此时效果呈现半透明状态，如图9-238所示。

26 置入“装饰与按钮”素材，摆放在形状内部合适的位置，按Enter键完成置入并将其栅格化，如图9-239所示。

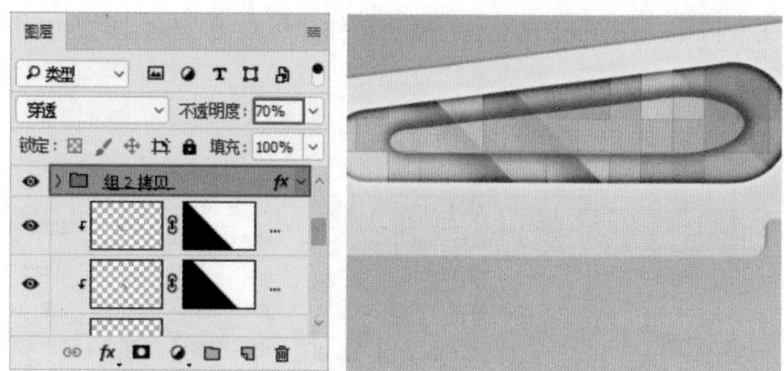

图9-237　　图9-238

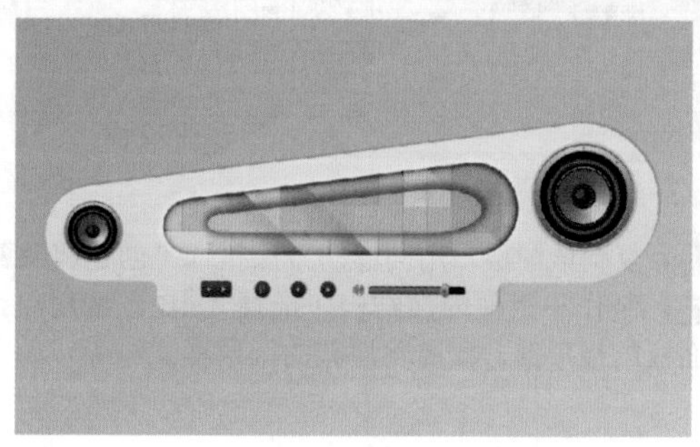

图9-239

27 在“小组件”内部输入合适的文字。选择工具箱中的“横排文字工具”，在选项栏中设置合适的字体、字号，设置文字颜色为白色，接着输入文字，如图9-240所示。文字输入完毕后按Ctrl+Enter快捷键完成操作。

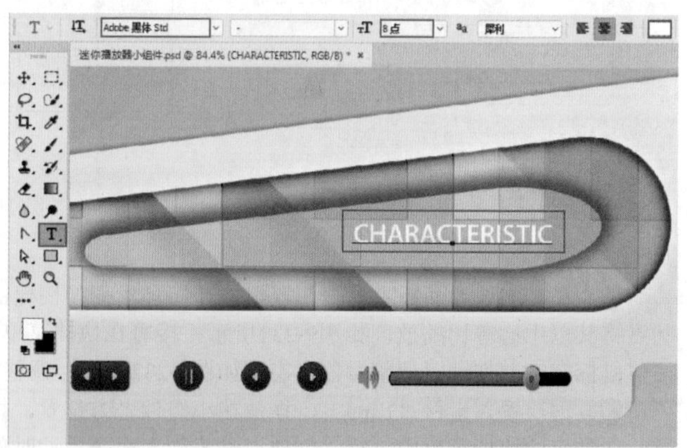

图9-240

28 为播放器小组件添加装饰。在背景图层的上方新建图层。选择工具箱中的“画笔工具”，在选项栏中单击打开“画笔预设”选取器，从中选择“常规画笔”下的“柔边圆”画笔，设置画笔“大小”为10像素，“硬度”为50%，继续在选项栏中设置“平滑”为50%，然后单击工具箱底部的“前景色”按钮，设置前景色为深红色，如图9-241所示。设置完成后在画面中“小组件”两端位置按住鼠标左键拖动，绘制“飘带”，如图9-242所示。

29 将前景色设置为绿色，用同样的方法继续使用“画笔工具”绘制绿色的线条，效果如图9-243所示。

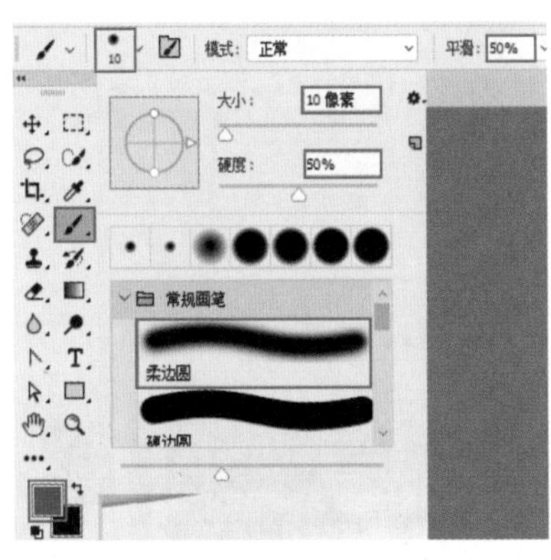

图9-241

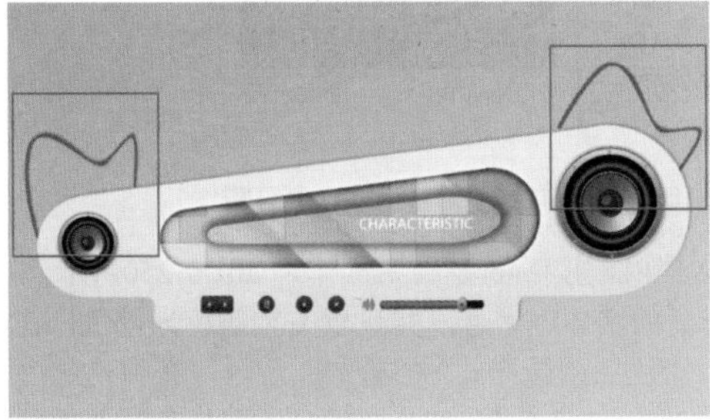

图9-242

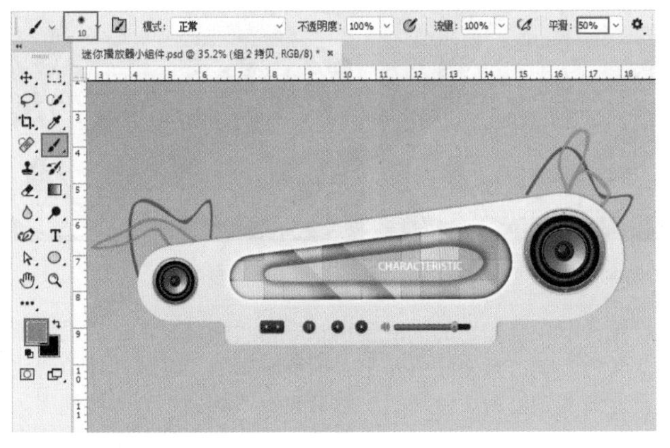

图9-243

30 绘制阴影部分。新建图层，选择工具箱中的“画笔工具”，在选项栏中单击打开“画笔预设”选取器，从中选择“常规画笔”下方的“柔边圆”画笔，设置画笔“大小”为100像素，“硬度”为0%，继续在选项栏中设置“平滑”为10%，然后设置“前景色”为灰色，设置完成后在播放器小组件下方按住鼠标左键拖曳制作阴影，如图9-244所示，最终效果如图9-245所示。

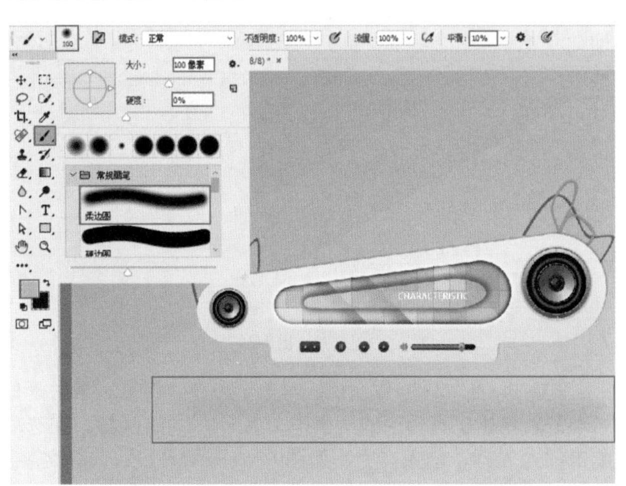

图9-244

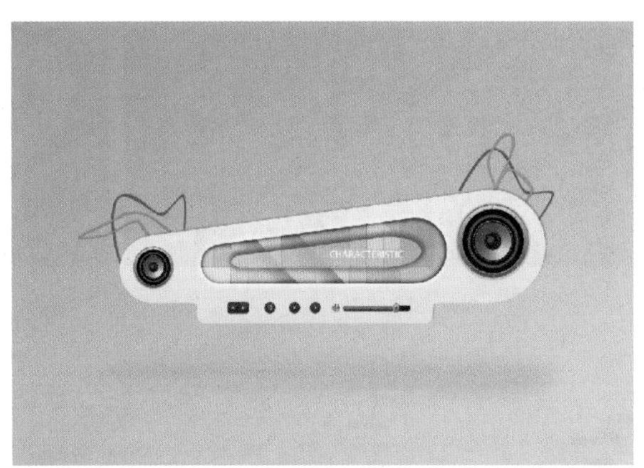

图9-245

★ 案例实战——趣味卡通风格焦点图设计

文件路径　第9章\趣味卡通风格焦点图设计

难易指数　★★★★★

扫码看视频

案例效果

案例效果如图9-246所示。

图9-246

操作步骤

01 执行“文件>新建”命令，在弹出的“新建文档”对话框中设置“宽度”为4252像素，“高度”为1701像素，“分辨率”为72像素/英寸。设置完成后单击“创建”按钮，如图9-247所示。

02 为背景填充颜色。单击工具箱底部的“前景色”按钮，在弹出的“拾色器”对话框中设置颜色为深蓝色，单击“确定”按钮，如图9-248所示。使用前景色填充快捷键

Alt+Delete进行填充，效果如图9-249所示。

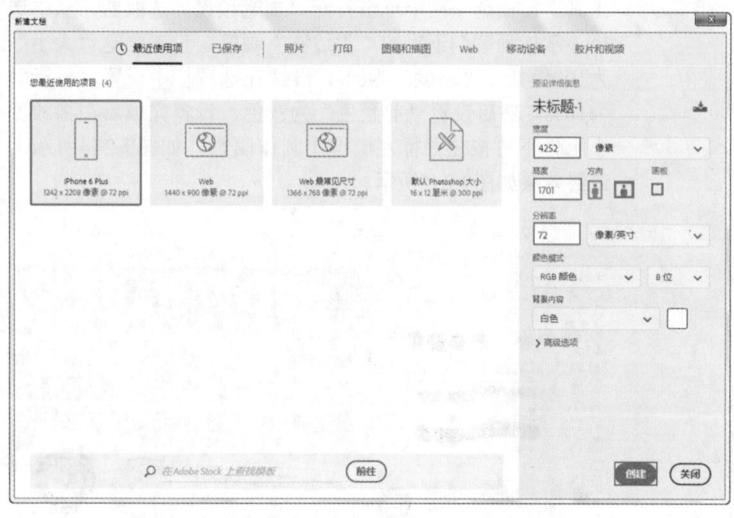

图9-247

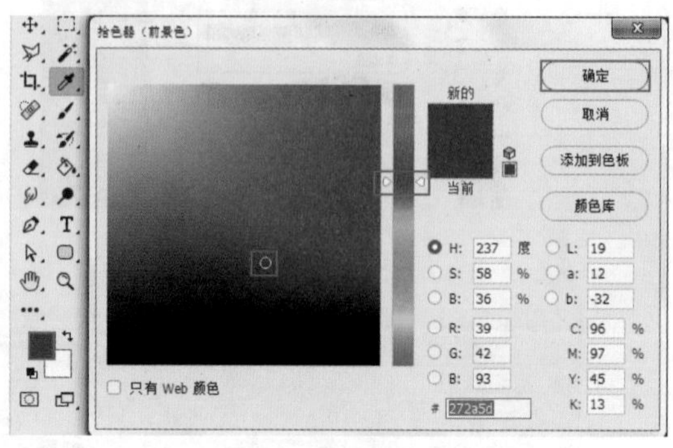

图9-248

03 执行“文件>置入嵌入对象”命令，将星球素材“1.png”置入文档内，按Enter键结束操作，如图9-250所示。

04 单击工具箱中的“横排文字工具”按钮 T，在选项栏中设置合适的字体、字号，并设置文字颜色为橙色，在画面中单击插入光标，输入文字，如图9-251所示。然后选择文字图层，执行“图层>图层样式>内发光”命令，在弹出的“图层样式”对话框中设置外发光的“混合模式”为“正常”，“不透明度”为80%，“杂色”为0%，颜色为深粉色，“方法”为柔和，“扩展”为100%，“大小”为20像素，参数设置如图9-252所示。

图9-249　　图9-250

图9-251

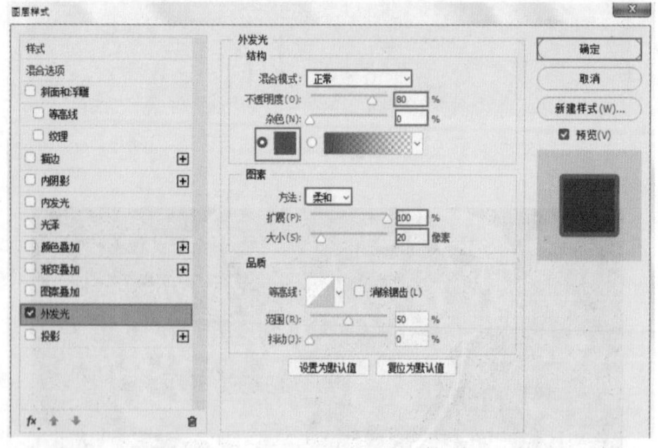

图9-252

05 设置完成后，可以通过选中“预览”复选框进行查看，此时文字效果如图9-253所示。

06 在“图层样式”对话框中单击“渐变叠加”选项，设置“渐变叠加”的“混合模式”为“正常”，之后设置渐变颜色，单击渐变颜色弹出“渐变编辑器”窗口，调节滑块设置渐变颜色为黄色渐变，然后设置“样式”为“线性”，“角度”为-177度，“缩放”为150%，设置完成后，选中“预览”复选框进行查看，如图9-254所示，此时文字效果如图9-255所示。

图9-253

07 在“图层样式”对话框中单击“投影”选项，设置

“投影”的“混合模式”为“正片叠底”，颜色为黑色，“不透明度”为75%，“角度”为90度，“距离”为5像素，“扩展”为0%，“大小”为5像素。设置完成后，单击“确定”按钮，如图9-256所示，效果如图9-257所示。

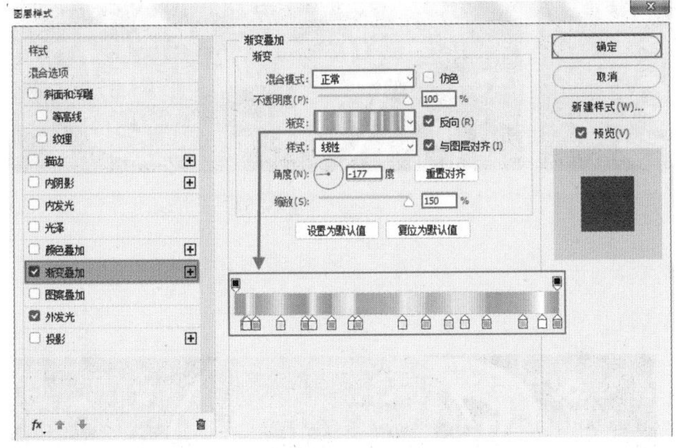

图9-254

图9-255

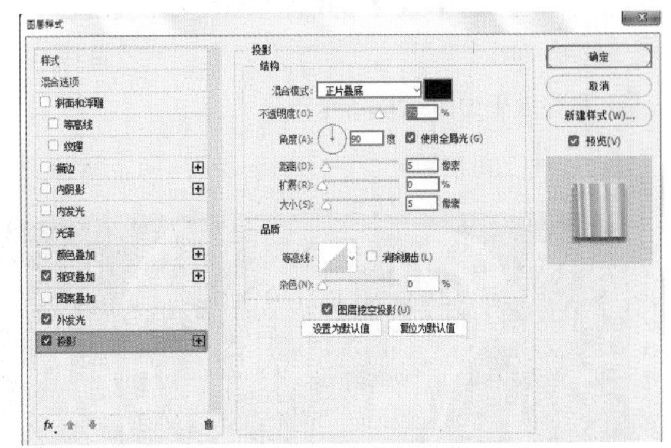

图9-256

08 调整文字位置。使用自由变换快捷键Ctrl+T调出定界框，如图9-258所示。拖曳控制点进行旋转并移动，按Enter键结束变换操作，效果如图9-259所示。

图9-257

图9-258

图9-259

09 单击工具箱中的“钢笔工具”按钮，在选项栏中设置“绘制模式”为“形状”，“填充”为深红色，“描边”为无，设置完成后，在画面文字下方绘制一个多边形形状，如图9-260所示。使用同样的方法制作新的文字，效果如图9-261所示。

图9-260

图9-261

10 执行“文件>置入嵌入对象”命令，将小手素材“2.png”置入文档内的文字上方，按Enter键结束操作，如图9-262所示。然后绘制新的形状。选择工具箱中的“钢笔工具”，在选项栏中设置“绘制模式”为“形状”，“填充”为深橙色，“描边”为无，在新的文字下方绘制一个新形状，效果如图9-263所示。

11 置入新素材。执行“文件>置入嵌入对象”命令，将动画素材“3.png”置入文档内，按Enter键结束操作，效果如图9-264所示。选择工具箱中的“多边形工具”，在选项栏中设置“绘制模式”为“形状”，“填充”为白色，“描边”为无，“边”为5，然后在画面中画出多个五角星，如图9-265所示。

图9-262

图9-263

图9-264

12 最终效果如图9-266所示。

图9-265

图9-266

9.2 管理图层样式

9.2.1 显示与隐藏图层样式

如果要隐藏一个样式，可以在“图层”面板中单击该样式前面的眼睛图标。如果要隐藏某个图层中的所有样式，可以单击“效果”前面的图标，如图9-267所示。

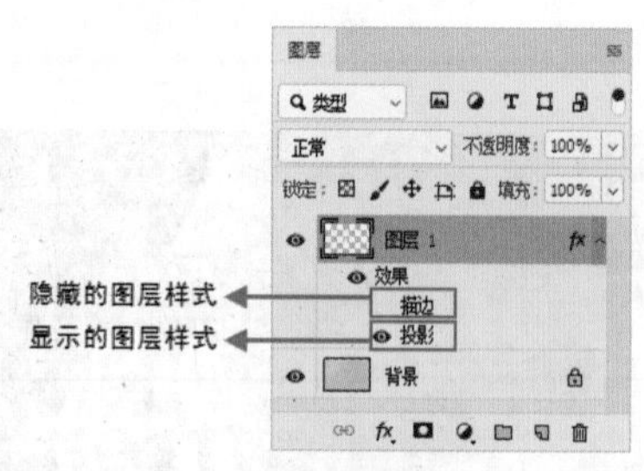

图9-267

9.2.2 拷贝与粘贴图层样式

当文档中有多个需要使用同样样式的图层时，可以进行图层样式的复制。在图层名称上单击鼠标右键，在弹出的快捷菜单中选择“拷贝图层样式”命令，接着选择目标图层，再执行“图层>图层样式>粘贴图层样式”命令，或者在目标图层的名称上单击鼠标右键，在弹出的快捷菜单中选择“粘贴图层样式”命令，如图9-268所示。

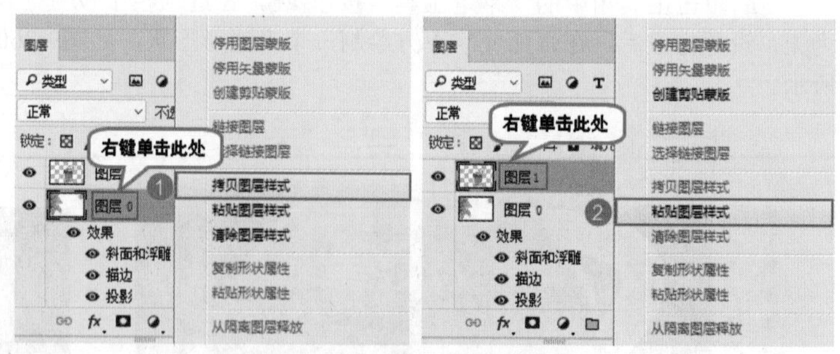

图9-268

9.2.3 缩放图层样式

对添加了图层样式的对象进行缩放，首先在“图层”面板中选中该图层，如图9-269所示。然后执行“图层>图层样式>缩放效果”命令，在弹出的“缩放图层效果”对话框中设置缩放为200%，如图9-270所示。可以看出此时画面中的图层样式变大了，效果如图9-271所示。

图9-269

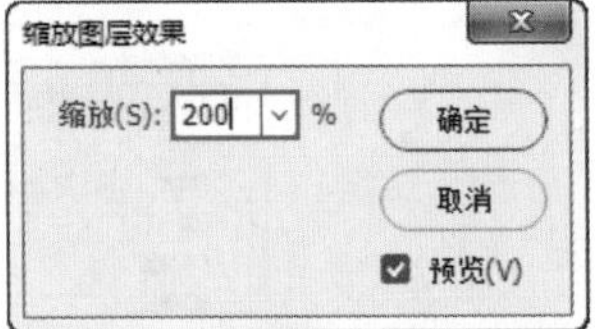

图9-270

图9-271

9.2.4 清除图层样式

将某一样式拖曳到“删除图层”按钮上，就可以删除某个图层样式，如图9-272所示。如果要删除某个图层中的所有样式，可以选择该图层，然后执行“图层>图层样式>清除图层样式”命令，或在图层名称上单击鼠标右键，在弹出的快捷菜单中选择“清除图层样式”命令，如图9-273所示。

图9-272

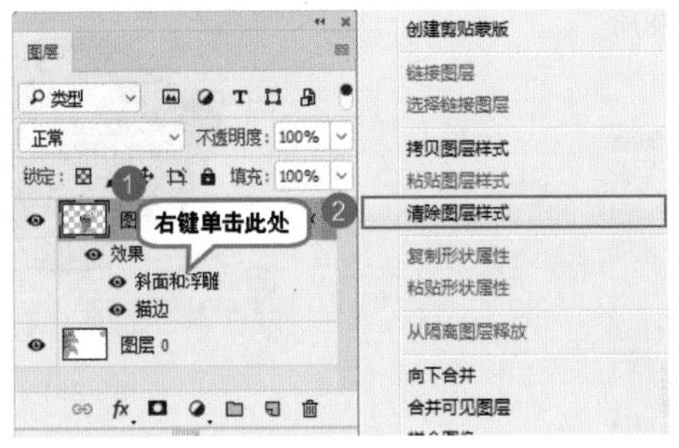

图9-273

高手小贴士：栅格化图层样式

执行“图层>栅格化>图层样式”命令，即可将当前图层的图层样式栅格化到当前图层中，栅格化的样式部分可以像普通图层的其他部分一样进行编辑处理，但是不再具有可以调整图层参数的功能。

★ 案例实战——使用多个图层样式制作标志

文件路径	第9章\使用多个图层样式制作标志
难易指数	★★★★★

扫码看视频

案例效果

案例效果如图9-274所示。

操作步骤

01 执行“文件>新建”命令，创建一个新的文档，如图9-275所示。

02 执行“文件>置入嵌入对象”命令，然后将素材“1.jpg”置入文档内，按Enter键确定置入操作，效果如图9-276所示。

图9-274

图9-275

图9-276

03 绘制一个形状。在工具箱中选择“钢笔工具”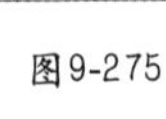，在选项栏中设置“绘制模式”为“形状”，“填充”为深绿色，“描边”为无，在画面中央绘制形状，如图9-277所示。

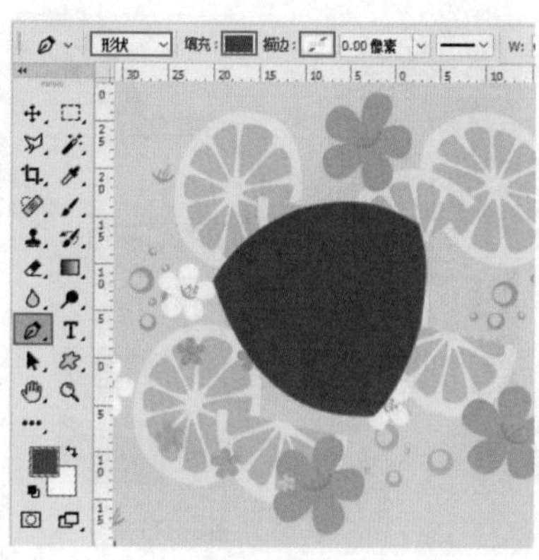

图9-277

04 为绘制的形状加一个黄色的描边。选择形状图层，执行“图层>图层样式>描边”命令，在弹出的“图层样式”对话框中设置“描边”的“大小”为4像素，“位置”为“外部”，“混合模式”为“正常”，“不透明度”为100%，“填充类型”为“颜色”，“颜色”为黄色，如图9-278所示。通过选中“预览”复选框查看效果，如图9-279所示。

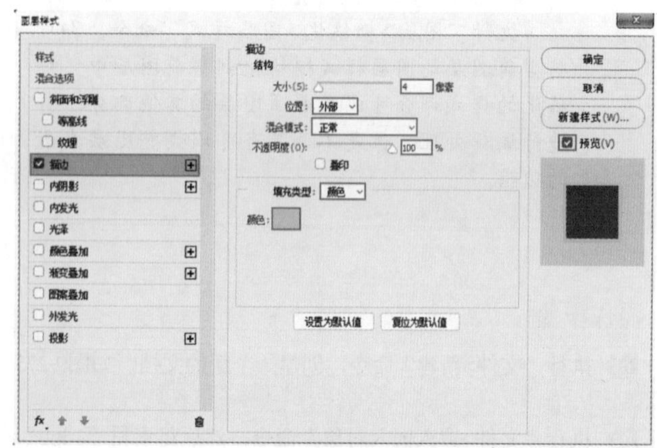

图9-278

图9-279

05 为图形添加一个绿色的描边。在“图层样式”对话框中单击“描边”后方的“加号”按钮，添加新的“描边”图层样式。设置“描边”的“大小”为24像素，“位置”为“外部”，“混合模式”为“正常”，“不透明度”为100%，“填充类型”为“颜色”，“颜色”为深绿色，参数设置如图9-280所示。通过选中“预览”复选框查看效果，如图9-281所示。

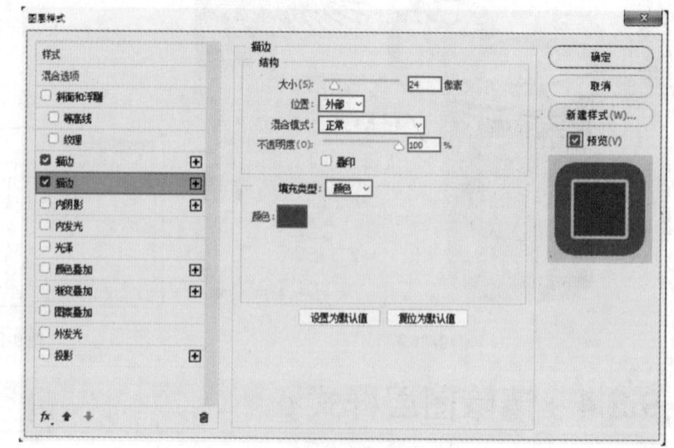

图9-280

图9-281

06 为图形添加一个黄色的描边。在“图层样式”对话框中单击“描边”后方的“加号”按钮，添加新的“描边”图层样式。设置“描边”的“大小”为59像素，“位置”为“外部”，“混合模式”为“正常”，“不透明度”为100%，“填充类型”为“颜色”，“颜色”为黄色，参数设置如图9-282所示。通过选中“预览”复选框查看效果，如图9-283所示。

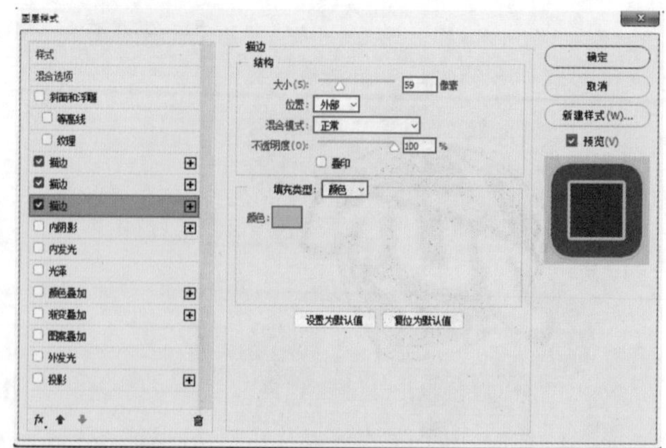

图9-282

07 为图形添加一个绿色的描边。在“图层样式”对话框中单击“描边”后方的“加号”按钮，添加新的描边图层样式。设置“描边”的“大小”为70像素，“位置”为“外部”，“混合模式”为“正常”，“不透明度”为100%，“填充类型”为“颜色”，“颜色”为深绿色，单击“确定”按钮，如图9-284所示，效果如图9-285所示。

图9-283

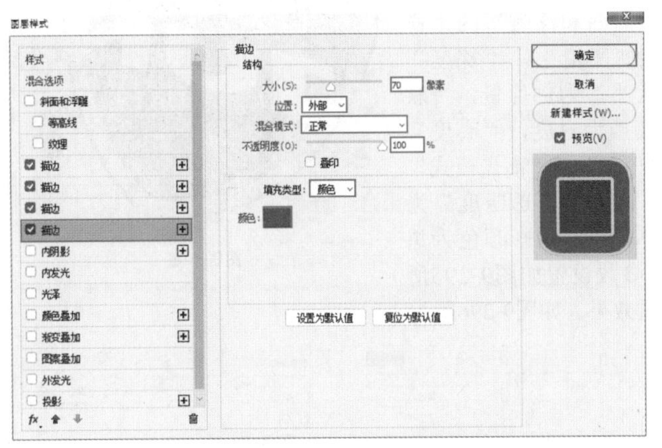

图9-284

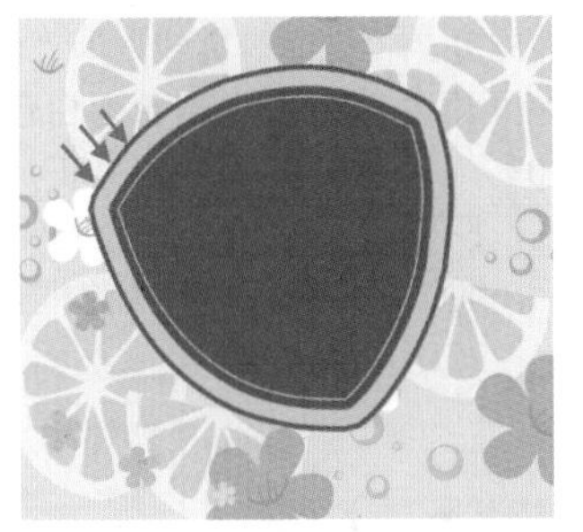

图9-285

08 在绿色形状上添加文字。选择工具箱中的“横排文字工具” T，在选项栏中设置合适的字体、字号，并设置文字颜色为白色，然后在画面中绿色形状的下方单击鼠标左键插入光标，输入文字，如图9-286所示。然后使用自由变换快捷键Ctrl+T调出定界框，按住Shift键拖动制点将其转动，如图9-287所示。旋转完成后按Enter键确定操作。

09 将文字变形。选择文字图层，在选择“横排文字工具”的状态下，单击选项栏中的“创建文字变形”按键 ，在弹出的“变形文字”对话框中设置“样式”为“扇形”，选中“水平”单选按钮，设置“弯曲”为13%，“水平扭曲”为-30%，“垂直扭曲”为-9%，然后单击“确定”按钮，如图9-288所示，效果如图9-289所示。

图9-286

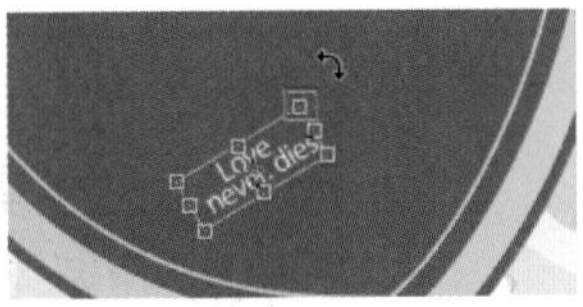

图9-287

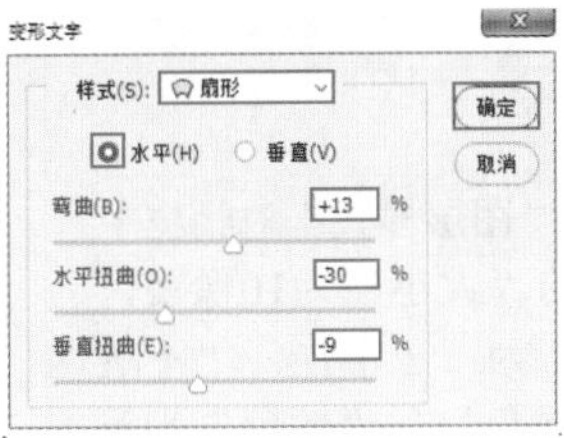

图9-288

图9-289

10 制作主体文字。在选择“横排文字工具”的状态下，在选项栏中设置合适的字体、字号，并设置文字颜色为白色，在绿色形状的中央单击鼠标左键插入光标，输入文字，如图9-290所示。然后在“图层”面板中选择该图层，单击鼠标右键，在弹出的快捷菜单中执行“栅格化文字”命令，将该图层转换为普通图层，如图9-291所示。

11 对文字的大小及形状进行变换。使用自由变换快捷键Ctrl+T调出定界框，将光标定位到定界框的控制点上，按住Shift键的同时拖动控制点，将文字等比放大，如图9-292所示。按住鼠标左键并拖动进行旋转，如图9-293所示。

图9-290

图9-291

图9-292

12 按住Ctrl键，将光标定位到定界框的控制点上，拖动控制点对文字的形状进行改变，如图9-294所示。最后按Enter键确定变形操作。

13 为主体字添加图层样式。选择主体文字图层，执行“图层>图层样式>斜面和浮雕”命令，在弹出的“图层样式”对话框中设置“斜面和浮雕”的“样式”为“内斜面”，“方法”为“平滑”，“深度”为100%，“方向”为向上，“大小”为15像素，“软化”为0像素，设置阴影的“角度”为51度，“高度”为58度，“光泽等高线”为“内凹-深”，“高光模式”为“滤色”，高光颜色为白色，高光“不透明度”为50%，“阴影模式”为“正片叠底”，阴影颜色为黑色，阴影“不透明度”为60%，参数设置如图9-295所示。通过选中“预览”复选框查看效果，如图9-296所示。

图9-293

图9-294

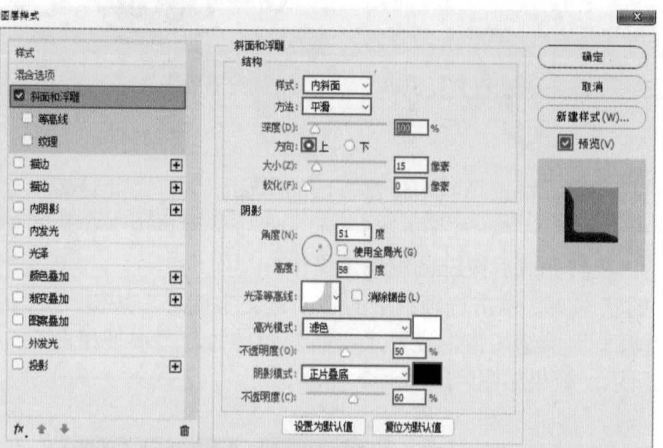

图9-295

14 为主体字添加黄色描边。在“图层样式”对话框中单击“描边”选项，设置“描边”的“大小”为10像素，“位置”为“外部”，“混合模式”为“正常”，“不透明度”为100%，“填充类型”为“颜色”，“颜色”为黄色，参数设置如图9-297所示。通过选中“预览”复选框查看效果，如图9-298所示。

图9-296

15 为主体字绘制一个绿色的描边。在“图层样式”对话框中单击“描边”后方的“加号”按钮➕，添加新的“描边”图层样式。设置“描边”的“大小”为35像素，“位置”为“外部”，“混合模式”为“正常”，“不透明度”为100%，“填充类型”为“颜色”，“颜色”为深绿色，参数设置如图9-299所示。通过选中“预览”复选框查看效果，如图9-300所示。

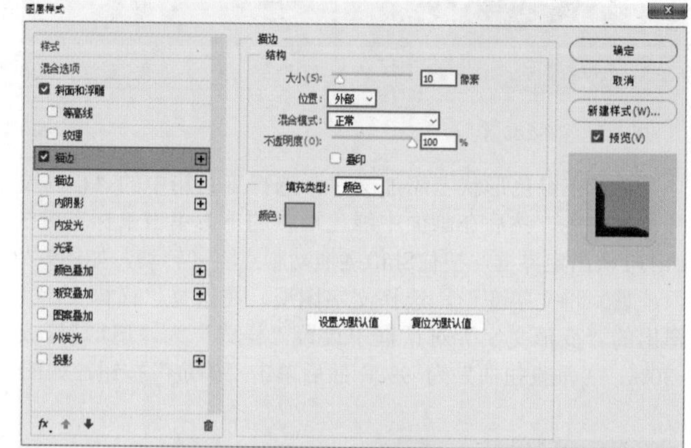

图9-297

图9-298

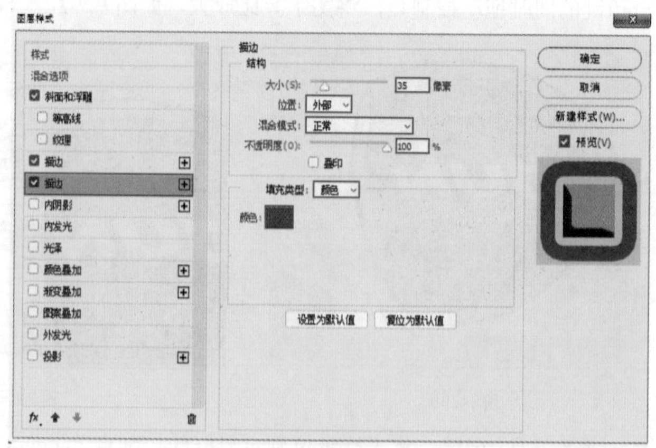

图9-299

16 为主体字添加阴影。在“图层样式”对话框中单击“阴影”选项，设置“阴影”的“混合模式”为“正片叠底”，阴影颜色为黑色，“不透明度”为35%，“角度”为85度，选中“使用全局光”复选框，“距离”为47像素，“扩展”为17像素，“大小”为7像素，最后单击“确定”按钮，如图9-301所示，效果如图9-302所示。

图9-300

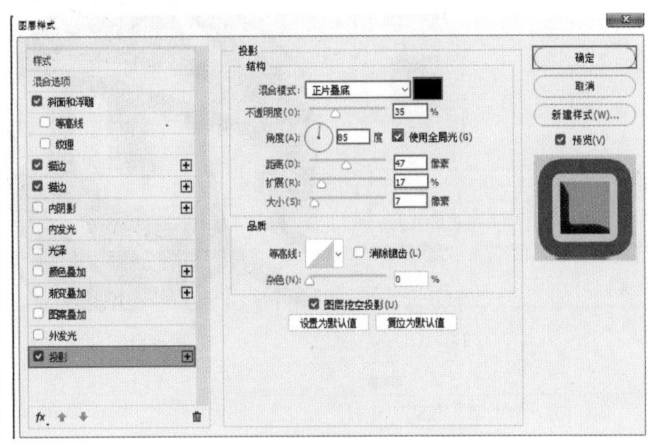

图9-301

图9-302

17 绘制闪电，选择工具箱中的“钢笔工具”，在选项栏中设置“绘制模式”为“路径”，画出一个闪电的形状，如图9-303所示。使用转换为选区快捷键Ctrl+Enter得到路径的选区，如图9-304所示。

18 新建图层，选择工具箱中的“渐变工具”，单击选项栏中的“渐变色条”，打开“渐变编辑器”窗口，编辑一个黄色系的渐变颜色，单击“确定”按钮完成编辑操作，如图9-305所示。在选项栏中设置“渐变模式”为“线性渐变”，然后在选区内按住鼠标左键拖动进行填充，如图9-306所示。

图9-303

图9-304

图9-305

图9-306

19 释放鼠标，渐变效果如图9-307所示。用相同的方法绘制出下面的闪电效果，如图9-308所示。

20 为闪电设置描边效果。选择闪电图层，执行“图层>图层样式>描边”命令，在弹出的“图层样式”对话框中设置描边“大小”为8像素，“位置”为“外部”，“混合模式”为“正常”，“不透明度”为100%，“填充类型”为“颜色”，“颜色”为绿色，选中“预览”复选框，如图9-309所示，效果如图9-310所示。

图9-307

图9-308

21 为闪电设置投影效果，在“图层样式”对话框中勾选“投影”选项，设置投影的“混合模式”为“正片叠底”，阴影颜色为深绿色，“不透明度”为75%，“角度”为85度，选中“使用全局光”复选框，“距离”为12像素，“扩展”为0%，“大小”为10像素，然后单击“确定”按钮，如图9-311所示，效果如图9-312所示。

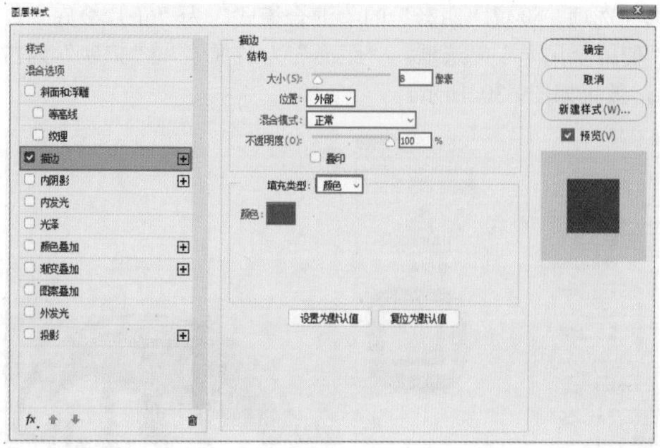

图 9-309

图 9-310

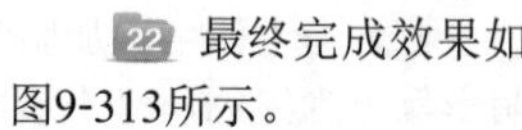

22 最终完成效果如图9-313所示。

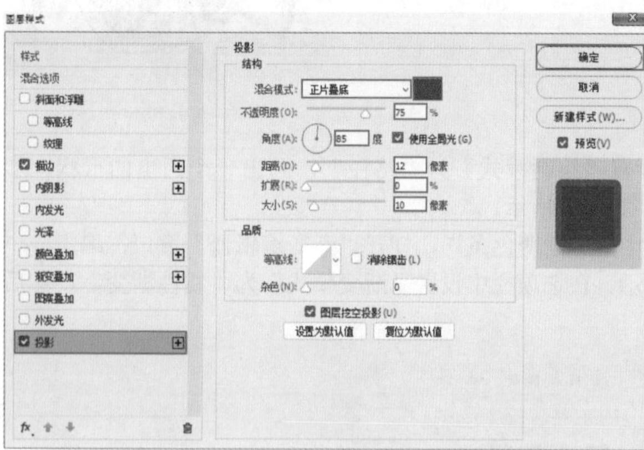

图 9-311

图 9-312

图 9-313

高手小贴士：矢量工具选项栏

在选项栏中单击“选区”按钮 选区... ，路径会被转换为选区。单击“蒙版”按钮 蒙版 ，会以当前路径为图层创建矢量蒙版；单击“形状”按钮 形状 ，路径对象会转换为形状图层。

★ 案例实战——使用图层样式制作视频播放器

文件路径	第9章\使用图层样式制作视频播放器
难易指数	★★★★★

扫码看视频

案例效果

案例效果如图9-314所示。

图 9-314

操作步骤

01 执行“文件>新建”命令，创建一个新的文档。接下来制作渐变背景效果。选择工具箱中“渐变工具”，单击选项栏中的渐变色条，在弹出的“渐变编辑器”窗口中编辑一种咖啡色系渐变，颜色设置完成后单击“确定”按钮。接着单击选项栏中的“径向渐变”按钮，如图9-315所示。然后在“图层”面板中单击选中需要填充的图层，在画面中按住鼠标左键从中心向右侧拖动，填充渐变，如图9-316所示。释放鼠标后完成渐变填充操作，如图9-317所示。

02 执行“文件>置入嵌入对象”命令，在弹出的对话框中选择“1.jpg”，单击“置入”按钮。接着将置入的素材摆放在画面中合适的位置，将光标放在素材一角处按住Shift键的同时按住鼠标左键拖动，等比例缩放该素材，调整完成后按Enter键完成置入，如图9-318所示。然后在“图层”面板中右击该图层，在弹出的快捷菜单中执行“栅格化图层”命令，如图9-319所示。

图9-315

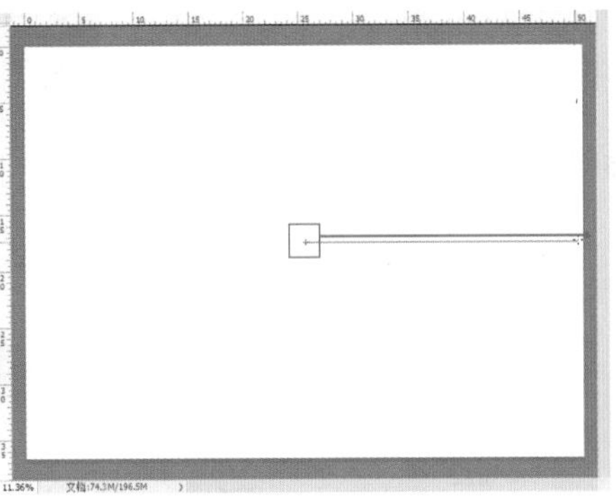
图9-316

图9-317

03 选择工具箱中的“矩形选框工具”，在素材上绘制一个矩形选区，如图9-320所示。

图9-318

图9-319

图9-320

04 在保持当前选区的状态下单击“图层”面板底部的“添加图层蒙版”按钮，以当前选区为该图层添加图层蒙版。选区以内的部分为显示状态，选区以外的部分被隐藏，蒙版效果如图9-321所示，此时画面效果如图9-322所示。

图9-321

05 为该图片添加图层样式。在“图层”面板中选中素材1图层，执行“图层>图层样式>斜面和浮雕”命令，在弹出的“图层样式”对话框中设置“样式”为“内斜面”，“方法”为“平滑，”“深度”为100%，“大小”为1像素，“角度”为-78度，“高度”为16度，“高光模式”为“滤色”，颜色为白色，“不透明度”为75%，“阴影模式”为“正片叠底”，阴影颜色为黑色，“不透明度”为75%，设置完成后单击“确定”按钮，如图9-323所示。此时画面呈现斜面和浮雕效果，如图9-324所示。

图9-322

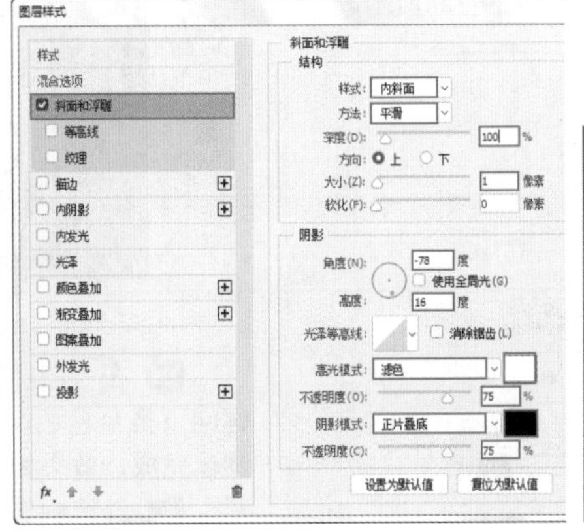

图9-323

图9-324

第9章 图层样式

06 在画面右上角制作“ON”键，在工具箱中右击形状工具组，从中选择“圆角矩形工具”，在选项栏中设置“绘制模式”为“形状”，“填充”为浅灰色，“描边”为无，“半径”为20像素，参数设置如图9-325所示。设置完成后在图片右上方绘制，如图9-326所示。

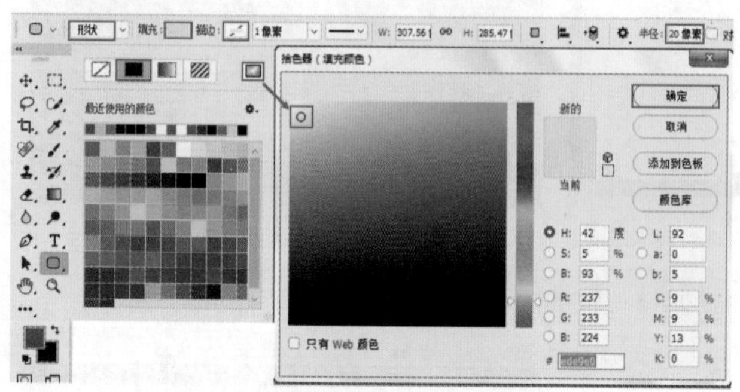

图9-325

图9-326

07 制作圆角矩形的立体效果。在“图层”面板中选中圆角矩形图层，执行“图层>图层样式>斜面和浮雕”命令，在弹出的“图层样式”对话框中设置“样式”为“内斜面”，“方法”为“平滑”，“深度”为21%，“大小”为29像素，“软化”为11像素，“角度”为120度，“高度”为30度，“高光模式”为“滤色”，颜色为白色，“不透明度”为75%，“阴影模式”为“正片叠底”，阴影颜色为黑色，“不透明度”为75%，设置完成后单击“确定”按钮，如图9-327所示。此时画面呈现立体效果，如图9-328所示。

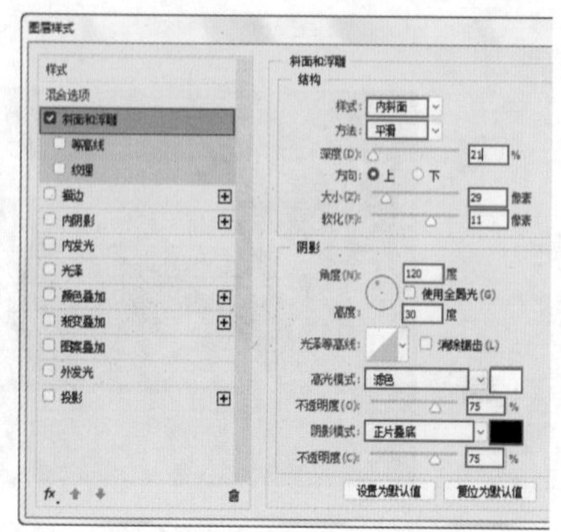

图9-327

图9-328

08 在按键上方输入文字。选择工具箱中的“横排文字工具”，在选项栏中设置合适的字体、字号，设置文字颜色为橙色，设置完毕后在按钮上单击，输入文字，如图9-329所示。在“图层”面板中单击选中该文字图层，使用复制图层快捷键Ctrl+J复制出一个相同的图层。接着将复制图层的文字颜色设置为白色，然后按住Ctrl键的同时按住鼠标左键向下拖动字母，如图9-330所示。

图9-329

图9-330

09 在“图层”面板中选中白色文字图层，按住鼠标左键向下拖至橙色文字图层下方，如图9-331所示。此时按键制作完成，效果如图9-332所示。

10 继续制作按键，用同样的方法制作一个圆角矩形，如图9-333所示。在“图层”面板中选中圆角矩形图层，执行“图层>图层样式>斜面和浮雕”命令，在弹出的“图层样式”对话框中设置“样式”为“内斜面”，“方法”为“平滑”，“深度”为1%，“大小”为35像素，“软化”为5像素，“角度”为120度，“高度”为30度，“高光模式”为“滤色”，“不透明度”为75%，“阴影模式”为“正片叠底”，阴影颜色为黑色，“不透明度”为75%，设置完成后单击“确定”按钮，如图9-334所示。此时圆角矩形效果如图9-335所示。

图9-331

图9-332

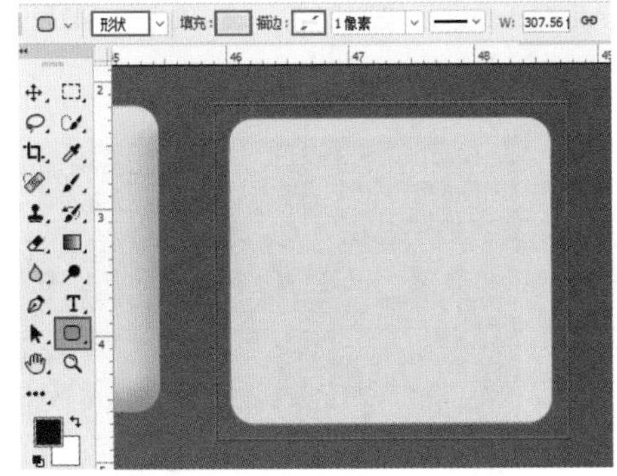

图9-333

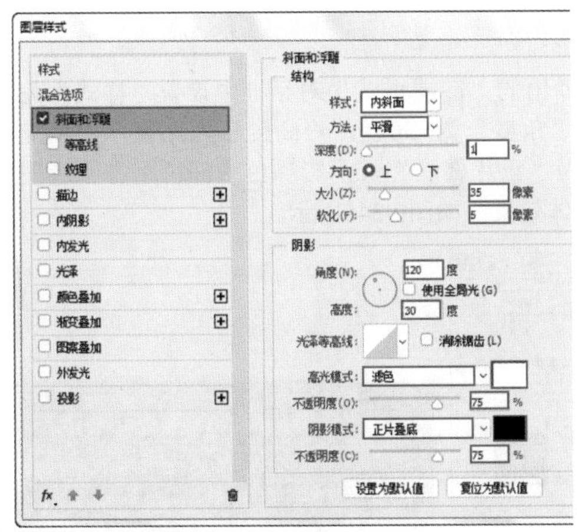

图9-334

11 在“图层”面板中单击选中该圆角矩形图层，使用复制图层快捷键Ctrl+J复制出一个相同的图层。然后将圆角矩形的填充设置为咖啡色，再将圆角矩形向上移动，并将其图层样式删除，如图9-336所示。

图9-335

图9-336

12 选中咖啡色圆角矩形图层，应用“斜面和浮雕”效果，在弹出的“图层样式”对话框中设置“样式”为“内斜面”，“方法”为“平滑”，“深度”为1000%，“方向”为“上”，“软化”为16像素，“角度”为-90度，“高度”为26度，“高光模式”为“滤色”，颜色为白色，“不透明度”为100%，“阴影模式”为“正片叠底”，阴影颜色为黑色，“不透明度”为100%，如图9-337所示。此时按键呈现立体效果，如图9-338所示。

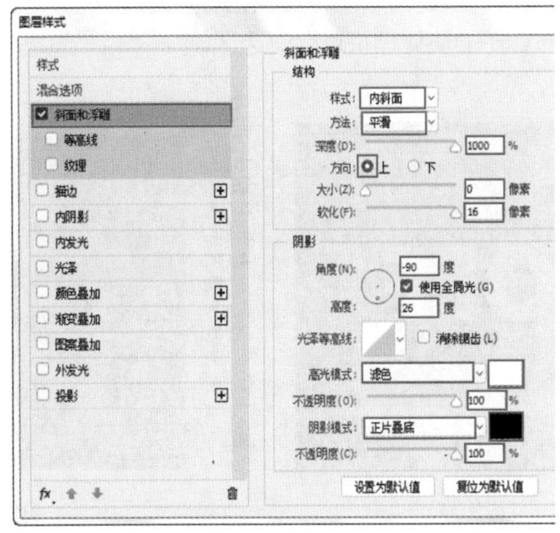

图9-337

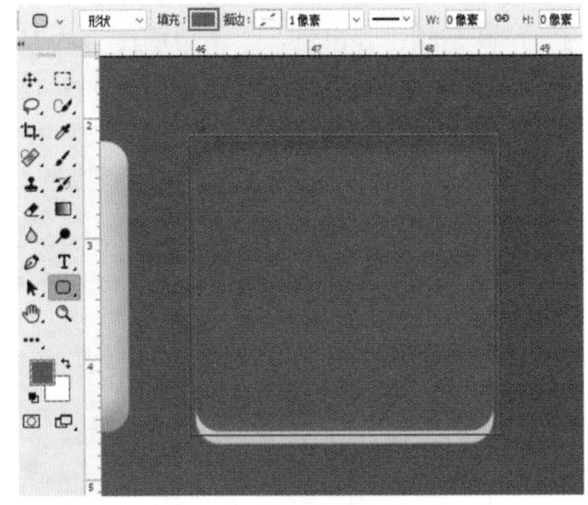

图9-338

13 选择工具箱中的“横排文字工具”，在选项栏中设置合适的字体、字号，设置文字颜色为灰色，设置完毕后在按键上单击输入文字，如图9-339所示。选中文字图层，执行“图层>图层样式>投影”命令，在弹出的“图层样式”对话框中设置“混合模式”为“正片叠底”，阴影颜色为黑色，“不透明度”为75%，“角度”为124度，“距离”为9像素，“扩展”为6%，“大小”为2像素，设置完成后单击“确定”按钮，如图9-340所示，此时按键效果如图9-341所示。

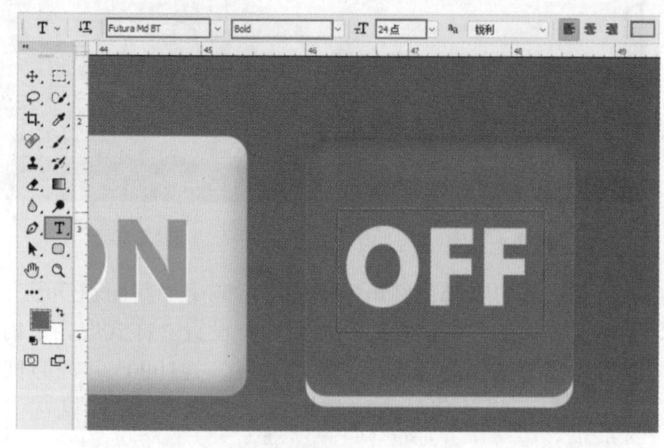

图9-339

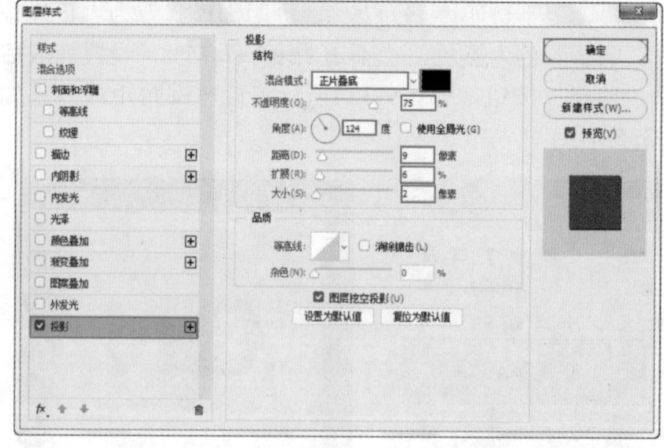

图9-340

14 制作左下角播放控件。右击选框工具组，在工具组列表中选择“椭圆选框工具”，在选项栏中单击“添加到选区”按钮，在画面中按住Shift键的同时按住鼠标左键并拖动，绘制多个圆形选区，此时所绘制的选区被添加到一个选区中，如图9-342所示。新建图层，将前景色设置为深咖色，使用填充前景色快捷键Alt+Delete进行快速填充，效果如图9-343所示。绘制完成后按Ctrl+D快捷键快速取消选区。

图9-341

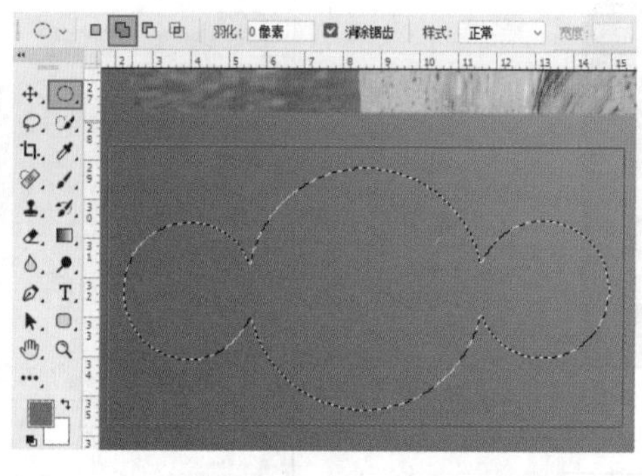

图9-342

图9-343

15 选中该图层，执行“图层>图层样式>斜面和浮雕”命令，在弹出的“图层样式”对话框中设置“样式”为“内斜面”，“方法”为“平滑”，“深度”为205%，“大小”为3像素，“角度”为-90度，“高度”为26度，“高光模式”为“滤色”，高光颜色为白色，“不透明度”为75%，“阴影模式”为“正片叠底”，阴影颜色为棕色，“不透明度”为75%，设置完成后单击“确定”按钮，如图9-344所示。此时画面呈现立体效果，如图9-345所示。

16 制作播放控件的按钮部分。新建图层，在工具组列表中选择“椭圆选框工具”，按住Shift+Alt快捷键绘制中心等比例圆形选区，如图9-346所示。接着选择工具箱中的“渐变工具”，在选项栏中编辑一个由浅香槟色到深香槟色的渐变色条，单击“径向渐变”按钮，如图9-347所示。

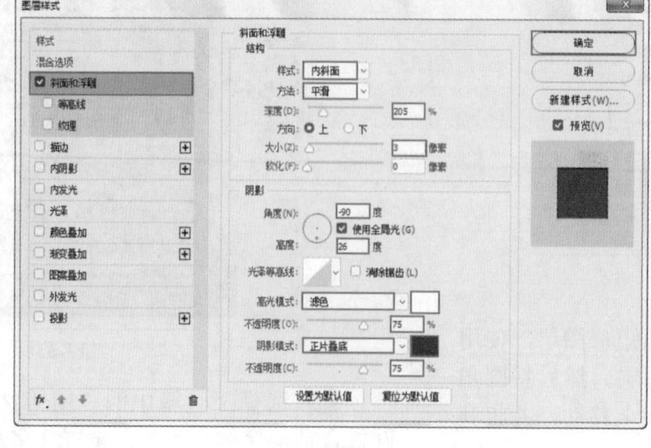

图9-344

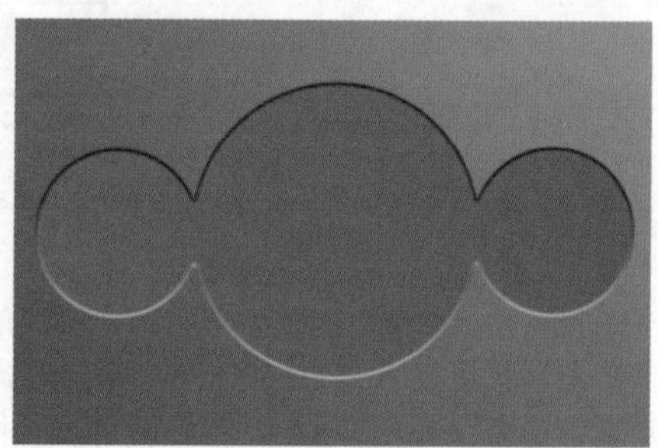

图9-345

17 在画面中按住鼠标左键从中心向右侧拖动，如图9-348所示。松开鼠标后的画面效果如图9-349所示。然后按Ctrl+D快捷键快速取消选区。

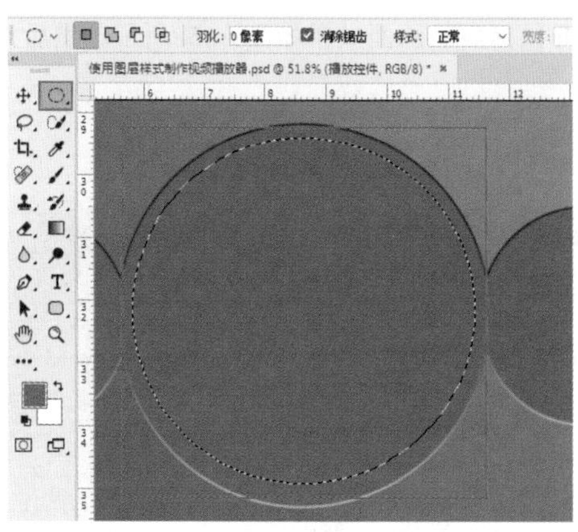

图9-346

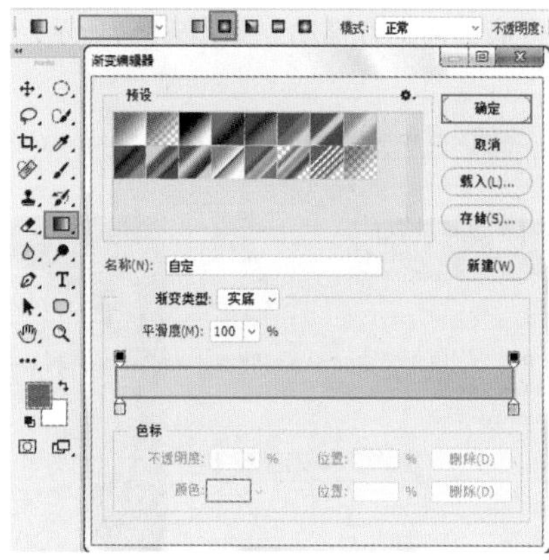

图9-347

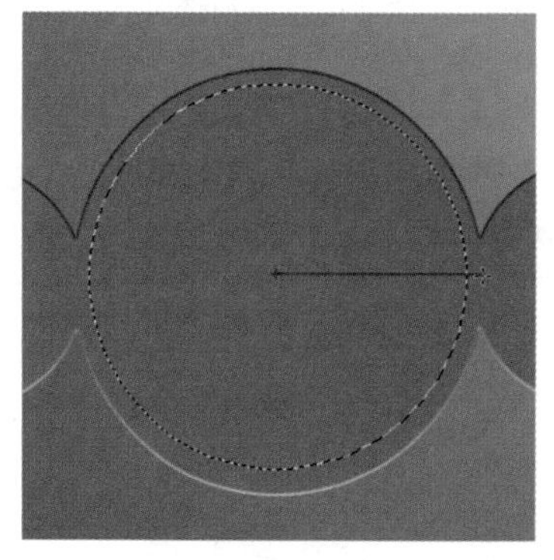

图9-348

18 选择正圆图层，执行“图层>图层样式>斜面和浮雕”命令，在弹出的“图层样式”对话框中设置“样式”为“内斜面”，“方法”为“平滑”，“深度”为62%，“大小”为9像素，“角度”为-85度，“高度”为26度，“高光模式”为“滤色”，高光颜色为白色，“不透明度”为75%，“阴影模式”为“正片叠底”，阴影颜色为棕色，“不透明度”为75%，设置完成后单击“确定”按钮，如图9-350所示，此时圆形按键的效果如图9-351所示。

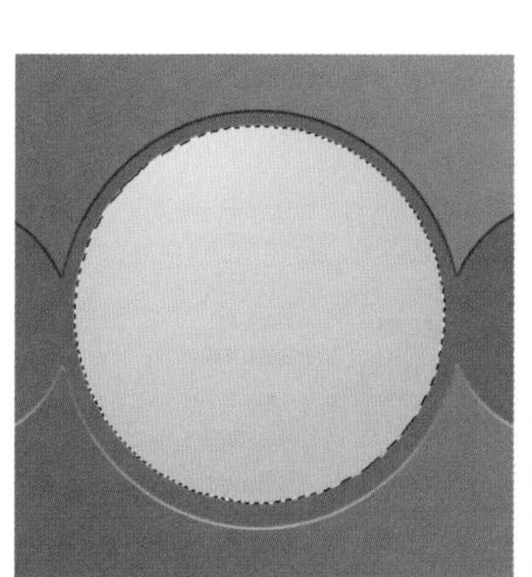

图9-349

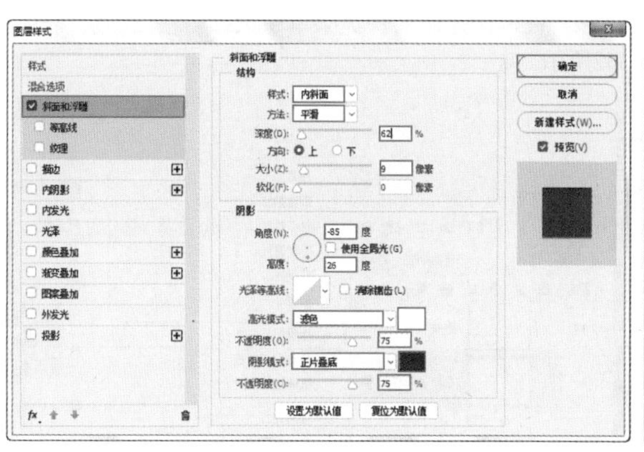

图9-350

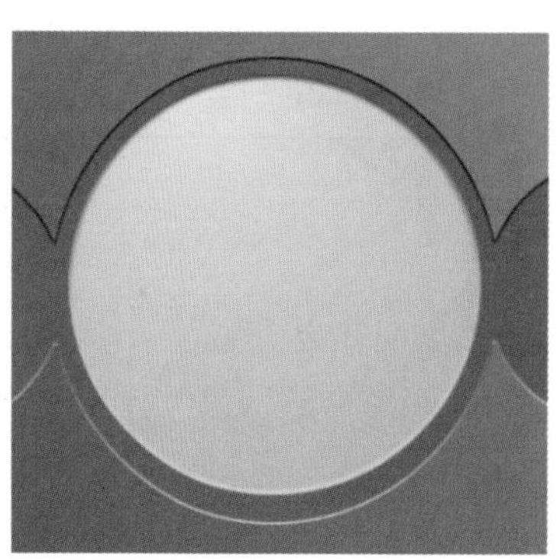

图9-351

19 在“图层”面板中单击选中正圆图层，使用复制图层快捷键Ctrl+J复制出一个相同的图层。接着使用自由变换快捷键Ctrl+T，此时对象进入自由变换状态，将光标定位到定界框一角处，按住鼠标左键并拖动，将其缩放到合适大小，如图9-352所示。调整完成后按Enter键确认操作。接下来按住鼠标左键将复制的图层向左侧圆内拖动，如图9-353所示。

20 用同样的方法复制左侧圆形小按键，按住鼠标将拷贝图层拖动到右侧，如图9-354所示。

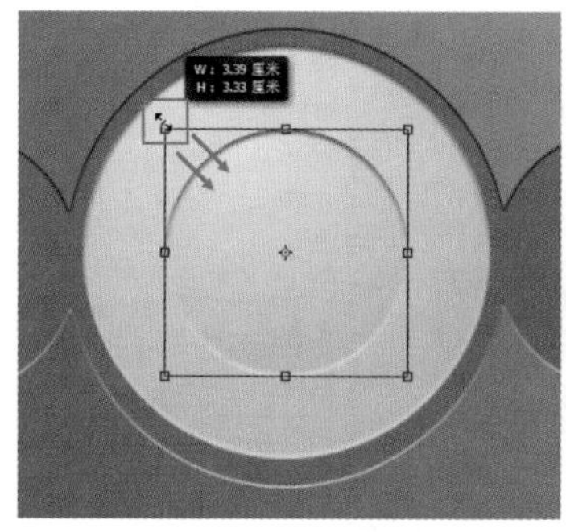

图9-352

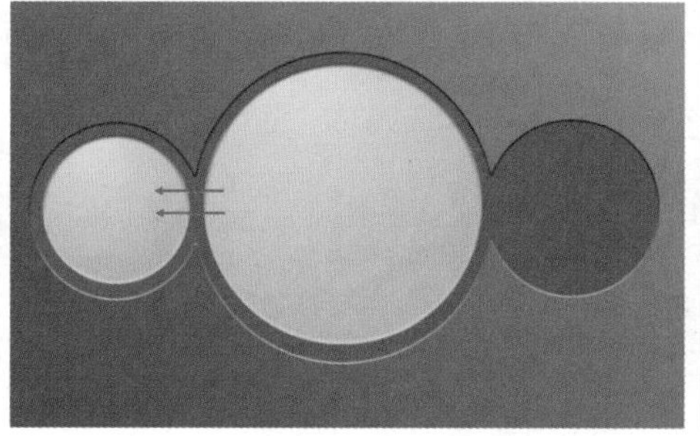

图9-353

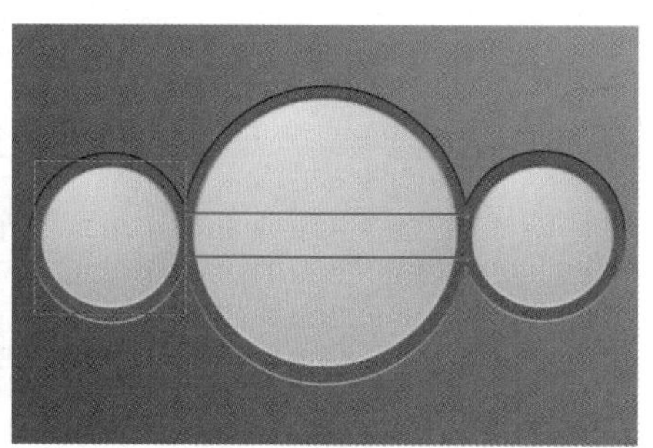

图9-354

21 在中间按键上继续制作较小的渐变圆。首先选择“椭圆选框工具”，按住Shift+Alt快捷键绘制中心等比例圆形选区，如图9-355所示。接着选择“渐变工具”，继续在选项栏中编辑一个由浅香槟色到深香槟色的渐变色条，单击“径向渐变”按钮，如图9-356所示。

22 在画面中按住鼠标左键从选区底部向上方拖动，如图9-357所示，松开鼠标后的画面效果如图9-358所示。然后按Ctrl+D快捷键快速取消选区。

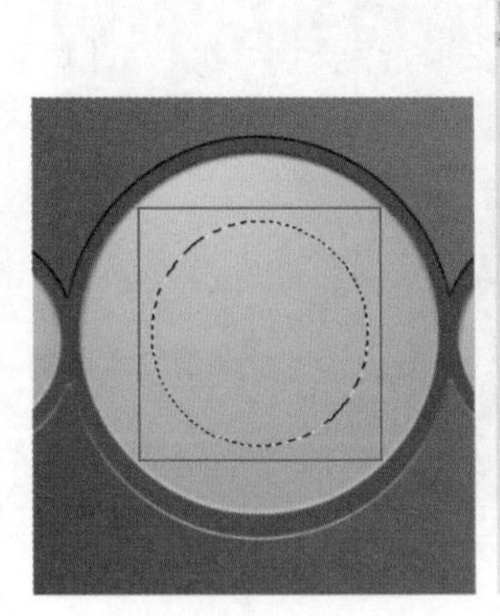

图9-355

图9-356

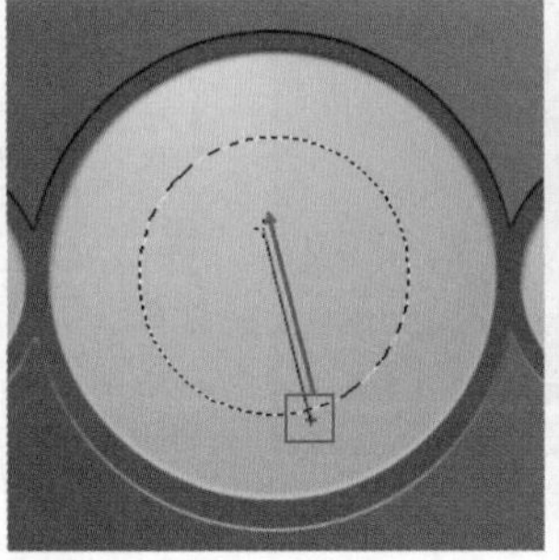

图9-357

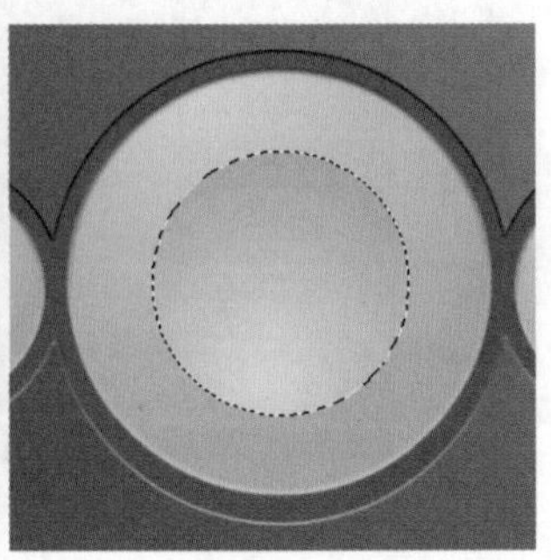

图9-358

23 制作播放图标。选择工具箱中的“钢笔工具”，在选项栏中设置“绘制模式”为“形状”，“填充”为咖啡色，“描边”为无，设置完成后在画面中进行绘制，如图9-359所示。在“图层”面板中单击选中正圆图层，然后单击鼠标右键，在弹出的快捷菜单中执行“拷贝图层样式”命令，将“斜面和浮雕”图层样式进行拷贝，如图9-360所示。

24 选择三角形图层，然后单击鼠标右键，在弹出的快捷菜单中执行“粘贴图层样式”命令，如图9-361所示。此时播放图标被赋予了图层样式，效果如图9-362所示。

图9-359

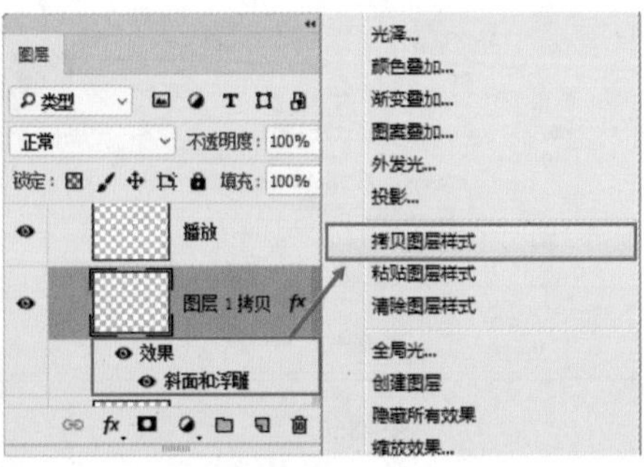

图9-360

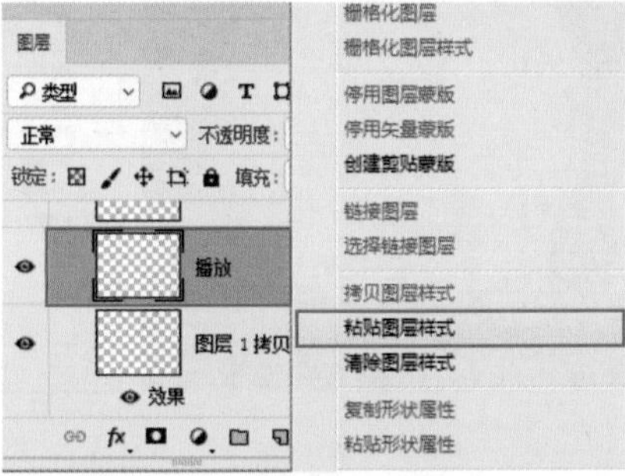

图9-361

25 使用“钢笔工具”绘制播放器的“前一首”图标，如图9-363所示。接着在“图层”面板中用同样的方法拷贝图层样式并粘贴到该图层中，如图9-364所示。

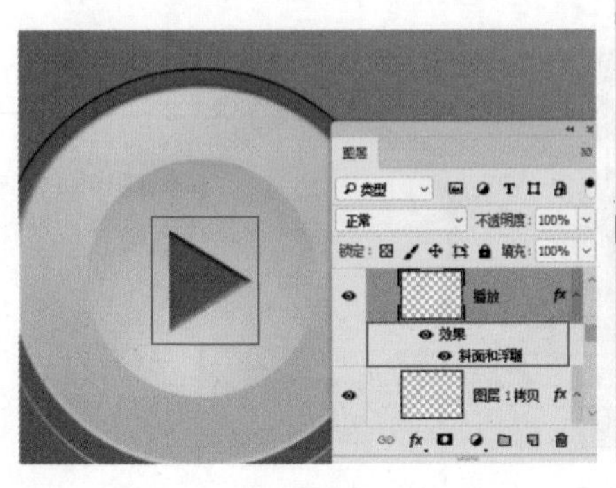

图9-362

图9-363

图9-364

26 在“图层”面板中单击选中“前一首”图标图层，使用复制图层快捷键Ctrl+J复制出一个相同的图层。使用自由变换快捷键Ctrl+T，此时对象进入自由变换状态，在对象上单击鼠标右键，在弹出的快捷菜单中执行“水平翻转”命令，如图9-365所示。接着将该图形移到播放控件的右侧，位置调整完成后按Enter键完成操作，如图9-366所示。

27 制作进度条的调节线底。在工具箱中右击形状工具组，在形状工具组列表中选择“圆角矩形工具”，在选项栏中设置“绘制模式”为“形状”，“填充”为浅棕色，“描边”为无，“半径”为80像素，设置完成后在图片下方绘制调节线底，如图9-367所示。

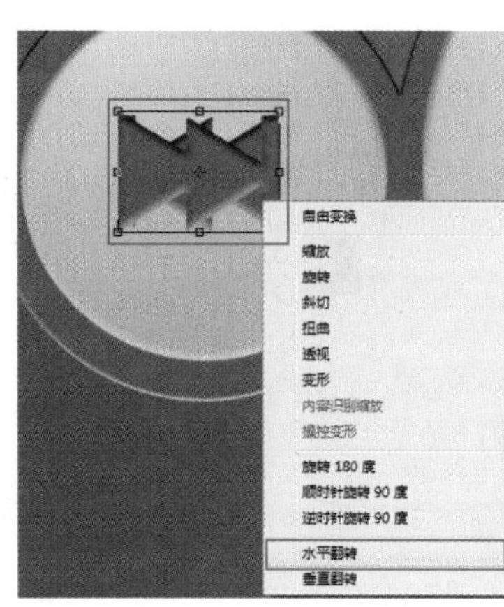

图9-365

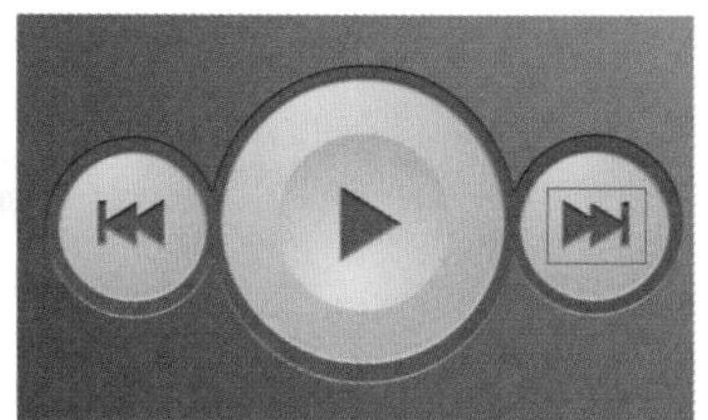

图9-366

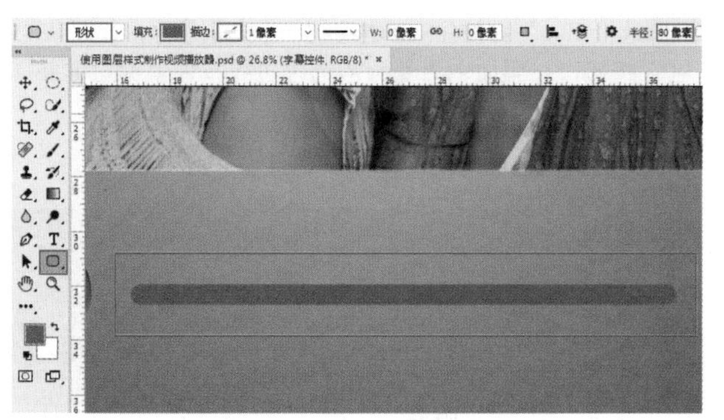

图9-367

28 为调节线底图层添加图层效果，执行“图层>图层样式>斜面和浮雕”命令，在弹出的“图层样式”对话框中设置“样式”为“内斜面”，“方法”为“平滑”，“深度”为100%，“大小”为1像素，“角度”为-78度，“高度”为16度，“高光模式”为“滤色”，高光颜色为白色，“不透明度”为75%，“阴影模式”为“正片叠底”，阴影颜色为棕色，“不透明度”为75%，设置完成后单击“确定”按钮，如图9-368所示，此时调节线底效果如图9-369所示。

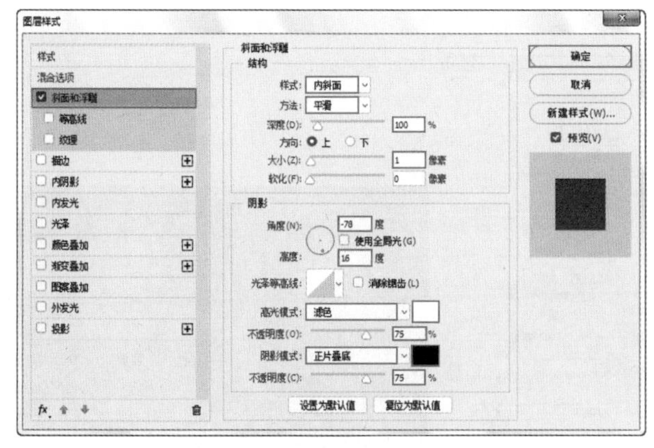

图9-368

29 选择“圆角矩形工具”，将“填充”设置为橙色，在调节线底上方绘制调节横线，如图9-370所示。

图9-369

图9-370

30 单击选中该图层，为该图层添加图层效果。执行“图层>图层样式>斜面和浮雕”命令，在弹出的“图层样式”对话框中设置“样式”为“内斜面”，“方法”为“平滑”，“深度”为1%，“方向”为“上”，“大小”为35像素，“软化”为5像素，“角度”为120度，“高度”为30度，“高光模式”为“滤色”，高光颜色为白色，“不透明度”为75%，“阴影模式”为“正片叠底”，阴影颜色为棕色，“不透明度”为75%，设置完成后单击“确定”按钮，如图9-371所示，此时调节横线效果如图9-372所示。

31 使用同样的方式制作调节按钮，效果如图9-373所示。

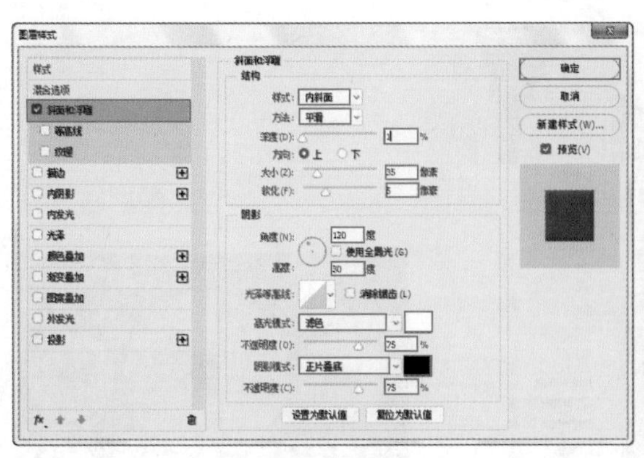

图9-371

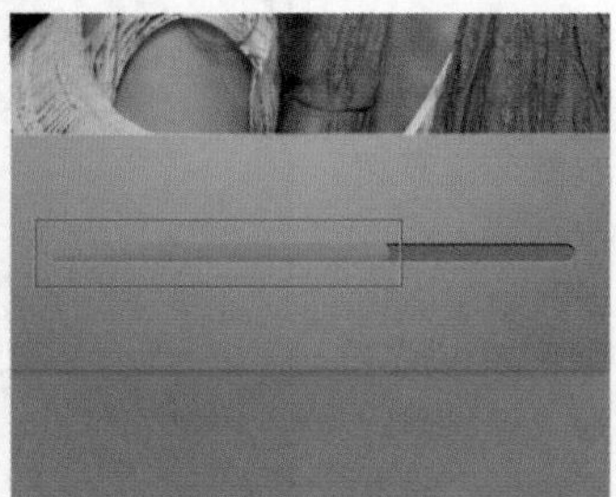

图9-372

图9-373

32 同样的方法制作音量按钮，如图9-374所示。

33 制作视频播放器的字母控件。首先在音量按键下方使用“椭圆选框工具”并按住Shift键绘制一个正圆选区，如图9-375所示。接着选择“矩形选框工具”，在选项栏中单击“添加到选区”按钮，在画面中沿着圆形选区边缘按住鼠标左键并拖动，绘制一个矩形选区，此时两个选区合并为一个选区，如图9-376所示。

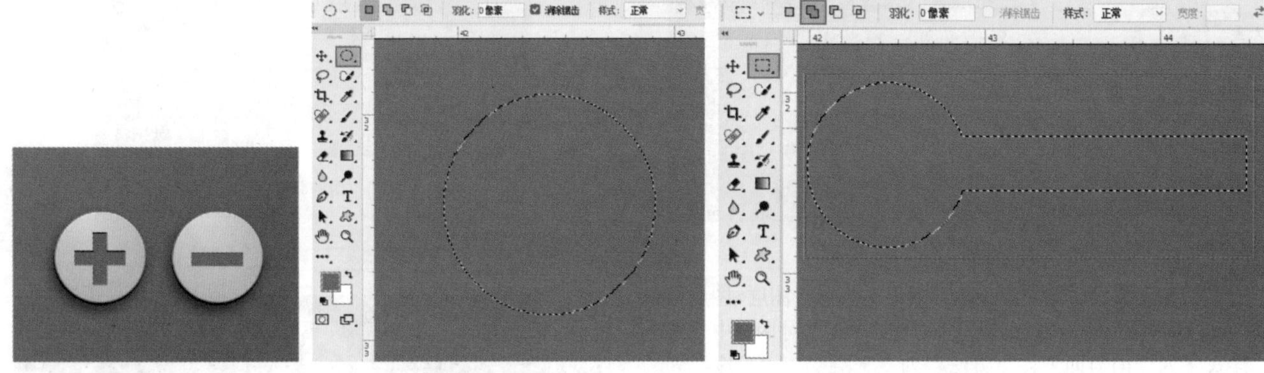

图9-374　　图9-375　　图9-376

34 新建图层，将前景色设置为橙色，使用前景色进行填充，填充完成后取消选区，如图9-377所示。接着为小黄线添加图层样式。执行“图层>图层样式>斜面和浮雕”命令，在弹出的“图层样式”对话框中设置“样式”为“内斜面”，“方法”为“平滑”，“深度”为42%，“大小”为9像素，“角度”为-90度，“高度”为26度，“高光模式”为“滤色”，高光颜色为白色，“不透明度”为75%，“阴影模式”为“正片叠底”，阴影颜色为“橙色”，“不透明度”为100%，如图9-378所示，设置完成后单击“确定”按钮，效果如图9-379所示。

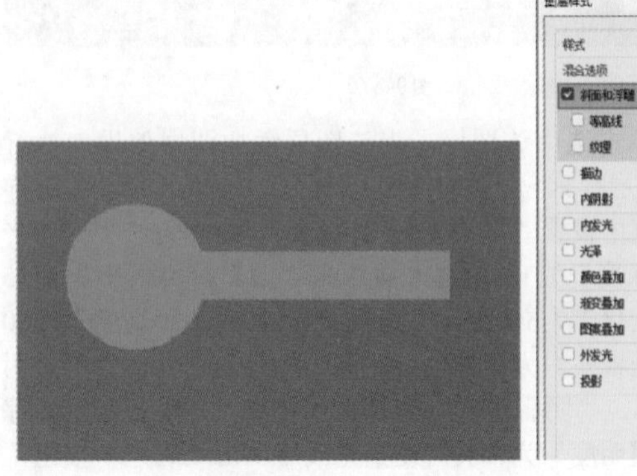

图9-377

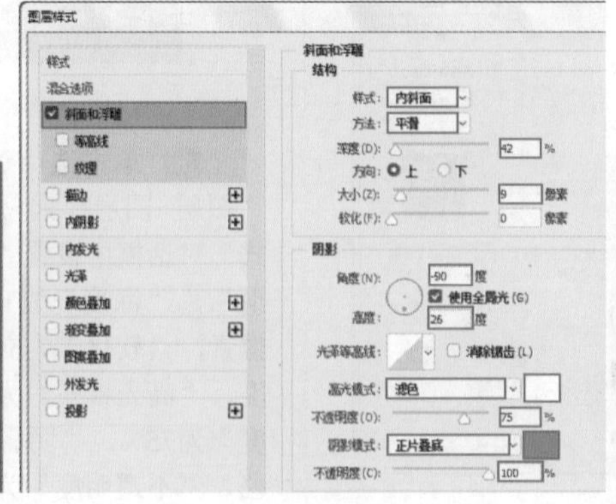

图9-378

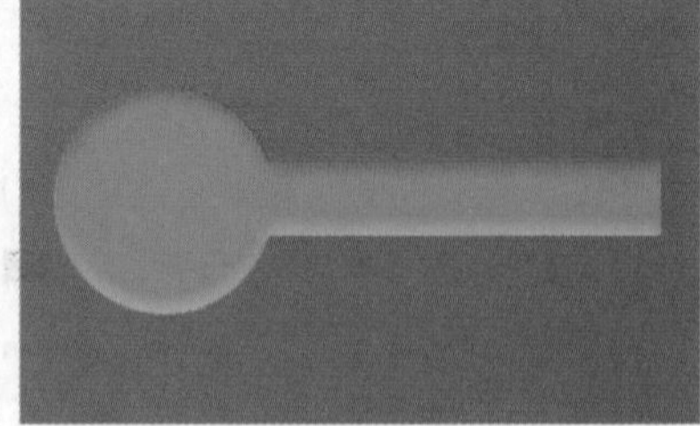

图9-379

35 在“图层”面板中选中音量加号键图层，复制该图层，并将复制的图层拖到字幕控件小黄线右侧，如图9-380所示。

36 新建图层，绘制一个橘色的正圆，如图9-381所示。然后为该图层添加“斜面和浮雕”图层样式。执行“图层>图层样式>斜面和浮雕”命令，在弹出的“图层样式”对话框中设置“样式”为“内斜面”，“方法”为“平滑”，“深度”为42%，“角度”为120度，“高度”为30度，“高光模式”为“滤色”，高光颜色为白色，“不透明度”为75%，“阴影模式”为“正片叠底”，阴影颜色为黑色，“不透明度”为75%，如图9-382所示。设置完成后单击“确定”按钮，效果如图9-383所示。

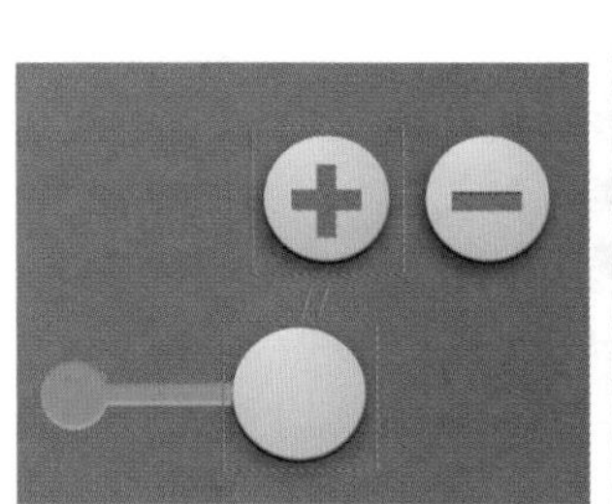

图9-380

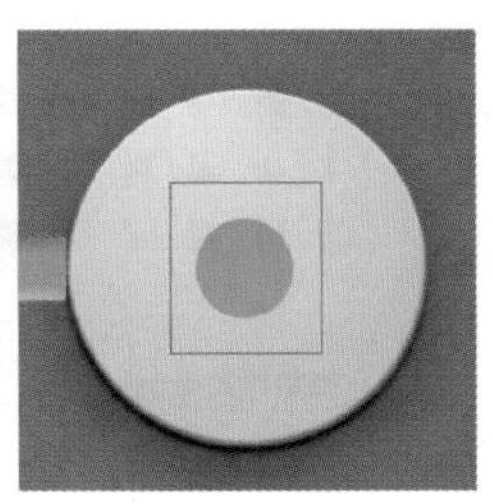

图9-381

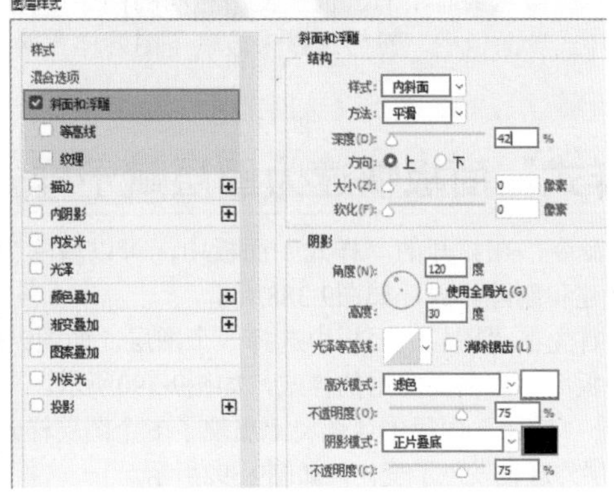

图9-382

图9-383

37 选择工具箱中的“横排文字工具”，在选项栏中设置合适的字体、字号，设置文字颜色为浅棕色，设置完毕后在画面中控件左侧位置单击，接着输入文字，如图9-384所示。文字输入完毕后按Ctrl+Enter快捷键。选择文字图层，按Ctrl+J快捷键将文字图层进行复制，然后将文字颜色更改为深咖啡色，将文字适当向上移动，如图9-385所示色。

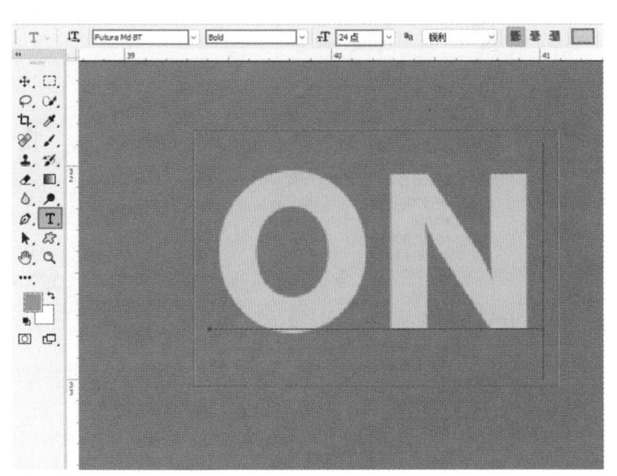

图9-384

图9-385

38 使用同样的方法制作控件另一侧的文字，效果如图9-386所示。本案例制作完成，效果如图9-387所示。

图9-386

图9-387

第9章 图层样式

9.3 使用“样式”面板

在UI的设计制作中，经常需要对不同的模块使用相同的图层样式，而“样式”面板为此类操作提供了便利。可以将已有的图层样式储存在“样式”面板中，然后选择未被赋予图层样式的图层，直接单击“样式”面板中的样式，即可使其产生相同的图层样式。

9.3.1 使用“样式”面板快速为图层赋予样式

执行“窗口>样式”命令，在打开的“样式”面板中，可以清除为图层添加的样式，也可以新建和删除样式，如图9-388所示。

（1）打开psd文件，首先在“图层”面板中选择一个图层，如图9-389所示。然后在“样式”面板中单击需要应用的样式，如图9-390所示。

（2）此时可以看到在“图层”面板中该图层上出现了多个图层样式，如图9-391所示。并且原图层外观也发生了变化，如图9-392所示。

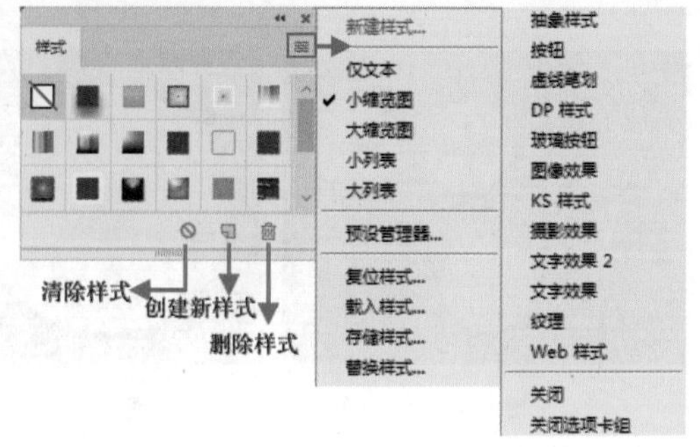

图9-388

图9-389

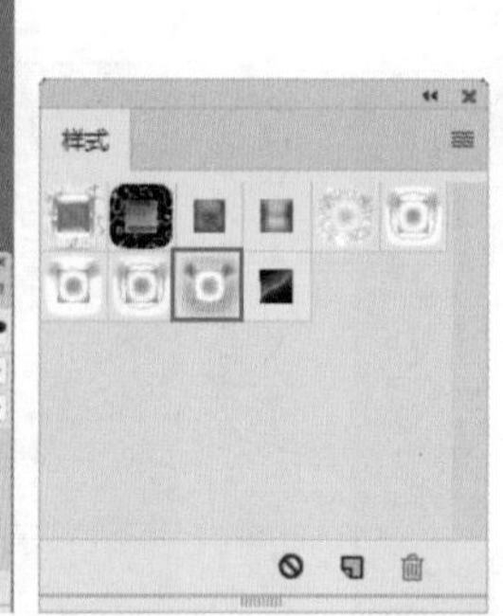

图9-390

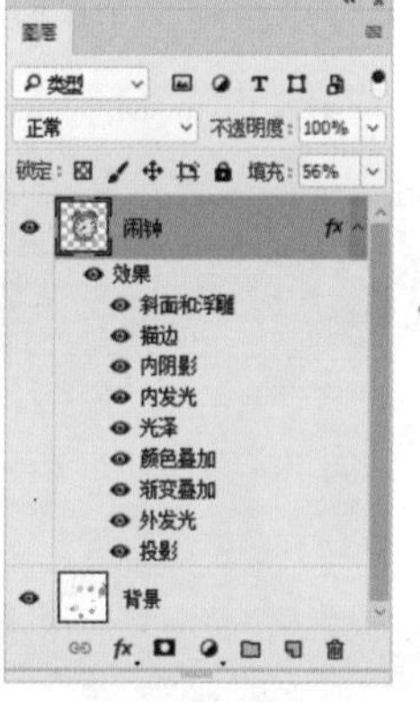

图9-391

图9-392

9.3.2 将图层样式储存在“样式”面板中

在“图层”面板中选择该图层，然后在“样式”面板下单击“创建新样式”按钮，在弹出的“新建样式”对话框中为样式设置一个名称，单击“确定”按钮后，新建的样式会保存在“样式”面板的末尾，在“新建样式”对话框中选中“包含图层混合选项”复选框，创建的样式将具有图层中的混合模式，如图9-393所示。

读书笔记

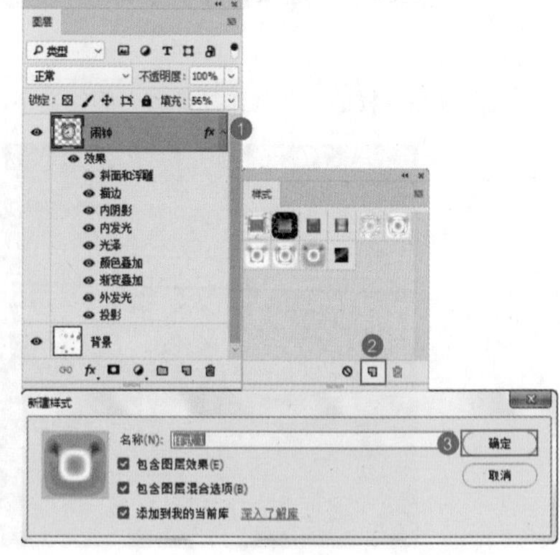

图9-393

9.3.3 存储为样式库文件

可以将设置好的样式保存到“样式”面板中，也可以在面板菜单中选择“存储样式”命令，打开“另存为”对话框，然后为其设置一个名称，将其保存为一个单独的样式库，如图9-394和图9-395所示。

图9-394

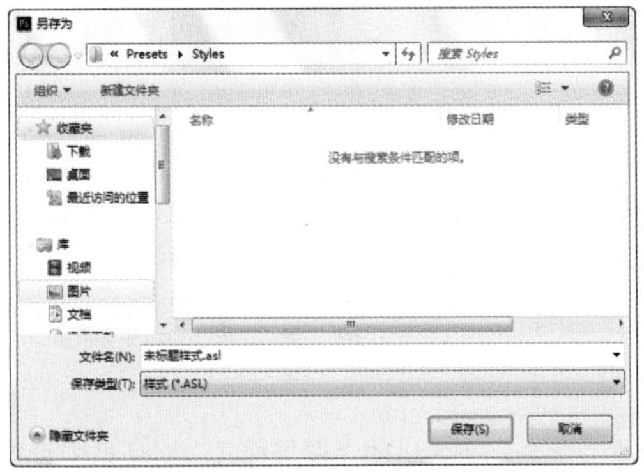

图9-395

9.3.4 载入样式库文件

“样式”面板菜单的下半部分是Photoshop提供的预设样式库，选择一种样式库，系统会弹出一个提示对话框。如果单击“确定”按钮，可以载入样式库并替换掉“样式”面板中的所有样式；如果单击“追加”按钮，则该样式库会添加到原有样式的后面，如图9-396所示，效果如图9-397所示。

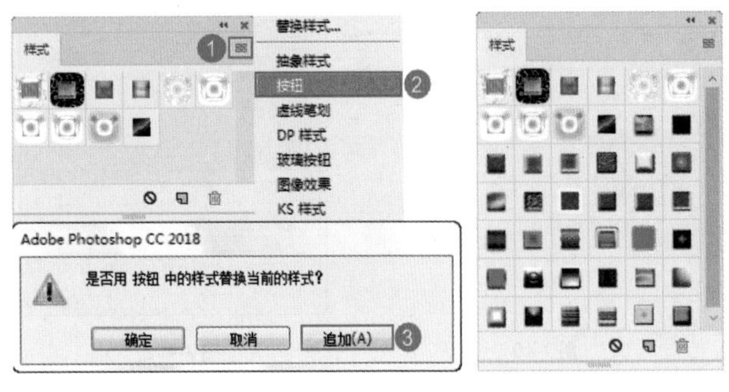

图9-396　　图9-397

★ 案例实战——质感水晶文字

文件路径　第9章\质感水晶文字

难易指数　★★★★★

扫码看视频

案例效果

案例效果如图9-398所示。

图9-398

操作步骤

01 执行“文件>打开”命令，创建一个“宽度”为3500像素，“高度”为2514像素，“分辨率”为72像素/英寸的新文档，如图9-399所示。选择工具箱中的“画笔工具”，在工具箱的底部设置前景色为银白色，接着使用柔边圆画笔在画面的四周进行涂抹，如图9-400所示。

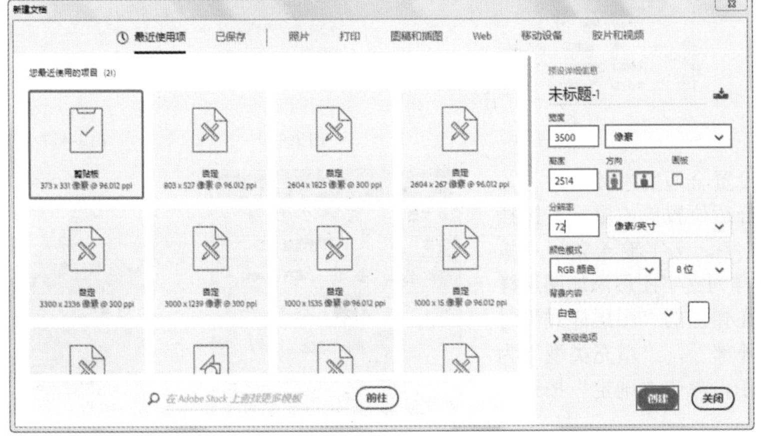

图9-399

图9-400

02 新建图层，设置前景色为蓝色，选择工具箱中的“矩形选框工具”，在画面中按住Shift键并按住鼠标左键拖曳绘制合适的正方形选区，为其填充前景色，如图9-401所示。对其执行“滤镜>模糊>动感模糊”命令，在弹出的“动感模糊”对话框中设置“角度”为0度，“距离”为150像素，如图9-402所示，设置完成后单击“确定”按钮，效果如图9-403所示。

03 复制动感模糊填充图层并置于其上方，设置图层的“不透明度”为70%，如图9-404所示。按Ctrl+T快捷键执行“自由变换”命令，单击鼠标右键，在弹出的快捷菜单中执行“顺时针旋转90度”命令，接着按Enter键确认操作，效果如图9-405所示。

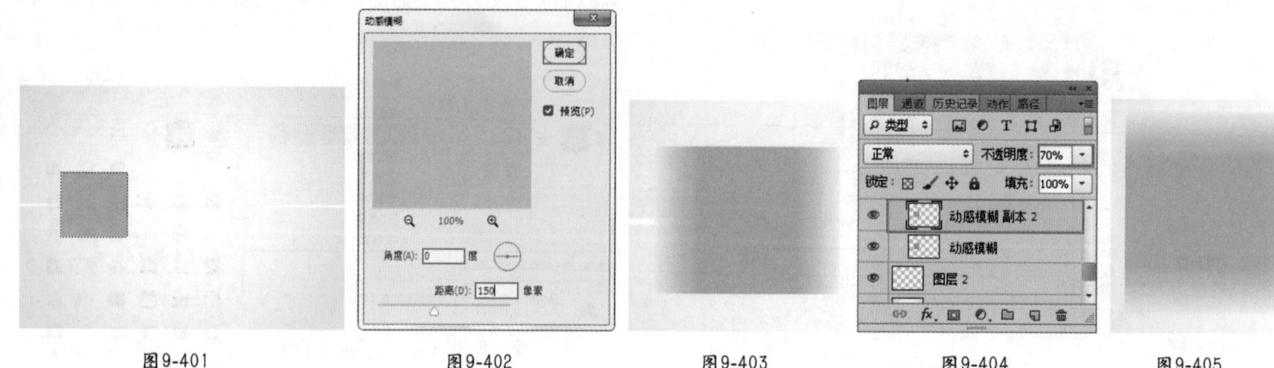

图9-401 图9-402 图9-403 图9-404 图9-405

04 选择工具箱中的“圆角矩形工具”，在选项栏中设置“绘制模式”为“形状”，“填充”为蓝色，“半径”为8像素，如图9-406所示。在画面中按住Shift键并拖动鼠标绘制正圆角矩形，如图9-407所示。

图9-406

05 为该圆角矩形图层添加图层样式，执行“图层>图层样式>描边”命令，在弹出的“图层样式”对话框中设置“大小”为10，“位置”为外部，“填充类型”为颜色，“颜色”为蓝色，如图9-408所示。加选“内发光”复选框，设置“混合模式”为“正常”，“不透明度”为50%，颜色为白色，“方法”为“柔和”，选中“边缘”单选按钮，设置“阻塞”为0%，“大小”为100像素，如图9-409所示。设置完毕后单击“确定”按钮，效果如图9-410所示。

06 按住Ctrl键并单击图层缩览图载入选区，新建图层并填充白色，如图9-411所示。单击“图层”面板底部的“添加图层蒙版”按钮，为其添加图层蒙版，使用黑色柔边圆画笔在蒙版中涂抹多余区域。并设置图层的“不透明度”为10%，如图9-412所示，效果如图9-413所示。

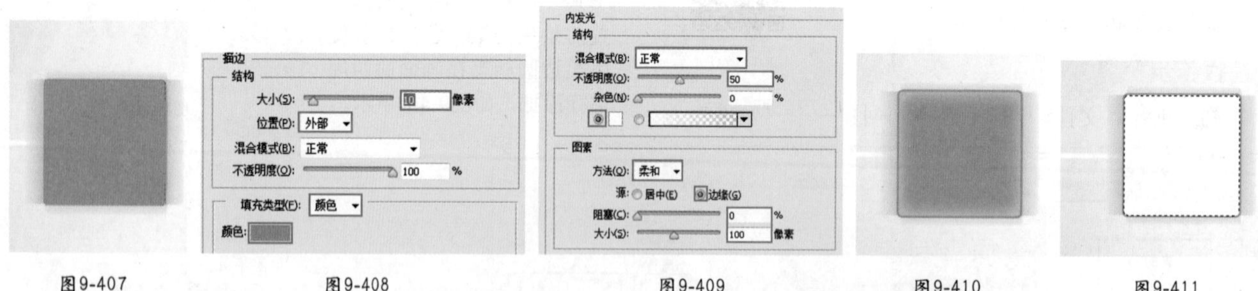

图9-407 图9-408 图9-409 图9-410 图9-411

07 选择“横排文字工具”，在选项栏中设置合适的字体、字号，并设置文字颜色为白色，设置完成后在画面中合适位置单击鼠标左键插入光标，建立文字输入的起始点，接着输入文字，文字输入完毕后按Ctrl+Enter快捷键确认操作，如图9-414所示。同样为文字图层添加图层样式，对其执行“图层>图层样式>描边”命令，在弹出的“图层样式”对话框中设置“大小”为10像素，“位置”为“外部”，“填充类型”为“颜色”，设置合适的描边颜色，如图9-415所示，单击“确定”按钮，效果如图9-416所示。

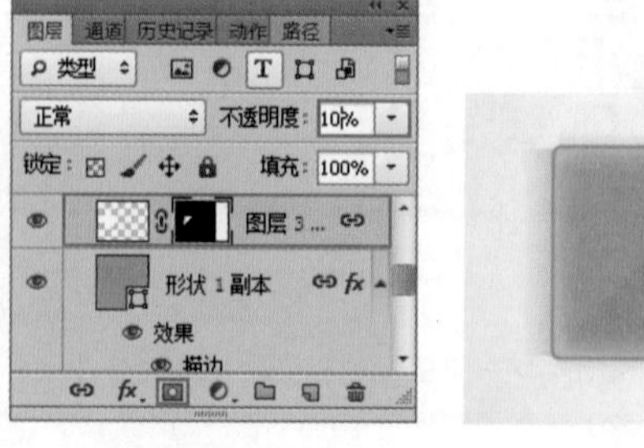

图9-412 图9-413

08 用同样的方法制作其他的质感水晶，如图9-417所示。

图9-414

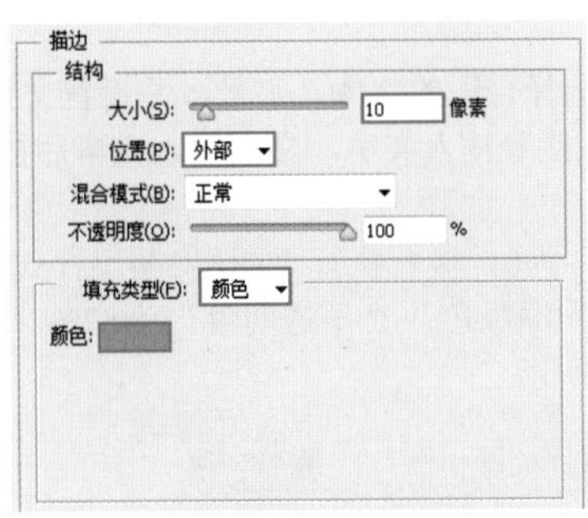

图9-415

图9-416

图9-417

★ 案例实战——用斜面与浮雕样式制作可爱按钮

文件路径	第9章\用斜面与浮雕样式制作可爱按钮
难易指数	★★★★★

案例效果

案例效果如图9-418所示。

操作步骤

01 执行“文件>打开”命令，打开背景素材“1.jpg”文件，如图9-419所示。

02 新建图层“1”，单击工具箱中的“矩形选框工具”按钮，执行“选择>修改>平滑”命令，在弹出的“平滑选区”对话框中设置“取样半径”为30像素，设置完成后单击“确定”按钮，如图9-420所示。在工具箱的底部设置前景色为浅蓝色，接着为选区填充前景色，效果如图9-421所示。由于后面将对该图层进行渐变叠加，所以此处的颜色不会出现在最终效果中。

图9-418

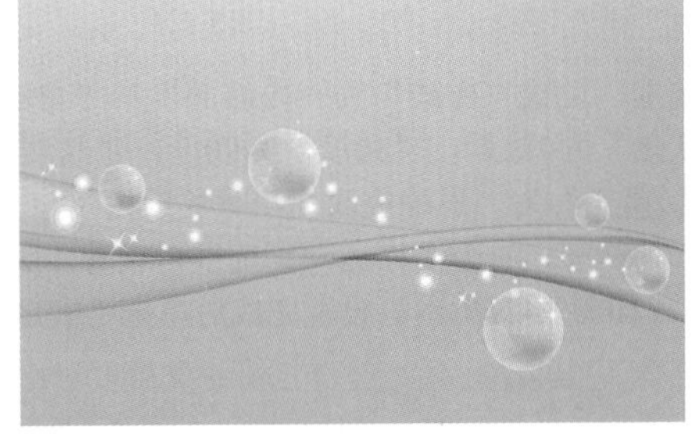

图9-419

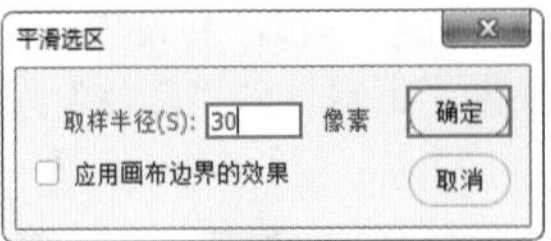

图9-420

03 执行“图层>图层样式>斜面和浮雕”命令，在弹出的“图层样式”对话框中设置“样式”为“内斜面”，“方法”为“平滑”，“深度”为42%，“方向”为“上”，“大小”为120像素，“角度”为90度，取消选中“使用全局光”复选框，“高度”为70度，“高光模式”为“滤色”，颜色为白色，“不透明度”为75%，“阴影模式”为“正片叠底”，颜色为黑色，“不透明度”为75%。加选“渐变叠加”复选框，设置其“混合模式”为“正常”，“不透明度”为100%，“渐变”为绿色到黄色的渐变，“样式”为“线性”，如图9-422所示。设置完成后单击“确定”按钮。

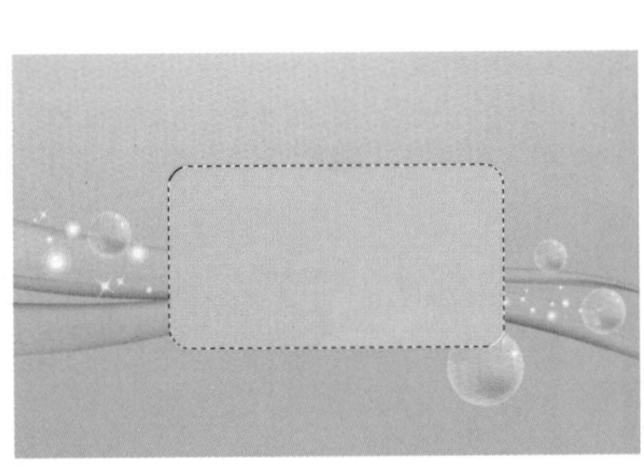

图9-421

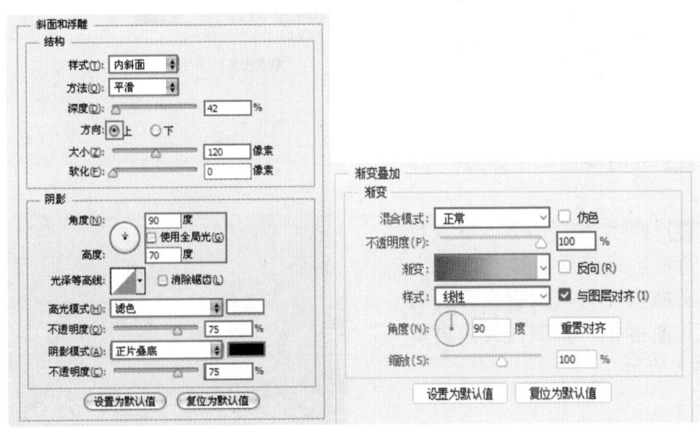

图9-422

04 此时效果如图9-423所示。

05 单击工具箱中的“横排文字工具”按钮T，在选项栏中选择合适的字体、字号，并设置文字颜色为蓝色，设置完成后在圆角矩形内单击鼠标左键插入光标，建立文字输入的起始点，接着输入文字，文字输入完毕后按Ctrl+Enter快捷键确认操作，如图9-424所示。

06 在“图层”面板中选中文字图层，设置该图层的“填充”为0，接着执行“图层>图层样式>投影”命令。在弹出的“图层样式”对话框中设置“混合模式”为“正片叠底”，颜色为深绿色，“不透明度”为82%，“角度”为117度，“距离”为9像素，“大小”为7像素，如图9-425所示，效果如图9-426所示。

图9-423

图9-424

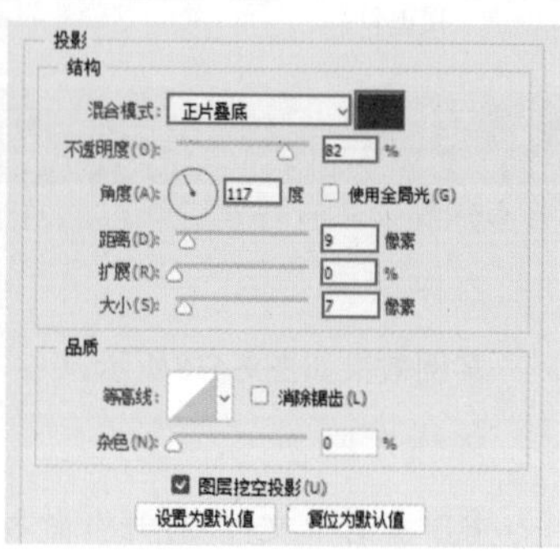

图9-425

07 加选“斜面和浮雕”复选框，设置“样式”为“内斜面”，“方法”为“平滑”，“深度”为100%，“方向”为“上”，“大小”为19像素，“软化”为4像素，“角度”为90度，“高度”为67度，“高光模式”为“滤色”，颜色为白色，“不透明度”为100%，“阴影模式”为“正片叠底”，颜色为黑色，“不透明度”为0%。选中“等高线”选项，选择一种等高线形状，并设置“范围”为90%。加选“描边”复选框，设置“大小”为1像素，“位置”为“外部”，“混合模式”为“正常”，“颜色”为黄色，如图9-427所示。设置完成后单击“确定”按钮结束操作。

图9-426

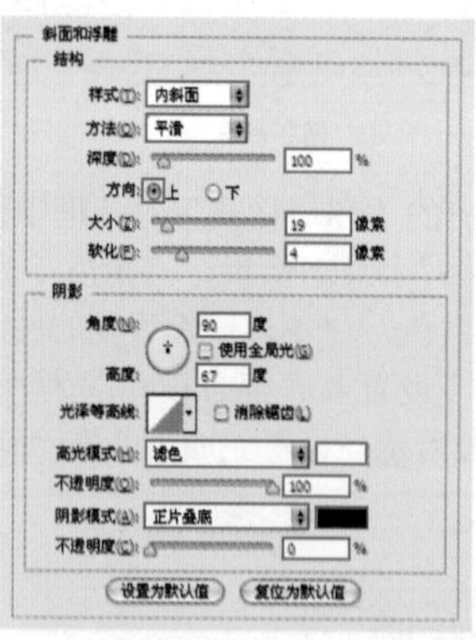

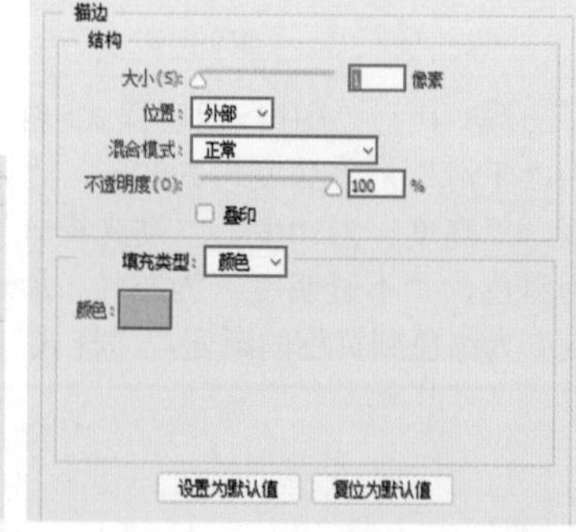

图9-427

08 此时画面效果如图9-428所示。

09 执行“文件>置入嵌入对象”命令，将前景素材“2.png”置入文档内，将其放置在合适的位置并栅格化，案例最终效果如图9-429所示。

图9-428

图9-429

★ 案例实战——卡通播放器

文件路径	第9章\卡通播放器
难易指数	★★★★★

扫码看视频

案例效果

本例主要利用形状工具、剪贴蒙版、钢笔工具、图层样式等制作播放器，如图9-430所示。

操作步骤

01 执行“文件>打开”命令，打开背景素材“1.jpg”，如图9-431所示。选择工具箱中的“椭圆工具”，在工具箱的底部设置前景色为白色，在选项栏中设置“绘制模式”为“像素”，在画面中按住Shift键并按住鼠标左键拖动，绘制一个白色的正圆形，如图9-432所示。

图9-430

图9-431

图9-432

02 执行“图层>图层样式>外发光”命令，在弹出的“图层样式”对话框中设置“不透明度”为50%，颜色为黑色，“方法”为“柔和”，“大小”为40像素，如图9-433所示。设置完成后单击“确定”按钮，效果如图9-434所示。

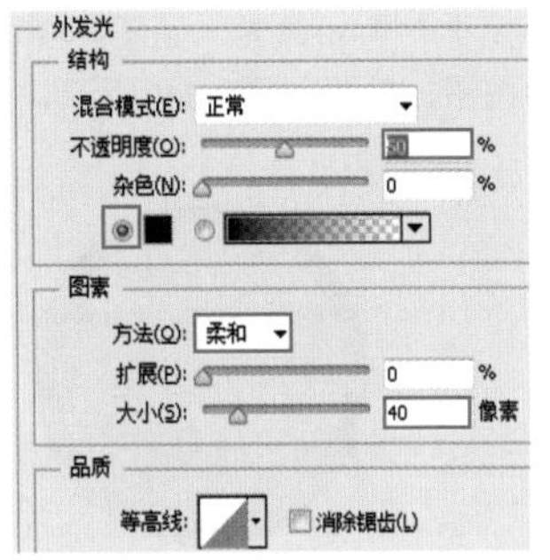

图9-433

图9-434

03 执行“文件>置入嵌入对象”命令，置入木纹素材“2.jpg”，将其置于正圆上方并栅格化，如图9-435所示。在“图层”面板上右击该图层，在弹出的快捷菜单中执行“创建剪贴蒙版”命令，效果如图9-436所示。

图9-435

图9-436

04 使用“椭圆工具”绘制一个小一点的正圆，如图9-437所示。执行“图层>图层样式>渐变叠加”命令，在弹出的“图层样式”对话框中设置“混合模式”为“正常”，“不透明度”为100%，接着编辑一种黄色系的渐变，设置“样式”为线性，如图9-438所示。

图9-437

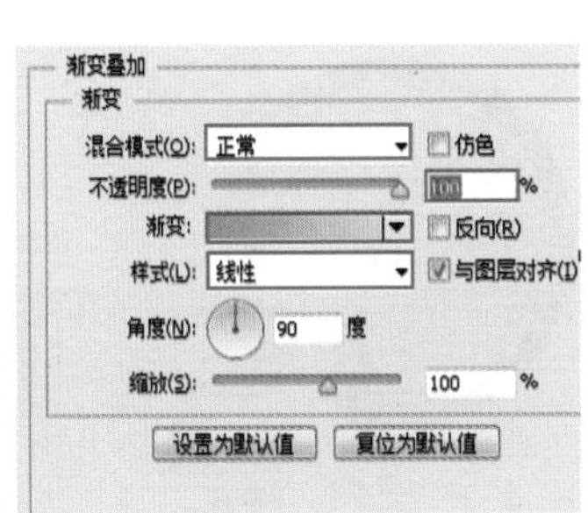

图9-438

05 加选“外发光”复选框，设置“混合模式”为“正常”，“不透明度”为50%，“杂色”为0%，颜色为黑色，“方法”为“柔和”，“大小”为40像素，如图9-439所示。设置完成后单击“确定”按钮，效果如图9-440所示。

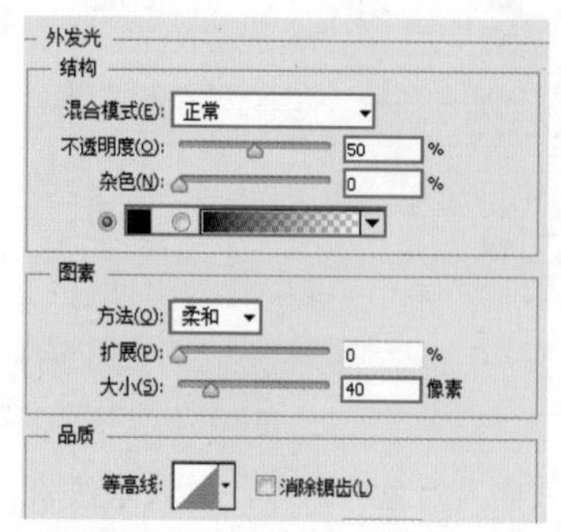

图9-439

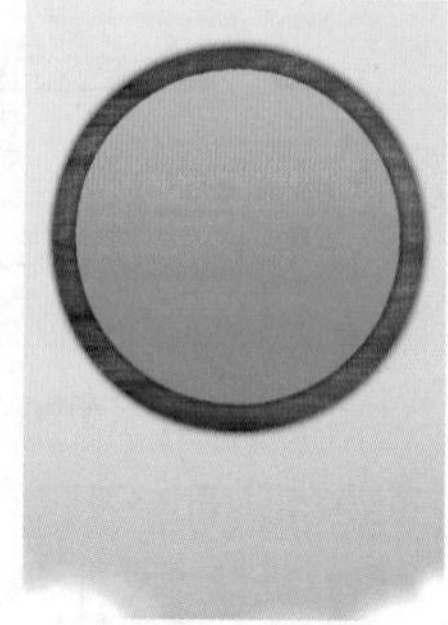

图9-440

06 复制黄色正圆图层，置于“图层”面板顶部，使用自由变换快捷键Ctrl+T调出定界框，接着将光标定位到定界框的四角处，按住Shift+Alt快捷键并按住鼠标左键拖动，将其以中心点等比缩放，如图9-441所示。按Enter键完成自由变换，如图9-442所示。

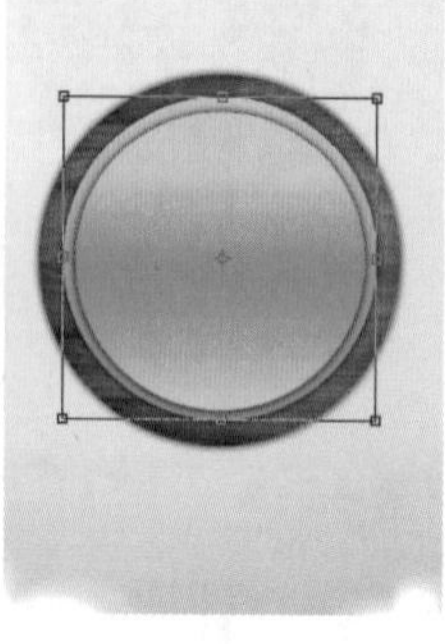

图9-441

图9-442

07 新建图层，选择工具箱中的“椭圆选框工具”，在画面中按住Shift键并按住鼠标左键拖动，绘制正圆选区，然后单击鼠标右键，在弹出的快捷菜单中执行“描边”命令，如图9-443所示。在弹出的“描边”对话框中设置“宽度”为20像素，“颜色”为黄色，选中“居中”单选按钮，如图9-444所示。设置完成后单击“确定”按钮，效果如图9-445所示。使用同样的方法制作其他的圆环，如图9-446所示。

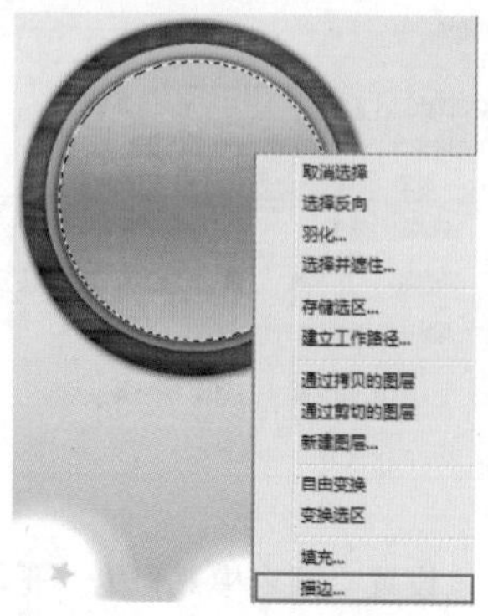

图9-443

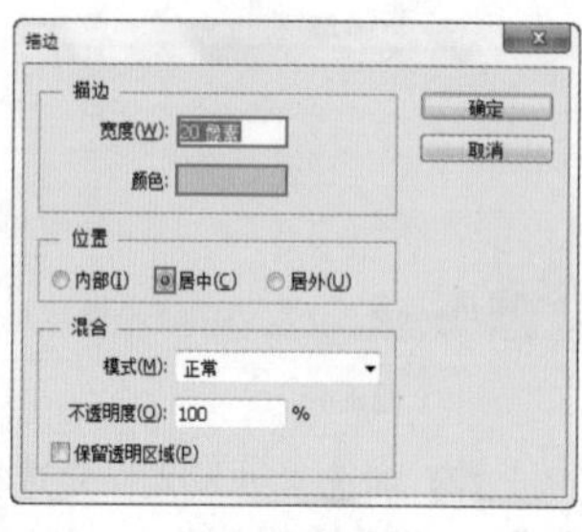

图9-444

图9-445

图9-446

08 新建图层，继续使用“椭圆工具”绘制白色正圆，设置“不透明度”为60%，如图9-447所示。多次复制白色正圆，将其置于画面中合适的位置，如图9-448所示。

图9-447

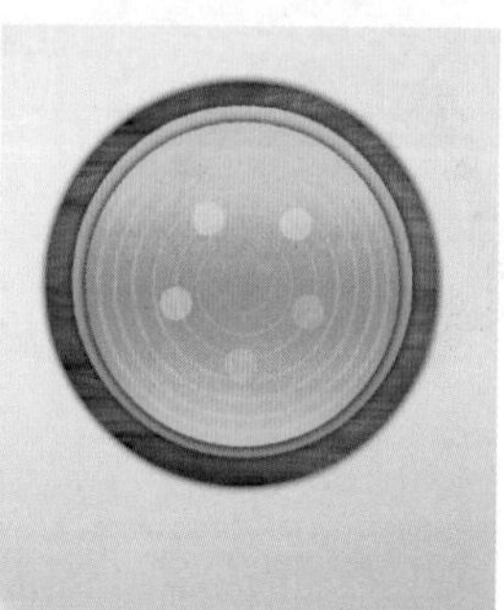

图9-448

09 新建图层，绘制白色正圆，载入正圆选区，将选区适当向下移动，如图9-449所示。按Delete键删除选区内的部分，如图9-450所示。按Ctrl+D快捷键取消选区，接着在“图层”面板中设置其“混合模式”为“柔光”，如图9-451所示。

图9-449

图9-450

10 选择工具箱中的“钢笔工具”，在圆盘的下半部分绘制高光形状的闭合路径，如图9-452所示。按Ctrl+Enter快捷键将路径转换为选区，新建图层并填充白色，设置“混合模式”为“柔光”，“不透明度”为70%，接着按Ctrl+D快捷键取消选区的选择，效果如图9-453所示。

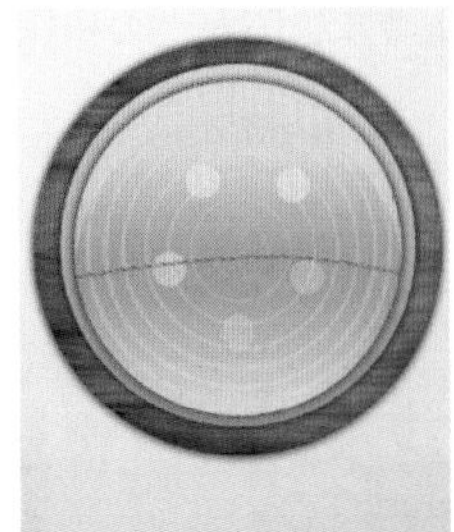

图9-451　　图9-452

11 选中所有圆形图层，使用图层编组快捷键Ctrl+G将所选图层置于同一图层组中，并将其命名为“播放器”，如图9-454所示。置入绿叶素材“3.png”和小猴素材“4.png”，摆放在播放器周围并栅格化，效果如图9-455所示。

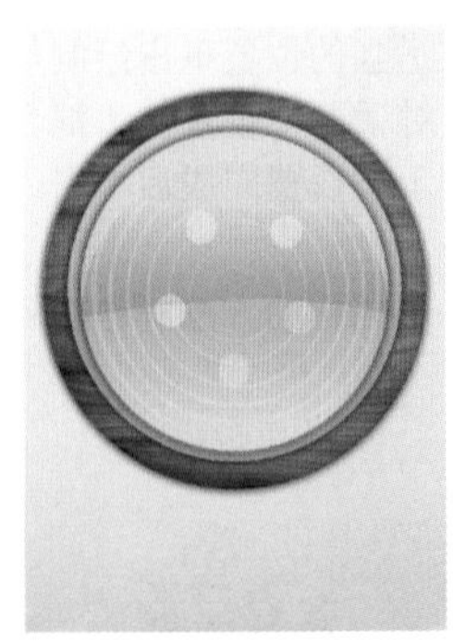

图9-453　　图9-454

12 置入水管素材“5.png”，将其置于播放器左侧并栅格化，如图9-456所示。

图9-455　　图9-456

13 新建图层，选择工具箱中的“圆角矩形工具”，在选项栏中设置“绘制模式”为“形状”，“填充”为白色，“描边”为无，“半径”为100像素。设置完成后在画面中按住鼠标左键拖动，绘制圆角矩形，如图9-457所示。

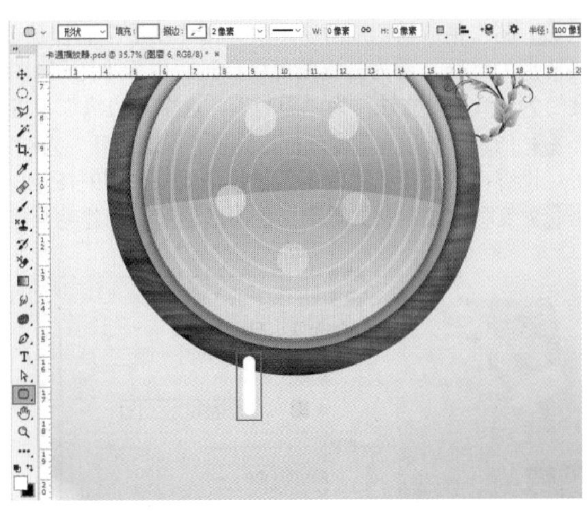

图9-457

14 选中圆角矩形图层，执行“图层>图层样式>内发光”命令，在弹出的“图层样式”对话框中设置“混合模式”为“正常”，“不透明度”为40%，“杂色”为0%，颜色为黑色，“方法”为“柔和”，选中“边缘”单选按钮，设置“阻塞”为0%，“大小”为21像素，如图9-458所示。设置完成后单击“确定”按钮，效果如图9-459所示。

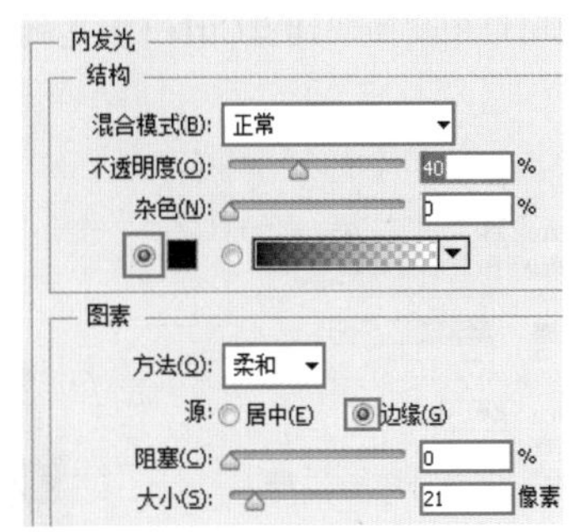

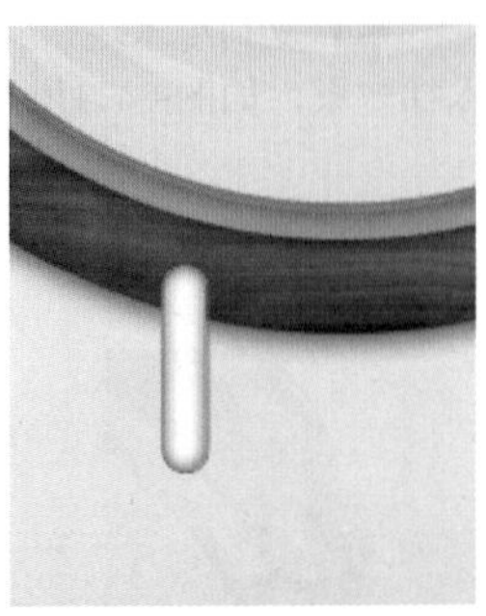

图9-458　　图9-459

15 置入木纹素材“6.jpg”，将其置于矩形顶部并栅格化，接着为其创建剪贴蒙版，此时这一部分圆角矩形表面呈现出木纹质感，如图9-460所示。在矩形底部新建图层，设置前景色为黑色，使用“画笔工具”在圆角矩形底部绘制阴影效果，如图9-461所示。

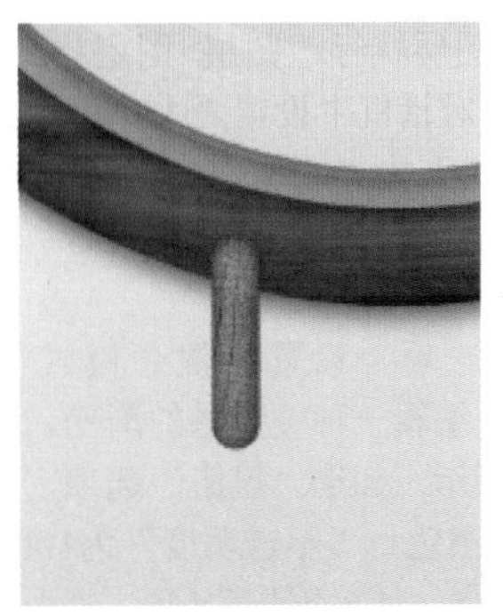

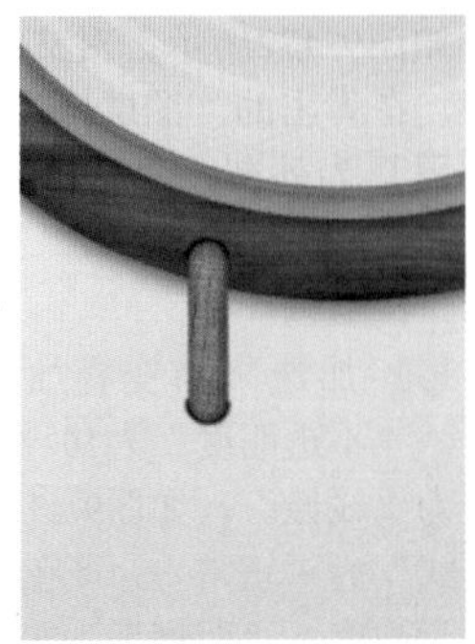

图9-460　　图9-461

16 制作播放器四周的小木块。在“图层”面板顶部新建图层，使用“钢笔工具”在画面中绘制如图9-462所示的形状，将其转换为选区，并为其填充白色。然后执行“图层>图层样式>内发光”命令，在弹出的“图层样式”对话框中设置“不透明度”为60%，“方法”为“柔和”，选中“边缘”单选按钮，设置“大小”为30像素，如图9-463所示。

17 加选“外发光”复选框，设置“不透明度”为80%，颜色为黑色，“方法”为“柔和”，“大小”为10像素，如图9-464所示。设置完成后单击“确定”按钮，效果如图9-465所示。

18 复制木纹素材并置于白色图形顶部，创建剪贴蒙版，如图9-466所示。

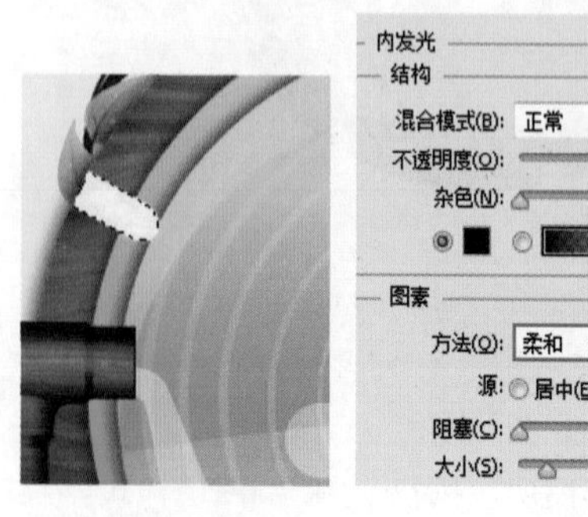
图9-462

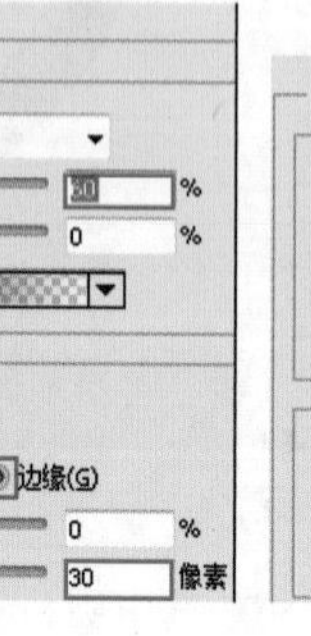

图9-463

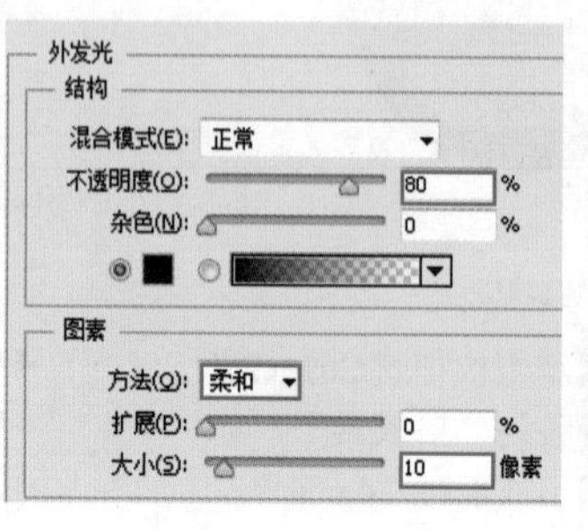

图9-464

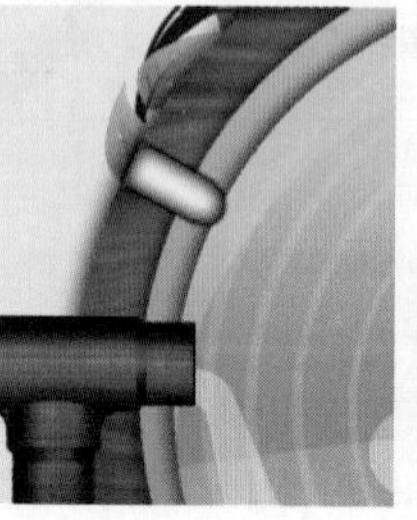
图9-465

图9-466

19 选择工具箱中的“画笔工具”，在工具箱的底部设置前景色为白色，然后使用白色画笔在适当的位置单击绘制一个圆形白点，如图9-467所示。对白点执行“图层>图层样式>外发光”命令，在弹出的“图层样式”对话框中设置其“混合模式”为“正常”，“不透明度”为100%，“方法”为“柔和”，“大小”为10像素，如图9-468所示。设置完成后单击“确定”按钮，此时这个圆形呈现内陷的效果，如图9-469所示。

20 复制小木块，并使用自由变换快捷键Ctrl+T将其旋转并摆放在合适位置，如图9-470所示。用同样的方法制作右侧的木梯效果，如图9-471所示。

图9-467

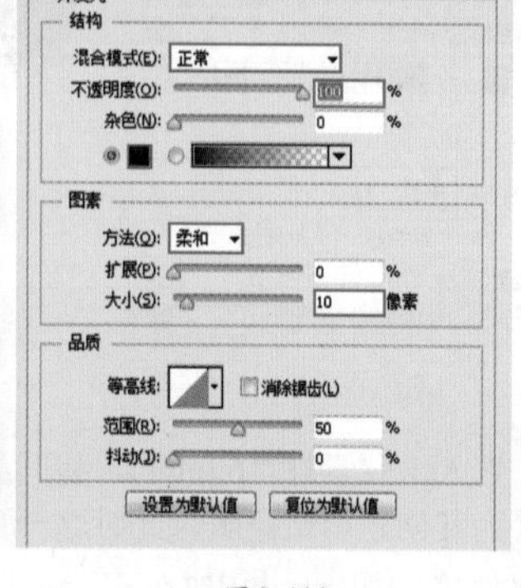

图9-468

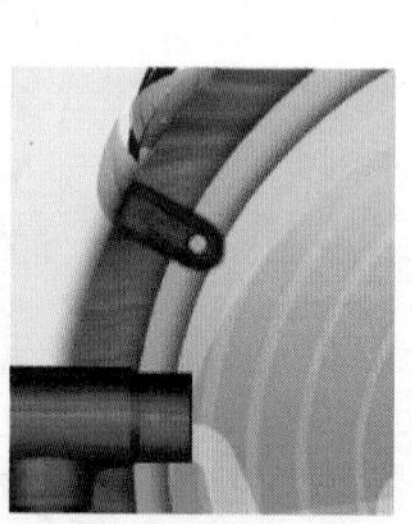
图9-469

图9-470

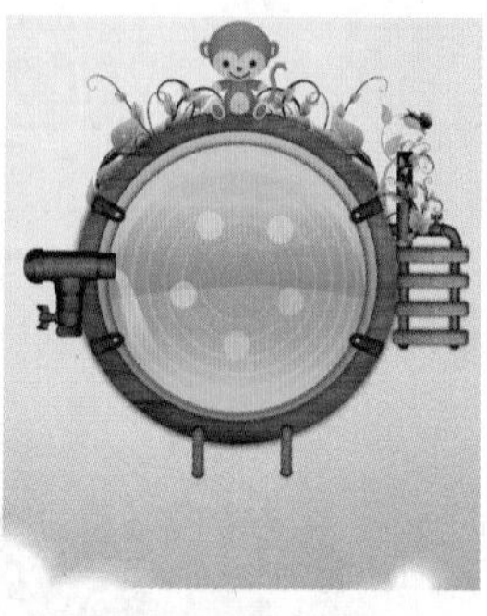
图9-471

21 选择工具箱中的“横排文字工具”，在选项栏中设置合适的字体、字号，设置文字颜色为黑色，设置完成后在画面中适当的位置单击鼠标左键插入光标，建立文字输入的起始点，接着输入文字，文字输入完毕后按Ctrl+Enter快捷键确认操作，如图9-472所示。对文字图层执行“图层>图层样式>描边”命令，在弹出的“图层样式”对话框中设置“大小”为10像素，“位置”为外部，“混合模式”为“正常”，“不透明度”为100%，“填充类型”为“颜色”，“颜色”为棕色，如图9-473所示。

22 加选“渐变叠加”选项，设置“混合模式”为“正常”，“不透明度”为100%，编辑一种黄色系的渐变，设置“样式”为“线性”，如图9-474所示。加选“投影”选项，设置“混合模式”为“正常”，颜色为黑色，“不透明度”为100%，“角度”为47度，“距离”为20像素，“扩展”为0%，“大小”为25像素，如图9-475所示，效果如图9-476所示。

图9-472

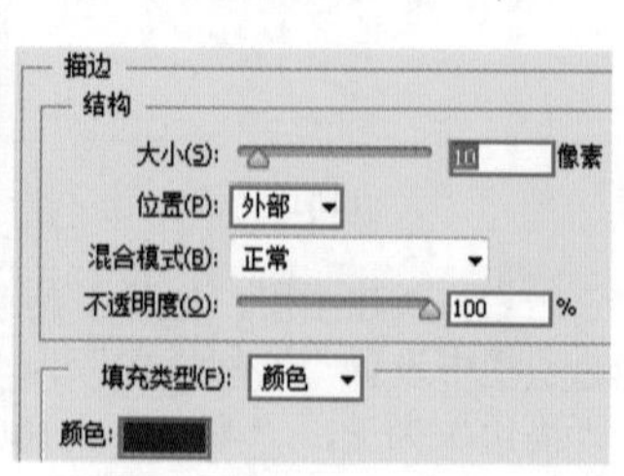

图9-473

23 置入按钮素材“7.png”，并将其置于画面中合适的位置并将其栅格化，案例最终效果如图9-477所示。

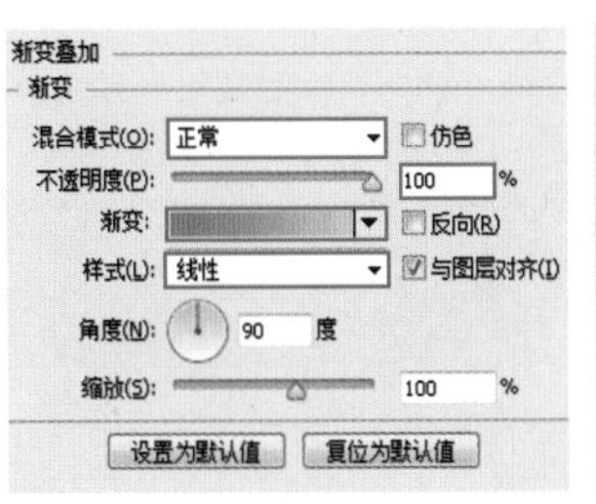

图9-474

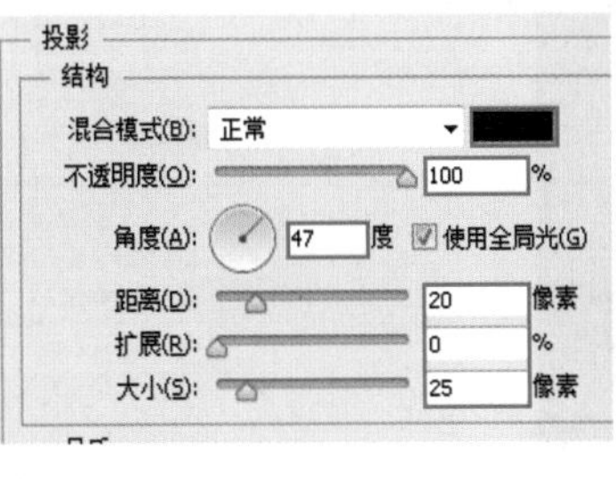

图9-475

图9-476

图9-477

9.4 综合实战——自然清爽的登录界面

文件路径	第9章\自然清爽的登录界面
难易指数	★★★★★

扫码看视频

案例效果

案例效果如图9-478所示。

读书笔记

图9-478

9.4.1 项目分析

本案例为平板电脑APP登录界面，此界面采用了近年来比较流行的“小清新”风格。版面简约，用色淡雅，添加自然元素，在炎热的夏天为用户带来一丝清爽之感。此类风格可用于女性APP，如购物类APP、美妆类APP、生活类APP等。如图9-479和图9-480所示为优秀的界面设计作品。

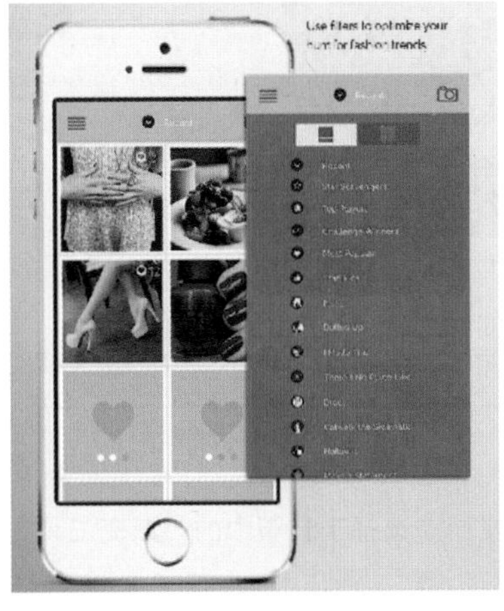

图9-479

图9-480

9.4.2 布局规划

该界面采用重心式构图法，登录模块简洁明了，周围树叶等元素围绕主界面进行展开。此类型版式往往与水平或垂直版式相结合，整体以直线条的方式表达，简洁而有张力。文字以不同字体及颜色进行编排，更加活泼、轻松，能给人带来没有束缚的愉悦感。底部的倒影添加得恰到好处，让原本简洁的界面不再平面化，展现一种空间效果。如图9-481和图9-482所示为优秀的登录界面设计作品。

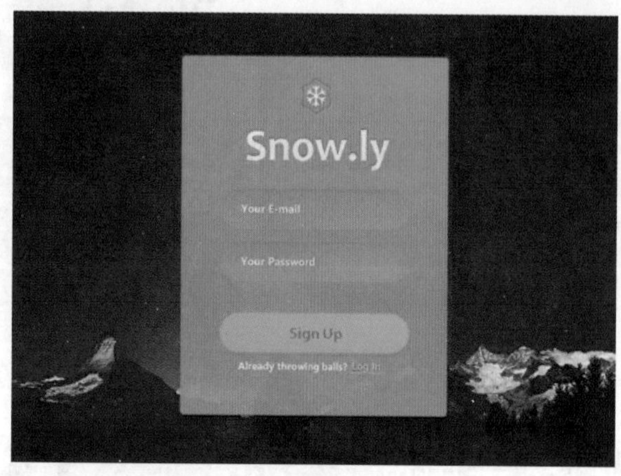

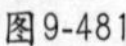
图9-481

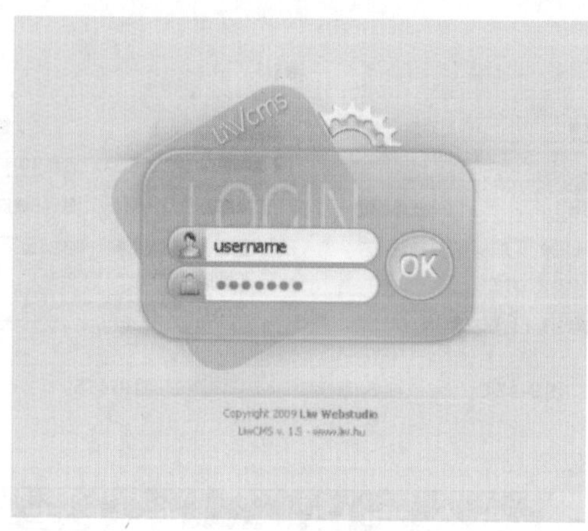

图9-482

9.4.3 色彩搭配

该登录界面采用高明度的邻近色配色方案，清新的淡蓝色与鲜嫩的草绿色带来春天般的气息，并以甜美的粉红色作为点缀。整体颜色对比较弱，给人柔和、舒缓的视觉感受。如图9-483和图9-484所示为相似配色方案的优秀作品。

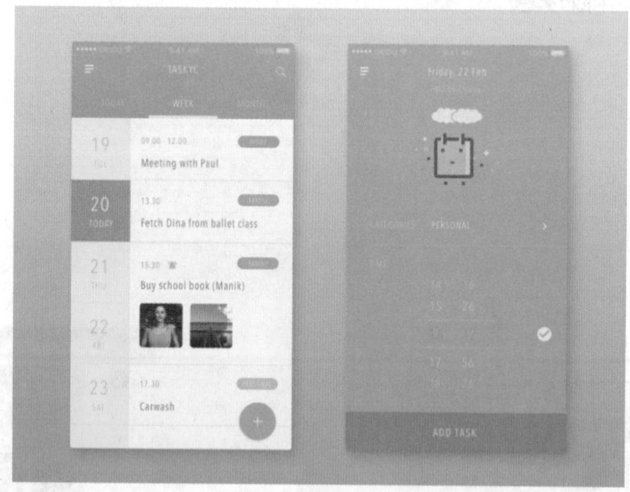

图9-483

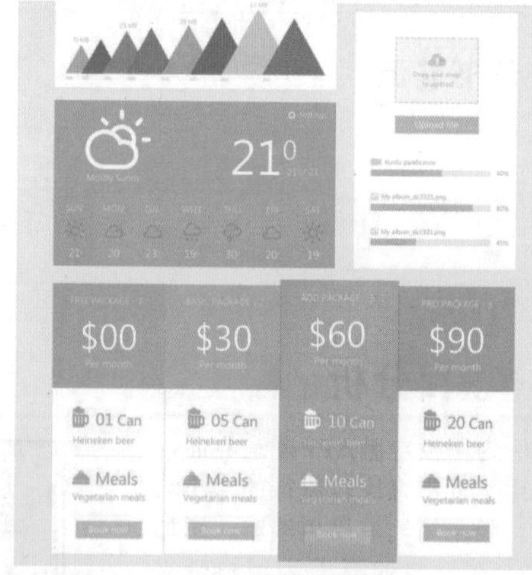

图9-484

9.4.4 实践操作

1．制作背景部分

（1）执行“文件>新建”命令，创建新文档。选择工具箱中的“渐变工具”，编辑一个淡蓝色的径向渐变并进行填充，如图9-485所示，效果如图9-486所示。

（2）执行“文件>置入嵌入对象”命令，置入素材“1.png”，执行“图层>栅格化>智能对象”命令，并将其摆放在画面中心位置，如图9-487所示。背景部分制作完成。

图9-485

图9-486

图9-487

2. 制作主体部分

（1）选择工具箱中的“矩形工具”，在选项栏中设置“绘制模式”为“形状”，“填充”为“蓝色”，“描边”为无，参数设置完成后，在画布中单击并拖动进行绘制，如图9-488所示。

（2）为该图层添加图层样式。选择该图层，执行“图层>图层样式>内发光”命令，在弹出的“图层样式”对话框中设置内发光的“混合模式”为“正常”，“不透明度”为75%，颜色为白色，“方法”为“柔和”，“源”为“边缘”，“大小”为114像素，“范围”为50%，如图9-489所示。加选“渐变叠加”选项，设置渐变叠加的“混合模式”为“正常”，“不透明度”为100%，“渐变”为淡蓝色系渐变，“样式”为“线性”，“角度”为90度，参数设置如图9-490所示。

图9-488

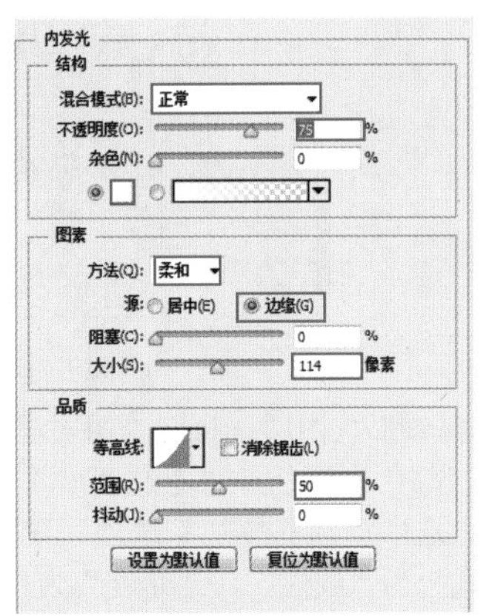

图9-489

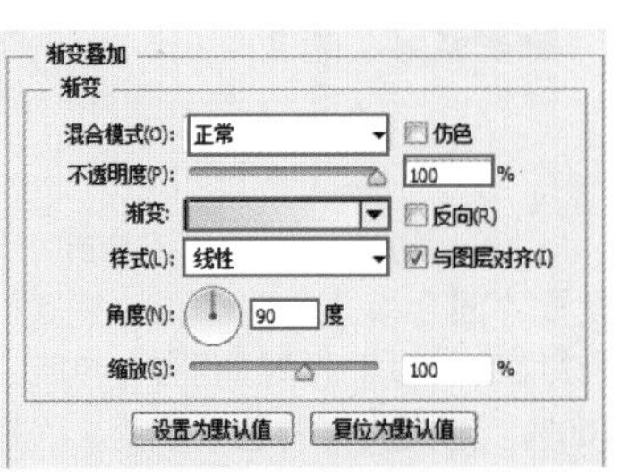

图9-490

（3）继续选择“投影”样式，设置“混合模式”为“正常”，“角度”为120度，“距离”为8像素，“大小”为3像素，参数设置如图9-491所示。参数设置完成后单击“确定”按钮，效果如图9-492所示。

（4）选择工具箱中的“文字工具”，在选项栏中设置合适的字体、字号及文字颜色。在画布中输入文字，并将一部分文字的字号调小一些，效果如图9-493所示。

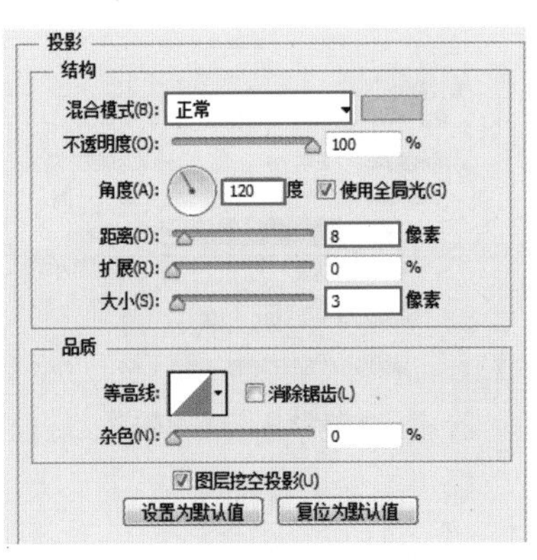

图9-491

图9-492

（5）选择该文字图层，执行“图层>图层样式>描边”命令，在弹出的“图层样式”对话框中设置“大小”为3像素，“位置”为“外部”，“混合模式”为“正常”，“不透明度”为100%，“填充类型”为“颜色”，“颜色”为白色，参数设置如图9-494所示。设置完成后单击“确定”按钮，文字效果如图9-495所示。

图9-493

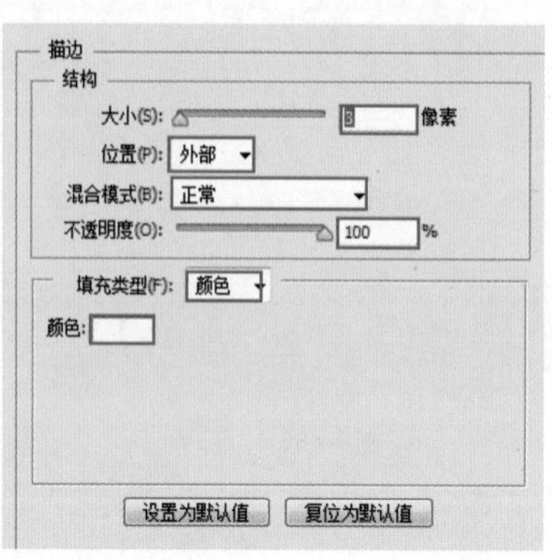

图9-494

图9-495

（6）制作其他文字部分，效果如图9-496所示。将素材“2.png”置入文件中，将其移动至合适位置，效果如图9-497所示。

（7）制作按钮部分，选择工具箱中的“圆角矩形工具”，在选项栏中设置“绘制模式”为“形状”，“填充”为青色，“半径”为2像素，设置完成后在画布中的相应位置绘制一个圆角矩形，如图9-498所示。

图9-496

图9-497

图9-498

（8）为按钮添加图层样式。选择该形状图层，执行“图层>图层样式>内阴影”命令，在弹出的“图层样式”对话框中设置“混合模式”为“正片叠底”，颜色为黑色，“不透明度”为50%，“角度”为120度，“距离”为2像素，“大小”为3像素，参数设置如图9-499所示。选中“渐变叠加”选项，设置渐变叠加的“混合模式”为“正常”，“不透明度”为100%，渐变为深青色系渐变，“样式”为“线性”，“角度”为180度，参数设置如图9-500所示。

（9）选中“外发光”选项，设置外发光的“混合模式”为“正常”，“不透明度”为50%，颜色为白色，“方法”为“柔和”，“大小”为3像素，参数设置如图9-501所示。参数设置完成后单击“确定”按钮，效果如图9-502所示。

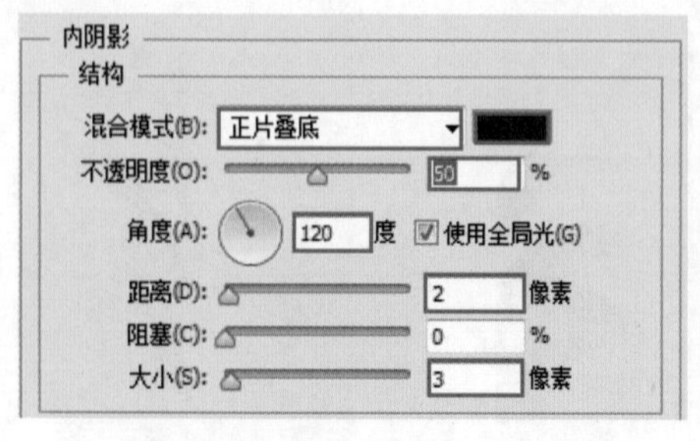

图9-499

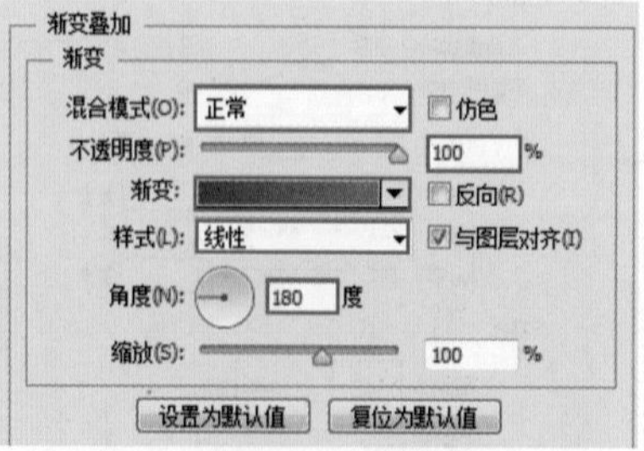

图9-500

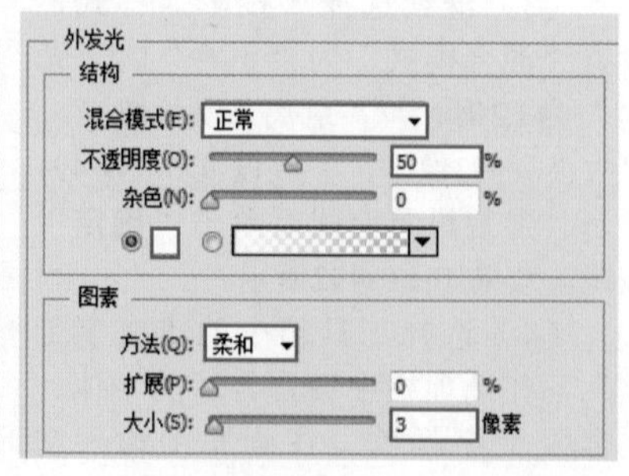

图9-501

（10）使用同样的方法制作其他两个按钮，并添加相应文字，效果如图9-503所示。

图9-502

图9-503

3．前景装饰及倒影部分

（1）执行“文件>置入嵌入对象”命令，将果汁素材“3.png”置入文件中并将其移到合适位置，执行“图层>栅格化>智能对象”命令，如图9-504所示。

图9-504

（2）制作倒影部分。将“背景”图层以外的图层进行加选，按Ctrl+Alt+E组合键将其合并到独立图层。选择该图层，执行“编辑>变换>垂直翻转”命令，然后将图形向下移动，如图9-505所示。将合并的图层移至“果汁”图层的下一层，如图9-506所示。

图9-505

（3）倒影具有半透明的效果，在这里设置该图层的“不透明度”为20%，如图9-507所示。画面效果如图9-508所示。投影的半透明效果制作完成。

（4）制作倒影的渐隐效果。选择“倒影”图层，单击“图层”面板下方的“添加图层蒙版”按钮为该图层添加图层蒙版，并使用黑色柔角画笔在蒙版中进行涂抹，如图9-509所示，效果如图9-510所示，本案例制作完成。

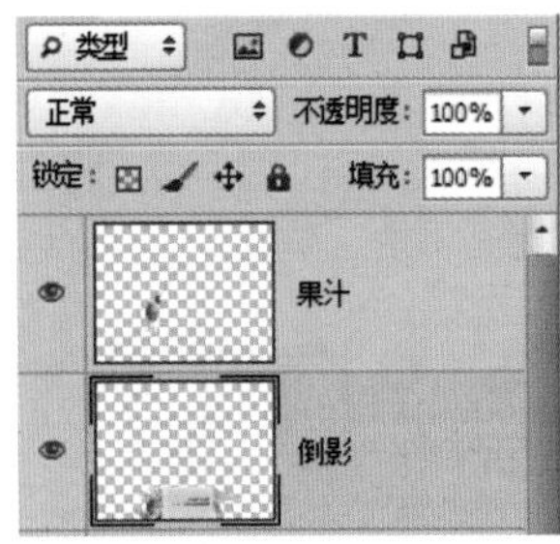

图9-506

图9-507

图9-508

图9-509

图9-510

第9章 图层样式

第10章

图像修饰

本章内容简介：

Photoshop是一款非常优秀的位图处理软件，对于数码照片的修饰与处理非常在行。虽然UI设计更考验设计师对图形的处理，但是在制图的过程中难免会对位图进行处理，本章主要讲解如何去除画面中的瑕疵和使用工具对图像局部进行处理。

本章学习要点：

- 掌握修补工具组中工具的使用方法
- 掌握修饰工具组中工具的使用方法

10.1 去除画面中的瑕疵

在UI设计过程中经常需要使用一些照片元素，当然也就难免需要对数码照片进行瑕疵的处理，在Photoshop中有多种工具能够去除画面中的瑕疵，例如去除人物面部的斑点、皱纹，去除场景中的杂物，去除多余的行人等。

10.1.1 污点修复画笔工具

- 视频精讲：Photoshop新手学视频精讲课堂\使用污点修复画笔工具.flv
- 技术速查：使用“污点修复画笔工具”可以消除图像中的污点和某个对象。

“污点修复画笔工具”主要用于去除画面中较小的瑕疵。选择工具箱中的“污点修复画笔工具”，将笔尖调整到能刚好覆盖瑕疵的大小，然后在瑕疵处单击鼠标左键，如图10-1所示。松开鼠标后即可去除瑕疵，如图10-2所示。

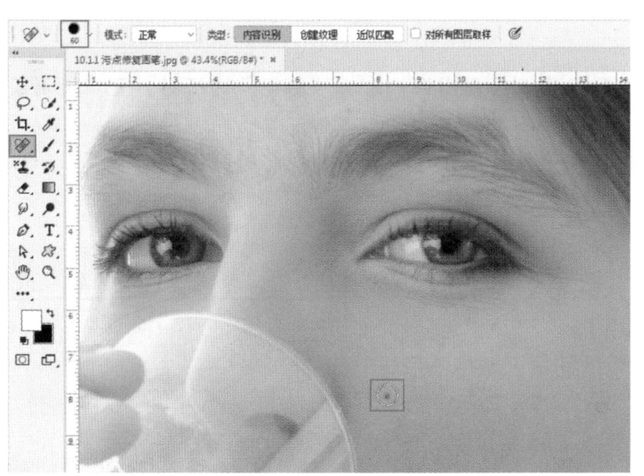

图10-1

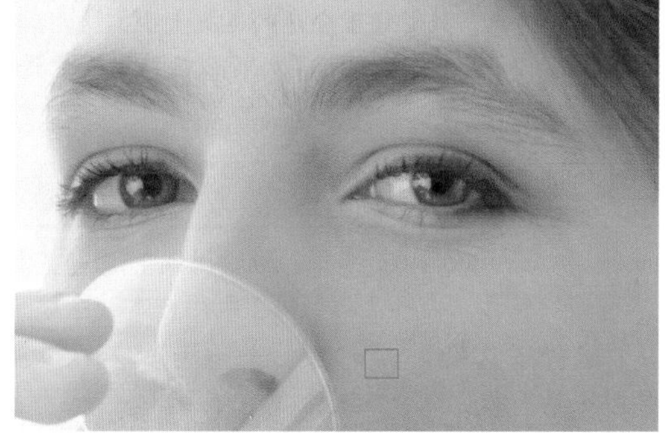

图10-2

选项解读：“污点修复画笔工具”选项栏

- 近似匹配：启用该选项可以使用选区边缘周围的像素来查找要用作选定区域修补的图像区域。
- 创建纹理：启用该选项可以使用选区中的所有像素创建一个用于修复该区域的纹理。
- 内容识别：启用该选项可以使用选区周围的像素进行修复。

10.1.2 修复画笔工具

- 视频精讲：Photoshop新手学视频精讲课堂\修复画笔工具的使用.flv
- 技术速查：使用“修复画笔工具”可以用图像中的像素作为样本修复图像的瑕疵。

“修复画笔工具”是通过取样、覆盖的方式进行污点的修复，操作方法也非常简单。

右击修复工具组，在弹出的工具列表中选择“修复画笔工具”。在选项栏中设置合适的画笔大小，设置“源”为“取样”，然后在瑕疵周围的位置按住Alt键进行取样，如图10-3所示。在需要修复的位置进行涂抹，在涂抹的过程中软件会自动将取样的样本像素的纹理、光照、透明度和阴影与所修复的像素进行匹配，如图10-4所示。继续涂抹，直到多余的图像内容被去除，效果如图10-5所示。

图10-3

图10-4

图10-5

选项解读："修复画笔工具"选项栏

- 源：当设置"源"为"取样"选项时，可以使用当前图像的像素来修复图像；选择"图案"选项时，可以使用某个图案作为取样点，接着设置合适的笔尖大小。
- 对齐：选中"对齐"复选框后，可以连续对像素进行取样，即使释放鼠标也不会丢失当前的取样点。

10.1.3 修补工具

- 视频精讲：Photoshop新手学视频精讲课堂\修补工具的使用.flv
- 技术速查：使用"修补工具"可以利用样本或图案来修复所选图像区域中不理想的部分。

（1）选择工具箱中的"修补工具"，在选项栏中单击"源"按钮，接着在画面中按住鼠标左键拖动绘制选区，如图10-6所示。接着将光标放在选区内，按住鼠标左键将其拖曳至能替换掉选区内像素的位置，效果如图10-7所示。

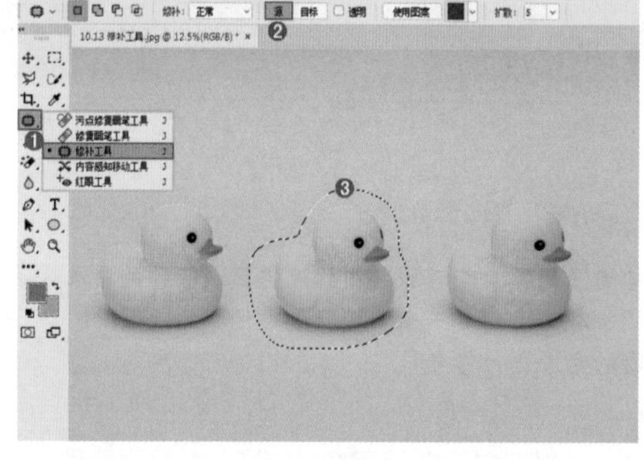
图10-6

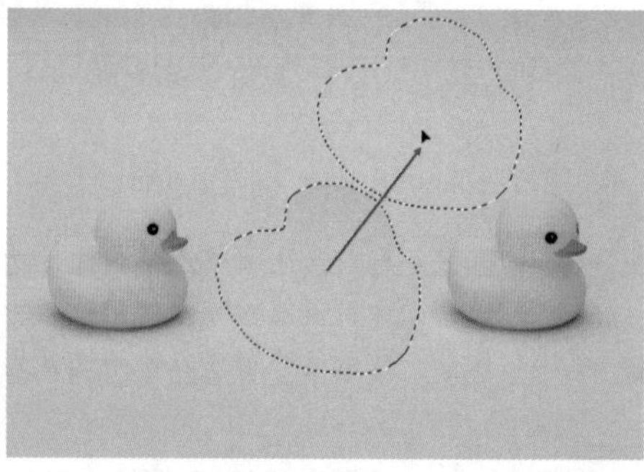
图10-7

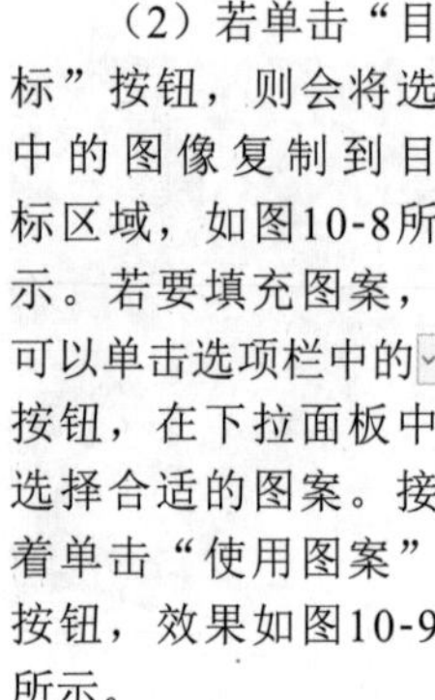

（2）若单击"目标"按钮，则会将选中的图像复制到目标区域，如图10-8所示。若要填充图案，可以单击选项栏中的按钮，在下拉面板中选择合适的图案。接着单击"使用图案"按钮，效果如图10-9所示。

图10-8

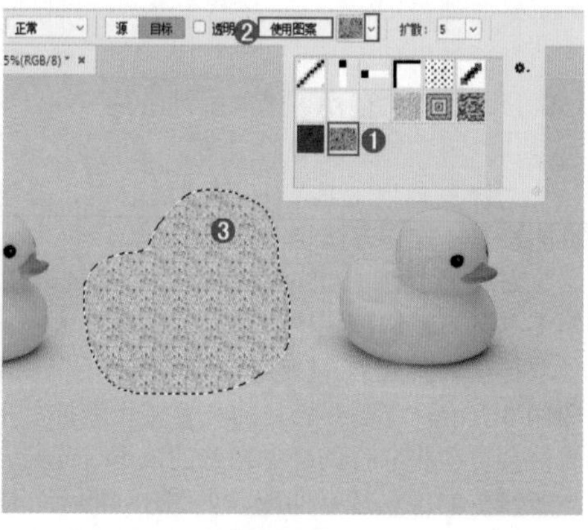
图10-9

10.1.4　内容感知移动工具

- 视频精讲：Photoshop新手学视频精讲课堂\内容感知移动工具的使用.flv
- 技术速查：使用“内容感知移动工具”可以在非复杂图层或慢速精确地选择选区的情况下快速地重构图像。

“内容感知移动工具” 可以将画面中的一部分内容“移动”到其他位置，而原位置的内容会被“智能”地填充好。

（1）选择工具箱中的“内容感知移动工具”，如图10-10所示，在需要移动的对象边缘绘制选区，如图10-11所示。

（2）在选项栏中设置“模式”为“移动”，然后将光标放置在选区内部，按住鼠标左键拖曳选区，如图10-12所示。将其移到相应位置后松开鼠标，接着画面会自动将影像与四周的景物融合在一块，而原始的区域则会进行智能填充，如图10-13所示。如果在选项栏中设置“模式”为“扩展”，那么选择移动的对象将被移动并复制，如图10-14所示。

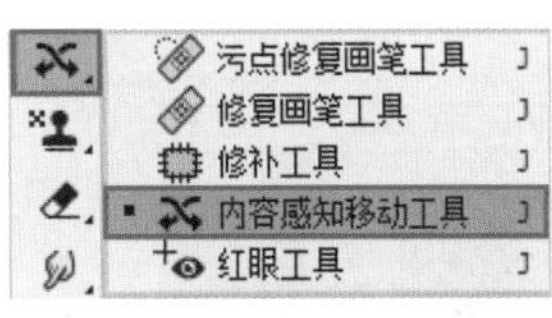

图10-10

图10-11

图10-12

图10-13

图10-14

10.1.5　红眼工具

- 视频精讲：Photoshop新手学视频精讲课堂\红眼工具的使用.flv
- 技术速查：使用“红眼工具”可以去除由闪光灯导致的红色反光。

在光线较暗的环境中使用闪光灯进行拍照，经常会造成黑眼球变红的情况，也就是通常所说的“红眼”。在Photoshop中使用“红眼工具”只需一步，就可以轻松去除红眼。

选择工具箱中的“红眼工具” ，在选项栏中设置“瞳孔大小”和“变暗量”的值，“瞳孔大小”数值越小瞳孔就越小，“变暗量”数值越大，瞳孔越黑。将光标移到红眼处，如图10-15所示。接着单击鼠标左键即可去除红眼，如图10-16所示。继续去除另外一个眼睛的红眼，效果如图10-17所示。

图10-15

图10-16

图10-17

10.1.6 仿制图章工具

- 视频精讲：Photoshop新手学视频精讲课堂\仿制图章工具与图案图章工具.flv
- 技术速查：使用“仿制图章工具”可以将图像的一部分绘制到同一图像的另一个位置上，或绘制到具有相同颜色模式的任何打开的文档的另一部分，当然也可以将一个图层的一部分绘制到另一个图层上。

使用“仿制图章工具” 之前需要先进行“取样”，然后在需要修复的区域进行涂抹，这样之前取样的像素会被完整地重现在被涂抹的区域处。

（1）选择工具箱中的“仿制图章工具”，然后调整合适的笔尖大小，接着按住Alt键在画面中单击取样，如图10-18所示。

（2）在需要修复的地方按住鼠标左键进行涂抹，随着涂抹可以将取样位置的像素覆盖涂抹的位置，如图10-19所示。继续进行涂抹，直到去除瑕疵，效果如图10-20所示。

图10-18

图10-19

图10-20

10.1.7 内容识别填充

- 视频精讲：Photoshop新手学视频精讲课堂\填充.flv
- 技术速查：使用“内容识别填充”可以通过感知该选区周围的像素进行填充，使填充结果看上去像是真的一样。

首先在需要填充的区域绘制一个选区，如图10-21所示。然后在选区上单击鼠标右键，在弹出的快捷菜单中执行“填充”命令，在弹出的对话框中设置“内容”为“内容识别”，然后单击“确定”按钮，如图10-22所示。此时选区内的区域自动进行内容识别，效果如图10-23所示。最后按Ctrl+D快捷键取消选区。

图10-21

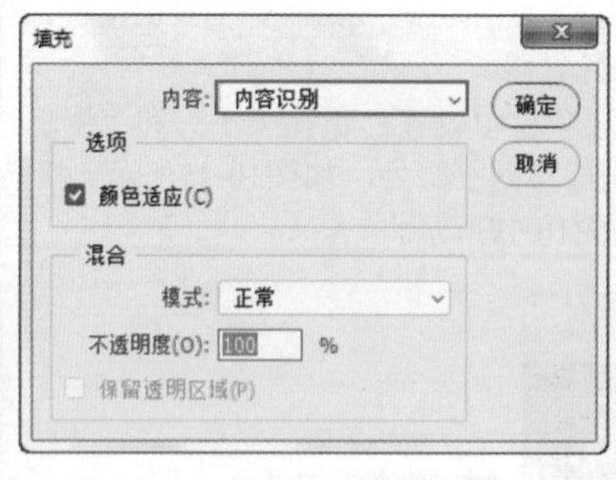

图10-22

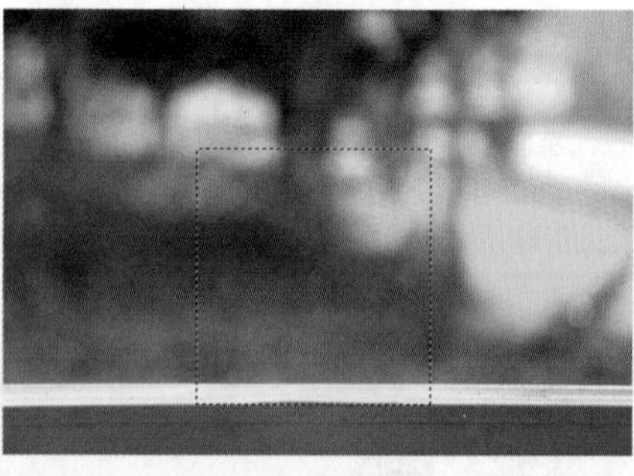
图10-23

高手小贴士：针对背景图层进行填充

如果对背景图层进行操作，可以直接按Delete键，可以快速弹出“填充”对话框。

读书笔记

修饰图像的局部

在对数码照片进行处理的过程中，会出现一些颜色对比较弱、像素比较模糊、视觉中心不够突出等小问题，在工具箱中有两组工具可以针对这类问题进行处理，如图10-24所示。

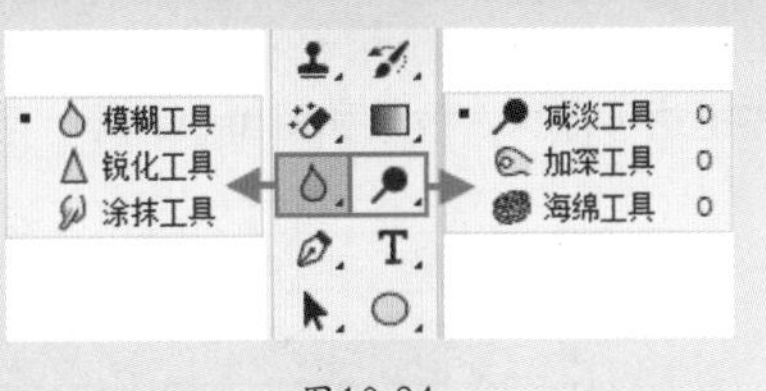

图10-24

10.2.1 模糊工具

- 视频精讲：Photoshop新手学视频精讲课堂\模糊、锐化、涂抹、加深、减淡、海绵.flv
- 技术速查：使用“模糊工具”可柔化硬边缘或减少图像中的细节。

“模糊工具”能够通过手动涂抹的方式让图像局部变得模糊。该工具主要用于细节处的柔化，使锐利的边缘变柔和，并减少图像中的细节。

选择工具箱中的“模糊工具”，在选项栏中设置合适的笔尖大小、模式，通过设置“强度”选项设置模糊的强度，然后在需要进行模糊的位置按住鼠标左键进行涂抹，如图10-25所示。随着涂抹可以看到涂抹的位置变得模糊了，效果如图10-26所示。

图10-25

图10-26

10.2.2 锐化工具

- 视频精讲：Photoshop新手学视频精讲课堂\模糊、锐化、涂抹、加深、减淡、海绵.flv
- 技术速查：使用“锐化工具”能够通过涂抹的方式增加图像局部的清晰度。

选择工具箱中的“锐化工具”，在选项栏中设置“强度”的数值可以控制涂抹时画面锐化的强度。选中“保护细节”复选框后，在进行锐化处理时将对图像的细节进行保护。然后在需要锐化的位置按住鼠标左键进行涂抹，使其锐化，如图10-27所示，最终效果如图10-28所示。

图10-27

图10-28

10.2.3 涂抹工具

- 视频精讲：Photoshop新手学视频精讲课堂\模糊、锐化、涂抹、加深、减淡、海绵.flv
- 技术速查：使用“涂抹工具”可以模拟手指划过湿油漆时所产生的效果，一般用于对图像局部进行微调。

选择工具箱中的“涂抹工具”，在选项栏中通过设置“强度”数值来设置颜色展开的衰减程度，然后在画面中按住鼠标左键进行涂抹，效果如图10-29所示。若选中“手指绘画”复选框，可以使用前景色进行涂抹绘制，效果如图10-30所示。

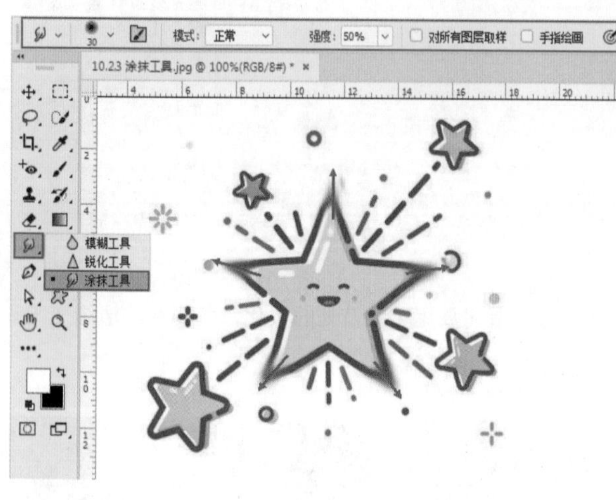

图10-29

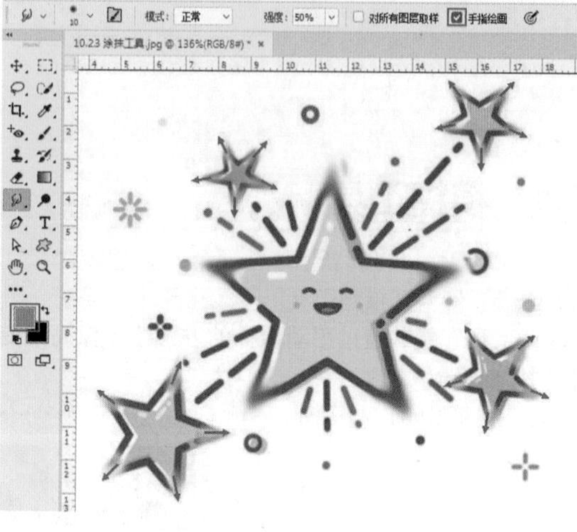

图10-30

10.2.4 减淡工具

- 视频精讲：Photoshop新手学视频精讲课堂\模糊、锐化、涂抹、加深、减淡、海绵.flv
- 技术速查：使用“减淡工具”可以对图像的“亮部”“中间调”“暗部”分别进行减淡处理，在某个区域绘制的次数越多，该区域就会变得越亮。

“减淡工具”可以把图片中需要变亮或增强质感的部分颜色加亮。

（1）选择工具箱中的“减淡工具”，在选项栏中通过设置“范围”选项设置调整的范围，然后设置合适的“曝光度”数值，如图10-31所示。接着在需要调整的位置进行涂抹，随着涂抹可以看到其颜色的亮度提高了，如图10-32所示。

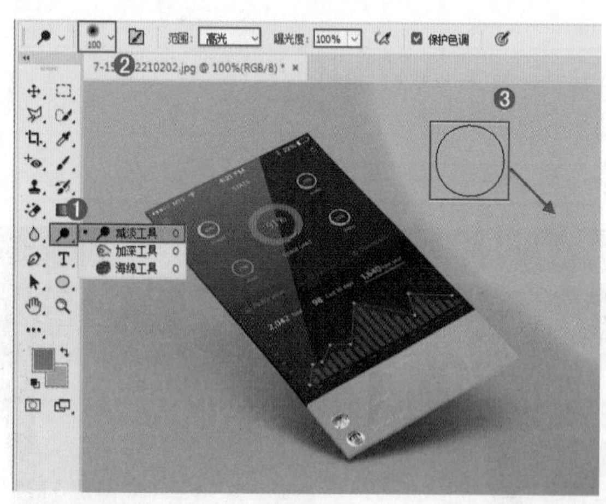

图10-31

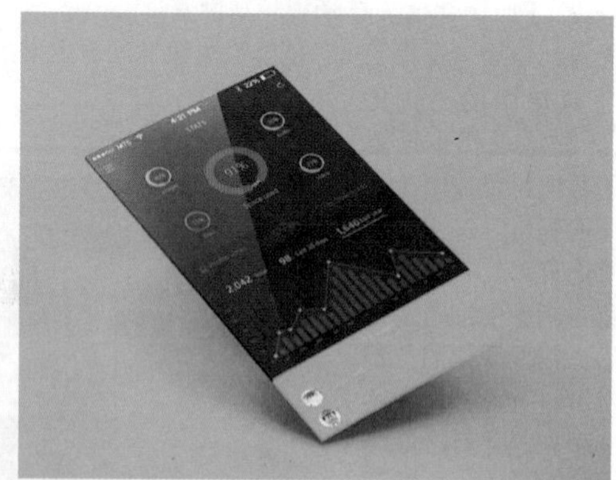

图10-32

（2）减淡操作针对的色调区域包括“中间调”“阴影”或“高光”。如果“范围”为“阴影”，那么减淡操作会更多地针对暗部区域；如果“范围”为“高光”，那么原本的亮部区域会变得更亮，而暗部区域受影响较小。如图10-33所示为减淡画面阴影区域的效果。

（3）“曝光度”可用于控制颜色减淡的强度，数值越大，每次涂抹时变亮的程度越强。如图10-34和图10-35所示是“曝光度”分别为50%和100%的对比效果。如果选中“保护色调”复选框则可以在一定程度上保护图像的色调不受过多的影响。

图10-33

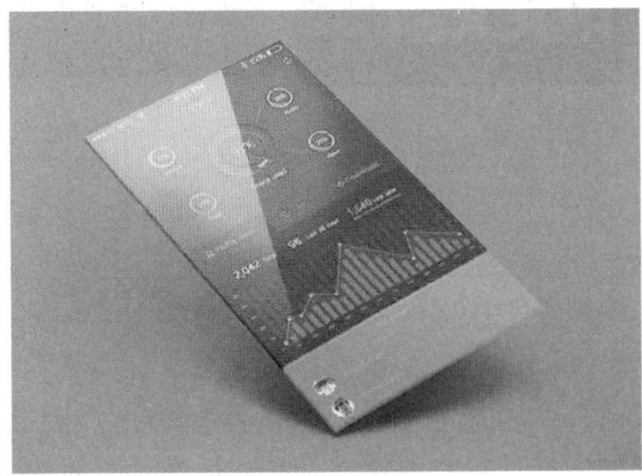

图10-34

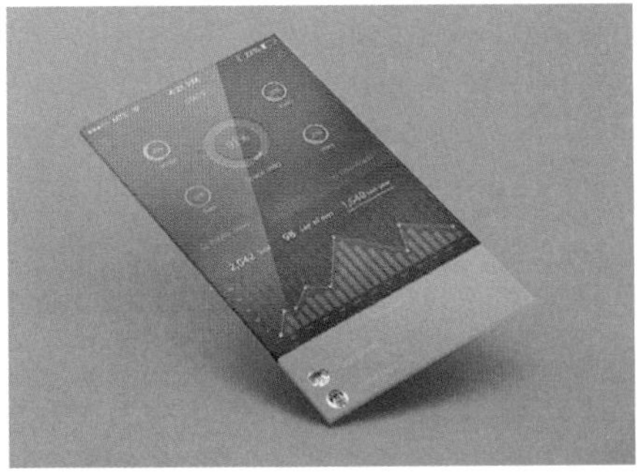

图10-35

★ 案例实战——使用加深减淡工具增强标志立体感

文件路径　第10章\使用加深减淡工具增强标志立体感

难易指数　★★★★★

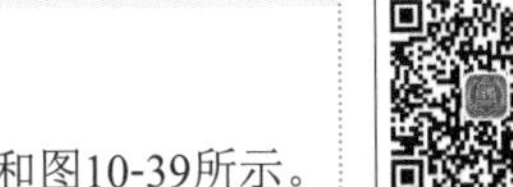

扫码看视频

案例效果

案例对比效果如图10-38和图10-39所示。

读书笔记

10.2.5 加深工具

- 视频精讲：Photoshop新手学视频精讲课堂\模糊、锐化、涂抹、加深、减淡、海绵.flv
- 技术速查：使用“加深工具”可以对图像进行加深处理。

“加深工具”可以通过在画面中涂抹的方式对图像局部进行加深处理。选择工具箱中的“加深工具”，然后在选项栏中设置合适的“范围”和“曝光度”参数，如图10-36所示。接着在需要加深的位置进行涂抹，效果如图10-37所示。

图10-36

图10-37

图10-38

图10-39

操作步骤

01 执行“文件>打开”命令，打开素材“1.jpg”，如图10-40所示。可以看出此时画面中的标志立体感较弱。单击工具箱中的“减淡工具”按钮，在选项栏中设置“画笔大小”为100像素，“范围”为“中间调”，“曝光”为35%，选中“保护色调”复选框，然后在标志上按住鼠标左键进行涂抹，此时涂抹过的位置变亮，如图10-41所示。

02 选择工具箱中的“加深工具”，在选项栏中设置“画笔大小”为50像素，“范围”为“阴影”，“曝光”为35%，选中“保护色调”复选框，接着在圆角矩形周围涂抹，制作阴影效果，增强对比度，如图10-42所示，此时画面最终效果如图10-43所示。

图10-40

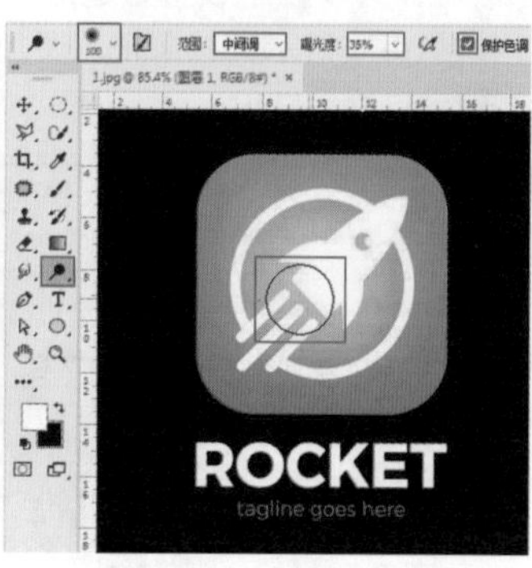

图10-41

图10-42

图10-43

10.2.6 海绵工具

- 视频精讲：Photoshop新手学视频精讲课堂\模糊、锐化、涂抹、加深、减淡、海绵.flv
- 技术速查：使用“海绵工具”可以增加或降低图像中某个区域的饱和度。

选择工具箱中的“海绵工具”，如图10-44所示。在选项栏中设置“模式”为“加色”时，在画面中按住鼠标左键并拖动可以增加色彩的饱和度，效果如图10-45所示。若选择“去色”选项，在画面中按住鼠标左键并拖动可以降低色彩的饱和度，效果如图10-46所示。选中“自然饱和度”复选框可以在增加饱和度的同时防止颜色过度饱和而产生溢色现象。

图10-44

图10-45

图10-46

高手小贴士：在“灰度”色彩模式下使用“海绵工具”

如果是对灰度模式的图像进行处理，使用“海绵工具”则可以增加或降低画面的对比度。

10.2.7 颜色替换工具

- 视频精讲：Photoshop新手学视频精讲课堂\颜色替换画笔的使用方法.flv
- 技术速查：使用“颜色替换工具”能够将画面中的区域替换为选定的颜色。

“颜色替换工具”主要用于更改图像局部的颜色，该工具是使用前景色以特定的模式替换图像中指定的像素颜色。

选择工具箱中的“颜色替换工具”，在选项栏中设置合适的笔尖大小、“模式”、“限制”以及“容差”。然后设置合适的前景色。接着将光标移到需要替换颜色的区域进行涂抹，被涂抹的区域颜色发生了变化，如图10-47所示，效果如图10-48所示。

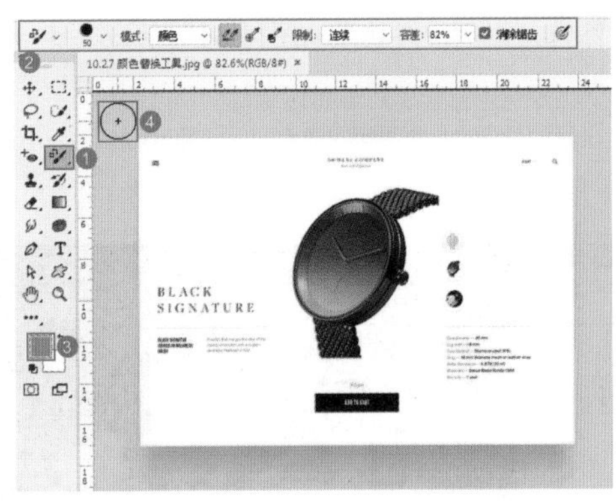

图10-47

图10-48

选项解读：“颜色替换工具”选项栏

- 模式：选择替换颜色的模式，包括“色相”“饱和度”“颜色”“明度”。当选择“颜色”模式时，可以同时替换色相、饱和度和明度。
- 取样：用来设置颜色的取样方式。激活“取样:连续”按钮以后，在拖曳光标时，可以对颜色进行取样；激活“取样:一次”按钮以后，只替换包含第一次单击的颜色区域中的目标颜色；激活“取样:背景色板”按钮以后，只替换包含当前背景色的区域。
- 限制：当选择“不连续”选项时，可以替换出现在光标下任何位置的样本颜色；当选择“连续”选项时，只替换与光标下的颜色接近的颜色；当选择“查找边缘”选项时，可以替换包含样本颜色的连接区域，同时保留形状边缘的锐化程度。
- 容差：用来设置“颜色替换工具”的容差。容差值越大，可被替换的颜色范围也就越大。

★ 案例实战——使用颜色替换画笔改变环境颜色

文件路径　第10章\使用颜色替换画笔改变环境颜色

难易指数

扫码看视频

案例效果

案例效果如图10-49所示。

操作步骤

01 执行“文件>打开”命令，打开素材“1.jpg”，如图10-50所示。

图10-49

图10-50

02 单击工具箱中的“颜色替换工具”按钮，按Ctrl+J快捷键复制一个“背景副本”图层，单击打开“画笔预设”选取器，在弹出的下拉面板中设置“大小”为200像素，“硬度”为62%，“间距”为25%，接着设置“模式”为“颜色”，“限制”为“连续”，“容差”为30%，如10-51所示。

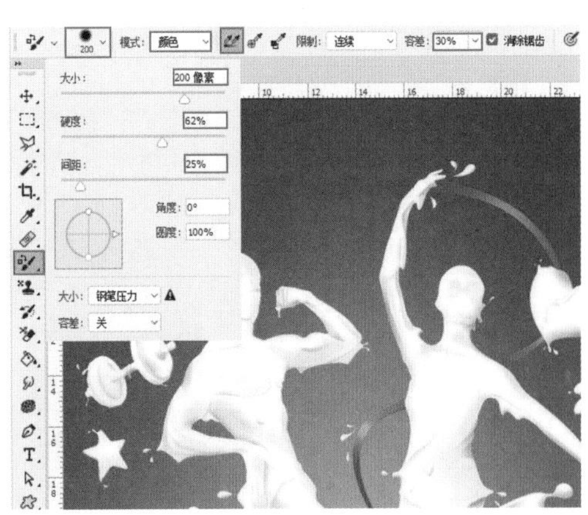

图10-51

03 在工具箱的底部设置前景色为粉紫色，如10-52所示。使用“颜色替换工具”在图像中进行涂抹，如图10-53所示。

04 使用同样的方法继续在画面中进行涂抹，案例最终效果如图10-54所示。

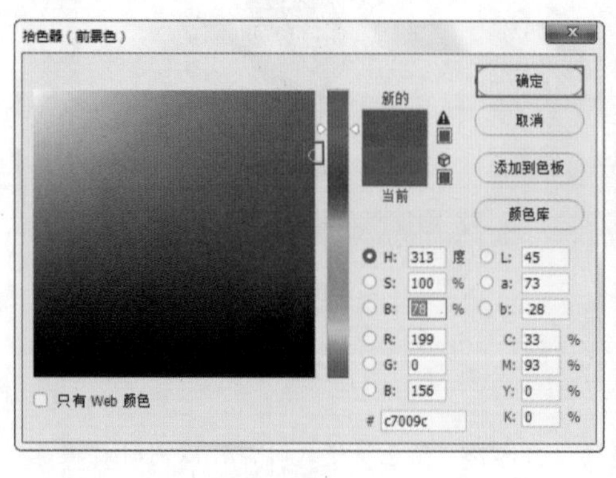

图10-52

图10-53

图10-54

读书笔记

第11章

调色

本章内容简介：

色彩是照片中很重要的一个组成部分，因此调色是非常重要的知识点。在Photoshop中，有两种不同的调色方式，一种是将调色效果直接作用于图像，另一种是使用调整图层进行调色。

本章学习要点：

- 掌握调色的两种方法
- 灵活运用调色命令对图像进行调色

11.1 调色命令的使用方法

视频精讲：Photoshop新手学视频精讲课堂\使用调整图层.flv

对图像调色有两种方法：一种是使用“图像>调整”命令，另外一种是使用“图层>新建调整图层”命令，两种方式对于调色效果是相同，不同的是，前者是调色效果直接作用于图像，不能进行后期更改，另一种方法可以进行后期调色效果的更改。

方法一：使用“图像>调整”命令

使用“图像>调整”命令是直接对图层应用调色命令，这种方法比较直观，但是一次只能针对一个图层进行操作，而且调色之后的图层无法方便地还原到之前的效果或者进行调色数值的更改。

在Photoshop的“图像>调整”菜单中有多种调色命令，选择需要调色的图层，如图11-1所示。然后执行这些调色命令，例如执行“图像>调整>亮度/对比度”命令，在弹出的“亮度/对比度”对话框中进行参数的设置，如图11-2所示。设置完成后单击“确定”按钮，效果如图11-3所示。

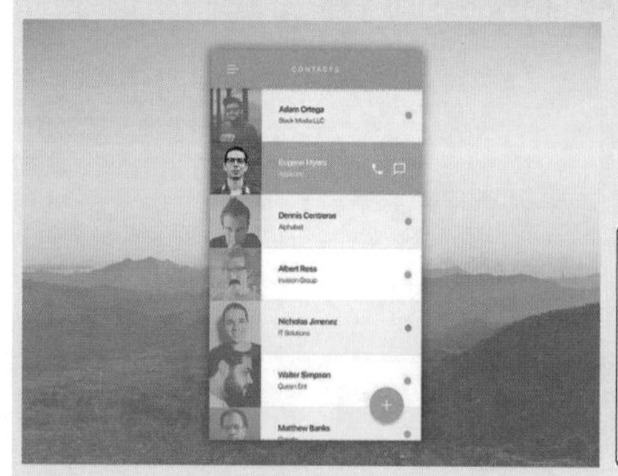

图11-1

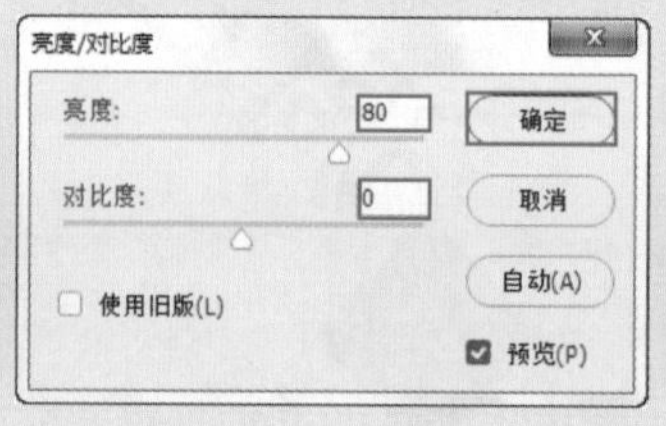

图11-2

图11-3

方法二：使用“图像>新建调整图层”命令

除了这种方法之外，还有一种更为灵活的调色方式——使用调整图层。

（1）执行“图层>新建调整图层”命令，在子菜单中可以看到大量与“图像>调整”菜单下相同的命令，如图11-4所示。例如执行“图层>新建调整图层>色阶”命令，会弹出“新建图层”对话框，在该对话框中可以设置图层名称，然后单击“确定”按钮，如图11-5所示。接着在“图层”面板中创建一个调整图层，这个图层的位置是可以随意调整的，位于该图层下方的所有图层都会受到这一调整图层的影响，如图11-6所示。

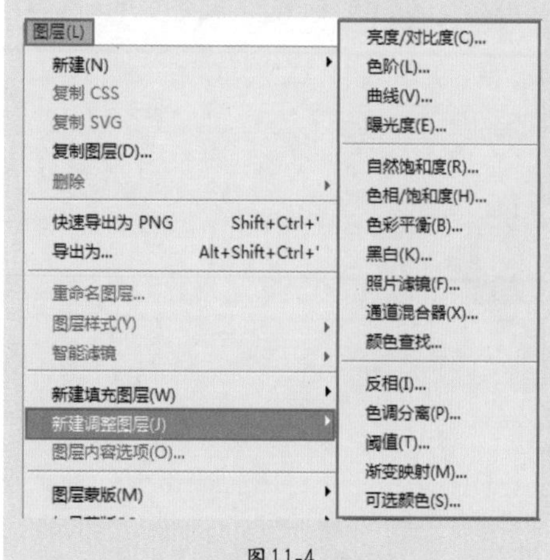

图11-4

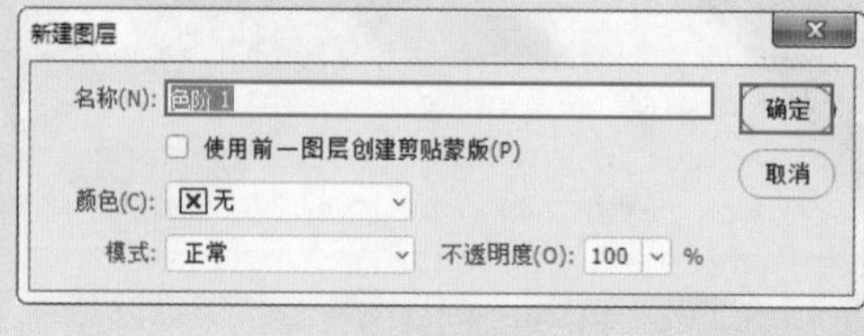

图11-5

图11-6

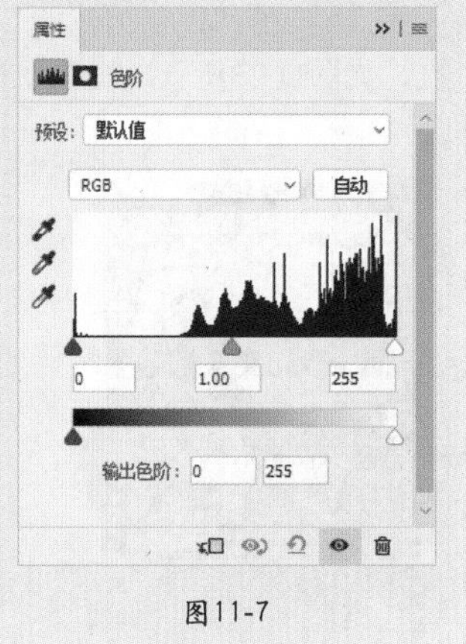

图11-7

（2）新建调整图层的同时还会弹出“属性”面板，若没找到“属性”面板可以执行“窗口>属性”命令打开“属性”面板，在“属性”面板中可以看到这一调色命令的参数设置选项。随着参数的调整，画面会发生颜色变化，如图11-7所示。这种调色方式的优势在于：如果对调色效果不满意，再次单击该调整图层，可以在“属性”面板中重新进行参数的调整，而且不会影响其他图层的原始内容。

读书笔记

高手小贴士：调整图层的图层蒙版

每个调整图层都带有一个图层蒙版，在蒙版中可以使用黑色、白色控制该调整图层起作用的区域。蒙版中黑色的区域表示透明，也就是这个区域中调整图层不起作用；白色区域表示不透明，也就是说这个区域中调整图层起作用。

11.2 亮度/对比度

- 视频精讲：Photoshop新手学视频精讲课堂\影调调整命令.flv
- 技术速查：使用“亮度/对比度”命令可以对图像的色调范围进行简单的调整，是非常常用的影调调整命令，能够快速地矫正图像“发灰”的问题。

使用“亮度/对比度”命令可以调整图像的明暗程度和对比度。

（1）打开一张图片，如图11-8所示。执行“图像>调整>亮度/对比度”命令，在打开的“亮度/对比度”对话框中设置“亮度”为20，“对比度”为50，调整完成后单击“确定”按钮完成操作，如图11-9所示，此时画面效果如图11-10所示。

（2）在“亮度/对比度”对话框中，“亮度”用来设置图像的整体明暗。当数值为负值时，表示降低图像的亮度，如图11-11所示。数值为正值时，表示提高图像的亮度，如图11-12所示。

图11-8

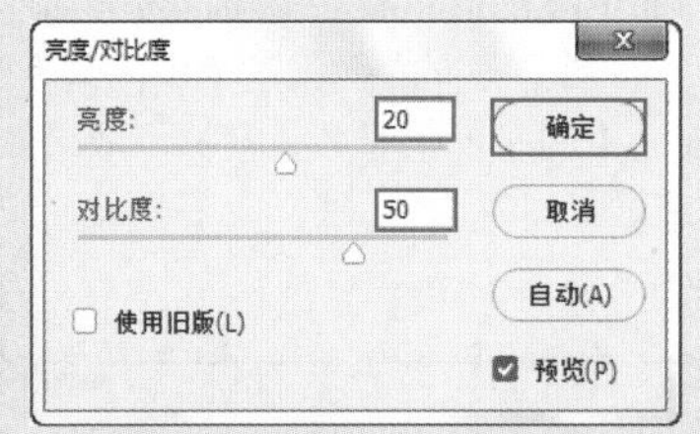

图11-9

图11-10

图11-11

（3）在“亮度/对比度”对话框中，“对比度”用于设置图像亮度对比的强烈程度。数值为负值时，表示降低对比度，如图11-13所示。数值为正值时，表示增加对比度，如图11-14所示。

图11-12　　图11-13　　图11-14

11.3 色阶

- 视频精讲：Photoshop新手学视频精讲课堂\影调调整命令.flv
- 技术速查：“色阶”命令不仅可以针对图像进行明暗对比的调整，还可以对图像的阴影、中间调和高光强度级别进行调整，以及分别对各个通道进行调整，以调整图像明暗对比或者色彩倾向。

（1）打开图片，如图11-15所示。执行“图像>调整>色阶”命令或按Ctrl+快捷键，打开“色阶”对话框，如图11-16所示。

（2）通过调整“色阶”对话框中滑块的位置可达到调整画面效果的目的，向左侧拖动“中间调”滑块，如图11-17所示。此时画面中亮部信息数量增加，效果如图11-18所示。

（3）若向右侧拖动“中间调”滑块，如图11-19所示。此时画面中的暗部信息数量增加，效果如图11-20所示。

图11-15

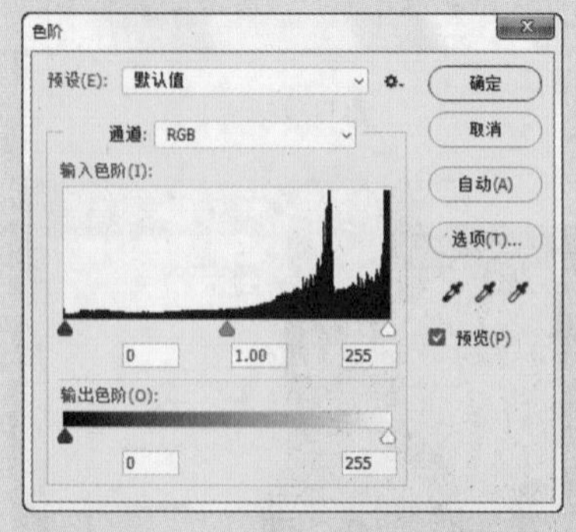

图11-16　　图11-17

图11-18

（4）如果要增强画面对比度，可以将左侧“阴影”滑块向右侧拖动，增加暗部信息数量，接着将右侧“高光”滑块向左侧拖动，增加亮部信息数量，如图11-21所示，此时效果如图11-22所示。

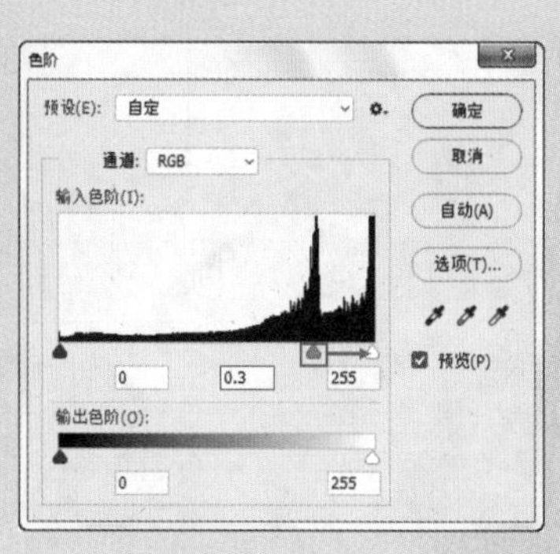

图11-19

图11-20

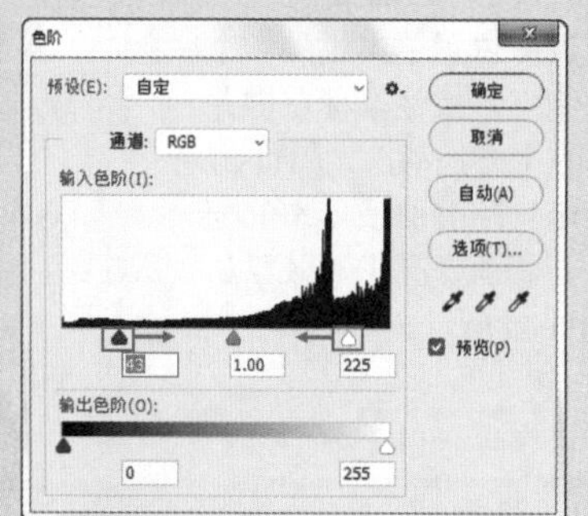

图11-21

（5）在“色阶”对话框中可以分别对“红”“绿”“蓝”通道进行单独调整。例如在“通道”下拉列表框中选择“蓝”通道进行颜色调整，接着将“中间调”滑块向右侧拖动，如图11-23所示。此时画面色调发生变化，效果如图11-24所示。

图11-22

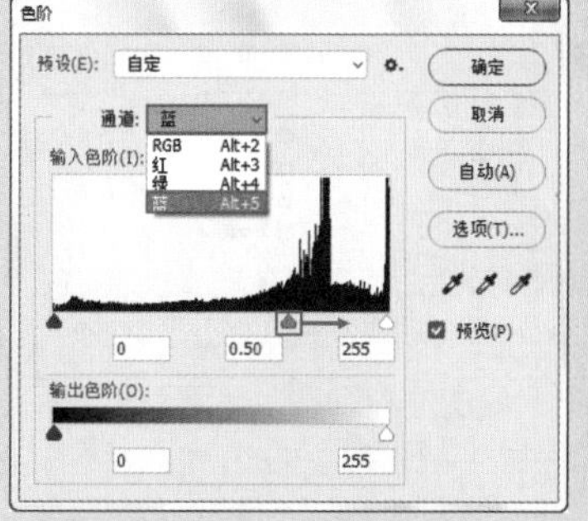

图11-23

图11-24

11.4 曲线

视频精讲：Photoshop新手学视频精讲课堂\影调调整命令.flv

技术速查：调整曲线可以对图像的亮度、对比度和色调进行非常便捷的调整。

“曲线”命令是一个既可以调整图像明暗，又可以调整图像对比度，还可以对图像颜色进行调整的非常实用的调色命令。“曲线”命令的使用比较直观，只需要在一条直线上添加控制点并调整曲线形态，即可改变画面的颜色。

（1）打开一张图片，如图11-25所示。执行“图像>调整>曲线”命令或按Ctrl+M快捷键，打开“曲线”对话框，如图11-26所示。

图11-25

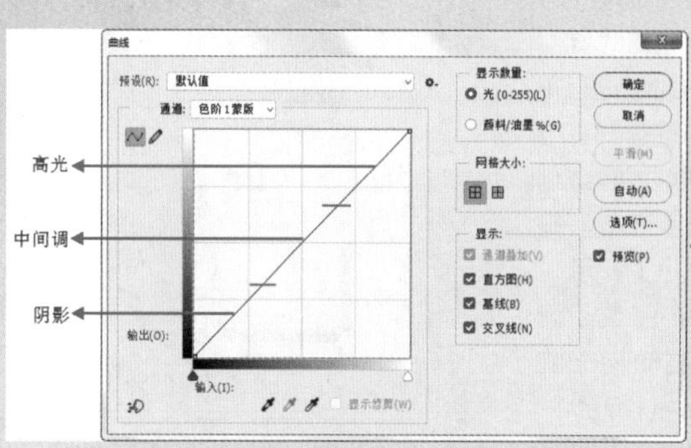

图11-26

（2）在曲线的“中间调”位置单击添加一个控制点，按住鼠标左键并向左上方拖动，如图11-27所示。随着曲线形态的变化，画面变亮了，效果如图11-28所示。

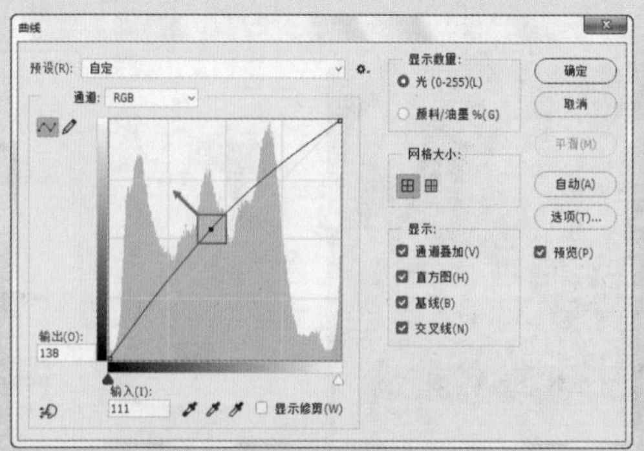

图11-27

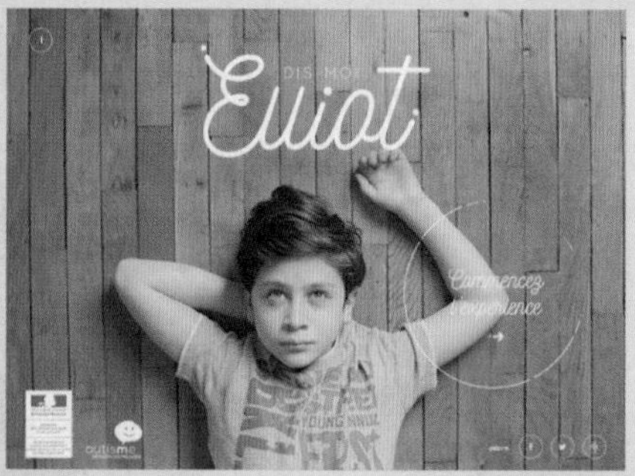

图11-28

（3）若将控制点向右下方拖动，可使画面变暗，如图11-29所示，效果如图11-30所示。

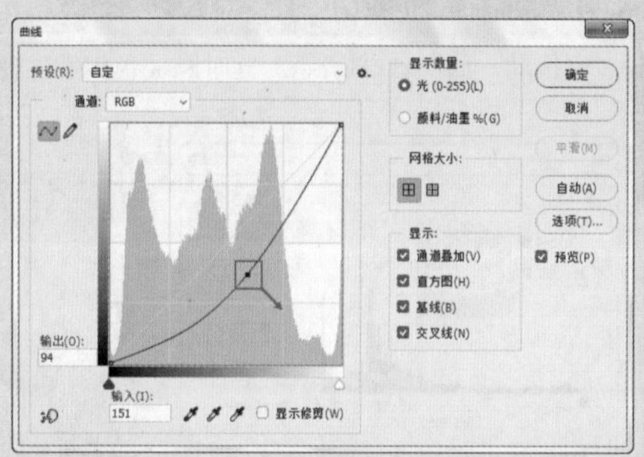

图11-29

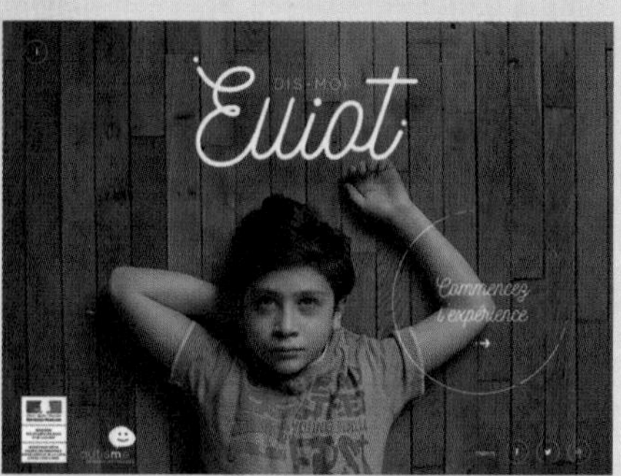

图11-30

（4）若在曲线“高光”位置添加控制点向左上拖动，在“阴影”位置添加控制点向右下拖动，调整曲线形态为S形，可增强画面对比度，如图11-31所示，图片效果如图11-32所示。

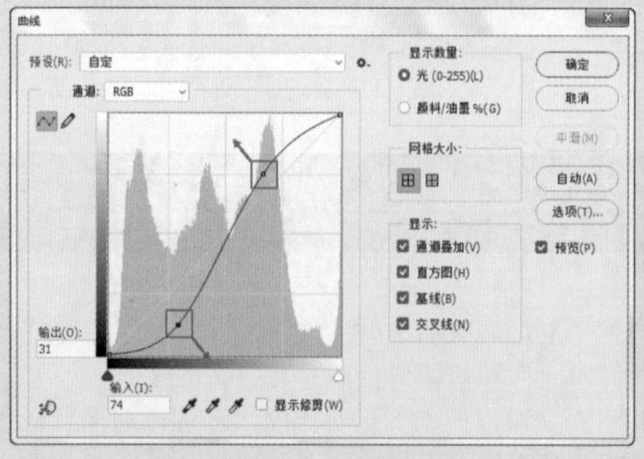

图11-31

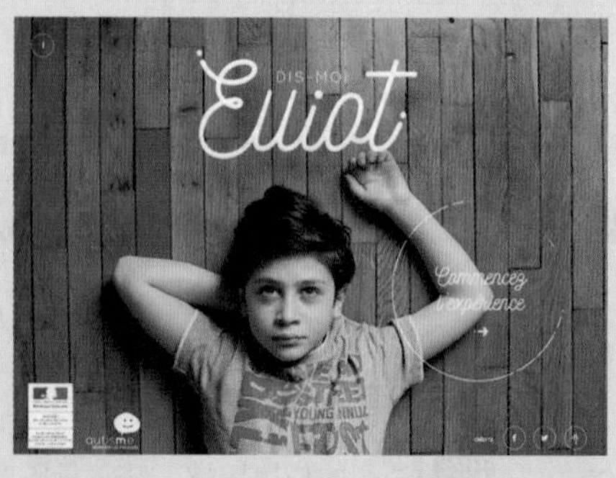

图11-32

（5）在“曲线”对话框中可以分别对“红”“绿”“蓝”通道进行单独调整，例如选择“红”通道，在曲线上单击创建一个控制点向左上拖动，如图11-33所示。此时图片中红色数量增加，使画面更倾向于红色调，如图11-34所示。

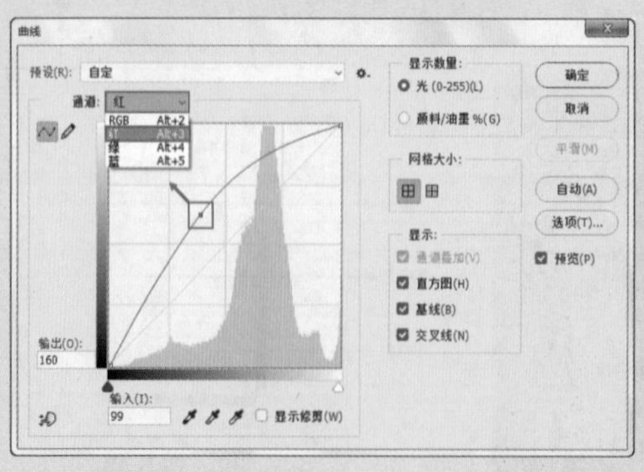

图11-33

图11-34

★ 案例实战——使用曲线快速打造反转片效果

文件路径	第11章\使用曲线快速打造反转片效果
难易指数	★★★★★

扫码看视频

案例效果

案例对比效果如图11-35和图11-36所示。

图11-35

图11-36

操作步骤

01 执行“文件>打开”命令，打开背景素材“1.jpg”，如图11-37所示。目前图像最明显的缺陷就在于画面色感不足，对比度较弱，显得整体偏灰，很难吸引人眼球。

图11-37

02 执行“图层>新建调整图层>曲线”命令，在弹出的“新建图层”对话框中单击“确定”按钮。接着在弹出的“曲线”调整面板中的曲线上添加两个点，并调整点的位置，使曲线呈S形，如图11-38所示。此时增强了画面对比度，并且画面色感也增强了一些，如图11-39所示。

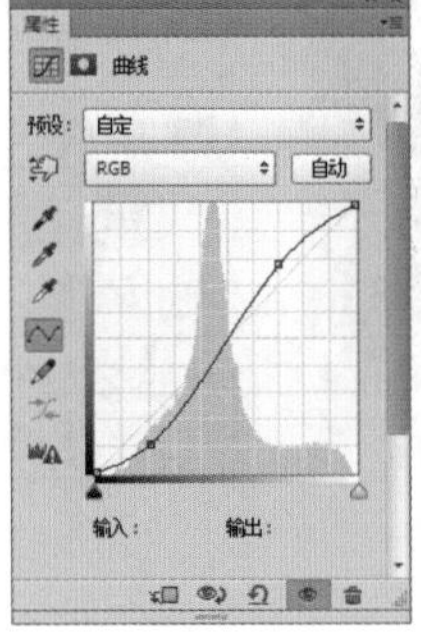

图11-38　　图11-39

03 为了模拟反转片效果，需要针对画面颜色进行调整，在曲线调整窗口中若需要调整画面颜色就需要单独针对某个颜色通道进行调整。首先将通道设置为红色，同样调整红通道曲线为S形，如图11-40所示，此时画面暗部偏向青绿色，亮部倾向于红色，如图11-41所示。

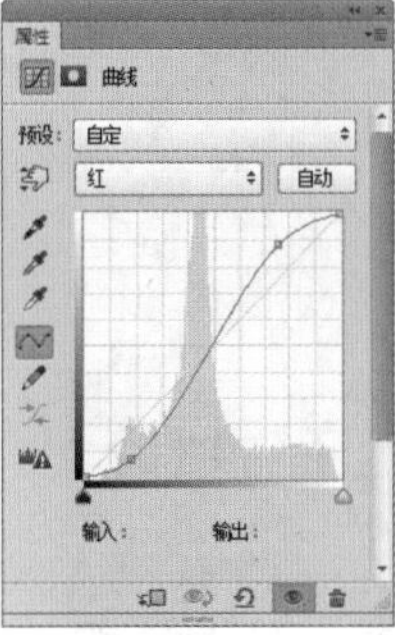

图11-40　　图11-41

04 再次将通道设置为绿色，调整绿通道曲线为S形，此时画面暗部偏向青紫色，如图11-42所示，效果如图11-43所示。

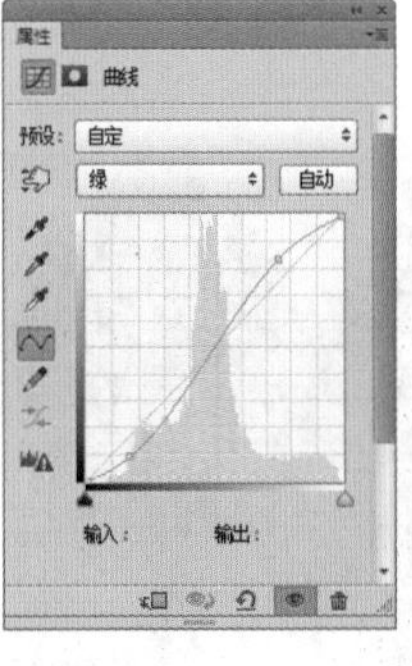

图11-42　　图11-43

05 执行“文件>置入嵌入对象”命令，将素材“2.jpg”置入文档内，摆放在合适的位置并将其栅格化，如图11-44所示。在“图层”面板中选中该图层，设置“混合模式”为“滤色”，如11-45所示，案例最终效果如图11-46所示。

图11-44

图11-45

图11-46

★ 案例实战——曲线与混合模式打造浪漫红树林

文件路径	第11章\曲线与混合模式打造浪漫红树林
难易指数	★★★★★

扫码看视频

案例效果

案例效果如图11-47与图11-48所示。

图11-47

图11-48

操作步骤

01 执行“文件>打开”命令，打开背景素材“1.jpg”，如图11-49所示。

02 在工具箱的底部设置前景色为棕色，新建图层，为其填充棕色，如图11-50所示。在“图层”面板中选中该图层，设置“混合模式”为“色相”，如图11-51所示。此时画面颜色发生了明显的变化，效果如图11-52所示。

图11-49

图11-50

03 为了使画面颜色更丰富一些，执行“图层>新建调整图层>曲线”命令，在弹出的“新建图层”对话框中设置通道为蓝，并调整曲线的形状，如图11-53所示。此时画面的暗部区域将会倾向于蓝紫色，效果如图11-54所示。

图11-51

图11-52

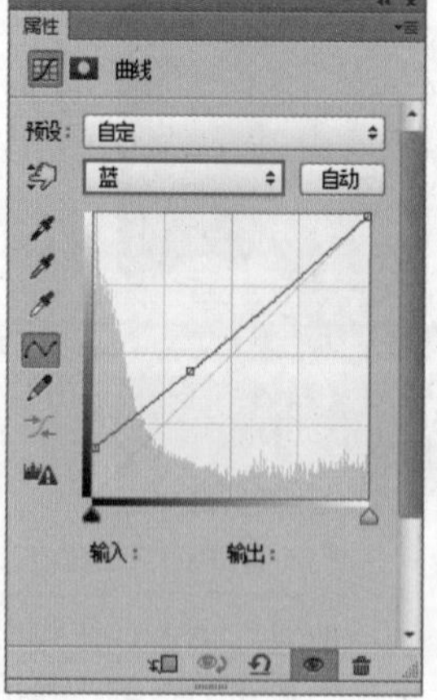

图11-53

图11-54

04 为了增强画面对比度，设置通道为RGB，调整曲线的形状，如图11-55所示，效果如图11-56所示。最后执行“文件>置入嵌入对象”命令，将素材“2.png”置入文档内，将其放置在合适的位置并栅格化，案例最终效果如图11-57所示。

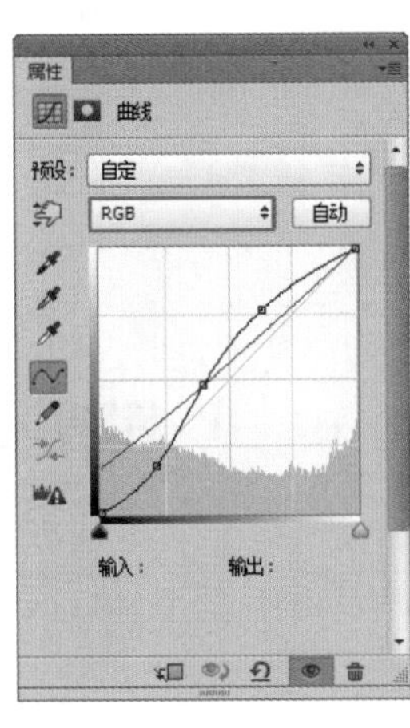

图11-55

图11-56

图11-57

11.5 曝光度

视频精讲：Photoshop新手学视频精讲课堂\影调调整命令.flv

技术速查：使用“曝光度”命令可以通过调整“曝光度”“位移”“灰度系数校正”3个参数调整照片的对比反差，修复数码照片中常见的曝光过度与曝光不足等问题。

（1）打开一张图片，如图11-58所示。执行“图像>调整>曝光度”命令，打开“曝光度”对话框，然后调整参数，如图11-59所示。设置完成后单击“确定”按钮，此时画面效果如图11-60所示。

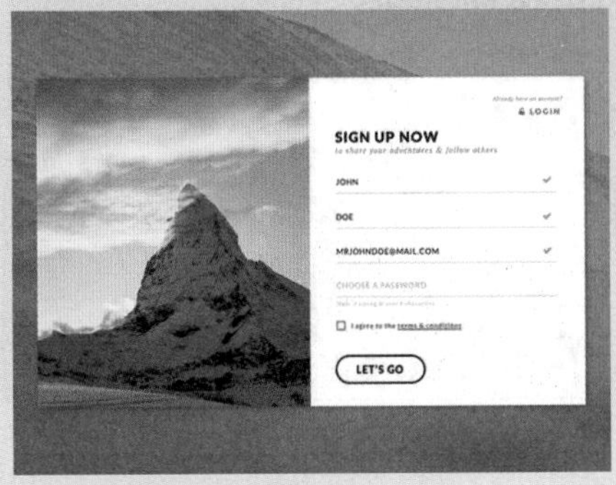

图11-58

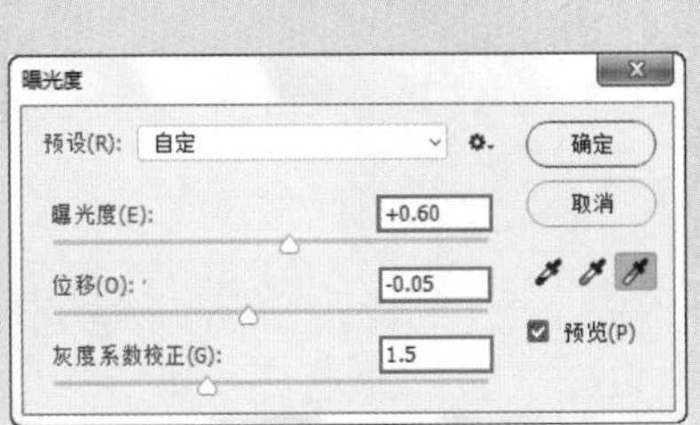

图11-59

图11-60

（2）Photoshop预设了4种曝光效果，分别是“减1.0”“减2.0”“加1.0”“加2.0”，效果分别如图11-61～图11-64所示。

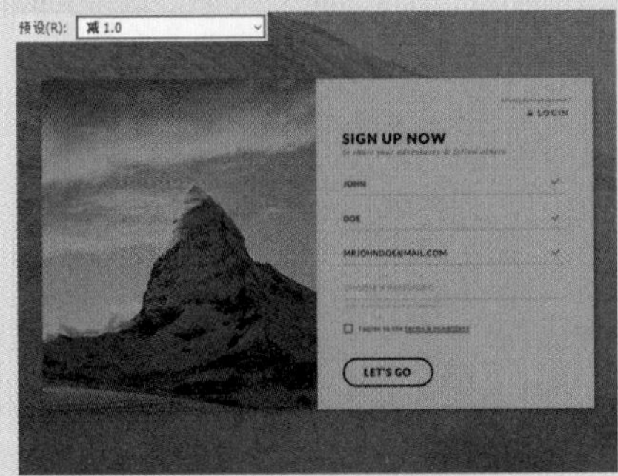

图11-61

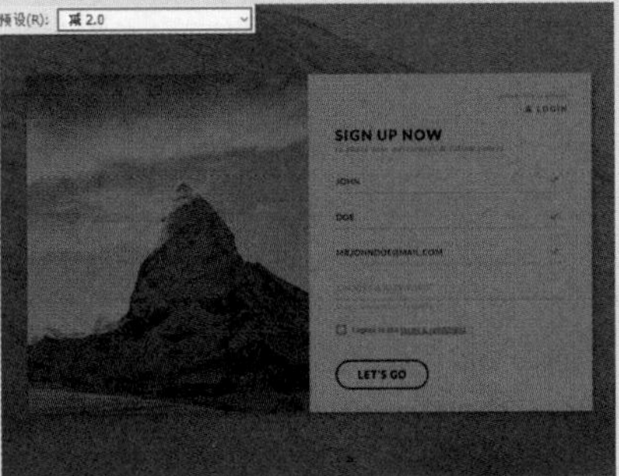

图11-62

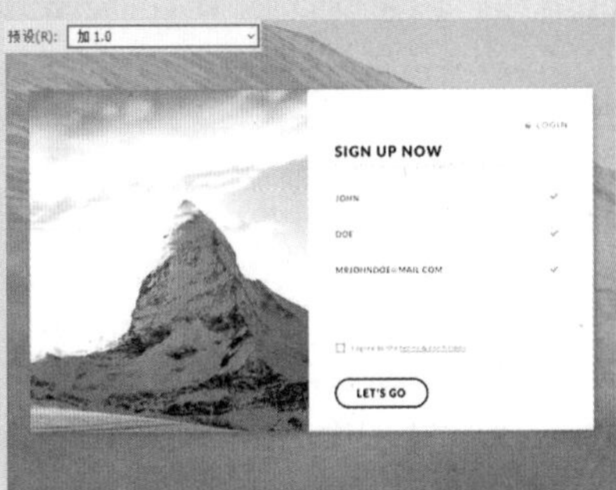

图11-63

（3）“曝光度”选项用来调整图像的曝光程度。向左拖动滑块，可以减弱曝光效果，如图11-65所示；向右拖动滑块，可以增强曝光效果，如图11-66所示。

（4）“位移”选项主要对阴影和中间调起作用，可以使其变暗，但对高光基本不会产生影响。向左拖动滑块，效果如图11-67所示。向右拖动滑块，效果如图11-68所示。

（5）“灰度系数校正”是使用一种乘方函数来调整图像灰度系数，可以增加或减少画面的灰度系数，效果如图11-69和图11-70所示。

图11-64

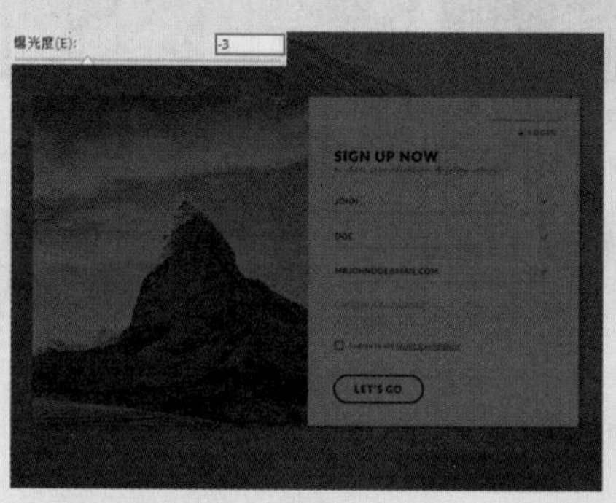

图11-65

图11-66

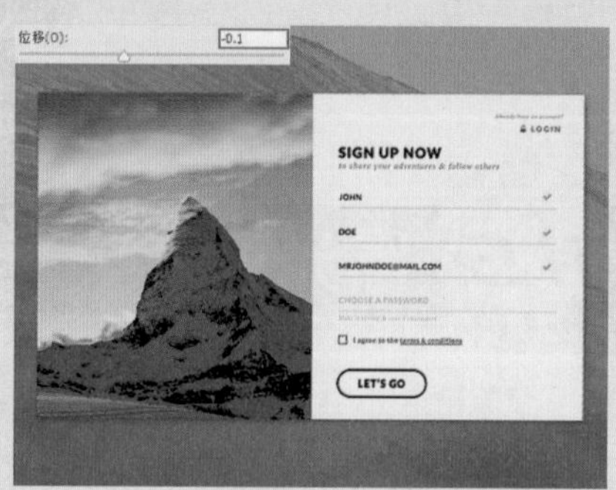

图11-67

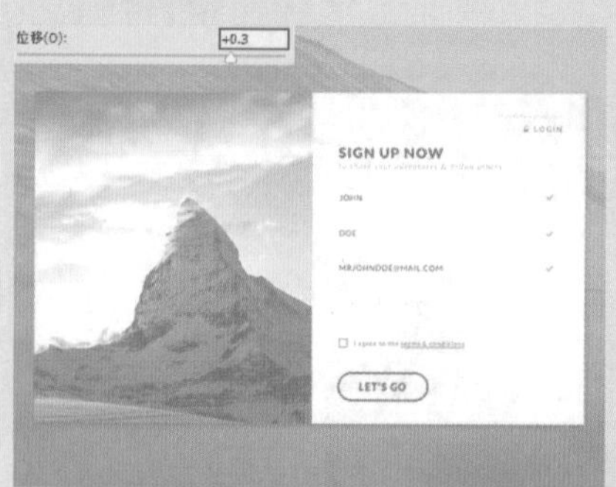

图11-68

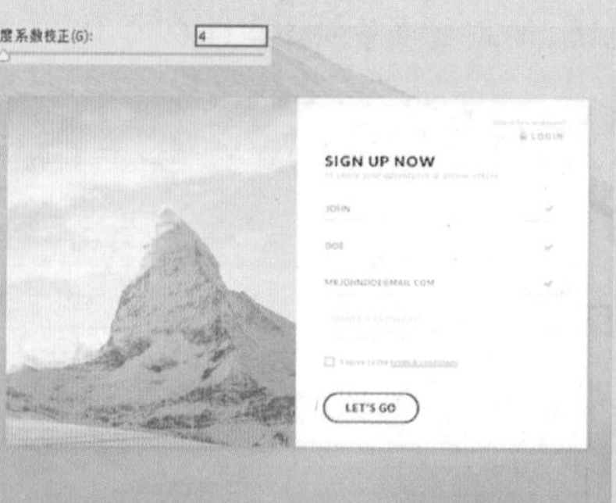

图11-69

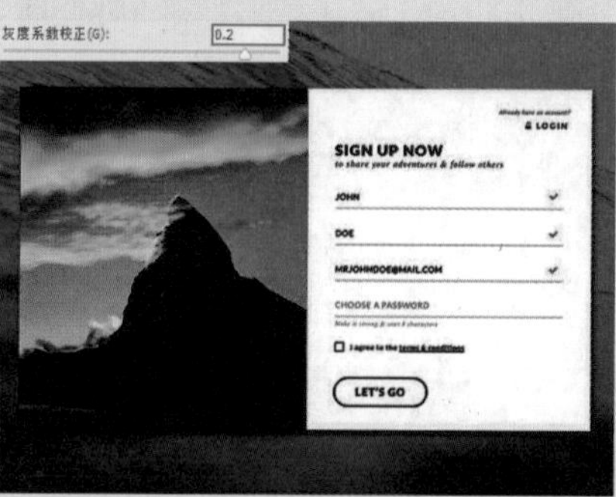

图11-70

11.6 自然饱和度

- 视频精讲：Photoshop新手学视频精讲课堂\常用色调调整命令.flv
- 技术速查：“自然饱和度”可以针对图像饱和度进行调整。与“色相/饱和度”命令相比，使用“自然饱和度”命令，可以在增加图像饱和度的同时有效地控制由于颜色过于饱和而出现的溢色现象。

打开一张图像，如图11-71所示。执行“图像>调整>自然饱和度”命令，打开“自然饱和度”对话框，调整“自然饱和度”和“饱和度”的数值，如图11-72所示。设置完成后单击“确定”按钮，此时画面效果如图11-73所示。

图11-71

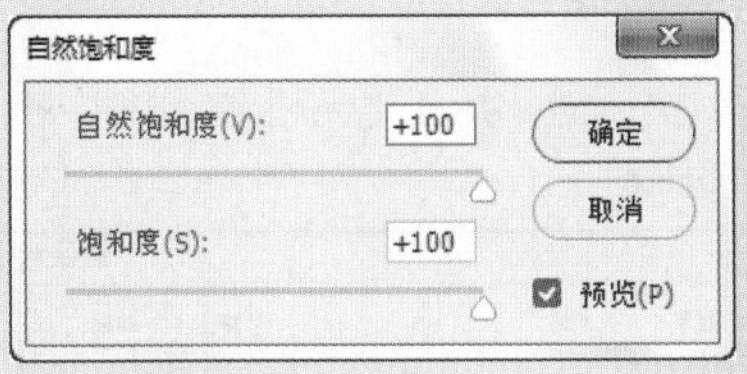

自然饱和度

自然饱和度(V): +100

饱和度(S): +100

确定

取消

预览(P)

图11-72

图11-73

读书笔记

选项解读：“自然饱和度”对话框详解

- 自然饱和度：向左拖动滑块，可以降低颜色的饱和度，如图11-74所示；向右拖动滑块，可以增加颜色的饱和度，如图11-75所示。

图11-74

图11-75

- 饱和度：向左拖动滑块，可以增加所有颜色的饱和度，如图11-76所示；向右拖动滑块，可以降低所有颜色的饱和度，如图11-77所示。

图11-76

图11-77

11.7 色相/饱和度

视频精讲：Photoshop新手学视频精讲课堂\常用色调调整命令.flv

技术速查："色相/饱和度"可以对色彩的三大属性，即色相、饱和度（纯度）、明度进行调整。

"色相/饱和度"命令可以对画面的色相、饱和度、明度进行调整，而且该命令既可针对整个画面的色相、饱和度和明度，也可以单独调整"红色""黄色""绿色""青色""蓝色""洋红"的属性。

（1）打开图片，如图11-78所示。执行"图像>调整>色相/饱和度"命令或按Ctrl+U快捷键，打开"色相/饱和度"对话框，调整"色相"和"饱和度"数值，如图11-79所示，此时全图的调色效果如图11-80所示。

（2）在"通道"下拉列表框中可以分别对"全图""红色""黄色""绿色""青色""蓝色""洋红"通道进行单独调整。例如选择好通道以后，拖动下面的"色相""饱和度""明度"的滑块，可以对该通道的色相、饱和度和明度进行调整。例如选择"黄色"通道，设置"色相"为-17，如图11-81所示。此时只针对画面中的黄颜色进行调色，效果如图11-82所示。

图11-78

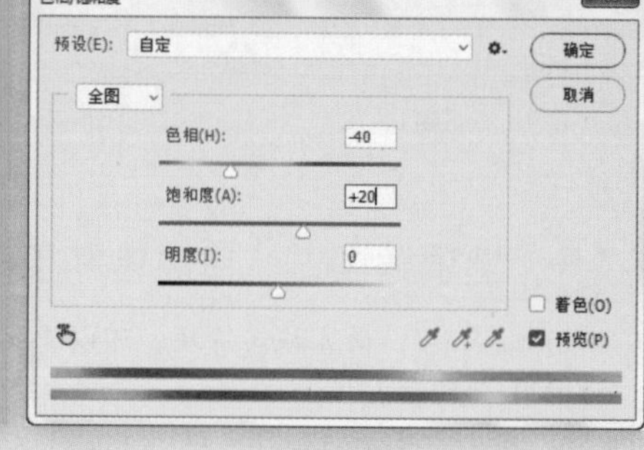

图11-79

图11-80

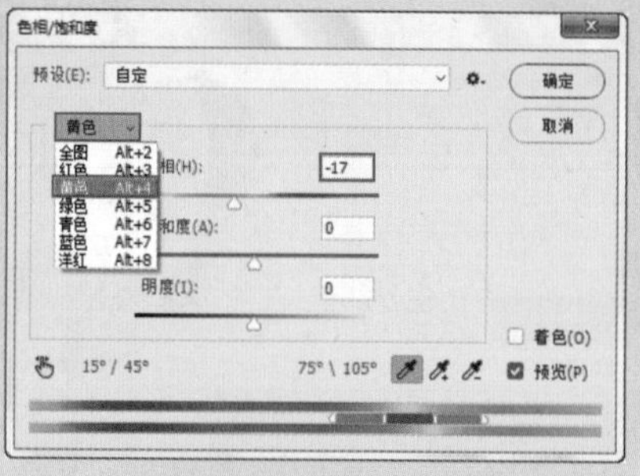

图11-81

图11-82

（3）在"预设"下拉列表框中有8种色相/饱和度预设，如图11-83所示，效果如图11-84所示。

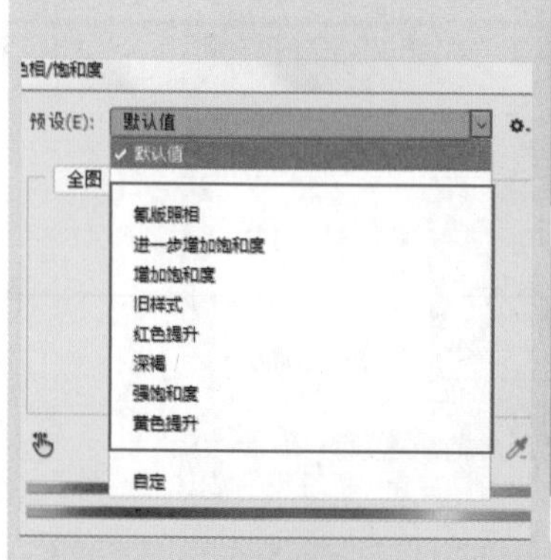

图11-83

图11-84

（4）单击按钮，使用该工具在图像上单击设置取样点，如图11-85所示。按住鼠标左键并向左拖动鼠标可以降低图

像的饱和度，如图11-86所示；向右拖曳可以增加图像的饱和度，如图11-87所示。

图11-85

图11-86

（5）选中“着色”复选框，图像会整体偏向于单一的色调，还可以通过拖动3个滑块来调节图像的色调，如图11-88所示。

图11-87

图11-88

★ 案例实战——用色相/饱和度打造秋季变夏季

文件路径	第11章\用色相/饱和度打造秋季变夏季
难易指数	★★★★★

扫码看视频

案例效果

本案例主要通过创建新的“色相/饱和度”调整图层改变素材的效果。案例对比效果如图11-89和图11-90所示。

图11-89

图11-90

操作步骤

01 执行“文件>打开”命令，打开背景素材“1.jpg”，如图11-91所示。

02 执行“图层>新建调整图层>曲线”命令，创建新的“曲线”调整图层，在弹出的“新建图层”对话框中单击“确定”按钮，在“属性”面板中调整曲线形状，如图11-92所示。增强画面对比度与亮度，效果如图11-93所示。

图11-91

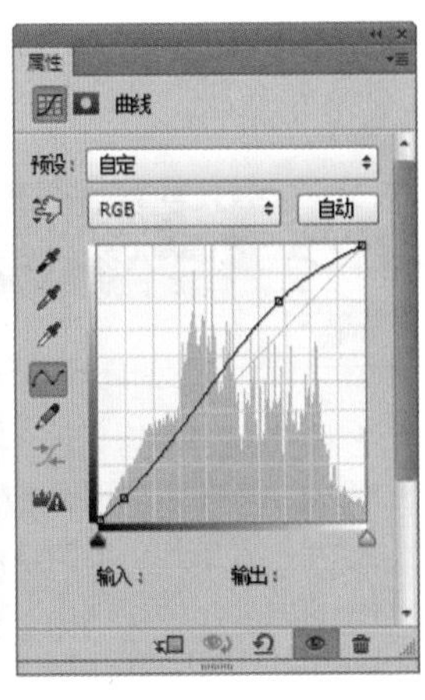

图11-92

03 创建新的“色相/饱和度”调整图层，在“属性”面板中调整颜色参数，首先调整全图的“饱和度”为43，增强画面整体饱和度，如图11-94所示；设置通道为“黄色”，设置“色相”为25，“饱和度”为28，如图11-95所示；设置通道为“绿色”，调整“饱和度”为52，“明度”为48，使草地部分变鲜艳，如图11-96所示；设置通道为“青色”，调整其“饱和度”为51，如图11-97所示；设置通道为“蓝色”，设置其“色相”为-25，如图11-98所示。改变天空部分的颜色，如图11-99所示。

图11-93　　图11-94　　图11-95　　图11-96　　图11-97

04 创建新的“色相/饱和度2”调整图层，在“属性”面板中设置通道为“青色”，调整其“色相”为14，“饱和度”为21，如图11-100所示。改变天空的颜色，如图11-101所示。

05 执行“文件>置入嵌入对象”命令，将素材“2.png”置入文档内，将其放置在合适的位置并栅格化，最终效果如图11-102所示。

图11-98

图11-99

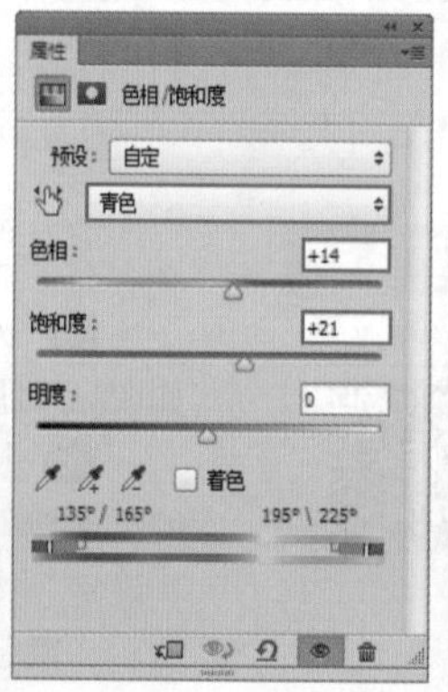

图11-100

图11-101

图11-102

11.8 色彩平衡

- 视频精讲：Photoshop新手学视频精讲课堂\常用色调调整命令.flv
- 技术速查：使用“色彩平衡”命令调整图像的颜色时根据颜色的补色原理，要减少某个颜色就增加这种颜色的补色。该命令可以控制图像的颜色分布，使图像整体达到色彩平衡。

打开一张图片，如图11-103所示。执行“图像>调整>色彩平衡”命令，打开“色彩平衡”对话框，拖动滑块调整画面色调，使画面中的“红色”“洋红”“蓝色”数量增加，如图11-104所示。参数设置完成后单击“确定”按钮，此时画面效果如图11-105所示。

图11-103

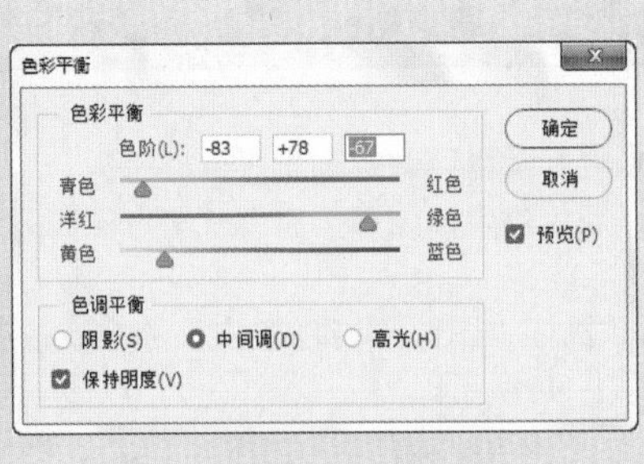

图11-104

图11-105

选项解读："色彩平衡"对话框详解

- 色彩平衡：用于调整"青色-红色""洋红-绿色""黄色-蓝色"在图像中所占的比例，可以手动输入，也可以拖动块来进行调整。例如，向左拖动"青色-红色"滑块，可以在图像中增加青色，同时减少其补色红色，如图11-106所示；反之，可以在图像中增加红色，同时减少其补色青色，如图11-107所示。

图11-106

图11-107

- 色调平衡：选择调整色彩平衡的方式，包含"阴影""中间调""高光"3个选项。如图11-108所示为选中"阴影"时的调色效果，如图11-109所示为选中"中间调"时的调色效果，如图11-110所示为选中"高光"时的调色效果。

图11-108

图11-109

图11-110

- 保持明度：如果选中该复选框，还可以保持图像的色调不变，以防止亮度值随着颜色的改变而改变。

读书笔记

黑白

视频精讲：Photoshop新手学视频精讲课堂\常用色调调整命令.flv

技术速查："黑白"命令主要用于制作无色的黑白图像，它的优势在于将彩色图像转换为黑白图像的同时还可以控制每一种色调转换为灰度时的明暗程度。除此之外，"黑白"命令还可以制作单色图像。

（1）打开一张图像，如图11-111所示。执行"图像>调整>黑白"命令或按Shift+Ctrl+Alt+B组合键，打开"黑白"对话框，如图11-112所示，此时画面效果如图11-113所示。

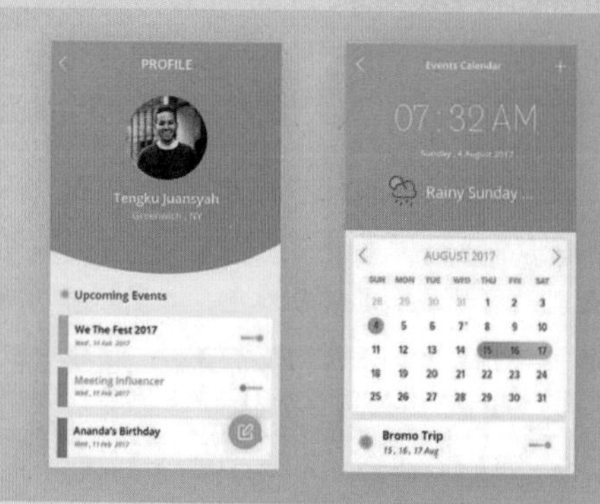

图11-111

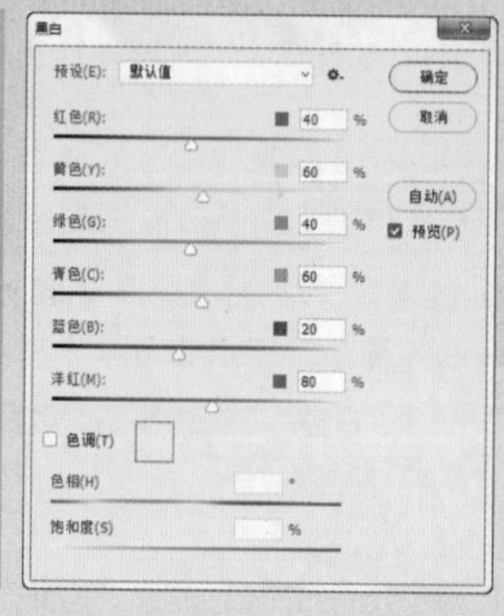

图11-112

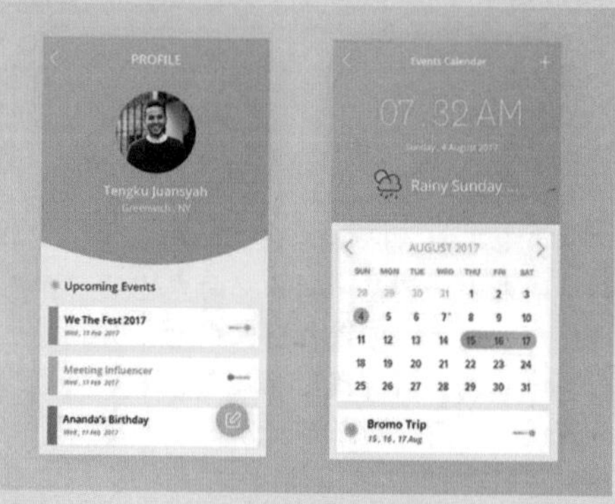

图11-113

（2）这6种颜色选项用来调整图像中特定颜色的灰色调。例如，在这张图像中，向左拖动"红色"滑块，可以使由红色转换而来的灰度色变暗，如图11-114所示；向右拖动，则可以使灰度色变亮，如图11-115所示。

（3）选中"色调"复选框，可以为黑色图像着色，以创建单色图像，另外还可以调整单色图像的色相和饱和度，如图11-116和图11-117所示为设置不同色调的效果。

图11-114

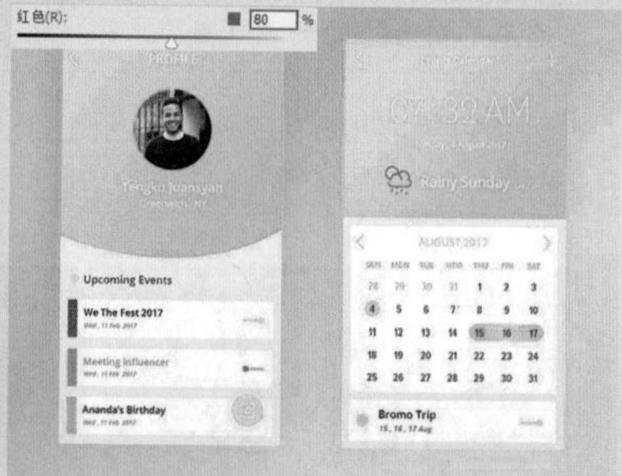

图11-115

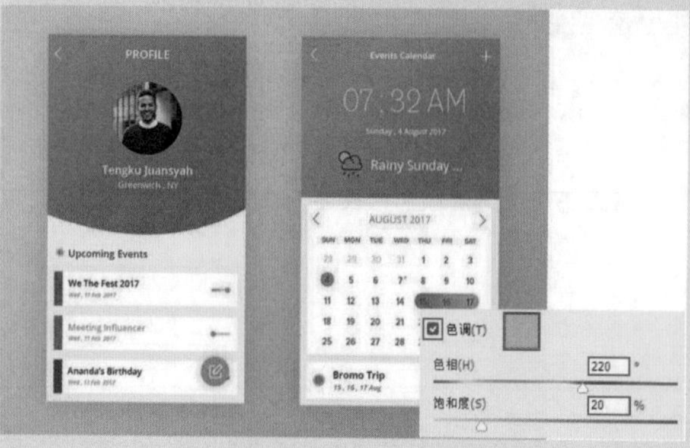

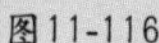

图11-116

图11-117

高手小贴士："预设"选项

在"预设"下拉列表框中有12种黑色效果，可以直接选择相应的预设来创建黑白图像。

★ 案例实战——使用调色命令制作暗调音乐播放器

文件路径	第11章\使用调色命令制作暗调音乐播放器
难易指数	★★★★★

扫码看视频

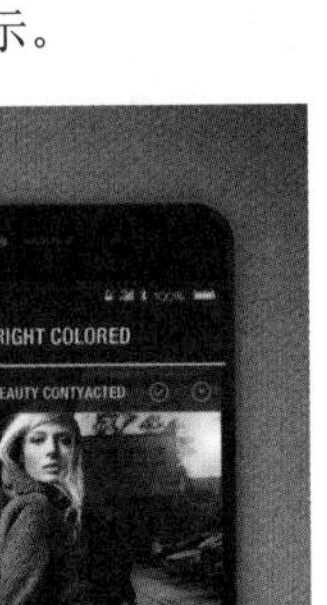

案例效果

案例效果如图11-118所示。

图11-118

操作步骤

01 执行"文件>打开"命令，在弹出的对话框中选择"1.jpg"，单击"打开"按钮，如图11-119和图11-120所示。

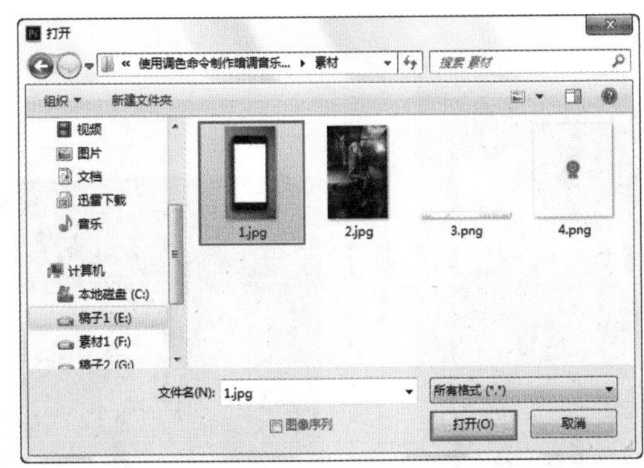

图11-119

02 制作手机界面背景。在工具箱中选择"矩形工具"，在选项栏中设置"绘制模式"为"形状"，"填充"为黑色，"描边"为无，设置完成后在画面中间的白色位置左上角按住鼠标左键拖动进行绘制，如图11-121所示。此时效果如图11-122所示。

图11-120

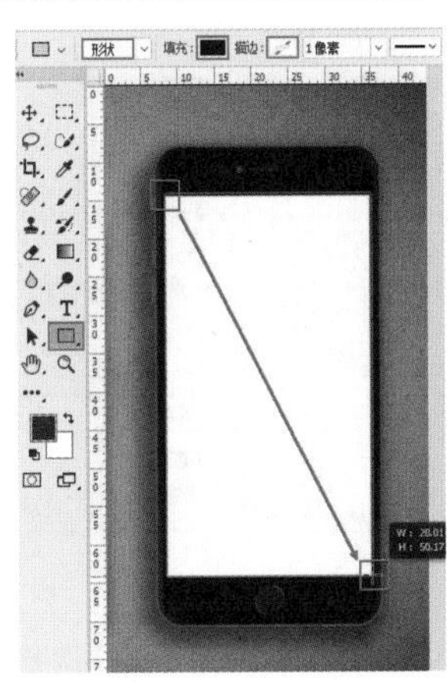

图11-121

03 执行"文件>置入嵌入对象"命令，在弹出的对话框中选择"2.jpg"，单击"置入"按钮。接着将置入的素材摆放在黑色矩形图层上方位置，调整完成后按Enter键完成置入，如图11-123所示，在"图层"面板中右击该图层，在弹出的快捷菜单中执行"栅格化图层"命令，如图11-124所示。

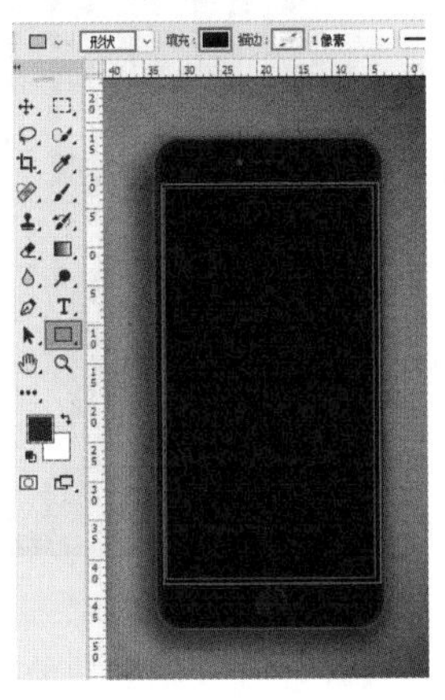

图11-122

图11-123

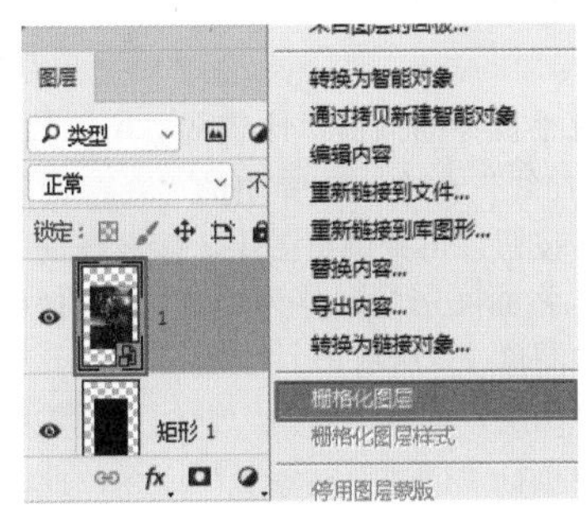

图11-124

04 在“图层”面板中右击素材1图层，在弹出的快捷菜单中执行“创建剪贴蒙版”命令，如图11-125所示。此时该图层只对该图层下方的图层发生作用，如图11-126所示。

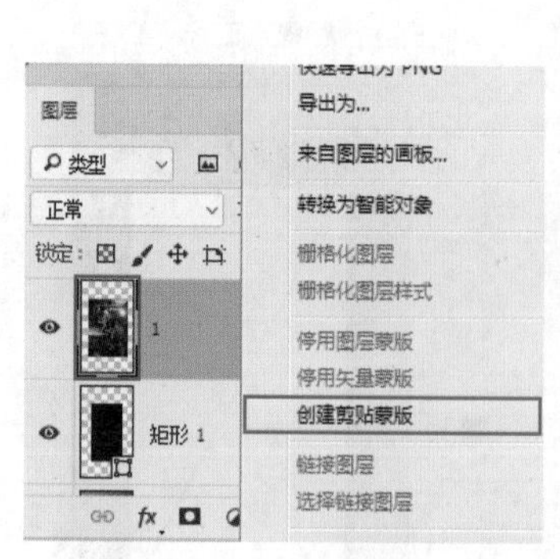

图11-125

图11-126

05 执行“图层>新建调整图层>黑白”命令，在弹出的“新建图层”对话框中单击“确定”按钮，得到调整图层。接着在“属性”面板中设置“红色”为40，“黄色”为60，“绿色”为40，“青色”为60，“蓝色”为20，“洋红”为80，如图11-127所示。此时画面呈现黑白效果，如图11-128所示。

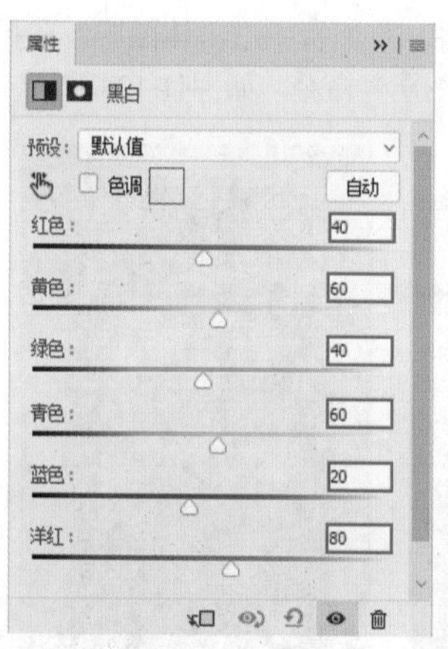

图11-127

图11-128

06 在“图层”面板中右击该调整图层，在弹出的快捷菜单中执行“创建剪贴蒙版”命令，此时该调整图层只对该图层下方的图层起作用，如图11-129所示，效果如图11-130所示。

07 此时手机界面黑白对比较弱，所以执行“图层>新建调整图层>曲线”命令，在弹出的“新建图层”对话框中单击“确定”按钮，得到调整图层。接着在曲线上单击添加两个控制点，将曲线形状调整为S形，如图11-131所示，此时画面效果如图11-132所示。

08 在“图层”面板中右击“曲线”调整图层，在弹出的快捷菜单中执行“创建剪贴蒙版”命令，此时画面效果如图11-133所示。

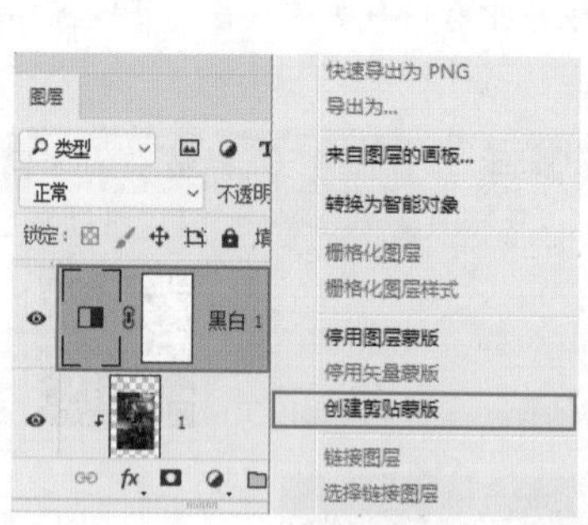

图11-129

图11-130

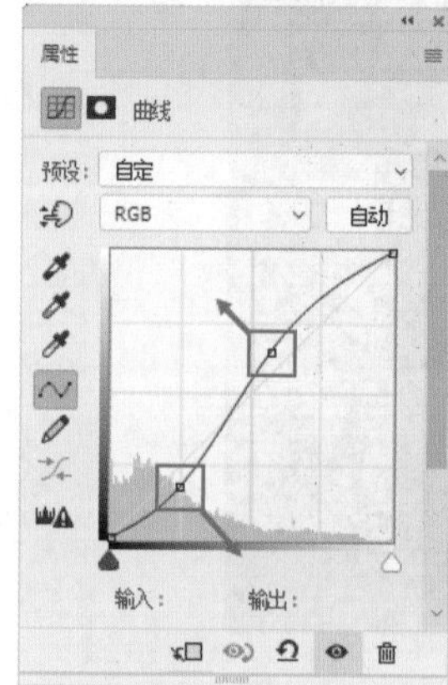

图11-131

图11-132

09 绘制顶栏部分。在工具箱中选择“矩形工具”，在选项栏中设置“绘制模式”为“形状”，“填充”为黑色，“描边”为无，设置完成后在画面顶部绘制一个黑色矩形，如图11-134所示。

图11-133

图11-134

10 在选项栏中设置“填充”为无，“描边”为黄色，

“描边粗细”为8点，“描边类型”为实线，设置完成后在顶栏矩形下方进行绘制，如图11-135所示。然后在选项栏中设置“描边粗细”为4点，设置完成后在顶栏左侧绘制较小的矩形，如图11-136所示。

11 在“图层”面板中单击选中绘制完的黄色矩形图层，使用复制图层快捷键Ctrl+J复制一个相同的图层，然后将其向下移动，如图11-137所示。用同样的方法继续复制一个矩形并向下移动，如图11-138所示。

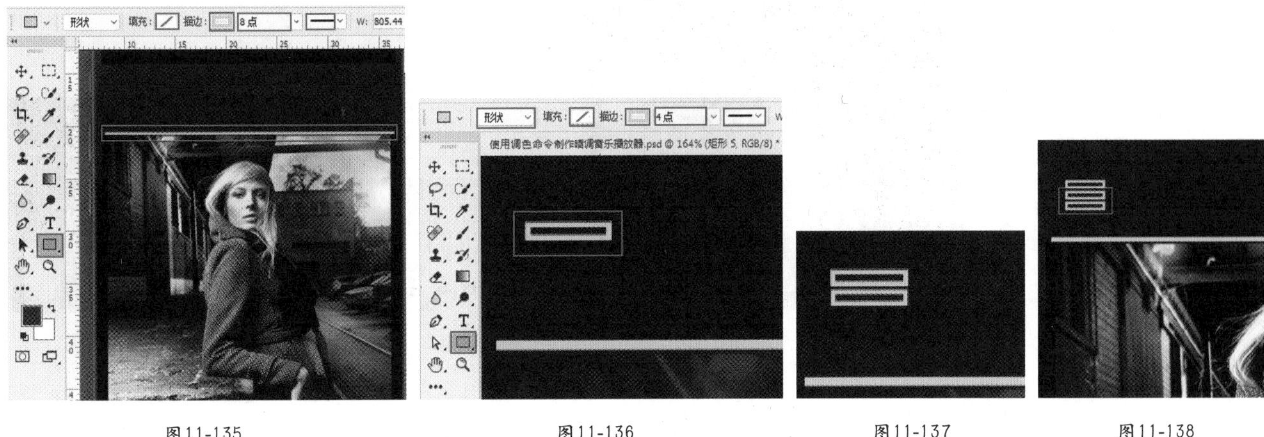

图11-135　图11-136　图11-137　图11-138

12 在顶栏中输入文字。选择工具箱中的“横排文字工具”，在选项栏中设置合适的字体、字号，并设置文字颜色为黄色，设置完毕后在画面中顶栏位置单击并输入文字，如图11-139所示。

13 置入手机的状态栏。执行“文件>置入嵌入对象”命令，置入素材“3.png”，摆放在手机界面顶部位置，按Enter键完成操作并将其栅格化，如图11-140所示，此时画面效果如图11-141所示。

图11-139　图11-140　图11-141

14 按住Ctrl键在“图层”面板中单击，绘制顶栏的图层，此时图层被选中，接着单击“图层”面板底部的“创建新组”按钮，被选中的图层将置于图层组中，双击该图层组，将该组重新命名为“顶栏”，如图11-142所示。

15 制作播放器的标题栏，首先绘制标题栏的背景。在工具箱中选择“矩形工具”，在选项栏中设置“绘制模式”为“形状”，“填充”为黑色，“描边”为无，设置完成后在画面中绘制一个黑色矩形，如图11-143所示。

16 此时该图层遮挡了顶栏图层。在“图层”面板中单击选中“顶栏”图层组，按住鼠标左键向上拖动，将其置于标题栏中的矩形上方，如图11-144所示，此时画面效果如图11-145所示。

图11-142

图11-143

17 单击选中该矩形图层，在“图层”面板中设置该图层的“不透明度”为80%，如图11-146所示。此时矩形呈现半透明状态，如图11-147所示。

图11-144　　图11-145　　图11-146　　图11-147

18 制作标题栏中的按钮。在工具箱中右击形状工具组，从中选择“椭圆工具”，在选项栏中设置“绘制模式”为“形状”，“填充”为无，“描边”为深黄色，如图11-148所示。设置完成后，在半透明矩形的右侧按住Shift键的同时按住鼠标左键并拖动，绘制正圆，如图11-149所示。

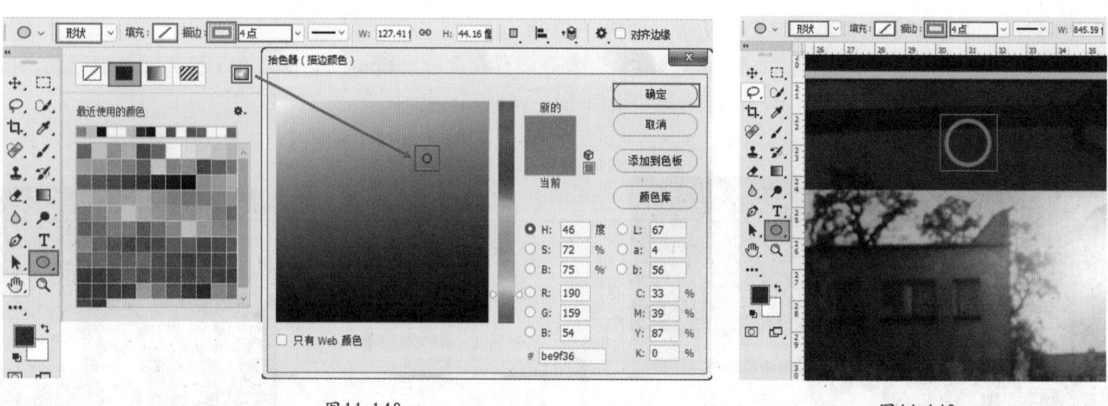

图11-148　　图11-149

19 在“图层”面板中单击选中正圆图层，使用复制图层快捷键Ctrl+J复制一个相同的图层，然后将复制的正圆拖到右侧，如图11-150所示。

20 在圆形内部制作小标志，选择“钢笔工具”，在选项栏中设置“绘制模式”为“形状”，“填充”为深黄色，“描边”为无，设置完成后在左侧圆形中绘制对号形状，如图11-151所示。

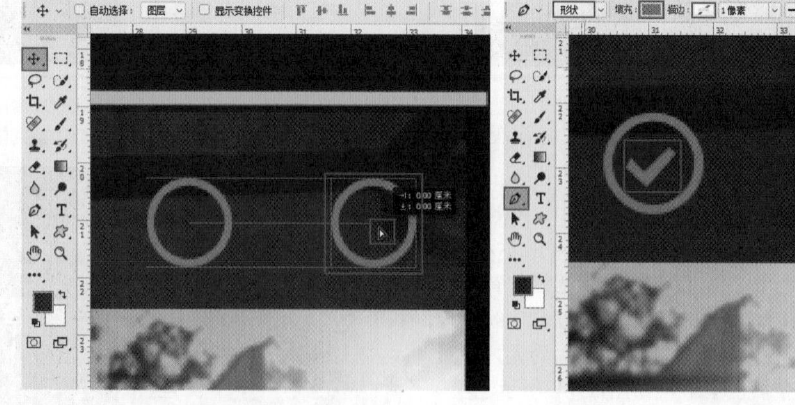

图11-150　　图11-151

21 在选项栏中设置一个由灰色到白色的渐变填充，如图11-152所示。设置完成后在画面中右侧圆形内绘制叉形状，如图11-153所示。

22 选择“横排文字工具”，在半透明矩形上添加合适的文字，如图11-154所示。

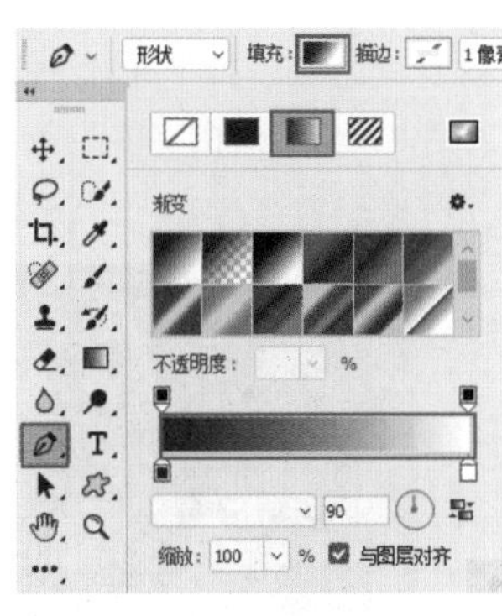
图11-152

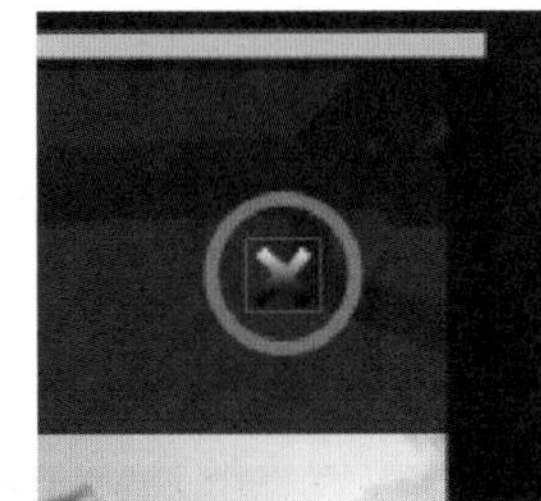
图11-153

图11-154

23 在画面底部绘制歌曲信息部分。在工具箱中右击形状工具组，从中选择“圆角矩形工具”，在选项栏中设置“绘制模式”为“形状”，“填充”为黄色，“描边”为无，“半径”为30像素，设置完成后在画面中按住鼠标左键拖动绘制圆角矩形，如图11-155所示。

24 执行“文件>置入嵌入对象”命令，置入素材“1.jpg”，摆放在圆角矩形内，按Enter键完成置入，并将其栅格化。然后在“图层”面板中右击该图层，在弹出的快捷菜单中执行“创建剪贴蒙版”命令，如图11-156所示。此时该图层只对下方圆角矩形图层起作用，如图11-157所示。

图11-155

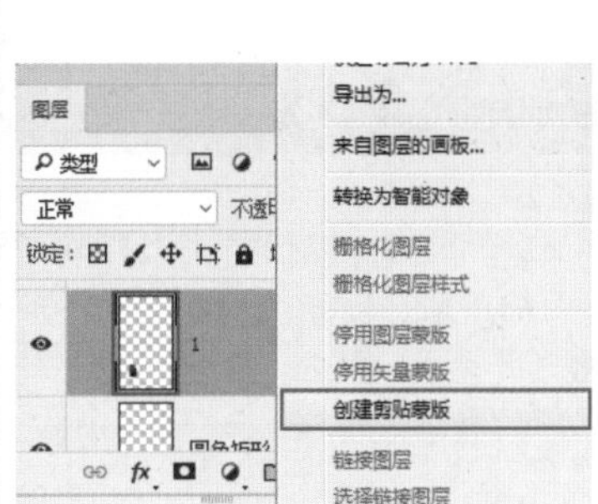

图11-156

图11-157

25 选择“横排文字工具”，在半透明矩形上添加合适的文字，如图11-158所示。

26 执行“文件>置入嵌入对象”命令，置入素材“4.png”，摆放在文字下方位置并将其栅格化，如图11-159所示。选择“横排文字工具”，在半透明矩形上添加合适的文字，如图11-160所示。

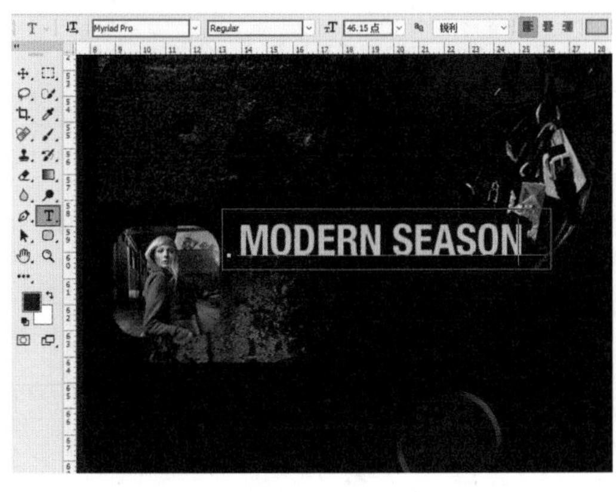

图11-158

图11-159

图11-160

27 在工具箱中选择“钢笔工具”，在选项栏中设置“绘制模式”为“形状”，“填充”为黄色，“描边”为无，设置完成后在画面中绘制分割线，如图11-161所示。

28 用同样的方法，继续使用“横排文字工具”在分割线上方输入合适的文字，并在选项栏中设置合适的字体、字号及颜色，如图11-162所示，该音乐播放器画面最终效果如图11-163所示。

图11-161

图11-162

图11-163

11.10 照片滤镜

技术速查：使用“照片滤镜”调整命令可以模仿在相机镜头前面添加彩色滤镜的效果。

（1）打开一张图片，如图11-164所示。执行“图像>调整>照片滤镜”命令，打开“照片滤镜”对话框，然后进行参数的设置，如图11-165所示。参数设置完成后单击“确定”按钮，效果如图11-166所示。

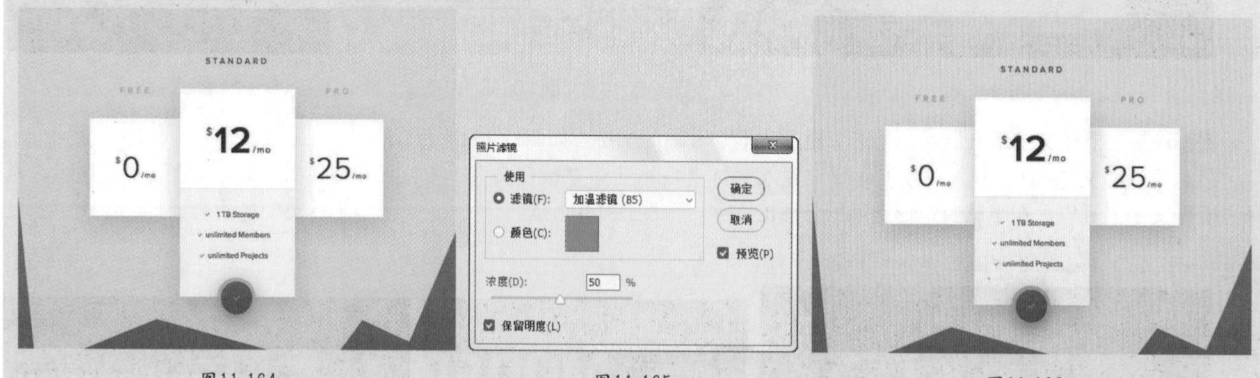

图11-164　图11-165　图11-166

（2）在“滤镜”下拉列表框中可以选择一种预设的效果应用到图像中，如图11-167所示为加温滤镜（LBA）效果，如图11-168所示为冷却滤镜（90）效果。

（3）选中“颜色”单选按钮，可以自行设置滤镜颜色，如图11-169所示为“颜色”为青色的效果；如图11-170所示为“颜色”为洋红色的效果。

（4）设置“浓度”数值可以调整滤镜颜色应用到图像中的颜色百分比。数值越大，应用到图像中的颜色浓度就越高，如图11-171所示；数值越小，应用到图像中的颜色浓度就越低，如图11-172所示。

（5）选中“保留明度”复选框后，可以保留图像的明度不变。

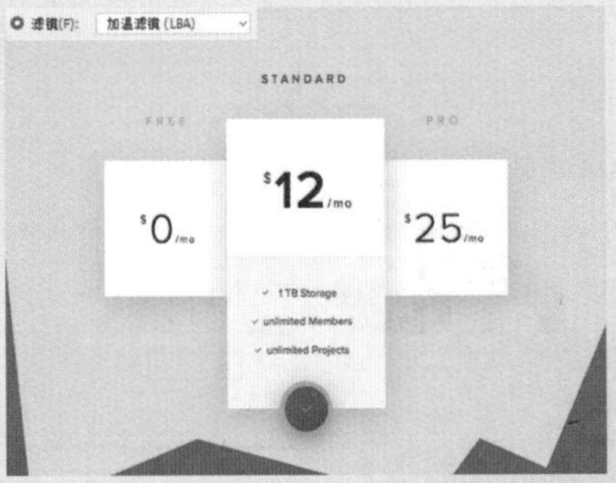

图11-167 　　图11-168 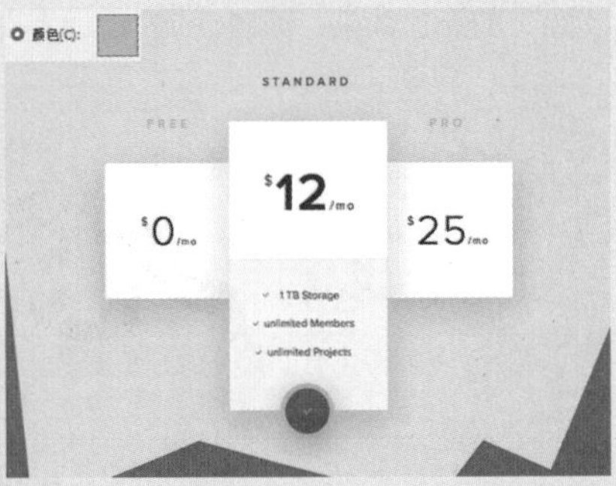　　图11-169

图11-170 　　图11-171 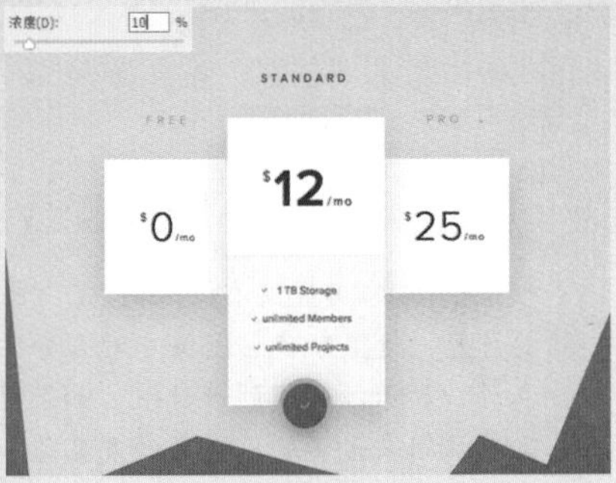　　图11-172

11.11 通道混合器

视频精讲：Photoshop新手学视频精讲课堂\常用色调调整命令.flv

技术速查：使用“通道混合器”命令可以对图像某一个通道颜色进行调整，以创建出各种不同色调的图像。同时也可以用来创建高品质的灰度图像。

（1）打开一张图像，如图11-173所示。执行“图像>调整>通道混合器”命令，打开“通道混合器①”对话框，如图11-174所示。在“通道混合器”对话框中进行参数设置，设置完成后单击“确定”按钮，图像效果如图11-175所示。

图11-173

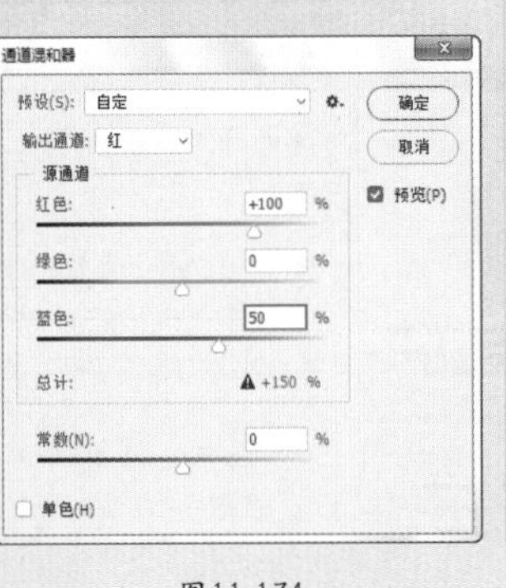

图11-174

图11-175

（2）在“输出通道”下拉列表框中可以选择一种通道来对图像的色调进行调整。如图11-176所示为设置通道为

① 因汉化问题，此处“通道混合器”与图11-174所示的“通道混和器”为同一内容，后文不再赘述。

“绿”的调色效果；如图11-177所示为设置通道为“蓝”的调色效果。

图11-176

图11-177

选项解读：“通道混合器”对话框详解

- 预设：Photoshop提供了6种制作黑白图像的预设效果。
- 源通道：设置颜色占图像中的百分比。
- 总计：显示源通道的计数值。如果计数值大于100%，则有可能丢失一些阴影和高光细节。
- 常数：用来设置输出通道的灰度值，负值可以在通道中增加黑色，正值可以在通道中增加白色。
- 单色：选中该复选框可以制作黑白图像。

11.12 颜色查找

- 视频精讲：Photoshop新手学视频精讲课堂\常用色调调整命令.flv
- 技术速查：数字图像输入或输出设备都有自己特定的色彩空间，这就导致了色彩在不同的设备之间传输时会出现不匹配的现象。使用“颜色查找”命令可以使画面颜色在不同的设备之间精确传递和再现。

打开一张图像，如图11-178所示。执行“图像>调整>颜色查找”命令，在弹出的“颜色查找”对话框中可以从“3DLUT文件”下拉列表中选择合适的类型，如图11-179所示。选择完成后可以看到图像整体颜色发生了风格化的效果，如图11-180所示。

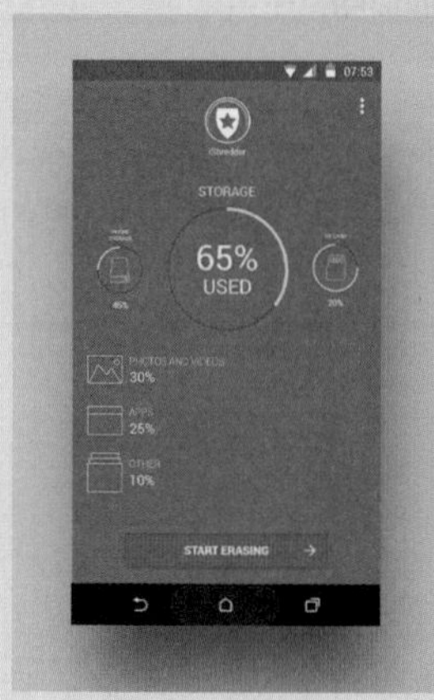

图11-178

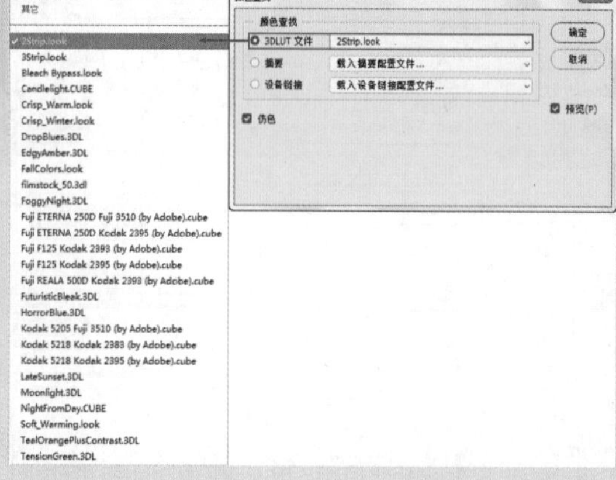

图11-179

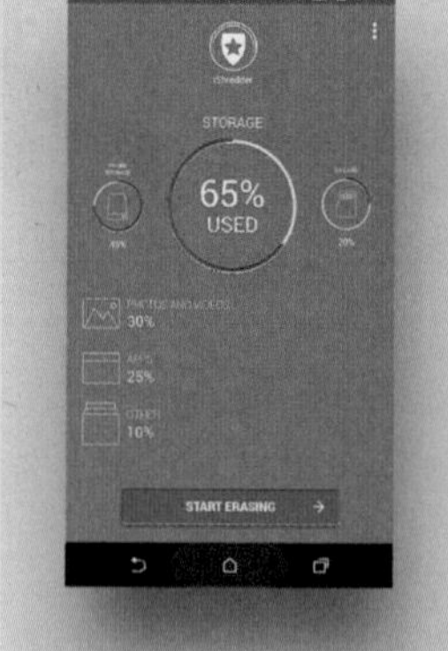

图11-180

11.13 反相

视频精讲：Photoshop新手学视频精讲课堂\特殊色调调整命令.flv

技术速查：使用“反相”命令可以将图像中的某种颜色转换为它的补色，即将原来的黑色变成白色，将原来的白色变成黑色，从而创建出负片效果。

打开一张图片，如图11-181所示。执行“图像>调整>反相”命令，即可得到反相效果，如图11-182所示。“反相”命令是可逆的过程，再次执行该命令可以得到原始效果。

读书笔记

图11-181

图11-182

11.14 色调分离

视频精讲：Photoshop新手学视频精讲课堂\特殊色调调整命令.flv

技术速查：使用“色调分离”命令可以指定图像中每个通道的色调级数目或亮度值，然后将像素映射到最接近的匹配级别。

“色调分离”命令是将图像中每个通道的色调级数目或亮度值指定级别，然后将其余的像素映射到最接近的匹配级别。设置的色阶值越小，分离的色调越多；色阶值越大，保留的图像细节就越多。

打开一张图像，如图11-183所示。执行“图像>调整>色调分离”命令，在“色调分离”对话框中可以进行色阶数量的设置，如图11-184所示，色调分离效果如图11-185所示。

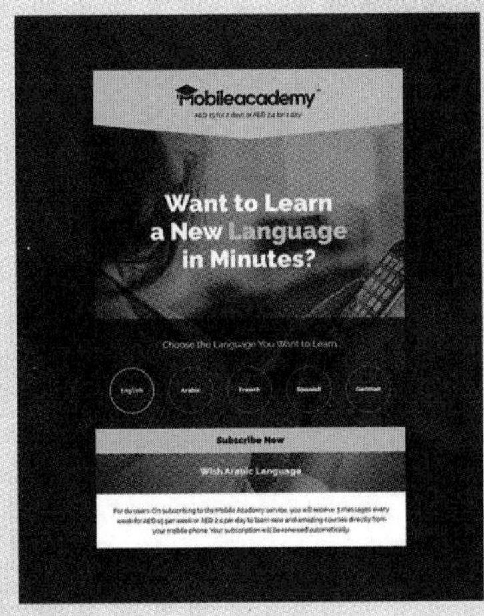

图11-183

图11-184

图11-185

11.15 阈值

视频精讲：Photoshop新手学视频精讲课堂\特殊色调调整命令.flv

技术速查：阈值是基于图片亮度的一个黑白分界值。在Photoshop中使用“阈值”命令将删除图像中的色彩信息，将其转换为只有黑白两种颜色的图像。并且比阈值亮的像素将转换为白色，比阈值暗的像素将转换为黑色。

“阈值”命令用于制作只有黑白两色的图像。在“阈值”对话框中设置“阈值色阶”数值，亮度高于这个数值的区域会变白，亮度低于这个数值的区域会变黑。阈值越大，黑色像素分布就越广。

打开一个图像，如图11-186所示。执行“图像>调整>阈值”命令，打开“阈值”对话框，然后拖曳滑块调整阈值色阶，如图11-187所示。设置完成后单击“确定”按钮，画面效果如图11-188所示。

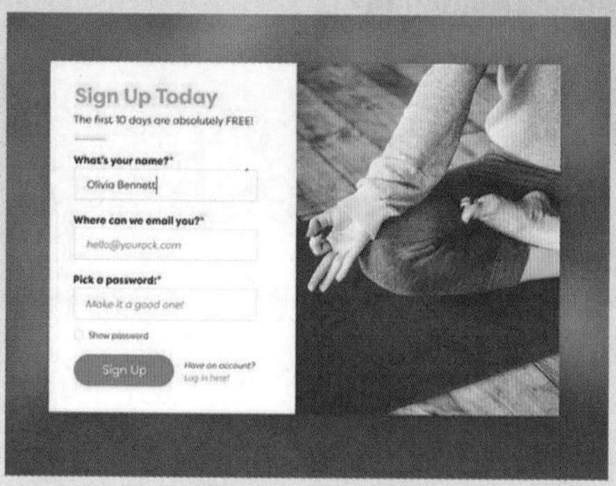

图11-186

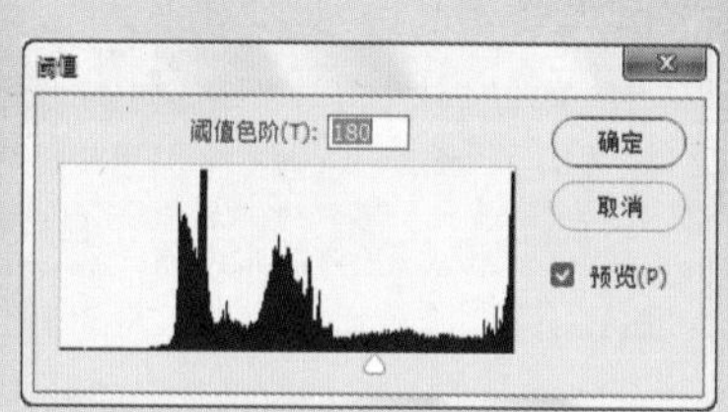

图11-187

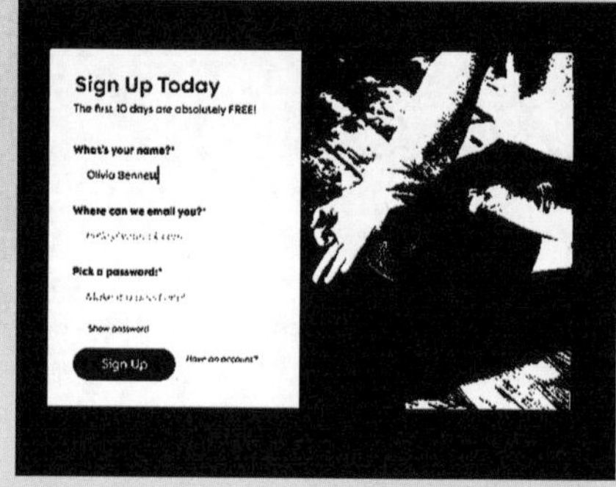

图11-188

11.16 渐变映射

视频精讲：Photoshop新手学视频精讲课堂\特殊色调调整命令.flv

技术速查：渐变映射的工作原理其实很简单，先将图像转换为灰度图像，然后将相等的图像灰度范围映射到指定的渐变填充色，就是将渐变色映射到图像上。

（1）打开一张图片，如图11-189所示。执行“图像>调整>渐变映射”命令，打开“渐变映射”对话框，接着单击渐变色条，打开“渐变编辑器”窗口并编辑一个合适的渐变颜色，如图11-190所示。设置完成后单击“确定”按钮，此时画面颜色效果如图11-191所示。

图11-189

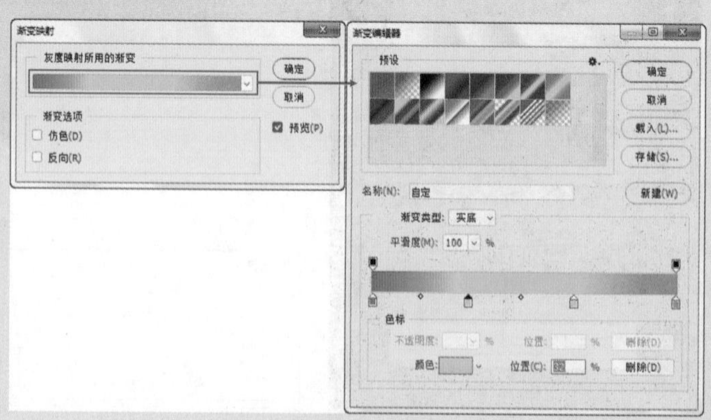

图11-190

（2）选中“反向”复选框后，可以反转渐变的填充方向，映射出的渐变效果也会发生变化，如图11-192所示。若选中“仿色”复选框，Photoshop会添加一些随机的杂色来平滑渐变效果。

图11-191

图11-192

11.17 可选颜色

- 视频精讲：Photoshop新手学视频精讲课堂\常用色调调整命令.flv
- 技术速查：使用“可选颜色”命令可以在图像中的每个主要颜色成分中更改印刷色的数量，也可以在不影响其他主要颜色的情况下有选择地修改任何主要颜色中的印刷色数量。

使用“可选颜色”命令可以对图像中的红、黄、绿、青、蓝、洋红、白色、中性色以及黑色中各种颜色所占的百分比进行调整，实现调色的目的。

（1）打开图片，如图11-193所示。执行“图像>调整>可选颜色”命令，打开“可选颜色”对话框，如图11-194所示。设置完成后单击“确定”按钮，效果如图11-195所示。

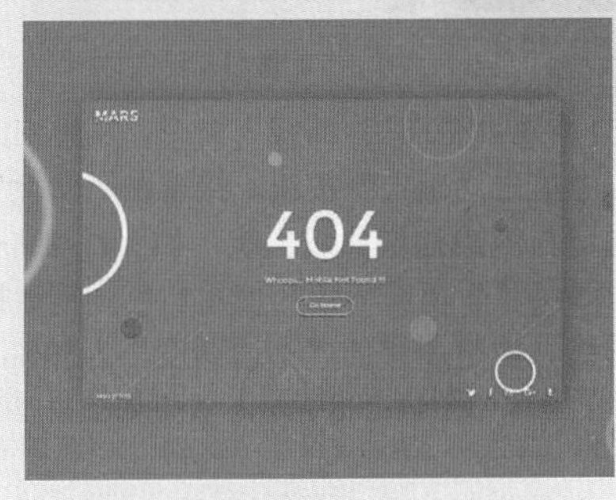

图11-193

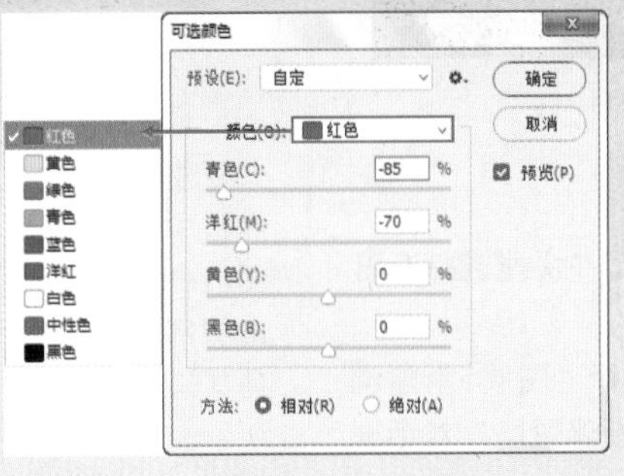

图11-194

图11-195

（2）在“颜色”下拉列表框中选择要修改的颜色，然后调整下方颜色的数值，可以调整该颜色中青色、洋红、黄色和黑色所占的百分比。如图11-196所示为设置“颜色”为“洋红”的调色效果；如图11-197所示为设置“颜色”为“中性色”的调色效果。

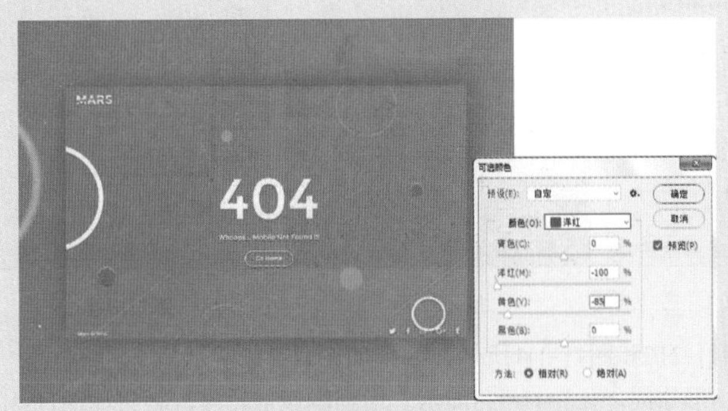

图11-196

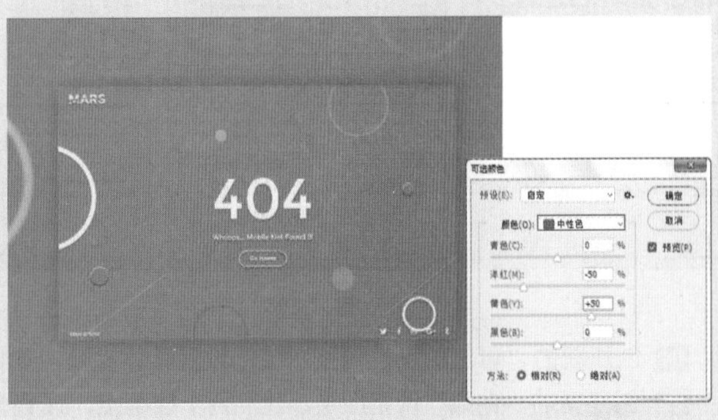

图11-197

高手小贴士：“方法”选项

有“相对”和“绝对”两种方法。选择“相对”方式，可以根据颜色总量的百分比来修改青色、洋红、黄色和黑色的数量；选择“绝对”方式，可以采用绝对值来调整颜色。

★ 案例实战——沉郁的青灰色调

文件路径	第11章\沉郁的青灰色调
难易指数	★★★★★

扫码看视频

案例效果

案例对比效果如图11-198和图11-199所示。

图11-198

图11-199

操作步骤

01 执行“文件>打开”命令或按Ctrl+O快捷键打开背景素材文件“1.jpg”，如图11-200所示。

02 需要降低图像的色彩感，因此执行“图层>新建调整图层>色相/饱和度”命令，在弹出的“新建图层”对话框中单击“确定”按钮。接着在弹出的“属性”面板中选择“红色”，设置“饱和度”为-58，如图11-201所示。选择“绿色”，设置“饱和度”为-37，如图11-202所示。选择“蓝色”，设置“饱和度”为-40，如图11-203所示。选择“全图”，设置“饱和度”为-58，如图11-204所示，效果如图11-205所示。

图11-200

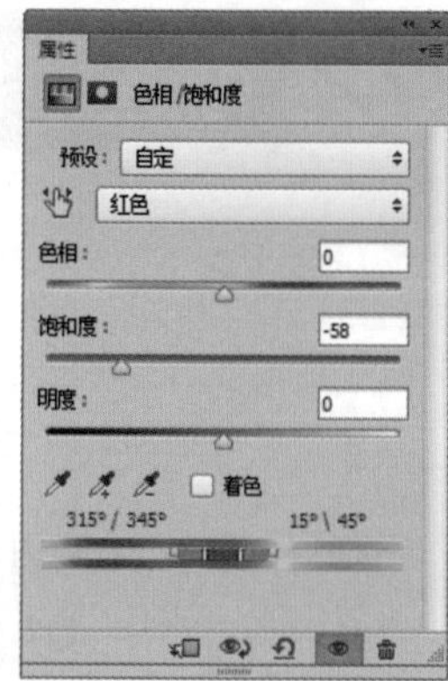

图11-201

03 执行“图层>新建调整图层>曲线”命令，在弹出的“新建图层”对话框中单击“确定”按钮。接着在“属性”面板中设置“绿”通道与RGB通道曲线形状，如图11-206和图11-207所示。并将图层蒙版填充黑色，使用白色画笔涂抹山的部分。设置“曲线”调整图层的“不透明度”为50%，使其只对山体部分起作用，如图11-208所示，效果如图11-209所示。

图11-202

图11-203

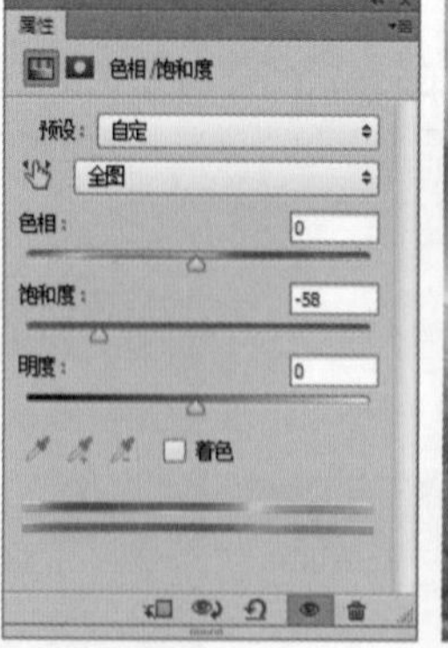

图11-204

图11-205

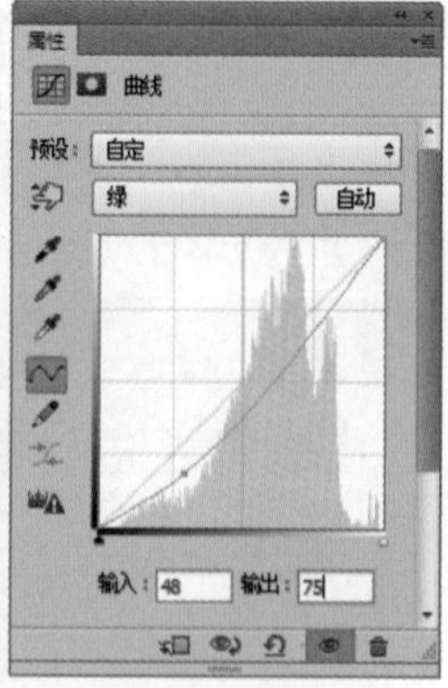

图11-206

04 创建新的“可选颜色”调整图层，设置具体参数，如图11-210和图11-211所示，效果如图11-212所示。

05 创建新的“曲线”调整图层，建立两个控制点，调整为S形曲线，如图11-213所示。增强图像对比度，效果如图11-214所示。

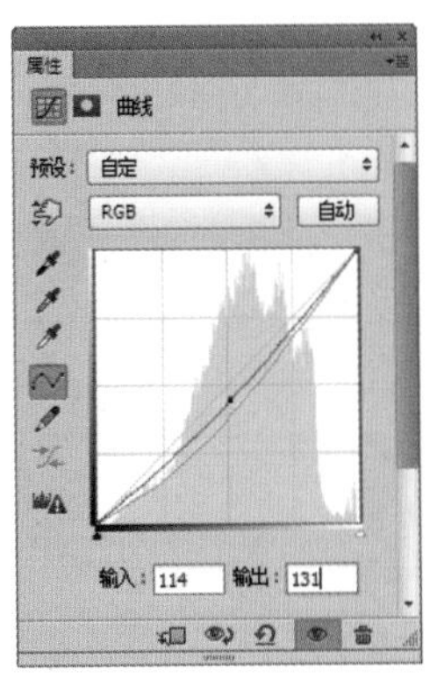

图11-207

图11-208

图11-209

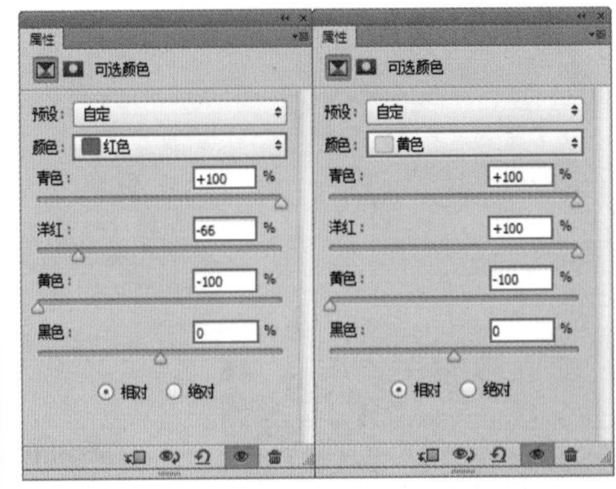

图11-210

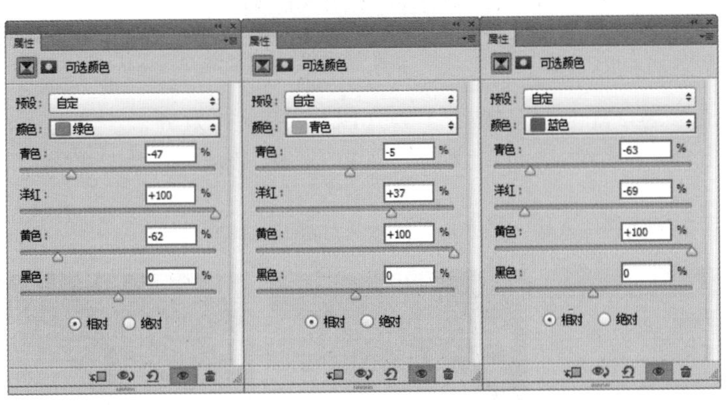

图11-211

图11-212

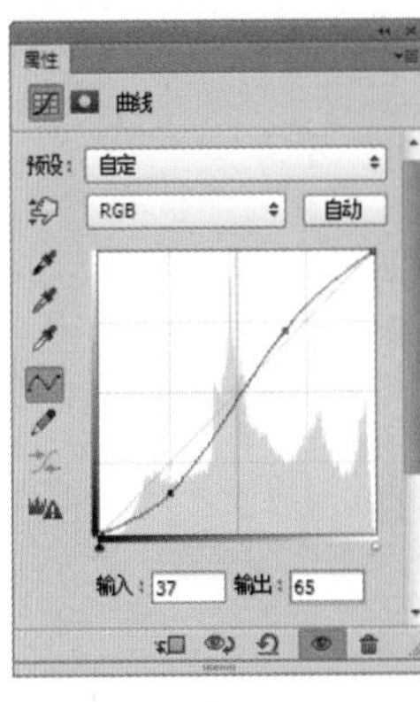

图11-213

06 为了使图像颜色丰富一些，可以将山体部分调整为与青灰色的天空相对应的颜色。创建新的“曲线”调整图层，在蒙版中使用黑色画笔涂抹山体以外的区域，如图11-215所示。选择红色通道，提亮曲线，如图11-216所示。使山体向红色倾向，如图11-217所示。

图11-214

图11-215

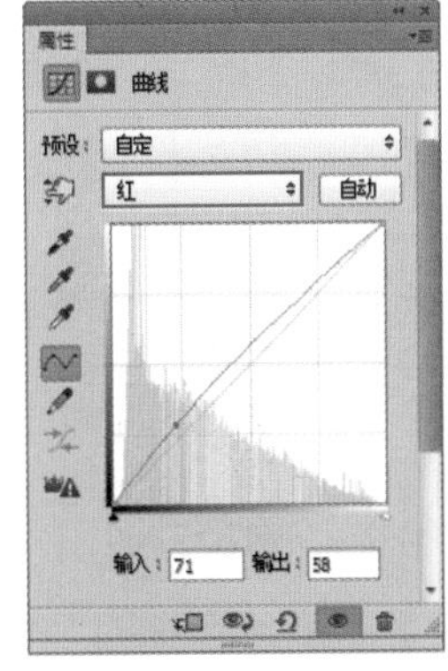

图11-216

图11-217

07 创建新的“色阶”调整图层，然后设置数值为19：1.00：250，并在图层蒙版中使用黑色画笔涂抹岩石部分，如图11-218所示。

08 创建新的“亮度/对比度”调整图层，在“属性”面板中设置“亮度”为-31，“对比度”为40，如图11-219所示，效果如图11-220所示。

09 为了强化气氛，可以制作暗角效果。创建新的“曲线”调整图层，压暗曲线，如图11-221所示。接着使用黑色画笔在蒙版中绘制圆点，并使用自由变换快捷键Ctrl+T将其放大变虚，使其边角变暗，变换完成后按Ctrl+Enter快捷键确认变换，如图11-222所示。

图11-218

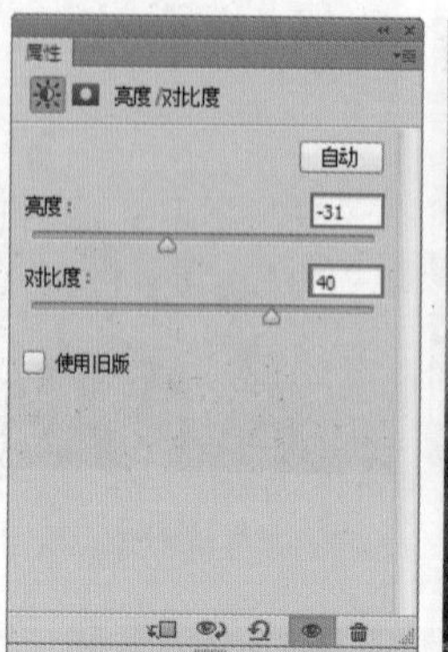
图11-219

图11-220

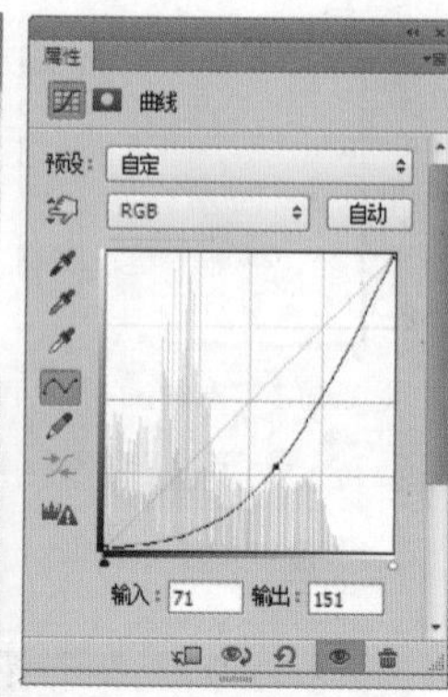
图11-221

10 创建新的“可选颜色”调整图层，设置“颜色”为“蓝色”，“青色”为-14%，“洋红”为-6%，“黄色”为+100%，如图11-223所示。设置“颜色”为“黑色”，“青色”为+5%，“洋红”为0%，“黄色”为-11%，如图11-224所示，效果如图11-225所示。

11 最后选择工具箱中的“横排文字工具”，在画面中适当的位置输入文字，最终效果如图11-226所示。

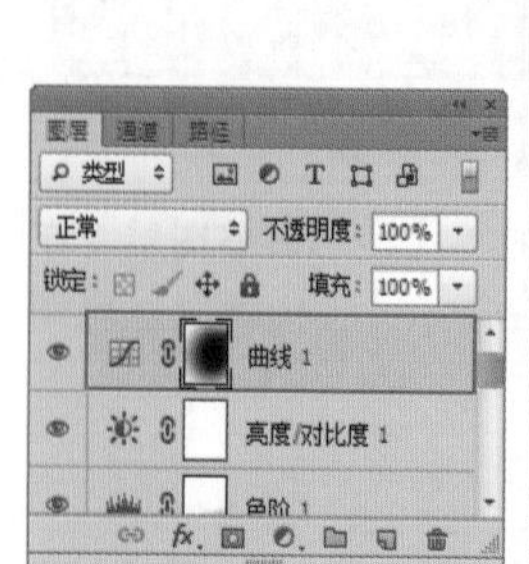
图11-222

图11-223

图11-224

图11-225

图11-226

★ 案例实战——打造电影感复古色调

文件路径	第11章\打造电影感复古色调
难易指数	★★★★★

扫码看视频

案例效果

案例对比效果如图11-227与图11-228所示。

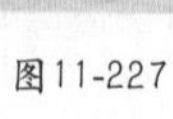
图11-227

图11-228

操作步骤

01 执行“文件>打开”命令，打开背景素材“1.jpg”，如图11-229所示。画面整体颜色较单一，首先应对画面整体颜色进行调整。

02 执行“图层>新建调整图层>色相/饱和度”命令，在弹出的“新建图层”对话框中单击“确定”按钮。设置“通道”为“全图”，“饱和度”为31，如图11-230所示；设置“通道”为“黄色”，“饱和度”为-100，如图11-231所示；设置“通道”为“青色”，“色相”为-36，“明度”为-100，如图11-232所示；设置“通道”为“蓝色”，“色相”为-30，“饱和度”为13，“明度”为-34，如图11-233所示，调整完成后的效果如图11-234所示。

03 执行“图层>新建调整图层>可选颜色”命令，在弹出的“新建图层”对话框中单击“确定”按钮。设置“颜

色”为“蓝色”，“青色”为100%，“洋红”为-100%，“黄色”为100%，如图11-235所示。设置“颜色”为“白色”，“黄色”为100%，如图11-236所示。设置“颜色”为“黑色”，“黄色”为-19%，“黑色”为7%，如图11-237所示，设置完成后的效果如图11-238所示。

图11-229

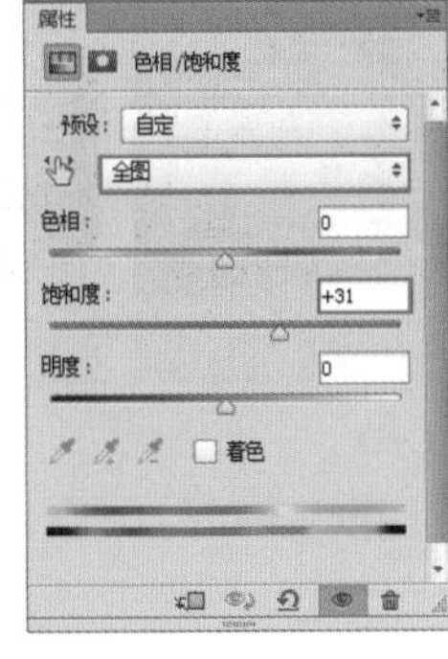

图11-230

图11-231

图11-232

图11-233

图11-234

图11-325

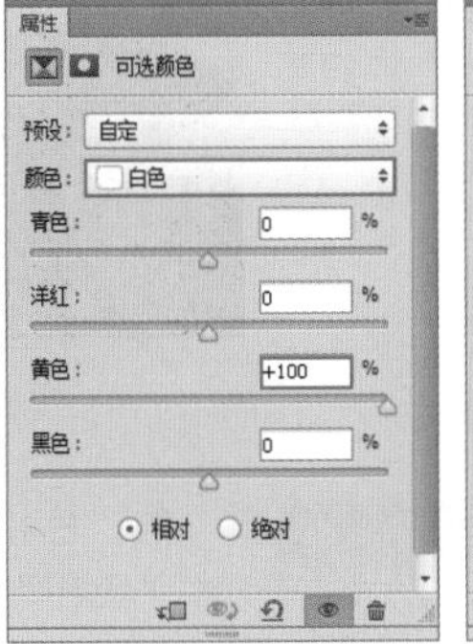

图11-236

图11-237

图11-238

04 下面对天空部分进行压暗。首先选择工具箱中的“磁性套索工具”，绘制天空部分的选区，然后创建新的“曲线”调整图层，调整曲线的形状，如图11-239所示，在该调整图层蒙版中即可看到只有天空部分是白色，如图11-240所示。此时只有天空部分被压暗了，如图11-241所示。

05 对地面部分进行处理。创建新的“曲线2”调整图层，调整曲线的形状，压暗画面，如图11-242所示，设置蒙版背景为黑色，使用白色柔边圆画笔绘制地面部分，如图11-243所示，效果如图11-244所示。

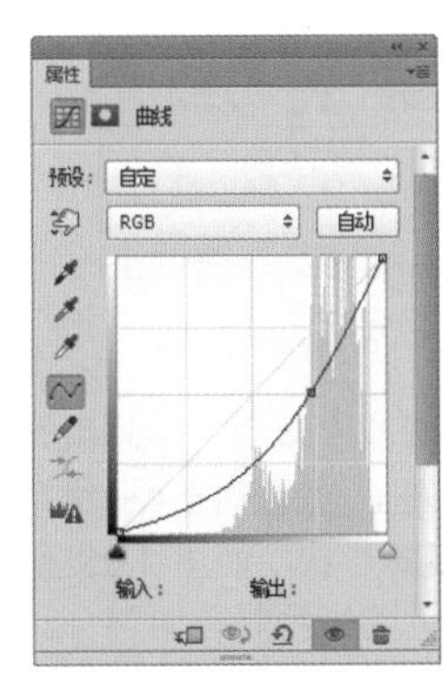

图11-239

图11-240

图11-241

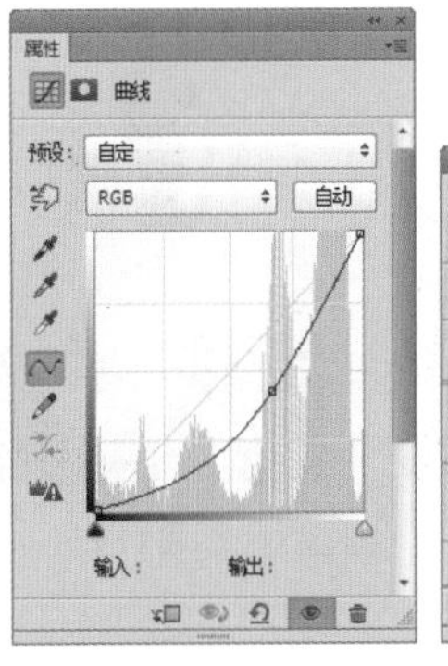

图11-242

图11-243

06 对画面进行适当提亮。创建新的“曲线3”调整图层，调整曲线的形状，如图11-245所示，效果如图11-246所示。

07 执行“文件>置入嵌入对象”命令，将素材“2.png”置入文档内，将其摆放在画面中适当的位置并栅格化，效果如图11-247所示。

图11-244

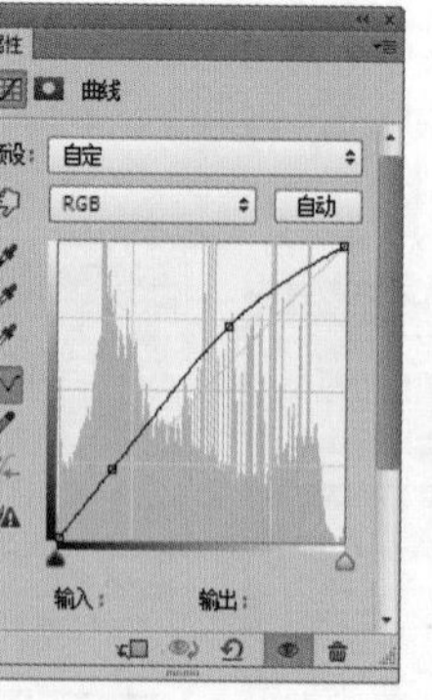

图11-245

图11-246

图11-247

08 按Shift+Ctrl+Alt+E组合键盖印图层，观察此时图像颜色基本调整完毕，如图11-248所示，下面对天空颜色偏白的地方和钟楼内部白色的漏洞处进行绘制。先用“吸管工具”吸取天空中间的颜色，然后使用“颜色替换工具”，设置柔边圆画笔，在偏色的天空和钟楼里进行绘制，案例最终效果如图11-249所示。

图11-248

图11-249

读书笔记

★ 案例实战——天空的乐律

文件路径	第11章\天空的乐律
难易指数	★★★★★

扫码看视频

案例效果

案例对比效果如图11-250和图11-251所示。

图11-250

图11-251

操作步骤

01 创建新组，命名为“背景”。执行“文件>打开”命令，打开背景素材“1jpg”，如图11-252所示。

02 执行“图层>新建调整图层>色相/饱和度”命令，在弹出的“新建图层”对话框中单击“确定”按钮，创建新的“色相/饱和度”调整图层，在“属性”面板中设置蓝色“色相”为-26，如图11-253所示，效果如图11-254所示。

图11-252

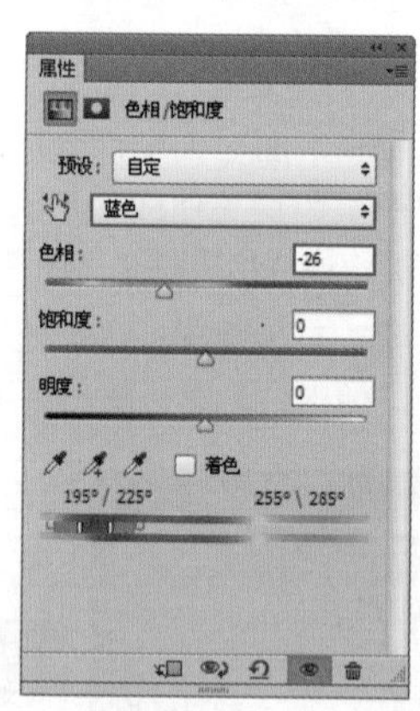

图11-253

03 执行“图层>新建调整图层>曲线”命令，在弹出的“新建图层”对话框中单击“确定”按钮，创建新的“曲线”调整图层，在“属性”面板中调整曲线的形状，如图11-255所示。单击“曲线”图层蒙版，使用黑色画笔绘制麦田部分，如图11-256所示，效果如图11-257所示。

04 执行“图层>新建调整图层>可选颜色”命令，在弹出的“新建图层”对话框中单击“确定”按钮创建新的“可选颜色”调整图层，在“属性”面板中设置“颜色”为“白色”，调整其“黄色”数值为+100%，如图11-258所示；设

置“颜色”为“中性色”，调整其“黄色”数值为+100%，如图11-259所示，效果如图11-260所示。

图11-254

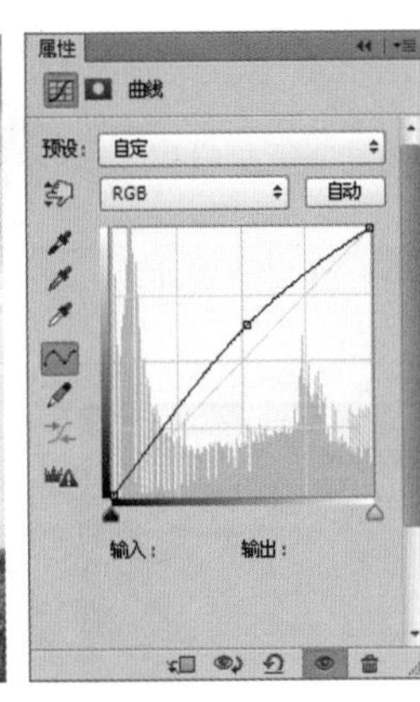
图11-255

图11-256

图11-257

图11-258

05 创建新组并命名为“人像”。执行“文件>置入嵌入对象”命令，将人像素材“2.jpg”置入文档内，摆放在适当的位置并将其栅格化。使用“钢笔工具”绘制出人像选区，并添加图层蒙版，隐藏背景部分，如图11-261和图11-262所示。

06 从图中可以看出人像素材的受光感较弱，显得整体比较暗，而且偏黄。首先对人像面部进行调整，执行“图层>新建调整图层>曲线”命令，在弹出的“新建图层”对话框中单击“确定”按钮，创建新的“曲线”调整图层，在“属性”面板中压暗曲线，如图11-263所示。在“图层”面板中选中该图层，单击鼠标右键，在弹出的快捷菜单中执行“创建剪贴蒙版”命令，单击“曲线”图层蒙版，设置蒙版背景为黑色，画笔为白色，绘制人像面部的阴影部分，强化面部立体感，如图11-264所示。

图11-259

图11-260

图11-261

图11-262

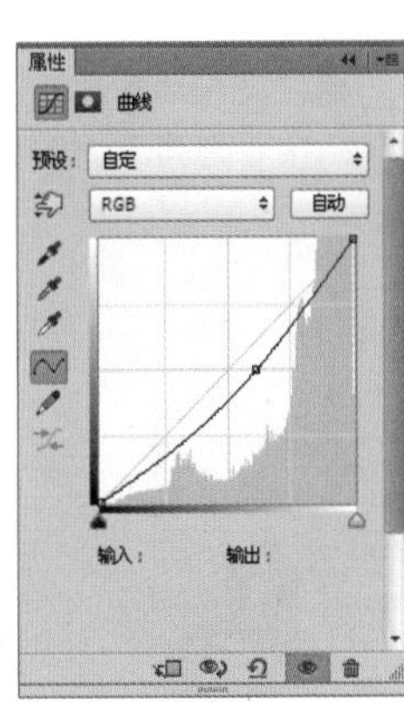
图11-263

07 继续创建“曲线”调整图层，适当提亮曲线，如图11-265所示。在“图层”面板中单击鼠标右键，在弹出的快捷菜单中执行“创建剪贴蒙版”命令，单击“曲线”图层蒙版，设置蒙版背景为黑色，画笔为白色，绘制人像面部的高光部分，强化面部立体感，如图11-266所示。

08 创建新的“曲线”调整图层，提亮曲线，如图11-267所示。单击鼠标右键，在弹出的快捷菜单中执行“创建剪贴蒙版”命令，单击“曲线”图层蒙版，设置蒙版背景为黑色，画笔为白色，绘制牙齿和眼白部分，如图11-268所示。

图11-264

图11-265

图11-266

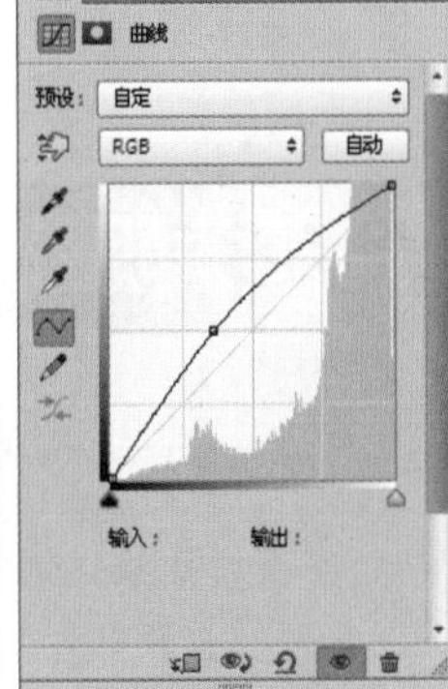
图11-267

09 创建新的“可选颜色”调整图层，在“属性”面板中调整颜色参数，如图11-269和图11-270所示。单击“可选颜色”图层蒙版，使用黑色画笔涂抹去掉对头发部分的影响，如图11-271所示。

10 创建新的“曲线”调整图层，提亮曲线，如11-272所示。单击“曲线”图层蒙版，设置蒙版背景为黑色，画笔为白色，绘制整体人像部分，如图11-273所示。

11 执行“文件>置入嵌入对象”命令，将麦穗素材“3.png”置入文档内，将其放置在画面中适当的位置并栅格化，如图11-274所示。

图11-268

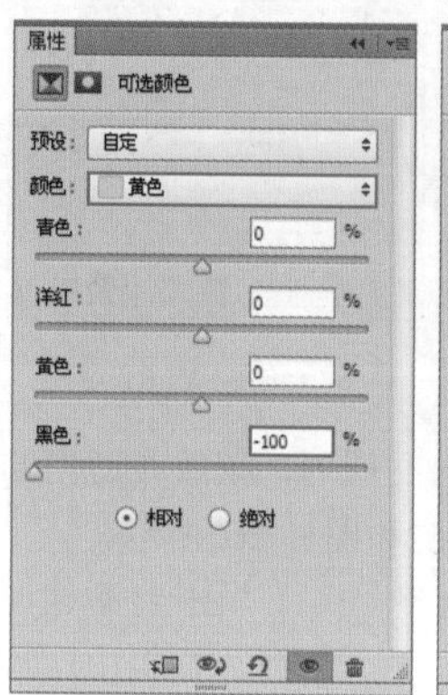

图11-269

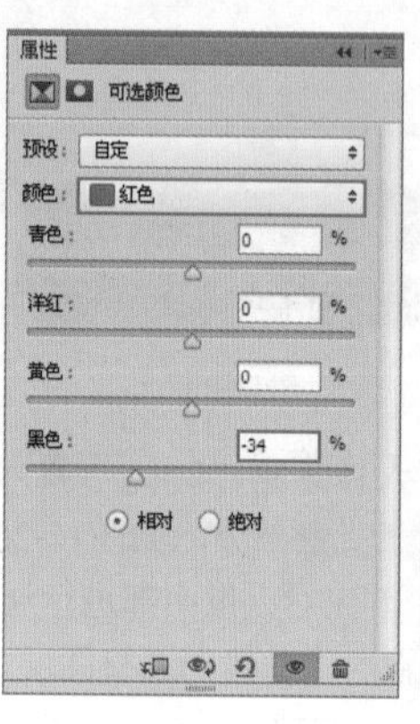

图11-270

图11-271

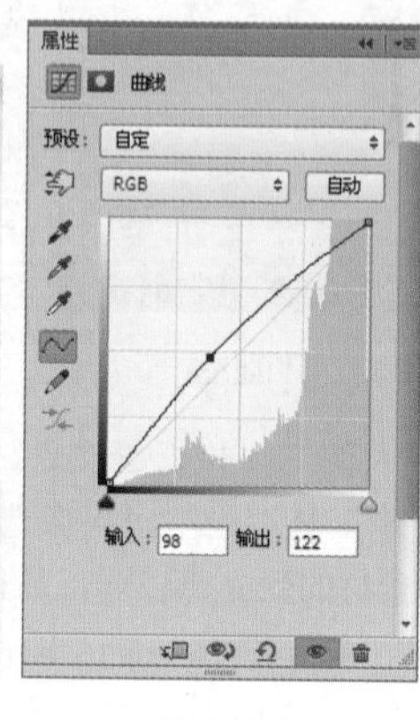

图11-272

图11-273

12 创建新的“色相/饱和度”调整图层，在“属性”面板中设置参数，如图11-275所示，效果如图11-276所示。

13 置入光效素材文件“4.jpg”，将其放置在合适的位置并栅格化。在“图层”面板中设置该图层的“混合模式”为“滤色”。接着为其添加图层蒙版，使用黑色画笔涂抹手臂部分，使光效有穿插效果，如图11-277所示，案例最终效果如图11-278所示。

图11-274

图11-275

图11-276

图11-277

图11-278

11.18 阴影/高光

视频精讲：Photoshop新手学视频精讲课堂\影调调整命令.flv

技术速查：使用“阴影/高光”命令可以通过对画面中阴影区域和高光区域的明暗进行分别调整，从而还原图像阴影区域过暗或高光区域过亮造成的细节损失。

（1）打开图片，如图11-279所示。执行“图像>调整>阴影/高光”命令，打开“阴影/高光”对话框，如图11-280所示。选中“显示更多选项”复选框后，可以显示“阴影/高光”的完整选项，如图11-281所示。

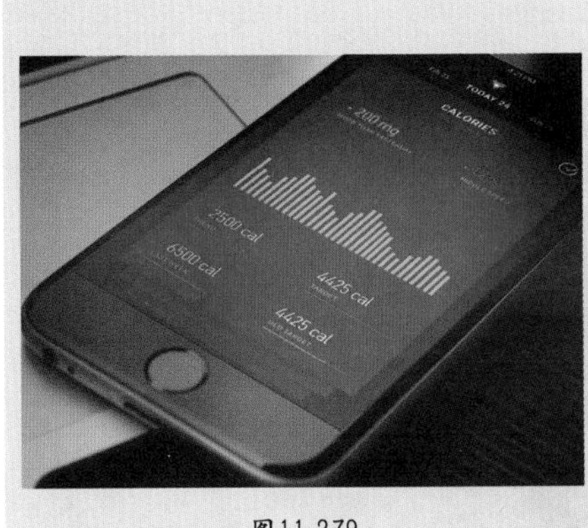

图11-279

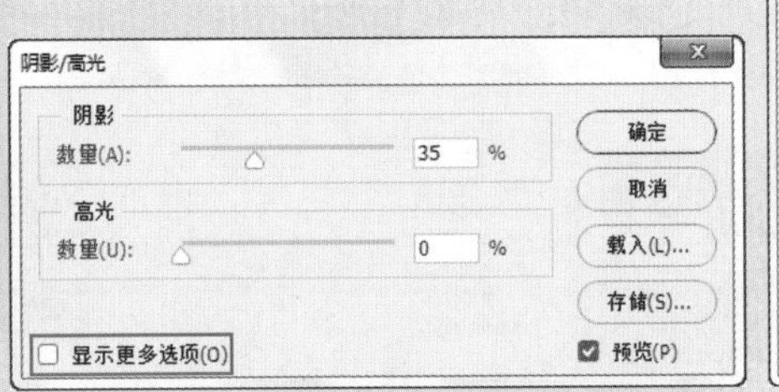

图11-280

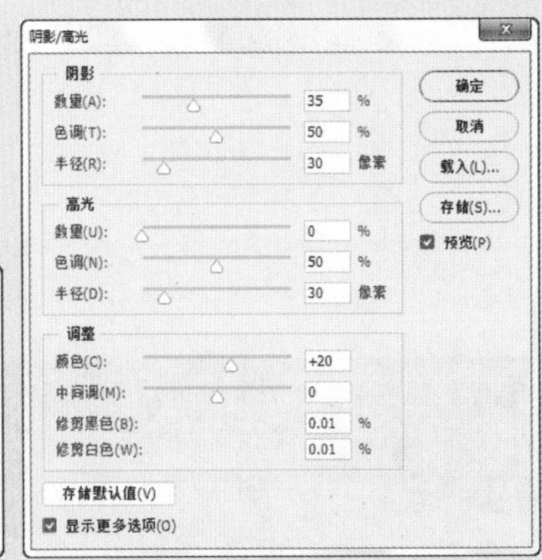

图11-281

（2）“阴影”下方的“数量”选项用来控制阴影区域的亮度，值越大，阴影区域就越亮；“色调”选项用来控制色调的修改范围，值越小，修改的范围就只针对较暗的区域；“半径”选项用来控制像素是在阴影中还是在高光中，如图11-282所示。修改数值后，较暗的区域变亮了，效果如图11-283所示。

图11-282

（3）“高光”下方的“数量”选项用来控制高光区域的黑暗程度，值越大，高光区域越暗；“色调”选项用来控制色调的修改范围，值越小，修改的范围就只针对较亮的区域；“半径”选项用来控制像素是在阴影中还是在高光中，如图11-284所示。修改数值后，亮部区域变暗了，修改后的效果如图11-285所示。

图11-283

图11-284

图11-285

高手小贴士：“调整”选项组

“颜色”选项用来调整已修改区域的颜色；“中间调”选项用来调整中间调的对比度；“修剪黑色”和“修剪白色”选项决定了在图像中将多少阴影和高光剪到新的阴影中。

11.19 HDR色调

- 视频精讲：Photoshop新手学视频精讲课堂\特殊色调调整命令.flv
- 技术速查：HDR的全称是High Dynamic Range，即高动态范围。“HDR色调”命令可以用来修补太亮或太暗的图像，制作出高动态范围的图像效果，对于处理风景图像非常有用。

（1）打开图片，如图11-286所示。执行“图像>调整>HDR色调”命令，打开“HDR色调”对话框，在该对话框中可以使用预设选项，也可以自行设定参数，如图11-287所示，如图11-288所示为HDR色调效果。

图11-286

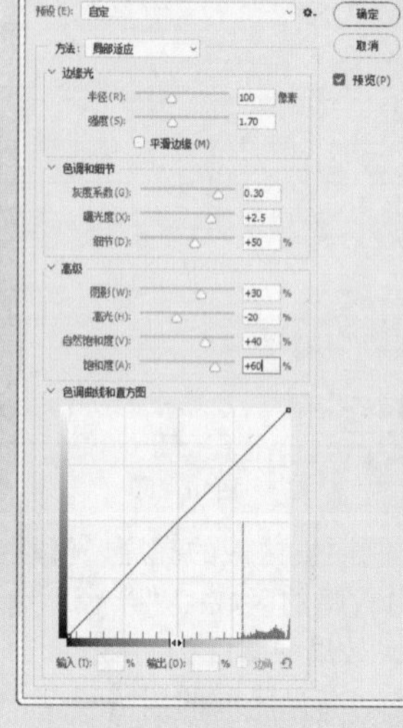

图11-287

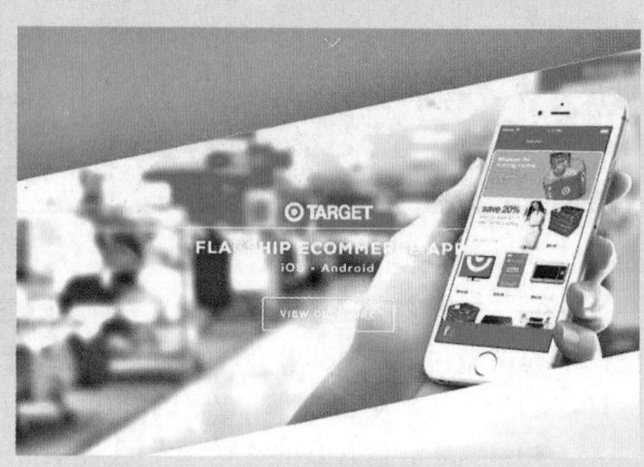

图11-288

（2）“边缘光”用于调整图像边缘光的强度。设置“强度”为0.1时，效果如图11-289所示；设置“强度”为4时，效果如图11-290所示。

（3）使用“色调和细节”组中的选项可以使图像的色调和细节更加丰富细腻。设置“细节”为-30%时，效果如图11-291所示；设置“细节”为150%时，效果如图11-292所示。

图11-289

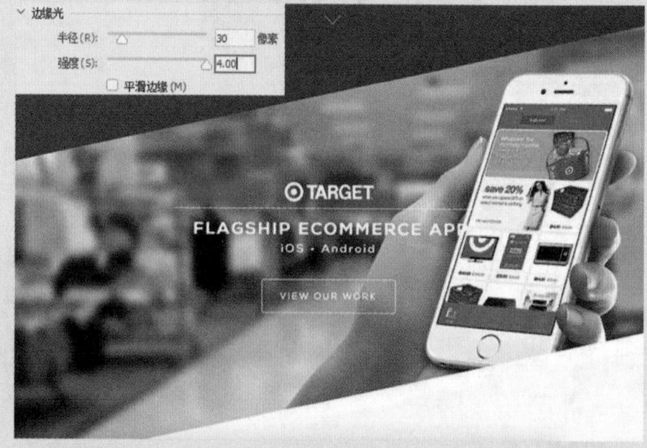

图11-290

图11-291

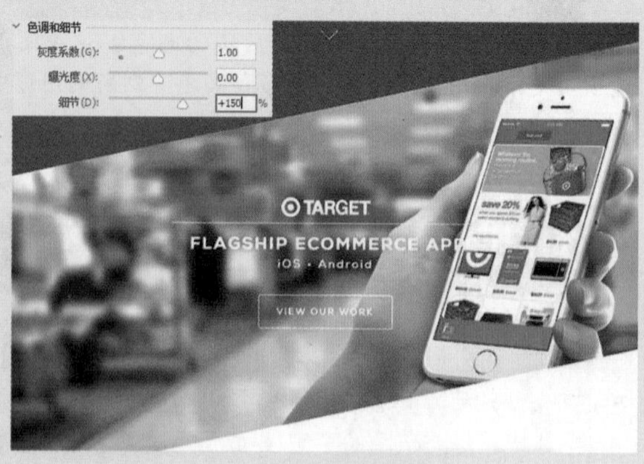

图11-292

高手小贴士：在多个图层的情况下执行“HDR色调”命令

在多个图层的情况下执行“HDR色调”命令，会弹出“脚本警告”对话框，如图11-293所示。单击“是”按钮将所有图层进行合并，然后打开“HDR色调”对话框；单击“否”按钮则不会合并图层，并且不会打开“HDR色调”对话框。如果要对某个图层应用“HDR色调”效果，可以先将图片在Photoshop中打开，然后进行调色，接着把调完色的图片添加到操作的文档中。

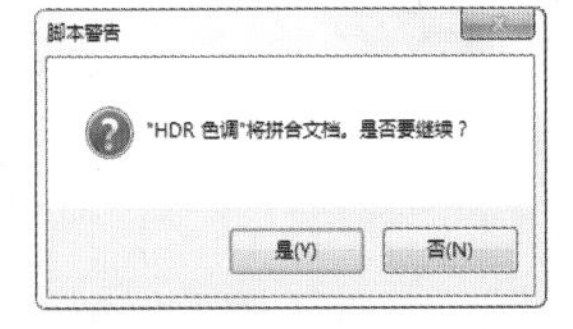

图11-293

11.20 去色

技术速查：“去色”命令可以将图像中的颜色去掉，使其成为灰度图像。

打开图片，如图11-294所示。执行“图像>调整>去色”命令，图像变为黑白色，如图11-295所示。

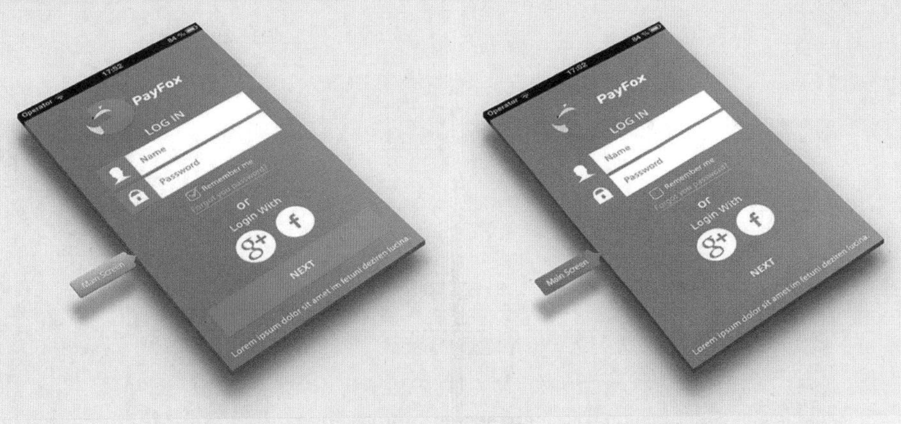

图11-294　　图11-295

11.21 匹配颜色

技术速查：“匹配颜色”命令的原理是将一个图像作为源图像，另一个图像作为目标图像，然后将源图像的颜色与目标图像的颜色进行匹配。源图像和目标图像可以是两个独立的文件，也可以匹配同一个图像中不同图层之间的颜色。

“匹配颜色”命令能够以其他图像或者图层的颜色作为样本，对所选图像进行色彩之间的匹配。接下来用图层“1”中蓝色的图像去匹配画面颜色，如图11-296所示。

（1）选择“背景”图层，执行“图像>调整>匹配颜色”命令，打开“匹配颜色”对话框。接着设置“源”为文本档，因为要将图层“1”的颜色与“背景”图层的颜色进行匹配，所以设置“图层”为1，如图11-297所示。对匹配的颜色进行调整，通过“明亮度”“颜色强度”“渐隐”进行调色，设置完成后单击“确定”按钮，此时画面效果如图11-298所示。

图11-296

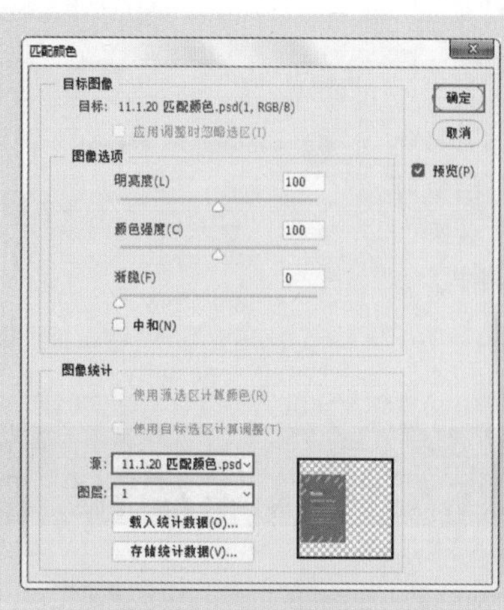

图11-297

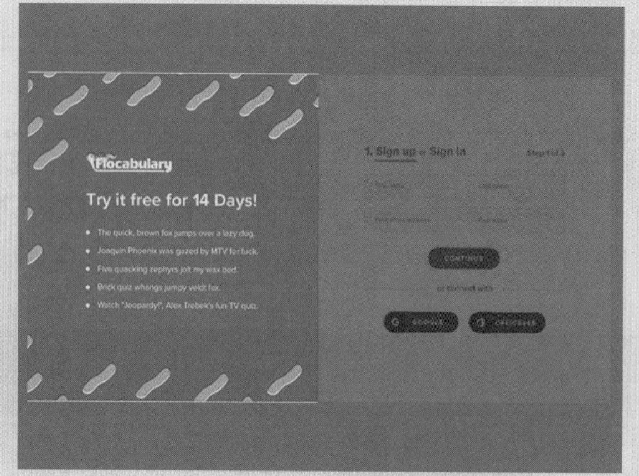

图11-298

（2）“渐隐”选项类似于图层蒙版，它决定了有多少源图像的颜色匹配到目标图像的颜色中，如图11-299所示为“渐隐”值为15时的匹配效果，如图11-300所示为“渐隐”值为50时的匹配效果。

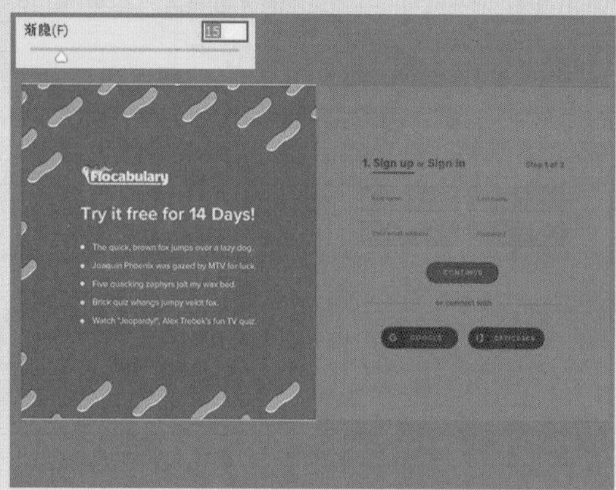

图11-299

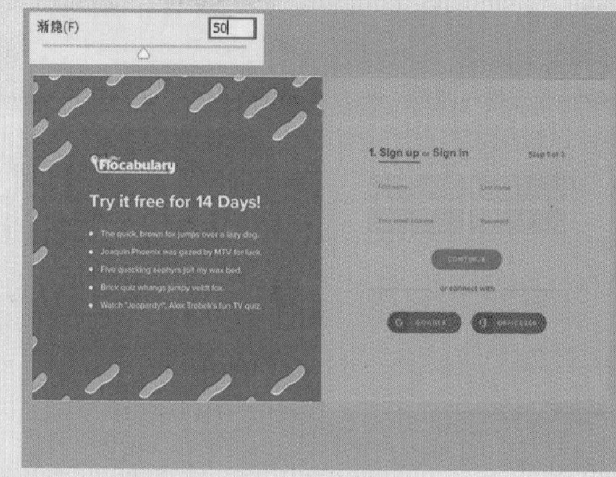

图11-300

选项解读：“匹配颜色”对话框详解

- 目标：这里显示的是要修改的图像的名称以及颜色模式。
- 应用调整时忽略选区：如果目标图像（即被修改的图像）中存在选区，选中该复选框，Photoshop将忽视选区的存在，会将调整应用到整个图像，如图11-301所示；如果不选中该复选框，那么调整只针对选区内的图像，如图11-302所示。

图11-301

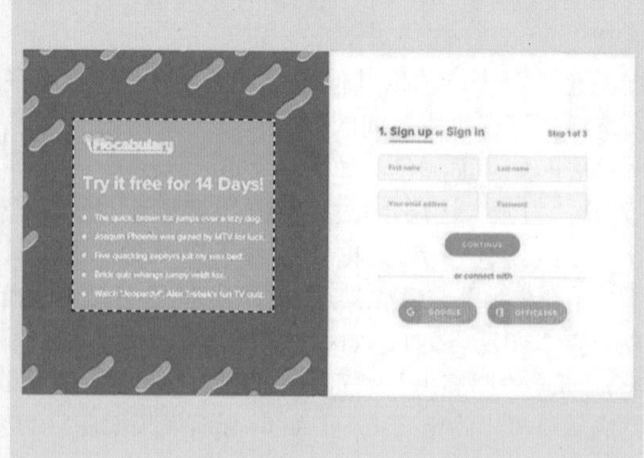

图11-302

- 使用源选区计算颜色：该选项可以使用源图像中的选区图像的颜色来计算匹配颜色，如图11-303所示为选区的位置，如图11-304所示为选中“使用源选区计算颜色”复选框的效果。

图11-303

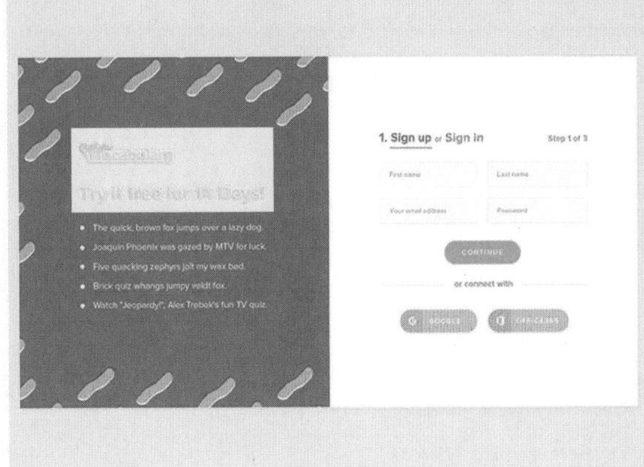

图11-304

- 使用目标选区计算调整：该选项可以使用目标图像中的选区图像的颜色来计算匹配颜色（注意，这种情况必须选择源图像为目标图像），如图11-305所示为选区的位置，如图11-306所示为选中“使用目标选区计算调整”复选框的效果。

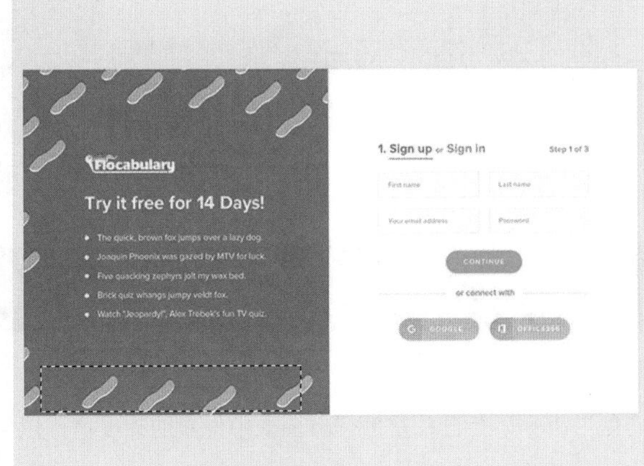

图11-305

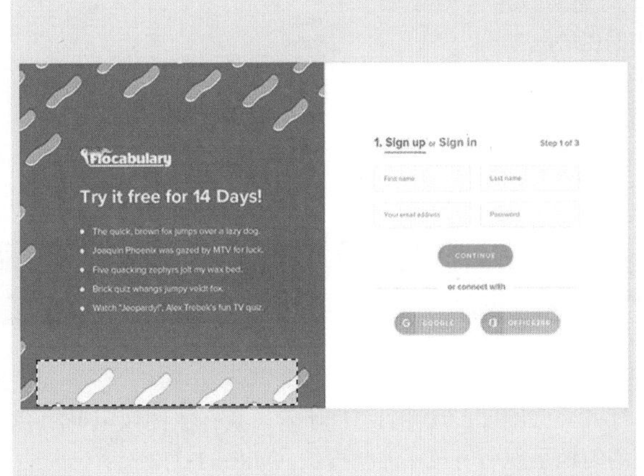

图11-306

- 源：该选项用来选择源图像，即将颜色匹配到目标图像的图像。

11.22 替换颜色

- 技术速查：使用“替换颜色”命令可以修改图像中选定颜色的色相、饱和度和明度，从而将选定的颜色替换为其他颜色。

（1）打开图片，如图11-307所示。执行“图像>调整>替换颜色”命令，打开“替换颜色”对话框，默认情况下选择的是“吸管工具”，然后设置“容差参数”数值，接着将光标移到界面的黄色背景位置，单击拾取颜色，此时可以看到缩览图中黄色背景位置变为了白色，在此缩览图中，白色代表被选中，如图11-308所示。

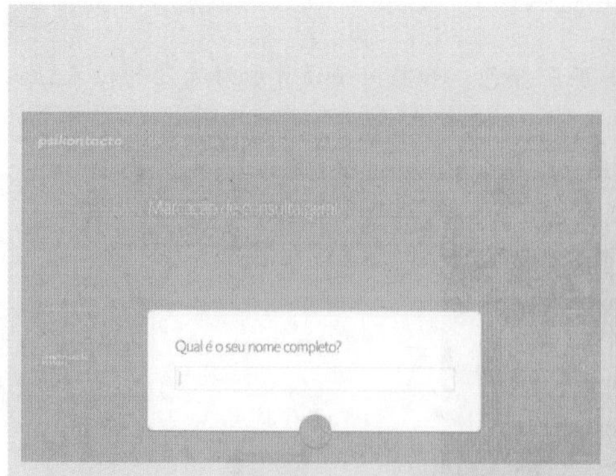

图11-307

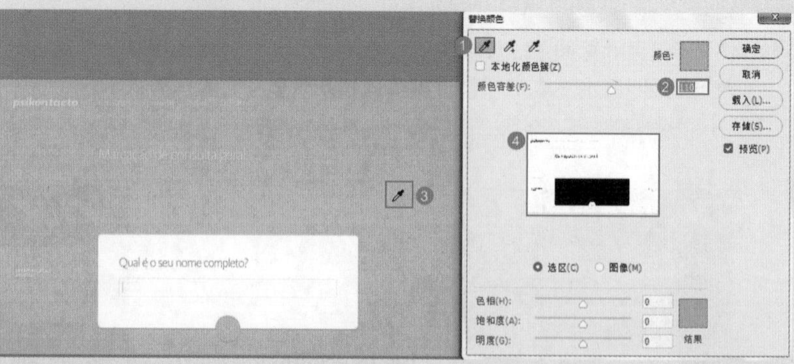

图11-308

（2）进行背景调色。在“替换颜色”对话框中，通过更改“色相”“饱和度”“明度”选项去调整替换的颜色，通过“结果”选项观察替换颜色的效果，如图11-309所示。设置完成后单击“确定”按钮，此时黄色背景变为青色，效果如图11-310所示。

图11-309

图11-310

11.23 色调均化

技术速查：“色调均化”命令是将图像中像素的亮度值进行重新分布。

打开一张图像，如图11-311所示。执行“图像>调整>色调均化”命令，会自动重新分布图像中像素的亮度值，以便它们更均匀地呈现所有范围的亮度级，如图11-312所示。

图11-311

图11-312

11.24 综合实战——平板电脑生活类APP首页设计

文件路径	第11章\平板电脑生活类APP首页设计
难易指数	★★★★★

扫码看视频

案例效果

案例效果如图11-313所示。

读书笔记

图11-313

11.24.1 项目分析

这是一款针对平板电脑客户端的生活类APP的首页设计，该APP主要包括新闻资讯、图集，以及购物等几大板块，是近年来较为流行的以女性为主要受众群体的生活类APP。为了迎合此类使用者，界面采用多种模块结合的方式，版面内容类型较为全面，整体风格倾向于展现时尚、摩登、高品质之感。如图11-314和图11-315所示为优秀的界面设计作品。

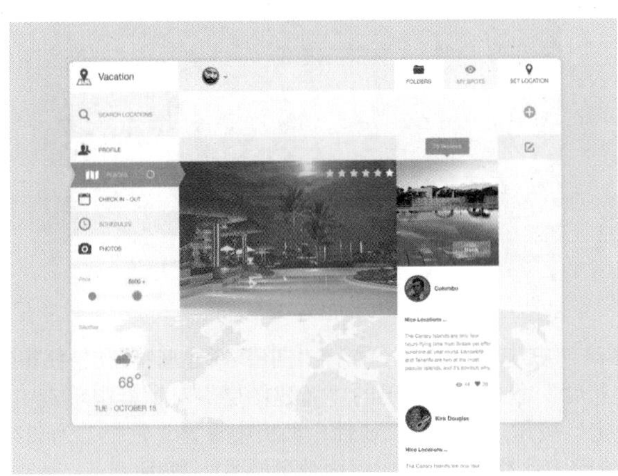

图11-314

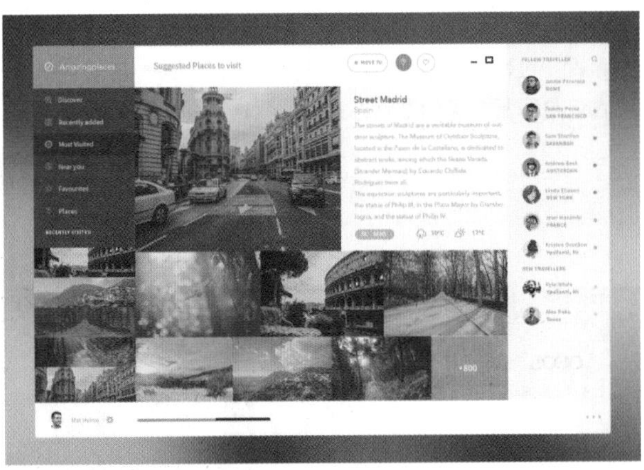

图11-315

11.24.2 布局规划

平板电脑显示屏范围较大，APP界面能够以双栏甚至多栏的形式进行排布。左右两个区域展示不同类型的模块，消息、提示、通知等信息均出现在左侧屏幕上方目光最容易找到的位置，方便用户操作的同时节约了页面空间。右侧页面轮播图会自动切换当下最热商品，吸引用户眼球。下方为图文结合的生活类资讯栏目，与上方产品轮播图相辅相成。如图11-316和图11-317所示为不同布局模式的界面设计作品。

读书笔记

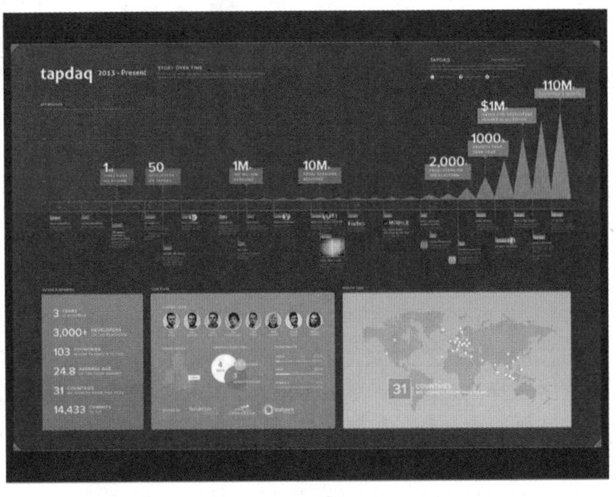

图11-316

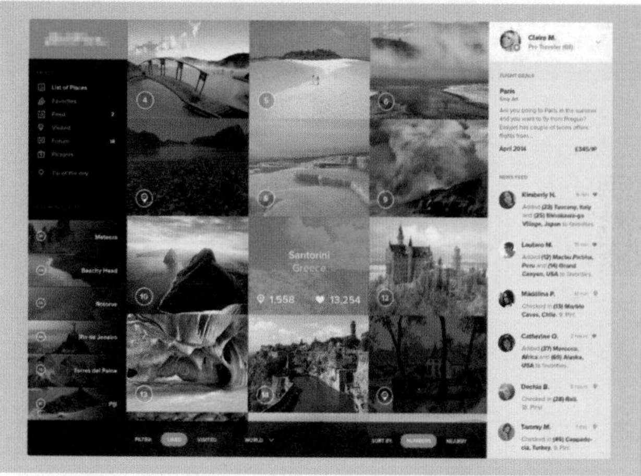

图11-317

11.24.3 色彩搭配

该作品以紫色作为界面背景底色，象征高贵的气质。用浓郁的颜色作为背景，搭配白色作为模块底色，给人干净、清爽的视觉感受，同时也不会影响不同颜色的广告图片。除此之外，文字中使用了少量的橘黄色与蓝色，在调节气氛的同时也为版面增添了亮点。以艳丽色或深色作为背景底色，以浅色或者白色作为模块底色是非常常见的配色方式，如图11-318和图11-319所示。

图11-318

图11-319

11.24.4 实践操作

1. 制作左侧模块

（1）执行“文件>新建”命令，创建一个空白文档，如图11-320所示。执行“文件>置入嵌入对象”命令，在弹出的对话框中选择“1.jpg”，单击“置入”按钮。然后将置入的素材摆放在画面中合适的位置，将光标放在素材一角处按住Shift键的同时，按住鼠标左键拖动，等比例放大该素材，并填充整个画面，如图11-321所示。调整完成后按Enter键完成置入。在“图层”面板中右击该图层，在弹出的快捷菜单中执行“栅格化图层”命令。

图11-320

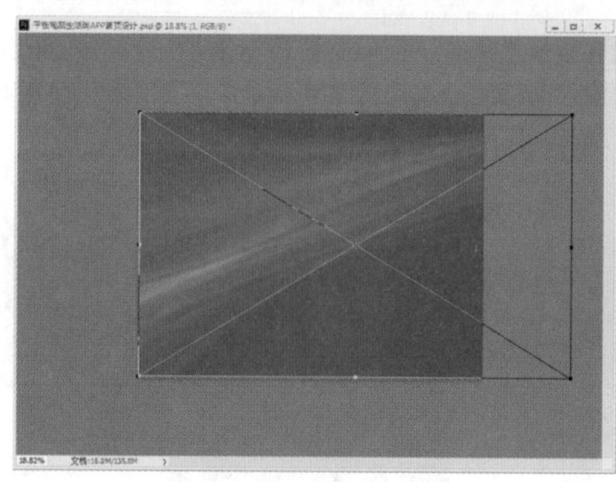

图11-321

（2）调节色调。执行“图层>新建调整图层>色相/饱和度”命令，在弹出的“新建图层”对话框中单击“确定”按钮。接着在“属性”面板中设置“色相”为-23，如图11-322所示，此时画面效果如图11-323所示。

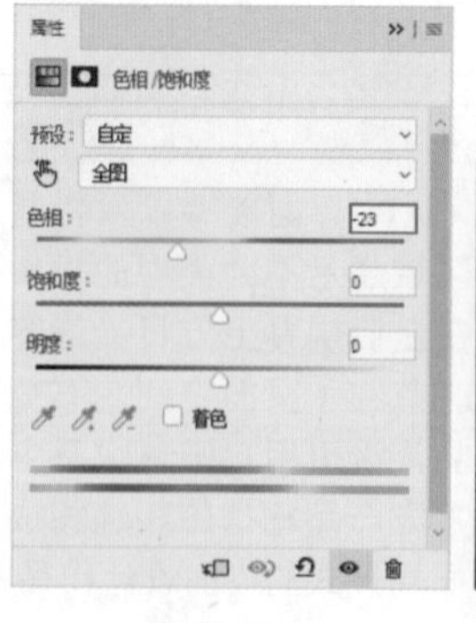

图11-322

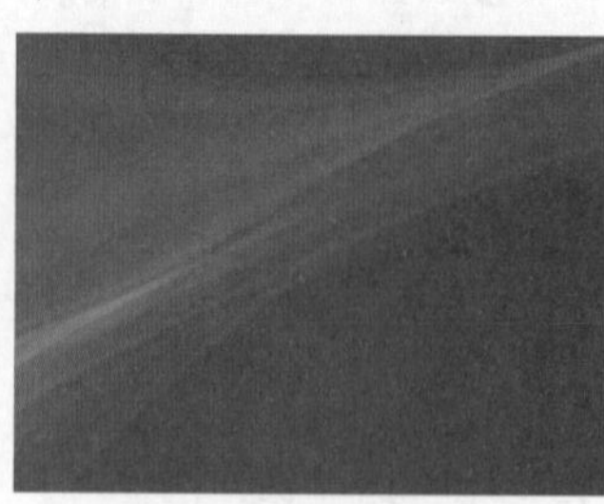

图11-323

（3）选择工具箱中的“矩形工具”，在选项栏中设置“绘制模式”为“形状”，“填充”为白色，“描边”为无颜色。设置完成后在画面右侧位置按住鼠标左键并拖动，绘制一个白色矩形，绘制完毕后按Enter键完成操作，如图11-324所示。接着继续使用“矩形工具”绘制另一个白色矩形，如图11-325所示。

图11-324

图11-325

（4）绘制下拉按钮。在工具箱中右击形状工具组，在工具组列表中选择“自定形状工具”，在选项栏中设置“绘制模式”为“形状”，“填充”为无颜色，“描边”为灰色，“描边粗细”为4点，“描边类型”为实线。单击打开“自定形状”拾色器，选择箭头形状。设置完成后在画面中页面左侧版块右下角位置按住鼠标左键并拖动，绘制一个箭头，绘制完毕后按Enter键完成此操作，如图11-326所示。

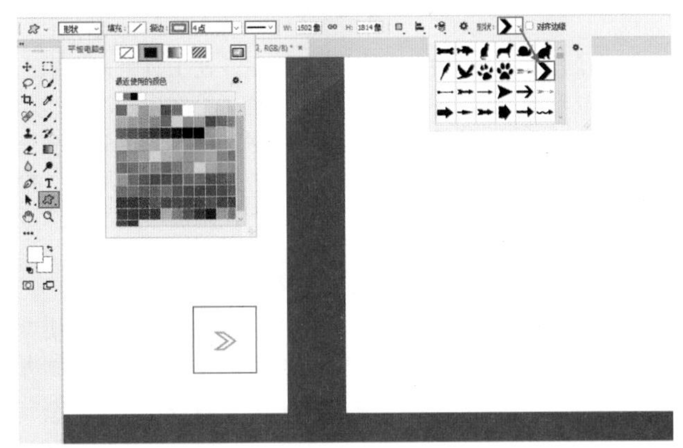

图11-326

（5）在“图层”面板中选中该形状图层，执行“编辑>变换>顺时针旋转90度”命令，将箭头顺时针旋转90°，如图11-327所示。

（6）绘制下拉选项栏。选择工具箱中的“矩形工具”，在选项栏中设置“绘制模式”为“形状”，“填充”为无颜色，“描边”为灰色，“描边粗细”为4点，“描边类型”为实线。设置完成后在页面中左侧版块下方按住鼠标左键并拖动，绘制合适大小的矩形框，如图11-328所示。

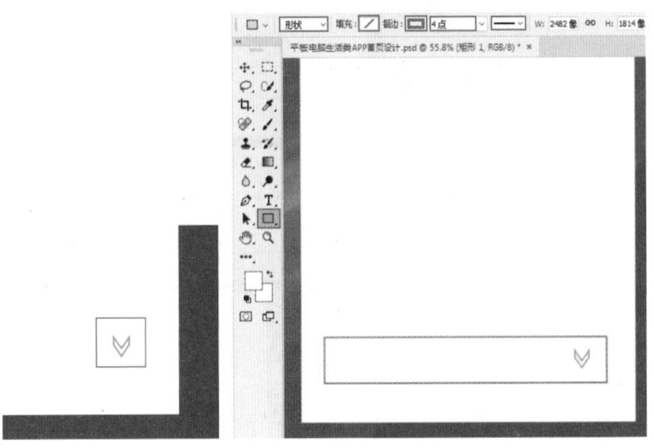

图11-327　　图11-328

（7）编辑下拉选项栏中的文字信息。选择工具箱中的“横排文字工具”，在选项栏中设置合适的字体、字号，设置文字颜色为黑色，设置字符对齐方式为“左对齐文本”。设置完毕后在画面中下拉选项栏位置单击，接着输入文字，文字输入完毕后按Ctrl+Enter快捷键完成此操作，如图11-329所示。

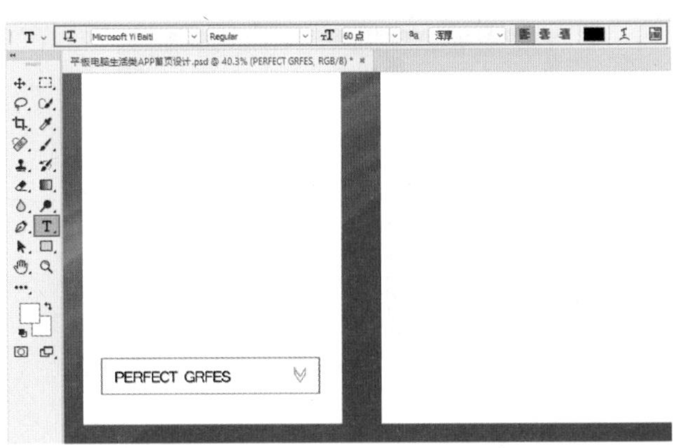

图11-329

（8）置入素材图片。执行“文件>置入嵌入对象”命令，置入素材“2.png”，将其摆放在页面中左侧版块合适的位置，按Enter键完成此操作，并将其栅格化，如图11-330所示。

（9）为页面左侧版块编辑其他文字信息。选择工具箱中的“横排文字工具”，在选项栏中设置合适的字体、字号，设置文字颜色为黑色，设置字符对齐方式为“左对齐文本”。设置完毕后在画面中合适位置单击，接着输入文字，文字输入完毕后按Ctrl+Enter快捷键，如图11-331所示。接着

使用相同的编辑方式，并设置合适的文字颜色编辑其他文字信息，画面效果如图11-332所示。

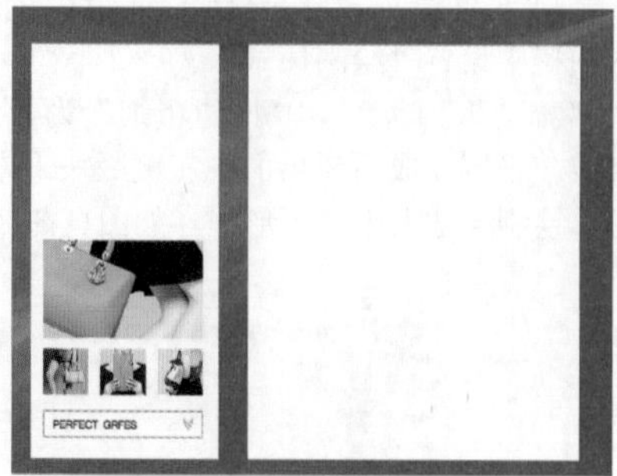
图11-330

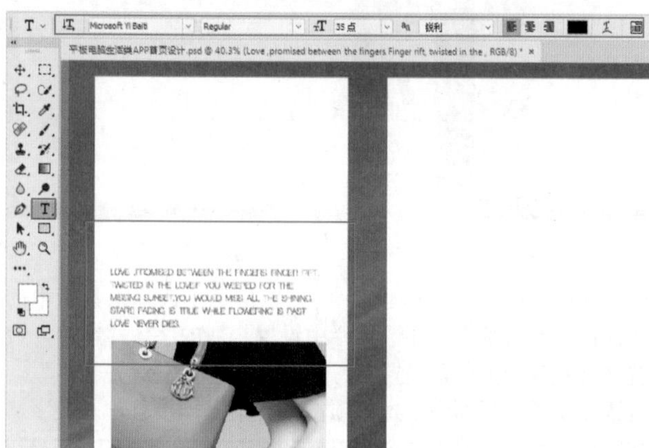
图11-331

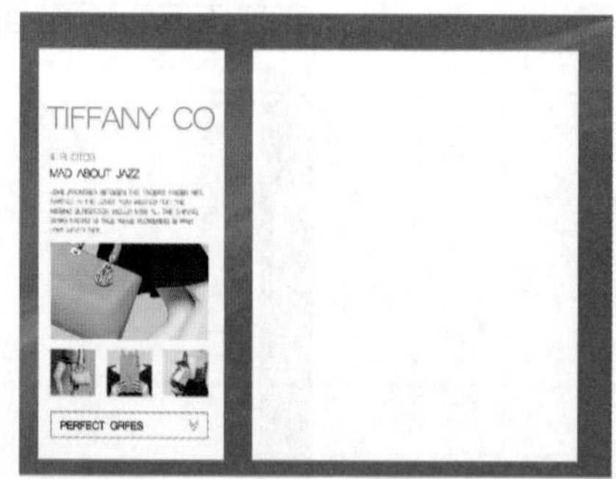

图11-332

（10）绘制导航按钮。首先绘制一个矩形色块。选择工具箱中的“矩形工具”，在选项栏中设置“绘制模式”为“形状”，“填充”为亮灰色，“描边”为无颜色，设置完成后在页面左上方位置按住鼠标左键并拖动，绘制一个矩形，绘制完毕后按Enter键完成此操作，如图11-333所示。

（11）继续使用“矩形工具”，在选项栏中设置“填充”为橘色，设置完成后在页面左上方合适位置进行绘制，如图11-334所示。然后使用相同的绘制方式，在选项栏中设置“填充”为墨绿色，设置完成后在页面左上方合适位置进行绘制，如图11-335所示。

图11-333

图11-334

图11-335

（12）在工具箱中右击形状工具组，在工具组列表中选择“自定形状工具”，在选项栏中设置“绘制模式”为“形状”，“填充”为灰色，“描边”为深灰色，“描边粗细”为3.25点，“描边类型”为实线，单击打开“自定形状”拾色器，选择“储存”形状。设置完成后在画面中页面左侧版块左上角位置按住鼠标左键并拖动，绘制“储存”图形，绘制完毕后按Enter键完成此操作，如图11-336所示。

（13）继续使用“自定形状工具”，在“自定形状”拾色器中选择“主页”形状，设置完成后使用相同的绘制方式在页面右上方相应位置进行绘制，如图11-337所示。然后单击打开“自定形状拾色器”，选择“邮件”形状，设置完成后使用相同的绘制方式在页面左侧相应位置进行绘制，如图11-338所示。

图11-336

图11-337

图11-338

2．制作右侧模块

（1）编辑页面右侧版块文字信息。选择工具箱中的“横排文字工具”，在选项栏中设置合适的字体、字号，设置文字颜色为橘色，设置字符对齐方式为“左对齐文本”。设置完毕后在页面右侧版块合适位置单击，接着输入文字，文字输入完毕后按Ctrl+Enter快捷键完成文字的输入，如图11-339所示。

图11-339

（2）置入素材图片。执行“文件>置入嵌入对象”命令，置入素材“3.jpg”，将其摆放在页面右上方位置，按Enter键，并将其栅格化，如图11-340所示。接着选择工具箱中的“矩形选框工具”，在画面中合适位置按住鼠标左键并拖动，得到矩形选区，如图11-341所示。

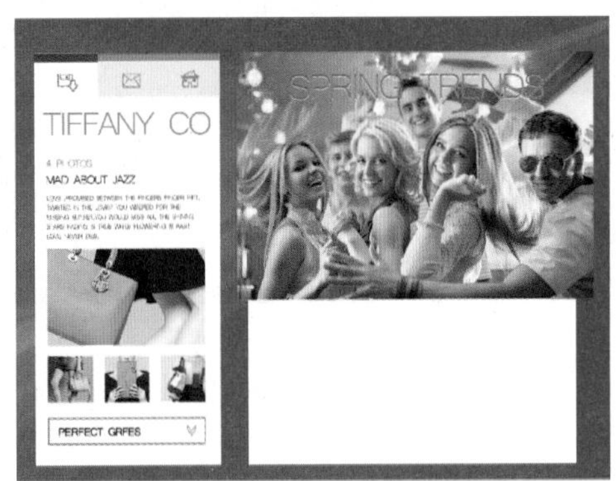

图11-340

图11-341

（3）在“图层”面板中单击选中素材“3.jpg”图层，在保持当前选区的状态下单击“图层”面板底部的“添加图层蒙版”按钮，以当前选区为该图层添加图层蒙版，如图11-342所示。选区以内的部分为显示状态，选区以外的部分被隐藏，画面效果如图11-343所示。

图11-342

图11-343

（4）绘制“页面控件”。在工具箱中右击形状工具组，在工具组列表中选择“椭圆工具”，在选项栏中设置“绘制模式”为“形状”，“填充”为白色，“描边”为无颜色。设置完成后在画面中素材“3.jpg”下方按住Shift键的同时，按住鼠标左键并拖动，绘制一个正圆，绘制完毕后按Enter键完成此操作，如图11-344所示。接着在“图层”面板中选中该形状图层，反复使用复制图层快捷键Ctrl+J，复制出3个相同的形状图层，如图11-345所示。

图11-344

图11-345

（5）在“图层”面板中选中画面中从左到右第四个椭圆形状相应的形状图层，在选项栏中设置“填充”为紫色，如图11-346所示。

图11-346

（6）绘制搜索框。首先编辑文字信息。选择工具箱中的“横排文字工具”，设置“文字颜色”为黑色，使用与上述相同的编辑方式在页面右侧版块合适位置进行编辑，如图11-347所示。然后绘制矩形框。选择工具箱中的“矩形工具”，使用与上述相同的绘制方式在页面右侧版块合适位置进行绘制，如图11-348所示。最后使用“自定形状工具”，并在“自定形状”拾色器中选择“搜索”形状，使用与上述相同的绘制方式在页面右侧版块合适位置进行绘制，如图11-349所示。

图11-347

图11-348

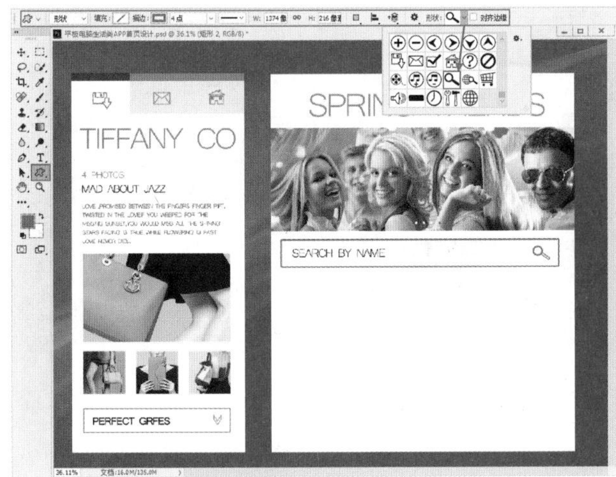

图11-349

（7）再次使用“横排文字工具”，使用与上述相同的编辑方式在页面右侧搜索框下方进行文字编辑，如图11-350所示。

图11-350

（8）绘制页面文章部分。在工具箱中右击形状工具组，在工具组列表中选择“直线工具”，在选项栏中设置“绘制模式”为“形状”，“填充”为无颜色，“描边”为灰色，“描边粗细”为4点，“描边类型”为实线，“粗细”为1像素。设置完成后在页面右侧版块合适位置按住Shift键的同时，按住鼠标左键并拖动，绘制一条直线，绘制完毕后按Enter键完成此操作，如图11-351所示。

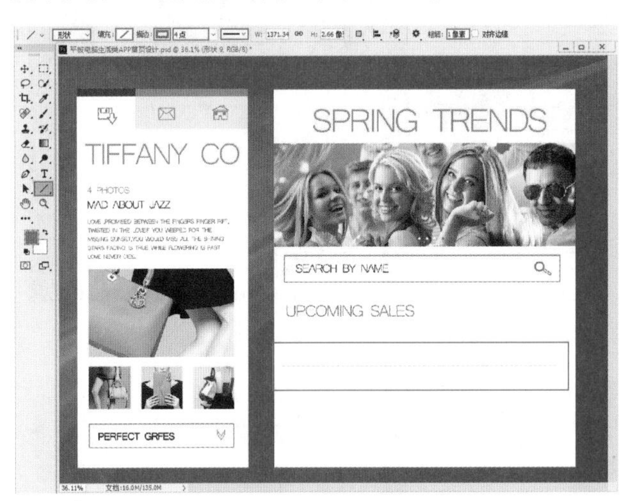

图11-351

（9）执行“置入>置入嵌入对象”命令，置入素材“4.jpg”，将其摆放在页面合适的位置，按Enter键确定置入，并将其栅格化，如图11-352所示。然后选择工具箱中的“矩形选框工具”，在画面中合适的位置按住鼠标左键并拖动，得到矩形选区，如图11-353所示。

图11-352

（10）按Shift+Ctrl+I组合键进行选区反选，如图11-354所示。然后按Delete键删除选区内的内容。再按Ctrl+D快捷键取消此选区，此时画面效果如图11-355所示。

（11）编辑文章的文字信息。选择工具箱中的“横排文字工具”，设置合适的文字颜色，使用与上述相同的编辑方式在页面中文章位置进行编辑，如图11-356所示。接着选择工具箱中的“自定形状工具”，在“自定形状”拾色器中选择“时间”形状，使用与上述相同的绘制方式在页面中文章右侧位置进行绘制，如图11-357所示。

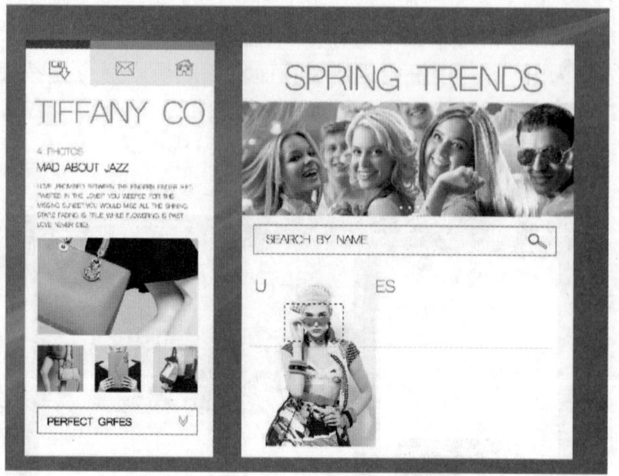

图11-353

图11-354

图11-355

图11-356

图11-357

（12）使用同样的方法制作下方的文字和图形，案例完成效果如图11-358所示。

图11-358

第12章

使用滤镜制作特殊效果

本章内容简介：

滤镜是一项简单而神奇的功能，只需轻轻一点就可以使画面产生各种奇妙的变化。事实上，滤镜在Photoshop中主要用来实现图像的各种特殊效果，因此又常常称之为特效。滤镜在Photoshop中按种类放置在菜单中，使用时只需从该菜单中执行这个命令即可。Photoshop自带的滤镜有几十种，如镜头光晕、镜头模糊效果等。

本章学习要点：

- 掌握滤镜的基本使用方法
- 掌握滤镜库的使用方法
- 掌握液化滤镜的使用方法
- 掌握锐化、模糊、扭曲、杂色滤镜组的使用

12.1 初识滤镜

视频精讲：Photoshop新手学视频精讲课堂\滤镜与智能滤镜.flv

Photoshop中的滤镜大致分两种：一种是内置滤镜，另一种是外挂滤镜。在“滤镜”菜单中可以看到多种滤镜以及滤镜组。第三方开发商开发的滤镜可以作为增效工具使用，在安装外挂滤镜后，这些增效工具滤镜将出现在“滤镜”菜单的底部。

（1）使用滤镜处理图层中的图像时，该图层必须是可见图层。选择需要进行滤镜操作的图层，如图12-1所示。执行“滤镜”菜单下的命令，选择某个滤镜，如图12-2所示。

（2）在弹出的对话框中设置合适的参数，如图12-3所示。滤镜效果以像素为单位进行计算，因此，相同参数处理不同分辨率的图像，其效果也不一样。最后单击“确定”按钮完成滤镜操作。如果图像中存在选区，则滤镜效果只应用在选区之内，如图12-4所示；如果没有选区，则滤镜效果将应用于整个图像，如图12-5所示。

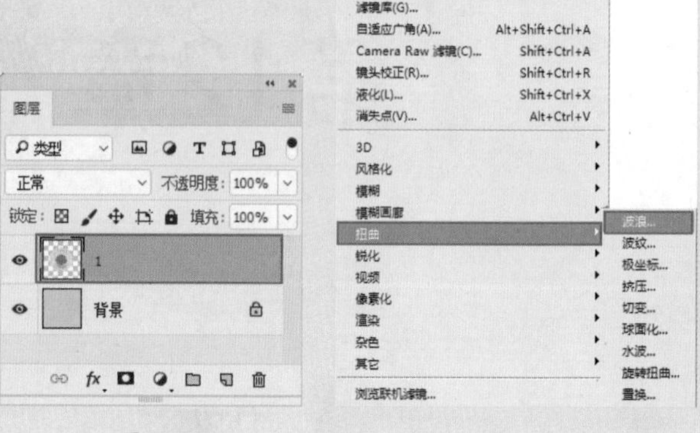

图12-1　图12-2

（3）应用于智能对象的滤镜都是智能滤镜，它是一种“非破坏性滤镜”。使用智能滤镜的前提是将普通图层转换为智能对象。在普通图层上单击鼠标右键，在弹出的快捷菜单中执行“转换为智能对象”命令，即可将其转换为智能对象，如图12-6和图12-7所示。

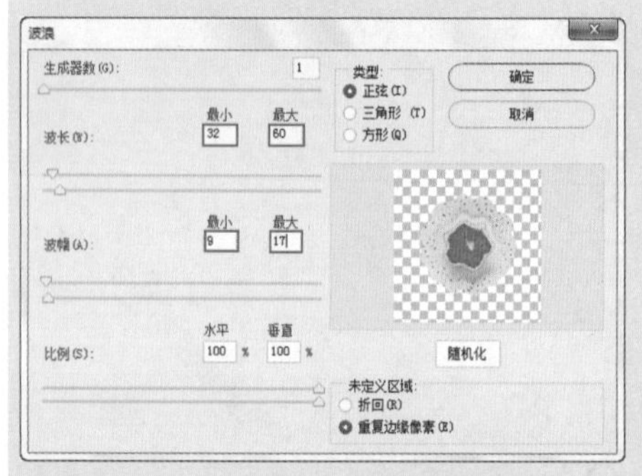

图12-3

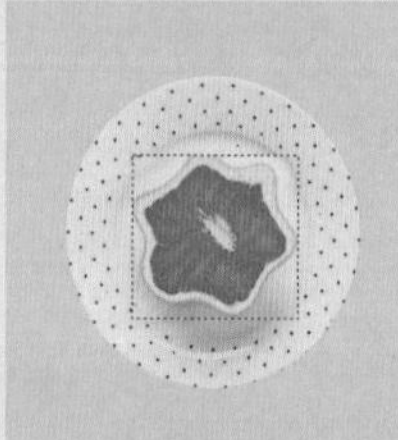

图12-4

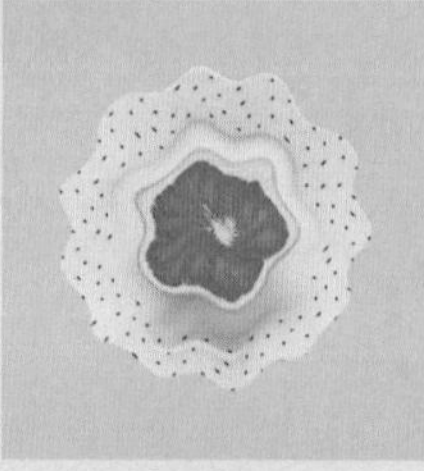

图12-5

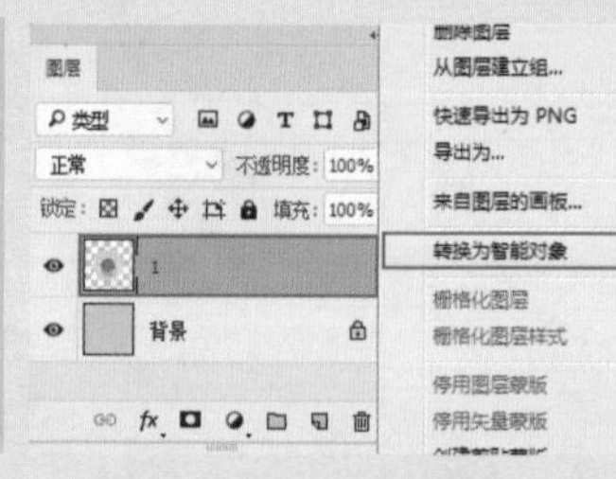

图12-6

（4）智能滤镜包含一个类似于图层样式的列表，因此可以隐藏、停用和删除滤镜，如图12-8所示。另外，还可以设置智能滤镜与图像的混合模式，双击滤镜名称右侧的图标，可以在弹出的“混合选项”对话框中调节滤镜的“模式”和“不透明度”，如图12-9所示。

图12-7

图12-8

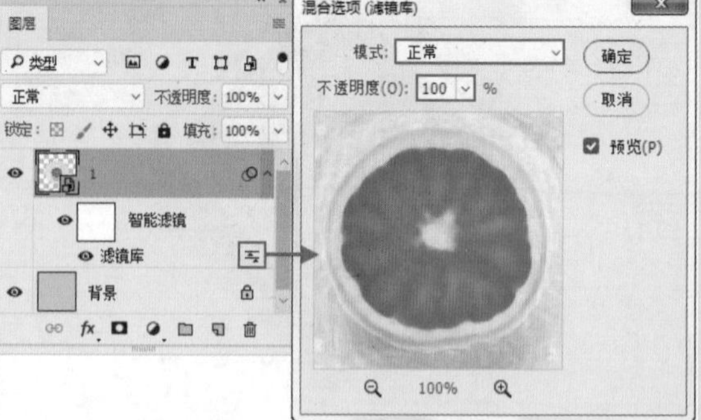

图12-9

12.2 特殊滤镜

“滤镜”菜单的上半部分包含6种特殊滤镜。之所以称之为特殊滤镜，是因为这些滤镜几乎都是独立的，独立的操作界面以及工具，与“滤镜”菜单下半部分的滤镜组还是有一些区别的。虽然特殊，但是这些滤镜的使用方法仍然非常简单，而且效果也很直观，如图12-10所示。

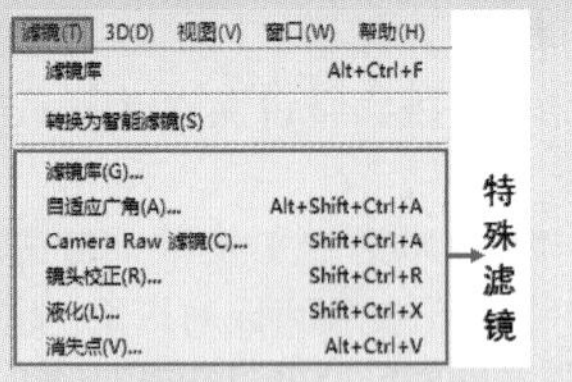

滤镜(T) 3D(D) 视图(V) 窗口(W) 帮助(H)
滤镜库 Alt+Ctrl+F
转换为智能滤镜(S)
滤镜库(G)...
自适应广角(A)... Alt+Shift+Ctrl+A
Camera Raw 滤镜(C)... Shift+Ctrl+A
镜头校正(R)... Shift+Ctrl+R
液化(L)... Shift+Ctrl+X
消失点(V)... Alt+Ctrl+V
特殊滤镜

图12-10

12.2.1 滤镜库

- 视频精讲：Photoshop新手学视频精讲课堂\滤镜库的使用方法.flv
- 技术速查：滤镜库是一个集合了多个滤镜的对话框，在滤镜库中，可以对一个图像应用一个或多个滤镜，或对同一图像多次应用同一滤镜；另外，还可以使用其他滤镜替换原有的滤镜。

执行“滤镜>滤镜库”命令，打开“滤镜库”窗口。滤镜库包括6大类滤镜组，分别是风格化、画笔描边、扭曲、素描、纹理和艺术效果。每一个滤镜组中包含了很多滤镜，在预览窗口中即可观察到滤镜效果，在右侧的参数设置面板中可以进行参数的设置，如图12-11所示。

显示/隐藏滤镜缩略图
滤镜组
滤镜列表
参数设置面板
当前使用的滤镜
当前选择的滤镜
已应用但未选择的滤镜
隐藏的滤镜
新建效果图层
删除效果图层
缩放预览窗口
效果预览窗口

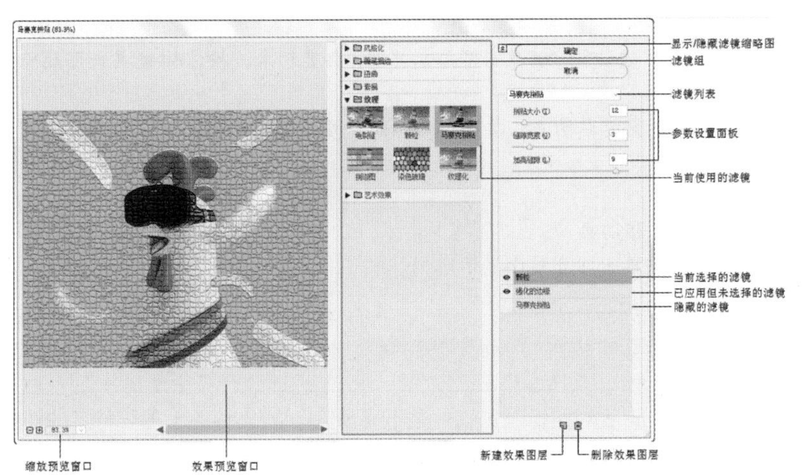

图12-11

打开一张图片，如图12-12所示。执行“滤镜>滤镜库”命令，打开“滤镜库”窗口。单击滤镜组名称打开滤镜组，然后在展开的滤镜组中单击选择一个滤镜，接着在窗口右侧进行参数的设置，在设置参数的过程中，在窗口左侧的缩览图中可查看滤镜效果，觉得效果满意了单击“确定”按钮完成滤镜的添加，如图12-13所示，效果如图12-14所示。

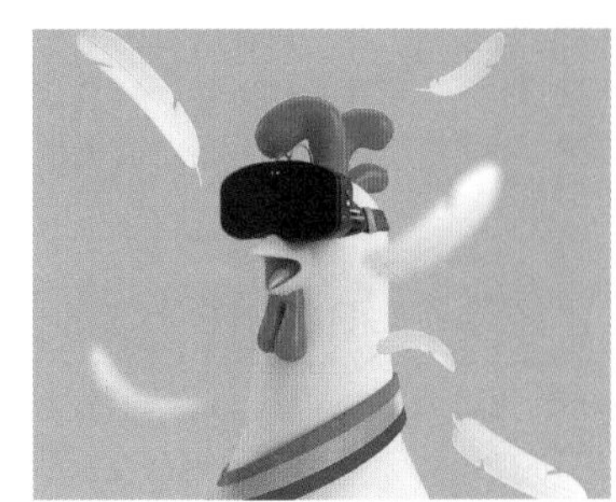

图12-12

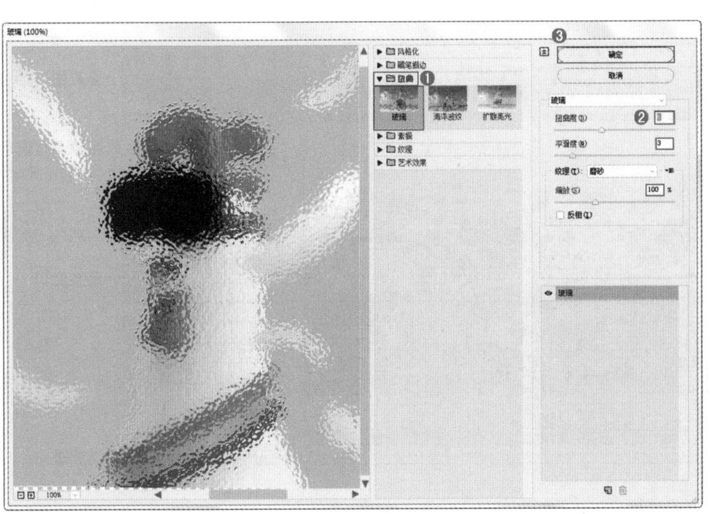

图12-13

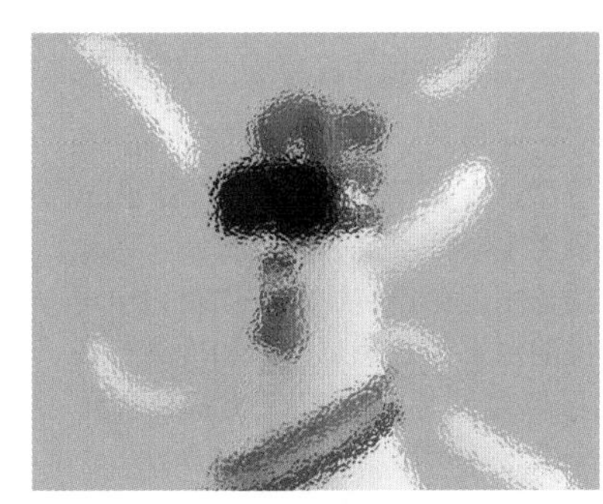

图12-14

12.2.2 自适应广角

- 视频精讲：Photoshop新手学视频精讲课堂\自适应广角滤镜.flv
- 技术速查：使用“自适应广角”滤镜可以对广角、超广角及鱼眼效果进行变形校正。

“自适应广角”滤镜可以模拟制作类似拍摄的鱼眼、广角等特殊效果。执行“滤镜>自适应广角”命令，打开滤镜窗口，其中共有4种校正的类型，分别是鱼眼、透视、自动和完整球面，如图12-15所示。

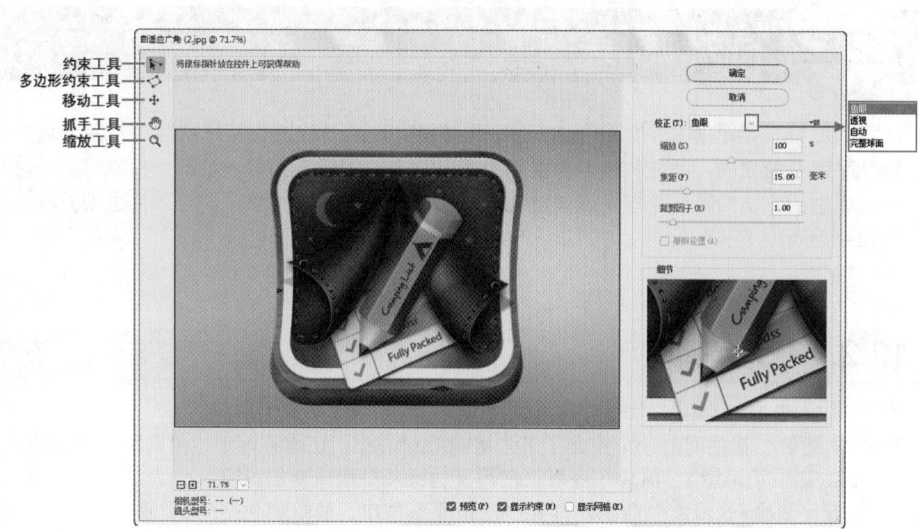

图12-15

选项解读：“自适应广角”工具选项

- 约束工具：单击图像或拖动端点可添加或编辑约束。按住Shift键单击可添加水平/垂直约束。按住Alt键单击可删除约束。
- 多边形约束工具：单击图像或拖动端点可添加或编辑多边形约束。单击初始起始点可以结束约束。按住Alt键单击可删除约束。
- 移动工具：拖动以在画布中移动内容。
- 抓手工具：放大窗口的显示比例后，可以使用该工具移动画面。
- 缩放工具：单击即可放大窗口的显示比例，按住Alt键单击即可缩小显示比例。

12.2.3 Camera Raw的基本操作

- 技术速查：RAW文件不是图像文件，而是一个数据包，一般的图像浏览软件是不能预览RAW文件的，需要特定的图像处理软件才能转换为图像文件。

Camera Raw滤镜可以针对相机拍摄的照片的原始数据文件进行处理。可以将相机原始数据文件看作是照片负片。可以随时重新处理该文件以得到所需的效果，即对白平衡、色调范围、对比度、颜色饱和度以及锐化进行调整。由于Camera Raw是无损化处理，所以用它来处理JPEG图像文件的优势是很明显的。这也是Camera Raw受到越来越多的摄影师青睐的原因。

1．熟悉Camera Raw的操作界面

打开一张图片，执行“滤镜>Camera Raw滤镜”命令，可以看到Camera Raw的窗口界面主要由工具栏、直方图、图像调整选项与图像窗口构成。在该窗口中可以对图像的白平衡、色调、饱和度进行调整，也可以对图像进行修饰、锐化、降噪、镜头矫正等操作，如图12-16所示。

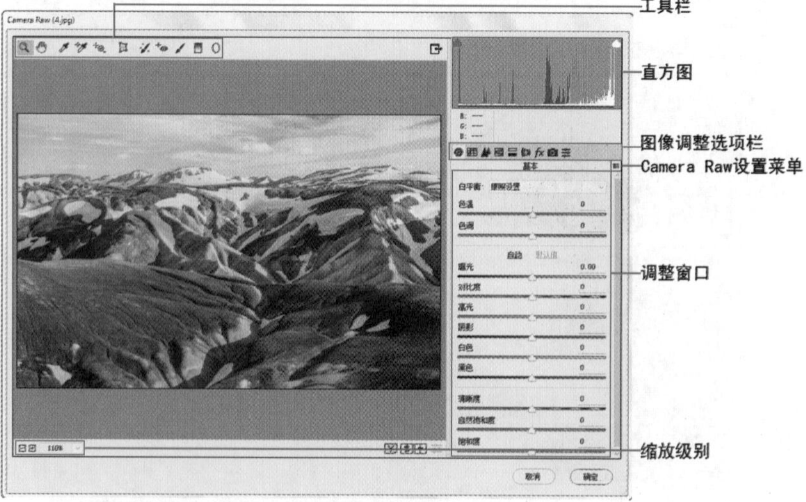

图12-16

选项解读：Camera Raw的操作界面

- 工具栏：显示Camera Raw中的工具按钮。
- 直方图：显示了图像的直方图。
- 图像调整选项栏：选择需要使用的调整命令。
- Camera Raw设置菜单：单击该按钮，可打开“Camera Raw 设置”菜单，访问菜单中的命令。
- 调整窗口：调整命令的参数窗口，可以通过修改调整窗口的参数或移动滑块调整图像。
- 缩放级别：可以从菜单中选取一个放大设置，或单击按钮缩放窗口的视图比例。

2．认识Camera Raw的基本工具

Camera Raw滤镜的工具栏在窗口的左上角，如图12-17所示为Camera Raw滤镜的基本工具。

图12-17

选项解读：Camera Raw的工具栏

- 缩放工具：单击可以放大窗口中图像的显示比例，按住 Alt 键单击则可缩小图像的显示比例。
- 抓手工具：放大窗口以后，可使用该工具在预览窗口中移动图像。
- 白平衡工具：使用该工具在白色或灰色的图像内容上单击，可以校正照片的白平衡。
- 颜色取样器工具：单击该工具并在图像中单击吸取颜色，窗口顶部会显示取样像素的颜色值，以便于我们调整时观察颜色的变化情况，如图12-18所示。
- 目标调整工具：长时间单击该工具，可以看到其中还包括“参数曲线”“色相”“饱和度”“明亮度”，在图像中单击并拖动鼠标即可应用调整。
- 变换工具：可用于调整画面的扭曲、透视以及缩放，常用于校正画面的透视，或者为画面营造透视感。
- 污点去除：可以使用另一区域中的样本修复图像中选中的区域。
- 红眼去除：与Photoshop中的“红眼工具”相同，可以去除红眼。
- 调整画笔：处理局部图像的曝光度、亮度、对比度、饱和度、清晰度等。
- 渐变滤镜：用于对图像进行局部处理。
- 径向滤镜：用来强调画面中主体影像的位置。

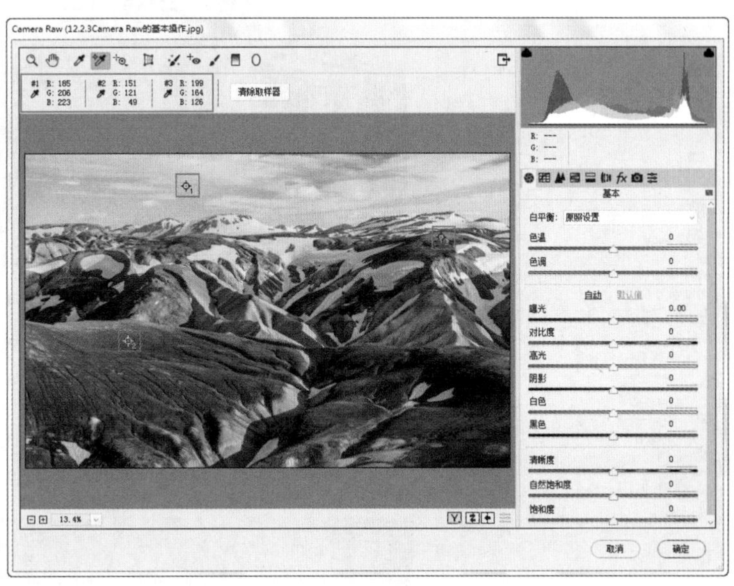

图12-18

12.2.4 镜头校正

- 视频精讲：Photoshop新手学视频精讲课堂\镜头校正滤镜.flv
- 技术速查：使用“镜头校正”滤镜可以快速修复常见的镜头瑕疵，也可以用来旋转图像，或修复由于相机在垂直或水平方向上倾斜而导致的图像透视错误现象。

在拍摄照片时，最常遇到的问题就是拍摄的画面镜头出现色差、晕影、镜头变形等效果。执行“滤镜>镜头校正”命令，打开“镜头校正”窗口，如图12-19所示。

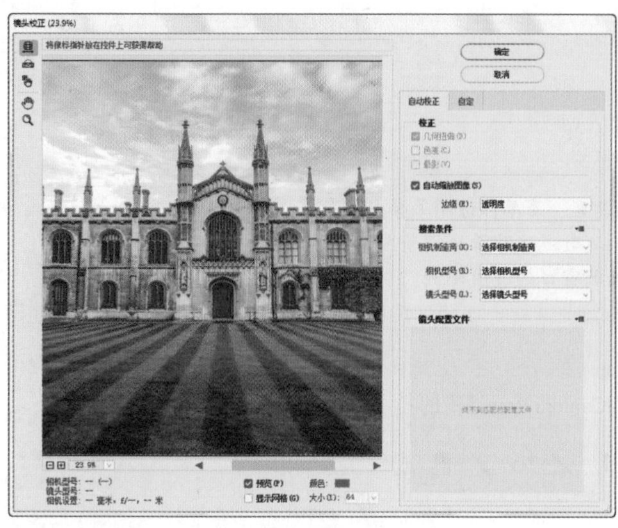
图12-19

选项解读："镜头矫正"工具选项

- 移去扭曲工具：使用该工具可以校正镜头桶形失真或枕形失真。
- 拉直工具：绘制一条直线，以将图像拉直到新的横轴或纵轴。
- 移动网格工具：使用该工具可以移动网格，以将其与图像对齐。
- 抓手工具/缩放工具：这两个工具的使用方法与"工具栏"中相应工具的使用方法完全相同。

选项解读："镜头矫正"自定选项

单击窗口右侧的"自定"标签切换到该选项卡，如图12-20所示。

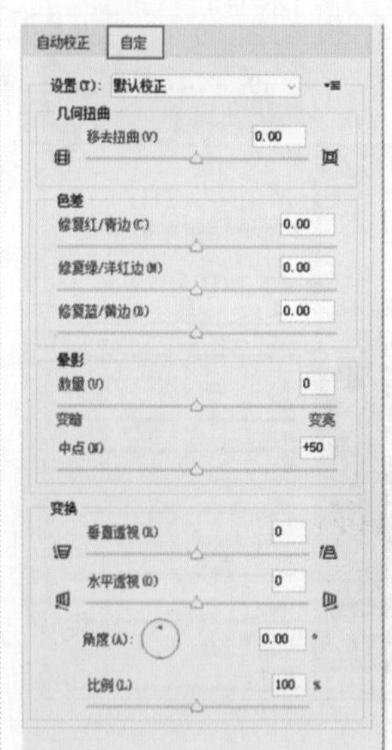
图12-20

- ：单击此按钮，在下拉菜单中可以存储或载入数值。
- 几何扭曲："移去扭曲"选项主要用来校正镜头桶形失真或枕形失真，如图12-21所示。数值为正时，图像将向外扭曲；数值为负时，图像将向中心扭曲，如图12-22所示。

图12-21　图12-22

- 色差：用于校正色边。在进行校正时，放大预览窗口的图像，可以清楚地查看色边校正情况。
- 晕影：晕影是指图像的四周出现了黑色的压边效果，是拍摄时常出现的问题。"数量"选项用于设置沿图像边缘变亮或变暗的程度，如图12-23和图12-24所示。"中点"选项用来指定受"数量"数值影响的区域的宽度。

图12-23

图12-24

● 变换：变换包括垂直透视、水平透视、角度和比例。“垂直透视”用于校正由于相机向上或向下倾斜而导致的图像透视问题。当设置“垂直透视”为-100时，可以将其变换为俯视效果；设置“垂直透视”为100时，可以将其变换为仰视效果，如图12-25和图12-26所示；“水平透视”选项用于校正图像在水平方向上的透视效果，如图12-27所示；“角度”选项用于旋转图像，以针对相机歪斜加以校正，如图12-28所示；“比例”选项用来控制镜头校正的比例。

图12-25

图12-26

图12-27

图12-28

12.2.5 液化

● 视频精讲：Photoshop新手学视频精讲课堂\“液化”滤镜的使用.flv

● 技术速查：“液化”滤镜是修饰图像和创建艺术效果的强大工具，常用于数码照片修饰，例如人像身型调整、面部结构调整等。

“液化”滤镜是处理人像时最常用的工具，常用来修饰人像的面部、身材等，非常方便、强大，是必须要熟练掌握的工具之一。

（1）打开一张图片，可以看到人物有些微胖，如图12-29所示。执行“滤镜>液化”命令，打开“液化”窗口，单击“向前变形工具”按钮，设置合适的画笔大小。向右侧推动人物的颈部位置，使颈部变细且富有曲线感，如图12-30所示，此时画面效果如图12-31所示。

（2）当然也可以使用同样的方法为人物瘦脸，如图12-32所示，效果如图12-33所示。

图12-29

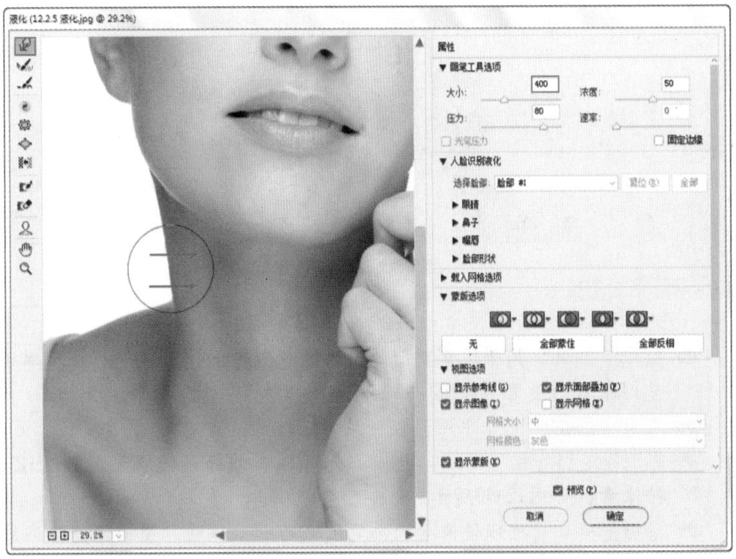

图12-30

图12-31

图12-32

图12-33

选项解读：“液化”滤镜窗口中的工具

在“液化”滤镜窗口的左侧有很多常用的工具，其中包括变形工具、蒙版工具、缩放工具等，如图12-34所示。

- 向前变形工具：可以向前推动像素，如图12-35所示。我们可以使用此工具达到为人物瘦身的目的，如图12-36所示。

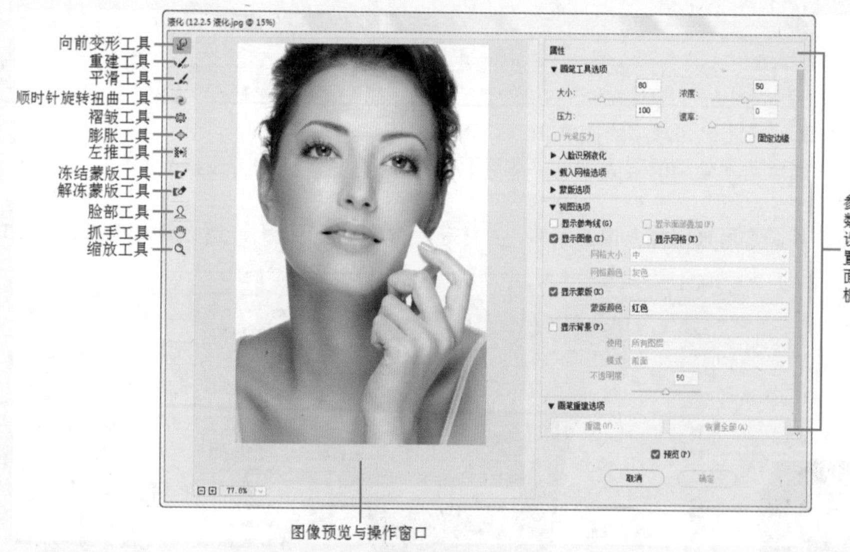

图12-34

图12-35

- 重建工具：用于恢复变形的图像，类似于撤销。在变形区域单击或拖曳鼠标进行涂抹时，可以使变形区域的图像恢复到原来的效果，如图12-37和图12-38所示。
- 平滑工具：用于平滑画面效果。
- 顺时针旋转扭曲工具：拖曳鼠标可以顺时针旋转像素，如图12-39所示。如果按住Alt键进行操作，则可以逆时针旋转像素，如图12-40所示。
- 褶皱工具：可以使像素向画笔区域的中心移动，使图像产生内缩效果，如图12-41所示。

图12-36

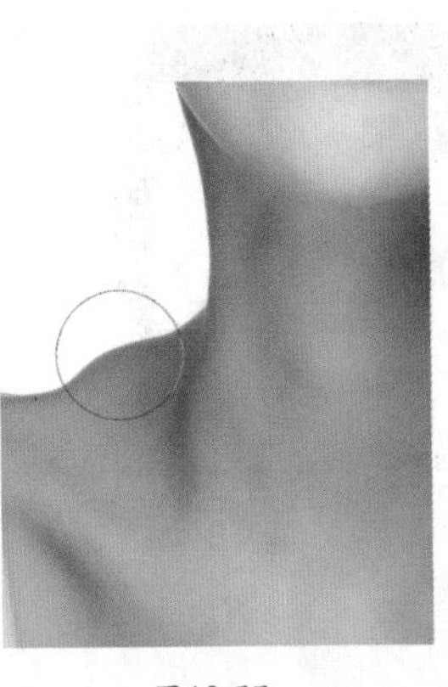
图12-37

图12-38

图12-39

- 膨胀工具：可以使像素向画笔区域中心以外的方向移动，使图像产生向外膨胀的效果，如图12-42所示。
- 左推工具：使用左推工具，向上拖曳鼠标时，像素会向左移动，如图12-43所示；当向下拖曳鼠标时，像素会向右移动，如图12-44所示。

图12-40

图12-41

图12-42

图12-43

- 冻结蒙版工具：在使用液化调节细节时，有可能附近的部分也被液化了，因此就需要把某一些区域冻结，这样就不会影响到这部分区域了。例如，在人物颈部绘制出冻结区域，然后使用“向前变形工具”处理人物的下颌处，被冻结起来的像素就不会发生变形，如图12-45所示。而不冻结的地方就会变形，如图12-46所示。
- 解冻蒙版工具：使用该工具在冻结区域涂抹，可以将其解冻，如图12-47所示。

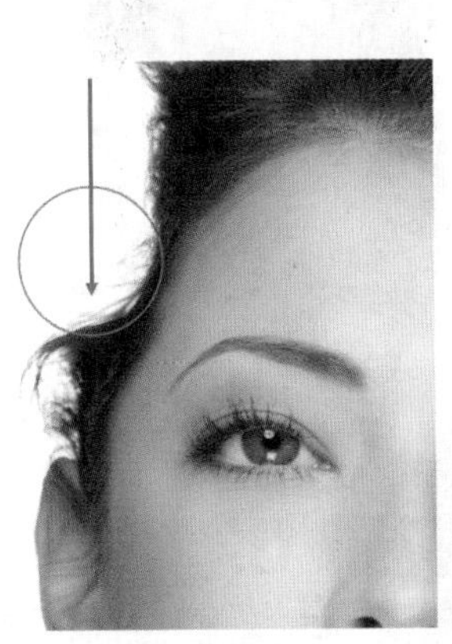
图12-44

图12-45

图12-46

图12-47

- 脸部工具：单击该按钮，进入面部编辑状态，软件会自动识别人物的五官，并在面部添加一些控制点，可以通过拖动控制点调整面部五官的形态，也可以在右侧参数列表中进行调整，如图12-48所示。
- 抓手工具/缩放工具：这两个工具的使用方法与“工具栏”中相应工具的使用方法完全相同。

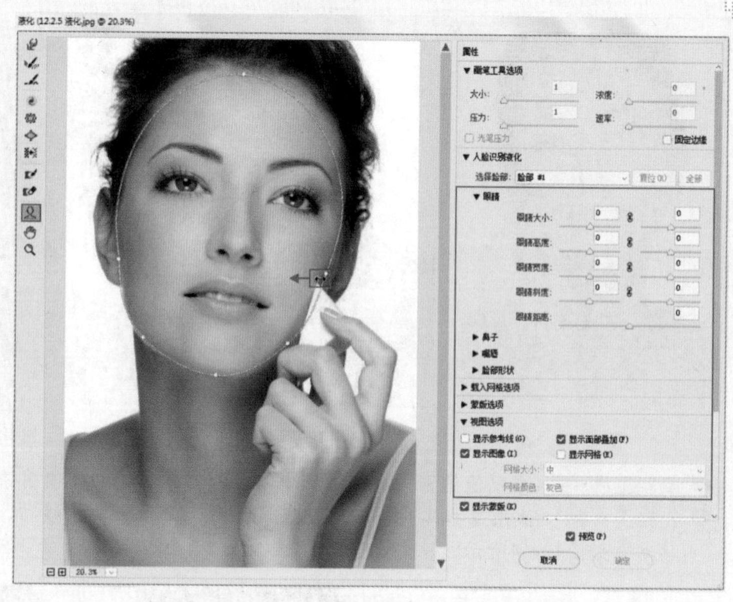

图12-48

选项解读：“液化”窗口右侧的工具选项

（1）画笔工具选项：在“画笔工具选项”选项组下，可以设置当前使用的工具的各种属性。“大小”选项用于设置扭曲图像画笔大小。“浓度”选项用于控制画笔边缘的羽化范围。画笔中心产生的效果最强，边缘处最弱。“压力”选项用于控制画笔在图像上产生扭曲的速度。“速率”选项用于设置工具在预览图像中保持静止时扭曲所应用的速度。选中“光笔压力”复选框可以通过压感笔的压力来控制工具。

（2）重建选项：该选项组下的参数主要用来设置重建方式，以及如何撤销所执行的操作，可以使用“重建”应用重建效果。可以使用“恢复全部”取消所有的扭曲效果。

（3）蒙版选项：可以通过该选项组来设置蒙版的保留方式，如图12-49所示。

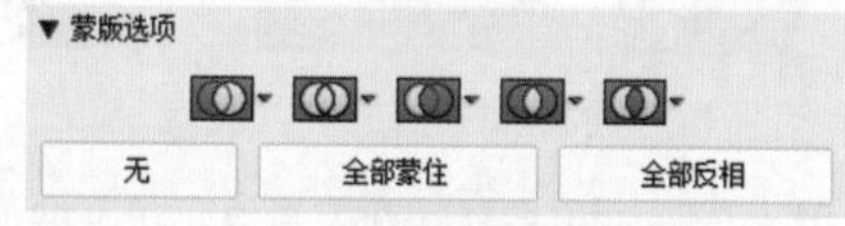

图12-49

- 替换选区：显示原始图像中的选区、蒙版或透明度。
- 添加到选区：显示原始图像中的蒙版，以便可以使用“冻结蒙版工具”添加到选区。
- 从选区中减去：从当前的冻结区域中减去通道中的像素。
- 与选区交叉：只使用当前处于冻结状态的选定像素。
- 反相选区：使用选定像素使当前的冻结区域反相。
- 无：单击该按钮，可以使图像全部解冻。
- 全部蒙住：单击该按钮，可以使图像全部冻结。
- 全部反相：单击该按钮，可以使冻结区域和解冻区域反相。

（4）视图选项：主要用来显示或隐藏图像、网格、蒙版和背景。选中“显示网格”复选框，设置网格的颜色、大小，可以显示网格，如图12-50所示。如果当前文档中包含多个图层，可以在“使用”下拉列表中选择其他图层来作为查看背景，如图12-51所示。

图12-50

图12-51

12.2.6 消失点

- 视频精讲：Photoshop新手学视频精讲课堂\“消失点”滤镜.flv
- 技术速查：使用“消失点”滤镜可以在包含透视平面（如建筑物的侧面、墙壁、地面或任何矩形对象）的图像中进行透视校正操作。

“消失点”滤镜允许在包含透视平面（如建筑物侧面）的图像中进行透视校正编辑。通过使用消失点，可以在图像中指定平面，然后应用绘画、仿制、拷贝或粘贴以及变换等编辑操作。执行“滤镜>消失点”命令，打开“消失点”窗口，如图12-52所示。

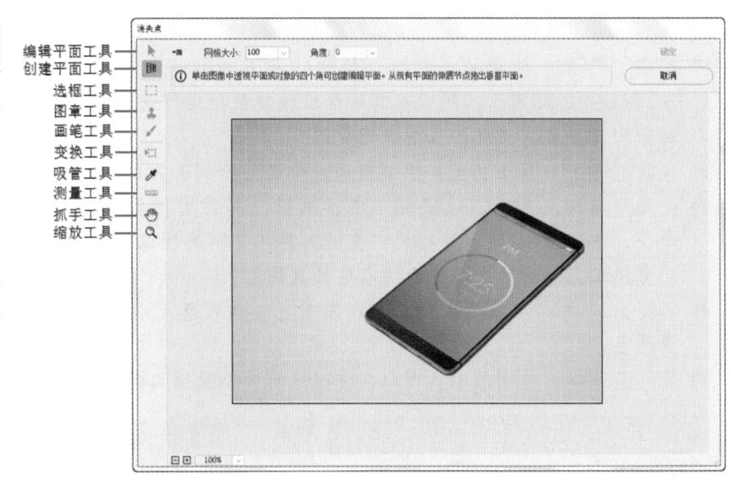

图12-52

选项解读：“消失点”滤镜工具

- 编辑平面工具：用于选择、编辑、移动平面的节点以及调整平面的大小，如图12-53所示是一个创建的透视平面，如图12-54所示是使用该工具修改过的网格形状。
- 创建平面工具：确定透视平面的4个角节点。以单击的方式创建网格，如图12-55和图12-56所示。

图12-53

图12-54

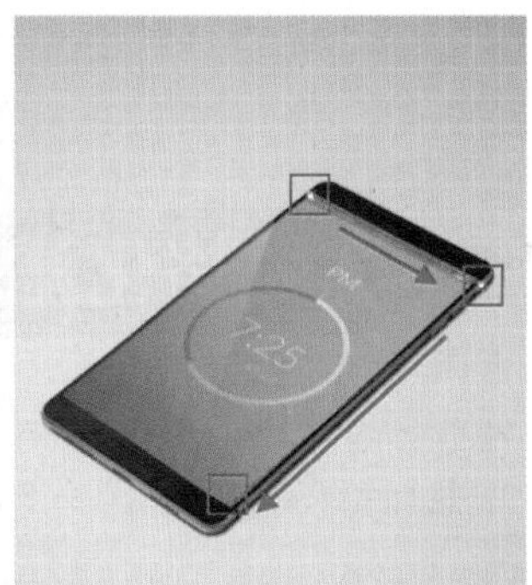
图12-55

- 选框工具：使用该工具可以在创建好的透视平面上绘制选区，以选中平面上的某个区域，如图12-57所示。建立选区以后，将光标放置在选区内，按住鼠标左键拖动即可将选区中的像素进行移动，并且保持着透视效果，如图12-58所示。

图12-56

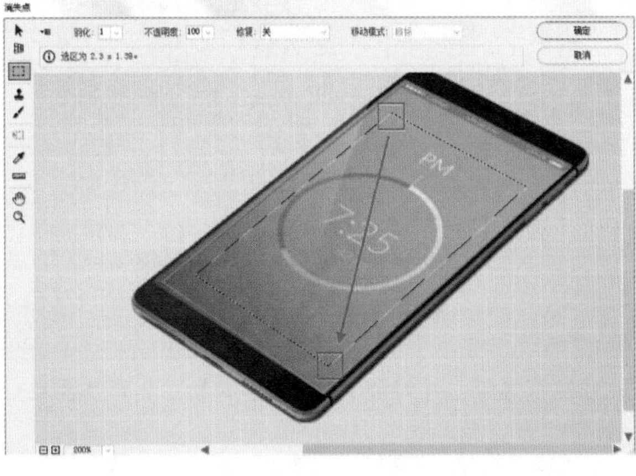
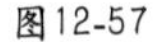
图12-57

图12-58

- 图章工具：使用该工具时，按住Alt键在透视平面内单击，可以设置取样点，如图12-59所示，然后在其他区域拖曳鼠标即可进行仿制操作，如图12-60所示为设置取样点并仿制图像的效果。
- 画笔工具：该工具主要用来在透视平面上绘制选定的颜色。
- 变换工具：该工具主要用来变换选区，其作用相当于“编辑>自由变换”命令，如图12-61所示是利用“选框工具”复制的图像，如图12-62所示是利用“变换工具”对选区进行变换以后的效果。
- 吸管工具：可以使用该工具在图像上拾取颜色，以用作“画笔工具”的绘画颜色。
- 测量工具：使用该工具可以在透视平面中测量项目的距离和角度。

图12-59

图12-60

图12-61

图12-62

12.3 风格化滤镜组

- 视频精讲：Photoshop新手学视频精讲课堂\“风格化”滤镜组.flv

执行“滤镜>风格化”命令，在子菜单中可以看到8个滤镜，这些滤镜都具有各自不同的效果。

12.3.1 查找边缘

- 技术速查：使用“查找边缘”滤镜可以自动查找图像像素对比度变换强烈的边界，将高反差区变亮，可用来制作类似铅笔画、速写的效果。

打开一张图像，如图12-63所示。执行“滤镜>风格化>查找边缘”命令，该滤镜没有参数设置对话框，效果如图12-64所示。

图12-63

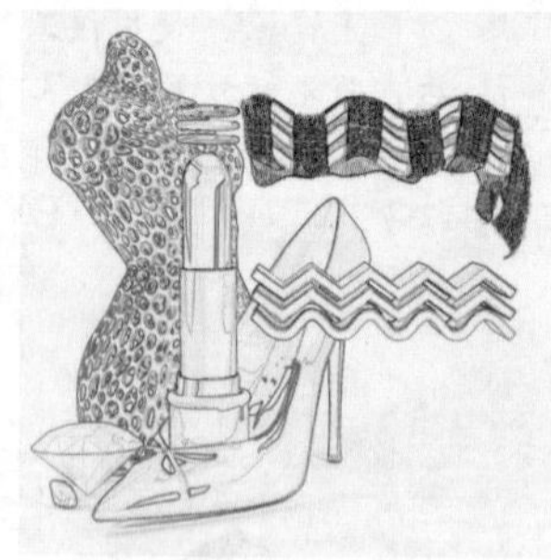

图12-64

12.3.2 等高线

- 技术速查：“等高线”滤镜用于查找主要亮度区域，并为每个颜色通道勾勒主要亮度区域，以获得与等高线图中的线条类似的效果。

打开一张图像，如图12-65所示。执行“滤镜>风格化>等高线”命令，在弹出的“等高线”对话框中进行参数设置，设置完成后单击“确定”按钮，如图12-66所示，效果如图12-67所示。

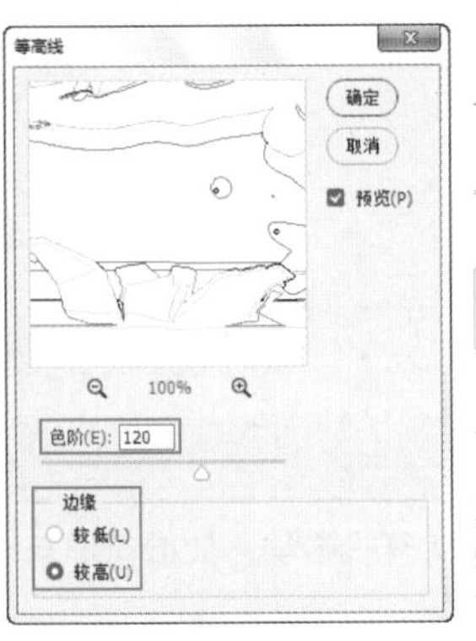

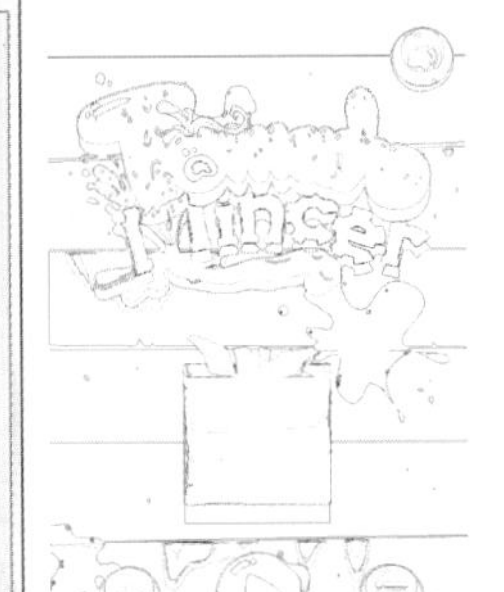

图12-65　　图12-66　　图12-67

选项解读："等高线"对话框详解

- 色阶：用来设置区分图像边缘亮度的级别。
- 边缘：用来设置处理图像边缘的位置。

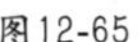

12.3.3　风

- 技术速查："风"滤镜用于在图像中放置一些细小的水平线条来模拟风吹效果。

打开一张图像，如图12-68所示。执行"滤镜>风格化>风"命令，在弹出的"风"对话框中选择合适的"方法"和"方向"，然后单击"确定"按钮，如图12-69所示，效果如图12-70所示。

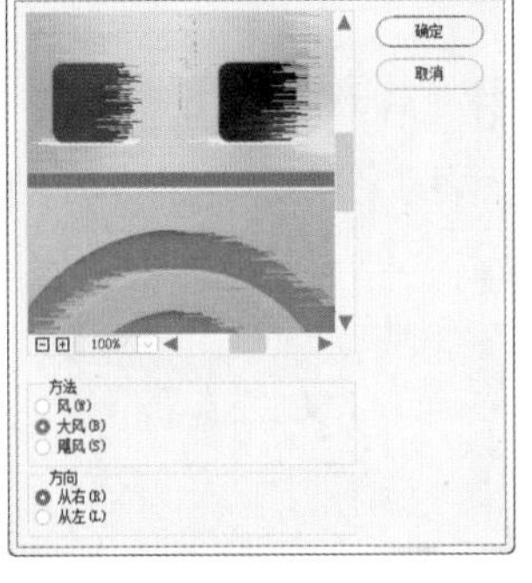

图12-68　　图12-69　　图12-70

选项解读："风"对话框详解

- 方法：包含"风""大风""飓风"3种，如图12-71～图12-73所示分别是这3种效果。
- 方向：用来设置风源的方向，包括"从右"和"从左"两种。

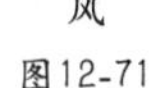

风　　大风　　飓风

图12-71　　图12-72　　图12-73

12.3.4　浮雕效果

- 技术速查：使用"浮雕效果"滤镜可以通过勾勒图像或选区的轮廓和降低周围颜色值来生成凹陷或凸起的浮雕效果。

打开一张图像，如图12-74所示。执行"滤镜>风格化>浮雕效果"命令，在弹出的"浮雕效果"对话框中进行参数的设置，设置完成后单击"确定"按钮，如图12-75所示，效果如图12-76所示。

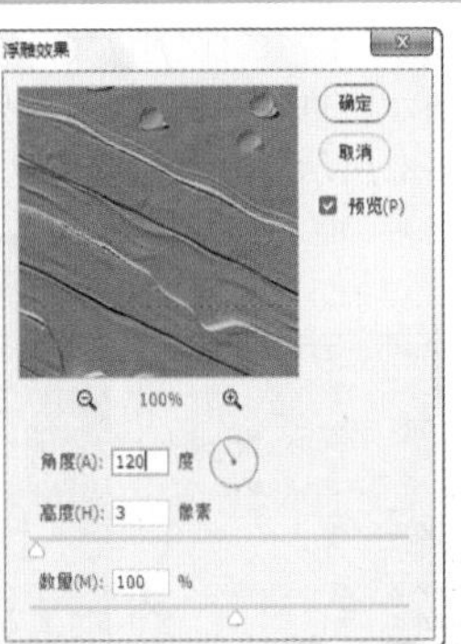

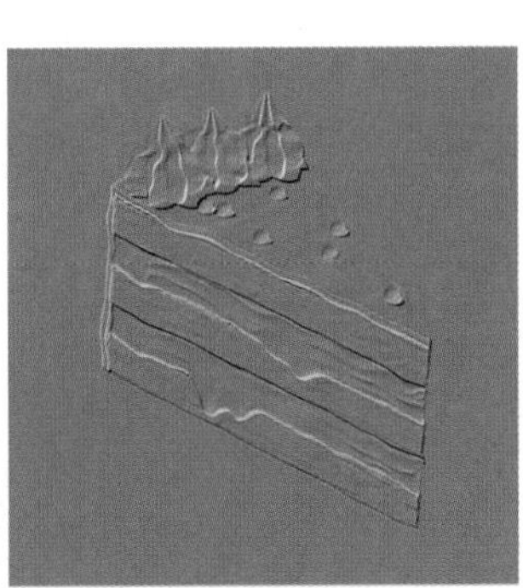

图12-74　　图12-75　　图12-76

选项解读："浮雕效果"对话框详解

- 角度：用于设置浮雕效果的光线方向。光线方向会影响浮雕的凸起位置。
- 高度：用于设置浮雕效果的凸起高度。
- 数量：用于设置"浮雕效果"滤镜的作用范围。数值越高，边界越清晰。

12.3.5 扩散

- 技术速查：使用"扩散"滤镜可以通过使图像中相邻的像素按指定的方式有机移动，让图像形成一种类似于透过磨砂玻璃观察物体时的分离模糊效果。

"扩散"滤镜可以模拟一种类似于磨砂玻璃质感的效果。打开一张图像，如图12-77所示。执行"滤镜>风格化>扩散"命令，在打开的"扩散"对话框中选择合适的模式，设置完成后单击"确定"按钮，如图12-78所示，效果如图12-79所示。

图12-77

图12-78

图12-79

选项解读："扩散"对话框详解

- 正常：使图像的所有区域都进行扩散处理，与图像的颜色值没有任何关系。
- 变暗优先：用较暗的像素替换亮部区域的像素，并且只有暗部像素产生扩散。
- 变亮优先：用较亮的像素替换暗部区域的像素，并且只有亮部像素产生扩散。
- 各向异性：使用图像中较暗和较亮的像素产生扩散效果。

12.3.6 拼贴

- 技术速查：使用"拼贴"滤镜可以将图像分解为一系列的块状，并使其偏离原来的位置，以产生不规则拼砖的图像效果。

打开一张图片，如图12-80所示。执行"滤镜>风格化>拼贴"命令，在弹出的"拼贴"对话框中进行参数的设置，设置完成后单击"确定"按钮，如图12-81所示，效果如图12-82所示。

图12-80

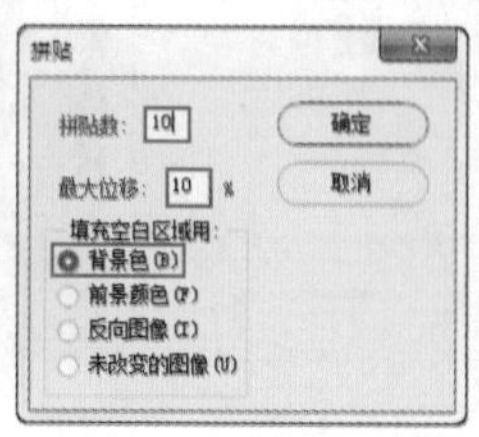
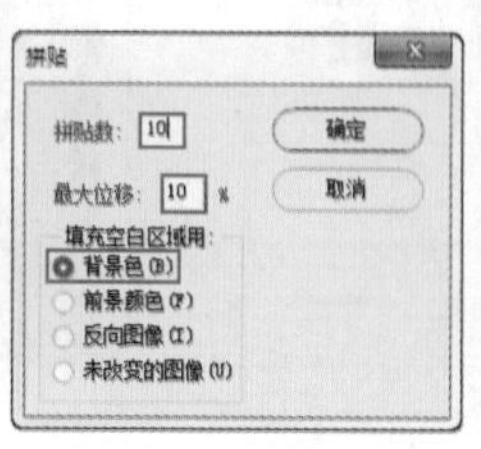
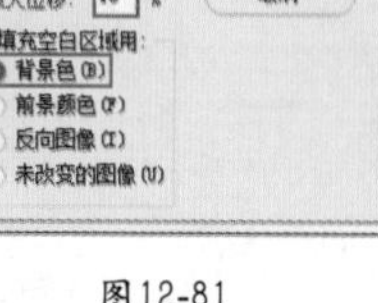

图12-81

图12-82

选项解读："拼贴"对话框详解

- 拼贴数：用来设置在图像每行和每列中要显示的贴块数。
- 最大位移：用来设置拼贴偏移原始位置的最大距离。
- 填充空白区域用：用来设置填充空白区域的使用方法。

12.3.7 曝光过度

技术速查：使用“曝光过度”滤镜可以混合负片和正片图像，类似于显影过程中将摄影照片短暂曝光的效果。

“曝光过度”滤镜可以混合负片和正片图像，类似于显影过程中将摄影照片短暂曝光的效果。打开一张图片，如图12-83所示。执行“滤镜>风格化>曝光过度”命令，该命令没有参数设置对话框，效果如图12-84所示。

图12-83

图12-84

12.3.8 凸出

技术速查：使用“凸出”滤镜可以将图像分解成一系列大小相同且有机重叠放置的立方体或锥体，以生成特殊的3D效果。

打开一张图像，如图12-85所示。执行“滤镜>风格化>凸出”命令，在弹出的“凸出”对话框中进行参数的设置，设置完成后单击“确定”按钮，如图12-86所示，效果如图12-87所示。

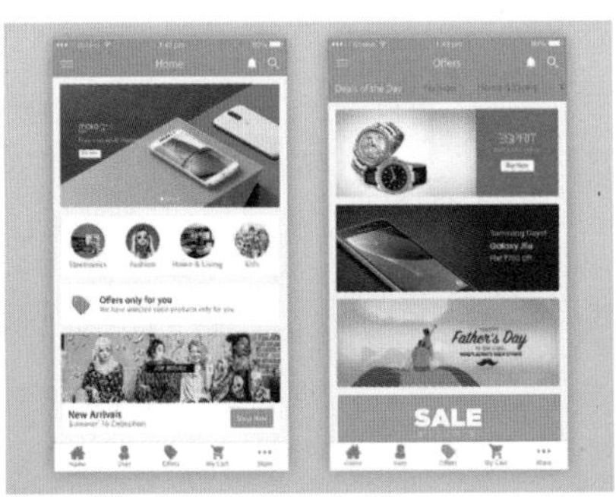

图12-85

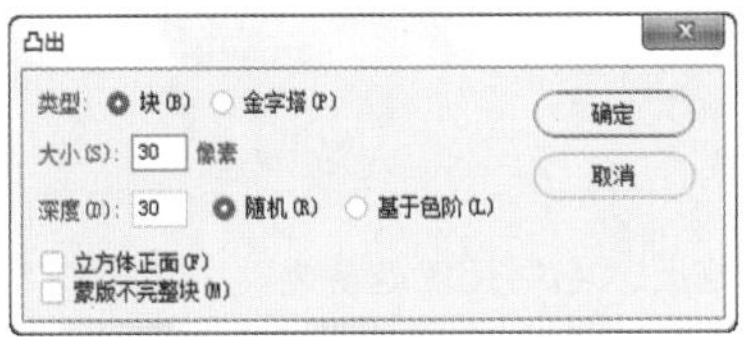

图12-86

图12-87

选项解读：“凸出”对话框详解

- 类型：包含“块”和“金字塔”两种方式，用来设置三维方块产生的形状，如图12-88和图12-89所示。
- 大小：用来设置立方体或金字塔底面的大小。
- 深度：用来设置凸出对象的深度。“随机”表示为每个块或金字塔设置一个随机的任意深度；“基于色阶”表示使每个对象的深度与其亮度相对应，亮度越亮，图像越凸出。
- 立方体正面：选中该复选框，每一个凸起的三维方块都以单色显示，如图12-90所示。

图12-88

图12-89

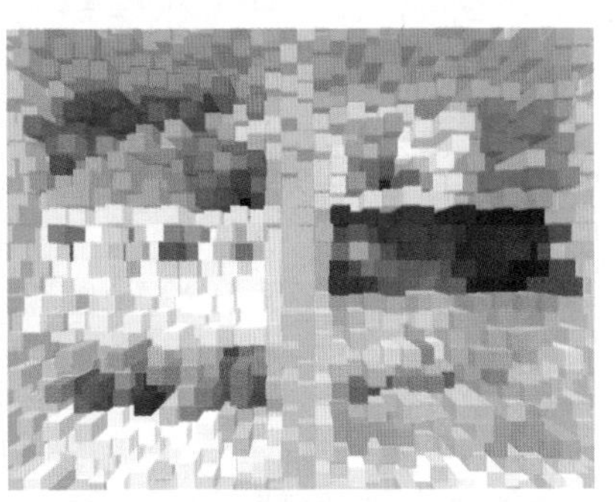
图12-90

- 蒙版不完整块：使所有图像都包含在凸出的范围之内。

12.3.9 油画

● 视频精讲：Photoshop新手学视频精讲课堂\“油画”滤镜的使用.flv

● 技术速查：使用“油画”滤镜可以为图像添加油画效果。

使用“油画”滤镜可以制作油画的效果。打开一张图像，如图12-91所示。执行“滤镜>油画”命令，打开“油画”对话框，设置合适的参数，如图12-92所示，此时画面效果如图12-93所示。

图12-91

图12-92

图12-93

选项解读：“油画”对话框详解

● 描边样式：用于调整笔触样式。
● 描边清洁度：用于设置纹理的柔化程度。
● 缩放：设置纹理缩放程度。
● 硬毛刷细节：设置画笔细节程度，数值越大，毛刷纹理越清晰。
● 光照：启用该选项，画面中会显现出画笔肌理受光照后的明暗感。
● 角度：启用“光照”选项，可以通过“角度”设置光线的照射方向。
● 闪亮：启用“光照”选项，可以通过“闪亮”控制纹理的清晰度，产生锐化效果。

12.4 模糊滤镜组

● 视频精讲：使用Photoshop新手学视频精讲课堂\模糊滤镜与锐化滤镜.flv

模糊滤镜组中的滤镜可以使画面产生模糊感，执行“滤镜>模糊”命令，在子菜单中可以看到多个滤镜。

12.4.1 表面模糊

● 技术速查：使用“表面模糊”滤镜可以在保留边缘的同时模糊图像，可以用该滤镜创建特殊效果并消除杂色或粒度。

打开一张图片，如图12-94所示。执行“滤镜>模糊>表面模糊”命令，在弹出的“表面模糊”对话框中进行参数的设置，如图12-95所示，效果如图12-96所示。

图12-94

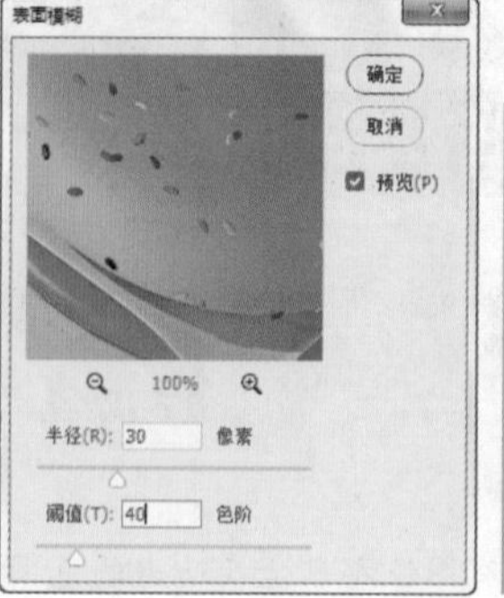

图12-95

图12-96

选项解读："表面模糊"对话框详解

- 半径：用于设置模糊取样区域的大小。
- 阈值：控制相邻像素色调值与中心像素值相差多大时才能成为模糊的一部分。

12.4.2 动感模糊

- 技术速查：使用"动感模糊"滤镜可以沿指定的方向，产生类似于运动的效果，该滤镜常用来制作带有动感的画面。

打开一张图像，如图12-97所示。执行"滤镜>模糊>动感模糊"命令，在弹出的"动感模糊"对话框中进行参数的设置，设置完成后单击"确定"按钮，如图12-98所示，效果如图12-99所示。

图12-97

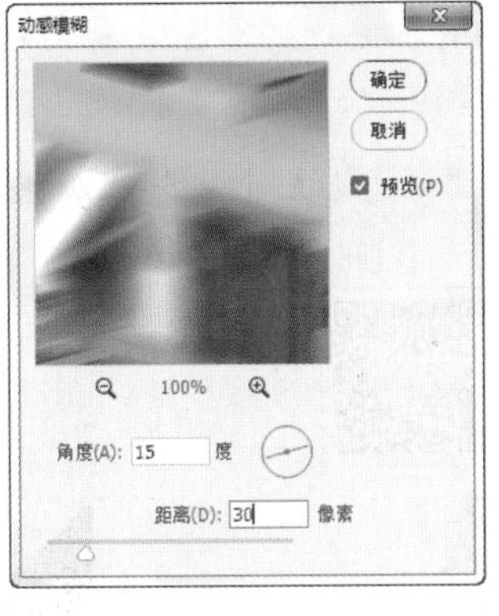

图12-98

图12-99

选项解读："动感模糊"对话框详解

- 角度：用来设置模糊的方向。
- 距离：用来设置像素模糊的程度。

12.4.3 方框模糊

- 技术速查：使用"方框模糊"滤镜可以基于相邻像素的平均颜色值来模糊图像，生成的模糊效果类似于方块模糊。

打开一张图片，如图12-100所示。执行"滤镜>模糊>方框模糊"命令，在弹出的"方框模糊"对话框中拖动"半径"选项滑块调整模糊的强度，数值越大，产生的模糊效果越好，单击"确定"按钮完成设置操作，如图12-101所示，效果如图12-102所示。

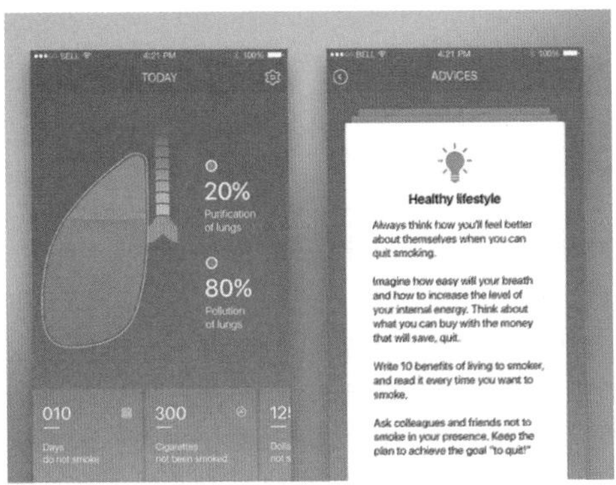

图12-100

图12-101

图12-102

12.4.4 高斯模糊

技术速查：使用“高斯模糊”滤镜可以向图像中添加低频细节，使图像产生一种朦胧的模糊效果。

使用“高斯模糊”滤镜可以向图像中添加低频细节，使图像产生一种朦胧的模糊效果。打开一张图像，如图12-103所示。执行“滤镜>模糊>高斯模糊”命令，在弹出的“高斯模糊”对话框中拖动“半径”滑块调整模糊强度，数值越大，模糊效果越强烈，设置完成后单击“确定”按钮，如图12-104所示，效果如图12-105所示。

图12-103

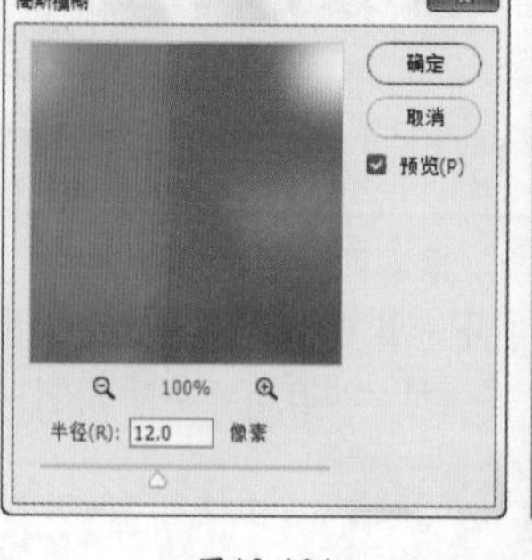

图12-104

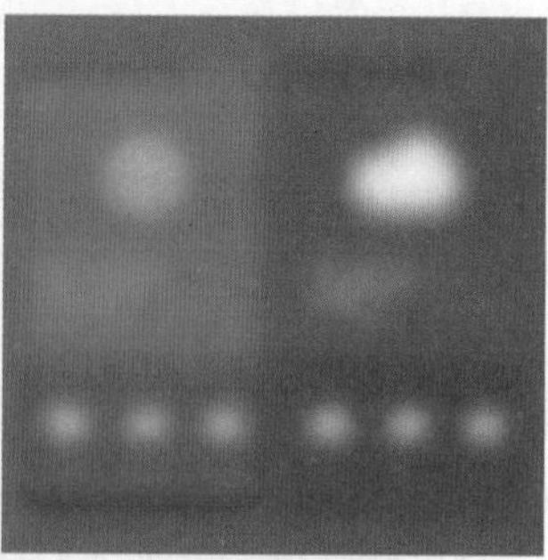
图12-105

★ 案例实战——更换手机屏幕内容

文件路径 第12章\更换手机屏幕内容

难易指数 ★★★★★

案例效果

案例效果如图12-106所示。

图12-106

操作步骤

01 执行“文件>打开”命令，在弹出的“打开”对话框中单击选择素材“1.jpg”，然后单击“打开”按钮，如图12-107所示，此时画面效果如图12-108所示。

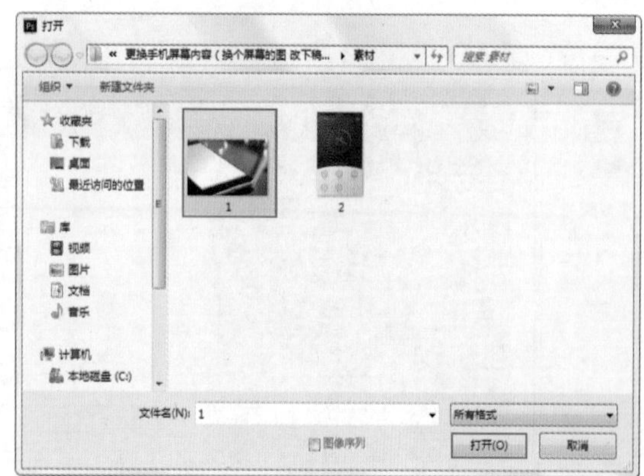

图12-107

图12-108

02 执行“文件>置入嵌入对象”命令，在弹出的“置入嵌入的对象”对话框中单击选择素材“2.jpg”，接着单击“置入”按钮，如图12-109所示，此时画面效果如图12-110所示。

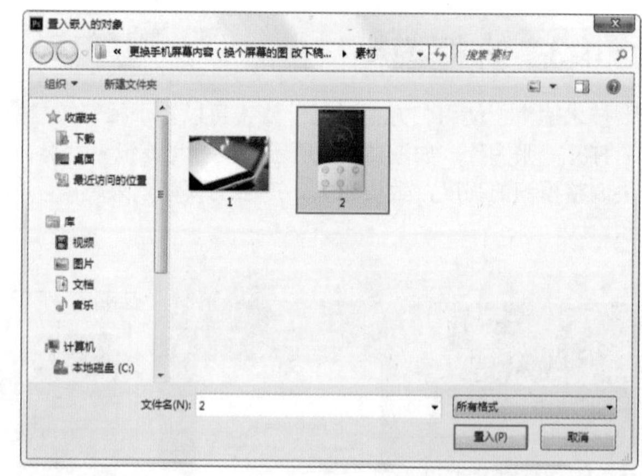

图12-109

03 选择工具箱中的“移动工具”，将光标定位到定界框左下方的控制点处，按住Ctrl键的同时按住鼠标左键拖动，使其透视变形，如图12-111所示。接着使用同样的方法拖动其他3个控制点，使其变形后符合屏幕的透视关系，效果如图12-112所示。

图12-110

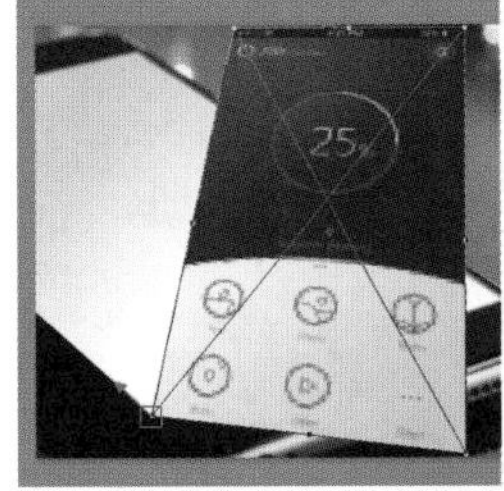

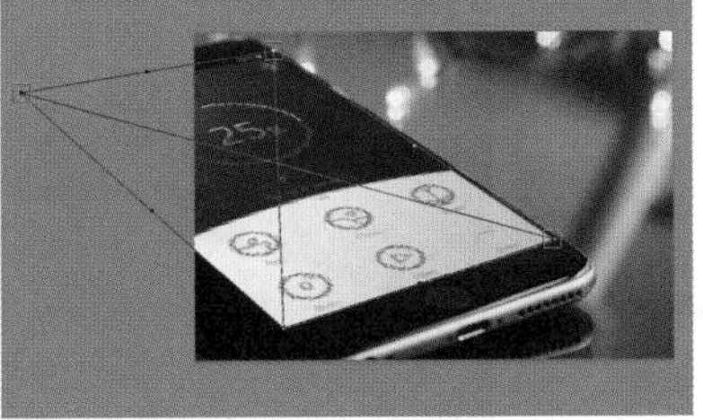

图12-111　　图12-112

04 变形完成后按Enter键确定变形操作，选中素材“2.jpg”的图层，在该图层上单击鼠标右键，在弹出的快捷菜单中执行“栅格化图层”命令，将该图层转换为普通图层，如图12-113所示。

05 去掉手机壁纸多余的部分。单击工具箱中的“钢笔工具”按钮，在选项栏中设置“绘制模式”为“路径”，在手机屏幕位置绘制路径，如图12-114所示。路径绘制完成后按Ctrl+Enter快捷键将路径转换为选区，如图12-115所示。

图12-113

图12-114

06 为图层添加蒙版。在“图层”面板中选中手机壁纸图层，然后单击“图层”面板下的“添加图层蒙版”按钮，基于选区为该图层添加图层蒙版，如图12-116所示，效果如图12-117所示。

图12-115

图12-116

图12-117

07 增加手机壁纸的明暗对比效果。选择手机壁纸图层，按Ctrl+J快捷键将该图层复制。然后选择复制的图层，在该图层蒙版缩览图上单击鼠标右键，在弹出的快捷菜单中执行“应用图层蒙版”命令，如图12-118所示。选择复制的图层，单击鼠标右键，在弹出的快捷菜单中执行“转换为智能对象”命令，将该图层转换为智能对象，如图12-119所示。

08 选择智能图层，执行“滤镜>模糊>高斯模糊”命令，在弹出的“高斯模糊”对话框中设置“半径”为9像素，然后单击“确定”按钮，如图12-120所示，效果如图12-121所示。

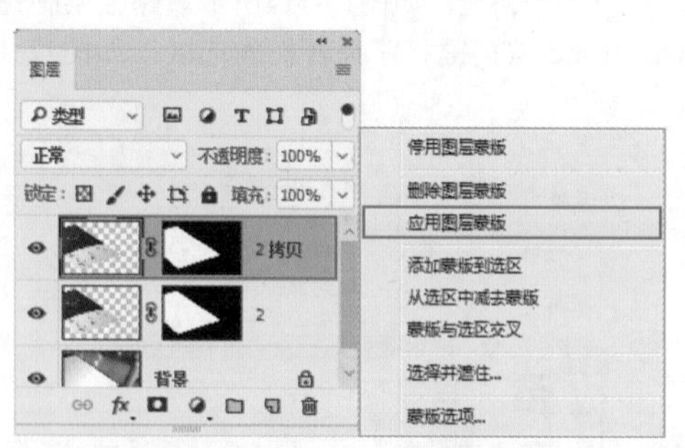

图12-118

图12-119

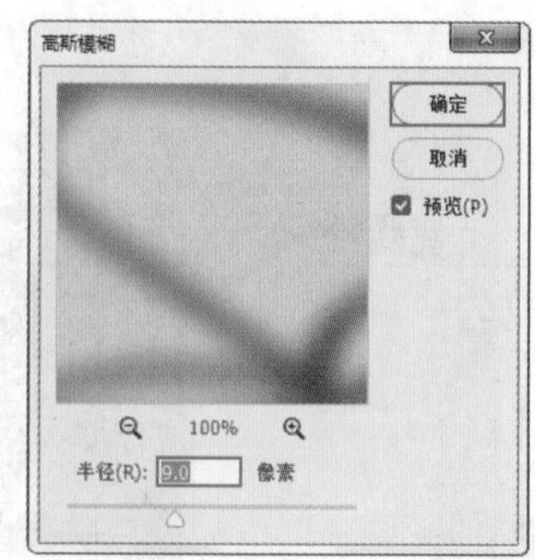

图12-120

09 此时手机壁纸的部分有些虚，利用图层蒙版将其隐藏。单击选择智能图层的图层蒙版缩览图，然后选择工具箱中的“画笔工具”，在选项栏中单击打开“画笔预设”选取器，这里选择常规画笔组下的柔边圆画笔，设置画笔“大小”为500像素，“硬度”为17%，如图12-122所示。将前景色设置为黑色。设置完毕后在画面中左下方的按钮处按住鼠标左键并拖动进行涂抹，将此处的滤镜效果隐藏，效果如图12-123所示。

图12-121

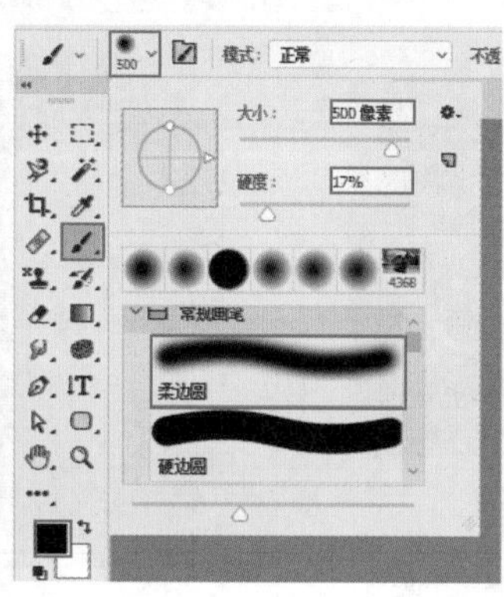

图12-122

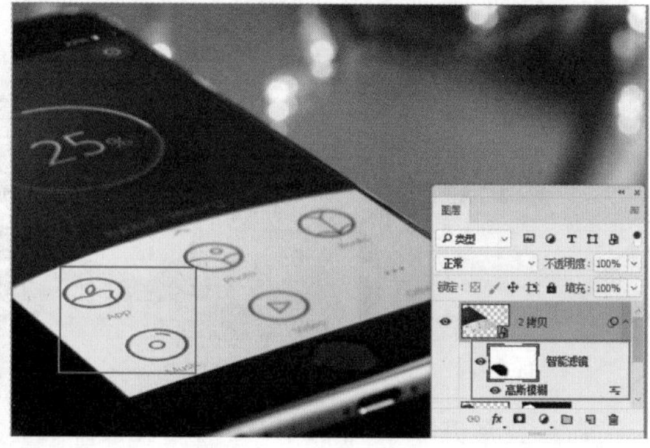

图12-123

10 涂抹完成后，最终效果如图12-124所示。

图12-124

12.4.5 进一步模糊

● 技术速查：使用“进一步模糊”滤镜可以平衡已定义的线条和遮蔽区域的清晰边缘旁边的像素，使变化显得柔和。

打开一张图片，如图12-125所示。执行“滤镜>模糊>进一步模糊”命令，该滤镜没有参数设置对话框，此时图像会具有轻微的模糊效果，效果如图12-126所示。

图12-125

图12-126

12.4.6 径向模糊

技术速查："径向模糊"滤镜用于模拟缩放或旋转相机时所产生的模糊，产生的是一种柔化的模糊效果。

打开一张图像，如图12-127所示。执行"滤镜>模糊>径向模糊"命令，在弹出的"径向模糊"对话框中进行参数的设置，设置完成后单击"确定"按钮，如图12-128所示，效果如图12-129所示。

图12-127

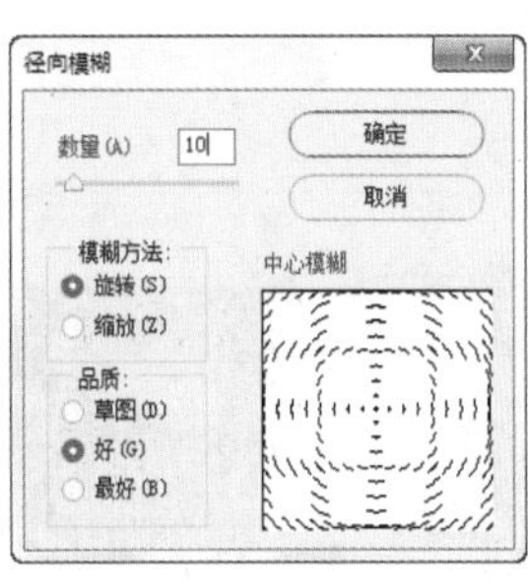

图12-128

图12-129

选项解读："径向模糊"对话框详解

- 数量：用于设置模糊的强度。数值越高，模糊效果越明显。
- 模糊方法：控制模糊的方式，包括"旋转"和"缩放"两种，如图12-130和图12-131所示。
- 中心模糊：在设置框中单击并拖动鼠标可以更改模糊的位置。如图12-132和图12-133所示分别为不同原点的旋转模糊效果。

图12-130

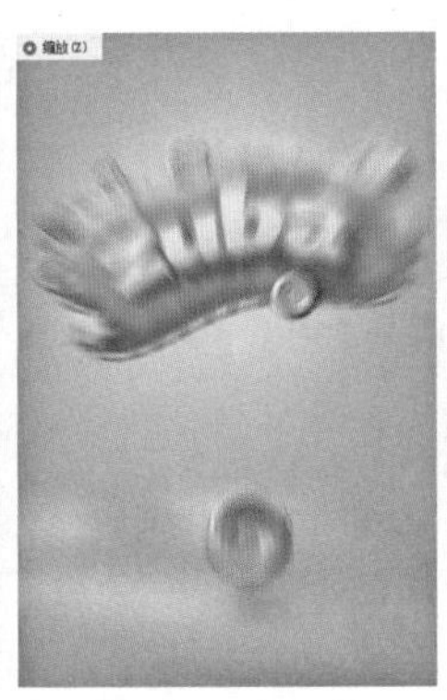

图12-131

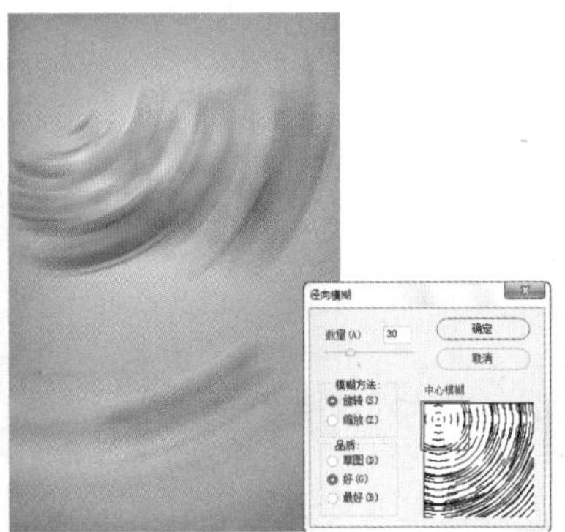

图12-132

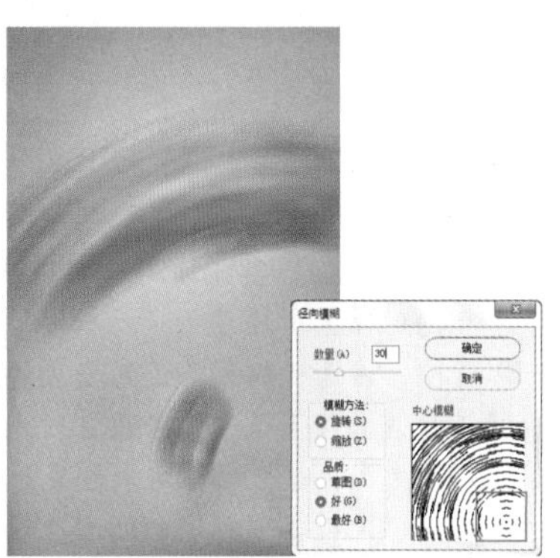

图12-133

- 品质：控制模糊效果的质量。"草图"的处理速度较快，但会产生颗粒效果；"好"和"最好"的处理速度较慢，但是生成的效果比较平滑。

12.4.7 镜头模糊

技术速查："镜头模糊"滤镜通常用来制作景深效果。如果图像中存在Alpha通道或图层蒙版，则可以将其指定"源"，从而产生景深模糊效果。

（1）打开一张图像，如图12-134所示。接下来添加图层蒙版，在图层蒙版中显示的区域为镜头模糊的区域，如图12-135所示。

图12-134

图12-135

（2）执行“滤镜>模糊>镜头模糊”命令，打开“镜头模糊”对话框，设置“源”为“图层蒙版”，然后选中合适的形状，设置“半径”数值以调整模糊的强度，设置完成后单击“确定”按钮，如图12-136所示。将图层蒙版隐藏，此时画面效果如图12-137所示。

图12-136

图12-137

选项解读：“镜头模糊”对话框详解

- 深度映射：从“源”下拉列表框中可以选择使用Alpha通道或图层蒙版来创建景深效果（前提是图像中存在Alpha通道或图层蒙版），其中通道或蒙版中的白色区域将被模糊，而黑色区域则保持原样；“模糊焦距”选项用来设置位于角点内的像素的深度；“反相”选项用来反转Alpha通道或图层蒙版。
- 光圈：该选项组用来设置模糊的显示方式。“形状”选项用来选择光圈的形状；“半径”选项用来设置模糊的数量；“叶片弯度”选项用来设置对光圈边缘进行平滑处理的程度；“旋转”选项用来旋转光圈。
- 镜面高光：该选项组用来设置镜面高光的范围。“亮度”选项用来设置高光的亮度；“阈值”选项用来设置亮度的停止点，比停止点值亮的所有像素都被视为镜面高光。
- 杂色：“数量”选项用来在图像中添加或减少杂色；“分布”选项用来设置杂色的分布方式，包含“平均分布”和“高斯分布”两种；如果选中“单色”复选框，则添加的杂色为单一颜色。

12.4.8 模糊

- 技术速查：“模糊”滤镜用于在图像中有显著颜色变化的地方消除杂色，它可以通过平衡已定义的线条和遮蔽区域的清晰边缘旁边的像素来使图像变得柔和。

打开一张图像，如图12-138所示。执行“滤镜>模糊>模糊”命令，该命令没有参数设置对话框，模糊效果比较微弱，效果如图12-139所示。

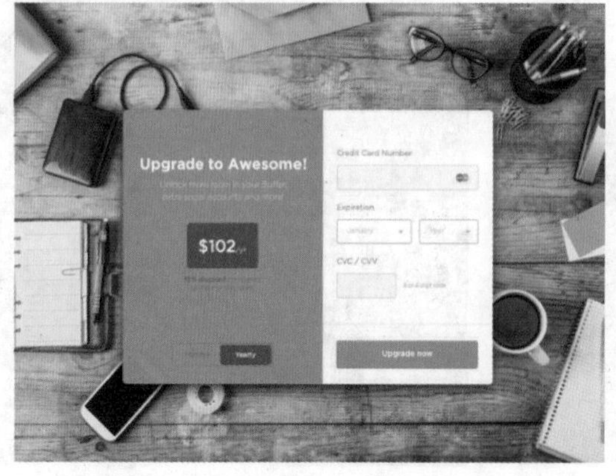

图12-138

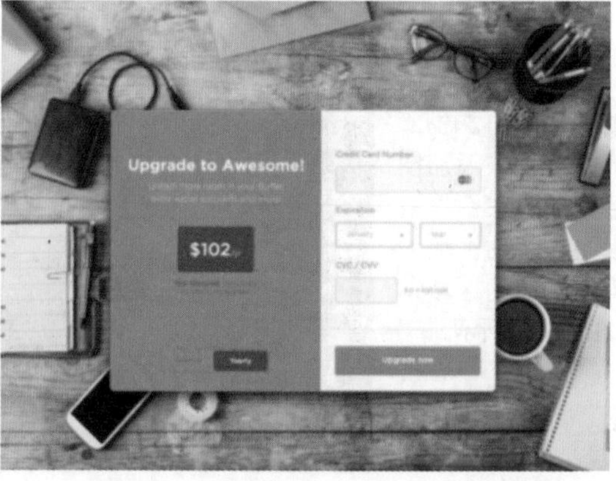

图12-139

12.4.9 平均

技术速查：使用“平均”滤镜可以查找图像或选区的平均颜色，再用该颜色填充图像或选区，以创建平滑的外观效果。

“平均”滤镜可以查找图像或选区的平均颜色，再用该颜色填充图像或选区，以创建平滑的外观效果。打开一张图像，如图12-140所示。执行“滤镜>模糊>平均”命令，该命令没有参数设置对话框，效果如图12-141所示。如果画面中有选区，那么只将选区内的像素进行平均，效果如图12-142所示。

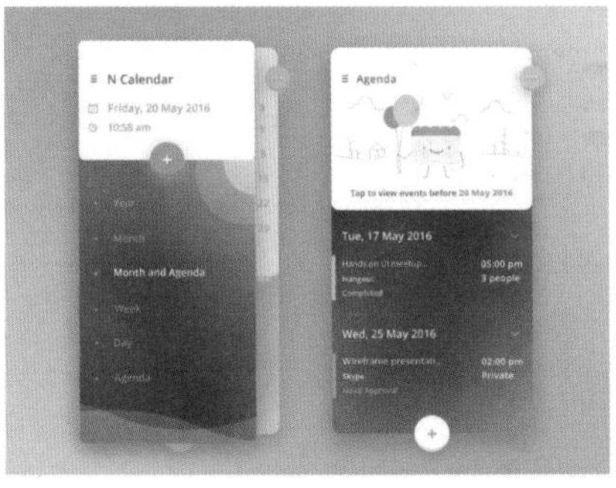

图12-140

图12-141

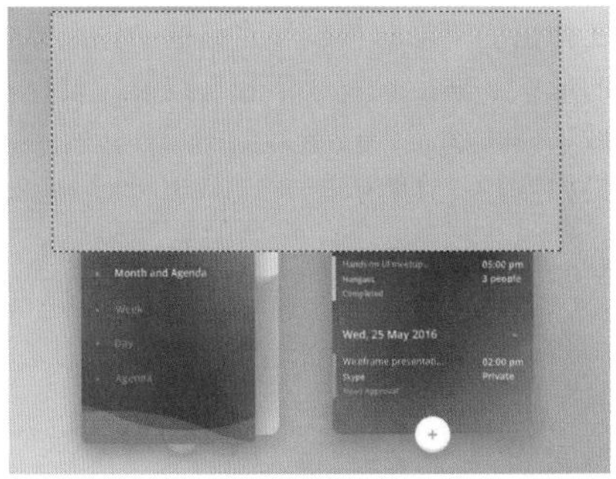

图12-142

12.4.10 特殊模糊

技术速查：使用“特殊模糊”滤镜可以精确地模糊图像。

使用“特殊模糊”滤镜可以将画面中颜色临近的部分进行模糊。打开一张图像，如图12-143所示。执行“滤镜>模糊>特殊模糊”命令，在弹出的“特殊模糊”对话框中进行参数的设置，设置完成后单击“确定”按钮，如图12-144所示，效果如图12-145所示。

图12-143

图12-144

图12-145

选项解读：“特殊模糊”对话框详解

- 半径：用来设置要应用模糊的范围。
- 阈值：用来设置像素具有多大差异后才会被模糊处理。
- 品质：设置模糊效果的质量，包含“低”“中等”“高”3种。
- 模式：选择“正常”选项，不会在图像中添加任何特殊效果，如图12-146所示；选择“仅限边缘”选项，将以黑色显示图像，以白色描绘出图像边缘像素亮度值变化强烈的区域，如图12-147所示；选择“叠加边缘”选项，将以白色描绘出图像边缘像素亮度值变化强烈的区域，如图12-148所示。

图12-146

图12-147

图12-148

12.4.11　形状模糊

技术速查：使用“形状模糊”滤镜可以用设置的形状来创建特殊的模糊效果。

使用“形状模糊”滤镜可以用形状来创建特殊的模糊效果。打开一张图像，如图12-149所示。执行“滤镜>模糊>形状模糊”命令，在弹出的“形状模糊”对话框中先选择合适的形状，然后设置“半径”数值，设置完成后单击“确定”按钮，如图12-150所示，效果如图12-151所示。

图12-149

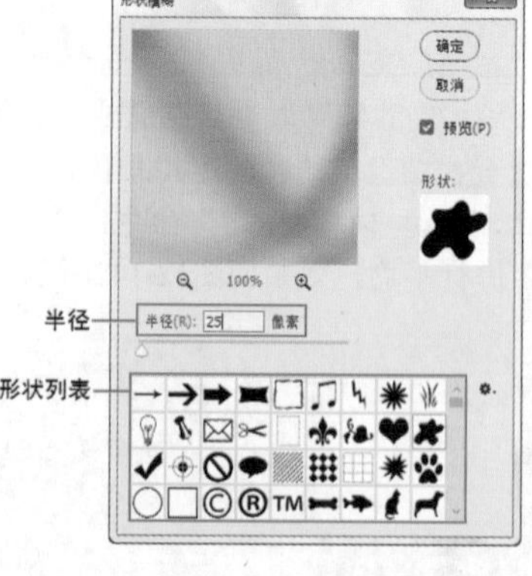

图12-150

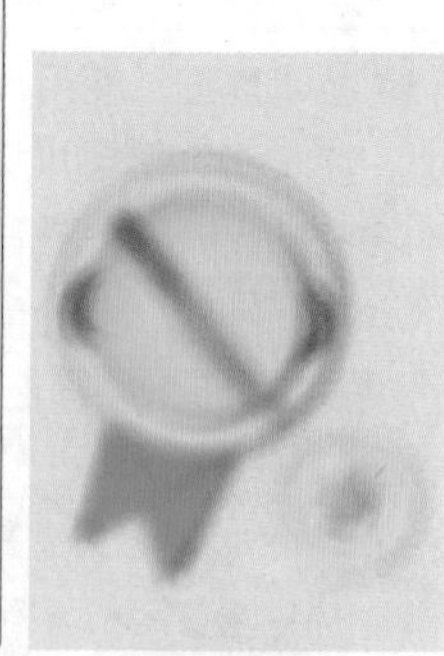

图12-151

选项解读：“形状模糊”对话框详解

- 半径：用来调整形状的大小。数值越大，模糊效果越好。
- 形状列表：在形状列表中选择一个形状，可以使用该形状来模糊图像。

12.5 模糊画廊滤镜组

视频精讲：Photoshop新手学视频精讲课堂\模糊滤镜与锐化滤镜.flv

模糊画廊滤镜组中的滤镜同样是对图像进行模糊处理的，但这些滤镜主要用于为数码照片制作特殊的模糊效果，如模拟景深效果、旋转模糊、移轴摄影、微距摄影等。

12.5.1　场景模糊

技术速查：使用“场景模糊”滤镜可以使画面呈现不同区域、不同模糊程度的效果。

（1）打开一张图片，执行“滤镜>模糊画廊>场景模糊”命令，进入“场景模糊”界面，默认情况下在画面的中央位置有个控制点，此时可以通过“模糊”选项调整控制点的模糊强度，数值越大，模糊效果越强，如图12-152所示。接着可以通过单击的方式添加多个控制点，如图12-153所示。

图12-152

图12-153

（2）在控制点上单击即可选中控制点，然后按住鼠标左键并拖动即可调整控制点的位置，接着调整控制点的模糊数值，如图12-154所示。设置完成后单击选项栏中的“确定”按钮，效果如图12-155所示。

图12-154

图12-155

选项解读：“场景模糊”选项详解

- 模糊：用于设置模糊强度。
- 光源散景：用于控制光照亮度，数值越大，高光区域的亮度就越高。
- 散景颜色：通过调整数值控制散景区域颜色的程度。
- 光照范围：通过调整滑块用色阶来控制散景的范围。

12.5.2 光圈模糊

- 技术速查：使用“光圈模糊”命令可将一个或多个焦点添加到图像中，用户可以根据不同的要求对焦点的大小与形状、图像其余部分的模糊数量以及清晰区域与模糊区域之间的过渡效果进行相应的设置。

（1）打开一张图像，如图12-156所示。执行“滤镜>模糊画廊>光圈模糊”命令，进入“场景模糊”界面，图像中心位置有一个“控制点”并带有控制框，设置“模糊”参数可调整模糊强度，如图12-157所示。

图12-157

图12-156

（2）拖动控制框右上角的◇能够调整控制框的形状，如图12-158所示。拖动控制框上的控制点能够调整控制框的高度和宽度，如图12-159所示。

图12-158

（3）拖动控制框内侧的圆形控制点可以调整模糊的过渡效果，如图12-160所示。设置完成后单击选项栏中的“确定”按钮，效果如图12-161所示。

图12-159

图12-160

图12-161

12.5.3 移轴模糊

技术速查：使用“移轴模糊”滤镜可以轻松地模拟移轴摄影效果。

移轴效果是一种特殊的摄影效果，用大场景来表现类似微观的世界，让人感觉非常有趣。如图12-162和图12-163所示为移轴摄影。而在Photoshop中就可以使用“移轴模糊”滤镜快速地模拟移轴效果。

（1）打开一张素材，如图12-164所示。执行“滤镜>模糊画廊>移轴模糊”命令，进入“移轴模糊”界面。可以在界面的右侧控制模糊的强度，如图12-165所示。

图12-162

图12-163

图12-164

（2）拖动虚线可以调整模糊的过渡效果，如图12-166所示。拖动实线可以调整模糊的位置，如图12-167所示。

图12-165

图12-166

（3）设置完成后单击选项栏中的“确定”按钮，效果如图12-168所示。

图12-167

图12-168

选项解读："移轴模糊"选项详解

- 模糊：用于设置模糊强度。
- 扭曲度：用于控制模糊扭曲的形状。
- 对称扭曲：选中该复选框可以从两个方向应用扭曲。

读书笔记

12.5.4 路径模糊

技术速查：使用"路径模糊"滤镜可以轻松制作多角度、多层次动效的模糊效果。

使用"路径模糊"滤镜可以沿着一定方向进行画面模糊，使用该滤镜可以在画面中创建任何角度的直线或弧线的控制杆，像素沿着控制杆的走向进行模糊。"路径模糊"滤镜可以用于制作带有动效的模糊效果，并且能够制作出多角度、多层次的模糊效果。

（1）选择一个图层，如图12-169所示。执行"滤镜>模糊画廊>路径模糊"命令，打开"模糊画廊"界面。在默认情况下，画面中央有一个箭头形的控制杆。在界面右侧进行参数的设置，可以看到画面中所选的部分产生了横向的带有运动感的模糊效果，如图12-170所示。

图12-169

图12-170

（2）拖曳控制点可以改变控制杆的形状，同时会影响模糊的效果，如图12-171所示。也可以在控制杆上单击添加控制点，并调整箭头的形状，如图12-172所示。

（3）在界面右侧可以通过调整"速度"参数来调整模糊的强度，调整"锥度"参数来调整模糊边缘的渐隐强度。调整完成后按"确定"按钮。

图12-171

图12-172

12.5.5 旋转模糊

- 技术速查：使用“旋转模糊”滤镜可以轻松地模拟拍照时旋转相机时所产生的模糊效果。

使用“旋转模糊”滤镜可以一次性在画面中添加多个模糊点，还能够随意控制每个模糊点的模糊范围、形状与强度。“旋转模糊”滤镜可以用于模拟拍照时旋转相机时所产生的模糊效果，以及旋转的物体产生的模糊效果。

（1）打开一张图片，如图12-173所示。执行“滤镜>模糊画廊>旋转模糊”命令，打开“模糊画廊”界面。在该界面中，画面中央位置有一个“控制点”，用来控制模糊的位置，在界面的右侧调整“模糊角度”数值可调整模糊的强度，如图12-174所示。

图12-173

（2）拖曳外侧圆形控制点即可调整控制框的形状、大小，如图12-175所示。拖曳内侧圆形控制点可以调整模糊的过渡效果，如图12-176所示。

图12-174

图12-175

图12-176

（3）在画面中继续单击即可添加控制点，并进行参数调整，如图12-177所示。设置完成后单击“确定”按钮。

图12-177

12.6 扭曲滤镜组

视频精讲：Photoshop新手学视频精讲课堂\“扭曲”滤镜组.flv

执行“滤镜>扭曲”命令，在子菜单中可以看到9种扭曲滤镜，通过这些滤镜的使用可以使画面产生不同效果的扭曲感，例如波浪效果、水波效果、球面效果等。

12.6.1 波浪

技术速查：使用“波浪”滤镜可以在图像上创建类似波浪起伏的效果。

使用“波浪”滤镜可以制作类似波浪的效果。打开一张图片，如图12-178所示。执行“滤镜>扭曲>波浪”命令，在弹出的“波浪”对话框中进行参数的设置，设置完成后单击“确定”按钮，如图12-179所示，效果如图12-180所示。

图12-178

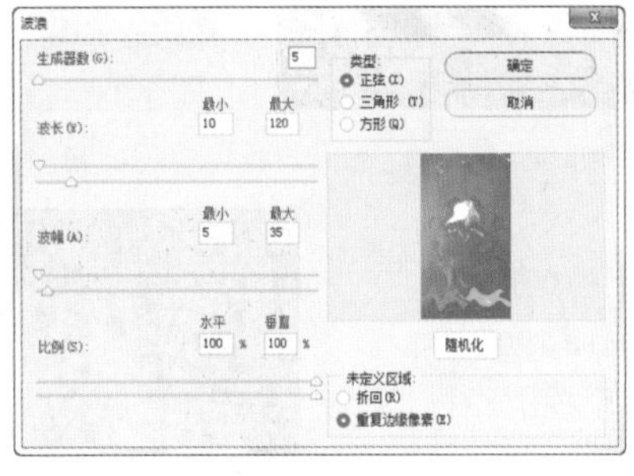

图12-179

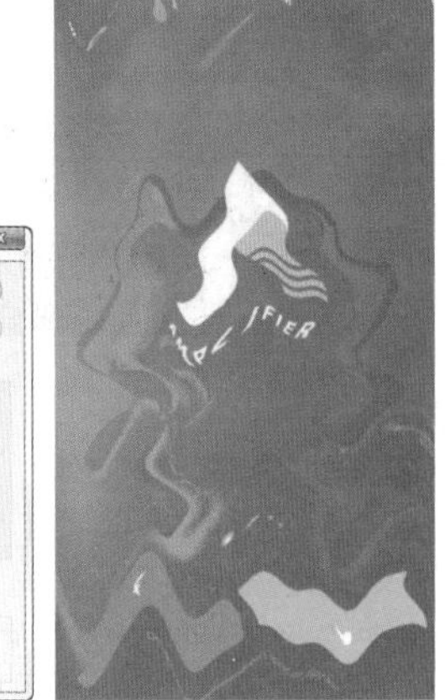

图12-180

选项解读：“波浪”对话框详解

- 类型：选择波浪的类型，包括“正弦”“三角形”“方形”3种类型，效果分别如图12-181～图12-183所示。
- 生成器数：用来设置波浪的强度。
- 波长：控制相邻两个波峰之间的水平距离。
- 波幅：控制波浪的宽度（最小）和高度（最大）。
- 比例：设置波浪在水平方向和垂直方向上的波动幅度。
- 随机化：单击此按钮可以产生随机化的波纹效果。
- 未定义区域：用来设置空白区域的填充方式。选中“折回”单选按钮，可以在空白区域填充溢出的内容；选中“重复边缘像素”单选按钮，可以填充扭曲边缘的像素颜色。

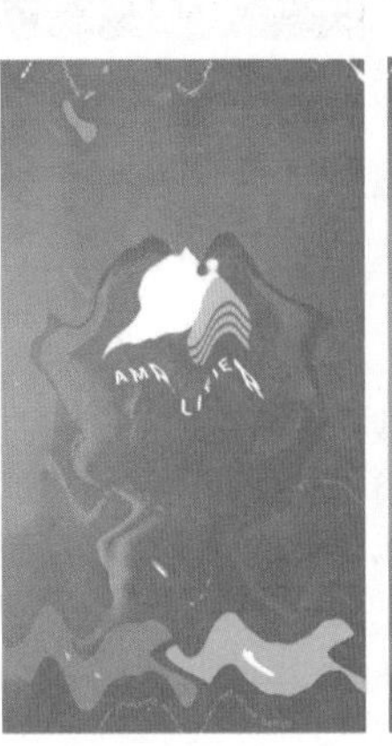

图12-181

图12-182

图12-183

12.6.2 波纹

技术速查：“波纹”滤镜与“波浪”滤镜类似，但只能控制波纹的数量和大小。

使用“波纹”滤镜可以模拟波纹的效果，只能控制波纹的数量和大小。打开一张图片，如图12-184所示。执行“滤镜>扭曲>波纹”命令，在弹出的“波纹”对话框中进行参数的设置，设置完成后单击“确定”按钮，如图12-185所示，效果如图12-186所示。

图12-184

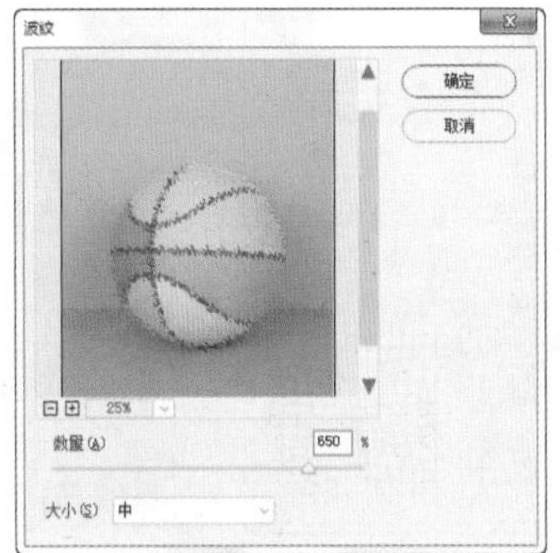

图12-185

图12-186

12.6.3 极坐标

技术速查：使用“极坐标”滤镜可以将图像从平面坐标转换到极坐标，或从极坐标转换到平面坐标。

（1）打开一张图像，如图12-187所示。执行“滤镜>扭曲>极坐标”命令，在弹出的“极坐标”对话框中选中“平面坐标到极坐标”单选按钮，如图12-188所示。单击“确定”按钮，此时画面效果如图12-189所示。

图12-187

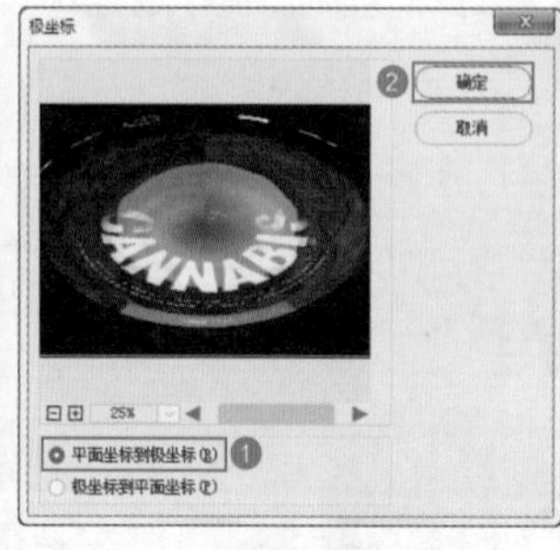

图12-188

图12-189

（2）将图像以横向不等比缩放，使效果变成正圆形，如图12-190所示。若在“极坐标”对话框中选中“极坐标到平面坐标”单选按钮，则使圆形图像变为矩形图像，如图12-191所示。

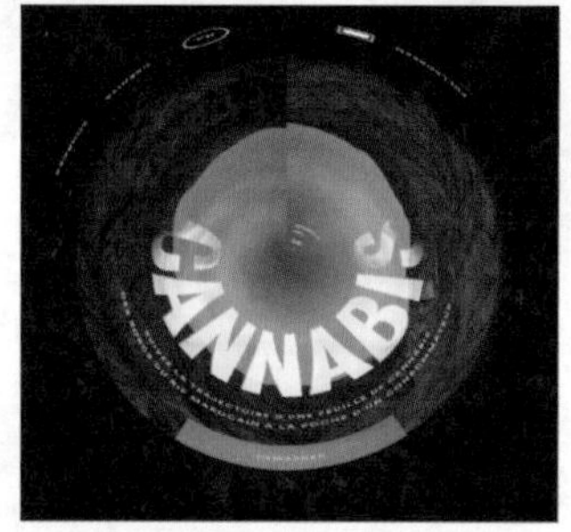

图12-190

图12-191

12.6.4 挤压

技术速查：使用“挤压”滤镜可以将选区内的图像或整个图像向外或向内挤压。

使用“挤压”滤镜可以制作图像向外或向内挤压的效果。打开一张图片，如图12-192所示。执行“滤镜>扭曲>挤压”命令，在弹出的“挤压”对话框中进行参数的设置，如图12-193所示。数值为负值时，图像会向外挤压，如图12-194所示；当数值为正值时，图像会向内挤压，如图12-195所示。

图12-192

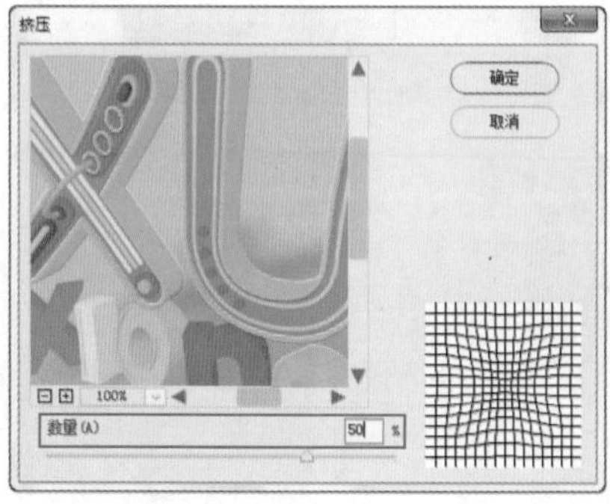

图12-193

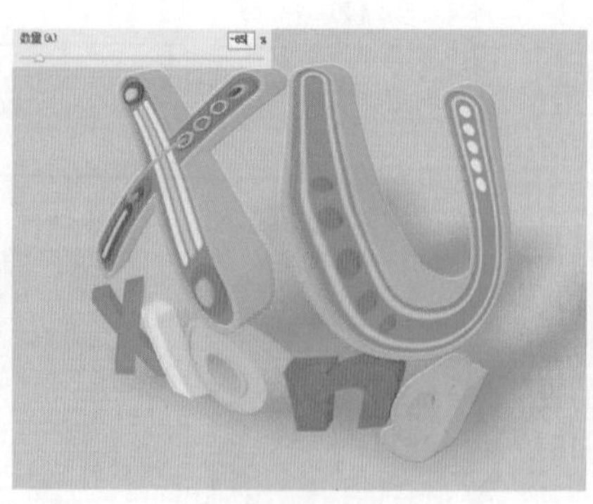

图12-194

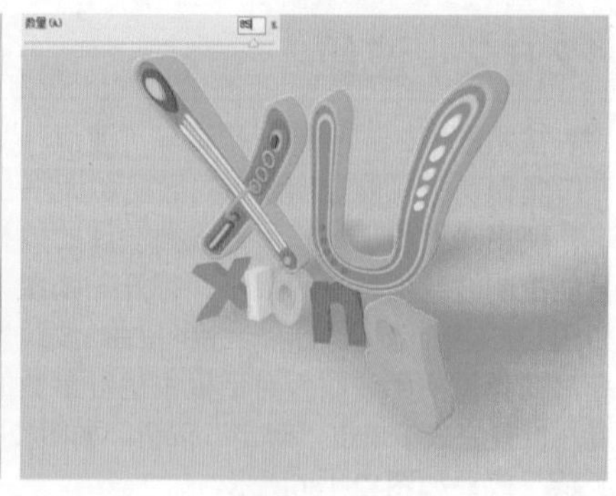

图12-195

12.6.5 切变

技术速查：使用“切变”滤镜可以沿一条曲线扭曲图像，通过拖曳调整框中的曲线可以应用相应的扭曲效果。

打开一张图片，如图12-196所示。执行“滤镜>扭曲>切变”命令，在弹出的“切变”对话框中进行参数的设置，如图12-197所示。设置完成后单击“确定”按钮，效果如图12-198所示。

图12-196

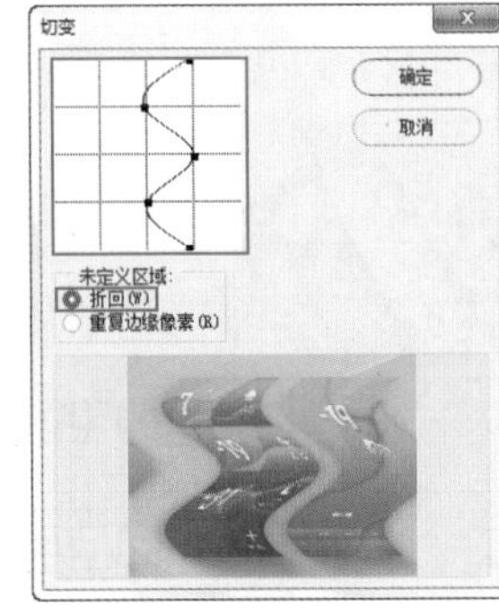

图12-197

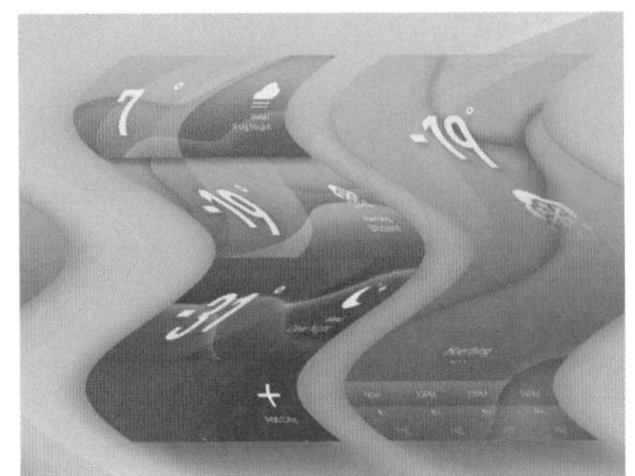

图12-198

选项解读：“切变”对话框详解

- 曲线调整框：通过在曲线调整框中调整曲线的弧度，可以产生如图12-199和图12-200所示的不同的变形效果。

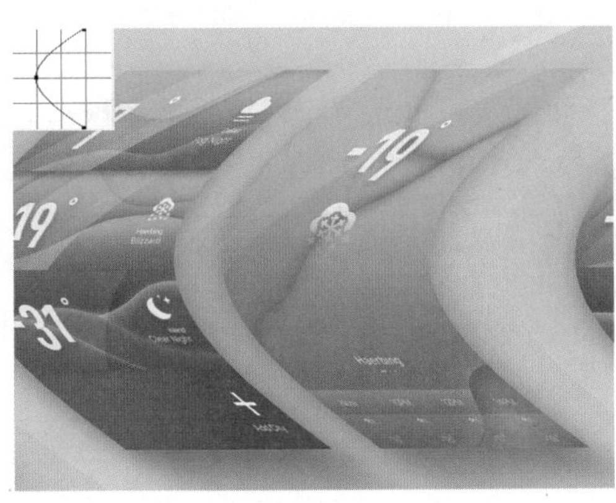

图12-199

图12-200

- 折回：在图像的空白区域填充溢出图像之外的图像内容，如图12-201所示。
- 重复边缘像素：在图像边界不完整的空白区域填充扭曲边缘的像素颜色，如图12-202所示。

图12-201

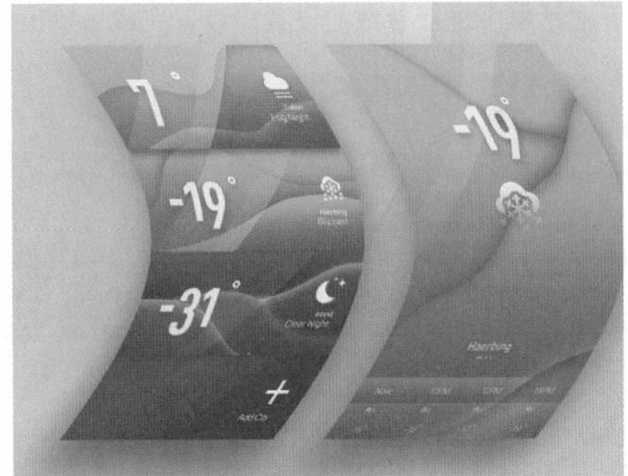

图12-202

12.6.6 球面化

● 技术速查：使用“球面化”滤镜可以将选区内的图像或整个图像扭曲为球形。

打开一张图片，如图12-203所示。执行“滤镜>扭曲>球面化”命令，在弹出的“球面化”对话框中进行参数的设置，设置完成后单击“确定”按钮，如图12-204所示，效果如图12-205所示。

图12-203

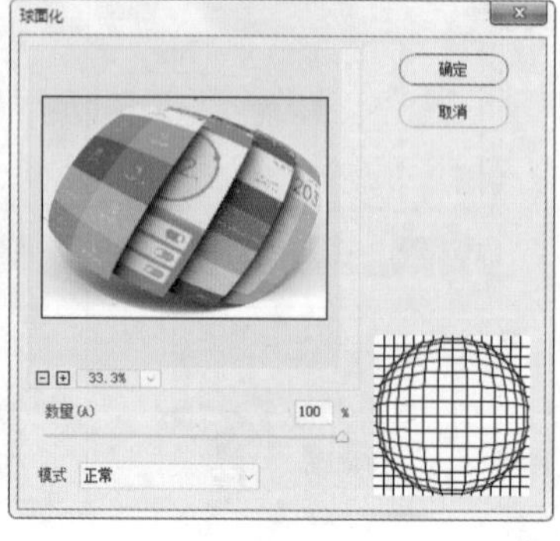

图12-204

图12-205

选项解读：“球面化”对话框详解

● 数量：用来设置图像球面化的程度。当设置为正值时，图像会向外凸起，如图12-206所示；当设置为负值时，图像会向内收缩，如图12-207所示。

● 模式：控制图像的挤压模式。

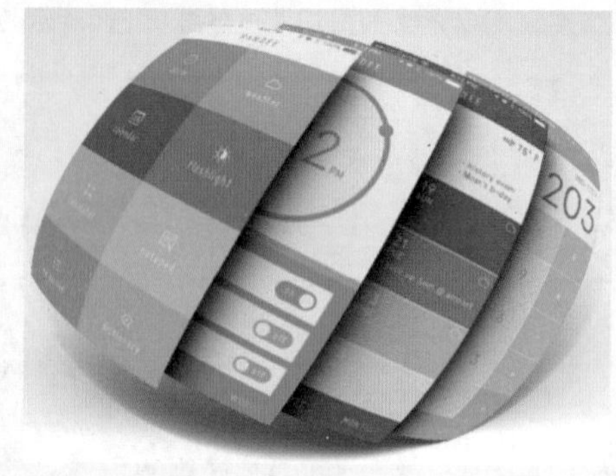

图12-206

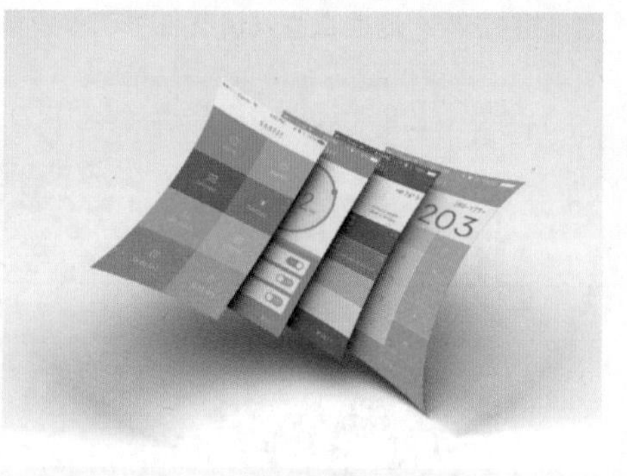

图12-207

12.6.7 水波

● 技术速查：使用“水波”滤镜可以使图像产生真实的水波波纹效果。

使用“水波”滤镜可以制作水波产生的涟漪效果。打开一张图像，如图12-208所示。执行“滤镜>扭曲>水波”命令，在弹出的“水波”对话框中进行参数的设置，设置完成后单击“确定”按钮，如图12-209所示，效果如图12-210所示。

图12-208

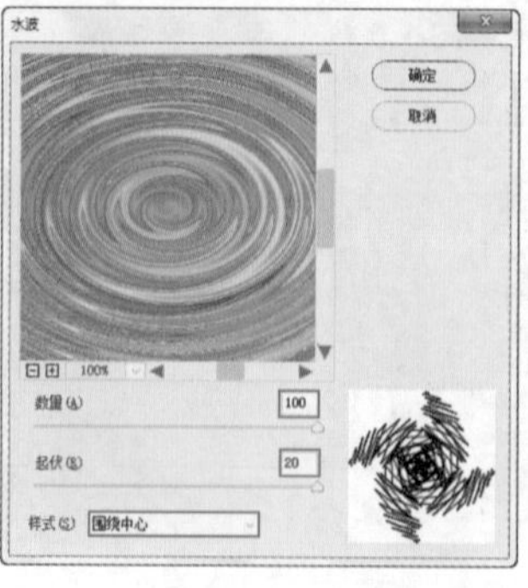

图12-209

图12-210

选项解读："水波"对话框详解

- 数量：控制波纹的数量。当设置为负值时，将产生下凹的波纹，如图12-211所示；当设置为正值时，将产生上凸的波纹，如图12-212所示。
- 起伏：设置波纹的数量。数值越大，波纹越多。
- 样式：控制生成波纹的样式。选择"围绕中心"时，可围绕中心产生波纹，如图12-213所示；选择"从中心向外"时，波纹从中心向外扩散，如图12-214所示；选择"水池波纹"时，效果较为自然，如图12-215所示。

图12-211

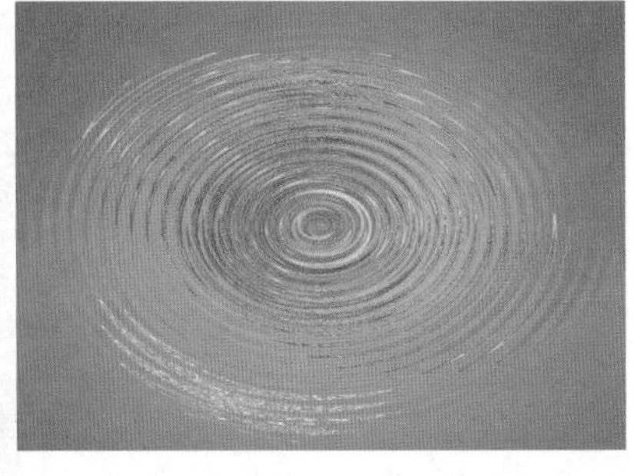

图12-212

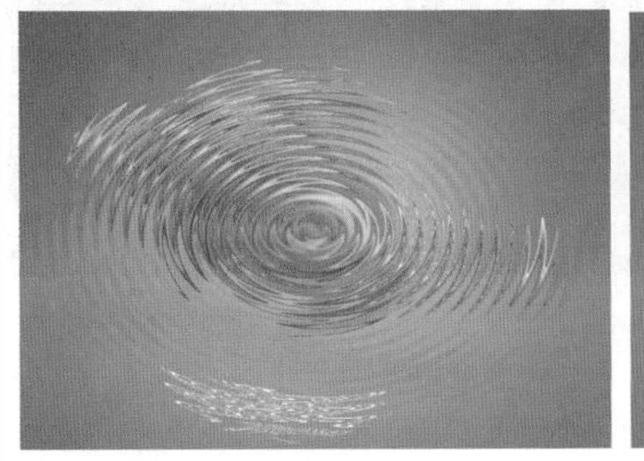

图12-213

图12-214

图12-215

12.6.8 旋转扭曲

- 技术速查：使用"旋转扭曲"滤镜可以顺时针或逆时针旋转图像，旋转会围绕图像的中心进行处理。

使用"旋转扭曲"滤镜可以将图像围绕中心进行旋转扭曲。打开一张图片，如图12-216所示。执行"滤镜>扭曲>旋转扭曲"命令，在弹出的"旋转扭曲"对话框中进行参数的设置，设置完成后单击"确定"按钮，如图12-217所示，效果如图12-218所示。

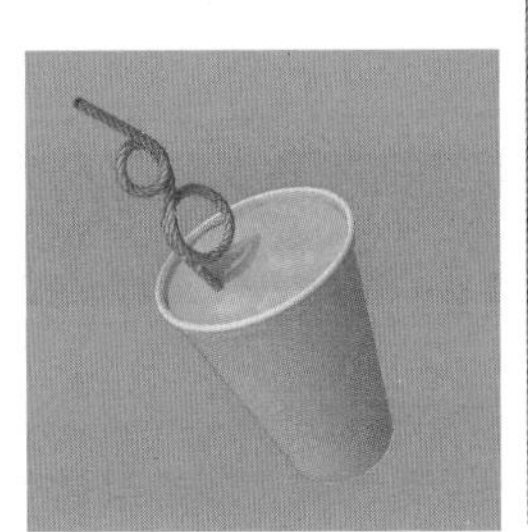

图12-216

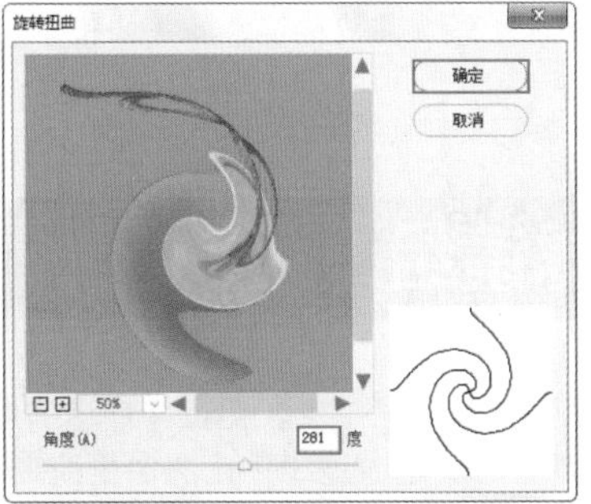

图12-217

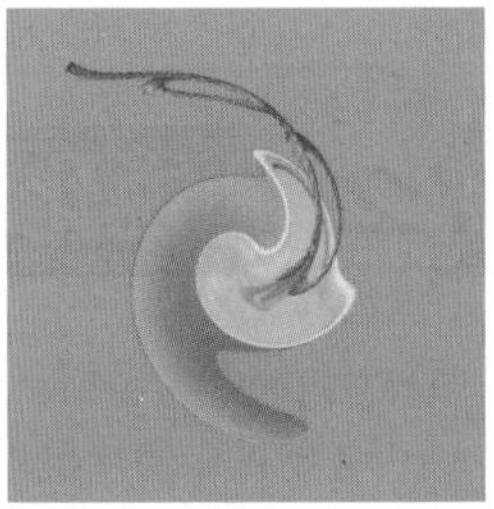

图12-218

选项解读："旋转扭曲"对话框详解

角度：用来设置旋转扭曲的方向。当设置为正值时，会沿顺时针方向进行扭曲，如图12-219所示；当设置为负值时，会沿逆时针方向进行扭曲，如图12-220所示。

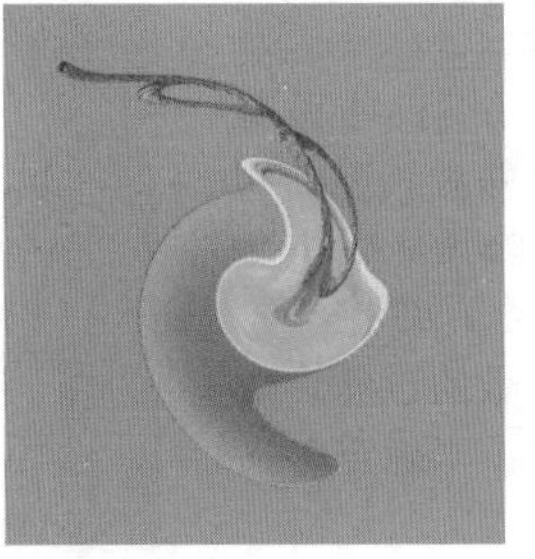

图12-219

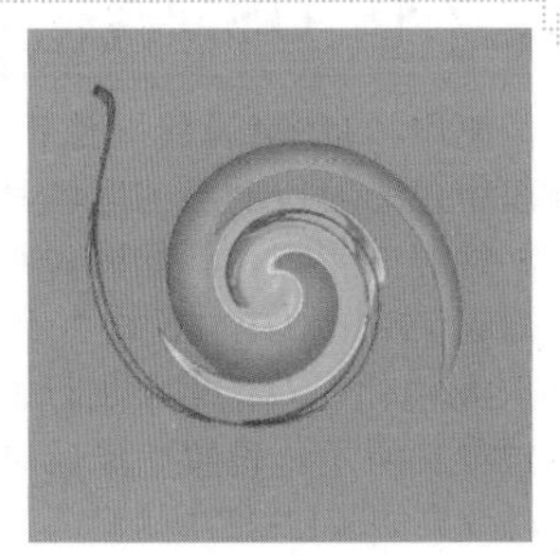

图12-220

12.6.9 置换

图12-221

- 技术速查：使用“置换”滤镜的前提是需要两张图像，一个作为当前的图像，一个作为置换的图像（必须为PSD文件），将两张图像进行置换混合处理。常用来制作特殊的效果。

（1）打开一张图像，如图12-221所示。执行“滤镜>扭曲>置换”命令，在弹出的“置换”对话框中设置合适的参数，如图12-222所示。

（2）在文件夹中选择“.psd”格式的文件，如图12-223所示，画面效果如图12-224所示。

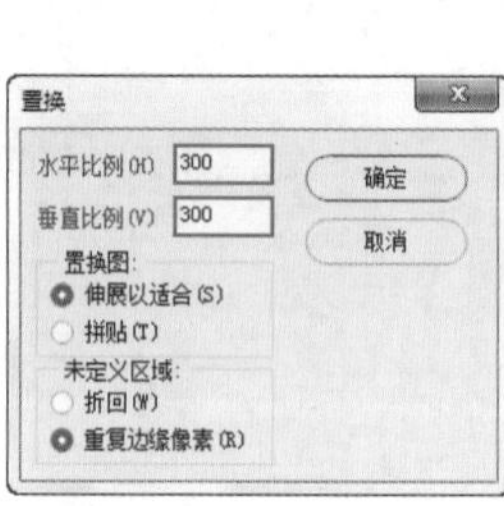

图12-222

图12-223

图12-224

选项解读：“置换”对话框详解

- 水平/垂直比例：用来设置水平方向和垂直方向所移动的距离。单击“确定”按钮可以载入PSD文件，然后用该文件扭曲图像。
- 置换图：用来设置置换图像的方式，包括“伸展以适合”和“拼贴”两种。
- 未定义区域：用来选择图像发生偏移后填充空白区域的方式。选中“折回”单选按钮时，可以在空缺区域填充溢出图像之外的图像内容。选中“重复边缘像素”单选按钮时，可以在空缺区域填充扭曲边缘的像素颜色。

12.7 锐化滤镜组

- 视频精讲：Photoshop新手学视频精讲课堂\模糊滤镜与锐化滤镜.flv

使用锐化滤镜组主要的目的是通过锐化让图像更清晰、锐利。锐化滤镜组包含6种类型，分别是“USM锐化”“防抖”“进一步锐化”“锐化”“锐化边缘”“智能锐化”。

12.7.1 USM锐化

使用“USM锐化”滤镜可以自动识别画面中色彩对比明显的区域，并对其进行锐化。打开一张图片，如图12-225所示。执行“滤镜>锐化>USM锐化”命令，在弹出的“USM锐化”对话框中进行参数的设置，如图12-226所示。设置完成后单击“确定”按钮，效果如图12-227所示。

图12-225

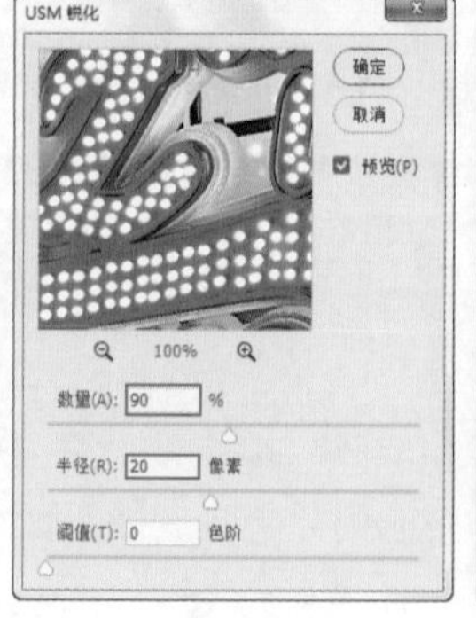

图12-226

图12-227

选项解读："USM锐化"对话框详解

- 数量：用来设置锐化效果的精细程度。
- 半径：用来设置图像锐化的半径范围大小。
- 阈值：只有相邻像素之间的差值达到所设置的"阈值"数值时才会被锐化。该值越高，被锐化的像素就越少。

12.7.2 防抖

- 技术速查：使用"防抖"滤镜可以弥补由于使用相机拍摄时抖动而产生的图像抖动虚化问题。如图12-228所示为原图，如图12-229所示为使用"防抖"滤镜后的图片。

打开一张素材图片，执行"滤镜>锐化>防抖"命令，如图12-230所示。

图12-228

图12-229

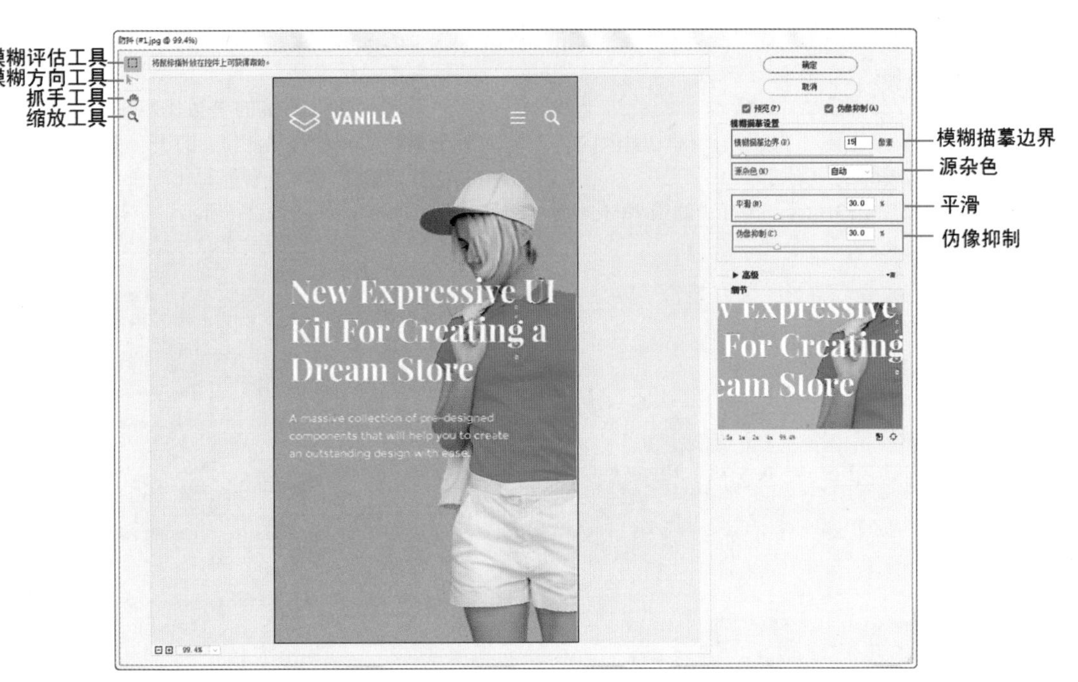

图12-230

选项解读："防抖"对话框详解

- 模糊评估工具：使用该工具在需要锐化的位置进行绘制。
- 模糊方向工具：手动指定直接模糊描摹的方向和长度。
- 抓手工具：拖动图像在窗口中的位置。
- 缩放工具：放大或缩小图像显示的大小。
- 模糊描摹边界：用来指定模糊描摹边界的大小。
- 源杂色：指定源的杂色。分为"自动""低""中""高"4种。
- 平滑：用来平滑锐化导致的杂色。
- 伪像抑制：用来抑制较大的图像。

12.7.3 进一步锐化

- 技术速查：使用"进一步锐化"滤镜可以通过增加像素之间的对比度使图像变得清晰，但锐化效果不是很明显。

使用"进一步锐化"滤镜可以通过增加像素之间的对比度使图像变得清晰，但锐化效果不是很明显（与模糊滤镜组中的"进一步模糊"滤镜类似）。打开一张图片，如图12-231所示。执行"滤镜>锐化>进一步锐化"命令。如图12-232所示为应用3次"进一步锐化"滤镜以后的效果。

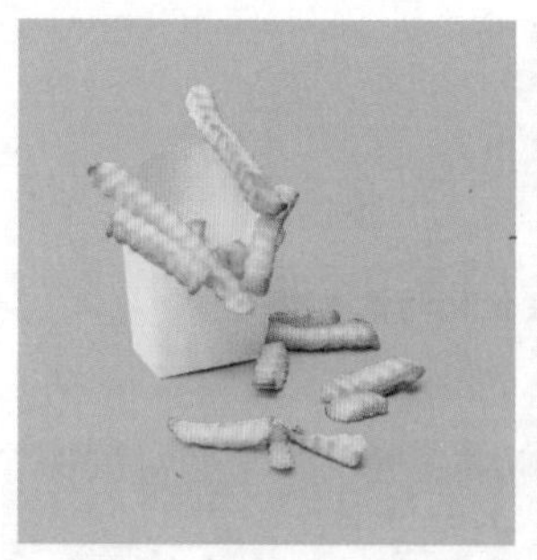
图12-231

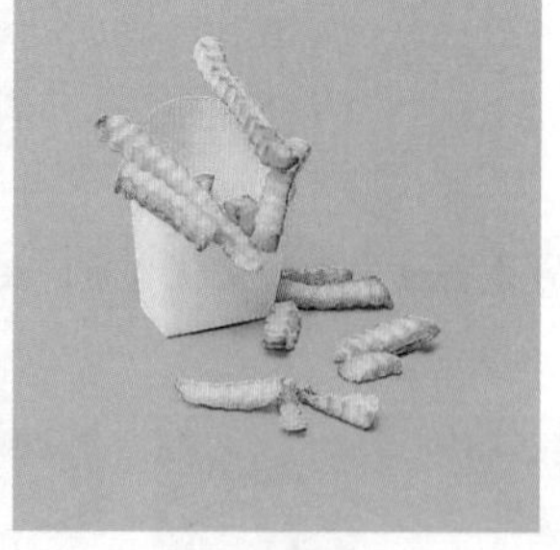
图12-232

12.7.4 锐化

● 技术速查："锐化"滤镜与"进一步锐化"滤镜一样，都可以通过增加像素之间的对比度使图像变得清晰。

"锐化"滤镜没有参数设置对话框，并且其锐化程度一般都比较小。执行"滤镜>锐化>锐化"命令即可进行锐化处理。

12.7.5 锐化边缘

● 技术速查：使用"锐化边缘"滤镜只能锐化图像的边缘，同时会保留图像整体的平滑度。

打开一张图片，如图12-233所示。执行"滤镜>锐化>锐化边缘"命令，效果如图12-234所示。

图12-233

图12-234

12.7.6 智能锐化

● 技术速查："智能锐化"滤镜的功能比较强大，它具有独特的锐化选项，可以设置锐化算法、控制阴影和高光区域的锐化量。

"智能锐化"滤镜的参数比较多，也是实际工作中使用频率最高的一种锐化滤镜。打开一张图片，如图12-235所示。执行"滤镜>锐化>智能锐化"命令，随即会弹出"智能锐化"对话框，如图12-236所示。

图12-235

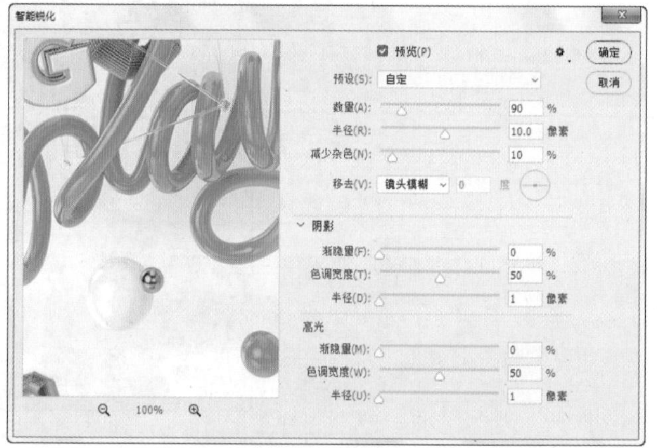

图12-236

选项解读："智能锐化"对话框详解

- 预设：在下拉列表框中可以将当前设置的锐化参数存储为预设参数。
- 数量：控制锐化的精细程度。数值越高，锐化效果越强烈。如图12-237和图12-238所示分别是设置"数量"为100%和500%时的锐化效果。
- 半径：控制锐化影响的边缘像素的半径大小。数值越高，受影响的边缘半径就越大，锐化的效果也越明显，如图12-239和图12-240所示分别是设置"半径"为3像素和10像素时的锐化效果。
- 减少杂色：减少画面的杂色。
- 移去：选择锐化图像的算法。选择"高斯模糊"选项，可以使用"USM锐化"滤镜的方法锐化图像；选择"镜头模糊"选项，可以查找图像中的边缘和细节，并对细节进行更加精细的锐化，以减少锐化的光晕；选择"动感模糊"选项，可以激活下面的"角度"选项，通过设置"角度"值可以减少由于相机或对象移动而产生的模糊效果。

图12-237　　图12-238　　图12-239　　图12-240

- 渐隐量：设置阴影或高光中的锐化程度。
- 色调宽度：设置阴影和高光中色调的修改范围。
- 半径：设置每个像素周围的区域的大小。

12.8 像素化滤镜组

- 视频精讲：Photoshop新手学视频精讲课堂\“像素化”滤镜组.flv

使用像素化滤镜组可以将图像处理为像素化的块状效果。像素化滤镜组包含7种滤镜，分别是“彩块化”“彩色半调”“点状化”“晶格化”“马赛克”“碎片”“铜版雕刻”。

12.8.1 彩块化

- 技术速查：使用“彩块化”滤镜可以将纯色或相近色的像素结成相近颜色的像素块（该滤镜没有参数设置对话框）。

打开一张图片，如图12-241所示。执行“滤镜>像素化>彩块化”命令，效果如图12-242所示。

图12-241

图12-242

12.8.2 彩色半调

技术速查：使用“彩色半调”滤镜可以模拟在图像的每个通道上使用放大的半调网屏的效果，在画面中形成一个个彩色的小圆组成的效果。

打开一张图片，如图12-243所示。执行“滤镜>像素化>彩色半调”命令，在弹出的“彩色半调”对话框中进行参数的设置，设置完成后单击“确定”按钮，如图12-244所示，效果如图12-245所示。

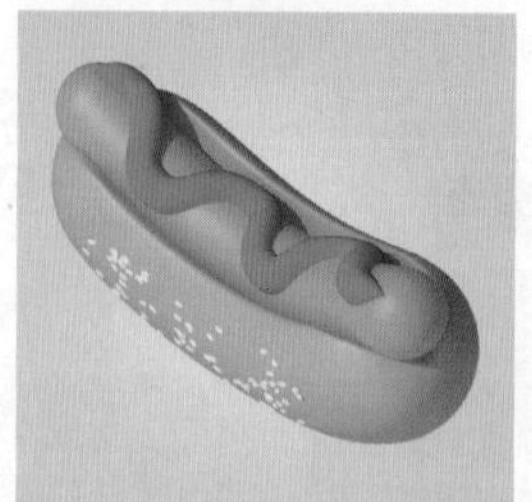

图12-243

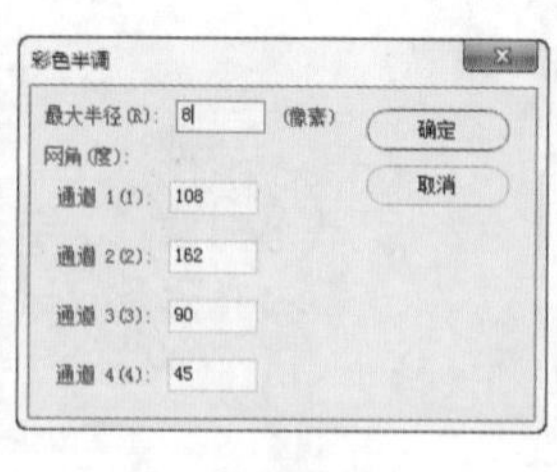

图12-244

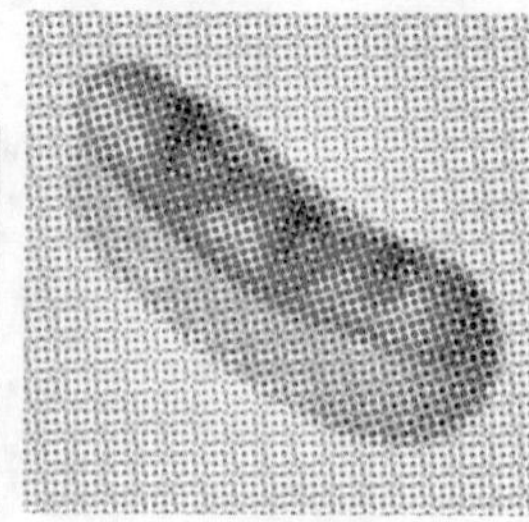

图12-245

选项解读：“彩色半调”对话框详解

- 最大半径：用来设置生成的最大网点的半径。
- 网角（度）：用来设置图像各个原色通道的网点角度。

读书笔记

12.8.3 点状化

技术速查：使用“点状化”滤镜可以将图像中的颜色分解成随机分布的网点，并使用背景色作为网点之间的画布区域。

打开一张图片，如图12-246所示。执行“滤镜>像素化>点状化”命令，在弹出的“点状化”对话框中拖动“单元格大小”滑块设置每个多边形色块的大小，设置完成后单击“确定”按钮，如图12-247所示，效果如图12-248所示。

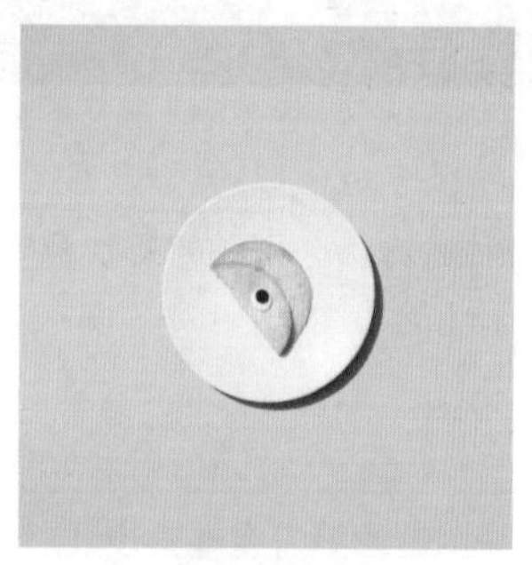

图12-246

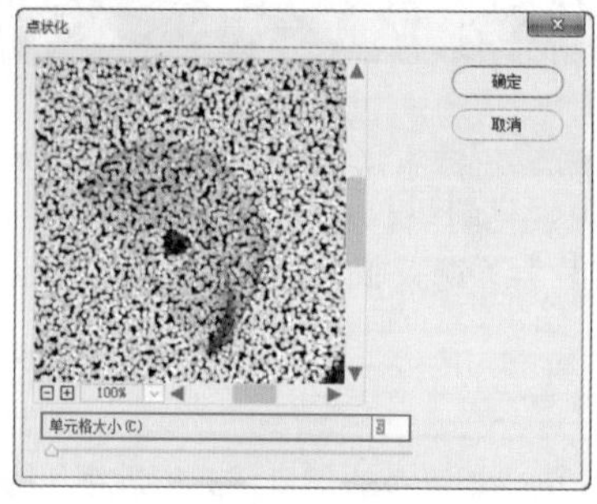

图12-247

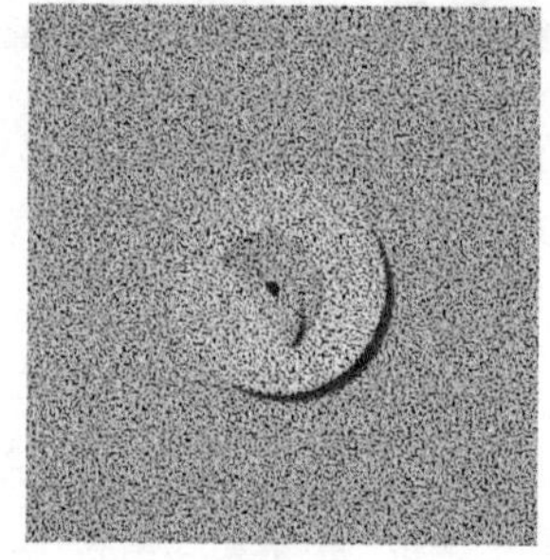

图12-248

12.8.4 晶格化

技术速查：使用“晶格化”滤镜可以使图像中颜色相近的像素结块形成多边形纯色。

“晶格化”滤镜的效果与“点状化”滤镜比较接近。打开一张图像，如图12-249所示。执行“滤镜>像素化>晶格化”命令，在打开的“晶格化”对话框中设置合适的“单元格大小”，如图12-250所示，效果如图12-251所示。

图12-249

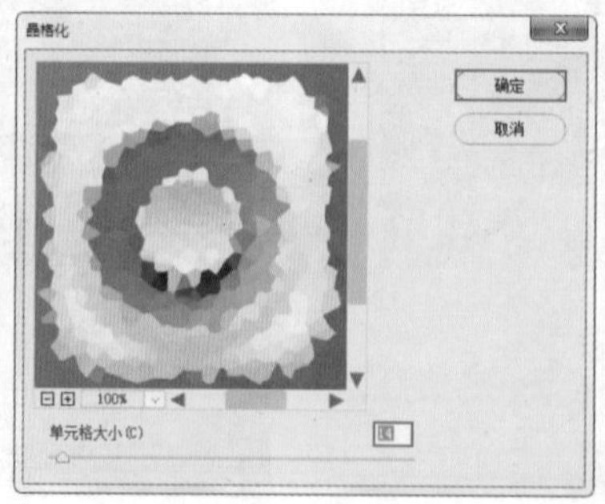

图12-250

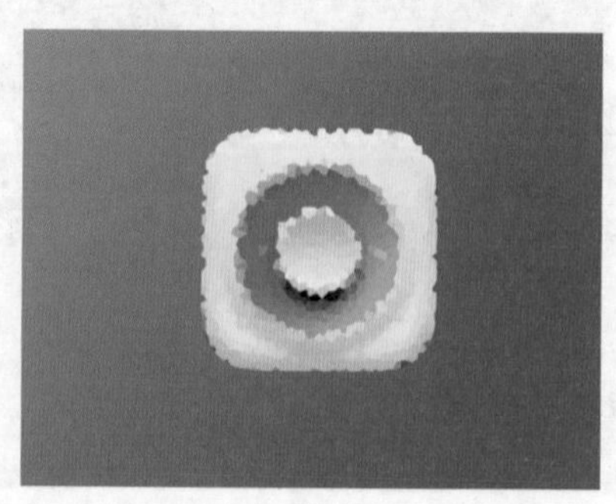

图12-251

12.8.5 马赛克

技术速查：使用“马赛克”滤镜可以使像素结为方形色块，创建出类似马赛克的效果。

打开一张图片，如图12-252所示。执行“滤镜>像素化>马赛克”命令，在弹出的“马赛克”对话框中拖动“单元格大小”滑块设置每个多边形色块的大小，设置完成后单击“确定”按钮，如图12-253所示，效果如图12-254所示。

图12-252

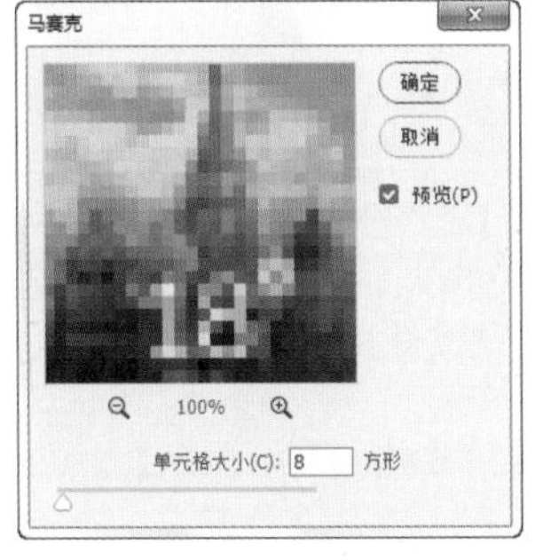

图12-253

图12-254

12.8.6 碎片

技术速查：使用“碎片”滤镜可以将图像中的像素复制4次，然后将复制的像素平均分布，并使其相互偏移（该滤镜没有参数设置对话框）。

打开一张图片，如图12-255所示。执行“滤镜>像素化>碎片”命令，效果如图12-256所示。

图12-255

图12-256

12.8.7 铜版雕刻

技术速查：使用“铜版雕刻”滤镜可以将图像转换为黑白区域的随机图案或彩色图像中完全饱和颜色的随机图案。

打开一张图片，如图12-257所示。执行“滤镜>像素化>铜版雕刻”命令，在弹出的“铜版雕刻”对话框中选择合适的类型，设置完成后单击“确定”按钮，如图12-258所示，效果如图12-259所示。

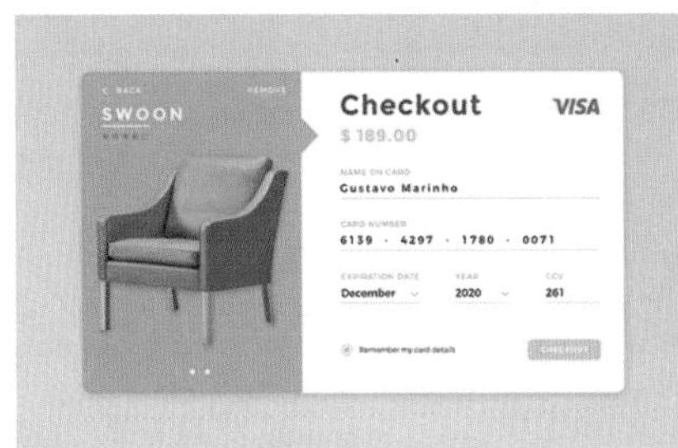

图12-257

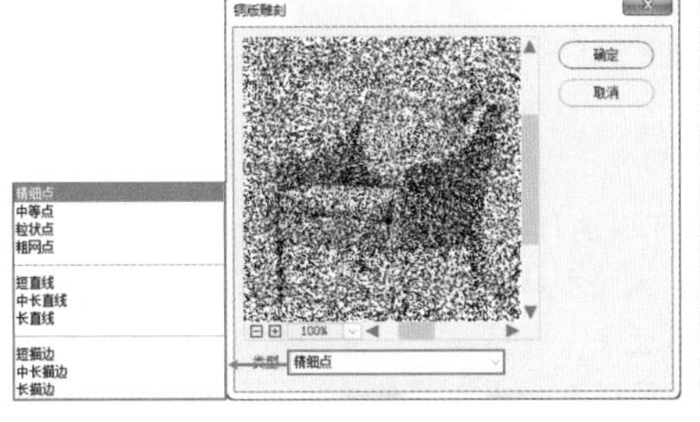

图12-258

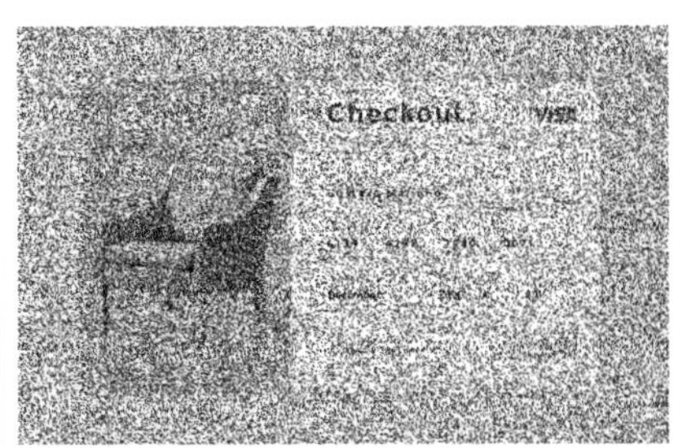

图12-259

选项解读：“铜版雕刻”对话框详解

类型：控制铜版雕刻的类型，共有10种类型，分别是“精细点”“中等点”“粒状点”“粗网点”“短直线”“中长直线”“长直线”“短描边”“中长描边”“长描边”。

12.9 渲染滤镜组

视频精讲：Photoshop新手学视频精讲课堂\“渲染”滤镜组.flv

使用渲染滤镜组可以模拟多种具有画面气氛的效果。渲染滤镜组包含8种滤镜，分别是“火焰”“图片框”“树”“分层云彩”“光照效果”“镜头光晕”“纤维”“云彩”。

12.9.1 火焰

技术速查：使用“火焰”滤镜可以轻松打造出沿路径排列的火焰。

首先需要在画面中绘制一条路径，如图12-260所示。选择一个图层（可以是空图层），执行“滤镜>渲染>火焰”命令，弹出“火焰”对话框。在“基本”选项卡中首先可以针对火焰类型等参数进行设置，如图12-261所示。单击“确定”按钮，图层中即可出现火焰效果，如图12-262所示。

图12-260

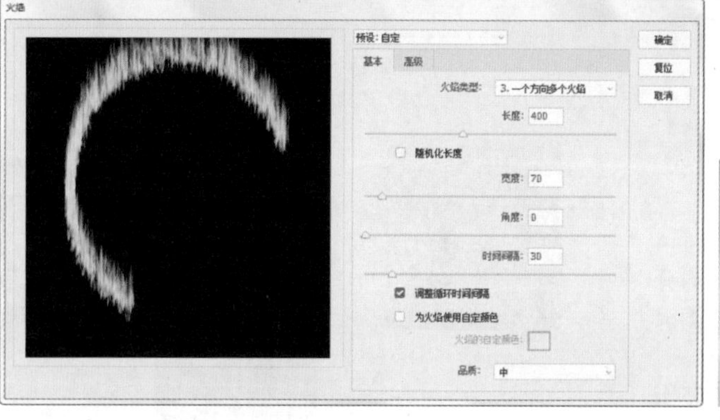

图12-261

图12-262

选项解读：“火焰”对话框基本选项

- 长度：用于控制火焰的长度。数值越大，每个火苗的长度越长。
- 宽度：用于控制每个火苗的宽度。数值越大，火苗越宽。
- 角度：用于控制火苗的旋转角度。
- 时间间隔：用于控制火苗之间的间隔。数值越大，火苗之间的距离越大。
- 为火焰使用自定颜色：默认的火苗与真实火苗颜色非常接近，如果想要制作出其他颜色的火苗，可以选中“为火焰使用自定颜色”复选框，然后在下方设置火焰的颜色。

选项解读：“火焰”对话框高级选项

选择“高级”选项卡，在对话框中可以进行湍流、锯齿、不透明度、火焰线条（复杂性）、火焰底部对齐、火焰样式、火焰形状等参数的设置，如图12-263所示。

- 湍流：用于设置火焰左右摇摆的动态效果，数值越大，波动越强。
- 锯齿：设置较大的数值后，火苗边缘呈现更加尖锐的效果。
- 不透明度：用于设置火苗的透明效果，数值越小，火焰越透明。
- 火焰线条（复杂性）：该选项用于设置构成火焰的火苗的复杂程度，数值越大，火苗越多，火焰效果越复杂。
- 火焰底部对齐：用于设置构成每一簇火焰的火苗底部是否对齐。数值越小，对齐程度越高，数值越大，火苗底部越分散。

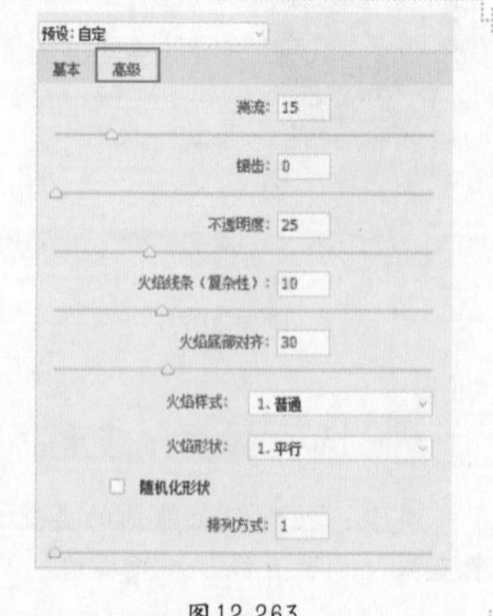

图12-263

12.9.2 图片框

● 技术速查：使用“图片框”滤镜可以在图像边缘添加各种风格的花纹相框。

打开一张图片，如图12-264所示。新建图层，执行“滤镜>渲染>图片框”命令，在弹出的对话框中可以在“图案”列表中选择一个合适的图案样式，接着可以在下方进行图案上的颜色以及细节参数的设置，如图12-265所示。设置完成后单击“确定”按钮，效果如图12-266所示。

图12-264

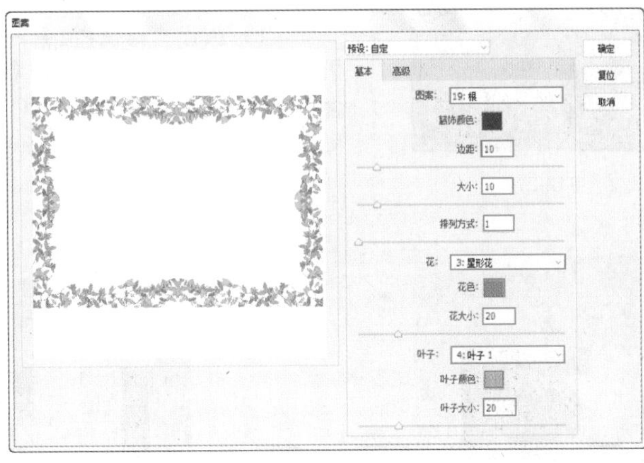

图12-265

图12-266

12.9.3 树

● 技术速查：使用“树”滤镜可以轻松创建出多种类型的树。

首先选择一个图层，执行“滤镜>渲染>树”命令，在弹出的对话框中单击“基本树类型”列表，在其中可以选择一个合适的树型，接着在下方进行参数设置，参数设置效果非常直观，只需尝试调整并观察效果即可，如图12-267所示。调整完成后单击“确定”按钮完成操作，效果如图12-268所示。

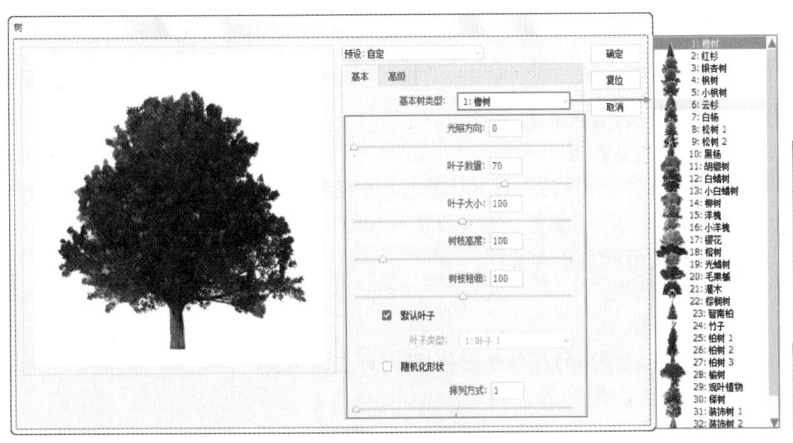

图12-267

图12-268

12.9.4 分层云彩

● 技术速查：使用“分层云彩”滤镜可以将云彩数据与现有的像素以“差值”方式进行混合（该滤镜没有参数设置对话框）。

打开一张图片，如图12-269所示。执行“滤镜>渲染>分层云彩”命令，首次应用该滤镜时，图像的某些部分会被反相成云彩图案，效果如图12-270所示。

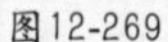

图12-269

图12-270

12.9.5 光照效果

技术速查：使用“光照效果”滤镜可以在RGB图像上产生多种光照效果。

“光照效果”滤镜的功能相当强大，也可以使用灰度文件的凹凸纹理图产生类似3D的效果，并存储为自定样式以在其他图像中使用。

（1）执行“滤镜>渲染>光照效果”命令，打开“光照效果”窗口，如图12-271所示。在选项栏的“预设”下拉列表中包含多种预设的光照效果，选中某一项即可更改当前画面效果，也可以直接在右侧进行参数调整，如图12-272所示。

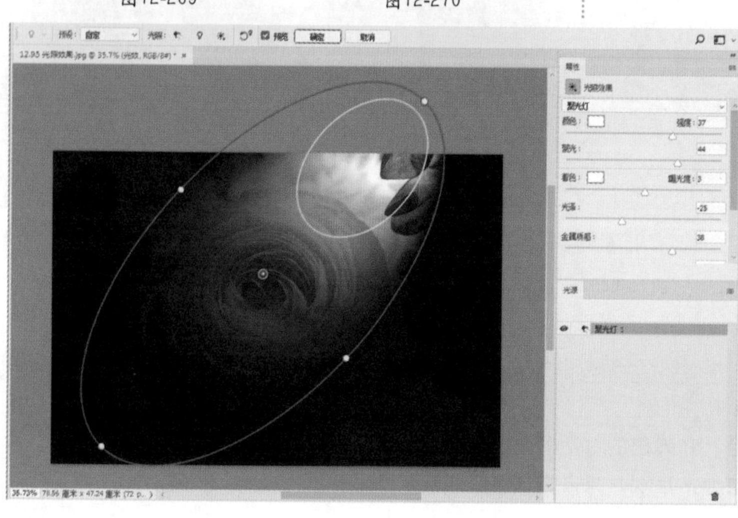

图12-271

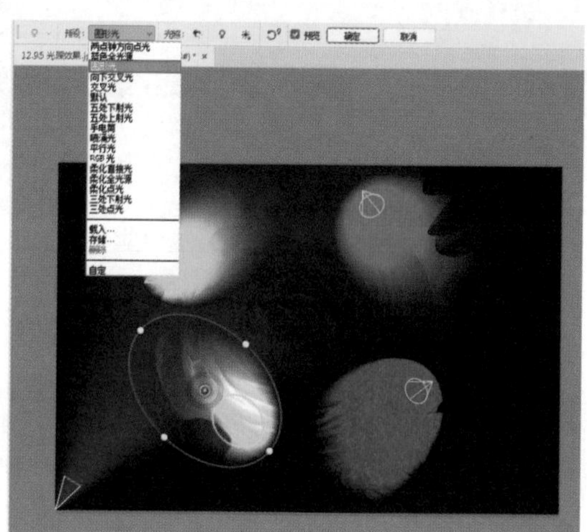

图12-272

选项解读：“预设”选项

- 两点钟方向点光：即具有中等强度（17）和宽焦点（91）的黄色点光。
- 蓝色全光源：即具有全强度（85）和没有焦点的高处蓝色全光源。
- 圆形光：即4个点光。“白色”为全强度（100）和集中焦点（8）的点光。“黄色”为强强度（88）和集中焦点（3）的点光。“红色”为中等强度（50）和集中焦点（0）的点光。“蓝色”为全强度（100）和中等焦点（25）的点光。
- 向下交叉光：即具有中等强度（35）和宽焦点（100）的两种白色点光。
- 交叉光：即具有中等强度（35）和宽焦点（69）的白色点光。
- 默认：即具有中等强度（35）和宽焦点（69）的白色点光。
- 五处下射光/五处上射光：即具有全强度（100）和宽焦点（60）的下射或上射的5个白色点光。
- 手电筒：即具有中等强度（46）的黄色全光源。
- 喷涌光：即具有中等强度（35）和宽焦点（69）的白色点光。
- 平行光：即具有全强度（98）和没有焦点的蓝色平行光。
- RGB光：即产生中等强度（60）和宽焦点（96）的红色、蓝色与绿色光。
- 柔化直接光：即两种不聚焦的白色和蓝色平行光。其中白色光为柔和强度（20），而蓝色光为中等强度（67）。
- 柔化全光源：即中等强度（50）的柔和全光源。
- 柔化点光：即具有全强度（98）和宽焦点（100）的白色点光。
- 三处下射光：即具有柔和强度（35）和宽焦点（96）的右边中间白色点光。
- 三处点光：即具有轻微强度（35）和宽焦点（100）的3个点光。

- 存储：若要存储预设，需要选择下拉列表中的“存储”选项，在弹出的窗口中选择储存位置并命名该样式，然后单击“确定”按钮。存储的预设包含每种光照的所有设置，并且无论何时打开图像，存储的预设都会出现在“样式”菜单中。
- 载入：若要载入预设，需要选择下拉列表中的“载入”选项，在弹出的窗口中选择文件并单击“确定”按钮即可。
- 删除：若要删除预设，需要选择该预设并选择下拉列表中的“删除”选项。
- 自定：若要创建光照预设，需要从“预设”下拉列表中选择“自定”选项，然后单击“光照”图标以添加点光、点测光和无限光类型。按需要重复，最多可获得16种光照。

（2）在选项栏中单击“光照”右侧的按钮即可快速在画面中添加光源，单击“重置当前光照”按钮即可对当前光源进行重置，如图12-273～图12-275所示分别为3种光源的对比效果。

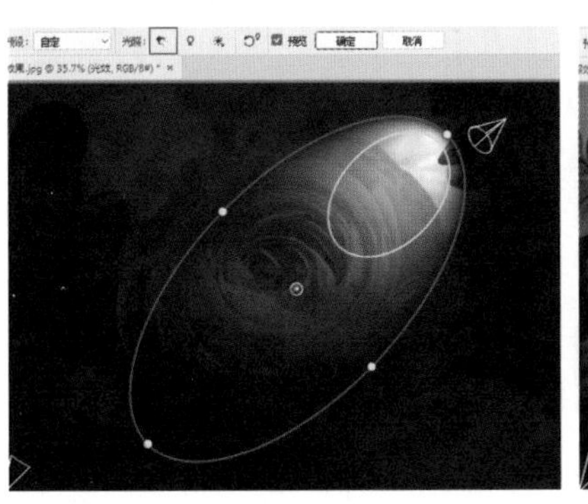

图12-273

图12-274

图12-275

选项解读：聚光灯、点光和无限光

- 聚光灯：投射一束椭圆形的光柱。预览窗口中的线条定义光照方向和角度，而手柄定义椭圆边缘。若要移动光源，需要在外部椭圆内拖动光源。若要旋转光源需要在外部椭圆外拖动光源。若要更改聚光角度，需要拖动内部椭圆的边缘。若要扩展或收缩椭圆，需要拖动4个外部手柄中的一个。按住Shift键并拖动，可使角度保持不变而只更改椭圆的大小。按住Ctrl键并拖动，可保持大小不变并更改光照的角度或方向。若要更改椭圆中光源填充的强度，请拖动中心部位强度环的白色部分。
- 点光：像灯泡一样使光在图像正上方向的各个方向照射。若要移动光源，需要将光源拖到画布上的任何地方。若要更改光的分布（通过移动光源使其更近或更远来反射光），需要拖动中心部位强度环的白色部分。
- 无限光：像太阳一样使光照射在整个平面上。若要更改方向，需要拖动线段末端的手柄。若要更改亮度，需要拖动光照控件中心部位强度环的白色部分。

（3）创建光源后，在“属性”面板中即可对该光源进行光源类型和参数的设置，在灯光类型下拉列表中可以对光源类型进行更改，如图12-276所示。

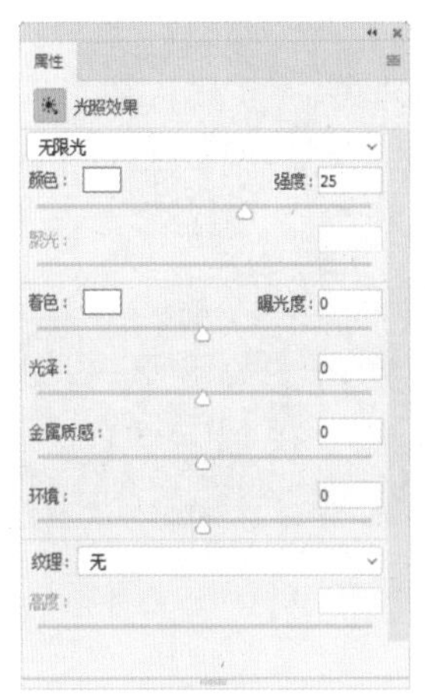

图12-276

选项解读：“属性”面板

- 强度：用来设置灯光的光照大小。
- 颜色：单击后面的颜色图标，可以在弹出的“选择光照颜色”对话框中设置灯光的颜色。

- 聚光：用来控制灯光的光照范围。该选项只能用于聚光灯。
- 着色：单击以填充整体光照。
- 曝光度：用来控制光照的曝光效果。数值为负值时，可以减少光照；数值为正值时，可以增加光照。
- 光泽：用来设置灯光的反射强度。
- 金属质感：用于设置反射的光线是光源色彩还是图像本身的颜色。该数值越高，反射光越接近反射体本身的颜色；该数值越低，反射光越接近光源颜色。
- 环境：漫射光，使该光照如同与室内的其他光照（如日光或荧光）相结合一样。选取数值100表示只使用此光源，选取数值-100表示移去此光源。
- 纹理：在下拉列表中选择通道，为图像应用纹理通道。
- 高度：启用“纹理”后，该选项才可以用。用于控制应用纹理后凸起的高度，拖动“高度”滑块将纹理从“平滑”（0）改变为“凸起”（100）。

（4）在“光源”面板中显示了当前场景中包含的光源，如果需要删除某个灯光，单击“光源”面板右下角的“删除”按钮以删除光照，如图12-277所示。

（5）在“光照效果”工作区中，使用“纹理通道”可以将Alpha通道添加到图像中的灰度图像来控制光照效果，如图12-278所示。从“属性”面板的“纹理”下拉列表中选择一个通道，拖动“高度”滑块即可观察画面将以纹理所选通道的黑白关系发生从“平滑”（0）到“凸起”（100）的变化，如图12-279所示，效果如图12-280所示。

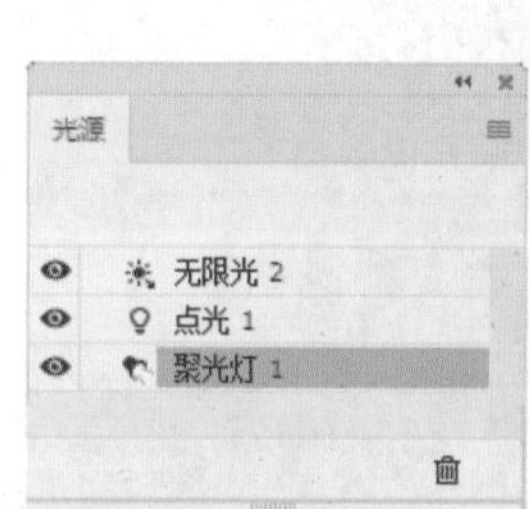

图12-277

图12-278

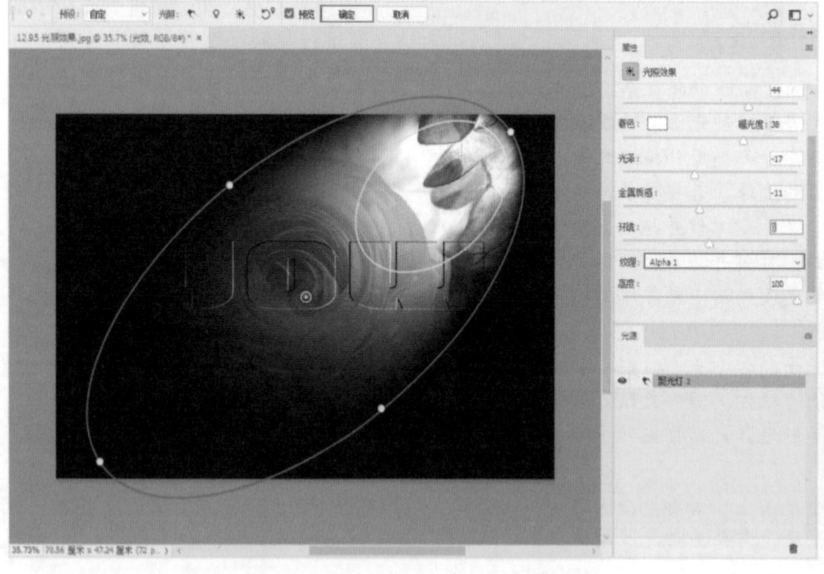

图12-279

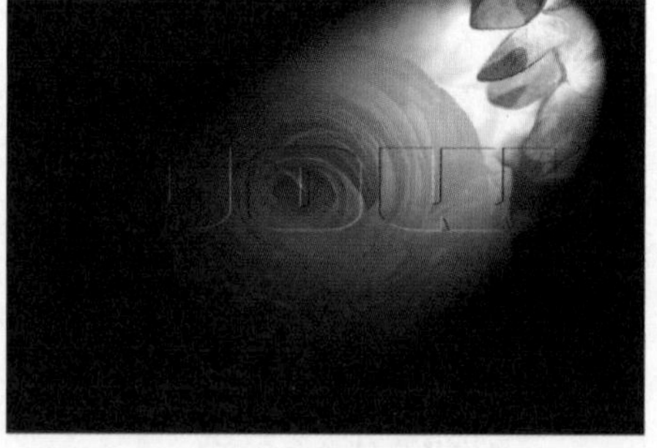

图12-280

12.9.6 镜头光晕

- 技术速查：使用“镜头光晕”滤镜可以模拟亮光照射到相机镜头所产生的折射效果。

打开一张图像，如图12-281所示。执行“滤镜>渲染>镜头光晕”命令，在画面中按住鼠标左键拖动十字光标可以移动光源的位置，如图12-282所示。单击“确定”按钮，画面效果如图12-283所示。

图12-281

图12-282

图12-283

选项解读：“镜头光晕”对话框详解

- 预览窗口：在该窗口中可以确定镜头光晕添加的位置。
- 亮度：控制镜头光晕的亮度，如图12-284和图12-285所示分别是设置“亮度”值为80%和170%时的效果。

图12-284

图12-285

- 镜头类型：用来选择镜头光晕的类型，共4种类型，包括“50-300毫米变焦”“35毫米聚焦”“105毫米聚焦”“电影镜头”，如图12-286所示。

50-300毫米变焦

35毫米聚焦

105毫米聚焦

电影镜头

图12-286

12.9.7 纤维

技术速查：使用“纤维”滤镜可以根据前景色和背景色来创建类似编织的纤维效果。

使用“纤维”滤镜可以根据前景色和背景色为颜色制作出类似纤维质感的效果。该滤镜的颜色效果只取决于前景色和背景色，而与当前图像无关。新建图层，设置合适的前景色与背景色，然后执行“滤镜>渲染>纤维”命令，在弹出的“纤维”对话框中进行参数的设置，如图12-287所示。设置完成后单击“确定”按钮，效果如图12-288所示。

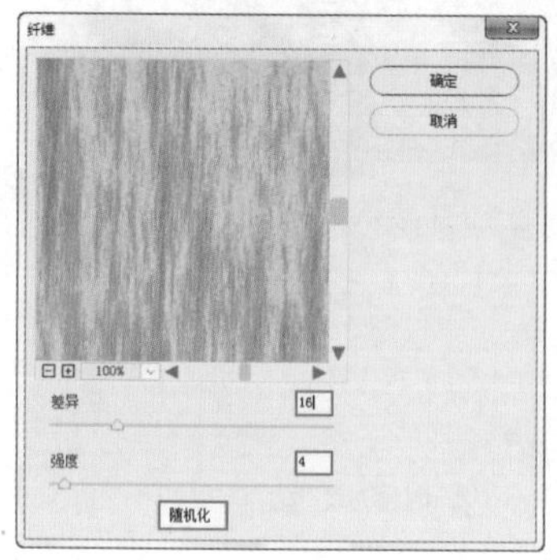

图12-287

图12-288

选项解读：“纤维”对话框详解

- 差异：控制颜色变化的方式。
- 强度：控制纤维外观的明显程度。
- 随机化：单击该按钮，可以随机生成新的纤维效果。

12.9.8 云彩

技术速查：使用“云彩”滤镜可以根据前景色和背景色随机生成云彩图案（该滤镜没有参数设置对话框）。

新建一个图层，设置合适的前景色与背景色，然后执行“滤镜>渲染>云彩”命令，效果如图12-289所示。

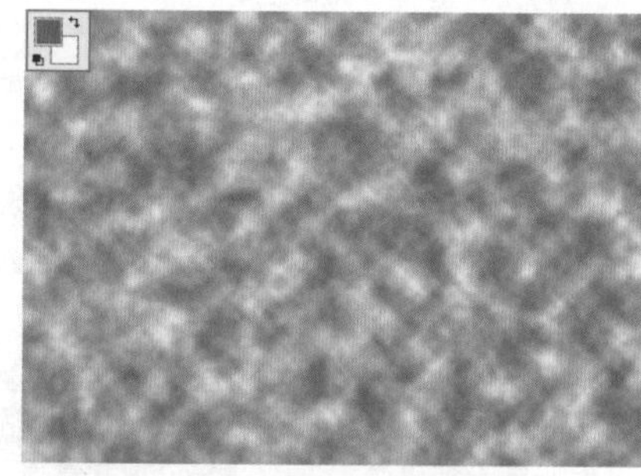

图12-289

12.10 杂色滤镜组

视频精讲：使用Photoshop新手学视频精讲课堂\杂色滤镜组.flv

技术速查：使用“添加杂色”滤镜可以在图像中添加随机像素，也可以用来修缮图像中经过重大编辑过的区域。

杂色滤镜组是只针对杂色的一些特效。杂色滤镜组包含5种滤镜，分别是“减少杂色”“蒙尘与划痕”“去斑”“添加杂色”“中间值”。

12.10.1 减少杂色

使用“减少杂色”滤镜可以保留边缘并减少图像中的杂色。打开一张图片，如图12-290所示。执行“滤镜>杂色>减少杂色”命令，在弹出的“减少杂色”对话框中进行参数的设置，设置完成后单击“确定”按钮，如图12-291所示，效果如图12-292所示。

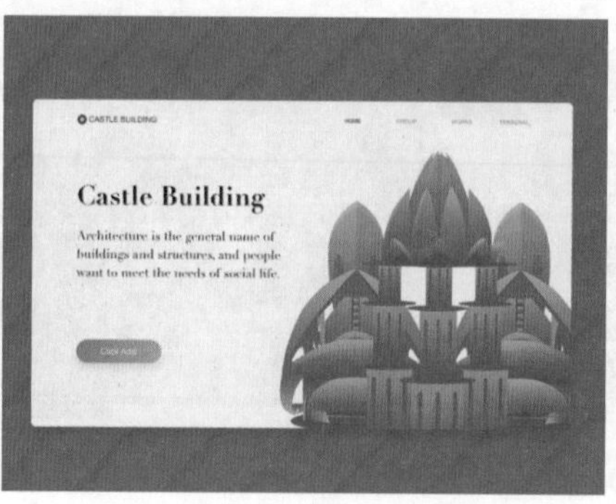

图12-290

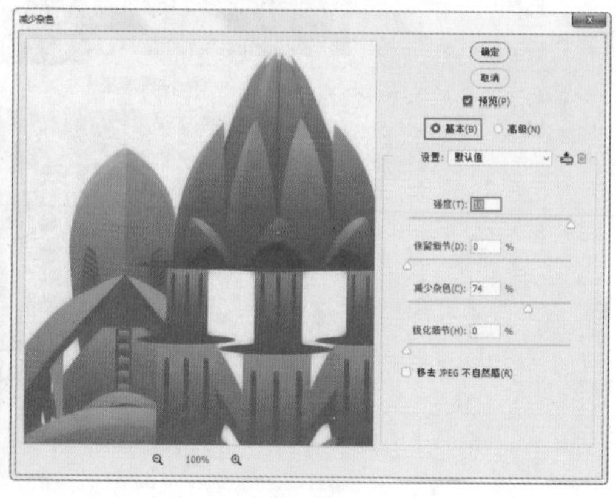

图12-291

图12-292

选项解读："减少杂色"基本选项

- 设置：在下拉列表里可以快速选择设置好的数值。
- 整体：在"整体"选项卡下，可以对主要的参数进行设置。
- 强度：用来设置应用于所有图像通道的明亮度杂色的减少量。
- 保留细节：用来控制保留图像的边缘和细节的程度。
- 减少杂色：移去随机的颜色像素。数值越大，减少的颜色杂色越多。
- 锐化细节：用来设置移去图像杂色时锐化图像的程度。
- 移去JPEG不自然感：选中该复选框后，可以去除因JPEG压缩而造成的不自然效果。

选项解读："减少杂色"高级选项

选中"高级"单选按钮，然后选择"每通道"选项卡，在该选项卡中能够对每个通道进行设置，如图12-293所示。

图12-293

12.10.2 蒙尘与划痕

使用"蒙尘与划痕"滤镜可以去除图像中的杂点和划痕。打开一张图片，如图12-294所示。执行"滤镜>杂色>蒙尘与划痕"命令，在弹出的"蒙尘与划痕"对话框中进行参数的设置，设置完成后单击"确定"按钮，如图12-295所示，效果如图12-296所示。

图12-294

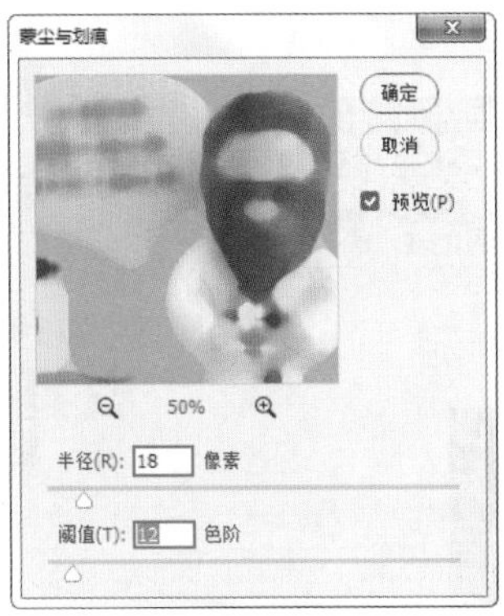

图12-295

图12-296

选项解读："蒙尘与划痕"对话框详解

- 半径：用来设置柔化图像边缘的范围。
- 阈值：用来定义像素的差异有多大才被视为杂点。数值越高，消除杂点的能力越弱。

第12章 使用滤镜制作特殊效果

12.10.3 去斑

使用“去斑”滤镜会自动检测画面中类似斑点的区域，并自动处理这部分斑点以达到去斑的目的。打开一张图片，如图12-297所示。执行“滤镜>杂色>去斑”命令（该滤镜没有参数设置对话框），此时画面效果如图12-298所示。

图12-297

图12-298

12.10.4 添加杂色

使用“添加杂色”滤镜可以在画面中添加细小的杂色颗粒，常用来制作复古、怀旧的画面效果。打开一张图片，如图12-299所示。执行“滤镜>杂色>添加杂色”命令，在弹出的“添加杂色”对话框中进行参数的设置，设置完成后单击“确定”按钮，如图12-300所示，效果如图12-301所示。

图12-299

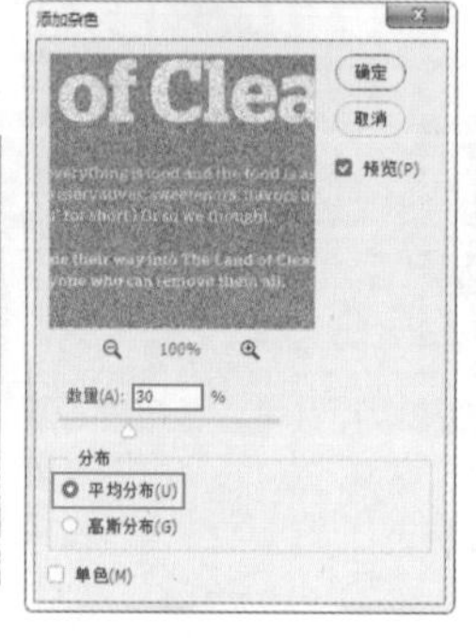

图12-300

图12-301

选项解读：“添加杂色”对话框详解

- 数量：用来设置添加到图像中的杂点的数量。
- 分布：选中“平均分布”单选按钮，可以随机向图像中添加杂点，杂点效果比较柔和；选中“高斯分布”单选按钮，可以沿一条钟形曲线分布杂色的颜色值，以获得斑点状的杂点效果。
- 单色：选中该复选框后，杂点只影响原有像素的亮度，并且像素的颜色不会发生改变。

★ 案例实战——打造胶片相机效果

文件路径	第12章\打造胶片相机效果
难易指数	★★★★★

扫码看视频

案例效果

本案例主要通过新建调整图层调整画面的效果，最后通过“画笔工具”制作画面的暗角效果，案例对比效果如图12-302和图12-303所示。

图12-302

图12-303

操作步骤

01 执行“文件>打开”命令，打开背景素材“1.jpg”，如图12-304所示。

02 执行“图层>新建调整图层>亮度/对比度”命令，在弹出的“新建图层”对话框中单击“确定”按钮，创建新的“亮度/对比度”调整图层，接着在“属性”面板中设置“对比度”为100，如图12-305所示，效果如图12-306所示。

图12-304

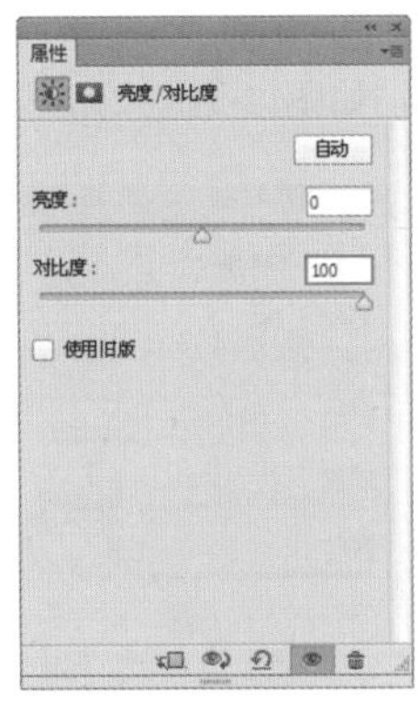

图12-305

图12-306

03 执行“图层>新建调整图层>色相/饱和度”命令，在弹出的“新建图层”对话框中单击“确定”按钮，创建新的“色相/饱和度”调整图层，在“属性”面板中设置“饱和度”为21，如图12-307所示，效果如图12-308所示。

04 执行“图层>新建调整图层>可选颜色”命令，在弹出的“新建图层”对话框中单击“确定”按钮。创建新的“可选颜色”调整图层，在“属性”面板中设置“颜色”为“白色”，调整其“黑色”为100，如图12-309所示；设置“颜色”为“黑色”，调整其“洋红”为32，“黄色”为-16，“黑色”为4，如图12-310所示。此时画面暗部倾向于紫色，如图12-311所示。

图12-307

图12-308

图12-309

图12-310

05 执行“图层>新建调整图层>照片滤镜”命令，在弹出的“新建图层”对话框中单击“确定”按钮，创建新的“照片滤镜”调整图层，在“属性”面板中设置类型为“颜色”，“浓度”为36%，如图12-312所示。使画面整体倾向于淡橙色的暖调效果，效果如图12-313所示。

图12-311

图12-312

图12-313

06 执行“图层>新建调整图层>色相/饱和度”命令，在弹出的“新建图层”对话框中单击“确定”按钮。在“属性”面板中设置全图的“饱和度”为16，如图12-314所示；设置通道为“红色”，调整其“色相”为-8，“明度”为-9，如图12-315

所示；设置通道为“绿色”，“饱和度”为-73，如图12-316所示；设置通道为“青色”，调整其“饱和度”为51，如图12-317所示；设置通道为“蓝色”，调整其“色相”为-24，如图12-318所示，效果如图12-319所示。

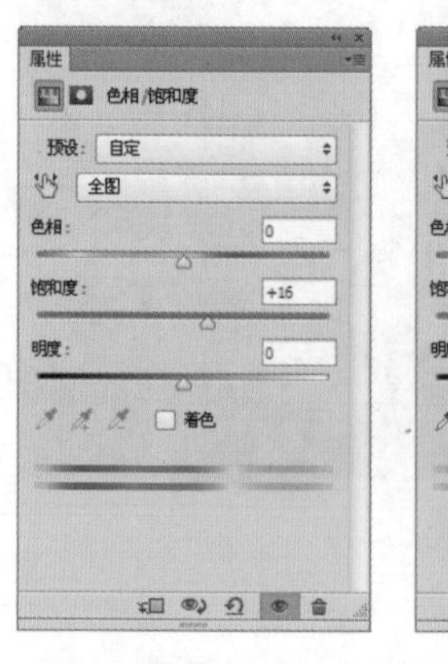

图12-314

图12-315

图12-316

图12-317

图12-318

07 为了模拟胶片相机拍摄效果，下面需要为图像添加颗粒状杂色。创建新图层，填充为黑色。执行“滤镜>杂色>添加杂色”命令，在弹出的“添加杂色”对话框中，设置“数量”为8%，选中“高斯分布”单选按钮。设置完成后单击“确定”按钮，如图12-320所示。

08 在“图层”面板中选中该图层，设置“混合模式”为“滤色”，如图12-321所示。此时照片上出现彩色的杂点效果，如图12-322所示。

图12-319

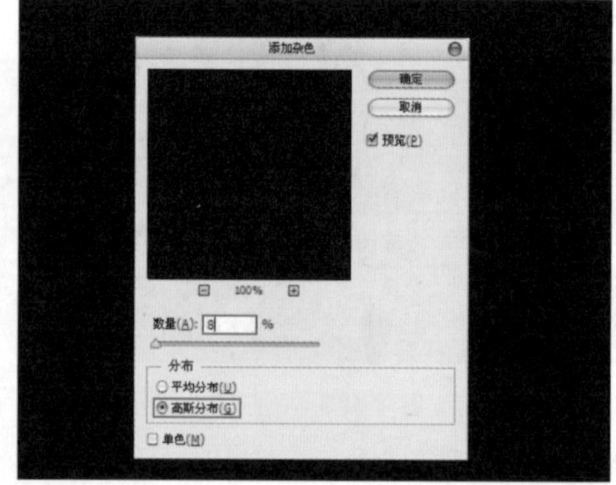

图12-320

图12-321

09 新建图层，设置前景色为黑色，选择工具箱中的“画笔工具”，选择一个合适大小的黑色柔边圆画笔，接着在选项栏中设置画笔的“不透明度”，并设置“流量”为70%，设置完毕后在画面四角绘制，模拟暗角效果，如图12-323所示。

10 执行“文件>置入嵌入对象”命令，将素材“2.png”置入文档内，将其放置在画面中适当的位置并栅格化，案例最终效果如图12-324所示。

图12-322

图12-323

图12-324

12.10.5　中间值

使用“中间值”滤镜可以搜索像素选区的半径范围以查找亮度相近的像素，并且会去除与相邻像素差异太大的像素，然后用搜索到的像素的中间亮度值来替换中心像素。打开一张图片，如图12-325所示。执行“滤镜>杂色>中间值”命令，在弹出的“中间值”对话框中设置“半径”为16像素，“半径”选项用于设置搜索像素选区的半径范围。设置完成后单击“确定”按钮，如图12-326所示，效果如图12-327所示。

图12-325

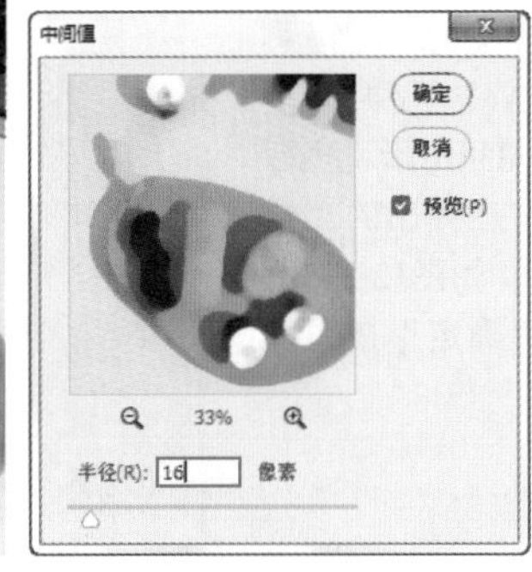

图12-326

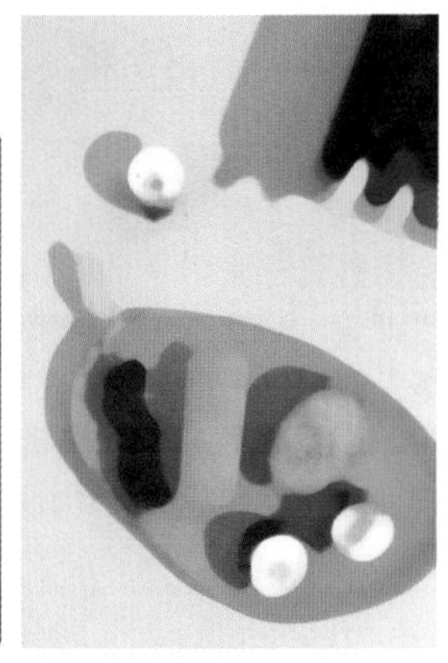

图12-327

第12章 使用滤镜制作特殊效果

12.11 其它滤镜组

视频精讲：Photoshop新手学视频精讲课堂\“其它”滤镜组.flv

其它滤镜组包含5种滤镜，分别是“HSB/HSL”“高反差保留”“位移”“自定”“最大值”“最小值”。

12.11.1　HSB/HSL

技术速查：使用HSB/HSL滤镜可以实现RGB到HSL（色相、饱和度、明度）的相互转换，也可以实现从RGB到HSB（色相、饱和度、亮度）的相互转换。

打开一张图片，如图12-328所示。执行“滤镜>其它>HSB/HSL”命令，打开“HSB/HSL参数”对话框，如图12-329所示。接着进行参数设置，然后单击“确定”按钮，画面效果如图12-330所示。

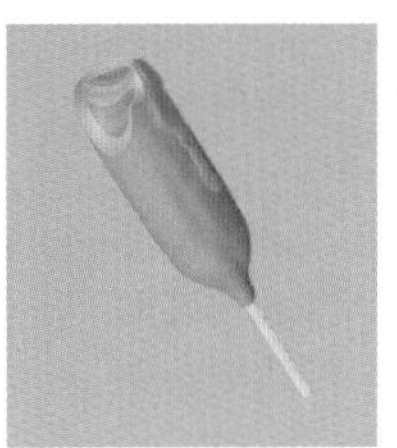

图12-328

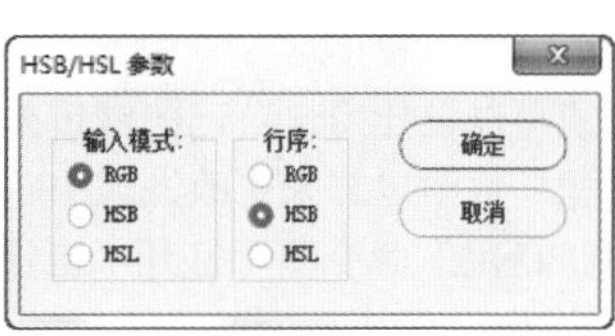

图12-329

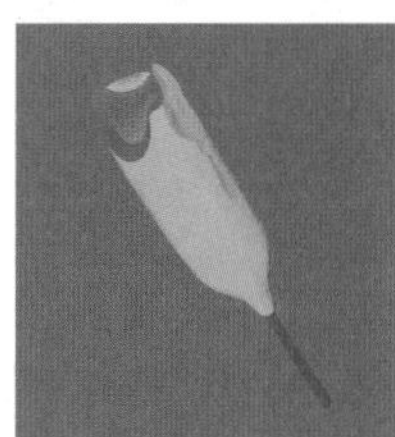

图12-330

12.11.2　高反差保留

技术速查：使用“高反差保留”滤镜可以在具有强烈颜色变化的地方按指定的半径来保留边缘细节，并且不显示图像的其余部分。

打开一张图片，如图12-331所示。执行“滤镜>其它>高反差保留”命令，在弹出的“高反差保留”对话框中设置“半径”为20像素，“半径”选项用来设置滤镜分析处理图像像素的范围，数值越大，所保留的原始像素就越多。设置完成后单击“确定”按钮，如图12-332所示，效果如图12-333所示。

图12-331

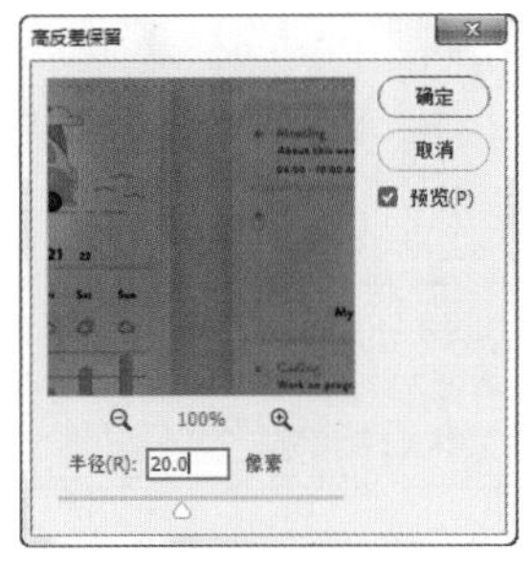

图12-332

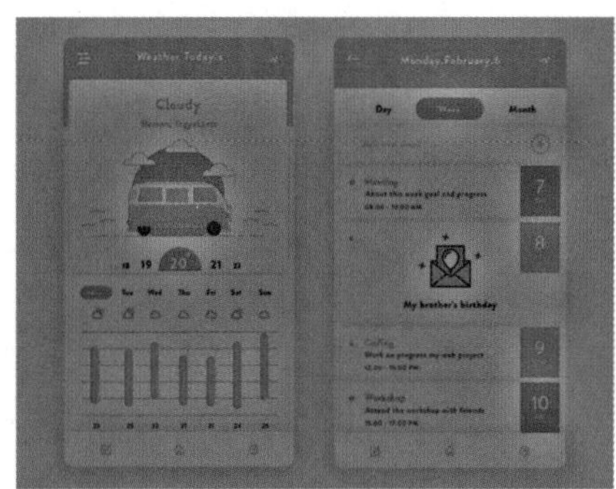

图12-333

12.11.3 位移

● 技术速查使用：使用“位移”滤镜可以在水平或垂直方向上偏移图像。

打开一张图片，如图12-334所示。执行“滤镜>其它>位移”命令，在弹出的“位移”对话框中进行参数设置，如图12-335所示。参数设置完成后单击“确定”按钮，画面效果如图12-336所示。

图12-334

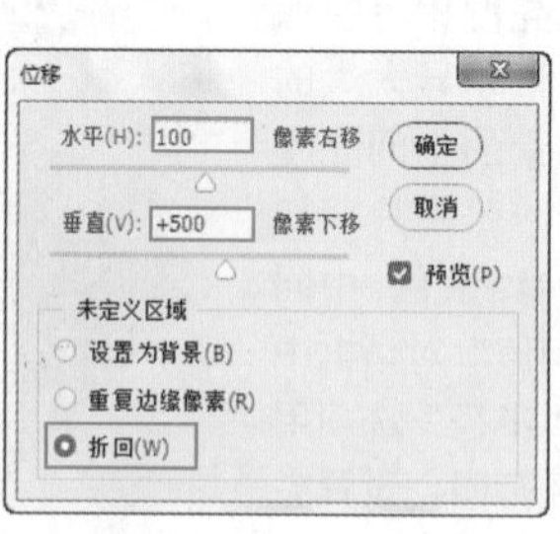

图12-335

图12-336

选项解读：“位移”对话框详解

● 水平：用来设置图像像素在水平方向上的偏移距离。

● 垂直：用来设置图像像素在垂直方向上的偏移距离。

● 未定义区域：用来选择图像发生偏移后填充空白区域的方式。选中“设置为背景”单选按钮，可用背景色填充空缺区域；选中“重复边缘像素”单选按钮，可在空缺区域填充扭曲边缘的像素颜色；选中“折回”单选按钮，可在空缺区域填充溢出图像之外的图像内容。

12.11.4 自定

● 技术速查：使用“自定”滤镜可以根据预定义的“卷积”数学运算来更改图像中每个像素的亮度值。

使用“自定”滤镜可以设计用户自己的滤镜效果。该滤镜可以根据预定义的“卷积”数学运算来更改图像中每个像素的亮度值。执行“滤镜>其它>自定”命令即可打开“自定”对话框，如图12-337所示。

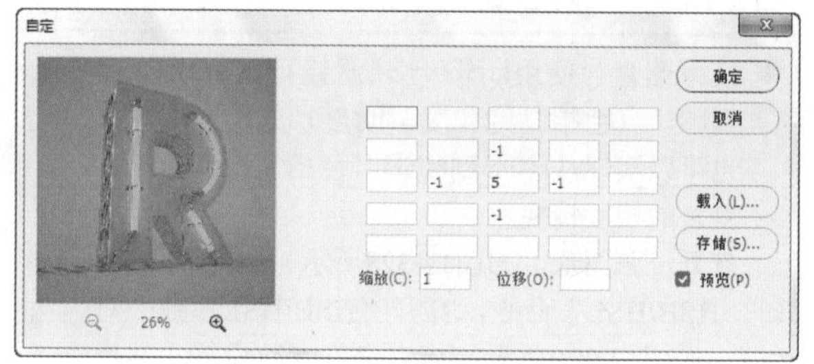

图12-337

12.11.5 最大值

● 技术速查：使用“最大值”滤镜可以在指定的半径范围内，用周围像素的最大亮度值替换当前像素的亮度值。

“最大值”滤镜具有阻塞功能，可以展开白色区域阻塞黑色区域。打开一张图片，如图12-338所示。执行“滤镜>其它>最大值”命令，在弹出的“最大值”对话框中进行参数的设置，设置完成后单击“确定”按钮，如图12-339所示，效果如图12-340所示。

图12-338

图12-339

图12-340

选项解读："最大值"对话框详解

- 半径：设置用周围像素的最高亮度值来替换当前像素的亮度值的范围。
- 保留：在下拉列表里包括"方形"和"圆度"两个选项。

12.11.6 最小值

- 技术速查："最小值"滤镜具有伸展功能，可以扩展黑色区域，而收缩白色区域。

打开一张图片，如图12-341所示。执行"滤镜>其它>最小值"命令，在弹出的"最小值"对话框中进行参数的设置，设置完成后单击"确定"按钮，如图12-342所示，效果如图12-343所示。

图12-341

图12-342

图12-343

12.12 综合实战——旅行产品详情展示页面

文件路径 第12章\旅行产品详情展示页面

难易指数 ★★★★★

扫码看视频

案例效果

案例效果如图12-344所示。

读书笔记

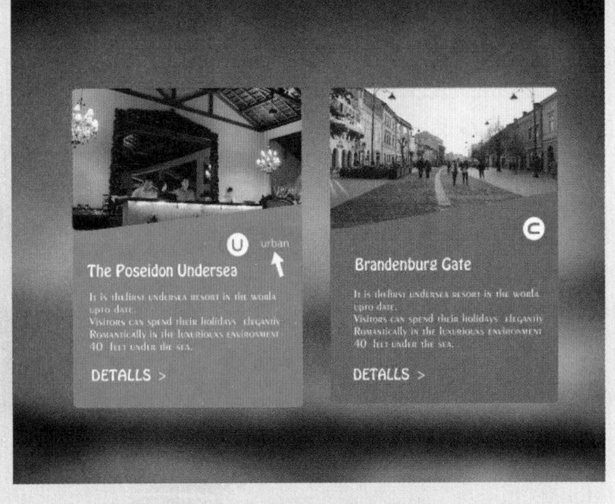

图12-344

12.12.1 项目分析

这是一款旅行产品的详情展示页面，产品详情页会对用户的购买行为产生直接的影响，本页面采用图文结合的方式，上图下文，内容罗列清晰。文字底色选择了相对浓郁的颜色，文字则采用白色，给人一种神秘、高贵之感。图文结合是各类商

品展示的常见方式，直观而美观。如图12-345和图12-346所示为优秀的界面设计作品。

图12-345

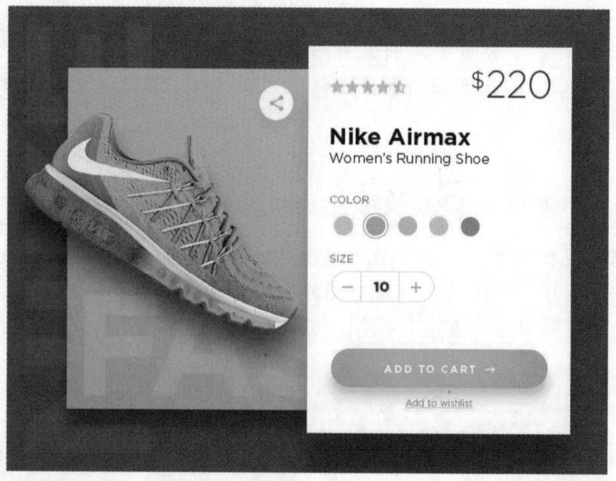

图12-346

12.12.2 布局规划

该详情界面以摄影图片结合文字的形式出现，充分利用图片本身的特点展现产品特性，提升景点吸引力，增强用户阅读的趣味性。若想了解该产品相关内容，可以单击底部文字，此时该产品的详细介绍将映入眼帘，同时在页面的右侧设有快捷支付通道按钮，不仅能够激发用户的消费欲望，促使用户下单，还降低了购物渠道的烦琐性，从而节约消费者的时间。如图12-347和图12-348所示为优秀的界面设计作品。

图12-347

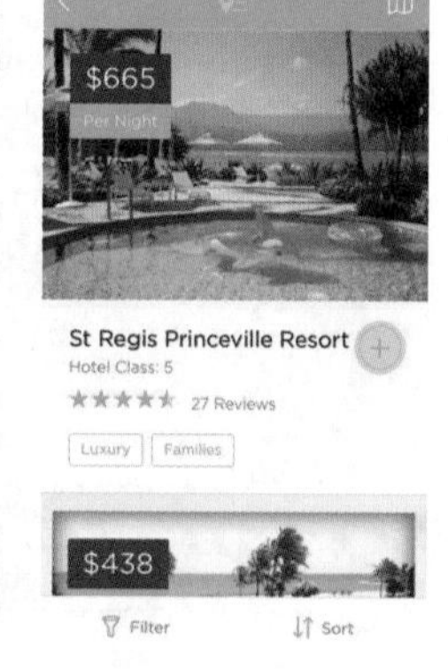

图12-348

12.12.3 色彩搭配

该页面上部使用暖色调摄影图片，下部使用颜色较纯的洋红色和蓝色作为文字背景，这种搭配更具视觉冲击力，而底色之上的文字以白色呈现，较好地调和了两种浓郁颜色搭配，使版面更透气，如图12-349和图12-350所示。

图12-349

图12-350

12.12.4 实践操作

1. 制作详情展示页面

（1）创建一个新的文档。执行“文件>置入嵌入对象”命令，在弹出的对话框中选择“1.jpg”，单击“置入”按钮。将光标放在素材一角处，按住Shift键的同时按住鼠标左键拖动，等比例放大该素材，如图12-351所示。调整完成后按Enter键完成置入。在“图层”面板中右击该图层，在弹出的快捷菜单中执行“栅格化图层”命令，如图12-352所示。

（2）制作模糊的背景效果。执行“滤镜>模糊>高斯模糊”命令，在弹出的“高斯模糊”对话框中设置“半径”为26像素，设置完成后单击“确定”按钮，如图12-353所示，此时效果如图12-354所示。

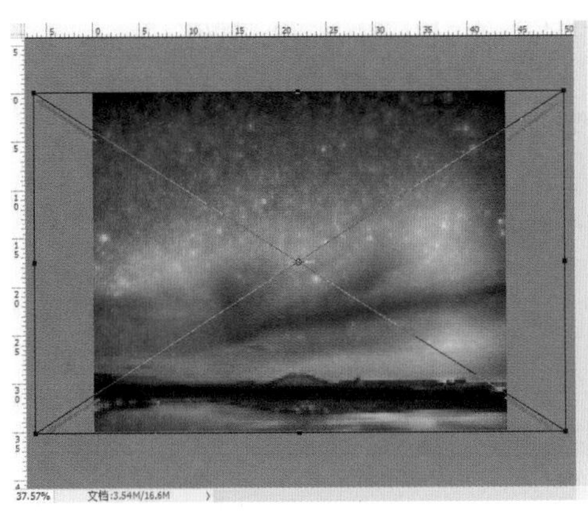

图12-351

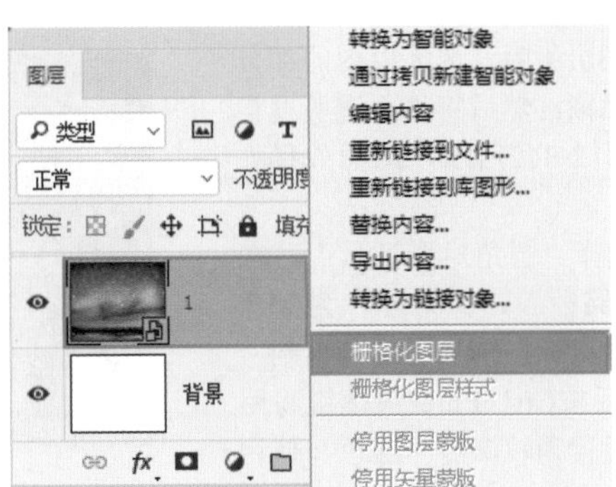

图12-352

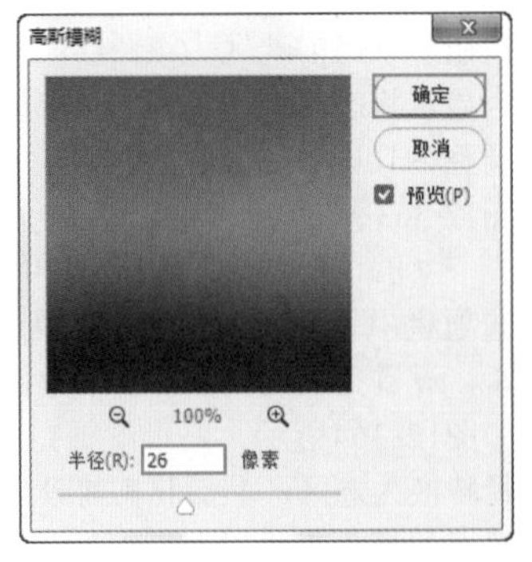

图12-353

（3）绘制左侧页面背景。在工具箱中右击形状工具组，在形状工具组列表中选择“圆角矩形工具”，在选项栏中设置“绘制模式”为“形状”，“填充”为洋红色，“描边”为无，“半径”为10像素，设置完成后在画面左侧按住鼠标左键拖动进行绘制，如图12-355所示。

（4）执行“文件>置入嵌入对象”命令，置入素材“2.jpg”，将光标放在素材一角处，按住Shift键的同时按住鼠标左键拖动，等比例缩放该素材“2.jpg”，摆放在圆角矩形上部位置，按Enter键完成置入操作，如图12-356所示。接着将其栅格化，如图12-357所示。

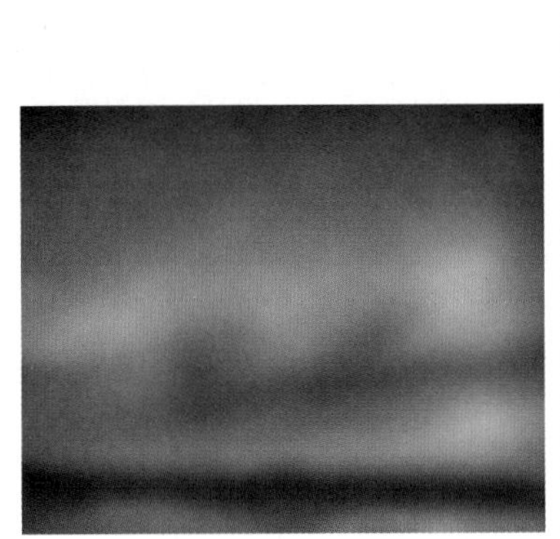

图12-354

图12-355

图12-356

（5）将图片嵌入背景中。单击素材2图层，在“图层”面板中设置该图层的“不透明度”为40%，如图12-358所示，此时画面如图12-359所示。

（6）选择工具箱中的“钢笔工具”，在选项栏中设置“绘制模式”为“路径”，接着沿洋红色背景外轮廓绘制路径，如图12-360所示。路径绘制完成后按Ctrl+Enter快捷键，快速将路径转换为选区，如图12-361所示。

图12-357

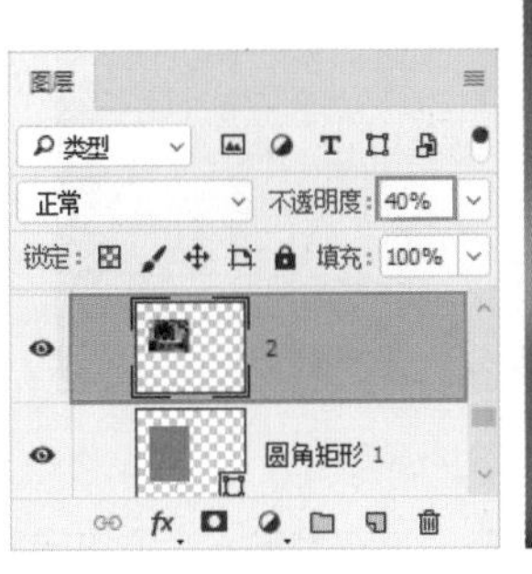

图12-358

图12-359

图12-360

（7）在“图层”面板中单击选中素材2图层，在保持当前选区的状态下单击“图层”面板底部的“添加图层蒙版”按钮，以当前选区为该图层添加图层蒙版。选区以内的部分为显示状态，选区以外的部分被隐藏。然后将“不透明度”调整为100%，此时蒙版效果如图12-362所示，画面效果如图12-363所示。

（8）在形状工具组列表中选择“圆角矩形工具”，在选项栏中设置“绘制模式”为“路径”，“半径”为60像素，设置完成后在图片右下方按住鼠标左键拖动进行绘制，如图12-364所示。路径绘制完成后按Ctrl+Enter快捷键将路径转换为选区，然后将其前景色设置为较深的洋红色，使用填充前景色快捷键Alt+Delete进行快速填充，如图12-365所示。填充完成后按Ctrl+D快捷键快速取消选区。

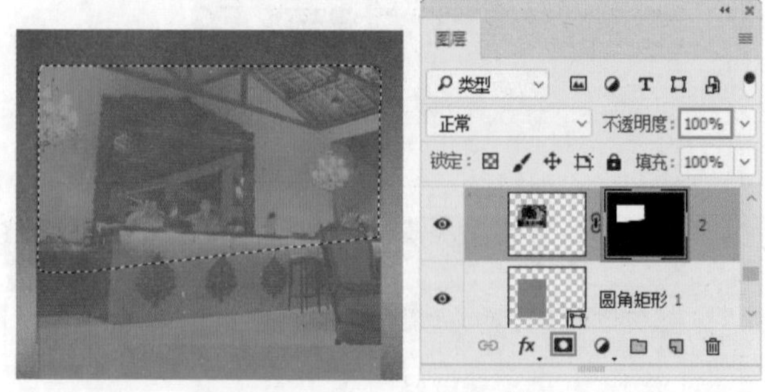

图12-361　　图12-362

图12-363

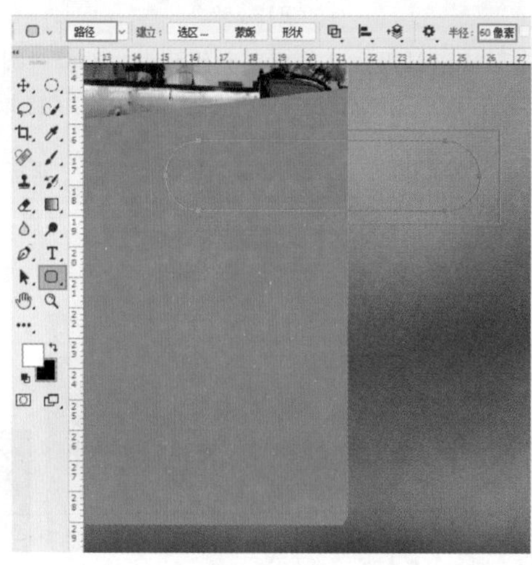

图12-364

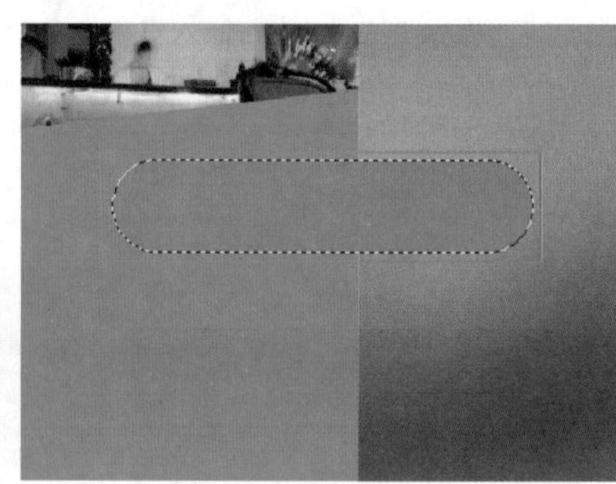

图12-365

（9）删除圆角矩形右侧部分。选中圆角矩形图层，选择“矩形选框工具”，在圆角矩形右侧绘制一个矩形选区，如图12-366所示。然后按Delete键将框选住的内容删掉，如图12-367所示，最后按Ctrl+D快捷键快速取消选区。

（10）在圆角矩形上方绘制圆形形状。在形状工具组中选择“椭圆工具”，在选项栏中设置“绘制模式”为“形状”，“填充”为白色，“描边”为无，然后按住Shift键在画面中绘制正圆，如图12-368所示。选择工具箱中的“横排文字工具”，在选项栏中设置合适的字体、字号，设置文字颜色为洋红色，设置完毕后在白色圆形上单击插入光标，接着输入文字，如图12-369所示。文字输入完毕后按Ctrl+Enter快捷键退出文字编辑。

图12-366

图12-367

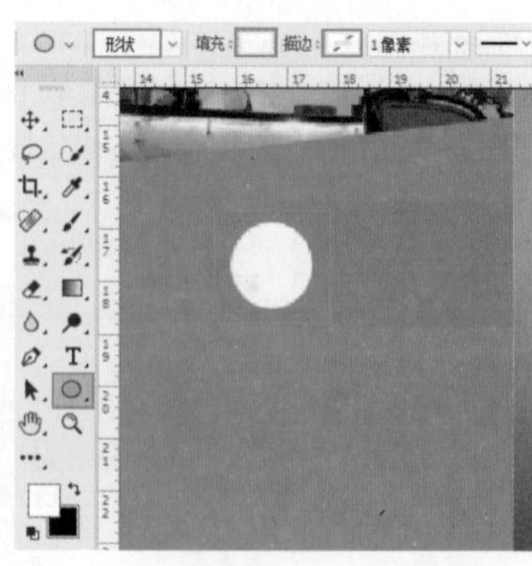

图12-368

（11）用同样的方法，继续使用“横排文字工具”在画面中字母右侧输入合适的文字，并在选项栏中设置合适的字体、字号及颜色，如图12-370所示。

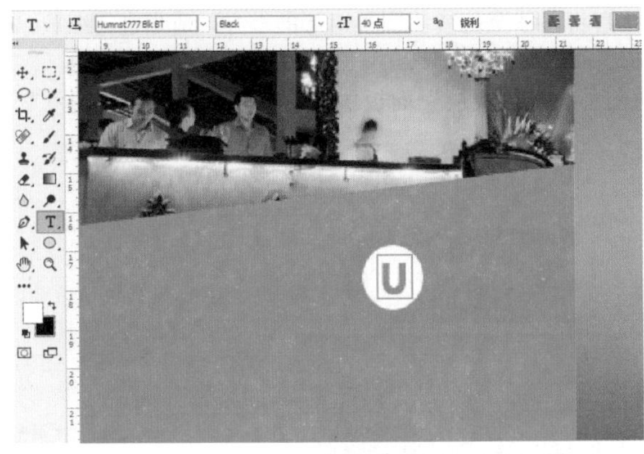

图12-369

图12-370

（12）在工具箱中右击形状工具组，在形状工具组列表中选择“自定形状工具”，在选项栏中设置“绘制模式”为“形状，”“填充”为白色，“描边”为无，单击打开“自定形状”拾色器，选择“箭头9”形状，在画面中按住鼠标左键拖动绘制，如图12-371所示。然后使用自由变换快捷键Ctrl+T，此时对象进入自由变换状态，将光标定位到定界框以外，当光标变为带有弧度的双箭头时，按住鼠标左键并拖动进行旋转，如图12-372所示。旋转完成后按Enter键执行此操作。

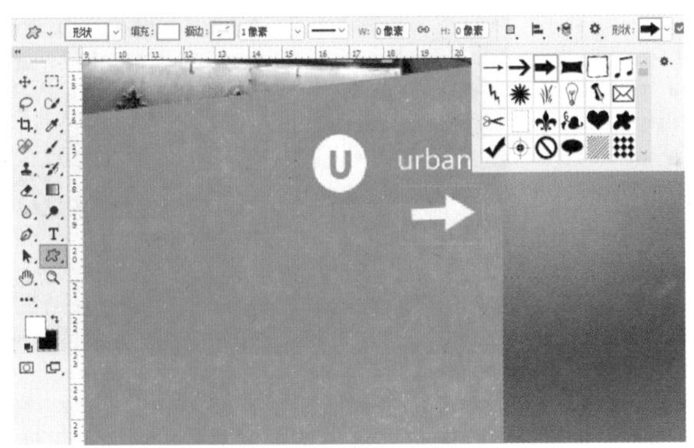

图12-371

（13）按上述同样的方法，继续使用“横排文字工具”在页面下方位置输入合适的文字，并在选项栏中设置合适的字体、字号及颜色，如图12-373所示。此时左侧页面绘制完成，如图12-374所示。

图12-372

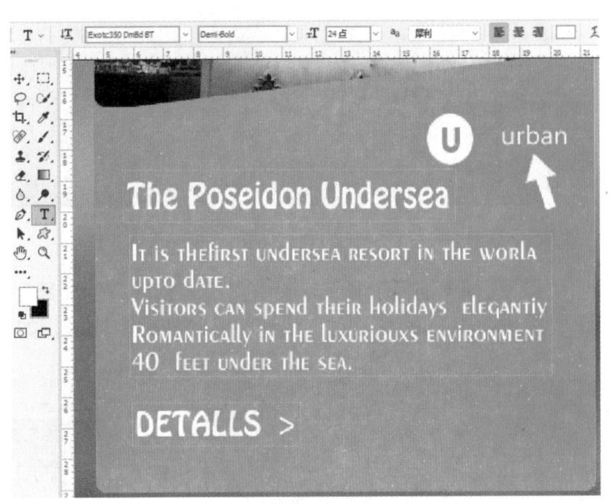

图12-373

图12-374

2. 制作同类页面

（1）在“图层”面板中单击选中洋红色圆角矩形图层，使用复制图层快捷键Ctrl+J复制出一个相同的图层。将复制的图层移至画面的右侧，然后设置“填充”为蓝紫色，效果如图12-375所示。

（2）执行“文件>置入嵌入对象”命令，置入素材“3.jpg”，接着将其移至蓝紫色圆角矩形的上方，适当进行缩放，然后按Enter键确定置入操作，最后将该图层栅格化，如图12-376所示。

（3）让图片嵌入圆角矩形背景中。单击选择“素材3”所在的图层，在“图层”面板中设置该图层的“不透明度”为40%，如图12-377所示，此时画面如图12-378所示。

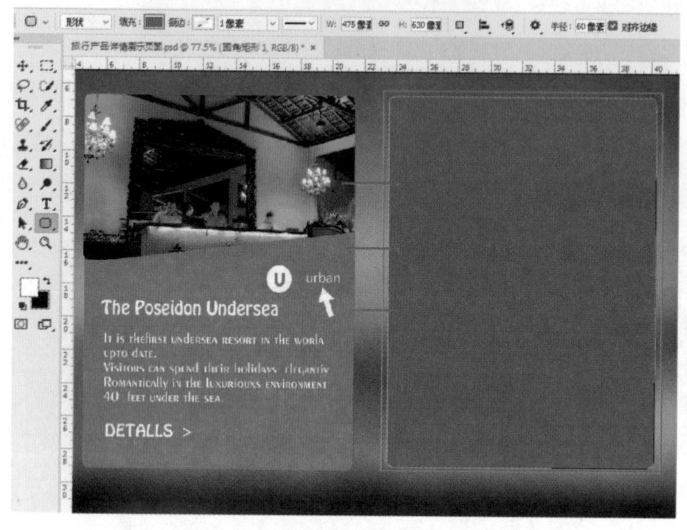

图12-375

图12-376

图12-377

（4）选择“钢笔工具”，设置“绘制模式”为“路径”，接着沿蓝紫色背景外轮廓绘制路径，如图12-379所示。路径绘制完成后按Ctrl+Enter快捷键，快速将路径转换为选区，如图12-380所示。

图12-378

图12-379

图12-380

（5）在“图层”面板中单击选中素材“3”图层，在保持当前选区的状态下单击“图层”面板底部的“添加图层蒙版”按钮，以当前选区为该图层添加图层蒙版。选区以内的部分为显示状态，选区以外的部分被隐藏。然后将“不透明度”调整为100%，此时蒙版效果如图12-381所示，画面效果如图12-382所示。

图12-381

图12-382

（6）在蓝紫色背景右侧制作圆角矩形。选择“圆角矩形工具”，在选项栏中设置“绘制模式”为“形状，”“填充”为蓝紫色，“描边”为无，“半径”为60像素，设置完成后在蓝紫色背景右侧按住鼠标左键拖动绘制，如图12-383所示。接着单击该圆角矩形的“属性”面板，单击“链接”按钮，取消将角半径值连接在一起，然后设置“右上角半径”和“右下角半径”同为0像素，如图12-384所示，此时圆角矩形效果如图12-385所示（也可以将之前制作好的界面元素复制并移到合适位置，更改其颜色）。

（7）使用自由变换快捷键Ctrl+T，此时对象进入自由变换状态，将光标定位到定界框右侧锚点处，按住鼠标左键并向右

侧拖动，如图12-386所示。接着按Enter键完成操作，此时圆角矩形效果如图12-387所示。

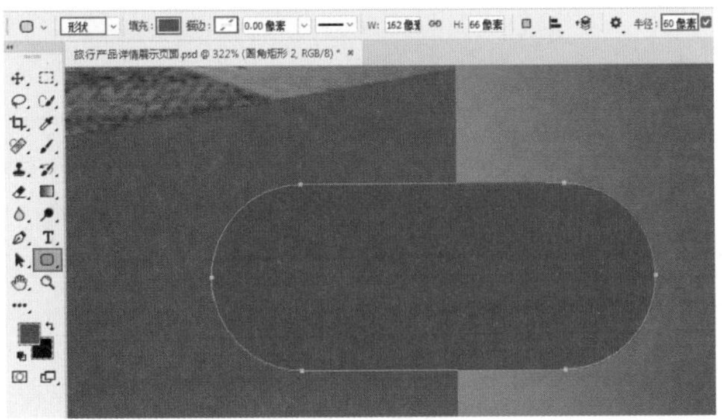

图12-383

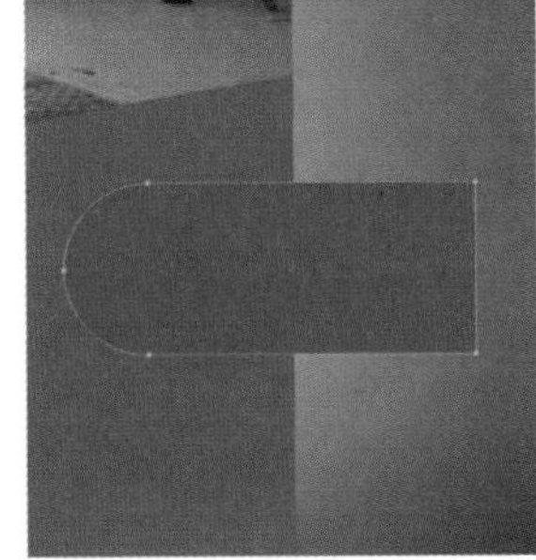

图12-384　　图12-385

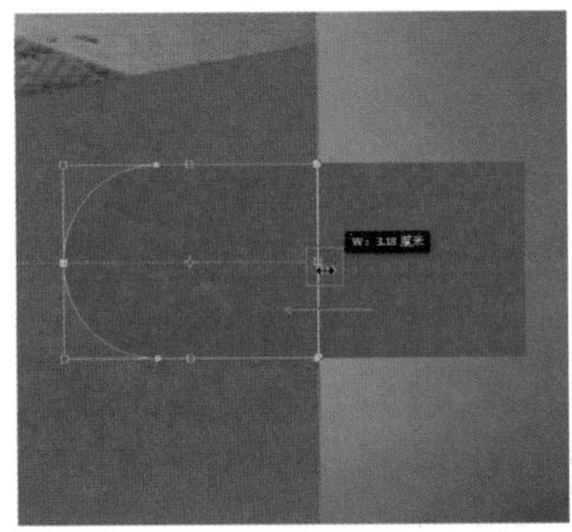

图12-386

（8）选中工具箱中的“椭圆工具”，在选项栏中设置“填色”为白色，然后在紫色图形上绘制一个正圆，效果如图12-388所示。选择工具箱中的“横排文字工具”，在选项栏中设置合适的字体、字号，设置文字颜色为蓝紫色，设置完毕后在画面中的圆形上单击，接着输入文字，如图12-389所示，文字输入完毕后按Ctrl+Enter快捷键完成操作。

（9）用同样的方法，继续使用“横排文字工具”在画面中其他位置输入合适的文字，并在选项栏中设置合适的字体、字号及颜色。此时右侧页面绘制完成，效果如图12-390所示，案例完成的最终效果如图12-391所示。

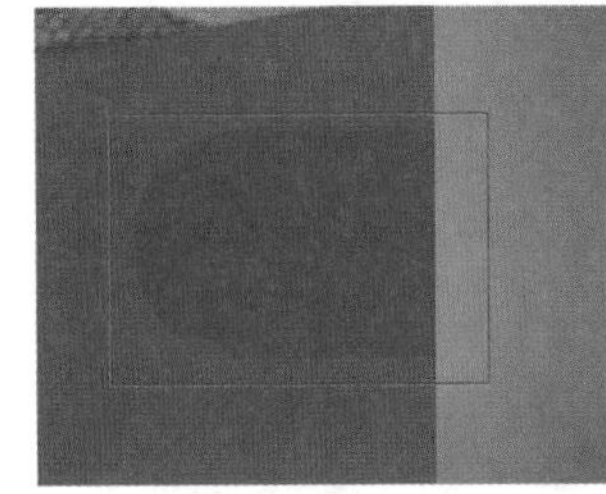

图12-387　　图12-388

图12-389

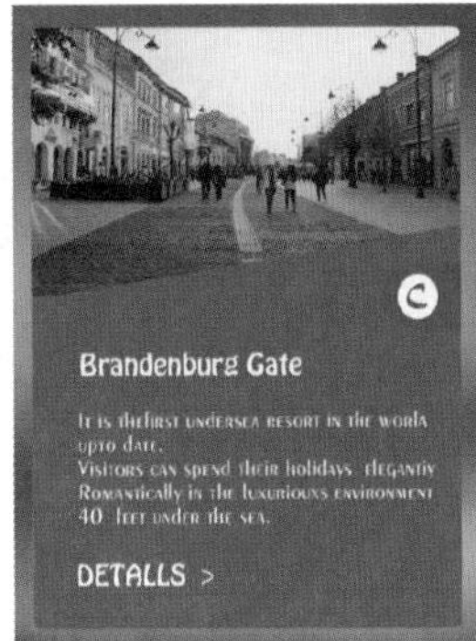

图12-390

图12-391

第13章

抠图与合成

本章内容简介：

“抠图”也叫“去背”，是指将“前景”和“背景”分离的操作。抠图的方法有很多种，常见的有通道抠图、蒙版抠图、钢笔工具抠图等。抠图的工具也有很多，如快速选择工具、魔棒工具、魔术橡皮擦工具、背景橡皮擦工具、磁性套索工具等。

本章学习要点：

- 掌握利用颜色差异抠图的方法
- 掌握利用钢笔工具抠图的方法
- 掌握利用通道抠图的方法
- 学会图层蒙版、剪贴蒙版和矢量蒙版的使用方法

13.1 什么是抠图

“抠图”顾名思义就是从一个画面中“抠出”（提取）一部分图像。那么这个“抠”的过程主要可以分为两种方式：第一种方式是把画面中不需要的区域删除，这时可以使用“魔术橡皮擦工具”“背景橡皮擦工具”等擦除类工具对多余区域进行快捷的“删除”，如图13-1～图13-3所示。

第二种方法则是规定一个需要提取的区域，然后将这部分单独复制或保留出来。那么第二种方法中所说的这个“区域”其实就是“选区”，如图13-4所示。得到了主体物的选区后可以将选区以内的部分复制并粘贴为独立图层，如图13-5所示。也可以制作背景部分的选区并将选区中的背景部分进行删除，这都能够实现“抠图”的目的。

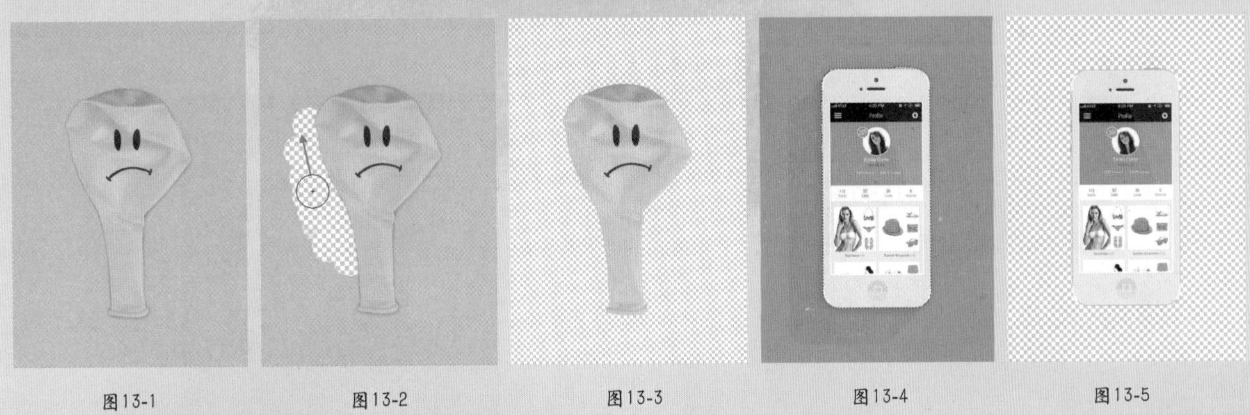

图13-1　图13-2　图13-3　图13-4　图13-5

想要进行抠图首先需要对要“抠”的对象进行分析，因为Photoshop中有很多种抠图方法，不同的图像类型使用不同的方法才能够更快更好地抠出图像。本章将抠图技法概括为“基于颜色进行抠图”“钢笔工具进行精确抠图”以及“通道抠图”三大类，接下来我们就一起了解一下它们吧！

13.2 利用颜色差异抠图

13.2.1 快速选择工具

使用“快速选择工具”可以快速地在图片中提取色差较明显、对比度较大的部分，并且可以通过添加以及减去选区命令，任意调整选区范围。“快速选择工具”可以使用类似于画笔绘制的方式来制作选区。

（1）选择一个普通图层，单击工具箱中的“快速选择工具”按钮，在选项栏中设置“绘制模式”为“添加到选区”，设置合适的笔尖大小（笔尖大小决定了选择范围的大小），设置完后在画面中按住鼠标左键并拖动，此时软件会自动识别鼠标经过的轨迹及图像中的颜色分布和边缘状况自动创建选区形状，如图13-6所示。继续沿着背景的部分拖曳得到其选区，如图13-7所示。

图13-6

图13-7

高手小贴士："快速选择工具"使用小技巧

选择"快速选择工具"后，将光标移到画面中，可以看到光标上有一个十字形的标志，就像是一个准星。这个标志代表着以十字标志所在位置的颜色为基准进行选区的选择。所以，在使用"快速选择工具"时，光标中的十字标志不能划过我们想要得到选区位置以外的部分。

（2）如果在绘制选区的过程中出现多余的部分，那么可以单击选项栏中的"从选区中减去"按钮，并在多余的区域涂抹即可去除多余的选区，如图13-8所示。按Delete键删除背景，并更换新的背景，效果如图13-9所示（如果选中的图层为背景图层，则需要按住Alt键双击背景图层，将背景图层转换为普通图层后，再按Delete键删除背景）。

图13-8

图13-9

13.2.2 魔棒工具

"魔棒工具"是对图片进行抠图时常用的工具，使用时只需用鼠标单击图片选取颜色部分，即可获得相似颜色的选区。

（1）选择一个普通图层，选择工具箱中的"魔棒工具"，在选项栏中设置"选区模式"为"新选区"，设置"容差"为15，选中"消除锯齿"和"连续"复选框，使用"魔棒工具"在画面中黄色背景部分单击鼠标左键，如图13-10所示。"容差"选项是用来设置选区的选择范围，将"容差"数值调大，在上一次单击的位置再次单击，可以发现选区的范围扩大了，如图13-11所示。

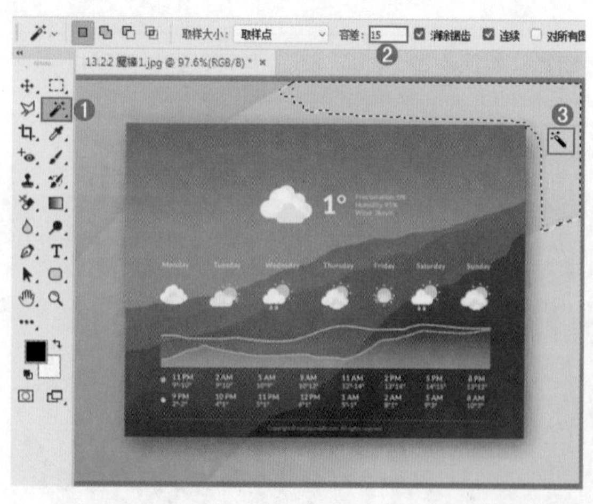

图13-10

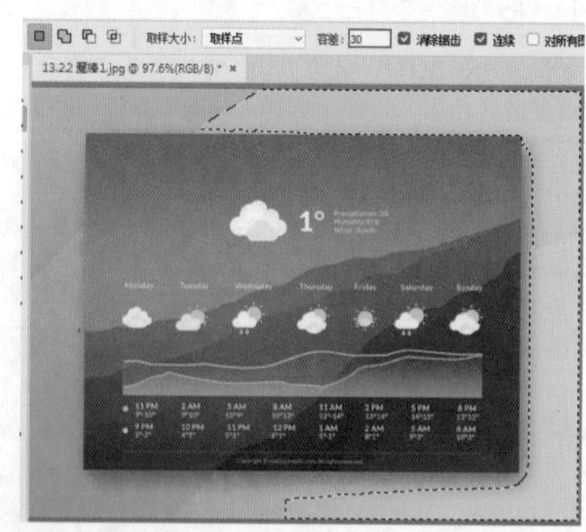

图13-11

（2）选项栏中的4个按钮是用来进行选区运算的，例如此时选区所选的范围没有包含背景部分，那么单击"添加到选区"按钮，然后在背景的位置多次单击进行选区的加选，如图13-12所示。得到选区后按Delete键即可删除背景完成

抠图，如图13-13所示。

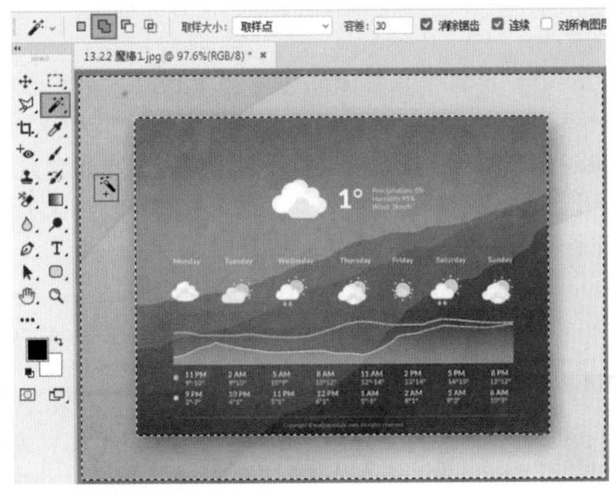

图13-12

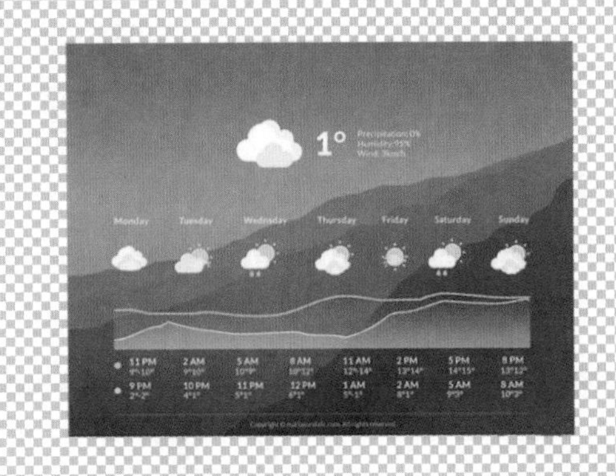

图13-13

选项解读："魔棒工具"选项栏

- 容差：用来设置可擦除的颜色范围。
- 消除锯齿：可以使擦除区域的边缘变得平滑。
- 连续：选中该复选框时，只擦除与单击点像素邻近的像素；不选中该复选框时，可以擦除图像中所有相似的像素。
- 不透明度：用来设置擦除的强度。值为100%时，将完全擦除像素；较低的值可以擦除部分像素。

13.2.3 魔术橡皮擦工具

使用"魔术橡皮擦工具"只需轻轻一点，就可以擦除画面中相同颜色的像素。

（1）选择要擦除的图层，选择工具箱中的"魔术橡皮擦工具"，在选项栏中设置"容差"为30，选中"消除锯齿"和"连续"复选框，如图13-14所示。

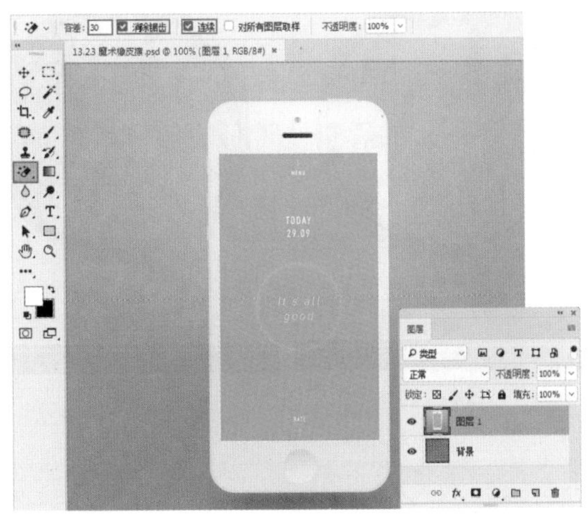

图13-14

（2）回到图像中，选择"图层1"，在灰色背景处单击，即可删除大块背景，如图13-15所示。用同样的方法依次在背景处单击即可去除所有背景部分，如图13-16所示。

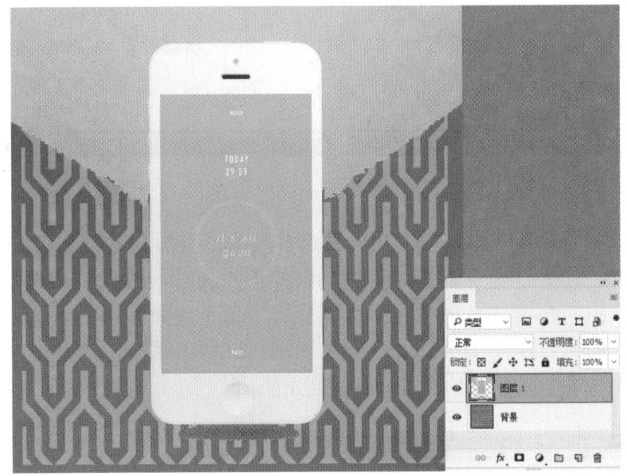

图13-15

图13-16

★ 案例实战——使用魔棒工具去除背景

文件路径　第13章\使用魔棒工具去除背景

难易指数　★★★★★

案例效果

案例效果如图13-17所示。

操作步骤

01 执行“文件>打开”命令，打开背景素材“1.jpg”，如图13-18所示。

02 执行“文件>置入嵌入对象”命令，将素材“2.jpg”置入画面中，摆放在画面的中心位置并栅格化，如图13-19所示。

03 选择工具箱中的“魔棒工具”，在选项栏中设置“类型”为“添加到选区”，设置“容差”为20，选中“消除锯齿”和“连续”复选框。设置完成后单击背景选区，第一次单击背景时可能会有遗漏的部分，可以再次单击没有被选区连接到的地方，如图13-20所示。

图13-17　　图13-18　　图13-19　　图13-20

04 按Shift+Ctrl+I组合键选择反选，然后为图像添加图层蒙版，则人像背景被自动抠出，如图13-21所示。

05 选择工具箱中的“椭圆选框工具”，按住Shift键绘制一个与背景中的圆相吻合的圆形选区，然后单击鼠标右键，在弹出的快捷菜单中执行“选择反向”命令，如图13-22所示。然后使用工具箱中的“橡皮擦工具”擦除底部圆形以外的区域，如图13-23所示。

06 案例最终效果如图13-24所示。

图13-21　　图13-22　　图13-23　　图13-24

13.2.4　背景橡皮擦工具

“背景橡皮擦工具” 是一种基于色彩差异的智能化擦除工具。使用该工具可以用“圆形”的笔触擦除工具中间的

"+"智能采集所处位置的颜色，并且基于色彩差异进行智能擦除，擦除的部分变为透明，如图13-25所示。

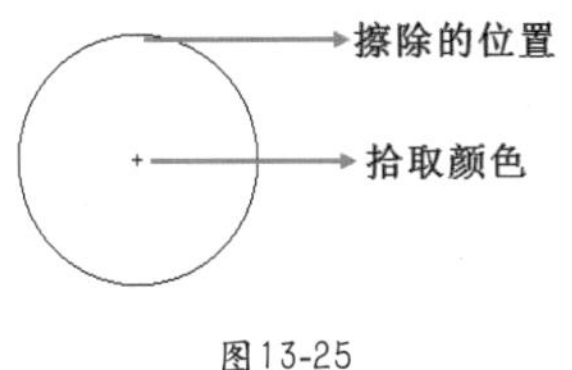

图13-25

选择一个图层，选择工具箱中的"背景橡皮擦工具" ，在选项栏中先设置合适的笔尖大小，"取样"为"连续"，"限制"为"连续"，"容差"为30%，接着在画面中按住鼠标左键并拖动（光标中心的"十字"表示在擦除过程中自动采集颜色的位置），此时该图层中的白色背景逐步被擦除，而蓝色页面不受影响，如图13-26所示。继续沿着主体图形边缘按住鼠标左键拖动进行擦除，如图13-27所示。继续进行擦除，然后更改背景，一个简单的合成就制作完成了，效果如图13-28所示。

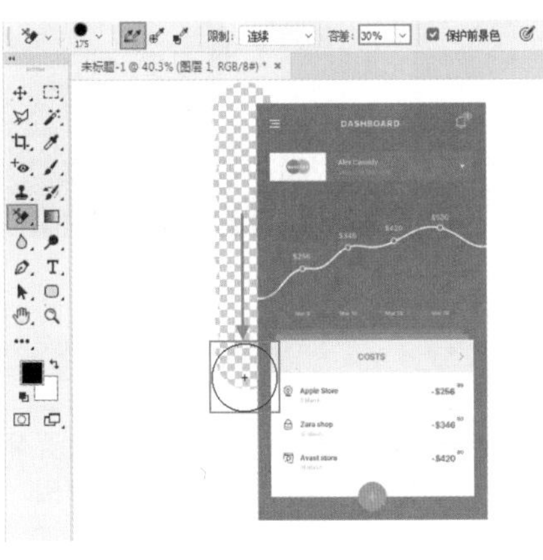
图13-26

图13-27

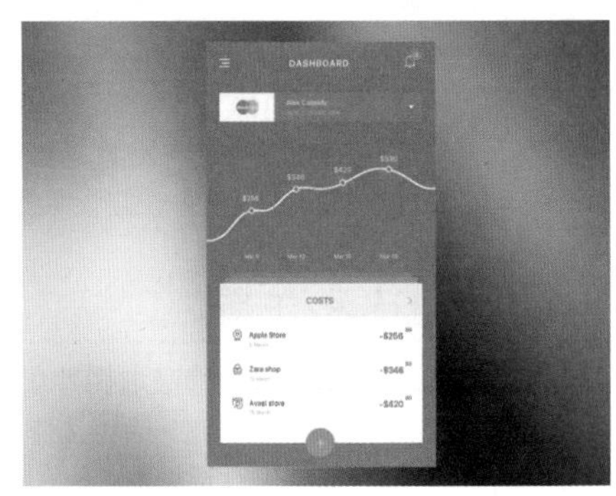
图13-28

高手小贴士：3种取样方式到底该怎么选择呢？

- 连续取样：因为这种取样方式会随画笔的圆形中心的"十字"+位置改变而更换取样颜色，所以适合于背景颜色差异较大时使用。
- 一次取样：由于这种取样方式只会识别画笔的圆形中心的"十字"+第一次在画面中单击的位置，所以在擦除过程中不必特别留意+的位置。适合于背景为单色或颜色变化不大的情况。
- 背景色板取样：由于这一种取样方式可以随时更改背景色板的颜色，从而方便擦除不同的颜色。所以非常适合当背景颜色变化较大，而又不想使用擦除程度较大的"连续取样"方式的情况下。

13.2.5 磁性套索工具

"磁性套索工具" 就像安装了磁石一样具有磁力，选择该工具，在画面中单击确定起点的位置，然后移动鼠标可以看到鼠标经过的位置会自动生成一条"跟踪线"，这条线总是走向颜色与颜色边界处，而且边界越明显磁力越强。将首尾连接后这条跟踪线随即会转换为选区。"磁性套索工具"较适用于选择区域与背景颜色差异较大、对比强烈的图片。

（1）选择工具箱中的"磁性套索工具" ，在选项栏中设置合适的参数，然后在图形边缘单击，沿着图形边缘拖动鼠标，随着鼠标光标在图形边缘拖动会自动生成锚点与跟踪线，如图13-29所示。如果出现错误的锚点，可以将光标移至锚点的上方按Delete键进行删除，如图13-30所示。

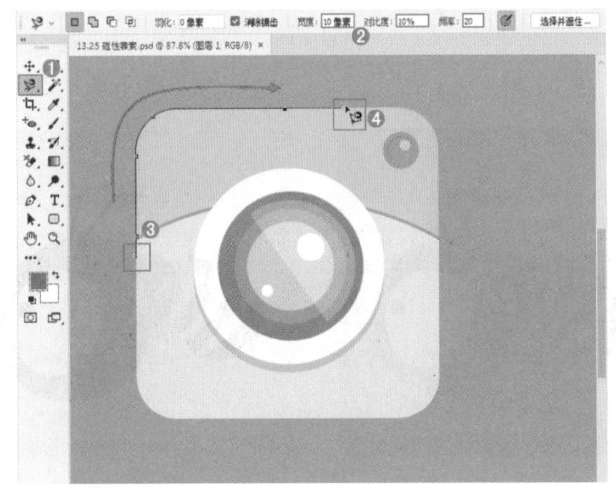
图13-29

图13-30

（2）继续沿着图形边缘拖动光标，当移到起始位置后单击鼠标左键即可得到选区，如图13-31和图13-32所示。

（3）因为要去除背景，所以需要将选区进行反向选择，按Shift+Ctrl+I组合键将选区反选，如图13-33所示。按Delete键删除选区中的内容，然后更换背景，效果如图13-34所示。

图13-31

图13-32

图13-33

图13-34

13.2.6 色彩范围

“色彩范围”即通过吸管吸取图片中的某一种或几种颜色的方式选择某些颜色所在的选区。色彩范围同样是通过设置颜色容差的数值，控制选中与这一颜色相似范围的大小部分。通常用于较为复杂选区的提取和抠图。执行“选择>色彩范围”命令，弹出“色彩范围”对话框。

（1）选择要处理的图片，如图13-35所示。执行“选择>色彩范围”命令，在弹出的“色彩范围”对话框中设置“选择”为“取样颜色”，“颜色容差”为40，如图13-36所示。然后在蜜蜂背景的黄色区域上单击进行取样。

（2）适当增大“颜色容差”的值，随着“颜色容差”数值的增大，可以看到“选取范围”缩览图的背景部分呈现出大面积白色的效果，而蜜蜂区域为黑色。在该缩览图中，白色表示被选中的区域，黑色表示未被选择的区域，灰色则为羽化选区，如图13-37所示。此时蜜蜂背景中依然有区域为灰色，单击“添加到取样”按钮，继续在未被选择的区域单击，直到缩览图中蜜蜂背景全部变为黑色，如图13-38所示。

图13-35

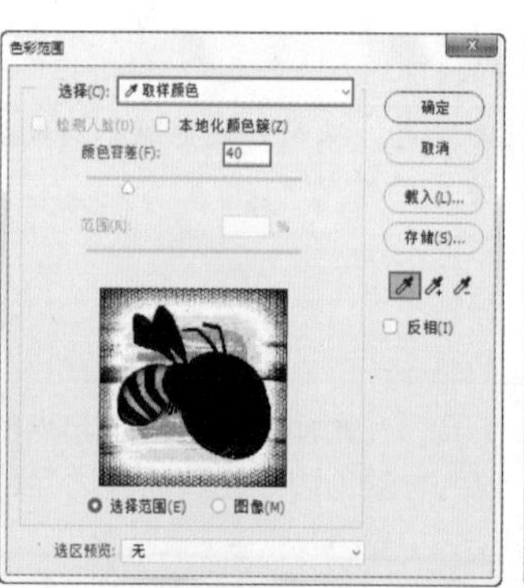

图13-36

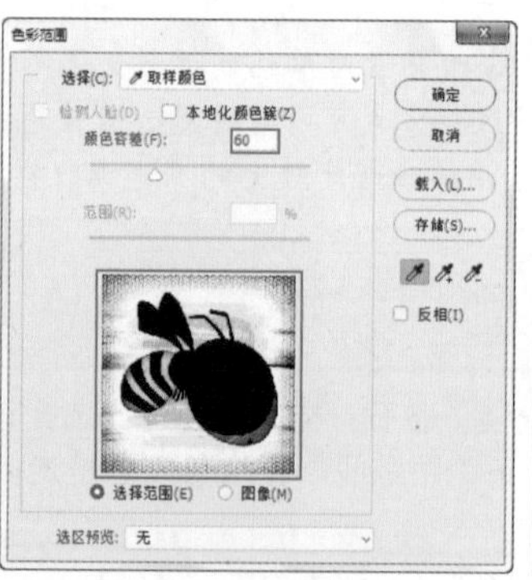

图13-37

图13-38

（3）单击“确定”按钮即可得到选区，此时选区为背景部分。得到背景选区后，按Delete键删除选区内容。然后执行“文件>置入嵌入对象”命令，置入背景，如图13-39所示。

图13-39

13.2.7 扩大选取

“扩大选取”命令是基于“魔棒工具”选项栏中指定的“容差”范围来决定选区的扩展范围。例如，在图中只选择了一部分绿色背景，如图13-40所示。执行“选择>扩大选取”命令后，Photoshop会查找并选择那些与当前选区中像素色调相近的像素，从而扩大选择区域，如图13-41所示。

图13-40

图13-41

13.2.8 选取相似

“选取相似”命令与“扩大选取”命令相似，都是基于“魔棒工具”选项栏中指定的“容差”范围来决定选区的扩展范围。

首先使用“魔棒工具”在图像上单击得到选区，如图13-42所示。接着执行“选择>选取相似”命令，Photoshop同样会查找并选择那些与当前选区中像素色调相近的像素，从而扩大选择区域，如图13-43所示。

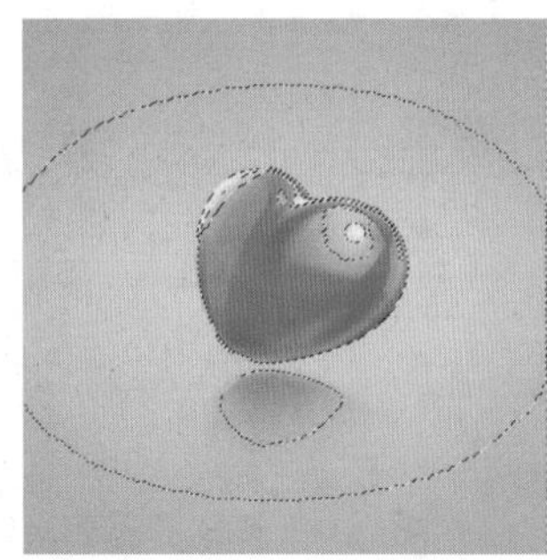

图13-42

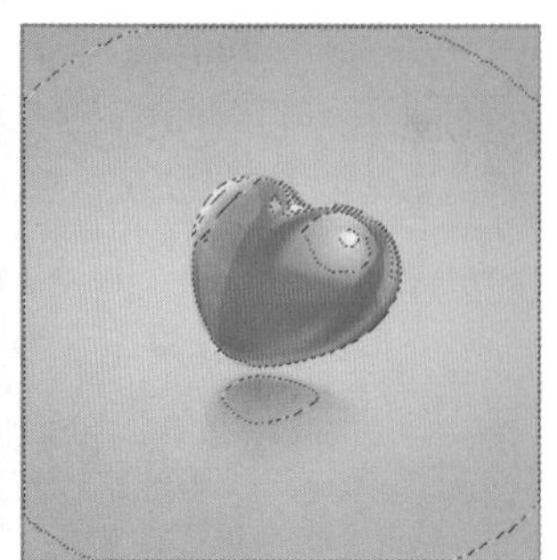

图13-43

高手小贴士：“扩大选取”与“选取相似”的区别

“扩大选取”命令只针对当前图像中连续的区域，非连续的区域不会被选择；而“选取相似”命令针对的是整个图像，即该命令可以选择整个图像中处于“容差”范围内的所有像素。

13.3 选择并遮住

使用“选择并遮住”命令可以对选区的半径、平滑度、羽化、对比度、移动边缘等属性参数进行调整来达到预想的效果。执行“选择>选择并遮住”命令，弹出“选择并遮住”窗口。

（1）使用“快速选择工具”创建选区，如图13-44所示。然后执行“选择>选择并遮住”命令，此时Photoshop界面发生了改变。左侧为一些用于调整选区以及视图的工具，左上方为所选工具的选项，右侧为选区编辑选项，如图13-45所示。

图13-44

选项解读：“选择并遮住”工具选项

- 快速选择工具：可以通过按住鼠标左键拖曳涂抹，软件会自动查找和跟随图像颜色的边缘创建选区。
- 调整半径工具：可以精确调整发生边缘调整的边界区域。制作头发或毛皮选区时可以使用“调整半径工具”柔化区域以增加选区内的细节。
- 画笔工具：可以通过涂抹的方式添加或减去选区。
- 套索工具组：在该工具组中有“套索工具”和“多边形套索工具”两种工具。

图13-45

（2）在界面右侧的“视图模式”选项组中可以进行视图显示方式的设置。单击视图列表，在下拉列表中选择一个合适的视图模式，如图13-46所示。

图13-46

（3）此时图像对象边缘仍然有黑色的像素，可以设置“边缘检测”的“半径”选项进行调整。“半径”选项确定发生边缘调整的选区边界的大小。对于锐边，可以使用较小的半径；对于较柔和的边缘，可以使用较大的半径。如图13-47和图13-48所示为设置为不同参数的对比效果。启用“智能半径”可以自动调整在边界区域中发现的硬边缘和柔化边缘的半径。

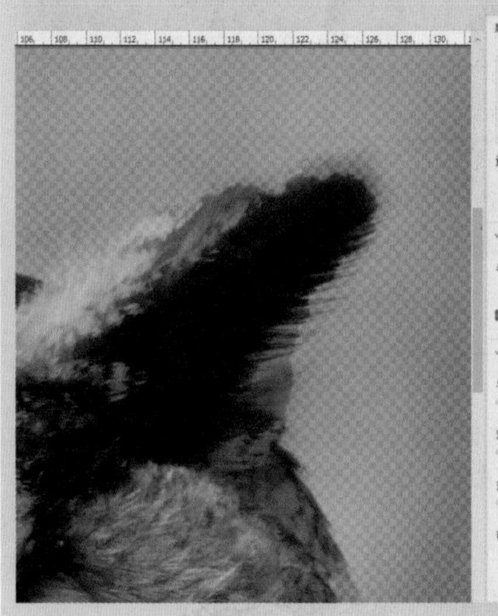

图13-47

图13-48

（4）“全局调整”选项组主要用来对选区进行平滑、羽化和扩展等处理，如图13-49所示。因为羽毛边缘柔和，所以需要适当调整“平滑”和“羽化”选项，如图13-50所示。

（5）此时选区调整完成，接下来需要进行“输出”，在“输出设置”选项组中可设置区边缘的杂色以及选区的输出方式。设置“输出到”为“选区”，单击“确定”按钮，如图13-51所示。随即可得到选区，如图13-52所示。接着使用快捷键Ctrl+J将选区复制到独立图层，然后为其更换背景，效果如图13-53所示。

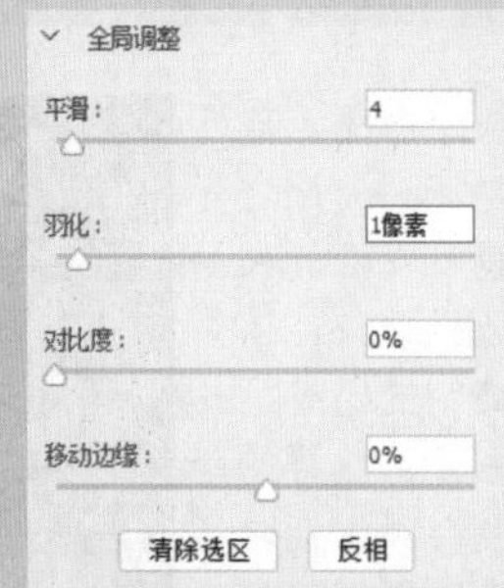

图13-49

图13-50

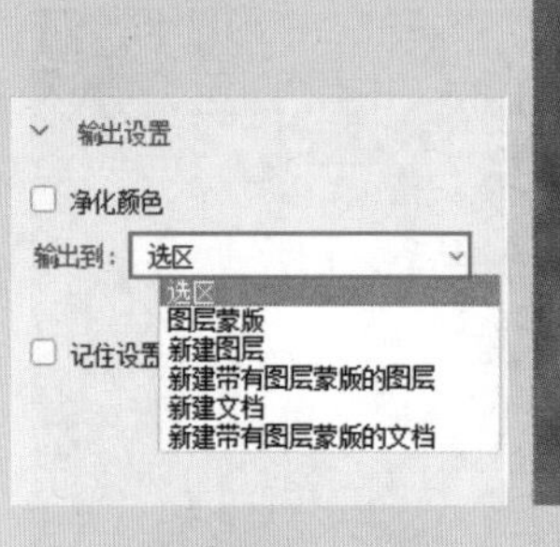

图13-51

图13-52

图13-53

13.4 使用“钢笔工具”进行精确抠图

“钢笔工具”实际上是一种矢量绘图工具，使用“钢笔工具”可以轻松绘制和编辑复杂而准确的路径。“钢笔工具”之所以能用于抠图操作，是因为Photoshop中的路径与选区是可以相互转换的，所以使用“钢笔工具”进行精确选区的制作也就成了一种最为常用的抠图方法。

“钢笔工具”作为一款矢量绘图工具，它具有相当强大的绘图精准度，而且绘制完毕后还可以借助路径调整工具对路径进行进一步编辑，如图13-54和图13-55所示。

路径绘制完成后可以将其转换为选区，从而实现抠图操作。路径编辑完成后按Ctrl+Enter快捷键将路径转换为选区，如图13-56所示。接着按Shift+Ctrl+I组合键将选区反选，然后按Delete键删除选区中的像素，然后更换背景，效果如图13-57所示。

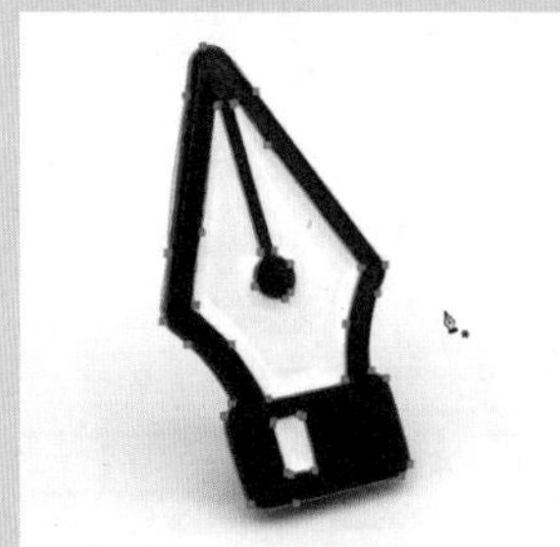
图13-54

图13-55

图13-56

图13-57

13.5 通道抠图

使用“钢笔工具”虽然可以准确地抠出如人像、产品、建筑等这样边缘复杂的对象，但是仍然有一些对象是无法使用之前提到过的工具进行抠图的，例如毛茸茸的小动物、女性的长发、枝繁叶茂的植物，如图13-58～图13-60所示。除此之外，还有一类更“棘手”的对象，如透明的香水瓶、半镂空的婚纱、天上的云朵、绚丽的光效等，如图13-61～图13-63所示。这样的对象边缘实在有些过于“复杂”，使用“钢笔抠图”不仅耗时耗力，而且得到的效果未必如人所愿。想要准确地制作超级复杂的选区可以尝试使用“通道抠图法”。

图13-58

图13-59

图13-60

图13-61

图13-62

图13-63

13.5.1 通道抠图原理

具有一定透明属性的对象是无法使用常规的方法进行提取的。所以此时可以打开“通道”面板，看看各个通道的黑白图中主体物与背景之间是否有明确的黑白差异。在“通道”的世界中，“黑白关系”是可以“换算”成选区的，黑色为选区之外，白色为选区之内，灰色就是半透明的选区。

（1）以云朵图片为例，如图13-64所示。在“通道”面板中可以看到各个通道的黑白关系，如图13-65所示。

图13-64

（2）如果想要将云朵从图像中提取出来，那么就需要去除天空的蓝色部分，而且云朵边缘需要很柔和，云朵上也需要有一定的透明效果。根据以上要求我们可以得到结论：天空部分需要为黑色，云朵部分需要为白色和灰色，云朵边缘需要保留灰色区域。那么可以选择一个与我们需求的通道效果最接近的一个通道，此时可以看到红通道的黑白差异较大，比较适合云朵的抠图，如图13-66和图13-67所示。

（3）由于天空底部的黑色较灰，所以接下来需要继续处理通道的黑白关系。在处理之前一定要将所选通道进行复制，在“通道”上单击鼠标右键，在弹出的快捷菜单中执行“复制通道”命令，如图13-68所示。然后选中复制的通道，如图13-69所示，进行黑白关系的调整。在本图中，需要使用加深工具对天空位置加深，如图13-70所示。

图13-65

图13-66

图13-67

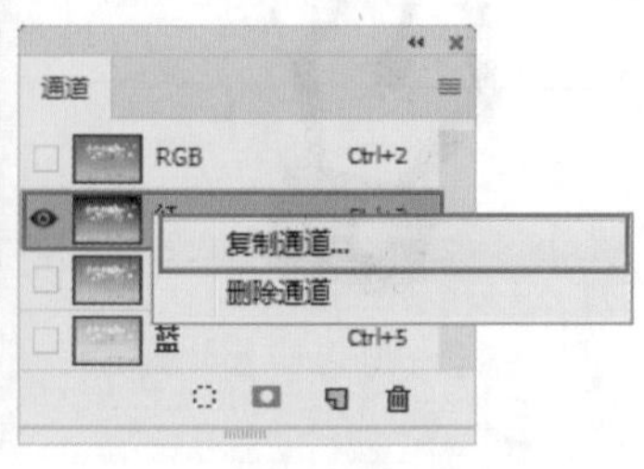

图13-68

（4）通道的黑白关系处理完成后，单击“通道”面板底部的“将通道作为选区载入”按钮，如图13-71所示。此时即可得到选区，黑色的部分在选区之外，白色的部分在选区之内，灰色的部分则为半透明选区，如图13-72所示。

图13-69

图13-70

图13-71

图13-72

（5）单击RGB复合通道，显示出画面完整效果，如图13-73所示。此时可以清晰地看到被选中的部分为云朵部分，如图13-74所示。

（6）为了更清晰地观察抠图的效果，可以进行复制粘贴，将云朵粘贴为独立图层，如图13-75所示。置入一个背景图像，可以看到云朵边缘非常柔和，而且云朵上也有自然的透明区域，如图13-76所示。

图13-73

图13-74

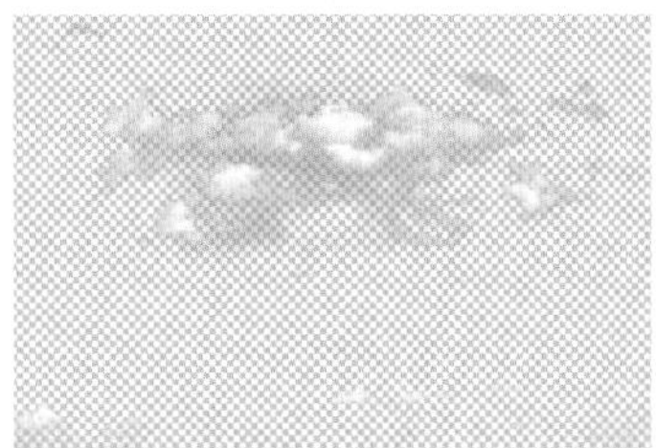

图13-75

图13-76

说到这里，“通道抠图法”的秘密已经展现给大家了，那就是利用通道与选区可以相互转换的功能，通过调整通道中单色的黑白对比效果，得到半透明选区或者边缘复杂的选区。

13.5.2 使用通道抠图抠取人像

抠人像的方法稍微复杂一些，因为人像边缘需要先通过“钢笔工具”抠出来，然后头发的部分需要通过通道进行抠图，最后将二者合二为一。

（1）从背景中抠出人像。由于人像头发部分非常细碎，所以先抠出身体部分。首先使用“钢笔工具”在人像上绘制路径，如图13-77所示，然后使用快捷键Ctrl+Enter得到选区，使用快捷键Ctrl+J将选区中的内容复制到独立图层，并将原人像图层隐藏，效果如图13-78所示。

（2）利用通道制作头发选区。首先将头发部分单独提取出来，并将其他图层隐藏，如图13-79所示。

图13-77

图13-78

（3）进入“通道”面板中，观察红、绿、蓝通道的特点，可以看出“蓝”通道中的头发颜色与背景颜色差异最大，右击“蓝”通道，在弹出的快捷菜单中执行“复制通道”命令，如图13-80所示。得到“蓝 拷贝”通道，后面的操作都会针对该通道进行，如图13-81所示。

图13-79

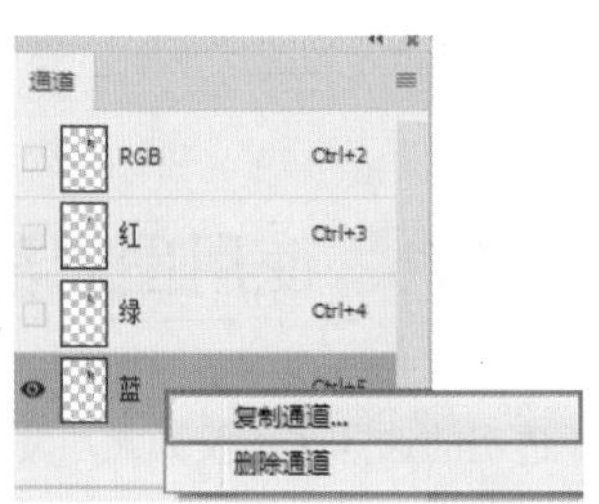

图13-80

（4）使用“通道”将头发从通道中提取出来，首先增加对比度，使用快捷键Ctrl+L打开“色阶”对话框，拖动滑块增加图像的对比度，如图13-82所示。效果如图13-83所示。

（5）此时人物头发为黑色，但背景仍为灰色，按Ctrl+M快捷键打开“曲线”对话框，调整曲线形状，如图13-84所示，效果如图13-85所示。

（6）通道中的白色为选区，黑色为非选区，而此时人物为黑色，所以可以使用反相快捷键Ctrl+I将当前画面的黑白关系反相，如图13-86所示。按住Ctrl键并单击通道中的通道缩览图，得到头发选区，如图13-87所示。

图13-81

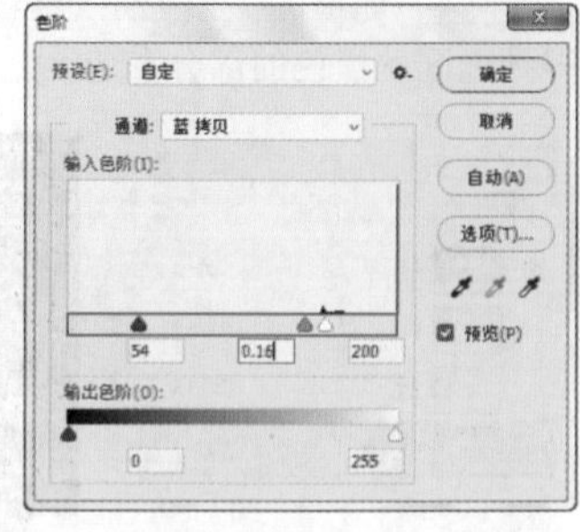

图13-82

图13-83

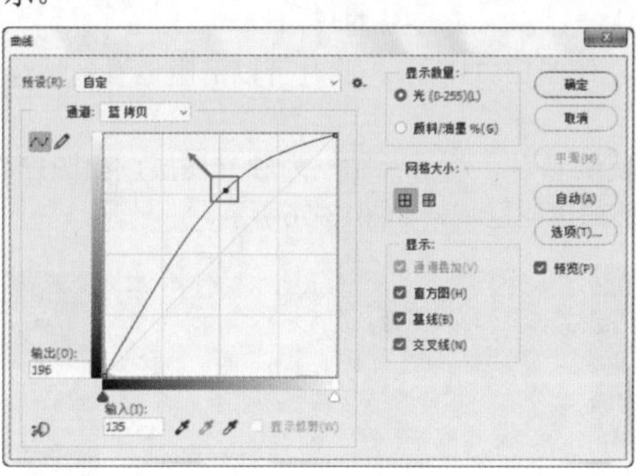

图13-84

图13-85

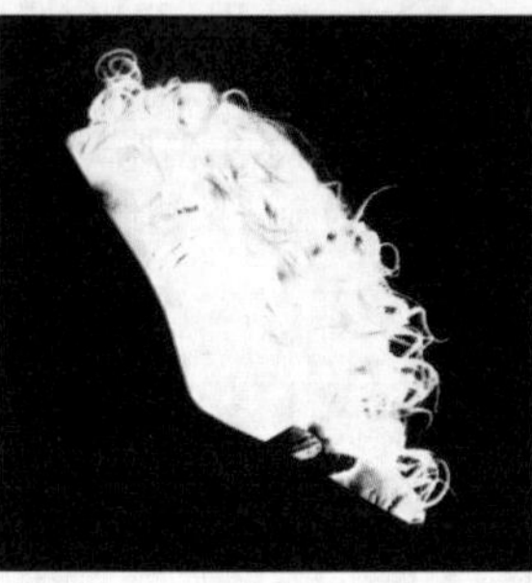
图13-86

（7）使用快捷键Ctrl+2显示出复合通道，如图13-88所示。选中头发部分的图层，单击“图层”面板下方的“添加图层蒙版”按钮为其添加蒙版，此时背景被隐藏了，如图13-89所示。接下来将人物身体部分显示出来，效果如图13-90所示。

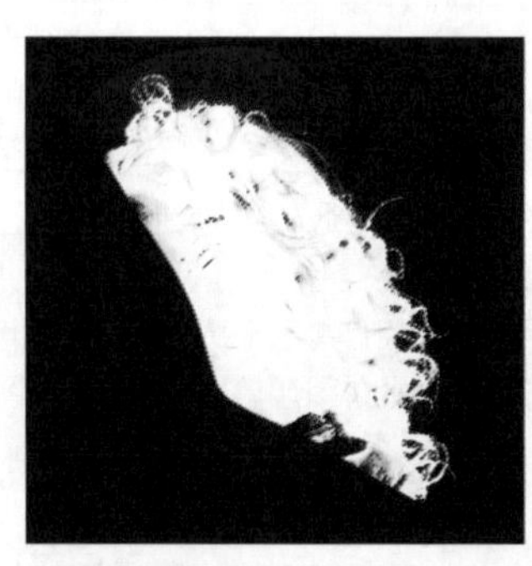
图13-87

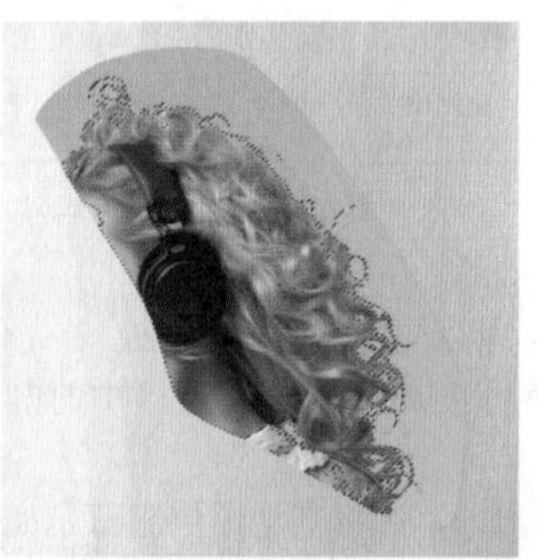
图13-88

图13-89

图13-90

13.6 使用蒙版隐藏画面局部

蒙版分为图层蒙版、矢量蒙版和剪贴蒙版3种类型，不同类型的蒙版可以应用在不同情况。最常用的是图层蒙版和矢量蒙版。

13.6.1 使用图层蒙版合成图像

图层蒙版是一个非常重要的知识点，它是一种特殊的选区，在图层蒙版中，白色代表选区，黑色代表非选区，灰色代表半透明的选区。不仅如此，蒙版是一种非破坏性的抠图操作，利用蒙版只是将不需要的内容隐藏，根据需要还可重新将隐藏的内容显示出来。

（1）准备两个图层，如图13-91～图13-93所示。

图13-91

图13-92

图13-93

（2）选择上方的图层，单击“图层”面板底部的“添加图层蒙版”按钮 即可为该图层添加图层蒙版。此时的蒙版为白色，画面中是没有任何变化的，如图13-94所示。接着选择工具箱中的“画笔工具”，将前景色设置为黑色。然后在画面中按住鼠标左键并拖曳进行涂抹。随着涂抹可以看见光标经过的位置显示了背景图层中的像素，如图13-95所示。

图13-94

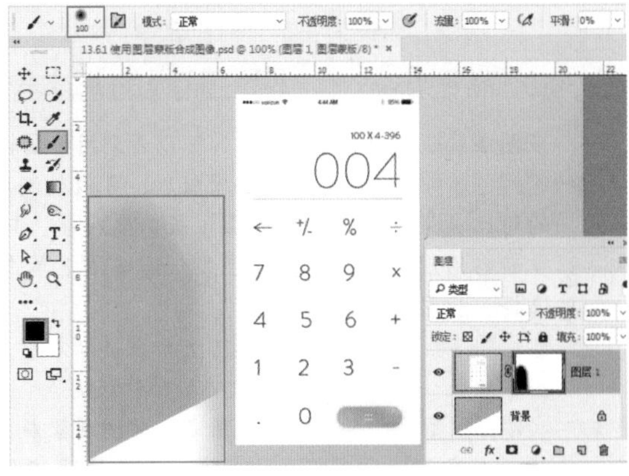
图13-95

选项解读：蒙版的使用技巧

要使用图层蒙版，首先要选对图层，第二要选择蒙版。默认情况下添加图层蒙版后就是选中的状态。如果要重新选择图层蒙版，可以单击图层蒙版缩览图即可选中图层蒙版。

（3）如果在涂抹的过程中有多擦除的像素，可以将前景色设置为白色，然后在多擦除的位置涂抹，此处的像素就会被还原，如图13-96所示。调整完成后，此时可以看到，图层要隐藏的部分在图层蒙版中涂成黑色，显示的部分为白色。此时原图的内容在不被破坏的情况下就可以进行抠图合成的操作了，如图13-97所示。

图13-96

图13-97

（4）如果当前图像中存在选区，如图13-98所示。单击“图层”面板下方的“添加图层蒙版”按钮，如图13-99所示。可以基于当前选区为任何图层添加图层蒙版，选区以外的图像将被蒙版隐藏，效果如图13-100所示。

图13-98

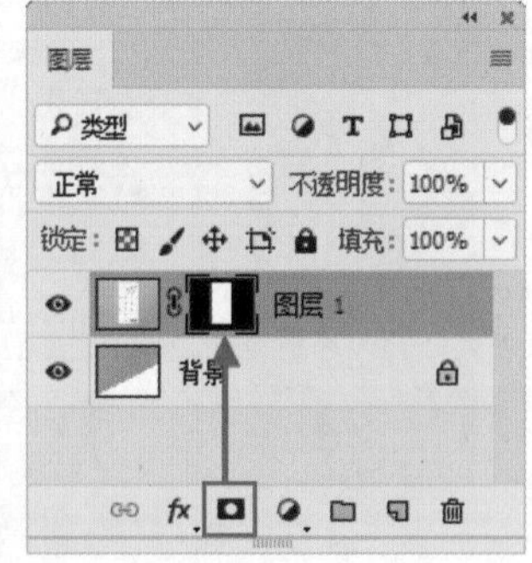

图13-99

图13-100

高手小贴士：图层蒙版的基本操作

在图层蒙版上单击鼠标右键，可以看到用于编辑图层蒙版的操作，如图13-101所示。

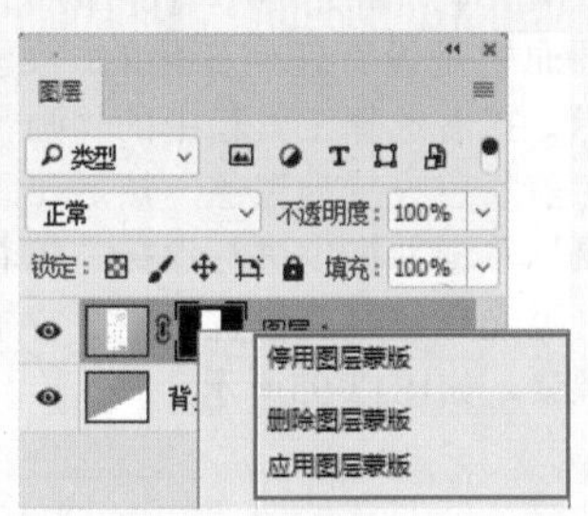

图13-101

- 停用图层蒙版：在创建图层蒙版后，可以控制图层蒙版的显示与停用来观察使用图像的对比效果。停用后的图层蒙版仍然存在，只是暂时失去图层蒙版的作用。如果要重新启用图层蒙版，可以在蒙版缩略图上单击鼠标右键，然后在弹出的快捷菜单中选择“应用图层蒙版”命令。
- 删除图层蒙版：在蒙版缩略图上单击鼠标右键，然后在弹出的快捷菜单中选择“删除图层蒙版”命令，随即可以将图层蒙版删除。
- 应用图层蒙版：应用图层蒙版是指将图层蒙版效果应用到当前图层中，也就是说图层蒙版中黑色的区域将会被删除，白色区域将会保留下来，并且删除图层蒙版。在图层蒙版缩略图上单击鼠标右键，在弹出的快捷菜单中选择“应用图层蒙版”命令，即可应用图层蒙版，需要注意的是应用图层蒙版后，不能够再还原图层蒙版。

13.6.2 案例实战——详情信息卡片设计

文件路径	第13章\详情信息卡片设计
难易指数	★★★★★

扫码看视频

案例效果

案例效果如图13-102所示。

图13-102

操作步骤

01 执行“文件>新建”命令，打开“新建文档”对话框。在对话框顶部选择“移动设备”选项卡，单击iPhone 6 Plus按钮，设置“分辨率”为72像素/英寸，“颜色模式”为“RGB颜色”，背景颜色为黑色，设置完成后单击“创建”按钮创建新的文档，如图13-103所示，创建完的文档如图13-104所示。

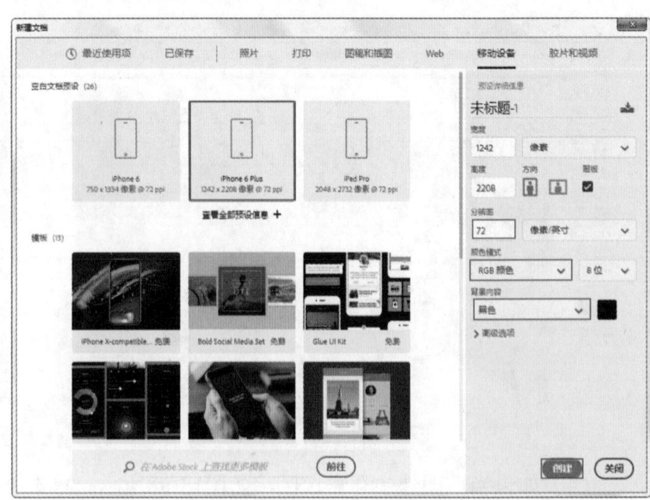

图13-103

02 执行“文件>置入嵌入对象”命令，在弹出的对话框中选择“1.jpg”，单击“置入”按钮。接着将置入的素材摆放在画面中合适的位置，将光标放在素材一角处，按住Shift键的同时按住鼠标左键拖动，等比例放大该素材。调整完成后按Enter键完成置入，如图13-105所示。接着在“图层”面板中右击该图层，在弹出的快捷菜单中执行“栅格化图层”命令，将该图层转换为普通图层，如图13-106所示。

03 制作模糊的背景效果。执行“滤镜>模糊>高斯模糊”命令，在弹出的“高斯模糊”对话框中设置“半径”为10像素，设置完成后单击“确定”按钮，如图13-107所示，此时画面效果如图13-108所示

图13-104

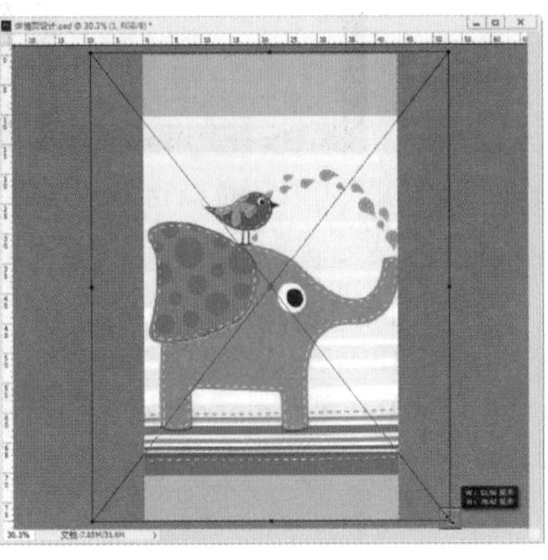

图13-105

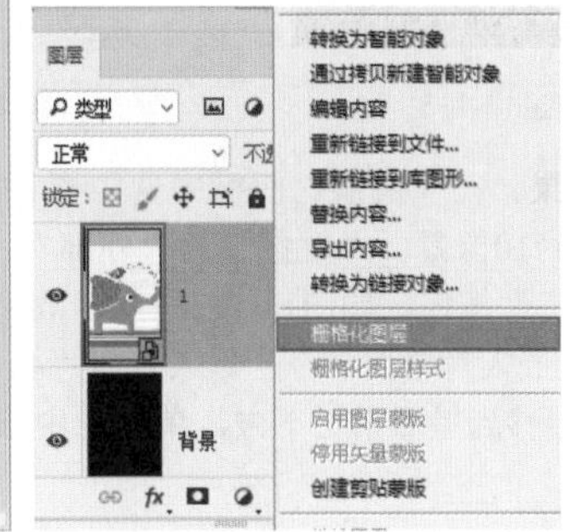

图13-106

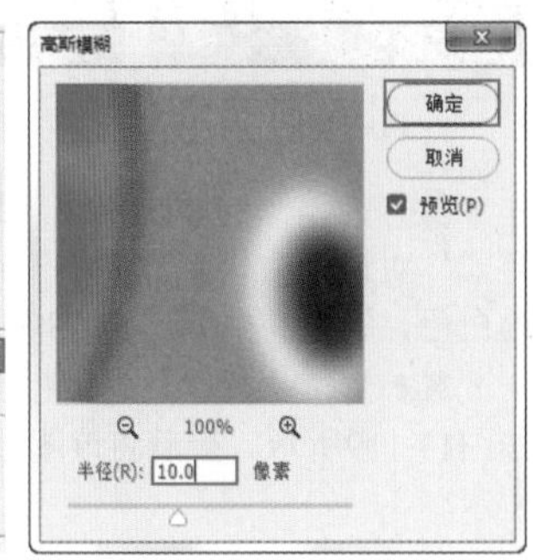

图13-107

04 设置画面的不透明度。单击选中该图层，在“图层”面板中设置该图层的“不透明度”为10%，如图13-109所示。此时黑色背景更为突出，如图13-110所示。

05 在画面中心位置绘制圆角矩形。在工具箱中右击形状工具组，在形状工具组列表中选择“圆角矩形工具”，在选项栏中设置“绘制模式”为“形状”，“填充”为白色，“描边”为无，“半径”为10像素，然后在画面中按住鼠标左键拖动绘制一个圆角矩形，如图13-111所示。

图13-108

图13-109

图13-110

图13-111

06 在圆角矩形上方制作产品图。首先执行“文件>置入嵌入对象”命令，置入素材“2.jpg”，调整大小后摆放在白色圆角矩形上部位置，然后按Enter键确定置入操作，接着将其栅格化，如图13-112所示。

07 隐藏白色矩形外的牛皮纸素材。按住Ctrl键单击圆角矩形图层缩览图，载入圆角矩形的选区，如图13-113所示。

08 在“图层”面板中单击选中该素材2图层，在保持当前选区的状态下单击“图层”面板底部的“添加图层蒙版”按钮，以当前选区为该图层添加图层蒙版。选区以内的部分为显示状态，选区以外的部分被隐藏，此时蒙版效果如图13-114所示，画面效果如图13-115所示。

09 添加产品图片。执行“文件>置入嵌入对象”命令，置入素材“3.png”，调整图片大小后将素材摆放在中间位置，按Enter键确定置入操作，接着将其栅格化，如图13-116所示。

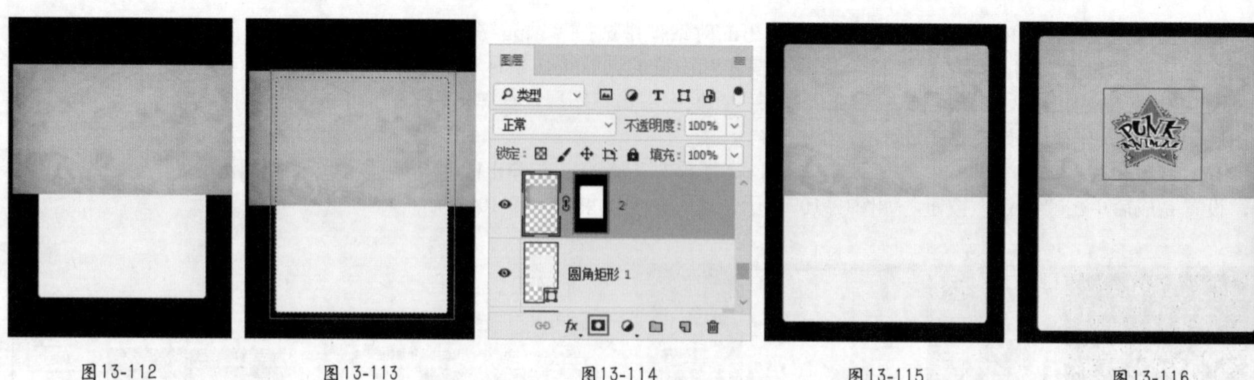

图13-112　图13-113　图13-114　图13-115　图13-116

10 为该图层添加描边效果。在“图层”面板中选中素材3图层，执行“图层>图层样式>描边”命令，在弹出的“图层样式”对话框中设置“大小”为10像素，“位置”为“外部”，“不透明度”为100%，“填充类型”为“颜色”，“颜色”为白色，设置完成后单击“确定”按钮，如图13-117所示，效果如图13-118所示。

11 继续执行“文件>置入嵌入对象”命令，置入素材“4.png”，摆放在星形素材左侧位置，按Enter键，并将其栅格化，如图13-119所示。接着将该图层移到星形素材下方，单击选中该图层，按住鼠标左键将该图层拖到星形图层下方，如图13-120所示。

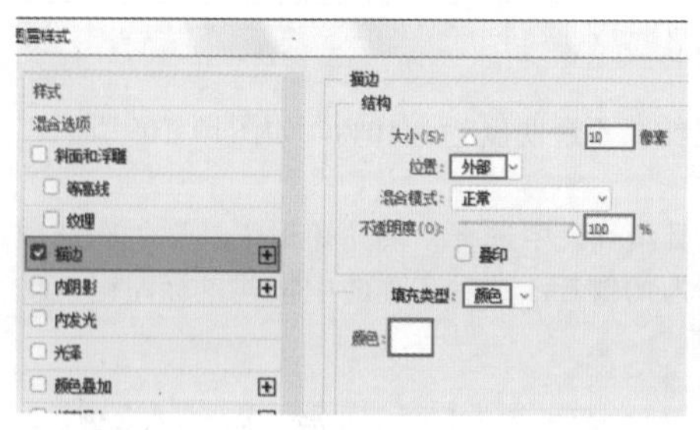

图13-117

图13-118

图13-119

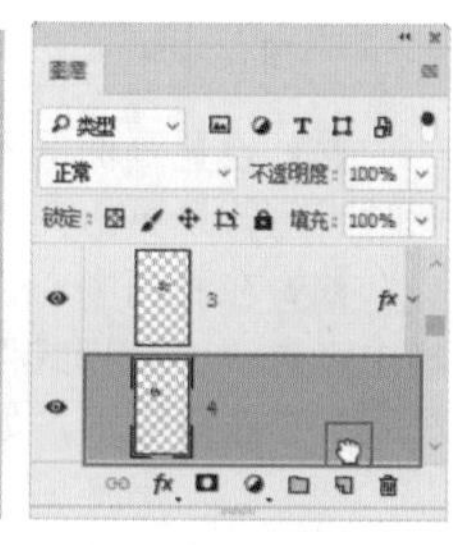

图13-120

12 为奶牛图层添加图层样式。在“图层”面板中单击选中素材3图层，在该图层的图层样式上单击鼠标右键，在弹出的快捷菜单中执行“拷贝图层样式”命令，如图13-121所示。接着选中奶牛图层，单击鼠标右键，在弹出的快捷菜单中执行“粘贴图层样式”命令，如图13-122所示。

13 此时奶牛素材呈现出描边效果，如图13-123所示。

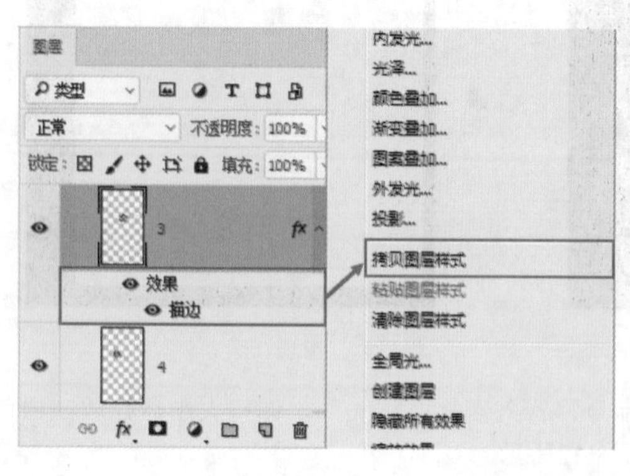

图13-121

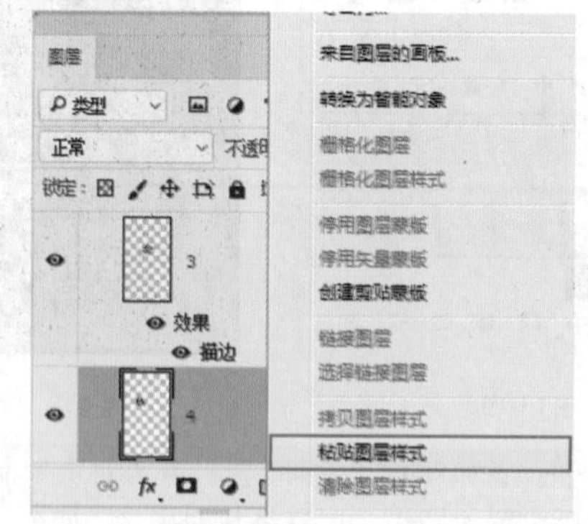

图13-122

图13-123

14 用同样的方法置入其他素材并添加图层样式，如图13-124所示。

15 选择工具箱中的“横排文字工具”，在选项栏中设置合适的字体、字号，设置文字颜色为黑色，设置完毕后在圆角矩形左上角位置单击，接着输入文字，如图13-125所示。文字输入完毕后按Ctrl+Enter快捷键完成文字输入。用同样的方法，继续使用“横排文字工具”在该文字下方继续输入文字，并在选项栏中设置合适的字体、字号及颜色，如图13-126所示。

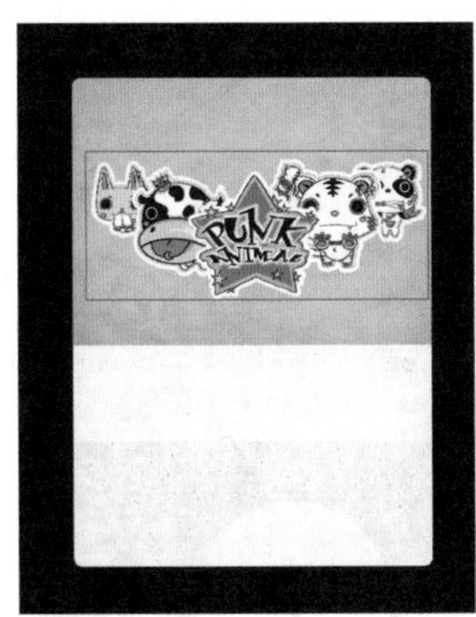

图13-124

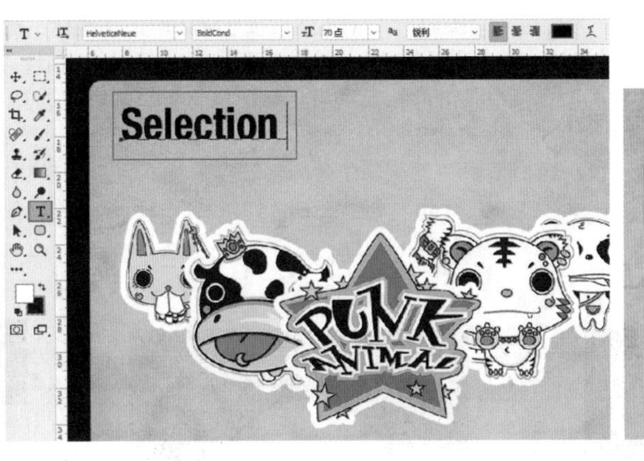

图13-125

图13-126

16 在圆角矩形右上角制作价格标签。在工具箱中右击形状工具组，在形状工具组列表中选择“圆角矩形工具”，在选项栏中设置“绘制模式”为“形状”，“填充”为浅粉色，“描边”为无，“半径”为60像素，然后按住鼠标左键在画面中拖动绘制，如图13-127所示。接着为该圆角矩形添加图层样式。在“图层”面板中选中该形状图层，执行“图层>图层样式>描边”命令，在弹出的“图层样式”对话框中设置“大小”为4像素，“位置”为“外部”，“不透明度”为100%，“填充类型”为“颜色”，“颜色”为粉红色，如图13-128所示。

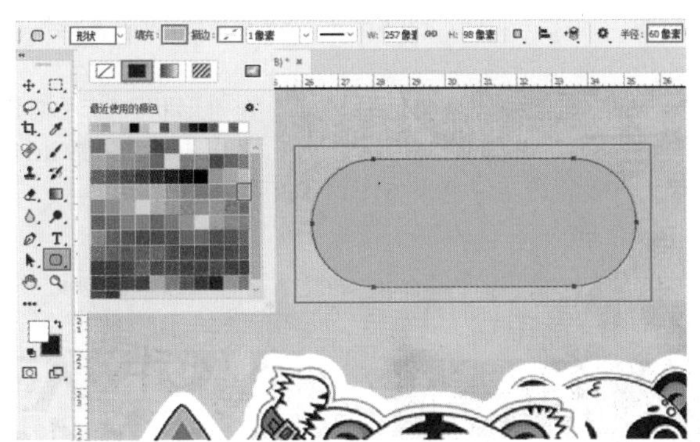

图13-127

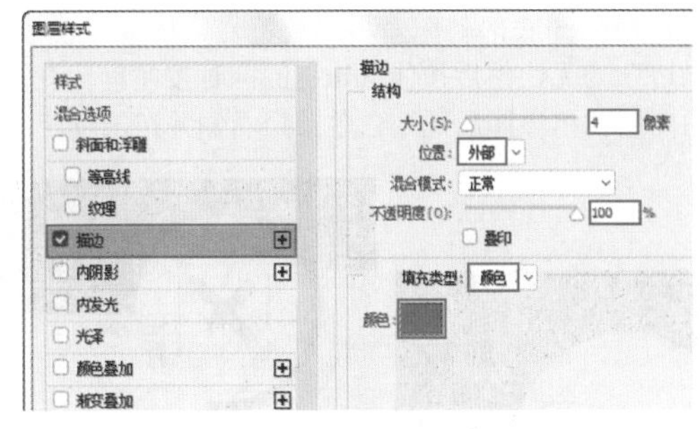

图13-128

17 在左侧图层样式列表中单击启用“内发光”样式，设置“不透明度”为62%，颜色为粉红色，“方法”为“柔和”，“源”为“边缘”，“大小”为8像素，“范围”为50%，设置完成后单击“确定”按钮，如图13-129所示，此时效果如图13-130所示。

18 在圆角矩形上方输入价格数字。选择工具箱中的“横排文字工具”，在选项栏中设置合适的字体、字号，设置文字颜色为白色，设置完毕后在圆角矩形中单击，接着输入数字，如图13-131所示。

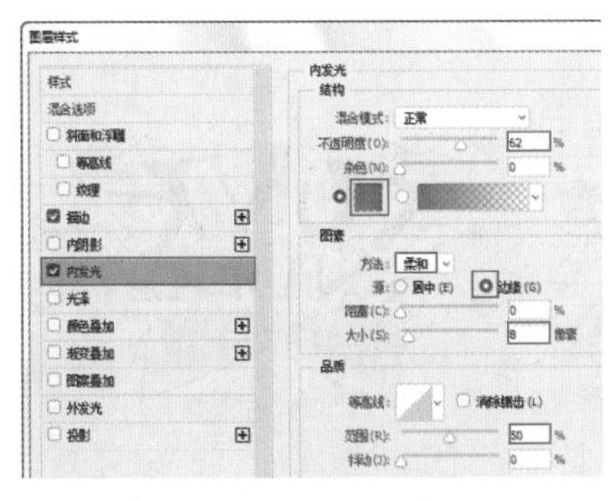

图13-129

图13-130

图13-131

19 使用形状工具制作关闭按钮。在工具箱中右击形状工具组，在形状工具组列表中选择“椭圆工具”，在选项栏中设

置“绘制模式”为“形状”，“填充”为黑色，“描边”为无，然后按住Shift键拖动鼠标左键在画面中绘制正圆，如图13-132所示。接着设置“填充”为白色，按住Shift+Alt快捷键在黑色圆形内部绘制中心等比例圆形，如图13-133所示。

20 在圆形内部制作关闭符号。在工具箱中右击形状工具组，在形状工具组列表中选择“圆角矩形工具”，在选项栏中设置“绘制模式”为“形状”，“填充”为黑色，“描边”为无，“半径”为10像素。然后按住鼠标左键拖动绘制圆角矩形，如图13-134所示。选择该图层，使用自由变换快捷键Ctrl+T，此时对象进入自由变换状态，将光标定位到定界框以外，当光标变为带有弧度的双箭头时，按住鼠标左键并拖动，进行旋转，如图13-135所示。旋转完成后按Enter键确定变换操作。

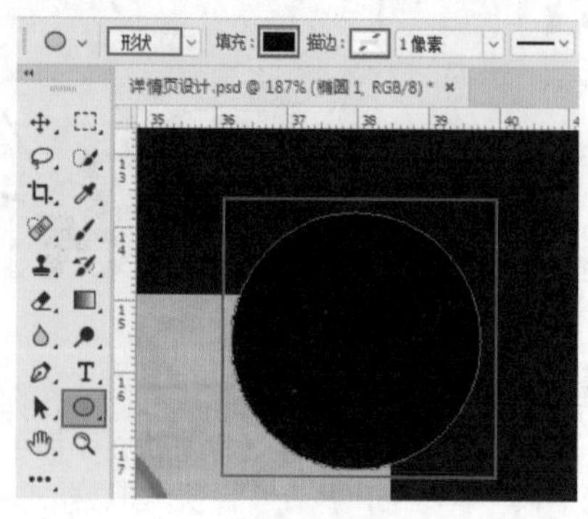
图13-132

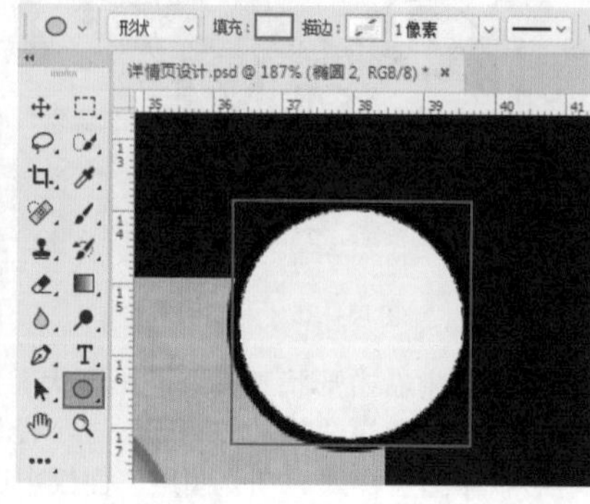
图13-133

图13-134

21 选择圆角矩形图层，按Ctrl+J快捷键将图层进行复制。然后使用自由变换快捷键Ctrl+T，此时对象进入自由变换状态，在对象上单击鼠标右键，在弹出的快捷菜单中执行“水平翻转”命令，如图13-136所示。接着按Enter键完成操作，此时按钮绘制完成，如图13-137所示。

22 在产品图底部制作多项切换符号。选择“椭圆工具”，在选项栏中设置“绘制模式”为“形状”，“填充”为白色，“描边”为无，然后按住Shift键的同时按住鼠标左键拖动绘制正圆，如图13-138所示。使用复制图层快捷键Ctrl+J复制一个相同的图层。将该图层拖到白色圆形右侧并在选项栏中将“填充”设置为灰绿色，如图13-139所示。

图13-135

图13-136

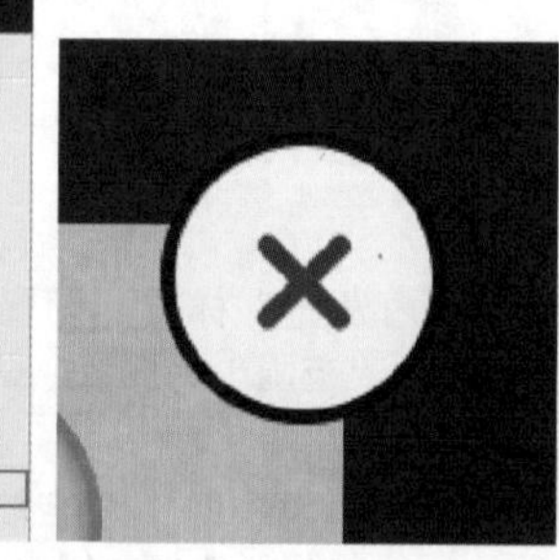
图13-137

图13-138

23 单击选中灰绿色圆形图层，使用复制图层快捷键Ctrl+J复制相同的图层，将该形状依次向右摆放，如图13-140所示。

24 选择“横排文字工具”，在页面下方空白位置按住鼠标左键拖动绘制一个文本框，如图13-141所示。然后在选项栏中设置合适的字体、字号，设置颜色为黑色，设置对齐方式为“左对齐”。接着在文本框内输入文字，如图13-142所示。

25 继续选择“横排文字工具”，输入合适的文字，并在选项栏中设置合适的字体、字号及颜色，如图13-143所示。

图13-139

图13-140

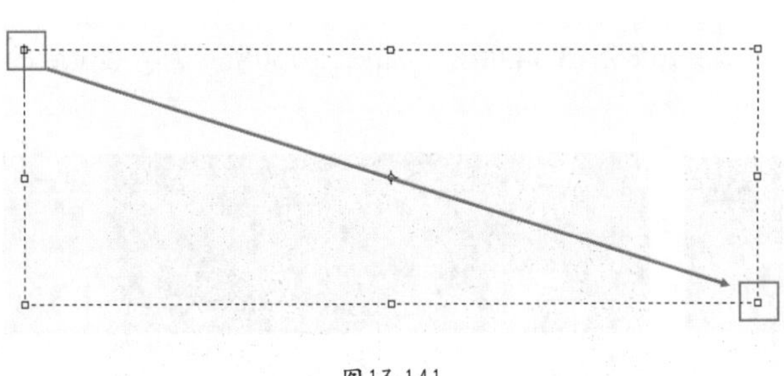

图13-141

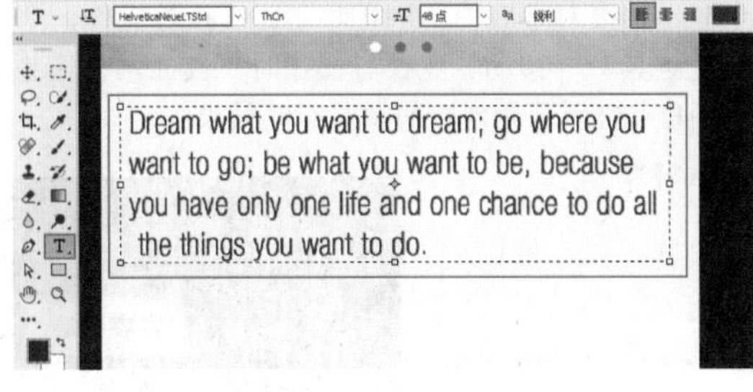

图13-142

26 在工具箱中右击形状工具组，在形状工具组列表中选择“圆角矩形工具”，在选项栏中设置“绘制模式”为“形状”，“填充”为蓝灰色，“描边”为无，然后按住鼠标左键在画面中拖动绘制，如图13-144所示。

27 执行“文件>置入嵌入对象”命令，置入素材“9.jpg”，摆放在蓝灰色圆角矩形上，按Enter键确定置入操作，然后将其栅格化，如图13-145所示。接着在“图层”面板中右击该人像图层，在弹出的快捷菜单中执行“创建剪贴蒙版”命令，如图13-146所示。

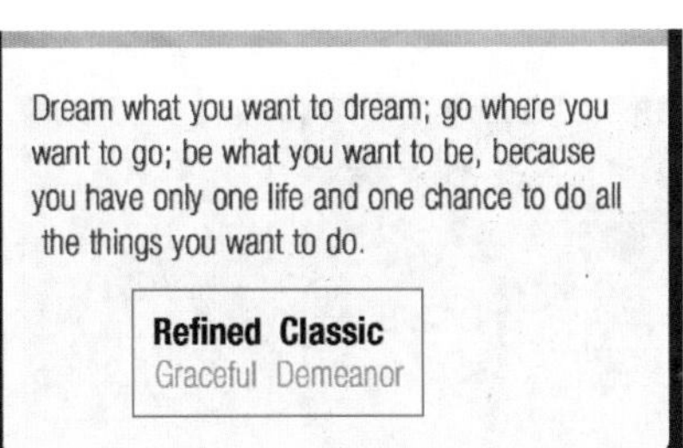

图13-143

图13-144

图13-145

28 执行“文件>置入嵌入对象”命令，置入素材“8.png”，摆放在画面右下角位置，然后按Enter键确定置入操作，接着将其栅格化，如图13-147所示。此时该详情页设计完成，如图13-148所示。

读书笔记

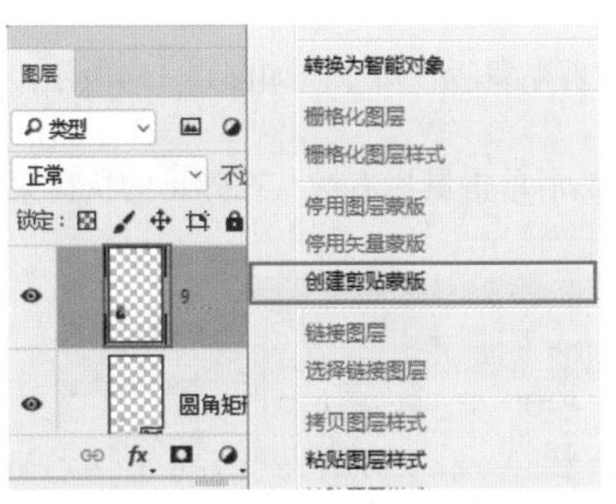

图13-146

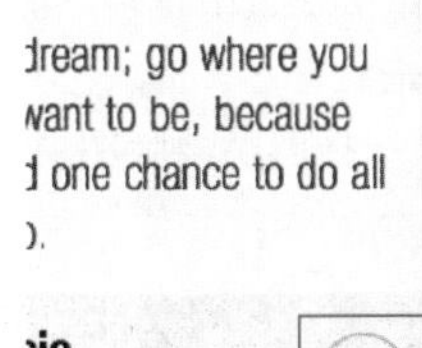

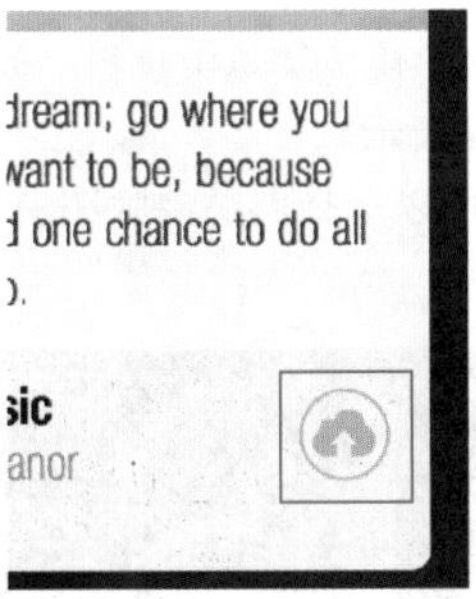

图13-147

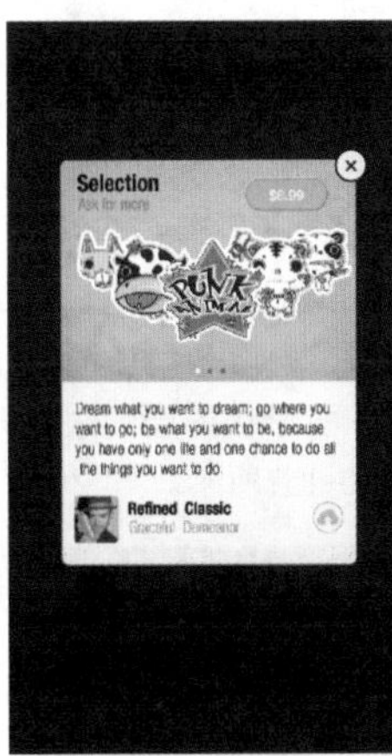

图13-148

13.6.3 剪贴蒙版

“剪贴蒙版”是一种使用底层图层形状限制顶层图层显示内容的蒙版。剪贴蒙版至少有两个图层：一个是位于底部用于控制显示范围的“基底图层”（基底图层只能有一个），一个是位于上方用于控制显示内容的“内容图层”（内容图层可以

有多个）。如果对基底图层进行移动、变换等操作，那么上面的图像也会随之受到影响。对内容图层的操作不会影响基底图层，但是对其进行移动、变换等操作时，其显示范围也会随之而改变，如图13-149所示。如图13-150所示为剪贴蒙版的示意图。如图13-151所示为创建剪贴蒙版的效果。

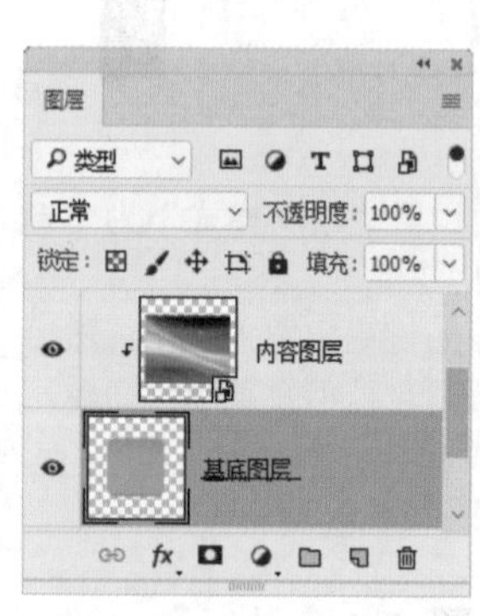

图13-149

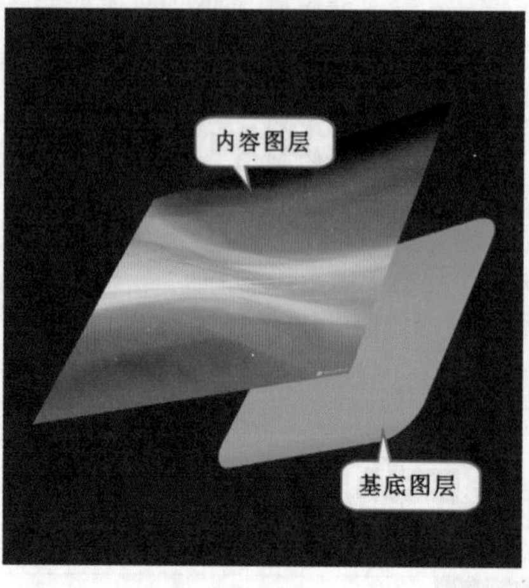

图13-150

图13-151

（1）绘制一个圆角矩形形状作为基底图层，如图13-152所示。接着置入一个图片素材并将其移至图形上方，作为内容图层，如图13-153所示。

图13-152

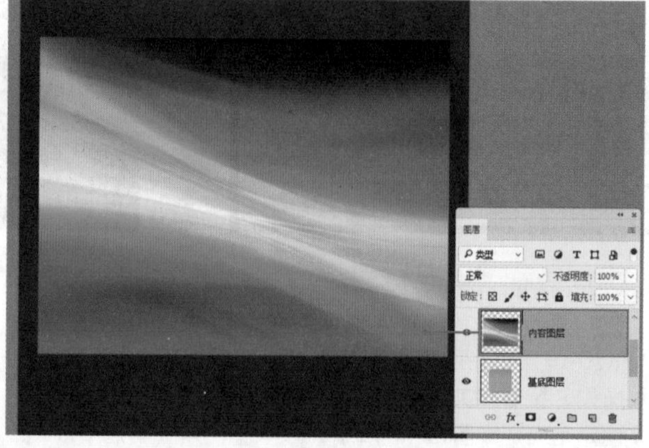

图13-153

（2）单击选择“内容图层”，然后单击鼠标右键，在弹出的快捷菜单中执行“创建剪贴蒙版”命令，如图13-154所示。效果如图13-155所示。最后置入前景素材，画面效果如图13-156所示。

（3）如果想要使内容图层不再受下面形状图层的限制，可以选择剪贴蒙版图层，然后单击鼠标右键，在弹出的快捷菜单中执行“释放剪贴蒙版”命令，如图13-157所示。

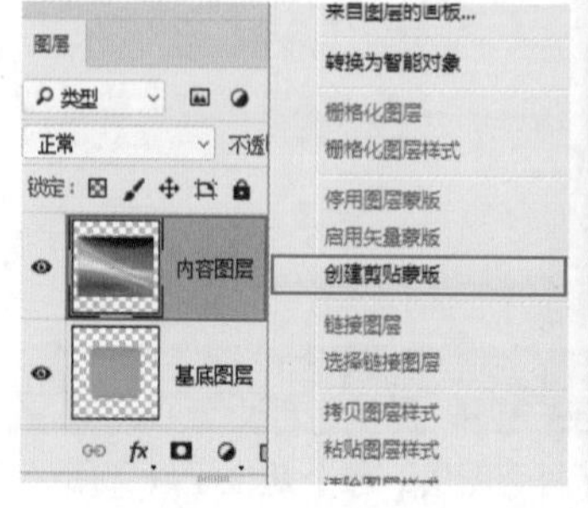

图13-154

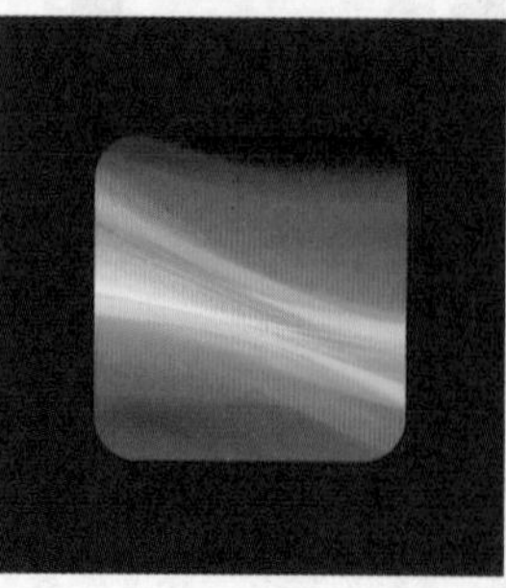

图13-155

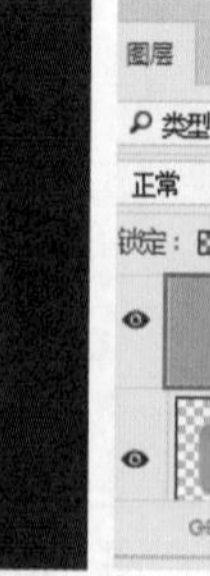

图13-156

图13-157

★ 案例实战——使用剪贴蒙版制作图标

文件路径	第13章\使用剪贴蒙版制作图标
难易指数	★★★★★

扫码看视频

案例效果

案例效果如图13-158所示。

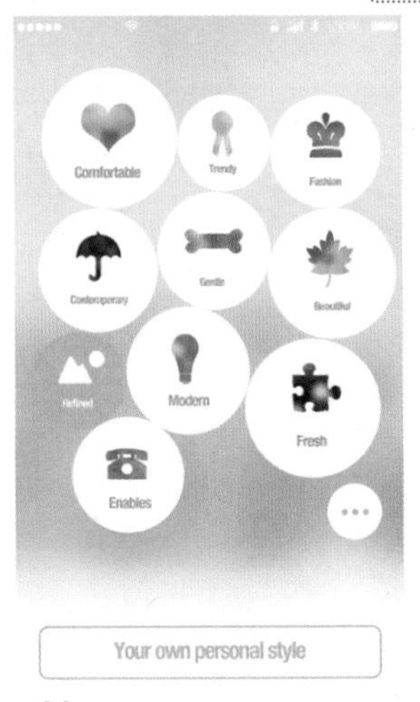

图13-158

操作步骤

01 执行“文件>新建”命令，打开“新建文档”对话框。在对话框顶部选择“移动设备”选项卡，单击iPhone 6 Plus按钮，设置“分辨率”为72像素/英寸，“颜色模式”为“RGB颜色”，背景颜色为白色。单击“创建”按钮创建新的文档，如图13-159所示。

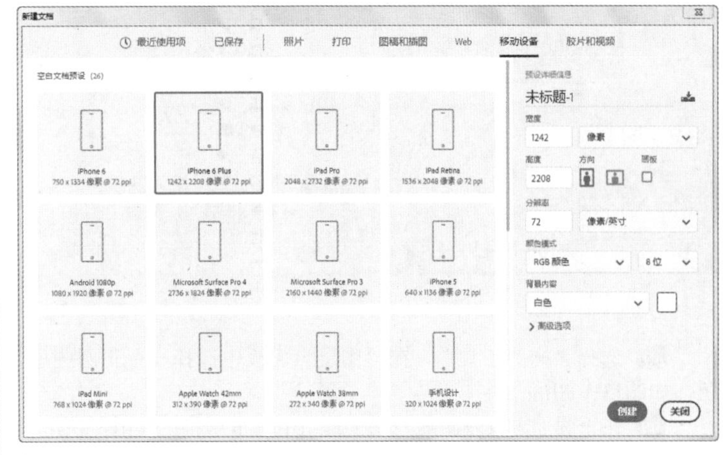

图13-159

02 执行“文件>置入嵌入对象”命令，在弹出的对话框中选择“1.jpg”，单击“置入”按钮。接着将置入的素材摆放在画面上部位置，将光标放在素材一角处，按住Shift键的同时按住鼠标左键拖动，等比例缩放该素材，如图13-160所示。调整完成后按Enter键完成置入。然后在“图层”面板中右击该图层，在弹出的快捷菜单中执行“栅格化图层”命令，如图13-161所示。

03 制作模糊效果。选中该图层，执行“滤镜>模糊>高斯模糊”命令，在弹出的“高斯模糊”对话框中设置“半径”为72像素，设置完成后单击“确定”按钮，如图13-162所示，此时效果如图13-163所示。

图13-160

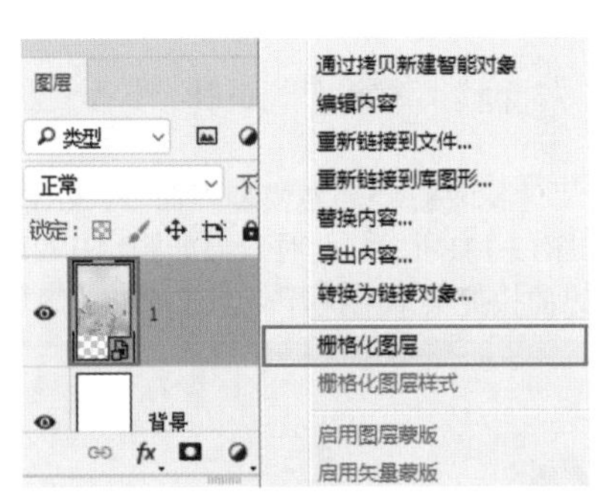

图13-161

图13-162

图13-163

04 置入状态栏。执行“文件>置入嵌入对象”命令，置入素材“2.png”，摆放在画面顶部，按Enter键完成操作，如图13-164所示。

05 在画面中制作多个正圆形状。在工具箱中右击形状工具组，在形状工具组列表中选择“椭圆工具”，在选项栏中设置“绘制模式”为“形状”，“填充”为白色，“描边”为无，设置完成后在画面中按住Shift键的同时按住鼠标左键拖动绘制正圆，如图13-165所示。

06 在“图层”面板中单击选中正圆图层，使用复制图层快捷键Ctrl+J复制一个相同的图层，然后向右移动，接着使用自由变换快捷键Ctrl+T，此时对象进入自由变换状态，按住Shift键并拖动控制点将正圆放大，如图13-166所示。用同样的方法继续复制正圆并将其移到相应位置，如图13-167所示。

图13-164

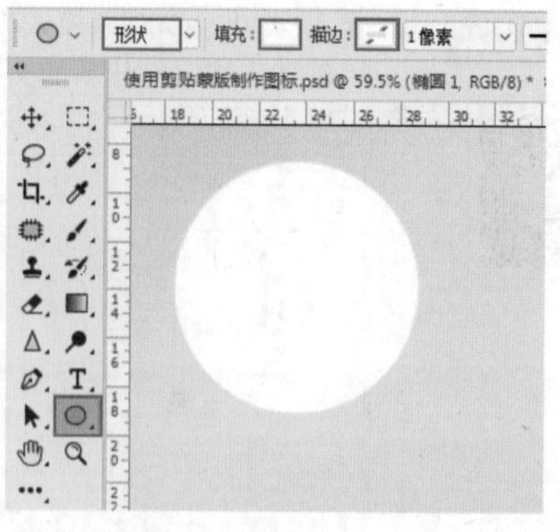
图13-165

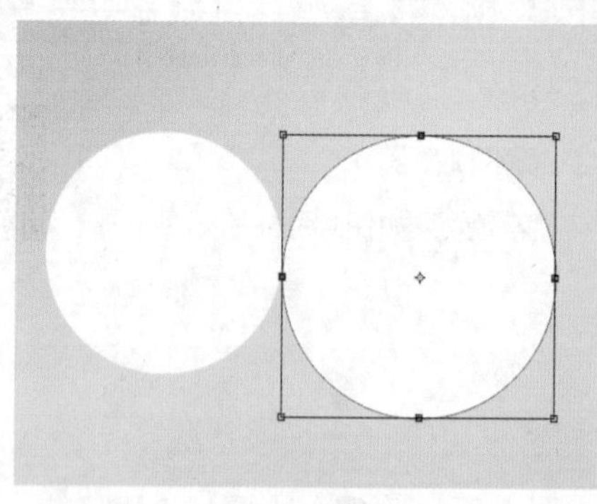
图13-166

07 选择“椭圆工具”，在“图层”面板中选择一个正圆图层，接着在选项栏中设置“填充”为蓝色，为正圆更改颜色，如图13-168所示。

08 在正圆上方制作图案。在工具箱中右击形状工具组，在形状工具组列表中选择“自定形状工具”，在选项栏中设置“绘制模式”为“形状”，“填充”为黑色，“描边”为无，单击打开自定形状拾色器，选择“心形”形状，设置完成后在左侧正圆上方按住鼠标左键拖动绘制，如图13-169所示。

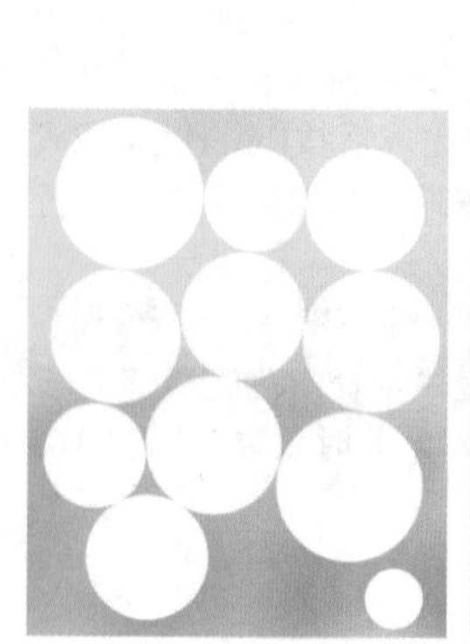
图13-167

图13-168

图13-169

09 执行“文件>置入嵌入对象”命令，置入素材“3.jpg”，摆放在“心形”形状上方，按Enter键完成置入并将其栅格化，如图13-170所示。

10 在“图层”面板中选中“素材3”图层，执行“滤镜>模糊>高斯模糊”命令，在弹出的“高斯模糊”对话框中设置“半径”为10像素，设置完成后单击“确定”按钮，如图13-171所示，此时效果如图13-172所示。

11 在“图层”面板中右击素材“3”图层，在弹出的快捷菜单中执行“创建剪贴蒙版”命令，如图13-173所示，此时画面效果如图13-174所示。

图13-170

图13-171

图13-172

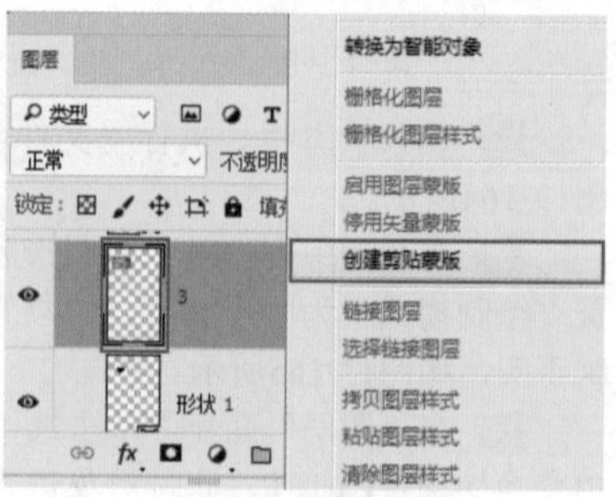

图13-173

12 制作下一个形状。在工具箱中选择“自定形状工具”，在选项栏中设置“绘制模式”为“形状”，“填充”为黑色，“描边”为无，单击打开自定形状拾色器，选择“丝带1”形状，设置完成后在正圆上方进行绘制，如图13-175所示。接着置入素材“4.jpg”并将其栅格化，如图13-176所示。

图13-174

图13-175

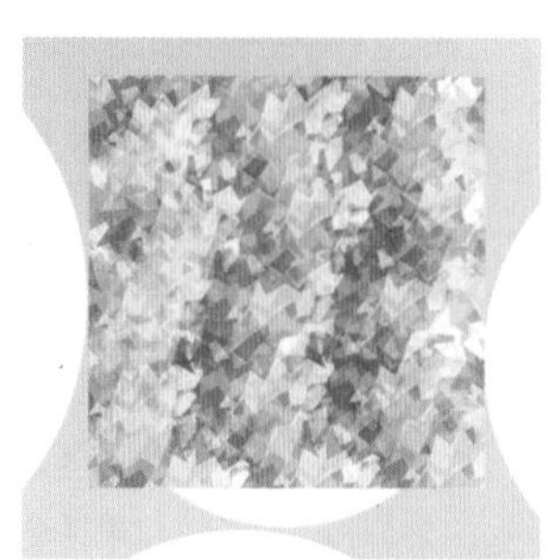

图13-176

13 执行“滤镜>模糊>高斯模糊”命令，在弹出的“高斯模糊”对话框中设置“半径”为10像素，设置完成后单击“确定”按钮，如图13-177所示，此时效果如图13-178所示。

14 在“图层”面板中右击素材“4”图层，在弹出的快捷菜单中执行“创建剪贴蒙版”命令，此时效果如图13-179所示。

15 用同样的方法且设置相同的参数，继续在正圆上方制作其他图案，效果如图13-180所示。

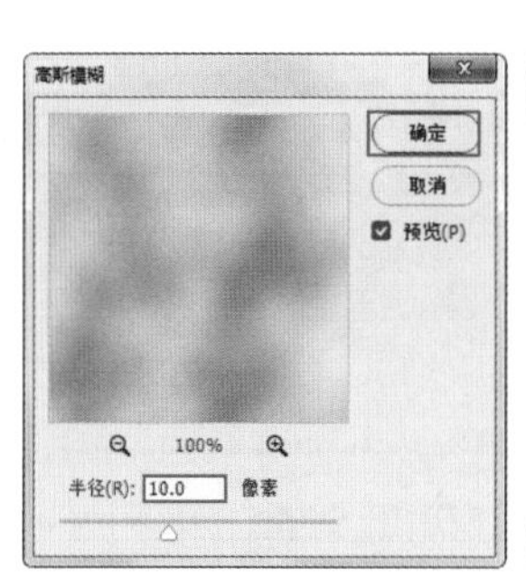

图13-177

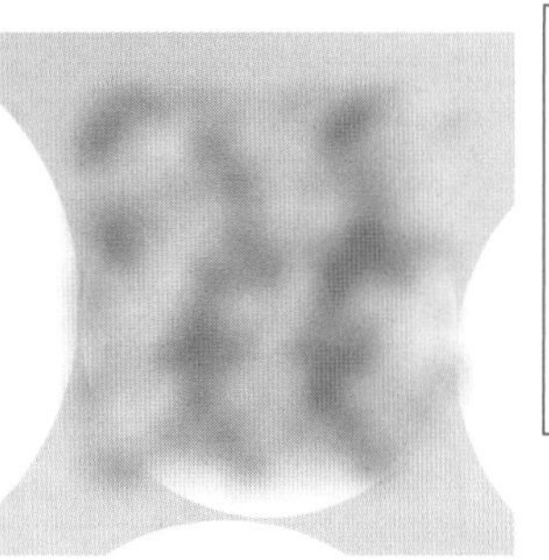

图13-178

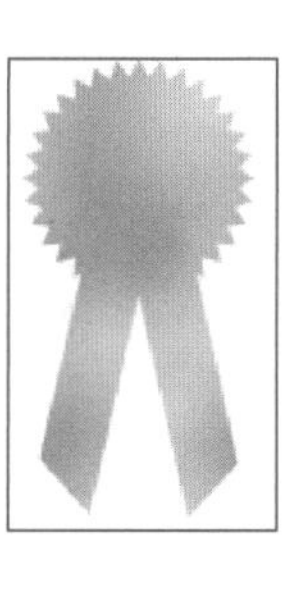

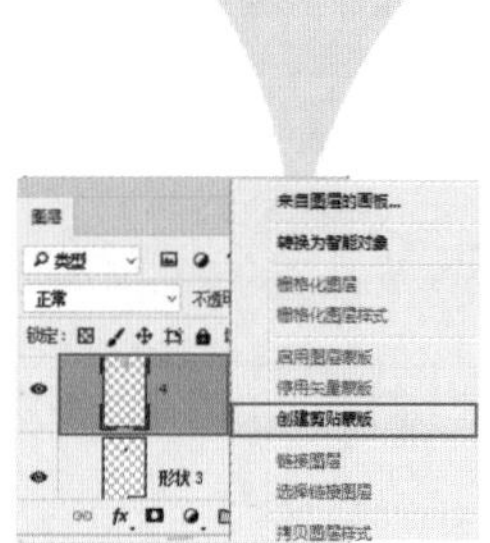

图13-179

图13-180

16 在工具箱中选择“钢笔工具”，在选项栏中设置“绘制模式”为“形状”，“填充”为白色，“描边”为无，设置完成后在蓝色正圆上方绘制山峰形状，如图13-181所示。然后选择工具箱中的“椭圆工具”，在选项栏中设置“绘制模式”为“形状”，“填充”为白色，“描边”为无，在“山峰”形状右上角绘制正圆，如图13-182所示。

17 选择“椭圆工具”，将选项栏中的“填充”设置为蓝色，接着在画面右下角正圆中绘制省略号，如图13-183所示。在“图层”面板中单击选中蓝色正圆图层，使用复制图层快捷键Ctrl+J复制一个相同的图层。然后按住Shift键的同时按住鼠标左键将其向右侧水平拖动，如图13-184所示。用同样的方法继续复制蓝色正圆并向右侧拖动，如图13-185所示。此时省略号绘制完成。

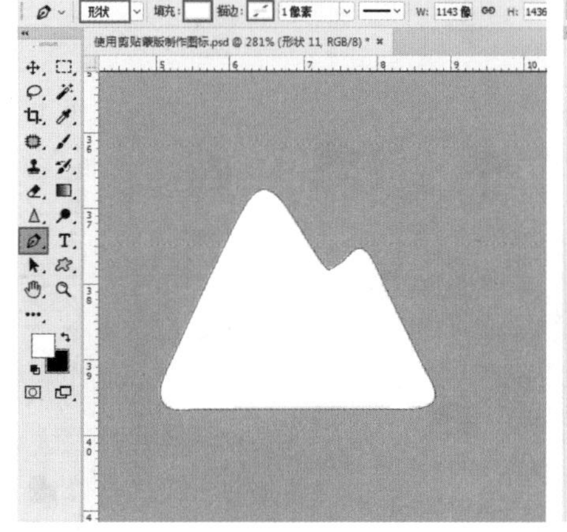

图13-181

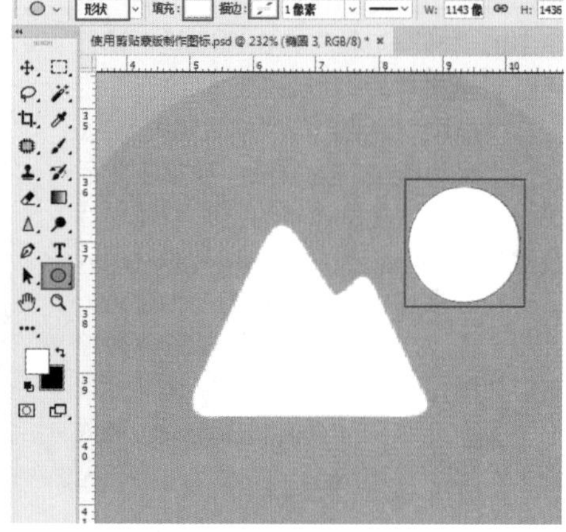

图13-182

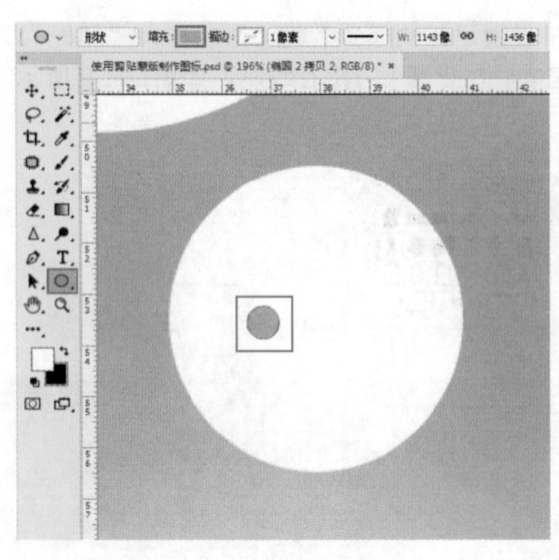

图13-183

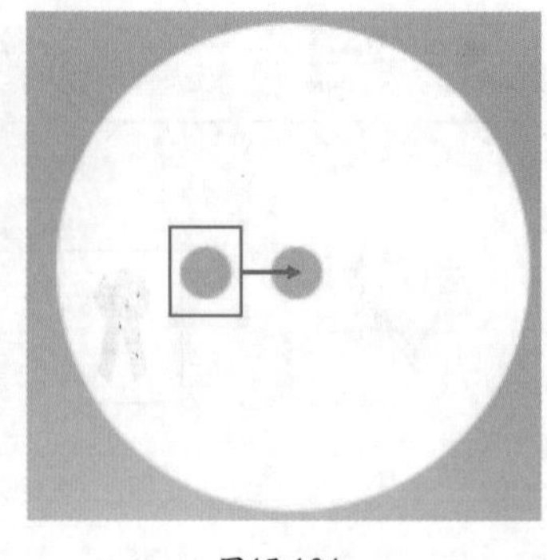

图13-184

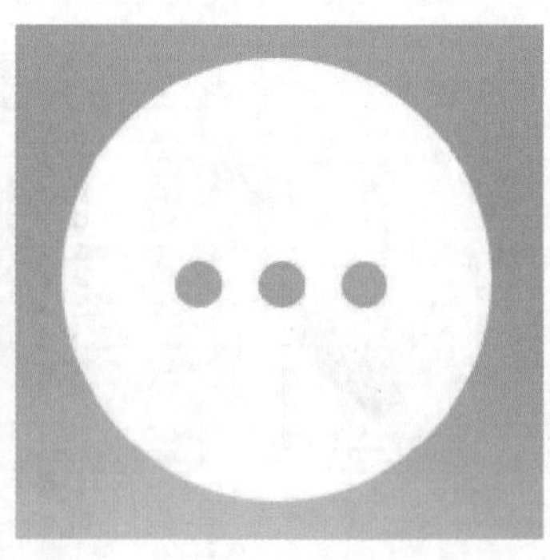

图13-185

18 在画面底部制作按钮。在工具箱中右击形状工具组，在形状工具组列表中选择“圆角矩形工具”，在选项栏中设置“绘制模式”为“形状”，“填充”为无，“描边”为蓝色，“半径”为30像素，设置完成后在画面下方按住鼠标左键拖动绘制一个圆角矩形，如图13-186所示。

19 在圆角矩形中输入文字。选择工具箱中的“横排文字工具”，在选项栏中设置合适的字体、字号，设置文字颜色为蓝色，设置完毕后在圆角矩形上单击，输入文字，如图13-187所示。文字输入完毕后按Ctrl+Enter快捷键完成操作。用同样的方法，继续使用“横排文字工具”在画面中圆形图标上输入合适的文字，并在选项栏中设置合适的字体、字号及颜色，如图13-188所示。

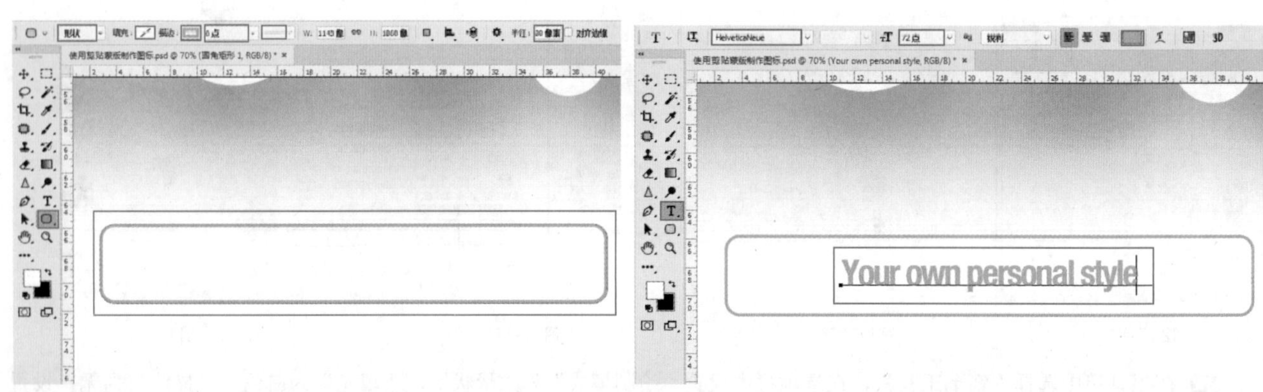

图13-186

图13-187

20 制作画面左下角的“页面滑动”符号。首先制作空心圆。选择工具箱中的“椭圆工具”，在选项栏中设置“绘制模式”为“形状”，“填充”为无，“描边”为蓝色，“描边粗细”为6点，“描边类型”为实线，设置完成后在画面底部按住Shift键的同时按住鼠标左键拖动绘制正圆，如图13-189所示。接着在选项栏中设置“填充”为蓝色，“描边”为无，在空心圆右侧继续绘制，如图13-190所示。

21 此时图标页面制作完成，最终效果如图13-191所示。

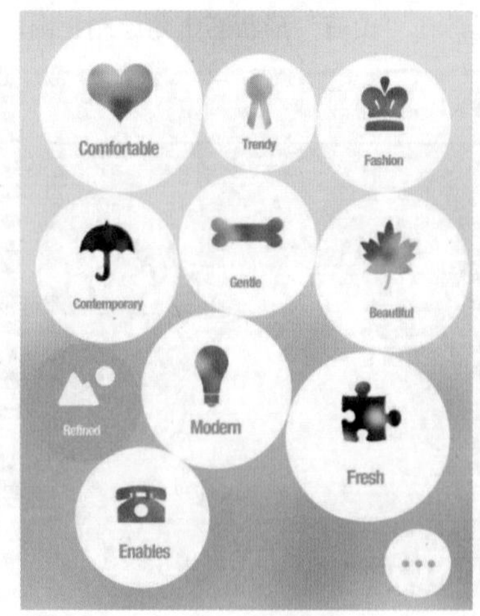

图13-188

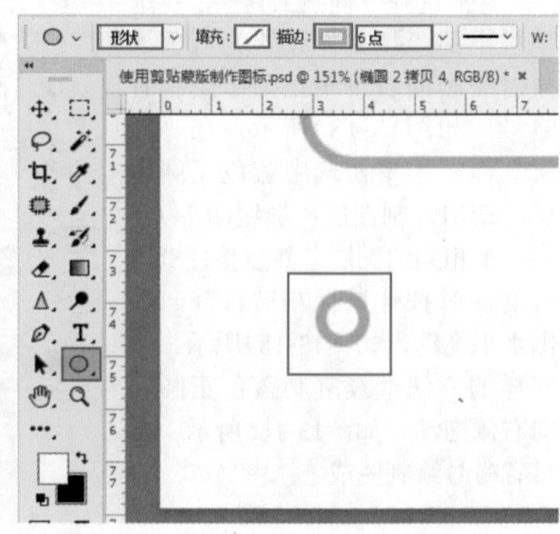

图13-189

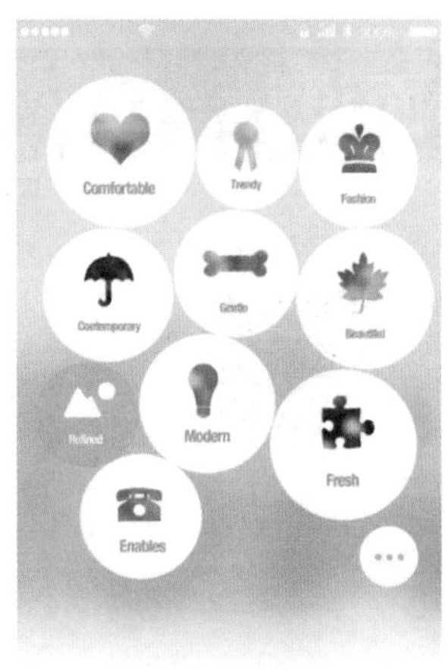

图13-190　　图13-191

13.6.4 矢量蒙版

矢量蒙版是矢量工具，以钢笔或形状工具在蒙版上绘制路径形状控制图像显示与隐藏，并且矢量蒙版可以调整路径节点，从而制作出精确的蒙版区域。

（1）绘制一个闭合路径，如图13-192所示。执行“图层>矢量蒙版>当前路径”命令，即可创建矢量蒙版，如图13-193所示。

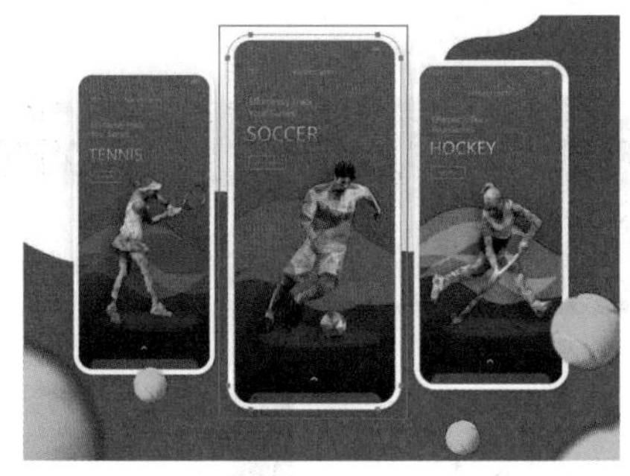

图13-192

图13-193

高手小贴士：创建矢量蒙版的快捷方式

按住Ctrl键在“图层”面板下方单击“添加图层蒙版”按钮，也可以为图层添加矢量蒙版，如图13-194所示。

图13-194

（2）创建矢量蒙版以后，可以继续使用钢笔工具或形状工具在矢量蒙版中进行编辑，如图13-195所示。

图13-195

高手小贴士：矢量蒙版的基本操作

在矢量蒙版上单击鼠标右键，在弹出的快捷菜单中可以对矢量蒙版进行停用、删除、栅格化的编辑操作，如图13-196所示。在这里将矢量蒙版栅格化后，矢量蒙版就会转换为图层蒙版。

图13-196

13.7 综合实战——时间轴APP界面设计

文件路径　第13章\时间轴APP界面设计

难易指数　★★★★★

扫码看视频

案例效果

案例效果如图13-197所示。

读书笔记

图13-197

13.7.1　项目分析

时间轴是APP中常见的功能，主要按照时间的顺序对文字、图像等各类信息进行有序排列和记录，并且以其独特的直观的视觉方式进行展现。让人浏览起来有一目了然的感觉。本案例是一款手机时间轴APP界面设计，界面整体纯净淡雅。界面中的摄影图片并不固定，它会随着自定义时间和事项自动匹配相应图片，并可设置语音提醒。如图13-198和图13-199所示为优秀的时间轴作品。

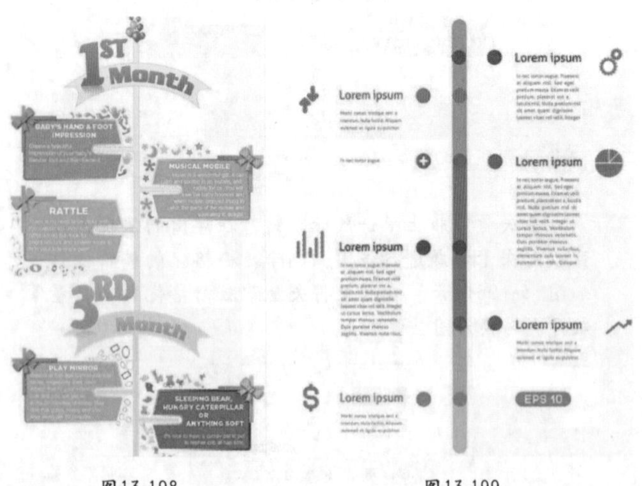

图13-198　　图13-199

13.7.2　布局规划

该时间轴界面简单而有秩序，以一条直线贯穿画面，事项模块位于直线两端，由一个时间节点引申出来，并用气泡框的形式表现，形似树蔓，生动又有设计感。当设置事件过多时，会将较远时间段的事件气泡隐藏，只保留最近时间段的事件行程，若想查询其他事件可单击中轴上方箭头，此时隐藏的事项将会显示，也可在右上角事项搜索中输入事件名称，为用户提供了便捷性。如图13-200和图13-201所示为优秀的时间轴作品。

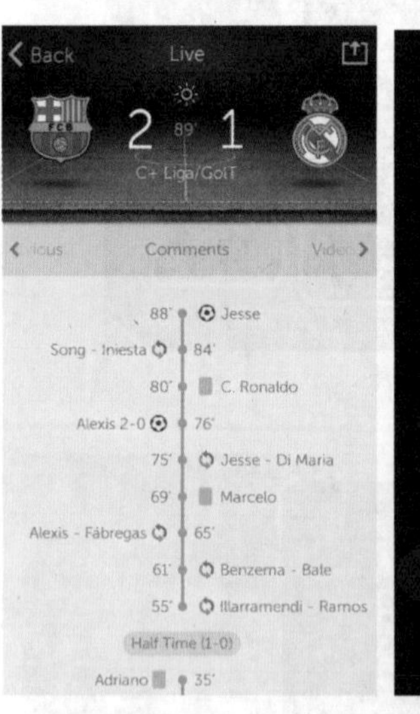

图13-200　　图13-201

13.7.3　色彩搭配

该界面以单一色相蓝色贯穿始终，浅蓝色作为界面背景，奠定清爽简洁的主基调，搭配明度不同的湖蓝与天蓝色，增强了版面的层次感，如图13-202所示。同类色搭配

不会过多地吸引用户注意力而导致插图部分被弱化。

图13-202

同类色搭配中规中矩，却不容易出现问题，可以说是“新手”快速掌握的一种颜色搭配方式，以此还可以延伸出多种同类色的搭配方式，如图13-203和图13-204所示。

读书笔记

图13-203

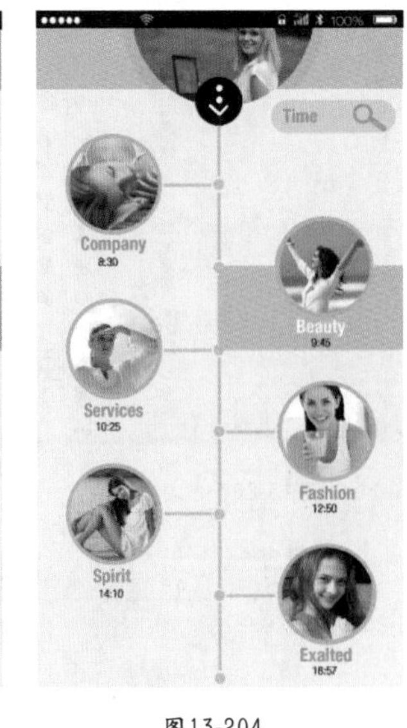

图13-204

13.7.4 实践操作

1. 制作背景部分

（1）执行“文件>新建”命令，在弹出的“新建文档”对话框中设置“宽度”为1242像素，“高度”为2208像素，“分辨率”为72像素/英寸。设置完成后单击“创建”按钮，如图13-205所示。

（2）为背景图层添加颜色。单击工具箱中的前景色按钮，在弹出的“拾色器”对话框中将前景色设置为淡蓝色，如图13-206所示。然后使用前景色填充快捷键Alt+Delete将背景图层填充为淡蓝色，如图13-207所示。

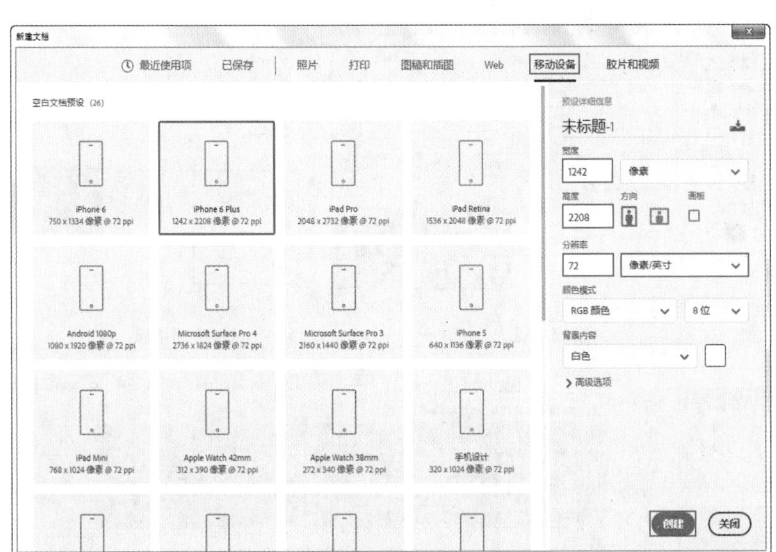

图13-205

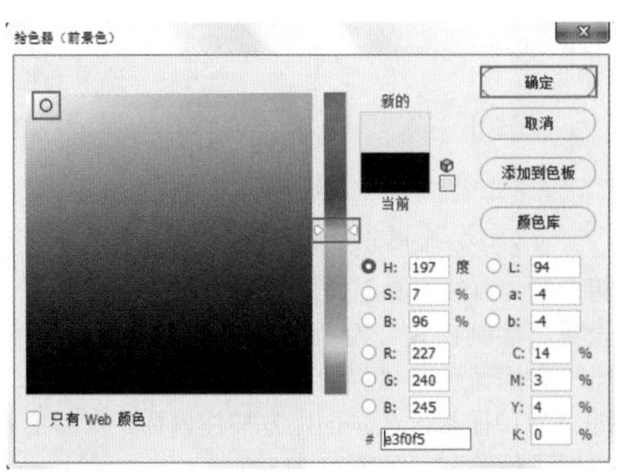

图13-206

（3）选择工具箱中的“矩形工具”，在选项栏中设置“绘制模式”为“形状”，“填充”为深蓝色，“描边”为无，然后在画面上方按住鼠标左键进行绘制，如图13-208所示。

（4）选择工具箱中的“椭圆工具”，在选项栏中设置“绘制模式”为“形状”，“填充”为蓝色，“描边”为无，然后在画面上方按住Shift键并按住鼠标左键拖动绘制正圆，如图13-209所示。执行“图层>创建剪贴蒙版”命令，此时画面效果如图13-210所示。

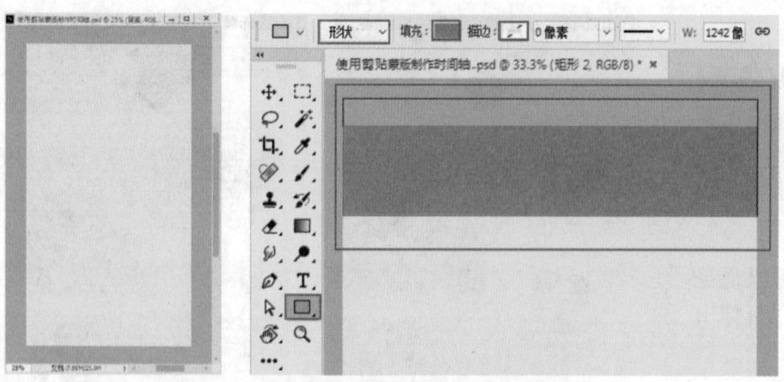

图13-207　图13-208

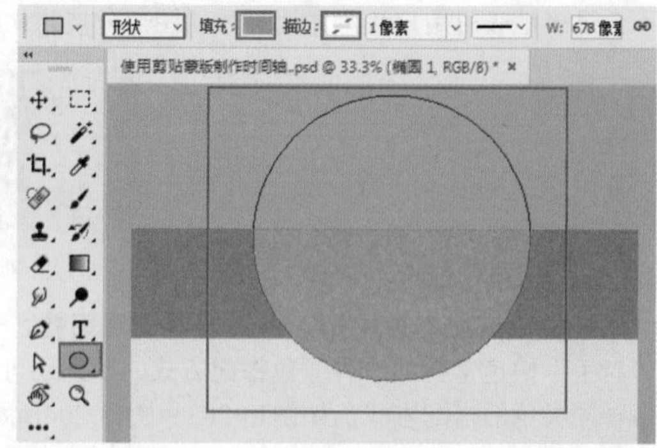

图13-209

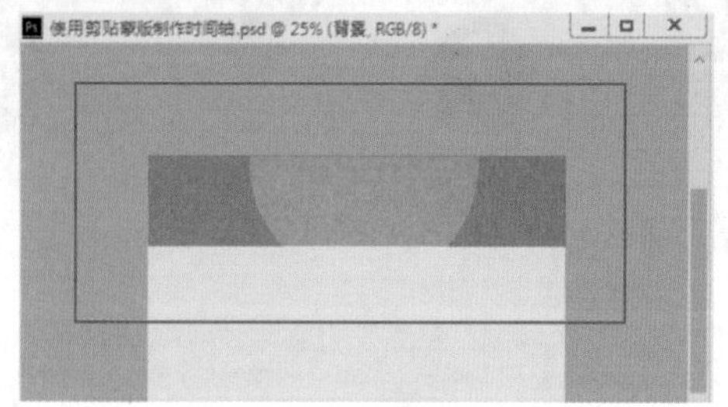

图13-210

（5）选择工具箱中的“矩形工具”，在选项栏中设置“绘制模式”为“形状”，“填充”为蓝色，“描边”为无，在画面右侧按住鼠标左键进行绘制，如图13-211所示。

（6）选择工具箱中的“椭圆工具”，在选项栏中设置“绘制模式”为“形状”，“填充”为无，“描边”为蓝色，“描边宽度”为16点，然后在画面左上方按住鼠标左键并按住Shift键绘制正圆，如图13-212所示。

（7）复制多个正圆圈。选择该图层，使用复制图层快捷键Ctrl+J，将圆圈复制并将其移动至下方，如图13-213所示。继续复制正圆，将复制的圆圈移到画面的不同位置，如图13-214所示。

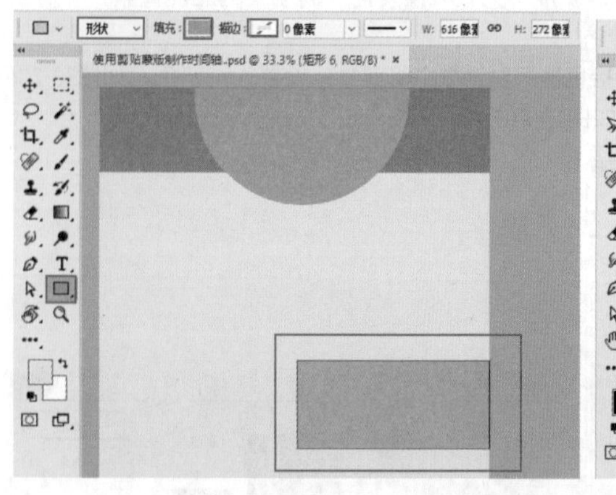

图13-211

图13-212

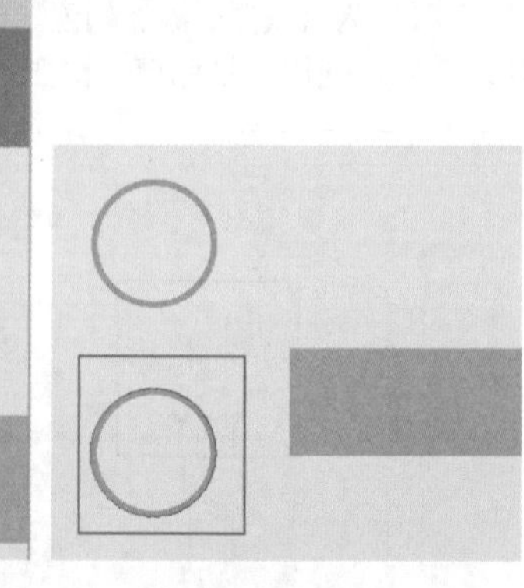

图13-213

（8）绘制竖条直线。选择工具箱中的“直线工具” ，在选项栏中设置“绘制模式”为“形状”，“填充”为深蓝色，“描边”为无，“粗细”为10像素，在画面上方按住鼠标左键进行绘制，如图13-215所示。

（9）复制多个直线条。选择该图层，使用复制图层快捷键Ctrl+J将直线复制并将其移至下方，如图13-216所示，继续复制直线条，将复制的直线移到画面的不同位置，如图13-217所示。

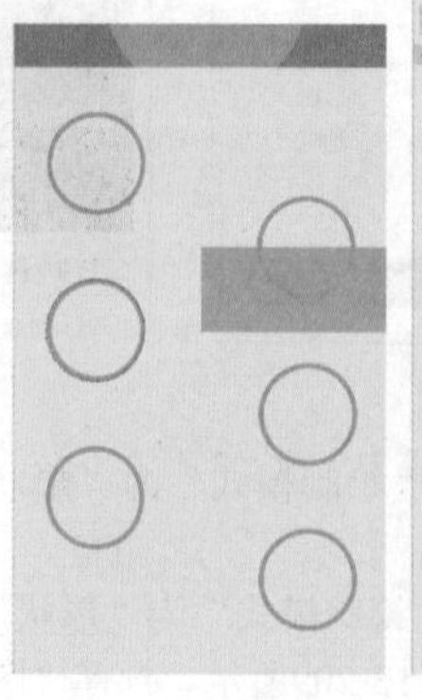

图13-214

图13-215

（10）绘制横条直线。在选择“直线工具”的状态下，在画面上方按住鼠标左键绘制横条直线，如图13-218所示。继续将直线进行复制，然后移到合适位置，效果如图13-219所示。

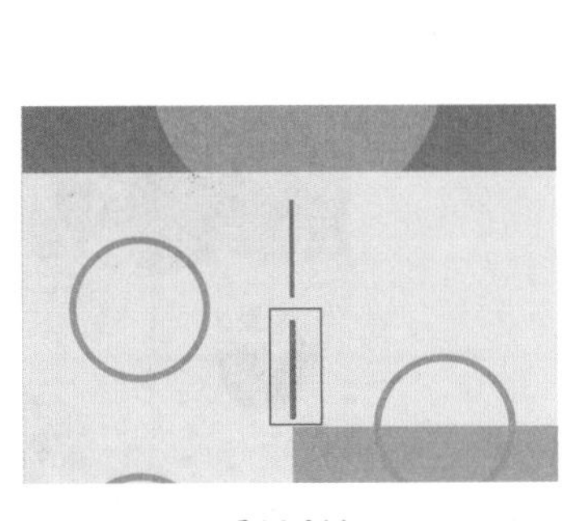
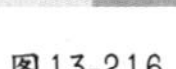

图13-216

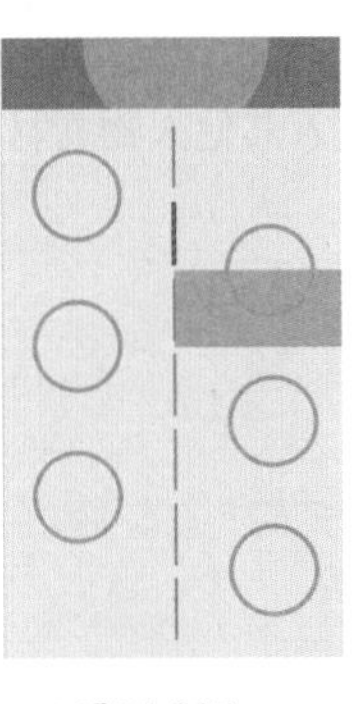

图13-217

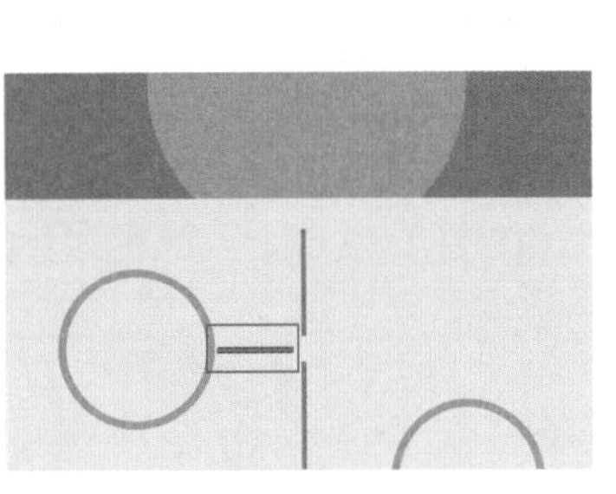

图13-218

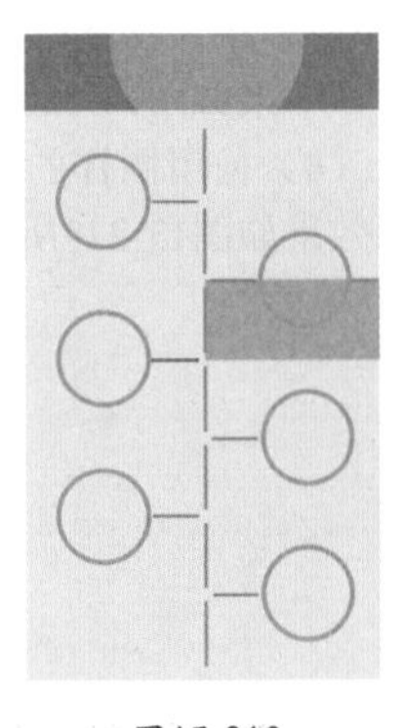

图13-219

（11）选择工具箱中的“椭圆工具”，在选项栏中设置“绘制模式”为“形状”，“填充”为深蓝色，“描边”为无，然后在画面上方按住Shift键并按住鼠标左键拖动绘制正圆，如图13-220所示。将正圆进行复制，然后移到合适位置，效果如图13-221所示。

（12）选择工具箱中的“圆角矩形工具”，在选项栏中设置“绘制模式”为“形状”，“填充”为灰色，“描边”为无，“半径”为120像素，然后在画面右上角按住鼠标左键拖动绘制圆角矩形，如图13-222所示。

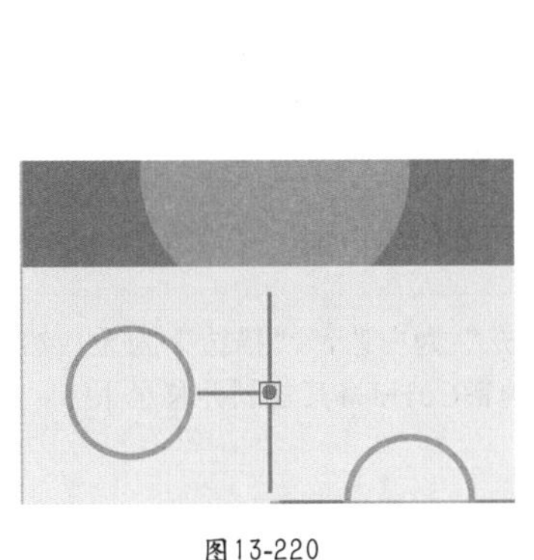

图13-220

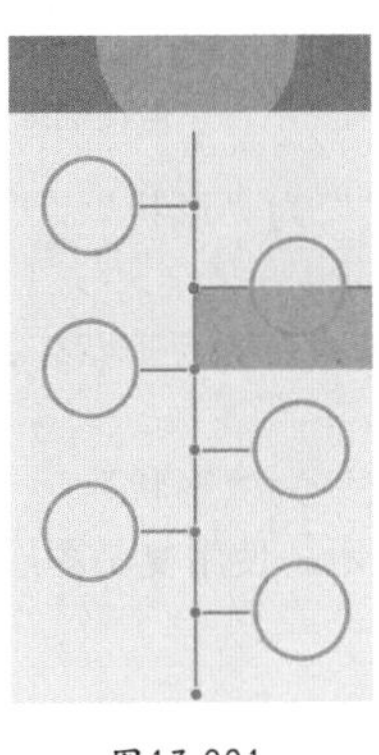

图13-221

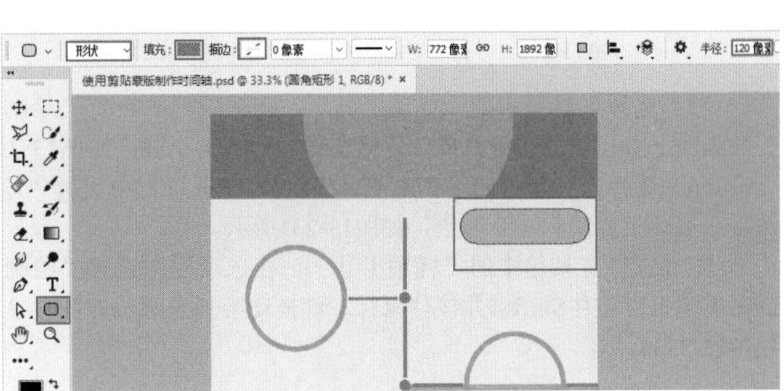

图13-222

（13）选择工具箱中的“椭圆工具”，在选项栏中设置“绘制模式”为“形状”，“填充”为白色，“描边”为无，然后在画面上方按住Shift键并按住鼠标左键拖动绘制正圆，如图13-223所示。

2. 制作图像与文字部分

（1）执行“文件>置入嵌入对象”命令，将人物素材“1.jpg”置入画面的上方，按Enter键确认置入操作，如图13-224所示。执行“图层>创建剪贴蒙版”命令，效果如图13-225所示。

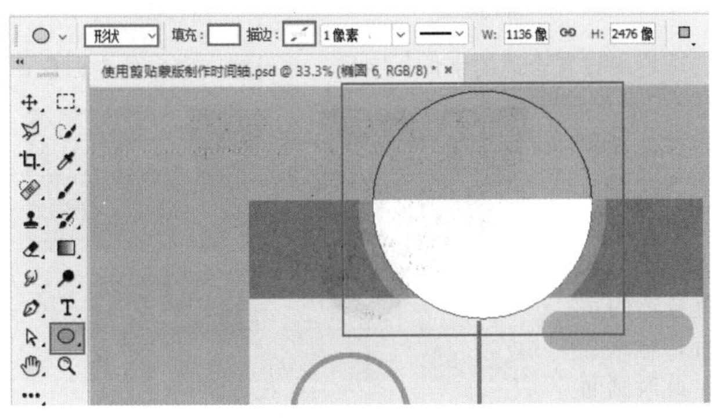

图13-223

图13-224

图13-225

（2）选择工具箱中的“椭圆工具”，在选项栏中设置“绘制模式”为“形状”，“填充”为白色，“描边”为无，然后在左侧正圆圈上方按住Shift键并按住鼠标左键拖动绘制正圆，如图13-226所示。

（3）将人物素材“2.jpg”置入画面的左上方，按Enter键确认置入操作，如图13-227所示。执行“图层>创建剪贴蒙版”命令，效果如图13-228所示。

（4）使用同样的方式在其他正圆圈内绘制白色正圆，然后置入其他人物素材并对其执行“创建剪贴蒙版”命令，此时画面效果如图13-229所示。

图13-226

图13-227

图13-228

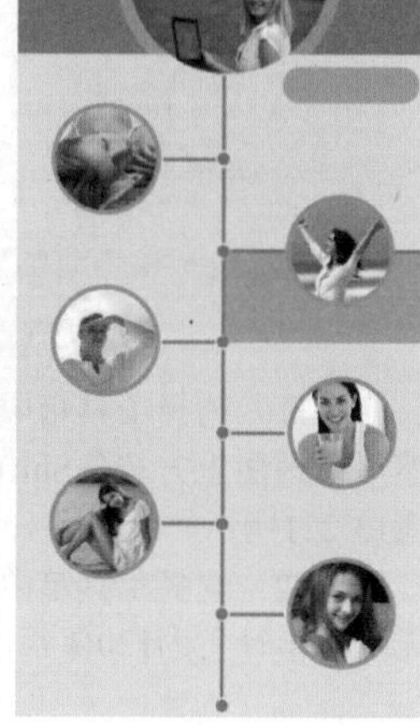
图13-229

（5）选择工具箱中的“椭圆工具”，在选项栏中设置“绘制模式”为“形状”，“填充”为黑色，“描边”为无，然后在画面上方按住Shift键并按住鼠标左键拖动绘制正圆，如图13-230所示。

（6）选择工具箱中的“钢笔工具”，在选项栏中设置“绘制模式”为“形状”，“填充”为白色，“描边”为无，然后在黑圆上方绘制一个形状，如图13-231所示。

（7）选择工具箱中的“椭圆工具”，在选项栏中设置“绘制模式”为“形状”，“填充”为白色，“描边”为无，然后在黑圆上方按住Shift键并按住鼠标左键拖动绘制正圆，如图13-232所示。使用复制图层快捷键Ctrl+J将其复制并移至下方，如图13-233所示。

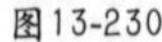
图13-230

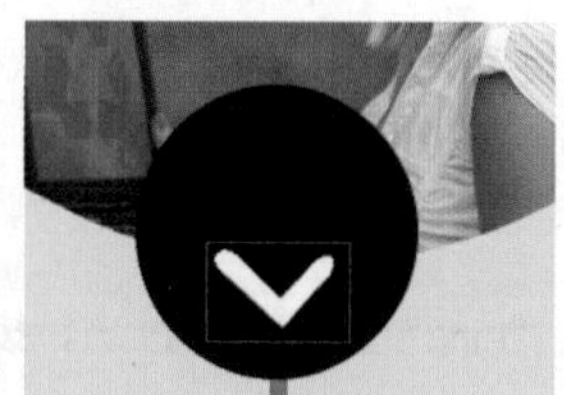
图13-231

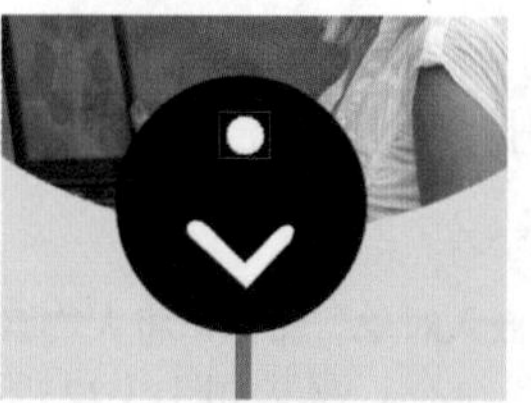
图13-232

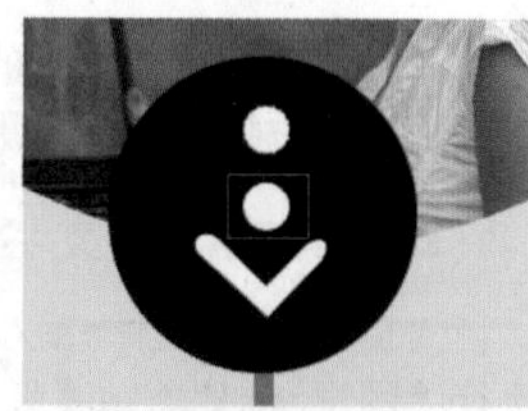
图13-233

（8）输入文字。选择工具箱中的“横排文字工具”，在选项栏中设置合适的字体、字号，并设置文字颜色为白色，然后在圆角矩形上方单击插入光标，输入文字，如图13-234所示。

图13-234

（9）绘制搜索图标。选择工具箱中的“自定形状工具”，在选项栏中设置“绘制模式”为“形状”，“填充”为无，“描边”为蓝色，“描边半径”为8点，在“形状”下拉列表框中选择一个搜索形状，在文字右侧按住鼠标左键拖动绘制搜索形状，如图13-235所示。

（10）选择工具箱中的“横排文字工具”，在选项栏中设置合适的字体、字号，并设置文字颜色为蓝色，然后在画面左侧单击插入光标，输入文字，如图13-236所示。使用同样的方式在画面不同位置输入文字，此时画面效果如图13-237所示。

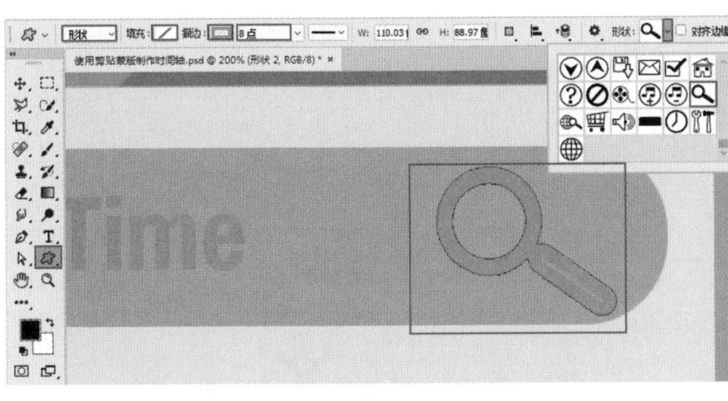

图13-235

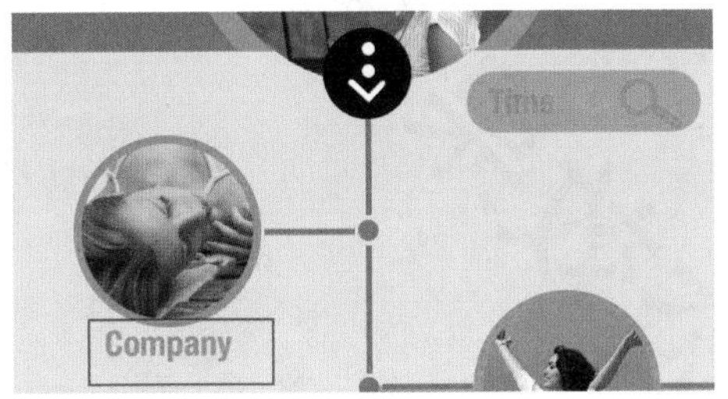

图13-236

（11）执行“文件>置入嵌入对象”命令，将状态栏素材“8.jpg”置入画面上方，按Enter键确定置入操作，最终画面效果如图13-238所示。

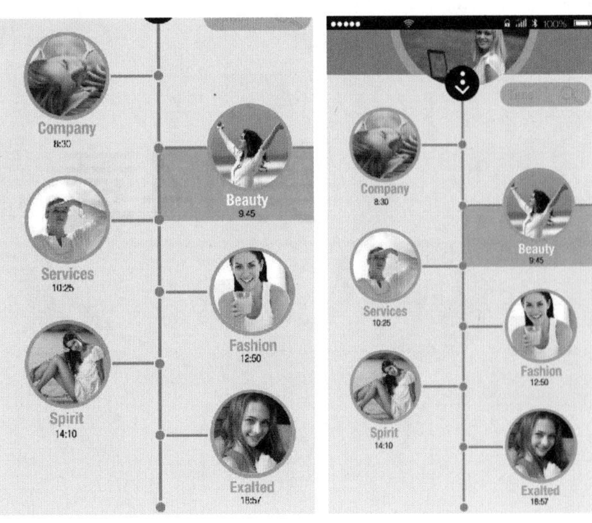

图13-237　　图13-238

读书笔记

第14章

UI动态效果设计

本章内容简介：

目前，APP界面中经常会出现各种各样的动态效果，例如按钮会随着单击而发生变化。界面中的某些元素也可能伴随操作发生位置的改变，以及加载动画、界面动画或者APP展示效果等。虽然比较复杂的效果通常需要利用更加专业的动态制图软件进行制作，但是对于比较简单的动态效果，Photoshop还是可以胜任的。在Photoshop的“时间轴”面板中就可以完成帧动画和时间轴动画的制作。

本章学习要点：

- 掌握时间轴动画的创建方法
- 掌握时间帧动画的创建方法

14.1 认识“时间轴”面板

Photoshop的视频与动画功能主要集中在“时间轴”面板中，在这里既可以对动态视频进行剪辑、添加特效等编辑操作，也可以从零开始制作一个有声有色的动画文档。

执行“窗口>时间轴”命令，打开“时间轴”面板。单击面板中央的⌄按钮，即可看到“创建视频时间轴”和“创建帧动画”选项，如图14-1所示。

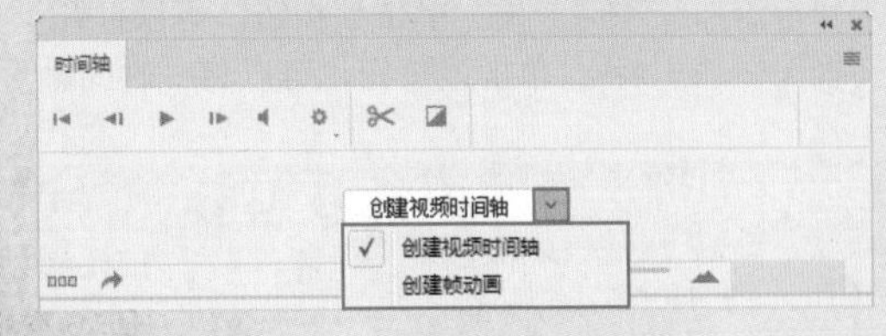

图14-1

选择“创建视频时间轴”选项，然后单击该按钮，即可创建时间轴动画，此时在“时间轴”面板中自动为该图层创建了一个视频轨道，如图14-2所示。若单击“创建帧动画”按钮，则当前窗口的效果如图14-3所示。

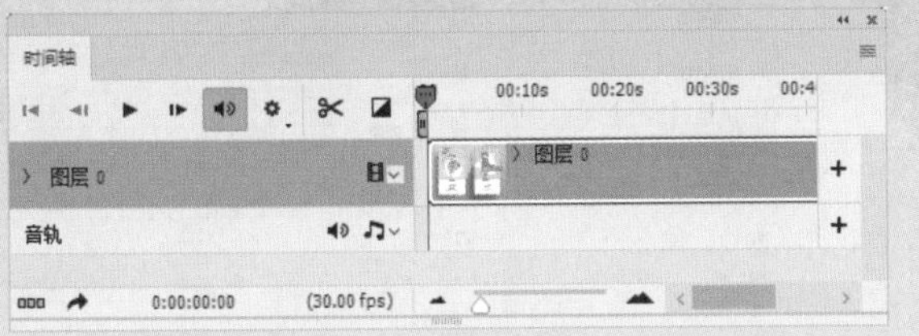

图14-2

图14-3

帧动画和时间轴动画是两种不同的动画类型，其编辑方法与呈现的效果都有所不同，下面我们来分别学习。

14.2 创建视频时间轴

14.2.1 认识“时间轴”面板

“时间轴”是把一段时间以一条或多条线的形式进行表达，它的工作原理就是定义一系列的小时间段：帧。这些帧随时间变化，在每一个帧上均可以改变网页元素的各种属性，以此实现动画效果。“时间轴”是影视后期制作中常用的术语，也是动态视频进行编辑的一种方式。在Photoshop的“时间轴”面板中可以显示文档图层中帧的持续时间和动画属性。“时间轴”面板主要用于组织和控制影片中图层和帧的内容，使这些内容随着时间的推移而发生相应的变化，如图14-4所示。

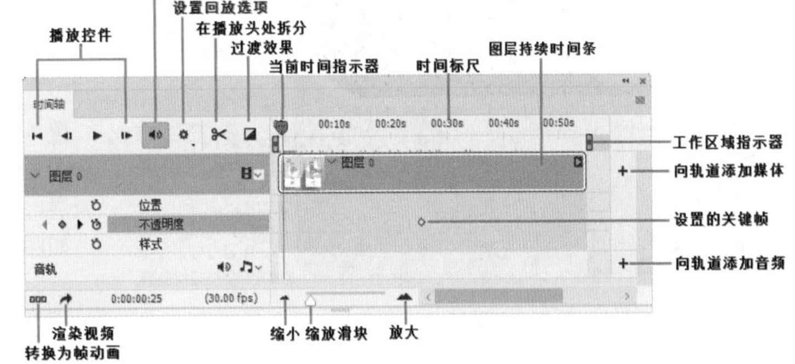

图14-4

“时间轴”面板参数详解。

- 播放控件：是用于控制视频播放的按钮，其中包括转到第一帧⏮、转到上一帧◀、播放▶和转到下一帧▶。
- 启用关键帧动画◷\移去现有关键帧◷：启用或停用图层属性的关键帧设置。
- 关键帧导航器◀ ◆ ▶：轨道标签左侧的箭头按钮用于将当前时间指示器从当前位置移到上一个或下一个关键帧。单击中间的按钮可添加或删除当前时间的关键帧。
- 音频控制按钮🔊：使用该按钮可以关闭或启用音频的播放。
- 在播放头处拆分✂：使用该按钮可以在时间指示器所在位置拆分视频或音频。
- 过渡效果◪：单击该按钮并执行下拉菜单中的相应命令，可以为视频添加过渡效果，创建专业的淡化和交叉淡化效果。
- 当前时间指示器：拖曳当前时间指示器可以浏览帧或更改当前时间或帧。

- 时间标尺：根据当前文档的持续时间和帧速率，水平测量持续时间或帧计数。
- 图层持续时间条：指定图层在视频或动画中的时间位置。
- 工作区域指示器：拖曳位于顶部轨道任一端的蓝色标签，可以标记要预览或导出的动画或视频的特定部分。
- 向轨道添加媒体/音频 +：单击该按钮，可以打开一个对话框将视频或音频添加到轨道中。
- 转换为帧动画 ▫▫▫：单击该按钮，可以将“时间轴”面板切换到帧动画模式。

★ 案例实战——制作位置动画

文件路径　第14章\制作位置动画

难易指数　★★★★★

扫码看视频

案例效果

案例效果如图14-5所示。

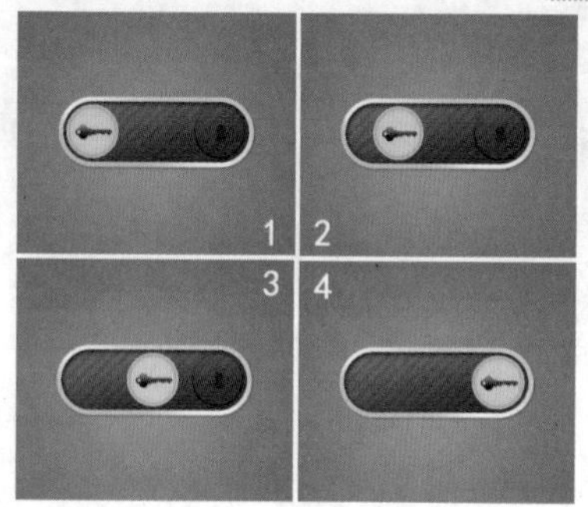

图14-5

操作步骤

01 打开素材文件“1.psd”，如图14-6所示。执行“窗口>时间轴”命令，打开“时间轴”面板，接着单击“创建视频时间轴”按钮，如图14-7所示。

图14-6

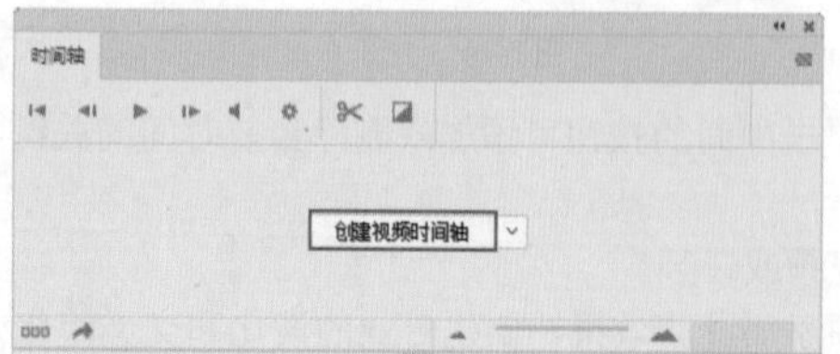

图14-7

02 将光标移到“工作区域指示器”末端，然后按住鼠标左键拖动，将其拖至03:00f处，接着依次将“图层持续时间条”也拖到03:00f处，这样视频播放的时间就是3秒钟，如图14-8所示。

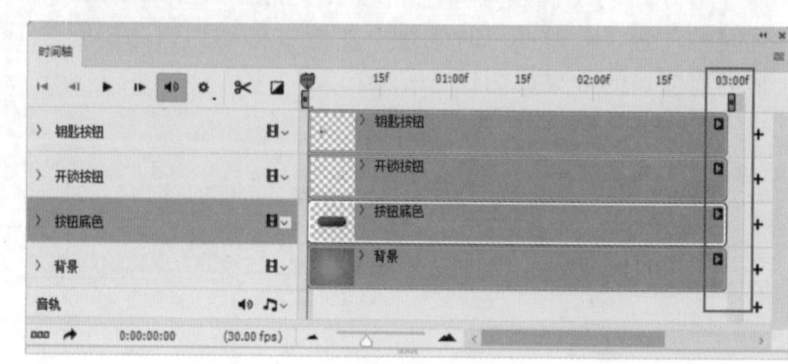

图14-8

03 选择“钥匙按钮”图层，将“当前时间指示器”拖到00:00f处，然后单击图层名称前方的 › 按钮展开隐藏的选项，接着单击“位置”选项中的“启用关键帧动画”按钮 ⏱，在00:00f处添加一个关键帧，如图14-9所示。

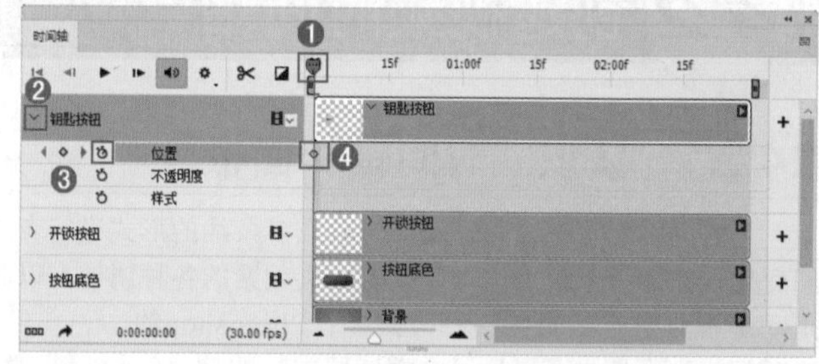

图14-9

04 将“当前时间指示器”拖到01:00f处，单击“位置”选项前方的 ◆ 按钮，在01:00f处添加一个关键帧，如图14-10所示。接着在“图层”面板中选择“钥匙按钮”图层，然后选择“移动工具”，按住Shift键将按钮向右平移，如图14-11所示。

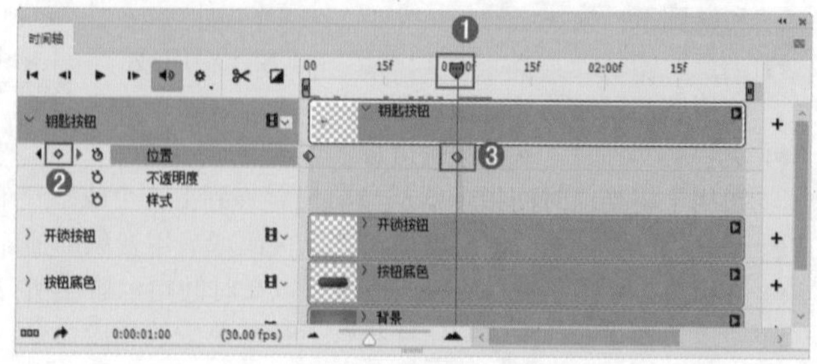

图14-10

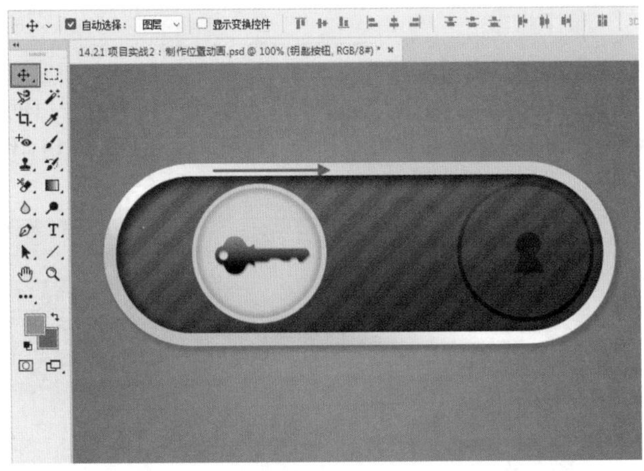

图14-11

05 在02:00f处添加关键帧，如图14-12所示。然后将钥匙按钮向右拖动，如图14-13所示。

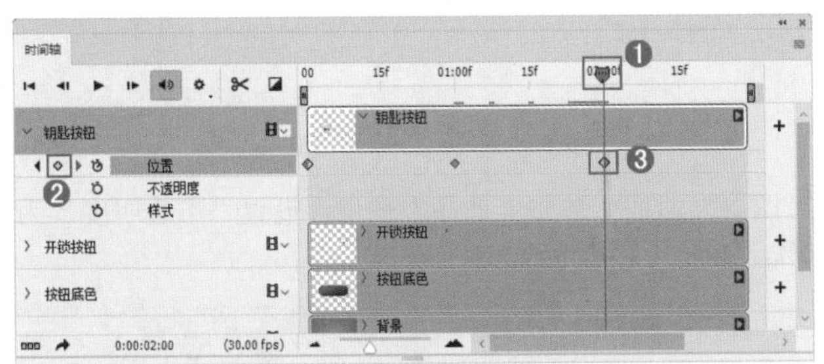

图14-12

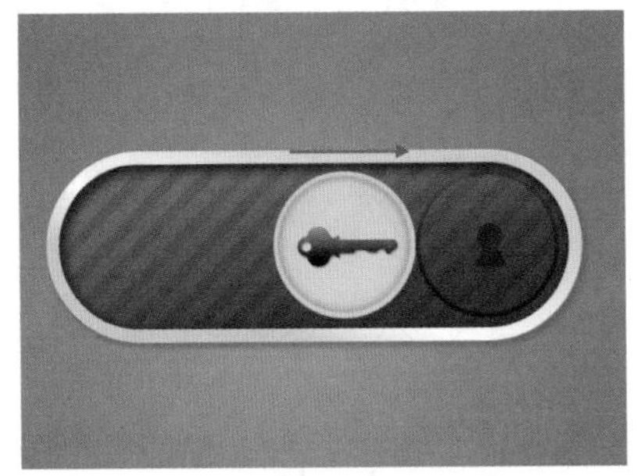

图14-13

06 在03:00f处添加关键帧，如图14-14所示。然后将钥匙按钮向右拖动，拖至开锁按钮上方，如图14-15所示。

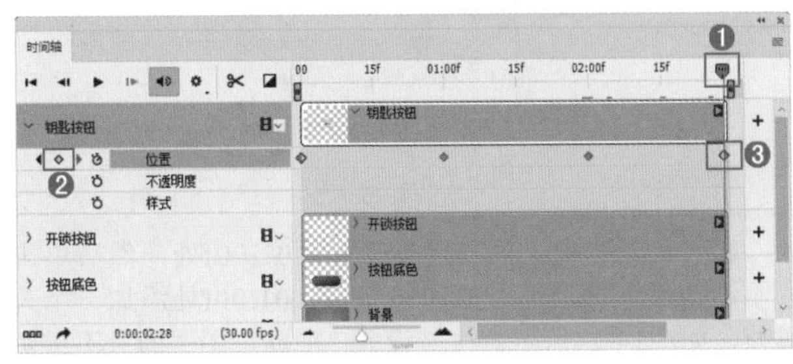

图14-14

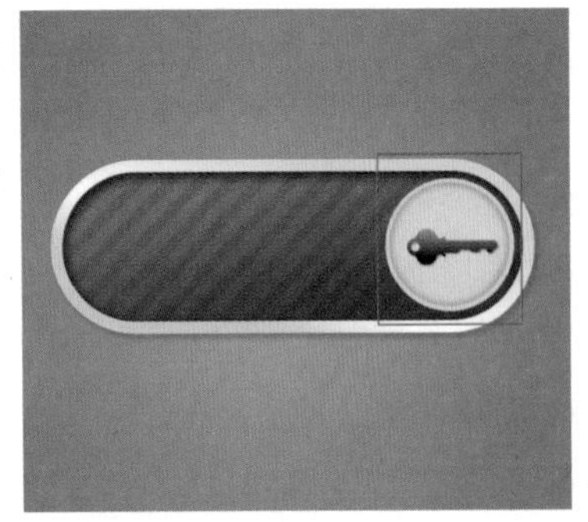

图14-15

07 将“当前时间指示器”拖到00:00f处，单击“播放”按钮▶查看动画效果，如图14-16所示，如图14-17所示为播放效果。

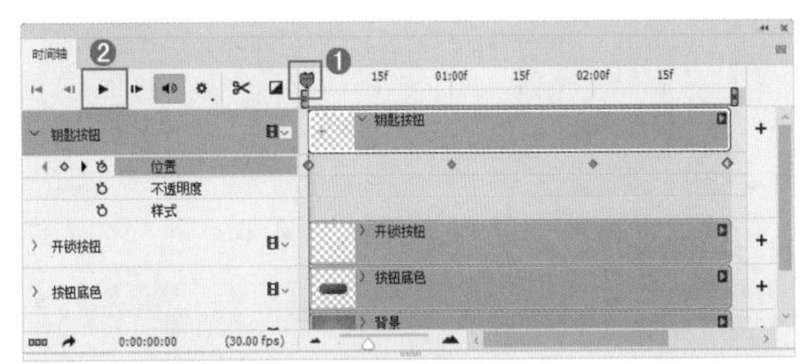

图14-16

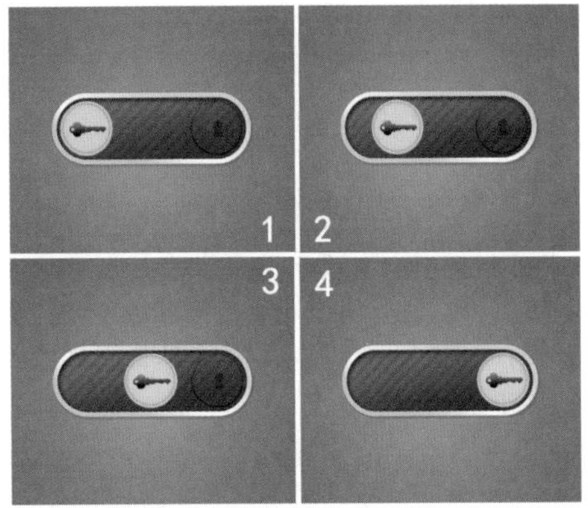

图14-17

读书笔记

★ 案例实战——不透明度动画

文件路径　第14章\不透明度动画
难易指数　★★★★★

扫码看视频

案例效果

案例效果如图14-18所示。

图14-18

操作步骤

01 打开素材文件“1.psd”，其中包括多个图层，如图14-19所示。执行“窗口>时间轴”命令，打开“时间轴”面板，接着单击“创建视频时间轴”按钮，如图14-20所示。

图14-19

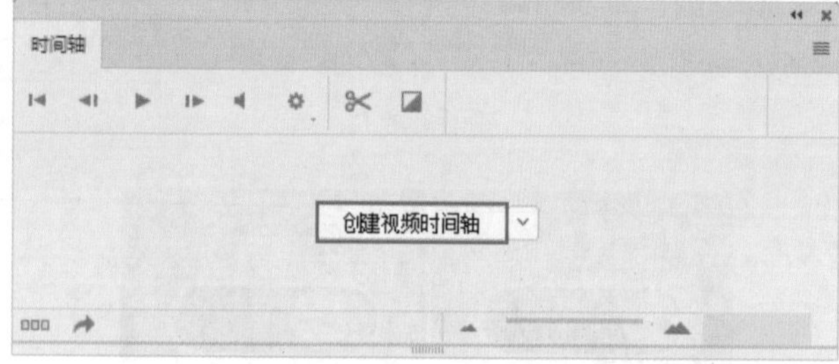

图14-20

02 将光标移到“工作区域指示器”末端，然后按住鼠标左键拖动，将其拖至03:00f处，接着依次将各个图层的“图层持续时间条”也拖到03:00f处，这样视频播放的时间就是3秒钟，如图14-21所示。

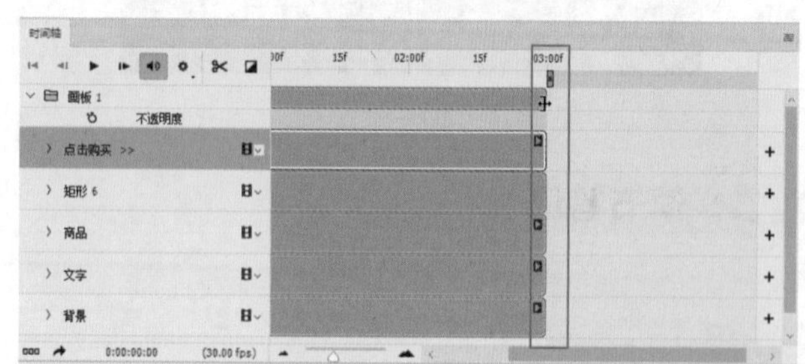

图14-21

03 选择“商品”图层，将“当前时间指示器”拖到00:00f处，然后单击图层名称前方的 › 按钮展开隐藏的选项，接着单击“不透明度”选项中的“启用关键帧动画”按钮，在00:00f处添加一个关键帧，如图14-22所示。最后在“图层”面板中单击“商品”图层，设置“不透明度”为0%，如图14-23所示。

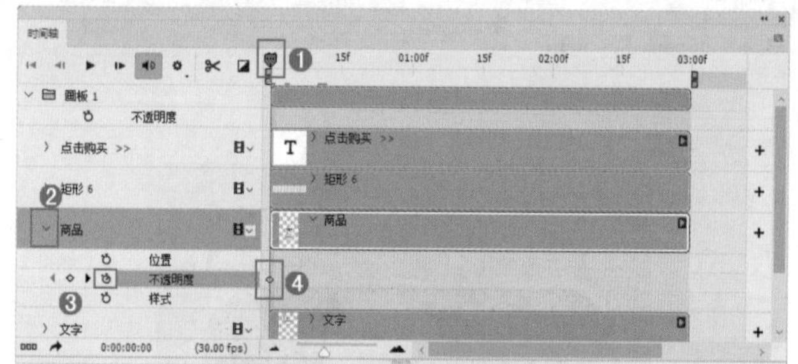

图14-22

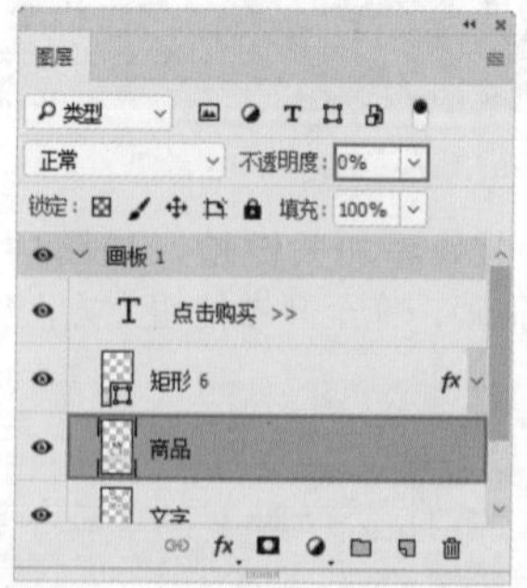

图14-23

04 将“当前时间指示器”拖到01:00f处，然后单击“不透明度”选项前方的 ◇ 按钮，在01:00f处添加一个关键帧，如图14-24所示。接着设置“商品”图层的“不透明度”为35%，如图14-25所示。

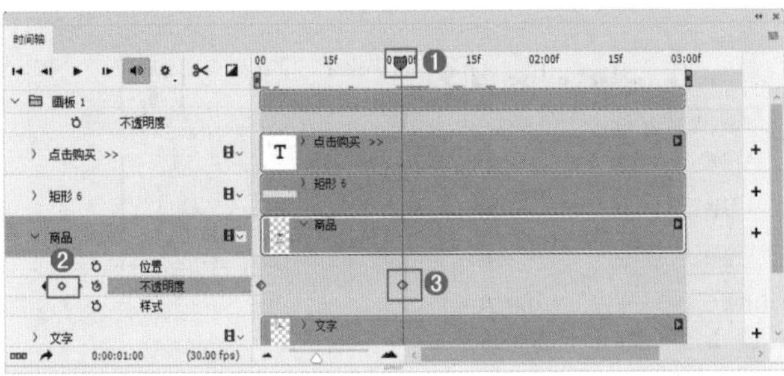

图14-24

图14-25

05 在02:00f处添加一个关键帧，如图14-26所示。接着设置“商品”图层的“不透明度”为70%，如图14-27所示。

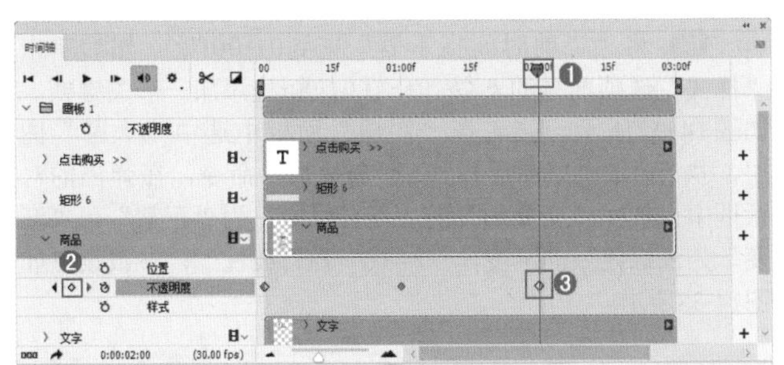

图14-26

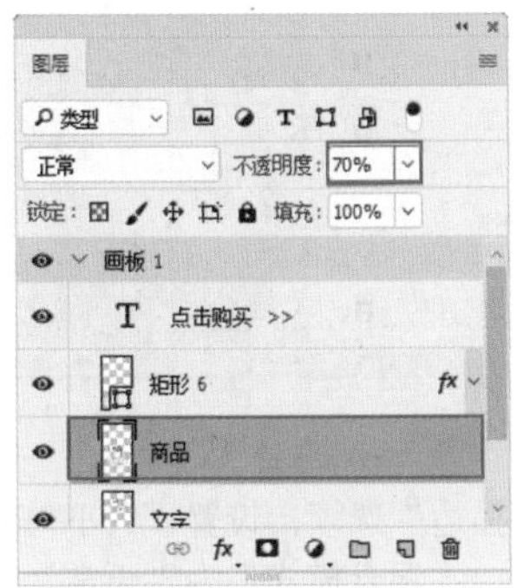

图14-27

06 在03:00f处添加一个关键帧，如图14-28所示。接着设置“商品”图层的“不透明度”为100%，如图14-29所示。

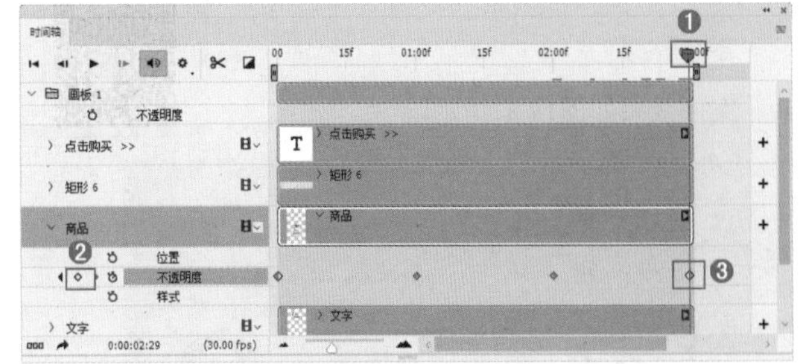

图14-28

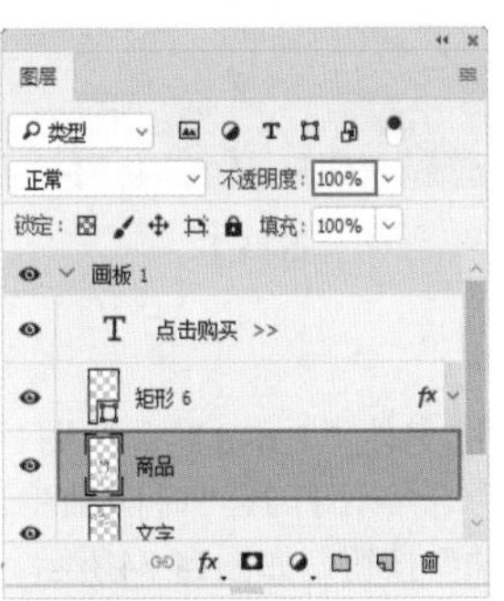

图14-29

07 将“当前时间指示器”拖到00:00f处，单击“播放”按钮 ▶ 查看动画效果，如图14-30所示，如图14-31所示为播放效果。

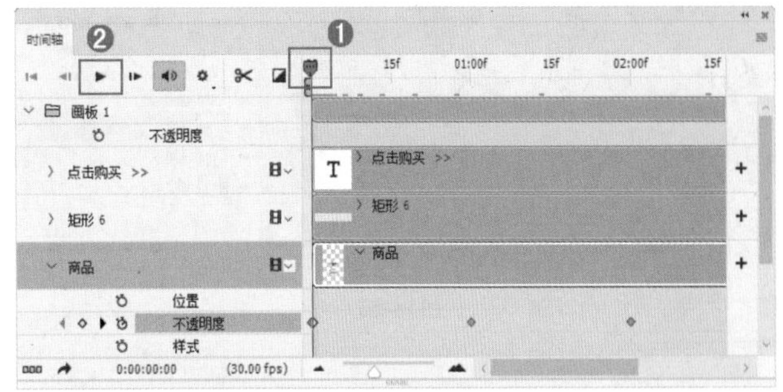

图14-30

图14-31

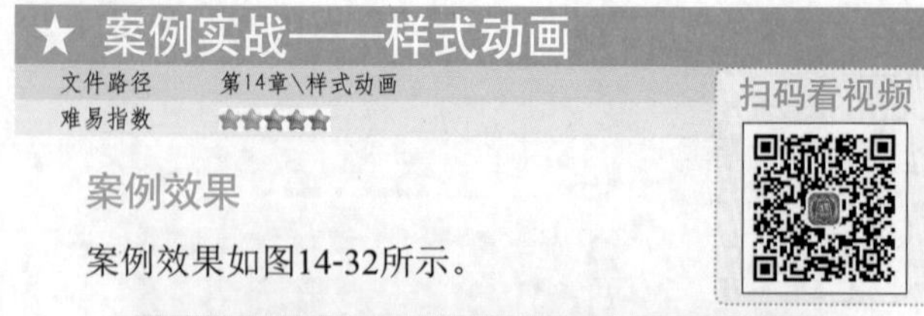

★ 案例实战——样式动画

文件路径　第14章\样式动画

难易指数　★★★★★

扫码看视频

案例效果

案例效果如图14-32所示。

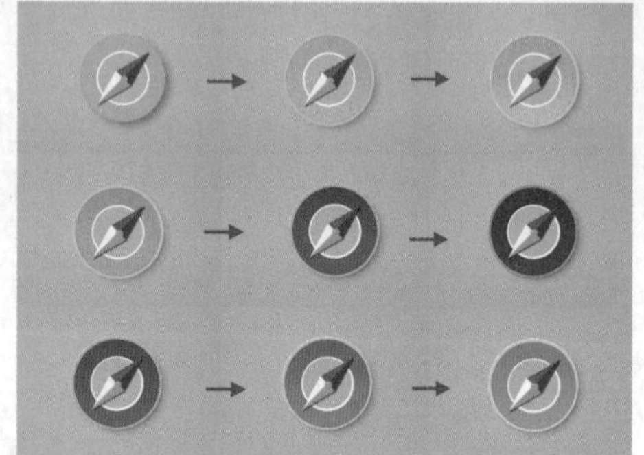

图14-32

操作步骤

01 打开素材文件“1.psd”，如图14-33所示。执行“窗口>时间轴”命令，打开“时间轴”面板，接着单击“创建视频时间轴”按钮，如图14-34所示。

图14-33

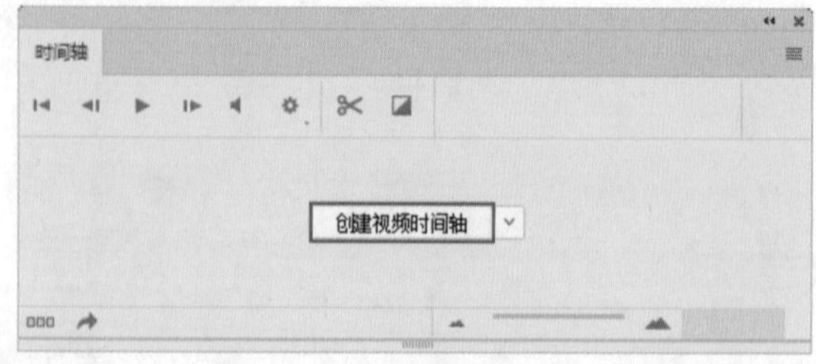

图14-34

02 将光标移到“工作区域指示器”末端，然后按住鼠标左键拖动，将其拖至03:00f处，接着依次将“图层持续时间条”也拖到03:00f处，这样视频播放的时间就是3秒钟，如图14-35所示。

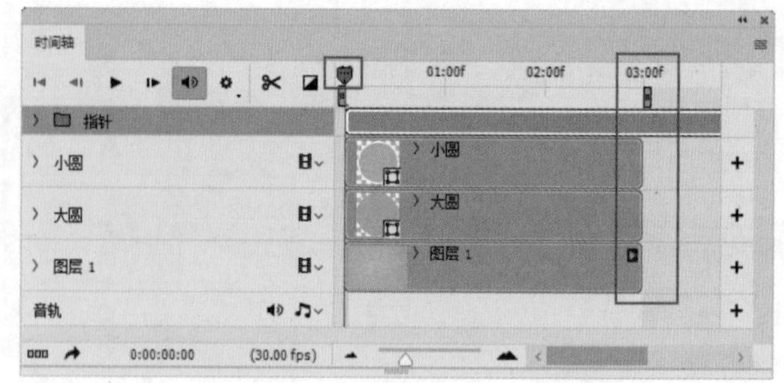

图14-35

03 选择“大圆”图层，将“当前时间指示器”拖到00:00f处，然后单击图层名称前方的 › 按钮展开隐藏的选项，接着单击“样式”选项中的“启用关键帧动画”按钮，在00:00f处添加一个关键帧，如图14-36所示。

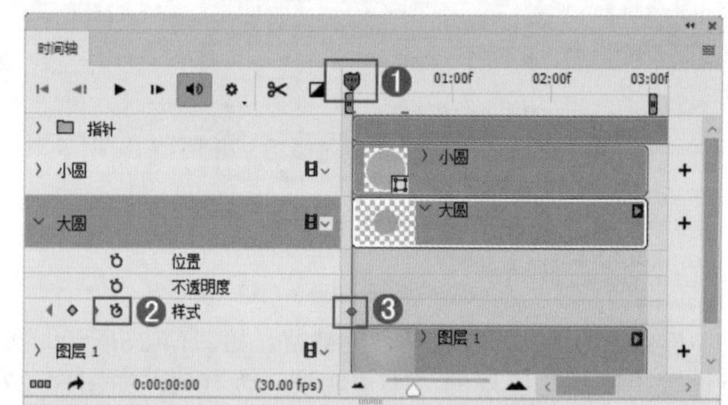

图14-36

04 将“当前时间指示器”拖到01:00f处，然后单击“样式”选项前方的◇按钮，在01:00f处添加一个关键帧，如图14-37所示。接着在“图层”面板中选中“大圆”图层，执行“图层>图层样式>渐变叠加”命令，在弹出的对话框中设置“渐变叠加”的“混合模式”为“正常”，“渐变”为浅绿色系的渐变，“样式”为“线性”，参数设置如图14-38所示。

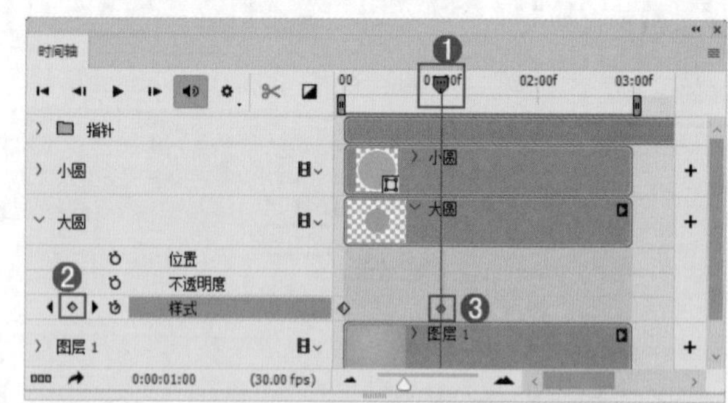

图14-37

05 勾选“描边”选项，设置“大小”为15像素，“位置”为“外部”，“混合模式”为“正常”，“颜色”为浅绿色，参数设置如图14-39所示。设置完成后单击“确定”按钮，此时画面效果如图14-40所示。

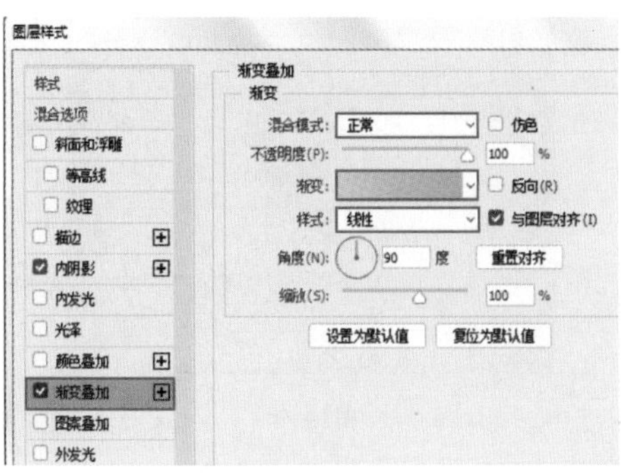

图14-38

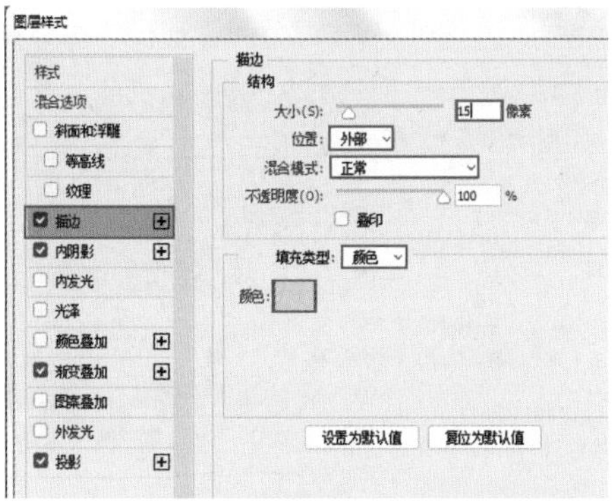

图14-39

图14-40

06 在02:00f处添加一个关键帧，如图14-41所示。执行“图层>图层样式>渐变叠加”命令，打开“图层样式”对话框，将渐变叠加的颜色更改为紫色系的渐变颜色，如图14-42所示。

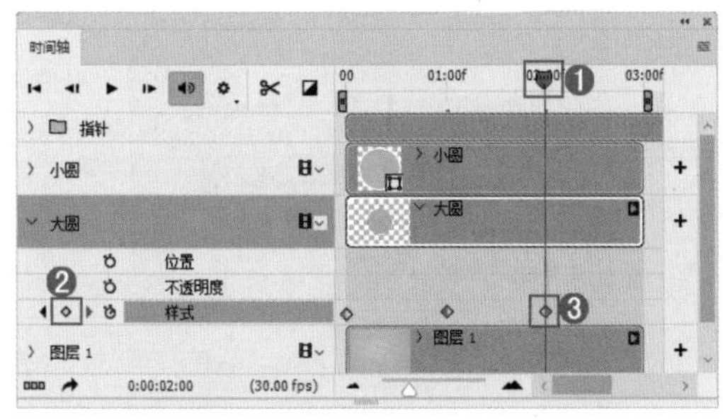

图14-41

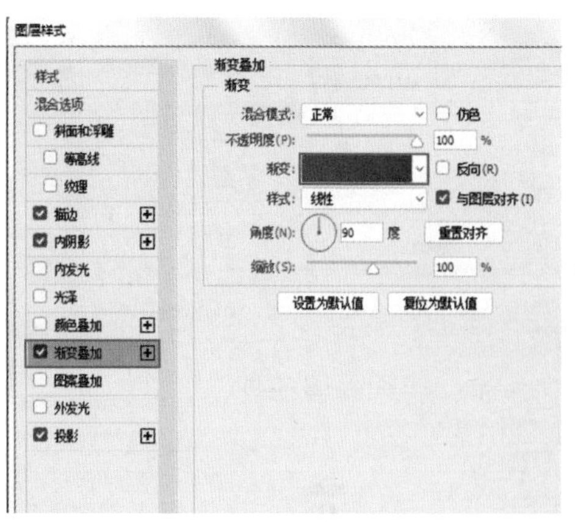

图14-42

07 选择“描边”选项，然后设置描边颜色为浅紫色，参数设置如图14-43所示。设置完成后单击“确定”按钮，此时画面效果如图14-44所示。

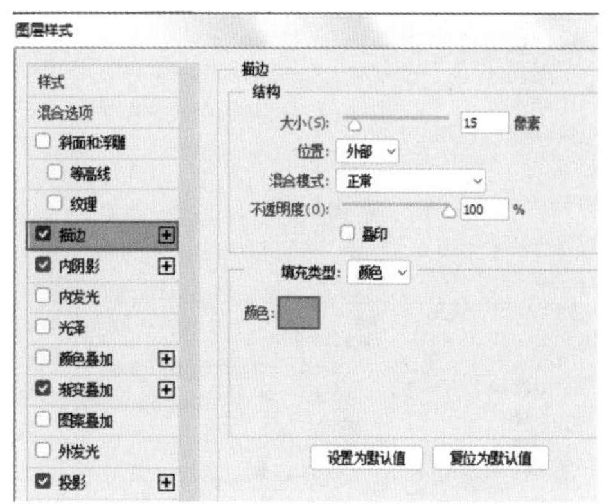

图14-43

图14-44

08 在03:00f处添加一个关键帧，如图14-45所示。执行“图层>图层样式>渐变叠加”命令，打开“图层样式”对话框，将渐变叠加的颜色更改为浅红色系的渐变颜色，如图14-46所示。

09 选择“描边”选项，然后设置描边颜色为浅粉色，参数设置如图14-47所示。设置完成后单击“确定”按钮，此时画面效果如图14-48所示。

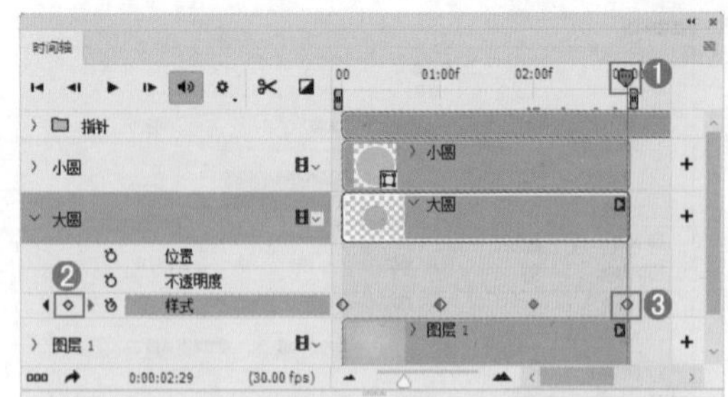

图14-45

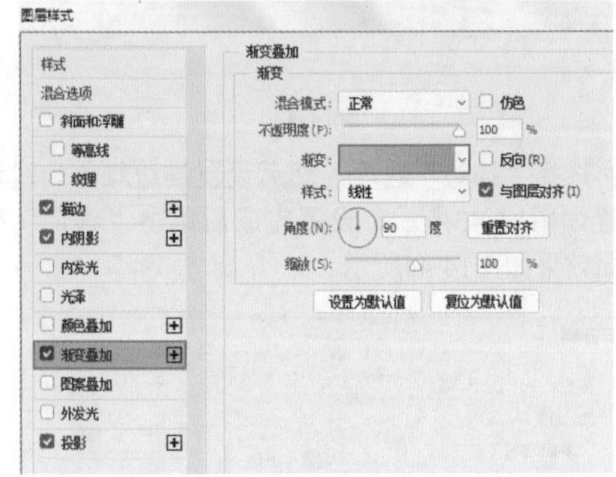

图14-46

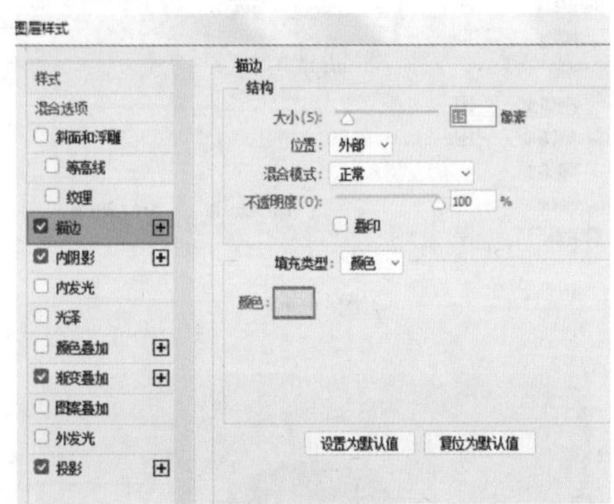

图14-47

图14-48

10 将“当前时间指示器”拖到00:00f处，单击“播放”按钮▶查看动画效果，如图14-49所示，如图14-50所示为播放效果。

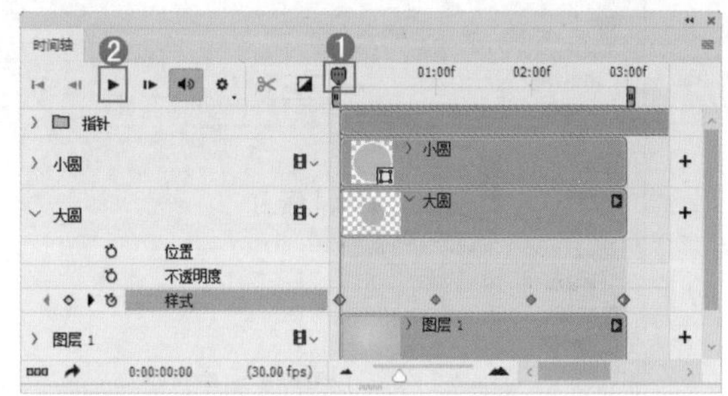

图14-49

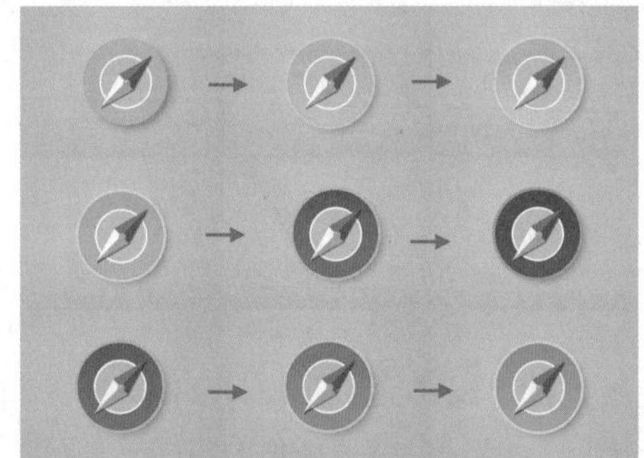

图14-50

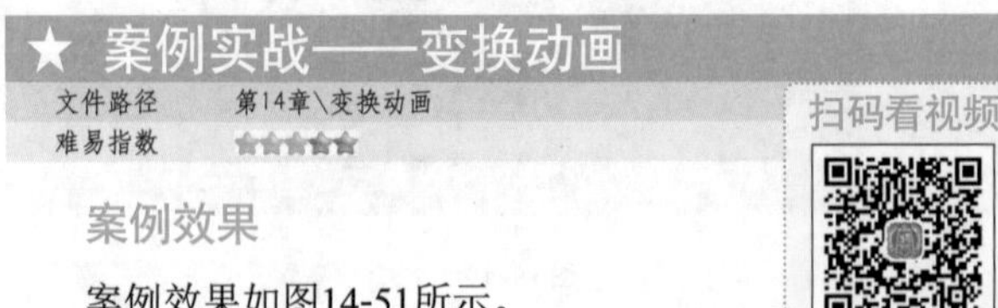

★ 案例实战——变换动画

文件路径　第14章\变换动画

难易指数　★★★★★

扫码看视频

案例效果

案例效果如图14-51所示。

图14-51

操作步骤

01 打开素材文件“1.psd”，如图14-52所示。选择“文字”图层，单击鼠标右键，在弹出的快捷菜单中执行“转换为智能对象”命令，将“文字”图层转换为智能图层，这样才能在创建“时间轴”动画时显示“变换”选项，如图14-53所示。

图14-52

图14-53

02 执行“窗口>时间轴”命令，打开“时间轴”面板，单击“创建视频时间轴”按钮，如图14-54所示。将光标移到“工作区域指示器”末端，然后按住鼠标左键拖动，将其拖至03:00f处，接着依次将“图层持续时间条”也拖到03:00f处，这样视频播放的时间就是3秒钟，如图14-55所示。

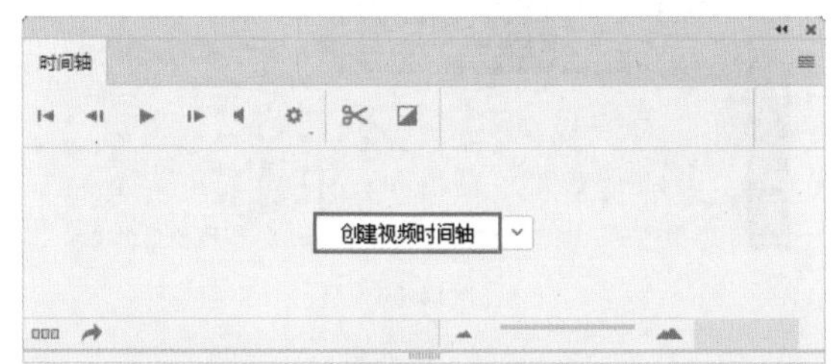

图14-54

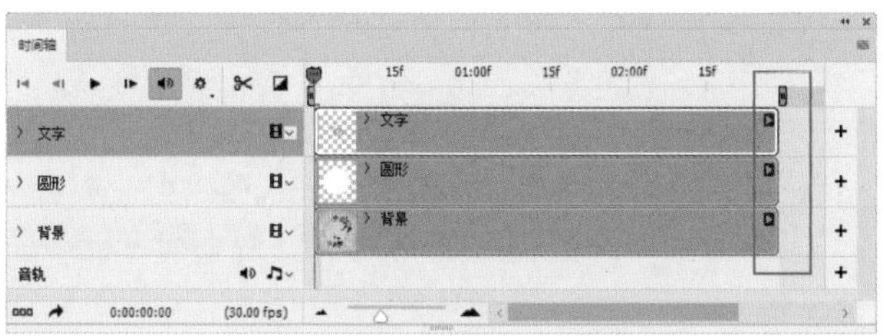

图14-55

03 在“时间轴”面板中选择“文字”图层，将“当前时间指示器”拖到00:00f处，然后单击图层名称前方的 〉按钮展开隐藏的选项，接着单击“变换”选项中的“启用关键帧动画”按钮，在00:00f处添加一个关键帧，如图14-56所示。

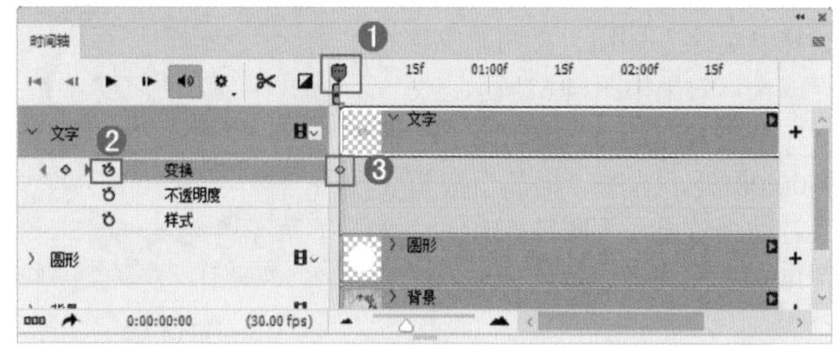

图14-56

04 将“当前时间指示器”拖到01:00f处，然后单击“变换”选项前方的 ◇ 按钮，在01:00f处添加一个关键帧，如图14-57所示。接着在“图层”面板中选择“文字”图层，使用自由变换快捷键Ctrl+T调出定界框，将文字适当放大，如图14-58所示。放大完成后按Enter键。

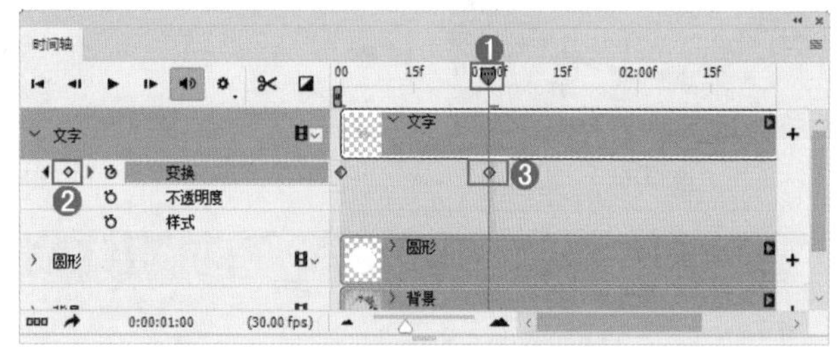

图14-57

图14-58

05 在02:00f处添加关键帧，如图14-59所示。接着在“图层”面板中选择“文字”图层，然后将文字进行放大，效果如图14-60所示。

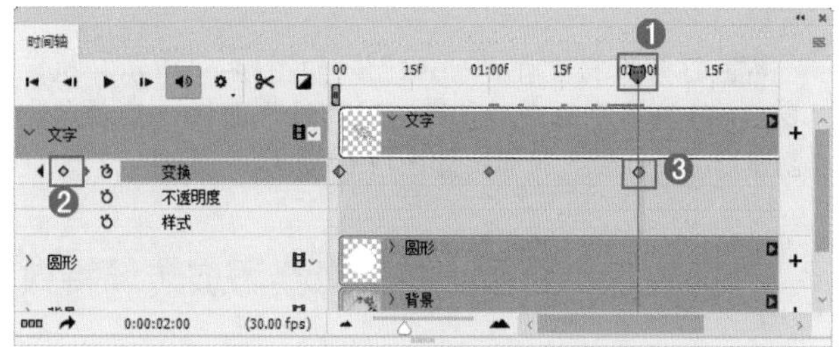

图14-59

06 在03:00f处添加关键帧，如图14-61所示。在“图层”面板中选择“文字”图层，然后将文字进行放大，效果如图14-62所示。

07 将“当前时间指示器”拖到00:00f处，单击“播放”按钮 查看动画效果，如图14-63所示，如图14-64所示为播放效果。

图14-60

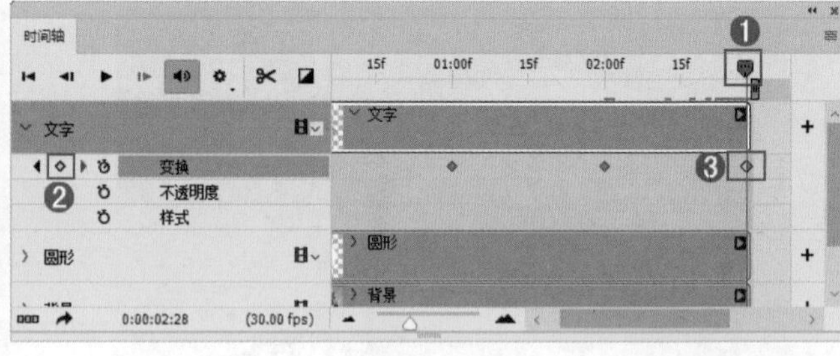

图14-61

图14-62

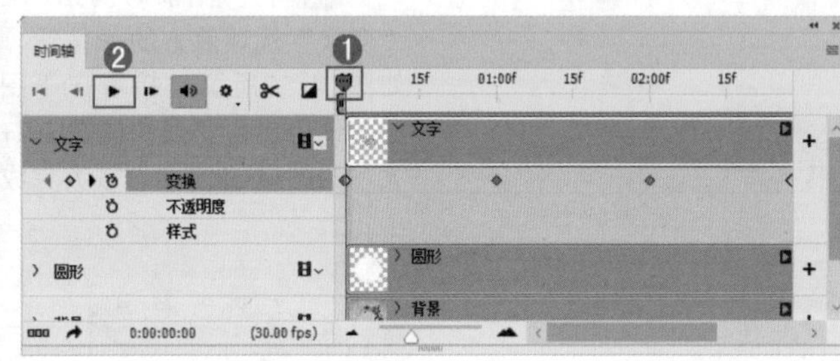

图14-63

图14-64

★ 案例实战——添加转场特效

文件路径 第14章\添加转场特效

难易指数 ★★★★★

案例效果

案例效果如图14-65所示。

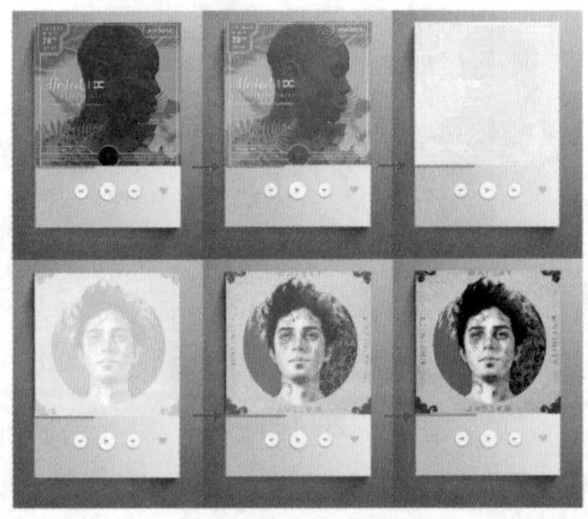

图14-65

操作步骤

01 打开素材文件“1.psd”，如图14-66所示。执行“窗口>时间轴”命令，打开“时间轴”面板，接着单击“创建视频时间轴”按钮，如图14-67所示。

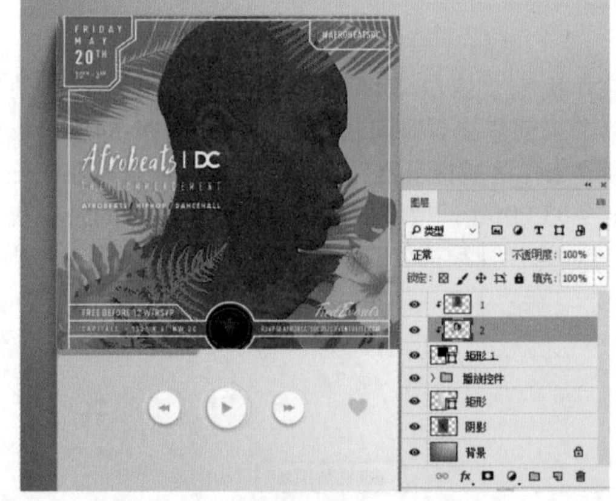

图14-66

图14-67

高手小贴士：为什么要添加转场特效？

使用转场可以避免镜头变化带来的跳动感，并且能够使观者产生一些通过直接切换不能产生的视觉及心理效果。

02 将光标移到“工作区域指示器”末端，然后按住鼠标左键拖动，将其拖至03:00f处，接着依次将“图层持续时间条”也拖到03:00f处，这样视频播放的时间就是3秒钟，如图14-68所示。将图层“1”的“图层持续时间条”拖至15f处，然后将图层“2”的开始时间拖至15f处，如图14-69所示。

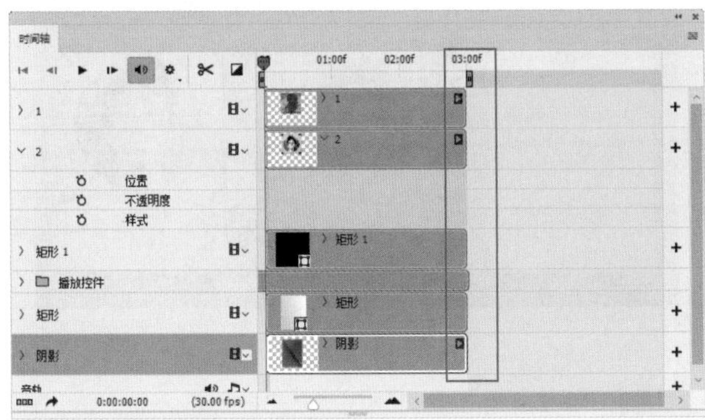

图14-68

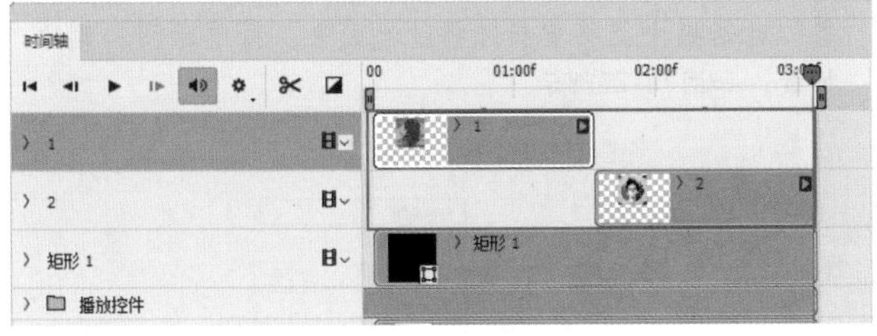

图14-69

03 单击“过渡效果”按钮，可以看到5种过渡效果，在这里选择“白色渐隐”效果，按住鼠标左键将其拖到图层“1”的“图层持续时间条”的末端，如图14-70所示。释放鼠标即可看到过渡效果的图标，这表示效果添加成功了，如图14-71所示。

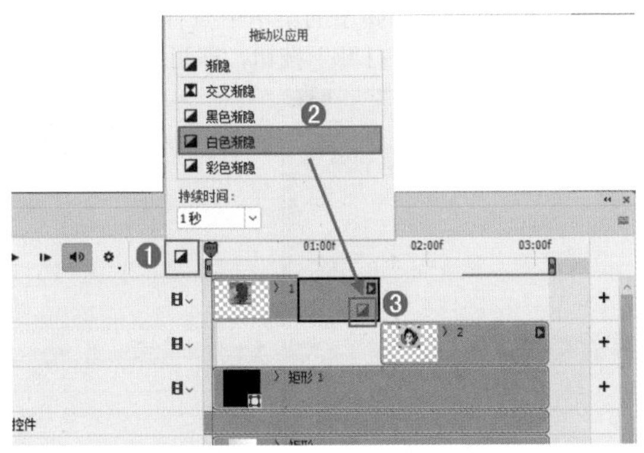

图14-70

04 在过渡效果上拖动“当前时间指示器”查看过渡效果，这样就可以在播放到这个位置时产生过渡到白色的效果，如图14-72所示。

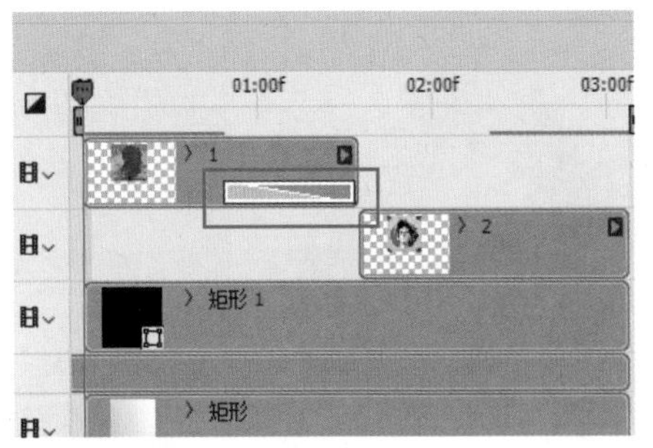

图14-71

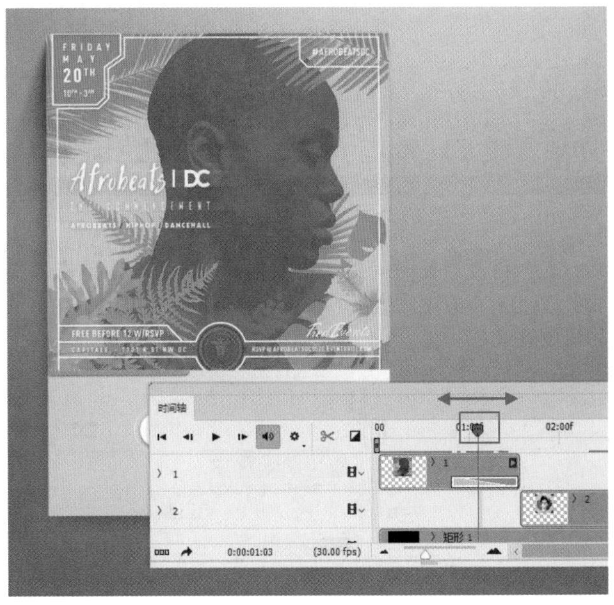

图14-72

05 再次单击“过渡效果”按钮，选择“白色渐隐”效果，按住鼠标左键将其拖到图层“2”的“图层持续时间条”的起始位置，添加过渡效果，如图14-73所示。接着查看过渡效果，这样就可以制作出由白色到显示的效果，如图14-74所示。

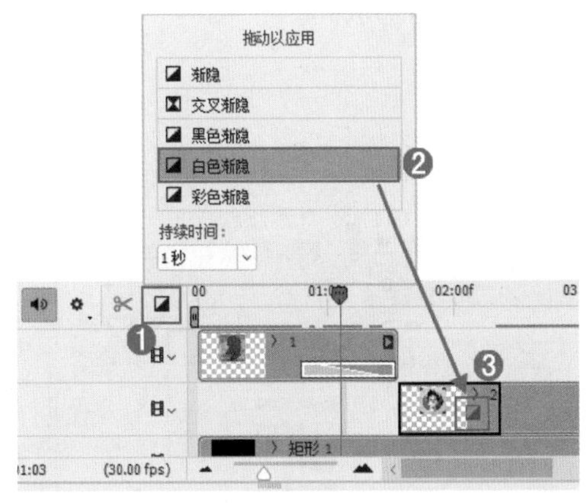

图14-73

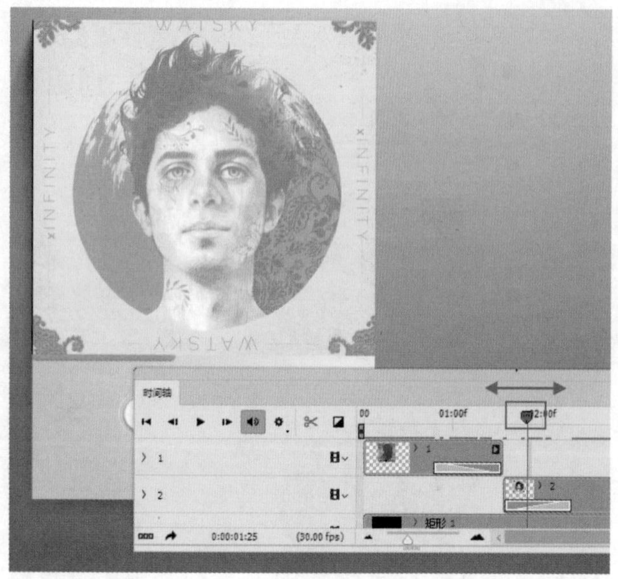

图14-74

06 将“当前时间指示器”拖到00:00f处，单击“播放”按钮▶查看动画效果，如图14-75所示，如图14-76所示为播放效果。

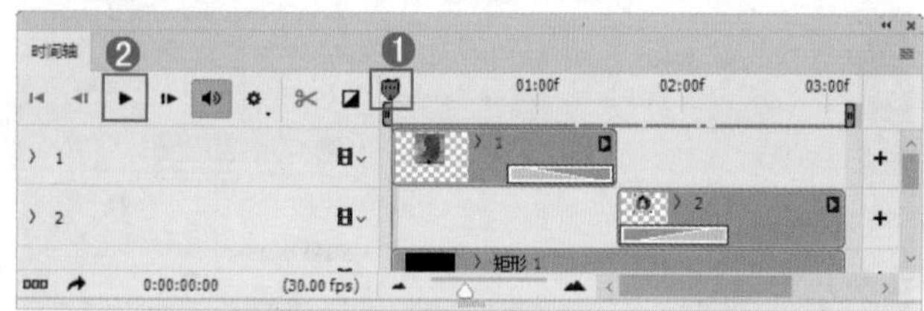

图14-75

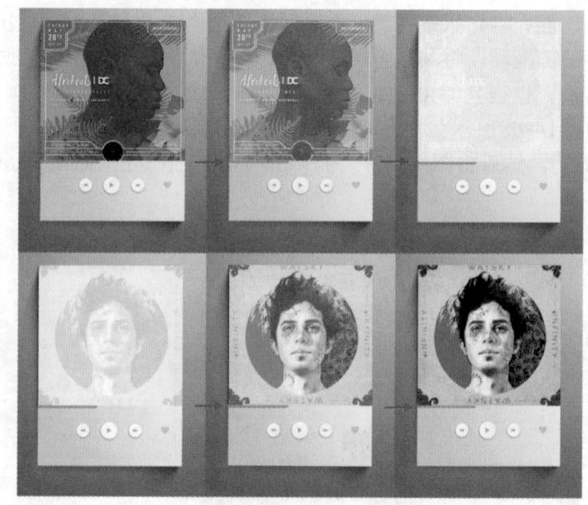

图14-76

高手小贴士：如何编辑转场特效？

在转场特效上方单击鼠标右键，在弹出的“过渡效果”对话框中能够重新选择过渡效果、持续时间和删除特效，如图14-77所示。

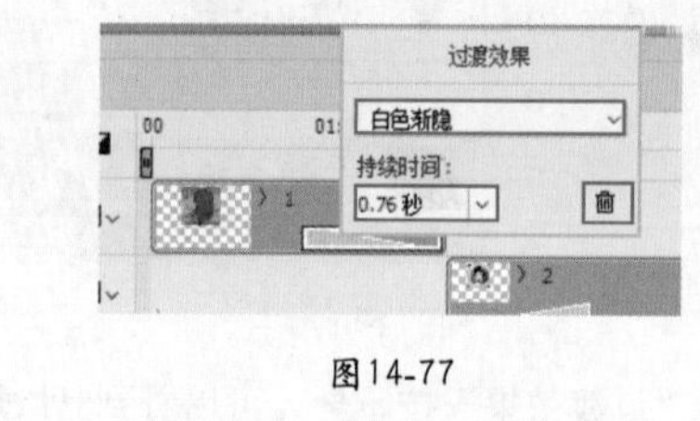

图14-77

14.2.2 添加音频

视频的最大特征体现在它是一种形声并茂的艺术表达形式，而且在Photoshop中也可以为视频文件添加背景音乐。在Photoshop中打开素材图片，然后打开“时间轴”面板。单击“添加音频”按钮♫，在弹出的菜单中执行“添加音频”命令，如图14-78所示。接着在弹出的“打开”对话框中选择所需的音频文件，然后单击“打开”按钮，即可在Photoshop中打开音频文件，如图14-79所示。

读书笔记

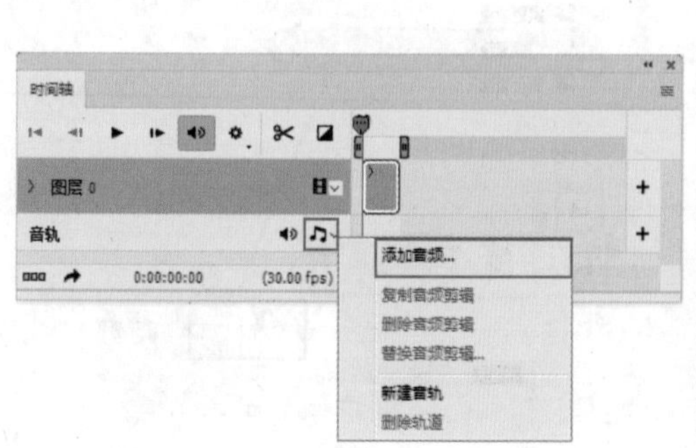

图14-78

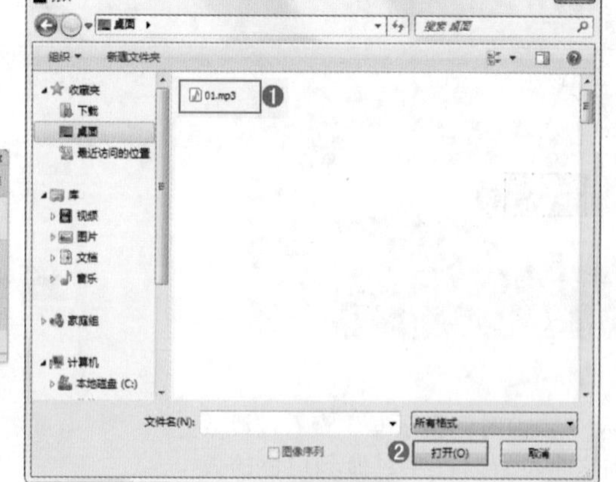

图14-79

14.3 创建帧动画

14.3.1 认识帧动画

执行“窗口>时间轴”命令，打开“时间轴”面板，单击“创建帧动画”按钮，如图14-80所示。在帧动画“时间轴”面板中，会显示动画中每个帧的缩览图。使用面板底部的工具可浏览各个帧、设置循环选项、添加和删除帧以及预览动画。如图14-81所示为“时间轴”面板。

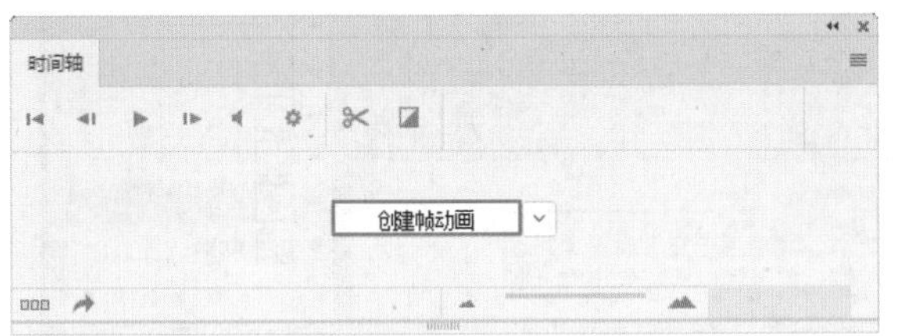

图14-80

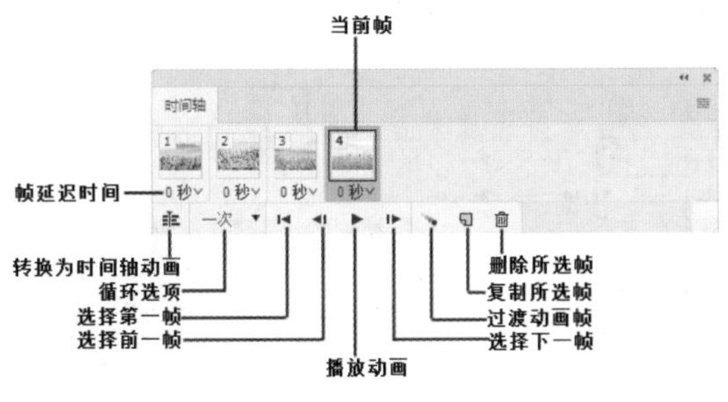

图14-81

- 当前帧：当前选择的帧。
- 帧延迟时间：设置帧在回放过程中的持续时间。
- 循环选项：设置动画在作为动画GIF文件导出时的播放次数。
- 选择第一帧：单击该按钮，可以选择序列中的第1帧作为当前帧。
- 选择前一帧：单击该按钮，可以选择当前帧的前一帧。
- 播放动画：单击该按钮，可以在文档窗口中播放动画。如果要停止播放，可以再次单击该按钮。
- 选择下一帧：单击该按钮，可以选择当前帧的下一帧。
- 过渡动画帧：在两个现有帧之间添加一系列帧，通过插值方法使新帧之间的图层属性均匀。
- 复制所选帧：通过复制“时间轴”面板中的选定帧向动画添加帧。
- 删除所选帧：将所选择的帧删除。
- 转换为时间轴动画：将帧模式“时间轴”面板切换到时间轴模式“时间轴”面板。

14.3.2 创建帧动画

（1）想要创建帧动画，首先需要在文档中添加全部的动画帧，可以将每一帧作为一个图层。此时可以看到界面图层都处于隐藏的状态，如图14-82所示。执行“窗口>时间轴”命令，打开“时间轴”面板，然后单击“创建帧动画”按钮，如图14-83所示。

图14-82

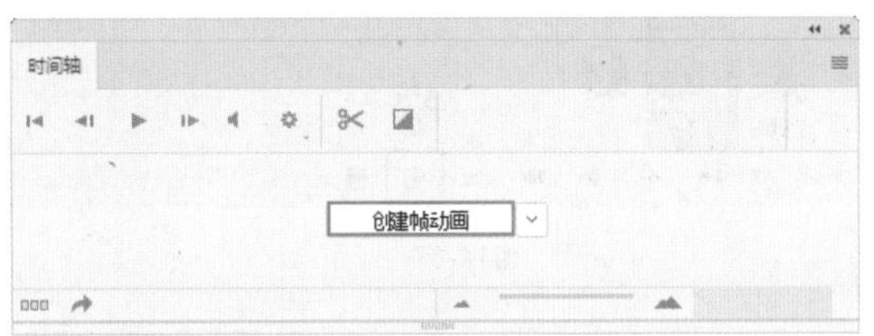

图14-83

（2）设置每一帧之间的时间。单击“帧延迟时间”按钮，在下拉列表中选择1.0，如图14-84所示。

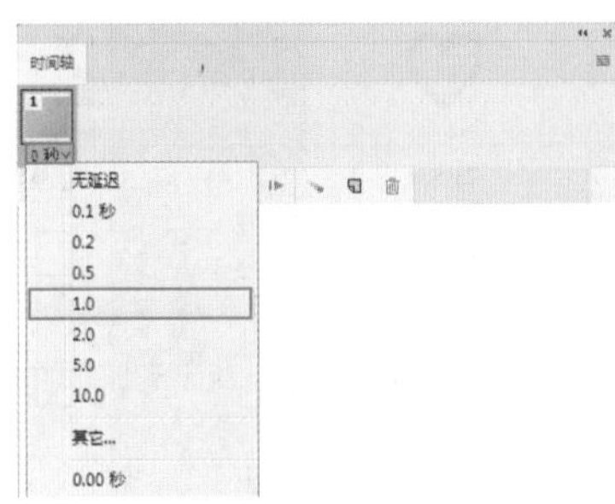

图14-84

（3）新建帧。单击按钮新建一帧，如图14-85所示。然后在“图层”面板中显示图层“1”，此时这一帧就记录了当前画面显示的内容，如图14-86所示。

图14-85

图14-86

（4）再新建一帧，如图14-87所示，然后显示图层“2”，如图14-88所示。

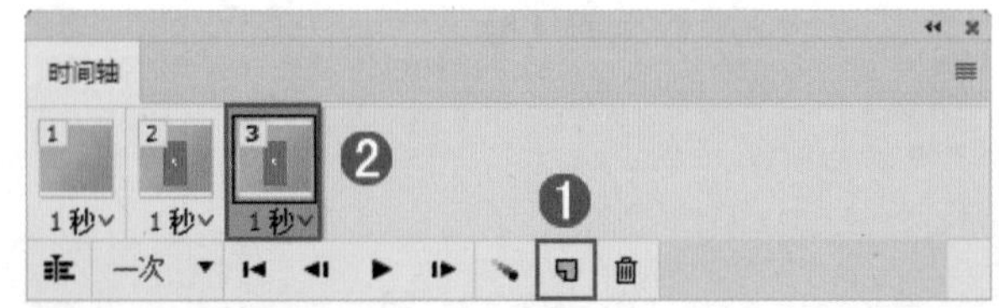

图14-87

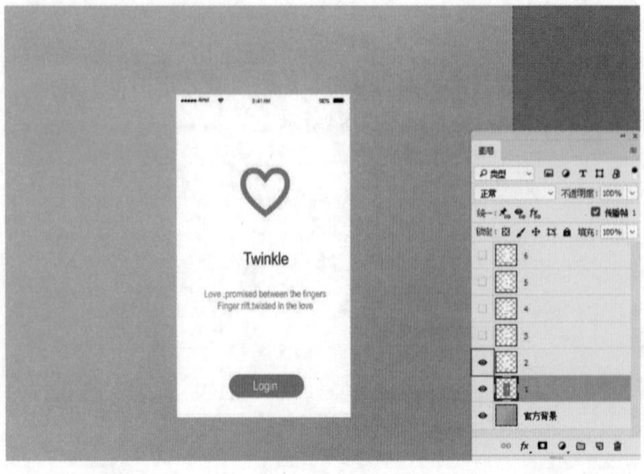

图14-88

（5）每新建一帧显示一个图层，如图14-89所示。接着设置循环选项，单击“一次”后侧的按钮，在下拉列表中选项循环次数，在这里选择“永远”，如图14-90所示。

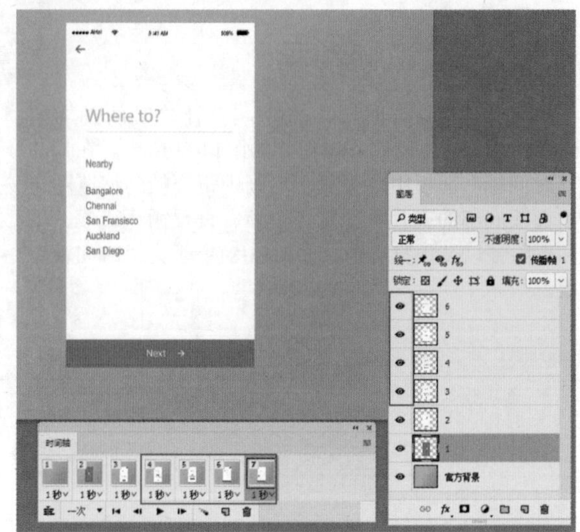

图14-89

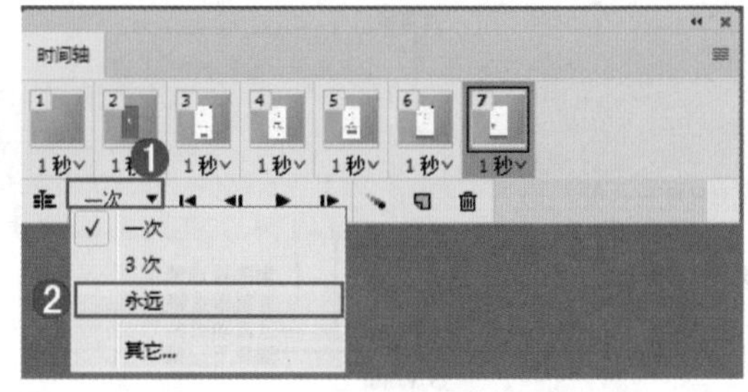

图14-90

（6）单击“播放动画”按钮查看播放效果，如图14-91所示。

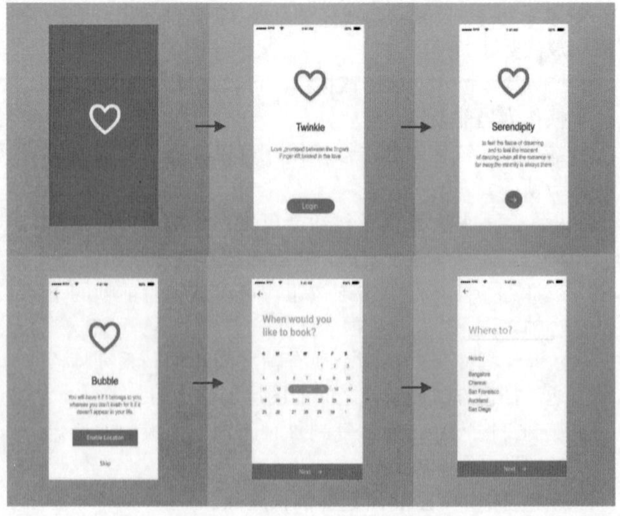

图14-91

第15章

APP图标设计

本章内容简介：

图标是一款APP给用户的第一印象，代表了APP的整体风格以及个性。进行APP图标设计之前，首先需要根据APP类型制定图标风格。近年来比较流行的图标风格较多，如极简风格、扁平化、微质感、写实风格、立体风格等。本章将通过几款常见的案例进行图标设计练习。

15.1 综合实战——扁平化图标设计

文件路径	第15章\扁平化图标设计
难易指数	★★★★★

扫码看视频

案例效果

案例效果如图15-1所示。

图15-1

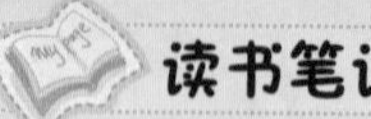

15.1.1 项目分析

这是一款扁平化文件图标设计，适用于商务办公领域，图标内部红色区域形似一本演算本，元素边缘设计干净利落、结构简洁。该图标放弃一切如3D、透视、渐变等装饰性元素，以简洁明了的图形作为图标，主体颜色与背景颜色差异明显，在繁乱的操作中能快速找到该工具。不会造成眼花瞭乱之感，从而使得这种风格更具优势和魅力。如图15-2和图15-3所示为优秀的图标设计作品。

图15-2

图15-3

15.1.2 色彩搭配

该标志整体以红色调为主，提到红色可以联想到热情、动力、激情等词汇，将红色运用到办公标志中可提高工作积极性，使工作者更加谨慎地完成自己的工作任务。其次加上淡灰色背景的衬托，使醒目色变得更加柔和。除了红色之外，蓝色、青色、绿色等冷色调也常用于商务主题的界面设计中，如图15-4和图15-5所示。

图15-4

图15-5

15.1.3 实践操作

（1）执行“文件>新建”命令，创建一个新的文档。接下来制作图标。在工具箱中右击形状工具组，在形状工具组列表中选择“圆角矩形工具”，在选项栏中设置“绘制模式”为“形状”，“填充”为浅灰色，“描边”为无，“半径”为50像素。设置完成后，在画面中按住Shift键的同时按住鼠标左键拖动绘制一个正圆角矩形，如图15-6所示。

图15-6

（2）为该圆角矩形添加效果。在“图层”面板中选中圆角矩形图层，执行“图层>图层样式>投影”命令，在弹出的“图层样式”对话框中设置“混合模式”为“正片叠底”，颜色为黑色，“不透明度”为60%，“角度”为120度，“距离”为5像素，“大小”为8像素，设置完成后单击“确定”按钮，如图15-7所示，此时效果如图15-8所示。

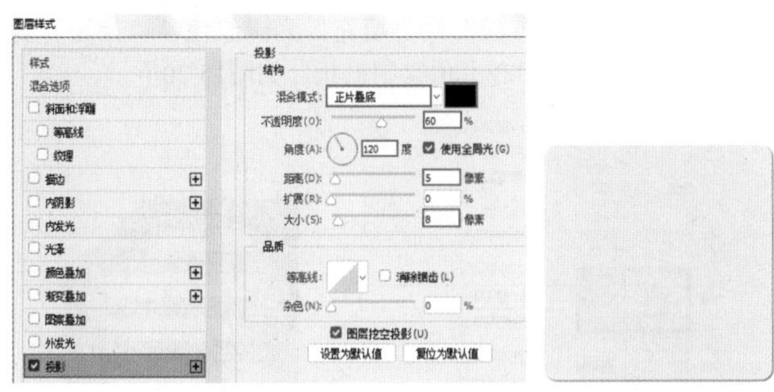

图15-7　　图15-8

（3）在圆角矩形上方制作图标形状。选择工具箱中的“矩形工具”，在选项栏中设置“绘制模式”为“形状”，“填充”为红色，“描边”为无，“路径操作”为“减去顶层形状”，设置完成后，在画面中按住鼠标左键拖动绘制矩形，如图15-9所示。

图15-9

（4）在矩形内部继续绘制矩形，此时绘制的矩形将被减去，如图15-10所示。用同样的方法继续在红色矩形中绘制矩形形状，如图15-11所示。

图15-10　　图15-11

（5）调整红色矩形形状。选择该形状图层，在工具箱中右击钢笔工具组，在钢笔工具组列表中选择“添加锚点工具”，然后在路径上单击添加锚点，如图15-12所示。接下来在钢笔工具组中选择“转换点工具”，在锚点上单击，将平滑点转换为角点，如图15-13所示。

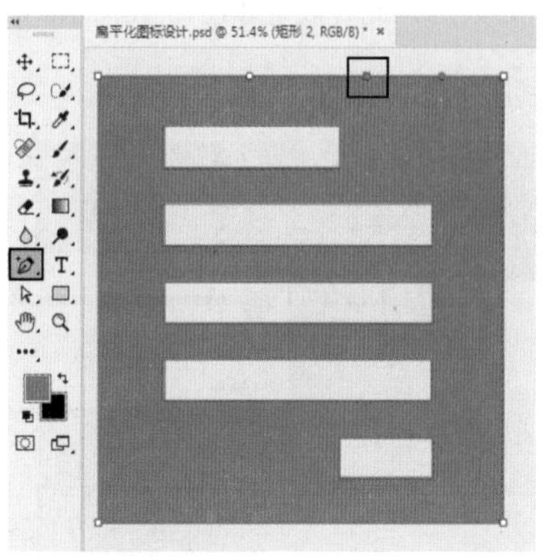

图15-12

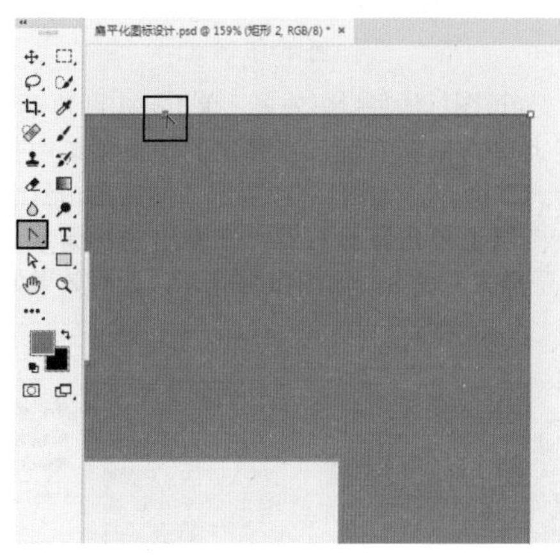

图15-13

（6）用同样的方法使用“添加锚点工具”在矩形右侧边缘添加一个锚点，然后使用“转换点工具”将平滑点转换为角点，如图15-14所示。

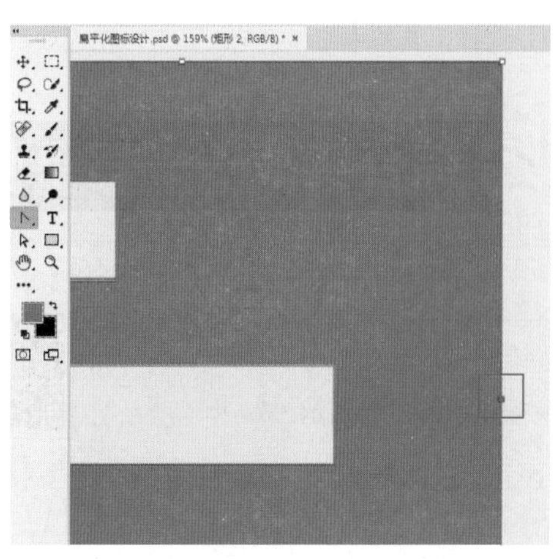

图15-14

（7）在工具箱中右击钢笔工具组，在钢笔工具组列表中选择“删除锚点工具”，在图形右上方锚点处单击，在弹出的对话框中单击“是”按钮，将实时形状转换为常规路径，如图15-15所示，此时效果如图15-16所示。

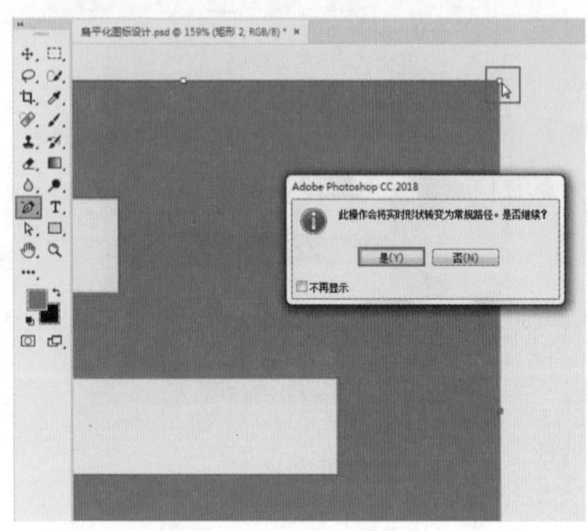

图15-15

（8）为该图标添加投影效果。单击选中圆角矩形图层，在该图层上单击鼠标右键，在弹出的快捷菜单中执行“拷贝图层样式”命令，如图15-17所示。然后单击红色图标图层，在该图层上单击鼠标右键，在弹出的快捷菜单中执行“粘贴图层样式”命令，如图15-18所示，此时效果如图15-19所示。

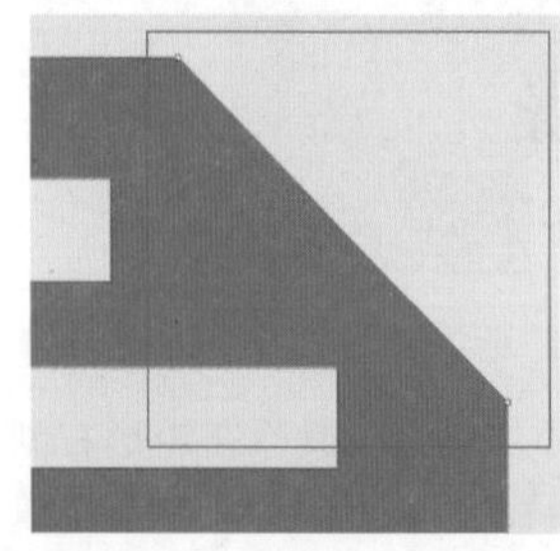

图15-16

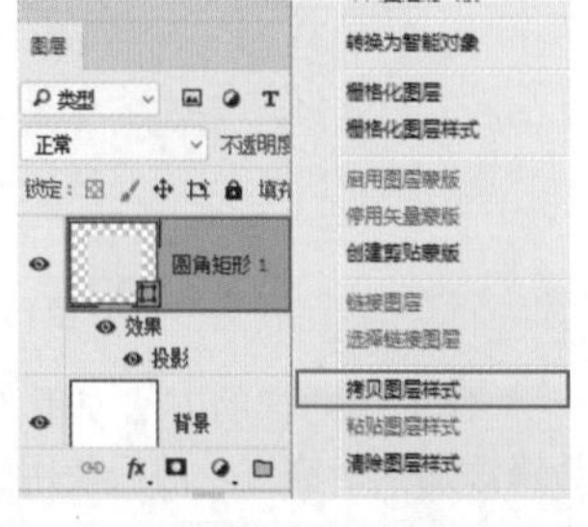

图15-17

（9）选择工具箱中的“钢笔工具”，在选项栏中设置“绘制模式”为“形状”，“填充”为深红色，“描边”为无，然后在红色图标右上角绘制形状，如图15-20所示。

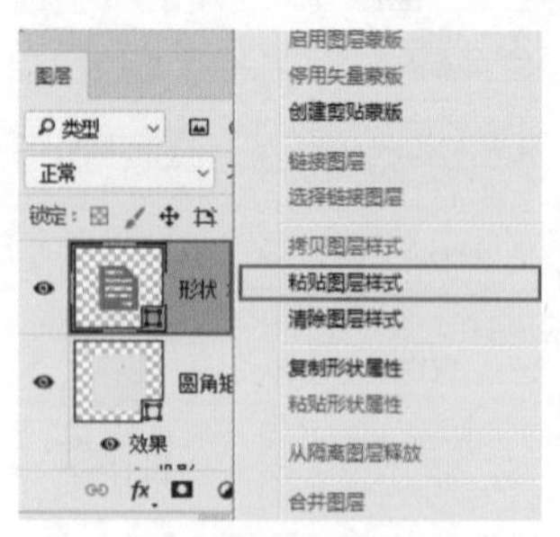

图15-18

图15-19

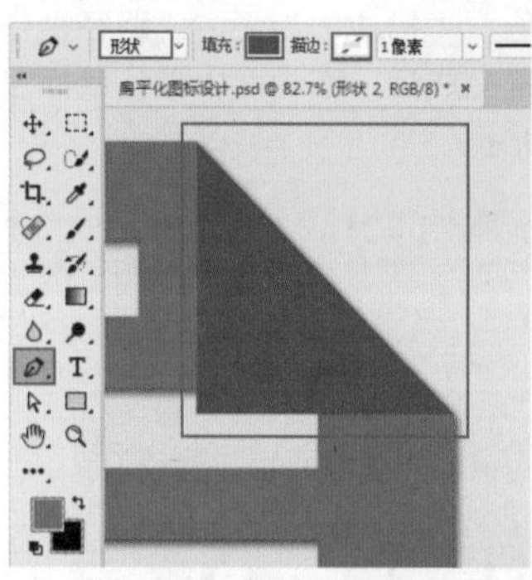

图15-20

（10）为该形状添加同样的“投影”图层样式，此时效果如图15-21所示。此时图标制作完成，效果如图15-22所示。

图15-21

图15-22

15.2 综合实战——扁平化闹钟图标

文件路径	第15章\扁平化闹钟图标
难易指数	★★★★★

案例效果

案例效果如图15-23所示。

图15-23

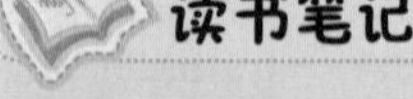

15.2.1 项目分析

本案例是一款扁平化风格的闹钟APP图标，该类型闹钟设计是功能上的简化与重组，具有设计简约、条理清晰、适用性强等特点。简洁明了的扁平化设计可以更加简单直接地将自身信息展示出来，在一定程度上减少了认知障碍的产生。该图标采用对称版式，标志位于正方形中心位置，从中间以竖线划分，左右两侧基本一致，很好地展示出它的稳定性与平衡性。如图15-24和图15-25所示为优秀的图标设计作品。

图15-24

图15-25

15.2.2 色彩搭配

该闹钟图标采用了多种灰调的纯色，用蓝色搭配黄色，形成当下流行的撞色搭配，雅致而时尚，且明度、纯度较低，褪去了艳丽颜色的浮躁，散发出一种宁静感。如图15-26和图15-27所示为优秀的图标设计作品。

图15-26

图15-27

15.2.3 实践操作

（1）执行“文件>新建”命令，创建一个新的文档。单击工具箱底部的“前景色”按钮，在弹出的“拾色器”对话框中设置颜色为深青色，设置完成后单击“确定”按钮，如图15-28所示。接着使用前景色填充快捷键Alt+Delete进行快速填充，如图15-29所示。

（2）绘制闹钟表壳形状。在工具箱中右击形状工具组，在形状工具组列表中选择“椭圆工具”，在选项栏中设置“绘制模式”为“形状”，“填充”为淡黄色，“描边”为无，如图15-30所示。设置完成后在画面中进行绘制，如图15-31所示。

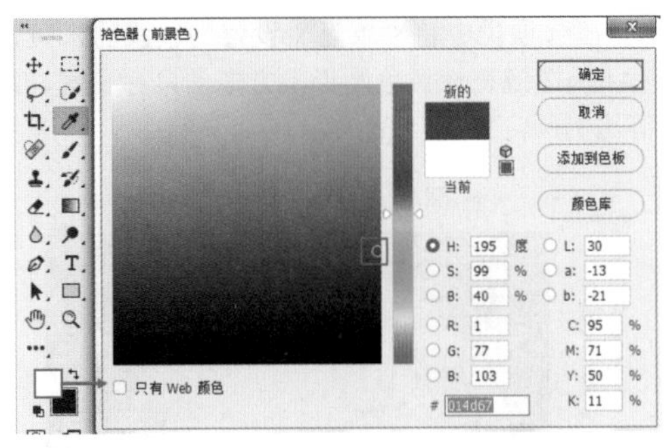

图15-28

图15-29

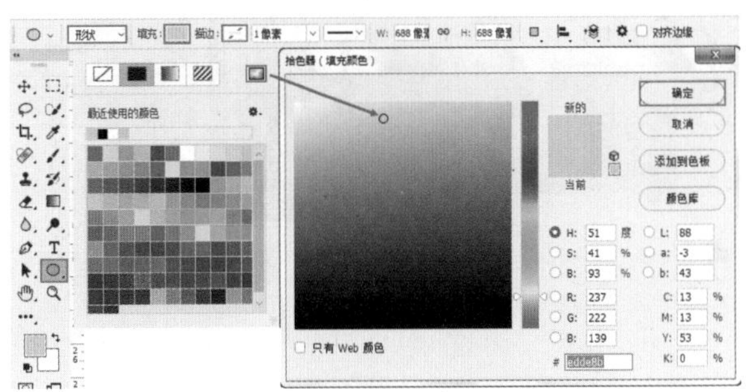

图15-30

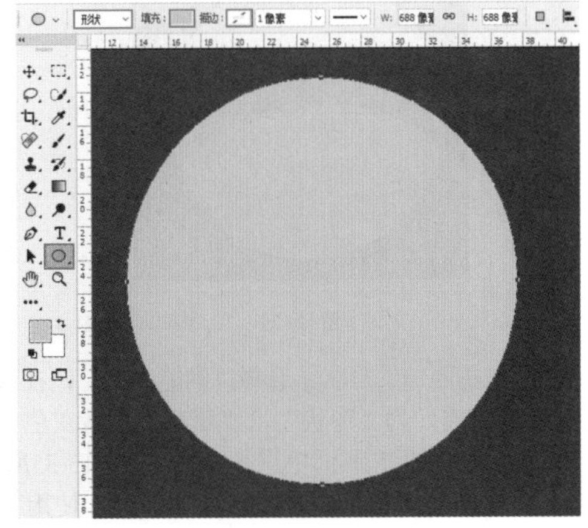

图15-31

（3）在选项栏中将“填充”设置为较浅的米黄色，按住Shift+Alt快捷键在淡黄色圆形上方拖动鼠标左键，绘制一个中心等比例圆，如图15-32所示。

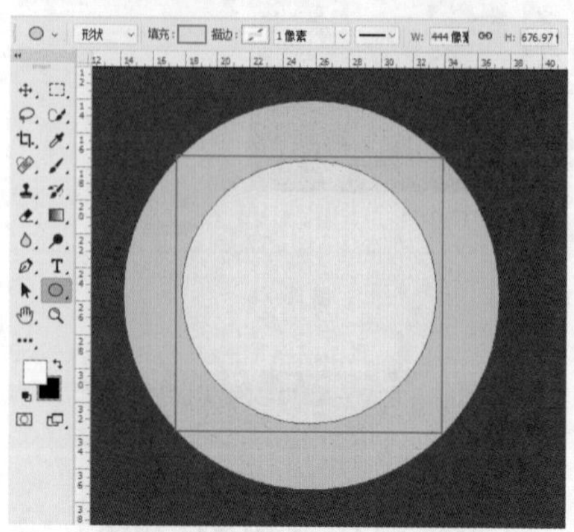

图15-32

（4）绘制闹钟表冠。选择工具箱中的“钢笔工具”，在选项栏中设置“绘制模式”为“形状”，“填充”为淡黄色，“描边”为无，如图15-33所示。设置完成后在画面中进行绘制，如图15-34所示。

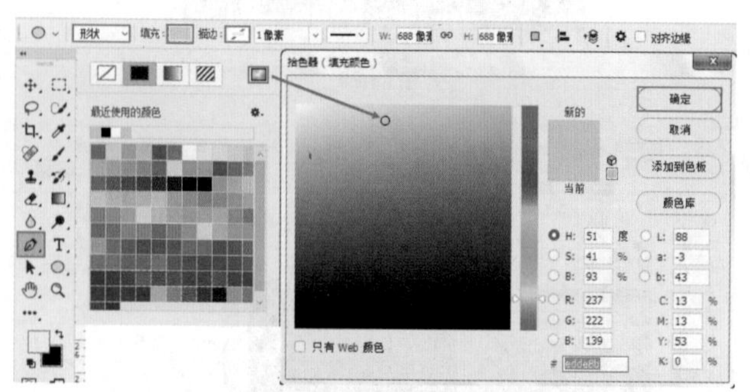

图15-33

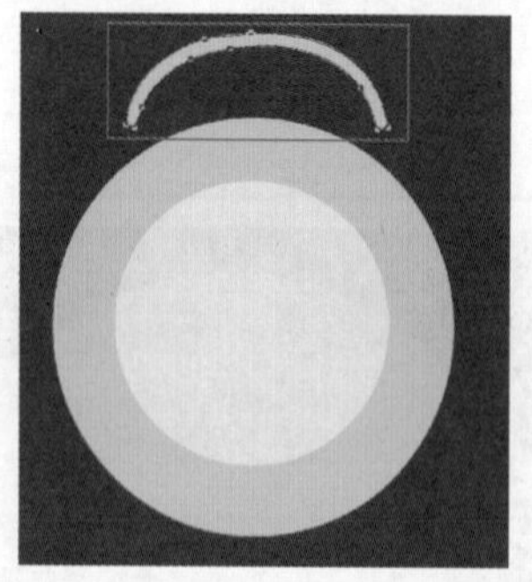

图15-34

（5）制作左侧钟铃形状。选择“钢笔工具”，在选项栏中设置“绘制模式”为“形状”，“填充”为蓝灰色，“描边”为无，设置完成后在画面中进行绘制，如图15-35所示。

（6）在“图层”面板中单击选中该图层，使用复制图层快捷键Ctrl+J复制一个相同的图层。然后使用自由变换快捷键Ctrl+T调出定界框，在对象上单击鼠标右键，在弹出的快捷菜单中执行“水平翻转”命令，如图15-36所示。接着按住鼠标左键向右拖动至右侧钟铃位置，如图15-37所示。设置完成后按Enter键完成此操作。

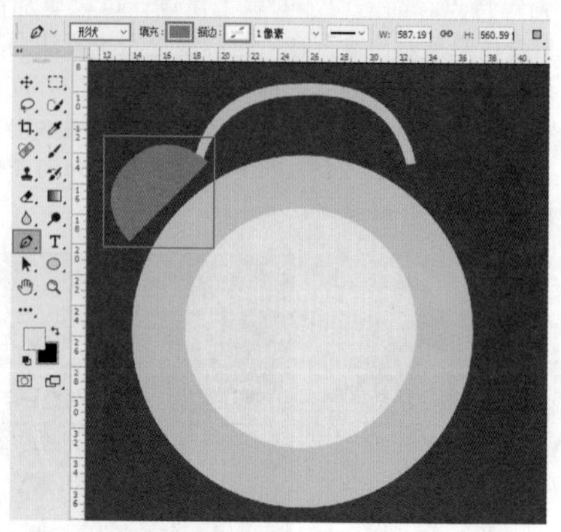

图15-35

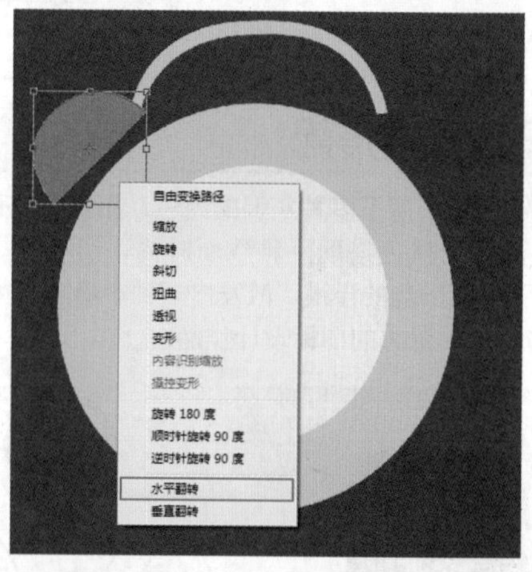

图15-36

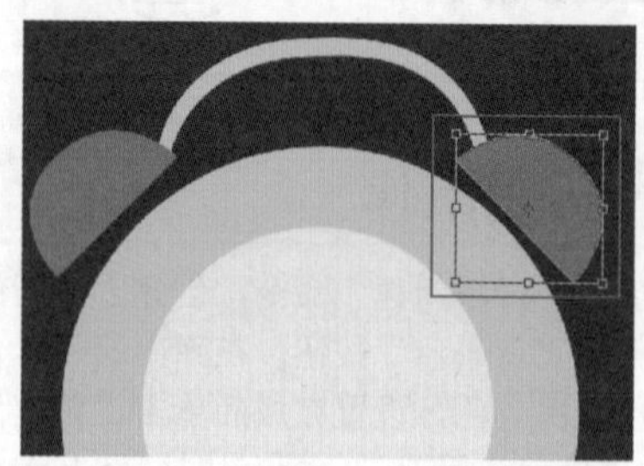

图15-37

（7）制作左侧钟铃上方螺丝。选择“钢笔工具”，在选项栏中设置“绘制模式”为“形状”，“填充”为橘黄色，“描边”为无，设置完成后在钟铃上方进行绘制，如图15-38所示，绘制完成后按Enter键完成此操作。在“图层”面板中单击选中该图层，使用复制图层快捷键Ctrl+J复制一个相

同的图层。接着使用自由变换快捷键Ctrl+T，此时该对象进入自由变换状态，在对象上单击鼠标右键，在弹出的快捷菜单中执行“水平翻转”命令，接着按住鼠标左键向右拖动至右侧钟铃上方位置，如图15-39所示。

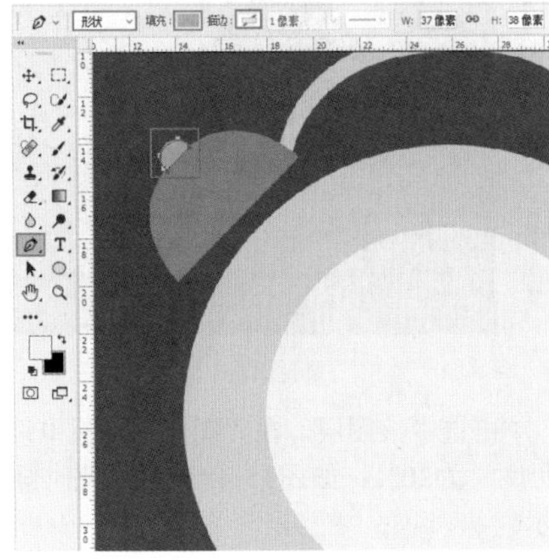

图15-38

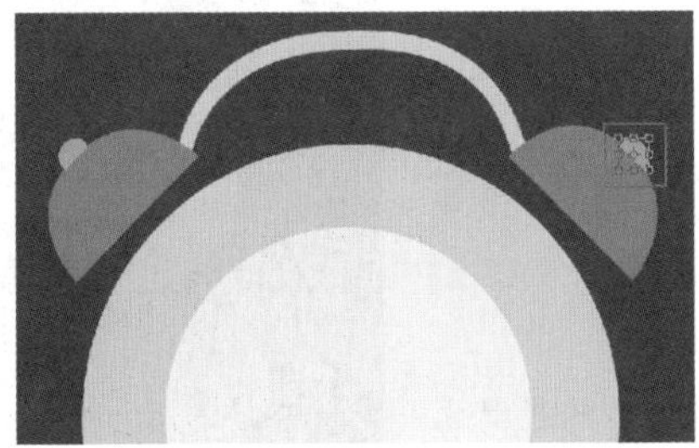

图15-39

（8）在画面左下方绘制圆形底角形状。在工具箱中右击形状工具组，在形状工具组列表中选择“椭圆工具”，在选项栏中设置“绘制模式”为形状，“填充”为蓝灰色，“描边”为无，设置完成后按住Shift键的同时按住鼠标左键拖动绘制正圆，如图15-40所示。复制该图层，将鼠标放在圆形上方向右侧并拖动到合适位置，如图15-41所示。

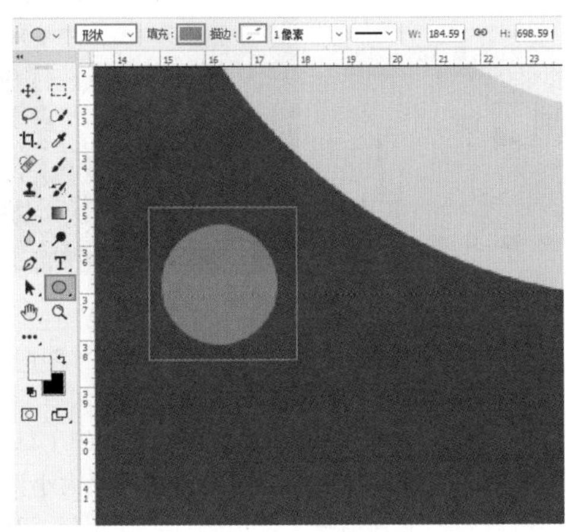

图15-40

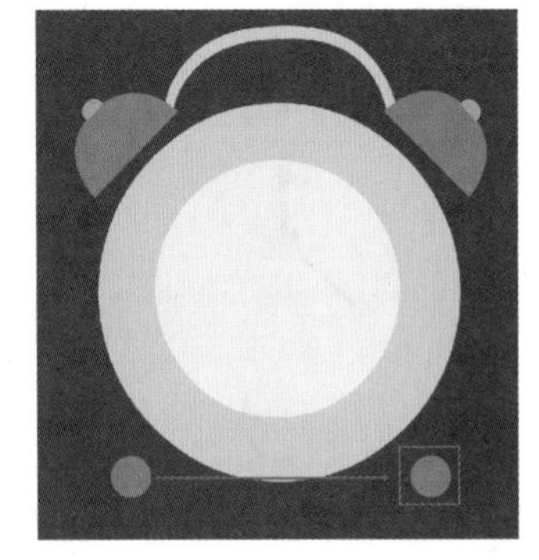

图15-41

（9）在选项栏中设置“填充”为孔雀蓝色，在钟表中心绘制一个圆形指针轴，如图15-42所示。

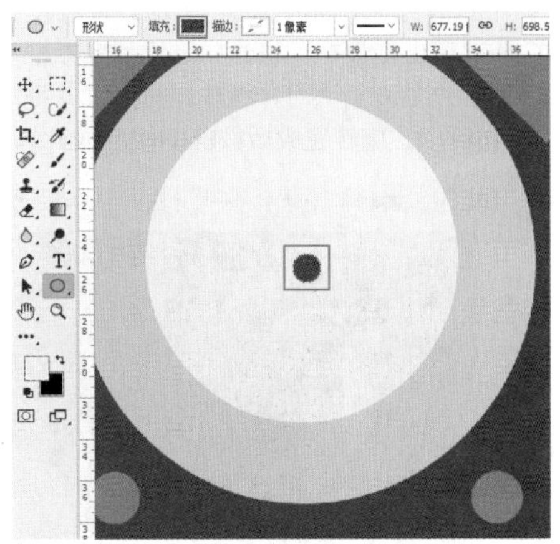

图15-42

（10）绘制指针。在工具箱中右击形状工具组，在形状工具组列表中选择“圆角矩形工具”，在选项栏中设置“绘制模式”为“形状”，“填充”为孔雀蓝色，“描边”为无，“半径”为5像素，设置完成后在画面中进行绘制，如图15-43所示。用同样的方法绘制另外一个指针，如图15-44所示。

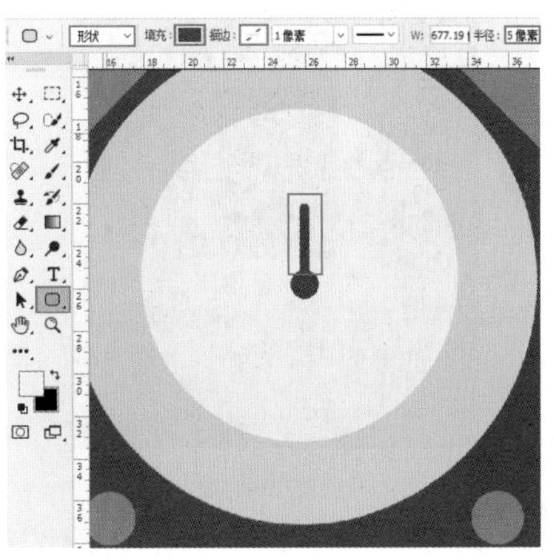

图15-43

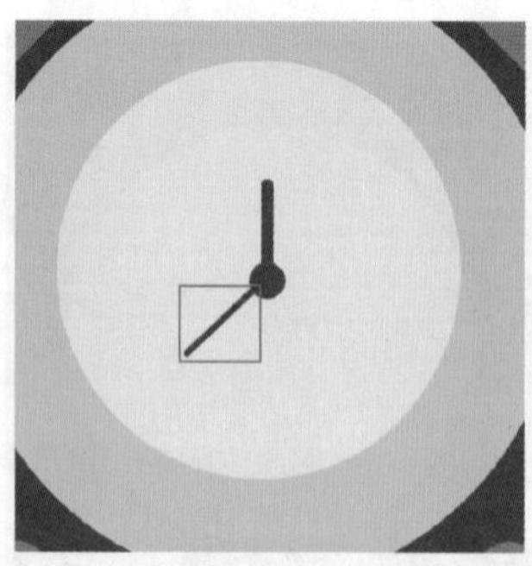

图15-44

（11）此时闹钟图标过于平面化，接下来为图标添加阴影。在工具箱中选择“矩形工具”，在选项栏中设置“绘制模式”为“形状”，“填充”为深灰色，“描边”为无，然后在画面中进行绘制，如图15-45所示。接着使用自由变换快捷键Ctrl+T调出定界框，将光标定位到定界框以外，当光标变为带有弧度的双箭头时，按住鼠标左键并拖动进行旋转，如图15-46所示。旋转完成后按Enter键完成此操作。

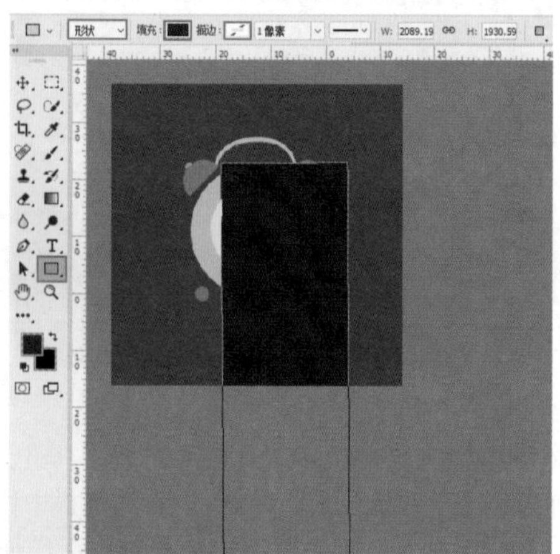

图15-45

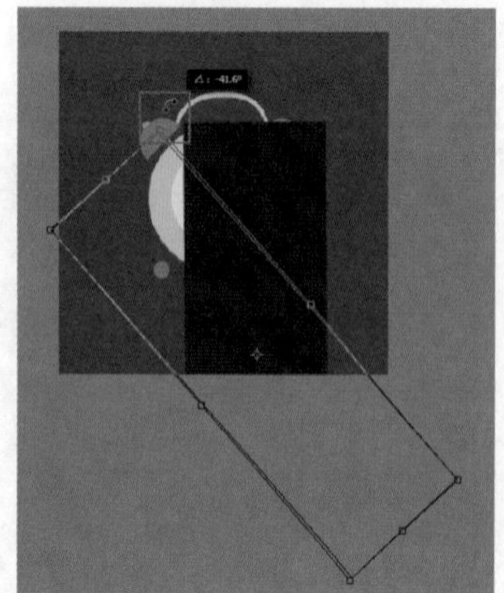

图15-46

（12）此时将鼠标放在图形上方，按住鼠标左键向右侧拖动，如图15-47所示。

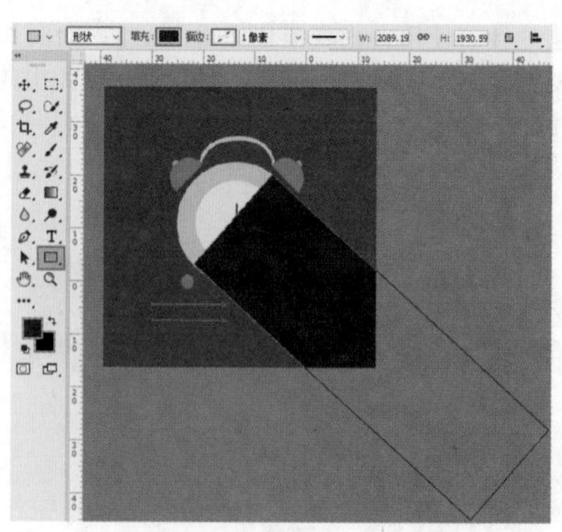

图15-47

（13）单击选中该图层，在“图层”面板中设置该图层的“不透明度”为30%，如图15-48所示，此时画面效果如图15-49所示。

图15-48　　图15-49

（14）选中该阴影图层，按住鼠标左键向下拖至最底层，如图15-50所示。此时画面中的阴影效果呈现出来了，如图15-51所示。

图15-50　　图15-51

（15）调整阴影效果。选择该图层，单击“图层”面板底部的“添加图层蒙版”按钮，为该图层添加图层蒙版，接着将前景色设置为黑色，选择工具箱中的“画笔工具”，在选项栏中的“画笔预设选取器”中设置画笔“大小”为200像素，在常规画笔下方选择“柔边圆”，如图15-52所示。然后单击该图层的图层蒙版，按住鼠标左键在阴影边缘处涂抹，使阴影边缘更为柔和，如图15-53所示。

（16）用同样的方法绘制其他阴影部分，并将阴影图层拖到相应图层下方，最终画面效果如图15-54所示。

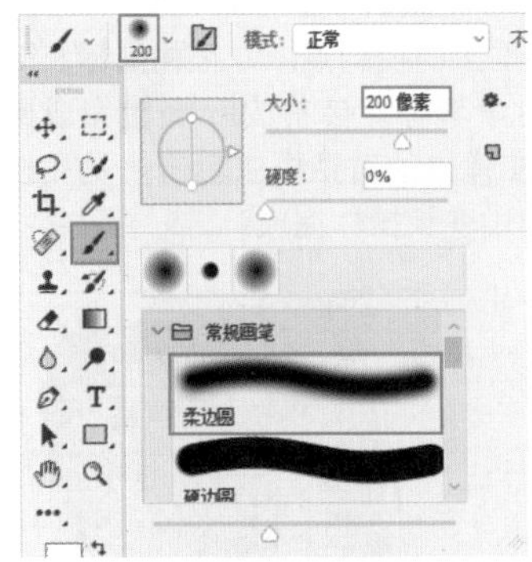

图15-52

图15-53

图15-54

15.3 综合实战——果冻质感APP图标

文件路径	第15章\果冻质感APP图标
难易指数	★★★★★

扫码看视频

案例效果

案例效果如图15-55所示。

图15-55

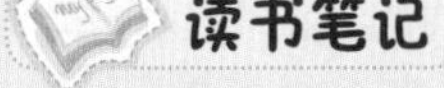

读书笔记

15.3.1 项目分析

本案例的图标采用了时下较为流行的立体化造型，并且通过色彩的搭配营造出半透明的果冻质地，晶莹、水润，非常吸引人眼球。虽然标志的质感较为强烈，但是整体色调统一，主题表达明确，在五颜六色的信息冲击下更能突显出单纯、专一的视觉个性。如图15-56和图15-57所示为优秀的图标设计作品。

图15-56

图15-57

15.3.2 色彩搭配

该图标采用单一颜色的配色方式，虽然单一颜色的配色方式容易产生枯燥之感，但是本案例的图标以深浅不同的蓝色营造出晶莹的光泽感。主体图形采用高明度的白色，视觉效果非常明显。如图15-58和图15-59所示为优秀的图标设计作品。

图15-58

图15-59

15.3.3 实践操作

（1）执行“文件>新建”命令，创建一个新的文档。接下来制作按钮的圆角矩形表面形状。在工具箱中右击形状工具组，在形状工具组列表中选择“圆角矩形工具”，在选项栏中设置“绘制模式”为“形状”，“填充”为蓝色系线性渐变，“角度”为120度，“描边”为无，“半径”为130像素。设置完成后在画面中按住鼠标左键拖动进行绘制，如图15-60所示。

图15-60

（2）在弹出的圆角矩形“属性”面板中，单击“链接”按钮取消将角半径值连接在一起，然后设置“左上角半径”和“右下角半径”同为0像素，如图15-61所示，此时圆角矩形效果如图15-62所示。

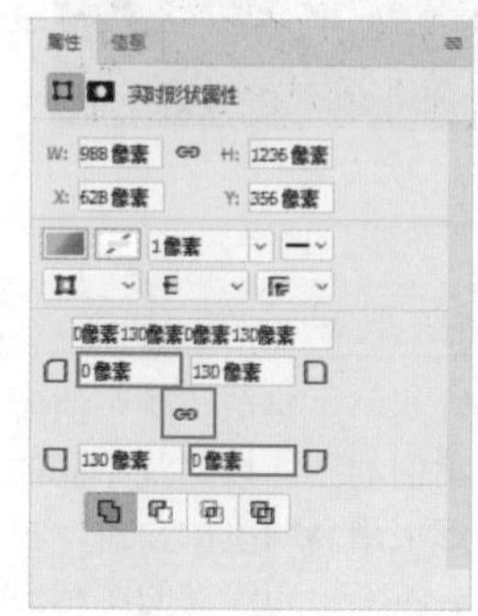

图15-61

图15-62

（3）在“图层”面板中单击选中圆角矩形图层，使用自由变换快捷键Ctrl+T调出定界框，在对象上单击鼠标右键，在弹出的快捷菜单中执行“扭曲”命令，如图15-63所示。接着将光标定位到定界框上的控制点上，按住鼠标左键并向右侧拖动，同时调整对象形态。接着按Enter键完成操作，如图15-64所示。此时在弹出的对话框中单击“是”按钮，如图15-65所示。此时自由变换操作完成。

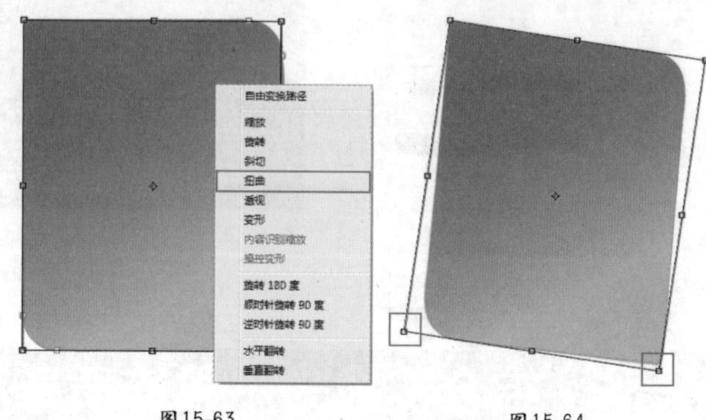

图15-63　　图15-64

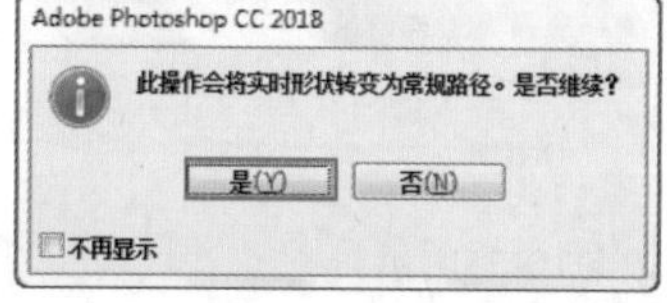

图15-65

（4）制作按钮边框。选择工具箱中的“钢笔工具”，在选项栏中设置“绘制模式”为“形状”，为了不影响绘制操作，先将“填充”设置为无，“描边”设置为无，设置完成后沿着圆角矩形外轮廓绘制路径，如图15-66和图15-67所示。

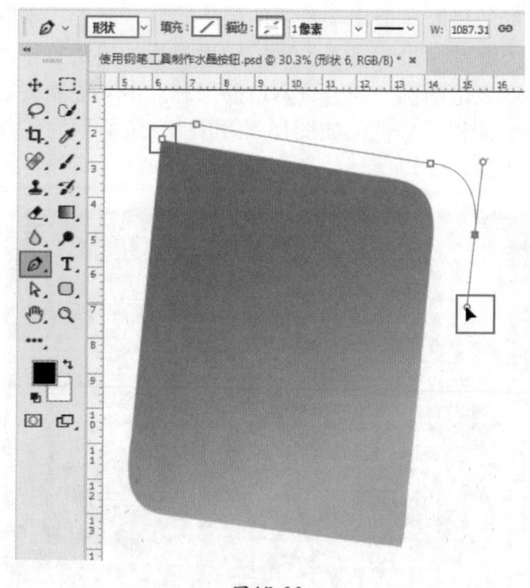

图15-66

（5）将选项栏中的“填充”设置为蓝色线性渐变，角度为120度，如图15-68所示，此时按钮边框效果如图15-69所示。

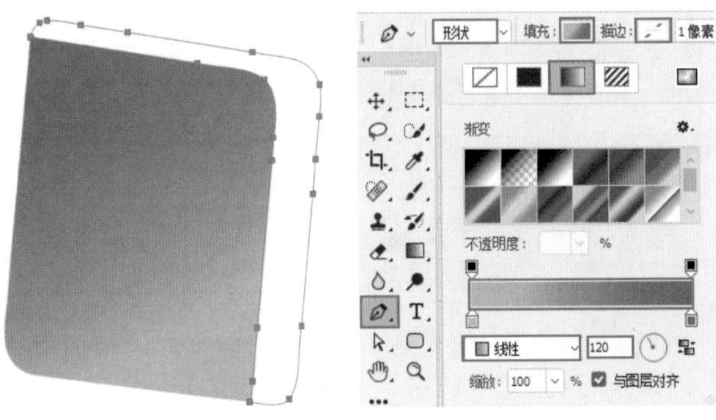

图15-67　　图15-68

（6）在圆角矩形左侧使用“钢笔工具”绘制路径，制作按钮左侧的厚度，如图15-70所示。然后在选项栏中设置一个较浅的线性渐变“填充”，如图15-71所示，此时效果如图15-72所示。

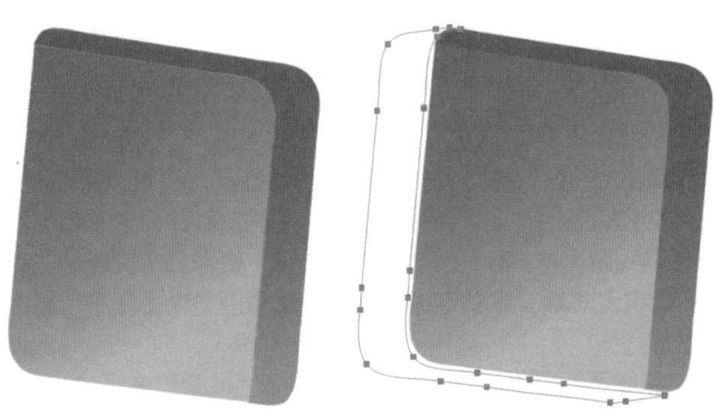

图15-69　　图15-70

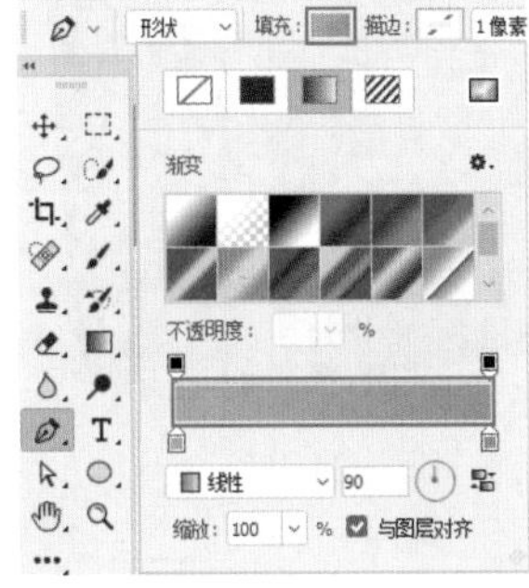

图15-71

图15-72

（7）用同样的方法制作按钮的高光形状，如图15-73所示。

（8）在按钮上制作音量形状。在形状工具组列表中选择“自定形状工具”，在选项栏中设置“绘制模式”为“形状”，“填充”为天蓝色，“描边”为无，“形状”为“音量”形状，设置完成后在按钮上方按住鼠标左键拖动进行绘制，如图15-74所示。

图15-73

图15-74

（9）在“图层”面板中单击选中“音量”形状图层，使用自由变换快捷键Ctrl+T，此时对象进入自由变换状态，将光标定位到定界框右上角的控制点上，当光标变为带有弧度的双箭头时，按住鼠标左键并向左上角拖动，进行旋转并适当移动位置，如图15-75所示。操作完成后按Enter键完成操作。由于形状颜色不明显，在选项栏中设置“填充”为由灰色到白色的线性渐变，此时效果如图15-76所示。

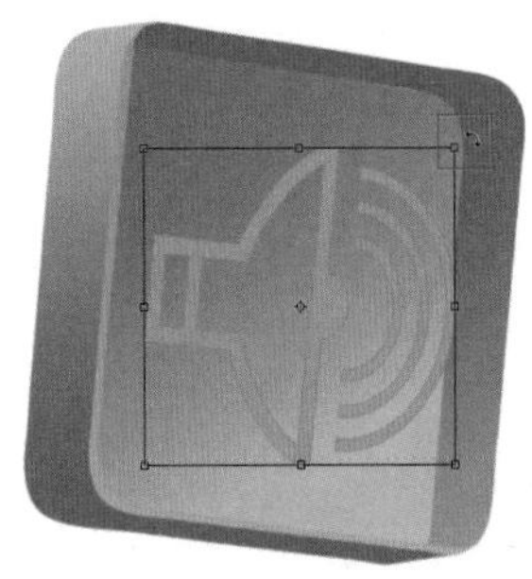

图15-75

（10）制作按钮的高光形状，使其呈现水晶按钮效果。选择工具箱中的“钢笔工具”，在选项栏中设置“绘制模式”为“形状”，“填充”为白色，“描边”为无，设置完成后在按钮上方绘制形状，如图15-77所示。

图15-76

图15-78

图15-79

图15-77

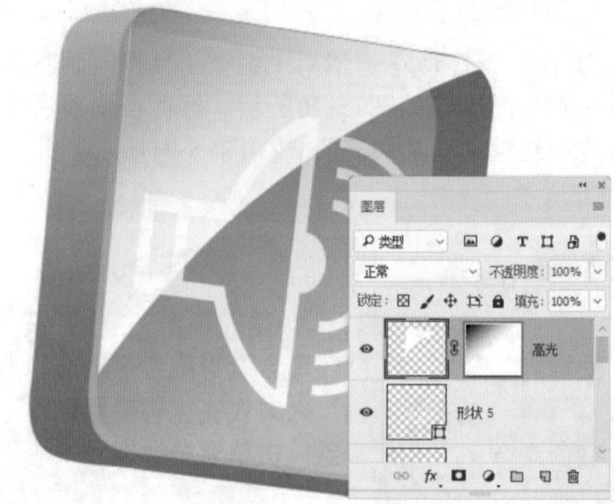

图15-80

（11）制作透明感高光效果。在“图层”面板中单击选中高光形状图层，单击“图层”面板底部的“添加图层蒙版”按钮，如图15-78所示。然后选择工具箱中的“渐变工具”，在选项栏中单击打开“渐变编辑器”窗口，然后编辑一种黑色到白色的渐变，接着单击“确定”按钮。最后单击选项栏中的“线性渐变”按钮，如图15-79所示。

（12）在“图层”面板中单击选中高光图层的图层蒙版，在画面中按住鼠标左键从左上角到右下角拖动，填充渐变，如图15-80所示。

（13）此时高光效果仍然过硬。单击选中该图层，在“图层”面板中设置该图层的“不透明度”为30%，如图15-81所示。此时按钮效果如图15-82所示。

图15-81

图15-82

读书笔记

第16章

APP界面设计

本章内容简介：

在进行APP界面设计之前，首先要明确APP的应用平台，常见的平台包括移动客户端（手机、平板电脑等）、PC端以及网页。不同的应用平台其界面尺寸、操作模式、用户习惯均有不同，在设计之初就需要根据不同的平台进行界面的规划。本章将通过几款常见的案例进行不同平台的界面设计练习。

16.1 综合实战——旅游网站登录页面

文件路径 第16章\旅游网站登录页面

难易指数 ★★★★★

扫码看视频

案例效果

案例效果如图16-1所示。

读书笔记

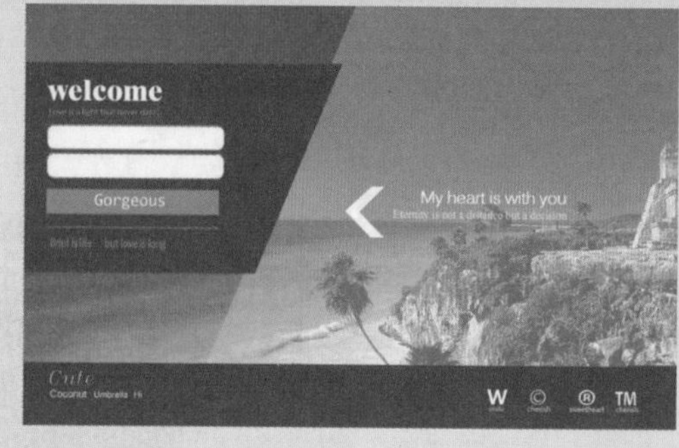

图16-1

16.1.1 项目分析

这是一款旅游网站登录页面设计，该页面与旅游图片的融合，切合人们心理。恰如酷热的盛夏，清凉的海风赶走心中燥热感，让人舒畅惬意，心旷神怡。当浏览者进入本页面时，仿佛吹着海风置身于海边，进一步强化了人们对旅行的美好向往，这也是此款页面的诱人之处。如图16-2和图16-3所示为优秀的界面设计作品。

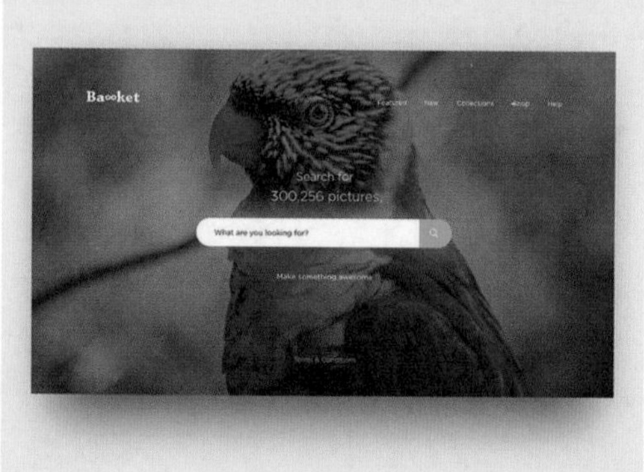

图16-2

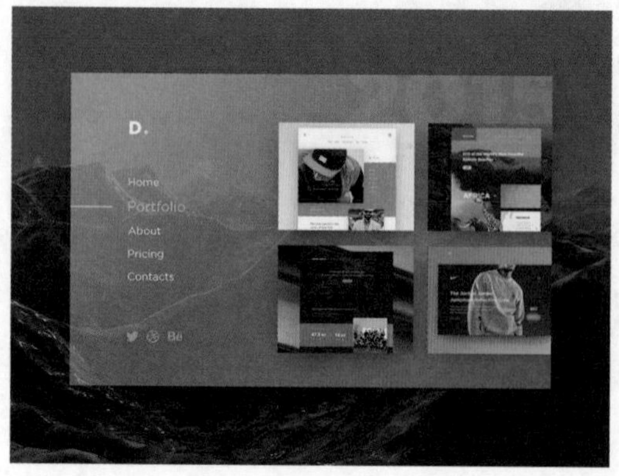

图16-3

16.1.2 布局规划

该界面采用分割式设计，倾斜的切割方式营造一种有条不紊的氛围。文字与图片搭配舒适，板块分明，适当的图文对比为版面增加了活力。版面布局充分为浏览者着想，符合人们从左向右的浏览习惯，所以将登录入口放在左侧黄金分割点位置，便于让浏览者第一时间找到入口。如图16-4和图16-5所示为优秀的登录界面设计。

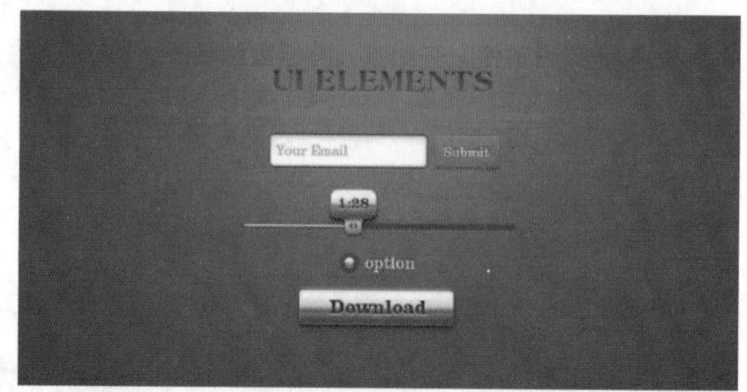

图16-4

图16-5

16.1.3 色彩搭配

该页面的色彩以蓝色为主，使用临近色进行搭配，大面积的浅蓝色给人一种干净舒适的感受，厚重的蓝紫色可稳定画面，使黑白灰关系更加分明，紫色作为按钮颜色，散发出浪漫神秘的色彩，勾起浏览者的好奇心。当然也可以尝试将蓝紫色更改为更轻薄的淡绿色或青蓝色，如图16-6和图16-7所示。

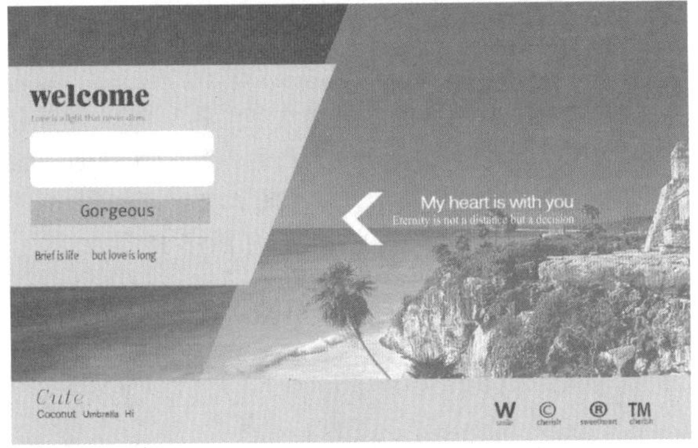

图16-6

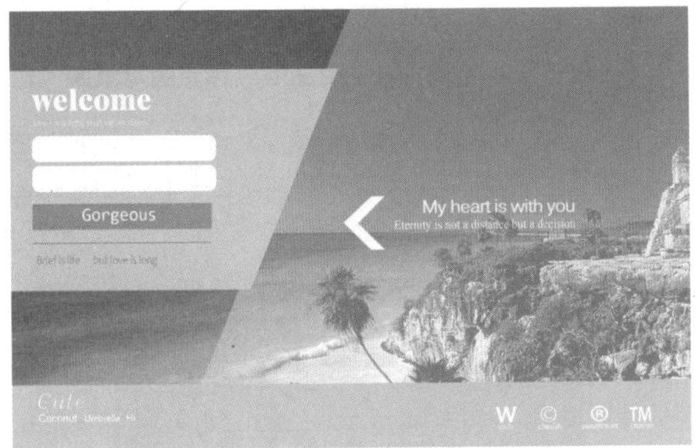

图16-7

16.1.4 实践操作

1. 制作网页背景

（1）执行“文件>打开”命令，打开背景素材“1.jpg”，如图16-8所示。

（2）为画面右侧添加四边形。选择工具箱中的“钢笔工具”，设置“绘制模式”为“形状”，“填充”为蓝色，“描边”为“无”，在画面的右侧绘制一个四边形，如图16-9所示。选择该图层，在“图层”面板中设置它的“混合模式”为“滤色”，如图16-10所示，此时画面效果如图16-11所示。

（3）为画面的左侧添加一个藏蓝色的四边形。再次使用“钢笔工具”，设置“绘制模式”为“形状”，“填充”为紫色，“描边”为无，在画面的左侧绘制一个四边形，如图16-12所示。

图16-8

图16-9

图16-10　　图16-11

图16-12

2．制作按钮及文字

（1）选择工具箱中的“圆角矩形工具”，再设置“绘制模式”为“形状”，“填充”为白色，“描边”为无，“半径”为15像素，接着按住鼠标左键拖动绘制一个圆角矩形，如图16-13所示。然后选择圆角矩形图层，按住Shift+Alt快捷键向下拖动进行平移并复制，如图16-14所示。

图16-13

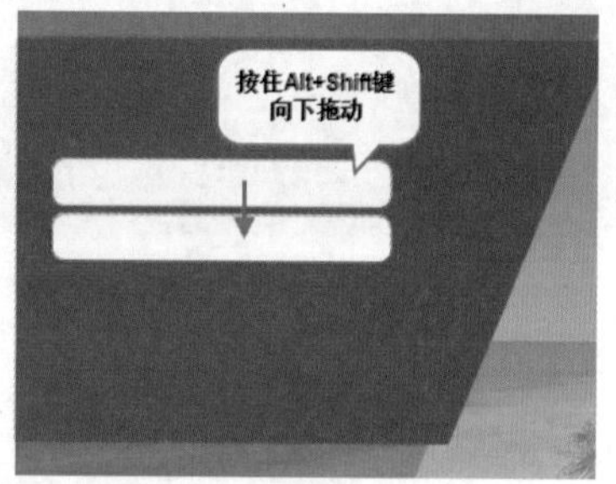

图16-14

（2）选择工具箱中的“矩形工具”，设置“绘制模式”为“形状”，“填充”为浅紫色，“描边”为无，在白色圆角矩形的下方绘制一个矩形，如图16-15所示。继续使用“矩形工具”在紫色矩形的下方绘制一个狭长的矩形，如图16-16所示。

图16-15

图16-16

（3）选择工具箱中的“横排文字工具”，设置合适的字体、字号，设置文字颜色为白色，然后在画面中紫色四边形的上部单击插入光标，接着输入文字，如图16-17所示。使用相同的方法输入其他文字，如图16-18所示。

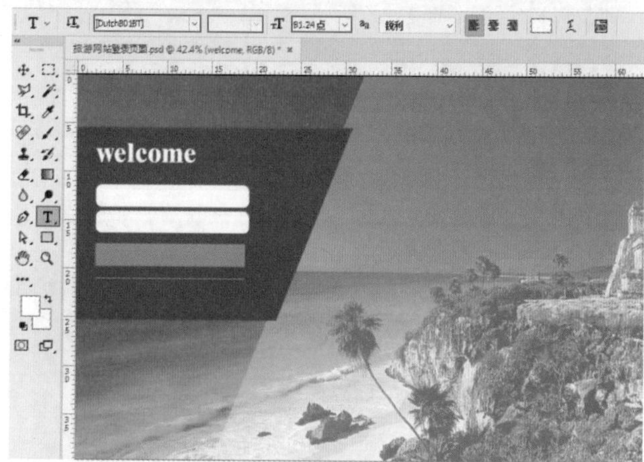

图16-17

图16-18

（4）选择工具箱中的“自定形状工具”，设置“绘制模式”为“形状”，“填充”为白色，“描边”为无，单击选择形状后面的矩形方块，在下拉面板中选择箭头图案，然后在画面中央位置按住鼠标左键拖动进行绘制，如图16-19所示。执行“编辑>变换>水平翻转”命令，将箭头水平翻转，如图16-20所示。接着使用“横排文字工具”在箭头的右侧输入文字，如图16-21所示。

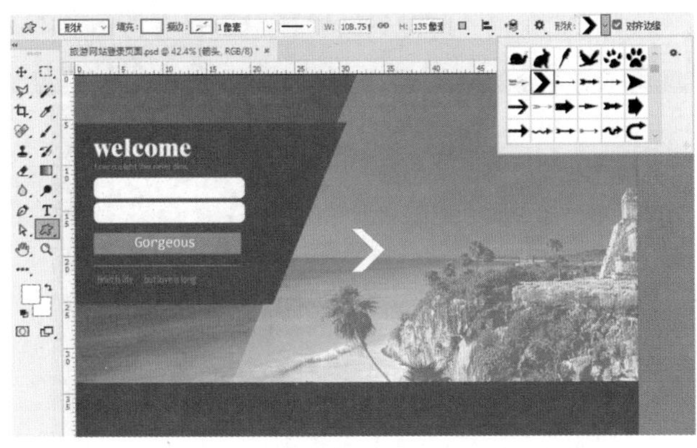

图16-19

图16-20

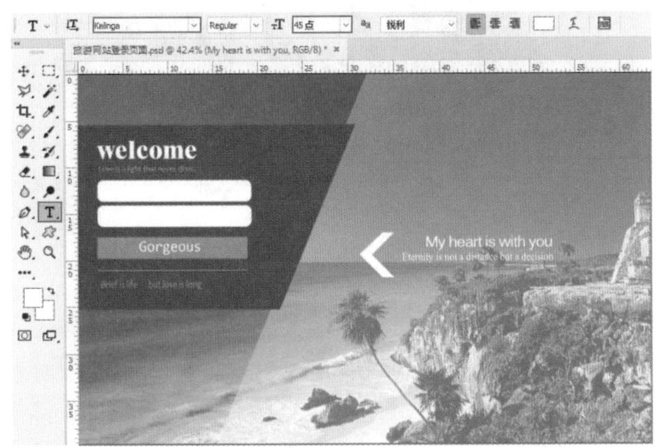

图16-21

（5）执行“编辑>变换>水平翻转”命令，选择工具箱中的“矩形工具”，设置绘制模式为“形状”，“填充”为深紫色，“描边”为无，在画面下方画出矩形，如图16-22所示。

（6）使用“横排文字工具”，在紫色矩形上方输入字母“W”，如图16-23所示。接着使用“自定形状工具”绘制3个图标，如图16-24所示。

（7）使用“横排文字工具”输入其他文字，案例完成效果如图16-25所示。

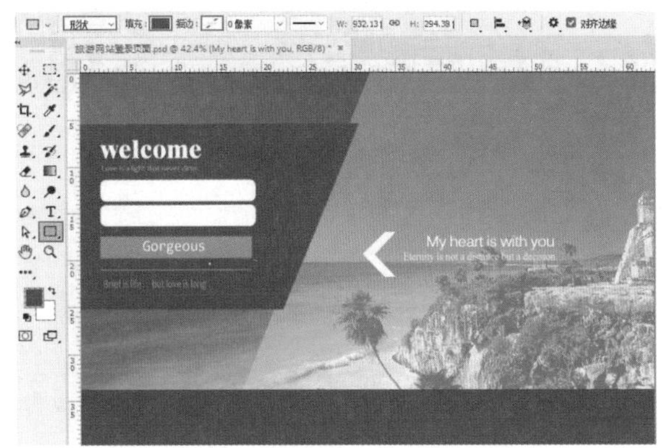

图16-22

图16-23

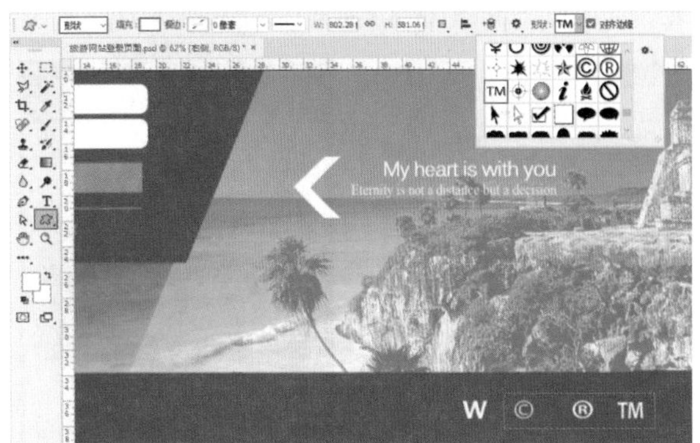

图16-24

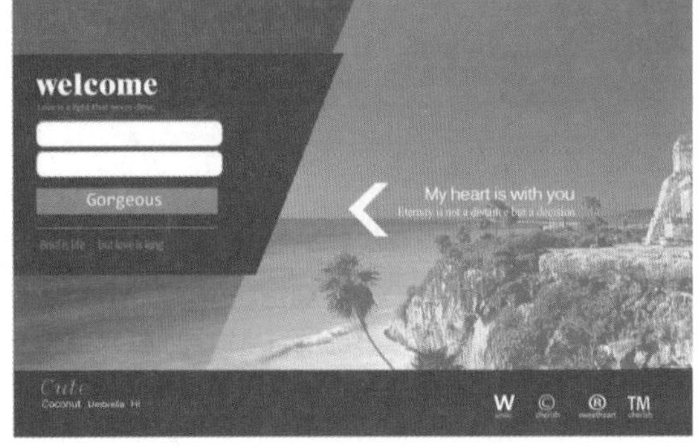

图16-25

16.2 综合实战——美食APP界面设计

文件路径　第16章\美食APP界面设计
难易指数　★★★★★

扫码看视频

案例效果

案例效果如图16-26所示。

读书笔记

图16-26

16.2.1 项目分析

这是一款美食APP的界面设计，以卡片形式展现产品信息，上半部分高质量清晰的美食图片能够极大地吸引人们注意。界面中按钮上出现的绿色给消费者营造一种健康、安全的感觉。打折促销活动增强消费者心中购买欲，并且在界面底部提供了前往本店用餐的交通方式和距离，为消费者提供方便。如图16-27和图16-28所示为优秀的界面设计作品。

图16-27

图16-28

16.2.2 布局规划

该界面采用中轴式设计，在形式上接近对称版式，它的特点在于用按钮或图标等元素分割页面，打破原页面中的拘谨，使视觉效果更强。其次，界面的白色搜索图标位于右上角暗色的区域，既节约有限的界面空间又容易被浏览者发现。购买按钮位于中心位置，方便将喜欢的食物加入购物车，下方展示出大众群体对该餐厅的喜爱分值、距离等信息，使浏览者更全面地了解这家餐厅。如图16-29和图16-30所示为优秀的界面设计作品。

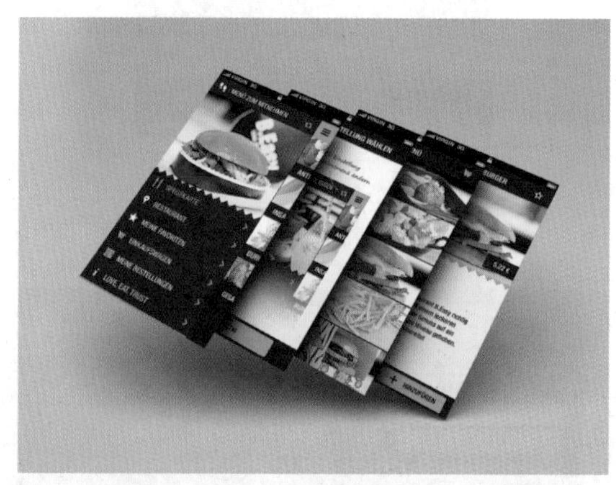

图16-29

图16-30

16.2.3 色彩搭配

由于界面中产品卡片上会出现产品的图片，所以会导致界面中出现多种不可预料的颜色。为了避免视觉产生眼花缭乱的感觉，界面整体的背景采用了暗色调，带有些许的颜色倾向。产品卡片背景则为白色，其上的按钮为绿色，代表健康。少量的红色和黄色文字作为点缀，并且这两种颜色也是食物中常出现的颜色，能够起到相互呼应的作用。如图16-31和图16-32所示为不同配色方案的界面。

图16-31

图16-32

16.2.4 实践操作

1. 制作界面顶部

（1）执行“文件>新建”命令，打开“新建文档”对话框。在对话框顶部选择“移动设备”选项卡，单击iPhone 6 Plus按钮，设置“分辨率”为72像素/英寸，“颜色模式”为“RGB颜色”，单击“创建”按钮创建新的文档，如图16-33所示。

（2）新建图层。制作渐变背景。选择工具箱中的“渐变工具”，在选项栏中单击“渐变色条”，在弹出的“渐变编辑器”窗口中编辑一种紫色系渐变颜色，然后单击“确定”按钮完成渐变编辑操作，接着单击选项栏中的“线性渐变”按钮，如图16-34所示。最后在画面中按住鼠标左键并拖动，如图16-35所示。释放鼠标后完成渐变填充操作，如图16-36所示。

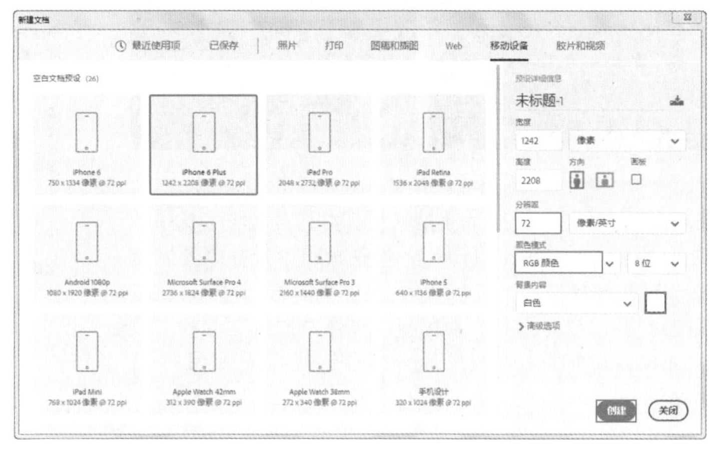

图16-33

图16-34

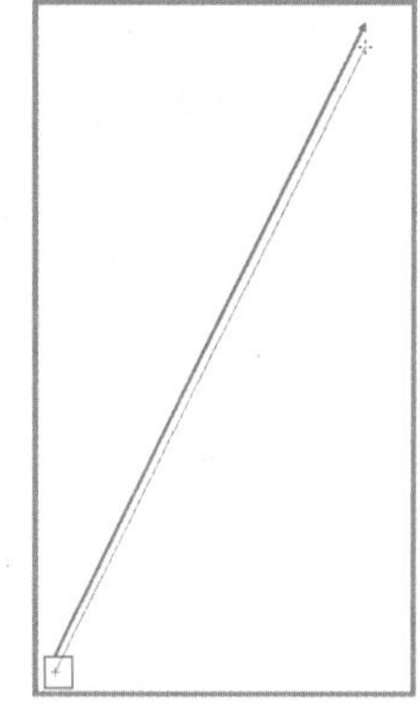

图16-35

（3）置入状态栏素材。执行“文件>置入嵌入对象”命令，在弹出的对话框中选择“1.png”，单击“置入”按钮。接着将置入的素材摆放在界面顶部位置，调整完成后按Enter键完成置入，如图16-37所示。

（4）制作选项按钮。选择工具箱中的“矩形工具”，在选项栏中设置“绘制模式”为“形状”，“填充”为白色，“描边”为无，设置完成后在状态栏下方按住鼠标左键拖动绘制，如图16-38所示。在“图层”面板中单击选中该矩形图层，使用复制图层快捷键Ctrl+J复制一个相同的图层，在复制的矩形上按住Shift键水平向下移动，如图16-39所示。用同样的方法继续复制一个矩形，并将其向下拖动，如图16-40所示。

图16-36

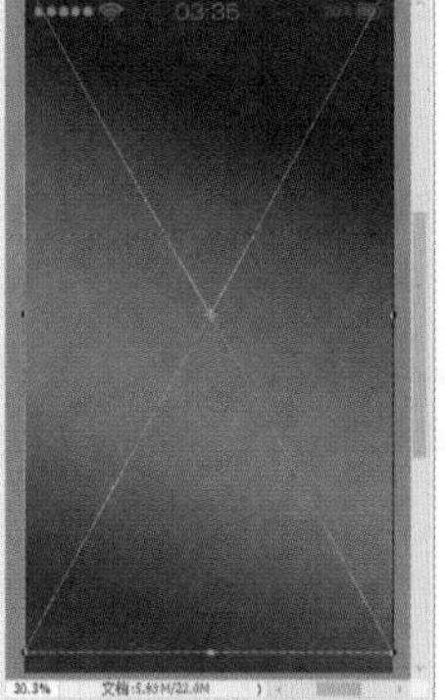

图16-37

图16-38

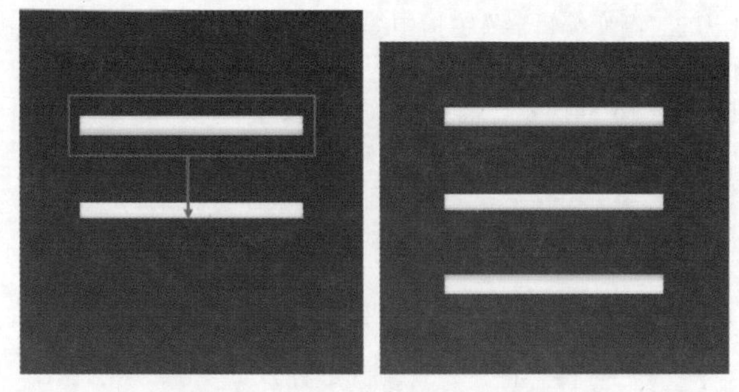

图16-39　　图16-40

（5）在工具箱中右击形状工具组，在形状工具组列表中选择“自定形状工具”，在选项栏中设置“绘制模式”为“形状”，“填充”为白色，“描边”为无，接着单击打开“自定形状”拾色器，选择“搜索”形状，设置完成后在界面右侧按住鼠标左键拖动绘制，如图16-41所示。

图16-41

（6）使用自由变换快捷键Ctrl+T进入自由变换状态，将光标定位到定界框上方，单击鼠标右键，在弹出的快捷菜单中执行“水平翻转”命令，如图16-42所示。接着按Enter键完成变换操作，效果如图16-43所示。

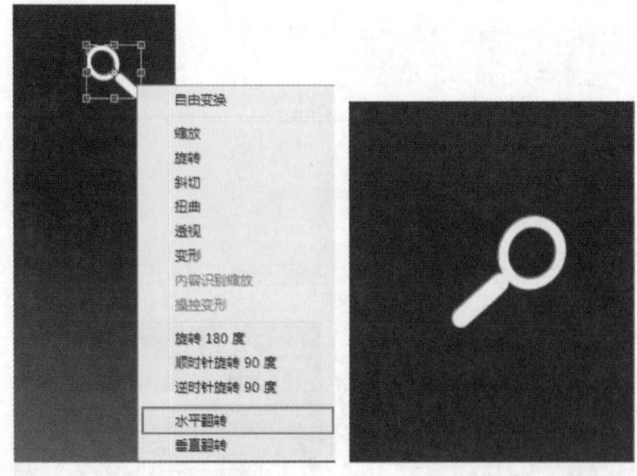

图16-42　　图16-43

（7）在顶部输入文字信息。选择工具箱中的“横排文字工具”，在选项栏中设置合适的字体、字号，设置文字颜色为白色，设置完毕后在界面顶部位置单击插入光标，输入文字，如图16-44所示。接着在选项栏中设置字体、字号及文字颜色，继续在界面中输入文字，如图16-45所示。

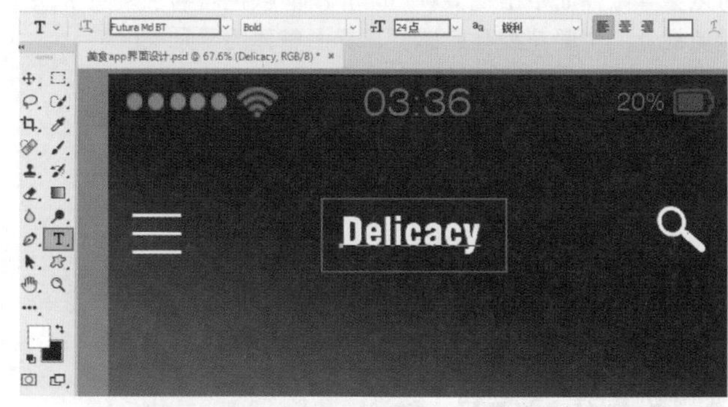

图16-44

（8）在文字下方制作分割线。选择工具箱中的“矩形工具”，在选项栏中设置“绘制模式”为“形状”，“填充”为白色，“描边”为无，设置完成后在顶部文字下方按住鼠标左键拖动绘制，如图16-46所示。单击选中该图层，在“图层”面板中设置该图层的“不透明度”为50%，如图16-47所示，效果如图16-48所示。

图16-45　　图16-46

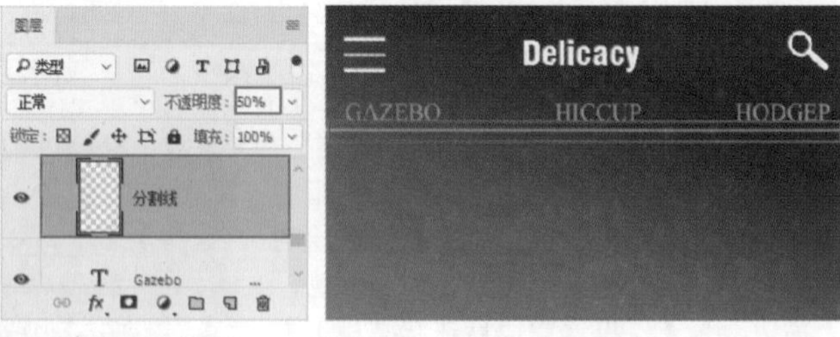

图16-47　　图16-48

2．制作界面主体图形

（1）制作美食界面的食品背景。在工具箱中右击形状工具组，在形状工具组列表中选择“圆角矩形工具”，在选项栏中设置“绘制模式”为“形状”，“填充”为白色，“描边”为无，“半径”为30像素。设置完成后在画面中按住鼠标左键拖动进行绘制，如图16-49所示。

图16-49

（2）在“图层”面板中选中圆角矩形图层，执行“图层>图层样式>描边”命令，在弹出的“图层样式”对话框中设置“大小”为2像素，“位置”为“内部”，“不透明度”为100%，“填充类型”为“颜色”，“颜色”为灰色，如图16-50所示。在左侧图层样式列表中单击启用“投影”样式，设置“混合模式”为“正片叠底”，颜色为黑色，“不透明度”为20%，“角度”为120度，“距离”为37像素，“大小”为38像素，如图16-51所示，此时效果如图16-52所示。

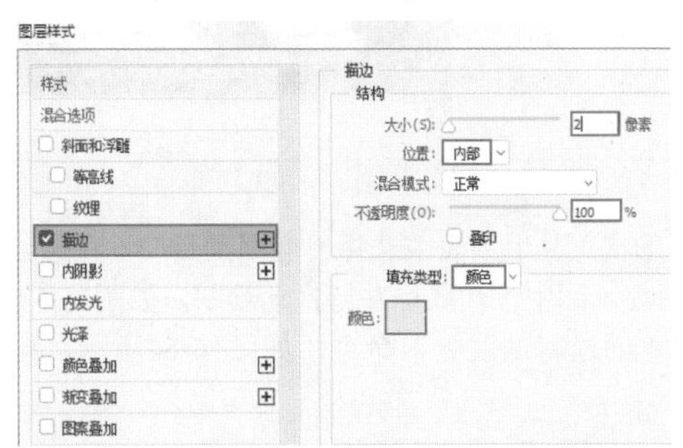

图16-50

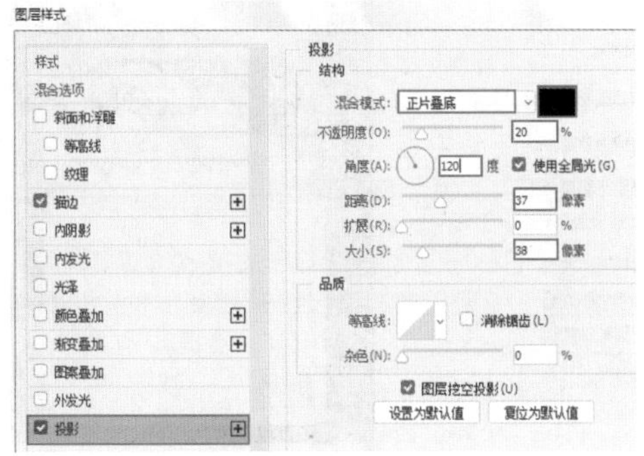

图16-51

（3）制作阴影效果。在“图层”面板中单击选中该圆角矩形图层，使用复制图层快捷键Ctrl+J复制一个相同的图层。使用自由变换快捷键Ctrl+T调出定界框，将光标定位到定界框一角处，按住鼠标左键并拖动，将其缩放到合适大小，如图16-53所示。变换完成后按Enter键完成此操作。接着在控制栏中设置其填色为深灰色，如图16-54所示。

图16-52

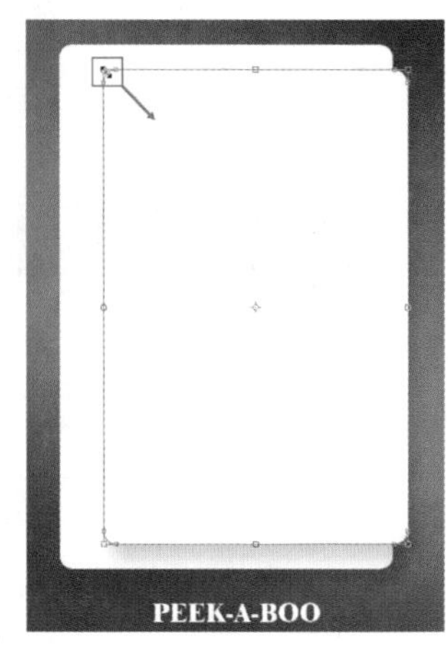

图16-53

（4）在“图层”面板中单击选中深灰色圆角矩形图层，将其移至白色圆角矩形图层下方。接着将鼠标移到“描边”效果上并按住鼠标左键将该效果拖到“删除”按钮位置，删除描边效果，如图16-55所示，此时画面效果如图16-56所示。

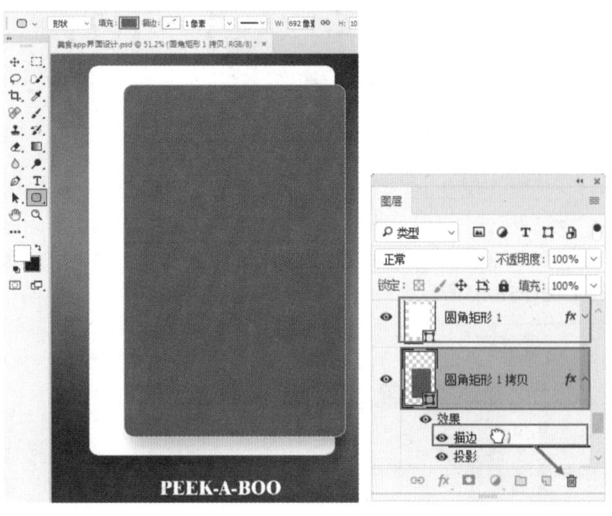

图16-54　　图16-55

（5）此时阴影效果过于生硬。单击选中该图层，在“图层”面板中设置该图层的“混合模式”为“正片叠底”，“不透明度”为30%，如图16-57所示，此时画面阴影效果如图16-58所示。

（6）使用同样的方法制作第2层阴影，效果如图16-59所示。

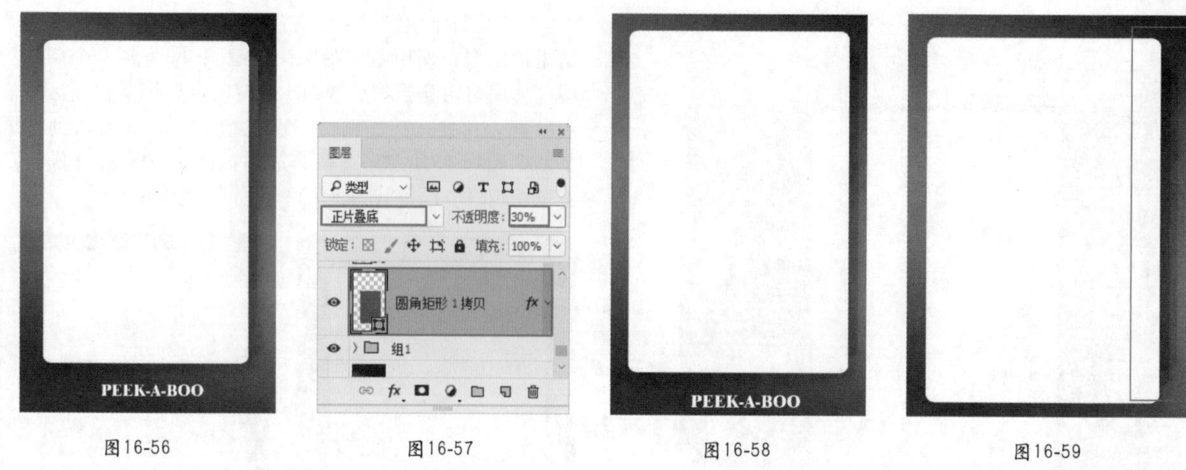

图16-56　图16-57　图16-58　图16-59

3. 制作主体图形上的文字及图案

（1）选择白色圆角矩形图层，执行“文件>置入嵌入对象”命令，置入美食素材，摆放在合适的位置，按Enter键完成置入操作，接着将其栅格化，如图16-60所示。

（2）在“图层”面板中右击该图层，在弹出的快捷菜单中执行“创建剪贴蒙版”命令，如图16-61所示，此时画面效果如图16-62所示。

图16-60

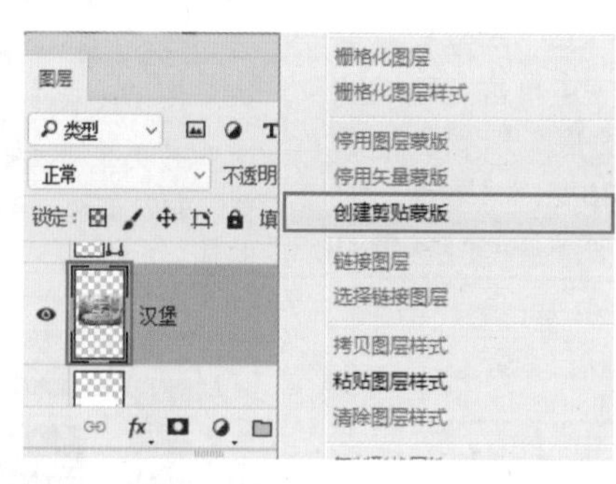

图16-61

图16-62

（3）在美食上方绘制形状制作效果。在工具箱中右击形状工具组，在形状工具组列表中选择“椭圆工具”，在选项栏中设置“绘制模式”为“形状”，“填充”为白色，“描边”为无，设置完成后在画面中按住鼠标左键拖动绘制，如图16-63所示。

（4）在“图层”面板中右击该形状图层，在弹出的快捷菜单中执行“创建剪贴蒙版”命令，如图16-64所示，此时画面效果如图16-65所示。

图16-63

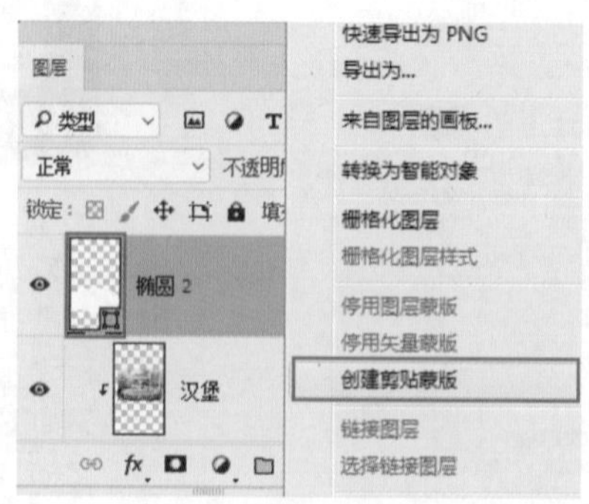

图16-64

图16-65

（5）为界面添加效果。选择工具箱中的“钢笔工具”，在选项栏中设置“绘制模式”为“形状”，“填充”为一个由白色到透明的线性渐变，“描边”为无，设置完成后在食物上方绘制形状，如图16-66所示。在“图层”面板中设置该图层的“不透明度”为30%，此时效果如图16-67所示。

图16-66

图16-67

（6）用同样的方法在“图层”面板中为该图层创建剪贴蒙版，此时效果如图16-68所示。

图16-68

（7）输入美食文字信息。使用“横排文字工具”在食物图片下方输入合适的文字，并在选项栏中设置合适的字体、字号及颜色，如图16-69所示。然后在形状工具组列表中选择“自定形状工具”，在选项栏中设置“绘制模式”为“形状”，“填充”为黄色，“描边”为无，接着单击打开自定形状拾色器，选择“五角星”形状，设置完成后在黄色数字信息的左侧按住鼠标左键拖动绘制，如图16-70所示。

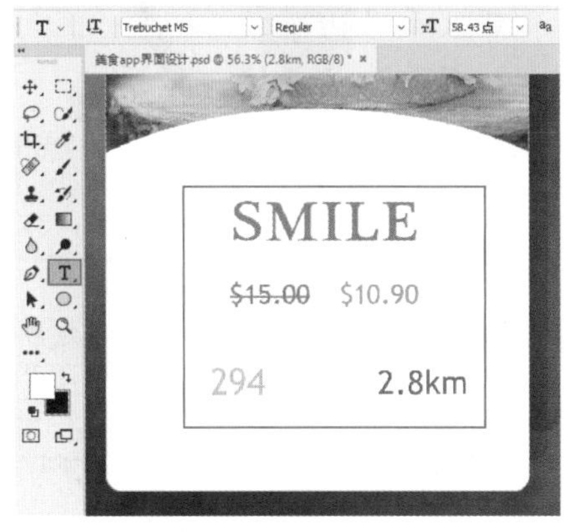

图16-69

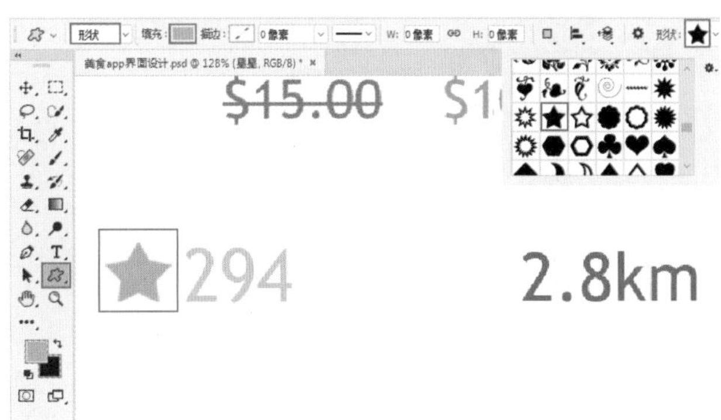

图16-70

（8）在红颜色数字左侧制作“距离”小标志。首先选择工具箱中的“椭圆工具”，在选项栏中设置“绘制模式”为“形状”，“填充”为红色，“描边”为无，设置完成后在数字左侧绘制一个红色椭圆，如图16-71所示。接着右击选择工具组，在选择工具组列表中选择“直接选择工具”，然后单击红色椭圆，此时调出椭圆路径，接着将鼠标移到锚点上方位置，将该形状调整为“倒水滴形”，如图16-72所示。

图16-71

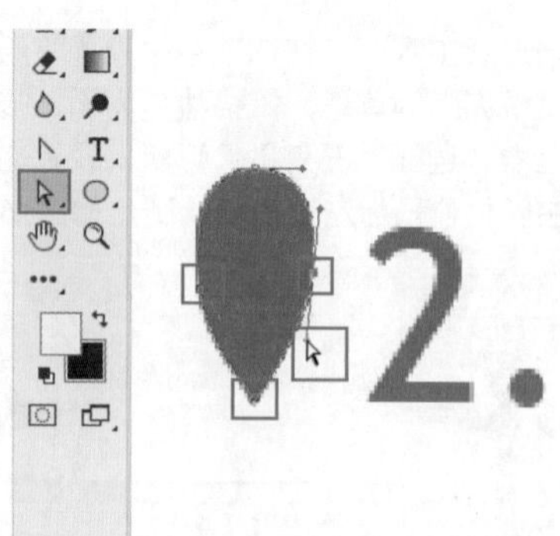
图16-72

（9）选择工具箱中的“椭圆工具”，在选项栏中设置“绘制模式”为“形状”，“填充”为白色，“描边”为无，然后按住Shift键的同时按住鼠标左键在红色形状上方绘制正圆，如图16-73所示。此时“距离”小标志制作完成。

图16-73

（10）在画面中心制作购买按钮。选择工具箱中的“椭圆工具”，在选项栏中设置“绘制模式”为“形状”，“填充”为绿色，“描边”为无，设置完成后在画面中心按住Shift键的同时按住鼠标左键绘制正圆，如图16-74所示。

图16-74

（11）为该正圆形状添加图层样式。执行“图层>图层样式>投影”命令，在弹出的“图层样式”对话框中设置“混合模式”为“正片叠底”，颜色为墨绿色，“不透明度”为40%，“角度”为120度，“距离”为2像素，“大小”为1像素，设置完成后单击“确定”按钮，如图16-75所示，此时效果如图16-76所示。

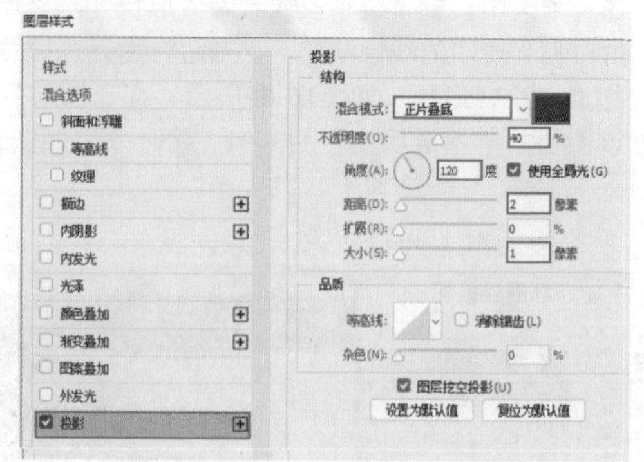

图16-75

图16-76

（12）在正圆上方添加形状图案。选择工具箱中的“自定形状工具”，在选项栏中设置“绘制模式”为“形状”，“填充”为白色，“描边”为无，接着单击打开自定形状拾色器，选择“购物车”形状，设置完成后在绿色正圆上方按住鼠标左键拖动绘制，如图16-77所示。

图16-77

（13）制作界面底部按钮。在“图层”面板中单击选中绿色正圆图层，使用复制图层快捷键Ctrl+J复制一个相同的图层。然后将其移到界面的左下角，接着使用自由变换快捷键Ctrl+T调出定界框，按住鼠标左键并拖动将其缩放到合适大小。然后按Enter键完成操作，如图16-78所示。选择工具箱中的“自定形状工具”，选择合适的形状，设置完成后在绿色正圆上方按住鼠标左键拖动绘制，如图16-79所示。

（14）用同样的方法制作其他按钮，界面最终效果如图16-80所示。

图16-78

图16-79

图16-80

读书笔记

第16章 APP界面设计

16.3 综合实战——用户设置页面

文件路径 第16章\用户设置页面

难易指数 ★★★★★

扫码看视频

案例效果

案例对比效果如图16-81和图16-82所示。

读书笔记

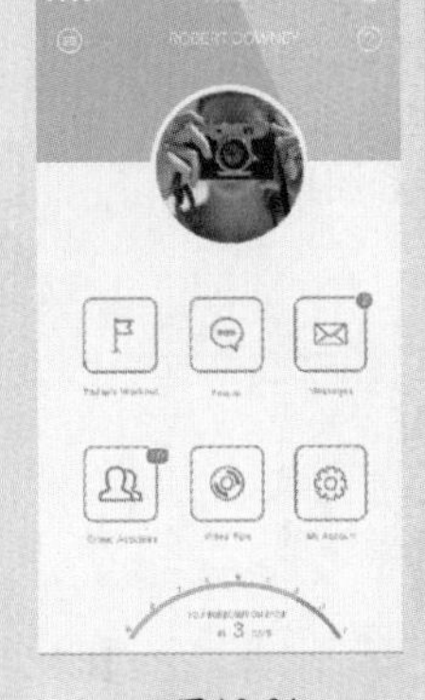

图16-81

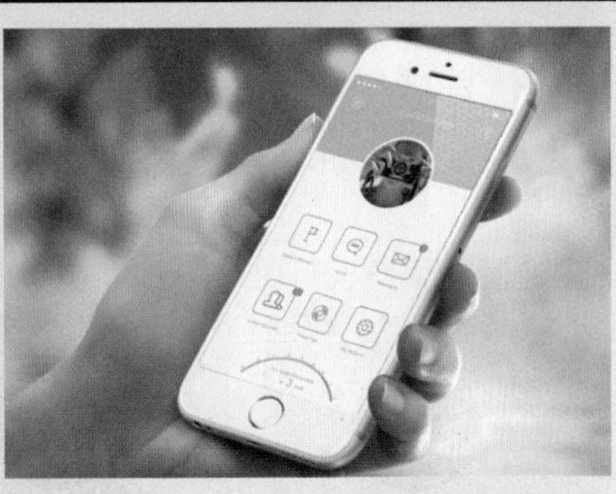

图16-82

16.3.1 项目分析

这是一款社交类手机APP的用户设置界面，界面整体以一种简洁大方的方式展示。风格清新，颜色明亮，使用该界面能降低手机对眼部的刺激，减轻疲惫感，适用于长期使用手机的用户群体。如图16-83和图16-84所示为优秀的UI设计作品。

16.3.2 布局规划

该界面采用左右对称式版式进行排布。界面上下分为两个部分，上半部分为用户头像。单击左上角菜单按钮，会出现更多用户信息，起到了整理信息、清洁版面的作用。右上角的问号按钮为手机客服，遇到问题可前往咨询。下半部分功能按钮以圆角矩形形状出现，严谨舒适的同时又避免了传统界面使用直角图标的生硬感。底部为独特的弧形进度条，图形与文字结合的方式更加直观。如图16-85和图16-86所示为优秀的UI设计作品。

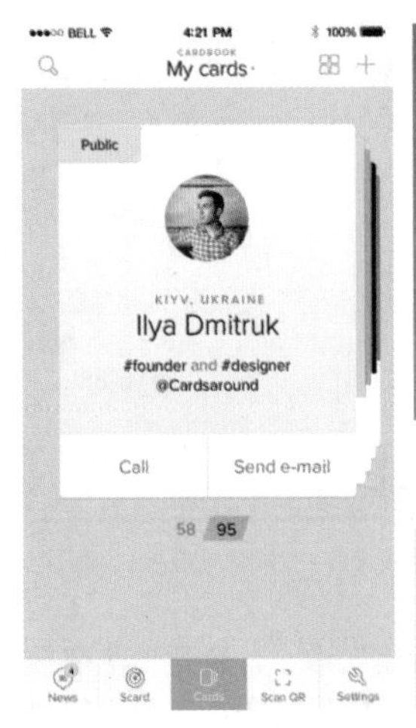

图16-83

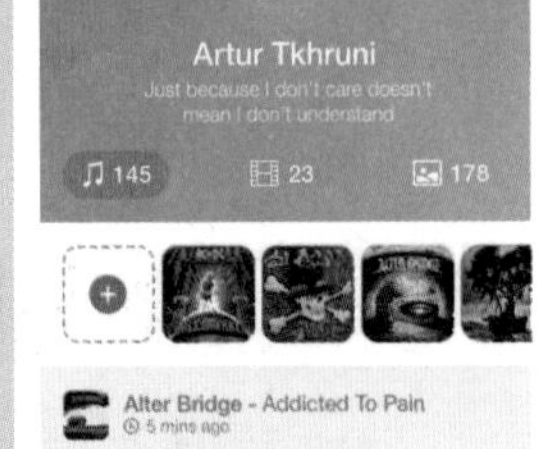

图16-84

Alter Bridge - Addicted To Pain

Saving Abel - New Tatoo

Slash's Snakepit - Speed Parade

Led Zeppelin - Black Dog

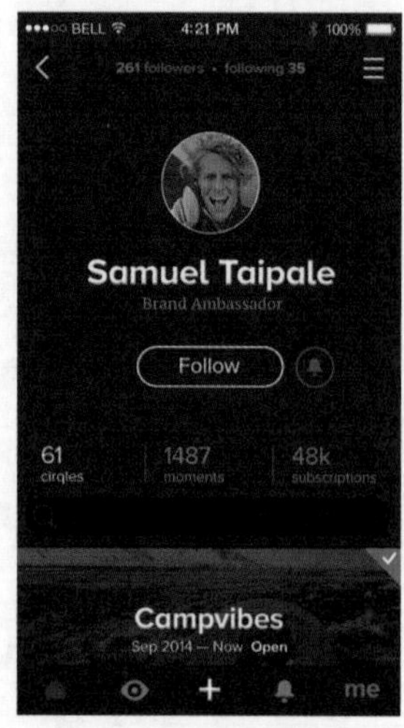

图16-85

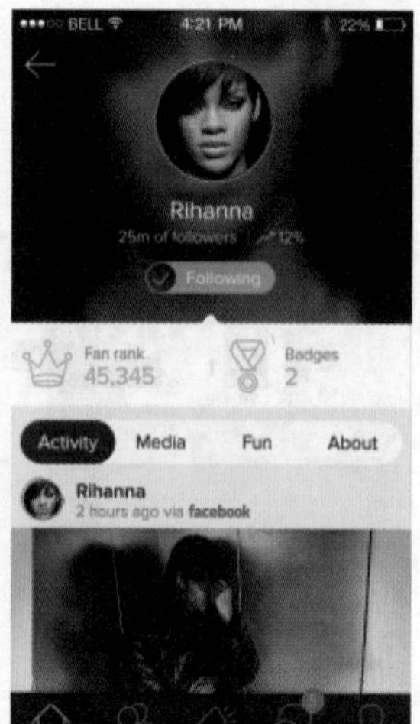

图16-86

16.3.3 色彩搭配

该界面为单色的配色方式，选择了不同明度的绿色构成整个画面，越淡的绿色覆盖范围最大，浓厚一些的绿色占较小的范围。构成的界面视觉效果明快，整体用高调的嫩绿搭配黄绿，使界面充满生机，像初春萌芽般舒适清爽。由此也可以延伸出多种不同颜色倾向的界面，例如更适合女性的粉红色系以及更适合男性的青蓝色系，如图16-87和图16-88所示。

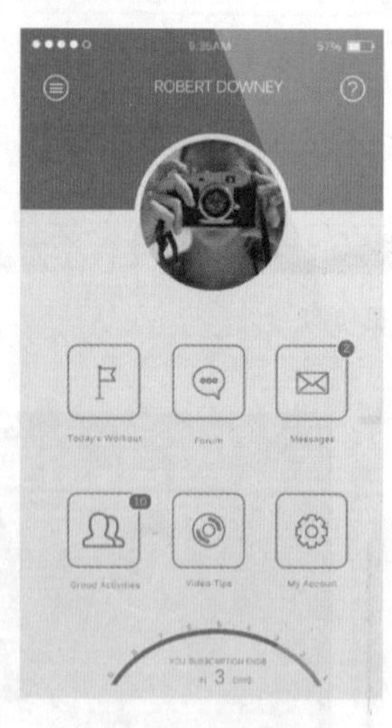

图16-87

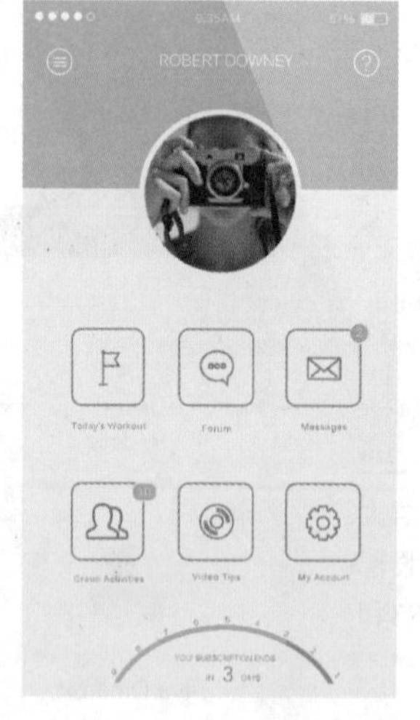

图16-88

16.3.4 实践操作

1. 制作界面上半部

（1）执行“文件>新建”命令，新建一个空白文档。然后单击工具箱底部的“前景色”按钮，在弹出的“拾色器”对话框中设置颜色为象牙白色，设置完成后单击“确定”按钮，如图16-89所示。接着使用填充前景色快捷键Alt+Delete进行快速填充，如图16-90所示。

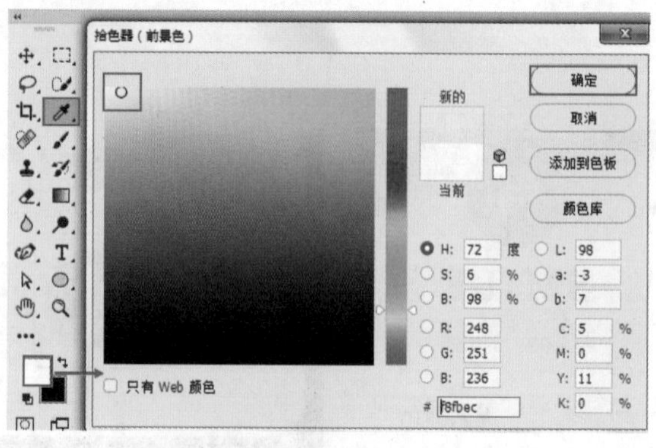

图16-89

图16-90

（2）在页面中绘制矩形。选择工具箱中的“矩形工具”，在选项栏中设置“绘制模式”为“形状”，“填充”为黄绿色，“描边”为无，如图16-91所示。设置完成后在页面中按住鼠标左键拖动进行绘制，如图16-92所示。

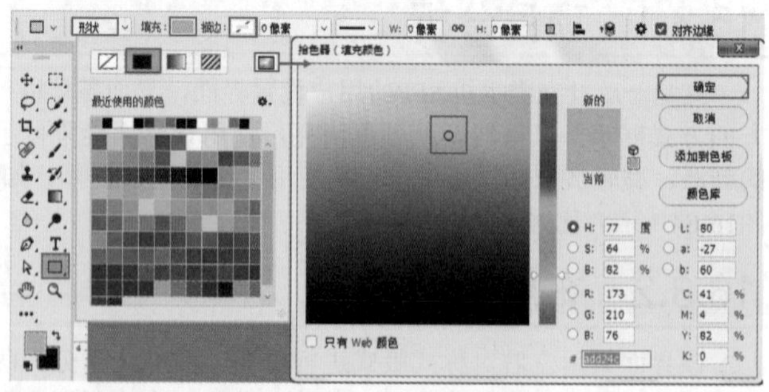

图16-91

（3）制作头像图形。选择“椭圆工具”，设置“绘制模式”为“形状”，“填充”为象牙白，“描边”为无，设置完成后在画面中按住Shift键的同时按住鼠标左键拖动绘制圆形，如图16-93所示。

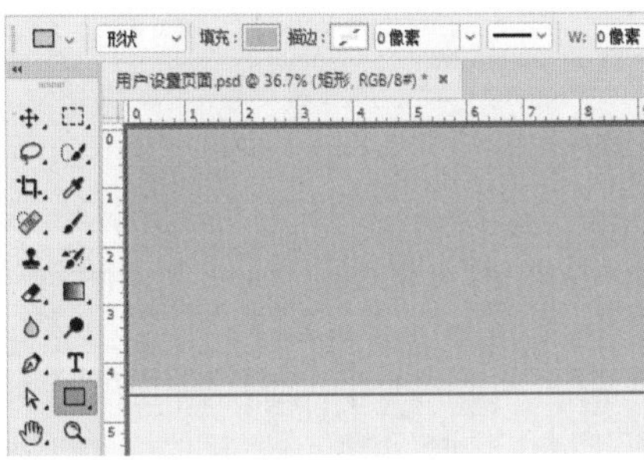

图16-92

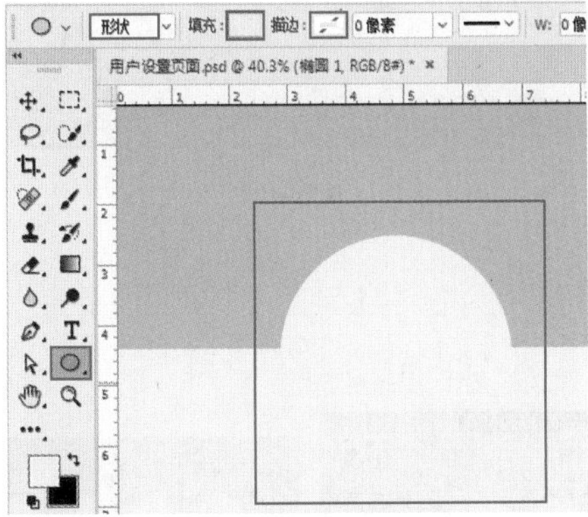

图16-93

（4）执行“文件>置入嵌入对象”命令，置入人物素材“1.jpg”，并将该图层栅格化，如图16-94所示。接着使用“椭圆选框工具”在人像上方绘制一个正圆选区，如图16-95所示。接着单击“图层”面板下方的“添加图层蒙版”按钮，效果如图16-96所示。

图16-94

图16-95

图16-96

（5）在右上角的位置绘制电量图标。选择工具箱中的“圆角矩形工具”，在选项栏中设置“绘制模式”为“形状”，“描边”为白色，“描边粗细”为0.5点，“半径”为5像素，在画面中绘制一个圆角矩形，如图16-97所示。选择工具箱中的“矩形工具”，在选项栏中设置“绘制模式”为“形状”，“填充”为浅蓝色，在相应位置绘制矩形，如图16-98所示。

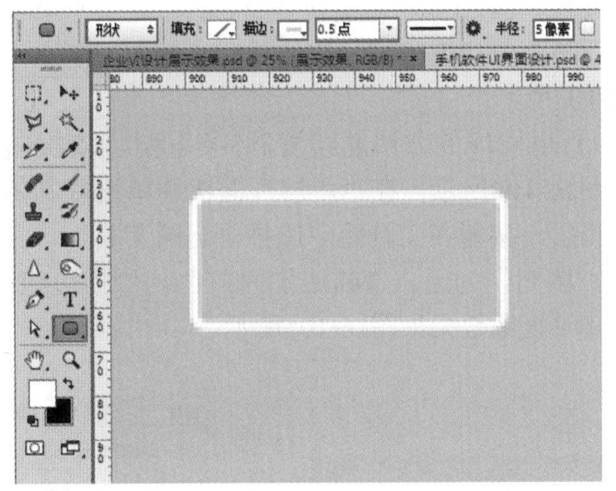

图16-97

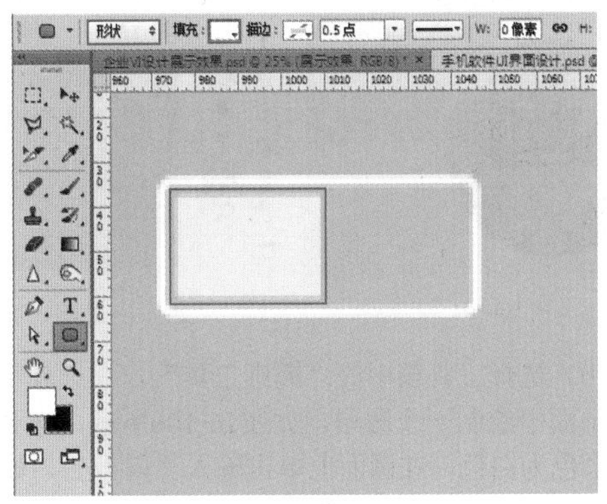

图16-98

（6）选择工具箱中的“钢笔工具”，在选项栏中设置“绘制模式”为“形状”，“填充”为白色，在画面中绘制一个半圆形，如图16-99所示。

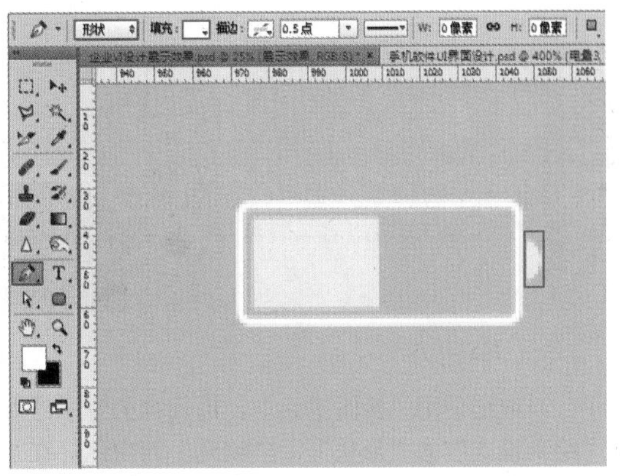

图16-99

（7）选择工具箱中的“横排文字工具”，在选项栏中设置合适的字体、字号，设置文字颜色为白色，在画面中单击输入文字，如图16-100所示。用同样的方式输入其他文字，如图16-101所示。

（8）选择工具箱中的“椭圆工具”，在选项栏中设置“绘制模式”为“形状”，“填充”为白色，在画面中绘制一个正圆形，如图16-102所示。在“图层”面板中单击选中该正圆图层，使用复制图层快捷键Ctrl+J复制一个相同的图层。然后按住Shift键的同时按住鼠标左键向右侧水平平移，如图16-103所示。

（9）用同样的方法继续复制3个正圆，依次向右侧拖动，如图16-104所示。在“图层”面板中单击复制的最后一个正圆图层，接着在工具箱中选择“椭圆工具”，在选项栏中设置“填充”为无，“描边”为白色，“描边粗细”为3像素，此时正圆效果如图16-105所示。

图16-100

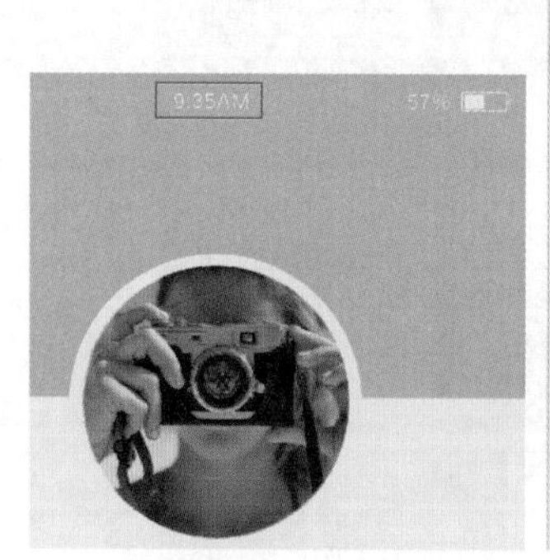

图16-101

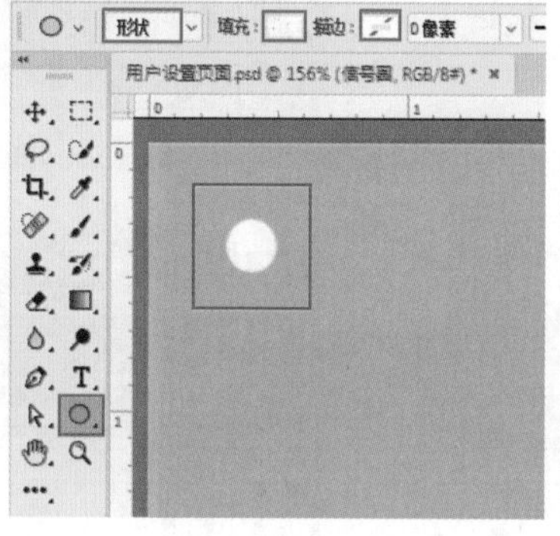
图16-102

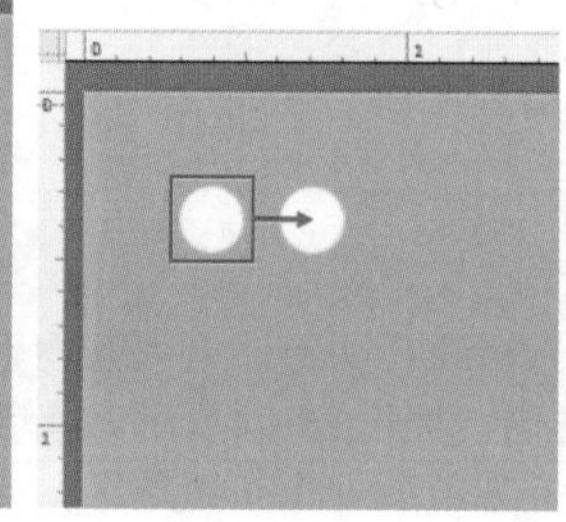
图16-103

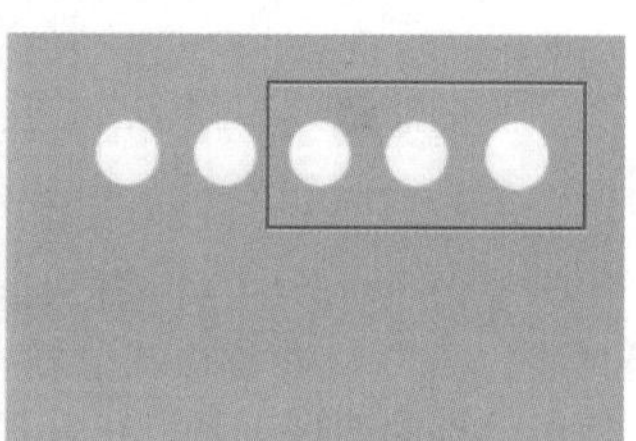
图16-104

（10）选择工具箱中的“椭圆工具”，在选项栏中设置“绘制模式”为“形状”，“描边”为白色，“描边粗细”为0.5点，在画面中绘制一个圆形，如图16-106所示。选择工具箱中的“横排文字工具”，在选项栏上设置合适的字体、字号，设置文字颜色为白色，在画面上单击输入“问号”，如图16-107所示。

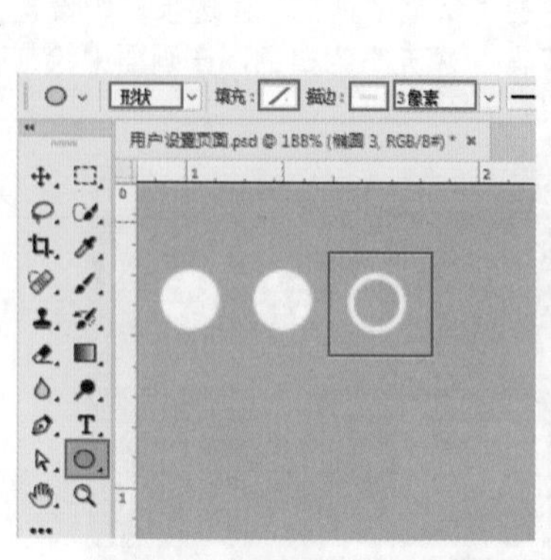

图16-105

图16-106

图16-107

（11）继续使用“椭圆工具”，用同样的方法绘制圆形，如图16-108所示。选择工具箱中的“矩形工具”，在选项栏中设置“绘制模式”为“形状”，“填充”为白色，在画面中绘制一个矩形，然后在选项栏中设置模式为“合并形状”，在画面中绘制其他的矩形，如图16-109所示。

图16-108

图16-109

（12）选择工具箱中的“横排文字工具”，在选项栏中设置合适的字体、字号，设置文字颜色为白色，在画面中单击输入文字，如图16-110所示。

图16-110

2. 制作按钮

（1）制作图标。选择工具箱中的“圆角矩形工具”，在选项栏中设置“绘制模式”为“形状”，“描边”为灰色，“描边粗细”为0.5点，“半径”为5像素，在画面中绘制圆角矩形，如图16-111所示。接着将圆角矩形进行复制，并调整到相应的位置，如图16-112所示。

图16-111

（2）执行“文件>置入嵌入对象”命令，置入素材“2.png”，调整到合适位置后按Enter键确定置入操作，如图16-113所示。用同样的方法置入其他素材，如图16-114所示。

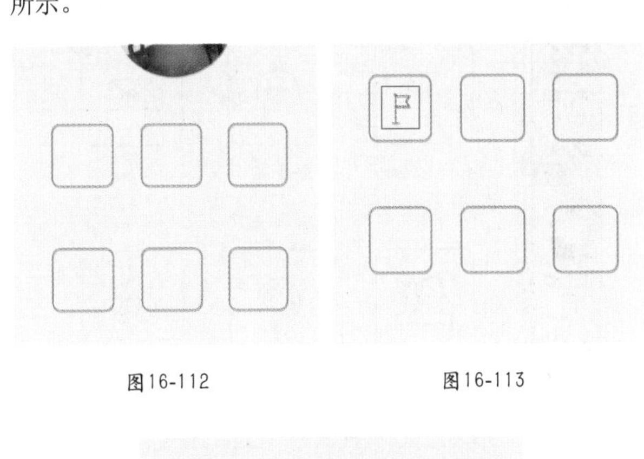

图16-112　　图16-113

图16-114

（3）使用“横排文字工具”在图标下方输入文字，如图16-115所示。

图16-115

（4）制作消息提醒图标。选择工具箱中的“椭圆工具”，在选项栏中设置“绘制模式”为“形状”，“填充”为红色，在画面中绘制一个正圆形，如图16-116所示。选择该图层，执行“图层>图层样式>描边”命令，在弹出的“图层样式”对话框中设置“大小”为5像素，“位置”为“外部”，“颜色”为白色，单击“确定”按钮完成设置，如图16-117所示，此时画面效果如图16-118所示。

图16-116

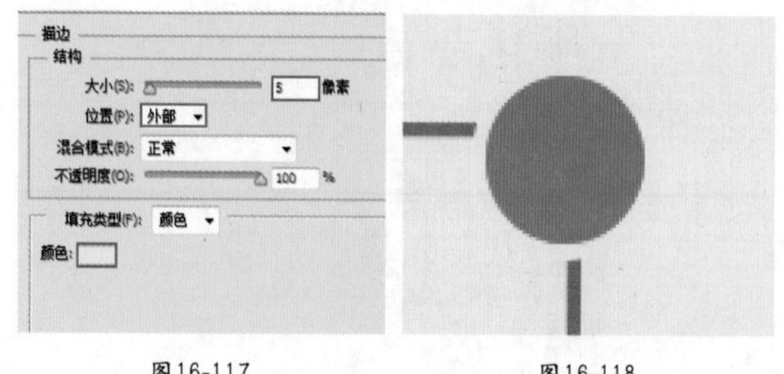

图16-117 图16-118

（5）使用“横排文字工具”在圆形上添加文字，如图16-119所示。用同样的方式绘制另一个消息提醒，如图16-120所示。

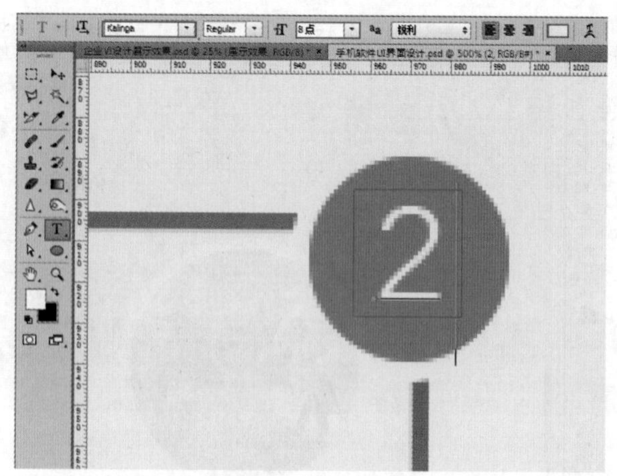

图16-119

图16-120

3．制作界面底部控件以及高光

（1）选择工具箱中的“钢笔工具”，在选项栏中设置“绘制模式”为“形状”，“填充”为黄绿色，在画面中绘制图形，如图16-121所示。用同样的方式绘制另一个图形，如图16-122所示。

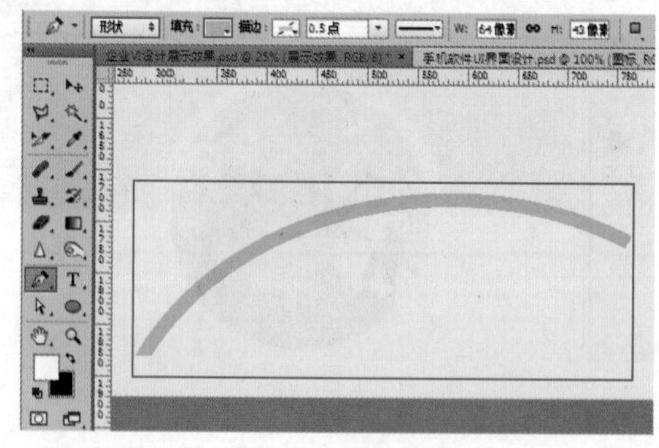

图16-121

（2）选择工具箱中的“横排文字工具”，在选项栏中设置合适的字体、字号，设置文字颜色为灰色，在画面中单击输入文字，如图16-123所示。然后再单击选项栏中的“变形文字”按钮，在弹出的对话框中设置“样式”为“扇形”，“弯曲”为66%，单击“确定”按钮完成设置，如图16-124所示。此时画面效果如图16-125所示。

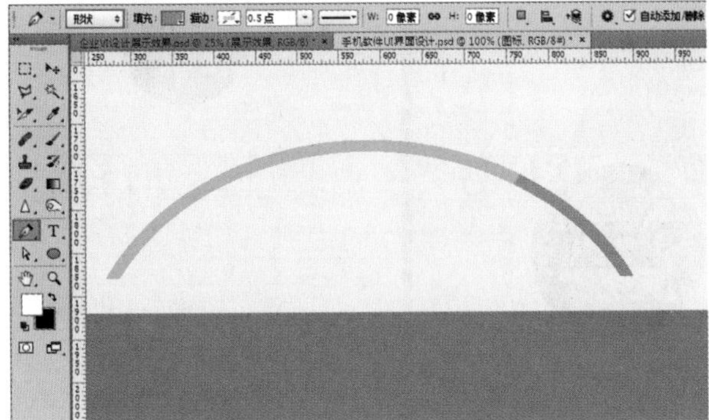

图16-122

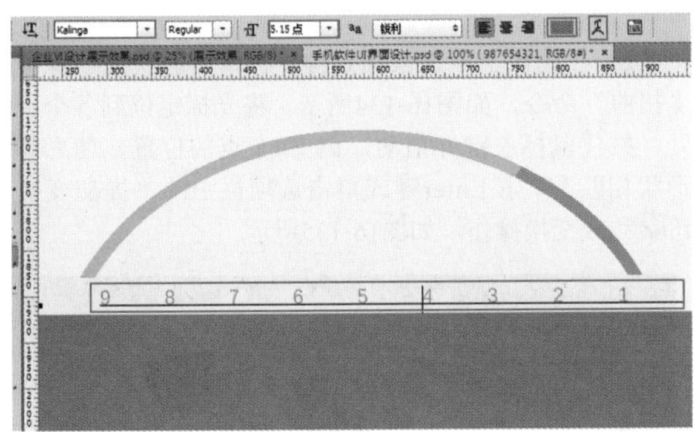

图16-123

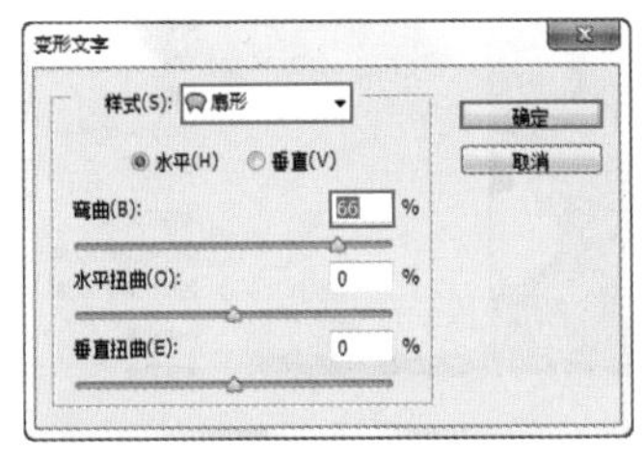

图16-124

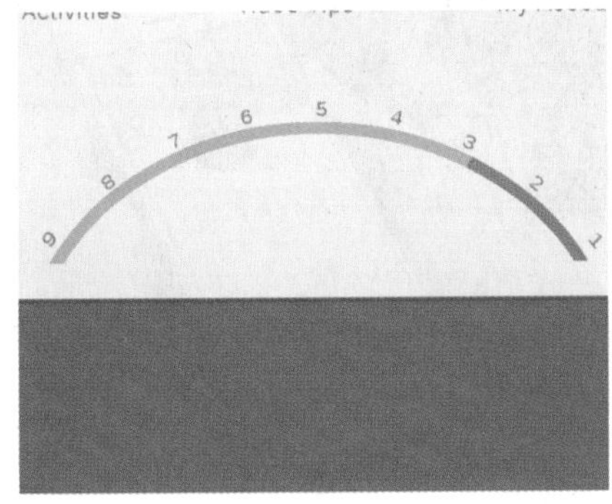

图16-125

（3）选择工具箱中的“横排文字工具”，在选项栏中设置合适的字体、字号，设置文字颜色为灰色，在画面中单击输入文字，如图16-126所示。用同样的方式输入其他文字，如图16-127所示。

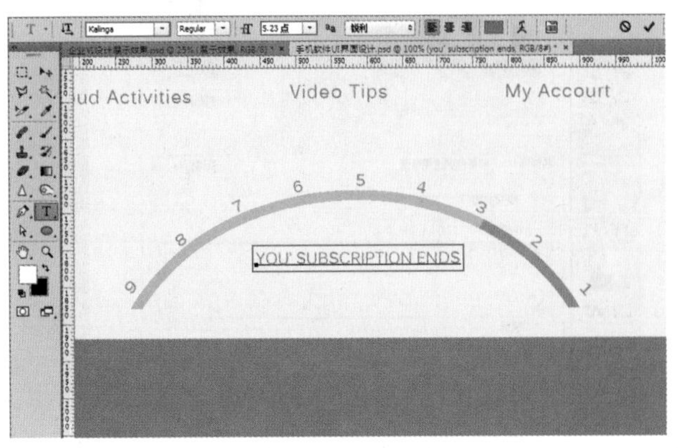

图16-126

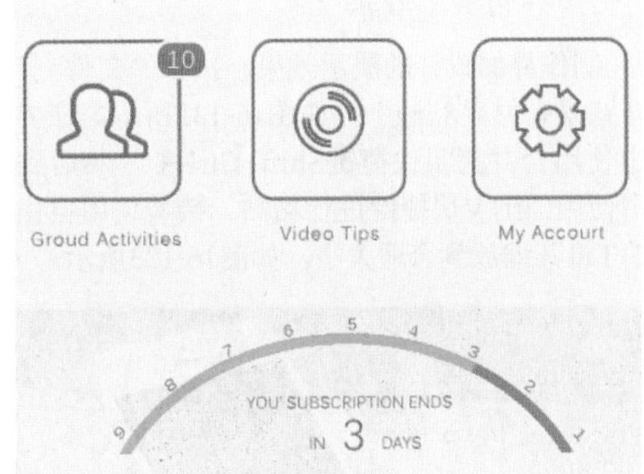

图16-127

（4）制作高光。新建一个图层，使用“多边形套索工具”在界面的右上角绘制一个四边形选区，如图16-128所示。选择工具箱中的“渐变工具”，在选项栏中单击“渐变色条”，在弹出的窗口中编辑一个白色到透明的渐变，单击“确定”按钮完成设置，如图16-129所示。

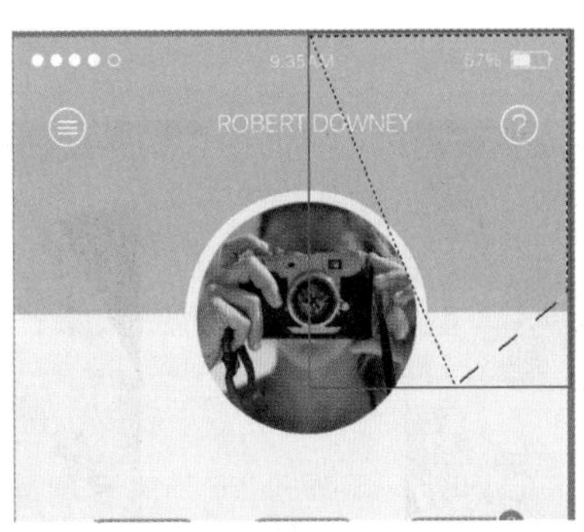

图16-128

（5）设置渐变类型为“线性渐变”，然后在选区内拖曳进行填充，按Ctrl+D快捷键取消选择，如图16-130所示。

选中该图层，设置“不透明度”为50%，软件界面效果如图16-131所示。

图16-129

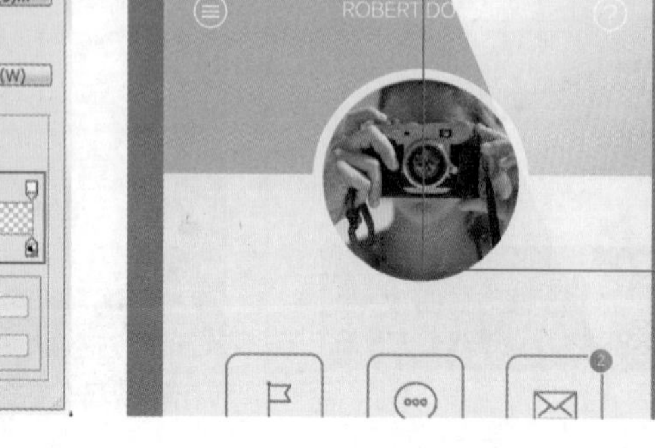

图16-130

图16-131

4. 制作界面展示效果

（1）制作界面设计的展示效果。执行“文件>打开”命令，打开背景素材“8.jpg”，如图16-132所示。在界面设计的文档中使用合并拷贝快捷键Shift+Ctrl+C，然后到背景素材文档中使用Ctrl+V快捷键进行粘贴。接着使用自由变换快捷键Ctrl+T将其缩放到合适大小，如图16-133所示。

图16-132

图16-133

（2）在图像上单击鼠标右键，在弹出的快捷菜单中执行“扭曲”命令，如图16-134所示。将光标定位到各个控制点处，按住鼠标左键并拖动，调整4个点的位置，使之与界面形状相匹配。按Enter键或单击选项栏中的“提交变换”按钮✔完成变换操作，如图16-135所示。

图16-134

图16-135

（3）由于软件界面右下角遮挡住了手指，所以需要选择工具箱中的“橡皮擦工具”，设置合适的大小，在右下角处单击鼠标左键并拖动，擦除多余部分，如图16-136所示，最终效果如图16-137所示。

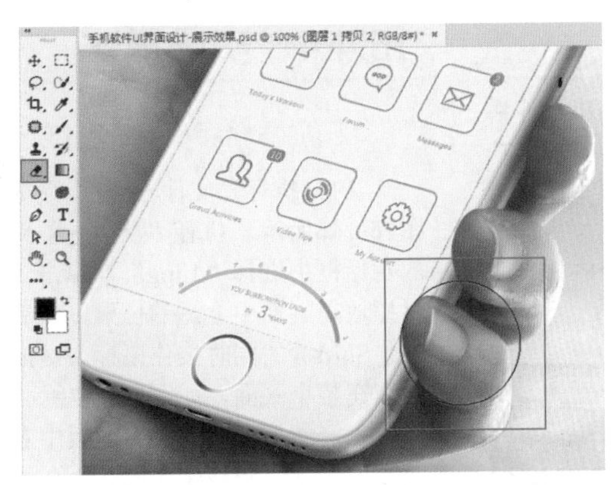

图16-136

图16-137

16.4 综合实战——清新风格手机主题

文件路径　第16章\清新风格手机主题

难易指数　★★★★★

扫码看视频

案例效果

案例效果如图16-138和图16-139所示。

读书笔记

图16-138

图16-139

16.4.1 项目分析

这是一款智能手机主题设计作品，整体风格倾向于复古感的小清新气息。主体背景采用大面积暗调的绿叶植物，烘托出“复古范”的同时又利于白色文字信息的阅读。图标采用近年来较为流行的无底色幽灵按钮的形式，即使界面中出现再多的图标也仍会给人以通透感。如图16-140和图16-141所示为优秀的UI设计作品。

读书笔记

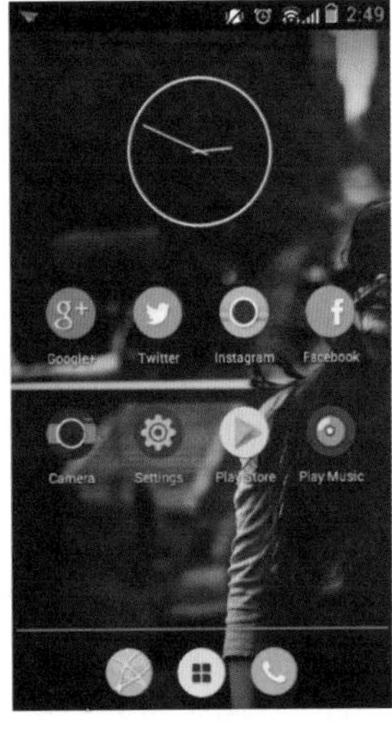

图16-140

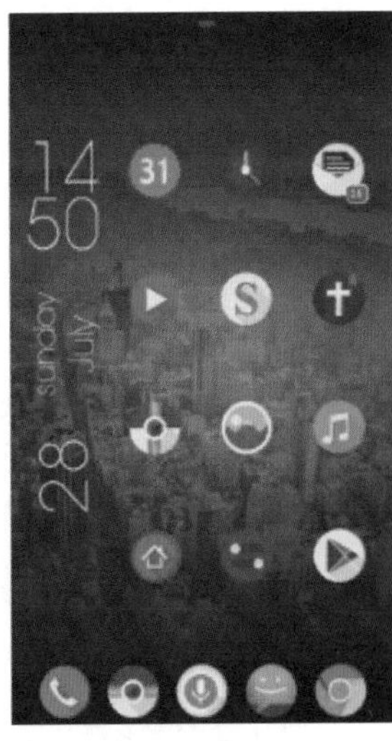

图16-141

16.4.2 布局规划

手机主体的布局较为固定，桌面多以天气时间小组件搭配APP图标构成，锁屏界面则主要是天气时间组件与解锁功能区。页面效果对于用户体验的影响也较为突出，当左右滑动切换时，会以3D、渐入、渐出等效果翻转进入下一页，呈现出科技感的视觉效果。如图16-142和图16-143所示为优秀的UI设计作品。

图16-142

图16-143

16.4.3 色彩搭配

该界面整体颜色为墨绿色，界面中图标等信息采用明度最高的白色，它能够在暗调中脱颖而出，此时的界面看上去丝毫没有沉闷感，反而更加清新，在一定程度上展现出该主题界面与众不同的气质。如果使用亮调的背景，那么就需要将文字和图标切换为暗色，如图16-144和图16-145所示。

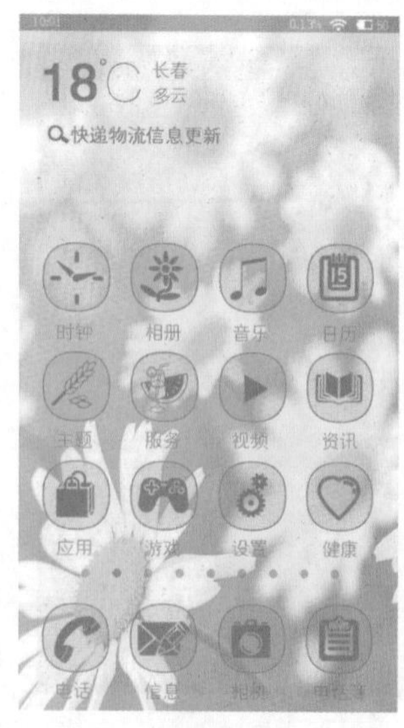

图16-144

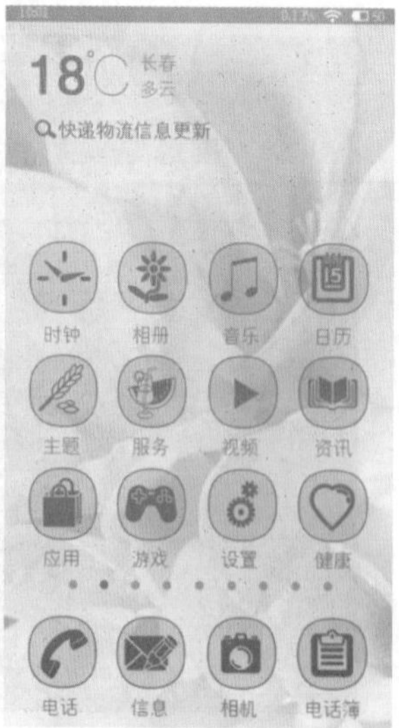

图16-145

16.4.4 实践操作

1. 主屏界面—桌面壁纸

（1）执行“文件>新建”命令，创建一个空白文档，如图16-146所示。执行“文件>置入嵌入对象”命令，在弹出的对话框中选择“1.jpg”，单击“置入”按钮，将置入的素材摆放在画面中合适的位置，然后将光标放在素材一角处，按住Shift键的同时按住鼠标左键拖动，等比例放大该素材，并填充整个画面，如图16-147所示。调整完成后按Enter键完成置入。然后在“图层”面板中右击该图层，在弹出的快捷菜单中执行“栅格化图层”命令。

图16-146

图16-147

（2）调整画面色调。执行“图层>新建调整图层>可选颜色”命令，在弹出的“新建图层”对话框中单击“确定”按钮，得到调整图层。然后在“属性”面板中设置“颜色”为“黄色”，“青色”为100%，“洋红”0%，“黄色”为-74%，“黑色”为66%，如图16-148所示。接着设置“颜色”为“绿色”，“黄色”为-45%，如图16-149所示。

图16-148

（3）为画面增加滤镜效果。执行“图层>新建调整图层>照片滤镜”命令，在弹出的“新建图层”对话框中单击“确定”按钮，得到调整图层。接着在“属性”面板中设置“滤镜”为“冷却滤镜（82）”，“浓度”为11%，如图16-150所示，此时画面效果如图16-151所示。

（4）调整画面明度。执行“图层>新建调整图层>曲线”命令，在弹出的“新建图层”对话框中单击“确定”按钮，得到调整图层。接着在“属性”面板中的曲线上单击创建一个控制点，按住鼠标左键向左上拖动控制点，使画面变亮，如图16-152所示，此时画面效果如图16-153所示。

图16-149

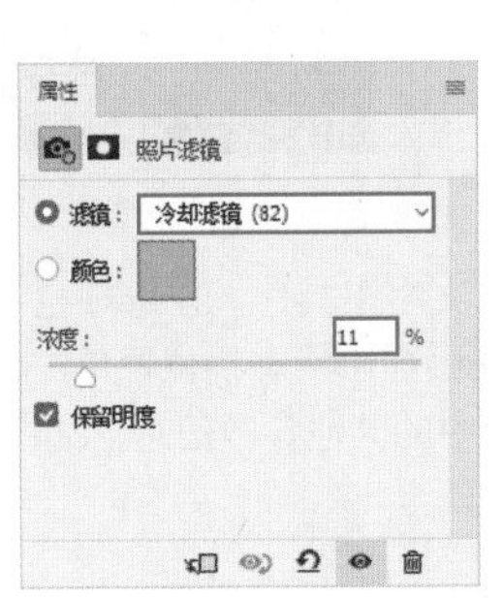

图16-150

图16-151

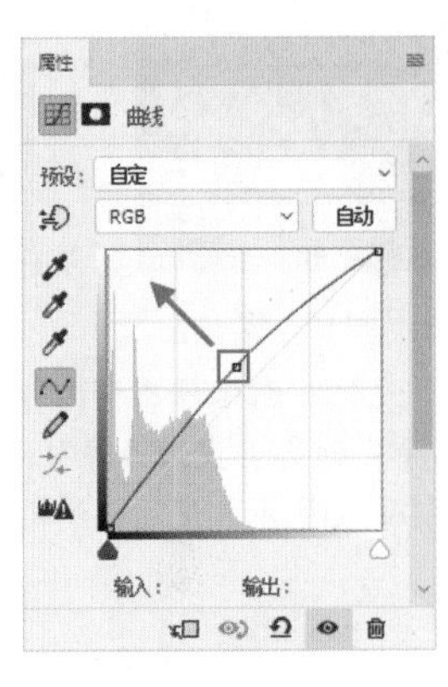

图16-152

（5）为手机界面绘制朦胧效果。执行“图层>新建>图层”命令，在弹出的“新建图层”对话框中单击“确定”按钮，得到新图层。接着选择工具箱中的“渐变工具”，在选项栏中单击，在打开的“渐变编辑器”窗口中编辑一种白色到透明的渐变，编辑完毕后单击“确定”按钮，如图16-154所示。单击选项栏中的“线性渐变”按钮，然后在“图层”面板中单击选中空白图层，在画面中按住鼠标左键自上而下拖动，填充上方渐变，如图16-155所示。再自下而上拖动，填充下方渐变，如图16-156所示。

（6）在“图层”面板中选中该图层，设置“不透明度”为30%，如图16-157所示，此时画面效果如图16-158所示。

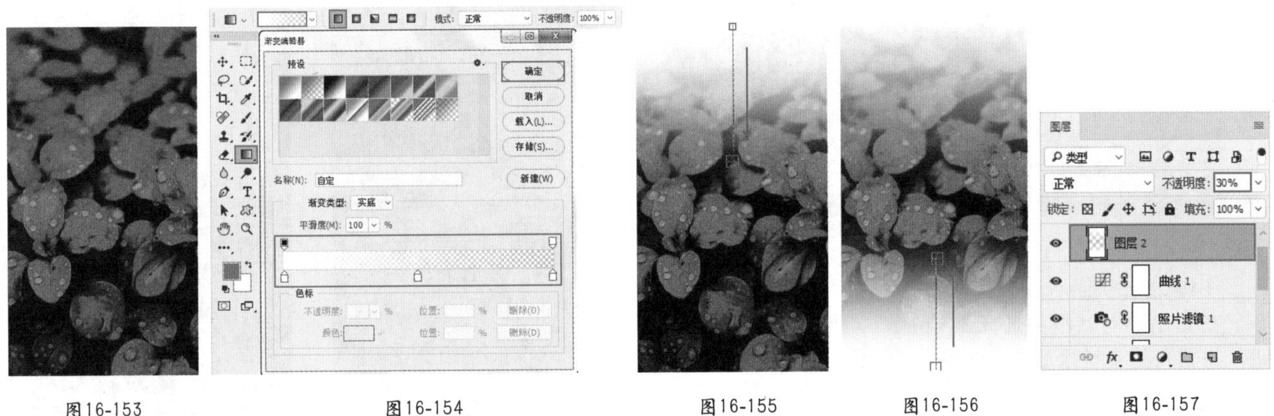

图16-153　　图16-154　　图16-155　　图16-156　　图16-157

2．主屏界面—状态栏

（1）绘制状态栏。执行“图层>新建>图层”命令，在弹出的“新建图层”对话框中单击“确定”按钮，得到新图层。接着选择工具箱中的“矩形选框工具”，在画面中按住鼠标左键并拖动，得到矩形选区，如图16-159所示。然后设置前景色为黑色，并使用前景色填充快捷键Alt+Delete进行快速填充。填充完成后按Ctrl+D快捷键取消画面此时的选区，如图16-160所示。

（2）在“图层”面板中选中该图层，并设置“混合模式”为“正片叠底”，“不透明度”为40%，如图16-161所示，此时画面效果如图16-162所示。

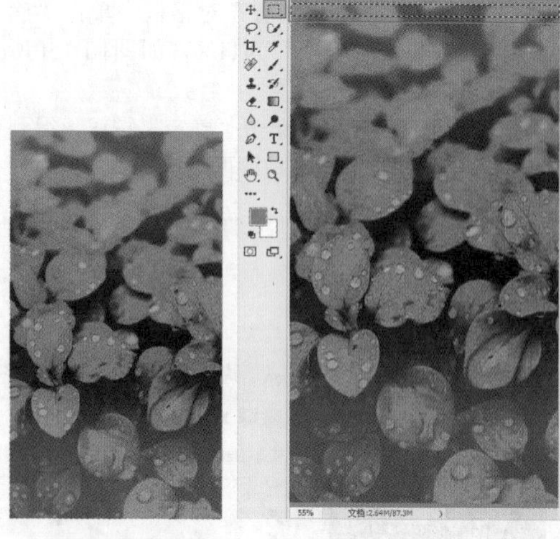

图16-158　　图16-159

图16-160

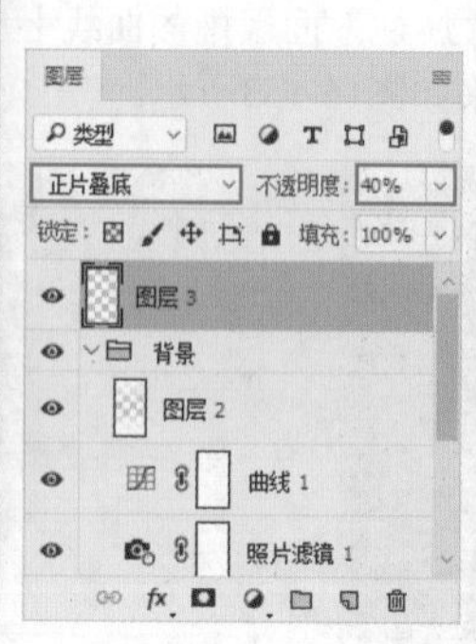

图16-161

图16-162

（3）编辑状态栏内容。选择工具箱中的“横排文字工具”，在选项栏中设置合适的字体、字号，设置文字颜色为白色，设置字符对齐方式为“居中对齐文本”。设置完毕后在画面中状态栏位置单击，输入文字，文字输入完毕后按Ctrl+Enter快捷键，如图16-163所示。最后使用相同的编辑方式编辑状态栏中的其他参数信息，如图16-164所示。

图16-163

（4）制作矢量标识。执行“文件>置入嵌入对象”命令，在弹出的对话框中选择“3.png”，单击“置入”按钮，将置入的素材摆放在画面中合适的位置，按Enter键完成置入，如图16-165所示。

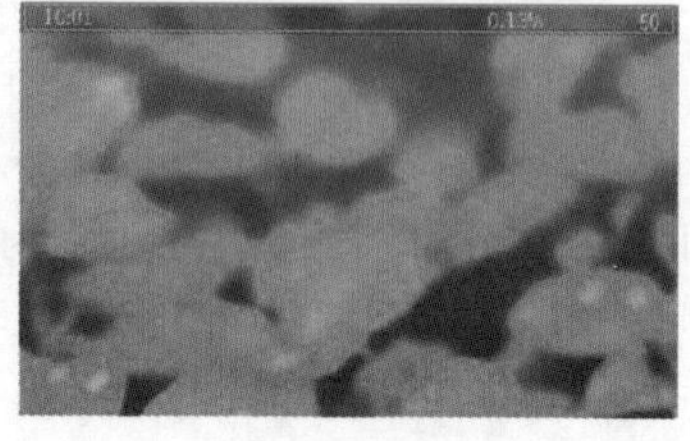

图16-164

图16-165

3．主屏界面—天气时间组件以及按钮

（1）制作天气时间组件。选择工具箱中的“横排文字工具”，在选项栏中设置合适的字体、字号，设置文字颜色为白色，设置字符对齐方式为“居中对齐文本”。设置完毕后在画面中状态栏位置单击，接着输入文字，文字输入完毕后按Ctrl+Enter快捷键，如图16-166所示。然后使用相同的编辑方式编辑状态栏中的其他参数信息，如图16-167所示。

图16-166

图16-167

（2）右击形状工具组，在工具组列表中选择“自定形状工具”，在选项栏中设置“绘制模式”为“形状”，“填充”为白色，“描边”为无。单击打开自定形状拾色器，选择搜索形状。设置完成后在画面中合适的位置按住Shift键的同时按住鼠标左键并拖动，绘制完毕后按Enter键完成此操作，如图16-168所示。

（3）为界面添加图标。执行“文件>置入嵌入对象”命令，置入素材“2.png”，摆放在合适的位置，按Enter键，并将其栅格化，如图16-169所示。

（4）绘制按钮。右击形状工具组，在工具组列表中选择“圆角矩形工具”，在选项栏中设置“绘制模式”为“形状”，“填充”为白色，“描边”为无颜色，“半径”为50像素。设置完成后在界面合适位置按住Shift键的同时，按住鼠标左键并拖动，绘制一个大小合适的圆角矩形，绘制完成后按Enter键完成此操作，如图16-170所示。接着在“图层”面板中选中该图层，设置“填充”为15%，如图16-171所示。

图16-168

图16-169

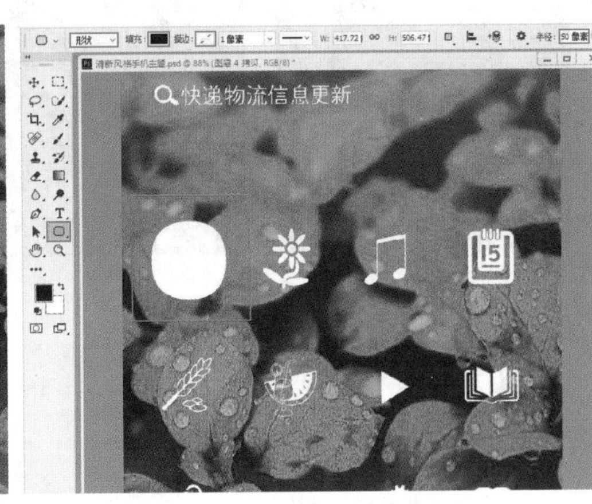

图16-170

（5）为按钮添加描边。执行“图层>图层样式>描边”命令，在弹出的“新建图层”对话框中单击“确定”按钮，得到调整图层。接着在“属性”面板中选中“描边”，设置“大小”为2像素，“位置”为“外部”，“混合模式”为“正常”，“填充类型”为“颜色”，“颜色”为白色。设置完毕后单击“确定”按钮完成此操作，如图16-172所示，此时画面效果如图16-173所示。

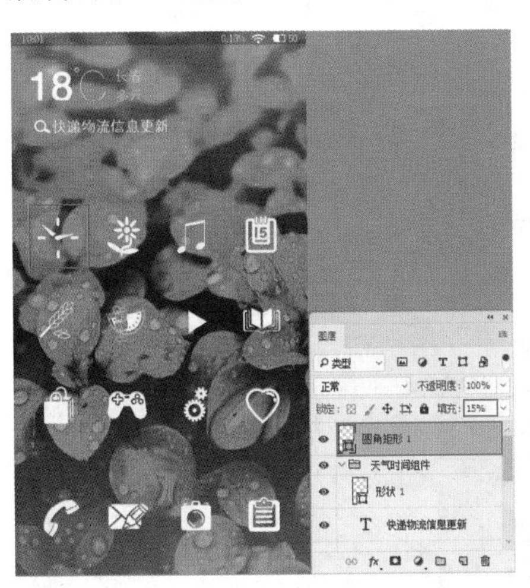

图16-171

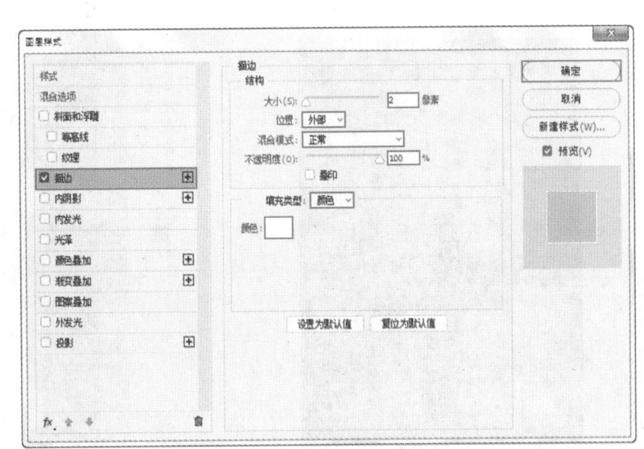

图16-172

图16-173

（6）在“图层”面板中选中该形状图层，使用复制图层快捷键Ctrl+J复制一个相同的形状图层，然后选择工具箱中的“移动工具”，并将光标定位在画面中复制的形状上，按住鼠标左键并拖动至右侧按钮相应位置，如图16-174所示。接着使用相同的制作方法制作横排其他两个按钮，如图16-175所示。

（7）在“图层”面板中选中按钮的4个形状图层，单击鼠标右键，在弹出的快捷菜单中执行“合并形状”命令，如图16-176所示。接着选中该图层，使用复制图层快捷键Ctrl+J复制一个相同的形状图层。选择工具箱中的“移动工具”，并将光标定位在画面中复制的形状上，按住鼠标左键并拖至下方图标相应位置处，如图16-177所示。然后使用相同的制作方式制作其他两排图标按钮，效果如图16-178所示。

图16-174

图16-175

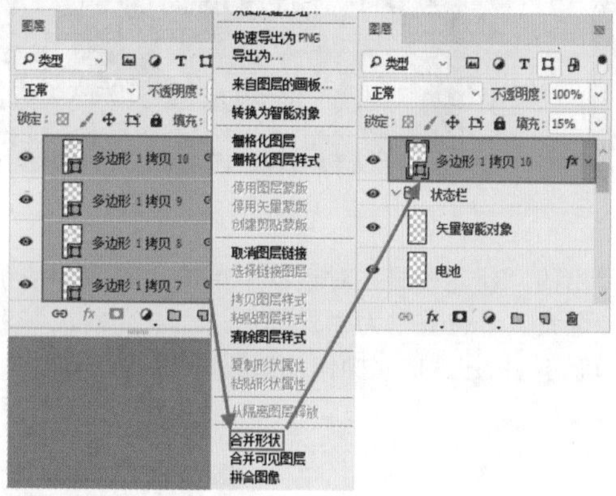
图16-176

图16-177

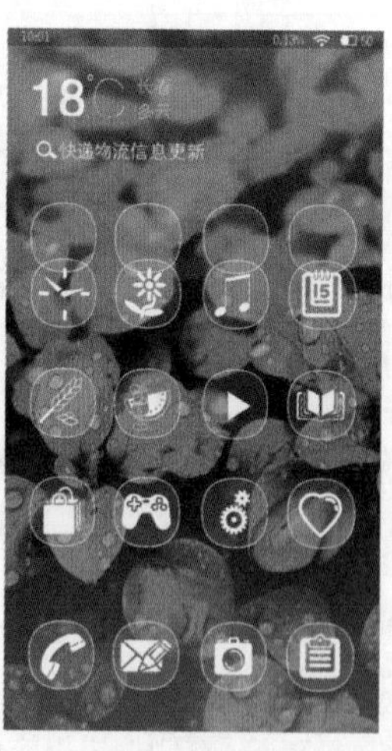
图16-178

（8）编辑按钮文字。选择工具箱中的“横排文字工具”，在选项栏中设置合适的字体、字号，设置文字颜色为白色，设置字符对齐方式为“中对齐文本”。设置完毕后在画面中按钮下方单击，接着输入文字，文字输入完毕后按Ctrl+Enter快捷键，如图16-179所示。用同样的方法，继续使用“横排文字工具”在画面中其他位置输入合适的文字，并在选项栏中设置合适的字体、字号及颜色，如图16-180所示。

图16-179

图16-180

（9）绘制页面空间。在工具箱中右击形状工具组，在工具组列表中选择“椭圆工具”，在选项栏中设置“绘制模式”为“形状”，“填充”为白色，“描边”为无颜色，设置完毕后，在画面中合适位置按住Shift键的同时按住鼠标左键并拖动，得到椭圆形状。绘制完成后按Enter键完成此操作，如图16-181所示。接着在“图层”面板中选中该形状图层，设置“不透明度”为40%，如图16-182所示。

图16-181

（10）在“图层”面板中选中该形状图层，使用复制图层快捷键Ctrl+J复制一个相同的形状图层。然后选择工具箱中的“移动工具”，并将光标定位在画面中复制的形状图层上，按住鼠标左键并拖动至右侧相应位置，如图16-183所示。接着在“图层”面板中选中复制的图层，设置“不透明度”为80%，如图16-184所示。

图16-182

图16-183

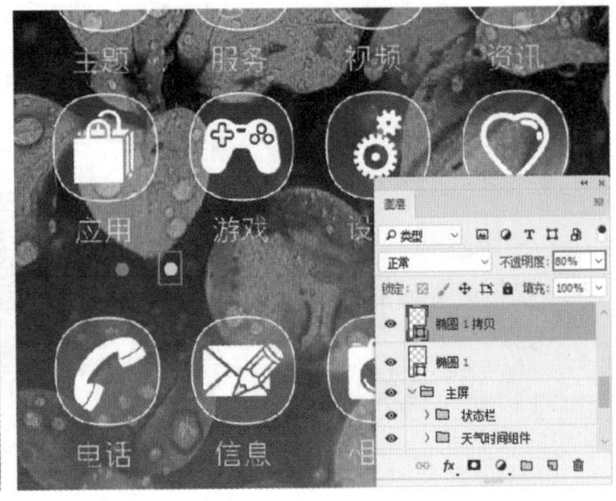

图16-184

（11）用同样的方法，继续使用复制图层快捷键Ctrl+J和“移动工具”制作其他控件点，并在“图层”面板中设置“不透明度”为40%，效果如图16-185所示。

4．锁屏界面

（1）在“图层”面板中选中主屏内容的所有图层，按Ctrl+G快捷键进行编组，并命名为“主屏”，如图16-186所示。接着在“图层”面板中单击“指示图层可见性”按钮，隐藏该图层组，如图16-187所示。

图16-185

图层
穿透
不透明度：100%
填充：100%
主屏
状态栏
矢量智能对象
电池
50

图16-186

（2）执行“文件>置入嵌入对象”命令，再次置入素材“3.png”，摆放在合适的位置，按Enter键，并将其栅格化，如图16-188所示。

（3）编辑锁屏界面文字信息。选择工具箱中的“横排文字工具”，在选项栏中设置合适的字体、字号，设置文字颜色为白色，设置字符对齐方式为“中对齐文本”。设置完毕后在界面左上角单击输入文字，文字输入完毕后按Ctrl+Enter快捷键完成此操作，如图16-189所示。

（4）用同样的方法，继续使用“横排文字工具”在画面中其他位置输入合适的文字，并在选项栏中设置合适的字体、字号及颜色，案例最终效果如图16-190所示。

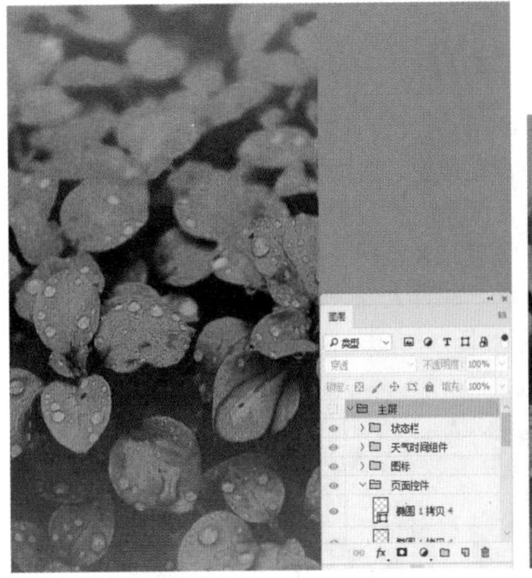

图16-187

图16-188

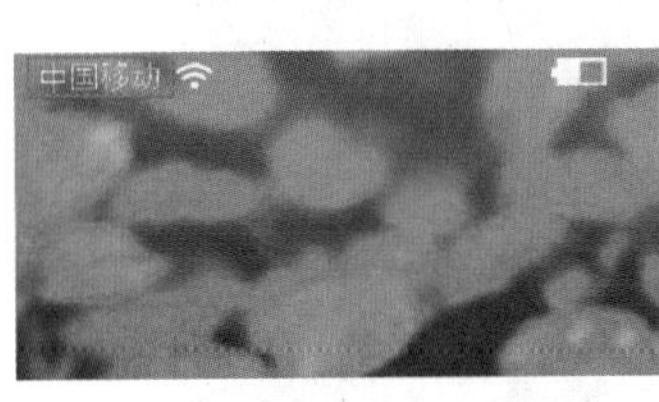

图16-189

图16-190

16.5 综合实战——音乐主题网页界面设计

文件路径　第16章\音乐主题网页界面设计

难易指数　★★★★★

扫码看视频

案例效果

案例效果如图16-191所示。

读书笔记

图16-191

16.5.1　项目分析

这是一款音乐主题的网页设计，紫色调的配色方案给人一种神秘、浪漫的视觉感受，版面中心亮、四周暗的颜色过渡使视线能够集中在版面中心位置。整个版面采用包围式布局，各种按钮、标签等元素包围着人像，整个版面较为集中，信息能够集中传递。并且人像采用“破版”的形式，具有吸引力。如图16-192和图16-193所示为优秀的UI界面设计。

图16-192

图16-193

16.5.2　布局规划

整个版面采用包围式的布局，导航栏、搜索栏，以及下方的详情信息将海报包围起来，因为人像海报比较具有吸引力，吸引访客目光后能够引导目光向其他信息处流动，并且整个版面的各种控件采用统一的风格和色调，让整个画面效果和谐、统一。如图16-194和图16-195所示为优秀的UI界面设计。

图16-194

图16-195

16.5.3 色彩搭配

该网页采用单色调的配色方案，紫色调的配色给人浪漫、神秘、妖艳的视觉感受，这种色调深受女性的喜爱。画面中心位置为暖黄色的灯光，紫色与黄色为互补色关系，使得整个画面形成了鲜明的对比，使整个画面的气氛更加浓烈，如图16-196和图16-197所示。

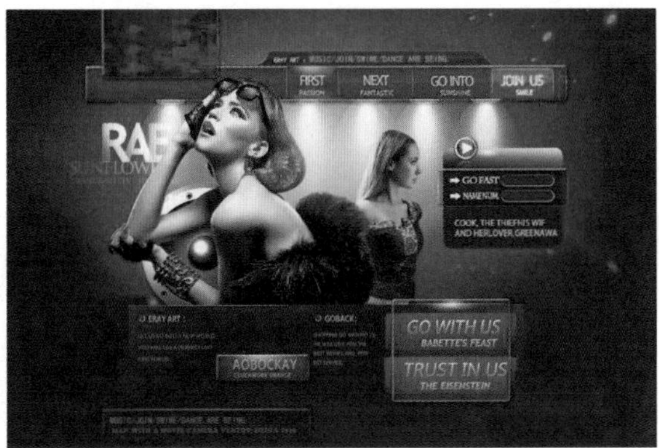

图16-196

图16-197

16.5.4 实践操作

1. 制作页面主体部分

（1）执行“文件>打开”命令，打开背景素材“1.jpg”，如图16-198所示。

图16-198

（2）新建图层，选择工具箱中的“圆角矩形工具”，在选项栏中设置“绘制模式”为“形状”，“半径”为40像素，接着在工具箱的底部设置前景色为深紫色，设置完成后在画面中按住鼠标左键并拖动，绘制一个合适大小的圆角矩形，效果如图16-199所示。

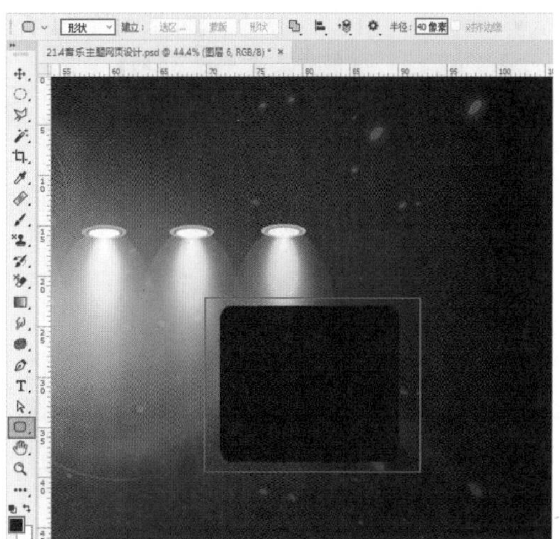

图16-199

（3）在圆角矩形图层下方新建图层，选择工具箱中的“画笔工具”，在工具箱的底部设置前景色为紫色，接着使用紫色柔边圆画笔在圆角矩形的底部按住鼠标左键拖动进行绘制，使矩形与背景之间产生空间感，如图16-200所示。

图16-200

（4）在圆角矩形图层上方新建图层，选中圆角矩形图层，按住Ctrl键的同时单击图层缩览图，载入选区，如图16-201所示。选择工具箱中的“矩形选框工具”，在选项栏中单击“从选区减去”按钮，接着在圆角矩形选区中绘制一个适当大小的矩形，效果如图16-202所示。

图16-201

（5）选择工具箱中的“渐变工具”，在选项栏中设置“渐变类型”为线性渐变，然后单击渐变色条，在弹出的“渐变编辑器”窗口中编辑一种白色到透明的渐变，设置完成后单击“确定”按钮，如图16-203所示。设置完成后在选区中按住鼠标左键并拖动，为选区填充渐变。接着按Ctrl+D快捷键取消对选区的选择，如图16-204所示。

（6）使用同样的方法新建图层，添加紫色的光泽，如图16-205所示。

（7）新建图层，选择工具箱中的“矩形工具”，在选项栏中设置“绘制模式”为“形状”，“填充”为灰色，“描边”为“无”，设置完成后在画面中适当的位置按住鼠标左键并拖动，绘制一个矩形，如图16-206所示。

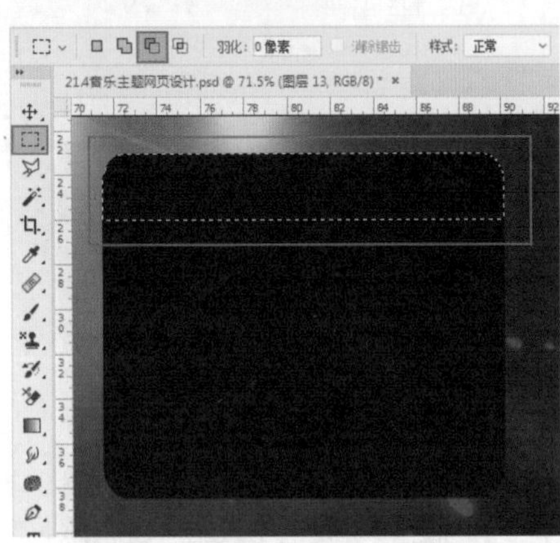

图16-202

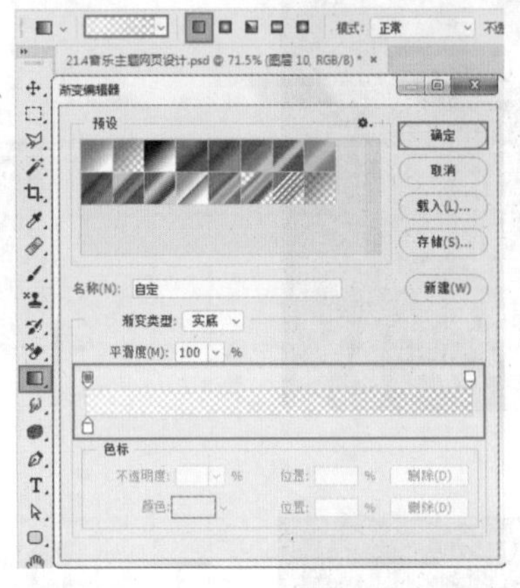

图16-203

图16-204

图16-205

图16-206

（8）为该矩形添加图层样式。执行“图层>图层样式>斜面和浮雕”命令，在弹出的“图层样式”对话框中设置“样式”为“内斜面”，“方法”为“平滑”，“深度”为100%，“方向”为“上”，“大小”为4像素，“软化”为0像素，“角度”为120度，“高度”为30度，阴影的“不透明度”为0%，如图16-207所示。

（9）加选“描边”复选框，设置“大小”为3像素，“位置”为“外部”，“混合模式”为“正常”，“不透明度”为52%，“填充类型”为“渐变”，编辑一种白色到黑色的渐变，设置“样式”为“对称的”，“角度”为90度，“缩放”为150%，如图16-208所示。

（10）加选“内阴影”复选框，设置“混合模式”为“正片叠底”，颜色为黑色，“不透明度”为53%，“角度”为180度，“距离”为12像素，“阻塞”为0%，“大小”为65像素，如图16-209所示。

（11）加选“渐变叠加”复选框，设置“混合模式”为“正常”，“不透明度”为19%，编辑一种白色到透明的渐变，“样式”为“线性”，“角度”为90度，“缩放”为36%，如图16-210所示。接着在“图层”面板中设置“填充”为0%，效果如图16-211所示。

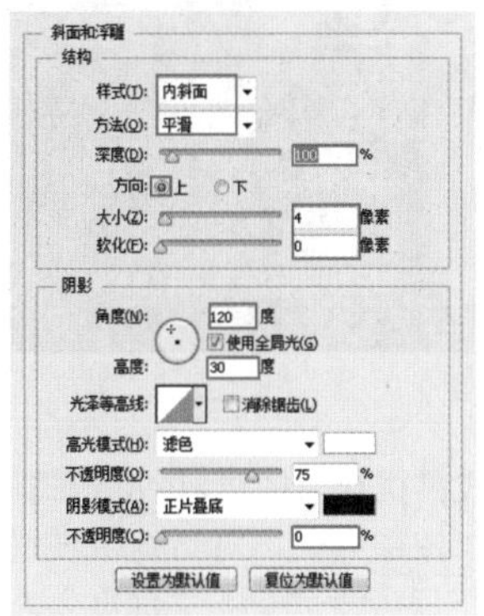

图16-207

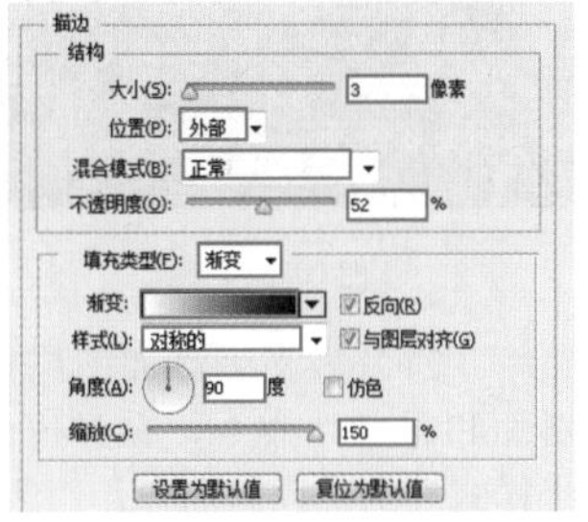

图16-208

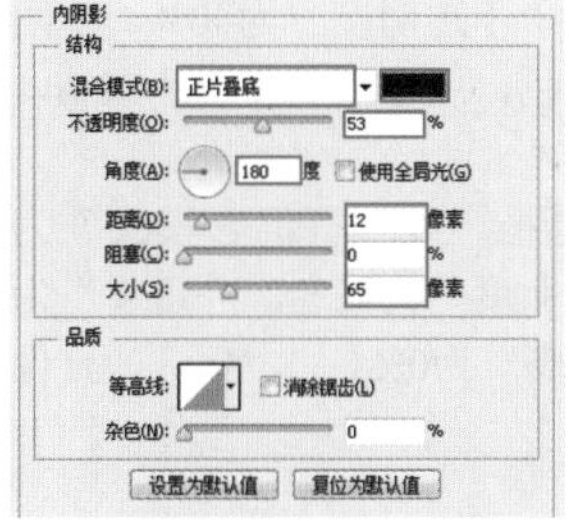

图16-209

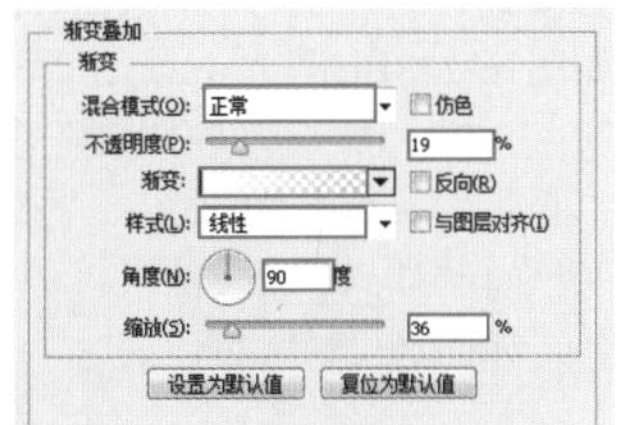

图16-210

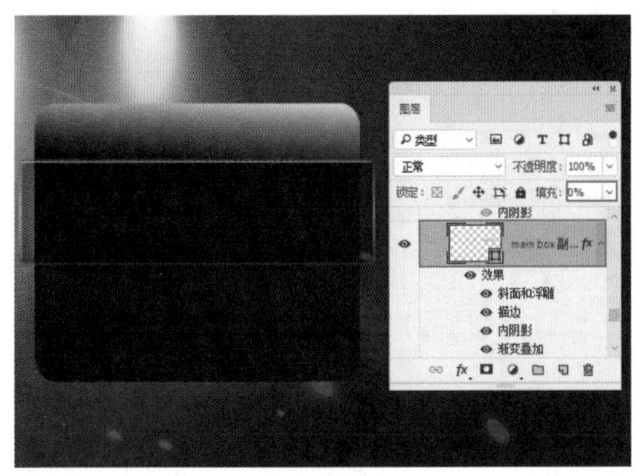

图16-211

（12）选择工具箱中的“圆角矩形工具”，在选项栏中设置“绘制模式”为“形状”，“填充”为紫色，“半径”为8像素，设置完成后在矩形中按住鼠标左键并拖动，绘制圆角矩形，如图16-212所示。

（13）为其添加图层样式。执行“图层>图层样式>斜面和浮雕”命令，在弹出的“图层样式”对话框中设置“样式”为“描边浮雕”，“方法”为“平滑”，“深度”为75%，“方向”为“上”，“大小”为6像素，“软化”为0像素，“角度”为120度，“高度”为25度，选择合适的光泽等高线，设置“高光模式”为“颜色减淡”，阴影的“不透明度”为60%，勾选“消除锯齿”选项，如图16-213所示。

图16-212

（14）加选“描边”复选框，设置“大小”为3像素，“位置”为“外部”，“混合模式”为“正常”，“不透明度”为93%，“填充类型”为“渐变”，编辑一种灰色系的渐变，设置“样式”为“线性”，“角度”为0度，如图16-214所示。

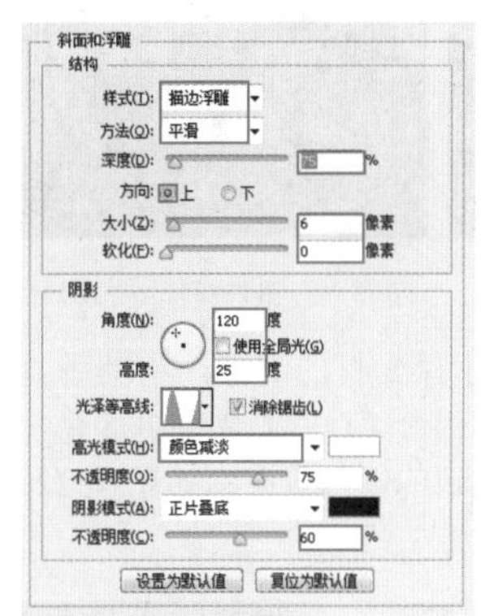

图16-213

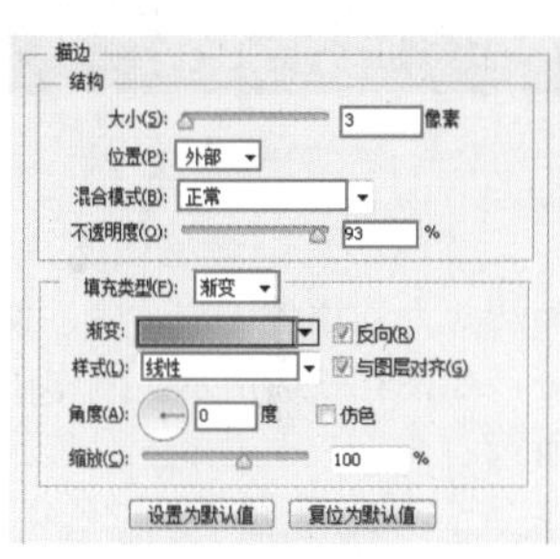

图16-214

（15）加选“内阴影”复选框，设置“混合模式”为“正片叠底”，颜色为黑色，“不透明度”为50%，“角度”为120度，“距离”为1像素，“阻塞”为0%，“大小”为5像素，如图16-215所示。设置完成后单击“确定”按钮。接着在“图层”面板中设置“填充”为20%，效果如图16-216所示。

图16-215

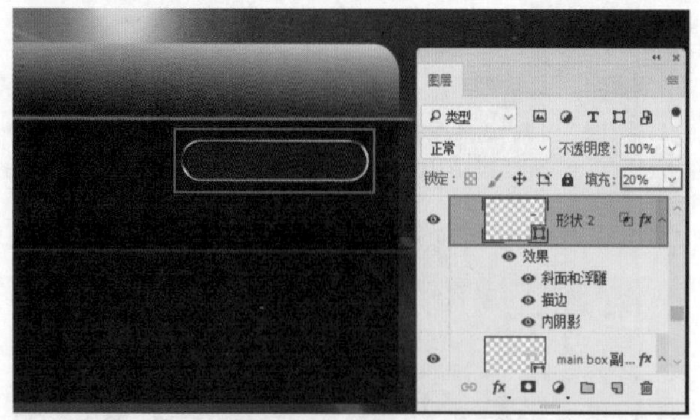

图16-216

（16）复制圆角矩形，并置于画面中合适的位置，如图16-217所示。

（17）执行“文件>置入嵌入对象”命令，将素材“2.png”置于画面中合适的位置并将其栅格化，如图16-218所示。

图16-217

图16-218

（18）复制素材图层并置于原素材的下方，将其垂直翻转并为其添加图层蒙版，使用黑色柔边圆画笔涂抹多余部分，如图16-219所示。制作出按钮的倒影效果，如图16-220所示。

图16-219

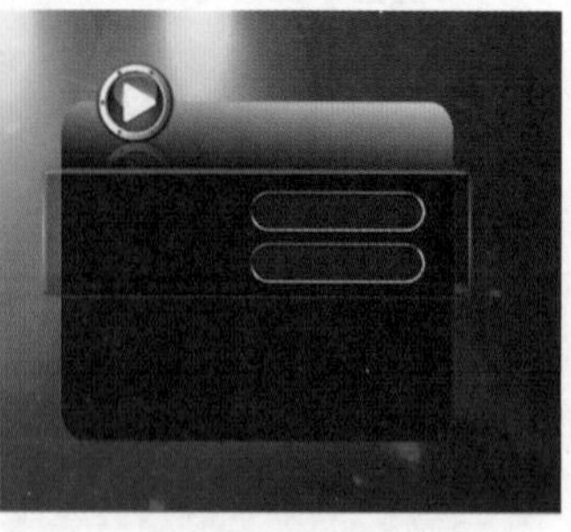

图16-220

（19）新建图层，在工具箱的底部设置前景色为白色，选择工具箱中的“画笔工具”，使用白色柔边圆画笔绘制白色的光斑，效果如图16-221所示。

（20）选择工具箱中的“横排文字工具”，在选项栏中设置合适的字体、字号，设置文字颜色为白色，设置完成后在画面中适当的位置单击鼠标左键插入光标，建立文字输入的起始点，接着输入文字，文字输入完毕后按Ctrl+Enter快捷键确认操作，如图16-222所示。

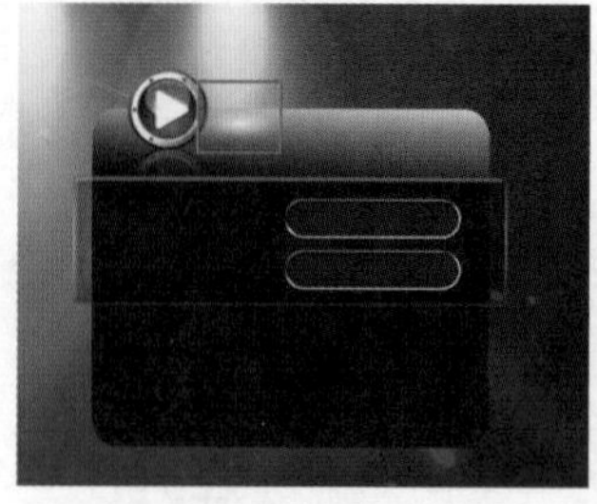

图16-221

图16-222

（21）为文字添加图层样式。执行“图层>图层样式>斜面和浮雕”命令，在弹出的“图层样式”对话框中设置“样式”为“内斜面”，“方法”为“平滑”，“深度”为1000%，“方向”为“上”，“大小”为0像素，“软化”为0像素，“角度”为90度，“高度”为30度，“高光模式”为“滤色”，颜色为白色，“不透明度”为40%，“阴影模式”为“正常”，颜色为蓝色，“不透明度”为92%，如图16-223所示。

（22）加选“内阴影”复选框，设置“混合模式”为“正常”，颜色为白色，“不透明度”为42%，“角度”为90度，“距离”为0像素，“阻塞”为0%，“大小”为1像素，如图16-224所示。

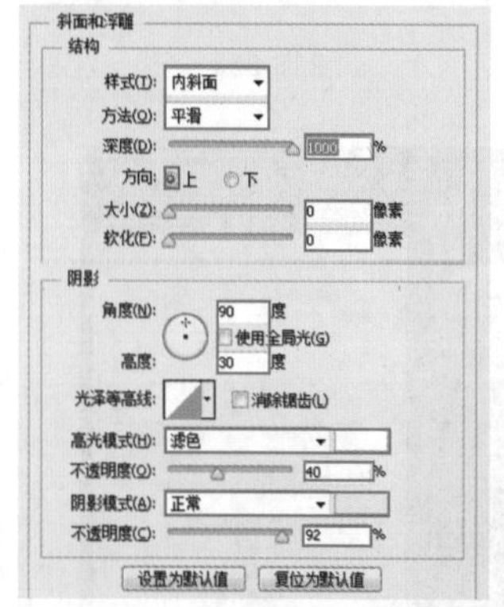

图16-223

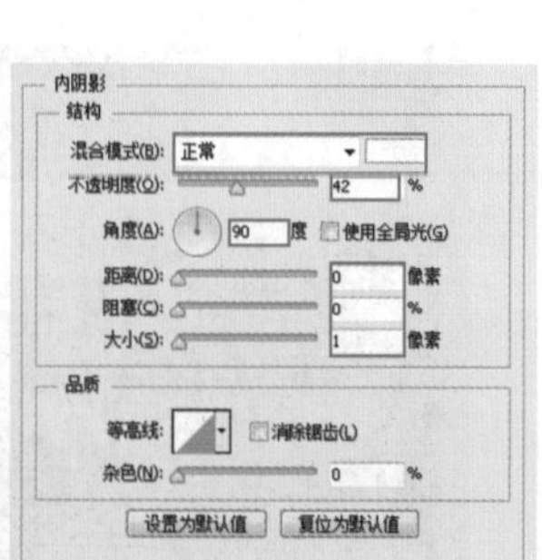

图16-224

（23）加选“渐变叠加”复选框，设置“混合模式”为“正常”，“不透明度”为100%，编辑一种白色到透明的渐变，设置“样式”为“线性”，“角度”为90度，如图16-225所示。

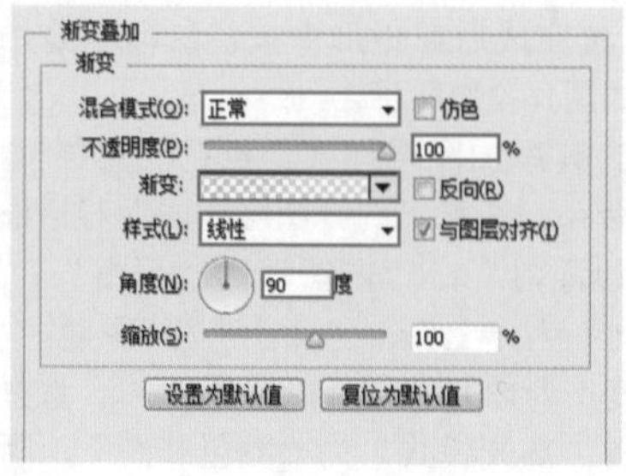

图16-225

（24）加选“图案叠加”复选框，设置“混合模式”为“正常”，“不透明度”为100%，选择一个合适的图案，如图16-226所示。

（25）加选“投影”复选框，设置“混合模式”为“正常”，颜色为黑色，“不透明度”为40%，“角度”为90度，“距离”为1像素，“扩展”为0%，“大小”为3像素，如图16-227所示。设置完成后单击“确定”按钮，效果如图16-228所示。

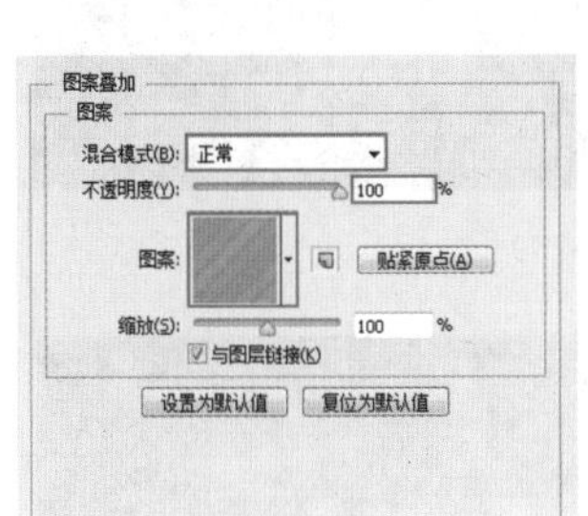

图16-226

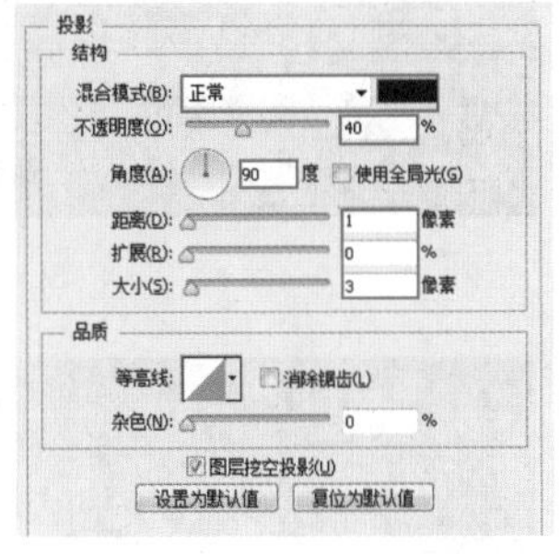

图16-227

（26）继续使用“横排文字工具”，选择合适的字体、字号，并设置文字颜色为淡黄色，设置完成后在画面中输入文字，效果如图16-229所示。

图16-228

图16-229

（27）执行“图层>图层样式>渐变叠加”命令，在弹出的“图层样式”对话框中设置“混合模式”为“正常”，“不透明度”为100%，编辑一种黄色系的渐变，设置“样式”为“线性”，“角度”为90度，“缩放”为100%，如图16-230所示。

（28）加选“投影”复选框，设置“混合模式”为“正片叠底”，颜色为红色，“不透明度”为75%，“角度”为120度，“距离”为1像素，“扩展”为0%，“大小”为1像素，如图16-231所示。设置完成后单击“确定”按钮，效果如图16-232所示。

（29）用同样方法制作其他文字，如图16-233所示。

（30）新建图层，选择工具箱中的“自定形状工具”，在选项栏中设置“绘制模式”为“像素”，“模式”为“正常”，单击“自定形状”拾色器按钮，在弹出的下拉面板中选择“箭头9”按钮。在工具箱的底部设置前景色为淡黄色，设置完成后在画面中适当的位置按住鼠标左键并拖动，绘制出合适大小的箭头形状，如图16-234所示。

图16-230

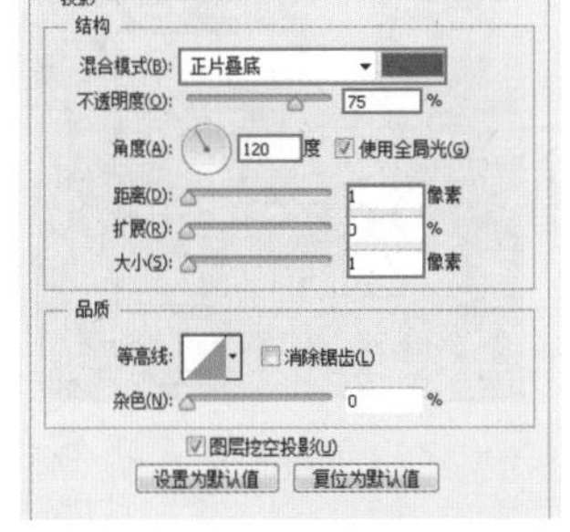

图16-231

图16-232

图16-233

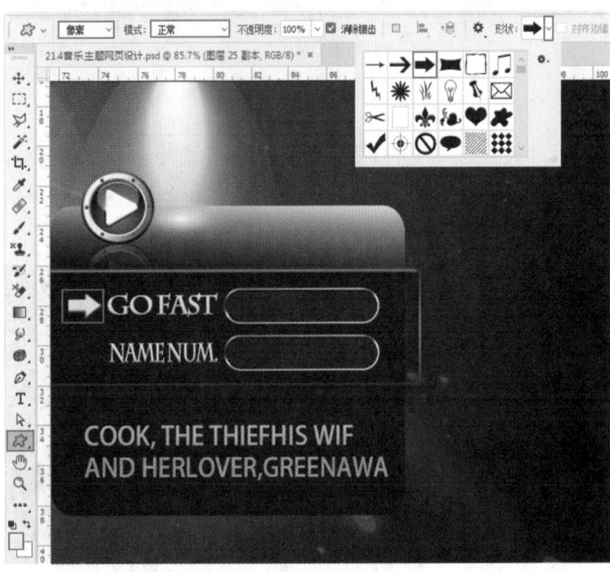

图16-234

（31）选择右侧文字的图层，单击鼠标右键，在弹出的快捷菜单中执行“拷贝图层样式”命令，选中刚刚绘制箭头的图层，单击鼠标右键，在弹出的快捷菜单中执行“粘贴图层样式”命令，为其添加与文字图层相同的图层样式，如图16-235所示。

（32）用同样的方法绘制另一个箭头，其中一个区域制作完成，如图16-236所示。

（33）用同样的方法使用形状工具与文字工具可以制作出其他的按钮区域，如图16-237所示。

图16-235

图16-236

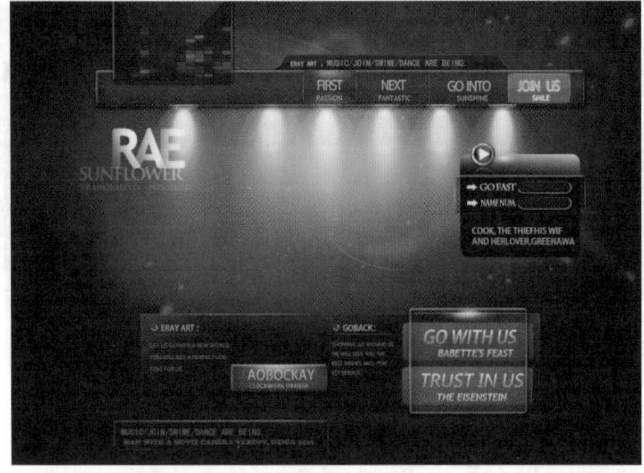

图16-237

2. 制作人物部分

（1）执行“文件>置入嵌入对象”命令，将人像素材“3.png”置于画面中合适的位置并将其栅格化，如图16-238所示。

图16-238

（2）再次置入人像素材“4.png”，将其放置在画面的左侧并将其栅格化，如图16-239所示。选择工具箱中的“钢笔工具”，在选项栏中设置“绘制模式”为“路径”，接着勾勒出人像轮廓，建立选区后为其添加图层蒙版，效果如图16-240所示。

图16-239

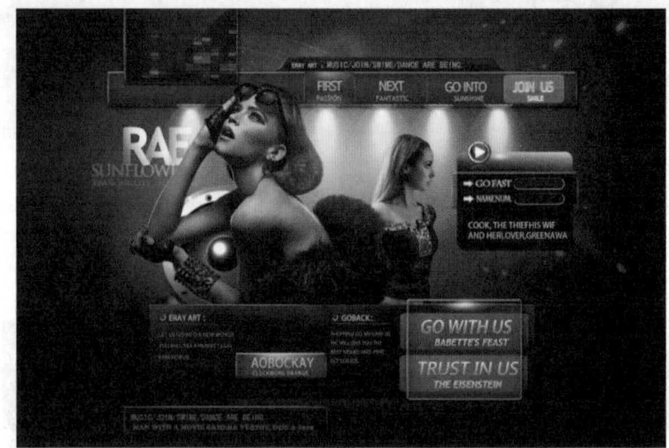

图16-240

（3）执行“图层>新建调整图层>色相/饱和度”命令，在弹出的“新建图层”对话框中单击“确定”按钮。在弹出的“属性”面板中设置“色相”为0，“饱和度”为36，“明度”为0，如图16-241所示。接着为其创建剪切蒙版。

（4）执行“图层>新建调整图层>色阶”命令，在弹出的“新建图层”对话框中单击“确定”按钮。在“属性”面板中调整色阶的滑块以调整画面的亮度，设置适当的数值。并同样为其创建剪切蒙版，如图16-242所示。

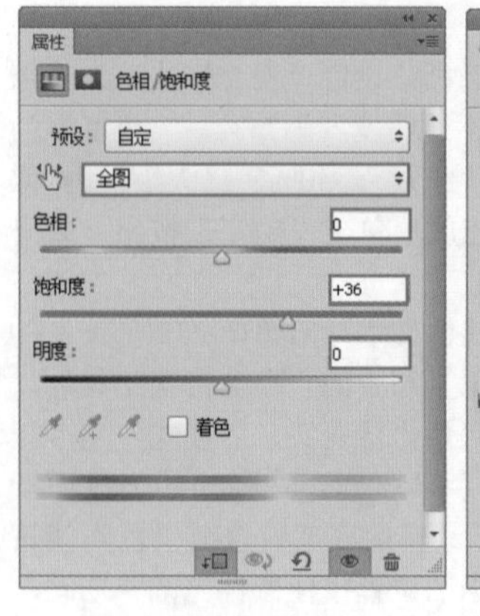

图16-241

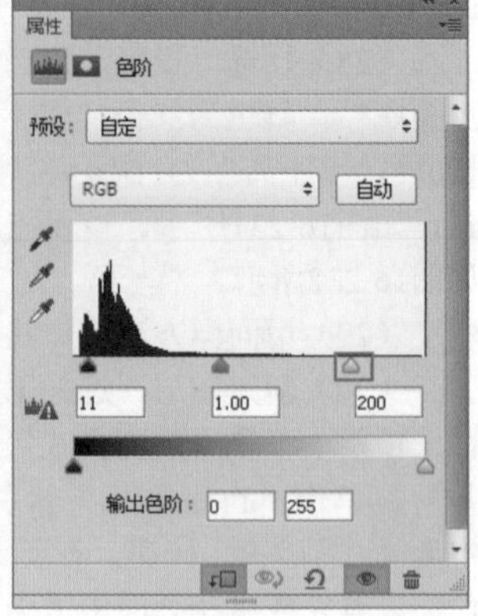

图16-242

（5）继续创建“曲线”调整图层，再次创建剪切蒙版，调整曲线的弯曲程度，提亮人像部分，如图16-243所示。

（6）对画面整体进行调整。再次创建“曲线”调整图层，调整曲线的弯曲度，如图16-244所示。提亮画面，案例最终效果如图16-245所示。

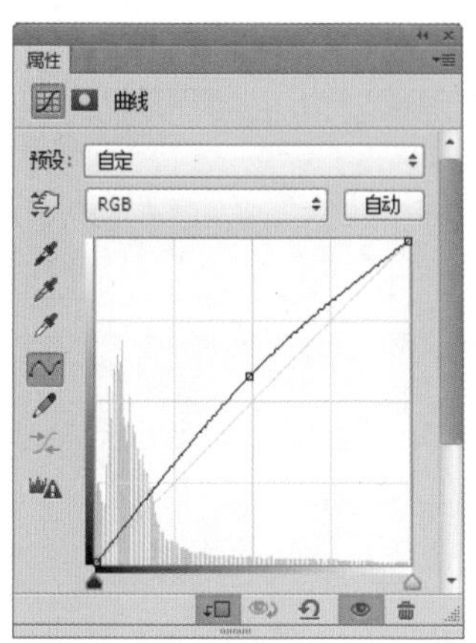

图16-243

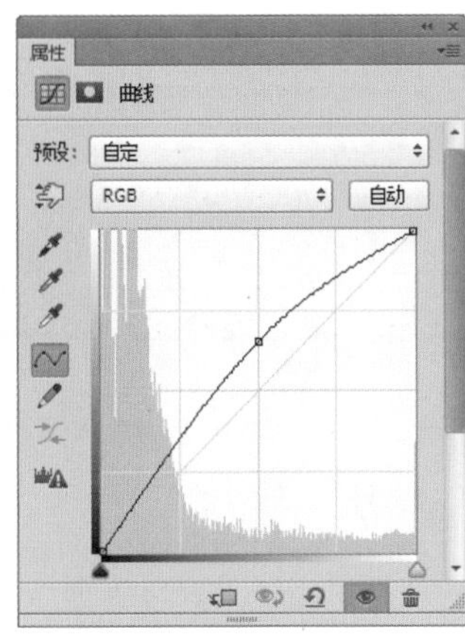

图16-244

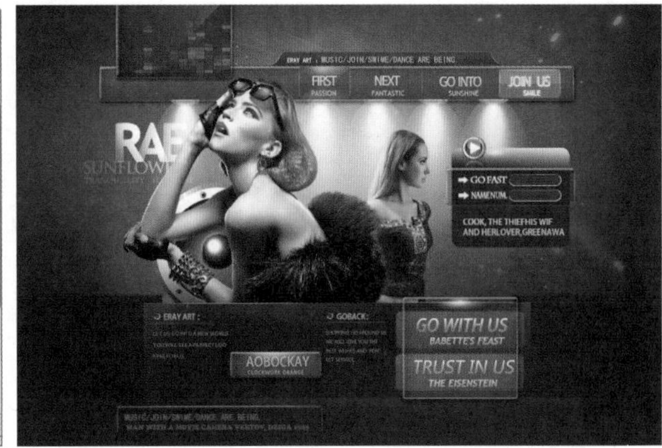

图16-245

读书笔记